2026

▼ 한번에 합격 ▼

신재생에너지
발전설비기사(태양광) 필기
New and Renewable Energy Equipment(Photovoltaic) Engineer

13개년과년도

세종사이버대학교 IT학부 교수 이후곤 저

명인북스
Myungin Books

출제기준(필기) (2025.1.1.~2028.12.31.)

직무분야	환경 · 에너지	중직무분야	에너지 · 기상	자격종목	신재생에너지발전설비기사(태양광)	적용기간	2025.1.1.~2028.12.31.
직무내용	신재생에너지설비에 대한 공학적 기초이론 및 숙련기능, 응용기술 등을 가지고 태양광발전설비를 기획, 설계, 시공, 감리, 운영, 유지 및 보수하는 업무 등을 수행하는 직무이다.						
필기검정방법	객관식		문제수	80	시험기간	2시간	

필기과목명	출제문제수	주요항목	세부항목	세세항목
태양광발전 기획	20	1. 태양광발전 설비 용량조사	1. 음영분석	1. 음영분석 2. 어레이 이격거리
			2. 태양광발전 설비용량 산정	1. 발전 설비용량 산정 2. 태양광발전 모듈 선정 3. 태양광 인버터 선정 4. 태양광발전 모듈의 온도계수 특성 등
			3. 태양광발전시스템 구성요소 개요	1. 태양전지 2. 태양광발전 모듈 3. 전력변환장치 4. 전력저장 장치 5. 바이패스 소자 6. 역류방지 소자 7. 접속반 8. 교류측 기기 9. 피뢰소자 등
		2. 태양광발전 사업 환경분석	1. 주변 기상 · 환경 검토	1. 일조시간, 일조량 2. 위도, 경도, 방위, 고도각 3. 설치 가능여부 조사 4. 주변 환경조건 및 기후자료 분석 등
		3. 태양광발전사업 부지 환경조사	1. 태양광발전부지 조사	1. 태양광발전부지 타당성 검토 2. 태양광발전부지 조사 3. 발전부지 면적 4. 공부서류 등 검토
		4. 태양광발전 사업부지 인허가 검토	1. 국토 이용에 관한 법령 검토	1. 전기사업법령 2. 전기공사업법령 3. 전기(발전)사업 허가 기준 4. 국토의 계획 및 이용에 관한 법령
			2. 신재생에너지 관련 법령 검토	1. 신에너지 및 재생에너지 개발 · 이용 · 보급 촉진법령 2. 신에너지 및 재생에너지 설비의 지원 등에 관한 규정 및 지침 3. 신에너지 및 재생에너지 공급의무화제도 관리 및 운영 지침 등
		5. 태양광발전사업 허가	1. 태양광발전 사업계획서 작성	1. 전기사업신청서 검토 2. 송전관계일람도 준비 등
			2. 태양광발전 인허가 검토	1. 인허가 법령 검토 2. 개발행위 인허가 검토 3. 관련기관 인허가 기준 4. 제반서류 및 첨부서류 준비 등
		6. 태양광발전사업 경제성 분석	1. 태양광발전 경제성 분석	1. 사업비 2. 경제성
			2. 태양광발전량 분석	1. 부하설비용량 2. 전력설비 손실 3. 태양광발전시스템 이용률 등

필기 과목명	출제 문제수	주요항목	세부항목	세세항목
태양광 발전 설계	20	1. 태양광발전 토목설계	1. 태양광발전 토목 설계	1. 토목설계도서 2. 토목측량 및 지반조사도서
			2. 태양광발전 토목 설계도면 검토	1. 토목설계도면
		2. 태양광발전 구조물 설계	1. 태양광발전 구조물 설계	1. 구조물 기초 2. 구조 설계도서 3. 구조계산서 4. 구조물 형식
			2. 태양광발전 구조물 설계 검토	1. 안전성, 시공성, 내구성을 고려한 도서 검토
		3. 태양광발전 어레이 설계	1. 태양광발전 전기배선 설계	1. 태양광발전 모듈 배선 2. 전기설비기술기준 3. 한국전기설비규정(KEC) 4. 내선규정 등
			2. 태양광발전 모듈배치 설계	1. 태양광발전 모듈의 직병렬 계산 2. 태양광발전 모듈 배치 등
			3. 태양광발전 어레이 전압강하 계산	1. 전압강하 및 전선 선정 2. 어레이 출력전압 특성 등 3. 직류측 구성기기 선정
		4. 태양광발전 계통연계장치 설계	1. 태양광발전 수배전반 설계	1. 수배전반 설계도서 작성 2. 분산형전원 계통연계 기술기준등 3. 교류측 구성기기 선정 4. 전기실 면적 산정
			2. 태양광발전 관제시스템 설계	1. 방범시스템 2. 방재시스템 3. 모니터링 시스템 등
		5. 태양광발전시스템 감리	1. 태양광발전 설계 감리	1. 설계도서 검토 2. 전력기술 관리법 3. 설계 감리 업무 수행 지침 등
			2. 태양광발전 착공 감리	1. 착공서류 등 검토 2. 착공감리
			3. 태양광발전 시공 감리	1. 공사 시방서 등 2. 시공감리 및 설계감리
		6. 도면작성	1. 도면기호	1. 전기도면 관련 기호 2. 토목도면 관련 기호 3. 건축도면 관련 기호
			2. 설계도서 작성	1. 설계도서의 종류 2. 시방서의 개념 3. 시방서의 작성요령 4. 설계도의 개념 5. 설계도의 작성요령

필기 과목명	출제 문제수	주요항목	세부항목	세세항목
태양광 발전 시공	20	1. 태양광발전 토목공사	1. 태양광발전 토목공사 수행	1. 설계도면의 해석 2. 토목 시공 기준 3. 사용자재의 규격 4. 시방서 검토
			2. 태양광발전 토목공사 관리	1. 공정관리 2. 토목설계 내역 검토 3. 시공계획서 검토 4. 시공 상태 적합성 5. 공사현장 환경관리 등
		2. 태양광발전 구조물 시공	1. 태양광발전 구조물 시공	1. 태양광 발전용 구조물 설치 2. 구조물 형태와 시공 공법 등
		3. 태양광발전 전기시설 공사	1. 태양광발전 어레이 시공	1. 어레이 시공 2. 전기 배선 및 접속반 설치 기준 3. 사용자재 규격 및 적합성 등
			2. 태양광발전 계통연계장치 시공	1. 발전량 및 입출력 상태 확인 2. 인버터와 제어장치 설치 3. 수배전반 설치 4. 계통 연계 시공 5. 전기실 건축물 시공 6. 전기 및 위험물 관련 법규 등
			3. 전기, 전자 기초	1. 전기 기초 이론 2. 전자 기초 이론 3. 송전설비 기초 이론 4. 배전설비 기초 이론 5. 변전설비 기초 이론
			4. 배관·배선 공사	1. 배관 시공 2. 배선 시공 3. 케이블트레이 시공 4. 덕트 시공 등
		4. 태양광발전장치 준공검사	1. 태양광발전 사용전 검사	1. 보호계전기 특성 및 동작시험 2. 접지 및 절연저항 3. 보호장치 종류 및 시설조건 4. 안전진단 절차 및 설비 5. 단락전류 및 지락전류 6. 낙뢰 보호설비 등 7. 사용전 검사 준비 8. 항목별 세부검사 및 동작시험 등

필기 과목명	출제 문제수	주요항목	세부항목	세세항목
태양광 발전 운영	20	1. 태양광 발전시스템 운영	1. 태양광발전 사업개시 신고	1. 사업개시 신고 등 2. SMP 및 REC 정산관리 등 3. 전기 안전관리자 선임 등
			2. 태양광발전설비 설치 확인	1. 설비점검 체크리스트 2. 설치된 발전설비 부품의 성능검사 등 3. 발전설비 설치 확인 등
			3. 태양광발전시스템 운영	1. 발전시스템 점검 방법과 시기 2. 태양광 모니터링 시스템 3. 발전시스템 운영 관리 계획 4. 발전시스템 비정상 운영 시 대처 및 조치 등
		2. 태양광발전시스템 유지	1. 태양광발전 준공 후 점검	1. 태양광발전 모듈·어레이 측정 및 점검 2. 토목시설물 점검 3. 접속반, 인버터, 주변 기기·장치 점검 4. 운전, 정지, 조작, 시험준공도면 검토 5. 준공도면 검토 등
			2. 태양광발전 점검개요	1. 일상점검 항목 및 점검요령 2. 정기점검 항목 및 점검요령
			3. 태양광발전 유지관리	1. 발전설비 유지관리 2. 송전설비 유지관리 3. 태양광발전 시스템 고장원인 4. 태양광발전 시스템 문제진단 5. 고장별 조치방법 6. 유지관리 매뉴얼
		3. 태양광시스템 안전관리	1. 태양광발전 시공상 안전 확인	1. 시공 안전관리 2. 안전교육의 시행과 훈련 3. 안전관리 조직 운영 등
			2. 태양광발전 설비상 안전 확인	1. 설비 안전관리 2. 설비보존계획 3. 작업 중 안전대책 등
			3. 태양광발전 구조상 안전 확인	1. 구조 안전관리 2. 구조물 시공 절차와 방법 3. 천재지변에 따른 구조상 안전계획 4. 안전관련 법규 등
			4. 안전관리 장비	1. 안전장비 종류 2. 안전장비 보관요령

차례

2025년 시행 신재생에너지발전설비기사
- 제1회 CBT 기출문제복원　05
- 제2회 CBT 기출문제복원　31
- 제4회 CBT 기출문제복원　55

2024년 시행 신재생에너지발전설비기사
- 제1회 CBT 기출문제복원　11
- 제2회 CBT 기출문제복원　37
- 제4회 CBT 기출문제복원　61

2023년 시행 신재생에너지발전설비기사
- 제1회 CBT 기출문제복원　87
- 제2회 CBT 기출문제복원　115
- 제4회 CBT 기출문제복원　141

2022년 시행 신재생에너지발전설비기사
- 제1회 기출문제　167
- 제2회 기출문제　191
- 제4회 CBT기출문제복원　217

2021년 시행 신재생에너지발전설비기사
- 제1회 기출문제　243
- 제2회 기출문제　265
- 제4회 기출문제　289

2020년 시행 신재생에너지발전설비기사
- 제1.2회 기출문제　317
- 제3회 기출문제　341
- 제4회 기출문제　365

2019년 시행 신재생에너지발전설비기사
- 제1회 기출문제   391
- 제2회 기출문제   421
- 제4회 기출문제   453

2018년 시행 신재생에너지발전설비기사
- 제1회 기출문제   485
- 제2회 기출문제   515
- 제4회 기출문제   545

2017년 시행 신재생에너지발전설비기사
- 제1회 기출문제   579
- 제2회 기출문제   607
- 제4회 기출문제   637

2016년 시행 신재생에너지발전설비기사
- 제2회 기출문제   669
- 제4회 기출문제   701

2015년 시행 신재생에너지발전설비기사
- 제2회 기출문제   737
- 제4회 기출문제   767

2014년 시행 신재생에너지발전설비기사
- 제4회 기출문제   799

2013년 시행 신재생에너지발전설비기사
- 제4회 기출문제   833

2025년
기출문제

산업통상자원부가 2025년 10월 1일
기후에너지환경부으로 변경되었습니다.

2025 제1회 CBT 복원 기출문제

01 출력전압의 파형을 기준으로 할 때 독립형 인버터에 해당되지 않는 것은?

① 구형파 인버터   ② 유사 사인파 인버터
③ 사인파 인버터   ④ 여현파 인버터

해설 독립형 인버터의 종류

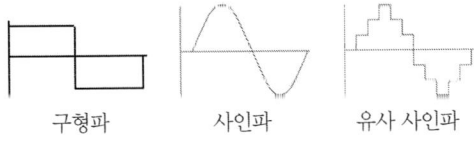

① 구형파 인버터
② 사인파 인버터
③ 유사 사인파 인버터

15.2.13 / 17.2.8 / 19.1.9

02 PN접합 다이오드에 역방향 바이어스 전압을 인가할 때의 설명으로 틀린 것은?

① 전위장벽이 높아진다.
② 전계가 강해진다.
③ P형에 (+)전압, N형에 (−)전압을 연결한다.
④ 공간전하 영역의 폭이 넓어진다.

해설 역방향 바이어스(Reverse Bias)

P영역에 (−)이 전압을 N영역에 (+)의 전압이 인가된 상태를 역방향(reverse) 바이어스가 인가되었다고 함

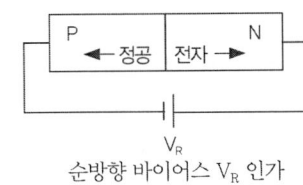

순방향 바이어스 V_R 인가

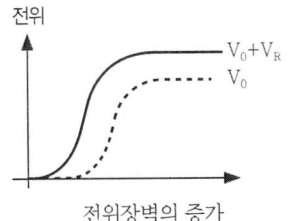

전위장벽의 증가

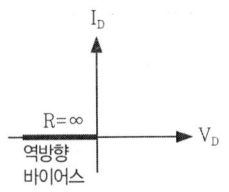

역방향 바이어스 상태

① p형과 n형 반도체에 각각 존재하는 양공과 전자가 모두 p-n 접합 다이오드 양쪽 극단으로 이동한다.
② 접합부에 형성된 결핍층(depletion layer)의 너비가 늘어나고 접합부에 형성된 포텐셜 상벽도 높아진다.
③ p형 반도체의 양공은 p형 반도체의 끝쪽으로, n형 반도체의 전자는 n형 반도체의 끝쪽으로 옮겨 가게 되어 p-n접합부에는 전류가 흐르지 않는다.
④ 다이오드는 부도체와 같은 특성으로 저항은 무한대이고, 전류는 0이다.

15.2.17 / 19.2.7

03 태양광발전시스템에 풍력발전, 열병합발전 등 타 에너지원의 발전시스템과 결합하여 축전지·부하 및 상용계통에 전력을 공급하는 시스템은?

① 독립형 시스템
② 하이브리드 시스템
③ 계통연계형 시스템
④ 집광형 시스템

해설 태양광 발전시스템의 분류

① 독립형 시스템 : 등대, 중계소, 인공위성, 도서, 산간, 벽지 등에 사용
② 계통연계형 : 한전계통선이 들어오는 지역의 주택, 빌딩, 대규모 발전시스템에 사용
③ 하이브리드(Hybrid)형 : 풍력발전, 디젤발전 등 타 에너지원에 의한 발전방식과 결합된 방식

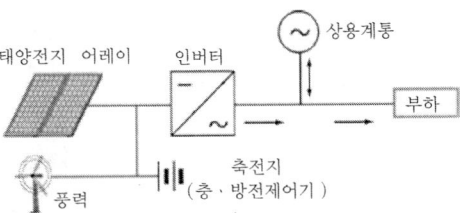

정답 1.④ 2.③ 3.②

15.2.20 / 15.4.10 / 18.1.6 / 19.1.2 / 19.4.20

04 변압기에서 1차 전압이 120V, 2차 전압이 12V일 때 1차 권선수가 400회라며 2차권선 수는?

① 10 ② 40
③ 400 ④ 4000

해설 변압기의 원리

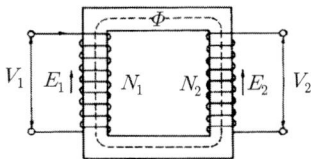

① 1개의 철심에 2개의 권선(코일)을 감고 한쪽의 권선에 전압 V_1[V]의 사인파 전압을 가하면, 철심 중에 자속 Φ[Wb]이 발생하며, 이 자속과 쇄교하는 다른 쪽 권선에는 권선 횟수에 비례하는 V_2의 전압을 공급받게 된다.

② 1차, 2차 권선에 유도되는 기전력의 비는 변압기의 권수비에 비례하며 권수비를 a 라 하면

$$a = \frac{N_1}{N_2} = \frac{V_1}{V_2} = \frac{I_2}{I_1}$$

③ $a = \frac{400}{N_2} = \frac{120}{12}$

∴ $N_2 = \frac{N_1 \times V_2}{V_1} = \frac{400 \times 12}{120} = 40$ [회]

14.4.5 / 14.4.53 / 15.4.31 / 17.1.40 / 17.2.6 / 17.2.51 / 17.4.27 / 18.1.1 / 18.4.26

05 태양광발전시스템이 개방된 곳에 설치되어 있다면 낙뢰로부터 보호하기 위해 설치하는 것은?

① 피뢰침 ② 역류방지장치
③ 바이패스장치 ④ 발광다이오드

해설 외부 피뢰시스템

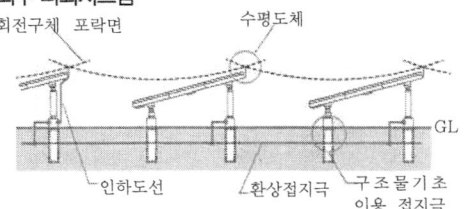

(1) 수뢰부 시스템
① 뇌격이 피 보호범위내로 침입할 확률을 감소시키는 것
② 돌침(피뢰침), 수평도체, 메시 도체(케이지)방식의 개별 또는 이들의 조합으로 한다.
③ PV설비 전체를 보호할 수 있는 범위내로 해야 한다.

피뢰침(Lightning Rod)

(2) 인하도선 시스템
① 위험한 불꽃방전의 발생확률을 감소시키기 위하여 뇌격점과 대지사이를 연결하는 도선
② 다수의 병렬 전류통로를 형성해야 한다.
③ 전류통로의 배선 길이는 최소로 유지해야 한다.
④ 인하도선은 가능한한 수뢰부도체에서 직접 연결되도록 배치하여야 한다.
⑤ 인하도선은 지표면과 가까운 부분에 접지시험단자를 시설한다. 다만, 자연적 구성부재를 이용하는 경우는 생략한다.

(3) 접지 시스템
① 위험한 과전압을 발생시키지 않고 뇌전류를 대지로 방류하기 위해서는 접지의 형상, 크기 및 접지저항 값이 중요하다. 다만, 일반적으로는 낮은 접지저항을 권장한다.
② 피뢰설비의 관점에서는 구조체를 사용한 통합단일의 접지가 바람직하며, 모든 접지목적(즉, 피뢰설비, 저압전력시스템, 통신시스템 등)에도 적합하다.

13.4.8 / 14.4.16 / 15.4.21 / 18.2.29 / 18.4.34

06 태양을 올려다보는 각도가 30°인 경우, air mass 값은?

① 0.5 ② 1.0 ③ 1.5 ④ 2.0

해설 대기 질량 지수(Air Mass index)

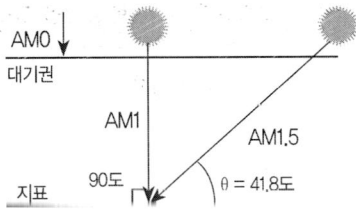

AM 0 : 대기권 밖에서 측정하는 스펙트럼
AM 1 : 태양의 직사광이 지표면에 수직으로 입사한 경우
AM 1.5 : 태양의 직사광이 지표면에 경사각 41.8°
(천정각 48.2°)
AM 2 : 태양의 직사광이 지표면에 경사각 30°(천정각 60°)

13.4.14 / 15.2.10 / 16.4.31 / 17.2.17 / 18.1.64 / 18.2.8

07 태양전지 모듈에 그림자가 생겼을 때 대비책으로 설치하는 것은?

① 바이패스 다이오드
② 역류방지 다이오드
③ 제너 다이오드
④ 발광 다이오드

해설 바이패스(Bypass) 소자
1) 태양광 모듈의 그림자 영향
① 태양광 모듈은 아주 적은 일부가 그림자에 가려지더라도 모듈 전체의 출력이 크게 저하된다.
② 모듈은 각각의 태양전지를 직렬로 연결하기 때문에 수십 개의 태양전지로 구성된 모듈에서 단 한 개의 셀이 나뭇잎 등에 의해 완전히 가려졌다면 출력 값은 거의 제로(Zero)에 가깝게 떨어진다.
③ 전체 개방전압에서 그림자가 발생한 모듈의 개방전압을 뺀 값 이하에서 전압 동작점이 존재할 때에 그림자가 발생한 모듈의 전류가 역방향이 된다. 따라서 역 전압이 인가되고 부하처럼 동작되어 열이 발생되고 모듈이 파손되는 원인이 된다.

2) 대책(바이패스 다이오드)

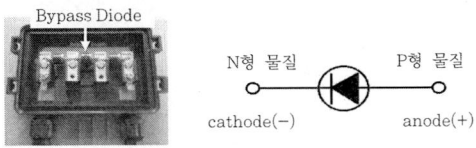

바이패스다이오드(Junction Box에 설치)   회로 표기방법(기호)

① 바이패스다이오드(Bypass Diode)는 전류를 한쪽방향으로만 흐르게 만들어 주는 부품으로 P에서 N방향으로 전류가 흐르고 반대 방향으로는 전류를 거의 통과시키지 않는다.

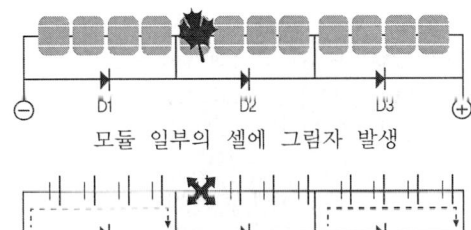

모듈 일부의 셀에 그림자 발생

그림자 발생된 모듈의 전류흐름

② 그림자로 인해 출력이 저하된 셀 또는 셀 그룹을 우회해 전류가 흐르도록 하고, 이를 통한 출력감소는 오직 그림자에 의해 가려진 셀 또는 셀 그룹에 해당하는 부분으로 제한해 출력을 유지한다.

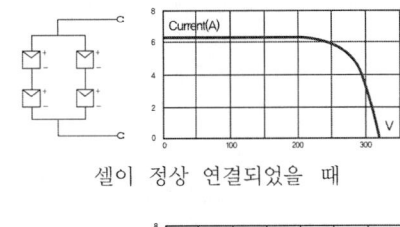

셀이 정상 연결되었을 때

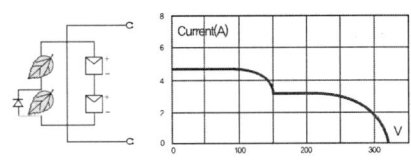

셀 일부가 정상동작하지 않을 시

③ 일반적으로 모듈 한 장(태양전지 6×9)에 셀 54개 배열의 경우에는 다이오드 3개(1개당 18개의 셀)를 설치한다.

14.4.19 / 17.2.20

08 BIPV(Building Integrated PV System)에 대한 설명이 아닌 것은?

① 경제적이며 에너지 효율성이 우수하다.
② 건축 재료와 발전기능을 동시에 발휘하는 방식이다.

③ 태양광발전시스템 설계 시 건축가와 사전협의가 필요하다.
④ 태양광모듈을 지붕·파사드·블라인드 등 건물외피에 적용하는 방식이다.

해설 BIPV(Building Integrated PV System)

① 태양광 에너지로 전기를 생산하여 소비자에게 공급하는 것 외에 건물 일체형 태양광 모듈을 건축물 외장재로 사용하는 태양광 발전 시스템이다. 기존에 넓은 평지나 지붕에 태양발전 시스템을 설치하는 것과 달리 건물의 외벽, 창호 등에 설치하는 것이 가장 큰 특징이다.
② BIPV는 태양전지에 색깔을 입히는 염료감응태양전지나 유기태양전지를 활용해 건물외벽을 화려하게 장식할 수도 있지만 실리콘 태양전지보다는 효율이 떨어지며, 일반 태양전지 모듈보다 1.5~2배 정도 가격이 높다.

13.4.80 / 15.2.2 / 17.1.9 / 17.2.33 / 17.4.24 / 18.1.74 / 19.2.6 / 19.4.1

09 태양광발전 모듈이 제각기 최대 전력점에서 작동하도록 모듈과 인버터가 한 개의 장치로 구성되는 인버터 시스템 방식은?

① 모듈 인버터 방식
② 스트링 인버터 방식
③ 마스터 슬레이브 방식
④ 서브어레이 인버터 방식

해설 태양광발전시스템의 인버터 운영방식

1) 중앙 집중형 인버터방식

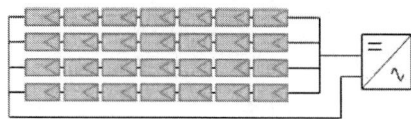

① 발전소 현장에 1대의 인버터만 설치함

② 모든 전선이 한 곳으로 오기 때문에 작업공정이 간단, 설치비가 적게 소요되며, 발전량 확인이 용이하다.
③ 단일형 인버터는 제품 이상발생 시 전체 발전소가 가동을 멈추기 때문에 발전 손실이 크다.

2) 분산형(스트링 포함) 인버터 방식

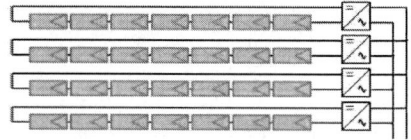

① 발전소 현장에 소형 인버터 여러 대를 설치함
② 특정 인버터가 고장이 나더라도 해당 인버터 부분에서만 발전 손실이 일어나고 나머지 인버터는 정상적으로 발전이 되기 때문에 발전 손실을 최소화할 수 있다.
③ 방향과 경사가 서로 다른 하부 어레이들로 구성된 시스템, 부분적으로 음영이 지는 시스템의 경우 분산형 인버터 방식을 고려할 필요가 있다.

3) 주/종속시스템(Master-Slave System)

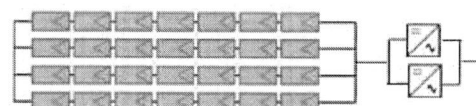

① 인버터 2~3대를 결합하여 회로를 구성한다.
② 발전을 시작하면 마스터 인버터만 구동되고, 마스터 인버터의 전력한계에 도달하면, 다음 슬래브 인버터가 자동 연결되어 생산된 발전량에 대응한다.
③ 낮은 발전량에서도 대용량 인버터 한 대가 운영되는 방식보다는 효율이 높아진다.
④ Master와 Slave의 기능은 정기적(1~3개월)으로 교대를 해주어, 균등운전이 되게 한다.

4) 모듈인버터(마이크로 인버터: MIC, Module Integrated Central) 방식

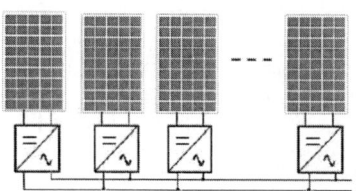

정답 9. ①

① 태양전지 모듈 1개에 인버터 1개를 부착하는 방식으로 스트링 인버터의 작은 형태이다.
② 태양전지 1장에 대한 모니터링이 가능하여 유지보수가 쉽다.
③ 각 마이크로인버터(MIC; Module Integrated Converter)의 최대 효율은 낮지만, 태양전지 모듈에 대해 개별로 MPPT를 하므로, 전체 발전량에 있어서는 스트링 인버터 이상의 발전효율을 가지고 있다.
④ 대용량 발진소보다는 소용량 발전소에서 효율이 높고, 태양전지 모듈 1장으로도 태양광발전을 할 수 있다.
⑤ 고장 난 인버터는 쉽게 교체 가능하며, 시스템 확장이 쉽다.

10 전류의 이동으로 발생하는 현상이 아닌 것은?
① 발열작용 ② 화학작용
③ 탄화작용 ④ 자기작용

해설 탄화작용(Distillation)
유기물질에 공기나 산소의 흐름을 차단하고 가열할 때 탄소를 많이 함유하는 검은색 물질인 화석으로 보존되는 과정이다

13.4.19 / 14.4.57 / 14.4.73 / 15.2.1 / 15.2.5 / 15.2.28 /
16.4.4 / 16.4.12 / 17.2.5 / 17.4.7 / 18.1.11 / 18.4.3 /
18.4.14 / 19.2.5 / 19.2.17

11 태양광발전 인버터에 대한 설명으로 틀린 것은?
① PWM 원리로 정현파를 재생한다.
② 무변압기 인버터는 효율이 나쁘다.
③ MPPT를 이용한 최대전력을 생산한다.
④ 절연변압기를 사용하는 인버터는 노이즈에 강하다.

해설 트랜스리스(Transless) 방식

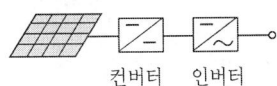
컨버터 인버터

① 태양전지의 직류출력을 DC-DC 컨버터로 승압하고 인버터에서 상용주파의 교류로 변환한다.
② 소형 경량이며, 저렴하고 효율이 우수하고 신뢰성이 높다.
③ 상용전원과의 사이에는 절연이 되지 않아 안전성이 떨어진다.

12 내부저항이 1.0Ω인 1.5V 전지 두 개를 병렬로 연결한 후 외부에 2.5Ω의 저항을 가지는 부하를 직렬로 연결하였다. 외부회로에 흐르는 전류의 크기[A]는?
① 0.5 ② 0.6 ③ 1.0 ④ 1.2

해설 전류의 크기 I
① 병렬접속 시 전지의 합성 내부 저항 $R_n = \dfrac{r}{N}$ [Ω]
② $I = \dfrac{E}{\dfrac{r}{N} + R} = \dfrac{1.5}{\dfrac{1.0}{2} + 2.5} = 0.5$ [A]

13 태양광발전시스템을 뇌서지의 피해로부터 보호하기 위한 대책으로 적절하지 않은 것은?
① 뇌우 다발지역에서는 교류전원측에 내뢰 트랜스를 설치한다.
② 접지선에서의 침입을 막기 위해 전원측의 전압을 항상 낮게 유지한다.
③ 피뢰소자를 어레이 주회로 내부에 분산시켜 설치하고 접속함에도 설치한다.
④ 저압 배전선으로 침입하는 뇌서지에 대해서는 분전반에 피뢰소자를 설치한다.

해설 태양광발전시스템의 내뢰대책

광역피뢰침

① 광역피뢰침(ESE), 과전압보호장치(SPD) 설치

정답 10. ③ 11. ② 12. ① 13. ②

② 피뢰소자를 어레이 주회로 내부에 분산시켜 설치하고 접속함에도 설치
③ 저압 배전선으로 침입하는 뇌서지에 대해서는 분전반에 피뢰소자 설치
④ 뇌우 다발지역에서는 교류전원측에 내뢰 트랜스 설치

20.4.9

14 태양광발전시스템의 부지 사전조사 내용으로 틀린 것은?
① 연평균 일사량
② 사업부지의 위치
③ 연평균 CO_2 발생량
④ 주변 건물 또는 수목에 의한 음영 발생 가능성 여부

[해설] 태양광발전소설치공사 전에 행하는 사전조사
1) 설치 위치
   ① 일사량
   ② 방위각 및 경사각
   ③ 지반지질상태

2) 현장여건
   ① 음영 유무
   ② 공해 유무

3) 전력여건
   ① 배전용량
   ② 연계점
   ③ 수전전력

15 전기공사업법령에 따라 공사업자는 공사업을 폐업한 경우에는 누구에게 그 사실을 신고하여야 하는가?
① 대통령
② 시·도지사
③ 기후에너지환경부장관
④ 한국전기공사협회 회장

[해설] 등록사항의 변경신고 등
① 공사업자는 등록사항 중 대통령령으로 정하는 중요사항이 변경된 경우에는 시·도지사에게 그 사실을 신고하여야 한다.
② 공사업자는 공사업을 폐업한 경우에는 시·도지사에게 그 사실을 신고하여야 한다.

18.4.6

16 면적이 $250cm^2$이고 변환효율이 20%인 결정질 실리콘 태양전지의 표준조건에서의 출력(W)?
① 0.4   ② 0.5
③ 4   ④ 5

[해설] 출력전력 P
$$P = 면적 \times 변환효율 = 250 \times 10^{-1} \times \frac{20}{100} = 5 \,[\text{W}]$$

17 다음 식은 경제성 분석방법 중 어떤 방법인가?
(단, n: 사업기간, B: 편익, C: 비용, λ: 할인율이다.)

$$\sum_{t=0}^{n} \frac{B}{(1+\lambda)^t} = \sum_{t=0}^{n} \frac{C}{(1+\lambda)^t}$$

① 내부수익률 방법
② 순현재가치 방법
③ 수명주기비용 분석방법
④ 비용편익비율 방법

[해설] 내부수익률 분석(internal Rate of Return : IRR)
사업 기간 동안 현금 유출과 현금 유입을 같게 만들어 주는 이자율을 뜻하며, NPV를 0으로 만드는 할인율이다. 공식으로 표현하면, 다음을 만족시키는 λ이 IRR이 된다.

$$\sum_{t=0}^{n} \frac{B}{(1+\lambda)^t} = 0$$

예를 들어 현재 100을 투자하여 1년후에 110의 현금 유입이 있다면, IRR은 10%가 된다.
만약 회사에서 목표한 수익률이 10%일 때, 투자안의 내부수익률이 7%이면 그 투자안은 기각되고, 10% 이상 13%면 채택될 것이다.

정답 14. ③ 15. ② 16. ④ 17. ①

$$-100 + \frac{110}{1+r} = 0 \quad \therefore r = 0.1$$

17.2.88 / 19.4.92

18 신에너지 및 재생에너지 개발·이용·보급 촉진법령에 따라 공용화 품목의 지정을 요청하려는 자가 국가기술표준원장에게 제출하여야 하는 지정요청서에 첨부하는 서류로 틀린 것은?

① 대상 품목의 명칭·규격 및 설명서
② 공용화 품목으로 지정받으려는 사유
③ 공용화 품목으로 지정될 경우의 기대효과
④ 공용화 품목으로 지정된 후 진행할 사업계획서

[해설] 신·재생에너지 설비 및 그 부품 중 공용화 품목의 지정절차 등(신재생에너지법 시행령 제24조)

1) 신·재생에너지 설비 및 그 부품 중 공용화 품목의 지정을 요청하려는 자는 산업통상자원부령으로 정하는 바에 따라 대상 품목의 명칭, 규격, 지정 요청 사유 및 기대효과 등을 적은 지정요청서에 대상 품목에 대한 설명서를 첨부하여 산업통상자원부장관에게 제출하여야 한다.
2) 산업통상자원부장관은 지정 요청을 받은 경우에는 전문가 및 이해관계인의 의견을 들은 후 해당 신·재생에너지 설비 및 그 부품을 공용화 품목으로 지정할 수 있다.
3) 산업통상자원부장관은 공용화 품목의 개발, 제조 및 수요·공급 조절에 필요한 자금을 다음의 구분에 따른 범위에서 융자할 수 있다.
 ① 중소기업자: 필요한 자금의 80[%]
 ② 중소기업자와 동업하는 중소기업자 외의 자: 필요한 자금의 70[%]
 ③ 그밖에 산업통상자원부장관이 인정하는 자: 필요한 자금의 50[%]

19 다음의 전력-전압 특성을 가지는 태양광발전 모듈에서 최대전력(Maximum Power, Pmax)을 얻기 위한 조건은?

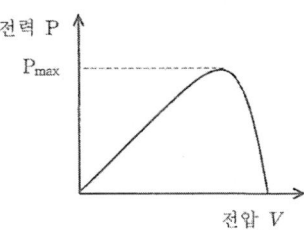

① $\dfrac{dP}{dV} > 0$ ② $\dfrac{dP}{dV} = 0$
③ $\dfrac{dP}{dV} = 1$ ④ $\dfrac{dP}{dV} < 0$

[해설] P-V 곡선영역

$\dfrac{dP}{dV} > 0$ 의 상태일 때, 운전점이 MPP의 왼쪽영역에 있으며, 전류를 증가시켜 $\dfrac{dP}{dV} < 0$ 상태이면, 운전점이 MPP의 오른쪽 영역에 있게 된다.

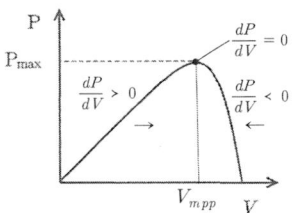

14.4.98 / 17.1.100 / 17.2.91

20 신에너지 및 재생에너지 개발·이용·보급 촉진법령에 따라 조성된 사업비의 사용 용도로 틀린 것은?

① 신·재생에너지 특성 산업단지 육성
② 신·재생에너지 시범사업 및 보급사업
③ 신·재생에너지 설비의 성능평가·인증
④ 신·재생에너지의 연구·개발 및 기술평가

[해설] 조성된 사업비의 사용(신재생에너지법 제10조)
산업통상자원부장관은 조성된 사업비를 다음의 사업에 사용한다.
① 신·재생에너지의 자원조사, 기술수요조사 및 통계

작성
② 신·재생에너지의 연구·개발 및 기술평가
③ 신·재생에너지 공급의무화 지원
④ 신·재생에너지 설비의 성능평가·인증 및 사후관리
⑤ 신·재생에너지 기술정보의 수집·분석 및 제공
⑥ 신·재생에너지 분야 기술지도 및 교육·홍보
⑦ 신·재생에너지 분야 특성화대학 및 핵심기술연구센터 육성
⑧ 신·재생에너지 분야 전문 인력 양성
⑨ 신·재생에너지 설비 설치기업의 지원
⑩ 신·재생에너지 시범사업 및 보급사업
⑪ 신·재생에너지 이용의무화 지원
⑫ 신·재생에너지 관련 국제협력
⑬ 신·재생에너지 기술의 국제표준화 지원
⑭ 신·재생에너지 설비 및 그 부품의 공용화 지원
⑮ 그밖에 신·재생에너지의 기술개발 및 이용·보급을 위하여 필요한 사업으로서 대통령령으로 정하는 사업

14.4.41 / 15.2.26 / 18.2.23

21 태양광발전소의 부지 타당성 조사 시 고려하여야 할 부지 내 경미한 음영의 종류가 아닌 것은?

① 송전철탑　　② TV 안테나
③ 전깃줄　　　④ 피뢰침

해설 음영발생 원인
① 주변에 높은 산, 나무, 수목, 전주, 건물 등의 음영 (주변 지형지물은 최대 높이의 약 세 배 길이만큼 음영에 영향을 준다)
② 태양광모듈 설치 열이 2열 이상일 경우 앞열의 영향으로 뒷열에 음영
③ 구름, 눈, 새의 분비물, 꽃가루, 먼지 등으로 인한 음영
④ 다만, 전기선, 피뢰침, 안테나 등 경미한 음영은 장애물로 보지 아니한다.

13.4.30 / 15.2.33 / 15.4.70 / 19.2.67 / 21.1.69

22 계통연계형 태양광 인버터의 시험항목이 아닌 것은?

① 효율시험　　　　② 온도상승시험
③ 단독운전방지시험　④ 부하불평형시험

해설 태양광 발전용 독립형/계통 연계형 중대형 인버터의 시험항목

시험항목		독립형	계통 연계형
1. 구조 시험		○	○
2. 절연 성능 시험	a) 절연 저항 시험	○	○
	b) 내전압 시험	○	○
	c) 감전 보호 시험	○	○
	d) 절연 거리 시험	○	○
3. 보호 성능 시험	a) 출력 과전압 및 부족 전압 보호 기능 시험	×	○
	b) 주파수 상승 및 저하 보호 기능 시험	×	○
	c) 단독 운전 방지 기능 시험	×	○
	d) 복전 후 일정 시간 투입 방지 기능 시험	×	○
4. 정상 특성 시험	a) 교류 전압, 주파수 추종 범위 시험	×	○
	b) 교류 출력 전류 변형률 시험	×	○
	c) 누설 전류 시험	○	○
	d) 온도 상승 시험	○	○
	e) 효율 시험	○	○
	f) 대기 손실 시험	×	○
	g) 자동 기동-정지 시험	×	○
	h) 최대 전력 추종 시험	×	○
	i) 출력 전류 직류분 검출 시험	×	○
5. 과도 응답 특성 시험	a) 입력 전력 급변 시험	○	○
	b) 계통 전압 급변 시험	×	○
	c) 계통 전압 위상 급변 시험	×	○
6. 외부 사고 시험	a) 출력측 단락 시험	○	○
	b) 계통 전압 순간 정전·강하 시험	×	○
	c) 부하 차단 시험	○	○
7. 내전기 환경 시험	a) 계통 전압 왜형률 내량 시험	×	○
	b) 계통 전압 불평형 시험	×	○
	c) 부하 불평형 시험	○	×
8. 내주위 환경 시험	a) 습도 시험	○	○
	b) 온도 사이클 시험	○	○
9. 전기자기 적합성 (EMC)	a) 전자파 내성(EMI)	○	○
	b) 전자파 내성(EMS)	○	○

14.4.33 / 15.2.36 / 18.1.34 / 18.4.25 / 19.2.25 / 19.4.23

23 모니터링시스템 주요 구성 요소가 아닌 것은?

① 발전소 내 감시용 CCTV

정답　21. ①　22. ④　23. ④

② LOCAL 및 Web Monitoring
③ 기상관측 장치
④ LBS

해설 태양광발전 모니터링 시스템(solar power monitoring system)
태양광발전시스템이 설치된 지역의 현 상태를 모니터링(발전현황, 감시, 진단, 분석 등)하여 유지 관리를 위해 모니터링 시스템을 설치한다.
① 태양광발전 모듈 계측 메인장치(SCS)
② 전력변환장치 감시제어 장치(AIS)
③ 자동 기상관측 장치(AWS)
④ 발전소 내 감시용 CCTV
⑤ LOCAL 및 Web Monitoring

※ 부하개폐기(Load Break Switch)
수변전설비의 인입구개폐기로 많이 사용되는 것으로, 정상상태의 부하전류를 개폐하며 이상 시(과부하, 단락 등)의 보호기능은 없다.

21.4.40

24 변환효율 13[%]의 100[W]급의 태양전지 모듈을 이용하여 10[kW]급 태양전지 어레이를 구성하는데 필요한 설치면적[m²]으로 적당한 것은? (단, STC 조건이다.)

① 50   ② 80   ③ 100   ④ 150

해설 설치면적(A)
① 표준 시험조건(Standard Conditions) : 조사강도 1000[W/m²]
② 비례식으로 $\dfrac{1[m^2]}{1,000[W]} = \dfrac{S[m^2]}{10,000[W]}$ ∴ $S = 10$
③ $S = A \times \eta$, $10 = A \times 0.13$
④ $A = \dfrac{10}{0.13} ≒ 76.9 \ [m^2]$

25 초기투자비가 20억원, 설비수명이 20년, 연간 유지비가 1억원인 1[MW] 태양광 설비의 연간 총 발전량이 1500[MW]일 때 발전원가 [원/kWh]는?

① 90.5   ② 120.3   ③ 133.3   ④ 155.5

해설 발전원가[원/kWh]

$$발전원가 = \dfrac{\text{연간 총 투입비용}[원]}{\text{연간 총 발전량}[kWh]}$$

$$= \dfrac{\dfrac{\text{초기 투자비}[원]}{\text{설비수명}[년]} + \text{연간 유지관리비}[원]}{\text{연간 총발전량}[kWh]}$$

$$= \dfrac{\dfrac{2,000,000,000}{20} + 100,000,000}{1,500 \times 10^3} ≒ 133.3 \ [원/kWh]$$

13.4.80 / 15.2.2 / 17.1.9 / 17.2.33 / 17.4.24 / 18.1.74 / 19.2.6 / 19.4.1

26 음영의 영향을 가장 많이 받는 인버터 접속방법은?

① 중앙 집중 방식
② 서브 어레이 방식
③ 개별 스트링 방식
④ 마이크로 인버터 방식

해설 중앙 집중 방식

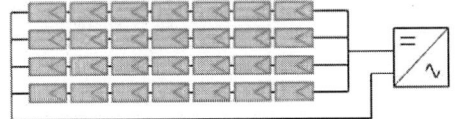

① 다수의 스트링에 한 개의 인버터를 설치하는 방식으로 하나의 인버터가 처리할 수 있는 전압만큼 모듈을 직렬로 연결하고, 인버터가 처리할 수 있는 전류만큼 다수의 스트링으로 병렬로 접속한다.
② 설치면적을 최소화 할 수 있고 유지관리가 간편하다.
③ 전압이 높은 대신 전류가 작기 때문에 전선의 굵기를 최소화 할 수 있다.
④ 직렬구간 어딘가에 그림자가 지거나 이물질이 있으면 발전 손실이 커지므로, 그림자의 우려가 없는 지역에 구성해야 한다.

정답 24. ② 25. ③ 26. ①

17.1.37 / 17.2.37 / 19.1.24

27 태양광발전사업을 위한 부지를 선정하고자 한다. 개발행위허가 기준에 따른 개발행위의 규모가 아닌 것은?

① 농림지역 30000[m²] 미만
② 도시 주거지역 10000[m²] 미만
③ 도시 공업지역 30000[m²] 미만
④ 자연환경보전지역 7000[m²] 미만

해설 개발행위허가의 규모
1) 도시지역
   ① 주거지역 · 상업지역 · 자연녹지지역 · 생산녹지지역 : 10,000[m²] 미만
   ② 공업지역 : 30,000[m²] 미만
   ③ 보전녹지지역 : 5,000[m²] 미만
2) 관리지역 : 30,000[m²] 미만
3) 농림지역 : 30,000[m²] 미만
4) 자연환경보전지역 : 5,000[m²] 미만

28 태양광 모듈 설계 시 가대의 수명을 30년 이상 보증하려고 할 때 선정 재질로 가장 바람직한 것은? (단, 경제성 고려는 하지 않는다.)

① 강재　　　　② 스테인리스
③ 강재+도색　④ 강재+용융아연도금

해설 지지대, 연결부, 기초(용접부위 포함)
지지대간 연결 및 모듈-지지대 연결은 가능한 볼트로 체결하되, 절단가공 및 용접부위(도금처리제품 한정)는 용융아연도금처리를 하거나 에폭시-아연페인트를 2회 이상 도포하여야 한다.
① 용융아연 또는 용융아연-알루미늄-마그네슘합금 도금된 형강
② 스테인리스 스틸(STS) : 녹이 잘 슬지 않게 만든 합금
③ 알루미늄합금
④ ①호부터 ③호까지 동등이상 성능

13.4.29 / 15.2.37 / 18.4.21 / 19.2.26

29 태양광발전시스템의 통합모니터링 구성요소가 아닌 것은?

① 자동 기상관측 장치(AWS)
② 자동고장전류 계산 장치(ACS)
③ 전력변환장치 감시제어 장치(AIS)
④ 태양광발전 모듈 계측 메인장치(SCS)

해설 태양광발전 모니터링 시스템(solar power monitoring system)
태양광발전시스템이 설치된 지역의 현 상태를 모니터링(발전현황, 감시, 진단, 분석 등)하여 유지 관리를 위해 모니터링 시스템을 설치한다.
① 태양광발전 모듈 계측 메인장치(SCS)
② 전력변환장치 감시제어 장치(AIS)
③ 자동 기상관측 장치(AWS)
④ 발전소 내 감시용 CCTV
⑤ LOCAL 및 Web Monitoring

13.4.27 / 15.4.24 / 16.4.21 / 17.2.23 / 17.4.33 / 19.2.28 / 19.2.33 / 19.4.24

30 태양광발전 어레이의 경사각과 방위각에 대한 설명으로 옳은 것은?

① 경사각은 설치할 부지의 위도를 고려하여 설계하여야 한다.
② 경사각이 낮아질수록 어레이 사이의 이격거리가 길어진다.
③ 방위각은 남반구일 때 정남향으로, 북반구일 때 정북향으로 설치한다.
④ 경사각은 어레이가 정남향을 기준으로 동쪽 또는 서쪽으로 틀어진 각도를 말한다.

해설 구조물 이격거리 선정 시 고려사항

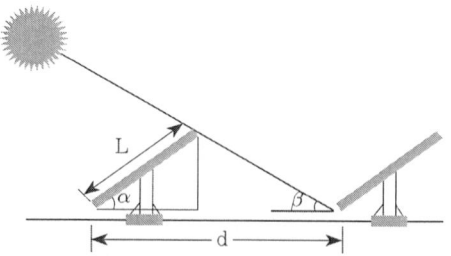

① 태양광 모듈 길이(L)
② 모듈 설치각도(α)
③ 위도(동지시 발전 가능 한계 시간에서 태양의 고도)

정답 27. ④　28. ②　29. ②　30. ①

④ 구조물의 형상, 장애물의 높이, 남북향간 거리, 부지현황, 부지의 경사도

31 토목도면의 재료별 단면을 표시할 경우 지반에 해당하는 것은?

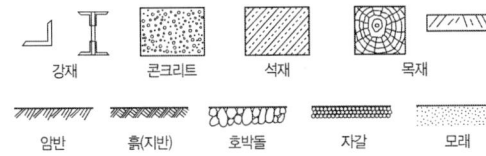

① ㉠
② ㉡
③ ㉢
④ ㉣

해설 **재료의 단면 표시법**

강재, 콘크리트, 석재, 목재
암반, 흙(지반), 호박돌, 자갈, 모래

14.4.71 / 16.2.63 / 18.1.35 / 19.2.40

32 3000kW 초과의 발전사업을 하기 위한 전기(발전)사업 허가권자는?

① 국무총리
② 시·도지사
③ 한국전력공사장
④ 산업통상자원부장관

해설 **사업허가의 신청(전기사업법 시행규칙 제4조)**
① 전기사업의 허가를 신청하려는 자는 전기사업허가신청서에 관련 서류(전자문서를 포함한다. 이하 같다)를 첨부하여 산업통상자원부장관에게 제출하여야 한다.
② 다만, 발전설비용량이 3,000[kW] 이하인 발전사업의 허가를 받으려는 자는 특별시장·광역시장·특별자치시장·도지사 또는 특별자치도지사에게 제출하여야 한다.

13.4.83 / 16.2.85

33 한국전기설비규정에 따라 사용전압이 400V 초과인 저압 가공전선으로 경동선을 사용하는 경우 안전율이 얼마 이상이 되는 이도(弛度)로 시설하여야 하는가?

① 1.3 ② 1.5 ③ 2.2 ④ 2.5

해설 **가공전선의 안전율**
1) 저압 가공전선의 안전율
   저압 가공전선이 다음의 어느 하나에 해당하는 경우에는 고압 가공전선 안전율의 규정에 준하여 시설하여야 한다.
   ① 다심형 전선인 경우
   ② 사용전압이 400V 초과인 경우

2) 고압 가공전선의 안전율
   고압 가공전선은 케이블인 경우 이외에는 다음에 규정하는 경우에 그 안전율이 경동선 또는 내열 동합금선은 2.2 이상, 그 밖의 전선은 2.5 이상이 되는 이도(弛度)로 시설하여야 한다.

※ 전선의 이도(Dip)
   지지물 A, B사이에 전선을 가설하면 전선 자체의 무게 때문에 밑으로 처진 곡선을 이루게 되며 가장 밑으로 처진 부분의 수직 거리를 이도(Dip)라고 한다.

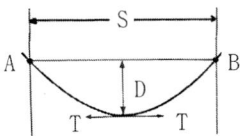

1) 이도의 중요성
① 겨울 : 이도가 적당치 않으면 전선이 수축으로 인해 전선에 무리한 장력 발생 → 단선사고
② 여름 : 온도에 의해 전선은 팽창, 진동 → 도로, 철도, 통신선 등에 위험

2) 이도의 계산
① 전선의 두 지지점이 수평인 경우
$$D ≒ \frac{W S^2}{8 T} [m]$$
T : 수평 장력 [kg], W : 전선의 중량 [kg/m], S : 경간 [m]
② 전선의 실제 길이

정답 31. ③ 32. ④ 33. ③

$$L \fallingdotseq S + \frac{8D^2}{3S} \ [m]$$

전선의 실제 길이 L은 경간 S보다 $\frac{8D^2}{3S}$ 만큼 더 길어진다(약 경간의 0.1~1[%] 미만).

34 전기설비 관련 시설공간(KDS 31 10 21 : 2019)에 따라 수변전실의 위치 결정 시 전기적 고려사항에 해당하지 않는 것은?

① 수전 및 배전 거리를 짧게 하여 경제성을 고려한다.
② 용량의 증설에 대비한 면적을 확보할 수 있는 장소로 한다.
③ 사용부하의 중심에서 멀고, 간선의 배선이 용이한 곳으로 한다.
④ 외부로부터 전원을 공급받기 위한 전선로 등의 인입이 편리한 위치로 한다.

[해설] 전기설비 관련 시설공간(전기적 고려사항)
① 외부로부터 전원을 공급받기 위한 전선로 등의 인입이 편리한 위치로 한다.
② 사용부하의 중심에 가깝고, 간선의 배선이 용이한 곳으로 한다.
③ 용량의 증설에 대비한 면적을 확보할 수 있는 장소로 한다.
④ 수전 및 배전 거리를 짧게 하여 경제성을 고려한다.

18.4.28

35 태양광발전 모듈 설치 시 태양을 향한 방향에 높이 3m인 장애물이 있을 경우 장애물로부터 최소 이격거리(m)는? (단, 발전가능 한계시각에서의 태양의 고도각은 20°이다.)

① 약 8.2 ② 약 10.5
③ 약 15.6 ④ 약 18.7

[해설] 최소 이격 거리(D)

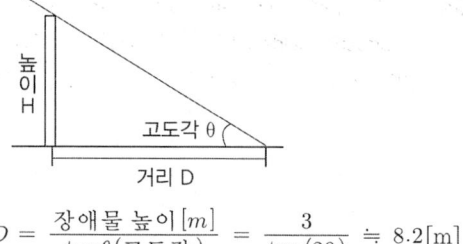

$$D = \frac{장애물\ 높이\ [m]}{\tan\theta(고도각)} = \frac{3}{\tan(20)} \fallingdotseq 8.2[m]$$

36 전력기술관리법령에 따라 감리업자 등은 그가 시행한 공사감리 용역이 끝났을 때에는 공사감리 완료 보고서를 며칠 이내에 시·도지사에게 제출하여야 하는가?

① 7일 ② 10일
③ 20일 ④ 30일

[해설] 현장문서 인수·인계
1) 감리원은 해당 공사와 관련한 감리기록서류 중 다음의 서류를 포함하여 발주자에게 인계할 문서의 목록을 발주자와 협의하여 작성하여야 한다.
① 준공사진첩
② 준공도면
③ 품질시험 및 검사성과 총괄표
④ 기자재 구매서류
⑤ 시설물 인수·인계서
⑥ 그 밖에 발주자가 필요하다고 인정하는 서류

2) 감리업자는 해당 감리용역이 완료된 때에는 30일 이내에 공사감리 완료 보고서를 협회(시·도지사에게)에 제출하여야 한다.

17.4.98

37 전기설비기술기준에 따른 극저주파 전자계(Extremely Low Frequency Electric and Magnetic Fields : ELF EMF)라 함은 0Hz를 제외한 몇 Hz 이하의 전계와 자계를 말하는가?

① 150 ② 200
③ 250 ④ 300

해설 극저주파 전자계(Extremely Low Frequency Electric and Magnetic Fields : ELF EMF)라 함은 0Hz를 제외한 300Hz 이하의 전계와 자계를 말한다.

38 전력시설물 공사감리업무 수행지침에 따라 발주자는 설계변경 방침결정 요구를 받은 경우 설계변경에 대한 기술검토를 위하여 소속직원으로 기술검토팀(T/F팀)을 구성(필요시 민간전문가 구성)·운영할 수 있으며, 이 경우 단순사항은 며칠 이내에 방침을 확정하여 책임감리원에게 통보하여야 하는가?

① 3 ② 5
③ 7 ④ 14

해설 감리원은 공사업자가 현지여건과 설계도서가 부합되지 않거나 공사비의 절감 및 공사의 품질향상을 위한 개선사항 등 설계변경이 필요하다고 설계변경사유서, 설계변경도면, 개략적인 수량 증감 내역 및 공사비 증감내역 등의 서류를 첨부하여 제출하면 이를 검토·확인하고 필요시 기술검토 의견서를 첨부하여 발주자에게 실정을 보고하고, 발주자의 방침을 받은 후 시공하도록 조치하여야 한다.
감리원은 공사업자로부터 현장실정보고를 접수 후 기술검토 등을 요하지 않는 단순한 사항은 7일 이내, 그 외의 사항은 14일 이내에 검토처리 하여야 하며, 만일 기일내 처리가 곤란하거나 기술적 검토가 미비한 경우에는 그 사유와 처리계획을 발주자에게 보고하고 공사업자에게도 통보하여야 한다.

39 신재생발전기 송전계통 연계 기술기준에 따라 신재생발전기는 최소 출력 이상으로 발전기를 운전하는 경우 몇 분 평균값으로 측정된 유효전력 발전량이 규정된 값을 초과하지 않도록 출력상한을 조정 가능해야 하는가?

① 3 ② 5
③ 7 ④ 10

해설 유효전력 제어능력

① 신재생발전기는 유효전력의 출력을 계통운영자의 지시 후 5초 이내에 정격출력의 20%까지 출력을 감소할 수 있어야 한다. 단, 연료전지 발전기는 제외한다.
② 신재생발전기 인버터는 과·저주파수 시 주파수 추종 운전이 가능해야 하며, 주파수 변화에 따라 아래 표와 같이 정정할 수 있는 제어성능을 구비해야 한다.

항목	설정 허용범위
주파수 변화에 따른 출력 조정률	3 ~ 5%
불감대	주파수의 0.06% 이내

③ 신재생발전기는 최소출력 이상으로 발전기를 운전하는 경우 10분 평균값으로 측정된 유효전력 발전량이 규정된 값을 초과하지 않도록 출력상한을 조정 가능 해야한다.
④ 신재생발전기 인버터는 계통운영자의 지시에 따라 유효전력 출력 증감율 속도를 정격의 10% 이내/분까지 제한하는 것이 가능한 제어성능을 구비해야 한다. 단, 연료전지 발전기는 제외한다.
⑤ 신재생발전기의 주파수 조정 및 유지범위는 58.5Hz ~ 61.5Hz 범위 내에서 연속운전이 가능해야 한다. 다만, 계통주파수가 58.5Hz ~ 57.5Hz 범위에서는 최소한 20초 이상 운전 가능해야 한다.
⑥ 신재생발전사업자는 유효전력 제어능력(출력의 증감 및 최대값 제한, 주파수 추종)을 시험하고 결과를 한전에 제공해야 하며, 시험항목, 적부 판정기준 등은 [부록1] 신재생발전기 시험기준 절차서를 따른다.

40 폐쇄배전반 내 시설하는 고압케이블과 저압케이블 사이의 이격거리는 몇 cm 이상이어야 하는가?
(단, 상호 간에 견고한 내화성 격벽을 시설하거나, 상호 간에 난연성케이블을 사용하여 접촉하지 아니하도록 시설할 경우는 그러하지 아니하다.)

① 1 ② 5 ③ 10 ④ 15

해설 폐쇄배전반 내 케이블 사이의 이격거리
① 특고압케이블과 저압케이블 또는 고압케이블 사이의 이격거리는 20cm 이상일 것. 다만, 상호간에 견고한 내화성 격벽을 시설하거나, 상호간에 난연성

케이블을 사용하여 접촉하지 아니하도록 시설할 경우에는 그러하지 아니하다.
② 고압케이블과 저압케이블 사이의 이격거리는 15cm 이상일 것. 다만, 상호 간에 견고한 내화성 격벽을 시설하거나, 상호간에 난연성케이블을 사용하여 접촉하지 아니하도록 시설할 경우에는 그러하지 아니하다.

13.4.99 / 15.2.46 / 15.4.84 / 17.2.89 / 17.4.86 / 19.4.99

41 태양전지 전지판 연결공사에 대한 설명으로 틀린 것은?

① 전선의 연결부위는 전선관 내에서 연결하여야 한다.
② 전선관은 전기적, 기계적으로 확실히 접속한다.
③ 태양광 모듈 결선 시 Junction Box Hole에 맞는 방수 콘넥터를 사용한다.
④ 태양전지에서 옥내에 이르는 배선은 모듈전용선, F-CV선, TFR-CV선 등을 사용한다.

해설 전선의 접속법
① 전선을 접속하는 경우에는 전선의 전기저항을 증가시키지 않도록 접속하여야 한다.
② 나전선 상호 또는 나전선과 절연전선을 접속할 경우에는 전선의 세기(인장하중)를 20[%]이상 감소시키지 아니할 것
③ 접속부분은 접속관 기타의 기구를 사용 할 것.
※ 전선관 안에는 접속점이 없도록 할 것

42 사용전검사 및 법정검사에 대한 설명으로 틀린 것은?

① 법정검사의 목적은 전기설비가 공사계획대로 설계 시공되었는가를 확인하는 것이다.
② 사용전검사는 전기설비의 설치공사 또는 변경공사를 한 자는 산업통상자원부령이 정하는 바에 따라 산업통상자원부장관 또는 시·도지사가 실시하는 검사에 합격한 후에 이를 사용하여야 한다.
③ 법정검사 수행절차 시 불합격 시정기한은 사용 전 검사는 15일, 정기검사는 3개월이다.
④ 전기안전에 지장이 없는 경우에 발전기 인가 출력보다 낮고 저출력 운전 시에는 임시사용이 불가능하다.

해설 사용전검사와 임시사용을 허용할 경우의 그 사용기간과 기준
(1) 사용전검사
① 각종 발전설비, 송·변전·배전설비 및 가로등, 신호등, 보안등, 공장, 상가 등 대형건물의 설치공사 또는 변경공사를 완료하고, 그 전기설비가 공사계획의 인가 또는 신고를 한 내용 및 전기설비기술기준에 적합한 지의 여부에 대한 검사를 산업통상자원부장관 또는 시·도지사로부터 위탁받아 한국전기안전공사에서 수행한다.
② 태양광 발전소에 관한 공사의 경우에는 전체의 공사가 완료된 때 검사를 실시한다.
③ 사용전검사를 받으려는 자는, 검사를 받으려는 날의 7일전까지 한국전기안전공사에 사용전검사 신청서를 제출하여야 한다.

(2) 임시사용을 허용할 경우의 그 사용기간과 기준
1) 임시사용기간은 임시사용 사유의 해소기간, 위험도 등을 고려하여 3개월 이내로 한다.
2) 3개월 이내에 임시사용 사유가 해소될 수 없는 특별한 사유가 있다고 인정되는 경우에는 전체 임시사용기간이 1년을 초과하지 아니하는 범위 내에서 재연장 할 수 있다.

3) 임시사용의 허용기준
① 발전기의 출력이 인가를 받거나 신고한 출력보다 낮으나 사용상 안전에 지장이 없다고 인정되는 경우
② 송·수전과 직접적인 관련이 없는 보호울타리 등이 시공되지 아니한 상태나 사람이 접근할 수 없도록 안전조치를 취한 경우
③ 공사계획을 인가받거나 신고한 전기설비중 교대성·예비성설비 또는 비상용예비발전기가 완공되지 아니한 상태나 주된 설비가 전기의 사용상이나 안전에 지장이 없다고 인정되는 경우

정답 41. ① 42. ④

13.4.83 / 15.2.57 / 16.2.85 / 18.1.47

43 다음 중 이도를 크게 할 경우의 단점이 아닌 것은?

① 지지물이 높아진다.
② 전선접촉사고가 많아진다.
③ 진동을 방지한다.
④ 단선의 우려가 있다.

해설 **전선의 이도(Dip)**

지지물 A, B사이에 전선을 가설하면 전선 자체의 무게 때문에 밑으로 처진 곡선을 이루게 되며 가장 밑으로 처진 부분의 수직 거리를 이도(Dip)라고 한다.

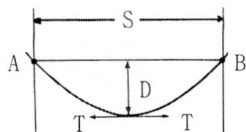

1) 이도의 중요성
① 겨울 : 이도가 적당치 않으면 전선의 수축으로 인해 전선에 무리한 장력 발생 → 단선사고
② 여름 : 온도에 의해 전선은 팽창, 진동 → 도로, 철도, 통신선 등에 위험

2) 이도의 계산
① 전선의 두 지지점이 수평인 경우

$$D = \frac{W S^2}{8 T} [m]$$

T : 수평 장력 [kg], W : 전선의 중량 [kg/m], S : 경간 [m]
② 전선의 실제 길이

$$L = S + \frac{8D^2}{3S} [m]$$

전선의 실제 길이 L은 경간 S보다 $\frac{8D^2}{3S}$ 만큼 더 길어진다(약 경간의 0.1~1[%] 미만)

44 태양광발전시스템 구조물의 설치공사 순서를 보기에서 찾아 옳게 나열한 것은?

㉠ 어레이 가대공사
㉡ 어레이 기초공사
㉢ 어레이 설치공사
㉣ 배선공사
㉤ 점검 및 검사

① ㉡ → ㉠ → ㉢ → ㉣ → ㉤
② ㉠ → ㉡ → ㉢ → ㉣ → ㉤
③ ㉣ → ㉡ → ㉠ → ㉢ → ㉤
④ ㉣ → ㉠ → ㉡ → ㉢ → ㉤

해설 **설치 시공 순서**

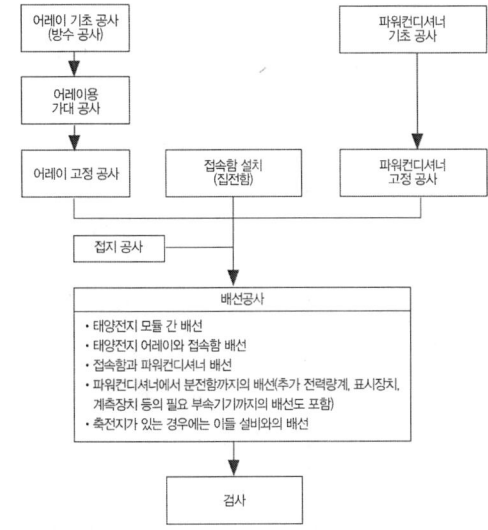

45 공사업자가 공사시작과 동시에 감리원에게 작성, 제출하여야 할 가설시설물의 설치계획표에 포함되는 사항이 아닌 것은?

① 공사용도로
② 공사예정공정표
③ 공사용 임시전력
④ 가설사무소, 작업장, 창고 등의 부대시설

해설 **현장사무소, 공사용 도로, 작업장부지 등의 선정**

감리원은 공사 시작과 동시에 공사업자에게 다음에 따른 가설시설물의 면적, 위치 등을 표시한 가설시설물 설치계획표를 작성하여 제출하도록 하여야 한다.

① 공사용도로(발·변전설비, 송·배전설비에 해당)
② 가설사무소, 작업장, 창고, 숙소, 식당 및 그 밖의 부대설비
③ 자재 야적장

③ 입찰참가자 자격심사 기준 작성
④ 현장 시공 상태의 평가 및 기술지도

해설 감리원의 업무 범위
① 공사계획의 검토
② 공정표의 검토
③ 발주자·공사업자 및 제조자가 작성한 시공설계도 서의 검토·확인
④ 공사가 설계도서의 내용에 적합하게 시행되고 있는 지에 대한 확인
⑤ 전력시설물의 규격에 관한 검토·확인
⑥ 사용자재의 규격 및 적합성에 관한 검토·확인
⑦ 전력시설물의 자재 등에 대한 시험성과에 대한 검토·확인
⑧ 재해예방대책 및 안전관리의 확인
⑨ 설계 변경에 관한 사항의 검토·확인
⑩ 공사 진행 부분에 대한 조사 및 검사
⑪ 준공도서의 검토 및 준공검사
⑫ 하도급의 타당성 검토
⑬ 설계도서와 시공도면의 내용이 현장 조건에 적합한 지 여부와 시공 가능성 등에 관한 사전 검토
⑭ 그밖에 공사의 질을 높이기 위하여 필요한 사항으로 서 산업통상자원부령으로 정하는 사항

17.2.53 / 18.1.62 / 18.2.64 / 20.2.68 / 20.3.78 / 21.1.76

46 계통연계형 소형 태양광 인버터의 옥외 설치 시 IP(Ingress Protection rating) 등급은?

① IP 20 이상
② IP 25 이상
③ IP 33 이상
④ IP 44 이상

해설 태양광발전용 인버터와 접속함의 IP등급

(1) 인버터

용도	형식	설치 장소	비고
계통 연계형	3상	실내/실외	실내형: IP20이상
독립형계	3상	실내/실외	실외형: IP44이상

(2) 접속함

병렬 스트링 수에 의한 분류	설치장소에 의한 분류
소형(3회로 이하)	실내형: IP54 이상
	실외형: IP54 이상
중대형(4회로 이상)	실내형: IP20 이상
	실외형: IP54 이상

※ IP 등급의 표시

숫자	제1숫자 방수 보호정도	제2숫자 방수 보호정도
0	없음	없음
1	손의 접근으로부터 보호	수직으로 떨어지는 물방울로부터의 보호
2	손가락의 접근으로부터의 보호	수직에서 15° 범위에서 떨어지는 물방울로부터의 보호
3	공구의 선단 등으로부터 보호	수직에서 60° 범위에서 떨어지는 물방울로부터의 보호
4	WIRE 등으로부터의 보호	전방향으로 비산되는 물로부터의 보호
5	분진으로부터 보호	전방향으로 쏟아지는 물로부터의 보호
6	완전한 방진구조	파도 등의 강력하게 쏟아지는 물로부터의 보호
7	-	일정한 조건으로 물에 잠겨서 사용 가능
8	-	물속에서 사용 가능

47 전력기술관리법 시행령 및 시행규칙의 감리원 업무범위가 아닌 것은?
① 현장 조사 및 분석
② 공사 단계별 기성 확인

13.4.60 / 17.2.60

48 설계 감리원이 설계업자로부터 착수신고서를 제출받아 적정성 여부를 검토하여 보고하여야 하는 것은?
① 근무상황부
② 예정공정표
③ 설계감리일지
④ 설계감리기록부

해설 설계용역의 관리

설계감리원은 설계업자로부터 착수신고서를 제출받아 다음의 사항에 대한 적정성 여부를 검토하여 보고하여야 한다.
① 예정공정표
② 과업수행계획 등 그밖에 필요한 사항

49 배전선로에서 지락 고장이나 단락 고장사고가 발생하였을 때 고장을 검출하여 선로를 차단한 후 일정시간 경과하면 자동적으로 재투입 동작

46. ④ 47. ③ 48. ② 49. ①

을 반복함으로서 고장 구간을 제거할 수 있는 보호장치는?

① 리클로저 ② 라인퓨즈
③ 배전용 차단기 ④ 컷아웃 스위치

해설 **자동재폐로차단기(R/C : Recloser)**

일반적으로 반송 보호계전 방식에 의해서 고속 차단-재폐로의 동작을 자동적으로 실시하는 방식으로 차단기가 차단된 후 일정시간을 두고 사고지점의 절연이 회복된 후 재폐로 조건(회복조건)이 되면 자동적으로 차단기를 투입하는 시간을 Time Delay라 하고 자동적으로 투입하는 동작을 재폐로라 한다. 재폐로 Time Delay는 Arc 소멸시간(자기 절연회복시간)을 충분히 고려하여 결정한다.

14.4.40 / 15.4.22 / 16.2.59 / 16.4.52 / 17.1.38 / 17.2.52 / 18.4.32 / 19.2.53

50 태양광발전시스템의 구조물 설치를 위한 기초의 종류 중 지지층이 얕을 경우 적용하는 방식은 무엇인가?

① 말뚝기초 ② 피어기초
③ 간접기초 ④ 직접기초

해설 **기초의 분류**

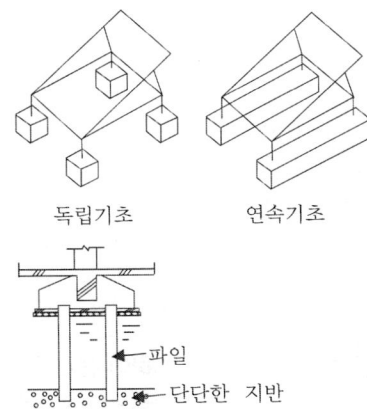

독립기초   연속기초

파일(말뚝)기초

(1) 얕은 기초(Shallow Foundation)
1) 독립(주춧돌)기초(Individual Footing) : 단일 기둥을 지지, 기둥간격이 넓은 경우
2) 연속기초(Contentious Footing) : 다수의 연속기둥 또는 벽체를 지지
3) 전면(온통)기초(Mat 또는 Raft Foundation)
① 다수의 기둥들을 지지, 상부구조 전 단면 아래의 지지토층 위에 있는 단일 슬래브 형식의 확대기초
② 고층건물, 중량건물, 연약지반, 지하수위가 높은 지하실바닥에 유리
※ 직접기초 : 독립기초, 연속기초, 전면(온통)기초
(2) 깊은 기초(Deep Foundation)
1) 파일(말뚝)기초(Pile Foundation)
① 대표적인 깊은 기초공법으로 피어 및 케이슨기초 보다 시공이 간편하고 공사비가 저렴함
② 말뚝의 축방향 허용지지력은 지반의 허용지지력과 말뚝재료의 허용하중을 비교하여 낮은 값으로 결정함
2) 피어기초(Pier Foundation)
구조물 하중을 연약한 토층을 지나 견고한 지지층에 전달시키기 위하여 지반에 굴착한 구멍 속에 현장타설 콘크리트를 채워 설치하는 깊은 기초의 일종으로서 일반적으로 직경은 사람이 들어가서 확인할 수 있도록 최소 직경 760[mm] 정도 이상인 것을 말함
3) 케이슨(우물통)기초

15.4.59 / 16.4.50 / 18.4.24 / 19.2.57

51 그림과 같이 옥상 또는 지붕위에 설치한 케이블의 물 빠짐을 위해 케이블 외경의 최소 몇 배 이상의 반경으로 배선해야 하는가?

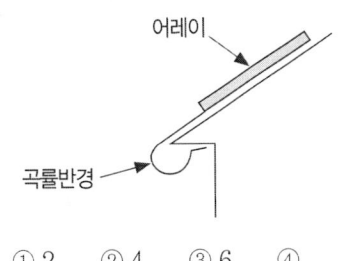

어레이

곡률반경

① 2 ② 4 ③ 6 ④

정답 50. ④ 51. ③

해설 곡률반경(r)

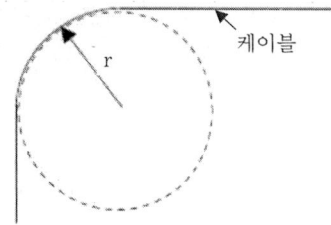

케이블 반지름의 6배 이상으로 곡률반경을 유지해야한다

52 태양광발전시스템 시공에서 모듈 설치 및 결선의 체크리스트 항목이 아닌 것은?

① 전선의 자재는 KS 규격품을 사용하였는가?
② 모듈의 직·병렬연결 시 링 타입의 단자를 사용하여 연결하였는가?
③ 모듈간의 직렬배선은 바람에 흔들리지 않도록 케이블타이로 단단히 고정하였는가?
④ 태양광발전 모듈의 전선은 접속함에 일반용 커넥터를 사용하여 결속하였는가?

해설 태양광발전소 전기배선 및 접속함의 설비기준
① 전선의 자재는 KS 규격품 사용
② 태양전지에서 옥내에 이르는 배선에 쓰이는 전선은 모듈전용선 또는 TFR-CV선을 사용해야 하며, 전선이 지면을 통과하는 경우에는 피복에 손상이 발생되지 않도록 별도의 조치를 취해야 한다.
③ 태양전지판 배선은 바람에 흔들림 없도록 케이블타이 등으로 단단히 고정하여야 하며 태양전지판의 출력배선은 군별, 극성별로 확인할 수 있도록 표시하여야 한다.
④ 태양전지판 결선시에 접속배선함 구멍에 맞추어 압착단자를 사용하여 견고하게 전선을 연결해야하며, 접속배선함 연결부위는 일체형 전용 커넥터를 사용한다.

53 송전전력이 400MW, 송전거리가 200km인 경우의 경제적인 송전전압은 약 몇 kV인가? (단, Still 식에 의하여 산정 할 것)

① 313
② 333
③ 353
④ 363

해설 경제적인 송전전압(Still 식)

$$Vs = 5.5\sqrt{0.6 + \frac{P}{100}}$$

$$= 5.5\sqrt{0.6 \times 200 + \frac{400 \times 10^3}{100}} = 353\,[kV]$$

54 피뢰시스템 구성요소(LPSC)-제2부 : 도체 및 접지극에 관한 요구사항(KS C IEC 62561-2 : 2014)에 따라 대지와 직접 전기적으로 접속하고 뇌전류를 대지로 방류시키는 접지시스템의 일부분 또는 그 집합을 정의하는 것은?

① 피뢰침
② 수뢰부
③ 접지극
④ 인하도선

해설 용어의 정의
① 수뢰부 시스템(air termination system)
낙뢰를 포착할 목적으로 피뢰침, 망상도체, 가공지선 등과 같은 금속물체를 이용한 외부 피뢰시스템의 일부
② 피뢰침(air termination rod), 수뢰(수평) 도체(air termination conductor)
구조물 직격뢰를 포착하여 전도하기 위한 수뢰부시스템의 일부
③ 인하 도선(down conductor)
뇌전류를 수뢰부시스템에서 접지극시스템으로 흘리기 위한 외부 피뢰시스템의 일부
④ 접지극시스템(earth termination system)
뇌전류를 대지로 흘려 방출시키기 위한 외부 피뢰시스템의 일부
⑤ 접지극(earth electrode)
대지와 직접 전기적으로 접속하고 뇌전류를 대지로 방류시키는 접지시스템의 일부분 또는 그 집합
⑥ 접지봉(earth rod)
땅에 박히는 금속봉으로 구성되는 접지극

55 한국전기설비규정에 따라 케이블트레이공사중 수평 트레이에 단심케이블을 포설 시 벽면과의 간격은 몇 mm 이상 이격하여 설치하여야 하는가?

① 5 ② 10 ③ 15 ④ 20

해설 수평 트레이에 단심케이블을 포설 방법
① 사다리형, 바닥밀폐형, 펀칭형, 메시형 케이블 트레이 내에 단심케이블을 포설하는 경우 이들 케이블의 지름 합계는 트레이의 내측폭 이하로 하고 단층으로 포설하여야 한다. 단, 삼각포설 시에는 묶음단위 사이의 간격은 단심케이블 지름의 2배 이상 이격하여 포설하여야 한다.
② 벽면과의 간격은 20mm 이상 이격하여 설치하여야 한다.

56 한국전기설비규정에 따라 태양광발전 모듈에 접속하는 부하측의 전로를 옥내에 시설할 경우 적용할 수 있는 합성수지관 공사에서 사용하는 관(합성수지제 휨(가요) 전선관을 제외)의 최소 두께(mm)는?

① 1.0 ② 1.2 ③ 1.6 ④ 2.0

해설 합성수지관의 선정
① 관의 끝부분 및 안쪽 면은 전선의 피복을 손상하지 아니하도록 매끈한 것일 것
② 관[합성수지제 휨(가요) 전선관을 제외한다]의 두께는 2mm 이상일 것. 다만, 전개된 장소 또는 점검할 수 있는 은폐된 장소로서 건조한 장소에 사람이 접촉할 우려가 없도록 시설한 경우(옥내배선의 사용전압이 400V 이하인 경우에 한한다)에는 그러하지 아니하다.

57 한국전기설비규정에 따른 전선관시스템의 공사방법으로 틀린 것은?

① 케이블 공사
② 금속관공사
③ 합성수지관공사
④ 가요전선관공사

해설 공사방법의 분류

종류	공사방법
전선관시스템	합성수지관공사, 금속관공사, 가요전선관공사
케이블트렁킹시스템	합성수지몰드공사, 금속몰드공사, 금속트렁킹공사a
케이블덕팅시스템	플로어덕트공사, 셀룰러덕트공사, 금속덕트공사b
애자공사	애자공사
케이블트레이시스템 (래더, 브래킷 포함)	케이블트레이공사
케이블공사	고정하지 않는 방법, 직접 고정하는 방법, 지지선 방법

a 금속본체와 커버가 별도로 구성되어 커버를 개폐할 수 있는 금속덕트공사를 말한다.
b 본체와 커버 구분 없이 하나로 구성된 금속덕트공사를 말한다.

58 저전압계전기의 정격전압 정정 시 정격전압의 몇 % 범위에서 정정하는 것이 적당한가?

① 10~30% ② 35~55%
③ 60~80% ④ 90~105%

해설 저전압계전기(Under Voltage Relay)
회로가 저전압 또는 무전압시 콘덴서가 투입되어 있으면 회로 전압 회복시 콘덴서만이 운전되어 콘덴서로 인한 전압상승으로 타 기기에 손상을 주는 것을 방지하기 위하여, 일반적으로 유도형 한시 부족전압계전기를 사용하며, 동작전압은 70% 이하, 시한은 2초 정도로 한다.

59 피뢰시스템의 등급이 Ⅳ인 경우 인하도선 사이의 최적 간격은 몇 m인가?

① 5 ② 10
③ 15 ④ 20

해설 인하도선시스템의 배치방법

(1) 건축물·구조물과 분리된 피뢰시스템인 경우
① 뇌전류의 경로가 보호대상물에 접촉하지 않도록 하여야 한다.
② 별개의 지주에 설치되어 있는 경우 각 지주마다 1가닥 이상의 인하도선을 시설한다.
③ 수평도체 또는 메시도체인 경우 지지 구조물마다 1가닥 이상의 인하도선을 시설한다.

(2) 건축물·구조물과 분리되지 않은 피뢰시스템인 경우
① 벽이 불연성 재료로 된 경우에는 벽의 표면 또는 내부에 시설할 수 있다. 다만, 벽이 가연성 재료인 경우에는 0.1m 이상 이격하고, 이격이 불가능 한 경우에는 도체의 단면적을 100㎟ 이상으로 한다.
② 인하도선의 수는 2가닥 이상으로 한다.
③ 보호대상 건축물·구조물의 투영에 따른 둘레에 가능한 한 균등한 간격으로 배치한다. 다만, 노출된 모서리 부분에 우선하여 설치한다.
④ 병렬 인하도선의 최대 간격은 피뢰시스템 등급에 따라 Ⅰ·Ⅱ 등급은 10m, Ⅲ 등급은 15m, Ⅳ 등급은 20m로 한다.

60 1일 사용전력량이 240 kWh, 최대 수용전력이 20 kW인 수전설비의 부하율은 몇 % 인가?

① 20% ② 50%
③ 80% ④ 120%

해설 부하율(load factor)
① 일정한 기간의 평균부하전력의 최대부하전력에 대한 비
② 부하률 = $\dfrac{평균 수용 전력 [kW]}{합성 최대 수용 전력 [kW]} \times 100 [\%]$

$= \dfrac{\frac{240}{24}}{20} \times 100 = 50 [\%]$

13.4.70 / 15.2.66 / 17.2.39 / 18.1.70 / 18.2.73

61 태양광발전 시스템 정기점검 사항 중 인버터의 투입저지 시한 타이머(동작시험)관련 인버터가 정지하여 자동 기동할 때는 몇 분 정도 시간이 소요되는가?

① 1분 ② 3분 ③ 5분 ④ 10분

해설 한전계통에의 재병입(Reconnection)
① 한전계통에서 이상 발생 후 해당 한전계통의 전압 및 주파수가 정상 범위 내에 들어올 때까지 분산형전원의 재병입이 발생해서는 안된다.
② 분산형전원 연계 시스템은 안정상태의 한전계통 전압 및 주파수가 정상 범위로 복원된 후 그 범위 내에서 5분간 유지되지 않는 한 분산형전원의 재병입이 발생하지 않도록 하는 지연기능을 갖추어야 한다.

13.4.24 / 15.2.73 / 15.4.55 / 16.2.38 / 16.2.79 / 17.2.24 / 17.4.29 / 19.4.25

62 발전사업 허가 제출서류 중 발전용량 3000[kW] 이하 시 제출하지 않아도 되는 서류는?

① 전기사업 허가신청서
② 발전원가 명세서
③ 신용평가 의견서
④ 송전관계 일람도

해설 발전사업 신청에 필요한 서류(3000[kW] 이하인 경우)
(1) 전기사업 허가신청서
(2) 사업계획서
① 기술능력 관련(전기설비 건설 및 운영 계획 관련 증명서류)
② 계획에 따른 수행 가능 여부 관련(송전관계 일람도)
③ 발전원가명세서(발전사업 또는 구역전기사업의 허가를 신청하는 경우만 해당한다)
(3) 정관, 대차대조표 및 손익계산서(신청자가 법인인 경우만 해당하며, 설립 중인 법인의 경우에는 정관만 제출한다)
(4) 신청자(발전설비용량 3천킬로와트 이하인 신청자는 제외한다)의 주주명부. 이 경우 신청자가 재무능력을 평가할 수 없는 신설법인인 경우에는 신청자의 최대주주를 신청자로 본다.

15.2.77 / 15.2.79 / 16.2.66 / 16.2.78 / 16.4.80 / 18.1.65 / 19.2.76

63 사업용 태양광 발전설비 정기검사 항목 중 필수항목이 아닌 것은?

정답 60. ② 61. ③ 62. ③ 63. ④

① 태양전지　② 전력변환장치
③ 차단기　　④ 접속함

해설 **전기사업용 태양광 발전설비 정기검사 항목**
(1) 태양광발전설비계통
　① 태양광 전지
　② 전력변환장치
　③ 변압기
　④ 차단기(발전기용)

(2) 종합검사
　① 종합연동시험
　② 부하운전시험

64 태양광발전시스템 사용전검사와 관련된 법은?
① 전기사업법　　② 전기공사업법
③ 전력기술관리법　④ 한국전력공사규정

해설 전기사업법 제63조(사용전검사)

13.4.68 / 17.2.66 / 18.4.70

65 태양전지 어레이의 출력 확인 시험 중 개방전압 측정순서에 대한 설명으로 틀린 것은?
① 접속함의 주개폐기를 개방(OFF)한다.
② 접속함의 각 스트링의 MCCB 또는 퓨즈가 있는 경우 개방(OFF)한다.
③ 각 모듈이 그늘 져 있지 않은지 확인한다.
④ 출력개폐기의 입력부에 서지 업서버를 취부하고 있는 경우에는 접지단자를 분리시킨다.

해설 개방 전압 측정순서

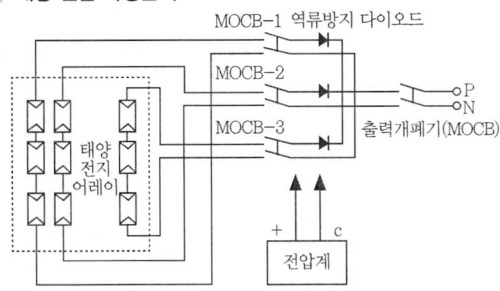

66 태양광발전시스템에서 사용되는 송·변전 시스템 점검사항 중 비상정지회로의 점검은 언제 수행되어야 하는가?
① 정기점검　　② 일시점검
③ 외관점검　　④ 일상순시점검

해설 **전기설비의 보수점검**
① 비상정지회로는 정기점검시에 동작확인을 한다.
② 비나 바람이 강한 날은 평상시에 일어나지 않는 현상이 발생할 수 있으므로 특히 이점을 고려하여 순시를 하여야 한다.
③ 배전반 부근에서 건축공사 등을 시행하는 경우에는 분진의 침입 및 진동에 의해 기기가 손상이 일어나지 않도록 조치한다.

67 누전에 의한 인사사고 및 화재로부터 인명과 재산을 지키기 위해 전기기기의 접지를 완벽하게 시공해야 한다. 이에 해당하는 대상이 아닌 것은?
① 금속관
② 목재구조
③ 전기기기의 가대
④ 케이블 피복금속체

해설 접지(Earth grounding)

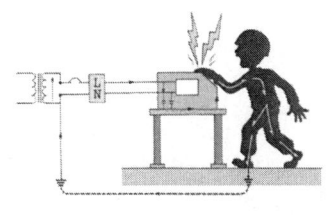

기기 접지(×)

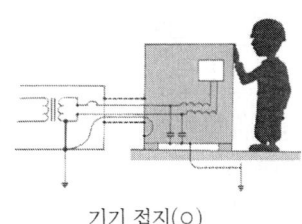

기기 접지(○)

68 태양광발전시스템에 설치된 퓨즈의 고장을 점검하기 위한 방법으로 틀린 것은?

14.4.64 / 17.2.80

① 육안 검사 ② 다기능 측정
③ 전력망 분석 ④ 입출력 측정

해설 퓨즈의 고장 점검방법
① 육안검사
② 다기능 측정
③ 입출력 측정

※ 전력망

전력망 = Grid
공급자중심 일방향성
+
정보통신 = Smart
실시간 정보교환
=
스마트그리드
수요자중심 양방향성

① 전기를 생산하여 전기사용자에게 공급하는 데에 필요한 전기설비와 이를 통제·관리하는 체계
② 전력망에 정보통신기술을 적용하여 전기의 공급자와 사용자가 실시간으로 정보를 교환하는 등의 방법을 통하여 전기를 공급함으로써 에너지 이용효율을 극대화하는 전력망을 지능형전력망(smart grid)이라 한다.

69 태양광발전시스템 운전 특성의 측정 방법(KS C 8385:2005)에서 용어 정의 중 다른 전원에서의 보충 전력량을 의미하는 것은?

① 표준 전력량 ② 백업 전력량
③ 역조류 전력량 ④ 계통 수전 전력량

해설 태양광과 풍력발전은 원자력이나 석탄 같은 기저발전과 달리 햇볕과 바람에 영향을 받아 발전량이 수시로 변동한다. 발전 출력이 일정하지 않아 전력의 주파수에 영향을 미친다. 전력계통에서는 좋지 않은 전원인 것이다. 따라서 재생에너지 확대 시 주파수조정 ESS와 같은 백업(back-up)설비에 대한 준비는 필수적이다.

70 태양광발전시스템의 구조물에 발생하는 고장으로 틀린 것은?

① 백화현상 ② 녹 및 부식
③ 이상 진동음 ④ 구조물 변형

해설 백화현상
① 시멘트를 사용하는 건축물의 외부면에 백색의 물질이 발생되는 현상
② 구조물의 일부인 기초 콘크리트를 해안 근처에 설치하는 경우, 백화현상이 발생할 수 있다.

71 태양광발전시스템의 고장별 조치방법을 나열한 것으로 틀린 것은?

① 불량 모듈이 선별되어 교체 시에는 제조사와 관계없이 동일 면적의 제품으로 교체하여야 한다.
② 모듈의 단락전류는 음영에 의한 경우와 모듈 불량에 의한 경우의 문제로 판정되면 그 원인을 해소한다.
③ 인버터가 고장인 경우에는 유지보수 인력이 직접 수리가 곤란하므로 제조업체에 A/S를 의뢰하여 보수한다.
④ 태양광발전 모듈의 개방전압이 저하하는 원인은 셀 및 바이패스 다이오드의 손상에 기인하는 경우가 대부분이므로 손상된 모듈을 찾아서 교체하여야 한다.

해설 태양광발전시스템의 고장별 조치방법
① 모듈의 파손, 열화, 단자하의 방수 성능저하 등과 케이블의 열화, 피복 손상이 있는 경우 절연저하의 문제가 발생되므로 절연저항 기준치 이하인 경우 해당 스트링의 모듈 및 선로를 육안 점검한다.
② 육안점검으로 찾지 못한 경우에는 전체 스트링의 중간(1/2)지점에서 모듈의 커넥터를 분리하고, 절연저항을 측정한다.
③ 절연저항이 낮은 쪽으로 구간을 축소해 최종적으로 모듈 뒷면 단자함을 개방해서 불량모듈을 선별한다.
④ 불량모듈이 선별되면 동일 제조사의 동일규격 제품으로 교체한다.

정답 68. ③ 69. ② 70. 전항정답 71. ①

5.2.72 / 15.4.80 / 16.2.64 / 16.4.74 / 17.1.78 / 17.2.67 / 17.4.80
/ 18.2.65 / 18.2.68 / 18.4.80 / 19.2.80

72 정지상태의 점검으로 내전압 시험 및 보호계전기 등의 동작시험을 수행하는 점검은?

① 운전점검　　② 일상점검
③ 정기점검　　④ 임시점검

해설 정기점검
① 태양광발전시스템의 기능을 확인하고 유지하기 위한 계획을 수립하여 점검하는 것
② 원칙적으로 시설물을 정지상태에서 운전제어장치의 기계점검, 절연저항측정, 배전반 및 인버터의 기능을 확인하고 유지하기 위한 계획을 수립하여 점검
③ 모선을 정전하지 않고 점검을 하여야 할 경우에는 안전사고가 일어나지 않도록 주의하여야 한다.

73 인버터의 입·출력단자와 접지 간의 절연저항 측정 시 몇 MΩ 이상이어야 하는가? (단, DC 500V 메가로 측정한 경우이다.)

① 0.1　　② 0.3
③ 0.5　　④ 1

해설 절연저항(저압용)
① 태양전지 ~ 접지 : 0.2MΩ 이상
② 접속함/인버터 ~ 접지 : 1MΩ 이상

74 태양광발전시스템의 계측기구 및 표시장치의 구성으로 틀린 것은?

① 검출기　　② 감시장치
③ 연산장치　　④ 신호변환기

해설 태양광발전시스템의 계측시스템 구성
① 검출기
　태양광발전시스템의 기상데이터와 전압, 전류 등을 측정하는 장치로 직류측의 전압은 분압기로 전류는 분류기를 이용하고, 교류측의 전압, 전류, 역률, 주파수 계측은 PT, CT를 통해서 검출, 지시계 또는 신호변환기로 전송하는 장치

② 신호변환기
　검출기로 검출된 데이터를 컴퓨터 및 먼거리에 설치한 표시장치에 전송할 때 사용하는 장치
③ 연산장치
　검출기를 통해 얻어진 순시계측 데이터는 적산하고, 일정기간 동안의 데이터는 평균하는 등 필요 데이터를 가공하는 장치
④ 기억장치
　컴퓨터가 필요로 하는 정보, 컴퓨터가 자료를 처리하여 얻은 결과 등을 저장하는 기능을 하는 장치

75 전기작업계획서의 작성에 관한 기술지침에 따라 작업계획서에 작성하는 내용으로 틀린 것은?

① 작업의 목적
② 작업자의 인적사항
③ 작업자의 자격 및 적정 인원
④ 교대 근무 시 근무 인계에 관한 사항

해설 전기작업계획서 내용
① 전기작업의 목적 및 내용
② 전기작업 근로자의 자격 및 적정 인원
③ 작업 범위, 작업책임자 임명, 전격·아크 섬광·아크 폭발 등 전기위험 요인 파악, 접근한계거리, 활선접근 경보장치 휴대 등 작업 시작 전에 필요한 사항
④ 전로 차단에 관한 작업계획 및 전원(電源) 재투입 절차 등 작업 상황에 필요한 안전작업 요령
⑤ 절연용 보호구 및 방호구, 활선 작업용 기구·장치 등의 준비·점검·착용·사용 등에 관한 사항
⑥ 점검·시운전을 위한 일시 운전, 작업 중단 등에 관한 사항
⑦ 교대 근무 시 근무 인계(引繼)에 관한 사항
⑧ 전기작업장소에 대한 관계 근로자가 아닌 사람의 출입금지에 관한 사항
⑨ 전기안전작업계획서를 해당 근로자에게 교육할 수 있는 방법과 작성된 전기안전작업계획서의 평가·관리 계획
⑩ 전기 도면, 기기 세부 사항 등 작업과 관련되는 자료

정답 72. ③　73. ④　74. ②　75. ②

76 태양광발전용 인버터의 육안점검 항목에 해당하지 않는 것은?
① 배선의 극성
② 지붕재의 파손
③ 단자대 나사 풀림
④ 접지단자와의 접속

해설 배선의 극성은 계측기로 점검한다.

15.4.67 / 15.4.78 / 16.2.68 / 16.4.72 / 17.1.61 / 18.4.66 / 19.2.65 / 19.2.79

77 정전작업 중 조치사항에 대한 설명으로 틀린 것은?
① 개폐기의 관리
② 작업지휘자에 의한 작업지휘
③ 근접 활선에 대한 방호상태 관리
④ 검전기로 개로된 전로의 충전 여부 확인

해설 정전작업
1) 정전작업 전 조치사항
① 전원차단후 각 단로기 등을 개방하고 확인할 것
② 차단장치나 단로기 등에 잠금(시건)장치 및 꼬리표를 부착할 것
③ 전기기기 등에 공급되는 모든 전원을 관련 배선도, 도면 등을 통해 확인할 것
④ 검전기를 이용하여 작업 대상 기기가 충전되었는지 확인 할 것(잔류전하 방전)
2) 정전작업 중 조치사항
① 작업지휘자에 의한 작업지휘
② 개폐기 관리(전원 재투입 방지, 잠금장치 및 꼬리표 부착 관리)
③ 근접 활선에 대한 방호상태 관리
④ 단락접지의 상태관리

3) 정전작업 후 조치사항
① 작업기기, 단락접지기구(접지선)를 제거하고 전기기기 등이 안전하게 통전될 수 있는지 확인
② 모든 작업자가 작업이 완료된 전기기기 등에서 떨어져 있는지 확인할 것
③ 잠금장치 와 꼬리표는 설치한 근로자가 직접 철거할 것
④ 모든 이상유무를 확인한 후 전기기기 등의 전원을 투입할 것

78 전기설비 검사 및 점검의 방법·절차 등에 관한 고시에 따른 사업용 태양광발전설비의 정기점검 시 종합검사의 검사항목에 해당하지 않는 것은?
① 종합연동시험   ② 조상설비시험
③ 부하운전시험   ④ 부지 및 구조물

해설 태양광발전설비의 종합검사 항목
1) 종합연동시험

2) 부하운전시험
① 검사시 일사량을 기준으로가능출력을 확인하고 발전량 이상유무 확인(30분)
② 부하운전시험의견

3) 부지 및 구조물
① 배수로 정비상태 외관점사
② 부지 유지관리상태 외관검사
③ 기초 구조물 관리상태
④ 구조물 관리상태

16.4.75 / 17.4.69 / 19.1.66

79 인버터의 계통 전압이 규정치 이상일 경우 인버터의 표시내용으로 옳은 것은?
① Utility Line Fault
② Line Over Voltage Fault
③ Line Phase Sequence Fault
④ Inverter Over Current Fault

해설 인버터의 표시 내용
① 인버터 출력전압 이상(Inverter Output Voltage Fault) : 인버터 전압 이상이 계측되는 경우
② 인버터 과전류(Inverter Over Current Fault) : 인

정답 76. ① 77. ④ 78. ② 79. ②

버터 전류의 규정 값 이상
③ 인버터지락(Inverter Ground Fault) : 인버터에 누전발생
④ 인버터 과열(Inverter Over Temperature) : 인버터의 온도 이상
⑤ 인버터 MC 이상(Inverter M/C Fault) : 전자접촉기(MC) 이상
⑥ 계통-인버터 위상 이상(Line Inverter Async Fault) : 인버터와 전력계통의 위상이 비동기
⑦ 계통 과전압(Line Over Voltage Fault) : 계통 전압이 규정치 이상
⑧ 인버터 저전압(Solar Cell Under Voltage Fault) : 태양전지 전압이 규정치 이하일 때

80 산업안전보건법령에 따른 다음 안전보건표지의 내용으로 옳은 것은?

① 고압전기 경고
② 레이저광선 경고
③ 방사성물질 경고
④ 폭발성물질 경고

해설 안전보건 경고표지

인화성물질 경고	폭발성물질 경고	방사성물질 경고	고압전기 경고
매달린 물체 경고	낙하물 경고	레이저광선 경고	위험장소 경고

정답 80. ①

2025 제2회 CBT 복원 기출문제

01 인버터의 전기적 보호 등급 Ⅲ의 안전 최저 전압은 얼마인가?

① 최대 AC : 120 [V], 최대 DC : 50 [V]
② 최대 AC : 120 [V], 최대 DC : 120 [V]
③ 최대 AC : 50 [V], 최대 DC : 50 [V]
④ 최대 AC : 50 [V], 최대 DC : 120 [V]

해설 저전압방식
① 스트링 전압을 DC120[V] 이하로 구성한 것
② 등급Ⅲ - 안전 초저전압 (최대 AC : 50[V], 최대 DC : 120[V])

16.2.13 / 17.1.13

02 KSC-IEC 규격에 따라 모듈의 뒷면에 표시해야 할 항목이 아닌 것은?

① 공칭 중량
② 내풍압성 등급
③ 습윤 누설전류
④ 제조년월일 및 제조번호

해설 제품인증표시의 방법
① KS마크의 크기 3mm 이상
② KS명 또는 KS번호
③ 인증번호
④ 설비명 및 모델명/모델코드
⑤ 제품의 주요 사양
   (최대출력, 출력공차, 공칭 중량, 최대전압, 최대전류, 개방전압, 단락전류, 내풍압성 등급 등등)
⑥ 제조연월일
⑦ 제조자명 및 소재지
   (해당하는 경우 수입사 포함)
⑧ 인증기관명
⑨ KS C 8561의 표시사항

16.2.16 / 16.2.17 / 18.2.16

03 분산형 전원 배전계통 연계시 반드시 설치하지 않아도 되는 보호 장치는?

① 결상   ② 저전압
③ 저주파수   ④ 역기전력

해설 계통연계용 보호장치의 시설(기술기준 제283조)
(1) 계통연계하는 분산형전원을 설치하는 경우 다음의 1에 해당하는 이상 또는 고장 발생시 자동적으로 분산형전원을 전력계통으로부터 분리하기 위한 장치 시설 및 해당 계통과의 보호협조를 실시하여야 한다.
① 분산형전원의 이상 또는 고장
② 연계한 전력계통의 이상 또는 고장
③ 단독운전 상태
(2) (1)의 ②에 따라 연계한 전력계통의 이상 또는 고장 발생시 분산형전원의 분리시점은 해당 계통의 재폐로 시점 이전이어야 하며, 이상 발생 후 해당 계통의 전압 및 주파수가 정상 범위 내에 들어올 때까지 계통과의 분리상태를 유지하는 등 연계한 계통의 재폐로방식과 협조를 이루어야 한다.
(3) 단순 병렬운전 분산형전원의 경우에는 역전력계전기를 설치한다. 단, 신·재생에너지를 이용하여 동일 전기사용장소에서 전기를 생산하는 합계 용량이 50kW 이하의 소규모 분산형 전원으로서 (1)의 ③에 의한 단독운전 방지기능을 가진 것을 단순 병렬로 연계하는 경우에는 역전력계전기 설치를 생략할 수 있다.

※ OCGR(Over Current Ground Relay : 과전류 지락계전기) : 중성점 접지방식의 전로에 CT 3개를 Y결선한 잔류회로를 이용하여 지락전류를 검출하는 방식
※ 과전압계전기(OVR), 부족전압계전기(UVR), 주파수 상승계전기(OFR), 주파수 저하계전기(UFR), 역전력계전기(RPR)

정답 1.④ 2.③ 3.①

04 궤도전자가 강한 에너지를 받아서 원자내의 궤도를 이탈하여 자유전자가 되는 것을 무엇이라 하는가?

① 여기　　② 공진
③ 전리　　④ 방사

해설 전리(Ionization)

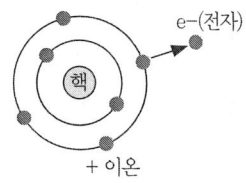

입사 방사선이 원자(전기적으로 중성)의 궤도전자에 전자의 결합에너지보다 큰 에너지를 부여함으로써 원자로부터 전자를 제거하는 현상으로, 이온화라고도 한다.

14.4.11 / 16.4.17 / 17.1.2 / 18.2.5 / 18.2.6 / 19.2.15 / 20.2.5

05 2500[W]인버터의 입력전압 범위가 22~32[V]이고 최대출력에서 효율은 88[%]이다, 최대 정격에서 인버터의 최대 입력 전류는?

① 약 78[A]　　② 약 88[A]
③ 약 113[A]　　④ 약 129[A]　[회]

해설 전류(I)

$$I = \frac{P}{V \cdot \eta} = \frac{2,500}{22 \times 0.88} \fallingdotseq 129 [A]$$

13.4.8 / 14.4.16 / 15.4.21 / 18.2.29 / 18.4.34

06 다음중 비정질 실리콘 모듈의 충진율(Fill Factor)로 가장 적합한 것은?

① 0.35~0.55　　② 0.56 ~ 0.61
③ 0.75 ~ 0.85　　④ 0.86 ~ 0.95

해설 충진율(Fill Factor)
① 단결정 실리콘 0.75~0.85
② 비결정질 태양전지 : 0.5~0.7

15.4.9 / 18.2.17

07 다음 중 연료전지의 종류가 아닌 것은?

① 인산형(PAFC)
② 용융탄산염형(MCFC)
③ 분산전해질형(PEFC)
④ 고체산화물형(SOFC)

해설 연료전지의 종류(전해질 종류에 따라 연료전지를 구분)

구분	알카리 (AFC)	인산형 (PAFC)	용융탄산염형 (MCFC)	고체산화물형 (SOFC)	고분자전해질형 (PEMFC)	직접메탄올 (DMFC)
전해질	알카리	인산형	탄산염	세라믹	이온교환막	이온교환막
동작온도(℃)	120이하	250이하	700이하	1,200이하	100이하	100이하
효율(%)	85	70	80	85	75	40
용도	우주발사체 전원	중형건물 (200kW)	중·대형건물 (100kW~MW)	소중대용량 발전(1kw~MW)	가정상업용 (1~10kW이하)	소형이동 (1kW이하)
특징	-	CO 내구성 큼, 열병합 대응가능	발전효율 높음, 내부개질 가능, 열병합대응 가능	발전효율 높음, 내부개질 가능, 복합발전 가능	저온작동 고출력밀도	저온작동 고출력밀도

* AFC(Alkaline Fuel Cell), PAFC(Phosphoric Acid FC), MCFC(Molten Carbonate), SOFC(Solid Oxide), PEMFC(Polymer Electrolyte Membrane), DMFC(Direct Methanol) → 순서대로 기술발전 단계임

08 태양광 발전시스템에 사용되는 인버터회로에 대한 설명 중 틀린 것은?

① 직류전압을 교류전압으로 변환하는 장치를 인버터라 한다.
② 전류형 인버터와 전압형 인버터로 구분 할 수 있다.
③ 전류방식에 따라 타력식과 자력식으로 구분 할 수 있다.
④ 인버터의 부하장치에는 직류직권전동기를 사용 할 수 있다.

해설 인버터(Inverter)

① 직류(DC)를 교류(AC)로 바꾸기 위한 전기적 장치
② 특정 전원 소스(전압원, 전류원, 주파수, 크기, 방

향)를 다른 성분의 전원으로 사용하기 위해 사용하는 전력 변환기 중 출력이 AC인 부하장치에 전원을 공급한다.

18.1.29

09 표준상태에서의 태양광발전 어레이 출력 20000[W], 월 적산 어레이 표면(경사면) 일사량 275 [kWh/m² · 월], 표준상태에서의 일사강도 1[kW/m²], 종합설계계수가 0.85일 때 월간 발전량[kWh/월]은?

① 4675   ② 4.675
③ 112200   ④ 140250

해설 월간발전량[kWh/월]

[kWh/월] = 어레이출력(kW) × 월경사면일사량 × 종합설계계수
= 20 × 275 × 0.85 = 4,675 [kWh/월]

10 계통연계형 태양광발전용 인버터의 기능으로 틀린 것은?

① 직류지락 검출기능
② 자동전압 조정기능
③ 최대전력 추종제어기능
④ 교류를 직류로 변환하는 기능

해설 인버터(Inverter)
직류(DC)를 교류(AC)로 변환하는 장치

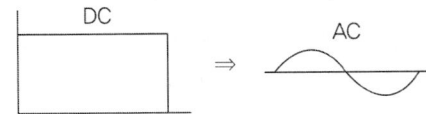

컨버터(Converter)
교류(AC)를 직류(DC)로 변환하는 장치

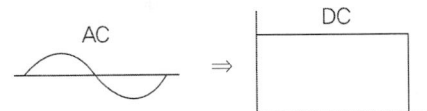

14.3.31 / 16.2.35 / 18.2.24

11 부지선정 시 일반적으로 고려되어야 하는 사항으로 틀린 것은?

① 풍향 조건   ② 지리적인 조건
③ 행정상의 조건   ④ 건설 환경적 조건

해설 부지선정 시 일반적인 고려사항
① 일사량 : 남향을 표준으로 한다.
② 일조시간 : 고지대가 유리함
③ 자연환경검토 : 적설 및 적운이 적은 지역, 음영발생 여부, 바람이 잘 들 수 있을 것(모듈 효율 상승), 지반지질 상태 등
④ 접근성 : 비포장도로 4[m], 포장도로 3[m]
⑤ 행정상 조건(인허가문제) : 각 지자체별로 개발행위 및 산지전용 가능여부 등에 관한 규제가 상이 함
⑥ 계통연계 : 3상 전주 인입 가능 여부 및 한전선로(분산형전원) 용량 확인
⑦ 경제성(토지비, 송전 설치비, 발전용량에 맞는 부지선정 등)
⑧ 기타-민원

17.1.37 / 17.2.37 / 19.1.24

12 국토의 계획 및 이용에 관한 법률에 따른 농림지역에서의 개발행위허가의 규모로 옳은 것은?

① 5천제곱미터 미만   ② 1만제곱미터 미만
③ 3만제곱미터 미만   ④ 5만제곱미터 미만

해설 개발행위허가의 규모
1) 도시지역
① 주거지역 · 상업지역 · 자연녹지지역 · 생산녹지지역 : 10,000[m²]미만
② 공업지역 : 30,000[m²]미만
③ 보전녹지지역 : 5,000[m²]미만
2) 관리지역 : 30,000[m²]미만
3) 농림지역 : 30,000[m²]미만
4) 자연환경보전지역 : 5,000[m²]미만

14.4.6 / 18.2.7

13 태양열 발전시스템에 대한 설명으로 잘못된 것은?
① 홈통형은 공정열이나 화학반응을 위해 열을 제공한다.
② 파라볼라 접시형은 집열기에서 태양열 에너지를 직접 열로 변환시켜 열로 이용한다.
③ 진공관형은 집열관 내의 가열된 열매체는 파이프를 통해 열교환기로 수송되어 증기를 생산한다.
④ 파워 타워형의 집광비는 300~1500[sun] 정도이며, 1500[℃]이상에서도 동작이 가능하다.

[해설] 진공관형 집열기

이중 진공관   단일 진공관

① 흡수판이 내부를 진공으로 한 유리관 내에 설치된 형태의 집열기
② 진공기술을 사용함으로 인해 대류열손실을 획기적으로 줄임
③ 고효율 전열소자인 히트파이프를 사용

14. 계통연계용 태양전지 시스템의 방재 대응형 축전지를 다음 조건에 의해 설치하려 한다. 설치 용량으로 가장 적합한 것은?

- 평균부하 용량 : 5[kWh]
- PCS 직류입력전압 : 200[V]
- PCS 축전지 간 전압강하 : 2[V]
- PCS 효율 : 95[%]
- 보수율 : 0.8
- 용량환산시간 : 24.5

① 600[Ah]   ② 700[Ah]
③ 800[Ah]   ④ 900[Ah]

[해설] 축전지 용량 계산식
① 직류입력전류(I_d)

$$I_d = \frac{부하용량[wh]}{인버터\ 효율(E_f) \times (직류\ 입력전압(V_i) + 축전지간\ 전압강하(V_d))}$$

$$= \frac{5 \times 10^3}{0.95 \times (200 + 2)} ≒ 26.1 \ [A]$$

② 축전지 용량(C)

$$C = 용량\ 환산시간(K) \times \frac{입력전류(I_d)}{보수율(L)}$$

$$= 24.5 \times \frac{26.1}{0.8} ≒ 800 \ [Ah]$$

14.4.17 / 18.1.10

15. 교류의 파형률이란?
① 실효값 / 평균값   ② 평균값 / 실효값
③ 실효값 / 최대값   ④ 최대값 / 실효값

[해설] 파형률, 파고율
① 교류 파형이 어떤 형태를 이루고 있는지를 알기 위하여 사용된다.

② 파형률 =  , 파고율 =

13.4.12 / 14.4.20 / 16.4.7 / 17.2.7 / 17.2.10 / 17.4.14 / 18.2.9

16 태양전지 모듈은 나뭇잎 등의 부착이나 앞면의 어레이 등으로 인해 그늘이 지면 거의 대부분 발전되지 않는다. 이때 태양전지 어레이나 스트링이 병렬회로로 구성되어 있다고 하면, 태양전지 어레이의 스트링 사이에 출력전압의 불균형이 발생할 때 부하가 되는 것을 방지하기 위한 목적으로 사용되는 소자는?
① 피뢰소자   ② 바이패스 소자
③ 역류방지 소자   ④ 정류 다이오드

[해설] 역류방지 소자
1) 태양광모듈의 역전류 영향
① 어레이 내의 스트링과 스트링 사이에 그림자 및 전

정답 13. ③ 14. ③ 15. ①

압 불균형 등의 원인으로 병렬 접속된 스트링사이에 역전류가 흘러 어레이에 영향을 준다.
② 어레이의 직류 출력회로에 축전지가 설치되어 있는 경우, 야간이나 흐린 날 등의 태양전지에서 전력이 생산되지 않을 때는 태양전지가 축전지의 부하가 된다.

2) 대책(역류방지 소자)
① 태양전지 모듈의 스트링마다 역류방지 다이오드(Blocking Diode)를 설치해서, 전류의 역방향 흐름을 방지한다.
② 1대의 인버터에 접속되는 태양전지 직렬군(스트링)이 2병렬 이상 접속될 경우, 각 직렬군에 역전류방지 다이오드가 설치되어야 한다.
③ 설치할 회로의 최대전류를 흐르게 할 수 있어야하며, 동시에 사용회로의 최대 역전압에 견딜 수 있어야 한다.
④ 일반적으로 접속함에 설치되며, 커넥터에 사용되기도 한다.

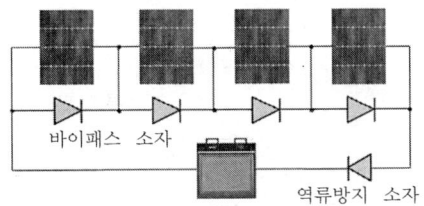

바이패스 및 역류방지 소자

역류방지다이오드 커넥터

13.4.6 / 14.4.26 / 15.4.42 / 17.4.85 / 18.2.12 / 18.2.57

17 태양광발전시스템이 계통과 연계시 계통 측에 정전이 발생한 경우 계통 측으로 전력이 공급되는 것을 방지하는 인버터의 기능은?
① 자동운전 정지 기능
② 최대전력 추종제어기능
③ 단독운전 방지기능
④ 자동전류 조정기능

해설 단독운전방지(Non-islanding)기능
① 단독 운전
분산형전원을 연계한 계통에서 전력 계통 사고 등으로 전력회사 변전소의 송출 차단기가 개방되면, 분리된 계통은 분산형전원만으로 수용가에 전력을 공급하게 되는 상태

② 감전사고 발생
배전선에 사고가 발생하면, 통상 사고가 발생한 배전선의 변전소 측 전원이 차단된다. 이때 분산형전원이 단독운전으로 사고가 발생한 배전선에 전기를 공급하면 배전선에 접촉한 작업자나 일반사람이 감전 피해를 입을 수 있다.

③ 사고 점의 전력 기기 손상
감전사고와 마찬가지로, 사고 점에 있는 전력 기기에도 전력이 공급되기에 전력기기가 손상될 우려가 있다.

④ 단독운전 발생 후 최대 0.5초 이내에 한전계통에 대한 가압을 중지하는 단독운전방지기능은 인버터의 중요한 기능중의 하나이다.

⑤ 단독운전 검출장치의 방식
단독운전 검출장치는 크게 두 가지 방식이 있다. 분산형전원의 연계점에서 전압파형 등의 계통정보를 상시 감시하다가 급격한 변화를 검출하는 수동방식과 계통에 아주 작은 변동을 주는 신호(능동신호)를 주입해 단독운전 시 그 변동이 드러나는 것을 검출하는 능동방식이다.

※ 분산형전원(DR, Distributed Resources)
대규모 집중형 전원과는 달리 소규모로 전력소비지역 부근에 분산하여 배치가 가능한 전원

정답 16. ③ 17. ③

18 태양광발전시스템의 전체성능에 영향을 미치는 인버터 효율에 관한 설명으로 가장 옳은 것은?

① 태양광 인버터의 효율은 중요하지 않다.
② 변환효율만이 시스템 성능에 영향을 미친다.
③ 추적효율만이 시스템 성능에 영향을 미친다.
④ 변환효율과 추적효율을 같이 고려해야 한다.

해설 인버터의 효율은 태양광발전소의 성능에 매우 중요한 요소이므로, 인버터의 변환효율과 추적효율을 같이 고려한다.

19 어떤 태양전지 모듈의 특성 값이 다음 표와 같다. 일사강도 1000W/m², 분광분포가 AM 1.5, 모듈 표면온도가 50℃일 때, 이 모듈의 출력은 약 얼마인가?

V_{oc} : 44.90V
I_{sc} : 8.55A
V_{mpp} : 36.40V
I_{mpp} : 8.11A
V_{oc} 온도계수 : −0.4%/℃

① 266W ② 280W
③ 295W ④ 345W

해설 모듈 출력
① STC 조건 25℃, 표면온도 50℃의 온도차
온도차 = 50℃ − 25℃ = 25℃
② 전압 온도계수 적용 = 25 × −0.4 = −10(%) 효율 저하됨
③ 최대출력 P_{max}
P_{max} = 최대 전압 × 최대 전류 × 효율저하율
= $36.4 \times 8.11 \times \frac{(100-10)}{100} ≒ 266[w]$

20 태양광발전시스템의 특징이 아닌 것은?

① 구름이 낀 날이나 비오는 날에는 발전이 불가능하다.
② 발전량은 기상 조건의 영향을 받는다.
③ 빛을 전기로 직접 변환한다.
④ 분산형 시스템이다.

해설 비가 오는 날이라고 하더라도 밤처럼 깜깜하지는 않아서, 태양의 빛 에너지는 모듈에 전해질수 있으며, 맑은 날에 비해 발전량은 매우 적지만 태양광 발전소는 전기를 생산한다.

※ 분산형전원(DR, Distributed Resources)
대규모 집중형 전원과는 달리 소규모로 전력소비지역 부근에 분산하여 배치가 가능한 전원

21 풍하중을 산출하는 데 사용되는 지역별 설계 기본 풍속[m/s]으로 틀린 것은?

① 경기도 25~30   ② 강원도 25~40
③ 경상도 25~45   ④ 제주도 45~60

해설 지역별 기본 풍속

지역	기본풍속 (m/sec)	지역	기본풍속 (m/sec)
서울,인천,경기	25~30	부산,대구,울산,경북,경남	25~45
강원	25~40	광주,전북,전남	25~35
대전,충북,충남	25~40	제주도	40

22 음영의 방지 대책이 아닌 것은?

① 추적식 태양광모듈을 이용한다.
② 음영이 생기지 않도록 어레이를 배치한다.
③ 인버터(PCS)의 MPP 추종제어 기능으로 출력손실을 최소화 한다.
④ 부분 음영이 발생될 것을 대비해 일정한 셀 수마다 바이패스 소자를 설치한다.

[해설] 음영의 대책
① 음영이 생기지 않도록 어레이를 배치한다.
② 건물, 장애물 및 태양전지 모듈 간격에 의한 음영은 쉽게 인지할 수 있는 것으로 배치를 조정하거나 간격을 조정한다.
③ 음영에 의한 출력감소를 최소화하기 위해 MPPT 제어기와 바이패스 다이오드, 블로킹(역류방지) 다이오드를 설치한다.
④ 음영의 원인은 옮기거나 제거해서 음영에 의한 영향을 최소화한다.

23 태양광 인버터의 전력변환 효율이 다음과 같을 때 유로변환 효율은 몇 [%]인가?

기계기구의 구분	접지저항 값[Ω]
5	76
10	79
20	83
30	87
50	93
100	95

① 90.10 ② 90.15
③ 90.20 ④ 90.25

[해설] 효율 시험
(1) 계통연계형 인버터의 효율 시험
유로(Euro) 변환 효율로 측정한다.
정격용량 10[kW] 초과 30[kW]이하 : 효율 88[%] 이상
정격용량 30[kW] 초과 100[kW]이하 : 효율 90[%] 이상
정격용량 100[kW] 초과 : 효율 92[%] 이상일 것

(2) $\eta_{EU} = 0.03\eta_{5\%} + 0.06\eta_{10\%} + 0.13\eta_{20\%} + 0.10\eta_{30\%} + 0.48\eta_{50\%} + 0.20\eta_{100\%}$

(3) 각 전력변환효율을 유로변환효율로 변경한다.
$\eta_{EU} = (0.03 \times 76) + (0.06 \times 79) + (0.13 \times 83) + (0.10 \times 87) + (0.48 \times 93) + (0.2 \times 95) = 90.15$

13.4.40 / 16.2.40 / 19.4.21

24 일반적으로 구조물이나 시설물 등을 공사 또는 제작할 목적으로 상세하게 작성된 도면은?
① 상세도   ② 시방서
③ 간트도표   ④ 내역서

[해설] 상세도
① 사용하는 기기의 구조, 사용방법, 내용 등에 관한 구조 약도, 결선도 등을 작성
② 도면에서 명확하게 표시할 수 없거나 치수를 기입할 수 없는 영역을 확대하여 작성

14.4.9 / 15.2.8 / 15.2.27 / 16.4.16 / 17.1.73 / 17.1.79 / 18.1.14 / 18.2.26 / 19.2.1 / 19.2.9 / 19.2.69

25 표준 시험조건 (STC) 기준으로 틀린 것은?
① 모든 시험의 기준온도는 25[℃]로 한다.
② 모든 시험의 풍속조건은 10[m/s]로 한다.
③ 빛의 일조강도는 1000[W/m²]를 기준으로 한다.
④ 수광조건은 대기질량(AM : Air Mass) 1.5의 지역을 기준으로 한다.

[해설] 표준 시험조건(Standard Test Conditions)
태양광발전 소자를 시험할 때의 기준이 되는 시험조건 즉, 태양광발전 소자가 빛을 받는 면의 조사강도 1000[W/m²], 태양전지 온도 25[℃], 스펙트럼 조성은 대기질량지수(AM : Air Mass) 1.5인 조건

정답 22. ① 23. ② 24. ① 25. ②

26 우리나라 다음지역의 태양전지 어레이의 연중 최적경사각으로 적합한 것은?

> 경도 17.7°37'57", 위도 35°33'37"

① 10~15° ② 15~0°
③ 30~35° ④ 45~70°

해설 연중 최적경사각
국내 설치의 경우, 그 지역의 위도와 거의 동일하며, 약 24~36°이다.

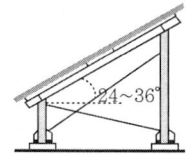

27 공사시방서 작성요령으로 옳지 않은 것은?

① 공사의 질적 요구조건을 기술 한다.
② 사용할 자재의 성능, 규격, 시험 및 검증에 관하여 기술한다.
③ 도면에 표시되는 내용을 참조하여 치수를 정확히 기재한다.
④ 시공 시 유의할 사항을 착공 전, 시공 중, 시공완료후로 구분하여 작성 한다.

해설 시방서(Specifications)
① 기본설계 및 실시설계도면에 구체적으로 표시할 수 없는 내용과 공사수행을 위한 시공 방법, 자재의 성능·규격 및 공법, 품질시험 및 검사 등 품질관리, 안전관리, 환경관리 등에 관한 사항을 기술한다.
② 표준시방서 및 전문시방서를 기본으로 하여 작성하되, 공사의 특수성·지역여건·공사방법 등을 고려하여 작성한다.

28 태양전지 어레이의 경사각에 대한 설명 중 틀린 것은?

① 경사각을 낮출수록 대지이용률이 감소함
② 건축물의 경사진 지붕을 이용할 경우 지붕의 경사각으로 함
③ 적설을 고려하여 선정
④ 태양광어레이의 지면과 이루는 각

해설 어레이 경사각 a를 낮출 경우

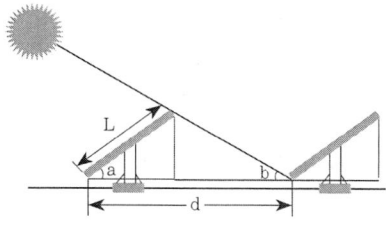

① 음영 길이가 줄어든다.
② 어레이 이격거리가 짧아진다.
③ 발전량이 줄어든다.
④ 많은 양의 모듈설치로 대지이용률이 증가한다.

29 설계감리업무 수행지침에 따른 설계감리원의 기본임무에 해당하지 않는 것은?

① 설계용역 계약 및 설계감리용역 계약내용이 충실히 이행될 수 있도록 하여야 한다.
② 과업지시서에 따라 업무를 성실히 수행하고 설계의 품질향상에 노력하여야 한다.
③ 설계감리용역을 시행함에 있어서 설계기간과 준공처리 등을 감안하여 충분한 기간을 부여하여 최적의 설계품질이 확보되도록 노력하여야 한다.
④ 설계공정의 진척에 따라 설계자로부터 필요한 자료 등을 제출받아 설계용역이 원활히 추진될 수 있도록 설계감리 업무를 수행하여야 한다.

정답 26. ③ 27. ③ 28. ① 29. ③

해설 **설계감리원의 기본임무**
① 설계용역 계약 및 설계감리용역 계약내용이 충실히 이행될 수 있도록 하여야 한다.
② 해당 설계용역이 관련 법령 및 전기설비기술기준 등에 적합한 내용대로 설계되는지의 여부를 확인 및 설계의 경제성 검토를 실시하고, 기술지도 등을 하여야 한다.
③ 설계공정의 진척에 따라 설계자로부터 필요한 자료 등을 제출받아 설계용역이 원활히 추진될 수 있도록 설계감리 업무를 수행하여야 한다.
④ 과업지시서에 따라 업무를 성실히 수행하고 설계의 품질향상에 따라 노력하여야 한다.

15.2.52
30 전력시설물 공사감리업무 수행지침에 따라 책임감리원은 분기보고서를 작성하여 발주자에게 제출하여야 한다. 보고서는 매분기말 다음 달 며칠 이내로 제출하여야 하는가?
① 5
② 7
③ 15
④ 30

해설 책임감리원은 다음의 내용이 포함된 분기보고서를 작성하여 발주자에게 제출하여야 한다. 보고서는 매 분기말 다음 달 7일 이내로 제출한다.
① 공사추진 현황(공사계획의 개요와 공사추진계획 및 실적, 공정현황, 감리용역현황, 감리조직, 감리원 조치내역 등)
② 감리원 업무일지
③ 품질검사 및 관리현황
④ 검사요청 및 결과통보내용
⑤ 주요기자재 검사 및 수불내용(주요기자재 검사 및 입·출고가 명시된 수불현황)
⑥ 설계변경 현황
⑦ 그밖에 책임감리원이 감리에 관하여 중요하다고 인정하는 사항

31 신재생발전기 계통연계기준에 따라 신재생발전기의 역률은 몇 이상으로 유지하여 운전하여야 하는가?
① 85
② 90
③ 95
④ 100

해설 **신재생발전기 계통연계기준(역률)**
① 신재생발전기의 역률은 90% 이상으로 유지하여 운전하여야 함. 다만, 역송병렬로 접속하는 경우로는 전압상승 및 강하를 방지하기 위하여 기술적으로 필요한 경우 신재생발전기의 역률의 하한값과 상한값을 고객과 한전이 협의하여 정할 수 있음
② 신재생발전기의 역률은 배전계통 측에서 볼 때 진상역률(발전기 측에서 볼 때 지상 역률)이 되지 않도록 하는 것을 원칙으로 함

14.4.35 / 15.4.37 / 17.1.27 / 18.2.37 / 21.2.22
32 태양광발전설비의 공사에 적용하는 시방서에 관련된 내용 중 틀린 것은?
① 공사시방서는 설계도면에서 표현이 곤란한 설계내용 및 세부 공사방법 등을 기술한다.
② 표준시방서는 시설물의 안전 및 공사시행의 적정성과 품질확보 등을 위하여 시설물별로 정한 표준적인 시공기준을 말한다.
③ 시방서란 어떤 프로젝트의 품질에 관한 요구사항들을 규정하는 공사계약문서의 일부분으로서 공사의 품질과 직접적으로 관련된 문서이다.
④ 전문시방서는 공사시방서를 기본으로 모든 공종을 대상으로 하여 특정한 공사의 시공 등에 활용하기 위한 종합적인 시공기준을 말한다.

해설 **공사시방서(건설공사의 계약도서에 포함된 시공기준)**
표준시방서 및 전문시방서를 기본으로 하여 작성하되, 공사의 특수성, 지역 여건, 공사방법 등을 고려하여 기본설계 및 실시설계 도면에 구체적으로 표시할 수 없는 내용과 공사 수행을 위한 시공방법, 자재의 성능·규격 및 공법, 품질시험 및 검사 등 품질관리, 안전관리, 환경관리 등에 관한 사항을 기술할 것

정답 30. ② 31. ② 32. ④

13.4.6 / 14.4.26 / 15.4.42 / 17.4.85 / 18.2.12 / 18.2.57

33 단독운전 방지기능에 대한 설명으로 틀린 것은?

① 비동기에 의한 고장이 발생하지 않도록 한다.
② 일부 구간의 부하에만 전력을 공급하는 단독운전 상태검출 기능이다.
③ 계통의 정상운전, 설비운전, 공공 인축 안정 등에 영향을 미치지 않도록 한다.
④ 최대 0.5초 이내의 순간에 태양광발전설비를 분리시킨다.

해설 단독운전 방지(Non-islanding) 기능
연계된 계통의 고장이나 작업 등으로 인해 분산형전원이 공통 연결점을 통해 한전계통의 일부를 가압하는 단독운전 상태가 발생할 경우 해당 분산형전원 연계 시스템은 이를 감지하여 단독운전 발생 후 최대 0.5초 이내에 한전계통에 대한 가압을 중지해야 한다.

14.4.33 / 15.2.36 / 18.1.34 / 18.4.25 / 19.2.25 / 19.4.23

34 설계도서의 종류에 포함되지 않는 것은?

① 설계도면   ② 표준 및 특기시방서
③ 내역서   ④ 제품 소개서

해설 설계도서

1) 설계 설명서
설계의 목적, 공사종목 및 그 개요, 각 설계에 대한 분석자료(인입지점, 발전소의 특성 등), 관계 관공서 등과의 협의 사항, 설계시 적용한 특별한 사항

2) 설계도면
배치도, 단선접속도, 계통도, 배선도(평면도, 결선도, 기기상세도), 피뢰 설계도, 어레이 배치도, 접속반 내부 결선도

3) 기술계산서
부하계산서, 전압강하계산서, 변압기용량계산서, 차단기용량계산서, 축전지용량계산서, 접지계산서

4) 설계시방서
① 기본설계 및 실시설계도면에 구체적으로 표시할 수 없는 내용과 공사수행을 위한 시공 방법, 자재의 성

능·규격 및 공법, 품질시험 및 검사 등 품질관리, 안전관리, 환경관리 등에 관한 사항을 기술한다.
② 표준시방서 및 전문시방서를 기본으로 하여 작성하되, 공사의 특수성·지역여건·공사방법 등을 고려하여 작성한다.
③ 공사시방서, 전문시방서, 표준시방서, 특기시방서 등

5) 예산내역서
자재 산출근거서, 공량산출서, 일위대가표, 내역서, 공사원가산출서, 단가대비표, 견적서 등

35 태양전지 어레이 설계시의 고려사항 중 발전설비용량 결정의 기술적 측면으로 옳지 않은 것은?

① 사업부지의 면적
② 어레이의 직렬 모듈 수 및 구성방식
③ 어레이별 이격거리
④ 전기안전관리자 상주여부

해설 발전설비용량 설계시 고려사항
① 사업부지의 면적(태양 고도별 비음영 지역선정)
② 어레이별 모듈 수 및 구성방식
③ 계절별 일조시간 및 경사각(모듈간 이격거리)

36 태양광발전시스템 어레이 기초시설 중 내력벽 또는 조적 벽을 지지하는 기초로 벽체 양옆에 캔틸레버 작용으로 하중을 분산시키는 기초는 무엇인가?

① 독립기초   ② 연속기초
③ 온통기초   ④ 파일기초

해설 기초의 분류

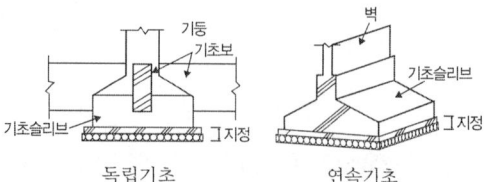

독립기초   연속기초

정답 33.① 34.④ 35.④ 36.②

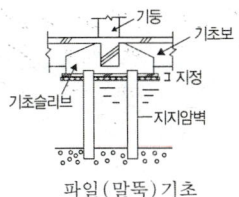

파일(말뚝) 기초

(1) 얕은 기초(Shallow Foundation)
1) 독립(주춧돌)기초(Individual Footing) : 단일기둥을 지지, 기둥간격이 넓은 경우
2) 연속기초(Contentious Footing) : 다수의 연속기둥 또는 벽체를 지지
3) 전면(온통)기초(Mat 또는 Raft Foundation)
① 다수의 기둥들을 지지, 상부구조 전 단면 아래의 지지토층 위에 있는 단일 슬래브 형식의 확대기초
② 고층건물, 중량건물, 연약지반, 지하수위가 높은 지하실바닥에 유리
※ 직접기초 : 독립기초, 연속기초, 전면(온통)기초

(2) 깊은 기초(Deep Foundation)
1) 파일(말뚝)기초(Pile Foundation)
① 대표적인 깊은 기초공법으로 피어 및 케이슨기초 보다 시공이 간편하고 공사비가 저렴함
② 말뚝의 축방향 허용지지력은 지반의 허용지지력과 말뚝재료의 허용하중을 비교하여 낮은 값으로 결정함
2) 피어기초(Pier Foundation)
구조물 하중을 연약한 토층을 지나 견고한 지지층에 전달시키기 위하여 지반에 굴착한 구멍 속에 현장타설 콘크리트를 채워 설치하는 깊은 기초의 일종으로서 일반적으로 직경은 사람이 들어가서 확인할 수 있도록 최소 직경 760[mm] 정도 이상인 것을 말함
3) 케이슨(우물통)기초

37 태양광발전시스템에서 계통으로 유입되는 고조파전류는 종합 몇 [%]를 초과하면 안 되는가?
① 2[%]   ② 3[%]
③ 4[%]   ④ 5[%]

해설 고조파(Harmonics)

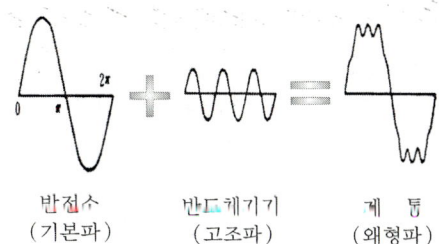

반전수   반드케기기   게 통
(기본파)   (고조파)   (왜형파)

① 전력변환기, 인버터 등 신력전사 빈도체 응용기기와 같이 비선형 부하에 전압을 인가하면 부하에 흐르는 전류는 파형이 찌그러지게 되는데, 찌그러진 파형(왜형파)중 기본파를 제외한 부분을 고조파라 한다.
② TV, 인버터 등 기기에서 발생하는 고조파는 변압기, 중성선을 통하여 배전선로로 유입되며, 전류증가에 따른 전력설비의 열화, 선로정전, M.tr 중성선의 과열고장을 유발한다.
③ 고조파의 측정치가 5[%] 이내이어야 한다.

38 태양광발전 시스템의 어레이 설계 시 고려사항으로 적당하지 않은 것은?
① 방위각   ② 부하의 종류
③ 음영   ④ 경사각

해설 어레이 설계시 고려 사항
1) 방위각
① 남향
② 옥상 및 토지의 방위각
③ 건물 및 산의 그림자를 피할 수 있는 각도
④ 낮 최대 부하시의 각도

2) 경사각
① 연간 최적 경사각
② 옥상의 경사각
③ 눈(雪)을 고려한 경사각
④ 부하전력과 발전전력에 따른 태양광 어레이의 용량을 최소로 하는 경사각

3) 음영
주변에 일사량을 저해하는 장애물이 없어야 하며, 오전 9시에서 오후 3시 정도까지는 모듈전면에 음영이 없어야 한다.

정답 37. ④ 38. ②

39 그림은 태양광발전설비와 태양전지판의 크기를 나타낸 것이다. 햇빛이 지표면에 수직으로 입사할 때 1[m²]의 지표면에서 단위 시간당 받는 빛에너지가 1000[W]이고 태양전지의 변환효율이 15[%]일 때, 이 태양광발전 시설이 2시간동안 생산하는 전력량은 몇 [Wh]인가? (단, 햇빛은 2시간 내내 동일하게 지면에 수직으로 입사하며, 태양전지 표면에서 빛의 반사는 일어나지 않는다.)

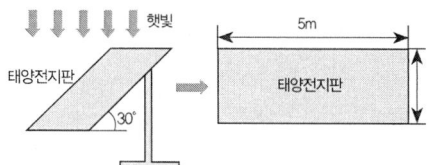

① 3000 ② 1500√3
③ 1000√3 ④ 1500

해설 전력량(P)
$P = 면적 \times 일사량 \times 경사각 \times 발전시간 \times 변환효율$
$= (5 \times 2) \times 1,000 \times \cos30 \times 2 \times 0.15$
$= 1,500\sqrt{3}$ [wh]

13.4.40 / 16.2.40 / 19.4.21

40 일반적으로 구조물이나 시설물 등을 공사 또는 제작할 목적으로 상세하게 작성된 도면은?
① 상세도 ② 시방서
③ 간트도표 ④ 내역서

해설 상세도
① 사용하는 기기의 구조, 사용방법, 내용 등에 관한 구조 약도, 결선도 등을 작성
② 도면에서 명확하게 표시할 수 없거나 치수를 기입할 수 없는 영역을 확대하여 작성

16.2.46 / 18.1.54 / 19.4.57

41 태양광 발전설비의 모듈, 접속함, 인버터 등에 접속하는 배선공사 방법에 대한 설명으로 틀린 것은?
① 태양전기 모듈간 배선에 사용하는 전선의 굵기는 1.0[mm²]이상이어야 한다.
② 스트링 접속도선은 단락전류보다 1.25배 이상의 전류를 수용할 수 있어야 한다.
③ 태양전지 모듈 뒷면의 접속단자 연결 시 극성에 유의해야 한다.
④ 접속함의 설치는 모듈구성에 따라 어레이 부근에 설치하는 것이 바람직하다.

해설 태양전지 모듈간의 배선
태양전지판 모듈과 모듈을 연결하는 전선은 공칭단면적 2.5[mm²] 이상의 연동선 또는 동등 이상의 세기 및 굵기의 전선으로 배선하여야 한다.

13.4.49 / 16.2.53 / 16.4.48 / 17.1.52 / 17.4.48 / 19.1.53 / 19.2.56

42 태양전지판에서 인버터 입력단간 및 인버터 출력단과 계통연계점간의 전압강하는 몇 [%]를 초과하지 않아야 하는가?
① 3[%] ② 4[%]
③ 5[%] ④ 6[%]

해설 전압강하
모듈에서 인버터 입력단간 및 인버터 출력단과 계통연계점 간의 전압강하는 각 3[%]을 초과하여서는 아니 된다. 다만, 전선길이가 60[m]을 초과할 경우에는 아래 표에 따라 시공할 수 있다.

전선길이	120[m] 이하	200[m] 이하	200[m] 초과
전압강하	5[%]	6[%]	7[%]

43. 다음 ( ) 안에 들어갈 용량은 몇 [kW] 이상인가?

> 태양광발전시스템의 인버터는 옥내, 옥외용으로 구분하여 설치해야 한다. 단, 옥내용을 옥외로 설치하는 경우는 ( ) [kW] 이상 용량일 경우에만 가능하며, 이 경우 빗물의 침투를 방지할 수 있도록 옥내에 준하는 수준으로 설치해야 한다.

① 3　　　② 5
③ 10　　④ 20

해설 인버터의 설치상태
옥내・옥외용을 구분하여 설치하여야한다. 단, 옥내용을 옥외에 설치하는 경우는 5[kW]이상 용량일 경우에만 가능하며 이 경우 빗물 침투를 방지할 수 있도록 옥내에 준하는 수준으로 외함 등을 설치하여야 한다.

44. 건설 생산 체계 중 건설 생산 추진 순서이다. 생산 추진에 대한 순서로 옳은 것은?

> 프로젝트의 착상 및 타당성 분석 → (ⓐ) → 구매, 조달 → (ⓑ) → 시운전 및 완공 → 인도

① ⓐ 설계, ⓑ 시공
② ⓐ 현장조사, ⓑ 시공
③ ⓐ 입찰, ⓑ 설계
④ ⓐ 현장조사, ⓑ 설계

해설 건설 생산 체계
프로젝트의 발굴과정부터 해체단계까지의 전과정을 지칭한다.

소프트웨어		하드웨어	소프트웨어	하드웨어
컨설팅	엔지니어링	컨스트럭션	Q&M 등	컨스트럭션
프로젝트 발굴	기획	타당성 평가	기본 설계	상세 설계	자재 조달	시공	시운전	인도	유지 관리	해체

13.4.57 / 15.2.50 / 18.2.45 / 18.4.48 / 19.2.42 / 19.4.42

45. 태양광 발전설비의 어레이에서 중계단자함까지 전선관을 사용할 경우 전선관의 굵기로 옳은 것은?

① 케이블의 굵기가 같을 경우 전선피복물을 포함한 단면적의 합계가 50[%] 이하로 한다.
② 케이블의 굵기가 같을 경우 전선피복물을 포함한 단면적의 합계가 32[%] 이하로 한다.
③ 케이블의 굵기가 다를 경우 전선피복물을 포함한 단면적의 합계가 50[%] 이하로 한다.
④ 케이블의 굵기가 다를 경우 전선피복물을 포함한 단면적의 합계가 32[%] 이하로 한다.

해설 금속전선관의 굵기는 굵기가 다른 절연전선을 동일관 내에 넣어 시설하는 경우 절연 피복물을 포함한 관내 단면적의 32[%]이하가 되도록 선정한다. 단, 동일 굵기의 경우는 48[%]까지 채울 수 있다.

15.4.60 / 18.2.53

46. 태양광 모듈 2차측 회로를 비접지 방식으로 할 경우 비접지 확인 방법이 아닌 것은?

① 검전기로 확인
② 전류계로 확인
③ 회로시험기로 확인
④ 간이측정기로 확인

해설 안전대책(비접지 확인)
회로시험기(Circuit Tester), 검전기(Electroscope), 간이측정기로 측정한다.

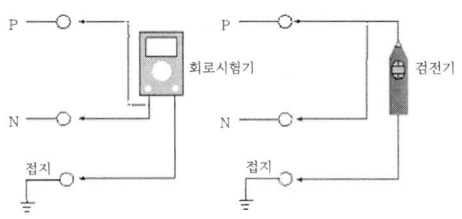

정답 43. ② 44. ① 45. ② 46. ②

47 계통연계 운전중인 태양광발전시스템이 단독운전 하는 경우 전력계통으로부터 최대 몇 초 이내에 분리시켜야 하는가?

① 0.2초 ② 0.3초
③ 0.4초 ④ 0.5초

해설 단독운전(Islanding)
연계된 계통의 고장이나 작업 등으로 인해 분산형전원이 공통 연결점을 통해 한전계통의 일부를 가압하는 단독운전 상태가 발생할 경우 해당 분산형전원 연계 시스템은 이를 감지하여 단독운전 발생 후 최대 0.5초 이내에 한전계통에 대한 가압을 중지해야 한다.

48 발전사업허가를 받은 후 변경허가를 받지 않아도 되는 경우는?

① 공급전압이 변경되는 경우
② 설비용량이 변경되는 경우
③ 전력수용가의 전력량이 변경되는 경우
④ 사업구역 또는 특정한 공급구역이 변경되는 경우

해설 전력수용가의 전력량이 변경되는 경우는 전력회사에 변경신청을 한다.

49 도선의 길이가 3배로 늘어나고 반지름이 1/3로 줄어들 경우 그 도선의 저항은 어떻게 변하겠는가? (단, 고유저항에는 변화가 없다.)

① 9배 증가 ② 1/9로 감소
③ 27배 증가 ④ 1/27로 감소

해설 고유 저항 R(Specific Resistance)
저항 값은 도체의 길이에 비례하고, 단면적에 반비례하므로 도체의 길이 $l\ [m]$, 단면적 $A\ [m^2]$, 고유 저항을 ρ라고 하면

$$R = \rho \frac{l}{A(\pi r^2)} = \frac{3}{\left(\frac{1}{3}\right)^2} = 27\text{ 배 증가}$$

50 애자의 구비조건으로 틀린 것은?
① 누설전류가 적을 것
② 기계적 강도가 클 것
③ 충분한 절연내력을 가질 것
④ 온도의 급변에 잘 견디고 습기를 잘 흡수할 것

해설 애자의 구비조건

현수애자

① 절연내력이 클 것
② 누설전류가 적을 것
③ 기계적 강도가 클 것
④ 내구성이 크고 저렴할 것

51 밴드갭 에너지는 반도체의 특성을 구분하는 매우 중요한 요소다. Si, GaAs, Ge를 밴드갭 에너지의 크기순으로 옳게 나열한 것은?

① Si>GaAs>Ge ② GaAs>Ge>Si
③ GaAs>Si>Ge ④ Ge>GaAs>Si

해설 에너지 밴드 갭, 금지대 (Energy Band Gap, Forbidden Band)
① 에너지 밴드를 분리시키는 에너지대역 (전도대 및 가전자대를 분리시킴)
② 전자가 존재할 수 없는 에너지 금지대

(1) 밴드갭에 따른 에너지 밴드 구조
$E_g = E_c - E_v$
E_g : 밴드갭 에너지
E_c : 전도대 최하위 에너지준위
E_v : 가전대 최상위 에너지준위

정답 47. ④ 48. ③ 49. ③ 50. ④ 51. ③

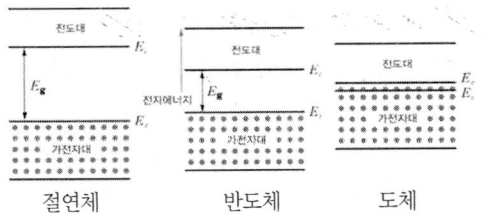

(2) 밴드갭 에너지(E_g)
1) 도체(금속) : 거의 제로(≒ 0 [eV])
2) 원소 반도체
① si : 1.12 [eV]
② Ge : 0.6 [eV]
3) 화합물 반도체
① GaAs : 1.43 [eV]
② GaP : 2.25 [eV]
③ GaN : 3.4 [eV]
④ InGaAs : 0.77 [eV]
⑤ InP : 1.35 [eV]

52 전력계통 검토 시 단락전류의 계산목적으로 틀린 것은?
① 보호계전기 셋팅
② 변압기 용량 결정
③ 통신유도장해 검토
④ 차단기 차단용량 결정

해설 단락전류의 계산 목적
① 차단기의 차단용량 선정
② 보호계전기의 정정
③ 기기에 가해지는 전자력의 추정
   (통신유도장해 검토)

14.4.46 / 15.4.45

53 최대수용전력 1000[kVA] 이고 설비용량은 전등부하 500[kW], 동력부하 700[kVA]이다. 이때 수용률은?
① 83.3[%] ② 86.6[%]
③ 88.3[%] ④ 90.6[%]

해설 수용률(Demand Factor)
① 수용 설비가 이용되고 있는 비율
② 수용 설비 용량 : 수용 장소에 설비된 전기 기기류의 정격용량 합계
③ 변압기의 설비 용량 = $\dfrac{\text{최대 수용 전력}}{\text{부하 역률}}$

수용률 = $\dfrac{\text{최대 수용 전력 [kW]}}{\text{수용 설비 용량 [kW]}} \times 100$ [%]

= $\dfrac{1,000}{(500+700)} \times 100 ≒ 83.3$ [%]

14.4.5 / 14.4.53 / 15.4.31 / 17.1.40 / 17.2.6 / 17.2.51 / 17.4.27 / 18.1.1 / 18.4.26

54 피뢰시스템 중 뇌격전류를 안전하게 대지로 전송하는 시스템은?
① 수뢰 시스템   ② 인하도선 시스템
③ 접지 시스템   ④ 감시 시스템

해설 외부 피뢰시스템

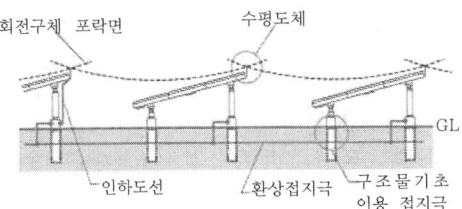

(1) 수뢰부 시스템
① 뇌격이 피 보호범위내로 침입할 확률을 감소시키는 것
② 돌침(피뢰침), 수평도체, 메시 도체(케이지)방식의 개별 또는 이들의 조합으로 한다.
③ PV설비 전체를 보호할 수 있는 범위내로 해야 한다.

(2) 인하도선 시스템
① 위험한 불꽃방전의 발생확률을 감소시키기 위하여 뇌격점과 대지사이를 연결하는 도선
② 다수의 병렬 전류통로를 형성해야 한다.
③ 전류통로의 배선 길이는 최소로 유지해야 한다.
④ 인하도선은 가능한한 수뢰부도체에서 직접 연결되도록 배치하여야 한다.
⑤ 인하도선은 지표면과 가까운 부분에 접지시험단자를 시설한다. 다만, 자연적 구성부재를 이용하는 경우는 생략한다.

(3) 접지 시스템
① 위험한 과전압을 발생시키지 않고 뇌전류를 대지로 방류하기 위해서는 접지의 형상, 크기 및 접지저항 값이 중요하다. 다만, 일반적으로는 낮은 접지저항을 권장한다.
② 피뢰설비의 관점에서는 구조체를 사용한 통합단일의 접지가 바람직하며, 모든 접지목적(즉, 피뢰설비, 저압전력시스템, 통신시스템 등)에도 적합하다.

13.4.19 / 14.4.57 / 14.4.73 / 15.2.1 / 15.2.5 / 15.2.28 / 16.4.4 / 16.4.12 / 17.2.5 / 17.4.7 / 18.1.11 / 18.4.3 / 18.4.14 / 19.2.5 / 19.2.17

55 직류전원을 이용한 분산형전원의 인버터로부터 직류가 교류계통으로 유입되는 것을 방지하기 위하여 설치하는 것은?

① 직류 차단장치　② 리액터
③ 상용주파 변압기　④ 고조파 필터

해설 상용주파 변압기 절연방식

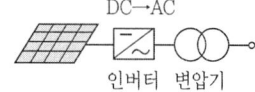

① PWM 인버터를 이용하여 상용주파수의 교류를 만들고, 상용주파수의 변압기를 이용하여 절연과 전압변환을 한다.
② 내부 신뢰성이나 노이즈 컷이 우수하지만, 상용주파수의 변압기를 별도로 이용하기 때문에 무겁고 크며, 변압기의 효율이 감소된다.

13.4.31 / 14.4.60 / 15.4.58 / 18.1.59

56 저압배선 선로의 역조류로 계통이 개방되어 단독운전 상태가 된 경우 검출방식이 아닌 것은?

① 과전압 계전기　② 과전류 계전기
③ 부족전압 계전기　④ 주파수 저하 계전기

해설 보호장치 설치
(1) 분산형전원 설치자는 고장 발생시 자동적으로 계통과의 연계를 분리할 수 있도록 다음의 보호계전기 또는 동등 이상의 기능 및 성능을 가진 보호장치를 설치하여야 한다.

① 계통 또는 분산형전원 측의 단락·지락고장시 보호를 위한 보호장치를 설치한다.
② 인버터에는 적정한 전압과 주파수를 벗어난 운전을 방지하기 위하여 과·저(부족)전압 계전기, 과·저(부족)주파수 계전기가 설치된다.
③ 단순병렬 분산형전원의 경우에는 역전력 계전기를 설치한다. 단, 신·재생에너지를 이용하여 전기를 생산하는 용량 50[kW] 이하의 소규모 분산형전원(단, 해당 구내계통 내의 전기사용 부하의 수전 계약전력이 분산형전원 용량을 초과하는 경우에 한한다)으로서 단독운전 방지기능을 가진 것을 단순병렬로 연계하는 경우에는 역전력계전기 설치를 생략할 수 있다.

※ 과전압계전기(OVR), 부족전압계전기(UVR), 주파수 상승계전기(OFR), 주파수 저하계전기(UFR)

57 KS C IEC 60364의 저압계통의 접지방식이 아닌 것은?

① TT방식　② TN-C방식
③ TT-C방식　④ IT 방식

해설 보호접지 설비

계통접지와 기기접지의 조합에 따라 다음방식으로 구분하여 설계한다.
(1) TN계통방식은 전력공급측을 계통접지하고, 기기의 노출 도전성 부분을 보호도체를 통해 전원의 접지점으로 연결시킨 것이며, 과전류 차단기로 지락을 보호해야 한다.

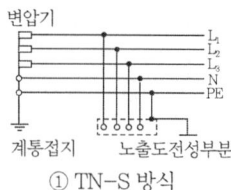 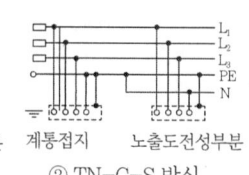
① TN-S 방식　② TN-C-S 방식

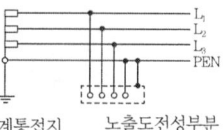
③ TN-C 방식

(2) TT계통방식은 전력공급측은 계통접지하고, 기기의

노출, 도전성 부분은 독립된 기기접지로 하는 방법이며, 과전류차단기 또는 누전차단기로 지락을 보호해야 한다.

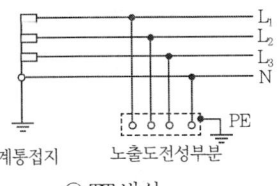
④ TT 방식

(3) IT계통방식은 전력공급측은 임피던스를 고려한 접지로 하고, 기기의 노출, 도전성부분은 독립된 기기접지로하며, 1점지락 사고시 기기프레임의 접지저항을 낮게 하여 보호해야 한다.

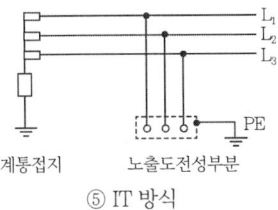
⑤ IT 방식

13.4.53 / 18.1.46 / 18.4.56

58 감리원은 공사업자 등이 제출한 시설물의 유지관리지침 자료를 검토하여 공사 준공 후 며칠 이내에 발주자에게 제출하여야 하는가?
① 7   ② 14일
③ 20일   ④ 30일

해설 유지관리지침서
유지관리지침서를 작성, 공사 준공 후 14일 이내에 발주자에게 제출
① 시설물의 규격 및 기능설명서
② 시설물 유지관리기구에 대한 의견서
③ 시설물 유지관리방법
④ 특기사항

13.4.57 / 15.2.50 / 18.2.45 / 18.4.48 / 19.2.42 / 19.4.42

59 굵기가 다른 케이블을 배선할 경우 전선관의 두께는 전선의 피복 절연물을 포함한 단면적이 전선관의 몇 [%] 이하가 되어야 하는가?
① 20[%]   ② 32[%]
③ 48[%]   ④ 52[%]

해설 금속전선관의 굵기는 굵기가 다른 절연전선을 동일관 내에 넣어 시설하는 경우 절연 피복물을 포함한 관내 단면적의 32[%]이하가 되도록 선정한다. 단, 동일 굵기의 경우는 48[%]까지 채울 수 있다.

13.4.60 / 17.2.60

60 설계 감리원이 설계업자로부터 착수신고서를 제출받아 적정성 여부를 검토하여 보고하여야 하는 것은?
① 근무상황부   ② 설계감리기록부
③ 설계감리일지   ④ 예정공정표

해설 설계용역의 관리
설계감리원은 설계업자로부터 착수신고서를 제출받아 다음의 사항에 대한 적정성 여부를 검토하여 보고하여야 한다.
① 예정공정표
② 과업수행계획 등 그밖에 필요한 사항

15.2.77 / 15.2.79 / 16.2.66 / 16.2.78 / 16.4.80 / 18.1.65 / 19.2.76

61 사업용 태양광 발전설비의 사용전검사 중 차단기 본체 심사의 세부검사 내용이 아닌 것은?
① 절연내력
② 접지 시공 상태
③ Tap 절환장치
④ 절연유 및 내압시험(OCB)

해설 사용전검사 중 차단기 본체 세부검사 내용(사업용)
① 외관검사
② 접지 시공상태
③ 절연저항
④ 절연내력
⑤ 특성시험
⑥ 절연유 내압시험(OCB)

정답 58.② 59.② 60.④ 61.③

⑦ 상회전 및 Loop시험
⑧ 충전시험

※ 부하시 탭 절환장치(On Load Tap Changer)
부하의 변동에 불구하고 일정전압을 공급하기 위해서는 변압기에 탭을 설치하여 탭위치를 조정함에 따라 2차전압을 조정할 수 있으며, 이러한 장치에는 부하시 탭절환장치와 무부하시 탭절환장치가 있다.

62 태양광 발전설비의 일상점검 항목이 아닌 것은?

① 모듈간 배선의 손상여부
② 인버터의 이상음 발생여부
③ 접지저항의 규정 값 이하여부
④ 모듈 표면의 오염 및 파손여부

해설 태양광 발전설비의 일상점검 항목
1) 태양전지 어레이
① 모듈 표면의 파손 및 오염여부
② 가대의 부식 및 녹 발생여부
③ 외부배선 손상여부

2) 접속함
① 외함의 부식·파손, 볼트 조임 상태
② 외부 배선 및 접속단자 조임 상태 및 발열·소손 여부
 (퓨즈, 역전류 방지 다이오드, SPD, 극성)
③ 접지선 손상 및 접지단자 접속 상태
④ 전선인입부의 방수처리상태

3) 인버터
① 외함의 부식 및 파손
② 배선의 손상 및 접속단자 풀림
③ 운전시 이상음, 이취, 연기발생 및 이상과열
④ 환기팬 확인(통풍구, 환기필터 등)
⑤ 발전 상태의 정상적 표시여부
※ 접지저항의 규정 값 이하여부 : 정기점검 항목

15.4.64 / 16.2.77 / 19.1.62

63. 시스템 운영 시 비치목록으로 틀린 것은?

① 발전 시스템 피난안내도
② 발전 시스템 운영 매뉴얼
③ 발전 시스템 긴급복구 안내문
④ 전기안전관리자용 정기 점검표

해설 태양광발전시스템 운영 시 비치서류
① 건설 관련 도면
② 시방서 및 계약서 사본
③ 구조물의 설계도면 및 구조 계산서
④ 시스템 운영 매뉴얼
⑤ 시설 및 장비 기기의 매뉴얼
⑥ 부품에 대한 상세 매뉴얼
⑦ 전력회사와의 관련된 서류
⑧ 산업 안전 관리 명판과 안전 경고등 위치 매뉴얼
⑨ 전기 안전 관련 정기 점검표
⑩ 시스템 일반 점검표
⑪ 예비품대장

이외에도 태양광발전시스템 운영에 필요한 긴급 복구 안내문, 산업 안전 표지판, 일별·월별·연간 계획표, 전기 생산량 작성표 등을 작성, 비치한다.

64 인버터 과온(inverter over temperature) 고장 표시가 있을 때, 가장 먼저 조치하는 방법으로 적절한 것은?

① 인버터 누설전류를 확인한다.
② 인버터의 냉각계통의 이상유무를 확인한다.
③ 송변전설비와 연결되는 배전선의 절연저항을 확인한다.
④ 고조파의 국부과열여부를 확인하기 위해 고조파 함유율을 조사한다.

해설 인버터에 과온이 발생하면 우선적으로 냉각계통(통기구, 환기팬)의 상태를 확인한다.

15.4.72

65 태양광모듈의 고장으로 틀린 것은?

① 핫 스팟   ② 백화현상

③ 프레임변형　　④ 환기팬 소음

⑧ 직류전원장치의 안전성 및 전자파적합성 시험(EMC 해당시)
⑨ 표시의 내구성 시험

[해설] 인버터의 일상점검
① 외함의 부식 및 파손
② 내외부 배선의 손상
③ 통풍확인(통풍구, 환기필터 등)
④ 운전시 이상음, 이취, 연기발생 및 이상과열

13.4.70 / 15.2.66 / 17.2.39 / 18.1.70 / 18.2.73

66 태양광발전시스템 정기점검 사항중 인버터의 투입저지 시한 타이머(동작시험)관련 인버터가 정지하여 자동기동 할 때는 몇 분정도 시간이 소요되는가?

① 1분　　② 3분
③ 5분　　④ 10분

[해설] 한전계통에의 재병입(Reconnection)
① 한전계통에서 이상 발생 후 해당 한전계통의 전압 및 주파수가 정상 범위 내에 들어올 때까지 분산형전원의 재병입이 발생해서는 안된다.
② 분산형전원 연계 시스템은 안정상태의 한전계통 전압 및 주파수가 정상 범위로 복원된 후 그 범위 내에서 5분간 유지되지 않는 한 분산형전원의 재병입이 발생하지 않도록 하는 지연기능을 갖추어야 한다.

13.4.65 / 17.4.79 / 18.2.77

67 태양광 발전용 접속함의 시험항목으로 틀린 것은?

① 구조시험　　② 광조사 시험
③ 내 부식성 시험　　④ 온도 상승 시험

[해설] 접속함의 시험항목
① 구조시험
② 공간거리 및 연면거리 시험
③ 절연특성시험(내전압, 임펄스 내전압)
④ 내열성 시험
⑤ 내부식성 시험
⑥ 외함보호등급(IP)
⑦ 온도상승시험

68 태양광발전 모듈이 태양광에 노출되는 경우에 따라서 유기되는 열화 정도를 시험하기 위해 장치는?

① UV 시험 장치　　② 염수분부 장치
③ 항온항습 장치　　④ 솔라 시뮬레이터

[해설] 태양전지모듈 시험장치
① UV시험 장치
태양전지모듈이 태양광에 노출되는 경우에 따라서 유지되는 열화정도를 시험하기 위한 장치
② 염수분부 장치
태양전지모듈의 구성 재료와 패키지 등의 구성품을 대상으로 염수(바닷물)에 대한 내구성을 시험하기 위한 환경 챔버
③ 항온항습 장치
태양전지모듈의 온도 사이클 시험, 온습도 사이클 시험, 내열-내습성시험을 하기 위한 챔버, 온도 ±2[℃] 이내, 습도 ±5[%] 이내이어야 한다.
④ 솔라 시뮬레이터
태양광발전 모듈의 발전성능을 옥내에서 시험하기 위한 인공광원이며, KS C IEC 60904-9에서 규정하는 방사조도 ±2[%] 이내, 광원 균일도 ±2[%] 이내의 A등급 이상의 것

69 전기설비에 있어서 감전 예방의 종류 중 직접접촉에 대한 감전예방 사항이 아닌 것은?

① 장애물에 의한 보호
② 단독시행에 의한 보호
③ 충전부 절연에 의한 보호
④ 격벽 또는 외함에 의한 보호

[해설] 감전예방의 종류
1) 직접접촉 보호
전기설비가 정상적으로 운전되고 있는 상태에서 해당 전

정답　65.④　66.③　67.②　68.①　69.②

기설비에 사람 또는 동물이 접촉되는 경우를 대비하여 감전방지하는 보호
① 충전부의 절연에 의한 보호
② 격벽 또는 외함에 의한 보호
③ 장애물에 의한 보호
④ 손의 접근 한계 외측 시설에 의한 보호
⑤ 누전차단기에 의한 추가 보호

2) 간접접촉 보호
전기설비가 지락 등의 고장이 발생한 경우 감전방지를 위한 보호
① 전원의 자동차단에 의한 보호
② II급기기의 사용 또는 이것과 동등 이상의 절연에 대한 보호
③ 비 도전성 장소에 의한 보호
④ 비 접지용 국부적 등전위 접속에 의한 보호
⑤ 전기적 분리에 의한 보호

70 태양광발전용 변압기의 정기점검 시 점검대상에 해당하지 않는 것은?
① 온도계 ② 냉각팬
③ 유면계 ④ 조작장치

해설 조작장치(조작용 전원 및 회로점검)는 차단기의 점검대상이다.

13.4.61 / 16.2.70 / 17.4.77

71 중대형 태양광발전용 인버터(계통연계형, 독립형)(KSC 8565:2016)에 따라 누설전류 시험 시 누설전류는 몇 mA 이하이어야 하는가?
① 5 ② 10 ③ 15 ④ 20

해설 인버터의 누설전류 시험
① 교류전원을 정격 전압 및 정격 주파수로 운전한다. 직류 전원은 인버터 출력이 정격 출력이 되도록 설정한다.
② 인버터의 기체와 대지와의 사이에 1[KΩ] 이상의 저항을 접속해서 저항에 흐르는 누설전류를 측정하고, 누설전류가 5[mA] 이하일 것

16.2.69 / 17.2.71

72 결정질 실리콘 태양광발전 모듈(성능)(KSC 8561:2020)에 따른 시험 장치에 해당하지 않는 것은?
① 항온항습 장치
② 단자강도 시험 장치
③ 용량보존 시험 장치
④ 기계적 하중 시험 장치

해설 결정질 실리콘 모듈의 시험장치
① 솔라 시뮬레이터 ② 항온항습장치
③ 염수분무장치 ④ UV 시험장치
⑤ 기계적하중 시험장치 ⑥ 우박시험장치
⑦ 단자강도 시험장치

14.4.66 / 16.4.78 / 19.2.64

73 태양전지 어레이의 점검항목 중 육안점검사항이 아닌 것은?
① 단자대의 나사풀림
② 지붕재의 파손
③ 가대의 접지
④ 표면의 오염 및 파손

해설 태양전지(어레이)의 육안점검
① 모듈의 오염 및 파손
② 프레임 파손 및 변형유무
③ 접속케이블의 손상 및 접속단자 풀림
④ 가대의 고정(볼트 및 너트의 풀림) 및 접지
⑤ 가대의 부식 및 녹 발생
⑥ 지붕재의 파손 및 지지기구와의 고정상태
※ 접속함내 단자대에는 전기가 흐르는 부분이며, 육안으로 점검은 곤란하다.

접속함내 단자대

13.4.19 / 14.4.57 / 14.4.73 / 15.2.1 / 15.2.5 / 15.2.28 / 16.4.4 / 16.4.12 / 17.2.5 / 17.4.7 / 18.1.11 / 18.4.3 / 18.4.14 / 19.2.5 / 19.2.17

74 인버터의 회로방식에 따른 종류가 아닌 것은?

① 고주파 변압기 절연방식
② 트랜스리스 방식
③ 상용주파 변압기 절연방식
④ 무전류 절연방식

해설 인버터의 회로방식별 분류

1) 상용주파 변압기 절연방식

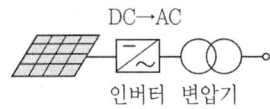

① PWM 인버터를 이용하여 상용주파수의 교류를 만들고, 상용주파수의 변압기를 이용하여 절연과 전압변환을 한다.
② 내부 신뢰성이나 노이즈 컷이 우수하지만, 상용주파수의 변압기를 별도로 이용하기 때문에 무겁고 크며, 변압기의 효율이 감소된다.

2) 고주파 변압기 절연방식

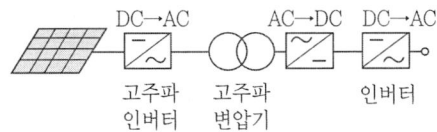

① 태양전지의 직류 출력을 고주파의 교류로 변환한 후 소형의 고주파 변압기로 절연을 한다.
② 일단 직류로 변환하고 재차 상용주파의 교류로 변환하며, 소형 경량이지만 회로가 복잡한 단점이 있다.

3) 트랜스리스(Transless) 방식

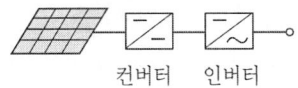

① 태양전지의 직류출력을 DC-DC 컨버터로 승압하고 인버터에서 상용주파의 교류로 변환한다.
② 소형 경량이며, 저렴하고 효율이 우수하고 신뢰성이 높다.
③ 상용전원과의 사이에는 절연이 되지 않아 안전성이

떨어진다.

14.4.77 / 17.4.64 / 18.1.67

75 태양광발전의 스트링 및 모듈에서 태양전지의 출력이 서로 달라 출력의 회로 내부에 전기적 출력의 부조화 등이 발생한다. 다음의 핫스팟(Hot spot)현상에 관한 일반적인 설명으로 가장 적절한 것은?

① 모듈내의 태양전지의 Voc는 같으나 Isc가 달라 전기적 출력차로 핫스팟(Hot spot)이 발생한다.
② 직렬연결의 경우 낮은 출력이 발생하는 태양전지에 핫스팟(Hot spot)이 발생한다.
③ 병렬연결의 경우 높은 출력의 태양전지에 핫스팟(Hot spot)이 발생한다.
④ 핫스팟(Hot spot)이 모듈내의 전 태양전지에 동일한 크기로 발생한다.

해설 핫스팟(Hot Spot, 열점)

태양광발전 모듈을 구성하는 셀의 일부에 그늘이 지거나, 셀의 결선 부위에 회로 결함이 생긴 경우, 셀의 부정합 또는 전지 특성의 편차 등으로, 태양전지의 어느 한 점에서 낮은 출력으로 과도한 역전압이 인가되거나 다른 어떤 손상으로 인해 절연파괴가 발생하여 국부적으로 심하게 과열되는 현상

76 태양광발전설비 중 주로 발청 현상으로 인한 페인트나 은분의 도포가 필요한 곳은?

① 배전반　② 인버터
③ 모듈　④ 구조물

정답 74. ④　75. ②　76. ④

해설 구조물의 보수

구조물의 부식　　　방청 도료후 은분도포

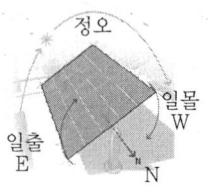

단축(1축) 추적식　　　양축(2축) 추적식

77. 30°의 고정식 태양광발전소 운전시 우리나라의 남해안에서 연중대비 5~6월에 발생하는 현상으로 가장 옳은 설명은?
① 태양의 고도가 연중 제일 높아 출력이 가장 높다
② 온도 상승에 의한 출력 감소가 연중 제일 높다.
③ 일사량(시간)에 의한 발전은 7,8월 대비 두 번째로 높다.
④ 양축식 대비 단축식의 출력이 연중 가장 높다.

해설 남해지역 고정식 태양광발전소 발전량(2021년)

	1월	2월	3월	4월	5월	6월
[kWh]	3,057	3,295	4,348	3,997	4,157	3,831
[%]	7.39	7.96	10.51	9.66	10.05	9.26

	7월	8월	9월	10월	11월	12월	합계
	2,766	3,398	3,603	3,217	2,937	2,776	41,382
	6.68	8.21	8.71	7.77	7.10	6.71	100[%]

① 6월 하지(夏至)에 태양의 고도가 제일 높고, 출력은 3월~6월 가장 높게 발생된다.
② 온도상승에 의한 출력감소는 7, 8월이 가장 크다.
③ 일사량(시간)에 의한 발전은 3월~6월이 가장 높다.
④ 양축식 대비 단축식의 출력이 높은 시기는 없다.

※ 단축식과 양축식
① 단축식 : 한 개의 축으로 동쪽에서 서쪽방향으로 태양을 추적하는 방식이다.
② 양축식 : 두 개의 축으로 동에서 서쪽(일출, 일몰), 하지와 동지(남쪽의 태양 높이)의 태양위치를 추적한다.

78. 태양광전원의 연계용 변압기의 용량이 1[MVA]인 경우, 5[%]의 임피던스를 가지고 있다면 100[MVA] 기중으로 한 %임피던스는?
① 300[%]　② 400[%]
③ 500[%]　④ 60[%]

해설 %임피던스

변압기에 정격전류가 흘렀을 때 변압기 자체 임피던스에 의한 전압강하의 2차 정격전압에 대한 퍼센트
변압기의 정격 2차 전압 $V_n[kV]$, 정격 2차 전류 $I_n[A]$, 자체 임피던스 $Z[\Omega]$, 용량 $P[kVA]$

$$\%Z = \frac{Z \times I_n}{V_n} \times 100\,[\%] = \frac{Z \times I_n \times V_n}{V_n \times V_n} \times 100\,[\%]$$
$$= \frac{Z \times P}{V_n^2} \times 100\,[\%]$$

∴ $\%Z \propto P$
$1[MVA] : 5[\%] = 100[MVA] : \%Z_2$
$\%Z_2 = 500$

79. Ribbon 재료로 사용되고 있는 부품은 대부분 주석-납-은 계열을 사용하나 현재 Pb-Free(납제거)의 물질들이 개발중이다. 리본재료의 설명으로 가장 부적절한 것은?
① 수분침투에 의해 노출되면 쉽게 산화하여 Rs(직렬등가저항)의 증가 및 Rsh(병렬등가저항)을 감소시켜 출력감소의 원인이 된다.
② 리본 연결공정에서 진공에 의해 압착은 하나 계면부위에서 기포가 완전히 제거되지 않으면 시간에 따라 산화에 의해 셀의

Rsh(병렬등가저항)이 감소하여 출력이 감소한다.
③ 리본 연결공정의 조건 및 물질과 공정 온도에 따라 셀의 휨현상(Bowing)은 없으나 직렬저항에 직접적인 영향을 미친다.
④ 납 성분의 리본은 유해하나 접촉저항 감소 및 유연성 측면에서 사용하며 순간적인 고온에서 공정이 진행되어 셀에 열적 스트레스를 적게 준다.

해설 Tabbing & String

셀   금속 리본

일반적인 태양광 모듈은 태양전지의 전면에 있는 Ag 버스바(Busbar)를 인접한 다른 태양전지 후면에 금속 리본을 납땜하여 연결한다. 이 방법은 공정상 설비가 단순하여 신뢰성이 높지만 출력저하를 일으키는 몇 가지 문제점이 있다. 태양전지 전면 리본의 영향으로 전류 수집에 손실이 생기며, 납땜(Soldering)과정에서 태양전지에 국부적인 열전달과 압력으로 인한 휨현상(Bowing)과 미세 균열을 일으키며, 전지가 얇을수록 휨현상은 더욱 발생한다.

13.4.80 / 15.2.2 / 17.1.9 / 17.2.33 / 17.4.24 / 18.1.74 / 19.2.6 / 19.4.1

80 방향과 경사가 서로 다른 하부 어레이들로 구성된 태양광발전시스템의 인버터 운영방식으로 적합한 것은?

① 중앙집중형   ② 분산형
③ 모듈형   ④ 마스터-슬레이브형

해설 태양광발전시스템의 인버터 운영방식

1) 중앙집중형 인버터방식

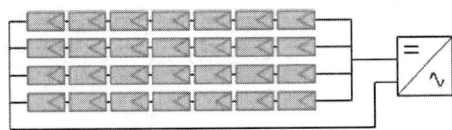

① 발전소 현장에 1대의 인버터만 설치함
② 모든 전선이 한 곳으로 오기 때문에 작업공정이 간단, 설치비가 적게 소요되며, 발전량 확인이 용이하다.
③ 단일형 인버터는 제품 이상발생 시 전체 발전소가 가동을 멈추기 때문에 발전 손실이 크다.

2) 분산형(스트링 포함) 인버터 방식

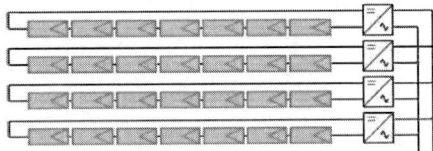

① 발전소 현장에 소형 인버터 여러 대를 설치함
② 특정 인버터가 고장이 나더라도 해당 인버터 부분에서만 발전 손실이 일어나고 나머지 인버터는 정상적으로 발전이 되기 때문에 발전 손실을 최소화할 수 있다.
③ 방향과 경사가 서로 다른 하부 어레이들로 구성된 시스템, 부분적으로 음영이 지는 시스템의 경우 분산형 인버터 방식을 고려할 필요가 있다.

3) 주/종속시스템(Master-Slave System)

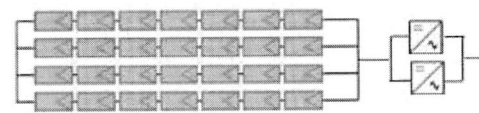

① 인버터 2~3대를 결합하여 회로를 구성한다.
② 발전을 시작하면 마스터 인버터만 구동되고, 마스터 인버터의 전력한계에 도달하면, 다음 슬래브 인버터가 자동 연결되어 생산된 발전량에 대응한다.
③ 낮은 발전량에서도 대용량 인버터 한 대가 운영되는 방식보다는 효율이 높아진다.
④ Master와 Slave의 기능은 정기적(1~3개월)으로 교대를 해주어, 균등운전이 되게 한다.

4) 모듈인버터(마이크로 인버터: MIC, Module Integrated Central) 방식

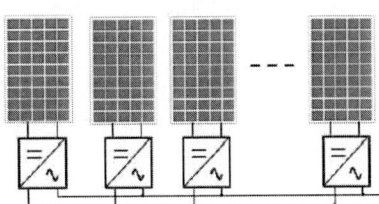

① 태양전지 모듈 1개에 인버터 1개를 부착하는 방식으

정답 80. ②

로 스트링 인버터의 작은 형태이다.
② 태양전지 1장에 대한 모니터링이 가능하여 유지보수가 쉽다.
③ 각 마이크로인버터(MIC; Module Integrated Converter)의 최대 효율은 낮지만, 태양전지 모듈에 대해 개별로 MPPT를 하므로, 전체 발전량에 있어서는 스트링 인버터 이상의 발전효율을 가지고 있다.
④ 대용량 발전소보다는 소용량 발전소에서 효율이 높고, 태양전지 모듈 1장으로도 태양광발전을 할 수 있다.
⑤ 고장 난 인버터는 쉽게 교체 가능하며, 시스템 확장이 쉽다.

2025 제4회 CBT 복원 기출문제

01 집광형 태양광발전시스템에 관한 설명으로 틀린 것은?

① 주로 확산광(diffused light)을 집광한다.
② 렌즈 혹은 거울(mirror)을 사용하여 집광한다.
③ 높은 전류 값으로 인해 전극에서의 손실을 줄이는 것이 중요하다.
④ 집광된 빛이 입사될 경우 셀의 온도가 일정하면 변환효율은 낮아지지 않고 유지가 된다.

해설 집광형 태양광발전시스템

① 집광시스템에서 가장 중요한 것은 집광률(Concentration ratio)이며, 집광률에 따라 ×10배이하의 저집광, ×10 ~ ×100 배율의 중집광, ×100 ~ ×1000 배율의 고집광으로 나눌 수 있고, 집광하는 광학시스템에 따라서 반사형(Reflective)과 굴절형(Refractive)으로 나눈다.
② 집광형 시스템의 다른 특징은 트래킹 시스템(Tracking system)이 반드시 필요하며, 집광을 위한 광학계는 기본적으로 망원경과 같은 원리로 먼 물체의 아주 작은 부분만을 보게 되어 있다.
③ 따라서 태양을 정확하게 향하지 않고 그 각도가 약간만 틀어지면 태양전지 셀에 집광할 수 없으므로 항상 태양을 향하도록 양방향 추적식(Double Axis Tracking / 양축) 구조물이 필요하다.
④ 고집광의 경우에는 직사광만을 사용하고, 산란광(구름이나 먼지 등으로 굴절된 광)은 사용하지 않기 때문에 직사광이 강한 지역에 사용하는 것이 유리하다.

16.2.13 / 17.1.13
15.4.12 / 15.4.13 / 18.1.63 / 18.2.2 / 18.4.8 / 18.4.73 / 21.2.3

02 태양전지의 변환효율을 상승시키기 위한 방법이 아닌 것은?

① 반도체 내부에서 빛이 흡수되도록 한다.
② 빛에 의해 생성된 전자와 정공쌍이 소멸되지 않고 외부회로까지 전달되도록 한다.
③ PN 접합부에 전기장이 발생하도록 소재 및 공정을 설계한다.
④ 태양전지를 설치할 때 가능한 온도가 상승되도록 한다.

해설 태양광 모듈의 온도에 따른 출력 전압과 전류 값

① 태양광 모듈의 온도특성을 살펴보면 전류는 양(+)의 온도계수를 가지고 전압과 전력은 음(-)의 온도계수를 가진다. 음의 온도계수의 의미는 온도가 높을수록 태양광 모듈의 전압과 전력은 감소하고, 온도가 낮을수록 태양광 모듈의 전압과 전력이 증가한다는 것을 의미한다.
② 태양전지가 보다 높은 온도에 노출되면 단락전류(I_{sc})는 조금 증가하며 개방전압(V_{oc})은 크게 감소한다.
③ 폴리 실리콘 계열의 태양전지는 표면온도가 1[℃] 상승할 때, 대략 0.3~0.5[%]의 출력이 감소한다.

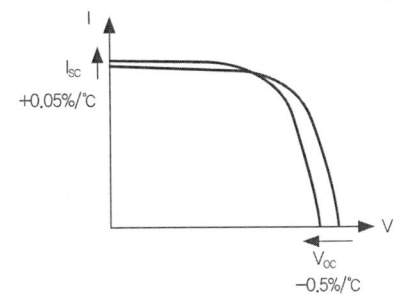

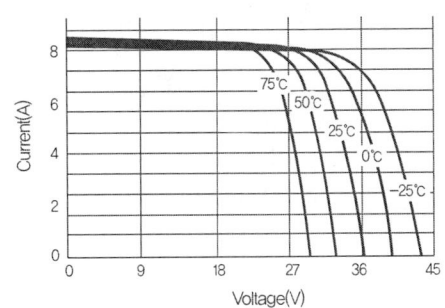

15.4.16 / 16.4.35 / 19.1.22 / 19.2.21 / 19.4.29

03 회로에서 입력전압 24[V], 스위칭 주기 50[μs], 듀티비 0.6, 부하저항이 10[Ω]일 때, 출력전압 V_0는 몇 [V]인가? (단, 인덕터의 전류는 일정하고, 커패시터의 C는 출력전압의 리플 성분을 무시할 수 있을 정도로 매우 크다.)

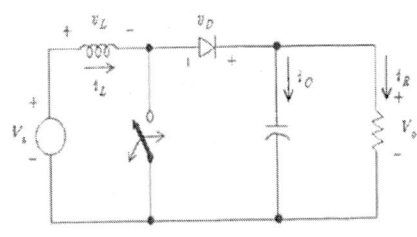

정답 1.① 2.④ 3.③

① 20   ② 40
③ 60   ④ 80

해설 출력전압 V

V = 입력전압 + (듀티비 × 저항)^2
= 24 + (0.6 × 10)^2 = 60 [V]

※ 듀티비 : 신호가 개폐되면서 한 주기를 이룰 때, 한 주기(전류가 흐른 시간 + 전류가 흐르지 않은 시간)에 대한 전류가 흐른 시간의 비

※ 리플(Ripple)성분 : 교류를 정류하여 직류로 만들 때, 완벽하게 직류가 되지 않고, 일부 남아 있는 교류성분

Ripple 전압

14.4.32 / 15.4.20 / 16.4.13 / 18.4.29 / 19.4.13

04 다음 조건과 같은 태양광발전 독립형 전원시스템의 축전지 용량(Ah)은?

- 1일 정격소비량 : 2.4[kWh]
- 보수율 : 0.8
- 일조가 없는 날 : 10일
- 방전심도 : 65%
- 공칭축전지 전압 : 2[V]
- 축전지 개수 : 48개

① 560   ② 481
③ 440   ④ 390

해설 축전지 용량(C)

$C = \dfrac{1일\ 적산부하\ 전력량(L_d) \times 일조가\ 없는\ 날(D)}{보수율(L) \times 공칭\ 축전지\ 전압 \times 축전지\ 개수 \times 방전심도(DOD)}$

$= \dfrac{2.4 \times 10^3 \times 10}{0.8 \times 2 \times 48 \times 0.65} ≒ 481$ [Ah]

13.4.11 / 17.4.6

05 다음 그림과 같이 축전지회로가 구성되어 있다. 단자 A, B 사이에 나타나는 출력전압과 축전지 용량은?

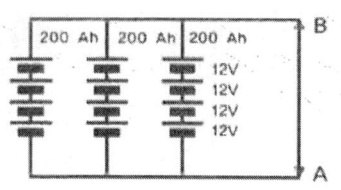

① DC 48 [V], 200 [Ah]
② DC 48 [V], 600 [Ah]
③ DC 12 [V], 200 [Ah]
④ DC 12 [V], 600 [Ah]

해설 축전지 출력전압과 축전지 용량

① 축전지 출력 전압(V_{AB})
 V_{AB} = 단위 축전지 전압×직렬 수량 = 12×4 = 48 [V]
② 축전지 용량(C)
 C = 직렬 용량 × 병렬 개수 = 200 × 3 = 600 [Ah]

16.2.11 / 17.1.11 / 17.4.13 / 18.1.7

06 다음 중 박막형 태양 전지 모듈의 종류에 해당되지 않는 것은?

① 비정질 실리콘 전지
② 다결정 전지
③ Cd-Te 전지
④ 염료감응형 전지

해설 박막형 태양전지

① 유리, 스테인리스 스틸, 플라스틱 등 저가의 기판에 얇은 막 형태의 박막을 형성하는 구조로, 기판위에 형성되는 막의 원료에 따라 비정질 실리콘 태양전지, CdTe, CIGS 박막, a-Si, 염료감응형 태양전지, 유기 태양전지로 구분된다.
② 실리콘 사용량이 적어 저렴하나 제조공정이 복잡하고 에너지 효율이 낮아 결정질 태양전지와 동일한 출력을 내기 위해서는 대면적의 모듈이 필요하다.
③ 결정질 실리콘 태양전지의 두께는 200~300[μm], 박막형 실리콘 태양전지의 두께는 0.3~2[μm]로서 상당히 얇게 제작할 수 있다.
④ 불순물 첨가 (도핑)에 의한 전기 전도도 제어가 쉽지 않으며, 이 경우 p-형보다는 In 등의 첨가 및 열처리에 의하여 n-형 쪽으로 제어하는 것이 보다 쉬운 것으로 알려져 있다.

⑤ 적은 온도계수로 온도에 따른 효율 감소가 적으며, 빛의 강도 변화에 대한 안정성으로 흐린 날, 겨울, 음지에서도 안정적이다.
⑥ 각국 정부의 태양광발전에 대한 관심과 지원이 폭발적으로 증대되면서 폴리실리콘의 양산규모 증대는 벌크형 실리콘 태양전지의 가격 하락을 이끌었고, 차세대 태양전지였던 박막 태양전지는 목표로 했던 가격에 도달했음에도 불구하고 가격적으로는 경쟁력이 없는 결과에 있다.

07 태양광 모듈 표면의 황변현상은 태양광 모듈 내부의 충진재(EVA)가 무엇과 화학반응 하여 변색되는 것을 말하는가?

① 가시광선 ② 자외선
③ 적외선   ④ 습기

해설 충진재(EVA)

① 유리와 셀 전면, 셀 후면과 백시트 사이에 삽입되어 태양전지를 보호하는 역할을 합니다. 그리고 백시트는 태양전지 모듈 후면에 위치하여 열, 습도, 자외선(ultraviolet, UV)과 같은 외부환경으로 부터 셀을 보호합니다.
② 백시트(불소필름과 PET 필름 적층)의 반사율 및 백색도 향상을 위해 형광 증백제를 필름 전체함량 중 100 ~ 900[ppm]으로 함유한다. 100[ppm] 미만인 경우는 백색도가 떨어져 광반사 효율이 떨어지며, 900[ppm]을 초과하는 경우는 백색도 및 반사율은 증가하나 자외선(ultraviolet, UV)에 안정성이 떨어져 외부에 장기 노출 시 황변현상이 나타나 백색도 및 반사율이 저하될 수 있다.

08 태양전지의 특징을 설명한 것 중 틀린 것은?

① 빛이 있을 때 전기를 생산한다.
② 전기를 저장하는 기능을 가진다.
③ 전압의 세기는 여러 장의 태양전지를 직렬로 연결시켜 조정한다.
④ 전류의 세기는 병렬연결이나 태양전지의 면적으로 조정할 수 있다.

해설 태양전시는 전기를 저장할 수는 없다.

09 전력변환장치(PCS)의 기능으로 옳은 것은?

① 단독운전기능, 수동전압 조정기능, 직류지락검출기능
② 단독운전기능, 최대전력 추종제어기능, 직류검출기능
③ 단독운전 방지기능, 최대전력 추종제어기능, 직류운전기능
④ 자동운전 정지기능, 최대전력 추종제어기능, 단독운전 방지기능

해설 태양광 인버터의 기능
① 자동운전 정지(Auto shutdown) 기능
 인버터는 해가 떠오르고 출력이 발생되는 조건이 되면 자동적으로 운전을 시작하며, 해가 지는 동안에도 출력이 발생하는 한 가동은 계속되고 완전한 일몰 뒤 운전이 정지한다.
② 단독운전 방지(Non-islanding) 기능
 단독운전(한전 정전시 분리된 계통에 전력을 계속 공급하게 되는 운전상태)시의 문제점을 해결하기 위한 기능으로 단독운전방지기능이 설치되어 안전하게 정지할 수 있도록 함
③ 최대전력 추종(MPPT ; Maximum Power Point Tracking)제어 기능
 태양전지의 출력은 일사강도나 태양전지의 표면온도에 따라 변화하며, 이들 변동에서 태양전지의 동작점이 항상 최대출력점을 추종하도록 변화시켜, 태양전지에서 최대 출력을 유도하는 제어

10 1일 적산부하전력량은 1.3kWh, 불일조일은 10일, 보수율은 0.8, 2V의 공칭전압을 갖는 납축전지 50개, 방전심도는 65%인 독립형 태양광발전시스템의 축전지 용량은 몇 Ah인가?

① 100 ② 250 ③ 500 ④ 1000

해설 축전지 용량(C)

$$C = \frac{1일\ 적산부하\ 전력량(L_d) \times 일조가\ 없는\ 날(D)}{보수율(L) \times 공칭\ 축전지\ 전압 \times 축전지\ 개수 \times 방전심도(DOD)}$$

$$= \frac{1.3 \times 10^3 \times 10}{0.8 \times 2 \times 50 \times 0.65} = 250\ [Ah]$$

11 피뢰기가 구비해야 할 조건으로 틀린 것은?

① 제한전압이 낮을 것
② 충격방전 개시전압이 낮을 것
③ 속류의 차단능력이 충분할 것
④ 상용주파방전 개시전압이 낮을 것

해설 피뢰기(Lightning Arrester)

전선로에 규정 전압보다 몇 배 높은 이상 전압으로 인해 피뢰기의 단자 전압이 어느 일정 값 이상이 되면 방전되어, 전압 상승을 억제하고 기기를 보호하며, 이상 전압이 없어지면 방전이 정지되어 정상 송전 상태가 된다.

1) 피뢰기 구비 조건
① 상용 주파 방전 개시전압은 높을 것
② 충격 방전 개시 전압이 낮을 것
③ 속류 차단능력이 클 것
④ 제한 전압(절연 협조의 기본이 되는 전압)이 낮을 것
⑤ 반복동작이 가능하고, 구조가 견고하며 특성이 변화하지 않을 것

2) 피뢰기 설치 장소
① 발전소·변전소 또는 이에 준하는 장소의 가공전선 인입구 및 인출구
② 가공전선로에 접속하는 배전용 변압기의 고압측 및 특고압측
③ 고압 및 특고압 가공전선로로부터 공급을 받는 수용장소의 인입구
④ 가공전선로와 지중전선로가 접속되는 곳

12 변압기에서 1차 전압이 120V, 2차 전압이 12V일 때 1차 권선수가 400회라면 2차 권선수는 몇 회인가?

① 10 ② 40 ③ 400 ④ 4000

해설 변압기의 원리

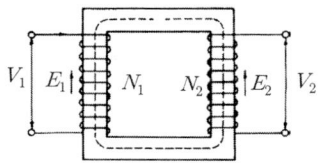

① 1개의 철심에 2개의 권선(코일)을 감고 한쪽의 권선에 전압 V_1 [V]의 사인파 전압을 가하면, 철심중에 자속 Φ [Wb]가 발생하며, 이 자속과 쇄교하는 다른 쪽 권선에는 권선 횟수에 비례하는 V_2의 전압을 공급받게 된다.

② 1차, 2차 권선에 유도되는 기전력의 비는 변압기의 권수비에 비례하며 권수비를 a라 하면

$$a = \frac{N_1}{N_2} = \frac{V_1}{V_2} = \frac{I_2}{I_1}$$

③ $a = \frac{400}{N_2} = \frac{120}{12}$

$$\therefore N_2 = \frac{N_1 \times V_2}{V_1} = \frac{400 \times 12}{120} = 40\ [회]$$

13 전기사업법령에 따라 대통령령으로 정하는 구역전기사업자의 발전설비용량 최대 규모는?

① 1만킬로와트 ② 1만8천킬로와트
③ 3만5천킬로와트 ④ 5만킬로와트

해설 구역전기사업자의 발전설비용량(전기사업법 시행령 제1조의2)

구역전기사업이란 35,000[kW] 이하의 발전설비를 갖추고 특정한 공급구역의 수요에 맞추어 전기를 생산하여 전력시장을 통하지 아니하고 그 공급구역의 전기사용자에게 공급하는 것을 주된 목적으로 하는 사업

정답 10. ② 11. ① 12. ② 13. ③

14 전기사업법령에 따라 3000kW 초과의 발전사업을 하기 위한 전기(발전)사업 허가권자는? (단, 제주특별자치도는 예외로 한다.)

14.4.71 / 16.2.63 / 18.1.35 / 19.2.40

① 국무총리
② 시·도지사
③ 한국전력공사장
④ 산업통상자원부장관

[해설] 사업허가의 신청(전기사업법 시행규칙 제4조)
① 전기사업의 허가를 신청하려는 자는 전기사업허가 신청서에 관련 서류(전자문서를 포함한다. 이하 같다)를 첨부하여 산업통상자원부장관에게 제출하여야 한다.
② 다만, 발전설비용량이 3,000[kW] 이하인 발전사업의 허가를 받으려는 자는 특별시장·광역시장·특별자치시장·도지사 또는 특별자치도지사에게 제출하여야 한다.

15 에너지저장시스템(ESS)에서 발전량과 부하간의 균형을 맞추기 위한 Grid support 용도와 피크전력대응을 위한 대책은 무엇인가?

① Load leveling
② Power backup
③ Power management
④ Battery management

[해설] 부하평준화(Load Leveling)
① 일시적으로 급증하는 전력수요에 대처하기 위한 방안 중 하나로, 피크 부하를 줄이고, 전력 소모가 적은 시간대의 부하(오프 피크 부하)를 증가시키는 것
② ESS(Energy Storage System)는 피크 감소(최대수요 절감) 혹은 부하평준화가 가능하다.

16 신에너지 및 재생에너지 개발·이용·보급 촉진 법령에 따른 2020년 이후 신·재생에너지의 공급의무 비율(%)은?

14.4.96 / 15.4.89 / 18.4.87 / 19.2.90

① 21　② 24　③ 30　④ 37

[해설] 신·재생에너지 공급의무 비율 등(신재생에너지법 시행령 제15조)
1) 건축법 시행령에서 정한 용도의 건축물로서 신축·증축 또는 개축하는 부분의 연면적이 1,000[m²] 이상인 건축물(해당 건축물의 건축 목적, 기능, 설계 조건 또는 시공 여건상의 특수성으로 인하여 신·재생에너지 설비를 설치하는 것이 불합리하다고 인정되는 경우로서 산업통상자원부장관이 정하여 고시하는 건축물은 제외한다)에 따른 비율 이상
2) 1)외의 건축물 : 산업통상자원부장관이 용도별 건축물의 종류로 정하여 고시하는 비율 이상

연도	2011~2012	2013	2014	2015
공급의무 비율[%]	10	11	12	15

2016	2017	2018	2019	2020 이후
18	21	24	27	30

신·재생에너지 공급의무 비율 등(개정 2020. 9. 23)

해당 연도	2020~2021	2022~2023	2024~2025	2026~2027	2028~2029	2030 이후
공급의무 비율[%]	30	32	34	36	38	40

17 태양을 올려다보는 각도가 30°인 경우, air mass(AM) 값은?

13.4.8 / 14.4.16 / 15.4.21 / 18.2.29 / 18.4.34

① 1.0　② 1.15　③　④ 2.0

[해설] 대기 질량 지수(Air Mass index)

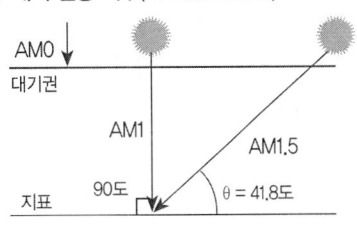

AM 0 : 대기권 밖에서 측정하는 스펙트럼
AM 1 : 태양의 직사광이 지표면에 수직으로 입사한 경우
AM 1.5 : 태양의 직사광이 지표면에 경사각 41.8° (천정각 48.2°)

AM 2 : 태양의 직사광이 지표면에 경사각 30°(천정각 60°)

18 태양전지의 계산식

$$T_{cell} = T_{arnb} + \left(\frac{NOCT - 20°}{0.8}\right) \times S$$

에서 NOCT는 무엇인가? (단, T_{cell}은 태양전지 온도(℃), T_{arnb}은 주위 온도(℃), S는 방사조도(kW/m²)이다.)

① 일조량
② 공기온도
③ 개방전압
④ 공칭작동 태양전지 온도

15.4.2

해설 공칭 태양광발전 전지 동작 온도 측정시험
(Measurement of Nominal Operating Cell Temperature)
태양광발전 모듈의 공칭 전지 동작 온도(Nominal Operating Cell Temperature, NOCT)는 다음의 표준 기준 환경(Standard Reference Environment, SRE)에서 개방형 선반식 가대(open rack)에 설치한 모듈을 구성하는 태양광발전 전지의 평균 접합 온도로 정의된다.
① 경사각 : 수평면을 기준으로 45도
② 경사면 일조강도 : 800 W·m²
③ 주위기온 : 20℃
④ 풍속 : 1m/s
⑤ 전기적 부하 : 없음(회로 개방 상태)

14.4.32 / 15.4.20 / 16.2.12 / 16.4.13 / 18.4.29

19 독립형 태양광발전시스템의 설계 시 1일부하량이 5000Wh이고, 부조일수가 10일, 보수율이 80%, 방전심도가 60%일 때 축전지용량은 약 몇 Ah인가? (단, 축전지의 공칭전압은 2V/cell, 축전지 셀 수는 24개이다.)

① 2170
② 2320
③ 2517
④ 2730

해설 축전지 용량(C)

$$C = \frac{1일\ 적산부하\ 전력량(L_d) \times 일조가\ 없는\ 날(D)}{보수율(L) \times 공칭\ 축전지\ 전압 \times 축전지\ 개수 \times 방전심도(DOD)}$$

$$= \frac{5000 \times 10}{0.8 \times 2 \times 24 \times 0.6} ≒ 2170\ [Ah]$$

20 저전압 서지 보호장치-제12부 : 저압 배전 계통 보호용-선정 및 지침(KS C IEC 61643-12 : 2007)에 따른 SPD의 종류로 틀린 것은?

① 조합형 SPD
② 전류 제어형 SPD
③ 전압 제한형 SPD
④ 전압 스위칭형 SPD

해설 SPD의 종류
① 전압 스위치형 SPD
② 전압 제한형 SPD
③ 조합형 SPD

15.4.26 / 17.2.31 / 18.4.38

21 어레이 설계 시 어레이 구조 결정의 기술적 측면에서의 고려 사항으로 맞지 않는 것은?

① 구조 안정성
② 조화로움 및 경제성
③ 풍속, 풍압, 지진 고려
④ 건축물과의 결합(기초)방법 결정

해설 기술적 측면에서의 고려 사항
① 경사각, 방위각의 결정
② 풍속, 풍압, 지진 고려
③ 건축물과의 결합(기초)방법 결정
④ 구조 안정성
⑤ 시공방법
⑥ 유지관리

14.4.8 / 15.4.33 / 16.4.20 / 17.4.15 / 19.1.6

22 태양광발전시스템에서 인버터가 가져야 할 중

요한 기능과 특성으로서 가장 적합한 것은?

① 모니터링 및 전압상승 억제기능을 가져야 한다.
② 인버터는 전력변환 효율보다는 외관이 수려하여야 한다.
③ 경제성을 고려하여 기능을 간소화하고 고가화의 차별화기술이 필요하다.
④ 최대출력 제어 및 단독운전방지 기능을 가지고 전력품질과 공급안정성을 확보하어야 한다.

해설 태양광발전시스템 인버터의 중요한 기능
① 단독운전 방지(Non-islanding) 기능
단독운전(한전 정전시 분리된 계통에 전력을 계속 공급하게 되는 운전상태)시의 문제점을 해결하기 위한 기능으로, 단독운전 발생 후 최대 0.5초 이내에 한전 계통에 대한 가압을 중지해야 한다.
② 최대전력 추종(MPPT ; Maximum Power Point Tracking)제어 기능
태양전지의 출력은 일사강도나 태양전지의 표면온도에 따라 변화하며, 이들 변동에서 태양전지의 동작점이 항상 최대출력점을 추종하도록 변화시켜, 태양전지에서 최대 출력을 유도하는 제어

14.4.35 / 15.4.37 / 17.1.27 / 18.2.37

23 시방서의 목적으로 틀린 것은?

① 시공자가 하여야 할 사항을 규정
② 시공에 대한 모든 지시사항의 규정
③ 주요 기자재에 대한 특정규격, 수량 및 납기일을 규정
④ 설계와 공사에 대하여 도면에 표현하기 어려운 사항을 규정

해설 시방서(Specifications)
① 기본설계 및 실시설계도면에 구체적으로 표시할 수 없는 내용과 공사수행을 위한 시공 방법, 자재의 성능·규격 및 공법, 품질시험 및 검사 등 품질관리, 안전관리, 환경관리 등에 관한 사항을 기술한다.
② 표준시방서 및 전문시방서를 기본으로 하여 작성하되, 공사의 특수성·지역여건·공사방법 등을 고려하여 작성한다.

14.4.48 / 15.2.15 / 15.2.42 / 15.4.40 / 16.2.36 / 16.4.29 / 17.2.27 / 17.4.28 / 19.1.13

24 태양광발전시스템의 분류 방법에는 발전량의 향상을 위하여 다양한 추적방식이 있는데 발전효율이 가장 높은 방법은?

① 단축 추적식
② 양축 추적식
③ 고정 경사가변식
④ 고정 경사고정형

해설 발전효율
양축 추적식 > 단축 추적식 > 가변(반고정형)식 > 고정식

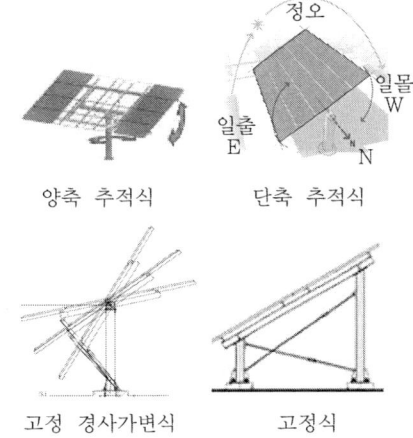

양축 추적식   단축 추적식
고정 경사가변식   고정식

15.2.23 / 17.4.26

25 다음과 같은 태양광발전시스템의 어레이 설계 시 직병렬 수량은?

- 모듈 최대 출력 : 250[Wp]
- 1스트링 직렬매수 : 10직렬
- 시스템 출력 전력 : 50,000[W]

① 10직렬 - 10병렬
② 10직렬 - 15병렬
③ 10직렬 - 20병렬
④ 10직렬 - 25병렬

정답 22.④ 23.③ 24.② 25.③

해설) 병렬 회로수 = $\dfrac{\text{시스템 출력전력}}{\text{모듈 최대출력} \times \text{스트링 직렬 매수}}$

$= \dfrac{50,000}{250 \times 10} = 20$ [회로]

13.4.27 / 15.4.24 / 16.4.21 / 17.2.23 / 17.4.33 / 19.2.28 / 19.2.33 / 19.4.24

26 태양전지 어레이의 이격 거리 산출 시 적용하는 설계요소가 아닌 것은?

① 태양의 고도각
② 강재의 강도 및 판 두께
③ 건축 시공 부지 현황
④ 태양광발전소 위치에 대한 위도

해설) 구조물 이격거리 산정 시 고려사항

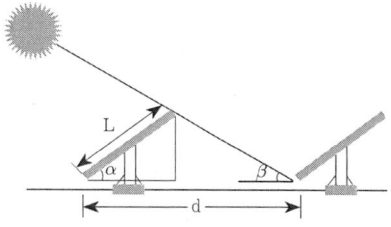

① 태양광 모듈 길이(L)
② 모듈 설치각도(α)
③ 위도(동지시 발전 가능 한계 시간에서 태양의 고도각 β)
④ 구조물의 형상, 장애물의 높이, 남북향간 거리, 부지현황, 부지의 경사도

27 음영각 및 음영각의 검토사항에 대한 설명으로 틀린 것은?

① 수직 음영각은 태양의 고도각을 말한다.
② 주변 산세, 수풀, 나무, 건물 등을 고려하여 어레이를 배치한다.
③ 그늘의 길이와 방향은 위도, 계절에 따라 같으므로 그림자의 길이를 계산하여 어레이를 배치한다.
④ 연중 입사각이 가장 적은 동지의 오전 9시부터 오후 3시 사이에 어레이에 그늘이 생기지 않도록 해야 한다.

해설) 위도와 경도, 계절별 태양의 각도는 약50°정도의 차이가 발생하며, 그늘의 길이는 매우 상이하다.

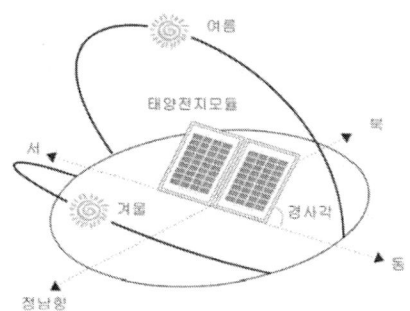

17.1.23 / 17.4.40 / 18.1.36 / 18.2.1 / 19.2.29

28 태양고도가 가장 높은 시기로 옳은 것은?

① 춘분   ② 하지
③ 추분   ④ 동지

해설) 남중고도

① 태양이 남쪽 하늘의 중앙에 있을 때 지표면과 이루는 각
② 자전축을 중심으로 매일 한 바퀴씩 자전하는 지구가 태양 주위를 일 년에 한 바퀴씩 공전하기 때문에 남중고도의 높이차이가 발생됨(지구의 자전축이 공전 궤도면에 대하여 오른쪽으로 23.5도 기울어져 있다)
③ 제주지역 동지(32°), 하지(78°)

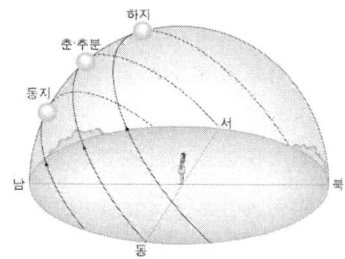

29 지상설치의 기초 형식에 대한 종류와 그림 설명으로 틀린 것은?

① 전면기초   ② 말뚝기초

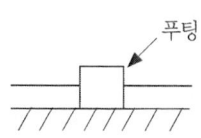 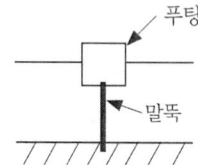

③ 독립푸팅기초   ④ 복합푸팅기초

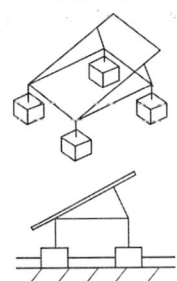
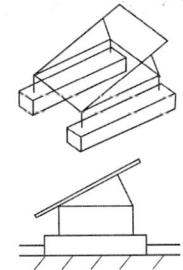

해설 **푸팅(footing)**
지반의 지지력이 필요한 구조물의 기둥 밑부분 등에는 계단적으로 기초면적을 넓게 하며, 이 넓게 잡은 토대의 부분을 푸팅이라고 하고, 이러한 구조의 기초를 푸팅기초라고 한다. 푸팅기초는 기초가 얕을 때 많이 채용되는 공법으로, 구조에 따라 독립푸팅·연결푸팅·벽푸팅 등으로 분류한다.

30 태양광발전용 인버터의 입력한계전압이 $800V_{dc}$라면, 이때 적합한 태양광발전 모듈의 최대 직렬수는?
(단, 모듈 온도변화는 -10℃~70℃로 하고, 기타 조건은 표준상태이다.)

$$V_{oc} = 45.16\ V \quad I_{sc} = 7.73\ A$$
$$V_{mpp} = 41.5\ V \quad I_{mpp} = 7.22\ A$$
$$온도계수\ I = 0.052\ \%/℃$$
$$온도계수\ V = -0.454\ \%/℃$$

① 14직렬   ② 15직렬
③ 16직렬   ④ 17직렬

해설 **최대 직렬 회로 수**
① V_{oc} 상태의 전압(V_c)
V_c = 개방전압 + [(최저온도 - 기준온도) × $\dfrac{온도계수}{100}$ × 개방전압]
= $45.16 + [(-10 - 25) \times \dfrac{-0.454}{100} \times 45.16]$
≒ 52.3

② 최대 직렬회로 수(V_s)
$$V_s = \dfrac{V_{dc}}{V_c} = \dfrac{800}{52.3} ≒ 15(회로)$$

16.2.23 / 17.2.30 / 19.1.33 / 19.2.24 / 19.4.37

31 일조율에 관한 설명으로 옳은 것은?
① 가조시간에 대한 일조시간의 비
② 해뜨는 시간부터 해지는 시간까지의 일사량
③ 구름의 방해 없이 지표면에 태양이 비친 시간
④ 지표면에 직접 도달하는 직달 일조강도의 적산

해설 **일조시간과 가조시간**
1) 일조시간(Duration of Sunshine)
① 태양광선이 구름이나 안개 등에 의해서 차단되지 않고 지표면을 비춘 시간
② 일조율 = $\dfrac{일조시간}{가조시간} \times 100[\%]$

2) 가조시간(Possible Duration of Sunshine)
① 해가 뜬 다음부터 다시 질 때까지 태양에서 오는 직사광선
② 일조(日照)를 기대할 수 있는 시간을 말하며 산, 구름, 안개나 건조물에 의해 바뀔 수 있다.
③ 산, 구름, 안개 등 장애물이 없다고 가정했을 때의 일조시간은 가조시간과 동일하다.

32 토목 도면에서 밭을 나타내는 기호는?
① ⊥⊥   ② ∣∣∣   ③ ⊥⊥   ④ ○

해설 **토목도면 표시기호**

명칭	기호
논	⊥⊥
밭	∣∣∣
초지	∣∣
과수원	○

정답 30. ② 31. ① 32. ②

33 설계도면 작성 시 정류기의 전기도면 기호로 옳은 것은?

① RC
② T
③ ▶|
④ G

해설 ① : 룸 에어컨, 역류 계전기(Reverse Current Relay)
② : 온도계(Temperature Meter)
③ : 정류기(Rectifier)
④ : 발전기, 검류기(Galvanometer)

34 전기설비 관련 시설공간(KSD 31 10 21 : 2019)에 따라 수변전실 설계 시 건축 관점에서의 고려사항으로 틀린 것은?

① 장비 반입 및 반출 통로가 확보되어야 한다.
② 수변전실은 불연 재료를 사용하여 구획하고, 출입구는 방화문으로 한다.
③ 장비의 배치 및 유지보수가 용이하도록 충분한 넓이와 유효높이가 확보되어야 한다.
④ 수·변전 관련 설비실(발전기실, 축전지실, 무정전 전원장치실 등)이 있는 경우 수변전실과 가급적 떨어진 위치로 한다.

해설 건축 관점의 고려사항
① 장비 반입 및 반출 통로가 확보되어야 한다.
② 장비의 배치 및 유지보수가 용이하도록 충분한 넓이와 유효높이가 확보되어야 한다.
③ 수·변전 관련 설비실(발전기실, 축전지실, 무정전 전원장치실 등)이 있는 경우 가능한 수변전실과 인접되어야 한다.
④ 수변전실은 불연 재료를 사용하여 구획하고, 출입구는 방화문으로 한다.

35 전기설비기술기준의 판단기준에 따라 몇 V를 초과하는 축전지는 비접지측 도체에 쉽게 차단할 수 있는 곳에 개폐기를 시설하여야 하는가?

① 10　② 20　③ 30　④ 60

해설 축전지실 등의 시설
① 30V를 초과하는 축전지는 비접지측 도체에 쉽게 차단할 수 있는 곳에 개폐기를 시설하여야 한다.
② 옥내전로에 연계되는 축전지는 비접지측 도체에 과전류보호장치를 시설하여야 한다.
③ 축전지실 등은 폭발성의 가스가 축적되지 않도록 환기장치 등을 시설하여야 한다.

36 분산형전원 배전계통연계 기술기준에 따라 비정상 전압이 V<50 에 해당하는 분산형전원의 분리시간은 최대 몇 초인가? (단, V는 기준전압(계통의 공칭전압)에 대한 백분율(%)이며, 전압범위 정정치와 분리시간을 현장에서 조정하는 경우는 제외한다.)

① 0.16초　② 0.5초
③ 1.0초　④ 2.0초

해설 한전계통 이상시 분산형전원 분리 및 재병입
1) 한전계통의 고장
　분산형전원은 연계된 한전계통 선로의 고장시 해당 한전계통에 대한 가압을 즉시 중지하여야 한다.

2) 한전계통 재폐로와의 협조
　1)에 의한 분산형전원 분리시점은 해당 한전계통의 재폐로 시점 이전이어야 한다.

3) 전압
① 연계 시스템의 보호장치는 각 선간전압의 실효값 또는 기본파 값을 감지해야 한다. 단, 구내계통을 한전계통에 연결하는 변압기가 Y-Y 결선 접지방식의 것 또는 단상 변압기일 경우에는 각 상전압을 감지해야 한다.
② ①의 전압 중 어느 값이나 표와 같은 비정상 범위 내에 있을 경우 분산형전원은 해당 분리시간(clearing time) 내에 한전계통에 대한 가압을 중지하여야 한다.
③ 다음의 하나에 해당하는 경우에는 분산형전원 연결점에서 ①에 의한 전압을 검출할 수 있다.
㉠ 하나의 구내계통에서 분산형전원 용량의 총합이 30kW 이하인 경우

정답 33. ③　34. ④　35. ③　36. ②

ⓒ 연계 시스템 설비가 단독운전 방지시험을 통과한 것으로 확인될 경우
ⓒ 분산형전원 용량의 총합이 구내계통의 15분간 최대수요전력 연간 최소값의 50% 미만이고, 한전계통으로의 유·무효전력 역송이 허용되지 않는 경우

전압 범위 (공칭전압에 대한 백분율[%])	분리시간 [초]
V < 50	0.5
50 ≤ V < 70	2
70 ≤ V < 90	2
110 < V < 120	1
V ≥ 120	0.16

15.4.56 / 18.2.43

37 가교 폴리에틸렌 절연 비닐 시스 케이블을 나타내는 약호는?

① DV   ② GV   ③ CV   ④ OV

해설 CV(가교 폴리에틸렌 절연 비닐 시스케이블)

1. 도체
2. 절연체
3. 개재물
4. 바인더 테이프
5. 시스

1) PE와 같이 우수한 전기적 특성을 가지고 있다.
2) PE와 비교하여 내열성, 기계적 성능을 향상시켜 열변형특성, 열노화 특성이 우수하기 때문에 연속 최고허용온도를 90[℃]로 향상시킨 것으로 대용량의 초고압 송전용 케이블의 절연재료로 사용되고 있다.
3) 내약품성 및 내수성이 우수하다.
4) 화학적 물리적 특성이 우수하다.
※ 내후성 : 각종 기후에 견디는 성질

15.4.52 / 18.1.42

38 전력기술관리법령에 따라 산업통상자원부장관 또는 시·도지사는 검사(질문을 포함한다)를 하려면 검사일 며칠 전까지 검사 일시, 검사 목적, 검사 내용 등의 검사계획을 검사 대상자에게 알려야 하는가?

① 4   ② 7
③ 15   ④ 30

해설 전력기술관리법(보고 및 검사 등)
① 산업통상자원부장관 또는 시·도지사는 등록기준에 적합 여부, 설계도서의 서명날인 유무 등과 관련하여 필요하다고 인정하면 설계업자 및 감리업자에 대하여 보고를 명하거나, 관계 공무원에게 사업소·사무소 또는 사업장에 출입하여 관계 서류·시설 등을 검사하거나 관계인에게 질문하게 할 수 있다.
② 산업통상자원부장관 또는 시·도지사는 ①항에 따라 검사(질문을 포함한다.)를 하려면 검사일 7일 전까지 검사 일시, 검사 목적, 검사 내용 등의 검사계획을 검사 대상자에게 알려야 한다. 다만, 긴급한 경우나 사전에 알리면 증거인멸 등으로 검사 목적을 달성할 수 없다고 인정되는 경우에는 그러하지 아니하다.
③ ①항에 따라 출입 및 검사를 하는 공무원은 그 권한을 표시하는 증표를 지니고 이를 관계인에게 내보여야 하며, 검사 시 그 공무원의 성명, 검사 시간 및 검사 목적 등이 적힌 문서를 관계인에게 내주어야 한다.

14.4.91 / 17.1.89 / 19.4.89

39 전기설비기술기준에 따라 사용전압이 400kV 이상의 특고압 가공전선과 건조물 사이의 수평거리는 그 건조물의 화재로 인한 그 전선의 손상 등에 의하여 전기사업에 관련된 전기의 원활한 공급에 지장을 줄 우려가 없도록 몇 m 이상 이격하여야 하는가? (단, 가공전선과 건조물 상부와의 수직거리가 28m 미만인 경우이다.)

① 0.5   ② 1   ③ 3   ④ 5

해설 특고압 가공전선과 건조물 등의 접근 또는 교차
1. 사용전압이 400kV 이상의 특고압 가공전선과 건조물 사이의 수평거리는 그 건조물의 화재로 인한 그 전선의 손상 등에 의하여 전기사업에 관련된 전기의 원활한 공급에 지장을 줄 우려가 없도록 3m 이상 이격하여야 한다. 다만, 다음의 조건을 모두 충

족하는 경우에는 예외로 한다.
① 가공전선과 건조물 상부와의 수직거리가 28m 이상일 것.
② 사람이 거주하는 주택 및 다중 이용 시설이 아닌 건조물로서 내화구조이고, 그 지붕 재질은 불연재료일 것.
③ 폭연성 분진, 가연성 가스, 인화성물질, 석유류, 화약류 등 위험물질을 다루는 건조물이 아닐 것.
④ 건조물 상부 기준으로 유도장해 방지 규정에 따른 전계 및 자계 허용기준 이하일 것.
⑤ 특고압 가공전선은 전선의 단선 및 지지물 도괴의 우려가 없도록 시설할 것.

2. 사용전압이 170kV 초과의 특고압 가공전선이 건조물, 도로, 보도교, 그 밖의 시설물의 아래쪽에 시설될 때의 상호 간의 수평이격 거리는 그 시설물의 도괴 등에 의한 그 전선의 손상에 의하여 전기사업에 관련된 전기의 원활한 공급에 지장을 줄 우려가 없도록 3m 이상 이격하여야 한다.

15.2.40

40 변환효율 13%의 100W 태양광발전 모듈을 이용하여 10kW 태양광발전 어레이를 구성하는데 필요한 설치면적(m^2)으로 적당한 것은? (단, STC 조건이다.)

① 75　　② 77
③ 79　　④ 81

해설 설치면적(A)
① 표준 시험조건(Standard Test Conditions) : 조사강도 1000[W/m^2]
② 비례식으로 $\frac{1[m^2]}{1,000[W]} = \frac{S[m^2]}{10,000[W]}$ ∴ $S = 10$
③ $S = A \times \eta$, $10 = A \times 0.13$
④ $A = \frac{10}{0.13} ≒ 77\,[m^2]$

15.4.44 / 18.1.50

41 전등 설비 250[W], 전열 설비 800[W], 전동기 설비 200[W], 기타 150[W]인 수용가가 있다. 이 수용가의 최대수용전력이 910[W]이면 수용률은?

① 65[%]　　② 70[%]
③ 75[%]　　④ 80[%]

해설 수용률(Demand Factor)

수용률 = $\frac{최대 수용 전력\,[kW]}{수용 설비 용량\,[kW]} \times 100\,[\%]$

= $\frac{910}{(250+800+200+150)} \times 100 = 65\,[\%]$

13.4.56 / 14.4.49 / 15.4.53 / 17.1.58 / 17.2.45 / 19.4.43

42 전력계통에서 3권선 변압기(Y-Y-△)를 사용하는 주된 원인은?

① 승압용　　② 노이즈 제거
③ 제3고조파 제거　　④ 2가지 용량 사용

해설 분산형전원
배전계통연계시 승압용변압기의 1차 결선방식은 Y결선방식이며, 주로 Y-△-Y, Y-Y-△ 방식 등, △권선을 통해 인버터에서 발생하는 제3고조파를 제거 한다

15.4.57 / 18.4.47 / 19.2.50

43 매설 혹은 심타 접지극의 종류로 동판을 사용하는 경우 알맞은 치수는?

① 두께 0.6[mm] 이상, 면적 800[cm^2] 이상
② 두께 0.6[mm] 이상, 면적 900[cm^2] 이상
③ 두께 0.7[mm] 이상, 면적 900[cm^2] 이상
④ 두께 0.8[mm] 이상, 면적 800[cm^2] 이상

해설 접지극의 종류
① 동판(두께 0.7[mm] 이상, 면적 900 [cm^2] 이상)
② 동봉, 동피복강봉 (지름 8[mm] 이상, 길이 0.9[m] 이상)
③ 철봉(지름 12[mm] 이상, 길이 0.9[m] 이상의 아연도금 철봉)
④ 동피복강판(두께 1.6[mm] 이상, 길이 0.9[m] 이상, 연적 250[cm^2] 이상)
⑤ 탄소피복강봉(지름 8[mm] 이상의 강심, 길이 0.9[m] 이상)

정답 40. ② 41. ① 42. ③ 43. ③

15.4.60 / 18.2.53

44 태양광 모듈 2차측 회로를 비접지 방식으로 할 경우 비접지 확인 방법이 아닌 것은?

① 검전기로 확인
② 전류계로 확인
③ 회로시험기로 확인
④ 간이측정기로 확인

해설 안전대책(비접지 확인)

회로시험기(Circuit Tester), 검전기(Electroscope), 간이측정기로 측정한다.

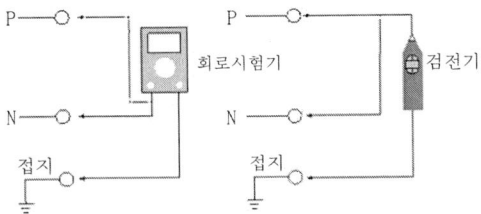

17.4.46 / 19.4.55

45 전력시설물의 감리원이 공사업자로부터 받은 시공상세도를 승인할 때 고려할 사항이 아닌 것은?

① 설계도면, 설계 설명서 또는 관계 규정에 일치하는지 여부
② 현장시공기술자가 명확하게 이해할 수 있는지 여부
③ 주요 공정의 시공 절차 및 방법
④ 실제시공 가능 여부

해설 시공상세도 승인

공사업자가 제출한 날부터 7일 이내에 검토·확인하여 승인한다. 다만, 7일 이내에 검토·확인이 불가능한 때에는 사유 등을 명시하여 통보하고, 통보사항이 없는 때에는 승인한 것으로 본다.
① 설계도면, 설계 설명서 또는 관계 규정에 일치하는지 여부
② 현장의 시공기술자가 명확하게 이해할 수 있는지 여부
③ 실제시공 가능 여부
④ 안정성의 확보 여부
⑤ 계산의 정확성
⑥ 제도의 품질 및 선명성, 도면작성 표준에 일치 여부
⑦ 도면으로 표시 곤란한 내용은 시공시 유의사항으로 작성되었는지 등의 검토

17.1.44 / 17.4.53

46 케이블트레이의 시설방법으로 틀린 것은?

① 수평으로 포설하는 케이블은 케이블트레이의 가로대에 반드시 견고하게 고정시켜야 한다.
② 저압케이블과 고압 또는 특고압케이블은 동일 케이블트레이 내에 시설하여서는 안된다.
③ 케이블이 케이블트레이 계통에서 금속관 등으로 옮겨가는 개소는 케이블에 압력이 가해지지 않도록 지지한다.
④ 케이블트레이가 방화구획의 벽, 마루, 천장 등을 관통 시 개구부에 연소방지시설 등 적절한 조치를 해야 한다.

해설 케이블트레이 배선의 시설조건

① 전선은 연피케이블, 알루미늄피 케이블 등 난연성 케이블 또는 기타 케이블(적당한 간격으로 연소(延燒)방지 조치를 하여야 한다) 또는 금속관 혹은 합성수지관 등에 넣은 절연전선을 사용하여야 한다.
② 케이블트레이 안에서 전선을 접속하는 경우에는 전선 접속부분에 사람이 접근할 수 있고 또한 그 부분이 측면 레일 위로 나오지 않도록 하고 그 부분을 절연처리 하여야 한다.
③ 수평으로 포설하는 케이블 이외의 케이블은 케이블트레이의 가로대에 견고하게 고정시켜야 한다.
④ 저압 케이블과 고압 또는 특고압 케이블은 동일 케이블 트레이 안에 시설하여서는 아니 된다. 다만, 견고한 불연성의 격벽을 시설하는 경우 또는 금속 외장 케이블인 경우에는 그렇지 않다.

14.4.93 / 15.2.76 / 15.4.98 / 16.4.97 / 17.1.92 / 17.2.42 / 17.4.57

47 표준 태양전지 어레이의 개방전압을 최대사용전압으로 간주할 때 절연내력 측정방법으로 옳은 것은?

정답 44. ② 45. ③ 46. ①

① 최대사용전압의 1배의 직류전압이나 1.5배의 교류전압을 10분간 인가하여 절연파괴 등 이상이 발생하지 않을 것
② 최대사용전압의 1배의 직류전압이나 1.5배의 교류전압을 20분간 인가하여 절연파괴 등 이상이 발생하지 않을 것
③ 최대사용전압의 1.5배의 직류전압이나 1배의 교류전압을 10분간 인가하여 절연파괴 등 이상이 발생하지 않을 것
④ 최대사용전압의 1.5배의 직류전압이나 1배의 교류전압을 20분간 인가하여 절연파괴 등 이상이 발생하지 않을 것

해설 태양전지 모듈의 절연내력

태양전지 모듈은 최대사용전압의 1.5배의 직류전압 또는 1배의 교류전압(500[V] 미만으로 되는 경우에는 500[V])을 충전부분과 대지사이에 연속하여 10분간 가하여 절연내력을 시험하였을 때에 이에 견디는 것이어야 한다.

해설 전력퓨즈(Power Fuse)의 장·단점

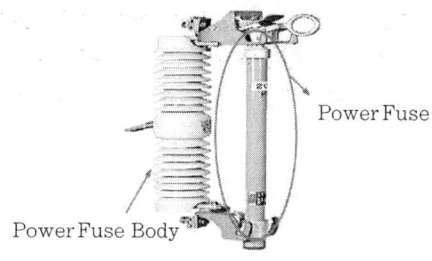

1) 장점
① 소형 경량이다.
② 릴레이나 변성기가 필요 없다.
③ 소형으로 큰 차단능력을 갖는다.
④ 보수가 간단하다.
⑤ 고속도 차단한다.
⑥ 가격이 저렴하다
2) 단점
① 재투입이 불가능하다.
② 과전류에서 용단될 수 있다.
③ 동작시간-전류특성의 조정이 불가능하다.

48 전력기술관리법에 따르면 감리업자 등은 그가 시행한 공사감리 용역이 끝났을 때 공사감리 완료보고서를 며칠 이내에 시·도지사에게 제출해야 하는가?

① 7일   ② 10일   ③ 20일   ④ 30일

해설 감리업자는 감리용역이 완료된 때에는 30일 이내에 공사감리 완료보고서를 협회에 제출하여야 한다.

49 다른 개폐기기와 비교하여 전력퓨즈의 특징으로 틀린 것은?

① 고속도 차단된다.
② 과전류에 용단되기 어렵다
③ 차단 능력이 크며, 재투입은 불가능하다.
④ 동작시간-전류특성을 계전기처럼 자유롭게 조절할 수 없다.

50 신재생에너지 설비의 지원 등에 관한 지침에 따른 태양광발전 모듈의 시공 기준으로 틀린 것은?

① 태양광발전 모듈은 인증 받은 제품을 설치하여야 한다.
② 전선, 피뢰침, 안테나 등 경미한 음영은 장애물로 보지 않는다.
③ 사업계획서 상의 모듈 설계용량과 동일하게 설치 할 수 없을 경우에는 설계용량의 105%를 넘지 말아야 한다.
④ 모듈의 일조면을 정남향으로 설치가 불가능할 경우에 한하여 정남향을 기준으로 동쪽 또는 서쪽 방향으로 45도 이내에 설치하여야 한다.

해설 태양광설비 시공기준
① 인버터의 설치용량

사업계획서 상의 인버터 설계용량 이상이어야 하고, 인버터에 연결된 모듈의 설치용량은 인버터의 설치용량 105[%]이내이어야 한다. 다만, 각 직렬군의 태양전지 개방전압은 인버터 입력전압 범위 안에 있어야 한다.

② 태양광발전 모듈 설치용량

설치용량은 사업계획서 상의 모듈 설계용량과 동일하여야 한다. 다만, 단위 모듈당 용량에 따라 설계용량과 동일하게 선치할 수 없을 경우에 한하여 설계용량의 110[%] 이내까지 가능하다.

16.2.46 / 18.1.54 / 19.4.57

51 태양광발전 모듈 간 직·병렬배선 방법으로 틀린 것은?

① 배선 접속부위는 빗물 등이 유입되지 않도록 자기 융착 절연테이프와 보호테이프로 감는다.
② 모듈 뒷면에는 접속용 케이블이 2개씩 나와 있으므로 반드시 극성(+, -) 표시를 확인한 후 결선한다.
③ 태양광발전 모듈간의 배선은 동작전류에 충분히 견딜 수 있도록 단면적 1.5mm² 이상의 케이블을 사용한다.
④ 1대의 인버터에 연결된 태양광발전 모듈의 직렬군이 2병렬 이상일 경우에는 각 직렬군의 출력전압이 동일하게 형성되도록 배열한다.

해설 태양전지 모듈간의 배선

태양전지판 모듈과 모듈을 연결하는 전선은 공칭단면적 2.5[mm²] 이상의 연동선 또는 동등 이상의 세기 및 굵기의 전선으로 배선하여야 한다.

16.4.43 / 17.1.47 / 19.4.60

52 설계감리 업무 수행지침에 따른 설계감리원의 수행 업무범위에 포함되지 않는 것은?

① 설계감리용역을 발주
② 시공성 및 유지관리의 용이성 검토
③ 주요 설계용역 업무에 대한 기술자문
④ 설계업무의 공정 및 기성관리의 검토·확인

해설 설계감리원의 업무
① 주요 설계용역 업무에 대한 기술자문
② 사업기획 및 타당성조사 등 전 단계 용역 수행 내용의 검토
③ 시공성 및 유지관리의 용이성 검토
④ 설계도서의 누락, 오류, 불명확한 부분에 대한 추가 및 정정 지시 및 확인
⑤ 설계업무의 공정 및 기성관리의 검토·확인
⑥ 설계감리 결과보고서의 작성
⑦ 그밖에 계약문서에 명시된 사항

20.2.50

53 단상 브리지 정류회로에서 전원전압이 220V인 경우 출력전압의 평균값은 약 몇 V인가?

① 99
② 198
③ 220
④ 311

해설 단상 반파 $V_{dc} = 0.318 V_{peak}$
단상 전파 $V_{dc} = 0.636 V_{peak}$
$\therefore V_{dc} = 0.636 \times 220\sqrt{2} \fallingdotseq 198$ [V]
$\because$ 실효값(V) = 220V, 최대값(V_m) = $220\sqrt{2}$ V

13.4.73 / 15.2.67

54 태양광전원의 용량 50MVA에 대하여, 15%의 임피던스를 가지는 경우, 100MVA를 기준으로 한 %임피던스는 몇 %인가?

① 30
② 40
③ 50
④ 60

해설 %임피던스

변압기에 정격전류가 흘렀을 때 변압기 자체 임피던스에 의한 전압강하의 2차 정격전압에 대한 퍼센트 변압기의 정격 2차 전압 V_n [kV], 정격 2차 전류 I_n [A], 자체 임피던스 Z [Ω], 용량 P[kVA]

$\%Z = \dfrac{Z \times I_n}{V_n} \times 100 \, [\%] = \dfrac{Z \times I_n \times V_n}{V_n \times V_n} \times 100 \, [\%]$
$= \dfrac{Z \times P}{V_n^2} \times 100 \, [\%]$

$\therefore \%Z \propto P$
$50[MVA] : 15[\%] = 100[MVA] : \%Z_2$
$\%Z_2 = 30$

정답 51. ③ 52. ① 53. ② 54. ①

55. 수·변전설비를 옥내에 시공 시 유의사항으로 틀린 것은?

① 기기 주위에는 유지관리 공간을 확인하여야 한다.
② 기기의 중량을 산정하여 바닥 강도를 확인하여야 한다.
③ 전기실에는 물 배관·증기관·환기용 덕트 등을 시설하거나 통과시켜서는 안 된다.
④ 습기 또는 결로 등에 의한 절연저하의 우려가 있는 경우에는 적절한 공법으로 하여야 한다.

해설 전기설비 시설공간(실)의 계획
① 전기설비 시설공간(실)은 정상상태 시 운전과 유지관리와 보수, 교환이 발생하므로 이에 대비하여야 하고, 미래에 예상되는 설비 내용 변경과 증설에 대비해야 한다.
② 환기가 잘되어야 하고 고온 다습한 장소에는 설치하지 않아야 한다. 다만, 설비의 중요도에 따라서 환기설비, 냉방 또는 제습장치를 설치할 수 있다.
③ 발전기실의 벽, 기둥, 바닥은 내화구조로 하고, 출입구는 방화문으로 한다.
④ 습기 또는 결로 등에 의한 절연저하의 우려가 있는 경우에는 적절한 공법으로 하여야 한다.

56. 어떤 전지의 외부회로 저항은 5Ω이고 전류는 8A가 흐른다. 외부회로에 5Ω 대신에 15Ω의 저항을 접속하면 흐르는 전류는 4A로 떨어진다. 이 전지의 기전력(V)은?

① 40 ② 60
③ 80 ④ 100

해설 전지의 기전력 E
① E = (외부저항+내부저항) × 전류
② E = (5+r) × 8 = 40+8r
③ E = (15+r) × 4 = 60+4r
② = ③이며 40+8r = 60+4r
따라서 내부저항 r = 5[Ω]
∴ E = 80[V]

57. 접지저항을 감소시키는 접지저항저감제가 갖추어야 할 조건이 아닌 것은?

① 사람과 가축에 안전할 것
② 전기적으로 양호한 부도체일 것
③ 접지전극을 부식시키지 않을 것
④ 계절에 다른 접지저항값의 변동이 적을 것

해설 접지저항 저감제의 구비조건

① 저감효과가 클 것
② 저감효과의 연속성이 있을 것(경년변화가 적을 것)
③ 내식성이 클 것(접지전극을 부식시키지 않을 것)
④ 친환경 적일 것(공해가 없을 것)
⑤ 사람과 가축에 안전할 것
⑥ 경제적이고 공법이 용이할 것

58. 가공 송전선에 댐퍼를 설치하는 이유는?

① 코로나 방지 ② 전자유도 감소
③ 전선 진동방지 ④ 현수애자 경사방지

해설 댐퍼(Damper)

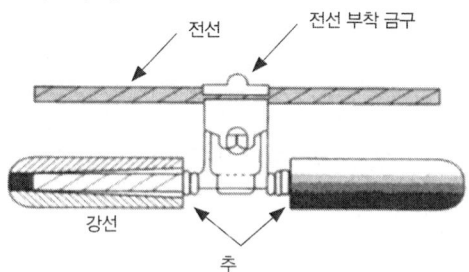

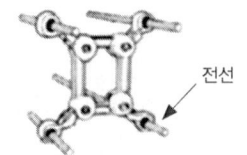

스페이서 댐퍼(Spacer Damper)

일반적으로 가공송전선로에는 풍속, 풍향, 지형, 기후조건 등에 따라 다양한 진동현상이 나타나며, 이러한 진동현상은 전선의 마모 또는 단선사고를 일으켜 전기적 사고를 유발할 수 있다.
전선을 보호하기 위해 가공송전선로에는 스톡브리지 댐퍼나 스페이서댐퍼 등을 설치하며, 이 중 스페이서댐퍼는 다도체 방식 가공송전선로에 설치되는 방진장치로, 각 소도체 간의 간격을 유지시키고 진동발생을 저감시키는 역할을 하는 매우 중요한 송전설비 중 하나이다.

59 태양광발전설비의 사용전검사 신청서 제출시 첨부하는 서류가 아닌 것은?

① 설계도서
② 접지설계계산서
③ 감리원 배치확인서
④ 전기안전관리자 선임신고증명서

[해설] 사용전검사 신청서의 첨부 서류
① 공사계획인가서 또는 신고 수리서 사본 (저압 자가용전기설비의 경우는 제외)
② 전력시설물의 설치·보수공사에 관한 계획서, 설계도면, 설계설명서, 공사비 명세서, 기술계산서 및 이와 관련된 설계도서 및 감리원 배치확인서 (저압 자가용전기설비의 설치공사인 경우만 해당하며, 저압 자가용전기설비의 증설·변경공사의 경우는 제외)
③ 자체감리를 확인할 수 있는 서류 (전기안전관리자가 자체감리를 하는 경우만 해당)
④ 전기안전관리자 선임신고증명서

60 수변전설비공사(KCS 31 60 10 : 2019)에 따른 수변전기기 시공에 대한 설명으로 틀린 것은?

① 전기실 바닥 트렌치·트레이 및 풀박스는 전압 및 회선별로 정리하여 배선하고, 회선별 표찰을 부착하여야 한다.
② 모선 및 기기 접속도체의 접속은 전기적·기계적으로 완전하게 시공하여야 하며, 접속점은 최대한으로 하여야 한다.
③ 전기실에 설치하는 수변전설비는 특성·품질·시공방법 등을 검토하여야 하며, 감리자의 승인을 얻은 후 설치 및 시공하여야 한다.
④ 변압기 등과 같이 진동이 있는 기기와 모선을 접촉할 경우는 기기의 진동이 모선에 전달되지 않도록 가요성 도체 등을 설치하여야 한다.

[해설] 수변전기기 시공
① 전기실에 설치하는 수변전설비는 특성·품질·시공방법 등을 검토하여야 하며, 감리자의 승인을 얻은 후 설치 및 시공하여야 한다.
② 전기실 각종 접지 및 접지저항 값 등은 설계도서에 따른다.
③ 기기는 소정의 시험성적표를 제출하여야 한다.
④ 전기실 바닥 트렌치·트레이 및 풀박스는 전압 및 회선별로 정리하여 배선하고, 회선 별 표찰을 부착하여야 한다.
⑤ 변압기 등과 같이 진동이 있는 기기와 모선을 접촉할 경우는 기기의 진동이 모선에 전달되지 않도록 가요성 도체 등을 설치하여야 한다.
⑥ 모선 및 기기 접속도체의 접속은 전기적·기계적으로 완전하게 시공하여야 하며, 접속점은 최소한으로 하여야 한다.
⑦ 시공의 상세사항은 공사시방서에 따른다.

61 태양광발전시스템의 계측기기나 표시장치가 아닌 것은?

① 전력량계   ② LED
③ 인버터   ④ 일사계

[해설] 인버터(Inverter)

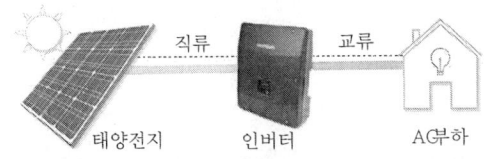

태양 전지의 모듈로부터 직류 전원을 공급받아 정전압, 정주파수의 안정된 교류전원을 공급하는 장치로서 전력계통선과 병렬로 운전하며, 기동정지, 최대출력점 추적제어(MPPT), 각종 보호회로, 단독운전방지 등의 기능이 있어야 한다.

정답 59. 전항정답 60. ② 61. ③

62 태양광발전시스템 중 설비 종류에 따른 육안 점검 항목이 아닌 것은?

① 유리 등 표면의 오염 및 파손 확인
② 가대의 부식 및 녹 확인
③ 프레임 파손 및 변형 확인
④ 볼트가 규정된 토크 수치로 조여져 있는지 확인

해설 **토크렌치 검사**

① 태양광발전소 구조물의 볼트 조임은 설계치의 일정한 볼트 조임이 이루어져야하며, 조립상태가 정상적인가를 확인하기 위하여 볼트너트의 조임 토크를 검사해야 한다.
② 이 검사는 마찰이라는 불안전요소가 게재되어 있어 상당히 까다로워, 조임 토크를 검사하여 정확하게 측정한다는 것은 매우 어렵다.
③ 측정방법에는 풀림 토크법, 증가 토크법, 마크법 등이 있다.

13.4.71 / 15.4.77 / 16.4.67 / 17.1.67 / 17.4.61 / 19.2.63

63 태양광발전시스템의 운영에 있어 계측기기나 표시장치의 사용목적이 아닌 것은?

① 시스템의 성능 예측
② 시스템의 운전상태 감시
③ 시스템의 발전전력량 파악
④ 시스템의 성능을 평가하기 위한 데이터 수집

해설 **계측기기, 표시장치의 설치목적**
① 운전상태 감시
② 발전전력량 확인
③ 기기 및 시스템 종합평가
④ 운전상황을 견학자에게 보여주고, 시스템 홍보

15.2.72 / 15.4.80 / 16.2.64 / 16.4.74 / 17.1.78 / 17.2.67 / 17.4.80 / 18.2.65 / 18.2.68 / 18.4.80 / 19.2.80 / 19.4.71

64 배전반 외부에서 이상한 소리, 냄새, 손상 등을 점검항목에 따라 점검하며, 이상상태 발견 시 배전반 문을 열고 이상 정도를 확인하는 점검은?

① 일시점검   ② 정기점검
③ 임시점검   ④ 일상순시점검

해설 **일상순시점검**
① 태양광발전시스템의 기능을 유지하기 위한 점검으로 아래의 서술된 요령으로 실시한다.

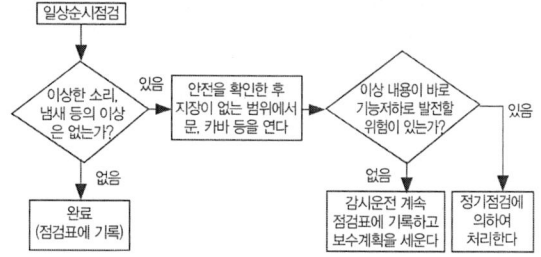

② 매일의 일상(순시)점검은 문을 열어 점검한다던가, 커버를 해체한 후 점검한다던가 하는 것이 아니고 이상한 소리, 냄새, 손상 등을 배전반, 인버터 등의 외부에서 점검항목의 대상항목에 따라 점검하는 것
③ 이상상태를 발견한 경우에는 배전반, 인버터의 문을 열고 이상의 정도를 확인한다.
④ 이상의 상태가 직접 운전을 하지 못할 정도로 전개되는 경우를 제외하고는 이상상태의 내용을 기록하여 정기점검 시에 점검한다.

16.2.75 / 16.4.65 / 17.4.66 / 18.4.72

65 태양광발전시스템의 계측기구 및 표시장치의 구성으로 틀린 것은?

① 검출기   ② 감시 장치
③ 연산장치   ④ 신호변환기

해설 **태양광발전시스템의 계측시스템 구성**
① 검출기
태양광발전시스템의 기상데이터와 전압, 전류 등을 측정하는 장치로 직류측의 전압은 분압기로 전류는 분류기를 이용하고, 교류측의 전압, 전류, 역률, 주

파수 계측은 PT, CT를 통해서 검출, 지시계 또는 신호변환기로 전송하는 장치
② 신호변환기
검출기로 검출된 데이터를 컴퓨터 및 먼거리에 설치한 표시장치에 전송할 때 사용하는 장치
③ 연산장치
검출기를 통해 얻어진 순시계측 데이터는 적산하고, 일정기간 동안의 데이터는 평균하는 등 필요 데이터를 가공하는 장치
④ 기억장치
컴퓨터가 필요로 하는 정보, 컴퓨터가 자료를 처리하여 얻은 결과 등을 저장하는 기능을 하는 장치

15.2.63 / 17.1.65 / 17.4.73

66 개방전압 측정 시 유의사항으로 틀린 것은?

① 태양광발전모듈 표면의 이물질, 먼지 등을 청소하는 것이 필요하다.
② 각 스트링의 측정은 안정된 일사강도가 얻어질 때 하도록 한다.
③ 개방전압 측정 시 안전을 위해 우천 시 또는 흐린 날에 측정하도록 한다.
④ 측정시각은 일사강도, 온도의 변동을 극히 적게 하기 위하여, 청명할 때와 남쪽에 있을 때의 전후 1시간에 실시하는 것이 바람직하다.

해설 개방전압 측정 시 주의사항
① 각 모듈이 음영의 영향을 받지 않는 것을 확인한다. (모듈의 불량 또는 모듈간의 접속불량 등이 발생하면 각 스트링의 개방전압 측정치가 불균일하다)
② 각 모듈이 균일한 일사조건이 되기 쉬운 약간 흐린 날씨라면 평가하기 쉬우나, 아침, 저녁의 낮은 일사조건은 피한다.
③ 맑은 날, 남중고도에 있을 때 측정하면 오차가 적다.
④ 우천 시에는 감전의 위험이 있으니, 측정을 피한다.

13.4.61 / 16.2.70 / 17.4.77

67 중대형 태양광 발전용 인버터의 누설전류 시험 시 누설전류는 최대 몇 [mA] 이하여야 하는가?

① 5   ② 10
③ 15   ④ 20

해설 누설 전류 시험
① 교류전원을 정격 전압 및 정격 주파수로 운전한다. 직류 전원은 인버터 출력이 정격 출력이 되도록 설정한다.
② 인버터의 기체와 대지와의 사이에 1[KΩ] 이상의 저항을 접속해서 저항에 흐르는 누설전류를 측정하고, 누설전류가 5[mA] 이하일 것

15.2.72 / 15.4.80 / 16.2.64 / 16.4.74 / 17.1.78 / 17.2.67 / 17.4.80 / 18.2.65 / 18.2.68 / 18.4.80 / 19.2.80

68 태양광발전시스템 점검의 종류가 아닌 것은?

① 임시점검   ② 수시점검
③ 일상점검   ④ 정기점검

해설 전기설비 점검의 종류
① 일상점검
② 정기점검
③ 임시점검

14.4.67 / 18.4.75 / 19.4.66

69 태양광발전시스템 정기점검에 대한 설명으로 틀린 것은?

① 점검·시험은 원칙적으로 지상에서 실시한다.
② 100kW 이상의 경우에는 매월 1회 이상 점검하여야 한다.
③ 100kW 미만의 경우에는 매월 2회 이상 점검하여야 한다.
④ 3kW 미만의 태양광발전시스템은 법적으로 정기점검을 하지 않아도 된다.

해설 정기점검
① 100[kW] 미만의 경우 매년 2회 이상 점검
② 100[kW] 이상의 경우 매년 6회 이상 점검
③ 3[kW] 미만의 소출력 태양광발전시스템은 일반용 전기설비로 분류되어 정기점검을 하지 않아도 된다.

정답 65. ② 66. ③ 67. ① 68. ② 69. ②

70 태양광발전시스템의 전선에서 발생하는 고장으로 틀린 것은?

① 변색 ② 경화
③ 소음 ④ 표면 크랙

해설 전선에서 발생하는 고장
① 변색 ② 크랙
③ 경화 ④ 늘어짐
⑤ 전선관의 물

71 태양광발전시스템의 계측에서 관리하여야 할 데이터 항목으로 틀린 것은?

① 조도
② 대기온도
③ 일일 발전량
④ 수평면 또는 경사면 일사량

해설 계측관리 데이터 항목
① 대기온도
② 태양전지 모듈 온도
③ 수평면 또는 경사면 일사량
④ 일일발전량
⑤ 풍속 및 습도
⑥ 수온(수상태양광)

72 태양광발전용 납축전지의 잔존 용량 측정방법(KS C 8532:1995)에서 측정주기는 몇 분 이하로 하는가? (단, 보정의 목적으로 사용하는 경우는 제외)

① 10 ② 20
③ 30 ④ 60

해설 태양광발전용 납축전지의 잔존 용량 측정방법
태양광발전시스템에서 전기 에너지 저장용으로 설치되는 고정 납축전지의 시스템 운용상태에서의 잔존 용량 측정방법
1) 측정 방법의 종류
① 전압 측정법 : 납축전지 시스템 또는 납축전지의 단자전압을 측정하므로서 납축전지 내의 잔존 용량을 측정하는 방법
② 비중 측정법 : 납축전지 내의 황산 전해액의 비중을 측정하므로서 축전지 내의 잔존 용량을 측정하는 방법
③ Ah 측정법 : 납축전지 시스템의 충전전류, 방전전류의 적산치를 측정하므로서 납축전지 내의 잔존 용량을 측정하는 방법

2) 측정조건
① 측정주기는 10분 이하로 한다. 다만 보정의 목적으로 사용할 때에는 이에 따르지 않아도 된다.
② 적용 온도 범위는 −20~+50℃로 한다.

16.2.75 / 16.4.65 / 17.4.66 / 18.4.72

73 모니터링시스템에 관한 설명으로 틀린 것은?

① 계측·표시장치의 목적은 운전상태 감시, 발전전력량 표시, 시스템 종합평가 계측이다.
② 계측·표시장치 시스템은 검출기(센서)→연산장치→신호변환기→표시장치 순으로 정보가 전달된다.
③ 프로그램 기능으로는 데이터 수집기능, 데이터 저장기능, 데이터 분석기능, 데이터 통계기능 등이 있다.
④ 데이터 분석기능은 각각의 계층요소마다 일일평균값과 시간에 따라 각 계측값의 변화를 알 수 있도록 표의 형식으로 데이터를 제공한다.

해설 태양광발전시스템의 계측시스템 구성
① 검출기
태양광발전시스템의 기상데이터와 전압, 전류 등을 측정하는 장치로 직류측의 전압은 분압기로 전류는 분류기를 이용하고, 교류측의 전압, 전류, 역률, 주파수 계측은 PT, CT를 통해서 검출, 지시계 또는 신호변환기로 전송하는 장치
② 신호변환기
검출기로 검출된 데이터를 컴퓨터 및 먼거리에 설치

한 표시장치에 전송할 때 사용하는 장치
③ 연산장치
검출기를 통해 얻어진 순시계측 데이터는 적산하고, 일정기간 동안의 데이터는 평균하는 등 필요 데이터를 가공하는 장치
④ 기억장치
컴퓨터가 필요로 하는 정보, 컴퓨터가 자료를 처리하여 얻은 결과 등을 저장하는 기능을 하는 장치

74 태양광발전시스템 직류용 커넥터-안전요구사항 및 시험(KS C IEC 62852:2014)에 따라 커넥터가 옥외 사용에 적합하게 내구성이 있어야 하는 주위온도 영역으로 옳은 것은?

① −60℃ ~ +65℃
② −50℃ ~ +75℃
③ −40℃ ~ +85℃
④ −30℃ ~ +95℃

[해설] 커넥터는 −40℃에서 +85℃까지의 주위 온도 영역 내 옥외 사용에 적합하게 내구성이 있어야 한다.

15.2.77 / 15.2.79 / 16.2.66 / 16.2.78 / 16.4.80 / 18.1.65 / 19.2.76

75 자가용전기설비 검사업무 처리규정에 따라 태양광발전설비의 태양광 전지 정기검사 시 검사세부 종목으로 틀린 것은?

① 누설전류
② 규격확인
③ 외관검사
④ 전지 전기적 특성시험

[해설] 태양광발전설비(정기검사) 태양전지의 검사세부 종목
1) 규격확인
2) 외관검사
3) 전지 전기적 특성시험
① 최대출력
② 개방전압
③ 단락전류

④ 최대 출력전압 및 전류
⑤ 충진율
⑥ 전력변환효율
4) Array
① 절연저항
② 접지저항

76 태양광발전소 설비용량이 2500kW, SMP가 200원/kWh, 가중치 적용 전 REC가 150원/kWh인 경우 판매단가(원/kWh)는? (단, "SMP+1REC가격×가중치" 계약방식이며, 설치장소는 기존 건축물 지붕을 이용하여 설치하는 것으로 한다.)

① 425   ② 475   ③ 500   ④ 525

판매단가 = SMP 단가 + (REC 단가 × 가중치)
= 200 + (150 × 1.5) = 425(원)

[해설] 신재생에너지 공급인증서 가중치

구분	공급인증서 가중치	대상에너지 및 기준	
		설치유형	세부기준
태양광 에너지	1.2	일반부지에 설치하는 경우	100kW미만
	1.0		100kW부터
	0.8		3,000kW초과부터
	0.5	임야에 설치하는 경우	−
	1.5	건축물 등 기존 시설물을 이용하는 경우	3,000kW이하
	1.0		3,000kW초과부터
	1.6	유지 등의 수면에 부유하여 설치하는 경우	100kW미만
	1.4		100kW부터
	1.2		3,000kW초과부터
	1.0	자가용 발전설비를 통해 전력을 거래하는 경우	

17.1.74 / 17.4.71 / 19.1.75 / 20.2.76 / 20.3.61

77 태양광발전시스템 점검 계획 시 고려하는 사항으로 옳은 것은?

① 신설설비는 고장발생 확률이 높기 때문에 점검주기를 단축하였다.
② 중요한 설비와 비교적 중요하지 않은 설비

를 구별하여 반영하였다.
③ 고장이력을 검토하여 고장이 빈번한 기기는 점검 계획에서 제외하였다.
④ 기기부하 상태를 확인하여 저부하 상태의 설비는 점검 주기를 단축하였다.

해설 태양광발전시스템 점검 계획 시 고려사항
① 환경조건
② 설비의 중요도
③ 설비의 이용시간
④ 고장이력
⑤ 부하상태
⑥ 보수방법

15.4.67 / 15.4.78 / 16.2.68 / 16.4.72 / 17.1.61 / 18.4.66 / 19.2.65 / 19.2.79 / 19.4.78

78 태양광발전시스템에서 유지보수 전의 안전조치로 틀린 것은?

① 검전기로 무전압 상태를 확인한다.
② 잔류전하를 방전시키고 접지시킨다.
③ 차단기 앞에 '점검중' 표지판을 설치한다.
④ 해당 단로기를 닫고 주회로가 무전압이 되게 한다.

해설 유지보수 전의 안전조치
① 검전기로 무전압 상태를 확인한다.
② 잔류전하를 방전시키고 접지시킨다.
③ 차단기 앞에 "점검중"표지판을 설치한다.
④ 해당 단로기를 열고 주회로가 무전압이 되게 한다.

79 표의 내용을 기준하여, 한국전력공사의 SMP 구입전력금액의 공급가액은 약 얼마인가? (단, 소내소비전력 차감 및 무부하 손실량은 없으며, 발전소의 REC가중치는 1.08이다.)

전월지침(kWh)	8044.73
당월지침(kWh)	8182.83
계기배수	360
기준단가(원/kWh)	87.62
손실단가(원/kWh)	127.47

① 716979원
② 774337원
③ 4356115원
④ 4704605원

해설 SMP 구입 전력금액(SMP_a)
SMP_a = (당월지침 − 전월지침) × 계기배수 × 기준단가
= (8182.83 − 8044.73) × 360 × 87.62
= 4,356,115

15.4.62 / 19.2.74

80 태양광발전 시스템 직류용 커넥터 − 안전 요구사항 및 시험(KS C IEC 62852 : 2014)에 따라 잠금 장치 또는 스냅인 장치가 있는 커넥터는 최소 몇 N의 부하를 견뎌야 하는가?

① 10
② 30
③ 50
④ 80

해설 태양광발전 시스템 직류용 커넥터−안전 요구사항 및 시험

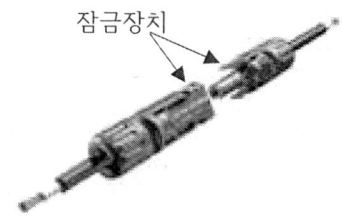
잠금장치

① 잠금장치가 없는 커넥터 : 잠금장치 또는 스냅인(snap-in) 장치가 없는 커넥터는 최소 50N의 제거하는 힘을 견뎌야 한다.
② 잠금장치가 있는 커넥터 : 잠금장치 또는 스냅인 장치가 있는 커넥터는 최소 80N의 부하를 견뎌야 한다.

2024년 기출문제

2024 제1회 CBT 기출문제 복원

01 태양전지 모듈의 공칭 태양전지 동작온도(NOCT : Nominal Operating Cell Temperature)에서의 측정 조건이 아닌 것은?

① 습도 35%
② 풍속 1m/s
③ 외기온도 20℃
④ 총 방사조도 800W/m²

해설 공칭 태양광발전 전지 동작 온도 측정시험(Measurement of Nominal Operating Cell Temperature)
태양광발전 모듈의 공칭 전지 동작 온도(Nominal Operating Cell Temperature, NOCT)는 다음의 표준 기준 환경(Standard Reference Environment, SRE)에서 개방형 선반식 가대(open rack)에 설치한 모듈을 구성하는 태양광발전 전지의 평균 접합 온도로 정의된다.
① 경사각 : 수평면을 기준으로 45도
② 경사면 일조강도 : 800 W · m²
③ 주위기온 : 20℃
④ 풍속 : 1m/s
⑤ 전기적 부하 : 없음(회로 개방 상태)

02 모듈의 +COMMON은 접지와 연결되어 있고, 지락 발생 시 직렬모듈 전체 전압 변화로 모듈의 지락상태 및 위치를 파악할 수 있는 그림이다. 접속반 채널이 정상상태인 경우 단자 A와 B 사이의 전압은 몇 V인가?

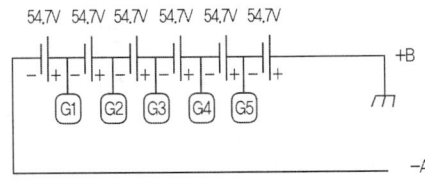

① DC 54.7 V
② DC 164.1 V
③ DC 273.5 V
④ DC 328.2 V

해설 직렬모듈 합성 전압(V_{MT})
V_{MT} = 모듈 전압 × 직렬 모듈 수량 = 54.7×6 = 328.2 [V]

15.4.9 / 18.2.17

03 다음 중 연료전지의 종류가 아닌 것은?

① 인산형(PAFC)
② 용융탄산염형(MCFC)
③ 분산전해질형(PEFC)
④ 고체산화물형(SOFC)

해설 연료전지의 종류(전해질 종류에 따라 연료전지를 구분)

구분	알카리(AFC)	인산형(PAFC)	용융탄산염형(MCFC)	고체산화물형(SOFC)	고분자전해질형(PEMFC)	직접메탄올(DMFC)
전해질	알카리	인산형	탄산염	세라믹	이온교환막	이온교환막
동작온도(℃)	120이하	250이하	700이하	1,200이하	100이하	100이하
효율(%)	85	70	80	85	75	40
용도	우주발사체 전원	중형건물(200kW)	중·대형건물(100kW~MM)	소·중·대용량 발전(1kw~MM)	가정·상업용(1~10kW이하)	소형이동(1kW이하)
특징	-	CO 내구성 큼, 열병합 대응가능	발전효율 높음. 내부개질 가능. 열병합대응 가능	발전효율 높음. 내부개질 가능. 복합발전 가능	저온작동 고출력밀도	저온작동 고출력밀도

* AFC(Alkaline Fuel Cell), PAFC(Phosphoric Acid FC), MCFC(Molten Carbonate), SOFC(Solid Oxide), PEMFC(Polymer Electrolyte Membrane), DMFC(Direct Methanol) → 순서대로 기술발전 단계임

04 태양광발전시스템의 인버터 기능으로 틀린 것은?

① 계통보호를 위한 단독운전 방지기능이 있다.
② 태양전지에 온도가 높이 올라가면 자동적으로 온도를 조정하는 기능이 있다.
③ 태양전지의 출력을 가능한 범위 내에서 유효하게 끌어내기 위한 자동운전 정지기능이 있다.
④ 계통과 인버터에 이상이 있을 때 안전하게 분리하거나 인버터를 정지시키는 기능이 있다.

해설 태양광발전소의 발전효율이 급격히 떨어지는 하절기, 태양전지에 온도가 올라간다고 자동으로 태양전지의 온도를 조절하는 기능은 없다.
일부 태양광 발전소에서 태양전지에 물을 분사해 태양전지의 온도를 낮추려는 냉각 시스템을 발전소에 설치하였지만, 전기, 수도요금 등 비용적인 문제가 발생된 발전소를 확인하였다.

정답 1.① 2.④ 3.③ 4.②

05 면적이 200cm²이고 변환효율이 20%인 태양전지에 AM 1.5의 빛을 입사시킬 경우에 생산되는 전력(W)은? (단, 수직복사 E는 1000W/m²이다.)

① 3 ② 4 ③ 5 ④ 6

해설 W = 면적×복사량×효율 = $200 \times 10^{-4} \times 1,000 \times 0.2 = 4$ [W]

13.4.8 / 14.4.16 / 15.4.21 / 18.2.29 / 18.4.34 / 19.1.20

06 대기질량(Air Mass, AM)에 대한 설명이 아닌 것은?

① AM 0은 대기권 밖일 때
② AM 2.0은 태양빛이 30°로 비추는 상태일 때
③ AM 1.0은 바다표면에 태양빛이 90°로 비추는 상태일 때
④ AM 1.5는 태양빛이 180°로 비추는 스펙트럼일 때

해설 대기 질량 지수(Air Mass index)

빛이 지표면에 이르는 가장 짧은 거리를 통해 공기나 먼지 등에 흡수되어 감소된 태양광에너지의 크기를 나타내는 것

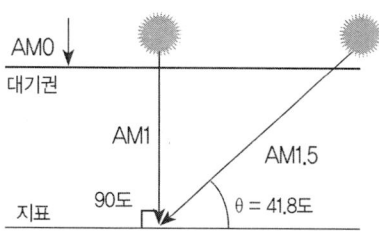

AM 0 : 대기권 밖에서 측정하는 스펙트럼
AM 1 : 태양의 직사광이 지표면에 수직으로 입사한 경우
AM 1.5 : 태양의 직사광이 지표면에 경사각 41.8°(천정각 48.2°)
AM 2 : 태양의 직사광이 지표면에 경사각 30°(천정각 60°)

13.4.27 / 15.4.24 / 16.4.21 / 17.2.23 / 17.4.33 / 19.2.28 / 19.2.33 / 19.4.24

07 구조물 이격거리 산정 시 고려사항이 아닌 것은?

① 상부구조물의 하중
② 가대의 경사도와 높이
③ 설치될 장소의 경사도
④ 동지시 발전 가능 한계 시간에서 태양의 고도

해설 구조물 이격거리 산정 시 고려사항

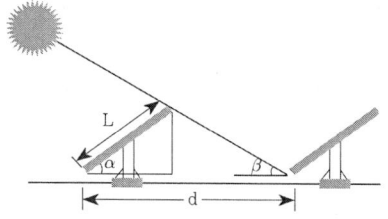

① 태양광 모듈 길이(L)
② 모듈 설치각도(α)
③ 위도(동지시 발전 가능 한계 시간에서 태양의 고도각 β)
④ 구조물 형상, 장애물의 높이, 남북향간 거리, 부지현황, 부지의 경사도

15.4.30 / 19.2.23

08 태양광발전시스템 전기 설계를 위한 기본계획 설계 흐름 도를 올바르게 나타낸 것은?

① 설치면적 결정 → 인버터 선정 → 모듈 선정 → 직렬 결선수 선정 → 병렬수와 어레이 용량 선정
② 설치면적 결정 → 모듈 선정 → 인버터 선정 → 병렬수와 어레이 용량 선정 → 직렬 결선수 선정
③ 설치면적 결정 → 직렬 결선수 선정 → 병렬수와 어레이 용량 선정 → 인버터 선정 → 모듈 선정
④ 설치면적 결정 → 인버터 선정 → 모듈 선정 → 병렬수와 어레이 용량 선정 → 직렬 결선수 선정

해설 전기설계 절차

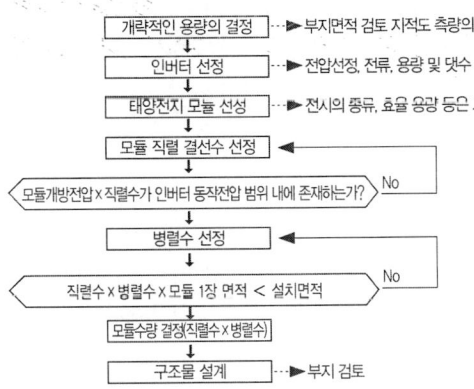

09
그림 (A), (B)에서 각 모듈별 음영 발생 시 발전량을 바르게 나타낸 것은? (단, 음영 부분의 발전량은 80[Wp]이다.)

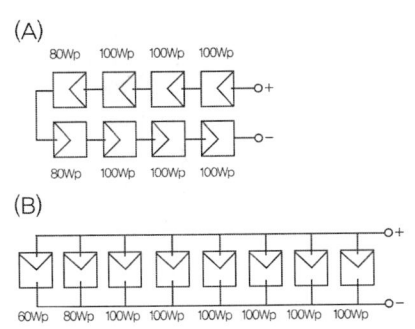

① (A) 640 [Wp], (B) 760 [Wp]
② (A) 660 [Wp], (B) 740 [Wp]
③ (A) 640 [Wp], (B) 740 [Wp]
④ (A) 660 [Wp], (B) 760 [Wp]

해설 발전량(A) = 80 × 8 = 640 [Wp]
발전량(B) = (80 × 2) + (100 × 6) = 700 [Wp]

14.4.35 / 15.4.37 / 17.1.27 / 18.2.37

10 시방서의 목적으로 틀린 것은?
① 시공자가 하여야 할 사항을 규정
② 시공에 대한 모든 지시사항의 규정
③ 주요 기자재에 대한 특정규격, 수량 및 납기일을 규정
④ 설계와 공사에 대하여 도면에 표현하기 어려운 사항을 규정

해설 시방서(Specifications)
① 기본설계 및 실시설계도면에 구체적으로 표시할 수 없는 내용과 공사수행을 위한 시공 방법, 자재의 성능·규격 및 공법, 품질시험 및 검사 등 품질관리, 안전관리, 환경관리 등에 관한 사항을 기술한다.
② 표준시방서 및 전문시방서를 기본으로 하여 작성하되, 공사의 특수성·지역여건·공사방법 등을 고려하여 작성한다.

13.4.6 / 14.4.26 / 15.4.42 / 17.4.85 / 18.2.12 / 18.2.57

11
계통연계 운전중인 태양광발전시스템이 단독운전 하는 경우 전력계통으로부터 최대 몇 초 이내에 분리시켜야 하는가?
① 0.2초 ② 0.3초
③ 0.4초 ④ 0.5초

해설 단독운전(Islanding)
연계된 계통의 고장이나 작업 등으로 인해 분산형전원이 공통 연결점을 통해 한전계통의 일부를 가압하는 단독운전 상태가 발생할 경우 해당 분산형전원 연계 시스템은 이를 감지하여 단독운전 발생 후 최대 0.5초 이내에 한전계통에 대한 가압을 중지해야 한다.

12 태양광발전시스템의 준공 시 점검요령이 아닌 것은?
① 인버터 취부상태를 확인할 것
② 송전 시 전력량계(거래용 계량기)의 회전을 확인할 것
③ 발전사업자의 경우 전력회사에 지급한 전력량계 사용여부를 확인할 것
④ 전문가에게 시설물에서 소리, 냄새 등이 나는 지 확인을 의뢰할 것

정답 9.① 10.③ 11.④ 12.④

[해설] **태양광발전시스템의 점검사항**

1) 인버터
① 사양(인증제품, 설계용량 이상)
② 설치상태
③ 설치용량 및 입력전압(모듈 설치용량이 인버터설치용량의 105[%]이내)
④ 표시사항(모듈 및 인버터의 출력 전압, 전류, 전력, 주파수, Peak, 누적발전량)

2) 전력량계
① 전자식 계량기를 사용하고 있으며, 인버터 표시창의 발전량과 전력량계의 발전량을 비교하여 정상 계량여부를 확인한다.(손실이 발생하여, 인버터의 출력보다 전력량계의 적산 수치가 다소 낮음)
② 전력회사에서 지급된 전력량계를 사용해야 하며, 전력거래소와 거래 시는 발전사업자가 원격 계량기를 설치하고, 시험성적서를 제출해서 사용한다.

※ 시설물의 발열 등의 이유로 냄새가 발생할 수 있으나, 전문가가 확인할 사항은 아니다.

13 태양전지 모듈의 설치방법 검토 항목으로 적당하지 않는 것은?

① 시공 · 유지보수 등을 고려하여 작업하기 쉽게 한다.
② 모듈 고정용 볼트, 너트는 등은 상부에서 조일 수 있어야 한다.
③ 미관 및 안전상 가대와 지지기구 등의 노출부를 가능한 크게 한다.
④ 태양전지 모듈 온도상승 억제를 위해 지붕과 태양전지 사이에 간격을 둔다.

[해설] **옥상 설치형 태양광모듈의 설치방법 검토**
① 시공, 유지보수 등의 작업은 단순할 것
(모듈 한 장 씩을 손쉽게 교체할 수 있어야 한다.)
② 모듈을 지붕에 직접 설치하는 경우 배면환기와 모듈의 온도상승을 제한하기 위하여 모듈과 지붕면간 이격거리는 10[cm]이상이어야 하며, 배선처리는 바닥에 닿지 않도록 단단하게 고정해야 한다.
③ 가대와 지지기구 등의 노출부는 미관과 안정성에 문제가 될 수 있으므로 최대한 적게 한다.
④ 모듈 고정용 볼트, 너트 등은 상부에서 조일 수 있어야 한다.
⑤ 적설량이 많은 지역에서는 어레이와 건물의 적설하중을 고려하여 적정한 설치 높이와 방법을 선택함과 동시에 유효한 대책을 강구한다.

15.4.54 / 18.4.45

14 서지 보호를 위해 SPD 설치 시 접속 도체의 길이는 몇 [m] 이하가 되도록 하여야 하는가?

① 0.3 ② 0.5 ③ 0.8 ④ 1.0

[해설] **서지보호장치(SPD, Surge Protective Device)**
내부계통에 서지 전류가 들어올 때, 그 전류가 부하를 통해 흐르지 않고 우회하도록 하여 부하에서 발생하는 과전압이 과다하게 상승하는 것을 막아서 부하를 보호한다.

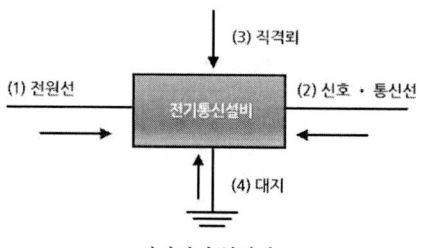

뇌서지의 침입경로

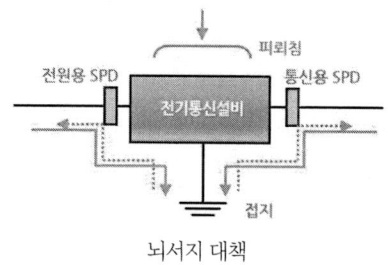

뇌서지 대책

① SPD는 크게 반도체형과 갭형이 있고, 기능면으로 구별하면 억제형과 차단형으로 구분할 수 있다.
② 종래의 SPD 소자에 탄화규소(SiC)가 사용되어 왔으나 산화아연(ZnO)이 개발된 이후, 반도체형의 SPD 소자에 산화아연이 많이 사용된다.
③ 산화아연은 큰 서지 내량과 우수한 제한 전압 특성 등의 특징을 갖고 있어 직렬 갭을 필요로 하지 않는 이상적인 SPD로서 옥내 · 외 및 기기의 입 · 출력부에 설치된다.

④ SPD의 구비 조건으로서는 동작전압이 낮고 응답시간이 빠르고 정전 용량이 작아야 된다.
⑤ 탄소 피뢰기, 가스 주입 차단관 등은 차단형 소자로서 응답속도가 느리고 정전용량이 커서, 뇌 서지 보호에는 적당하지 않기 때문에 최근에는 반도체형 SPD가 많이 사용되고 있다.
⑥ SPD 설치시 접속도체 길이가 길어지는 것은 뇌서지 회로의 임피던스를 증가시켜 과전압 보호 효과를 감소시키기 때문에 전체 길이는 0.5[m] 이하가 되도록 규정하고 있다.

※ 서지란 전기회로나 전기기기 내에 운전중에 고장의 제거나 제어 등을 위한 개폐조작 혹은 뇌방전에 의해서 과도적으로 발생하여 진행하는 과전압 또는 과전류를 말한다.

13.4.31 / 14.4.60 / 15.4.58 / 18.1.59

15 특고압 배전선로에 태양광발전시스템 연계 시 설비보호를 위해 설치하는 보호계전기가 아닌 것은?

① 과전압계전기
② 비율차동계전기
③ 부족전압계전기
④ 부족주파수계전기

해설 보호장치 설치
(1) 분산형전원 설치자는 고장 발생시 자동적으로 계통과의 연계를 분리할 수 있도록 다음의 보호계전기 또는 동등 이상의 기능 및 성능을 가진 보호장치를 설치하여야 한다.
① 계통 또는 분산형전원 측의 단락·지락고장시 보호를 위한 보호장치를 설치한다.
② 인버터에는 적정한 전압과 주파수를 벗어난 운전을 방지하기 위하여 과·저(부족)전압 계전기, 과·저(부족)주파수 계전기가 설치된다.
③ 단순병렬 분산형전원의 경우에는 역전력 계전기를 설치한다. 단, 신·재생에너지를 이용하여 전기를 생산하는 용량 50[kW] 이하의 소규모 분산형전원(단, 해당 구내계통 내의 전기사용 부하의 수전 계약전력이 분산형전원 용량을 초과하는 경우에 한한다)으로서 단독운전 방지기능을 가진 것을 단순병렬로 연계하는 경우에는 역전력계전기 설치를 생략할 수 있다.

※ 과전압계전기(OVR), 부족전압계전기(UVR), 주파수 상승계전기(OFR), 주파수 저하계전기(UFR)

※ 비율차동계전기(percentage differential relay)
보호구간에 유입하는 전류와 유출하는 전류의 벡터차와 출입하는 전류의 관계비로 동작하는 것으로 변압기 내부고장보호에 주로 사용한다.

16 태양전지 모듈의 핫 스팟(Hot Spot)현상에 대한 유해한 결과를 제한하기 위한 시험은?

① 고온고습 시험
② UV 전처리 시험
③ 온도 사이클 시험
④ 바이패스 다이오드 열시험

해설 바이패스 다이오드 열시험(Bypass Diode Thermal test)
모듈의 열점(Hot Spot) 현상에 대해 유해한 결과를 제한하기 위해 바이패스 다이오드의 열에 대한 내성설계가 얼마나 잘 반영 되어 있는지 그리고 유사한 환경에서 장시간 사용할 경우 신뢰성이 확보되었는지를 평가하는 것을 목적으로 하며, STC 조건에서 단락전류의 1.25배와 같은 전류를 적용한다.

15.4.64 / 16.2.77 / 19.1.62

17 태양광발전시스템 운영 시 비치서류가 아닌 것은?

① 건설 관련 도면
② 구조물의 구조계산서
③ 송전 관계 일람도
④ 시방서 및 계약서 사본

해설 태양광발전시스템 운영 시 비치서류
① 건설 관련 도면
② 시방서 및 계약서 사본
③ 구조물의 설계도면 및 구조 계산서
④ 시스템 운영 매뉴얼
⑤ 시설 및 장비 기기의 매뉴얼
⑥ 부품에 대한 상세 매뉴얼

정답 15. ② 16. ④ 17. ③

⑦ 전력회사와의 관련된 서류
⑧ 산업 안전 관리 명판과 안전 경고등 위치 매뉴얼
⑨ 전기 안전 관련 정기 점검표
⑩ 시스템 일반 점검표
⑪ 예비품대장

이외에도 태양광발전시스템 운영에 필요한 긴급 복구 안내문, 산업 안전 표지판, 일별·월별·연간 계획표, 전기 생산량 작성표 등을 작성, 비치한다.

15.4.68 / 17.2.47 / 17.4.74

18 태양광발전시스템 절연저항 측정 시 필요한 시험 기자재가 아닌 것은?

① 온도계　　　② 습도계
③ 접지저항계　　④ 절연저항계

해설 절연저항 측정시험 기자재

단락용 악어클립

① 절연저항계(Megger)
② 온도계
③ 습도계
④ 단락용 개폐기 및 단락용 악어클립

19 송변전설비 유지관리 시 배전반의 일상순시 점검 대상이 아닌 것은?

① 외함　　　　　② 접지
③ 주회로 단자부　④ 모선 및 지지물

해설 배전반의 일상순시점검 대상

① 외함　　　　　　　② 모선 및 지지물
③ 주회로 인입 및 인출부　④ 제어회로 배선
⑤ 단자대　　　　　　⑥ 접지
※ 주회로 단자부는 정기점검 대상

20 배전전압의 저압회로에서 대지전압이 200[V]인 경우 절연저항 값[MΩ]은?

① 0.2　　　② 0.5
③ 0.7　　　④ 1.0

해설 절연저항

전로의 사용전압[V]	DC 시험전압 [V]	절연저항 [MΩ]
SELV 및 PELV	250	0.5
FELV, 500V이하	500	1.0
500V 초과	1,000	1.0

[주]특별저압(extra low voltage : 2차 전압이 AC 50V, DC120V 이하)으로 SELV(비접지회로 구성) 및 PELV(접지회로 구성)은 1차와 2차가 전기적으로 절연된 회로, FELV는 1차와 2차가 전기적으로 절연되지않은 회로

전기사용장소의 사용전압이 저압인 전로의 전선상호간 및 전로와 대지 사이의 절연저항은 개폐기 또는 과전류차단기로 구분할 수 있는 전로마다 표에서 정한 값이어야 한다.
다만, 전선 상호간의 절연저항은 기계기구를 쉽게 분리가 간단한 분기회로의 경우 기기 접속 전에 측정할 수 있다. 또한, 측정시 영향을 주거나 손상을 받을 수 있는 기기 등은 측정 전에 분리시켜야 하고, 부득이하게 분리가 어려운 경우에는 시험 전압을 250V DC로 낮추어 측정할 수 있지만, 절연저항 값은 1MΩ 이상이어야 한다.

21 2012년부터 국내 총 발전량의 일정 비율을 신재생에너지로 의무화하는 제도는?

① REC(Renewable Energy Certificate)
② FIT(Feed In Tariff)
③ RPS(Renewable Portfolio Standard)
④ FERC(Federal Energy Regulatory Commission)

해설 RPS(Renewable Portfolio Standard)
일반규모 이상의 발전설비를 보유한 발전사업자에게 총 발전량의 일정량 이상을 신·재생에너지로 생산한 전력을 공급토록 의무한 제도

13.4.19 / 14.4.57 / 14.4.73 / 15.2.1 / 15.2.5 / 15.2.28 / 16.4.4 / 16.4.12 / 17.2.5 / 17.4.7 / 18.1.11 / 18.4.3 / 18.4.14 / 19.2.5 / 19.2.17

22 인버터의 회로방식에 따른 종류가 아닌 것은?

① 상용주파 변압기 절연방식
② 고주파 변압기 절연방식
③ 고조파 변압기 절연방식
④ 트랜스리스(Transless) 방식

해설 인버터의 회로방식별 분류

1) 상용주파 변압기 절연방식

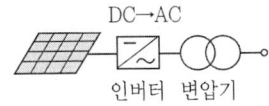

① PWM 인버터를 이용하여 상용주파수의 교류를 만들고, 상용주파수의 변압기를 이용하여 절연과 전압변환을 한다.
② 내부 신뢰성이나 노이즈 컷이 우수하지만, 상용주파수의 변압기를 별도로 이용하기 때문에 무겁고 크며, 변압기의 효율이 감소된다.

2) 고주파 변압기 절연방식

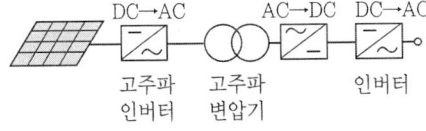

① 태양전지의 직류 출력을 고주파의 교류로 변환한 후 소형의 고주파 변압기로 절연을 한다.
② 일단 직류로 변환하고 재차 상용주파의 교류로 변환하며, 소형 경량이지만 회로가 복잡한 단점이 있다.

3) 트랜스리스(Transless) 방식

① 태양전지의 직류출력을 DC-DC 컨버터로 승압하고 인버터에서 상용주파의 교류로 변환한다.
② 소형 경량이며, 저렴하고 효율이 우수하고 신뢰성이 높다.
③ 상용전원과의 사이에는 절연이 되지 않아 안전성이 떨어진다.

13.4.94 / 16.4.2 / 16.4.98 / 17.1.84 / 17.4.9 / 18.1.100 / 18.2.96 / 18.4.11 / 18.4.92 / 19.1.96

23 다음 중 재생에너지가 아닌 것은?

① 수소에너지   ② 폐기물에너지
③ 바이오에너지   ④ 해양에너지

해설 신·재생에너지의 정의(신재생에너지법 제2조)

1) 신에너지: 기존의 화석연료를 변환시켜 이용하거나 수소·산소 등의 화학 반응을 통하여 전기 또는 열을 이용하는 에너지
① 수소에너지   ② 연료전지
③ 석탄을 액화·가스화한 에너지 및 중질잔사유을 가스화

2) 재생에너지: 햇빛·물·지열·강수·생물유기체 등을 포함하는 재생 가능한 에너지를 변환시켜 이용하는 에너지
① 태양에너지   ② 풍력
③ 수력   ④ 해양에너지
⑤ 지열에너지
⑥ 생물자원을 변환시켜 이용하는 바이오에너지
⑦ 폐기물에너지(비재생폐기물로부터 생산된 것은 제외한다)

13.4.12 / 14.4.20 / 16.4.7 / 17.2.7 / 17.2.10 / 17.4.14 / 18.2.9

24 독립형 태양광발전시스템에서 축전지의 방전 시 모듈로 유입하는 전류를 억제하기 위해 설치하는 소자는?

① 역류방지 소자   ② 바이패스 소자
③ 방전방지 소자   ④ 출력조정 소자

정답 22. ③   23. ①   24. ①

해설 역류방지 소자

1) 태양광모듈의 역전류 영향
① 어레이 내의 스트링과 스트링 사이에 그림자 및 전압 불균형 등의 원인으로 병렬 접속된 스트링사이에 역전류가 흘러 어레이에 영향을 준다.
② 어레이의 직류 출력회로에 축전지가 설치되어 있는 경우, 야간이나 흐린 날 등의 태양전지에서 전력이 생산되지 않을 때는 태양전지가 축전지의 부하가 된다.

2) 대책(역류방지 소자)
① 태양전지 모듈의 스트링마다 역류방지 다이오드(Blocking Diode)를 설치해서, 전류의 역방향 흐름을 방지한다.
② 1대의 인버터에 접속되는 태양전지 직렬군(스트링)이 2병렬 이상 접속될 경우, 각 직렬군에 역전류방지 다이오드가 설치되어야 한다.
③ 설치할 회로의 최대전류를 흐르게 할 수 있어야 하며, 동시에 사용회로의 최대 역전압에 견딜 수 있어야 한다.
④ 일반적으로 접속함에 설치되며, 커넥터에 사용되기도 한다.

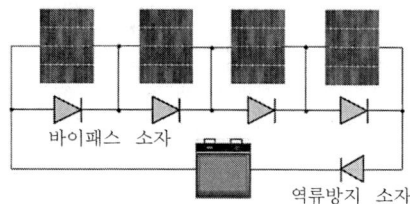

바이패스 및 역류방지 소자

역류방지 다이오드

13.4.79 / 17.4.19

25 인버터의 부하가 인덕턴스인 경우 스위칭소자가 ON-OFF 시 인덕턴스 양단에 나타나는 역기전력에 의한 스위칭소자의 내전압을 초과하여 소손되는 것을 방지하는 용도의 소자는?

① IGBT
② 피뢰소자
③ 환류 다이오드
④ 바이패스 다이오드

해설 환류다이오드(Free Wheeling Diode)

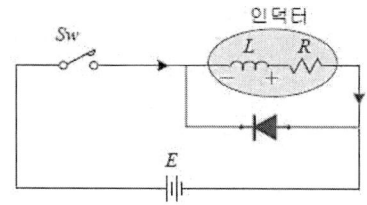

① 스위치가 ON되어 일정시간동안 도통되면 부하를 통해 흐르는 전류는 유도성부하(인덕터)에 저장되게 된다.
② 스위치를 개방하게 되면 인덕터에 저장된 전류가 방출되어야 하는데 회로 개방 시 스위치 부분에 스파크가 나타나게 된다.
③ 환류다이오드가 부하와 병렬로 존재하고 있으면 축적된 전류를 방출해 주는 통로 역할을 하게 된다.
④ 인덕터의 충전전류로 인한 기기의 손상을 방지하기 위해 부하와 병렬로 연결된 다이오드

17.4.21 / 18.1.25 / 19.2.39

26 전기도면 관련 기호 중 전동기를 나타내는 기호는?

① Ⓜ
② Ⓗ
③ Ⓖ
④ Ⓣ

해설 전기도면 기호

① 전동기 기호
  필요에 따라 전기방식, 전압, 용량을 표기한다.
  Ⓜ 3Ø 200kW
     3.7kW

② 전열기
  필요에 따라 종류 및 크기를 표기
  Ⓗ

③ 발전기
  Ⓖ

④ 온도계
  Ⓣ

13.4.80 / 15.2.2 / 17.1.9 / 17.2.33 / 17.4.24 / 18.1.74 / 19.2.6 / 19.4.1

27 파워컨디셔너의 종류 중 인버터의 대수 및 연결 방식에 따른 구분에서 최대 효율 및 MPP 최적 제어가 가능하나 투자비가 가장 많이 드는 방식은 무엇인가?

① 마스터슬레이브 방식
② 모듈인버터 방식
③ 병렬운전 방식
④ 중앙집중식

해설 태양광발전시스템의 인버터 운영방식

1) 중앙 집중형 인버터방식

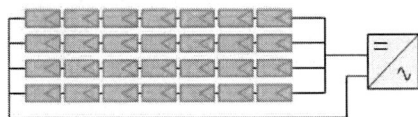

① 발전소 현장에 1대의 인버터만 설치함
② 모든 전선이 한 곳으로 오기 때문에 작업공정이 간단, 설치비가 적게 소요되며, 발전량 확인이 용이하다.
③ 단일형 인버터는 제품 이상발생 시 전체 발전소가 가동을 멈추기 때문에 발전 손실이 크다.

2) 분산형(스트링 포함) 인버터 방식

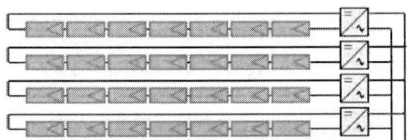

① 발전소 현장에 소형 인버터 여러 대를 설치함
② 특정 인버터가 고장이 나더라도 해당 인버터 부분에서만 발전 손실이 일어나고 나머지 인버터는 정상적으로 발전이 되기 때문에 발전 손실을 최소화할 수 있다.
③ 방향과 경사가 서로 다른 하부 어레이들로 구성된 시스템. 부분적으로 음영이 지는 시스템의 경우 분산형 인버터 방식을 고려할 필요가 있다.

3) 주/종속시스템(Master-Slave System)

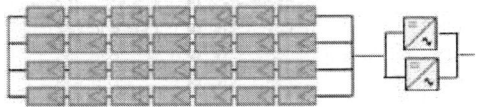

① 인버터 2~3대를 결합하여 회로를 구성한다.
② 발전을 시작하면 마스터 인버터만 구동되고, 마스터 인버터의 전력한계에 도달하면, 다음 슬래브 인버터가 자동 연결되어 생산된 발전량에 대응한다.
③ 낮은 발전량에서도 대용량 인버터 한 대가 운영되는 방식보다는 효율이 높아진다.
④ Master와 Slave의 기능은 정기적(1~3개월)으로 교대를 해주어, 균등운전이 되게 한다.

4) 모듈인버터(마이크로 인버터: MIC, Module Integrated Central) 방식

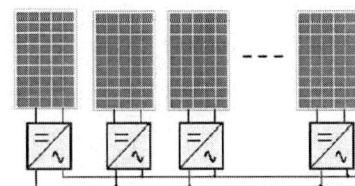

① 태양전지 모듈 1개에 인버터 1개를 부착하는 방식으로 스트링 인버터의 작은 형태이다.
② 태양전지 1장에 대한 모니터링이 가능하여 유지보수가 쉽다
③ 각 마이크로인버터(MIC; Module Integrated Converter)의 최대 효율은 낮지만, 태양전지 모듈에 대해 개별로 MPPT를 하므로, 전체 발전량에 있어서는 스트링 인버터 이상의 발전효율을 가지고 있다.
④ 대용량 발전소보다는 소용량 발전소에서 효율이 높고, 태양전지 모듈 1장으로도 태양광발전을 할 수 있다.
⑤ 고장 난 인버터는 쉽게 교체 가능하며, 시스템 확장이 쉽다.

17.4.30 / 17.4.39 / 18.1.33 / 19.1.23

28 사업의 경제성이 있다고 판단되는 항목을 모두 옳게 나열한 것은? (단, r은 할인율을 나타낸다.)

① NPV>0, B/C ratio>1, IRR>r
② NPV<0, B/C ratio<1, IRR<r
③ NPV-0, B/C ratio<1, IRR<r
④ NPV-0, B/C ratio=1, IRR=r

정답 27. ② 28. ①

[해설] **경제성 평가**

1) 순현재가치(Net Present Value : NPV)
   현재가치로 환산된 장래의 연차별 순편익의 합계에서 초기 투자비용 및 현재가치로 환산된 장래의 연차별 비용의 합계를 뺀 값을 의미하며, NPV > 0이면 경제성이 있다고 판단한다.

2) 내부수익률 분석(Internal Rate of Return : IRR)
   편익과 비용의 합계가 동일하게 되는 수준의 현재가치 할인율을 의미한다. 즉, 어떤 사업의 순현재가치의 값을 '0'으로 하는 특정 값의 할인율을 의미하며, IRR이 클수록 좋은 대안이고, IRR > r이면 경제성이 있다고 판단한다.

13.4.25 / 17.4.34

29 태양광 어레이 구조물 중 일반 철골구조에 비교할 때 파워볼트 시스템(Power Bolt System)의 장점이 아닌 것은?

① 필요한 응력에 의한 자재사용으로 경제적인 설계를 할 수 있다.
② 제품의 규격이 정교하여 구조물의 마감처리를 정밀하게 할 수 있다.
③ 조립 및 해체가 간단하여 타 장소에 이설 설치가 가능하다.
④ 모듈이 적고 짧은 스팬(span) 구조물에 유리하다.

[해설] **파워볼트 시스템(Power Bolt System)의 장점**

① 조립해체가 간단하여 이동이 유리하다.
② 경제적인 설계가 가능하다.
③ 모듈이 많은 장스팬(Span)에 유리하다.
④ 마감을 정밀 처리할 수 있다.
⑤ 구조물의 미적 감각을 표현할 수 있다.
⑥ 돔, 정방향 구조에 유리하다.

30 음영각 및 음영각의 검토사항에 대한 설명으로 틀린 것은?

① 수직 음영각은 태양의 고도각을 말한다.
② 주변 산세, 수풀, 나무, 건물 등을 고려하여 어레이를 배치한다.
③ 그늘의 길이와 방향은 위도, 계절에 따라 같으므로 그림자의 길이를 계산하여 어레이를 배치한다.
④ 연중 입사각이 가장 적은 동지의 오전 9시부터 오후 3시 사이에 어레이에 그늘이 생기지 않도록 해야 한다.

[해설] 위도와 경도, 계절별 태양의 각도는 약 50°정도의 차이가 발생하며, 그늘의 길이는 매우 상이하다.

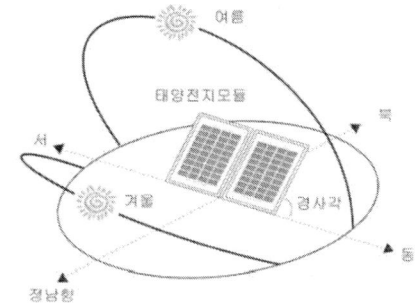

15.2.49 / 17.4.42

31 태양광발전시스템의 배선공사에 사용되는 케이블 중 내연성이 가장 좋은 케이블은?

① ACSR강심 알루미늄 연선)
② VV비닐절연 비닐시스 케이블)
③ CV가교 폴리에틸렌 절연비닐 시스케이블)
④ PNCT(에틸렌 프로필렌 고무절연 클로로플렌시스 캡타이어 케이블)

[해설] PNCT

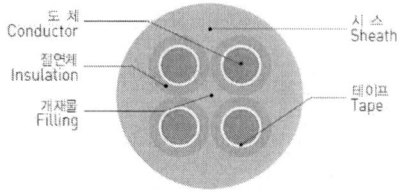

정답 29.④ 30.③ 31.④

① 캡타이어 케이블은 강한 시스를 가진 케이블의 총칭이다.
② 광산, 농장, 건설공장 현장 등에서 저압 이동용 전기 기기이 배선에 사용되는 전선으로서, 탄력성이 양호한 클로로프렌 고무로 피복되어 충격, 마찰, 굴곡 등의 기계적 내성이 높고 내수, 내열, 내산 및 내알칼리성 등의 화학적 내성이 강하다.

17.4.46 / 19.4.55

32 전력시설물의 감리원이 공사업자로부터 받은 시공상세도를 승인할 때 고려할 사항이 아닌 것은?

① 설계도면, 설계 설명서 또는 관계 규정에 일치하는지 여부
② 현장시공기술자가 명확하게 이해할 수 있는지 여부
③ 주요 공정의 시공 절차 및 방법
④ 실제시공 가능 여부

해설 시공상세도 승인

공사업자가 제출한 날부터 7일 이내에 검토·확인하여 승인한다. 다만, 7일 이내에 검토·확인이 불가능한 때에는 사유 등을 명시하여 통보하고, 통보사항이 없는 때에는 승인한 것으로 본다.
① 설계도면, 설계 설명서 또는 관계 규정에 일치하는지 여부
② 현장의 시공기술자가 명확하게 이해할 수 있는지 여부
③ 실제시공 가능 여부
④ 안정성의 확보 여부
⑤ 계산의 정확성
⑥ 제도의 품질 및 선명성, 도면작성 표준에 일치 여부
⑦ 도면으로 표시 곤란한 내용은 시공시 유의사항으로 작성되었는지 등의 검토

33 250[W]의 PV 모듈을 사용하고 모듈의 온도에 따라 전압변동 범위가 30~50[V]일 때 모듈을 직렬연결 할 때 최대설치 가능 개수는? (단, 인버터(PCS)의 동작전압이 400~720[V], 설치간격, 기타 손실 및 조건은 무시한다)

① 13 ② 14
③ 15 ④ 16

해설 직렬 모듈수(S_n) = $\dfrac{\text{인버터 최대 동작전압}}{\text{모듈 최대 전압 변동}}$ = $\dfrac{720}{50}$
≒ 14.4 (장)

13.4.58 / 18.1.54

34 지붕 건재형 태양전지 모듈의 설치장소를 고려한 설치 사항으로 틀린 것은?

① 태양전지 모듈의 하중에 견딜 수 있는 강도를 가질 것
② 인접 가옥의 화재에 대한 방화대책을 세워 시설할 것
③ 눈이 많은 지역에서는 적설 방지대책을 강구하여 시설할 것
④ 풍력계수는 처마 끝이나 지붕 중앙부나 똑같이 하여 시설할 것

해설 지붕 건재형 모듈의 설치장소를 고려한 설치사항
① 태양전지 설치시 예상되는 하중(자중, 적설, 풍압 등)에 견딜 수 있는 강도를 가질 것
② 인접 가옥의 화재에 대한 방화대책을 세워 시설할 것
③ 처마의 경우 지붕 중앙부보다 바람의 영향을 많이 받아서, 풍력계수를 높게 적용한다.
④ 설치 지역(염해, 낙뢰 지역), 장소에 맞는 재료, 부재 등을 선택하여 옥외에 장기간 사용 시 견딜 수 있는 재료를 선정할 것
⑤ 지붕 구조재와 지지철물의 접합부는 방수처리로 주택의 지붕에 필요한 방수성능을 확보할 것
⑥ 지지쇠와 고정쇠 설치시 지붕면에 대한 접촉부는 하중을 분산시켜 지붕재의 파손을 막고, 가대의 지붕재료 접촉부에는 실리콘, 고무 등 완충재를 설치할 것
⑦ 태양광설비의 눈·얼음이 보행자에게 낙하하는 것을 방지하기 위하여 모든 모듈 끝선이 건물의 외벽 마감선을 벗어나지 않도록 설치할 것
⑧ 배면환기를 위하여 모듈과 지붕면간 이격거리는 10[cm]이상이어야 하며, 배선처리는 바닥에 닿지 않도록 단단하게 고정할 것

정답 32. ③ 33. ② 34. ④

35 태양광발전 및 발전용 수전설비에서 사용 전 검사 세부항목 중 차단기 검사항목으로 틀린 것은?

① 절연저항 측정
② 개폐표시 상태 확인
③ 단독운전 방지시험
④ 조작용 전원 및 회로점검

해설 차단기 사용 전 검사 항목
1) 외관
 ① 전선 굵기, 이격 거리 및 높이
 ② 전선 접속상태
 ③ 지중전선로 직선접속부 및 단말부분 처리상태
 ④ 아크발생기구 이격 거리
 ⑤ 충전부분 방호 및 이격 거리
 ⑥ 개폐기 및 차단기 개폐상태
 ⑦ 지락차단장치 또는 경보장치
 ⑧ 기계·기구 보호장치

2) 보호장치 시험
 ① 과전류차단장치
 ② 지락차단장치
3) 제어회로 동작 및 기기조작시험

 ① 개폐동작시험
 ② 인터록시험

13.4.71 / 15.4.77 / 16.4.67 / 17.1.67 / 17.4.61 / 19.2.63

36 태양광발전시스템에 계측기구 및 표시장치의 설치목적으로 틀린 것은?

① 시스템의 홍보
② 시스템의 운전 상태를 감시
③ 시스템 기기 또는 시스템 종합평가
④ 시스템에서 생산된 전력 판매량 파악

해설 태양광발전시스템에서 계측기기, 표시장치의 설치목적
 ① 시스템의 운전상태 감시를 위한 계측 및 표시
 ② 시스템의 발전전력량 확인을 위한 계측
 ③ 시스템 기기 및 시스템 종합평가를 위한 계측
 ④ 시스템의 운전상황을 견학자에게 보여주고, 시스템의 홍보를 위한 계측 또는 표시

14.4.77 / 17.4.64 / 18.1.67

37 태양광발전모듈의 열점이 발생할 수 있는 원인으로 틀린 것은?

① 주위온도   ② 셀의 부정합
③ 내부접속 불량   ④ 부분적인 그늘

해설 핫스팟(Hot Spot, 열점)

태양광발전 모듈을 구성하는 셀의 일부에 그늘이 지거나, 셀의 결선 부위에 회로 결함이 생긴 경우, 셀의 부정합 또는 전지 특성의 편차 등으로, 태양전지의 어느 한 점에서 낮은 출력으로 과도한 역전압이 인가되거나 다른 어떤 손상으로 인해 절연파괴가 발생하여 국부적으로 심하게 과열되는 현상

14.4.79 / 16.4.68 / 17.2.61 / 17.4.68 / 19.2.70

38 전기사업법에서 태양광발전 시스템은 정기적으로 검사를 받아야 하는데 그 검사 시기는?

① 2년 이내   ② 3년 이내
③ 4년 이내   ④ 5년 이내

해설 정기검사대상 전기설비 및 검사 시기
 ① 태양광·전기설비 계통 : 4년 이내
 ② 구역전기사업자의 송전·변전 및 배전설비 : 2년 이내

15.4.68 / 17.2.47 / 17.4.74

39 태양광발전시스템 각 부분의 절연상태를 측정하기 위한 시험기자재가 아닌 것은?

① 온도계
② 단락용 개폐기
③ 절연저항계(메가)
④ 직류전압계(테스트)

정답 35. ③ 36. ④ 37. ① 38. ③ 39. ④

해설 절연저항 측정시험 기자재

단락용 악어클립

① 절연저항계(Megger)
② 온도계
③ 습도계
④ 단락용 개폐기 및 단락용 악어클립

13.4.65 / 17.4.79 / 18.2.77

40 태양광발전용 접속함의 시험 항목이 아닌 것은?

① 절연특성시험 ② 온도상승시험
③ 내부식성시험 ④ UV전처리시험

해설 접속함의 시험항목
① 구조시험
② 공간거리 및 연면거리 시험
③ 절연특성시험(내전압, 임펄스 내전압)
④ 내열성 시험
⑤ 내부식성 시험
⑥ 외함보호등급(IP)
⑦ 온도상승시험
⑧ 직류전원장치의 안전성 및 전자파적합성 시험(EMC 해당시)
⑨ 표시의 내구성 시험

13.4.10 / 13.4.62 / 17.1.17 / 18.1.13 / 18.1.32 / 19.4.2

41 태양광발전시스템용 인버터의 단독운전 방지 기능에서 능동적인 검출 방식이 아닌 것은?

① 주파수 시프트 방식
② 유효전력 변동 방식
③ 유효전력 변동 방식
④ 전압위상 도약 검출방식

해설 단독운전 검출방식
(1) 수동적 방식
단독운전에 의한 계통상태의 변화만을 검출
① 주파수 변화율 검출방식
② 전압위상도약 검출방식
③ 3차 고조파전압 왜곡검출방식

(2) 능동적 방식
각 분산형전원이 동기(同期)한 전기적 신호(능동신호)를 계통측에 주입함으로서 단독운전이 발생했을 때 능동신호에 기인하는 계통상태의 변화를 검출
1) 종래형 능동적 방식
① 주파수 시프트 방식
② 슬립 모드 주파수 시프트 방식
③ 유효·무효 전력변동방식
④ 차수간 고조파 주입방식
⑤ 부하변동방식
2) 시형 능동적 방식(스텝 주입부 주파수 피드백 방식)

42 건물에 설치된 태양광발전시스템의 낙뢰 및 과전압 보호로 고려해야 하는 방법이 아닌 것은?

① 교류측에 과전압 보호장치를 설치해야 한다.
② 태양광발전시스템 접속함의 직류측에 서지 보호장치를 설치해야 한다.
③ 태양광발전시스템이 외부에 노출되어 있다면 적절한 피뢰침을 설치해야 한다.
④ 낙뢰 보호시스템이 있어도 반드시 태양광발전시스템을 접지 및 등전위면에 연결해야 한다.

해설 태양광발전시스템에서 피뢰설비는 아주 중요한 기능 중 하나이다. 모듈을 건물의 옥상에 설치하거나 산간지방이나 낙뢰가 많은 곳에 설치하는 경우 별도로 피뢰침 설비와 뇌보호에 적합한 SPD같은 피뢰소자를 설치하여야 한다. 피뢰침 설비는 낙뢰로부터 보호하는 설비를 말하고, 피뢰소자는 뇌서지가 태양전지 어레이 혹은 파워컨디셔너 등에 침입한 경우 이러한 기기나 장치 등을 뇌서지에서 보호하기 위한 장치이다.
피뢰설비, 접지설비, 피뢰소자 등은 낙뢰 보호시스템에 포함이 된다.

정답 40. ④ 41. ④ 42. ④

43 태양광발전 모듈의 지락에 대한 안전대책이 가장 필요한 인버터 회로방식은?

① 부하변동 방식
② 트랜스리스 방식
③ 고주파 변압기 절연 방식
④ 상용주파 변압기 절연 방식

해설 트랜스리스(무변압기) 방식
① 태양전지의 직류출력을 DC-DC 컨버터로 승압하고 인버터에서 상용주파의 교류로 변환한다.
② 태양전지의 직류전압을 트랜스리스 인버터가 필요로 하는 전압까지 승압하는 컨버터와 직류전력을 교류전력으로 변환하는 인버터 및 계통연계 보호릴레이의 기능을 가진 제어회로로 구성되며 계통과 연계하기 위한 기계적 개폐기를 설치하여 비상시 인버터를 전기적으로 분리할 수 있는 방식으로 되어 있다.
③ 소형이며, 가볍고 효율도 높지만 전력계통과는 절연이 되어있지 않아 안정성의 문제가 있어, 출력측의 전압과 결선방식에 주의해야 하며, 직류지락 검출 기능 등의 보안장치가 필요하다.

44 태양광발전시스템에서 바이패스 소자의 설치 위치는?

① 단자함
② 분전반
③ 변압기 내부
④ 인버터 내부

해설 바이패스(Bypass) 소자

일반적으로 바이패스(Bypass) 다이오드는 태양전지 모듈의 단자함내부에 위치한다.

45 태양광발전시스템이 갖추어야 할 기본적인 조건이 아닌 것은?

① 안정성이 좋을 것
② 신뢰성이 좋을 것
③ 설치비용이 높을 것
④ 변환효율이 좋을 것

해설 태양광발전시스템의 장·단점

단점	장점
전력생산량이 지역별 일사량에 의존	에너지원이 청정·무제한
에너지밀도가 낮아 큰 설치면적 필요	필요한 장소에서 필요량 발전가능
설치장소가 한정적, 시스템 비용이 고가	유지보수가 용이, 무인화 가능
초기투자비와 발전단가 높음	긴수명(20년 이상)

46 일반적으로 구조물이나 시설물 등을 공사 또는 제작할 목적으로 상세하게 작성된 도면은?

① 상세도
② 시방서
③ 내역서
④ 간트도표

해설 상세도
① 사용하는 기기의 구조, 사용방법, 내용 등에 관한 구조 약도, 결선도 등을 작성
② 도면에서 명확하게 표시할 수 없거나 치수를 기입할 수 없는 영역을 확대하여 작성

47 태양광 입사각(태양 고도각)을 결정하기 위한 방법이 아닌 것은?

① 구조물 높이를 측정한다.
② 태양광발전 모듈의 효율을 확인한다.
③ 태양광발전 모듈의 경사각을 결정한다.
④ 음영의 영향을 받지 않는 이격거리를 계산한다.

[해설] 구조물 이격거리 산정 시 고려사항

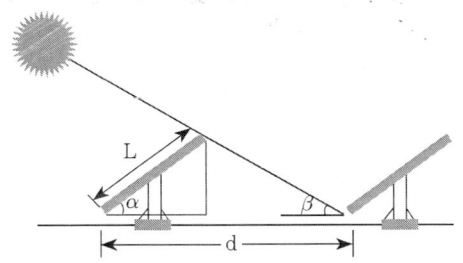

① 태양광 모듈 길이(L)
② 모듈 설치각도(α)
③ 위도(동지시 발전 가능 한계 시간에서 태양의 고도각 β)
④ 구조물 형상, 장애물의 높이, 남북향간 거리, 부지 현황, 부지의 경사도

16.2.21 / 19.4.30

48 태양광 발전원가의 구성 항목 중 초기투자비로 보기 어려운 것은?

① 계통연계비용
② 인허가 용역비
③ 설계 및 감리비
④ 운전유지 및 수선비

[해설] 태양광발전소 연간 유지관리비용
① 모니터링비
② 안전관리자 선임비
③ 법인세 및 제세
④ 보험료
⑤ 운전유지 및 수선비

49 태양광발전 부지의 연간 경사면 일사량이 4784 MJ/m²이고 효율이 81% 일 때 일평균 발전시간은 약 몇 h/day 인가?

① 1.328 ② 2.947 ③ 3.638 ④ 4.784

[해설] 일평균 발전시간(h/day)

$$h/day = \frac{1000}{\text{연간 경사면 일사량} \times \text{효율} \times 365 \times 24}$$
$$= \frac{100 \times 10^6}{4784 \times 0.81 \times 365 \times 24} ≒ 2.946$$

16.2.23 / 17.2.30 / 19.1.33 / 19.2.24 / 19.4.37

50 일조율에 관한 설명으로 옳은 것은?

① 가조시간에 대한 일조시간의 비
② 해뜨는 시간부터 해지는 시간까지의 일사량
③ 구름의 방해 없이 지표면에 태양이 비친 시간
④ 지표면에 직접 도달하는 직달 일조강도의 적산

[해설] 일조시간과 가조시간

1) 일조시간(Duration of Sunshine)
 ① 태양광선이 구름이나 안개 등에 의해서 차단되지 않고 지표면을 비춘 시간
 ② 일조율 = $\frac{\text{일조시간}}{\text{가조시간}} \times 100[\%]$

2) 가조시간(Possible Duration of Sunshine)
 ① 해가 뜬 다음부터 다시 질 때까지 태양에서 오는 직사광선
 ② 일조(日照)를 기대할 수 있는 시간을 말하며 산, 구름, 안개나 건조물에 의해 바뀔 수 있다.
 ③ 산, 구름, 안개 등 장애물이 없다고 가정했을 때의 일조시간은 가조시간과 동일하다.

13.4.57 / 15.2.50 / 18.2.45 / 18.4.48 / 19.2.42 / 19.4.42

51 굵기가 다른 케이블을 배선할 경우 전선관의 두께는 전선의 피복 절연물을 포함한 단면적이 전선관의 내 단면적의 최대 몇 % 이하가 되어야 하는가?

① 20 ② 32 ③ 48 ④ 52

[해설] 금속전선관의 굵기는 굵기가 다른 절연전선을 동일관 내에 넣어 시설하는 경우 절연 피복물을 포함한 관내 단면적의 32[%]이하가 되도록 선정한다. 단, 동일 굵기의 경우는 48[%]까지 채울 수 있다.

정답 48.④ 49.② 50.① 51.②

52 다른 개폐기기와 비교하여 전력퓨즈의 특징으로 틀린 것은?

① 고속도 차단된다.
② 과전류에 용단되기 어렵다
③ 차단 능력이 크며, 재투입은 불가능하다.
④ 동작시간-전류특성을 계전기처럼 자유롭게 조절할 수 없다.

해설 전력퓨즈(Power Fuse)의 장·단점

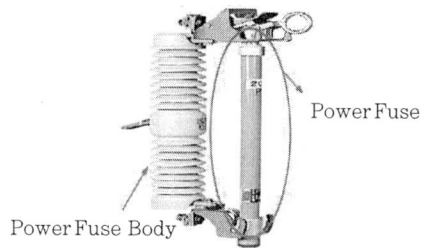

1) 장점
 ① 소형 경량이다.
 ② 릴레이나 변성기가 필요 없다.
 ③ 소형으로 큰 차단능력을 갖는다.
 ④ 보수가 간단하다.
 ⑤ 고속도 차단한다.
 ⑥ 가격이 저렴하다

2) 단점
 ① 재투입이 불가능하다.
 ② 과전류에서 용단될 수 있다.
 ③ 동작시간-전류특성의 조정이 불가능하다.

16.2.56 / 16.4.44 / 17.4.52 / 18.4.60 / 19.4.49

53 케이블 등이 방화구획을 관통할 경우 관통부분에 되메우기 충전재 등을 사용하여 관통부 처리를 하여야 한다. 방화구획 관통부 처리 목적이 아닌 것은?

① 화열의 제한
② 연기 확산방지
③ 인명 안전대피
④ 전선의 절연강도 향상

해설 방화구획 관통부 처리목적
건물을 구획하여 비상시 각각의 구획이 폐쇄되도록 함으로써 최초 화재발생구역 이상으로 화재가 확산되는 것을 차단시키고 연소확대를 방지하여 안전하게 대피할 수 있는 시간을 확보한다.

54 보호계전시스템의 구성 요소 중 검출부에 해당되지 않는 것은?

① 릴레이
② 영상변류기
③ 계기용변류기
④ 계기용변압기

해설 보호계전시스템
전력설비의 이상상태의 발생 및 파급을 방지하고 단락, 지락사고를 신속히 검출 제거함으로써 설비의 파괴와 사고의 파급을 최소한으로 줄이고 복구를 용이하게 하기 위하여 각종 보호시스템을 전기설비에 적용한다.

1) 기능
① 정확성 : 이상상태를 정확히 검출하여 제거하며 오동작을 일으키지 않는다.
② 신속성 : 이상시 신속히 동작하여 사고구간을 제거한다.
③ 선택성 : 선택차단 및 복구로 정전구간을 최소화 한다.

2) 구성
① 검출부 : 보호구간의 고장전류 및 전압을 검출하는 구성부로 CT(계기용변류기), PT(계기용변압기), ZCT(영상변류기), GPT 등의 변성기류 등이 있다.
② 판정부 : 검출된 고장값의 동작 여부를 결정짓는 요소로 릴레이, 반발스프링, 억제코일, 전압·전류탭 등이 있다.
③ 동작부 : 검출과 판정을 거쳐 작동 지시값에 도달한 경우 접점을 여닫는 구동을 하는 구조로서, 가동코일, 가동철심, 유도원판 등이 해당된다.

정답 52. ② 53. ④ 54. ①

55 회로를 차단할 때 발생하는 아크를 진공중으로 급속히 확산하는 것을 이용하는 진공차단기의 특징이 아닌 것은?

① 높은 압력의 공기가 발생하므로 소음이 크다.
② 전류 재단현상이 발생하므로 개폐서지가 크다.
③ 접점의 소모가 적으므로 차단기의 수명이 길다.
④ 소형 경량으로 실내 큐비클에 설치가 가능하다.

<small>해설</small> 진공차단기(VCB ; Vacuum Circuit Breaker)

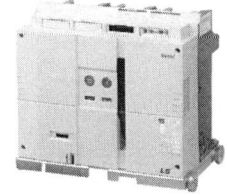

① 전로의 차단을 높은 진공속에서 실시하며, 폭발음이 없는 저소음차단기이다.
② 전력의 송·수전, 절체 및 정지 등을 계획적으로 수행하는 외에 전력 계통에 고장발생시 신속히 자동 차단하는 책무를 가진 중요한 보호장치이다.

18.2.61 / 18.4.63 / 19.2.78 / 19.4.61

56 태양광발전시스템의 운영 시 안전 및 유의 사항으로 틀린 것은?

① 태양광발전 어레이의 표면을 청소할 필요는 없다.
② 접속함 출력측 전압은 안정된 일사 강도가 얻어질 때 실시한다.
③ 태양광발전 모듈은 비오는 날에는 미소한 전압을 발생하고 있으므로 주의해서 측정해야 한다.
④ 측정 시각은 일사강도, 온도의 변동을 극히 적게 하기 위해 맑을 때, 태양이 남쪽에 있을 때의 전후 1시간에 실시하는 것이 바람직하다.

<small>해설</small> 모듈의 세척

① 모듈의 유리는 충격에 강화된 특수 유리로 먼지나 이물질이 달라붙는 것을 방지하는 코팅이 되어있고, 모듈의 프레임은 알루미늄, 구조물은 H빔이나, C형강인 철 성분으로 제작되어, 산성과 염기성 세제의 경우 철이나 알루미늄에 부식, 코팅손상 등의 치명적인 피해가 있으니 피한다.
② 모듈의 세척은 마이크로 섬유 천과 에탄올, 재래식 유리 세척제 등을 사용하여 세척한다.
③ 석회성분이 포함된 지하수로 반복적인 세척을 하는 경우, 모듈에 미세한 석회성분이 도포되어 효율이 저하되므로, 지하수의 경우 수질검사를 통해서 안전이 확보된 경우에만 사용한다.

16.4.75 / 17.4.69 / 19.1.66 / 19.4.64

57 태양광발전용 인버터에 'Solar Cell UV fault'라고 표시 되었을 경우 현상 설명으로 옳은 것은?

① 계통 전압이 규정 초과일 때 발생
② 계통 전압이 규정 이하일 때 발생
③ 태양전지 전압이 규정 초과일 때 발생
④ 태양전지 전압이 규정 이하일 때 발생

<small>해설</small> 인버터의 표시 내용

① 인버터 출력전압 이상(Inverter Output Voltage Fault) : 인버터 전압 이상이 계측되는 경우
② 인버터 과전류(Inverter Over Current Fault) : 인버터 전류의 규정 값 이상
③ 인버터지락(Inverter Ground Fault) : 인버터에 누전발생
④ 인버터 과열(Inverter Over Temperature) : 인버터의 온도 이상
⑤ 인버터 MC 이상(Inverter M/C Fault) : 전자접촉기(MC) 이상
⑥ 계통-인버터 위상 이상(Line Inverter Async Fault) : 인버터와 전력계통의 위상이 비동기
⑦ 계통 과전압(Line Over Voltage Fault) : 계통 전압이 규정치 이상
⑧ 인버터 저전압(Solar Cell Under Voltage Fault) : 태양전지 전압이 규정치 이하일 때

정답 55. ① 56. ① 57. ④

58 정기점검에서 인버터의 측정 및 시험항목에 해당하지 않는 것은?
① 절연저항
② 통풍확인
③ 표시부 동작확인
④ 투입저지 시한 타이머 동작시험

해설 인버터의 일상점검 항목
① 외함의 부식 및 파손
② 배선의 손상 및 접속단자 풀림
③ 운전시 이상음, 이취, 연기발생 및 이상과열
④ 환기팬 확인(통풍구, 환기필터 등)
⑤ 발전 상태의 정상적 표시여부

59 태양광발전시스템의 성능평가를 위한 사이트 평가방법이 아닌 것은?
① 설치 용량
② 설치 대상기관
③ 설치 가격 경제성
④ 설치 시설의 지역

해설 태양광 발전 시스템의 사이트 평가 방법
① 태양광 발전 시스템의 설비 설치의 대상기관
② 태양광 발전 시스템 설비 설치의 시설 분류
③ 태양광 발전 시스템의 설비 설치의 시설 지역
④ 태양광 발전 시스템의 설비 설치 형태
⑤ 태양광 발전 시스템의 설비 설치 용량
⑥ 태양광 발전 시스템 설비 설치의 방위와 각도
⑦ 태양광 발전 시스템의 설비 설치 시공업자
⑧ 태양광 발전 시스템의 설비 설치기기 장비 제조사

60 태양광발전(PV) 모듈(안전)(KS C 8563:2015)에서 플라스틱 등 특정한 용도로 적용할 때 그 사용 용도의 적합성 여부를 미리 예측할 수 있도록 플라스틱 가연성을 시험하는 장치는?
① IP시험기
② 난연성 시험기
③ 트래킹 시험기
④ 접근성 시험기

해설 태양광발전(PV) 모듈(안전)
① IP시험기 : 옥외에 사용하는 부품에 대해 방수 등급을 결정하기위한 장치
② 난연성 시험기 : 플라스틱 등 특정한 용도로 적용할 때 그 사용 용도의 적합성 여부를 미리 예측할 수 있도록 플라스틱 가연성을 시험하는 장치
③ 트래킹 시험기(CTI) : 액체 오염 물질에 표면이 노출될 때 600[V]에 이르는 전압의 트래킹에 대한 고체 전기 절연재료의 상대 저항 측정을 통해 절연물의 내성을 측정하는 장치
④ 접근성 시험기 : 절연되지 않은 충전부에 사람의 위험이 있는지 시험할 수 있는 장치

14.4.94 / 17.1.80 / 18.2.67 / 19.2.62

61 전기사업법령에 따라 사업계획서 작성 시 전기설비 개요에 포함되어야 할 태양광설비에 대한 사항으로 틀린 것은?
① 태양전지의 종류
② 접속함의 설치장소
③ 집광판의 면적
④ 인버터(Invertre)의 종류

해설 사업허가의 신청(전기사업법 시행규칙 제4조)
사업계획의 전기설비(태양광) 개요에 포함되어야 할 사항
① 태양전지의 종류, 정격용량, 정격전압 및 정격출력
② 인버터(Inverter)의 종류, 입력전압, 출력전압 및 정격출력
③ 집광판의 면적

17.1.81

62 전기공사업법령에 따라 전기공사업자가 전기공사를 하도급 주기위하여 미리 해당 전기공사의 발주자에게 이를 알리기 위하여 작성하는 하도급 통지서에 첨부하는 서류로 틀린 것은?
① 공사 예정 공정표
② 하도급(재하도급)계약서 사본

정답 58. ② 59. ③ 60. ② 61. ② 62. ④

③ 하수급인 또는 다시 하도급받은 공사업자의 등록수첩 사본
④ 하구습인 또는 다시 하도급받은 공사업자의 전기공사 사새 보유현황

> **해설** 하도급 통지서(전기공사업법 시행규칙 제11조)
> 하도급 통지서에는 다음의 서류를 첨부하여야 한다.
> ① 하도급(재하도급)계약서 사본
> ② 허도급(제하도급) 내용이 명시된 공사명세서
> ③ 공사 예정 공정표
> ④ 하수급인 또는 다시 하도급받은 공사업자의 전기공사기술자 보유현황
> ⑤ 하수급인 또는 다시 하도급받은 공사업자의 등록수첩 사본

19.4.35

63 부지선정 검토 시 법적 인허가 및 신고사항에 포함되지 않는 것은?

① 공작물 축조신고
② 사도개설의 허가
③ 무연분묘 개장허가
④ 공급인증서 발급허가

> **해설** 태양광발전사업 진행 절차
> ① 부지선정
> ② 개발행위허가(발전소 소재지 지자체)
> ③ 발전사업허가(발전소 소재지 지자체, 3MW 초과는 산업통상자원부)
> ④ 공사계획신고/인가(발전소 소재지 지자체, 10MW 초과는 산업통상자원부)
> ⑤ 발전소 시공(시공사)
> ⑥ 전력거래소 회원 가입 신청, 전력거래자 등록 신청 (전력거래소 거래시)
> ⑦ 송배전선로 이용 계약(한국전력공사 해당 지사)
> ⑧ 신규설비(발전기, ESS) 등록, 신규설비 코드부여 등 (전력거래소 거래시)
> ⑨ 사용전검사(전기안전공사)
> ⑩ 전력량 계량설비 봉인(한국전력공사, 전력거래소 거래시)
> ⑪ 신재생에너지 설비 설치 확인(한국에너지공단)
> ⑫ 사업개시신고(3MW 초과 : 산업통상자원부, 3MW 이하 : 발전소 소재지 지자체)
> ⑬ 공급인증서(REC) 발급(한국에너지공단)

15.4.83 / 18.2.92 / 19.2.86

64 전기공사업법령에 따른 공사업자의 등록취소에 해당하지 않는 경우는?

① 거짓으로 공사업을 등록한 경우
② 타인에게 등록증 또는 등록수첩을 빌려 준 경우
③ 전기공사기술자가 아닌 자에게 전기공사의 시공관리를 맡긴 경우
④ 공사업의 등록을 한 후 1년 이내에 영업을 시작하지 아니한 경우

> **해설** 등록취소 등(전기공사업법 제28조)
> 시·도지사는 공사업자가 다음의 어느 하나에 해당하면 등록을 취소하거나 6개월 이내의 기간을 정하여 영업의 정지를 명할 수 있다. 다만, ①, ③, ④, ⑦, ⑧에 해당하는 경우에는 등록을 취소하여야 한다.
> ① 거짓이나 그 밖의 부정한 방법으로 공사업의 등록, 공사업의 등록기준에 관한 신고 행위를 한 경우
> ② 대통령령으로 정하는 기술능력 및 자본금 등에 미달하게 된 경우
> ③ 공사업의 등록을 할 수 없는 결격사유 중 어느 하나에 해당하게 된 경우
> ④ 타인에게 성명·상호를 사용하게 하거나 등록증 또는 등록수첩을 빌려 준 경우
> ⑤ 시정명령 또는 지시를 이행하지 아니한 경우
> ⑥ ①~⑤규정 중 어느 하나에 해당하는 경우로서 해당 전기공사가 완료되어 시정명령 또는 지시를 명할 수 없게 된 경우
> ⑦ 공사업의 등록을 한 후 1년 이내에 영업을 시작하지 아니하거나 계속하여 1년 이상 공사업을 휴업한 경우
> ⑧ 영업정지처분기간에 영업을 하거나 최근 5년간 3회 이상 영업정지처분을 받은 경우
> ※ 전기공사기술자가 아닌 자에게 전기공사의 시공관리를 맡긴 경우에 시·도지사는 기간을 정하여 그 시정을 명하거나 그 밖에 필요한 지시를 할 수 있다.

정답 63. ④ 64. ③

13.4.94 / 16.4.2 / 16.4.98 / 17.1.84 / 17.4.9 / 18.1.100 /
18.2.96 / 18.4.11 / 18.4.92

65 신에너지 및 재생에너지 개발·이용·보급 촉진법령에 따른 재생에너지의 종류로 틀린 것은?

① 수소에너지　　② 태양에너지
③ 해양에너지　　④ 지열에너지

[해설] 신·재생에너지의 정의(신재생에너지법 제2조)
1) 신에너지: 기존의 화석연료를 변환시켜 이용하거나 수소·산소 등의 화학 반응을 통하여 전기 또는 열을 이용하는 에너지
　① 수소에너지
　② 연료전지
　③ 석탄을 액화·가스화한 에너지 및 중질잔사유을 가스화

2) 재생에너지: 햇빛·물·지열·강수·생물유기체 등을 포함하는 재생 가능한 에너지를 변환시켜 이용하는 에너지
　① 태양에너지　　② 풍력
　③ 수력　　　　　④ 해양에너지
　⑤ 지열에너지
　⑥ 생물자원을 변환시켜 이용하는 바이오에너지
　⑦ 폐기물에너지(비재생폐기물로부터 생산된 것은 제외한다)

18.1.45 / 19.2.43

66 전력시설물 공사감리업무 수행지침에 따른 비상주감리원의 업무에 해당되지 않는 것은?

① 기성 및 준공검사
② 설계도서 등의 검토
③ 안전관리계획서 작성
④ 설계변경 및 계약금액 조정의 심사

[해설] 비상주감리원의 근무수칙
① 설계도서 등의 검토
② 상주감리원이 수행하지 못하는 현장 조사 분석 및 시공상의 문제점에 대한 기술검토와 민원사항에 대한 현지조사 및 해결방안 검토

③ 중요한 설계변경에 대한 기술검토
④ 설계변경 및 계약금액 조정의 심사
⑤ 기성 및 준공검사
⑥ 정기적(분기 또는 월별)으로 현장 시공 상태를 종합적으로 점검·확인·평가하고 기술지도
⑦ 공사와 관련하여 발주자(지원업무수행자 포함)가 요구한 기술적 사항 등에 대한 검토
⑧ 그밖에 감리업무 추진에 필요한 기술지원 업무

67 전력기술관리법령에 따른 감리원에 대한 시정조치에 대한 설명이다. 다음 (　　)에 들어갈 내용으로 옳은 것은?

> 발주자는 감리원이 업무를 성실하게 수행하지 아니하여 전력시설물공사가 부실하게 될 우려가 있을 때에는 (　　)으로 정하는 바에 따라 그 감리원에 대하여 시정지시 등 필요한 조치를 하여야 한다.

① 대통령령
② 국무총리령
③ 시·도지사령
④ 산업통상자원부령

[해설] 감리원에 대한 시정조치
(전력기술관리법 시행령 제25조)
발주자는 감리원이 업무를 성실하게 수행하지 아니하여 전력시설물공사가 부실하게 될 우려가 있을 때에는 산업통상자원부령으로 정하는 바에 따라 그 감리원에 대하여 시정지시 등 필요한 조치를 하여야 한다.

17.2.57

68 지반조사(KDS 11 10 10 : 2018)에 따른 예비조사의 목적으로 틀린 것은?

① 구조물 입지로서의 적합성 평가
② 구조물 시공으로 발생될 변화 예측
③ 시공방법 계획수립에 필요한 정보를 제공
④ 구조물의 거동에 중요한 영향을 미치는 지반의 구성 및 특성 파악

정답　65.①　66.③　67.④　68.③

해설 지반조사(KDS 11 10 10 : 2018)에 따른 예비조사 목적
① 구조물 입지로서의 적합성 평가
② 대안 부지가 있는 경우, 대안 부지의 적합성 비교 검토
③ 구조물 시공으로 발생될 변화 예측
④ 구조물의 거동에 중요한 영향을 미치는 지반의 구성 및 특성 파악
⑤ 상기 조사를 근거로 한 본조사 계획
⑥ 필요시 공사에 필요한 골재원(레미콘, 아스콘, 세골재, 조골재) 및 토취장 확인

14.4.35 / 15.4.37 / 17.1.27 / 18.2.37 / 20.2.40 / 20.3.26 / 21.2.22

69 시방서에 대한 설명으로 틀린 것은?

① 공사시방서는 견적내역서를 기본하여 작성한다.
② 발주처가 공사시방서를 작성하는 경우에 활용하기 위한 시공기준은 표준시방서를 따른다.
③ 공사시방서는 계약문서의 일부가 되기도 하며, 공사별, 공종별로 정하여 시행하는 시공기준이 된다.
④ 특별한 공사의 시공 또는 공사시방서의 작성에 활용하기 위한 종합적인 시공의 기준이 되는 것은 전문 시방서이다.

해설 공사시방서(건설공사의 계약도서에 포함된 시공기준)
표준시방서 및 전문시방서를 기본으로 하여 작성하되, 공사의 특수성, 지역 여건, 공사방법 등을 고려하여 기본설계 및 실시설계 도면에 구체적으로 표시할 수 없는 내용과 공사 수행을 위한 시공방법, 자재의 성능·규격 및 공법, 품질시험 및 검사 등 품질관리, 안전관리, 환경관리 등에 관한 사항을 기술할 것

14.4.91 / 17.1.89 / 19.4.89

70 전기설비기술기준에 따라 사용전압이 400kV 이상의 특고압 가공전선과 건조물 사이의 수평거리는 그 건조물의 화재로 인한 그 전선의 손상 등에 의하여 전기사업에 관련된 전기의 원활한 공급에 지장을 줄 우려가 없도록 몇 m 이상 이격하여야 하는가? (단, 가공전선과 건조물 상부와의 수직거리가 28m 미만인 경우이다.)

① 0.5   ② 1   ③ 3   ④ 5

해설 특고압 가공전선과 건조물 등의 접근 또는 교차
1. 사용전압이 400kV 이상의 특고압 가공전선과 건조물 사이의 수평거리는 그 건조물의 화재로 인한 그 전선의 손상 등에 의하여 전기사업에 관련된 전기의 원활한 공급에 지장을 줄 우려가 없도록 3m 이상 이격하여야 한다. 다만, 다음 의 조건을 모두 충족하는 경우에는 예외로 한다.
① 가공전선과 건조물 상부와의 수직거리가 28m 이상일 것.
② 사람이 거주하는 주택 및 다중 이용 시설이 아닌 건조물로서 내화구조이고, 그 지붕 재질은 불연재료일 것.
③ 폭연성 분진, 가연성 가스, 인화성물질, 석유류, 화약류 등 위험물질을 다루는 건조물이 아닐 것.
④ 건조물 상부 기준으로 유도장해 방지 규정에 따른 전계 및 자계 허용기준 이하일 것.
⑤ 특고압 가공전선은 전선의 단선 및 지지물 도괴의 우려가 없도록 시설할 것.

2. 사용전압이 170kV 초과의 특고압 가공전선이 건조물, 도로, 보도교, 그 밖의 시설물의 아래쪽에 시설될 때의 상호 간의 수평이격 거리는 그 시설물의 도괴 등에 의한 그 전선의 손상에 의하여 전기사업에 관련된 전기의 원활한 공급에 지장을 줄 우려가 없도록 3m 이상 이격하여야 한다.

20.3.57

71 증폭기의 입력전압이 5mV, 출력전압이 5V일 때 전압이득(dB)은?

① 3   ② 60
③ 100   ④ 1000

해설 전압이득(G_{ain})
$$G_{ain} = 20 Log\left(\frac{V_{out}}{V_{in}}\right) = 20 Log\left(\frac{5}{5 \times 10^{-3}}\right) = 60\,[\text{dB}]$$

정답 69. ① 70. ③ 71. ②

72 접지저항을 감소시키는 접지저항저감제가 갖추어야 할 조건이 아닌 것은?

① 사람과 가축에 안전할 것
② 전기적으로 양호한 부도체일 것
③ 접지전극을 부식시키지 않을 것
④ 계절에 다른 접지저항값의 변동이 적을 것

해설 접지저항 저감제의 구비조건

① 저감효과가 클 것
② 저감효과의 연속성이 있을 것(경년변화가 적을 것)
③ 내식성이 클 것(접지전극을 부식시키지 않을 것)
④ 친환경 적일 것(공해가 없을 것)
⑤ 사람과 가축에 안전할 것
⑥ 경제적이고 공법이 용이할 것

73 한국전기설비규정에 따라 금속덕트에 전선을 시설 시, 전광표시장치 기타 이와 유사한 장치 또는 제어회로 등의 배선만을 넣는 경우 전선 단면적(절연피복의 단면적을 포함한다.)의 합계는 덕트의 내부 단면적의 몇 % 이하이어야 하는가?

① 20   ② 30   ③ 40   ④ 50

해설 금속덕트공사의 시설조건
① 전선은 절연전선(옥외용 비닐절연전선을 제외한다)일 것.
② 금속덕트에 넣은 전선의 단면적(절연피복의 단면적을 포함한다)의 합계는 덕트의 내부 단면적의 20%(전광표시장치 기타 이와 유사한 장치 또는 제어회로 등의 배선만을 넣는 경우에는 50%) 이하일 것.
③ 금속덕트 안에는 전선에 접속점이 없도록 할 것. 다만, 전선을 분기하는 경우에는 그 접속점을 쉽게 점검할 수 있는 때에는 그러하지 아니하다.
④ 금속덕트 안의 전선을 외부로 인출하는 부분은 금속덕트의 관통부분에서 전선이 손상될 우려가 없도록 시설할 것.
⑤ 금속덕트 안에는 전선의 피복을 손상할 우려가 있는 것을 넣지 아니할 것.
⑥ 금속덕트에 의하여 저압 옥내배선이 건축물의 방화구획을 관통하거나 인접 조영물로 연장되는 경우에는 그 방화벽 또는 조영물 벽면의 덕트 내부는 불연성의 물질로 차폐하여야 함.

74 그림과 같은 SPD의 접속도체의 총 길이는(a+b)는 몇 m 이하로 하여야 하는가?

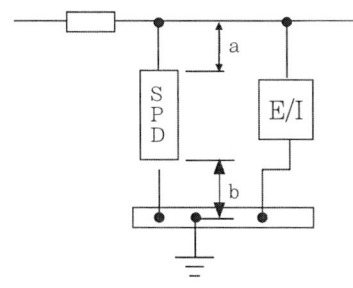

① 0.5   ② 1   ③ 1.5   ④ 2

해설 SPD 접속도체의 최소 길이
① 보호효과를 높이는 배선방법은 SPD의 접지단자에 피보호기기 측의 접지(PE)선을 끌어와서 접속하는 방법이다.

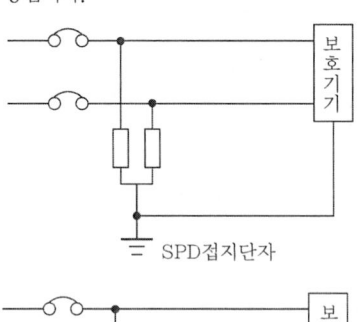

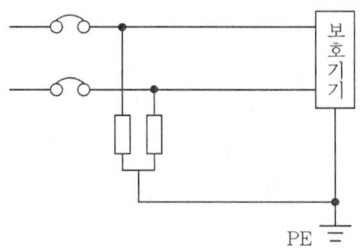

정답 72. ② 73. ④ 74. ①

② SPD 접속도체의 길이가 길어지면 SPD의 보호효과가 감소하므로 SPD에 접속하는 도체의 길이가 짧을수록 좋으며 SPD 설치시 접속도체의 총 길이 (a+b)가 0.5m 이하를 권장하며, (a+b)가 0.5m를 초과하면 a를 V결선하며 b의 길이를 0.5m 이하로 최소화한다.

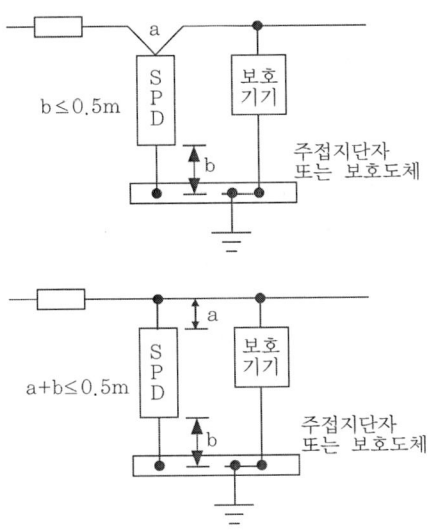

③ 접속도체의 길이를 최소화하는 이유는 접속도체에서 발생하는 전압상승분 때문이며, 접속도체의 임피던스는 1m 당 약 1μH로 가정하고 이전선에 1kA/μs의 임펄스 전류가 흐르면 1kV의 전압이 발생하며, 이 전압은 Up와 가산되어 피 보호기기의 내전압보다 높게 만들어져 기기가 파손될 수 있다.

75 터파기(KCS 11 20 15 : 2018) 에 따른 현장 품질관리에 대한 설명으로 틀린 것은?

① 파낸 바닥면과 기초에 접하거나 아래에 있는 흙은 동해를 입지 않도록 보호해야 한다.
② 지반변위나 이완된 흙이 터파기 바닥면으로 떨어지는 것을 방지하고 시공 중 지반 안정을 유지해야 한다.
③ 터파기공사 중 토질에 변화가 생길 때에는 즉시 공사감독자에게 보고하여 승인을 받은 후 시공하여야 한다.
④ 예상하지 못한 지중조건이 발견되면 공사감독자에게 통지하고 작업 중지 지시가 있을 때까지는 해당구역의 작업을 계속 진행해야 한다.

해설 예상하지 못한 지중조건이 발견되면 감리원에게 통지하고 작업재개 지시가 있을때까지는 해당 구역의 작업을 중지해야 한다.

16.2.75 / 16.4.65 / 17.4.66 / 18.4.72

76 태양광발전시스템의 계측에 사용되는 기기 중 검출된 데이터를 컴퓨터 및 먼 거리에 설치된 표시장치에 전송하는 경우에 사용되는 장치는?

① 검출기
② 연산장치
③ 기억장치
④ 신호변환기

해설 태양광발전시스템의 계측시스템 구성

① 검출기
  태양광발전시스템의 기상데이터와 전압, 전류 등을 측정하는 장치로 직류측의 전압은 분압기로 전류는 분류기를 이용하고, 교류측의 전압, 전류, 역률, 주파수 계측은 PT, CT를 통해서 검출, 지시계 또는 신호변환기로 전송하는 장치

② 신호변환기
  검출기로 검출된 데이터를 컴퓨터 및 먼거리에 설치한 표시장치에 전송할 때 사용하는 장치

③ 연산장치
  검출기를 통해 얻어진 순시계측 데이터는 적산하고, 일정기간 동안의 데이터는 평균하는 등 필요 데이터를 가공하는 장치

④ 기억장치
  컴퓨터가 필요로 하는 정보, 컴퓨터가 자료를 처리하여 얻은 결과 등을 저장하는 기능을 하는 장치

※ 분류기 : 어느 전로(電路)의 전류를 측정하려는 경우에 전로의 전류가 전류계의 정격보다 큰 경우에는 전류계와 병렬로 다른 전로를 만들고, 전류를 분류하여 측정하며, 이와 같이 전류를 분류하는 전로(저항기)를 분류기라 한다.

77 태양광발전용 변압기의 정기점검 내용으로 틀린 것은?

20.2.73

① 유면계, 온도계 파손 여부
② 부싱 등의 균열, 파손, 변형 여부
③ 퓨즈통, 애자 등에 균열 변형 여부
④ 건식형인 경우 코일, 절연물의 과열에 의한 손상 여부

해설 퓨즈통의 상태는 컷아웃스위치(COS)와 전력퓨즈(PF)의 점검항목이다.

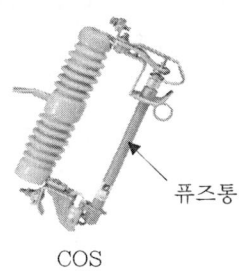

15.2.72 / 15.4.80 / 16.2.64 / 16.4.74 / 17.1.78 / 17.2.67 / 17.4.80 / 18.2.65 / 18.2.68 / 18.4.80 / 19.2.80

78 태양광발전시스템의 점검 중 일상점검에 관한 내용으로 틀린 것은?

① 이상 상태를 발견한 경우에는 배전반 등의 문을 열고 이상 정도를 확인한다.
② 원칙적으로 정전을 시켜놓고 무전압 상태에서 기기의 이상 상태를 점검하고 필요에 따라서는 기기를 분리하여 점검한다.
③ 주로 점검자의 감각(오감)을 통해서 실시하는 것으로 이상한 소리, 냄새, 손상 등을 점검 항목에 따라서 행하여야 한다.
④ 이상 상태가 직접 운전을 하지 못할 정도로 전개된 경우를 제외하고는 이상 상태의 내용을 정기점검 시에 참고자료로 활용한다.

해설 정기점검
① 태양광발전시스템의 기능을 확인하고 유지하기 위한 계획을 수립하여 점검하는 것
② 원칙적으로 시설물을 정지상태에서 운전제어장치의 기계점검, 절연저항측정, 배전반 및 인버터의 기능을 확인하고 유지하기 위한 계획을 수립하여 점검

79 태양광발전 접속함(KS C 8567 : 2019)에 따라 서지 보호장치(SPD)에 대한 설명으로 틀린 것은?

① 공칭 방전 전류(In, 8/20)는 모든 경우에 대해 10kA 이상이어야 한다.
② 서지 보호장치 최대 연속 사용전압을 접속함 회로 정격전압의 1.2배 이상이어야 한다.
③ 소형 접속함(스트링 2회로 이상)의 경우, 입력회로에 근접하여 서지 보호장치를 설치하여야 한다.
④ 중대형 접속함(스트링 4회로 이상)의 경우, 출력 회로에 근접하여 서지 보호장치를 설치하여야 한다.

해설 태양광발전 접속함(서지보호장치)
① 중대형 접속함(스트링 4회로 이상)의 경우, 출력회로에 근접하여 서지 보호장치(SPD, surge protective)를 설치하여야 한다.
② 서지 보호장치(SPD) 최대연속사용전압(Uc)은 접속함 회로 정격전압의 1.2배 이상이어야 하며, 공칭방전전류(In 8/20)는 모든 경우에 대해 10kA 이상이어야 한다.

80 전기설비 검사 및 점검의 방법·절차 등에 관한 고시에 따라 태양광발전설비에서 전력변환장치의 정기검사 시 세부검사내용으로 틀린 것은?

① 개방전압
② 외관검사
③ 절연저항
④ 접지저항

정답 77. ③ 78. ② 79. ③ 80. ①

[해설] 정기검사시 세부검사항목(전력변환장치)
1) 일반규격
① 규격확인
2) 본체
① 외관검사
② 접지 시공상태
③ 절연저항
④ 절연내력
⑤ 제어회로 및 경보장치
⑥ 전력조절부/Static 스위치
⑦ 자동·수동절체시험
⑧ 역방향운전 제어시험
⑨ 단독운전 방지시험

3) 보호장치
① 외관검사
② 절연저항
③ 보호장치시험

2024 제2회 CBT 기출문제 복원

01 단락전류는 태양전지 양단의 전압이 0일 때 흐르는 전류를 의미한다. 다음 중 단락전류의 손실을 발생시키는 원인이 아닌 것은?

① 모듈 라미네이션 공정 불량
② 외부 수분침입에 의한 리본 전극 산화
③ 전극의 솔더링 스폿에 의한 충진재 두께 편차
④ 자외선에 의한 충진재 내부의 커플링재 분해

해설 단락전류의 손실을 발생시키는 원인으로는 ①③④번과 내부 수분결착에 의한 리본 전극 산화이다.

02 수전전압이 22.9[kV]이고 3상 단락전류가 10000[A]인 수용가의 수전용 차단기의 차단용량은 몇 [MVA] 이상이면 되는가? (단, 여유율은 고려하지 않는다.)

① 433 ② 447
③ 457 ④ 467

해설 1) 정격차단용량[MVA]

정격차단용량 = $\sqrt{3}$ × 정격전압[KV] × 정격차단전류[KA]
= $\sqrt{3}$ × 25.8 × 10 ≒ 446.87 [MVA]

2) 공칭전압과 정격전압
공칭전압 : 3.3[kV], 6.6[kV], 22.9[kV], 154[kV]
정격전압 : 3.6[kV], 7.2[kV], 25.8[kV], 170[kV]

3) 전압의 개념
공칭 전압 = 선간 전압
정격 전압 = 사용 전압

16.2.9 / 18.2.10 / 19.1.11

03 여러 개의 태양전지 모듈의 스트링을 하나의 접속점에 모아 보수·점검 시에 회로를 분리하거나 점검 작업을 용이하게 하며, 태양전지 어레이에 고장이 발생해도 정지범위를 최대한 적게 하는 등의 목적으로 사용되는 것은?

① 인버터
② 접속함
③ 바이패스 소자
④ 계통연계 보호계전기

해설 태양광발전용 접속함

어레이를 구성하고 있는 모든 태양광발전 모듈의 스트링이 연결되는 단자가 들어있으며, 태양광발전 모듈 스트링의 출력을 인버터에 중계하며, 접속함의 주요사재는 다음과 같다.

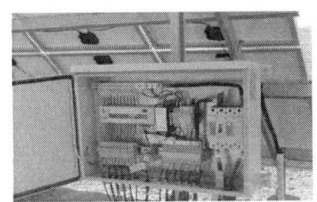

① 외함   ② DC Connector
③ Terminal Block ④ DC 퓨즈
⑤ 퓨즈 링크(홀더) ⑥ 다이오드
⑦ 방열판   ⑧ PCB
⑨ DC 개폐기(차단기) ⑩ SPD
⑪ power supply   ⑫ FAN
⑬ 케이블 그랜드   ⑭ 모니터링 설비
⑮ 전류센서
⑯ 기타(제조사가 주요 자재로 취급하는 것)

※ 자재 중에서 수명(shelf life) 또는 보관 시 환경관리가 필요한 자재는 반도체 부품으로 다이오드 등이다.

04 태양전지 모듈(module)의 구성 재료의 순서가 옳게 나열된 것은?

① 강화유리-태양전지-EVA-Back Sheet EVA
② 강화유리-EVA-태양전지-EVA-Back Sheet
③ EVA-태양전지-강화유리-Back Sheet-EVA
④ EVA-강화유리-태양전지-EVA-Back Sheet

정답 1.② 2.② 3.② 4.②

해설 모듈(module)의 구성 재료 순서

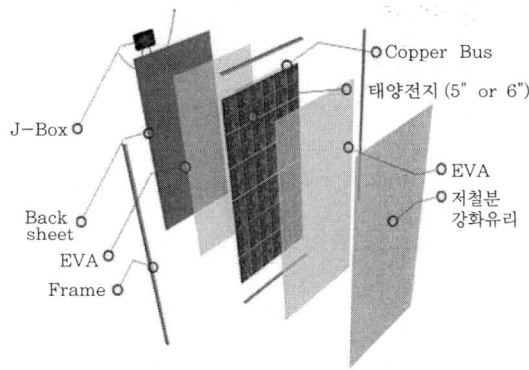

강화유리 → EVA(Ethylene Vinyl Acetate, Cell을 충격 습기에서 보호) → 태양전지 Matrix → EVA(Ethylene Vinyl Acetate) → Back sheet(Cell로의 습기 침입방지, 전극보호) → J-Box(Cable, 바이패스 다이오드)

05 다음 중 발전효율이 가장 높은 태양전지는?
① HIT 태양전지
② CIGS 태양전지
③ Organic 태양전지
④ Perovskite 태양전지

해설 HIT(Heterojunction with Intrinsic Thin-layer) 태양전지
① 단결정 실리콘 기판에 비정실 실리콘 박막을 성장시킨 이종접합구조
② 일반 태양전지에 비해 공정과정에서 높은 온도에서도 출력 감소율이 낮아 발전량이 8% 이상 높다.
③ 특히 양쪽 면에서 동시에 태양광을 흡수할 수 있어 한쪽 면에서만 태양광을 흡수하는 전지에 비해 발전량이 10% 이상 높다.

16.2.18 / 19.2.3
06 태양광 발전원가의 구성 항목 중 초기투자비에 해당하지 않는 것은?
① 계통연계비용
② 인허가 용역비
③ 설계 및 감리비
④ 운전유지 및 수선비

해설 태양광발전소 연간 유지관리비용
① 모니터링비
② 안전관리자 선임비
③ 법인세 및 제세
④ 보험료
⑤ 운전유지 및 수선비

16.2.24 / 16.4.38 / 19.4.27
07 태양전지 어레이 가대를 아래와 같이 설계하고자 한다. 설계 순서를 옳게 나열한 것은?

ⓐ 태양전지 모듈의 배열 결정
ⓑ 설치장소 결정
ⓒ 상정최대하중 산출
ⓓ 지지대 기초 설계
ⓔ 지지대의 형태, 높이, 구조 결정

① ⓐ→ⓒ→ⓔ→ⓑ→ⓓ
② ⓑ→ⓐ→ⓔ→ⓒ→ⓓ
③ ⓐ→ⓓ→ⓒ→ⓔ→ⓑ
④ ⓑ→ⓒ→ⓐ→ⓔ→ⓓ

해설 가대 설계의 절차
어레이 지지대는 지역에 따라 설치형태는 여러 종류가 있으며, 지지대의 설계는 설치장소 상황 및 환경을 충분히 파악할 필요가 있다.

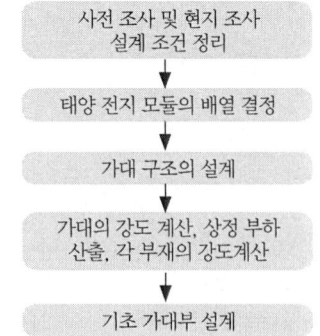

정답 5.① 6.④ 7.②

08 총원가에는 해당되지만 순공사원가의 구성항목이 아닌 것은?

① 간접재료비
② 간접노무비
③ 간접경비
④ 일반관리비

해설 총공사원가계산서

비목		구분	금액	비고
순공사원가	재료비	직접재료비		
		간접재료비		
		소계		
	노무비	직접노무비		
		간접노무비		
		소계		
	경비	기계경비		
		산재보험료		
		고용보험료		
		기타 보험료		
		소계		
	계			
일반관리비				
이윤				
공급가액				
V.A.T				
도급액				

16.2.34 / 18.2.28 / 18.2.51

09 계통연계형 태양광발전시스템 설계를 위한 케이블 선택과 굵기 산정에 필수적인 고려사항이 아닌 것은?

① 케이블의 제작사
② 케이블의 전압규격
③ 케이블의 허용전류
④ 케이블의 손실 및 전압강하

해설 전선의 굵기 선정시 고려사항
① 허용전류
② 전압강하
③ 기계적강도
④ 기타(전압, 전력손실, 경제성 등)

10 태양광 인버터의 전력변환 효율이 다음과 같을 때 유로변환 효율은 몇 [%]인가?

기계기구의 구분	접지저항 값[Ω]
5	76
10	79
20	83
30	87
50	93
100	95

① 90.10
② 90.15
③ 90.20
④ 90.25

해설 효율 시험

(1) 계통연계형 인버터의 효율 시험
유로(Euro) 변환 효율로 측정한다.
정격용량 10[kW] 초과 30[kW]이하 : 효율 88[%]이상
정격용량 30[kW] 초과 100[kW]이하 : 효율 90[%]이상
정격용량 100[kW] 초과 : 효율 92[%] 이상일 것

(2) $\eta_{EU} = 0.03\eta_{5\%} + 0.06\eta_{10\%} + 0.13\eta_{20\%} + 0.10\eta_{30\%} + 0.48\eta_{50\%} + 0.20\eta_{100\%}$

(3) 각 전력변환효율을 유로변환효율로 변경한다.
$\eta_{EU} = (0.03 \times 76) + (0.06 \times 79) + (0.13 \times 83) + (0.10 \times 87) + (0.48 \times 93) + (0.2 \times 95) = 90.15$

정답 8. ④ 9. ① 10. ②

15.2.45 / 16.2.42 / 17.2.55 / 18.4.50

11 태양광 모듈 시공 시 감전사고 방지를 위한 대책이 아닌 것은?

① 면장갑을 착용한다.
② 우천 시 작업하지 않는다.
③ 절연 처리된 공구를 사용한다.
④ 태양전지 모듈 표면에 차광 시트를 부착한다.

해설 안전 대책

① 작업전 태양전지 모듈 표면에 차광막을 씌워 태양광을 차폐한다.
② 절연 장갑을 사용한다.
③ 절연 처리된 공구를 사용한다.
④ 강우 시에는 감전사고와 미끄러짐으로 인한 추락사고로 이어질 우려가 있으므로 작업을 금지한다.
⑤ 중장비가 배전선로에 근접할 때에는 보호조치를 취한다.

16.2.46 / 18.1.54 / 19.4.57

12 태양광 발전설비의 모듈, 접속함, 인버터 등에 접속하는 배선공사 방법에 대한 설명으로 틀린 것은?

① 태양전기 모듈간 배선에 사용하는 전선의 굵기는 1.0[mm²]이상이어야 한다.
② 스트링 접속도선은 단락전류보다 1.25배 이상의 전류를 수용할 수 있어야 한다.
③ 태양전지 모듈 뒷면의 접속단자 연결 시 극성에 유의해야 한다.
④ 접속함의 설치는 모듈구성에 따라 어레이 부근에 설치하는 것이 바람직하다.

해설 태양전지 모듈간의 배선

태양전지판 모듈과 모듈을 연결하는 전선은 공칭단면적 2.5[mm²] 이상의 연동선 또는 동등 이상의 세기 및 굵기의 전선으로 배선하여야 한다.

13 퓨즈 용량 선정 시 적용하는 단락전류는?

① 대칭 단락전류 실효값
② 최대 비대칭 단락전류 순시값
③ 최대 비대칭 단락전류 실효값
④ 3상 평균 비대칭 단락전류 실효값

해설 대칭 단락전류 실효값

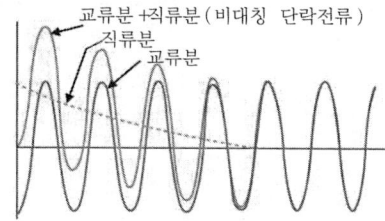

단락전류의 구성

① 단락전류는 교류분과 직류분으로 구성되며, 교류분 실효치로 표시하는 단락전류를 대칭단락전류 실효치라 한다.
② MCCB, ACB, 퓨즈 등을 선정하는 경우에 대칭 단락 전류실효값을 적용한다.

14 무변압기형 인버터의 설명으로 알맞은 것은?

① 변압기형 인버터보다 효율이 낮다.
② 변압기형 인버터보다 무게가 증가한다.
③ 변압기형 인버터보다 크기가 증가한다.
④ 변압기형 인버터보다 노이즈 간섭이 증가한다.

해설 트랜스리스(Transless) 방식

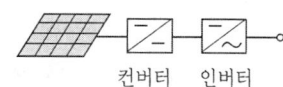

① 태양전지의 직류출력을 DC-DC 컨버터로 승압하고 인버터에서 상용주파의 교류로 변환한다.
② 소형 경량으로 저렴하며, 효율이 우수하고 신뢰성이 높다.
③ 상용전원과의 사이에는 절연이 되지 않아 안정성이 떨어진다.

13.4.51 / 16.2.58 / 16.4.54 / 17.4.41 / 20.3.50

15 직류 송전방식 방식과 비교했을 때 교류 송전방식의 장점이 아닌 것은?

① 안정도가 좋다.
② 회전자계를 쉽게 얻을 수 있다.
③ 전압의 승압, 강압변경이 용이하다.
④ 교류방식으로 일관된 운용을 기할 수 있다.

해설 송전방식
1) 교류 방식
① 변압기를 이용하여 전압의 승압 · 강하가 쉽다.
② 교류기는 회전자계를 쉽게 얻을 수 있다.
③ 대부분이 교류 송전 방식이므로 운용상의 일관성을 갖는다.

2) 직류 방식
① 절연계급을 낮출 수 있다.
② 송전효율이 좋다.
③ 안정도가 좋다.
④ 유도장해가 적다.

16 태양광 발전시스템의 안전관리대책으로 추락사고 예방을 위한 조치사항 아닌 것은?

① 안전모 착용
② 절연장갑 착용
③ 안전벨트 착용
④ 안전난간대 설치

해설 태양광발전시스템의 안전관리대책

공정	조치 사항	비고
모듈 설치	고소작업시 안전 난간대 설치 안전모, 안전화, 안전벨트 착용	추락사고 예방
배관배선작업	사다리 적합품 사용 안전모, 안전화, 안전벨트 착용	
구조물 설치	리프트카 사용, 안전난간대 설치 안전모, 안전화, 안전벨트 착용	

인버터, 접속함 등 연결	태양전지 모듈 등 전원 개방 절연 장갑 착용	감전사고 예방
임시배선작업	누전위험장소 누전차단기 설치 전선 피복상태, 접지선 관리	

15.2.72 / 15.4.80 / 16.2.64 / 16.4.74 / 17.1.78 / 17.2.67 /
17.4.80 / 18.2.65 / 18.2.68 / 18.4.80 / 19.2.80 / 19.4.71

17 태양광 발전 송변전설비의 일상순시점검내용으로 틀린 것은?

① 접지선의 단선, 부식여부를 확인한다.
② 모선지지물의 이상소음, 이상한 냄새가 없는지 확인한다.
③ 모든 설비는 정전상태를 유지하고 주요충전부는 접지를 한다.
④ 외함을 열어 확인할 경우, 안전장구를 착용하고 충전부와 이격 거리를 유지한다.

해설 정기점검
① 태양광발전시스템의 기능을 확인하고 유지하기 위한 계획을 수립하여 점검하는 것
② 원칙적으로 시설물을 정지상태에서 운전제어장치의 기계점검, 절연저항측정, 배전반 및 인버터의 기능을 확인하고 유지하기 위한 계획을 수립하여 점검
③ 모선을 정전하지 않고 점검을 하여야 할 경우에는 안전사고가 일어나지 않도록 주의하여야 한다.

15.4.67 / 15.4.78 / 16.2.68 / 16.4.72 / 17.1.61 / 18.4.66 /
19.2.65 / 19.2.79 / 19.4.78

18 태양광 발전시스템 보수점검 시 점검 전의 유의사항으로 틀린 것은?

① 점검전에 접지선을 제거한다.
② 절연용 보호기구를 준비한다.
③ 응급처치 방법 및 설비, 기계의 안전을 확인한다.
④ 비상연락망을 사전 확인하여 만일의 사태에 신속히 대처한다.

정답 15. ① 16. ② 17. ③ 18. ①

해설 정전작업

1) 정전작업 전 조치사항
① 전원차단후 각 단로기 등을 개방하고 확인할 것
② 차단장치나 단로기 등에 잠금(시건)장치 및 꼬리표를 부착할 것
③ 전기기기 등에 공급되는 모든 전원을 관련 배선도, 도면 등을 통해 확인할 것
④ 검전기를 이용하여 작업 대상 기기가 충전되었는지 확인 할 것(잔류전하 방전)

잠금(시건)장치   꼬리표(사용금지)

2) 정전작업 중 조치사항
① 작업지휘자에 의한 작업지휘
② 개폐기 관리(전원 재투입 방지, 잠금장치 및 꼬리표 부착 관리)
③ 근접 활선에 대한 방호상태 관리
④ 단락접지의 상태관리

3) 정전작업 후 조치사항
① 작업기기, 단락접지기구(접지선)를 제거하고 전기기기 등이 안전하게 통전될 수 있는지 확인
② 모든 작업자가 작업이 완료된 전기기기 등에서 떨어져 있는지 확인할 것
③ 잠금장치 와 꼬리표는 설치한 근로자가 직접 철거할 것
④ 모든 이상유무를 확인한 후 전기기기 등의 전원을 투입할 것

19 계통연계형 인버터의 계통 전압 불평형 시험의 품질기준으로 틀린 것은?

① 역률이 0.95 이상일 것
② 정격 출력에서 정상적으로 동작할 것
③ 절연저항은 1[MΩ] 이상이며, 상용 주파수 내전압에 1분간 견딜 것
④ 출력 전류의 총합 왜형률이 5[%] 이하, 각 차수별 왜형률 3[%] 이하일 것

해설 계통 전압 불평형 시험
① 인버터의 배전방식이 3상 4선식인 경우에 적용된다.
② 인버터를 정격 출력으로 운전한다.
③ 불평형을 발생시킨 상태에서 교류 출력 전력, 역률, 교류 출력 전류, 출력 전류 왜형률을 측정한다.
④ 정격출력에서 정상적으로 동작할 것
⑤ 역률이 95[%] 이상일 것
⑥ 출력전류의 총합 왜형률이 5[%] 이하, 각 차수별 왜형률이 3[%] 이하일 것

13.4.24 / 15.2.73 / 15.4.55 / 16.2.38 / 16.2.79 / 17.2.24 / 17.4.29 / 19.4.25

20 발전설비용량 3000[kW]인 발전사업 허가 신청 시 첨부 서류가 아닌 것은?

① 사업 계획서
② 발전원가 명세서
③ 송전관계 일람도
④ 전기설비 개요서

해설 발전사업 허가 신청 시 첨부 서류(전기사업법 시행규칙 제4조)

(1) 사업계획서

구분	구비서류
1) 재무능력 관련	① 신청자에 대한 신용평가의 의견서. 다만, 신청자가 재무능력을 평가할 수 없는 신설법인인 경우에는 신청자의 최대주주를 신청자로 본다. ② 재원 조달계획 관련 증명서류
2) 기술능력 관련	① 전기설비 건설 및 운영 계획 관련 증명서류
3) 계획에 따른 수행 가능 여부 관련	① 발전설비 건설 예정지역 관할 지방자치단체의 발전설비와 접속설비 건설에 대한 의견서(발전설비용량이 1만 킬로와트 초과인 신청자만 해당한다. 다만, 연료전지 또는 태양에너지·풍력 발전설비의 경우에는 발전설비용량이 10만킬로와트 초과인 신청자만 해당한다) ② 발전기의 전력계통 접속에 따른 영향에 관한 한국전력공사의 의견서(발전설비용량이 1만킬로와트 초과인 신청자만 해당한다) ③ 송전관계 일람도(一覽圖)

구분	구비서류
3) 계획에 따른 수행 가능 여부 관련	④ 부지의 확보 및 배치 계획 관련 증명서류 ⑤ 연료 및 용수 확보 계획 관련 증명서류(발전사업 또는 구역전기사업의 허가를 신청하는 경우만 해당한다) ⑥ 신청자의 과거 발전설비 준공, 포기 또는 지연 이력 및 운영 실적 ⑦ 사업 개시 예정일부터 5년 동안의 연도별 예상사업손익산출서
4) 그 밖의 사항 관련	① 사업구역의 경계를 명시한 5만분의 1 지형도(배전사업의 허가를 신청하는 경우만 해당한다) ② 특정한 공급구역의 위치 및 경계를 명시한 5만분의 1 지형도(구역전기사업의 허가를 신청하는 경우만 해당한다) ③ 발전원가명세서(발전사업 또는 구역전기사업의 허가를 신청하는 경우만 해당한다)

※ 발전설비용량이 200킬로와트 초과 3천킬로와트 이하인 발전사업의 허가를 신청하는 경우는 제2)호①, 제3)호③, 제4)호③에 따른 서류만 제출한다.
※ 발전설비용량이 200킬로와트 이하인 구역전기사업의 허가를 신청하는 경우는 제4)호②에 따른 서류만 제출하며, 발전설비용량이 200킬로와트 이하인 발전사업허가를 신청하는 경우로서 구역전기사업의 허가 외의 허가를 신청하는 경우에는 위 표의 구비서류를 제출하지 아니한다.

(2) 정관, 대차대조표 및 손익계산서(신청자가 법인인 경우만 해당하며, 설립 중인 법인의 경우에는 정관만 제출한다)

(3) 신청자(발전설비용량 3천킬로와트 이하인 신청자는 제외한다)의 주주명부. 이 경우 신청자가 재무능력을 평가할 수 없는 신설법인인 경우에는 신청자의 최대주주를 신청자로 본다.

21. 태양전지의 개방전압에 대한 설명 중 틀린 것은?

① 태양전지로부터 얻을 수 있는 최대 전압이다.
② 태양전지 흡수층을 구성하는 물질의 밴드갭 에너지에 따라 변화한다.
③ 출력전력이 최대일 때 태양전지의 두 전극 사이에서 발생하는 전위차에 해당한다.
④ 태양전지의 두 전극 사이에 무한대의 부하를 연결한 경우, 두 전극 사이의 전위차다.

해설 **개방전압(Open Circuit Voltage)**
태양전지 셀 모듈의 출력단자를 개방한 때의 양 단자간의 전압(V_{oc}), 단위 [V], 특정한 온도와 일조 강도에서 부하를 연결하지 않은 개방 상태의 태양광발전설비 양단에 걸리는 전압을 말하며, 태양전지 스트링과 모듈의 동작불량, 직렬 접속선의 결선 누락 등, 각 스트링의 연결 상태확인이 가능하여, 우선적으로 실시한다.

16.2.11 / 17.1.11 / 17.4.13 / 18.1.7

22. 태양전지 모듈 중 박막 계열의 모듈이 아닌 것은?

① a-Si 모듈
② CIS 모듈
③ CdTe 모듈
④ Multi-crystalline 모듈

해설 **박막형 태양전지**
① 유리, 스테인리스 스틸, 플라스틱 등 저가의 기판에 얇은 막 형태의 박막을 형성하는 구조로, 기판위에 형성되는 막의 원료에 따라 비정질 실리콘 태양전지, CdTe, CIGS 박막, a-Si, 염료감응형 태양전지, 유기 태양전지로 구분된다.
② 실리콘 사용량이 적어 저렴하나 제조공정이 복잡하고 에너지 효율이 낮아 결정질 태양전지와 동일한 출력을 내기 위해서는 대면적의 모듈이 필요하다.
③ 결정질 실리콘 태양전지의 두께는 200~300[μm], 박막형 실리콘 태양전지의 두께는 0.3~2[μm]로서 상당히 얇게 제작할 수 있다.

정답 21. ③ 22. ④

④ 불순물 첨가 (도핑)에 의한 전기 전도도 제어가 쉽지 않으며, 이 경우 p-형보다는 In 등의 첨가 및 열처리에 의하여 n-형 쪽으로 제어하는 것이 보다 쉬운 것으로 알려져 있다.
⑤ 적은 온도계수로 온도에 따른 효율 감소가 적으며, 빛의 강도 변화에 대한 안정성으로 흐린 날, 겨울, 음지에서도 안정적이다.
⑥ 각국 정부의 태양광발전에 대한 관심과 지원이 폭발적으로 증대되면서 폴리실리콘의 양산규모 증대는 벌크형 실리콘 태양전지의 가격 하락을 이끌었고, 차세대 태양전지였던 박막 태양전지는 목표로 했던 가격에 도달했음에도 불구하고 가격적으로는 경쟁력이 없는 결과에 있다.

14.4.1 / 15.2.95 / 17.1.50 / 18.1.9 / 18.2.86 / 18.4.82 / 19.4.17

23 피뢰기가 구비해야 할 조건 중 틀린 것은?

① 속류의 차단능력이 충분할 것
② 충격 방전 개시 전압이 낮을 것
③ 상용주파 방전 개시 전압이 높을 것
④ 방전내량이 작으면서 제한전압이 높을 것

해설 피뢰기(Lightning Arrester)

전선로에 규정 전압보다 몇 배 높은 이상 전압으로 인해 피뢰기의 단자 전압이 어느 일정 값 이상이 되면 방전되어, 전압 상승을 억제하고 기기를 보호하며, 이상 전압이 없어지면 방전이 정지되어 정상 송전 상태가 된다.

1) 피뢰기 구비 조건
① 상용 주파 방전 개시전압은 높을 것
② 충격 방전 개시 전압이 낮을 것
③ 속류 차단능력이 클 것
④ 제한 전압(절연 협조의 기본이 되는 전압)이 낮을 것
⑤ 반복동작이 가능하고, 구조가 견고하며 특성이 변화하지 않을 것

2) 피뢰기 설치 장소
① 발전소·변전소 또는 이에 준하는 장소의 가공전선 인입구 및 인출구
② 가공전선로에 접속하는 배전용 변압기의 고압측 및 특고압측
③ 고압 및 특고압 가공전선로로부터 공급을 받는 수용 장소의 인입구
④ 가공전선로와 지중전선로가 접속되는 곳

14.4.9 / 15.2.8 / 15.2.27 / 16.4.16 / 17.1.73 / 17.1.79 / 18.1.14 / 18.2.26 / 19.2.1 / 19.2.9 / 19.2.69

24 다음 [보기]의 ( )에 알맞은 내용은 무엇인가?

> 표준시험상태 : 태양광 모듈 온도(A)
> 분광분포(B), 방사조도(C)

① A : 20[℃], B : AM 1.0, C : 1000[W/m²]
② A : 20[℃], B : AM 1.5, C : 1200[W/m²]
③ A : 25[℃], B : AM 1.5, C : 1200[W/m²]
④ A : 25[℃], B : AM 1.5, C : 1000[W/m²]

해설 표준 시험조건(Standard Test Conditions)

태양광발전 소자를 시험할 때의 기준이 되는 시험조건 즉, 태양광발전 소자가 빛을 받는 면의 조사강도 1,000[W/m²], 태양전지 온도 25[℃], 스펙트럼 조성은 대기질량지수(AM : Air Mass) 1.5인 조건

25 1[W·s]와 동일한 단위는?

① 1[J]   ② 1[kWh]
③ 1[kg·m] ④ 860[kcal]

해설 전력량(W)

① 어느 일정 시간 동안에 전기 에너지의 총량을 말하며, 전압 V[V]를 가하여 1[A]의 전류를 t[sec] 동안 흘릴 때의 전력량 W는
W = VIt = Pt [J]
② 단위는 [J]보다는 [W·sec]을 많이 사용하며 실용 단위로 [Wh], [kWh] 등의 단위로 표시한다.
1[Kwh] = 10^3[Wh] = 3.6× 10^6[W·sec] = 3.6× 10^6[J]

26 아스팔트 방수층, 개량 아스팔트 시트 방수층, 합성고분자계 시트 방수층 및 도막 방수층 등 불투수성 피막을 형성하여 방수하는 공사를 총칭하는 용어로 옳은 것은?

① 실링방수 ② 멤브레인방수
③ 구체침투방수 ④ 벤토나이트방수

해설 멤브레인방수(Asphalt Membrane Waterproofing)
아스팔트 루핑을 3~5층 겹쳐, 그 때마다 용융 아스팔트로 바탕에 붙여서 방수층을 구성하는 방수 공법. 일반적으로 아스팔트 방수라고 부르는 경우가 많다.

27 분산형전원의 저압연계가 가능한 기준 용량은 몇 [kW] 미만인가?

① 500 ② 1000
③ 1500 ④ 2000

해설 분산형전원의 연계용량이 500[kW] 미만이고 배전용변압기 누적연계용량이 해당 배전용변압기 용량의 50[%] 이하인 경우 저압계통에 연계할 수 있다. 다만, 분산형전원의 출력전류의 합은 해당 저압 전선의 허용전류를 초과할 수 없다.
※ 분산형전원(DR, Distributed Resources)
대규모 집중형 전원과는 달리 소규모로 전력소비지역 부근에 분산하여 배치가 가능한 전원

28 SPD[Surge Protective Device]를 시험에 의해 분류할 경우 클래스 Ⅰ등급 시험의 파형 크기(파두장/파미장)와 종류로 옳은 것은? (단, 직격뢰를 가정한 경우이다.)

① 8/20[μs]의 전류파형
② 8/20[μs]의 전압파형
③ 10/350[μs]의 전류파형
④ 10/350[μs]의 전압파형

해설 통합접지공사에 따른 SPD시설기준
1) 과전압으로 인한 전기설비의 보호를 위해 SPD를 시설해야 하는 장소
① 연간뇌우일수(IKL) 25일/년 초과하는 지역에서 전원이 가공전로로 공급되는 전기설비
② 저압으로 인입되는 전기설비가 통합접지인 건물 안의 전기설비

2) SPD의 등급시험에 따른 분류

SPD종류	시험등급	방전매개변수	시험파형
Ⅰ등급	Ⅰ등급시험	I_{imp}, I_n	I_{imp} : 10/350μs 임펄스전류
Ⅱ등급	Ⅱ등급시험	I_{max}, I_n	I_n, I_{max} : 8/20μs 공칭방전전류
Ⅲ등급	Ⅲ등급시험	U_{oc}	U_{oc} : 1.2/50μs 콤비네이션파형

14.4.33 / 15.2.36 / 18.1.34 / 18.4.25 / 19.2.25 / 19.4.23

29 공사 설계도서에 필수항목으로 가장 거리가 먼 것은?

① 배치도 ② 평면도
③ 입체도 ④ 시방서

해설 설계도서
1) 설계 설명서
설계의 목적, 공사종목 및 그 개요, 각 설계에 대한 분석자료(인입지점, 발전소의 특성 등), 관계 관공서 등과의 협의 사항, 설계시 적용한 특별한 사항

2) 설계도면
배치도, 단선접속도, 계통도, 배선도(평면도, 결선도, 기기상세도), 피뢰 설계도, 어레이 배치도, 접속반 내부 결선도

3) 기술계산서
부하계산서, 전압강하계산서, 변압기용량계산서, 차단기용량계산서, 축전지용량계산서, 접지계산서

4) 설계시방서
① 기본설계 및 실시설계도면에 구체적으로 표시할 수 없는 내용과 공사수행을 위한 시공 방법, 자재의 성능·규격 및 공법, 품질시험 및 검사 등 품질관리, 안전관리, 환경관리 등에 관한 사항을 기술한다.

정답 26. ② 27. ① 28. ③ 29. ③

② 표준시방서 및 전문시방서를 기본으로 하여 작성하되, 공사의 특수성·지역여건·공사방법 등을 고려하여 작성한다.
③ 공사시방서, 전문시방서, 표준시방서, 특기시방서 등

5) 예산내역서
자재 산출근거서, 공량산출서, 일위대가표, 내역서, 공사원가산출서, 단가대비표, 견적서 등

③ 품질관리계획서
④ 공사도급 계약서 사본 및 산출내역서
⑤ 공사 시작 전 사진
⑥ 현장기술자 경력사항 확인서 및 자격증 사본
⑦ 안전관리계획서
⑧ 작업인원 및 장비투입 계획서
⑨ 그밖에 발주자가 지정한 사항

30 도면에 사용되는 선의 종류에서 중심선, 절단선, 기준선 등의 용도로 사용되는 선의 종류는?
① 굵은 실선 ② 가는 실선
③ 이점쇄선 ④ 일점쇄선

해설 도면상 선의 종류 및 용도
① 굵은 실선 : 천정은폐배선, 외형선, 대상물이 보이는 부분의 모양을 표시
② 가는 실선 : 치수선, 지시선, 회전단면선, 중심선
③ 2점 쇄선 : 가상선, 무게중심선
④ 1점 쇄선 : 중심선, 절단선, 기준선, 피치선, 특수지정선

32 감리원이 작성하는 전력시설물의 유지관리지침서 내용에 포함되지 않는 것은?
① 시설물 유지관리방법
② 시설물의 규격 및 기능설명서
③ 시설물의 시운전 결과 보고서
④ 시설물 유지관리기구에 대한 의견서

해설 유지관리지침서
유지관리지침서를 작성, 공사 준공 후 14일 이내에 발주자에게 제출
① 시설물의 규격 및 기능설명서
② 시설물 유지관리기구에 대한 의견서
③ 시설물 유지관리방법
④ 특기사항

31 감리원은 공사가 시작된 경우에 공사업자로부터 착공신고서를 제출받아 적정성 여부를 검토 후 며칠 이내에 발주자에게 보고하여야 하는가?
① 5일 ② 7일
③ 10일 ④ 14일

해설 착공신고서 검토 및 보고
감리원은 공사가 시작된 경우에는 공사업자로부터 다음의 서류가 포함된 착공신고서를 제출받아 적정성 여부를 검토하여 7일 이내에 발주자에게 보고하여야 한다.
① 시공관리책임자 지정통지서(현장관리조직, 안전관리자)
② 공사 예정공정표

33 전기실에 설치하는 소화설비로 적합하지 않은 것은?
① 이너젠 소화설비
② 하론가스 소화설비
③ 스프링클러 소화설비
④ 이산화탄소 소화설비

해설 전기실의 소화설비
① 이너젠(Inergen) 소화설비 : 이너젠 가스(질소 52%, 아르곤 40%, 탄산가스 8%)를 방출해서 산소 농도를 희석시켜 대기를 제어하는 소화설비
② 하론가스 소화설비 : 할로겐 화합물 소화약제를 사용하여 화재의 연소반응을 억제함으로서 소화하는

설비이며, 일반금속에 대하여 부식성이 적고 전기 부도체이므로 전기기기에 사용할 수 있다.
③ 이산화탄소 소화설비 : 압축한 이산화탄소를 노즐을 통해 연소하는 면에 방사하여 공기 공급을 차단하는 방식으로 변압기, 스위치, 발전기 등의 전기설비의 소화설비로 사용된다.

16.2.46 / 18.1.54 / 19.4.57

34. 태양전지 모듈과 인버터간의 배선에 대하여 옳게 설명한 것은?

① 태양전지 어레이의 지중배선은 1.0[m] 이상의 깊이로 매설한다.
② 태양전지 모듈 접속용 케이블은 반드시 극성 표시를 하지 않아도 된다.
③ 접속함에서 인버터까지의 배선은 전압강하율 5[%] 이하로 할 것을 권장하고 있다.
④ 태양전지 모듈 사이의 배선은 2.5[mm²] 이상의 전선을 사용하면 단락전류에 견딜 수 있다.

해설 **태양전지 모듈간의 배선**
태양전지판 모듈과 모듈을 연결하는 전선은 공칭단면적 2.5[mm²] 이상의 연동선 또는 동등 이상의 세기 및 굵기의 전선으로 배선하여야 한다.

17.1.24 / 18.1.58 / 19.4.53

35. 태양전지 모듈은 사업계획서상에 제시된 설치용량의 몇 [%]를 초과하지 않아야 하는가?

① 101
② 103
③ 105
④ 110

해설 **모듈 설치용량**
모듈의 설치용량은 사업계획서 상의 모듈 설계용량과 동일하여야 한다. 다만, 단위모듈당 용량에 따라 설계용량과 동일하게 설치할 수 없을 경우에 한하여 설계용량의 110[%] 이내까지 가능하다.

36. 배전반의 케이블 단말부 및 접속부, 관통부 등의 점검 내용으로 틀린 것은?

① 부하 개폐기의 절연유 누출
② 볼트의 풀림 등에 의한 진동
③ 코로나 방전에 의한 과열 냄새
④ 곤충 및 설치류 등의 침입 흔적

해설 **케이블 단말부 및 접속부, 케이블 관통부의 점검**
① 소리 : 볼트류의 조임이 이완되어 진동음은 없는가.
② 냄새 : 코로나 방전 또는 과열에 의한 이상한 냄새는 없는가.
③ 손상 : 케이블 막이판의 탈락 또는 간격의 벌어짐은 없는가.
④ 소동물 : 침입의 흔적은 없는가.

13.4.14 / 15.2.10 / 16.4.31 / 17.2.17 / 18.1.64 / 18.2.8 / 19.1.7

37. 태양광발전모듈에 차광이 모듈의 부하로 작용하여 태양광발전시스템의 출력을 저하시킬 경우 조치로 옳은 것은?

① 제너 다이오드를 설치한다.
② 스트링 다이오드를 설치한다.
③ 블럭킹 다이오드를 설치한다.
④ 바이패스 다이오드를 설치한다.

해설 **바이패스(Bypass) 소자**
1) 태양광 모듈의 그림자 영향
① 태양광 모듈은 아주 적은 일부가 그림자에 가려지더라도 모듈 전체의 출력이 크게 저하된다.
② 모듈은 각각의 태양전지를 직렬로 연결하기 때문에 수십 개의 태양전지로 구성된 모듈에서 단 한 개의 셀이 나뭇잎 등에 의해 완전히 가려졌다면 출력 값은 거의 제로(Zero)에 가깝게 떨어진다.
③ 전체 개방전압에서 그림자가 발생한 모듈의 개방전압을 뺀 값 이하에서 전압 동작점이 존재할 때에 그림자가 발생한 모듈의 전류가 역방향이 된다. 따라서 역 전압이 인가되고 부하처럼 동작되어 열이 발생되고 모듈이 파손되는 원인이 된다.

정답 34. ④ 35. ④ 36. ① 37. ④

2) 대책(바이패스 다이오드)

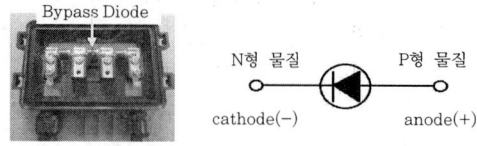

바이패스다이오드(Junction Box에 설치)   회로 표기방법(기호)

① 바이패스다이오드(Bypass Diode)는 전류를 한쪽방향으로만 흐르게 만들어 주는 부품으로 P에서 N방향으로 전류가 흐르고 반대 방향으로는 전류를 거의 통과시키지 않는다.

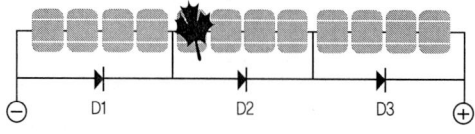

모듈 일부의 셀에 그림자 발생

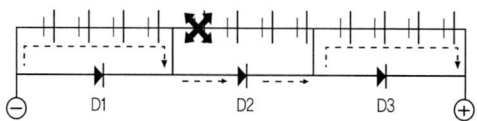

그림자 발생된 모듈의 전류흐름

② 그림자로 인해 출력이 저하된 셀 또는 셀 그룹을 우회해 전류가 흐르도록 하고, 이를 통한 출력감소는 오직 그림자에 의해 가려진 셀 또는 셀 그룹에 해당하는 부분으로 제한해 출력을 유지한다.

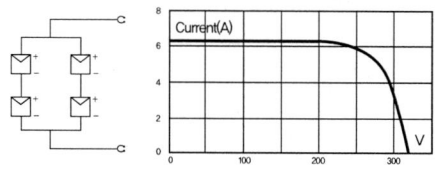

셀이 정상 연결되었을 때

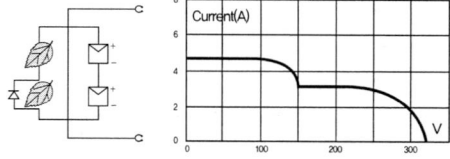

셀 일부가 정상동작하지 않을 시

③ 일반적으로 모듈 한 장(태양전지 6×9)에 셀 54개 배열의 경우에는 다이오드 3개(1개당 18개의 셀)를 설치한다.

38 전기안전관리자는 유지관리를 위해서 점검 등 결과가 부적합인 경우 조치 방법으로 틀린 것은?

① 소유자는 전기안전관리자가 안전관리를 위해 부적합 전기설비에 대하여 의견을 제시하는 경우에는 이를 따르지 않아도 된다.
② 전기안전관리자는 전기설비기술기준에 적합하지 아니한 전기설비중 경미한 전기공사에 대하여 필요할 경우에는 직접 수리할 수 있다.
③ 전기안전관리자는 검사 및 점검 결과가 전기설비기술기준에 적합하지 않을 때에는 소유자에게 알려 부적합 전기설비의 수리·개조·보수 등 필요한 조치를 취하도록 하여야 한다.
④ 전기안전관리자는 부적합 전기설비에 대한 조치가 취해지기 전에 전기설비의 운용에 따른 안전 확보를 위해 필요하다고 판단되는 경우 전기설비의 사용을 일시정지하거나 제한할 수 있다.

해설 **부적합설비 등의 조치**
① 전기안전관리자는 검사 및 점검 결과가 전기설비기술기준에 적합하지 않을 때에는 소유자에게 알려 부적합 전기설비의 수리·개조·보수 등 필요한 조치를 취하도록 하여야 한다.
② 전기안전관리자는 부적합 전기설비에 대한 조치가 취해지기 전에 전기설비의 운용에 따른 안전 확보를 위해 필요하다고 판단되는 경우 전기설비의 사용을 일시정지하거나 제한할 수 있다.
③ 전기안전관리자는 전기설비기술기준에 적합하지 아니한 전기설비중 경미한 수리가 필요할 경우에는 직접 수리할 수 있다.
④ 소유자는 전기안전관리자가 안전관리를 위해 부적합 전기설비에 대하여 의견을 제시하는 경우에는 이를 따라야 한다.

정답 38. ①

13.4.80 / 15.2.2 / 17.1.9 / 17.2.33 / 17.4.24 / 18.1.74 / 19.2.6 / 19.4.1

39 방향과 경사가 서로 다른 하부 어레이들로 구성된 태양광발전시스템의 인버터 운영방식으로 적합한 것은?

① 모듈형
② 분산형
③ 중앙집중형
④ 마스터-슬레이브형

[해설] 태양광발전시스템의 인버터 운영방식

1) 중앙 집중형 인버터방식

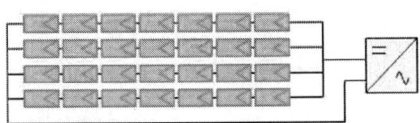

① 발전소 현장에 1대의 인버터만 설치함
② 모든 전선이 한 곳으로 오기 때문에 작업공정이 간단, 설치비가 적게 소요되며, 발전량 확인이 용이하다.
③ 단일형 인버터는 제품 이상발생 시 전체 발전소가 가동을 멈추기 때문에 발전 손실이 크다.

2) 분산형(스트링 포함) 인버터 방식

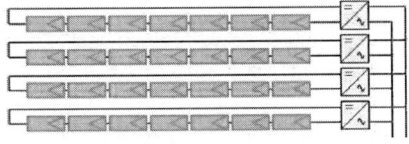

① 발전소 현장에 소형 인버터 여러 대를 설치함
② 특정 인버터가 고장이 나더라도 해당 인버터 부분에서만 발전 손실이 일어나고 나머지 인버터는 정상적으로 발전이 되기 때문에 발전 손실을 최소화할 수 있다.
③ 방향과 경사가 서로 다른 하부 어레이들로 구성된 시스템, 부분적으로 음영이 지는 시스템의 경우 분산형 인버터 방식을 고려할 필요가 있다.

3) 주/종속시스템(Master-Slave System)

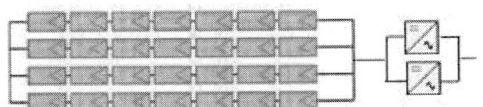

① 인버터 2~3대를 결합하여 회로를 구성한다.

② 발전을 시작하면 마스터 인버터만 구동되고, 마스터 인버터의 전력한계에 도달하면, 다음 슬래브 인버터가 자동 연결되어 생산된 발전량에 대응한다.
③ 낮은 발전량에서도 대용량 인버터 한 대가 운영되는 방식보다는 효율이 높아진다.
④ Master와 Slave의 기능은 정기적(1~3개월)으로 교대를 해주어, 균등운전이 되게 한다.

4) 모듈인버터(마이크로 인버터: MIC, Module Integrated Central) 방식

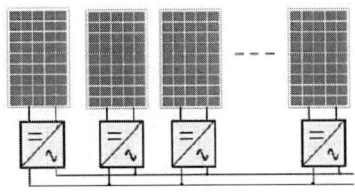

① 태양전지 모듈 1개에 인버터 1개를 부착하는 방식으로 스트링 인버터의 작은 형태이다.
② 태양전지 1장에 대한 모니터링이 가능하여 유지보수가 쉽다
③ 각 마이크로인버터(MIC; Module Integrated Converter)의 최대 효율은 낮지만, 태양전지 모듈에 대해 개별로 MPPT를 하므로, 전체 발전량에 있어서는 스트링 인버터 이상의 발전효율을 가지고 있다.
④ 대용량 발전소보다는 소용량 발전소에서 효율이 높고, 태양전지 모듈 1장으로도 태양광발전을 할 수 있다.
⑤ 고장 난 인버터는 쉽게 교체 가능하며, 시스템 확장이 쉽다.

16.4.73 / 18.1.79 / 18.4.69 / 19.1.64

40 태양광발전시스템의 신뢰성 평가 및 분석 항목에서 시스템 트러블과 관계가 없는 것은?

① 직류 지락
② ELB 트립
③ 인버터 운전 정지
④ 컴퓨터의 조작 오류

정답 39. ② 40. ④

해설 **신뢰성 평가 및 분석 항목**
① 계측 트러블 : 컴퓨터의 조작 오류
② 시스템 트러블 : 인버터의 정지, 직류 지락, 계통지락 등에 의한 시스템의 운전정지

41 전기공사업법에 따른 발전설비 공사의 종류가 아닌 것은?

① 화력발전소 ② 비상용발전기
③ 태양광발전소 ④ 태양열발전소

해설 **전기공사의 종류**
1) 발전설비공사
 ① 원자력발전소
 ② 화력발전소
 ③ 풍력발전소
 ④ 수력발전소
 ⑤ 조력발전소
 ⑥ 태양열발전소
 ⑦ 내연발전소
 ⑧ 열병합발전소
 ⑨ 태양광발전소

2) 송전설비공사
 ① 공중송전설비공사
 ② 지중송전설비공사
 ③ 물밑송전설비공사
 ④ 터널 안전선로공사

13.4.91 / 16.2.62 / 17.1.70 / 20.1.7 / 20.3.13 / 20.4.3

42 전기공사업법에서 명시하고 있는 하자담보책임기간이 다른 공사는?

① 변전설비공사
② 태양광발전설비공사
③ 배전설비공사 중 철탑공사
④ 지중송전을 위한 케이블 공사

해설 **전기공사의 종류별 하자담보책임기간(전기공사업법 시행령 제11조의2)**

전기공사의 종류	하자담보 책임기간
1) 발전설비공사	
① 철근콘크리트 또는 철골구조부	7년
② ①외 시설공사 3년	3년
2) 터널식 및 개착식 전력구 송전·배전설비공사	
① 철근콘크리트 또는 철골구조부	10년
② ①외 송전설비공사	5년
③ ①외 배전설비공사	2년
3) 지중 송전·배전설비공사	
① 송전설비공사	5년
② 배전설비공사	3년
4) 송전설비공사	3년
5) 변전설비공사(전기설비 및 기기설치 공사를 포함한다)	3년
6) 배전설비공사	
① 배전설비 철탑공사	3년
② 가목 외 배전설비공사	2년
7) 산업시설물, 건축물 및 구조물의 전기설비공사	1년
8) 그 밖의 전기설비공사	1년

17.04.99

43 신에너지 및 재생에너지 개발·이용·보급 촉진법에 따라 신에너지 및 재생에너지 기술개발 및 이용·보급에 관한 계획을 협의하려는 자는 그 시행 사업연도 개시 몇 개월 전까지 산업통상자원부장관에게 계획서를 제출하여야 하는가?

① 1 ② 3 ③ 4 ④ 6

해설 **신·재생에너지 기술개발 등에 관한 계획의 사전협의 (신재생에너지법 제7조)**
국가기관, 지방자치단체, 공공기관, 그밖에 대통령령으로 정하는 자가 신·재생에너지 기술개발 및 이용·보급에 관한 계획을 수립·시행하려면 대통령령으로 정하는 바에 따라 미리 산업통상자원부장관과 협의하여야 한다.

정답 41. ② 42. ④ 43. ③

44 국토의 계획 및 이용에 관한 법률에 따라 개발행위허가의 경미한 변경으로 틀린 것은?

① 사업기간을 단축하는 경우
② 부지면적 또는 건축물 연면적을 10퍼센트 범위에서 축소하는 경우
③ 관계 법령의 개정에 따라 허가받은 사항을 불가피하게 변경하는 경우
④ 도시·군관리계획의 변경에 따라 허가받은 사항을 불가피하게 변경하는 경우

해설 개발행위허가의 경미한 변경
1) 사업기간을 단축하는 경우
2) 다음의 어느 하나에 해당하는 경우
① 부지면적 또는 건축물 연면적을 5% 범위에서 축소
② 관계 법령의 개정 또는 도시·군관리계획의 변경에 따라 허가받은 사항을 불가피하게 변경하는 경우
③ 허용되는 오차를 반영하기 위한 변경인 경우
④ 허가를 받거나 신고를 하고 건축 중인 부분의 위치가 1m 이내에서 변경되는 경우

16.2.23 / 17.2.30 / 19.1.33 / 19.2.24 / 19.4.37

45 일조시간과 가조시간에 대한 설명으로 틀린 것은?

① 일조시간과 가조시간의 비를 일조율(%)이라 한다.
② 일조시간은 실제로 태양광선이 지표면을 내리 쬔 시간이다.
③ 구름이 많은 날씨일 경우 가조시간과 일조시간이 일치한다.
④ 가조시간이랑 한 지방의 해 돋는 시간부터 해지는 시간까지의 시간을 말한다.

해설 일조시간과 가조시간
1) 일조시간(Duration of Sunshine)
① 태양광선이 구름이나 안개 등에 의해서 차단되지 않고 지표면을 비춘 시간
② 일조율 = $\frac{일조시간}{가조시간} \times 100$ [%]

2) 가조시간(Possible Duration of Sunshine)
① 해가 뜬 다음부터 다시 질 때까지 태양에서 오는 직사광선
② 일조(日照)를 기대할 수 있는 시간을 말하며 산, 구름, 안개나 건조물에 의해 바뀔 수 있다.
③ 산, 구름, 안개 등 장애물이 없다고 가정했을 때의 일조시간은 가조시간과 동일하다

46 내선규정에 따라 케이블을 콘크리트에 직접 매설하는 경우 케이블은 철근 등을 따라 포설하는 것을 원칙으로 하고 바인드선 등으로 철근 등에 몇 m 이하의 간격으로 고정하여야 하는가?

① 1   ② 2
③ 3   ④ 4

해설 콘크리트 직매용 포설
① 전선은 콘크리트 직매용(直埋用) 케이블 또는 기타 구조의 개장을 한 케이블일 것.
② 공사에 사용하는 박스는 금속제이거나 합성수지제의 것 또는 황동이나 동으로 견고하게 제작한 것일 것.
③ 전선을 박스 또는 풀박스 안에 인입하는 경우는 물이 박스 또는 풀박스 안으로 침입하지 아니하도록 적당한 구조의 부싱 또는 이와 유사한 것을 사용할 것.
④ 콘크리트 안에는 전선에 접속점을 만들지 아니할 것.

47 건축구조기준 설계하중(KDS 41 10 15 : 2019)에 따른 적설하중에 대한 설명으로 틀린 것은?

① 최소 지상 적설 하중은 $0.5kN/m^2$로 한다.
② 우리나라의 기본지상적설하중 중 가장 높은 지방은 $6.0kN/m^2$이다.
③ 지붕의 경사도가 15° 이하 혹은 70°를 초과하는 경우에는 불균형적설하중을 고려하지 않아도 된다.
④ 지상적설하중이 $0.5kN/m^2$보다 작은 지역에서는 퇴적량에 의한 추가하중을 고려하지 않아도 무방하다.

해설 우리나라의 기본지상적설하중 중 가장 높은 지방은 울릉도, 독도 $10.0kN/m^2$이다.

정답 44. ② 45. ③ 46. ① 47. ②

48 분산형전원 배전계통연계 기술기준에 따라 전기방식이 교류 단상 220V인 분산형전원을 저압 한전계통에 연계할 수 있는 용량은?

① 100kW 미만　② 150kW 미만
③ 250kW 미만　④ 500kW 미만

해설 전기방식이 교류 단상 220V인 분산형전원을 저압 한전계통에 연계할 수 있는 용량은 100kW 미만으로 한다.

49 전력기술관리법에 따라 시·도지사는 감리업자가 공사감리를 성실하게 하지 아니하여 일반인에게 위해(危害)를 끼친 경우 산업통상자원부령으로 정하는 바에 따라 그 등록을 몇 개월 이내의 기간을 정하여 그 영업의 전부 또는 일부의 정지를 명할 수 있는가?

① 1　② 3
③ 6　④ 9

해설 등록의 취소·영업정지
시·도지사는 설계업자 및 감리업자가 다음의 어느 하나에 해당하면 산업통상자원부령으로 정하는 바에 따라 그 등록을 취소하거나 6개월 이내의 기간을 정하여 그 영업의 전부 또는 일부의 정지를 명할 수 있다. 다만, ①, ②에 해당하는 경우에는 그 등록을 취소하여야 한다.
① 거짓이나 그 밖의 부정한 방법으로 등록을 한 경우
② 설계업·감리업의 등록기준에 미달한 날부터 1개월이 지난 경우
③ 설계 또는 공사감리를 성실하게 하지 아니하여 일반인에게 위해(危害)를 끼치거나 전력시설물을 현저히 부실하게 시공하게 한 경우
④ 설계업 또는 감리업의 등록 결격사유에 해당하게 된 경우 또는 임원 중에 등록 결격사유에 해당하게 된 경우(법인의 경우 6개월 이내에 대표자를 변경하는 경우는 제외한다)
⑤ 다른 사람에게 등록증을 빌려준 경우

50 신재생발전기 계통연계기준에 따라 신재생발전기의 역률은 몇 이상으로 유지하여 운전하여야 하는가?

① 85　② 90
③ 95　④ 100

해설 신재생발전기 계통연계기준(역률)
① 신재생발전기의 역률은 90% 이상으로 유지하여 운전하여야 함. 다만, 역송병렬로 접속하는 경우로는 전압상승 및 강하를 방지하기 위하여 기술적으로 필요한 경우 신재생발전기의 역률의 하한값과 상한값을 고객과 한전이 협의하여 정할 수 있음
② 신재생발전기의 역률은 배전계통 측에서 볼 때 진상 역률(발전기 측에서 볼 때 지상 역률)이 되지 않도록 하는 것을 원칙으로 함

19.4.7

51 건물에 설치된 태양광발전시스템의 낙뢰 및 과전압 보호로 고려되어야 하는 방법이 아닌 것은?

① 교류측에 과전압 보호장치를 설치해야 한다.
② 태양광발전시스템 접속함의 직류측에 서지 보호장치를 설치해야 한다.
③ 태양광발전시스템이 외부에 노출되어 있다면 적절한 피뢰침을 설치해야 한다.
④ 낙뢰 보호시스템이 있어도 반드시 태양광발전시스템을 접지 및 등전위면에 연결해야 한다.

해설 태양광발전시스템에서 피뢰설비는 아주 중요한 기능 중 하나이다. 모듈을 건물의 옥상에 설치하거나 산간지방이나 낙뢰가 많은 곳에 설치하는 경우 별도로 피뢰침 설비와 뇌보호에 적합한 SPD같은 피뢰소자를 설치하여야 한다. 피뢰침 설비는 낙뢰로부터 보호하는 설비를 말하고, 피뢰소자는 뇌서지가 태양전지 어레이 혹은 파워컨디셔너 등에 침입한 경우 이러한 기기나 장치 등을 뇌서지에서 보호하기 위한 장치이다.
피뢰설비, 접지설비, 피뢰소자 등은 낙뢰 보호시스템에 포함이 된다.

정답 48.① 49.③ 50.② 51.④

52 도선의 길이가 3배로 늘어나고 반지름이 1/3로 줄어들 경우 그 도선의 저항은 어떻게 변하겠는가? (단, 고유저항에는 변화가 없다.) 17.4.12

① 9배 증가 ② 1/9로 감소
③ 27배 증가 ④ 1/27로 감소

해설 고유 저항 R(Specific Resistance)

저항 값은 도체의 길이에 비례하고, 단면적에 반비례하므로 도체의 길이 l [m], 단면적 A [m²], 고유 저항을 ρ라고 하면

$$R = \rho \frac{l}{A(\pi r^2)} = \frac{3}{\left(\frac{1}{3}\right)^2} = 27 \text{ 배 증가}$$

53 계약상의 큰 변경이나 불가항력 등에 의한 공정 지연이 발생하지 않는 한 사업종료 때까지 수정되지 않는 공정표는?

① 관리기준공정표 ② 사업기본공정표
③ 건설종합공정표 ④ 분야별종합공정표

해설 사업기본공정표(PMS : Project Milestone Schedule)

최상위 레벨의 공정표로서 사업 전체기간에 대한 기본계획을 수립하기 위하여 사업 진행일정과 주요사업의 수행 시점이 나타나도록 작성한다. 대분류 및 주요 공정에 해당되는 작업(Activity)으로 구성되며, 향후 전체 프로젝트의 진행 상황을 모니터링하고 평가하기 위한 기준이 되는 공정표이다

54 저압전기설비-제5-52부 : 전기기기의 선정 및 설치-배선설치(KSC IEC 60364-5-52 : 2012)에 따라 도체 및 케이블과 관련한 설치방법에 대한 설명으로 틀린 것은?

① 나도체의 애자사용 시공
② 절연전선의 케이블트레이 시공
③ 절연전선의 케이블덕팅 시스템 시공
④ 외장케이블(외장 및 무기질 절연물을 포함)의 직접고정 시공

해설 배선방식 선정

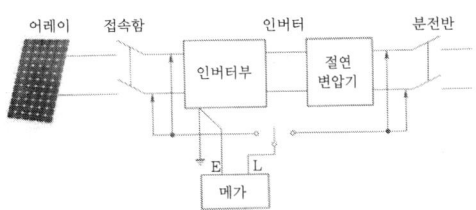

15.4.68 / 17.2.47 / 17.4.74 / 18.1.15 / 18.2.63 / 18.4.62 / 20.2.58 / 20.4.69

55 태양광발전 어레이의 절연저항 측정에 대한 내용으로 옳은 것은?

① 절연저항 측정 시 온도는 고려하지 않는다.
② 일사시간 동안에는 단락용 개폐기를 이용한다.
③ 발전량이 적어 위험성이 낮은 비 오는 날 측정하는 것이 좋다.
④ 사용전압 400V 이상일 때 절연저항 측정기준은 0.1MΩ 이상이다.

해설 인버터의 절연저항 측정

(1) 입력회로
① 태양전지회로를 접속함에서 분리한다.
② 분전반 내의 분기회로 개폐기를 개방한다.
③ 직류 측의 모든 입력단자 및 교류 측의 모든 출력 단자를 각각 단락한다.
④ 직류단자와 대지간의 절연저항 측정한다.
 (각각의 스트링별 한가닥씩, 단락용 악어클립을 사용하여 측정)

(2) 출력회로
① 태양전지 회로를 접속함에서 분리한다.

정답 52. ③ 53. ② 54. ② 55. ②

② 분전반 내의 분기차단기를 개방한다.
③ 직류 측의 모든 입력단자 및 교류 측의 모든 출력 단자를 각각 단락한다.
④ 교류단자와 대지간의 절연저항을 측정한다.
(각각의 교류선을 한가닥씩, 단락용 개폐기를 사용하여 측정)
(3) 기타 주의사항
① 정격전압이 입출력과 다를 때는 높은 측의 전압을 절연저항계의 선택기준으로 한다.
② 입출력 단자에 주회로 이외의 제어단자 등이 있는 경우는 이것을 포함해서 측정한다.
③ 서지업서버 등의 정격에 약한 회로들은 회로에서 분리하여 측정한다.
④ 절연변압기가 별도로 설치된 경우에는 이를 포함하여 측정한다.
⑤ 절연변압기를 장착하지 않은 인버터는 제조사 추천 방식으로 측정한다.

15.4.67 / 15.4.78 / 16.2.68 / 16.4.72 / 17.1.61 / 18.4.66 / 19.2.65 / 19.2.79 / 20.2.61 / 20.3. 77

56 전원의 재투입 시 안전조치로 틀린 것은?

① 유자격자가 시험 및 육안 검사를 실시한다.
② 차단장치나 단로기 등에 잠금장치 및 꼬리표를 부착한다.
③ 전기기기 등에서 모든 작업자가 완전히 철수했는지를 직접 확인한다.
④ 유자격자는 필요한 경우, 회로 및 설비를 안전하게 가압할 수 있도록 모든 기구, 점퍼선, 단락선, 접지선 및 기타 철거하여야 할 모든 장치들이 제대로 철거되었는지를 확인하여야 한다.

해설 정전작업

1) 정전작업 전 조치사항
① 전원차단후 각 단로기 등을 개방하고 확인할 것
② 차단장치나 단로기 등에 잠금(시건)장치 및 꼬리표를 부착할 것
③ 전기기기 등에 공급되는 모든 전원을 관련 배선도, 도면 등을 통해 확인할 것

④ 검전기를 이용하여 작업 대상 기기가 충전되었는지 확인 할 것(잔류전하 방전)

잠금(시건)장치   꼬리표(사용금지)

2) 정전작업 중 조치사항
① 작업지휘자에 의한 작업지휘
② 개폐기 관리(전원 재투입 방지, 잠금장치 및 꼬리표 부착 관리)
③ 근접 활선에 대한 방호상태 관리
④ 단락접지의 상태관리

3) 정전작업 후 조치사항
① 작업기기, 단락접지기구(접지선)를 제거하고 전기기기 등이 안전하게 통전될 수 있는지 확인
② 모든 작업자가 작업이 완료된 전기기기 등에서 떨어져 있는지 확인할 것
③ 잠금장치 와 꼬리표는 설치한 근로자가 직접 철거할 것
④ 모든 이상유무를 확인한 후 전기기기 등의 전원을 투입할 것

17.2.72

57 도체의 저항, 두 점 사이의 전압 및 전류의 세기를 측정하는 검사장비는?

① 검전기   ② 멀티미터
③ 접지저항계   ④ 오실로스코프

해설 멀티미터

정답 56. ②   57. ②

여러 가지의 측정 기능을 결합한 전자 계측기이며, 전형적인 멀티미터는 전압, 전류, 전기저항을 측정하는 능력은 기본적으로 가지는 기능이며, 장치에 따라 기타 측정 기능이 추가되기도 한다.

17.2.53 / 18.1.62 / 18.2.64 / 20.2.68 / 20.3.78 / 21.1.76

58 태양광발전 접속함(KS C 8567 : 2019)에 따라 소형(3회로 이하) 접속함의 경우 실외에 설치시 보호등급(IP)으로 옳은 것은?

① IP25 이상 ② IP50 이상
③ IP54 이상 ④ IP55 이상

해설 태양광발전용 접속함의 구분

병렬 스트링 수에 의한 분류	설치장소에 의한 분류
소형(3회로 이하)	실내형: IP54 이상
	실외형: IP54 이상
중대형(4회로 이상)	실내형: IP20 이상
	실외형: IP54 이상

16.4.75 / 17.4.69 / 19.1.66

59 인버터에 'Solar Cell UV Fault'로 표시되었을 경우의 현상 설명으로 옳은 것은?

① 태양전지 전압이 규정치 이하일 때
② 태양전지 전력이 규정치 이하일 때
③ 태양전지 전류가 규정치 이하일 때
④ 태양전지 주파수가 규정치 이하일 때

해설 인버터의 표시 내용

① 인버터 출력전압 이상(Inverter Output Voltage Fault) : 인버터 전압 이상이 계측되는 경우
② 인버터 과전류(Inverter Over Current Fault) : 인버터 전류의 규정 값 이상
③ 인버터지락(Inverter Ground Fault) : 인버터에 누전발생
④ 인버터 과열(Inverter Over Temperature) : 인버터의 온도 이상

⑤ 인버터 MC 이상(Inverter M/C Fault) : 전자접촉기(MC) 이상
⑥ 계통-인버터 위상 이상(Line Inverter Async Fault) : 인버터와 전력계통의 위상이 비동기
⑦ 계통 과전압(Line Over Voltage Fault) : 계통 전압이 규정치 이상
⑧ 인버터 저전압(Solar Cell Under Voltage Fault) : 태양전지 전압이 규정치 이하일 때

19.4.67

60 태양광발전시스템 운전 특성의 측정 방법(KSC 8535:2005)에서 축전지의 측정항목으로 틀린 것은?

① 단자전압 ② 충전전류
③ 충전 전력량 ④ 역조류전류

해설 축전지의 측정항목
① 단자전압 ② 충전전류
③ 충전 전력량 ④ 방전전류
⑤ 방전 전력량

14.4.32 / 15.4.20 / 16.4.13 / 18.4.29

61 다음 조건과 같은 독립형 태양광발전용 축전지의 용량은 약 몇 Ah 인가?

- 1일 정격소비량 : 2.4kWh
- 보수율 : 0.8
- 일조가 없는 날 : 10일
- 방전심도 : 65%
- 축전지 공칭전압 : 2V/cell
- 축전지 개수 : 48개

① 390 ② 440
③ 481 ④ 560

해설 축전지 용량(C)

$$C = \frac{1일 \text{ 적산부하 전력량}(L_d) \times 일조가 없는 날(D)}{보수율(L) \times 공칭 축전지 전압 \times 축전지 개수 \times 방전심도(DOD)}$$

$$= \frac{2.4 \times 10^3 \times 10}{0.8 \times 2 \times 48 \times 0.65} \fallingdotseq 481 \ [Ah]$$

정답 58. ③ 59. ① 60. ④ 61. ③

62 태양복사에 대한 설명으로 틀린 것은?   17.4.10

① 매우 흐린 날 특히 겨울에는 태양복사는 거의 모두 산란복사 된다.
② 태양복사량의 평균값을 태양상수라고 하며 약 1367 W/m²이다.
③ 산란복사는 태양복사가 구름이나 대기 중의 먼지에 의해 반사되지 않고 확산된 성분이다.
④ 직달복사는 태양으로부터 지표면에 직접 도달되는 복사로 물체에 강한 그림자를 만드는 성분이다.

해설 산란복사(diffuse radiation)
① 태양복사가 지표면에 도달되기 전에 구름이나 대기 중의 먼지에 의해 반사되고 확산된 복사로서 그림자를 만들지 않는 복사성분이다
② 복사의 진행방향이 평행광처럼 일정하지 않고 모든 방향으로 향하고 있는 상태의 복사

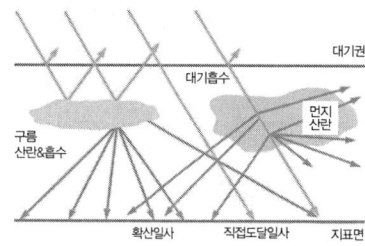

지표면에 도달하는 일사광선의 형태

63 전기사업법령에 따라 기초조사에 포함되어야 할 사항 중 경제·사회 분야의 세부항목으로 옳은 것은?

① 발전사업에 따른 지역경제 활성화 방안
② 발전설비 건설에 따른 환경오염 최소화 방안
③ 발전설비에 대한 환경 규제 및 기준에 관한 사항
④ 발전사업에 따른 인구 전출 유발 효과에 관한 사항

해설 기초조사에 포함되어야 할 사항
1) 환경 분야
① 발전설비에 대한 환경 규제 및 기준에 관한 사항
② 발전설비가 대기·수질 및 토지 등의 환경과 주변지역에 미치는 영향에 관한 분석 및 대책
③ 발전설비 건설에 따른 환경오염 최소화 방안
④ 발전설비 운영에 따른 오염물질 배출량에 관한 분석 및 오염물질 배출 저감을 위한 설비 구축 방안

2) 경제·사회 분야
① 발전사업에 따른 지역경제 활성화 방안
② 발전사업에 따른 인구 유입 및 고용 유발 효과에 관한 사항

64 태양광발전시스템 설치장소 선정 시 고려사항과 관계가 없는 것은?   17.2.14

① 도로 접근성이 용이하여야 한다.
② 일사량 및 일조시간을 고려해야 한다.
③ 설치장소의 고도 및 기압을 고려해야 한다.
④ 전력계통 연계조건이 어떠한지 살펴야 한다.

해설 태양광발전소 입지조건
① 일사량 / 일조시간
② 지형과 토지 (정남향, 경사도, 진입도로)
③ 3상 선로 인접 여부 (한전 분산형전원의 여유용량)
④ 허가 가능지역 여부
⑤ 주변 민원발생

65 신에너지 및 재생에너지 개발·이용·보급 촉진법령에 따른 신·재생에너지 공급의무자의 2021년도 의무공급량의 비율(%)은?

① 5   ② 6
③ 7   ④ 9

해설 연도별 의무공급량의 비율

해당 연도	비율[%]
2012년	2.0
2013년	2.5
2014년	3.0
2015년	3.0
2016년	3.5

정답 62. ③ 63. ① 64. ③ 65. ④

해당 연도	비율[%]
2017년	4.0
2018년	5.0
2019년	6.0
2020년	7.0
2021년	9.0
2022년	12.5
2023년	13.0
2024년	13.5
2025년	14.0
2026년	15.0
2027년	17.0
2028년	19.0
2029년	22.5
2030년 이후	25.0

66 얕은 기초의 침하량에 대한 설명으로 틀린 것은?

① 얕은 기초의 침하는 즉시침하, 일차압밀침하, 이차압밀침하를 합한 것을 말한다.
② 이차압밀침하는 즉시침하 완료 후의 시간-침하관계 곡선의 기울기를 적용하여 계산한다.
③ 일차압밀침하량은 지반의 압축특성, 유효응력변화, 지반의 투수성, 경계조건 등을 고려하여 계산한다.
④ 기초하중에 의해 발생된 지중응력의 증가량이 초기응력에 비해 상대적으로 작지 않은 영향 깊이 내 지반을 대상으로 침하를 계산한다.

해설 **2차 압밀침하량**
① 1차 압밀침하 완료후 발생하는 2차 압밀침하는 log(시간)-침하량 관계에서는 직선적으로 나타나며, 유기질 함유량이 많고, 점토층이 두터울수록 증가한다.
② 2차 압밀침하는 유효응력비, 하중 증가비, 온도, 시간 등에 영향을 받으며, 1차 압밀 종료시점의 점성토층 두께, 1차 압밀시간, 2차 압밀시간 등을 이용하여 계산하다.

16.4.47

67 전력시설물 공사감리업무 수행지침에 따라 부분중지를 지시할 수 있는 사유가 아닌 것은?

① 동일 공정에 있어 2회 이상 시정지시가 이행되지 않을 때
② 동일 공정에 있어 2회 이상 경고가 있었음에도 이행되지 않을 때
③ 안전시공상 중대한 위험이 예상되어 물적, 인적 중대한 피해가 예견될 때
④ 재시공 지시가 이행되지 않는 상태에서 다음 단계의 공정이 진행됨으로써 하자발생이 될 수 있다고 판단될 때

해설 **부분중지의 적용한계**
① 재시공 지시가 이행되지 않는 상태에서는 다음 단계의 공정이 진행됨으로써 하자발생이 될 수 있다고 판단될 때
② 안전시공상 중대한 위험이 예상되어 물적, 인적 중대한 피해가 예견될 때
③ 동일 공정에 있어 3회 이상 시정지시가 이행되지 않을 때
④ 동일 공정에 있어 2회 이상 경고가 있었음에도 이행되지 않을 때

17.2.57

68 전력기술관리법령에 따른 감리원의 업무범위가 아닌 것은?

① 현장 조사·분석
② 공사 단계별 기성 확인
③ 입찰참가자 자격심사 기준 작성
④ 현장 시공상태의 평가 및 기술지도

해설 **감리원의 업무 범위**
① 공사계획의 검토
② 공정표의 검토
③ 발주자·공사업자 및 제조자가 작성한 시공설계도서의 검토·확인
④ 공사가 설계도서의 내용에 적합하게 시행되고 있는지에 대한 확인

정답 66. ② 67. ① 68. ③

⑤ 전력시설물의 규격에 관한 검토·확인
⑥ 사용자재의 규격 및 적합성에 관한 검토·확인
⑦ 전력시설물의 자재 등에 대한 시험성과에 대한 검토·확인
⑧ 재해예방대책 및 안전관리의 확인
⑨ 설계 변경에 관한 사항의 검토·확인
⑩ 공사 진행 부분에 대한 조사 및 검사
⑪ 준공도서의 검토 및 준공검사
⑫ 하도급의 타당성 검토
⑬ 설계도서와 시공도면의 내용이 현장 조건에 적합한지 여부와 시공 가능성 등에 관한 사전 검토
⑭ 그밖에 공사의 질을 높이기 위하여 필요한 사항으로서 산업통상자원부령으로 정하는 사항

69 한국전기설비규정에 따른 전기울타리의 시설기준에 대한 설명으로 틀린 것은?

① 전기울타리는 사람이 쉽게 출입하지 아니하는 곳에 시설할 것
② 전선과 이를 지지하는 기둥 사이의 이격거리는 25mm 이상일 것
③ 전선은 인장강도 1.38kN 이상의 것 또는 지름 2mm 이상의 경동선일 것
④ 전선과 다른 시설물(가공전선은 제외) 또는 수목 사이의 이격거리는 50cm 이상일 것

해설 전기울타리의 시설
① 전기울타리는 사람이 쉽게 출입하지 아니하는 곳에 시설할 것.
② 전선은 인장강도 1.38kN 이상의 것 또는 지름 2mm 이상의 경동선일 것.
③ 전선과 이를 지지하는 기둥 사이의 이격거리는 25mm 이상일 것.
④ 전선과 다른 시설물(가공전선을 제외한다) 또는 수목과의 이격거리는 0.3m 이상일 것.
⑤ ①~④까지 이외의 전기울타리의 설치와 결선에 대한 지침은 KS C IEC 60335-2-76(전기울타리의 개별 요구사항)를 따를 것(다만, 전기 보안울타리와 관련한 사항은 적용하지 아니하다).

70 전기설비기술기준에 따라 저압전선로 중 절연 부분의 전선과 대지 사이 및 전선의 심선 상호 간의 절연저항은 사용전압에 대한 누설전류가 최대 공급전류의 얼마를 넘지 않도록 하여야 하는가?

① 1/1000 ② 1/2000 ③ 1/3000 ④ 1/4000

해설 전선로의 전선 및 절연성능(기술기준 제27조)
① 저압 가공전선(중성선 다중접지식에서 중성선으로 사용하는 전선을 제외한다) 또는 고압 가공전선은 감전의 우려가 없도록 사용전압에 따른 절연성능을 갖는 절연전선 또는 케이블을 사용하여야 한다. 다만 해협 횡단·하천 횡단·산악지 등 통상 예견되는 사용 형태로 보아 감전의 우려가 없는 경우에는 그렇지 않다.
② 지중전선(지중전선로의 전선)은 감전의 우려가 없도록 사용전압에 따른 절연성능을 갖는 케이블을 사용하여야 한다.
③ 저압전선로 중 절연 부분의 전선과 대지 사이 및 전선의 심선 상호 간의 절연저항은 사용전압에 대한 누설전류가 최대 공급전류의 1/2,000을 넘지 않도록 하여야한다.

71 한국전기설비규정에 따른 지중전선로에 사용하는 케이블의 시설 방법이 아닌 것은?

① 암거식   ② 관로식
③ 간접매설식   ④ 직접매설식

해설 지중전선로의 시설
1) 지중 전선로는 전선에 케이블을 사용하고 또한 관로식·암거식(暗渠式) 또는 직접 매설식에 의하여 시설한다.
2) 지중 전선로를 관로식 또는 암거식에 의하여 시설하는 경우
① 관로식에 의하여 시설하는 경우에는 매설 깊이를 1.0m 이상으로 하되, 매설 깊이가 충분하지 못한 장소에는 견고하고 차량 기타 중량물의 압력에 견디는 것을 사용할 것. 다만 중량물의 압력을 받을 우려가 없는 곳은 0.6m 이상으로 한다.
② 암거식에 의하여 시설하는 경우에는 견고하고 차량 기타 중량물의 압력에 견디는 것을 사용할 것

정답 69.④ 70.② 71.③

72 자연 상태의 토량 1000m³를 흐트러진 상태로 하면 토량은 몇 m³로 되는가? (단, 흐트러진 상태의 토량 변화율은 1.2, 다져진 상태의 토량 변화율은 0.9이다.)

① 833 ② 900
③ 1111 ④ 1200

해설 토량의 변화율(L)

$$L = \frac{흐트러진\ 상태의\ 토량}{자연상태의\ 토량}$$

∴ 흐트러진 상태의 토량 = 자연 상태의 토량 × L
= 1,000 × 1.2 = 1,200 [m³]

73 전력계통에 사용되는 제어반 내에 설치되는 지시계기의 오차계급에 대한 설명으로 틀린 것은?

① 위상계의 계급은 5.0급 이하로 한다.
② 역률계의 계급은 5.0급 이하로 한다.
③ 주파수계의 계급은 5.0급 이하로 한다.
④ 무효전력계의 계급은 5.0급 이하로 한다.

해설 주파수계는 0.5급 또는 1.0급

74 한국전기설비규정에 따라 라이팅덕트공사에 의한 저압 옥내배선의 시설기준으로 틀린 것은?

① 덕트는 조영재에 견고하게 붙일 것
② 덕트의 지지점 간의 거리는 2m 이하로 할 것
③ 덕트는 조영재를 관통하여 시설하지 아니할 것
④ 덕트의 개구부(開口部)는 위로 향하여 시설할 것

해설 라이팅덕트공사(시설조건)

① 덕트 상호 간 및 전선 상호 간은 견고하게 또한 전기적으로 완전히 접속할 것
② 덕트는 조영재에 견고하게 붙일 것
③ 덕트의 지지점 간의 거리는 2m 이하로 할 것
④ 덕트의 끝부분은 막을 것.
⑤ 덕트의 개구부(開口部)는 아래로 향하여 시설할 것. 다만, 사람이 쉽게 접촉할 우려가 없는 장소에서 덕트의 내부에 먼지가 늘어가지 아니하도록 시설하는 경우에 한하여 옆으로 향하여 시설할 수 있다.
⑥ 덕트는 조영재를 관통하여 시설하지 아니할 것.

75 차단기의 트립방식으로 틀린 것은?

① 저항 트립방식
② CT 트립방식
③ 콘덴서 트립방식
④ 부족전압 트립방식

해설 차단기 트립방식
① 직류 트립방식
② 콘덴서 트립방식
③ 정류회로 트립방식
④ 전류 트립방식(CT 트립방식)
④ 부족전압 트립방식

76 전기사업법령에 따라 태양광발전시스템 정기점검에 대한 설명으로 틀린 것은?

① 저압이고 용량 50킬로와트 초과 100킬로와트 이하의 경우는 매월 1회 이상 점검하여야 한다.
② 저압이고 용량 200킬로와트 초과 300킬로와트 이하의 경우는 매월 2회 이상 점검하여야 한다.
③ 고압이고 용량 500킬로와트 초과 600킬로와트 이하의 경우는 매월 3회 이상 점검하여야 한다.
④ 고압이고 용량 600킬로와트 초과 700킬로와트 이하의 경우는 매월 3회 이상 점검하여야 한다.

해설 전기설비 용량 300킬로와트미만의 경우에는 매월 1회 이상 점검한다.

정답 72. ④ 73. ③ 74. ④ 75. ① 76. ②

77 인버터의 정기점검 항목 중 육안점검 항목으로 틀린 것은?

16.4.64 / 17.1.69 / 19.1.80

① 통풍 확인
② 접지선의 손상
③ 운전 시 이상음
④ 투입저지 시한 타이머 동작시험

해설 인버터의 정기점검 항목(육안검사)
① 외함의 부식 및 파손
② 배선의 손상 및 접속단자 풀림
③ 운전시 이상음, 이취, 연기발생 및 이상과열
④ 환기팬 확인(통풍구, 환기필터 등)
⑤ 발전 상태의 정상적 표시여부
※ 투입저지 시한 타이머 동작시험 : 정기(측정)점검 사항

78 태양광발전시스템에서 작업 중 감전방지대책으로 틀린 것은?

15.2.45 / 16.2.42 / 17.2.55 / 18.4.50 / 19.4.63 / 20.3.65 / 21.1.68

① 절연 고무장갑을 착용한다.
② 절연 처리된 공구를 사용한다.
③ 강우 시에는 작업을 하지 않는다.
④ 작업 중 태양광발전 모듈 표면에 차광막을 벗긴다.

해설 안전 대책
① 작업전 태양전지 모듈 표면에 차광막을 씌워 태양광을 차폐한다.
② 절연 장갑을 사용한다.
③ 절연 처리된 공구를 사용한다.
④ 강우 시에는 감전사고와 미끄러짐으로 인한 추락사고로 이어질 우려가 있으므로 작업을 금지한다.
⑤ 중장비가 배전선로에 근접할 때에는 보호조치를 취한다.

79 태양광발전시스템에 계측기구 및 표시장치의 설치목적으로 틀린 것은?

13.4.71 / 15.4.77 / 16.4.67 / 17.1.67 / 17.4.61 / 19.2.63

① 시스템의 홍보
② 시스템의 운전상태를 감시
③ 시스템의 기기 또는 시스템 종합평가
④ 시스템에서 생산된 전력 판매량 파악

해설 계측기기, 표시장치의 설치목적
① 운전상태 감시
② 발전전력량 확인
③ 기기 및 시스템 종합평가
④ 운전상황을 견학자에게 보여주고, 시스템 홍보

80 배선기구의 정비에 관한 기술지침에 따라 플러그에 대한 설명으로 틀린 것은?

① 플러그의 절연부에 균열, 파손, 탈색 등의 결함이 있는 부품은 교체하여야 한다.
② 도체 소선은 과열을 방지하기 위해 묶음 헤드나사를 사용하는 경우, 납땜을 사용하여야 한다.
③ 절연체의 탈색이나 접촉면의 패임에 대해 육안점검을 하고, 다른 부분도 탈색이나 패인 곳이 있으면 점검하여야 한다.
④ 정기적으로 각 도체의 조립품을 단자까지 점검하되, 개별 도체 소선은 적절하게 수납되어야 하고, 단자 부위는 단단하게 조여야 한다.

해설 플러그
1) 코드 클램프와 변형 완화 피팅(Strain relief fitting)이 조여져 있는지와 코드 외부 덮개가 클램프 지역에 있는지 확인한다.
2) 플러그 표면의 비정상적인 과열은 느슨한 단자처리, 과부하, 높은 주위온도, 기기 오작동 등에 기인할 수 있다.
① 절연체의 탈색이나 접촉면의 패임에 대한 육안점검을 하고, 다른 부분도 탈색이나 패인 곳이 있으면 점검하여야 한다.
② 정기적으로 각 도체의 조립품을 단자까지 점검하되, 개별 도체 소선은 적절하게 수납되어야 하고, 단자 부위는 단단하게 조여야 한다.
③ 도체 소선은 과열을 방지하기 위해 묶음 헤드나사를 사용하는 경우, 납땜을 사용하지 않아야 한다.

정답 77. ④ 78. ④ 79. ④ 80. ②

2024 제4회 CBT 기출문제 복원

13.4.80 / 15.2.2 / 17.1.9 / 17.2.33 / 17.4.24 / 18.1.74 / 19.2.6 / 19.4.1

01 인버터 각 시스템 방식 중 PV 분전함이 없어도 되고, PV어레이 근처에 설치되는 인버터 연결방식은?

① 병렬 운전 방식
② 모듈 인버터 방식
③ 스트링 인버터 방식
④ 중앙 집중형 인버터 방식

해설 태양광발전시스템의 인버터 운영방식

1) 중앙 집중형 인버터방식

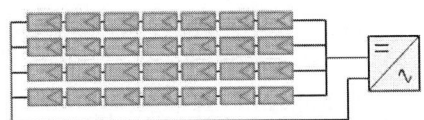

① 발전소 현장에 1대의 인버터만 설치함
② 모든 전선이 한 곳으로 오기 때문에 작업공정이 간단, 설치비가 적게 소요되며, 발전량 확인이 용이하다.
③ 단일형 인버터는 제품 이상발생 시 전체 발전소가 가동을 멈추기 때문에 발전 손실이 크다.

2) 분산형(스트링 포함) 인버터 방식

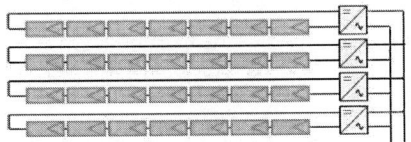

① 발전소 현장에 소형 인버터 여러 대를 설치함
② 특정 인버터가 고장이 나더라도 해당 인버터 부분에 서만 발전 손실이 일어나고 나머지 인버터는 정상 적으로 발전이 되기 때문에 발전 손실을 최소화할 수 있다.
③ 방향과 경사가 서로 다른 하부 어레이들로 구성된 시스템, 부분적으로 음영이 지는 시스템의 경우 분 산형 인버터 방식을 고려할 필요가 있다.

3) 주/종속시스템(Master-Slave System)

① 인버터 2~3대를 결합하여 회로를 구성한다.

② 발전을 시작하면 마스터 인버터만 구동되고, 마스터 인버터의 전력한계에 도달하면, 다음 슬래브 인버 터가 자동 연결되어 생산된 발전량에 대응한다.
③ 낮은 발전량에서도 대용량 인버터 한 대가 운영되는 방식보다는 효율이 높아진다.
④ Master와 Slave의 기능은 정기적(1~3개월)으로 교 대를 해주어, 균등운전이 되게 한다.

4) 모듈인버터(마이크로 인버터 : MIC, Module Integrated Central) 방식

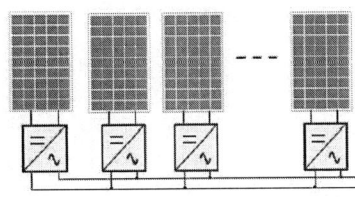

① 태양전지 모듈 1개에 인버터 1개를 부착하는 방식으 로 스트링 인버터의 작은 형태이다.
② 태양전지 1장에 대한 모니터링이 가능하여 유지보 수가 쉽다
③ 각 마이크로인버터(MIC; Module Integrated Converter)의 최대 효율은 낮지만, 태양전지 모듈에 대해 개별로 MPPT를 하므로, 전체 발전량에 있어서 는 스트링 인버터 이상의 발전효율을 가지고 있다.
④ 대용량 발전소보다는 소용량 발전소에서 효율이 높고, 태양전지 모듈 1장으로도 태양광발전을 할 수 있다.
⑤ 고장 난 인버터는 쉽게 교체 가능하며, 시스템 확장 이 쉽다.

15.2.7 / 16.2.3 / 19.1.19 / 19.4.12

02 연료전지의 특징에 대한 설명으로 적합하지 않 은 것은?

① 간헐성의 특징에 따른 축전지설비가 필요하 다.
② 등유, LNG, 메탄올 등 연료의 다양화가 가 능하다.
③ 발전소의 건설비용이 크며 수명과 신뢰성향 상을 위한 기술연구가 필요하다.
④ 다양한 발전 용량의 제작이 가능하다.

정답 1. ③ 2. ①

해설 연료전지의 특징

1) 장점
① 소음이 없어 도심 한가운데에서도 발전할 수 있어, 송배전 효율이 높다.
② 부산물로 물만 얻어지므로 친환경적이며, 전기효율 40~60[%] 이상(가동률 95[%] 이상)
③ 열병합발전 또는 냉난방열원 이용 가능하다.
④ 천연가스, 수소, 바이오가스, 매립지가스, 석탄가스 등 다양한 연료 사용이 가능하다.
⑤ 휴대용 전원, 발전용 전원, 우주선 전원, 연료 전지 자동차 등에 이용된다.

2) 단점
① 수소의 대량생산, 저장, 운송 등이 원활하지 못하다.
② 연료전지의 수명과 신뢰성을 높이는 기술연구가 필요하다.
③ 가격 경쟁력이 떨어진다.

※ 연료전지에는 축전지설비가 필요 없다.

03 연(납)축전지의 정격용량 100[Ah], 상시부하 8[kW], 표준전압 100[V]인 부동충전 방식 충전기의 2차 전류(충전전류)값은 몇 [A]인가? (단, 상시부하의 역률은 1로 한다.)

① 50 ② 60
③ 80 ④ 90

해설 2차(충전)전류 = $\dfrac{축전지\ 정격용량[Ah]}{10}$ + $\dfrac{상시\ 부하\ 용량[VA]}{표준전압[V]}$

= $\dfrac{100}{10} + \dfrac{8 \times 10^3}{100}$ = 90 [Ah]

04 축전지 설비의 설치기준에서 큐비클식과 이외의 변전설비, 발전설비 및 축전지 설비와의 거리는 몇 m 이상으로 하여야 하는가?

① 0.5 ② 1.0
③ 1.5 ④ 2.0

해설 큐비클식 축전지 설비의 이격 거리

이격거리를 확보해야 할 부분	이격 거리(m)
큐비클 이외의 발전설비와의 거리	1.0
큐비클 이외의 변전설비와의 거리	1.0
실외에 설치할 경우 건물과의 거리	2.0
전면 또는 조작면	1.0
점검면	0.6
환기면	0.2

15.2.19 / 17.1.15 / 19.2.14

05 STC조건에서 최대 전압이 45[V], 전압온도계수가 −0.2인 결정질 태양전지 모듈 10장이 직렬로 연결되어 있다. 외기 온도가 −25[℃]일 때 최대전압은 몇 [V]인가?

① 350 ② 450
③ 550 ④ 650

해설 직렬모듈 합성 최대전압

① STC 조건 25[℃], 외기온도 −25[℃]의 온도차
온도차 = 25[℃] − (−25[℃]) = 50[℃]
② 전압온도계수 적용 = 50 × 0.2 = 10
③ STC조건에서 최대 전압(V_{ST})
V_{ST} = 45 + 10 = 55[V]
④ 직렬모듈 합성 최대전압(V_{MT})
V_{MT} = 모듈 전압 × 직렬 모듈 수량 = 55 × 10
= 550 [V]

06 다음 중 평균 일조시간이 가장 긴 지역은?

① 대전 ② 인천
③ 서울 ④ 목포

해설 일조시간

태양광선이 구름이나 안개 등에 의해서 차단되지 않고 지표면을 비춘 시간을 말하며, 동일한 지역이라도 일조시간은 매년변화가 있다.
아래의 일평균 값은 기상청자료 10년간의 평균값, 문제의 답과는 차이가 있으나, 차후 다시 출제될 수 있는 문제는 아니다.

정답 3. ④ 4. ② 5. ③ 6. ②

07 250[W]의 PV 모듈을 사용하고 모듈의 온도에 따라 전압변동 범위가 30~50[V]일 때 모듈을 직렬연결 할 때 최대설치 가능 개수는? (단, 인버터(PCS)의 동작전압이 400~720[V], 설치간격, 기타 손실 및 조건은 무시한다)

① 13
② 14
③ 15
④ 16

해설 직렬 모듈수$(S_n) = \dfrac{\text{인버터 최대 동작전압}}{\text{모듈 최대 전압 변동}} = \dfrac{720}{50}$
≈ 14.4 (장)

15.2.30 / 15.2.39 / 16.4.36 / 17.4.36 / 18.4.22

08 22.9[kV] 연계형 태양광 발전사업자를 위한 인허가 및 신고사항에 대한 설명으로 틀린 것은?

① 송·배전전선로 이용 신청은 한국전력공사
② 발전용량이 50000[kW] 이상인 경우 환경영향평가의 대상으로 지자체 허가 신청
③ 공사계획 인가 및 신고는 10000[kW] 이상 산업통상자원부인가, 10000[kW] 미만은 각 지자체에 신고
④ 발전사업 허가신청은 3000[kW] 초과설비는 산업통상자원부 및 제주도청, 3000[kW] 이하는 각 지자체

해설 환경영향평가 대상사업의 종류 및 범위(에너지 개발사업)
① 발전시설용량이 10,000[kW] 이상인 발전소 (다만, 태양력·풍력 또는 연료전지 발전소의 경우에는 발전시설용량이 100,000[kW] 이상인 것)
② 345[kV] 이상의 지상송전선로로서 선로길이(공사계획에 지중화구간이 포함된 경우 그 길이를 포함한다)가 10[km] 이상인 것
③ 765[kV] 이상의 옥외변전소

17.1.39 / 18.2.11 / 19.4.16

09 축전지의 방전심도에 관한 설명으로 틀린 것은?

① 축전의 잔존용량으로도 표현한다.
② 방전심도는 실제 방전 량과 축전지의 정격 용량의 비로 나타낸다.
③ 방전심도를 낮게 설정하면 전지수명이 짧아진다.
④ 방전심도를 높게 설정하면 전지 이용률은 높아진다.

해설 방전심도(DOD)와 수명관계

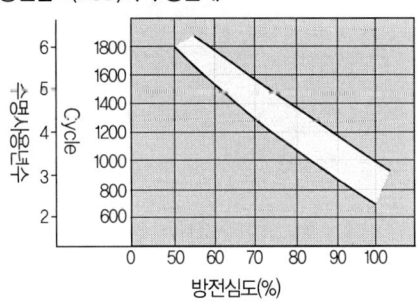

① 방전심도(DOD)는 축전지 잔존용량의 표시
② 방전 심도 = $\dfrac{\text{실제 방전량}}{\text{축전지의 정격용량}} \times 100$ [%]
③ 방전심도가 50[%]인 경우 만나는 곡선에서 1800사이클, 100[%]의 경우 700사이클 이며, 연간 250사이클을 기준해 보면 1800사이클(7년 1개월), 700사이클(2년 9개월)의 수명임을 알 수 있다.
④ 방전심도를 낮게 설정하면 축전지 수명은 길어지고, 잔존 용량은 증가한다.

14.4.33 / 15.2.36 / 18.1.34 / 18.4.25 / 19.2.25 / 19.4.23

10 모니터링시스템 주요 구성 요소가 아닌 것은?

① 발전소 내 감시용 CCTV
② LOCAL 및 Web Monitoring
③ 기상관측 장치
④ LBS

해설 태양광발전 모니터링 시스템(solar power monitoring system)
태양광발전시스템이 설치된 지역의 현 상태를 모니터링(발전현황, 감시, 진단, 분석 등)하여 유지 관리를 위해 모니터링 시스템을 설치한다.
① 태양광발전 모듈 계측 메인장치(SCS)
② 전력변환장치 감시제어 장치(AIS)
③ 자동 기상관측 장치(AWS)
④ 발전소 내 감시용 CCTV
⑤ LOCAL 및 Web Monitoring

정답 7.② 8.② 9.③ 10.④

※ 부하개폐기(Load Break Switch)
수변전설비의 인입구개폐기로 많이 사용되는 것으로, 정상상태의 부하전류를 개폐하며 이상 시(과부하, 단락 등)의 보호기능은 없다.

13.4.55 / 14.4.22 / 15.2.41 / 16.4.59 / 17.1.57 / 17.2.56 / 18.2.58 / 18.4.53

11 태양광발전시스템 구조물의 종류가 아닌 것은?
① 고정식 ② 단축식
③ 양축식 ④ 일자식

해설 태양광발전시스템 구조물의 종류

1) 고정식
① 한번 설치하면 경사각 및 방위각 수정이 불가능하기 때문에 정남향 방향으로, 경사각을 두어 고정하는 방식
② 각도 변경이 필요 없어, 유지관리비가 저렴하다.
③ 바람이 강한 지역에 안전한 구조이나, 다른 구조물에 비해서는 발전량이 다소 적다.

고정식   가변식

2) 가변식
① 계절에 따른 태양의 고도각에 대응하기 위해 어레이의 경사각을 수동으로 조절해서 전력량이 최대가 되게 하는 방식
② 모듈의 수평면의 각도를 태양광의 고도와 직각으로 최대한 맞춰 전력량을 증대 시킨다.
③ 계절별 구조물의 각도 변경을 위한 인력이 필요하다.

3) 단축(1축) 추적식
① 어레이는 대지와 수평을 이루며, 남쪽으로의 경사각은 없다.
② 태양의 이동에 따라 해가 뜨는 동쪽에서 해가 지는 서쪽방향으로 추적하는 방식이다.

③ 고정식 · 가변식보다는 효율이 높고, 양축식보다는 효율이 낮다.
④ 구동장치가 필요하며, 운영 및 유지관리 비용이 소요된다.

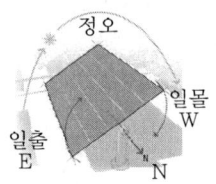 

단축(1축) 추적식

양축(2축) 추적식

4) 양축(2축) 추적식
① 태양의 동서방향을 추적하는 단축 추적식에 추가로 태양의 경사각(계절의 변화)까지 추적하는 방식
② 가장 효과적으로 많은 발전량을 생산할 수 있다.
③ 모듈간 음영발생을 방지하기 위해서는 이격 거리가 많이 필요하다.
④ 양축(2개의 구동장치)을 구동하기 위한 전력이 필요하고, 고장 발생에 따른 유지비용이 소요된다.

※ 발전량 생산 순서
양축 추적식 〉단축 추적식 〉가변(반고정형)식 〉고정식

13.4.99 / 15.2.46 / 15.4.84 / 17.2.89 / 17.4.86 / 19.4.99

12 태양전지 전지판 연결공사에 대한 설명으로 틀린 것은?
① 전선의 연결부위는 전선관 내에서 연결하여야 한다.
② 전선관은 전기적, 기계적으로 확실히 접속한다.
③ 태양광 모듈 결선 시 Junction Box Hole에 맞는 방수 콘넥터를 사용한다.
④ 태양전지에서 옥내에 이르는 배선은 모듈전용선, F-CV선, TFR-CV선 등을 사용한다.

정답 11. ④ 12. ①

해설 **전선의 접속법**
① 전선을 접속하는 경우에는 전선의 전기저항을 증가시키지 않도록 접속하여야 한다.
② 나전신 심호 또는 나전선과 절연전선을 접속할 경우에는 전선의 세기(인장하중)를 20[%]이상 감소시키지 아니할 것
③ 접속부분은 접속관 기타의 기구를 사용 할 것.
※ 전선관 안에는 접속점이 없도록 할 것

15.2.49 / 17.4.42
13 태양광발전시스템의 배선공사에 사용되는 케이블 중 내연성이 가장 좋은 케이블은?
① ACSR강심 알루미늄 연선)
② VV비닐절연 비닐시스 케이블)
③ CV가교 폴리에틸렌 절연비닐 시스케이블)
④ PNCT(에틸렌 프로필렌 고무절연 클로로플렌시스 캡타이어 케이블)

해설 **PNCT**

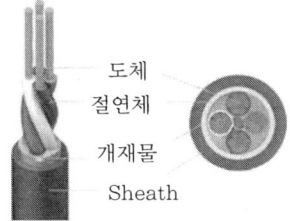

① 캡타이어 케이블은 강한 시스를 가진 케이블의 총칭이다.
② 광산, 농장, 건설공장 현장 등에서 저압 이동용 전기기기의 배선에 사용되는 전선으로서, 탄력성이 양호한 클로로프렌 고무로 피복되어 충격, 마찰, 굴곡 등의 기계적 내성이 높고 내수, 내열, 내산 및 내알칼리성 등의 화학적 내성이 강하다.

14 가대설계 시 적용하는 하중으로 가장 거리가 먼 것은?
① 적설 하중   ② 우천 하중
③ 지진 하중   ④ 풍압 하중

해설 **중요 하중**
① 풍압하중 : 가장 중시해야 할 하중이며, 풍력계수, 설계용 속도압 및 수평면적에 의해 산출
② 고정하중 : 가대 본체의 자중과 가대에 설치하는 태양전지 모듈의 적재하중 및 어레이 구성에 필요한 배설자재 등의 중량을 가산한 것으로서 지속적으로 적용되는 하중
③ 적설하중 : 모듈면의 적설에 따른 하중, 특히 다설지역(적설 1[m] 이상)에서는 주의가 필요하다.
④ 지진하중 : 풍압하중보다는 작지만, 가로등용 등 중심이 높은 가대나 방재용에 사용하는 경우는 주의가 필요하다.

15.2.58 / 19.1.52
15 케이블 단말 처리 중 시공 시 테이프 폭이 3/4로부터 2/3 정도로 중첩해 감아 놓으면 시간이 지남에 따라 융착하여 일체화하는 절연테이프 종류는?
① 자기융착 절연테이프
② 비닐 절연테이프
③ 보호 테이프
④ 노튼 테이프

해설 **자기융착 절연테이프**

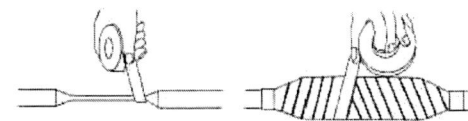

① 시공 시 테이프 폭이 3/4에서 2/3정도로 중첩해 감아놓으면 시간이 지남에 따라 융착하여 일체화된다.
② 부틸고무제와 폴리에틸렌 부틸고무가 합성된 제품이 있지만 저압의 경우 부틸고무 제는 일반적으로 사용하지 않는다.

16 인버터의 제어특성을 점검하기 위한 측정 및 시험방법으로 적당하지 않은 것은?
① 입출력 측정   ② 과/저전압 측정
③ AC 회로시험   ④ 육안검사

정답 13. ④ 14. ② 15. ① 16. ④

[해설] 인버터의 점검 종류

1) 육안검사
   ① 외함의 부식 및 파손
   ② 외부 배선 및 접속단자
   ③ 접지선 손상 및 접속단자
   ④ 환기
   ⑤ 표시부 동작상태 등

2) 측정
   ① 절연저항 측정
   ② 입출력 측정
   ③ 과/저전압 측정
   ④ AC 회로시험

14.4.63 / 15.2.64 / 16.4.10 / 19.2.12

17 다결정실리콘 태양광모듈을 이용하여 사막과 같은 고온 환경에서 작동시킬 때, 단결정실리콘 대비 차이점에 대한 설명으로 가장 옳지 않은 것은?

① 상대적으로 온도계수가 작아 출력이 크다.
② 기판의 이동도가 떨어져 동일용량 설계시보다 큰 면적을 필요로 한다.
③ 기판의 결정 구조에 따라 디자인 측면에서 건축물에 적용이 우수하다.
④ 물질의 고유특성인 에너지 갭이 작아 온도에 대한 특성은 우수하다.

[해설] 단결정, 다결정실리콘 태양광모듈 특성

1) 모듈의 열적 특성(온도계수)
   모듈 온도의 상승은 발전량 저하에 직접적인 영향을 미치는데, 태양전지의 온도계수가 높을 경우 온도상승에 의한 발전량 감소가 크게 나타난다.
   ① 단결정 실리콘 태양전지

Rating	단위	값
단락전류	%/℃	+0.04
개방전압	%/℃	−0.32
최대출력	%/℃	−0.43

   ② 다결정 실리콘 태양전지

Rating	단위	값
단락전류	%/℃	+0.05
개방전압	%/℃	−0.44
최대출력	%/℃	−0.31

2) 단결정 실리콘의 에너지 갭은 1.1[eV], 다결정의 에너지 갭이 크다.
※ 다결정실리콘 태양광모듈은 물질의 고유특성인 에너지 갭이 크고 온도에 대한 특성이 우수하다.

13.4.69 / 15.2.68

18 독립형 태양광발전 시스템의 구성장치가 아닌 것은?

① 충 · 방전제어기
② 단독운전방지시스템
③ 축전지 또는 축전지뱅크
④ 인버터

[해설] 독립형 태양광발전시스템

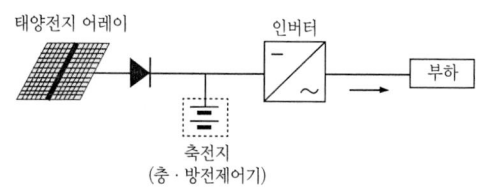

① 외딴 섬과 같이 전기가 들어오지 않는 지역에서, 상용전력계통과 직접 연결되지 않고 분리된 발전방식으로, 태양광발전시스템의 발전 전력만으로 부하에 전력을 공급한다.
② 야간 혹은 우천 시, 태양광발전시스템의 발전이 불가할 때는 발전된 전력을 저장할 수 있는 축전장치를 접속하여 태양광 전력을 저장하여 사용하는 방식

※ 단독운전방지시스템은 계통연계형 태양광발전시스템에 필요하다.

19 태양광(PV) 모듈의 적층판 파괴를 발견하기 위한 방법으로 적당한 것은?

① 다기능 측정　② 입출력 측정
③ 절연저항 측정　④ 과/저전압 측정

해설　모듈의 적층판(laminate, 테두리가 없는 모듈) 점검
다기능측정은 전력의 측정, 분석, 파형측정 및 케이블 테스터 기능을 일체화한 정확한 측정

20 사업용 태양광 발전설비 정기검사 항목 중 전력변환장치 검사내용이 아닌 것은?

① 외관검사
② 접지저항 측정
③ 단독운전 방지 시험
④ 제어회로 및 경보장치 시험

해설　사업용 태양광 발전설비 전력변환장치의 정기검사 항목
1) 일반규격
　① 규격확인
　② 외관검사
　③ 절연저항
　④ 제어회로 및 경보장치
　⑤ 단독운전 방지시험
　⑥ 인버터 운전시험

2) 보호장치 : 보호장치시험

3) 축전지
　① 시설상태 확인
　② 전해액 확인
　③ 환기시설 상태

21 태양전지의 전기적 특성에 대한 설명이 아닌 것은?

① 출력전압은 절대적으로 입사광 세기에 비례한다.
② 태양전지의 출력전압은 온도에 따라 영향을 받는다.
③ 최대 밝기의 1/5정도 되는 흐린 날에도 전압이 나온다.
④ 태양전지의 출력전류는 입사되는 빛의 세기에 비례한다.

해설　태양광 모듈의 출력은 일사량과 온도에 의해 영향을 받는다. 일사량이 강할수록 전류의 증가로 인해 출력 전력이 증가하고 이때 전압은 일조 강도의 변화에 영향이 적다.

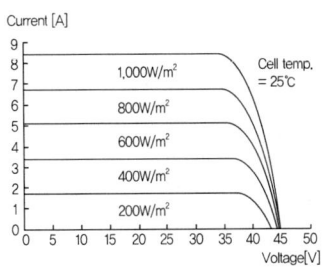

태양광 모듈의 일사량에 따른 출력 전압과 전류 값(온도 25[℃] 기준)

22 태양전지 모듈 내에 포함되지 않는 것은?

① 충전재　② 태양전지 셀
③ 프론트 커버　④ 역류방지소자

해설　모듈의 구조

※ 역류방지 다이오드(Blocking Diode)

역류방지다이오드 커넥터

정답　19. ①　20. ②　21. ①　22. ④

① 태양전지 모듈에 다른 태양전지 회로나 축전지에서 전류가 역류하는 것을 방지하기 위하여 어레이의 끝에 직렬로 삽입한다.
② 보통 접속함이나, 모듈의 커넥터에 설치한다.

23 25[W]의 전구 2개를 하루에 5시간 사용하고, 65[W]의 팬을 하루에 7시간 사용한다고 할 때, 24시간 동안의 총 전력량은?

① 455[Wh/day]   ② 580[Wh/day]
③ 705[Wh/day]   ④ 880[Wh/day]

해설 전력량(W)

W = VIt = Pt = [(25 × 2) ×5] + (65 × 7) = 705 [Wh/day]

24 태양광발전시스템 설치장소 선정 시 고려사항으로 가장 거리가 먼 것은?

① 도로 접근성이 용이하여야 한다.
② 일사량 및 일조시간을 고려해야 한다.
③ 전력계통 연계조건이 어떠한지 살펴야 한다.
④ 설치장소의 고도 및 기압을 측정하여야 한다.

해설 태양광발전소 입지조건
① 일사량 / 일조시간
② 지형과 토지
  (정남향, 경사도, 진입도로)
③ 3상 선로 인접 여부
  (한전 분산형전원의 여유용량)
④ 허가 가능지역 여부
⑤ 주변 민원발생

25 태양열발전시스템의 주요 구성요소가 아닌 것은?

① 인버터   ② 축열조
③ 집열기   ④ 열교환기

해설 태양열시스템의 구성
① 집열부 : 태양으로부터 에너지를 모아서 열로 변환하는 장치
② 축열부 : 모아진 열을 저장했다가 필요시 사용하기 위한 저장 탱크
③ 이용부 : 태양열 축열조에 저장된 태양열을 효과적으로 공급하고 사용량 부족시 보조열원(보일러 등)에 의해 공급
④ 제어장치 : 태양열을 효과적으로 집열, 축열, 공급하기 위한 조정장치

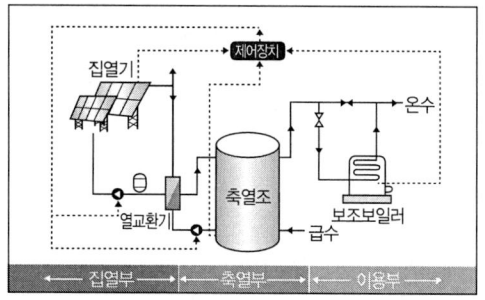

26 태양광발전시스템의 기초설계단계에서 설계자의 업무가 아닌 것은?

① 자금조달   ② 토목설계
③ 전기설계   ④ 구조물설계

해설 태양광발전시스템의 설계절차

(1) 기획업무
발전소의 규모검토, 현장조사, 설계지침 등 발주에 필요하여 발주자(발전사업자)가 사전에 요구하는 설계업무

(2) 계획(기초)설계
발주자로부터 제공된 자료와 기획업무 내용을 참작하여 발전소의 규모, 예산 등의 측면에서 설계목표를 정하고 그에 대한 가능한 계획을 제시하며, 발전소(전기, 구조물, 토목 등)의 기본시스템이 검토된 계획안을 발주자에게 제안 승인 받는 단계

(3) 기본설계
계획설계 내용을 구체화하여 발전된 안을 정하고, 실시설계단계에서의 변경 가능성을 최소화하기 위해 다각

적인 검토가 이루어지는 단계로서, 시스템 확정에 따른 각종 자재, 장비의 규모, 용량이 구체화된 설계도서를 작성하여 발주자로부터 승인을 받는 단계이다.

(4) 실시설계
기본설계를 바탕으로 하여 입찰, 계약 및 공사에 필요한 설계도서를 작성하는 단계로서, 시공중 조정에 대해서는 사후설계관리업무 단계에서 수행방법 등을 명시한다.

(5) 사후설계관리업무
설계가 완료된 후 공사시공 과정에서 설계자의 설계의도가 충분히 반영되도록 설계도서의 해석, 자문, 현장여건 변화 및 업체선정에 따른 자재와 장비 등의 선정 및 변경에 대한 검토·보완 등을 위하여 수행하는 설계업무를 말한다.

※ 자금조달은 발주자의 업무

13.4.24 / 15.2.73 / 15.4.55 / 16.2.38 / 16.2.79 / 17.2.24 / 17.4.29 / 19.4.25

27 3000[kW] 이하의 태양광 발전소 전기사업 허가 시 필요한 서류가 아닌 것은?

① 송전관련 일람도   ② 신용평가 의견서
③ 발전원가 명세서   ④ 전기사업허가신청서

[해설] 발전사업 신청에 필요한 서류(200[kW]초과 3000[kW] 이하인 경우)
① 전기사업 허가신청서
② 사업계획서
㉠ 기술능력 관련(전기설비 건설 및 운영 계획 관련 증명서류)
㉡ 계획에 따른 수행 가능 여부 관련(송전관계 일람도)
㉢ 발전원가명세서(발전사업 또는 구역전기사업의 허가를 신청하는 경우만 해당한다)
③ 정관, 대차대조표 및 손익계산서(신청자가 법인인 경우만 해당하며, 설립 중인 법인의 경우에는 정관만 제출한다)
④ 신청자(발전설비용량 3천킬로와트 이하인 신청자는 제외한다)의 주주명부. 이 경우 신청자가 재무능력

을 평가할 수 없는 신설법인인 경우에는 신청자의 최대주주를 신청자로 본다.

16.2.23 / 17.2.30 / 19.1.33 / 19.2.24 / 19.4.37

28 일조율을 나타낸 식으로 옳은 것은?

① 일조율 = $\dfrac{일조시간}{가조시간} \times 100[\%]$

② 일조율 = $\dfrac{가조시간}{일조시간} \times 100[\%]$

③ 일조율 = $\dfrac{법선면일조시간}{수평면일조시간} \times 100[\%]$

④ 일조율 = $\dfrac{수평면일조시간}{법선면일조시간} \times 100[\%]$

[해설] 일조시간과 가조시간
1) 일조시간(Duration of Sunshine)
① 태양광선이 구름이나 안개 등에 의해서 차단되지 않고 지표면을 비춘 시간
② 일조율 = $\dfrac{일조시간}{가조시간} \times 100$ [%]

2) 가조시간(Possible Duration of Sunshine)
① 해가 뜬 다음부터 다시 질 때까지 태양에서 오는 직사광선
② 일조(日照)를 기대할 수 있는 시간을 말하며 산, 구름, 안개나 건조물에 의해 바뀔 수 있다.
③ 산, 구름, 안개 등 장애물이 없다고 가정했을 때의 일조시간은 가조시간과 동일하다.

14.4.39 / 17.2.34

29 단독운전 방지기능이 없는 10[kW] 태양광발전시스템에 380V, 60[Hz]의 계통전원에 연결되어 운전될 경우, 태양광발전시스템의 출력이 10[kW], 부하가 유효전력 10[kW], 지상무효전력이 +9.5[kVar], 진상무효전력이 −10[kVar]일 때 단독운전이 일어날 경우 예상되는 주파수는 약 얼마인가?

① 58.48[Hz]   ② 59.32[Hz]
③ 60.00[Hz]   ④ 61.38[Hz]

정답 27. ② 28. ① 29. ①

해설 1) 지상무효전력 P_{r1}

① $P_{r1} = \dfrac{V^2}{X_L} = \dfrac{V^2}{wL} = \dfrac{V^2}{2\pi fL}$

② $L = \dfrac{V^2}{2\pi f \cdot P_{r1}} = \dfrac{380^2}{2\pi \times 60 \times 9,500} \fallingdotseq 0.0403[H]$

2) 진상무효전력 P_{r2}

① $P_{r2} = \dfrac{V^2}{X_C} = \dfrac{V^2}{\frac{1}{wC}} = \dfrac{V^2}{\frac{1}{2\pi fC}}$

② $C = \dfrac{P_{r2}}{2\pi \times f \times V^2} = \dfrac{10,000}{2\pi \times 60 \times 380^2} = 0.0001837[F]$

3) 예상되는 주파수 f_0

$f_0 = \dfrac{1}{2\pi\sqrt{LC}} = \dfrac{1}{2\pi \times \sqrt{0.0403 \times 0.0001837}} \fallingdotseq 58.49[Hz]$

17.1.37 / 17.2.37 / 19.1.24

30 태양광발전사업을 위한 부지를 선정하고자 한다. 개발행위허가 기준에 따른 개발행위의 규모가 아닌 것은?

① 농림지역 30000$[m^2]$ 미만
② 도시 주거지역 10000$[m^2]$ 미만
③ 도시 공업지역 30000$[m^2]$ 미만
④ 자연환경보전지역 7000$[m^2]$ 미만

해설 개발행위허가의 규모

① 도시지역
  ㉠ 주거지역·상업지역·자연녹지지역·생산녹지지역 : 10,000$[m^2]$ 미만
  ㉡ 공업지역 : 30,000$[m^2]$ 미만
  ㉢ 보전녹지지역 : 5,000$[m^2]$ 미만
② 관리지역 : 30,000$[m^2]$ 미만
③ 농림지역 : 30,000$[m^2]$ 미만
④ 자연환경보전지역 : 5,000$[m^2]$ 미만

14.4.93 / 15.2.76 / 15.4.98 / 16.4.97 / 17.1.92 / 17.2.42 / 17.4.57

31 태양광발전시스템 중 태양광모듈의 절연내력검사 시 기술기준 내용으로 옳은 것은?

① 최대 사용전압의 1배의 직류전압, 또는 1배의 교류전압을 충전부분과 대지사이에 5분간 인가하여 견뎌야 한다.
② 최대 사용 전압의 1배의 직류전압, 또는 1.5배의 교류전압을 충전부분과 대지사이에 10분간 인가하여 견뎌야 한다.
③ 최대 사용전압의 1.5배의 직류전압, 또는 1배의 교류전압을 충전부분과 재지사이에 10분간 인가하여 견뎌야 한다.
④ 최대 사용전압의 1.5배의 직류전압, 또는 1.5배의 교류전압을 충전부분과 대지사이에 5분간 인가하여 견뎌야 한다.

해설 태양전지 모듈의 절연내력

태양전지 모듈은 최대사용전압의 1.5배의 직류전압 또는 1배의 교류전압(500[V] 미만으로 되는 경우에는 500[V])을 충전부분과 대지사이에 연속하여 10분간 가하여 절연내력을 시험하였을 때에 이에 견디는 것이어야 한다.

32 공사업자가 공사시작과 동시에 감리원에게 작성, 제출하여야 할 가설시설물의 설치계획표에 포함되는 사항이 아닌 것은?

① 공사용도로
② 공사예정공정표
③ 공사용 임시전력
④ 가설사무소, 작업장, 창고 등의 부대시설

해설 현장사무소, 공사용 도로, 작업장부지 등의 선정

감리원은 공사 시작과 동시에 공사업자에게 다음에 따른 가설시설물의 면적, 위치 등을 표시한 가설시설물 설치계획표를 작성하여 제출하도록 하여야 한다.
① 공사용도로(발·변전설비, 송·배전설비에 해당)
② 가설사무소, 작업장, 창고, 숙소, 식당 및 그 밖의 부대설비
③ 자재 야적장

정답 30. ④ 31. ③ 32. ②

33 태양전지 어레이의 상정하중에 대한 설명으로 틀린 것은?

① 적설하중은 모듈면의 수직 적설하중을 나타낸다.
② 고정하중은 모듈과 지지물 등의 질량의 합이다.
③ 지진하중은 모듈에 가해지는 직선 지진력을 의미한다.
④ 풍압하중은 모듈과 지지물에 가해지는 풍압력의 합이다.

해설 **구조물의 상정하중**
① 수직하중 : 고정하중, 활하중, 적설하중
② 수평하중 : 풍하중, 지진하중
※ 활하중(Live Load)
구조물의 용도에 따라 바닥이나 지붕위에 적재되는 이동 가능한 하중

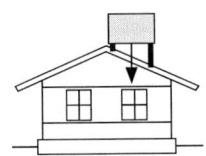

34 전력계통의 단락용량 경감 대책으로 틀린 것은?

① 사고 시 모선 분리방식을 채용한다.
② 발전기와 변압기의 임피던스를 작게 한다.
③ 계통 간을 직류설비라든지 특수한 장치로 연계한다.
④ 계통을 분할하거나 송전선 또는 모선 간에 한류리액터를 삽입한다.

해설 **단락용량 경감 대책**
① %Z가 큰 변압기 선정
② 한류 리액터 설치
③ 계통의 분리(전원 분리)
④ Cascade 차단방식 선정
⑤ 계통 연계기 설치

35 태양광발전시스템 중 태양전지 어레이용 가대의 재질 및 형태에 따른 검토사항 중 아닌 것은?

① 절삭 등의 가공이 쉽고 무거워야 한다.
② 최소 20년 이상의 내구성을 가져야 한다.
③ 불필요한 가공을 피할 수 있도록 규격화 되어야 한다.
④ 염해, 공해 등을 고려하여 녹이 발생하지 않아야 한다.

해설 **어레이용 가대의 재질 및 형태에 따른 검토사항**

구조물 부식(염해)

① 지지물의 자중, 적재하중 및 구조하중에 맞게 안전한 구조의 것으로 20년 이상의 내구성을 가져야 한다.
② 구조물의 자재인 강제류는 현장에서 절단, 가공하지 않도록 규격화되어야 한다.
③ 염해 등에 의해 녹이 발생하지 않아야 한다.

36 자가용 태양광 발전소의 태양전지·전기설비 계통의 정기검사 시기는?

① 1년 이내   ② 2년 이내
③ 3년 이내   ④ 4년 이내

해설 **자가용/전기사업용전기설비의 정기검사**
① 태양광·전기설비 계통 : 4년 이내
② 구역전기사업자의 송전·변전 : 2년 이내

37 태양광발전시스템 운전조작 방법 중 태양전지 모듈에 대한 설명으로 틀린 것은?

① 태양전지 모듈 표면은 주로 일반 유리로 되어 있어, 약한 충격에도 파손될 수 있다.

정답 33. ③ 34. ② 35. ① 36. ④ 37. ①

② 태양전지 모듈 표면에 그늘이 지거나, 나뭇잎 등이 떨어져 있는 경우 전체적인 발전효율 저하 요인으로 작용할 수 있다.
③ 발전효율을 높이기 위해 부드러운 천으로 이물질을 제거하며, 태양전지 모듈 표면에 흠이 생기지 않도록 주의해야 한다.
④ 풍압이나 진동으로 인하여 태양전지 모듈과 형강의 체결 부위가 느슨해지는 경우가 있으므로 정기적으로 점검해야 한다.

해설 **저철분 강화유리**
태양광발전 모듈에 사용되는 유리는 주로 두께 3.2[mm](일부4[mm])가 사용되며, 철분함량 150[PPM]이하의 저철분 유리를 강화 처리한 제품으로 모듈내부와 태양전지를 보호하고 투과율 (91[%] 이상) 및 집광은 최대화, 반사율은 최소화 하여 태양전지의 발전효율을 최대화 시킬 목적으로 제작됨

38 소형 태양광 발전용 3상 독립형 인버터의 경우 부하 불평형 시험 시 정격 용량에 해당하는 부하를 연결한 후 U상, V상, W상 중 한 상의 부하를 0으로 조정한 후 몇 분 동안 운전하는가?
① 10   ② 15
③ 30   ④ 60

해설 **부하불평형시험**
① 3상 독립형 인버터에 적용한다.
② 정격용량에 해당하는 부하를 연결한 후 U, V, W상 중 한상의 부하를 0으로 조정한 후 30분 동안 운전한다.
③ 30분간 안전하게 운전할 것

14.4.75 / 17.2.74 / 18.1.77 / 19.2.75
39 태양광발전시스템 성능평가의 분류로 틀린 것은?
① 경제성   ② 신뢰성
③ 설치형태   ④ 발전성능

해설 **태양광발전시스템 성능평가의 대분류**
① 태양광 발전 시스템 구성 요인의 성능 및 신뢰성
② 태양광 발전 시스템의 사이트
③ 태양광 발전 시스템의 신뢰성
④ 태양광 발전 시스템의 설비 설치비용(경제성)
⑤ 태양광 발전 시스템의 발전 전력 생산 능력(발전성능)

40 태양광발전시스템의 일상점검 시 태양전지 어레이의 육안점검 항목이 아닌 것은?
① 접지저항
② 지지대의 부식 및 녹
③ 표면의 오염 및 파손
④ 외부배선(접속케이블)의 손상

해설 **태양전지(어레이)의 육안점검**
① 모듈의 오염 및 파손
② 프레임 파손 및 변형유무
③ 접속케이블의 손상 및 접속단자 풀림
④ 가대의 고정(볼트 및 너트의 풀림) 및 접지
⑤ 가대의 부식 및 녹 발생
⑥ 지붕재의 파손 및 지지기구와의 고정상태
※ 접지저항 : 정기점검 항목

41 태양열 에너지의 장점이 아닌 것은?
① 무공해, 무한량의 청정에너지원이다.
② 계속적인 수요에 안정적인 공급이 가능한 에너지원이다.
③ 화석에너지에 비해 지역적 편중이 적은 분산형 에너지원이다.
④ 지구온난화 대책으로 탄산가스 배출을 저감할 수 있는 재생 에너지원이다.

해설 **태양열 에너지의 특징**

장 점	단 점
· 무공해, 무한정, 무가격 청정에너지원 · 기존의 화석에너지에 비해 지역적 편중이 적은 분산형 에너지원 · 지구온난화 대책으로 탄산가스 배출을 저감할 수 있는 재생가능 에너지원	· 고급 에너지이나 에너지 밀도가 낮음 · 에너지 생산이 간헐적임 · 지속적인 수요에 대한 안정적 공급이 어려움

정답 38. ③ 39. ③ 40. ① 41. ②

15.2.17 / 19.2.7

42 하이브리드 태양광발전시스템에 대한 설명으로 틀린 것은?

① 하나 혹은 하나 이상의 보조 전원을 포함한다.
② 보조 전원으로는 풍력이나 수력발전이 포함된다.
③ 계통연계형이나 독립형 중에 선택해서 사용할 수 있는 시스템도 있다.
④ 화석연료를 사용한 발전기는 하이브리드 시스템에 포함되지 않는다.

해설 태양광 발전시스템의 분류

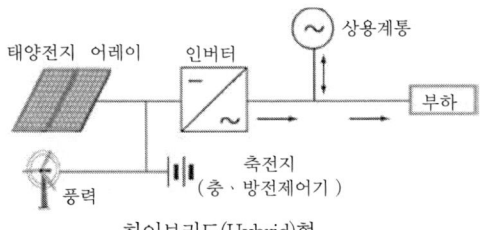

하이브리드(Hybrid)형

① 독립형 시스템 : 등대, 중계소, 인공위성, 도서, 산간, 벽지 등에 사용
② 계통연계형 : 한전계통선이 들어오는 지역의 주택, 빌딩, 대규모 발전시스템에 사용
③ 하이브리드(Hybrid)형 : 풍력발전, 디젤발전 등 타 에너지원에 의한 발전방식과 결합된 방식

14.4.9 / 15.2.8 / 15.2.27 / 16.4.16 / 17.1.73 / 17.1.79 / 18.1.14 / 18.2.26 / 19.2.1 / 19.2.9 / 19.2.69

43 태양광발전 전지의 변환효율에 대한 설명으로 틀린 것은?

① 태양광발전 전지의 성능을 나타내는 파라미터이다.
② 태양광 스펙트럼이나 세기, 전지의 온도에 영향을 받는다.
③ 태양으로부터 입사된 에너지에 대한 출력 전기에너지의 비로 정의된다.
④ 지상에서 사용되는 태양광발전 전지의 효율은 모듈온도 25℃, AM 1.0 조건에서 측정된다.

해설 표준 시험조건(Standard Test Conditions)
태양광발전 소자를 시험할 때의 기준이 되는 시험조건 즉, 태양광발전 소자가 빛을 받는 면의 조사강도 1000[W/m²], 태양전지 온도 25[℃], 스펙트럼 조성은 대기질량지수(AM : Air Mass) 1.5인 조건

15.2.19 / 17.1.15 / 19.2.14

44. STC 조건에서 최대전압이 45V, 전압온도계수가 −0.2 V/℃ 인 결정질 태양광발전 모듈 10장이 직렬로 연결되어 있다. 외기 온도가 −10℃일 때 최대전압은 몇 V 인가?

① 450　　② 470
③ 520　　④ 550

해설 최대 전압(V_{MT})

V_{MT} = 합성 전압−직렬 모듈 수량×온도계수×온도차 (V)
= (45 × 10) − 10 × 0.2 × (−10−25) = 520 [V]

13.4.18 / 14.4.23 / 16.4.9 / 18.1.4 / 18.1.12 / 18.4.15 / 19.2.19

45 독립형 태양광발전시스템의 특징으로 옳은 것은?

① 정전 시 단독운전 방지 기능을 보유하고 있다.
② 생산된 에너지를 전력 계통 측으로 송전할 수 있다.
③ 태양광발전이 불가능한 경우를 대비하여 축전지를 사용한다.
④ 전력회사 계통연계 규정에 맞추어 적절한 보호설비가 필요하다.

해설 독립형 태양광발전 시스템

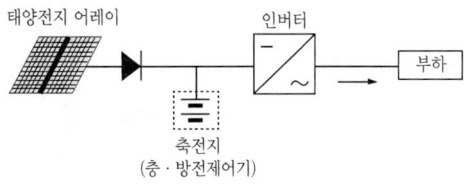

① 외딴 섬과 같이 전기가 들어오지 않는 지역에서, 상용전력계통과 직접 연결되지 않고 분리된 발전방식

으로, 태양광발전시스템의 발전 전력만으로 부하에 전력을 공급한다.
② 야간 혹은 우천 시, 태양광발전시스템의 발전이 불가할 때는 발전된 전력을 저장할 수 있는 축전장치를 접속하여 태양광 전력을 저장하여 사용하는 방식

② 일조(日照)를 기대할 수 있는 시간을 말하며 산, 구름, 안개나 건조물에 의해 바뀔 수 있다.
③ 산, 구름, 안개 등 장애물이 없다고 가정했을 때의 일조시간은 가조시간과 동일하다.

15.4.16 / 16.4.35 / 19.1.22 / 19.2.21 / 19.4.29

46 태양광발전시스템 출력이 38500W, 모듈 최대 출력이 175W, 모듈의 직렬개수가 20장일 때, 병렬회로 수는?

① 10 ② 11 ③ 12 ④ 13

해설 병렬 회로수(N_P)

$$N_P = \frac{출력\ 전력}{모듈\ 최대\ 전력 \times 1스트링\ 직렬\ 매수}$$

$$= \frac{38,500}{175 \times 20} ≒ 11$$

16.2.23 / 17.2.30 / 19.1.33 / 19.2.24 / 19.4.37

47 일조시간과 가조시간에 대한 설명으로 틀린 것은?

① 일조시간은 실제로 태양광선이 지표면을 내리쬔 시간이다.
② 일조시간과 가조시간과의 비를 일조율(%)이라 한다.
③ 구름이 많은 날씨일 경우 가조시간과 일조시간이 일치한다.
④ 가조시간이란 한 지방의 해 돋는 시간부터 해지는 시간까지의 시간을 말한다.

해설 일조시간과 가조시간

1) 일조시간(Duration of Sunshine)
① 태양광선이 구름이나 안개 등에 의해서 차단되지 않고 지표면을 비춘 시간
② 일조율 = $\frac{일조시간}{가조시간} \times 100$ [%]

2) 가조시간(Possible Duration of Sunshine)
① 해가 뜬 다음부터 다시 질 때까지 태양에서 오는 직사광선

15.4.39 / 19.2.30

48 다음 조건에서 태양광발전 모듈의 최대 직렬 연결 수는?

- 인버터 최대 입력전압(V_{imax}) : 500V
- 개방전압(V_{oc}) : 42.5V
- 전압온도계수(Kt) : −0.35%/℃
- 최저온도(T_{min}) : −25℃
- 최고온도(T_{max}) : 60℃

① 8직렬 ② 9직렬
③ 10직렬 ④ 11직렬

해설 직렬 모듈수(S_n)

$$S_n = \frac{인버터\ 최대입력전압(V_t) \times 전압온도계수(K_t) \times 최고온도(T_{max})}{모듈\ 개방전압(V_{oc}) \times 최저온도(T_{min})}$$

$$= \frac{500 \times 0.35 \times 60}{42.5 \times 25} ≒ 9[장]$$

16.4.40 / 19.2.34

49 태양광발전시스템에 그림자가 발생하게 되면 일사량이 감소하기 때문에 발전량이 감소한다. 일사량의 2가지 성분으로 옳은 것은?

① 직달광 성분, 산란광 성분
② 경사면 일사성분, 산란광 성분
③ 직달광 성분, 수평면 일사성분
④ 수평면 일사성분, 경사면 일사성분

해설 일사량(Solar Radiation Quantity)
① 수평면에 받는 에너지로 태양으로부터 받는 직달광과 천공으로부터 오는 산란광의 합
② 하루 중의 일사량은 태양고도가 가장 높을 때인 남중시에 최대가 되고, 일 년 중에는 하지 경에 최대가 된다.
③ 산란광의 크기는 직달광에 비해 매우 작다.

50 토목도면의 재료별 단면을 표시할 경우 지반에 해당하는 것은?

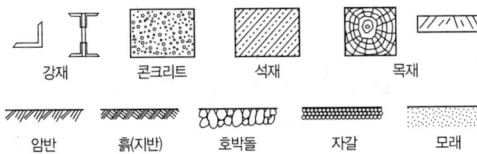

① ㉠
② ㉡
③ ㉢
④ ㉣

해설 재료의 단면 표시법

강재, 콘크리트, 석재, 목재
암반, 흙(지반), 호박돌, 자갈, 모래

51 ( )안에 들어갈 내용으로 옳은 것은?

> 전선관의 굵기는 동일 굵기의 전선을 동일관내에 넣은 경우에는 피복을 포함한 단면적의 총합계가 관내 단면적의 ( )% 이하로 할 수 있으며, 서로 다른 굵기의 전선을 동일 관내에 넣는 경우에는 피복을 포함한 단면적의 총합계가 관내 단면적의 ( )% 이하가 되도록 선정하는 게 일반적인 원칙이다.

① ㉠ : 24, ㉡ : 48
② ㉠ : 32, ㉡ : 24
③ ㉠ : 32, ㉡ : 48
④ ㉠ : 48, ㉡ : 32

해설 금속전선관의 굵기는 굵기가 다른 절연전선을 동일관 내에 넣어 시설하는 경우 절연 피복물을 포함한 관내 단면적의 32[%]이하가 되도록 선정한다. 단, 동일 굵기의 경우는 48[%]까지 채울 수 있다.

52 배전선로에서 지락 고장이나 단락 고장사고가 발생하였을 때 고장을 검출하여 선로를 차단한 후 일정시간 경과하면 자동적으로 재투입 동작을 반복함으로서 고장 구간을 제거할 수 있는 보호장치는?

① 리클로저
② 라인퓨즈
③ 배전용 차단기
④ 컷아웃 스위치

해설 자동재폐로차단기(R/C : Recloser)

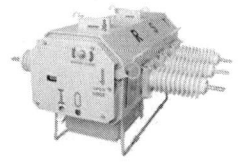

일반적으로 반송 보호계전 방식에 의해서 고속 차단-재폐로의 동작을 자동적으로 실시하는 방식으로 차단기가 차단된 후 일정시간을 두고 사고지점의 절연이 회복된 후 재폐로 조건(회복조건)이 되면 자동적으로 차단기를 투입하는 시간을 Time Delay라 하고 자동적으로 투입하는 동작을 재폐로라 한다. 재폐로 Time Delay는 Arc 소멸시간(자기 절연회복시간)을 충분히 고려하여 결정한다.

53 태양광발전 모듈 배선을 금속관공사로 시공할 경우의 설명으로 틀린 것은?

① 옥외용 비닐절연전선을 사용하여야 한다.
② 금속관 내에서 전선은 접속점을 만들어서는 안 된다.
③ 짧고 가는 금속관에 넣는 전선인 경우 단선을 사용할 수 있다.
④ 전선은 단면적 10mm²을 초과하는 경우 연선을 사용하여야 한다.

해설 금속관배선의 시설조건
1) 전선은 절연전선(옥외용 비닐절연전선을 제외한다)일 것
2) 전선은 연선일 것. 다만, 다음의 것은 적용하지 않는다.
① 짧고 가는 금속관에 넣은 것

② 단면적 10[mm²](알루미늄선은 단면적 16[mm²]) 이하의 것
3) 전선은 금속관 안에서 접속점이 없도록 할 것

54 난연성, 절연의 신뢰성, 내습·내진성, 소형 및 경량화, 내전압 성능이 낮아 VCB와 조합 시 서지흡수기를 설치하며, 단시간 과부하에 좋은 변압기는?

① 몰드변압기 ② 유입변압기
③ 아몰퍼스변압기 ④ H종 건식변압기

해설 몰드변압기

① 변압기의 권선부분을 에폭시수지로 굳혀 절연한 건식변압기
② 서지가 빈번히 발생하는 장소(수용가)에서는 서지흡수기(SA)를 변압기 1차측에 설치해야 한다.
③ 충격에는 약하지만 전기적, 기계적 특성이 우수하고 내진성이 좋다.
④ 전기적 소음이 유입변압기에 비해서 크지만, 유지보수가 간단하고, 권선이 에폭시 수지로 절연되어 있어서 흡습에 따른 절연열화가 없다.
⑤ 난연성이기 때문에 자기 소화성으로 고정소화설비를 간소화해도 된다.

55 발주자가 설계변경 지시를 할 경우 첨부서류에 포함되지 않는 것은?

① 수량산출 조서
② 설계변경 개요서
③ 주요 기자재 및 인력투입 계획
④ 설계변경 도면, 설계설명서, 계산서 등

해설 발주기관의 장(감독관)의 지시에 의한 설계변경
발주기관의 장(감독관)은 외부적 사업 환경의 변동, 사업추진 기본계획의 조정 등으로 설계변경이 필요한 경우에는 다음서류를 첨부하여 설계변경을 지시할 수 있다. 단, 발주기관에서 설계변경 도서를 작성 할 수 없을 경우에는 설계변경 개요서만 첨부하여 설계변경 지시를 할 수 있다.
① 설계변경 개요서
② 설계변경 도면, 시방서, 계산서 등
③ 수량조서 및 산출조서
④ 기타 필요한 서류

17.1.43 / 18.4.77 / 19.1.36 / 19.2.61

56 태양광발전시스템에서 배전계통으로 유입되는 종합 전압고조파 왜형률은 최대 몇 %를 초과하지 않도록 하여야 하는가?

① 3 ② 5 ③ 7 ④ 9

해설 정상특성시험
교류 전압, 주파수 추종 범위 시험 교류전원을 정격 전압 및 정격 주파수로 운전한다. 직류 전원은 인버터 출력이 정격 출력이 되도록 설정한다.
1) 계통 전압의 크기를 공칭전압에서 천천히 변화시켜 공칭전압의 +8[%]와 -10[%]의 전압에서 교류 출력 전류의 왜형률, 역률 등을 측정한다.
2) 정격주파수 60[Hz]에서 천천히 변화시켜 60.45[Hz]와 59.35[Hz]에서 교류출력 전력, 전류 왜형률, 역률 등을 측정한다.
3) 판정기준
① 기준범위 내의 계통전압변화에 추종하여 안정하게 운전할 것
② 출력 전류의 종합 왜형률은 5[%] 이내, 각 차수별 왜형률이 3[%] 이내일 것
③ 출력 역률이 95[%] 이상일 것

14.4.66 / 16.4.78 / 19.2.64

57 태양광발전 어레이의 일상점검 시 외관검사 방법 중 관찰사항으로 틀린 것은?

① 접지저항 검사
② 가대의 녹 발생 유무 검사

정답 54.① 55.③ 56.② 57.①

③ 변색, 낙엽 등의 유무 검사
④ 태양광발전 어레이 표면의 오염 검사

해설 태양전지(어레이)의 육안점검
① 모듈의 오염 및 파손
② 프레임 파손 및 변형유무
③ 접속케이블의 손상 및 접속단자 풀림
④ 가대의 고정(볼트 및 너트의 풀림) 및 접지
⑤ 기대의 부시 및 녹 발생
⑥ 지붕재의 파손 및 지지기구와의 고정상태
※ 접지저항 검사 : 정기점검 측정 항목

58 중대형 태양광 발전용 인버터(KS C 8565 : 2016)의 절연 저항 시험에서 입력 단자 및 출력 단자를 각각 단락하고, 그 단자와 대지간의 절연 저항을 측정하는 경우 품질기준으로 절연 저항은 몇 MΩ 이상이어야 하는가?

① 0.1 ② 0.5 ③ 0.7 ④ 1.0

해설 절연 저항 시험(KS C 8565:2016)
① 시험방법
입력 단자 및 출력 단자를 각각 단락하고, 그 단자와 대지간의 절연 저항을 측정한다. KS C 1302에서 규정하는 대로 시험품의 정격 측정 전압이 500V 미만에서는 유효 최대 눈금값 1000MΩ, 500V 이상 1000V 이하에서는 유효 최대 눈금값 2000MΩ의 절연저항계를 사용한다. 다만, 해당 시험에는 바리스터, Y-CAP, 서지 보호 부품은 제거한다.
② 품질기준
절연 저항은 1MΩ 이상일 것

15.4.62 / 19.2.74
59 태양광발전시스템의 안전관리 예방업무가 아닌 것은?

① 시설물 및 작업장 위험방지
② 안전작업 관련 훈련 및 교육
③ 안전관리비 실행 집행 및 관리
④ 안전장구, 보호구, 소화설비의 설치, 점검, 정비

해설 안전관리 예방업무
① 시설물 및 작업장 위험 방지
② 안전작업 관련 훈련 및 교육
③ 안전장구, 보호구, 소화설비의 설치, 점검
④ 위험예지 활동 이행
⑤ 안전점검 이행
⑥ 현장 안전관리계획 수립

15.4.07 / 15.4.78 / 16.2.68 / 16.4.72 / 17.1.61 / 18.4.66 /
19.2.65 / 19.2.79 / 19.4.78

60 송·배전설비의 유지관리 시 점검 후의 유의사항으로 옳은 것은?

① 준비철저 및 연락
② 회로도에 의한 검토
③ 무전압 상태확인 및 안전조치
④ 임시 접지선 제거 및 최종확인

해설 정전작업
1) 정전작업 전 조치사항
① 전원차단후 각 단로기 등을 개방하고 확인할 것
② 차단장치나 단로기 등에 잠금(시건)장치 및 꼬리표를 부착할 것
③ 전기기기 등에 공급되는 모든 전원을 관련 배선도, 도면 등을 통해 확인할 것
④ 검전기를 이용하여 작업 대상 기기가 충전되었는지 확인 할 것(잔류전하 방전)

2) 정전작업 중 조치사항
① 작업지휘자에 의한 작업지휘
② 개폐기 관리(전원 재투입 방지, 잠금장치 및 꼬리표 부착 관리)
③ 근접 활선에 대한 방호상태 관리
④ 단락접지의 상태관리

3) 정전작업 후 조치사항
① 작업기기, 단락접지기구(접지선)를 제거하고 전기기기 등이 안전하게 통전될 수 있는지 확인
② 모든 작업자가 작업이 완료된 전기기기 등에서 떨어져 있는지 확인할 것
③ 잠금장치 와 꼬리표는 설치한 근로자가 직접 철거할 것
④ 모든 이상 유무를 확인 후 전기기기 등의 전원을 투입할 것

정답 58. ④ 59. ③ 60. ④

17.1.23 / 17.4.40 / 18.1.36 / 18.2.1 / 19.2.29 / 20.3.11

61 위도 36.5°에서 하지 시 남중고도는?

① 30° ② 45°
③ 70° ④ 77°

해설 남중고도(하지) = 90° − 위도 + 23.5°
= 90° − 36.5° + 23.5° ≒ 77°

19.1.85

62 전기사업법령에 따라 전기사업 등의 공정한 경쟁 환경조성 및 전기사용자의 권익 보호에 관한 사항의 심의와 전기사업 등과 관련된 분쟁의 재정(裁定)을 위하여 산업통상자원부에 무엇을 두는가?

① 전기위원회
② 녹색성장위원회
③ 한국전기기술기준위원회
④ 신·재생에너지 정책심의회

해설 전기위원회의 설치 및 구성
① 전기사업 등의 공정한 경쟁 환경 조성 및 전기사용자의 권익 보호에 관한 사항의 심의와 전기사업등과 관련된 분쟁의 재정(裁定)을 위하여 산업통상자원부에 전기위원회를 둔다.
② 전기위원회는 위원장 1명을 포함한 9명 이내의 위원으로 구성하되, 위원 중 대통령령으로 정하는 수의 위원은 상임으로 한다.
③ 전기위원회의 위원장을 포함한 위원은 산업통상자원부장관의 제청으로 대통령이 임명 또는 위촉한다.
④ 전기위원회의 사무를 처리하기 위하여 전기위원회에 사무기구를 둔다.

14.4.94 / 17.1.80 / 18.2.67 / 19.2.62

63 전기사업법령에 따라 사업계획에 포함되어야 할 사항 중 전기설비 개요에 포함되어야 할 사항에 해당하지 않는 것은? (단, 전기설비가 태양광설비인 경우)

① 인버터의 종류 ② 집광판의 면적
③ 태양전지의 종류 ④ 이차전지의 종류

해설 사업허가의 신청(전기사업법 시행규칙 제4조)
사업계획의 전기설비(태양광) 개요에 포함되어야 할 사항
① 태양전지의 종류, 정격용량, 정격전압 및 정격출력
② 인버터(Inverter)의 종류, 입력전압, 출력전압 및 정격출력
③ 집광판의 면적

64 신·재생에너지 설비의 지원 등에 관한 규정에 따라 주택지원사업은 신·재생에너지 설비를 주택에 설치하려는 경우 설치비의 일부를 국가가 보조금으로 지원해 주는 사업을 말한다. 그 범위 및 대상으로 틀린 것은?

① 기숙사 ② 아파트
③ 단독주택 ④ 공공주택

해설 주택지원사업 등
주택지원사업은 신·재생에너지 설비를 주택에 설치하려는 경우 설치비의 일부를 국가가 보조금으로 지원해 주는 사업을 말하며, 그 범위 및 대상은 다음과 같다.
① 단독·공동주택(기숙사는 제외한다)
② 공공주택

19.2.35

65 태양광발전시스템 이용률이 15.5% 일 때 일평균 발전시간(h/day)은 약 몇 시간인가?

① 3.40 ② 3.52
③ 3.64 ④ 3.72

해설 시스템 이용률(Capacity Factor : L_{SP})
태양광발전 어레이의 정격 출력(P_O)과 가동시간을 곱한 것에 대한 태양광발전 시스템 출력에너지(W_{SP})의 비율

$$L_{SP} = \frac{W_{SP}}{P_O \times Y}$$

∴ $24(h) \times 0.155 = 3.72$ (h/day)

정답 61.④ 62.① 63.④ 64.① 65.④

19.4.4 / 21.2.21

66 어떤 태양광발전 모듈의 최대전력은 100W이고, STC 조건에서 측정한 값이다.
태양광발전 모듈의 표면온도가 45℃일 때 태양광발전 모듈의 최대 출력(W)?
(단, 태양광발전 모듈의 온도 보정계수(a)는 −0.5%/℃이다.)

① 90 ② 95
③ 100 ④ 110

해설 모듈 표면온도에 따른 출력(P_{TM})
P_{TM} = P [1 + (온도계수 × (모듈 온도 −25))]
= 100[1+ (−0.005(45−25))] = 90 [W]
(∵ 25℃는 STC 조건의 온도)

67 낙석·토석 대책시설(KDS 11 70 20 : 2020)에 따라 낙석방지옹벽의 설계 시 고려사항으로 틀린 것은?

① 낙석의 중량
② 지지지반의 강도
③ 지지지반의 지형
④ 낙석의 최소도약높이

해설 낙석방지옹벽
1) 낙석방지옹벽의 방호기능은 낙석이 가진 운동에너지를 옹벽본체 및 지지지반의 변형에너지로 전환하여 흡수하는 방법으로 낙석을 정지시킨다.

2) 낙석방지옹벽의 설계 시에는 낙석의 중량, 속도, 최대도약높이, 지지지반의 강도 및 지형, 지질 등을 고려하여 옹벽의 활동, 전도에 대한 안정 및 단면의 강도에 대해서 검토하여야 한다.

15.4.100 / 18.1.48

68 한국전기설비규정에 따라 모듈을 병렬로 접속하는 전로에는 그 전로에 단락전류가 발생할 경우에 전로를 보호하는 무엇을 설치하여야 하는가? (단, 그 전로가 단락전류에 견딜 수 없는 경우이다.)

① 개폐기 ② 단로기
③ 전류검출기 ④ 과전류차단기

해설 과전류 및 지락 보호장치
① 모듈을 병렬로 접속하는 전로에는 그 전로에 단락전류가 발생할 경우에 전로를 보호하는 과전류차단기 또는 기타 기구를 시설하여야 한다. 단, 그 전로가 단락전류에 견딜 수 있는 경우에는 그러하지 아니하다.
② 태양전지 발전설비의 직류 전로에 지락이 발생했을 때 자동적으로 전로를 차단하는 장치를 시설한다

19.2.37

69 토목도면의 재료별 단면을 표시할 경우 지반에 해당하는 것은?

㉠	㉡	㉢	㉣
(점)	(자갈)	(빗금)	(빗금)

① ㉠ ② ㉡
③ ㉢ ④ ㉣

해설 재료의 단면 표시법

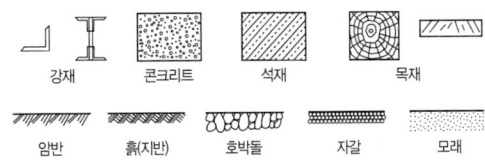

18.4.28

70 태양광발전 모듈 설치 시 태양을 향한 방향에 높이 3m인 장애물이 있을 경우 장애물로부터 최소 이격거리(m)는? (단, 발전가능 한계시각에서의 태양의 고도각은 20°이다.)

① 약 8.2 ② 약 10.5
③ 약 15.6 ④ 약 18.7

해설 최소 이격 거리(D)

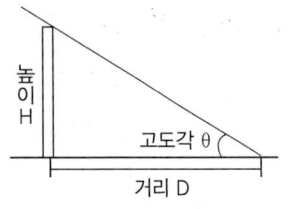

$$D = \frac{장애물 높이[m]}{\tan\theta(고도각)} = \frac{3}{\tan(20)} ≒ 8.2[m]$$

13.4.48 / 15.2.60 / 15.4.48 / 17.4.51 / 18.1.44 / 18.2.49 / 19.4.48

71 태양광발전시스템 구조물의 설치공사 순서를 보기에서 찾아 옳게 나열한 것은?

〈보기〉
ㄱ 어레이 가대공사   ㄴ 어레이 기초공사
ㄷ 어레이 설치공사   ㄹ 배선공사
ㅁ 점검 및 검사

① ㄴ→ㄱ→ㄷ→ㄹ→ㅁ
② ㄱ→ㄴ→ㄷ→ㄹ→ㅁ
③ ㄹ→ㄴ→ㄱ→ㄷ→ㅁ
④ ㄹ→ㄱ→ㄴ→ㄷ→ㅁ

해설 태양광발전시스템의 시공절차

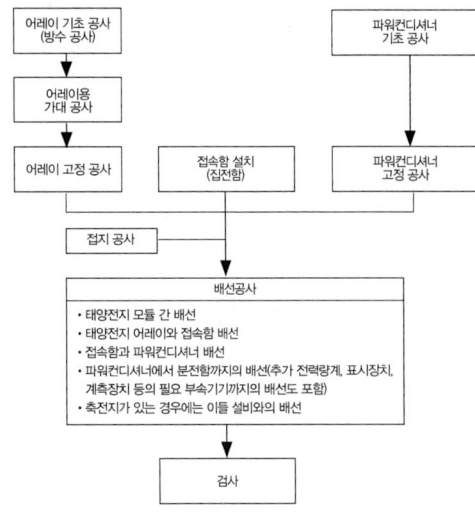

72 송전전력이 400MW, 송전거리가 200km인 경우의 경제적인 송전전압은 약 몇 kV인가? (단, Still 식에 의하여 산정 할 것)

① 313   ② 333
③ 353   ④ 363

해설 경제적인 송전전압(Still 식)

$$V_s = 5.5\sqrt{0.6 + \frac{P}{100}}$$

$$= 5.5\sqrt{0.6 \times 200 + \frac{400 \times 10^3}{100}} = 353[kV]$$

73 태양광발전 모듈에서 인버터에 이르는 배선에 대한 설명으로 틀린 것은?

① 태양광발전 모듈의 출력배선은 극성별로 확인할 수 있도록 표시한다.
② 태양광발전 모듈에서 인버터에 이르는 배선에 사용되는 케이블은 피뢰도체와 교차 시 공한다.
③ 태양광발전 모듈 간의 배선은 2.5mm² 이상의 연동선 또는 이와 동등 이상의 세기 및 굵기의 것을 사용한다.
④ 태양광발전 어레이의 출력배선을 중량물의 압력을 받는 장소에 지중으로 직접매설식에 의해 시설하는 경우 1m 이상의 매설 깊이로 한다.

해설 케이블은 가능한 피뢰도체와 떨어진 상태로 포설하며 피뢰도체와 교차 시공하지 않도록 한다.

74 전면기초가 우선적으로 고려되어야 할 경우로 틀린 것은?

① 양압력이 확대기초로 견딜 수 있는 크기 이하인 경우
② 지반조건이 좋지 않고, 부등침하가 발생하기 쉬운 지형

정답 71. ① 72. ③ 73. ② 74. ①

③ 건조물의 하부면적이 기초면적의 2/3 이상인 경우로 지반조건이 불량할 때
④ 구조물에 불균등하게 작용하는 수평하중의 독립기초와 말뚝 머리에 불균등한 변위가 예상 될 때

해설 용어의 설명
① 얕은 기초
상부구조물의 하중을 지반에 직접 전달시키는 기능을 하는 기초형식으로서 지표면으로부터 기초 바닥까지의 깊이가 기초 바닥면의 너비에 비하여 크지 않은 확대기초, 벽기초, 전면기초 등이 있다.
② 전면기초
상부구조물의 여러 개의 기둥을 하나의 넓은 기초 슬레브로 처리한 기초
③ 양압력

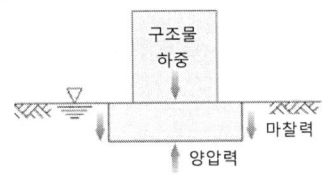

중력 반대방향으로 작용하는 연직 성분의 수압으로서 구조물의 저면에 작용하여 구조물의 안정성에 영향을 준다.
④ 확대기초(푸팅기초)
기초 저면의 단면을 확대한 기초로서 얕은 기초에 속한다.

18.1.41
75 가공전선로에서 발생할 수 있는 코로나 현상의 방지대책이 아닌 것은?
① 복도체를 사용한다.
② 가선금구를 개량한다.
③ 선간거리를 크게 한다.
④ 바깥지름이 작은 전선을 사용한다.

해설 코로나(corona)
전선에 가해지는 전압이 어떤 값(임계 전압) 이상으로 되면 전선 표면의 공기 절연이 국부적으로 파괴되어 엷은 빛과 낮은 소리를 내게 되는 현상

(1) 임계 전압 E_0
$$E_0 = 24.3\, m_0\, m_1\, \delta\, d\, \log_{10} \frac{D}{r}\ [kV]$$
m_0 : 전선의 표면 상태에 의해서 정해지는 계수
m_1 : 일기에 관계되는 계수(맑은날 1, 우천시 0.8)
δ : 상대 공기 밀도
D : 선간거리[m]
r : 전선의 반지름[m]

(2) 코로나손(corona loss)
전기 에너지 → 코로나에 의해 나타나는 빛, 열, 소리 → 전력 손실 → 코로나손

(3) 코로나 방지대책
코로나 발생의 임계 전압을 상규(보통의 일반적인 규정) 전압 이상으로 높여주면 된다.
① 굵은 전선을 사용한다.
② 가선 금구 개선한다.
③ 복도체를 사용한다(가장 효과적인 방법).

17.2.22 / 19.1.40 / 21.2.61 / 21.
76 공장 지붕에 4200kW 태양광발전설비를 설치할 경우 REC 가중치는 약 얼마인가?
① 1.00 ② 1.36 ③ 1.41 ④ 1.50

해설 신재생에너지 공급인증서 가중치

구분	공급인증서 가중치	대상에너지 및 기준 설치유형	세부기준
태양광 에너지	1.2	일반부지에 설치하는 경우	100kW미만
	1.0		100kW부터
	0.8		3,000kW초과부터
	0.5	임야에 설치하는 경우	-
	1.5	건축물 등 기존 시설물을 이용하는 경우	3,000kW이하
	1.0		3,000kW초과부터
	1.6	유지 등의 수면에 부유하여 설치하는 경우	100kW미만
	1.4		100kW부터
	1.2		3,000kW초과부터
	1.0	자가용 발전설비를 통해 전력을 거래하는 경우	

정답 75. ④ 76. ②

※ 4200kWp(밭) REC 가중치

$$REC가중치 = \frac{3000 \times 1.5 + (용량 - 3000) \times 1.0}{용량}$$

$$= \frac{3000 \times 1.5 + (4200 - 3000) \times 1.0}{4200} ≒ 1.36$$

17.1.71 / 17.1.72 / 17.2.63

77 태양광발전시스템이 작동되지 않을 때 응급조치 순서로 옳은 것은?

① 접속함 내부 차단기 개방→인버터 개방→설비 점검
② 접속함 내부 차단기 개방→인버터 투입→설비 점검
③ 접속함 내부 차단기 투입→인버터 개방→설비 점검
④ 접속함 내부 차단기 투입→인버터 투입→설비 점검

해설 태양광발전시스템의 응급조치순서
① 접속함의 DC 메인 전원 스위치를 개방(off)한다.
② 인버터의 전원 스위치를 개방(off)한다.
③ 한전차단기를 개방(off)한다.
④ 태양광발전시스템을 점검한다.
⑤ 이상이 없을 시 역순으로 작동한다.

78 결정질 실리콘 태양광발전 모듈(성능)(KSC 8561 : 2020)에 따른 습도-동결 시험에서 품질기준 중 최대 출력에 대한 내용으로 옳은 것은?

① 시험 전 값의 95% 이상일 것
② 시험 전 값의 90% 이상일 것
③ 시험 전 값의 85% 이상일 것
④ 시험 전 값의 80% 이상일 것

해설 습도-동결 시험
1) 시험방법
① 고온·고습, 영하의 저온 등의 가혹한 자연환경에 반복 장시간 놓였을 때, 열팽창률의 차이나 수분의 침입·확산, 호흡 작용 등에 의한 구조나 재료의 영향을 시험한다.
② 고온 측 온도 조건을 (85±2) ℃, 상대습도 (85±2)%에서 20시간 유지하고, 저온 측 온도 조건을 (-40±2) ℃ 조건에서 0.5시간 유지한다.
③ 위의 조건을 1 사이클로 하여 24시간 이내에 하고 10회 실시한다. 2시간에서 4시간의 회복시간 후 KSC IEC 61215에 따라 시험한다.

2) 품질기준
① 최대 출력 : 시험 전 값의 95% 이상일 것
② 절연저항
㉠ 모듈의 측정면적에 따라 $0.1m^2$ 미만에서는 400MΩ 이상일 것
㉡ 모듈의 시험면적에 따라 $0.1m^2$ 이상에서는 측정값과 면적의 곱이 $40MΩ \cdot m^2$ 이상일 것
③ 외관 : 두드러진 이상이 없고, 표시는 판독할 수 있으며 외관검사 품질기준을 만족시킬 것

79 태양광발전 접속함(KSC 8567 : 2019)에 따라 직류(DC)용 퓨즈는 IEC 60269-6의 관련 요구사항을 만족하는 어떤 타입을 사용하여야 하는가?

① sPV 타입 ② aPV 타입
③ gPV 타입 ④ qPV 타입

해설 직류(DC)용 퓨즈
① 태양광발전 모듈 스트링이 접속된 개별 회로에는 음극과 양극 각각에 과전류를 보호하는 직류(DC)용 퓨즈를 시설하여야 한다.

② 직류(DC)용 퓨즈는 IEC 60269-6이 관련 사항을 만족하는 gPV 타입을 사용하여야 한다.

정답 77. ① 78. ① 79. ③

80 발전설비 유지관리를 위한 일상점검 시 배전반 주회로 인입·인출부에 대한 점검항목과 점검내용으로 틀린 것은?

① 부싱 – 코로나 방전에 의한 이상음 여부
② 케이블 접속부 – 과열에 의한 이상한 냄새 발생 여부
③ 태양광발전용 개폐기 – "태양광발전용"이란 표시 여부
④ 폐쇄 모선 접속부 – 볼트류 등의 조임 이완에 따른 진동음 유무

해설 배전반(주회로 인입 및 인출부) 점검내용

1) 폐쇄모선의 접속부
① 볼트류의 조임이 이완되어 진동음

2) 부싱
① 균열, 파손 여부
② 코로나 방전에 의한 이상음 여부

3) 케이블 단말부 및 접속부, 케이블 관통부
① 볼트류의 조임이 이완되어 진동음 여부
② 코로나 방전 또는 과열에 의한 이상한 냄새 발생 여부
③ 케이블 막이판의 탈락 또는 간격의 벌어짐 유무 확인
④ 소동물 침입의 흔적 유무

정답 80.③

2023년 기출문제

2023 제1회 CBT 기출문제 복원

01 전기공사업법에서 명시하고 있는 하자담보책임 기간이 다른 공사는?

13.4.91 / 16.2.62 / 17.1.70 / 20.1.7 / 20.3.13 / 20.4.3

① 변전설비공사
② 태양광발전설비공사
③ 배전설비공사 중 철탑공사
④ 지중송전을 위한 케이블 공사

[해설] 전기공사의 종류별 하자담보책임기간(전기공사업법 시행령 제11조의2)

전기공사의 종류	하자담보 책임기간
1) 발전설비공사	
① 철근콘크리트 또는 철골구조부	7년
② ①외 시설공사 3년	3년
2) 터널식 및 개착식 전력구 송전·배전설비공사	
① 철근콘크리트 또는 철골구조부	10년
② ①외 송전설비공사	5년
③ ①외 배전설비공사	2년
3) 지중 송전·배전설비공사	
① 송전설비공사	5년
② 배전설비공사	3년
4) 송전설비공사	3년
5) 변전설비공사(전기설비 및 기기설치 공사를 포함한다)	3년
6) 배전설비공사	
① 배전설비 철탑공사	3년
② 가목 외 배전설비공사	2년
7) 산업시설물, 건축물 및 구조물의 전기설비공사	1년
8) 그 밖의 전기설비공사	1년

02 역류방지 다이오드(Blocking Diode)의 역할에 대한 설명으로 옳은 것은?

13.4.12 / 14.4.20 / 16.4.7 / 17.2.7 / 17.2.10 / 17.4.14 / 18.2.9

① 과전류가 흐를 때 회로를 차단한다.
② 태양광발전 모듈의 최적 운전점을 추적한다.
③ 태양광발전시스템의 외함을 접지하는 데 사용한다.
④ 태양광이 없을 때 축전지로부터 태양전지를 보호한다.

[해설] 역류방지 다이오드(Blocking Diode)

1) 태양광모듈의 역전류 영향
① 어레이 내의 스트링과 스트링 사이에 그림자 및 진압 불균형 등의 원인으로 병렬 접속된 스트링사이에 역전류가 흘러 어레이에 영향을 준다.
② 어레이의 직류 출력회로에 축전지가 설치되어 있는 경우, 야간이나 흐린 날 등의 태양전지에서 전력이 생산되지 않을 때는 태양전지가 축전지의 부하가 된다.

2) 대책(역류방지 소자)
① 태양전지 모듈의 스트링마다 역류방지 다이오드(Blocking Diode)를 설치해서, 전류의 역방향 흐름을 방지한다.
② 1대의 인버터에 접속되는 태양전지 직렬군(스트링)이 2병렬 이상 접속될 경우, 각 직렬군에 역전류방지 다이오드가 설치되어야 한다.
③ 설치할 회로의 최대전류를 흐르게 할 수 있어야 하며, 동시에 사용회로의 최대 역전압에 견딜 수 있어야 한다.
④ 일반적으로 접속함에 설치되며, 커넥터에 사용되기도 한다.

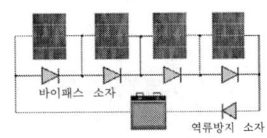

바이패스 및 역류방지 소자

역류방지 다이오드

정답 1. ④ 2. ④

03 태양광발전 어레이 세로길이(L)가 3m, 태양광발전 어레이의 경사각을 33°, 동지 시 발전한계 시각에서의 태양 고도각을 20°로 산정하여 북위 37° 지방에서 태양광발전소를 건설할 때 어레이 간 최소 이격거리 d는 약 몇 m인가?

13.4.23 / 16.2.29 / 18.2.39

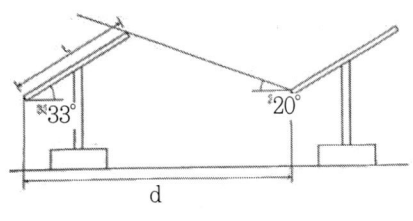

① 4　　② 5
③ 6　　④ 7

해설 어레이 사이 최소 이격 거리(d)

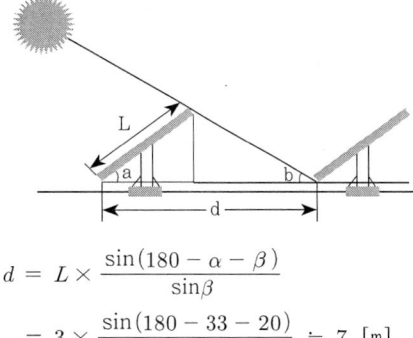

$$d = L \times \frac{\sin(180 - \alpha - \beta)}{\sin\beta}$$
$$= 3 \times \frac{\sin(180 - 33 - 20)}{\sin 20} ≒ 7 \,[m]$$

15.4.67 / 15.4.78 / 16.2.68 / 16.4.72 / 17.1.61 / 18.4.66 / 19.2.65 / 19.2.79 / 20.2.61 / 20.3.77

04 전원의 재투입 시 안전조치로 틀린 것은?

① 유자격자가 시험 및 육안 검사를 실시한다.
② 차단장치나 단로기 등에 잠금장치 및 꼬리표를 부착한다.
③ 전기기기 등에서 모든 작업자가 완전히 철수했는지를 직접 확인한다.
④ 유자격자는 필요한 경우, 회로 및 설비를 안전하게 가압할 수 있도록 모든 기구, 점퍼선, 단락선, 접지선 및 기타 철거하여야 할 모든 장치들이 제대로 철거되었는지를 확인하여야 한다.

해설 정전작업

1) 정전작업 전 조치사항
① 전원차단후 각 단로기 등을 개방하고 확인할 것
② 차단장치나 단로기 등에 잠금(시건)장치 및 꼬리표를 부착할 것
③ 전기기기 등에 공급되는 모든 전원을 관련 배선도, 도면 등을 통해 확인할 것
④ 검전기를 이용하여 작업 대상 기기가 충전되었는지 확인 할 것(잔류전하 방전)

잠금(시건)장치　　꼬리표(사용금지)

2) 정전작업 중 조치사항
① 작업지휘자에 의한 작업지휘
② 개폐기 관리(전원 재투입 방지, 잠금장치 및 꼬리표 부착 관리)
③ 근접 활선에 대한 방호상태 관리
④ 단락접지의 상태관리

3) 정전작업 후 조치사항
① 작업기기, 단락접지기구(접지선)를 제거하고 전기기기 등이 안전하게 통전될 수 있는지 확인
② 모든 작업자가 작업이 완료된 전기기기 등에서 떨어져 있는지 확인할 것
③ 잠금장치 와 꼬리표는 설치한 근로자가 직접 철거할 것
④ 모든 이상유무를 확인한 후 전기기기 등의 전원을 투입할 것

13.4.61 / 16.2.70 / 17.4.77

05 중대형 태양광발전용 인버터(계통연계형, 독립형)(KSC 8565:2016)에 따라 누설전류 시험 시 누설전류는 몇 mA 이하이어야 하는가?

① 5   ② 10   ③ 15   ④ 20

해설 인버터의 누설전류 시험
① 교류전원을 정격 전압 및 정격 주파수로 운전한다. 직류 전원은 인버터 출력이 정격 출력이 되도록 설정한다.
② 인버터의 기체와 대지와의 사이에 1[KΩ] 이상의 저항을 접속해서 저항에 흐르는 누설전류를 측정하고, 누설전류가 5[mA] 이하일 것

06 전기공사업법령에 따라 전기공사를 공사업자에게 도급을 주는 자를 의미하는 용어의 정의로 옳은 것은?

① 발주자   ② 감리자
③ 수급자   ④ 도급자

해설 정의
1) 전기공사 : 다음의 어느 하나에 해당하는 설비 등을 설치·유지·보수하는 공사 및 이에 따른 부대공사
① 전기설비
② 전력 사용 장소에서 전력을 이용하기 위한 전기계장 설비
③ 전기에 의한 신호표지
④ 신·재생에너지 설비 중 전기를 생산하는 설비
⑤ 지능형전력망 중 전기설비

2) 공사업(工事業) : 도급이나 그 밖에 어떠한 명칭이든 상관없이 전기공사를 업(業)으로 하는 것

3) 공사업자(工事業者) : 공사업의 등록을 한 자

4) 발주자(發注者) : 전기공사를 공사업자에게 도급을 주는 자를 말한다. 다만, 수급인으로서 도급받은 전기공사를 하도급 주는 자는 제외

5) 도급(都給) : 원도급(原都給), 하도급, 위탁, 그 밖에 어떠한 명칭이든 상관없이 전기공사를 완성할 것을 약정하고, 상대방이 그 일의 결과에 대하여 대가를 지급할 것을 약정하는 계약

6) 하도급(下都給) : 도급받은 전기공사의 전부 또는 일부를 수급인이 제3자와 체결하는 계약

7) 수급인(受給人) : 발주자로부터 전기공사를 도급받은 공사업자

8) 시공책임형 전기공사관리 : 전기공사업자가 시공 이전 단계에서 전기공사관리 업무를 수행하고 아울러 시공 단계에서 발주자와 시공 및 전기공사관리에 대한 별도의 계약을 통하여 전기공사의 종합적인 계획·관리 및 조정을 하면서 미리 정한 공사금액과 공사 기간 내에서 전기설비를 시공하는 것

14.4.32 / 15.4.20 / 16.4.13 / 18.4.29 / 19.2.10

07 독립형 태양광발전설비의 전원시스템용 축전지 용량선정 시 고려사항에 해당되지 않은 것은?

① 보수율   ② 설계습도
③ 부조일수   ④ 방전심도(DOD)

해설 축전지 용량(C)과 방전종지전압(Final Discharge Voltage)

1) 축전지 용량(C)

$$C = \frac{1일\ 적산부하\ 전력량(L_d) \times 일조가\ 없는\ 날(D)}{보수율(L) \times 공칭\ 축전지\ 전압 \times 축전지\ 개수 \times 방전심도(DOD)}$$

2) 방전종지전압(Final Discharge Voltage)
① 일반적으로 축전지는 어느 정도 방전하면 그 후의 전압 강하는 매우 급격하며, 축전지에 악영향을 미친다. 따라서 일정선 이상 방전하지 않기 위하여 어느 한도를 정할 필요가 있는데 이점을 방전종지전압이라 한다.
② 방전종지전압 공칭 축전지 전압(납축전지의 경우 2[V])
③ 방전종지전압 = 공칭 축전지 전압(납축전지의 경우 2[V]) × 축전지 개수

※부조일수 : 하루 중 해가 떠 있는 일조시간이 0.1시간 미만인 날의 수

정답 5.① 6.① 7.②

13.4.47 / 17.4.22 / 19.2.32

08 태양광발전 모듈에서 인버터까지의 전압강하 계산식은? (단, A: 전선의 단면적(mm²), I : 전류(A), L : 전선 1가닥의 길이(m)이다.)

① $e = \dfrac{17.8 \times L \times I}{1000 \times A}$

② $e = \dfrac{30.8 \times L \times I}{1000 \times A}$

③ $e = \dfrac{33.6 \times L \times I}{1000 \times A}$

④ $e = \dfrac{35.6 \times L \times I}{1000 \times A}$

해설 전압강하 및 전선 굵기 계산식

전기공급방식	전압강하(e)	전선의 단면적(A)
단상 2선식 직류 2선식	$e = \dfrac{35.6 \times L \times I}{1,000 \times A}$	$A = \dfrac{35.6 \times L \times I}{1,000 \times e}$
3상 3선식	$e = \dfrac{30.8 \times L \times I}{1,000 \times A}$	$A = \dfrac{30.8 \times L \times I}{1,000 \times e}$
단상 3선식 3상 4선식 직류 3선식	$e = \dfrac{17.8 \times L \times I}{1,000 \times A}$	$A = \dfrac{17.8 \times L \times I}{1,000 \times e}$

13.4.1 / 17.2.1 / 20.3.39

09 저항 50Ω, 인덕턴스 200mH의 직렬회로에 주파수 50Hz의 교류를 접속하였다면, 이 회로의 역률은 약 몇 %인가?

① 52.3 ② 62.3
③ 72.3 ④ 82.3

해설 ① 유도 리액턴스(inductive reactance) X_L
$X_L = \omega L = 2\pi f L \ [\Omega]$

② 임피던스(impedance) Z
합성 임피던스 $Z = \sqrt{(\text{저항 성분})^2 + (\text{유도 리액턴스 성분})^2}$
$= \sqrt{R^2 + (\omega L)^2} = \sqrt{R^2 + (2\pi f L)^2} \ [\Omega]$

③ 역률(cosθ)
$\cos\theta = \dfrac{R}{Z} = \dfrac{R}{\sqrt{R^2 + (X_L)^2}} = \dfrac{R}{\sqrt{R^2 + (\omega L)^2}}$
$= \dfrac{50}{\sqrt{50^2 + (2\pi \times 50 \times 200 \times 10^{-3})^2}} \fallingdotseq 62.27 \ [\%]$

15.2.45 / 16.2.42 / 17.2.55 / 18.4.50 / 19.4.63 / 20.4.62

10 태양광발전시스템의 점검 시 감전방지 대책으로 틀린 것은?

① 저압 절연장갑 착용한다.
② 작업 전 접지선을 제거한다.
③ 절연 처리된 공구를 사용한다.
④ 모듈 표면에 차광시트를 씌워 태양광을 차단한다.

해설 안전 대책
① 작업전 태양전지 모듈 표면에 차광막을 씌워 태양광을 차폐한다.
② 절연 장갑을 사용한다.
③ 절연 처리된 공구를 사용한다.
④ 강우 시에는 감전사고와 미끄러짐으로 인한 추락사고로 이어질 우려가 있으므로 작업을 금지한다.
⑤ 중장비가 배전선로에 근접할 때에는 보호조치를 취한다.

13.4.19 / 14.4.57 / 15.2.1 / 16.4.12 / 18.1.11 / 19.2.5

11 태양광발전용 인버터의 회로방식에서 낙뢰에 대한 노이즈 방지대책 특성이 우수한 방식은?

① 무변압기 방식
② 고주파 변압기 절연방식
③ 상용주파 변압기 절연방식
④ 전자기파 변압기 절연방식

해설 인버터의 회로방식별 분류
1) 상용주파 변압기 절연방식

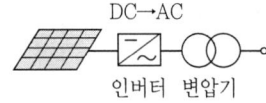
DC→AC
인버터 변압기

① PWM 인버터를 이용하여 상용주파수의 교류를 만들고, 상용주파수의 변압기를 이용하여 절연과 전압변환을 한다.
② 내부 신뢰성이나 노이즈 컷이 우수하지만, 상용주파수의 변압기를 별도로 이용하기 때문에 무겁고 크며, 변압기의 효율이 감소된다.

정답 8. ④ 9. ② 10. ② 11. ③

2) 고주파 변압기 절연방식

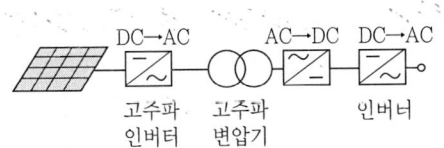

① 태양전지의 직류 출력을 고주파의 교류로 변환한 후 소형의 고주파 변압기로 절연을 한다.

② 일단 직류로 변환하고 재차 상용주파의 교류로 변환하며, 소형 경량이지만 회로가 복잡한 단점이 있다.

3) 트랜스리스(Transless) 방식

① 태양전지의 직류출력을 DC-DC 컨버터로 승압하고 인버터에서 상용주파의 교류로 변환한다.

② 소형 경량이며, 저렴하고 효율이 우수하고 신뢰성이 높다.

③ 상용전원과의 사이에는 절연이 되지 않아 안전성이 떨어진다.

18.1.96

12 신에너지 및 재생에너지 개발·이용·보급 촉진법령에 따른 신·재생에너지 설비에 대한 설명으로 틀린 것은?

① 수력설비는 물의 표층의 열을 변환시켜 에너지를 생산하는 설비이다.
② 폐기물에너지 설비는 폐기물을 변환시켜 연료 및 에너지를 생산하는 설비이다.
③ 수소에너지 설비는 물이나 그 밖에 연료를 변환시켜 수소를 생산하거나 이용하는 설비이다.
④ 해양에너지 설비는 해양의 조수, 파도, 해류, 온도차 등을 변환시켜 전기 또는 열을 생산하는 설비이다.

해설 신·재생에너지 설비(신재생에너지법 시행규칙 제2조)
① 연료전지 설비 : 수소와 산소의 전기화학 반응을 통하여 전기 또는 열을 생산하는 설비
② 태양열 설비 : 태양의 열에너지를 변환시켜 전기를 생산하거나 에너지원으로 이용하는 설비
③ 태양광 설비 : 태양의 빛에너지를 변환시켜 전기를 생산하거나 채광(採光)에 이용하는 설비
④ 해양에너지 설비 : 해양의 조수, 파도, 해류, 온도차 등을 변환시켜 전기 또는 열을 생산하는 설비
⑤ 수열에너지 설비 : 물의 표층의 열을 변환시켜 에너지를 생산하는 설비
⑥ 지열에너지 설비 : 물, 지하수 및 지하의 열 등의 온도차를 변환시켜 에너지를 생산하는 설비

13.4.47 / 17.4.22 / 19.2.32 / 19.4.38 / 20.3.36

13 태양광발전시스템에서 인버터 출력측의 3상 3선식 간선의 전압강하 계산식으로 옳은 것은? (단, L : 전선의 길이(m), I : 부하전류(A), A : 전선의 단면적(mm²)이다.)

① $e = \dfrac{17.8 \times L \times I}{1000 \times A}$ ② $e = \dfrac{20.8 \times L \times I}{1000 \times A}$

③ $e = \dfrac{30.8 \times L \times I}{1000 \times A}$ ④ $e = \dfrac{35.6 \times L \times I}{1000 \times A}$

해설 전압강하 및 전선 굵기 계산식

전기공급방식	전압강하(e)	전선의 단면적(A)
단상 2선식 직류 2선식	$e = \dfrac{35.6 \times L \times I}{1,000 \times A}$	$A = \dfrac{35.6 \times L \times I}{1,000 \times e}$
3상 3선식	$e = \dfrac{30.8 \times L \times I}{1,000 \times A}$	$A = \dfrac{30.8 \times L \times I}{1,000 \times e}$
단상 3선식 3상 4선식 직류 3선식	$e = \dfrac{17.8 \times L \times I}{1,000 \times A}$	$A = \dfrac{17.8 \times L \times I}{1,000 \times e}$

14.4.5 / 17.1.40 / 17.2.6 / 17.2.51 / 17.4.27 / 18.1.1 / 18.4.26

14 낙뢰의 위험으로부터 시설물을 보호하기 위한 피뢰방식이 아닌 것은?

① 분전방식   ② 돌침방식
③ 메시도체방식   ④ 수평도체방식

정답 12. ① 13. ③ 14. ①

해설 **외부 피뢰시스템**

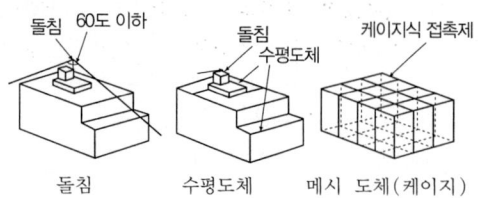

돌침   수평도체   메시 도체(케이지)

(1) 수뢰부 시스템
① 뇌격이 피 보호범위내로 침입할 확률을 감소시키는 것
② 돌침(피뢰침), 수평도체, 메시 도체(케이지)방식의 개별 또는 이들의 조합으로 한다.
③ PV설비 전체를 보호할 수 있는 범위내로 해야 한다.

(2) 인하도선 시스템
① 위험한 불꽃방전의 발생확률을 감소시키기 위하여 뇌격점과 대지사이를 연결하는 도선
② 다수의 병렬 전류통로를 형성해야 한다.
③ 전류통로의 배선 길이는 최소로 유지해야 한다.
④ 인하도선은 가능한한 수뢰부도체에서 직접 연결되도록 배치하여야 한다.
⑤ 인하도선은 지표면과 가까운 부분에 접지시험단자를 시설한다. 다만, 자연적 구성부재를 이용하는 경우는 생략한다.

(3) 접지 시스템
① 위험한 과전압을 발생시키지 않고 뇌전류를 대지로 방류하기 위해서는 접지의 형상, 크기 및 접지저항 값이 중요하다. 다만, 일반적으로는 낮은 접지저항을 권장한다.
② 피뢰설비의 관점에서는 구조체를 사용한 통합단일의 접지가 바람직하며, 모든 접지목적(즉, 피뢰설비, 저압전력시스템, 통신시스템 등)에도 적합하다.

※ 케이지(Cage)방식
건조물의 주위를 피뢰도선으로 감싸는 방식으로 새 장과 같이 되어 있어 케이지방식이라 하며, 어떠한 뇌격에 대해서도 완전히 보호되는 방식이다.

15 태양광발전소 설비용량이 2500kW, SMP가 200원/kWh, 가중치 적용 전 REC가 150원/kWh인 경우 판매단가(원/kWh)는? (단, "SMP+1REC 가격×가중치" 계약방식이며, 설치장소는 기존 건축물 지붕을 이용하여 설치하는 것으로 한다.)

① 425   ② 475   ③ 500   ④ 525

해설 판매단가 = SMP 단가 + (REC 단가 × 가중치)
= 200 + (150 × 1.5) = 425(원)

신재생에너지 공급인증서 가중치

구분	공급인증서 가중치	대상에너지 및 기준	
		설치유형	세부기준
태양광 에너지	1.2	일반부지에 설치하는 경우	100kW미만
	1.0		100kW부터
	0.8		3,000kW초과부터
	0.5	임야에 설치하는 경우	-
	1.5	건축물 등 기존 시설물을 이용하는 경우	3,000kW이하
	1.0		3,000kW초과부터
	1.6	유지 등의 수면에 부유하여 설치하는 경우	100kW미만
	1.4		100kW부터
	1.2		3,000kW초과부터
	1.0	자가용 발전설비를 통해 전력을 거래하는 경우	

16 어떤 회로에 E=200+j50(V)인 전압을 가했을 때 I=5+j5(A)의 전류가 흘렀다면 이 회로의 임피던스는 약 몇 Ω인가?

① 0   ② ∞
③ 70+j30   ④ 25−j15

해설 직교좌표−극좌표 변환

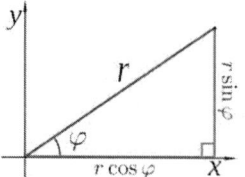

정답 15. ① 16. ④

① 직교좌표 $(x, y) \rightarrow$ 극좌표 (r, θ)
$r = \sqrt{x^2+y^2}, \quad \theta = \tan^{-1}(y/x)$
∴ $E = 200 + j50 : r = \sqrt{200^2 + 50^2}, \theta = \tan^{-1}(50/200) = 206.16\angle 14.04$
$I = 200 + j50 : r = \sqrt{5^2 + 5^2}, \theta = \tan^{-1}(5/5) = 7.07\angle 45$
② 임피던스 (Z)
$Z = \dfrac{E}{I} = \dfrac{206.16\angle 14.04}{7.07\angle 45} = 29.16\angle -30.96$
③ 극좌표 $(r, \theta) \rightarrow$ 직교좌표 (x, y)
$x = r\cos\theta, \quad y = r\sin\theta$
∴ $29.16\angle -30.96 = 29.16 \times \cos -30.96, 29.16 \times \sin -30.96 = 25 - j15$

14.4.2 / 19.1.10

17 태양광발전시스템에서 지락 발생 시 누전차단기로 보호할 수 없는 경우가 발생하는 이유는?

① 지락전류에 직류성분이 포함되어 있기 때문에
② 인버터의 출력이 직접 계통에 접속되기 때문에
③ 태양광발전 전지와 계통측이 절연되어 있지 않기 때문에
④ 태양광발전 전지에서 발생하는 지락전류의 크기가 매우 크기 때문에

해설 누전차단기(Earth Leakage Breaker)

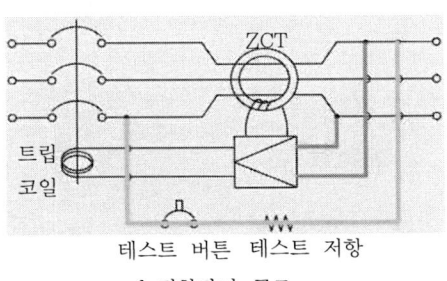

누전차단기 구조

ZCT

① 핵심부품인 ZCT(Zero Current Transformer)는 일종의 CT로서 전류를 전압 값으로 변환시킨다.
② 일반 CT는 한 상의 전선만 통과하여 전류 값 측정에 사용되나, ZCT는 한 구멍에 전류의 방향이 다른 극의 전선이 동시에 통과하므로 서로 상쇄되어 정상 상태에서는 전압이 발생되지 않으나, 누전이 발생하면 한 극에서 출발한 전류가 다른 극으로 100[%] 돌아오지 않게 되고 그 값의 차이가 설정 값 이상이면 제어회로의 판단에 따라 TC(Trip Coil)이 여자되어 TM(Trip Mechanism)을 동작시켜 접점이 개방된다.
③ 태양광발전시스템에서 지락 발생 시 누전차단기로 보호할 수 없는 경우가 발생되므로, 누전차단기에는 직류성분을 갖는 누설전류 발생 시의 동작특성이 표시되어야 한다.

18 풍력발전기가 바람의 방향을 향하도록 블레이드의 방향을 조절하는 것은?

① Pitch control
② Yaw control
③ Active stall control
④ Passive stall control

해설 풍력발전기의 구성

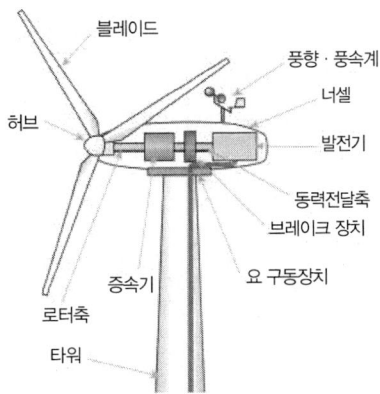

① 블레이드 : 바람이 가지는 에너지를 회전력으로 변환
② 허브 : 블레이드를 연결
③ 로터 : 블레이드와 허브를 포함해서 로터라고 함

정답 17. ① 18. ②

④ 주축 : 회전력을 증속기에 전달
⑤ 증속기 : 저회전 고토크의 회전을 고회전 저토크의 회전으로 변환
⑥ 발전기 : 회전력을 전력으로 변환
⑦ 피치시스템 : 블레이드와 피치각을 조절
⑧ 너셀 : 블레이드와 타워를 연결하는 엔진실
⑨ 요잉(Yaw) 시스템 : 너셀을 바람이 부는 방향으로 일치시킴
⑩ 타워 : 풍력발전기를 지지
⑪ 제어/모니터링 시스템 : 풍력발전기를 제어

19 태양광발전시스템의 도면배치 순서가 옳은 것은? (단, 배치는 태양광발전 모듈에서 계통방향으로 하며, 태양광발전 모듈은 ◁ 로, 인버터는 ≋ 로, 접속함은 ⊠ 로, 변압기는 ∞ 로 표기하였다.)

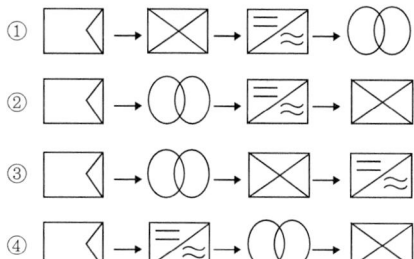

해설 계통연계형 태양광발전시스템의 구성

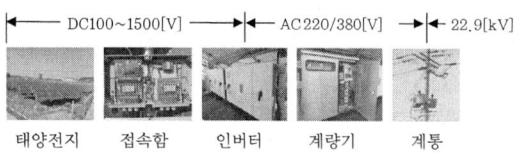

17.4.72 / 19.1.78

20 소형 태양광 발전용 인버터의 절연 성능 시험항목이 아닌 것은?

① 내전압 시험　　② 절연저항 시험
③ 감전보호 시험　④ 출력측 단락 시험

해설 절연성능시험 항목
① 절연저항시험
② 내전압시험
③ 감전보호시험
④ 절연거리시험

21 태양광발전 모듈 제작순서가 다음과 같을 때 빈 칸에 들어갈 공정은?

> 탭달기(Tabbing) → 스트링(String) → 배치(Lay-up) → (　　　) → 알루미늄 프레임(Framing) → 접합 단자함(Junction box) → 품질평가(test)

① 절단(Cutting)
② 포장(Packing)
③ 건조(Drying)
④ 라미네이션(Lamination)

해설 모듈 제작순서

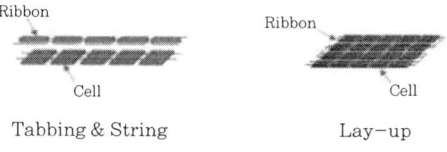

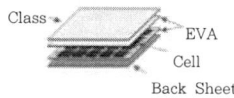
Lamination

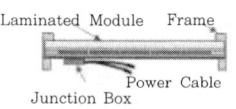
Framing & Junction box

① 셀 선별(Cell Selection) : Cell을 테스트하여 비슷한 전기적 특성을 갖는 Cell로 분류
② 탭달기 & 스트링(Tabbing&String) : 태양전지(+), (−)전극을 일렬로 도체리본과 함께 납땜하는 과정
③ 배치(Lay-up) : 태양전지 모듈의 형태로 만든 후 저철분강화유리, EVA, Back Sheet 등을 적층한다.
④ 라미네이션(Lamination) : 적층된 태양광 모듈 자재들을 고온에서 진공 압착, 모듈이 충격에 견디고 방수성을 갖도록 한다.
⑤ 알루미늄 프레임(Framing) : 모듈보호 및 어레이 구성을 위해 알루미늄 프레임으로 고정

⑥ 접합 단자함(Junction box) : 모듈의 전원을 외부로 인출하기 위한 단자박스 설치
⑦ 품질평가(test) : 완성된 태양광 모듈의 정상여부 테스트

15.4.29 / 16.2.12 / 17.1.7 / 19.2.10

22 다음은 축전지 용량의 산출식이다. ( )에 알맞은 내용은?

$$C = \frac{1일\ 소비전력량 \times 불일조일수}{(\ ) \times 방전심도 \times 방전종지전압}(Ah)$$

① 효율　② 역률　③ 셀수　④ 보수율

해설 축전지 용량(C)과 방전종지전압(Final Discharge Voltage)

1) 축전지 용량(C)

$$C = \frac{1일\ 적산부하\ 전력량(L_d) \times 일조가\ 없는\ 날(D)}{보수율(L) \times 공칭\ 축전지\ 전압 \times 축전지\ 개수 \times 방전심도(DOD)}$$

2) 방전종지전압(Final Discharge Voltage)
① 일반적으로 축전지는 어느 정도 방전하면 그 후의 전압 강하는 매우 급격하며, 축전지에 악영향을 미친다. 따라서 일정선 이상 방전하지 않기 위하여 어느 한도를 정할 필요가 있는데 이점을 방전종지전압이라 한다.
② 방전종지전압 공칭 축전지 전압(납축전지의 경우 2[V])
③ 방전종지전압 = 공칭 축전지 전압(납축전지의 경우 2[V]) × 축전지 개수

14.4.21 / 16.4.22 / 17.2.21 / 19.2.22

23 설계도면 작성에 관련한 내용과 가장 관계가 적은 것은?

① 기본설계, 실시설계 순으로 작성한다.
② 전기설비별 KS인증 내역을 작성한다.
③ 공사의 범위, 규모, 배치, 보완사항을 작성한다.
④ 배선도에 조명, 콘센트, 전기방재설비 등을 표기한다.

해설 설계절차

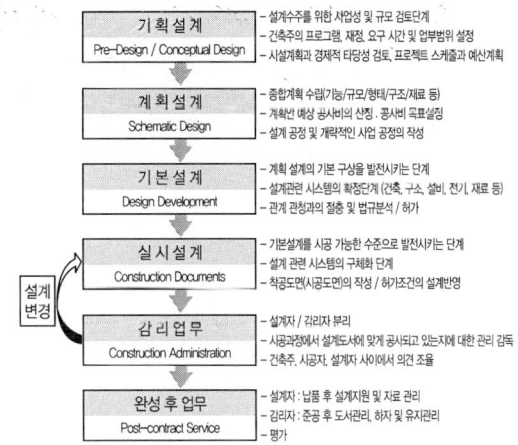

24 토목도면의 재료별 단면을 표시할 경우 지반에 해당하는 것은?

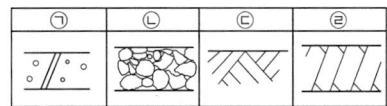

① ㉠　② ㉡
③ ㉢　④ ㉣

해설 재료의 단면 표시법

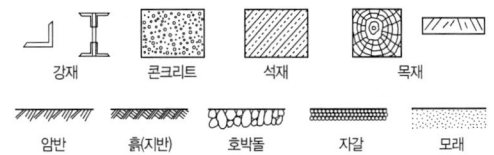

14.4.40 / 15.4.22 / 16.2.59 / 16.4.52 / 17.1.38 / 17.2.52 / 18.4.32 / 19.2.53

25 태양광발전시스템의 구조물 설치를 위한 기초의 종류 중 지지층이 얕을 경우 적용하는 방식은 무엇인가?

① 말뚝기초　② 퍼어기초
③ 간접기초　④ 직접기초

정답 22. ④　23. ②　24. ③　25. ④

해설 기초의 분류

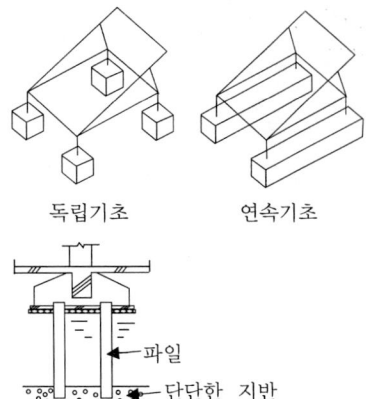

독립기초   연속기초

파일(말뚝)기초

(1) 얕은 기초(Shallow Foundation)
1) 독립(주춧돌)기초(Individual Footing) : 단일 기둥을 지지, 기둥간격이 넓은 경우

2) 연속기초(Contentious Footing) : 다수의 연속기둥 또는 벽체를 지지

3) 전면(온통)기초(Mat 또는 Raft Foundation)
① 다수의 기둥들을 지지, 상부구조 전 단면 아래의 지지토층 위에 있는 단일 슬래브 형식의 확대기초
② 고층건물, 중량건물, 연약지반, 지하수위가 높은 지하실바닥에 유리
※ 직접기초 : 독립기초, 연속기초, 전면(온통)기초

(2) 깊은 기초(Deep Foundation)
1) 파일(말뚝)기초(Pile Foundation)
① 대표적인 깊은 기초공법으로 피어 및 케이슨기초 보다 시공이 간편하고 공사비가 저렴함
② 말뚝의 축방향 허용지지력은 지반의 허용지지력과 말뚝재료의 허용하중을 비교하여 낮은 값으로 결정함

2) 피어기초(Pier Foundation)
구조물 하중을 연약한 토층을 지나 견고한 지지층에 전달시키기 위하여 지반에 굴착한 구멍 속에 현장타설 콘크리트를 채워 설치하는 깊은 기초의 일종으로서 일반적으로 직경은 사람이 들어가서 확인할 수 있도록 최소 직경 760[mm] 정도 이상인 것을 말함

3) 케이슨(우물통)기초

26 건물에 설치된 태양광발전시스템의 낙뢰 및 과전압 보호로 고려해야 하는 방법이 아닌 것은?
① 교류측에 과전압 보호장치를 설치해야 한다.
② 태양광발전시스템 접속함의 직류측에 서지보호장치를 설치해야 한다.
③ 태양광발전시스템이 외부에 노출되어 있다면 적절한 피뢰침을 설치해야 한다.
④ 낙뢰 보호시스템이 있어도 반드시 태양광발전시스템을 접지 및 등전위면에 연결해야 한다.

해설 태양광발전시스템에서 피뢰설비는 아주 중요한 기능중 하나이다. 모듈을 건물의 옥상에 설치하거나 산간지방이나 낙뢰가 많은 곳에 설치하는 경우 별도로 피뢰침 설비와 뇌보호에 적합한 SPD같은 피뢰소자를 설치하여야 한다. 피뢰침 설비는 낙뢰로부터 보호하는 설비를 말하고, 피뢰소자는 뇌서지가 태양전지 어레이 혹은 파워컨디셔너 등에 침입할 경우 이러한 기기나 장치 등을 뇌서지에서 보호하기 위한 장치이다.
피뢰설비, 접지설비, 피뢰소자 등은 낙뢰 보호시스템에 포함이 된다.

17.1.18 / 18.2.3 / 19.4.10 / 21.1.15

27 동일 출력전류(I) 특성을 가지는 개의 태양광발전 전지를 같은 일사 조건에서 서로 병렬로 연결했을 경우 출력전류 I_a 에 대한 계산식은?
① $I_a = N \times I$
② $I_a = N^2 \times I$
③ $I_a = \dfrac{I}{N}$
④ $I_a = \dfrac{N}{I}$

해설 태양전지 직병렬 계산식

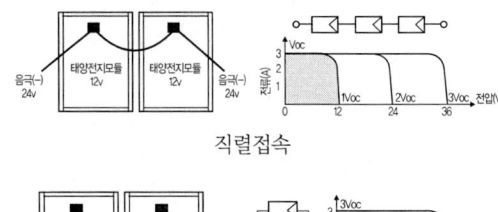

직렬접속

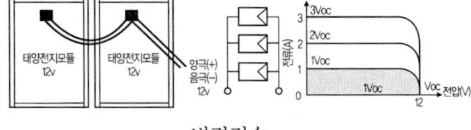

병렬접속

① 직렬접속 : 전압은 증가한다.(전류는 변화 없음)
② 병렬접속 : 전류는 증가한다.(전압은 변화 없음)
③ 병렬접속시 출력전류 $I_a = N \times I$

28 지상설치의 기초 형식에 대한 종류와 그림 설명으로 틀린 것은?

① 전면기초 ② 말뚝기초
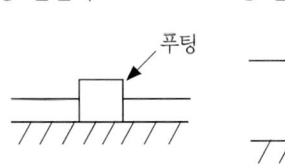 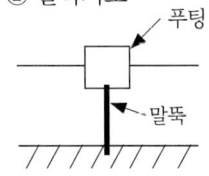

③ 독립푸팅기초 ④ 복합푸팅기초
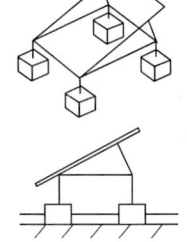 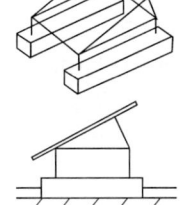

[해설] 푸팅(footing)
지반의 지지력이 필요한 구조물의 기둥 밑부분 등에는 계단적으로 기초면적을 넓게 하며, 이 넓게 잡은 토대의 부분을 푸팅이라고 하고, 이러한 구조의 기초를 푸팅기초라고 한다. 푸팅기초는 기초가 얕을 때 많이 채용되는 공법으로, 구조에 따라 독립푸팅·연결푸팅·벽 푸팅 등으로 분류한다.

29 태양광발전시스템을 운영하기 위하여 필요한 계측장비로 틀린 것은?

① IV checker
② 열화상카메라
③ 폐쇄력 측정기
④ 솔라 경로추적기

[해설] 태양광발전시스템의 계측장비
① 절연저항계
② 접지저항계
③ 멀티미터
④ 클램프미터(후크메타)
⑤ 보호계전기 시험기
⑥ 적외선 열화상 카메라
⑦ 일사량계
⑧ 모듈 테스터
⑨ 버니어 캘리퍼스
⑩ 내전압 측정기
⑪ 태양광 어레이 테스터
⑫ GPS 수신기
⑬ 솔라경로 추적기
⑭ RST 3상 테스터기
⑮ 전력 분석계
⑯ 적외선 온도계
⑰ 지락 전류시험기
⑱ 배터리 테스터기
※ 폐쇄력 측정기 : 급기 가압제연설비의 부속실에 설치된 방화문의 폐쇄력과 개방력을 측정하는 기구

30 저탄소 녹색성장 기본법의 목적으로 이 법 제1조에서 언급하고 있지 않은 것은?

① 온실가스 배출 증가
② 국민경제의 발전을 도모
③ 녹색성장에 필요한 기반조성
④ 경제와 환경의 조화로운 발전

[해설] 목적(녹색성장법 제1조)
① 경제와 환경의 조화로운 발전을 위하여 저탄소 녹색성장에 필요한 기반을 조성한다.
② 녹색기술과 녹색산업을 새로운 성장 동력으로 활용함으로써 국민경제의 발전을 도모한다.
③ 저탄소 사회 구현을 통하여 국민의 삶의 질을 높인다.
④ 국제사회에서 책임을 다하는 성숙한 선진 일류국가로 도약하는 데 이바지함

정답 28. ① 29. ③ 30. ①

31 변압기를 사용하여 220[V], 60[Hz] 교류전압을 12[V]의 교류전원으로 바꾸려고 한다. 이 변압기 1차 코일의 권선수가 350회일 때, 2차 코일의 권선 수는?

① 약 19회 ② 약 25회
③ 약 56회 ④ 약 500회

해설 변압기의 원리

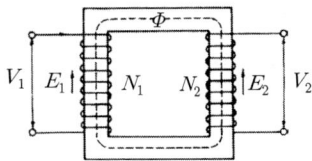

① 1개의 철심에 2개의 권선(코일)을 감고 한쪽의 권선에 전압 V_1 [V]의 사인파 전압을 가하면, 철심 중에 자속 Φ[Wb]가 발생하며, 이 자속과 쇄교하는 다른 쪽 권선에는 권선 횟수에 비례하는 V_2의 전압을 공급받게 된다.

② 1차, 2차 권선에 유도되는 기전력의 비는 변압기의 권수비에 비례하며 권수비를 a 라 하면

$$a = \frac{N_1}{N_2} = \frac{V_1}{V_2} = \frac{I_2}{I_1}$$

③ $a = \frac{N_1}{N_2} = \frac{220}{12}$

∴ $N_2 = \frac{N_1 \times V_2}{V_1} = \frac{350 \times 12}{220} ≒ 19$ [회]

32 수용가 전력요금 절감 및 전력회사 피크전력 대응으로 설비투자비를 절감할 수 있는 축전지 부착 계통연계형 시스템은?

① 방재 대응형
② 부하 평준화 대응형
③ 계통 안정화 대응형
④ 계통 평준화 대응형

해설 축전지부착 계통연계시스템
축전지가 있는 계통연계시스템은 일반적인 계통연계시스템에 비해 적용범위를 확대할 수 있다.

① 방재 대응형
평상시 계통연계시스템으로 동작하고, 재해시 인버터를 자립운전으로 전환하고 특정 방재 대응부하에 전력을 공급한다.

② 부하 평준화 대응형(피크 시프트형, 야간전력 저장형)
태양전지 출력과 축전지 축력을 병용하여 부하의 피크 시에 인버터를 필요한 출력으로 운전하고, 수전전력의 증대를 억제하여 기본전력요금을 절감한다.

③ 계통 안정화 대응형
태양전지와 축전지를 병렬운전하며, 기후 급변 시나 계통부하 급변 시에 축전지를 방전하고, 태양전지 출력이 증대하여 계통전압이 상승하려고 할 때는 축전지를 충전하여 역조류를 감소시키고, 전압이 상승하는 것을 방지한다.

33 SPD[Surge Protective Device]를 시험에 의해 분류할 경우 클래스 I등급 시험의 파형 크기(파두장/파미장)와 종류로 옳은 것은? (단, 직격뢰를 가정한 경우이다.)

① 8/20[μs]의 전류파형
② 8/20[μs]의 전압파형
③ 10/350[μs]의 전류파형
④ 10/350[μs]의 전압파형

해설 통합접지공사에 따른 SPD시설기준

1) 과전압으로 인한 전기설비의 보호를 위해 SPD를 시설해야 하는 장소
① 연간뇌우일수(IKL) 25일/년 초과하는 지역에서 전원이 가공전로로 공급되는 전기설비
② 저압으로 인입되는 전기설비가 통합접지인 건물 안의 전기설비

2) SPD의 등급시험에 따른 분류

SPD종류	시험등급	방전매개변수	시험파형
I등급	I등급시험	I_{imp}, I_n	I_{imp} : 10/350μs 임펄스전류
II등급	II등급시험	I_{max}, I_n	I_n, I_{max} : 8/20μs 공칭방전전류
III등급	III등급시험	U_{oc}	U_{oc} : 1.2/50μs 콤비네이션파형

정답 31. ① 32. ② 33. ③

13.4.14 / 15.2.10 / 16.4.31 / 17.2.17 / 18.1.64 / 18.2.8 / 19.1.7

34 태양광발전모듈에 차광이 모듈의 부하로 작용하여 태양광발전시스템의 출력을 저하시킬 경우 조치로 옳은 것은?

① 제너 다이오드를 설치한다.
② 스트링 다이오드를 설치한다.
③ 블럭킹 다이오드를 설치한다.
④ 바이패스 다이오드를 설치한다.

해설 바이패스(Bypass) 소자

1) 태양광 모듈의 그림자 영향
① 태양광 모듈은 아주 적은 일부가 그림자에 가려지더라도 모듈 전체의 출력이 크게 저하된다.
② 모듈은 각각의 태양전지를 직렬로 연결하기 때문에 수십 개의 태양전지로 구성된 모듈에서 단 한 개의 셀이 나뭇잎 등에 의해 완전히 가려졌다면 출력 값은 거의 제로(Zero)에 가깝게 떨어진다.
③ 전체 개방전압에서 그림자가 발생한 모듈의 개방전압을 뺀 값 이하에서 전압 동작점이 존재할 때에 그림자가 발생한 모듈의 전류가 역방향이 된다. 따라서 역 전압이 인가되고 부하처럼 동작되어 열이 발생되고 모듈이 파손되는 원인이 된다.

2) 대책(바이패스 다이오드)

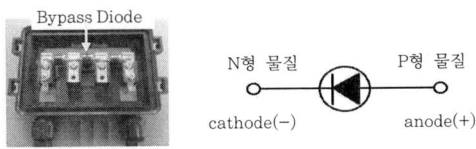

바이패스다이오드(Junction Box에 설치)   회로 표기방법(기호)

① 바이패스다이오드(Bypass Diode)는 전류를 한쪽방향으로만 흐르게 만들어 주는 부품으로 P에서 N방향으로 전류가 흐르고 반대 방향으로는 전류를 거의 통과시키지 않는다.

모듈 일부의 셀에 그림자 발생

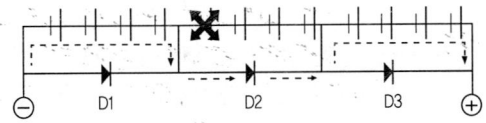

그림자 발생된 모듈의 전류흐름

② 그림자로 인해 출력이 저하된 셀 또는 셀 그룹을 우회해 전류가 흐르도록 하고, 이를 통한 출력감소는 오직 그림자에 의해 가려진 셀 또는 셀 그룹에 해당하는 부분으로 제한해 출력을 유지한다.

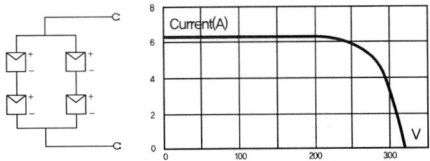

셀이 정상 연결되었을 때

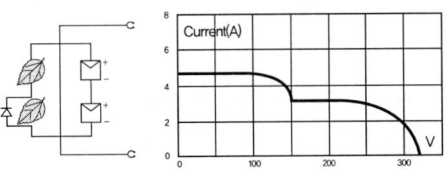

셀 일부가 정상동작하지 않을 시

③ 일반적으로 모듈 한 장(태양전지 6×9)에 셀 54개 배열의 경우에는 다이오드 3개(1개당 18개의 셀)를 설치한다.

17.4.87 / 18.1.84

35 신·재생에너지 공급인증서를 발급받으려는 자는 공급인증서 발급 및 거래시장 운영에 관한 규칙에서 정하는 바에 따라 신·재생에너지를 공급한 날부터 최대 며칠 이내에 발급신청을 하여야 하는가?

① 30   ② 60   ③ 90   ④ 120

해설 신·재생에너지 공급인증서의 발급 신청 등(신재생에너지법 시행령 제18조의8)

① 공급인증서를 발급받으려는 자는 공급인증서 발급 및 거래시장 운영에 관한 규칙에서 정하는 바에 따라 신·재생에너지를 공급한 날부터 90일 이내에 발급 신청을 하여야 한다.
② 발급 신청을 받은 공급인증기관은 발급 신청을 한 날부터 30일 이내에 공급인증서를 발급하여야 한다.

정답 34. ④ 35. ③

36 0.5[V]의 전압을 갖는 태양광 전지 24개(6개의 직렬×4개의 병렬)를 연결하여 부하에 접속하였다. 부하에 인가된 전압[V]은?

17.1.18 / 18.2.3 / 19.4.10 / 21.1.15

① 3　② 12　③ 15　④ 18

해설 태양전지 직병렬 계산식

1) 태양전지의 접속

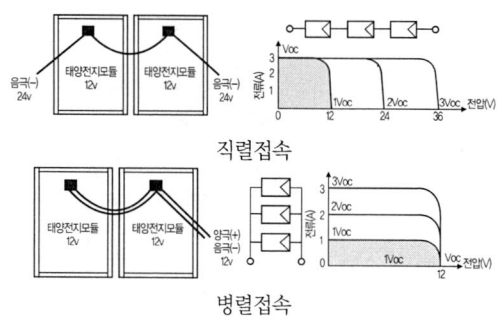

① 직렬접속 : 전압은 증가한다.(전류는 변화 없음)
② 병렬접속 : 전류는 증가한다.(전압은 변화 없음)

2) 계산식
① 직렬접속 시 전지 기전력
　V = (0.5 × 6) = 3 [V]
② 3[V] 전지 4개가 병렬 연결되면, 전압의 차이는 없이, 3[V]가 발생된다.

15.4.15 / 17.4.67 / 18.2.14

37 독립형 태양광발전설비의 종류가 아닌 것은?

① 복합형　② 계통연계형
③ 축전지가 없는 형　④ 축전지가 있는 형

해설 독립형 태양광발전 시스템

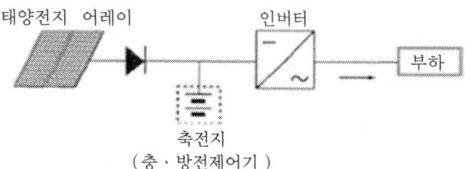

① 외딴 섬과 같이 전기가 들어오지 않는 지역에서, 상용전력계통과 직접 연결되지 않고 분리된 발전방식으로, 태양광발전시스템의 발전 전력만으로 부하에 전력을 공급한다.
② 야간 혹은 우천 시, 태양광발전시스템의 발전이 불가할 때는 발전된 전력을 저장할 수 있는 축전장치를 접속하여 태양광 전력을 저장하여 사용하는 방식

※ 계통연계형 시스템

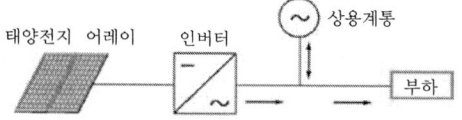

태양광발전으로 부하에 전력공급시 전기가 부족하면 전력회사의 상용전력계통에서 공급을 받고, 전기가 남을 때는 전력회사(상용-계통)에 공급하는 시스템

14.4.35 / 15.4.37 / 17.1.27 / 18.2.37

38 공사시방서 작성요령으로 옳지 않은 것은?

① 공사의 질적 요구조건을 기술 한다.
② 사용할 자재의 성능, 규격, 시험 및 검증에 관하여 기술한다.
③ 도면에 표시되는 내용을 참조하여 치수를 정확히 기재한다.
④ 시공 시 유의할 사항을 착공 전, 시공 중, 시공완료후로 구분하여 작성 한다.

해설 시방서(Specifications)

① 기본설계 및 실시설계도면에 구체적으로 표시할 수 없는 내용과 공사수행을 위한 시공 방법, 자재의 성능·규격 및 공법, 품질시험 및 검사 등 품질관리, 안전관리, 환경관리 등에 관한 사항을 기술한다.
② 표준시방서 및 전문시방서를 기본으로 하여 작성하되, 공사의 특수성·지역여건·공사방법 등을 고려하여 작성한다.

13.4.48 / 15.2.60 / 15.4.48 / 17.4.51 / 18.1.44 / 18.2.49 / 19.4.48

39 그림은 태양광발전시스템의 일반적인 시공절차이다. A, B, C에 알맞은 내용을 순서대로 올바르게 나타낸 것은?

정답 36.① 37.② 38.③ 39.②

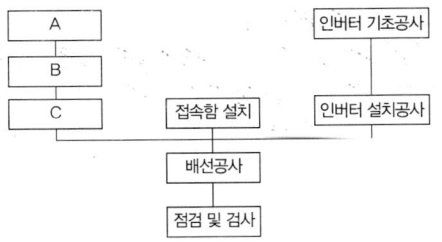

① A : 어레이 가대공사, B : 어레이 설치공사,
　C : 어레이 기초공사
② A : 어레이 기초공사, B : 어레이 가대공사,
　C : 어레이 설치공사
③ A : 어레이 기초공사, B : 어레이 배선공사,
　C : 어레이 가대공사
④ A : 어레이 배선공사, B : 어레이 가대공사,
　C : 어레이 설치공사

해설 설치 시공 순서

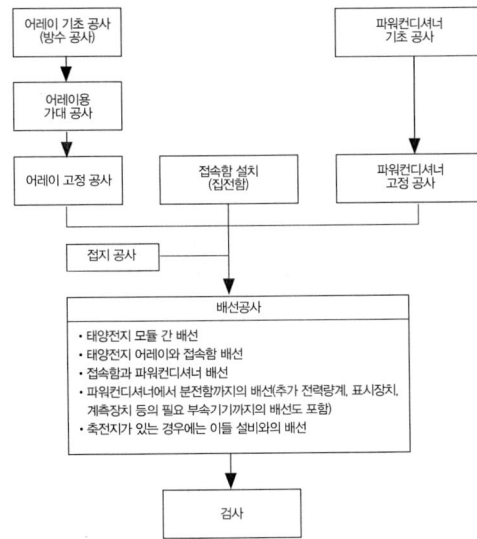

15.4.85 / 18.2.88 / 19.4.94

40 신재생에너지 기술개발 및 이용 보급에 관한 중요사항을 심의하기 위한 신재생에너지정책심의위원회 심의사항이 아닌 것은?

① 기본계획수립 및 변경에 관한사항
② 각 부처 장관이 필요하다고 인정하는 사항
③ 신재생에너지 기술개발 및 이용보급에 관한 중요사항
④ 신재생에너지 발전에 의하여 공급되는 전기의 기준가격, 및 그 변경에 관한 사항

해설 신·재생에너지정책심의회(신재생에너지법 제8조)

1) 신·재생에너지의 기술개발 및 이용·보급에 관한 중요 사항을 심의하기 위하여 산업통상자원부에 신·재생에너지정책심의회를 두며, 심의회는 다음의 사항을 심의한다.
① 기본계획의 수립 및 변경에 관한 사항. 다만, 기본계획의 내용 중 대통령령으로 정하는 경미한 사항을 변경하는 경우는 제외한다.
② 신·재생에너지의 기술개발 및 이용·보급에 관한 중요 사항
③ 신·재생에너지 발전에 의하여 공급되는 전기의 기준가격 및 그 변경에 관한 사항
④ 그밖에 산업통상자원부장관이 필요하다고 인정하는 사항

2) 심의회의 구성·운영과 그밖에 필요한 사항은 대통령령으로 정한다.

14.4.4 / 15.4.5 / 18.4.1

41 태양광발전시스템에서 추적제어방식에 따른 분류가 아닌 것은?

① 프로그램 추적법(program tracking)
② 감지식 추적법(sensor tracking)
③ 양방향 추적법(double axis tracking)
④ 혼합식 추적법(mixed tracking)

해설 추적제어방식에 따른 분류

1) 감지식 추적법(Sensor Tracking)

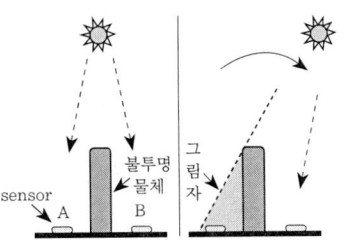

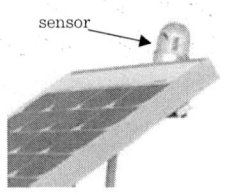

① 감지기(sensor)기구는 모듈의 상부 혹은 측면에 부착되며, 일정시간 간격으로 불투명물체에 가려진 두 개의 일사량감지 센서에 비추는 일사량이 평형이 되도록 모듈고정 구조물은 구동되며, 발전량을 최대로 한다.
② 감지기를 이용하여 최대 일사량을 추적해 가는 방식으로 감지기의 종류와 형태에 따라 오차가 발생하기도 한다.
③ 특히 태양이 구름에 가리거나 부분 음영이 발생하는 경우 감지부의 정확한 태양궤도 추적이 곤란하다.

2) 프로그램 추적법(Program Tracking)
태양의 연중 이동 궤도를 추적하는 프로그램을 내장한 컴퓨터 또는 마이크로프로세서를 이용하여 프로그램에 위도, 경도, 년, 월, 일에 따라 최적의 태양 위치를 저장해 놓고 추적한다.

3) 혼합추적식(Mixed Tracking)
프로그램 추적법을 중심으로 운영하면서 설치위치에 따른 미세한 부분은 주기적으로 수정해주는 방법으로 가장 이상적인 방법

14.4.33 / 15.2.36 / 18.1.34 / 18.4.25 / 19.2.25 / 19.4.23

42 태양광발전설비 설치 시 반드시 필요한 설계도서에 해당되지 않는 것은?

① 배치도   ② 평면도
③ 시방서   ④ 계획서

해설 **설계도서**
1) 설계 설명서
설계의 목적, 공사종목 및 그 개요, 각 설계에 대한 분석자료(인입지점, 발전소의 특성 등), 관계 관공서 등과의 협의 사항, 설계시 적용한 특별한 사항

2) 설계도면
배치도, 단선접속도, 계통도, 배선도(평면도, 결선도, 기기상세도), 기기시방 및 배치도

3) 기술계산서
부하계산서, 전압강하계산서, 변압기용량계산서, 차단기용량계산서, 축전지용량계산서, 접지계산서

4) 설계시방서
① 기본설계 및 실시설계도면에 구체적으로 표시할 수 없는 내용과 공사수행을 위한 시공 방법, 자재의 성능·규격 및 공법, 품질시험 및 검사 등 품질관리, 안전관리, 환경관리 등에 관한 사항을 기술한다.
② 표준시방서 및 전문시방서를 기본으로 하여 작성하되, 공사의 특수성·지역여건·공사방법 등을 고려하여 작성한다.
③ 공사시방서, 전문시방서, 표준시방서, 특기시방서 등

5) 예산내역서
자재 산출근거서, 공량산출서, 일위대가표, 내역서, 공사원가산출서, 단가대비표, 견적서 등

15.4.71 / 16.2.67 / 18.1.15 / 18.2.63 / 18.4.62

43 인버터 입출력회로 절연저항 측정 시 주의사항에 관한 설명 중 틀린 것은?

① 트랜스리스 인버터의 경우는 제조업자가 추천하는 방법에 따라 측정한다.
② 측정할 때는 서지 업서버 등 정격에 약한 회로에 관해서는 회로에서 분리시킨다.
③ 입출력 단자에 주회로 이외의 제어단자 등이 있는 경우는 이것을 포함해서 측정한다.
④ 정격전압이 입출력에서 다를 때는 낮은 측의 전압을 절연저항계의 선택기준으로 한다.

해설 **인버터의 절연저항 측정**

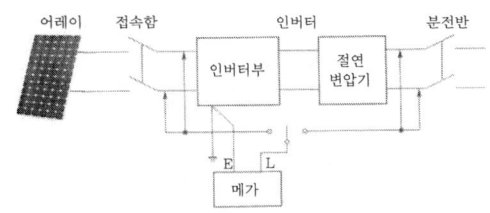

정답 42. ④ 43. ④

(1) 입력회로
① 태양전지회로를 접속함에서 분리한다.
② 분전반 내의 분기회로 개폐기를 개방한다.
③ 직류 측의 모든 입력단자 및 교류 측의 모든 출력 단자를 각각 단락한다.
④ 직류단자와 대지간의 절연저항 측정한다.
(각각의 스트링별 한가닥씩, 단락용 악어클립을 사용하여 측정)

(2) 출력회로
① 태양전지 회로를 접속함에서 분리한다.
② 분전반 내의 분기차단기를 개방한다.
③ 직류 측의 모든 입력단자 및 교류 측의 모든 출력 단자를 각각 단락한다.
④ 교류단자와 대지간의 절연저항을 측정한다.
(각각의 교류선을 한가닥씩, 단락용 개폐기를 사용하여 측정)

(3) 기타 주의사항
① 정격전압이 입출력과 다를 때는 높은 측의 전압을 절연저항계의 선택기준으로 한다.
② 입출력 단자에 주회로 이외의 제어단자 등이 있는 경우는 이것을 포함해서 측정한다.
③ 서지업서버 등의 정격에 약한 회로들은 회로에서 분리하여 측정한다.
④ 절연변압기가 별도로 설치된 경우에는 이를 포함하여 측정한다.
⑤ 절연변압기를 장착하지 않은 인버터는 제조사 추천 방식으로 측정한다.

44 온실가스 배출량 및 에너지 소비량에 관한 명세서를 작성할 때 포함되는 사항이 아닌 것은?

① 명세서에 관한 품질관리 절차
② 온실가스 감축·흡수·제거 실적
③ 업체의 규모, 생산설비, 제품원료 및 생산량
④ 생산공정과 생산설비로 구분한 온실가스 배출량·종류 및 규모

해설 명세서의 보고·관리 절차 등(녹색성장법 시행령 제34조)
1) 관리업체는 해당 연도(관리업체로 지정된 최초의 연도의 경우에는 과거 3년간) 온실가스 배출량 및 에너지 소비량에 관한 명세서를 작성하고, 이에 대한 검증기관의 검증 결과를 첨부하여 부문별 관장기관에게 다음 연도 3월 31일까지 전자적 방식으로 제출하여야 한다.

2) 명세서에는 다음의 사항이 포함되어야 한다.
① 업체의 규모, 생산설비, 제품원료 및 생산량
② 사업장별 배출 온실가스의 종류 및 배출량, 온실가스 배출시설의 종류·규모·수량 및 가동시간
③ 사업장별 사용 에너지의 종류 및 사용량, 사용연료의 성분, 에너지 사용시설의 종류·규모·수량 및 가동시간
④ 생산공정과 생산설비로 구분한 온실가스 배출량·종류 및 규모
⑤ 생산공정에서 사용된 온실가스 배출 방지시설의 종류·규모·처리효율·수량 및 가동시간
⑥ 포집·처리한 온실가스의 종류 및 양
⑦ ②~⑥까지의 부문별 온실가스 배출량 및 에너지 사용량의 계산·측정 방법
⑧ 명세서에 관한 품질관리 절차
⑨ 그밖에 관리업체의 온실가스 배출량 및 에너지 소비량의 관리를 위하여 부문별 관장기관이 환경부장관과의 협의를 거쳐 필요하다고 인정한 사항

45 상주 감시를 하지 아니하는 변전소의 변전제어소 또는 기술원이 상주하는 장소에 경보장치를 시설하는 경우로서 틀린 것은?

① 제어 회로의 전압이 현저히 저하한 경우
② 주요 변압기의 전원측 전로가 무전압으로 된 경우
③ 특고압용 타냉식변압기는 그 냉각장치가 고장 난 경우
④ 출력 500[kVA]를 초과하는 특고압용변압기의 온도가 현저히 상승한 경우

해설 상주 감시를 하지 아니하는 변전소의 시설
다음의 경우에는 변전제어소 또는 기술원이 상주하는 장소에 경보장치를 시설할 것
① 운전조작에 필요한 차단기가 자동적으로 차단한 경우(차단기가 재폐로한 경우를 제외한다)
② 주요 변압기의 전원측 전로가 무전압으로 된 경우

③ 제어 회로의 전압이 현저히 저하한 경우
④ 옥내변전소에 화재가 발생한 경우
⑤ 출력 3,000[kVA]를 초과하는 특고압용변압기는 그 온도가 현저히 상승한 경우
⑥ 특고압용 타냉식변압기는 그 냉각장치가 고장 난 경우
⑦ 조상기는 내부에 고장이 생긴 경우
⑧ 수소냉각식조상기는 그 조상기안의 수소의 순도가 90[%] 이하로 저하한 경우, 수소의 압력이 현저히 변동한 경우 또는 수소의 온도가 현저히 상승한 경우
⑨ 가스절연기기(압력의 저하에 의하여 절연파괴 등이 생길 우려가 없는 경우를 제외한다)의 절연가스의 압력이 현저히 저하한 경우

46 확산광에 대한 설명으로 적절하지 않은 것은?

① 맑은 날의 경우 지표에 도달하는 전체 태양광의 10~20[%]를 차지한다.
② 확산광은 주로 대기에서의 산란에 의해 발생한다.
③ 결정질 실리콘 태양전지는 확산광을 흡수하지 못한다.
④ 확산광이 늘어나면 집광형 시스템의 출력은 줄어든다.

해설 **확산광(diffused light)**
① 여러 방향에서 피사체를 부드럽고 고르게 비추는 조명으로 흐린 날이나 그늘진 곳에서 많이 생긴다.
② 확산광은 빛이 반투명체의 물질에 의해 통과된 빛과 주변의 다른 물체에 의해 반사되어 나오는 빛이며, 결정질 실리콘 태양전지는 확산광을 흡수하여 전기를 생산한다.

47 태양광발전시스템 어레이 지지대의 조건으로 가장 거리가 먼 것은?

① 유지관리가 용이할 것
② 미관 및 조형성을 가질 것
③ 태풍, 지진 등 외력에 충분히 견딜 것
④ 대기환경에 충분히 비내수성을 가질 것

해설 **구조물 설계 방향**
1) 안전성
① 내진 태풍 설계를 수반하여, 천재지변에 안전하도록 설계
② 사용중 유지보수 및 발생 가능한 추가 하중을 반영한다.
③ 하부의 기존 구조물의 안정성 및 미관을 고려한다.
④ 대기환경에 충분히 내수성을 가질 것

2) 경제성
① 과다한 응력에 따른 구조물량 증가 요인을 배재한다.
② 공사비를 절감할 수 있는 공법을 적용하여 설계한다.

3) 시공성
① 부재 단면을 통일하여 시공성을 향상시킨다.
② 접합부의 시공성을 고려한 부재를 배치한다.

4) 상용성
장·단기 처짐 및 기타 변형 등에 관한 검토를 한다.

18.2.76, 21.1.67
48 결정질 실리콘 태양광발전 모듈의 외관검사에 대한 설명으로 틀린 것은?

① 태양전지는 깨짐, 크랙이 없어야 한다.
② 모듈외관은 크랙, 구부러짐, 갈라짐 등이 없어야 한다.
③ 500[lx] 이상의 광조사 상태에서 검사를 진행한다.
④ 태양전지와 태양전지, 태양전지와 프레임의 접촉이 없어야 한다.

해설 **외관(육안) 검사**
1000[Lux] 이상의 광 조사상태에서 모듈 외관, 태양전지 등에 크랙(Crack), 구부러짐, 갈라짐 등이 없는지를 확인하고, 태양전지 간 접속 및 다른 접속부분에 결함이 없는지, 태양전지와 태양전지, 태양전지와 프레임상의 접촉이 없는지, 접착에 결함이 없는지, 태양전지와 모

둘 끝부분을 연결하는 기포 또는 박리가 없는지 등을 검사한다.
※ 박리 : 금속을 입힌 표면이나 칠을 칠한 표면에서 그 일부가 벗겨져 떨어지는 일

13.4.94 / 16.4.2 / 16.4.98 / 17.1.84 / 17.4.9 / 18.1.100 / 18.2.96 / 18.4.11 / 18.4.92 / 19.1.96

49 다음 중 신·재생에너지에 해당되지 않는 것은?

① 풍력 ② 원자력
③ 연료전지 ④ 태양에너지

해설 신·재생에너지의 정의(신재생에너지법 제2조)
1) 신에너지: 기존의 화석연료를 변환시켜 이용하거나 수소·산소 등의 화학 반응을 통하여 전기 또는 열을 이용하는 에너지
① 수소에너지
② 연료전지
③ 석탄을 액화·가스화한 에너지 및 중질잔사유을 가스화

2) 재생에너지: 햇빛·물·지열·강수·생물유기체 등을 포함하는 재생 가능한 에너지를 변환시켜 이용하는 에너지
① 태양에너지
② 풍력
③ 수력
④ 해양에너지
⑤ 지열에너지
⑥ 생물자원을 변환시켜 이용하는 바이오에너지
⑦ 폐기물에너지(비재생폐기물로부터 생산된 것은 제외한다)

50 공급인증기관이 개설한 거래시장 외에서 공급인증서를 거래한 자는 최대 얼마 이하의 벌금에 처하는가?

① 1천만원 ② 2천만원
③ 5천만원 ④ 7천만원

해설 벌칙(신재생에너지법 제34조)
① 거짓이나 부정한 방법으로 발전차액을 지원받은 자와 그 사실을 알면서 발전차액을 지급한 자는 3년 이하의 징역 또는 지원받은 금액의 3배 이하에 상당하는 벌금에 처한다.
② 거짓이나 부정한 방법으로 공급인증서를 발급받은 자와 그 사실을 알면서 공급인증서를 발급한 자는 3년 이하의 징역 또는 3천만원 이하의 벌금에 처한다.
③ 공급인증기관이 개설한 거래시장 외에서 공급인증서를 거래한 자는 2년 이하의 징역 또는 2천만원 이하의 벌금에 처한다.
④ 법인의 대표자나 법인 또는 개인의 대리인, 사용인, 그 밖의 종업원이 그 법인 또는 개인의 업무에 관하여 ①~③까지의 어느 하나에 해당하는 위반행위를 하면 그 행위자를 벌하는 외에 그 법인 또는 개인에게도 해당 조문의 벌금형을 과한다. 다만, 법인 또는 개인이 그 위반행위를 방지하기 위하여 해당 업무에 관하여 상당한 주의와 감독을 게을리하지 아니한 경우에는 그렇지 않다.

13.4.14 / 15.2.10 / 16.4.31 / 17.2.17 / 18.1.64 / 18.2.8 / 19.1.7

51 태양전지 모듈에 부분 음영이 존재할 시, 모듈의 특성은 어떻게 변하는가?

① 효율증가 ② 출력감소
③ 발열감소 ④ 변화 없음

해설 낙엽 혹은 그림자에 의한 부분 음영시의 손실을 예방하기 위하여 바이패스다이오드는 그림자로 인한 출력이 저하된 셀 또는 셀 그룹을 우회해 전류가 흐르도록 하고, 이를 통한 출력감소는 그림자에 의해 가려진 셀 또는 셀 그룹에 해당되는 분분으로 제한해서 출력을 유지할 수 있다.

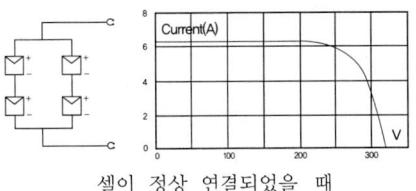

셀이 정상 연결되었을 때

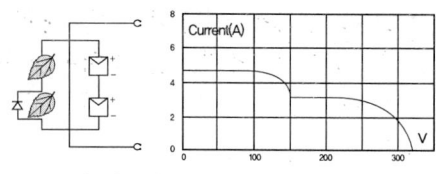

셀 일부가 정상동작하지 않을 시

변동 빈도	순시전압변동률]
1시간에 2회 초과 10회 이하	3[%]
1일 4회 초과 1시간에 2회 이하	4[%]
1일에 4회 이하	5[%]

③ 저압계통의 경우, 계통 병입시 돌입전류를 필요로 하는 발전원에 대해서 계통 병입에 의한 순시전압변동률이 6[%]을 초과하지 않아야 한다.

52 태양광발전시스템 설치장소 선정 시 고려사항으로 가장 거리가 먼 것은?

① 도로 접근성이 용이하여야 한다.
② 일사량 및 일조시간을 고려해야 한다.
③ 전력계통 연계조건이 어떠한지 살펴야 한다.
④ 설치장소의 고도 및 기압을 측정하여야 한다.

해설 태양광발전소 입지조건
① 일사량 / 일조시간
② 지형과 토지
   (정남향, 경사도, 진입도로)
③ 3상 선로 인접 여부
   (한전 분산형전원의 여유용량)
④ 허가 가능지역 여부
⑤ 주변 민원발생

53 특고압 계통에서 분산형전원의 연계로 인한 계통 투입, 탈락 및 출력 변동 빈도가 1일 4회 초과, 1시간에 2회 이하이면 순시전압변동률은 몇 [%]를 초과하지 않아야 하는가?

① 3　　② 4
③ 5　　④ 6

해설 순시전압변동률 허용기준
① 특고압 계통의 경우, 분산형전원의 연계로 인한 순시전압변동률은 발전원의 계통 투입·탈락 및 출력 변동 빈도에 따라 다음에서 정하는 허용 기준을 초과하지 않아야 한다.
② 단, 해당 분산형전원의 변동 빈도를 정의하기 어렵다고 판단되는 경우에는 순시전압변동률 3[%]을 적용한다.

54 소형 태양광 발전용 3상 독립형 인버터의 경우 부하 불평형 시험 시 정격 용량에 해당하는 부하를 연결한 후 U상, V상, W상 중 한 상의 부하를 0으로 조정한 후 몇 분 동안 운전하는가?

① 10　　② 15
③ 30　　④ 60

해설 부하불평형시험
① 3상 독립형 인버터에 적용한다.
② 정격용량에 해당하는 부하를 연결한 후 U, V, W상 중 한상의 부하를 0으로 조정한 후 30분 동안 운전한다.
③ 30분간 안전하게 운전할 것

55 산업통상자원부장관이 혼합의무자에게 제출을 요구하는 자료 중 신·재생에너지 연료 혼합시설에 대한 자료가 아닌 것은?

① 신·재생에너지 연료 혼합시설 현황
② 신·재생에너지 연료 혼합시설 변동사항
③ 신·재생에너지 연료 혼합시설의 구매단가
④ 신·재생에너지 연료 혼합시설의 사용실적

해설 신·재생에너지 연료 혼합의무(신재생에너지법 시행령 제26조의2)
석유정제업자 또는 석유수출입업자는 연도별로 계산식에 의하여 산정하는 양 이상의 신·재생에너지 연료를 수송용 연료에 혼합하여야 한다.

정답 52.④　53.②　54.③　55.③

자료제출(신재생에너지법 시행령 제26조의3)
산업통상자원부장관은 혼합의무자에게 다음의 자료 제출을 요구할 수 있다.
1) 신·재생에너지 연료 혼합의무 이행확인에 관한 다음의 자료
① 수송용 연료의 생산량
② 수송용 연료의 내수판매량
③ 수송용 연료의 재고량
④ 수송용 연료의 수출입량
⑤ 수송용 연료의 자가 소비량

2) 신·재생에너지 연료 혼합시설에 관한 다음의 자료
① 신·재생에너지 연료 혼합시설 현황
② 신·재생에너지 연료 혼합시설 변동사항
③ 신·재생에너지 연료 혼합시설의 사용실적

3) 혼합의무자의 사업에 관한 다음의 자료
① 수송용 연료 및 신·재생에너지 연료 거래실적
② 신·재생에너지 연료 평균거래가격
③ 결산재무제표

4) 그밖에 혼합의무의 이행 여부를 확인하기 위하여 산업통상자원부장관이 필요하다고 인정하는 자료

56 태양광 전지에서 생산된 전력 125[W]가 인버터에 입력되어 인버터 출력이 100[W]가 되면 인버터의 변환 효율은 몇 [%]인가?

① 45 [%] ② 64 [%]
③ 80 [%] ④ 92 [%]

해설 변환효율 (η)

$$\eta = \frac{출력}{입력} \times 100 = \frac{100}{125} \times 100 = 80 \ [\%]$$

57 음영각 및 음영각의 검토사항에 대한 설명으로 틀린 것은?

① 수직 음영각은 태양의 고도각을 말한다.
② 주변 산세, 수풀, 나무, 건물 등을 고려하여 어레이를 배치한다.
③ 그늘의 길이와 방향은 위도, 계절에 따라 같으므로 그림자의 길이를 계산하여 어레이를 배치한다.
④ 연중 입사각이 가장 적은 동지의 오전 9시부터 오후 3시 사이에 어레이에 그늘이 생기지 않도록 해야 한다.

해설 위도와 경도, 계절별 태양의 각도는 약50°정도의 차이가 발생하며, 그늘의 길이는 매우 상이하다.

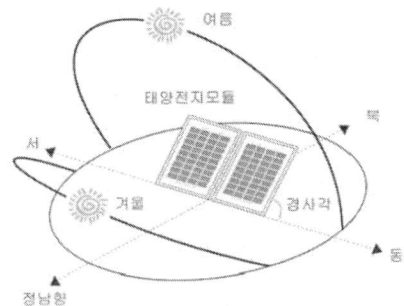

58 태양광발전 및 발전용 수전설비에서 사용 전 검사 세부항목 중 차단기 검사항목으로 틀린 것은?

① 절연저항 측정
② 개폐표시 상태 확인
③ 단독운전 방지시험
④ 조작용 전원 및 회로점검

해설 차단기 사용 전 검사 항목
1) 외관
① 전선 굵기, 이격 거리 및 높이
② 전선 접속상태
③ 지중전선로 직선접속부 및 단말부분 처리상태
④ 아크발생기구 이격 거리
⑤ 충전부분 방호 및 이격 거리
⑥ 개폐기 및 차단기 개폐상태
⑦ 지락차단장치 또는 경보장치
⑧ 기계·기구 보호장치

2) 보호장치 시험
① 과전류차단장치
② 지락차단장치

정답 56. ③ 57. ③ 58. ③

3) 제어회로 동작 및 기기조작시험
① 개폐동작시험
② 인터록시험

59 전기공사업법을 위반하여 경력수첩을 빌려 준 사람 또는 타인의 경력수첩을 빌려서 사용한 자의 벌칙으로 옳은 것은?

① 1년 이하의 징역 또는 1천만원 이하의 벌금
② 2년 이하의 징역 또는 1천만원 이하의 벌금
③ 3년 이하의 징역 또는 2천만원 이하의 벌금
④ 3년 이하의 징역 또는 3천만원 이하의 벌금

해설 벌칙(전기공사업법 제42조, 제31조, 제28조)
다음의 어느 하나에 해당하는 자는 1년 이하의 징역 또는 1천만원 이하의 벌금에 처한다.
① 등록을 하지 아니하고 공사업을 한 자
② 거짓이나 그 밖의 부정한 방법으로 등록을 한 자
③ 공사업 등록증 등의 대여금지 등을 위반한 공사업자 및 그 상대방
④ 하도급을 주거나 다시 하도급을 준 자 및 그 상대방
⑤ 경력수첩을 빌려 준 사람 또는 타인의 경력수첩을 빌려서 사용한 자
⑥ 6개월 영업정지처분기간에 영업을 한 자
⑦ 시공능력의 평가 신고를 거짓으로 한 자

60 ( )에 들어갈 내용으로 옳은 것은?

> 전기설비기술기준 중 특고압 가공전선로에서 발생하는 극저주파 전자계는 지표상 1[m]에서 전계가 (㉠)[kV/m] 이하, 자계가 (㉡)[μT] 이하가 되도록 시설하는 등 상시 정전유도 및 전자유도 작용에 의하여 사람에게 위험을 줄 우려가 없도록 시설하여야 한다.

① ㉠ 3.5, ㉡ 83.3
② ㉠ 3.8, ㉡ 150
③ ㉠ 83.3, ㉡ 3.5
④ ㉠ 150, ㉡ 3.8

해설 유도장해 방지(기술기준 제17조)
① 특고압 가공전선로에서 발생하는 극저주파 전자계는 지표상 1[m]에서 전계가 3.5[kV/m] 이하, 자계가 83.3[μT] 이하가 되도록 시설하는 등 상시 정전유도 및 전자유도작용에 의하여 사람에게 위험을 줄 우려가 없도록 시설하여야 한다. 다만, 논밭, 산림 그밖에 사람의 왕래가 적은 곳에서 사람에 위험을 줄 우려가 없도록 시설하는 경우에는 그렇지 않다.

61 납축전지와 알칼리축전지에 대한 설명이다. 틀린 것은?

① 납축전지는 클래드식과 페이스트식으로 분류한다.
② 알칼리축전지는 소결식과 포켓식으로 분류한다.
③ 납축전지는 알칼리축전지보다 공칭용량이 작다.
④ 납축전지는 알칼리축전지에 비해 기전력이 크다.

해설 납축전지와 알칼리축전지의 비교

	납축전지	알칼리축전지
공칭전압	2.0[V]	1.2[V]
방전종지전압	1.6[V]	0.96[V]
기전력	2.05~2.08[V]	1.32[V]
공칭용량	10[Ah]	5[Ah]
기계적강도	약함	강함
과충방전에 의한 전기적 강도	약함	강함
충전시간	길다	짧다
종류	클래드식(CS) 페이스트식 (HS형)	소결식(AH, AHH형) 포켓식(AL, AM, AMH, AH형)
수명	5~15년	15~20년

62 다음 중 발전효율이 가장 높은 태양전지는?
① HIT 태양전지
② CIGS 태양전지
③ Organic 태양전지
④ Perovskite 태양전지

해설 HIT(Heterojunction with Intrinsic Thin-layer) 태양전지
① 단결정 실리콘 기판에 비정실 실리콘 박막을 성장시킨 이종접합구조
② 일반 태양전지에 비해 공정과정에서 높은 온도에서도 출력 감소율이 낮아 발전량이 8% 이상 높다.
③ 특히 양쪽 면에서 동시에 태양광을 흡수할 수 있어 한쪽 면에서만 태양광을 흡수하는 전지에 비해 발전량이 10% 이상 높다.

63 퓨즈 용량 선정 시 적용하는 단락전류는?
① 대칭 단락전류 실효값
② 최대 비대칭 단락전류 순시값
③ 최대 비대칭 단락전류 실효값
④ 3상 평균 비대칭 단락전류 실효값

해설 대칭 단락전류 실효값

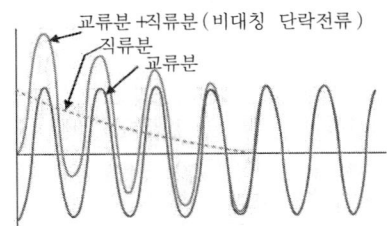

단락전류의 구성

① 단락전류는 교류분과 직류분으로 구성되며, 교류분 실효치로 표시하는 단락전류를 대칭단락전류 실효치라 한다.
② MCCB, ACB, 퓨즈 등을 선정하는 경우에 대칭 단락 전류실효값을 적용한다.

64 태양광 발전시스템 운영에 관한 설명으로 틀린 것은?
① 시설용량은 부하의 용도 및 적정 사용량을 합산한 연평균 사용량에 따라 결정된다.
② 발전량은 봄·가을이 많으며 여름·겨울에는 기후여건에 따라 감소한다.
③ 모듈 표면의 온도를 조절해 줄 필요가 있다.
④ 태양광 발전 설비의 고장 요인은 대부분 인버터에서 발생하므로 정기 점검이 필요하다.

해설 태양광설비 시설용량 및 발전량
① 설치된 태양광 설비의 용량은 부하의 용도 및 부하의 적정 사용량을 합산하여 월평균 용량에 따라 결정된다.
② 태양광 설비의 발전용량은 봄, 가을에 많으며 여름과 겨울에는 기후 여건에 따라 현저하게 감소한다.

65 신재생에너지의 이용·보급을 촉진하기 위한 보급 사업에 해당하지 않는 것은?
① 신기술의 적용사업 및 시범사업
② 지방자치단체와 연계한 보급사업
③ 신·재생에너지 국제표준화 적용사업
④ 환경친화적 신·재생에너지 시범단지 조성사업

해설 보급사업(신재생에너지법 제27조)
산업통상자원부장관은 신·재생에너지의 이용·보급을 촉진하기 위하여 필요하다고 인정하면 대통령령으로 정하는 바에 따라 다음의 보급사업을 할 수 있다.
① 신기술의 적용사업 및 시범사업
② 환경친화적 신·재생에너지 집적화단지 및 시범단지 조성사업
③ 지방자치단체와 연계한 보급사업
④ 실용화된 신·재생에너지 설비의 보급을 지원하는 사업
⑤ 그밖에 신·재생에너지 기술의 이용·보급을 촉진하기 위하여 필요한 사업으로서 산업통상자원부장관이 정하는 사업

정답 62. ① 63. ① 64. ① 65. ③

66 낙뢰에 의한 충격성 과전압에 대하여 전기설비의 단자 전압을 규정치 이내로 저감시켜 정전을 일으키지 않고 원상태로 회귀하는 장치는?

① 내뢰 트랜스　② 어레스터
③ 서지업서버　④ 역류방지 다이오드

해설 뇌해 대책
① 어레스터 : 낙뢰에 의한 충격성 과전압에 대하여 전기설비의 단자 전압을 규정치 이내로 저감시켜 정전을 일으키지 않고 원상태로 회귀하는 장치
② 서지업서버 : 전선로에 침입하는 이상전압의 높이를 완화하고 파고치를 저하시키는 장치
③ 내뢰트랜스 : 실드부착 절연트랜스와 어레스터, 콘덴서가 결합되어, 뇌서지를 완전히 차단한다.

67 그림과 같이 태양광 어레이의 배선연결을 설계 하였다면 문제점으로 가장 옳은 것은?

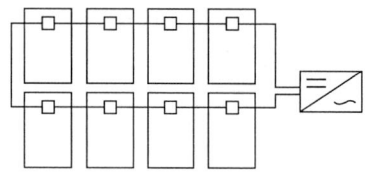

① 낙뢰에 취약하다.
② 누설전류가 커진다.
③ 고조파가 발생한다.
④ 전선의 길이가 길어져 전압강하가 커진다.

해설 String 인버터 방식
① 스트링 별로 인버터를 설치하는 방식으로 원하는 용량이 될 때까지 병렬로 추가해 나가는 방식
② 동일한 규격의 스트링과 인버터를 사용하기 때문에 발전시스템을 쉽게 증설할 수 있고, 각각의 스트링마다 독립적으로 동작하기 때문에 각각의 스트링에서 최적의 운전을 할 수 있다.
③ 낙뢰 피해시 인버터에 연결된 스트링 전체에 피해를 입을 수 있다.

68 전력선에 의한 통신선의 정전유도장해 경감대책이 아닌 것은?

① 전력선측 및 통신선측에 적절한 차폐선을 가설
② 통신선을 케이블화하여 시스를 접지
③ 전력선 계통을 완전 연가
④ 고저항 접지방식 적용

해설 유도장해
전력선이 통신선과 인접하여 가설되면 유도장해에 의해서 전력선이 통신선에 장해를 준다.

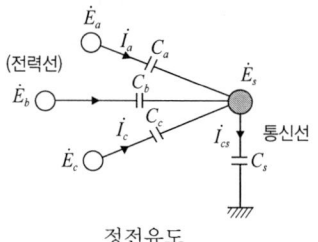

정전유도

① 전선로를 충분히 연가 한다.
② 송전선과 통신선과의 거리를 멀게 한다.
③ 지락 고장 전류를 작게 하기 위하여 중성점의 접지 저항을 크게 한다.
④ 중성점을 접지시키는 장소를 적절하게 선택한다.
⑤ 고장이 났을 때에 고장 구간을 빨리 차단한다.
⑥ 전력선이나 통신선에 케이블을 사용한다.
⑦ 통신선에 피뢰기나 차폐선을 설치한다.
⑧ 소호 리액터 접지방식은 통신선의 유도장해가 가장 적다.

※ 연가
3상 송전선로에서 각 상 선간거리 및 전선로 높이가 달라지면 각 상의 정전용량 및 인덕턴스도 달라지기 때문에 선로의 전압강하 역시 달라져 수전단의 전압이 불평형 상태가 되는데 이러한 현상을 방지하기 위하여 전선로의 전구간을 3등분하여 전선의 배치를 변경함으로써 각 상의 선로정수가 평형이 되도록 재배치하는 것

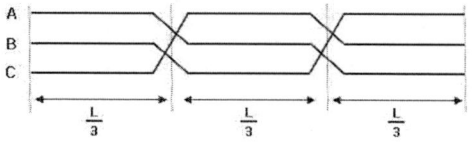

69 발전설비용량이 200[kW] 이하인 구역전기사업의 허가를 신청하는 경우에 제출하는 서류는?

① 신용평가 의견서 및 재원 조달계획서
② 부지의 확보 및 배치 계획 관련 증명서류
③ 전기설비 건설 및 운영 계획 관련 증명서류
④ 특정한 공급구역의 위치 및 경계를 명시한 5만분의 1 지형도

해설 허가시류
1) 발전설비용량 200[kW] 초과 3천[kW] 이하인 발전사업의 허가 신청서류
① 송전관계 일람도
② 발전원가명세서(발전사업 및 구역전기사업의 허가 신청시)

2) 발전설비용량 200[kW] 이하인 구역전기사업의 허가를 신청하는 경우
특정한 공급구역의 위치 및 경계를 표시한 5만분의 1 지형도

70 2030년까지 우리나라의 온실가스 감축 목표는 2030년의 온실가스 배출 전망치 대비 얼마까지 줄이는 것인가?

① 100분의 37   ② 100분의 40
③ 100분의 50   ④ 100분의 60

해설 온실가스 감축 국가목표 설정·관리(녹색성장법 시행령 제25조)
온실가스 감축 목표는 2030년의 국가 온실가스 총배출량을 2030년의 온실가스 배출 전망치 대비 100분의 37까지 감축하는 것으로 한다.

71 축전지 설비의 설치기준에서 큐비클식과 이외의 변전설비, 발전설비 및 축전지 설비와의 거리는 몇 m 이상으로 하여야 하는가?

① 0.5   ② 1.0
③ 1.5   ④ 2.0

해설 큐비클식 축전지 설비의 이격 거리

이격거리를 확보해야 할 부분	이격 거리(m)
큐비클 이외의 발전설비와의 거리	1.0
큐비클 이외의 변전설비와의 거리	1.0
실외에 설치할 경우 건물과의 거리	2.0
전면 또는 조작면	1.0
점검면	0.6
환기면	0.2

72 22.9[kV], 3상 선로의 차단기 설치점에서 전원측으로 바라본 합성 %Z가 100[MVA]기준으로 22[%]일 때 단락전류 [kA]는? (단, 기기의 정격전압은 24[kV]로 한다.)

① 7.5   ② 10.9   ③ 11.5   ④ 12.6

해설 단락전류(Short-circuit Current), I_{SC}
① 특정온도와 조사강도에서 태양광발전소 소자의 두 단자를 단락시켜 전위차가 없는 상태에서 소자에 흐르는 전류
② 3상전력 $(P) = \sqrt{3} \, VI$ [W]
정격전류 $(I_R) = \dfrac{P}{\sqrt{3} \, V} = \dfrac{100 \times 10^6}{\sqrt{3} \times 22.9 \times 10^3} \fallingdotseq 2,521$ [A]
③ $I_{SC} = \dfrac{100}{\%Z} \times I_R = \dfrac{100}{22} \times 2,512 = 11,459 \fallingdotseq 11.5$ [kA]

73 구조물 시공의 주요 적용기준에 해당하지 않는 것은?

① 토목구조 설계기준
② 콘크리트구조 설계기준
③ 강구조 설계기준, 하중저항계수 설계법
④ 건축법 및 동 시행령, 건축물의 구조기준 등에 관한 규칙

해설 태양광발전 구조물
(1) 태양광발전 구조물 설계
① 태양광발전 구조물이 설치될 위치의 자연조건을 구조물 설계에 반영한다.
② 구조물 형태에 따른 특성을 반영하여 기본적인 구조 설계를 한다.

③ 태양고도 조사를 통하여 구조물 이격거리를 산정한다.
④ 구조물 설계도면에 기초하여 태양광 구조 설계 도서를 작성한다.
⑤ 고정식, 경사가변식, 추적식 태양광 구조물을 설계한다.

(2) 태양광발전 구조물 설계 검토
① 구조계산 결과를 기초로 구조설계의 안전성, 경제성, 시공성, 사용성 및 내구성을 판단한다.
② 건축법 및 동 시행령, 건축물의 구조기준 등에 관한 규칙을 적용한 구조계산 결과를 판단한다.
③ 건축구조 설계기준, 강구조 설계기준, 콘크리트구조 설계기준을 적용한 구조계산 결과를 판단한다.
④ 설계의 적정성 검토 후 수정보완 사항을 파악하여 재설계를 한다.
⑤ 구조물 설계도면에 기초하여 태양광 구조 설계 도서를 검토한다.

74 전기공사의 종류가 아닌 것은?
① 저수지, 수로 및 이에 수반되는 구조물 공사
② 발전 송전 변전 및 배전 설비공사
③ 산업시설물, 건축물, 및 구조물의 전기설비공사
④ 전기철도 및 철도신호의 전기설비공사

해설 **전기공사(전기공사업법 시행령 제2조)**
전기공사는 다음의 공사(저수지, 수로 및 이에 수반되는 구조물의 공사는 제외한다)로 한다.
① 발전·송전·변전 및 배전 설비공사
② 산업시설물, 건축물 및 구조물의 전기설비공사
③ 도로, 공항 및 항만 전기설비공사
④ 전기철도 및 철도신호 전기설비공사
⑤ ①~④호까지의 규정에 따른 전기설비공사 외의 전기설비공사
⑥ ①~⑤호까지의 규정에 따른 전기설비 등을 유지·보수하는 공사 및 그 부대공사

75 신재생에너지 우수 전문기업의 선정을 위한 평가기준에 해당하지 않는 것은?
① 기술인력
② 시공 능력
③ 기업의 신용 상태
④ 품질 및 사후관리 실적

해설 ※ 삭제되어 시행되지 않는 법령
(신재생에너지법 시행령 제25조의2)
신·재생에너지 우수 전문기업의 선정을 위한 평가기준은 다음과 같다.
① 기술인력
② 시공 실적
③ 기업의 신용 상태
④ 품질 및 사후관리 실적
⑤ 그밖에 산업통상자원부장관이 필요하다고 인정하는 기준

76 태양광발전시스템의 인버터 기능으로 틀린 것은?
① 계통보호를 위한 단독운전 방지기능이 있다.
② 태양전지에 온도가 높이 올라가면 자동적으로 온도를 조정하는 기능이 있다.
③ 태양전지의 출력을 가능한 범위 내에서 유효하게 끌어내기 위한 자동운전 정지기능이 있다.
④ 계통과 인버터에 이상이 있을 때 안전하게 분리하거나 인버터를 정지시키는 기능이 있다.

해설 태양광발전소의 발전효율이 급격히 떨어지는 하절기, 태양전지에 온도가 올라간다고 자동으로 태양전지의 온도를 조절하는 기능은 없다.
일부 태양광 발전소에서 태양전지에 물을 분사해 태양전지의 온도를 낮추려는 냉각 시스템을 발전소에 설치하였지만, 전기, 수도요금 등 비용적인 문제가 발생된 발전소를 확인하였다.

정답 74. ① 75. ② 76. ②

77 그림 (A), (B)에서 각 모듈별 음영 발생 시 발전량을 바르게 나타낸 것은? (단, 음영 부분의 발전량은 80[Wp]이다.)

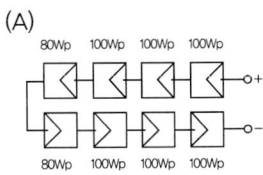

① (A) 640 [Wp], (B) 760 [Wp]
② (A) 660 [Wp], (B) 740 [Wp]
③ (A) 640 [Wp], (B) 740 [Wp]
④ (A) 660 [Wp], (B) 760 [Wp]

해설 발전량(A) = 80 × 8 = 640 [Wp]
발전량(B) = (80 × 2) + (100 × 6) = 700 [Wp]

78 태양전지 모듈의 핫 스팟(Hot Spot)현상에 대한 유해한 결과를 제한하기 위한 시험은?

① 고온고습 시험
② UV 전처리 시험
③ 온도 사이클 시험
④ 바이패스 다이오드 열시험

해설 바이패스 다이오드 열시험(Bypass Diode Thermal test)
모듈의 열점(Hot Spot) 현상에 대해 유해한 결과를 제한하기 위해 바이패스 다이오드의 열에 대한 내성설계가 얼마나 잘 반영 되어 있는지 그리고 유사한 환경에서 장시간 사용할 경우 신뢰성이 확보되었는지를 평가하는 것을 목적으로 하며, STC 조건에서 단락전류의 1.25배와 같은 전류를 적용한다.

79 설비용량 20[kW] 이하의 태양광발전시스템 전기설비를 운영하기 위한 법정 필수요원은?

① 모니터링 요원
② 전기안전관리자
③ 유지보수 요원
④ REC 관리자

해설 전기안전관리자 선임의무의 예외
① 전압이 600[V] 이하인 전기수용설비(일반용 전기설비)로서 제조업 및 제조업 관련 서비스업에 설치하는 전기 수용설비
② 설비용량 20[kW] 이하의 발전설비

80 전압에 관계없이 모든 전기공사를 시공관리 할 수 있는 전기공사기술자는?

① 저압전기공사기술자 또는 중급전기공사기술자
② 중급전기공사기술자 또는 고급전기공사기술자
③ 중급전기공사기술자 또는 특급전기공사기술자
④ 고급전기공사기술자 또는 특급전기공사기술자

해설 전기공사기술자의 시공관리 구분(전기공사업법 시행령 제12조 별표4)
전기공사의 규모별 전기공사기술자의 시공관리 구분

전기공사기술자의 구분	전기공사의 규모별 시공관리 구분
특급 전기공사기술자 또는 고급 전기공사기술자	모든 전기공사
중급 전기공사기술자	전기공사 중 사용전압이 100,000[V] 이하인 전기공사
초급 전기공사기술자	전기공사 중 사용전압이 1,000[V] 이하인 전기공사

2023 제2회 CBT 기출문제 복원

01 대기질량지수(Air Mass Index, AM)에 대한 설명으로 틀린 것은?

① 표준 시험 조건에서는 1.5의 AM을 사용한다.
② 태양이 바로 위에 떠 있을 시 구름 없는 하늘과 공기압이 P0 표준 운전 조건에서 1.0이다.
③ 태양이 바로 머리 위에 있을 때에는 햇빛이 해면에 이를 때까지 지나오는 거리의 합으로 나타낸다.
④ 직달 태양광이 지구 대기를 통과하는 경로의 길이에 대한 비로 나타낸 것이다.

[해설] 대기질량지수(Air Mass Index, AM)

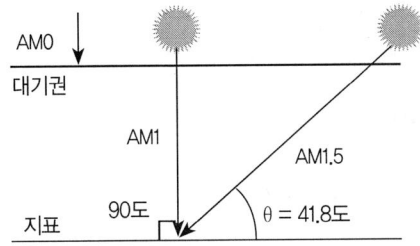

① 빛이 지구에 도달하기 전까지 통과하여야 하는 대기의 일부분으로, 최단 경로의 길이를 나타낸다.
② 대기를 통과 중에 공기와 먼지에 의해 흡수되면서 빛의 출력이 줄어드는 양을 정하게 된다.
③ 지표면에 연직인 가상의 선과 태양이 이루는 각도를 θ라 할 때 AM=1/cosθ로 정의된다.
④ θ는 수직선으로부터의 각도(천정각 : zenith angle)이다. 태양이 바로 머리 위에 있을 때, 에어매스는 1 이다.
⑤ 표준시험조건인 AM 1.5는 θ가 약 48.2°일 때 (태양이 지표면으로부터 약 41.8°의 각도로 떠 있을 때) 지표로 입사하는 태양광 스펙트럼을 의미한다.

02 신재생발전기 송전계통 연계 기술기준에 따라 무효전력에 대한 정상상태 허용오차는 몇 % 이하이어야 하는가?

① 1% ② 3%
③ 5% ④ 10%

[해설] 무효전력 공급능력

신재생발전기는 운전전압 범위 내에서 유효전력 출력에 따른 무효전력 공급능력을 보유하여야 한다.
① 유효전력 100% ~ 20% 출력시 : 유효전력 정격출력 대비 33%의 무효전력을 흡수 또는 공급
② 유효전력 20% ~ 0% 출력시 : 유효전력 출력감소에 따라 선형적으로 공급능력 감소
③ 무효전력에 대한 정상상태 허용오차는 5% 이하여야 함
④ 신재생발전기가 자체적으로 정한 무효전력을 공급하기 어려운 경우 별도의 STATCOM, SVC 등의 무효전력 공급설비를 구비하여 무효전력을 공급할 수 있다.

03 저압 전기설비-제5-55부 : 전기기기의 선정 및 설치-기타 기기(KS C IEC 60364-5-55 : 2016)에 따라 제어회로의 공칭 전압은 몇 V를 초과하지 않는 것이 바람직한가?

① 24 V ② 48 V
③ 220 V ④ 380 V

[해설] 직류 전원 계통으로 공급

제어회로의 공칭 전압은 220V를 초과하지 않는 것이 바람직하다.

04 태양광발전시스템의 청소 시 유의사항으로 틀린 것은?

① 절연물은 충전부 간을 가로지르는 방향으로 청소한다.
② 문, 커버 등을 열기 전에는 주변의 먼지나 이물질을 제거한다.
③ 청소걸레는 마른걸레를 사용하되 젖은 걸레를 사용하는 경우 산성인 것을 사용한다.

정답 1.③ 2.③ 3.③ 4.③

④ 컴프레셔를 이용하여 공압을 사용하는 진공청소기를 이용한 흡입방식을 사용하고, 토출방식은 공기의 압력에 유의한다.

해설 모듈의 세척
① 모듈의 유리는 충격에 강화된 특수 유리로 먼지나 이물질이 달라붙는 것을 방지하는 코팅이 되어있고, 모듈의 프레임은 알루미늄, 구조물은 H빔이나, C형강인 철 성분으로 제작되어, 산성과 염기성 세제의 경우 철이나 알루미늄에 부식, 코팅손상 등의 치명적인 피해가 있으니 피한다.
② 모듈의 세척은 마이크로 섬유 천과 에탄올, 재래식 유리 세척제 등을 사용하여 세척한다.
③ 석회성분이 포함된 지하수로 반복적인 세척을 하는 경우, 모듈에 미세한 석회성분이 도포되어 효율이 저하되므로, 지하수의 경우 수질검사를 통해서 안전이 확보된 경우에만 사용한다.

05 굴착기 안전보건작업 지침에 따른 작업 중 준수사항에 대한 설명으로 틀린 것은?

① 운전자는 경사진 길에서의 굴착기 이동은 저속으로 운행하여야 한다.
② 운전자는 제조사가 제공하는 장비 메뉴얼을 숙지하고 이를 준수하여야 한다.
③ 운전자가 작업 중 시야 확보에 문제가 발행하는 경우에는 유도자의 신호에 따라 작업을 진행하여야 한다.
④ 운전자는 경사진 장소에서 작업하는 동안에는 굴착기의 미끄럼 방지를 위하여 블레이드를 비탈길 상부 방향에 위치시켜야 한다.

해설 블레이드(Blade)

① 도랑(배수구, 측구)을 메우거나 소량의 평탄화 작업에 사용하는 것으로 주행 하부장치에 장착된 작업장치이다.
② 운전자는 경사진 장소에서 작업하는 동안에는 굴착기의 미끄럼 방지를 위하여 블레이드를 비탈길 하부 방향에 위치시켜야 한다.

06 국토의 계획 및 이용에 관한 법령에 따른 개발행위허가 신청 시 첨부되는 서류로 틀린 것은?

① 토지분할인 경우 예산내역서
② 공작물 설치인 경우 설계도서
③ 토지 형질변경의 경우 배치도
④ 토석채취인 경우 공사 또는 사업관련 도서

해설 개발행위허가신청서
개발행위를 하고자 하는 자는 개발행위허가신청서에 다음의 서류를 첨부하여 개발행위허가권자에게 제출하여야 한다.
① 토지의 소유권 또는 사용권 등 신청인이 당해 토지에 개발행위를 할 수 있음을 증명하는 서류
② 배치도 등 공사 또는 사업관련 도서(토지의 형질변경 및 토석채취인 경우에 한한다)
③ 설계도서(공작물의 설치인 경우에 한한다)
④ 당해 건축물의 용도 및 규모를 기재한 서류(건축물의 건축을 목적으로 하는 토지의 형질변경인 경우에 한한다)
⑤ 개발행위의 시행으로 폐지되거나 대체 또는 새로이 설치할 공공시설의 종류·세목·소유자 등의 조서 및 도면과 예산내역서(토지의 형질변경 및 토석채취인 경우에 한한다)
⑥ 위해방지·환경오염방지·경관·조경 등을 위한 설계도서 및 그 예산내역서(토지분할인 경우를 제외한다). 다만, 경미한 건설공사를 시행하거나 옹벽 등 구조물의 설치 등을 수반하지 아니하는 단순한 토지형질변경의 경우에는 개략설계서로 설계도서에, 견적서 등 개략적인 내역서로 예산내역서에 갈음할 수 있다.
⑦ 관계 행정기관의 장과의 협의에 필요한 서류

07 지반계측(KDS 11 10 15 : 2021)에 따라 계측의 목적을 효과적으로 확보하기 위해 수립하는 계측 계획서 작성 시 고려사항으로 틀린 것은?

① 계측결과의 수집방법
② 계측결과의 해석방법
③ 계측기기의 폐기방법
④ 계측결과를 유지 관리에 활용하는 방법

해설 계측계획의 수립
계측 계획서는 계측의 목적을 효과적으로 확보할 수 있도록 다음 사항을 충분히 고려하여 수립하여야 한다.
① 계측 대상 시설물(공사)의 개요 및 규모
② 계측 대상 시설물의 구조적 형태(여건, 환경 등의 자료조사 포함)
③ 계측목적, 계측항목, 계측범위, 계측위치, 계측방법 및 시스템의 구성
④ 계측기기의 종류, 사양 및 수량
⑤ 계측기의 설치, 유지관리 방법
⑥ 계측결과의 수집방법
⑦ 계측결과의 해석방법
⑧ 계측자료의 보관, 활용 방법 및 체계
⑨ 계측결과를 유지 관리에 활용하는 방법
⑩ 계측관리방법(위탁 또는 직영), 직영 관리 시 계측요원의 교육방법

08 다음의 논리회로와 등가인 논리게이트는?

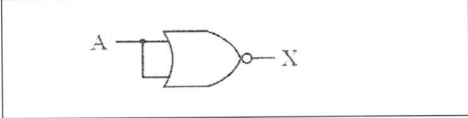

① OR
② AND
③ NOT
④ NAND

해설 NOT 게이트
180도 바꿔서 출력으로 나온다. 0의 반대는 1, 1의 반대는 0이다.

A	X
0	1
1	0

09 한국전기설비규정에 따라 배선설비의 접속방법 선정 시 고려하는 사항으로 틀린 것은?

① 도체의 단면적
② 도체와 절연재료
③ 도체의 설치위치
④ 도체를 구성하는 소선의 가닥수와 형상

해설 전기적 접속
(1) 도체상호간, 도체와 다른 기기와의 접속은 내구성이 있는 전기적 연속성이 있어야 하며, 적절한 기계적 강도와 보호를 갖추어야 한다.

(2) 접속 방법은 다음 사항을 고려하여 선정한다.
① 도체와 절연재료
② 도체를 구성하는 소선의 가닥수와 형상
③ 도체의 단면적
④ 함께 접속되는 도체의 수

10 전기설비 검사 및 점검의 방법·절차 등에 관한 고시에 따라 사업용 태양광발전설비의 정기점검 시 태양광 전지의 수검자 준비자료 중 측정 및 점검기록표에 해당하지 않는 것은?

① 절연내력시험 성적서
② 접지저항시험 성적서
③ 절연저항시험 성적서
④ 보호장치 및 계전기시험 성적서

해설 태양광발전설비계통(태양전지) 정기점검 시 수검자 준비자료
1) 단선결선도
2) 태양광전지 트립 인터록 도면
3) 시퀀스 도면
4) 측정 및 점검기록표
① 보호장치 및 계전기시험 성적서
② 절연저항시험 성적서
③ 접지저항시험 성적서

11 전기사업법령에 따라 전기사업자 및 한국전력거래소가 전기의 품질을 유지하기 위해 매년 1회 이상 측정하여야 하는 대상의 연결로 틀린 것은?

① 전기판매사업자 – 전압
② 한국전력거래소 – 주파수
③ 배전사업자 – 전압 및 주파수
④ 송전사업자 – 전압 및 주파수

해설 전압 및 주파수의 측정
1) 전기사업자 및 한국전력거래소는 다음의 사항을 매년 1회 이상 측정하여야 하며 측정 결과를 3년간 보존하여야 한다.
① 발전사업자 및 송전사업자 : 전압 및 주파수
② 배전사업자 및 전기판매사업자 : 전압
③ 한국전력거래소의 경우 : 주파수

2) 전기사업자 및 한국전력거래소는 1)에 따른 전압 및 주파수의 측정기준·측정방법 및 보존방법 등을 정하여 산업통상자원부장관에게 제출하여야 한다.

12 전기실의 면적에 영향을 주는 요소로 틀린 것은?
① 변압기 용량
② 기기의 배치방법
③ 건축물의 구조적 여건
④ 태양광발전 모듈의 배선방법

해설 전기실의 면적에 영향을 주는 요소
① 수전전압 및 수전방식
② 변전설비 변압방식, 변압기 용량, 수량 및 형식
③ 설치 기기와 큐비클의 종류 및 시방
④ 기기의 배치방법 및 유지보수 필요면적
⑤ 건축물의 구조적 여건

13 볼트 접합 및 핀 연결(KCS 14 31 25 : 2019)에서 정의하는 고장력볼트의 호칭에 따른 조임 길이(볼트 접합되는 판들의 두께 합)에 더하는 길이(너트 1개, 와셔 2개 두께와 나사 피치 3개의 합)로 틀린 것은? (단, TS 볼트의 경우는 제외한다.)

① M16 – 30mm ② M20 – 35mm
③ M26 – 50mm ④ M30 – 55mm

해설 고장력볼트의 길이는 조임 길이에 표의 길이를 더한 것을 표준으로 하여 KS의 규격품에서 가장 가까운 것을 사용한다.

고장력볼트의 호칭	조임 길이에 더하는 길이 [mm]
M16	30
M20	35
M22	40
M24	45
M27	50
M30	55

*조임 길이는 볼트 접합되는 판들의 두께 합이다.

14 트랜지스터 컬렉터의 누설전류가 주위온도가 변화함에 따라 20μA에서 100μA로 증가할 때 컬렉터 전류가 0.8mA에서 1.2mA로 증가하였다면 안정계수 S는 얼마인가?

① 0.05 ② 0.2
③ 5   ④ 20

해설 안정계수(S) $= \dfrac{\Delta I_c}{\Delta I_{co}} = \dfrac{(1.2 - 0.8) \times 10^{-3}}{(100 - 20) \times 10^{-6}} = 5$

※ S의 값이 작을수록 안정도가 높으나 출력은 작아진다.

15 배선기구의 정비에 관한 기술지침에 따라 플러그에 대한 설명으로 틀린 것은?
① 플러그의 절연부에 균열, 파손, 탈색 등의 결함이 있는 부품은 교체하여야 한다.
② 도체 소선은 과열을 방지하기 위해 묶음 헤드나사를 사용하는 경우, 납땜을 사용하여야 한다.

③ 절연체의 탈색이나 접촉면의 패임에 대해 육안점검을 하고, 다른 부분도 탈색이나 패인 곳이 있으면 점검하여야 한다.

④ 정기적으로 각 도체의 조립품을 단자까지 점검하되, 개별 도체 소선은 적절하게 수납되어야 하고, 단자 부위는 단단하게 조여야 한다.

해설 플러그

1) 코드 클램프와 변형 완화 피팅(Strain relief fitting)이 조여져 있는지와 코드 외부 덮개가 클램프 지역에 있는지 확인한다.

2) 플러그 표면의 비정상적인 과열은 느슨한 단자처리, 과부하, 높은 주위온도, 기기 오작동 등에 기인할 수 있다.
① 절연체의 탈색이나 접촉면의 패임에 대한 육안점검을 하고, 다른 부분도 탈색이나 패인 곳이 있으면 점검하여야 한다.
② 정기적으로 각 도체의 조립품을 단자까지 점검하되, 개별 도체 소선은 적절하게 수납되어야 하고, 단자 부위는 단단하게 조여야 한다.
③ 도체 소선은 과열을 방지하기 위해 묶음 헤드나사를 사용하는 경우, 납땜을 사용하지 않아야 한다.

16 태양광발전시스템을 뇌서지의 피해로부터 보호하기 위한 대책으로 적절하지 않은 것은?

① 뇌우 다발지역에서는 교류전원측에 내뢰 트랜스를 설치한다.
② 접지선에서의 침입을 막기 위해 전원측의 전압을 항상 낮게 유지한다.
③ 피뢰소자를 어레이 주회로 내부에 분산시켜 설치하고 접속함에도 설치한다.
④ 저압 배전선으로 침입하는 뇌서지에 대해서는 분전반에 피뢰소자를 설치한다.

해설 태양광발전시스템의 내뢰대책

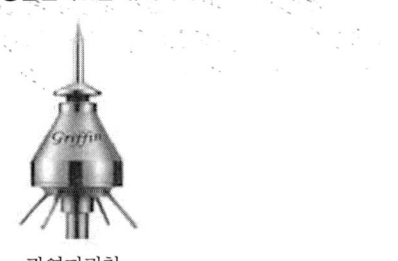

광역피뢰침

① 광역피뢰침(ESE), 과전압보호장치(SPD) 설치
② 피뢰소자를 어레이 주회로 내부에 분산시켜 설치하고 접속함에도 설치
③ 저압 배전선으로 침입하는 뇌서지에 대해서는 분전반에 피뢰소자 설치
④ 뇌우 다발지역에서는 교류전원측에 내뢰 트랜스 설치

17 국토의 계획 및 이용에 관한 법령에 따라 도시·군관리계획 시 개발행위허가기준에 대한 설명으로 옳은 것은?

① 주변의 교통소통에 지장을 초래하지 아니할 것
② 대지와 도로의 관계는 「건축법」에 적합할 것
③ 공유수면매립의 경우 매립목적이 도시·군계획에 적합할 것
④ 용도지역별 개발행위의 규모 및 건축제한 기준에 적합할 것

해설 개발행위허가기준(도시·군관리계획)

① 용도지역별 개발행위의 규모 및 건축제한 기준에 적합할 것
② 개발행위허가제한지역에 해당하지 아니할 것

18 전기설비 관련 시설공간(KDS 31 10 21 : 2019)에 따라 수변전실의 위치 결정 시 전기적 고려사항에 해당하지 않는 것은?

① 수전 및 배전 거리를 짧게 하여 경제성을 고려한다.
② 용량의 증설에 대비한 면적을 확보할 수 있는 장소로 한다.

③ 사용부하의 중심에서 멀고, 간선의 배선이 용이한 곳으로 한다.
④ 외부로부터 전원을 공급받기 위한 전선로 등의 인입이 편리한 위치로 한다.

해설 전기설비 관련 시설공간(전기적 고려사항)
① 외부로부터 전원을 공급받기 위한 전선로 등의 인입이 편리한 위치로 한다.
② 사용부하의 중심에 가깝고, 간선의 배선이 용이한 곳으로 한다.
③ 용량의 증설에 대비한 면적을 확보할 수 있는 장소로 한다.
④ 수전 및 배전 거리를 짧게 하여 경제성을 고려한다.

19 피뢰시스템 구성요소(LPSC)-제2부 : 도체 및 접지극에 관한 요구사항(KS C IEC 62561-2 : 2014)에 따라 대지와 직접 전기적으로 접속하고 뇌전류를 대지로 방류시키는 접지시스템의 일부분 또는 그 집합을 정의하는 것은?
① 피뢰침
② 수뢰부
③ 접지극
④ 인하도선

해설 용어의 정의
① 수뢰부 시스템(air termination system)
낙뢰를 포착할 목적으로 피뢰침, 망상도체, 가공지선 등과 같은 금속물체를 이용한 외부 피뢰시스템의 일부
② 피뢰침(air termination rod), 수뢰(수평) 도체(air termination conductor)
구조물 직격뢰를 포착하여 전도하기 위한 수뢰부시스템의 일부
③ 인하 도선(down conductor)
뇌전류를 수뢰부시스템에서 접지극시스템으로 흘리기 위한 외부 피뢰시스템의 일부
④ 접지극시스템(earth termination system)
뇌전류를 대지로 흘려 방출시키기 위한 외부 피뢰시스템의 일부
⑤ 접지극(earth electrode)
대지와 직접 전기적으로 접속하고 뇌전류를 대지로 방류시키는 접지시스템의 일부분 또는 그 집합
⑥ 접지봉(earth rod)
땅에 박히는 금속봉으로 구성되는 접지극

20 전기작업계획서의 작성에 관한 기술지침에 따라 작업계획서에 작성하는 내용으로 틀린 것은?
① 작업의 목적
② 작업자의 인적사항
③ 작업자의 자격 및 적정 인원
④ 교대 근무 시 근무 인계에 관한 사항

해설 전기작업계획서 내용
① 전기작업의 목적 및 내용
② 전기작업 근로자의 자격 및 적정 인원
③ 작업 범위, 작업책임자 임명, 전격·아크 섬광·아크 폭발 등 전기위험 요인 파악, 접근한계거리, 활선접근 경보장치 휴대 등 작업 시작 전에 필요한 사항
④ 전로 차단에 관한 작업계획 및 전원(電源) 재투입 절차 등 작업 상황에 필요한 안전작업 요령
⑤ 절연용 보호구 및 방호구, 활선 작업용 기구·장치 등의 준비·점검·착용·사용 등에 관한 사항
⑥ 점검·시운전을 위한 일시 운전, 작업 중단 등에 관한 사항
⑦ 교대 근무 시 근무 인계(引繼)에 관한 사항
⑧ 전기작업장소에 대한 관계 근로자가 아닌 사람의 출입금지에 관한 사항
⑨ 전기안전작업계획서를 해당 근로자에게 교육할 수 있는 방법과 작성된 전기안전작업계획서의 평가·관리계획
⑩ 전기 도면, 기기 세부 사항 등 작업과 관련되는 자료

21 다음 그림은 직류입력으로부터 교류출력을 얻어내는 인버터의 동작원리를 설명하고 있다. 아래와 같은 출력파형을 얻기 위해 ⓒ 신호에 들어갈 스위치의 상태를 $S_1-S_2-S_3-S_4$ 의 순서에 맞게 나열한 것은?

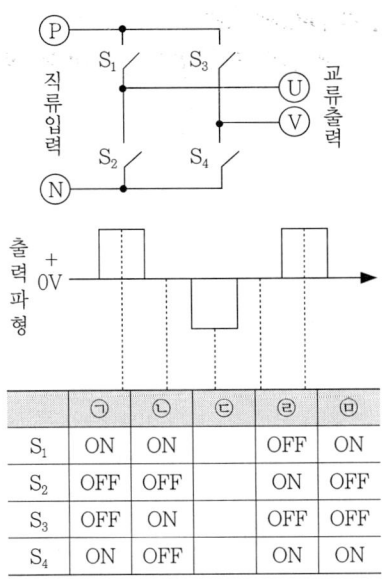

① OFF-ON-ON-OFF
② ON-ON-OFF-OFF
③ OFF-OFF-ON-ON
④ ON-OFF-OFF-ON

해설 인버터의 동작원리

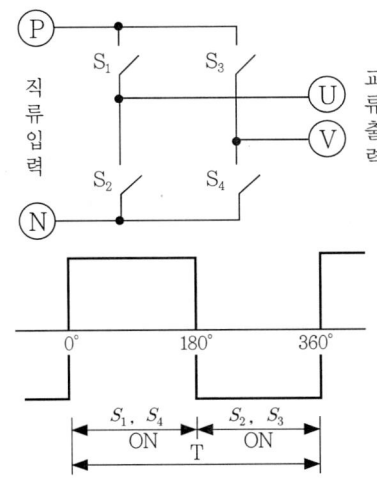

인버터의 기본동작은 직류 전원의 방향을 주기적으로 바꾸어 출력을 내보낸다.
S_1, S_4가 ON, S_2, S_3가 OFF 되면 부하의 왼쪽에 (+)전원이 공급되고, S_2, S_3 ON, S_1, S_4가 OFF 되면 (−)전원이 공급된다.

이러한 동작을 주기적으로 반복하면 사각파의 파형이 반복적으로 나타나며, 스위치의 동작빈도가 높아지면 사각파의 주파수는 높아진다.

22 전력기술관리법령에 따른 감리원에 대한 시정조치에 대한 설명이다. 다음 ( )에 들어갈 내용으로 옳은 것은?

> 발주자는 감리원이 업무를 성실하게 수행하지 아니하여 전력시설물공사가 부실하게 될 우려가 있을 때에는 ( )으로 정하는 바에 따라 그 감리원에 대하여 시정지시 등 필요한 조치를 하여야 한다.

① 대통령령
② 국무총리령
③ 시·도지사령
④ 산업통상자원부령

해설 감리원에 대한 시정조치(전력기술관리법 시행령 제25조)
발주자는 감리원이 업무를 성실하게 수행하지 아니하여 전력시설물공사가 부실하게 될 우려가 있을 때에는 산업통상자원부령으로 정하는 바에 따라 그 감리원에 대하여 시정지시 등 필요한 조치를 하여야 한다.

23 어떤 부하에 전압을 10% 낮추면 전력은 몇 % 감소하는가?

① 10
② 15
③ 19
④ 27

해설 전력(P)

$$P = \frac{V^2}{R} = \frac{0.9^2}{R} = 0.81$$

∴ 19% 감소한다.

24 태양광발전시스템 점검 시 비치해야 하는 전기 안전관리 장비가 아닌 것은?

① 측량계
② 멀티미터
③ 클램프 미터
④ 적외선 온도측정기

해설 측량기(계)는 토목분야에서 지표의 각 지점의 위치와 그 지점들 간의 거리를 구하고 지형의 높낮이, 면적 따위를 재는데 사용되며, 전기안전관리 장비는 아니다.

25 전기설비 검사 및 점검의 방법·절차 등에 관한 고시에 따라 태양광발전설비에서 전력변환장치의 정기검사 시 세부검사내용으로 틀린 것은?

① 개방전압
② 외관검사
③ 절연저항
④ 접지저항

해설 정기검사시 세부검사항목(전력변환장치)

1) 일반규격
① 규격확인

2) 본체
① 외관검사
② 접지 시공상태
③ 절연저항
④ 절연내력
⑤ 제어회로 및 경보장치
⑥ 전력조절부/Static 스위치
⑦ 자동·수동절체시험
⑧ 역방향운전 제어시험
⑨ 단독운전 방지시험

3) 보호장치
① 외관검사
② 절연저항
③ 보호장치시험

26 신에너지 및 재생에너지 개발·이용·보급 촉진법에 따른 신·재생에너지 통계 전문기관은?

① 통계청
② 한국전력거래소
③ 신·재생에너지센터
④ 한국에너지기술연구원

해설 신·재생에너지센터

산업통상자원부장관은 신·재생에너지의 이용 및 보급을 전문적이고 효율적으로 추진하기 위하여 대통령령으로 정하는 에너지 관련 기관에 신·재생에너지센터를 두어 신·재생에너지 분야에 관한 다음의 사업을 하게 할 수 있다.

① 신·재생에너지의 기술개발 및 이용·보급사업의 실시자에 대한 지원·관리
② 신·재생에너지 이용의무의 이행에 관한 지원·관리
③ 신·재생에너지 공급의무의 이행에 관한 지원·관리
④ 공급인증기관의 업무에 관한 지원·관리
⑤ 설비인증에 관한 지원·관리
⑥ 신·재생에너지 설비에 대한 기술지원
⑦ 신·재생에너지 기술의 국제표준화에 대한 지원·관리
⑧ 신·재생에너지 설비 및 그 부품의 공용화에 관한 지원·관리
⑨ 신·재생에너지 설비 설치기업에 대한 지원·관리
⑩ 신·재생에너지 연료 혼합의무의 이행에 관한 지원·관리
⑪ 산업통상자원부장관은 기본계획 및 실행계획 등 신·재생에너지 관련 시책을 효과적으로 수립·시행하기 위하여 필요한 국내외 신·재생에너지의 수요·공급에 관한 통계자료를 조사·작성·분석 및 관리
⑫ 신·재생에너지 보급사업의 지원·관리
⑬ 신·재생에너지 기술의 사업화에 관한 지원·관리
⑭ 교육·홍보 및 전문인력 양성에 관한 지원·관리
⑮ 신·재생에너지 설비의 효율적 사용에 관한 지원·관리
⑯ 국내외 조사·연구 및 국제협력 사업

27 내선규정에 따라 케이블을 콘크리트에 직접 매설하는 경우 케이블은 철근 등을 따라 포설하는 것을 원칙으로 하고 바인드선 등으로 철근 등에 몇 m 이하의 간격으로 고정하여야 하는가?

① 1 ② 2
③ 3 ④ 4

해설 **콘크리트 직매용 포설**
① 전선은 콘크리트 직매용(直埋用) 케이블 또는 기타 구조의 개장을 한 케이블일 것.
② 공사에 사용하는 박스는 금속제이거나 합성수지제의 것 또는 황동이나 동으로 견고하게 제작한 것일 것.
③ 전선을 박스 또는 풀박스 안에 인입하는 경우는 물이 박스 또는 풀박스 안으로 침입하지 아니하도록 적당한 구조의 부싱 또는 이와 유사한 것을 사용할 것.
④ 콘크리트 안에는 전선에 접속점을 만들지 아니할 것.

28 송전전력, 부하역률, 송전거리, 전력손실 및 선간전압이 같을 경우 3상 3선식에서 전선 한 가닥에 흐르는 전류는 단상 2선식의 경우의 약 몇 %가 되는가?

① 57.7 ② 70.7
③ 141   ④ 115

해설 **3상 3선식과 단상 2선식의 전류비**
$\sqrt{3}\,VI_3\cos\theta = VI_1\cos\theta$
$\sqrt{3}\,I_3 = I_1$
$\therefore \dfrac{1}{\sqrt{3}} \times 100 = 57.7[\%]$

29 전기설비에 있어서 감전 예방의 종류 중 직접접촉에 대한 감전예방 사항이 아닌 것은?

① 장애물에 의한 보호
② 단독시행에 의한 보호
③ 충전부 절연에 의한 보호
④ 격벽 또는 외함에 의한 보호

해설 **감전예방의 종류**
1) 직접접촉 보호
전기설비가 정상적으로 운전되고 있는 상태에서 해당 전기설비에 사람 또는 동물이 접촉되는 경우를 대비하여 감전방지하는 보호
① 충전부의 절연에 의한 보호
② 격벽 또는 외함에 의한 보호
③ 장애물에 의한 보호
④ 손의 접근 한계 외측 시설에 의한 보호
⑤ 누전차단기에 의한 추가 보호

2) 간접접촉 보호
전기설비가 지락 등의 고장이 발생한 경우 감전방지를 위한 보호
① 전원의 자동차단에 의한 보호
② II급기기의 사용 또는 이것과 동등 이상의 절연에 대한 보호
③ 비 도전성 장소에 의한 보호
④ 비 접지용 국부적 등전위 접속에 의한 보호
⑤ 전기적 분리에 의한 보호

30 태양광발전시스템 운전 특성의 측정 방법(KSC 8535:2005)에서 축전지의 측정항목으로 틀린 것은?

① 단자전압   ② 충전전류
③ 충전 전력량 ④ 역조류전류

해설 **축전지의 측정항목**
① 단자전압   ② 충전전류
③ 충전 전력량 ④ 방전전류
⑤ 방전 전력량

31 전기공사업법령에 따라 전기공사를 공사업자에게 도급을 주는 자를 의미하는 용어의 정의로 옳은 것은?

① 발주자 ② 감리자
③ 수급자 ④ 도급자

정답 27.① 28.① 29.② 30.④ 31.①

해설 정의

1) 전기공사 : 다음의 어느 하나에 해당하는 설비 등을 설치·유지·보수하는 공사 및 이에 따른 부대공사
   ① 전기설비
   ② 전력 사용 장소에서 전력을 이용하기 위한 전기계장 설비
   ③ 전기에 의한 신호표지
   ④ 신·재생에너지 설비 중 전기를 생산하는 설비
   ⑤ 지능형전력망 중 전기설비

2) 공사업(工事業) : 도급이나 그 밖에 어떠한 명칭이든 상관없이 전기공사를 업(業)으로 하는 것

3) 공사업자(工事業者) : 공사업의 등록을 한 자

4) 발주자(發注者) : 전기공사를 공사업자에게 도급을 주는 자를 말한다. 다만, 수급인으로서 도급받은 전기공사를 하도급 주는 자는 제외

5) 도급(都給) : 원도급(原都給), 하도급, 위탁, 그 밖에 어떠한 명칭이든 상관없이 전기공사를 완성할 것을 약정하고, 상대방이 그 일의 결과에 대하여 대가를 지급할 것을 약정하는 계약

6) 하도급(下都給) : 도급받은 전기공사의 전부 또는 일부를 수급인이 제3자와 체결하는 계약

7) 수급인(受給人) : 발주자로부터 전기공사를 도급받은 공사업자

8) 시공책임형 전기공사관리 : 전기공사업자가 시공 이전 단계에서 전기공사관리 업무를 수행하고 아울러 시공 단계에서 발주자와 시공 및 전기공사관리에 대한 별도의 계약을 통하여 전기공사의 종합적인 계획·관리 및 조정을 하면서 미리 정한 공사금액과 공사 기간 내에서 전기설비를 시공하는 것

32 전기설비기술기준의 판단기준에 따라 가반형(可搬型)의 용접 전극을 사용하는 아크용접장치의 용접변압기 1차측 전로의 대지전압은 몇 V 이하이어야 하는가?
   ① 30   ② 60
   ③ 150 ④ 300

해설 아크 용접기(한국전기설비규정)
   ① 용접변압기는 절연변압기일 것.
   ② 용접변압기의 1차측 전로의 대지전압은 300 V 이하일 것.
   ③ 용접변압기의 1차측 전로에는 용접 변압기에 가까운 곳에 쉽게 개폐할 수 있는 개폐기를 시설할 것.

33 설계감리업무 수행지침에 따라 감리원이 발주자에게 제출하는 설계감리업무 수행계획서에 포함되지 않은 것은?
   ① 보안 대책 및 보안각서
   ② 세부공정계획 및 업무흐름도
   ③ 설계감리 검토의견 및 조치 결과서
   ④ 용역명, 설계감리규모 및 설계감리기간

해설 설계용역의 관리

설계감리원은 발주된 설계용역의 특성에 맞게 지침에 따른 설계감리원 세부업무 내용을 정하고 다음의 사항을 포함한 설계감리업무 수행계획서를 작성하여 발주자에게 제출하여야 한다.
   ① 대상 : 용역명, 설계감리규모 및 설계감리기간 등
   ② 세부시행계획 : 세부공정계획 및 업무흐름도 등
   ③ 보안 대책 및 보안각서
   ④ 그 밖에 발주자가 정한 사항

34 이미터 접지형 증폭기에서 베이스 접지 시 전류증폭률 a가 0.9이면, 전류이득 β는 얼마인가?
   ① 0.45   ② 0.9
   ③ 4.5   ④ 9.0

해설 트랜지스터의 동작

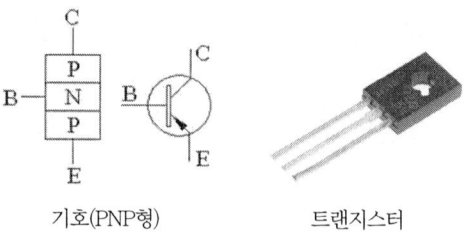

기호(PNP형)   트랜지스터

① 에미터에서 컬렉터로 전달되는 비율을 전류 증폭률 (α)라하고, 1을 넘을 수 없다.

$$\alpha = \frac{\beta}{1+\beta}$$

② 전류이득 (β)

$$\beta = \frac{\alpha}{\alpha - 1} = \frac{0.9}{0.9 - 1} = 9$$

35 산업안전보건기준에 관한 규칙에 따라 누전에 의한 감전위험을 방지하기 위하여 해당 전로의 정격에 적합하고 감도가 양호하며 확실하게 작동하는 감전방지용 누전차단기를 설치하여야 하는 전기기계·기구로 틀린 것은?

① 대지 전압이 150볼트를 초과하는 이동형 또는 휴대형 전기기계·기구
② 철판·철골 위 등 도전성이 높은 장소에서 사용하는 이동형 또는 휴대형 전기기계·기구
③ 임시배선의 전로가 설치되는 장소에서 사용하는 이동형 또는 휴대형 전기기계·기구
④ 물 등 도전성이 높은 액체가 있는 습윤장소에서 사용하는 750볼트 이상의 교류전압용 전기기계·기구

[해설] 물 등 도전성이 높은 액체가 있는 습윤장소에서 사용하는 (750볼트 이하 직류전압이나 600볼트 이하의 교류전압을 말한다) 전기기계·기구

36 계통연계형 태양광발전용 인버터가 계통의 제한된 전압손실 또는 전압강하 기간 동안 연결된 부하에 전력을 계속 생산할 수 있는 인버터의 기능은 무엇인가?

① MPPT 기능
② LVRT 기능
③ 단독운전 방지기능
④ 자동운전·정지기능

[해설] 신재생에너지의 LVRT제어(Low Voltage Ride Through)
① 전압이 순간적으로 떨어졌을 때 운전이 멈추는 것을 방지하기 위한 것으로 전력계통의 안정성 확보를 위함
② 계통전압의 10%에 해당하는 전압강하시 저전압사고를 인지하고, 20ms 안에 각 전압비율의 2배에 해당하는 무효전류를 공급할 수 있어야 한다.
③ 50% 전압강하시 정격의 무효전류를 공급할 수 있어야 한다.
④ 계통의 외란과 사고에 대해 신재생에너지의 PCS는 전력계통으로부터 분리되지 않고 계속적인 운전과 함께 계통의 과도현상에 협조

37 건축물의 설계도서 작성기준에 따른 설계도서 작성방법에서 계획설계의 도서내용 중 전기설비계획서의 내용에 해당하지 않는 것은?

① 해당 법규 검토
② 추정 부하 산정
③ 개략 예산 검토
④ 적용 시스템 비교 검토

[해설] 계획설계의 도서내용(전기설비계획서)
① 해당 법규 검토
② 설계방향 설정, 전기설비계획개요
③ 추정 부하 산정
④ 개략 예산 검토

38 지붕 건재형 태양광발전 모듈의 설치장소를 고려한 설치 시 유의사항으로 틀린 것은?

① 인접 가옥의 화재에 대한 방화대책을 세워 시설할 것
② 태양광발전 모듈의 하중에 견딜 수 있는 강도를 가질 것
③ 눈이 많은 지역에서는 적설 방지대책을 강구하여 시설할 것
④ 풍력계수는 처마 끝이나 지붕 중앙부나 똑같이 하여 시설할 것

[해설] 지붕 건재형 태양광발전 모듈의 설치시 고려사항
① 태양광모듈 설치 전에 시스템의 하중을 견딜 수 있는지 반드시 점검해야 한다.
② 태양광모듈을 처마 끝이나 용마루에 설치할 경우는 풍압력을 고려해야 한다.
③ 지붕중앙부가 처마 끝과 용마루의 풍력계수보다 낮으므로 태양광모듈은 중앙부에 설치하는 것이 바람직하다.

13.4.15 / 17.4.1

39 어떤 전지의 외부회로 저항은 5Ω이고 전류는 8A가 흐른다. 외부회로에 5Ω 대신에 15Ω의 저항을 접속하면 흐르는 전류는 4A로 떨어진다. 이 전지의 기전력(V)은?

① 40　　② 60
③ 80　　④ 100

[해설] 전지의 기전력 E
① E = (외부저항+내부저항) × 전류
② E = (5+r) × 8 = 40+8r
③ E = (15+r) × 4 = 60+4r
② = ③이며 40+8r = 60+4r
따라서 내부저항 r = 5[Ω]
∴ E = 80[V]

40 태양광발전소 설비용량이 2500kW, SMP가 200원/kWh, 가중치 적용 전 REC가 150원/kWh인 경우 판매단가(원/kWh)는? (단, "SMP+1REC가격×가중치" 계약방식이며, 설치장소는 기존 건축물 지붕을 이용하여 설치하는 것으로 한다.)

① 425　② 475　③ 500　④ 525

[해설] 판매단가 = SMP 단가 + (REC 단가 × 가중치)
　　　　= 200 + (150 × 1.5) = 425(원)

신재생에너지 공급인증서 가중치

구분	공급인증서 가중치	대상에너지 및 기준	
		설치유형	세부기준
태양광 에너지	1.2	일반부지에 설치하는 경우	100kW미만
	1.0		100kW부터
	0.8		3,000kW초과부터
	0.5	임야에 설치하는 경우	-
	1.5	건축물 등 기존 시설물을 이용하는 경우	3,000kW이하
	1.0		3,000kW초과부터
	1.6	유지 등의 수면에 부유하여 설치하는 경우	100kW미만
	1.4		100kW부터
	1.2		3,000kW초과부터
	1.0	자가용 발전설비를 통해 전력을 거래하는 경우	

41 도가니 인발 공정(Czochralski 공정)을 거쳐서 생산되는 태양광 전지는?

① 염료감응형　　② 단결정 실리콘
③ 다결정 실리콘　④ 비정질 실리콘

[해설] 단결정/다결정 실리콘 웨이퍼 제조기술
1) 단결정 실리콘 잉곳 제조기술
① CZ법(Czochralski Technique) : 현재 반도체 기판의 대부분을 차지한다.
② FZ법(Floating Zone Technique) : 고저항 웨이퍼 제조, 고가격
2) 다결정 실리콘 잉곳 제조기술
① Bridgman법
② Casting법
③ EMC법(Electro-Magnetic Casting Technique)

42 경사지붕 면적이 100m²(10m×10m)인 건축물에 태양광발전시스템을 설치하려고 한다. 165Wp급 태양광발전 모듈이 가로의 길이가 1.6m, 세로의 길이가 0.8m, 모듈의 온도에 따른 전압범위가 28~42Vmpp일 때 모듈의 설치 가능 개수는? (단, 인버터의 MPP전압 범위는 150~540Vmpp, 효율은 92%, 인버터의 기동전압, 모듈설치간격 및 기타 손실 등은 무시한다.)

① 62개　② 68개　③ 72개　④ 76개

정답　39.③　40.①　41.②　42.③

[해설] 모듈의 설치 가능 개수(M)

① 가로측 설치 개수 = $\frac{\text{가로측 지붕 길이}}{\text{모듈 가로의 길이}} = \frac{10}{1.6} ≒ 6$개

② 세로측 설치 개수 = $\frac{\text{세로측 지붕 길이}}{\text{모듈 세로의 길이}} = \frac{10}{0.8} ≒ 12$개

③ M = 가로측 설치 개수 × 세로측 설치 개수 = $6 × 12 = 72$개

43 시공된 공사에 대한 재시공이 지시되는 경우가 아닌 것은?

① 시공된 공사가 품질확보가 미흡할 경우
② 관계 규정에 맞지 아니하게 시공된 경우
③ 지진·해일·폭풍 등 불가항력적인 사태가 발생할 경우
④ 감리원의 확인·검사에 대한 승인을 받지 아니하고 후속 공정을 진행하는 경우

[해설] 재시공 및 공사중지 지시 등의 적용 한계

① 재시공 : 시공된 공사가 품질확보 미흡 또는 위해를 발생시킬 우려가 있다고 판단되거나, 감리원의 확인·검사에 대한 승인을 받지 아니하고 후속 공정을 진행한 경우와 관계 규정에 맞지 아니하게 시공한 경우

② 공사중지 : 시공된 공사가 품질확보 미흡 또는 중대한 위해를 발생시킬 우려가 있다고 판단되거나, 안전상 중대한 위험이 발견된 경우에는 공사중지를 지시할 수 있으며 공사중지는 부분중지와 전면중지로 구분한다.

44 일반적으로 태양광발전용 접속함을 설치하는 현장의 고도는 몇 m를 넘지 않아야 하는가?

① 250   ② 500
③ 1000 ④ 2000

[해설] 접속함의 정상 사용 조건

1) 주위 대기 온도
① 옥내 설비의 주위 대기 온도
주위 대기 온도는 +40[℃]를 초과하지 않아야 하며, 24시간동안 그 평균은 +35[℃]를 초과하지 않아야 한다. 주위 공기 온도의 하한은 −5[℃]이어야 한다.

② 옥외 설비의 주위 대기 온도
주위 대기 온도는 +40[℃]를 초과하지 않아야 하며, 24시간동안 그 평균은 +35[℃]를 초과하지 않아야 한다. 주위 대기 온도의 하한은 −25[℃]이어야 한다.

2) 대기조건
① 옥내 설비의 대기조건
공기는 청결해야하며, 그 상대 습도는 +40[℃]의 최대 온도에서 50[%]를 초과하지 않아야 한다. 온도가 더 낮을 때는 더 높은 상대습도가 허용된다. 예를 들면 +20[℃]에서는 90[%]가 허용된다. 온도 변화로 인해 가끔 응결이 생길 수 있다는 것을 고려하는 것이 좋다.

② 옥외 설비의 대기조건
상대습도는 +25[℃]의 최대온도에서 일시적으로 100[%] 정도로 높을 수도 있다.

3) 오염 등급
충전부와 접속함 표면 사이의 공간거리 및 연면거리는 오염등급 3에 따라 치수를 결정한다. 접속함 충전부의 공간거리 및 연면거리는 오염등급 2에 대해 치수를 결정한다.

4) 고도
① 설치현장의 고도는 2,000[m]를 넘지 않아야 한다.
② 더 높은 고도에서 사용해야 하는 장비에 대해서는 장치의 절연내력과 개폐 능력, 공기의 냉각효과 감소를 고려해야 한다.

45 정격전류 50A의 과전류차단기를 220V의 전로에서 사용 시 100A의 전류가 흐를 경우 용단되어야 하는 시간은?

① 2분 이내   ② 4분 이내
③ 6분 이내   ④ 8분 이내

[해설] 저압전로 중의 과전류차단기의 시설

과전류차단기로 저압전로에 사용하는 퓨즈는 수평으로 붙인 경우에 다음에 적합한 것이어야 한다.
① 정격전류의 1.1배의 전류에 견딜 것
② 정격전류의 1.6배 및 2배의 전류를 통한 경우에 표에서 정한 시간 내에 용단될 것

정답 43. ③ 44. ④ 45. ②

정격전류의 구분	시간	
	정격전류의 1.6배의 전류를 통한 경우	정격전류의 2배의 전류를 통한 경우
30[A] 이하	60분	2분
30[A] 초과 60[A] 이하	60분	4분
60[A] 초과 100[A] 이하	120분	6분
100[A] 초과 200[A] 이하	120분	8분
200[A] 초과 400[A] 이하	180분	10분
400[A] 초과 600[A] 이하	240분	12분
600[A] 초과	240분	20분

46 전선로에 침입하는 이상 전압의 높이를 완화하고 파고치를 저하시키는 장치는?

① 서지흡수기 ② 내뢰트랜스
③ 슈퍼커패시터 ④ 역류방지다이오드

해설 **서지흡수기(Surge Absorber)**

① 전선로에 침입하는 이상전압의 높이를 완화하고 파고치를 저하시키는 장치
② 피뢰기와 같은 구조이며, 적용범위만을 조정하여 적용시키는 일종의 옥내 피뢰기이다.
③ 피뢰기와는 다르게 뇌서지에는 사용하지 못하며, 특히 방전내량이 낮다.
④ 차단기(VCB)의 개폐서지를 대지로 방전시키고 개폐서지로부터 2차기기(몰드변압기, 건식변압기, 고압모터 등)를 보호하는 역할을 한다.

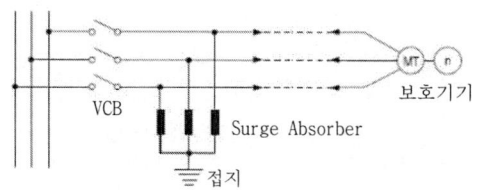

서지흡수기 설치 장소

47 인버터의 부분 부하 동작을 고려하여 부분효율의 가중치를 달리하여 계산하는 효율은?

① 최대효율 ② 추적효율
③ 정격효율 ④ 유로효율

해설 **인버터의 공칭효율과 유로효율**
(1) 공칭효율 : 인버터를 운전하는 조건에서 최대의 효율이 나오는 조건에서 최대 효율

(2) 유로 효율(Euro Efficiency)
① 인버터를 실제 운전조건과 같게 해서 전 부하에서 부분 부하로 운전해서 효율의 가중평균을 낸, 유럽의 기후에 대해 가중된 동적 효율
② 실제로 인버터의 공칭효율이 98%인 경우에도 유로효율은 94%대가 나오는 경우도 있다.
③ 태양광발전소의 출력은 이 유로효율에 비례하기 때문에 공칭효율에 현혹되지 말고 유로효율을 구해야 한다.
④ 유로효율의 평상치는 94% 수준인데, 메이커에 따라 유로효율이 97%인 인버터도 출시되고 있어, 인버터를 잘 선택하면 태양광발전소 출력을 추가로 2% 이상 높일 수가 있다.

48 배전선로에서 지락 고장이나 단락 고장사고가 발생하였을 때 고장을 검출하여 선로를 차단한 후 일정시간 경과하면 자동적으로 재투입 동작을 반복함으로서 고장 구간을 제거할 수 있는 보호장치는?

① 리클로저 ② 라인퓨즈
③ 배전용 차단기 ④ 컷아웃 스위치

해설 **자동재폐로차단기(R/C : Recloser)**

일반적으로 반송 보호계전 방식에 의해서 고속 차단-재폐로의 동작을 자동적으로 실시하는 방식으로 차단기가 차단된 후 일정시간을 두고 사고지점의 절연이 회

복된 후 재폐로 조건(회복조건)이 되면 자동적으로 차단기를 투입하는 시간을 Time Delay라 하고 자동적으로 투입하는 동작을 재폐로라 한다. 재폐로 Time Delay는 Arc 소멸시간(자기 절연회복시간)을 충분히 고려하여 결정한다.

49 태양광발전시스템의 고장별 조치방법을 나열한 것으로 틀린 것은?

① 불량 모듈이 선별되어 교체 시에는 제조사와 관계없이 동일 면적의 제품으로 교체하여야 한다.
② 모듈의 단락전류는 음영에 의한 경우와 모듈 불량에 의한 경우의 문제로 판정되면 그 원인을 해소한다.
③ 인버터가 고장인 경우에는 유지보수 인력이 직접 수리가 곤란하므로 제조업체에 A/S를 의뢰하여 보수한다.
④ 태양광발전 모듈의 개방전압이 저하하는 원인은 셀 및 바이패스 다이오드의 손상에 기인하는 경우가 대부분이므로 손상된 모듈을 찾아서 교체하여야 한다.

해설 태양광발전시스템의 고장별 조치방법
① 모듈의 파손, 열화, 단자하의 방수 성능저하 등과 케이블의 열화, 피복 손상이 있는 경우 절연저하의 문제가 발생되므로 절연저항 기준치 이하인 경우 해당 스트링의 모듈 및 선로를 육안 점검한다.
② 육안점검으로 찾지 못한 경우에는 전체 스트링의 중간(1/2)지점에서 모듈의 커넥터를 분리하고, 절연저항을 측정한다.
③ 절연저항이 낮은 쪽으로 구간을 축소해 최종적으로 모듈 뒷면 단자함을 개방해서 불량모듈을 선별한다.
④ 불량모듈이 선별되면 동일 제조사의 동일규격 제품으로 교체한다.

50 특고압 전선로에 접속하는 배전용 변압기를 시설하는 경우에 특고압 절연전선 또는 케이블을 사용하였다면 변압기의 1차 및 2차 전압은?

① 1차 : 35kV 이하   2차 : 특고압
② 1차 : 35kV 이하   2차 : 저압 또는 고압
③ 1차 : 60kV 이하   2차 : 저압 또는 고압
④ 1차 : 60kV 이하   2차 : 특고압 또는 고압

해설 특고압 배전용 변압기의 시설
특고압 전선로에 접속하는 배전용 변압기를 시설하는 경우에는 특고압 전선에 특고압 절연전선 또는 케이블을 사용하고 또한 다음에 따라야 한다.
(1) 변압기의 1차 전압은 35kV 이하, 2차 전압은 저압 또는 고압일 것
(2) 변압기의 특고압측에 개폐기 및 과전류차단기를 시설할 것. 다만, 변압기를 다음에 따라 시설하는 경우는 특고압측의 과전류차단기를 시설하지 아니할 수 있다.
① 2 이상의 변압기를 각각 다른 회선의 특고압 전선에 접속할 것
② 변압기의 2차측 전로에는 과전류차단기 및 2차측 전로로부터 1차측 전로에 전류가 흐를 때에 자동적으로 2차측 전로를 차단하는 장치를 시설하고 그 과전류차단기 및 장치를 통하여 2차측 전로를 접속할 것
(3) 변압기의 2차 전압이 고압인 경우에는 고압측에 개폐기를 시설하고 또한 쉽게 개폐할 수 있도록 할 것

51 전력변환장치(PCS)의 기능으로 옳은 것은?

① 단독운전기능, 수동전압 조정기능, 직류지락검출기능
② 단독운전기능, 최대전력 추종제어기능, 직류검출기능
③ 단독운전 방지기능, 최대전력 추종제어기능, 직류운전기능
④ 자동운전 정지기능, 최대전력 추종제어기능, 단독운전 방지기능

해설 태양광 인버터의 기능
① 자동운전 정지(Auto shutdown) 기능
인버터는 해가 떠오르고 출력이 발생되는 조건이 되면 자동적으로 운전을 시작하며, 해가 지는 동안에도 출력이 발생하는 한 가동은 계속되고 완전한 일몰 뒤 운전이 정지한다.

② 단독운전 방지(Non-islanding) 기능
　단독운전(한전 정전시 분리된 계통에 전력을 계속 공급하게 되는 운전상태)시의 문제점을 해결하기 위한 기능으로 단독운전방지기능이 설치되어 안전하게 정지할 수 있도록 함
③ 최대전력 추종(MPPT ; Maximum Power Point Tracking)제어 기능
　태양전지의 출력은 일사강도나 태양전지의 표면온도에 따라 변화하며, 이들 변동에서 태양전지의 동작점이 항상 최대출력점을 추종하도록 변화시켜, 태양전지에서 최대 출력을 유도하는 제어

52 태양광발전 전지를 재료에 따라 구분한 것으로 틀린 것은?

① 절연체
② 화합물 반도체
③ 실리콘 반도체
④ 염료감응형 및 유기물

해설 태양전지의 분류
재료에 따라 결정질 실리콘, 비정질실리콘, 화합물반도체 등으로 분류

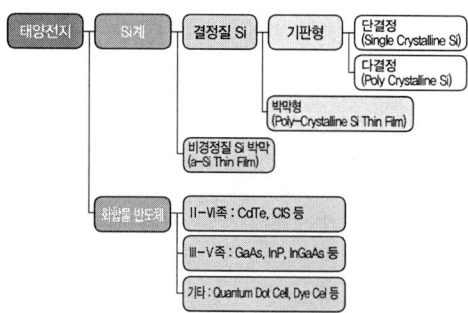

53 다른 개폐기기와 비교하여 전력퓨즈의 특징으로 틀린 것은?

① 고속도 차단된다.
② 과전류에 용단되기 어렵다
③ 차단 능력이 크며, 재투입은 불가능하다.
④ 동작시간-전류특성을 계전기처럼 자유롭게 조절할 수 없다.

해설 전력퓨즈(Power Fuse)의 장·단점

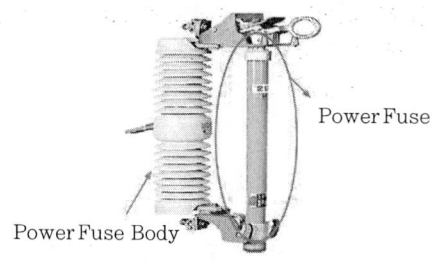

1) 장점
　① 소형 경량이다.
　② 릴레이나 변성기가 필요 없다.
　③ 소형으로 큰 차단능력을 갖는다.
　④ 보수가 간단하다.
　⑤ 고속도 차단한다.
　⑥ 가격이 저렴하다

2) 단점
　① 재투입이 불가능하다.
　② 과전류에서 용단될 수 있다.
　③ 동작시간-전류특성의 조정이 불가능하다.

54 결정질 실리콘 태양광발전 모듈(성능)(KS C 8561:2018)에서 외관검사 시 품질기준으로 틀린 것은?

① 최대 출력이 시험 전 값의 95% 이상 일 것
② 모듈외관에 크랙, 구부러짐, 갈라짐 등이 없는 것
③ 태양전지 간 접속 및 다른 접속부분에 결함이 없는 것
④ 태양전지와 태양전지, 태양전지와 프레임의 접촉이 없는 것

해설 외관(육안) 검사
1) 검사방법
1000[Lux] 이상의 광조사 상태에서 모듈 외관, 태양전지 셀 등에 크랙(Crack), 구부러짐, 갈라짐 등이 없는지 확인하고, 셀 간 접속 및 다른 접속부분에 결함이 없는지, 셀과 셀, 셀과 프레임상의 터치가 없는지, 접속에 결함이 없는지 등을 검사한다.

2) 품질기준
① 모듈외관에 크랙, 구부러짐, 갈라짐 등이 없는 것
② 태양전지: 깨짐, 크랙이 없는 것
③ 태양전지 간 접속 및 다른 접속부분에 결함이 없는 것
④ 태양전지와 태양전지, 태양전지와 프레임의 접촉이 없는 것
⑤ 접착에 결함이 없는 것
⑥ 태양전지와 모듈 끝부분을 연결하는 기포 또는 박리가 없는 것 등

55 전기사업법에 따른 전기위원회 위원의 자격이 되지 않는 사람은?

① 변호사로서 10년 이상 있거나 있었던 사람
② 5급 이상의 공무원으로 있거나 있었던 사람
③ 전기 관련 기업에서 15년 이상 종사한 경력이 있는 사람
④ 소비자보호 관련 단체에서 10년 이상 종사한 경력이 있는 사람

해설 위원의 자격 등(전기사업법 제54조)
1) 전기위원회 위원은 다음의 어느 하나에 해당하는 사람으로 한다.
① 3급 이상의 공무원으로 있거나 있었던 사람
② 판사·검사 또는 변호사로서 10년 이상 있거나 있었던 사람
③ 대학에서 법률학·경제학·경영학·전기공학이나 그 밖의 전기 관련 학과를 전공한 사람으로서 학교나 공인된 연구기관에서 부교수 이상으로 있거나 있었던 사람 또는 이에 상당하는 자리에 10년 이상 있거나 있었던 사람
④ 전기 관련 기업의 대표자나 상임임원으로 5년 이상 있었거나 전기 관련 기업에서 15년 이상 종사한 경력이 있는 사람
⑤ 전기 관련 단체 또는 소비자보호 관련 단체에서 10년 이상 종사한 경력이 있는 사람

2) 1)의 ② 및 ③의 재직기간은 합산한다.

3) 공무원이 아닌 위원의 임기는 3년으로 하되, 연임할 수 있다.

56 전천일사강도 I_g 와 직달일사강도 I_d 및 산란일사강도 I_s 을 옳게 나타낸 식은? (단, θ는 태양의 고도 각이다.)

① $I_g = I_d \sin\theta + I_s$
② $I_s = I_d \sin\theta + I_g$
③ $I_g = I_s \sin\theta + I_d$
④ $I_d = I_s \sin\theta + I_g$

해설 AM(Air Mass)
① 빛이 지표면에 이르는 가장 짧은 거리를 통해 공기나 먼지 등에 흡수되어 감소된 태양광에너지의 크기를 나타내는 것

$$AM = \frac{1}{\cos\theta(천정각)}$$

② 태양광이 지표면에 도착하기 전에 지나가야하는 대기의 양을 가장 단거리인 수직방향 대기의 양과 비교하여 나타낸 것으로 결국 태양 일사거리간의 비율과 동일하다.
③ 지표면에서 표준 스펙트럼 AM1.5G, G는 전천일사량(Global Radiation)을 의미하며, 이것은 직달일사량(Direct Radiation)과 산란일사량(Diffuse Radiation)을 포함한다.

$I_g = I_d \sin\theta + I_s$

57 가공전선로에서 발생할 수 있는 코로나 현상의 방지 대책이 아닌 것은?

① 복도체를 사용한다.
② 가선금구를 개량한다.
③ 선간거리를 크게 한다.
④ 바깥지름이 작은 전선을 사용한다.

해설 코로나(corona)
전선에 가해지는 전압이 어떤 값(임계 전압) 이상으로 되면 전선 표면의 공기 절연이 국부적으로 파괴되어 엷은 빛과 낮은 소리를 내게 되는 현상
(1) 임계 전압 (E_0)

$E_0 = 24.3 m_0 m_1 \delta d \log_{10} \dfrac{D}{r}$ [kV]

m_0 : 전선의 표면 상태에 의해서 정해지는 계수
m_1 : 일기에 관계되는 계수(맑은날 1, 우천시 0.8)
δ : 상대 공기 밀도
D : 선간거리[m]
r : 전선의 반지름[m]

정답 55. ② 56. ① 57. ④

2) 코로나손(corona loss)
전기 에너지 → 코로나에 의해 나타나는 빛, 열, 소리 → 전력 손실 → 코로나손

3) 코로나 방지대책
코로나 발생의 임계 전압을 상규(보통의 일반적인 규정) 전압 이상으로 높여주면 된다.
① 굵은 전선을 사용한다.
② 가선 금구 개선한다.
③ 복도체를 사용한다(가장 효과적인 방법).

58 배전선로의 장주에 전선로를 병가 할 경우 전선로의 순위를 나타낸 것으로 옳은 것은?

① 통신선은 중성선 또는 저압 전선로의 하단에 배치한다.
② 전용 전선로 또는 이와 유사한 전선로는 일반 전선로보다 하단에 배치한다.
③ 원거리에 전송하는 전선로는 근거리에 전송하는 전선로보다 하단에 배치한다.
④ 서로 다른 전압의 전선로를 동일 지지물에 병가 할 경우에는 높은 전압의 전선로를 하단에 배치한다.

해설 저압선과 전력보안통신선 및 약전류전선과의 이격거리

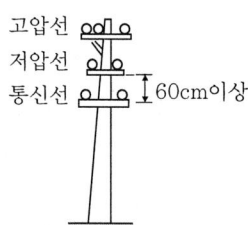

① 저압선(특고압 다중접지 중성선 포함)과 첨가통신선의 이격거리는 60[cm] 이상으로 한다.
② 전주의 가장 상부부터 특고압, 고압, 저압, 통신선 순이다.

59 태양전지 소자 – 제3부 : 기준 스펙트럼 조사강도 데이터를 이용한 지상용 태양전지(PV) 소자의 측정원리(KS C IEC 60904-3)의 적용범위로 틀린 것은?

① 모듈
② 시스템
③ 태양전지의 하부 조직
④ 보호 덮개가 없는 태양전지는 제외

해설 KS C IEC 60904-3의 적용범위
태양전지 소자–제3부 : 기준 스펙트럼 조사강도 데이터를 이용한 지상용 태양전지(PV) 소자의 측정원리
① 보호 덮개가 있거나 없는 태양전지
② 태양전지의 하부 조직
③ 모듈
④ 시스템

60 다음 ( ) 안에 들어갈 내용으로 옳은 것은?

"변전소"란 변전소의 밖으로부터 전압 ( )[V] 이상의 전기를 전송받아 이를 변성(전압을 올리거나 내리는 것 또는 전기의 성질을 변경시키는 것을 말한다)하여 변전소 밖의 장소로 전송할 목적으로 설치하는 변압기와 그 밖의 전기설비 전체를 말한다.

① 2만   ② 3만
③ 4만   ④ 5만

해설 정의(전기사업법 시행규칙 제2조)
1) 변전소 : 변전소의 밖으로부터 전압 50,000[V] 이상의 전기를 전송받아 이를 변성(전압을 올리거나 내리는 것 또는 전기의 성질을 변경시키는 것)하여 변전소 밖의 장소로 전송할 목적으로 설치하는 변압기와 그 밖의 전기설비 전체

2) 개폐소 : 다음의 곳의 전압 50,000[V] 이상의 송전선로를 연결하거나 차단하기 위한 전기설비

정답 58. ① 59. ④ 60. ④

① 발전소 상호간
② 변전소 상호간
③ 발전소와 변전소 간

3) 송전선로 : 다음의 곳을 연결하는 전선로(통신용으로 전용하는 것은 제외한다)와 이에 속하는 전기설비
① 발전소 상호간
② 변전소 상호간
③ 발전소와 변전소 간

4) 배전선로 : 다음 각 목의 곳을 연결하는 전선로와 이에 속하는 전기설비
① 발전소와 전기수용설비
② 변전소와 전기수용설비
③ 송전선로와 전기수용설비
④ 전기수용설비 상호간

5) 전기수용설비 : 수전설비와 구내배전설비

6) 수전설비 : 타인의 전기설비 또는 구내발전설비로부터 전기를 공급받아 구내배전설비로 전기를 공급하기 위한 전기설비로서 수전지점으로부터 배전반(구내배전설비로 전기를 배전하는 전기설비)까지의 설비

7) 구내배전설비 : 수전설비의 배전반에서부터 전기사용기기에 이르는 전선로 · 개폐기 · 차단기 · 분전함 · 콘센트 · 제어반 · 스위치 및 그 밖의 부속설비

61 결정질 태양전지의 에너지 손실이 가장 적은 부분은?

① 직렬저항
② 재결합 손실
③ 선면접촉으로 초래된 반사와 차광
④ 단파장 복사에서 너무 높은 광자 에너지

해설 단결정 실리콘 태양전지에서 에너지 손실 성분
① 직렬(series)과 병렬(shunt) 저항에 의한 손실
직렬 저항은 벌크 반도체, 전극 그리고 상호 연결에 의한 저항 등을 뜻하고 병렬 저항은 태양전지의 가장자리를 통해 흐르는 누설 전류와 격자 결함에 의해 기인하는 저항이다. 실제 태양전지에서 직렬저항은 0.5Ω 이하로 되어 영향은 작다.

② 재결합 손실
효율에 영향을 주는 물질 변수는 소수 캐리어 수명과 캐리어 이동도이다. 왜냐하면 캐리어는 공핍층 내와 공핍영역의 가장자리로 부터 거리가 확산거리 이내에 있어야 광전류로써 수집될 수 있다. 만약 확산거리가 충분히 길지 않으면 손실이 발생한다. deep level이나 전위(dislocation)와 같은 다른 격자 결함이나 결정 입계(grain boundary)가 물질 내에 있으면 확산거리는 짧아진다. 또한 높은 불순물 도핑 역시 확산거리를 짧게 한다. V_{oc}는 격자 결함에 의한 포화 전류의 증가에 의해 떨어진다. 전면과 후면에서의 큰 표면 재결합은 V_{oc}와 I_{sc}을 떨어뜨린다.

③ 반사율에 의한 손실
Si 웨이퍼의 표면 반사율은 30% 정도이므로 입사광의 70% 정도가 광전기변환에 쓰일 수 있다. 반사율을 줄이기 위해 반사 방지막 코팅과 표면 texturing을 실시한다.

62 250[W]의 PV 모듈을 사용하고 모듈의 온도에 따라 전압변동 범위가 30~50[V]일 때 모듈을 직렬연결 할 때 최대설치 가능 개수는? (단, 인버터(PCS)의 동작전압이 400~720[V], 설치간격, 기타 손실 및 조건은 무시한다)

① 13
② 14
③ 15
④ 16

해설 직렬 모듈수(S_n) = $\dfrac{\text{인버터 최대 동작전압}}{\text{모듈 최대 전압 변동}}$ = $\dfrac{720}{50}$ ≒ 14.4 (장)

63 태양광모듈의 고장으로 틀린 것은?

① 핫 스팟
② 백화현상
③ 프레임변형
④ 환기팬 소음

해설 인버터의 일상점검
① 외함의 부식 및 파손
② 내외부 배선의 손상
③ 통풍확인(통풍구, 환기필터 등)
④ 운전시 이상음, 이취, 연기발생 및 이상과열

정답 61. ① 62. ② 63. ④

64 발전기를 전로로부터 자동적으로 차단하는 장치를 시설하여야 하는 경우로서 틀린 것은?

① 발전기에 과전류나 과전압이 생긴 경우
② 용량이 10,000[kVA] 이상인 경우 발전기의 내부에 고장이 생긴 경우
③ 용량이 1,000[kVA] 이상인 수차발전기의 스러스트 베어링의 온도가 현저히 상승한 경우
④ 용량 100[kVA] 이상의 발전기를 구동하는 풍차의 압유장치의 유압이 현저히 저하한 경우

해설 발전기 등의 보호장치

발전기에는 다음의 경우에 자동적으로 이를 전로로부터 차단하는 장치를 시설하여야 한다.
① 발전기에 과전류나 과전압이 생긴 경우
② 용량이 500[kVA] 이상의 발전기를 구동하는 수차의 압유 장치의 유압 또는 전동식 가이드밴 제어장치, 전동식 니이들(Needle) 제어장치 또는 전동식 디플렉터 제어장치의 전원전압이 현저히 저하한 경우
③ 용량 100[kVA] 이상의 발전기를 구동하는 풍차(風車)의 압유장치의 유압, 압축 공기장치의 공기압 또는 전동식 브레이드 제어장치의 전원전압이 현저히 저하한 경우
④ 용량이 2,000[kVA] 이상인 수차 발전기의 스러스트 베어링의 온도가 현저히 상승한 경우
⑤ 용량이 10,000[kVA] 이상인 발전기의 내부에 고장이 생긴 경우
⑥ 정격출력이 10,000[kW]를 초과하는 증기터빈은 그 스러스트 베어링이 현저하게 마모되거나 그의 온도가 현저히 상승한 경우

65 전기사업용 태양광발전소 설치공사 시 공사계획의 인가가 필요한 용량은?

① 출력 3000[kW] 이상
② 출력 5000[kW] 이상
③ 출력 7500[kW] 이상
④ 출력 10000[kW] 이상

해설 전기사업용 전기설비 공사계획의 인가 및 신고의 대상 (전기사업법 시행규칙 제28조)

공사의 종류	인가가 필요한 것	신고가 필요한 것
태양광 설비 태양전지	출력 10,000[kW] 이상의 태양전지의 설치 또는 전체 모듈 대체	출력 10,000[kW] 미만의 태양전지의 설치 또는 전체모듈 대체
태양광 설비 전력변환장치	출력 10,000[kW] 이상의 전력변환 장치의 설치 또는 대체	출력 10,000[kW] 미만의 전력변환장치의 설치 또는 대체

66 태양광발전 경사각에 대한 설명으로 가장 거리가 먼 것은?

① 적도지방의 경사각은 0°일 때 가장 효율적이다.
② 우리나라의 경우 중부지방은 경사각이 37°일 때 가장 효율적이다.
③ 태양광 모듈과 지표면이 이루는 각도를 말한다.
④ 최적의 경사각은 그 지역의 위도와 관계없이 항상 90°일 때이다.

해설 모듈의 경사각

① 사계절 고정설치 : 설치장소의 위도
② 여름(각도 조절형) : 설치장소의 위도 −15°
③ 겨울(각도 조절형) : 설치장소의 위도 +15°
④ 주요도시 위도 : 서울시청 37.56°, 대전광역시청 36.35°, 대구광역시청 35.87°, 부산광역시청 35.17°, 광주광역시청 37.42°, 제주시청 33.49°

67 가대설계 시 적용하는 하중으로 가장 거리가 먼 것은?

① 적설 하중
② 우천 하중
③ 지진 하중
④ 풍압 하중

정답 64.③ 65.④ 66.④ 67.②

해설 중요 하중
① 풍압하중 : 가장 중시해야 할 하중이며, 풍력계수, 설계용 속도압 및 수평면적에 의해 산출
② 고정하중 : 가대 본체의 자중과 가대에 설치하는 태양전지 모듈의 적재하중 및 어레이 구성에 필요한 배실자재 등의 중량을 가산한 것으로서 지속적으로 적용되는 하중
③ 적설하중 : 모듈면의 적설에 따른 하중, 특히 다설 지역(적설 1[m] 이상)에서는 주의가 필요하다.
④ 지진하중 : 풍압하중보다는 작지만, 가로등용 등 중심이 높은 가내나 방재용에 사용하는 경우는 주의가 필요하다.

68 송전선로의 선로정수가 아닌 것은?
① 저항   ② 정전용량
③ 리액턴스   ④ 누설컨덕턴스

해설 선로 정수(Line Constant)
송·배전 선로는 저항(R), 인덕턴스(L), 정전용량(C), 누설 컨덕턴스(G)라는 4개의 정수로 이루어진 연속된 전기회로이다.
① 저항(Resistance)

$$R = \rho \cdot \frac{l}{A} \ [\Omega]$$

전선의 저항 R[Ω], 고유 저항 ρ[Ω·mm²/m], 길이 l[m], 단면적 A[mm²]
② 인덕턴스(Inductance)

$$L = 0.05\mu s + 0.4605 \log_{10} \frac{D}{r} \ [mH/km]$$

선간 거리 D[m], 전선의 반지름 r[m], 비투자율 $\mu s ≒ 1$
③ 정전용량(Capacity)
단상 2선식 정전용량 C

$$C = C_s + 2C_m = \frac{0.02413}{\log_{10} \frac{D}{r}} \ [\mu F/km]$$

C_s : 대지정전용량(전선과 대지 사이에 공기를 유전체로 하는 정전용량)
C_m : 선간정전용량(전선 상호간 공기를 유전체로 하는 정전용량)
r : 전선의 반지름[m]
D : 선간 거리[m]

④ 누설 컨덕턴스(G)
아주 작은 값으로 무시한다.

69 다음 그림에서 태양광 어레이의 각 스트링의 개방 전압 측정방법으로 틀린 것은?

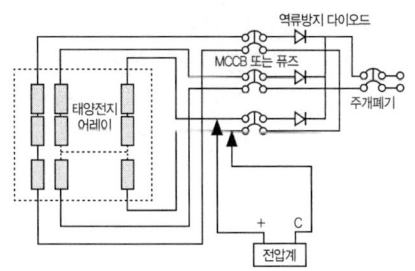

① 접속함의 출력개폐기를 OFF 한다.
② 각 모듈이 음영에 영향을 받지 않는지 확인한다.
③ 접속함의 각 스트링 단로스위치를 모두 ON 한다.
④ 측정을 시행하는 스트링의 단로스위치만 OFF 한다.

해설 개방 전압 측정

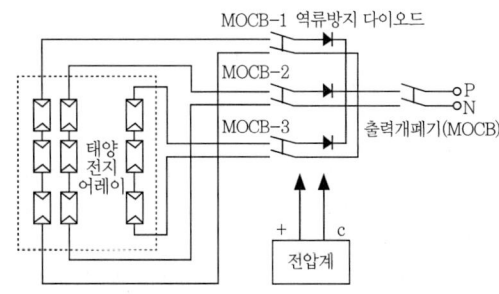

① 접속함 출력개폐기를 OFF 한다.
② 접속함 각 스트링의 단로스위치(MCCB)를 모두 OFF 한다.
③ 각 모듈이 음영의 영향을 받지 않는 것을 확인한다. (모듈의 불량 또는 모듈간의 접속불량 등이 발생하면 각 스트링의 개방전압 측정치가 불균일하다.)

정답 68. ③ 69. ③

④ 측정하는 스트링의 단로스위치(MCCB)를 OFF하여 측정한다.
(직류전압계로 각 스트링의 P-N 단자간 전압을 측정한다)

70 상주 감시를 하지 아니하는 변전소의 변전제어소 또는 기술원이 상주하는 장소에 경보장치를 시설하는 경우로서 틀린 것은?
① 제어 회로의 전압이 현저히 저하한 경우
② 주요 변압기의 전원측 전로가 무전압으로 된 경우
③ 특고압용 타냉식변압기는 그 냉각장치가 고장 난 경우
④ 출력 500[kVA]를 초과하는 특고압용변압기의 온도가 현저히 상승한 경우

해설 상주 감시를 하지 아니하는 변전소의 시설
다음의 경우에는 변전제어소 또는 기술원이 상주하는 장소에 경보장치를 시설할 것
① 운전조작에 필요한 차단기가 자동적으로 차단한 경우(차단기가 재폐로한 경우를 제외한다)
② 주요 변압기의 전원측 전로가 무전압으로 된 경우
③ 제어 회로의 전압이 현저히 저하한 경우
④ 옥내변전소에 화재가 발생한 경우
⑤ 출력 3,000[kVA]를 초과하는 특고압용변압기는 그 온도가 현저히 상승한 경우
⑥ 특고압용 타냉식변압기는 그 냉각장치가 고장 난 경우
⑦ 조상기는 내부에 고장이 생긴 경우
⑧ 수소냉각식조상기는 그 조상기안의 수소의 순도가 90[%] 이하로 저하한 경우, 수소의 압력이 현저히 변동한 경우 또는 수소의 온도가 현저히 상승한 경우
⑨ 가스절연기기(압력의 저하에 의하여 절연파괴 등이 생길 우려가 없는 경우를 제외한다)의 절연가스의 압력이 현저히 저하한 경우

71 단결정 실리콘 태양전지의 특징이 아닌 것은?
① 색이 검은색이다.
② 무늬가 다양하다.
③ 단단하고, 구부러지지 않는다.
④ 제조에 필요한 온도는 약 1400℃ 이다.

해설 단결정과 다결정의 특징

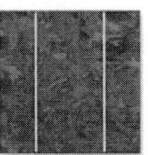

단결정   다결정

1) 단결정
① 검은색으로 무늬가 없으며, 단단하고 구부러지지 않는다.
② 실리콘의 원자배열이 규칙적이며 배열방향이 일정하여 전자의 이동에 걸림이 없어 변환효율이 높다.
③ 폴리 실리콘을 석영도가니에 불순물(붕소, 인)과 함께 넣어 고온으로 용융시켜 원주모양의 단결정 실리콘 잉곳을 만든 후 이것을 얇게 절단한 것을 단결정 실리콘 웨이퍼라고 한다.
④ 고진동 상태에서 1400℃ 이상의 고온에 녹은 폴리 실리콘은 정밀하게 조절되는 조건하에서 큰 직경을 가진 단절 봉으로 성장한다.

2) 다결정
① 청색으로 무늬가 다양하며, 단단하고 구부러지지 않는다.
② 단결정질에 비해 공정이 간단하고 단결정질보다 가격도 저렴하여 널리 사용되고 있으나 변환효율이 단결정보다 낮다.
③ 폴리 실리콘을 석영도가니에 넣고 높은 온도로 가열하여 녹인 다음 정제한 후 일정한 틀에 부어 응고시키는 방법으로 잉곳을 만들며, 단결정제조 방법보다 간단하여 원가를 낮출 수 있고 대량생산이 가능하다.
④ 제조에 필요한 온도는 약 800~1000℃로 높다.

72 태양광발전시스템 어레이 지지대의 조건으로 가장 거리가 먼 것은?
① 유지관리가 용이할 것
② 미관 및 조형성을 가질 것
③ 태풍, 지진 등 외력에 충분히 견딜 것
④ 대기환경에 충분히 비내수성을 가질 것

해설 구조물 설계 방향
1) 안전성
① 내진 태풍 설계를 수반하여, 천재지변에 안전하도록 설계
② 사용중 유지보수 및 발생 가능한 추가 하중을 반영한다.
③ 하부의 기존 구조물의 안정성 및 미관을 고려한다.
④ 대기환경에 충분히 내수성을 가질 것

2) 경제성
① 과다한 응력에 따른 구조물량 증가 요인을 배재한다.
② 공사비를 절감할 수 있는 공법을 적용하여 설계한다.

3) 시공성
① 부재 단면을 통일하여 시공성을 향상시킨다.
② 접합부의 시공성을 고려한 부재를 배치한다.

4) 상용성
장·단기 처짐 및 기타 변형 등에 관한 검토를 한다.

73 감리원이 공사업자에게 행하는 기술지도 사항이 아닌 것은?
① 품질관리   ② 시공관리
③ 공정관리   ④ 운영관리

해설 감리원은 해당 공사가 공사계약문서, 예정공정표, 발주자의 지시사항, 그밖에 관련 법령의 내용대로 시공되는가를 공사 시행시 수시로 확인하여 품질관리에 임하여야 하고, 공사업자에게 품질·시공·안전·공정관리 등에 대한 기술지도와 지원을 하여야 한다.

74 산업통상자원부장관이 신·재생에너지 발전사업자에게 기준가격 설정을 위하여 필요한 자료를 제출할 것을 요구하였으나 거짓으로 자료를 2회 제출한 경우 행하는 조치 사항으로 옳은 것은?

① 경고
② 벌금
③ 시정명령
④ 발전차액의 지원중단

해설 발전차액의 지원 중단 및 환수절차(신재생에너지법 시행규칙 제11조, 촉진법 제18조)
산업통상자원부장관은 발전차액을 지원받은 신·재생에너지 발전사업자가 결산재무제표 등 기준가격 설정을 위하여 필요한 자료요구에 따르지 아니하거나 거짓으로 자료를 제출한 경우에는 다음의 구분에 따라 조치한다.
① 위반행위를 1회 한 경우: 경고
② 위반행위를 2회 한 경우: 시정명령
③ 위반행위를 2회하고 시정명령에 따르지 아니한 경우: 발전차액의 지원 중단

75 사용전압이 22.9 [kV]인 특고압 가공전선과 그 지지물과의 이격거리는 일반적인 경우 최소 몇 [m] 이상인가?
① 0.2   ② 0.25
③ 0.3   ④ 0.35

해설 특고압 가공전선과 지지물 등의 이격거리
특고압 가공전선과 그 지지물· 완금류·지주 또는 지선 사이의 이격거리는 표에서 정한 값 이상이어야 한다. 다만, 기술상 부득이한 경우에 위험의 우려가 없도록 시설한 때에는 표에서 정한 값의 0.8배까지 감할 수 있다.

사용전압	이격거리[cm]
15[kV] 미만	15
15[kV] 이상 25[kV] 미만	20
25[kV] 이상 35[kV] 미만	25
35[kV] 이상 50[kV] 미만	30
50[kV] 이상 60[kV] 미만	35
60[kV] 이상 70[kV] 미만	40
70[kV] 이상 80[kV] 미만	45
80[kV] 이상 130[kV] 미만	65
130[kV] 이상 160[kV] 미만	90
160[kV] 이상 200[kV] 미만	110
200[kV] 이상 230[kV] 미만	130
230[kV] 이상	160

76 태양광발전시스템 설치장소 선정 시 고려사항으로 가장 거리가 먼 것은?

① 도로 접근성이 용이하여야 한다.
② 일사량 및 일조시간을 고려해야 한다.
③ 전력계통 연계조건이 어떠한지 살펴야 한다.
④ 설치장소의 고도 및 기압을 측정하여야 한다.

해설 태양광발전소 입지조건
① 일사량 / 일조시간
② 지형과 토지
   (정남향, 경사도, 진입도로)
③ 3상 선로 인접 여부
   (한전 분산형전원의 여유용량)
④ 허가 가능지역 여부
⑤ 주변 민원발생

77 초기투자비가 20억원, 설비수명이 20년, 연간 유지비가 1억원인 1[MW] 태양광 설비의 연간 총 발전량이 1500[MW]일 때 발전원가 [원/kWh]는?

① 90.5   ② 120.3   ③ 133.3   ④ 155.5

해설 발전원가[원/kWh]

발전원가 = $\dfrac{\text{연간 총 투입비용[원]}}{\text{연간 총 발전량}[kWh]}$

$= \dfrac{\dfrac{2,000,000,000}{20} + 100,000,000}{1,500 \times 10^3} \approx 133.3\ [\text{원/kWh}]$

78 태양전지의 모듈 설치 및 조립 시 주의사항으로 틀린 것은?

① 태양전지 모듈의 파손방지를 위해 충격이 가지 않도록 한다.
② 태양전지 모듈과 가대의 접합 시 부식방지용 가스켓을 적용한다.
③ 태양전지 모듈을 가대의 상단에서 하단으로 순차적으로 조립한다.
④ 태양전지 모듈의 필요 정격전압이 되도록 1 스트링의 직렬매수를 선정한다.

해설 모듈 설치와 가스켓(Gasket)
1) 모듈은 가대의 하단을 먼저 설치하고 상단을 조립한다.
   (하단의 모듈 고정후 고정된 모듈 프레임 위에 상단의 모듈을 올려놓아 상단의 모듈 설치가 수월하다)

2) 가스켓(Gasket)

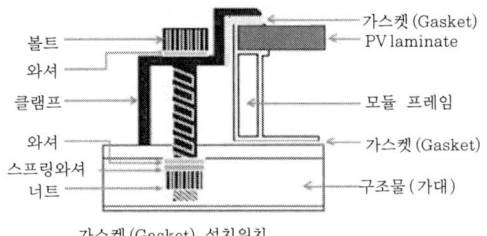

① 두 개의 고정된 부품 사이에서 물이나 가스의 누수 방지를 위하여 끼워 넣는 패킹(packing)이지만, 태양광모듈 설치시는 이종금속 접합부의 절연 역할을 한다.
② 이종금속의 접촉부식 : 종류가 다른 금속이 접촉한 상태에서 염분 등 전해질(전류 운반매체로 용액, 토양 등) 용액에 접촉되면 그곳에 국부전지가 형성되어, 그 용액 중에서 금속의 전극 전위에 따라서 마이너스(−) 전위가 높은 금속이 양극으로 되어 용액 중에서 용해하여 부식되며, 대기중의 습기나 온도의 영향을 받아서 접촉부식이 발생할 수 있다.
③ 태양광 모듈 프레임(알루미늄)과 가대(철)의 접합 시에는 부식방지를 위해 가스켓을 사용하여 조립한다.

79 태양광발전시스템의 일상점검 시 태양전지 어레이의 육안점검 항목이 아닌 것은?

① 접지저항
② 지지대의 부식 및 녹
③ 표면의 오염 및 파손
④ 외부배선(접속케이블)의 손상

해설 태양전지(어레이)의 육안점검
① 모듈의 오염 및 파손
② 프레임 파손 및 변형유무
③ 접속케이블의 손상 및 접속단자 풀림
④ 가대의 고정(볼트 및 너트의 풀림) 및 접지
⑤ 가대의 부식 및 녹 발생
⑥ 지붕재의 파손 및 지지기구와의 고정상태
※ 접지저항 : 정기점검 항목

80 가공전선로의 지지물에 사용하는 발판 볼트는 지표상 최대 몇 [m] 미만에 시설하여서는 안 되는가?

① 1.2
② 1.5
③ 1.8
④ 2.0

해설 가공전선로 지지물의 승탑 및 승주방지
가공전선로의 지지물에 취급자가 오르고 내리는데 사용하는 발판 볼트 등을 지표상 1.8[m] 미만에 시설하여서는 아니 된다.

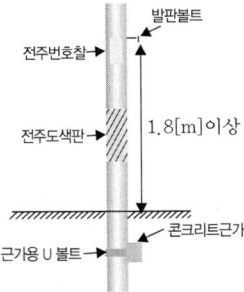

정답 79. ① 80. ③

2023 제4회 CBT 기출문제 복원

01 신에너지 및 재생에너지 개발·이용 보급·촉진 법령에 따라 집적화단지 조성사업의 실시기관으로 선정되려는 지방자치단체의 장이 집적화단지 개발계획을 수립하여 산업통상자원부장관에게 제출할 때 포함되는 사항이 아닌 것은?

① 집적화단지의 위치 및 면적
② 집적화단지 조성사업의 개요 및 시행방법
③ 집적화단지 조성 및 기반시설 설치에 필요한 부지 확보 계획
④ 그 밖에 집적화단지 조성에 필요하다고 신·재생에너지센터장이 인정하여 고시하는 사항

해설 집적화단지 조성사업의 시행 등

집적화단지 조성사업의 실시기관으로 선정되려는 지방자치단체의 장은 다음의 사항이 포함된 집적화단지 개발계획을 수립하여 산업통상자원부장관에게 제출해야 한다.
① 집적화단지의 위치 및 면적
② 집적화단지 조성사업의 개요 및 시행방법
③ 집적화단지 조성 및 기반시설 설치에 필요한 부지 확보 계획
④ 집적화단지 조성사업에 대한 주민 수용성 및 친환경성 확보 계획
⑤ 그 밖에 집적화단지 조성에 필요하다고 산업통상자원부장관이 인정하여 고시하는 사항

02 단선결선도 작성시 일반적으로 사용하는 진공차단기(VCB)의 그림기호로 옳은 것은?

① 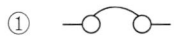   ②

③ →←   ④ ─⊗─

해설 전기심벌(단선도용, 복선도용)
① 기중차단기(ACB ; Air Circuit Breaker), 배선용차단기(MCCB ; Molded-Case Circuit Breaker)

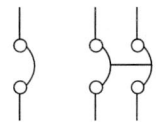

② 교류 차단기
유입차단기(OCB ; Oil Circuit Breaker)
진공차단기(VCB ; Vacuum Circuit Breaker)
가스차단기(GCB ; Gas Circuit Breaker)

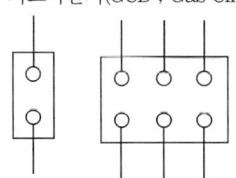

③ 동력조작 단로기

03 지진구역 Ⅰ에서 태양광발전설비 기초구조물 시공에 적용되는 평균재현주기 500년의 지진 지반운동에 해당하는 지진구역계수로 옳은 것은?

① 0.07   ② 0.09   ③ 0.11   ④ 0.13

해설 내진설계 용어
① 지진구역

지진구역		행정구역
Ⅰ	시	서울, 인천, 대전, 부산, 대구, 울산, 광주, 세종
	도	경기, 충북, 충남, 경북, 경남, 전북, 전남, 강원 남부¹
Ⅱ	도	강원 북부², 제주

1 강원 남부(군, 시) : 영월, 정선, 삼척, 김통, 동해, 원주, 태백
2 강원 북부(군, 시) : 홍천, 철원, 화천, 횡성, 평창, 양구, 인제, 고성, 양양, 춘천, 속초

② 지진구역계수

재현주기에 따라 지진의 크기를 가 구역별로 나타낸 계수이며, Ⅰ구역에서는 0.11, Ⅱ구역에서는 0.07이다. 우리나라에서의 지진구역계수는 500년 재현주기에 해당하는 지진가속도로 결정된다.

04 전기사업법령에 따라 사용전검사 신청서의 처리절차로 옳은 것은?

① 신청서 작성 → 접수 → 검사 → 검토 → 결정 → 검사결과 통보
② 신청서 작성 → 접수 → 검토 → 검사 → 결정 → 검사결과 통보
③ 신청서 작성 → 검사 → 접수 → 검토 → 결정 → 검사결과 통보
④ 신청서 작성 → 검사 → 검토 → 접수 → 결정 → 검사결과 통보

해설 **사용전검사 신청서의 처리절차**

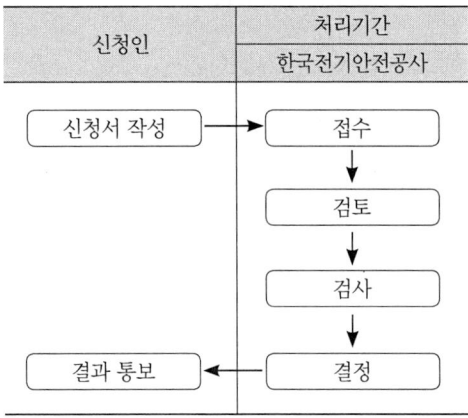

05 굴착기 안전보건작업 지침에 따른 작업 중 준수사항에 대한 설명으로 틀린 것은?

① 운전자는 경사진 길에서의 굴착기 이동은 저속으로 운행하여야 한다.
② 운전자는 제조사가 제공하는 장비 매뉴얼을 숙지하고 이를 준수하여야 한다.
③ 운전자가 작업 중 시야 확보에 문제가 발행하는 경우에는 유도자의 신호에 따라 작업을 진행하여야 한다.
④ 운전자는 경사진 장소에서 작업하는 동안에는 굴착기의 미끄럼 방지를 위하여 블레이드를 비탈길 상부 방향에 위치시켜야 한다.

해설 **블레이드(Blade)**

① 도랑(배수구, 측구)을 메우거나 소량의 평탄화 작업에 사용하는 것으로 주행 하부장치에 장착된 작업장치이다.
② 운전자는 경사진 장소에서 작업하는 동안에는 굴착기의 미끄럼 방지를 위하여 블레이드를 비탈길 하부 방향에 위치시켜야 한다.

06 다음 식은 경제성 분석방법 중 어떤 방법인가?
(단, n: 사업기간, B: 편익, C: 비용, λ: 할인율이다.)

$$\sum_{t=0}^{n} \frac{B}{(1+\lambda)^t} = \sum_{t=0}^{n} \frac{C}{(1+\lambda)^t}$$

① 내부수익률 방법
② 순현재가치 방법
③ 수명주기비용 분석방법
④ 비용편익비율 방법

해설 **내부수익률 분석(internal Rate of Return : IRR)**

사업 기간 동안 현금 유출과 현금 유입을 같게 만들어 주는 이자율을 뜻하며, NPV를 0으로 만드는 할인율이다. 공식으로 표현하면, 다음을 만족시키는 λ이 IRR이 된다.

$$\sum_{t=0}^{n} \frac{B}{(1+\lambda)^t} = 0$$

예를 들어 현재 100을 투자하여 1년후에 110의 현금 유입이 있다면, IRR은 10%가 된다.
만약 회사에서 목표한 수익률이 10%일 때, 투자안의 내부수익률이 7%이면 그 투자안은 기각되고, 10% 이상 13%면 채택될 것이다.

$$-100 + \frac{110}{1+r} = 0 \quad \therefore r = 0.1$$

07 다음의 전력-전압 특성을 가지는 태양광발전 모듈에서 최대전력(Maximum Power, Pmax)을 얻기 위한 조건은?

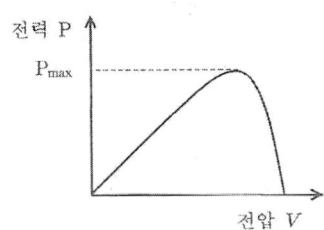

① $\dfrac{dP}{dV} > 0$ ② $\dfrac{dP}{dV} = 0$

③ $\dfrac{dP}{dV} = 1$ ④ $\dfrac{dP}{dV} < 0$

해설 P-V 곡선영역

$\dfrac{dP}{dV} > 0$ 의 상태일 때, 운전점이 MPP의 왼쪽영역에 있으며, 전류를 증가시켜 $\dfrac{dP}{dV} < 0$ 상태이면, 운전점이 MPP의 오른쪽 영역에 있게 된다.

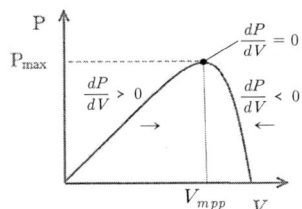

08 한국전기설비규정에 따라 전기저장장치를 전용건물에 시설하는 경우에 대한 설명이다. 다음 ( )에 들어갈 내용으로 옳은 것은?

> 이차전지는 벽면으로부터 ( )m 이상 이격하여 설치하여야 한다. 단, 옥외의 전용 컨테이너에서 적정 거리를 이격한 경우에는 규정에 의하지 아니할 수 있다.

① 1 ② 1.5
③ 2 ④ 2.5

해설 이차전지는 전력변환장치(PCS) 등의 다른 전기설비와 분리된 격실에 설치하고 다음에 따라야 한다.
① 이차전지실의 벽면 재료 및 단열재는 준불연재료 또는 이와 동등 이상의 것을 사용할 수 있다.
② 이차전지는 벽면으로부터 1m 이상 이격하여 설치하여야 한다. 단, 옥외의 전용 컨테이너에서 적정 거리를 이격한 경우에는 규정에 의하지 아니할 수 있다.
③ 이차전지와 물리적으로 인접 시설해야 하는 제어장치 및 보조설비(공조설비 및 조명설비 등)는 이차전지실 내에 설치할 수 있다.
④ 이차전지실 내부에는 가연성 물질을 두지 않아야 한다.

09 신·재생에너지 설비 지원 등에 관한 지침에 따른 태양광발전 모듈의 시공기준에 대한 설명으로 틀린 것은?

① 모듈 전면의 음영이 최대화되어야 한다.
② 경사각은 현장 여건에 따라 조정하여 설치할 수 있다.
③ 방위각은 그림자의 영향을 받지 않는 곳에 정남향 설치를 원칙으로 한다.
④ 단위 모듈당 용량에 따라 설계용량과 동일하게 설치할 수 없을 경우에 한하여 설계용량의 110% 이내까지 가능하다.

해설 모듈의 설치상태
① 모듈의 일조시간은 장애물로 인한 음영에도 불구하고 1일 5시간[춘계(3~5월)·추계(9~11월)기준] 이상이어야 하며 전선, 피뢰침, 안테나 등 경미한 음영은 장애물로 보지 않는다.
② 모듈 설치 열이 2열 이상일 경우 앞 열은 뒷 열에 음영이지지 않도록 설치하여야 한다.

10 전기안전관리법령에 따라 개인대행자가 전기안전관리업무를 대행할 수 있는 태양광발전설비의 규모로 옳은 것은? (단, 원격감시 및 제어기능을 갖춘 경우이다.)

① 용량 250킬로와트 미만
② 용량 500킬로와트 미만
③ 용량 750킬로와트 미만
④ 용량 1000킬로와트 미만

해설 전기안전관리업무의 대행규모(전기안전관리법)

(1) 안전공사 및 대행사업자: 다음의 어느 하나에 해당하는 전기설비(둘 이상의 전기설비 용량의 합계가 4,500kW 미만 경우로 한정한다)
① 용량 1,000kW천킬로와트 미만의 전기수용설비
② 용량 300kW 미만의 발전설비. 다만, 비상용 예비발전설비의 경우에는 용량 500kW 미만으로 한다.
③ 용량 1,000kW(원격감시 및 제어기능을 갖춘 경우 용량 3,000kW) 미만의 태양광발전설비

(2) 개인대행자: 다음의 어느 하나에 해당하는 전기설비(둘 이상의 용량의 합계가 1,550kW 미만인 전기설비로 한정한다)
① 용량 500kW 미만의 전기수용설비
② 용량 150kW 미만의 발전설비. 다만, 비상용 예비전설비의 경우에는 용량 300kW 미만으로 한다.
③ 용량 250kW(원격감시 및 제어기능을 갖춘 경우 용량 750kW) 미만의 태양광발전설비

17.4.10

11 태양복사에 대한 설명으로 틀린 것은?

① 매우 흐린 날 특히 겨울에는 태양복사는 거의 모두 산란복사 된다.
② 태양복사량의 평균값을 태양상수라고 하며 약 1367 W/m²이다.
③ 산란복사는 태양복사가 구름이나 대기 중의 먼지에 의해 반사되지 않고 확산된 성분이다.
④ 직달복사는 태양으로부터 지표면에 직접 도달되는 복사로 물체에 강한 그림자를 만드는 성분이다.

해설 산란복사(diffuse radiation)
① 태양복사가 지표면에 도달되기 전에 구름이나 대기 중의 먼지에 의해 반사되고 확산된 복사로서 그림자를 만들지 않는 복사성분이다
② 복사의 진행방향이 평행광처럼 일정하지 않고 모든 방향으로 향하고 있는 상태의 복사

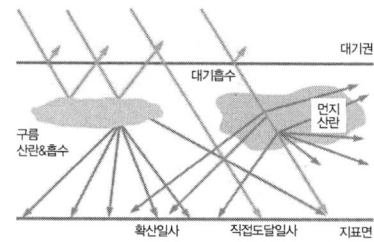

지표면에 도달하는 일사광선의 형태

16.2.84 / 18.2.89 / 20.4.37

12 한국전기설비규정에 따른 저압 옥내직류 전기설비에 대한 시설기준으로 틀린 것은?

① 옥내전로에 연계되는 축전지는 접지측도체에 과전압보호장치를 시설하여야 한다.
② 축전지실 등은 폭발성의 가스가 축적되지 않도록 환기장치 등을 시설하여야 한다.
③ 저압 직류전로에 과전류차단장치를 시설하는 경우 직류단락전류를 차단하는 능력을 가지는 것이어야 하고 "직류용" 표시를 하여야 한다.
④ 저압 직류전기설비를 접지하는 경우에는 직류누설전류에 의한 전기부식작용으로 인한 접지극이나 다른 금속체에 손상의 위험이 없도록 시설하여야 한다.

해설 축전지실 등의 시설
① 30V를 초과하는 축전지는 비접지측 도체에 쉽게 차단할 수 있는 곳에 개폐기를 시설하여야 한다.
② 옥내전로에 연계되는 축전지는 비접지측 도체에 과전류보호장치를 시설하여야 한다.
③ 축전지실 등은 폭발성의 가스가 축적되지 않도록 환기장치 등을 시설하여야 한다.

정답 10. ③ 11. ③ 12. ①

13 일반적으로 고장전류 중 가장 큰 전류는?

① 1선 지락전류   ② 2선 지락전류
③ 선간 단락전류   ④ 3상 단락전류

[해설] 고장 전류의 크기
① 고장전류 중에서도 3상 단락전류가 가장 크며, 3상 단락전류의 크기를 고려해서 차단기 용량을 선정한다.
② 고장 전류의 크기
1선 지락전류 〈 선간 단락전류 〈 2선 지락전류 〈 3상 단락전류

14 그림과 같이 접지저항계를 이용하여 접지저항을 측정하고자 한다. 정확한 측정값을 얻기 위하여 E전극과 P전극 사이의 거리는 E전극과 C전극 사이의 거리에 몇 %위치에 설치하여야 하는가?

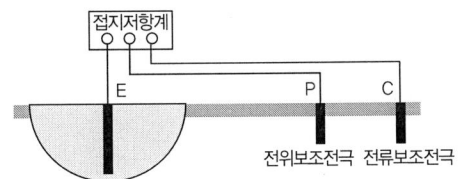

① 51.8   ② 56.8
③ 61.8   ④ 66.8

[해설] 접지저항 측정(전위강하법)
E전극과 P전극 사이의 거리는 E전극과 C전극 사이 거리의 61.8%의 거리를 유지한다.

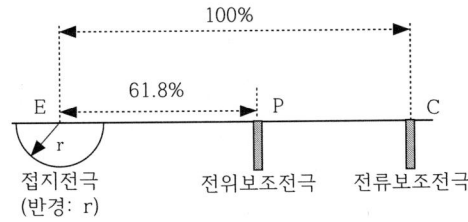

15 배선기구의 정비에 관한 기술지침에 따라 플러그에 대한 설명으로 틀린 것은?

① 플러그의 절연부에 균열, 파손, 탈색 등의 결함이 있는 부품은 교체하여야 한다.
② 도체 소선은 과열을 방지하기 위해 묶음 헤드나사를 사용하는 경우, 납땜을 사용하여야 한다.
③ 절연체의 탈색이나 접촉면의 패임에 대해 육안점검을 하고, 다른 부분도 탈색이나 패인 곳이 있으면 점검하여야 한다.
④ 정기적으로 각 도체의 조립품을 단자까지 점검하되, 개별 도체 소선은 적절하게 수납되어야 하고, 단자 부위는 단단하게 조여야 한다.

[해설] 플러그
1) 코드 클램프와 변형 완화 피팅(Strain relief fitting)이 조여져 있는지와 코드 외부 덮개가 클램프 지역에 있는지 확인한다.

2) 플러그 표면의 비정상적인 과열은 느슨한 단자처리, 과부하, 높은 주위온도, 기기 오작동 등에 기인할 수 있다.
① 절연체의 탈색이나 접촉면의 패임에 대한 육안점검을 하고, 다른 부분도 탈색이나 패인 곳이 있으면 점검하여야 한다.
② 정기적으로 각 도체의 조립품을 단자까지 점검하되, 개별 도체 소선은 적절하게 수납되어야 하고, 단자 부위는 단단하게 조여야 한다.
③ 도체 소선은 과열을 방지하기 위해 묶음 헤드나사를 사용하는 경우, 납땜을 사용하지 않아야 한다.

16 태양광발전시스템을 뇌서지의 피해로부터 보호하기 위한 대책으로 적절하지 않은 것은?

① 뇌우 다발지역에서는 교류전원측에 내뢰 트랜스를 설치한다.
② 접지선에서의 침입을 막기 위해 전원측의 전압을 항상 낮게 유지한다.

③ 피뢰소자를 어레이 주회로 내부에 분산시켜 설치하고 접속함에도 설치한다.
④ 저압 배전선으로 침입하는 뇌서지에 대해서는 분전반에 피뢰소자를 설치한다.

[해설] 태양광발전시스템의 내뢰대책

광역피뢰침

① 광역피뢰침(ESE), 과전압보호장치(SPD) 설치
② 피뢰소자를 어레이 주회로 내부에 분산시켜 설치하고 접속함에도 설치
③ 저압 배전선으로 침입하는 뇌서지에 대해서는 분전반에 피뢰소자 설치
④ 뇌우 다발지역에서는 교류전원측에 내뢰 트랜스 설치

17 신에너지 및 재생에너지 개발·이용·보급 촉진법령에 따라 집적화단지 조성사업의 실시기관으로 선정되려는 지방자치단체의 장이 산업통상자원부장관에게 제출해야 하는 집적화단지 개발계획에 포함되는 사항으로 틀린 것은?

① 집적화단지의 위치 및 면적
② 집적화단지 조성사업의 개요 및 시행방법
③ 집적화단지 조성 및 기반시설 설치에 필요한 부지 판매 계획
④ 집적화단지 조성사업에 대한 주민 수용성 및 친환경성 확보 계획

[해설] 집적화단지 조성사업의 시행 등

집적화단지 조성사업의 실시기관으로 선정되려는 지방자치단체의 장은 다음의 사항이 포함된 집적화단지 개발계획을 수립하여 산업통상자원부장관에게 제출해야 한다.
① 집적화단지의 위치 및 면적
② 집적화단지 조성사업의 개요 및 시행방법
③ 집적화단지 조성 및 기반시설 설치에 필요한 부지 확보 계획
④ 집적화단지 조성사업에 대한 주민 수용성 및 친환경성 확보 계획
⑤ 그 밖에 집적화단지 조성에 필요하다고 산업통상자원부장관이 인정하여 고시하는 사항

19.4.26
18 지상설치의 기초 형식에 대한 종류와 그림 설명으로 틀린 것은?

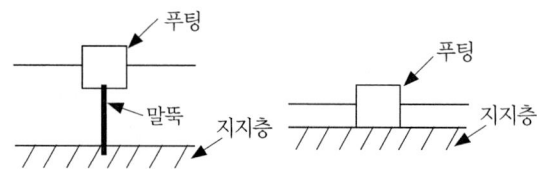

① 말뚝기초　② 케이슨 기초

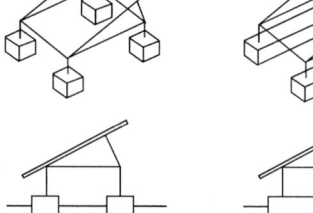

③ 독립푸팅기초　④ 복합푸팅기초

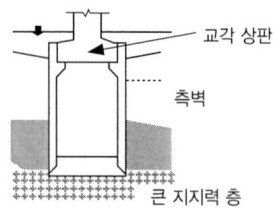

[해설] 케이슨(Caisson)기초

① 연약한 지반을 관통하여 설치된 케이슨(통)을 통해 주로 무거운 상부 구조물로부터 전달되는 큰 하중을 그 아래의 큰 지지력을 갖는 층까지 전달하는 공법
② 깊은 기초 중 지지력과 수평저항력이 큰 기초형식

19 태양광발전 모듈 설치 및 조립 시 주의사항으로 틀린 것은?   17,2,59

① 태양광발전 모듈의 파손방지를 위해 충격이 가지 않도록 한다.
② 태양광발전 모듈과 가대의 접합 시 부식방지용 가스켓을 적용한다.
③ 태양광발전 모듈을 가대의 상단에서 하단으로 순차적으로 조립한다.
④ 태양광발전 모듈의 필요 정격전압이 되도록 1스트링의 직렬매수를 선정한다.

해설 1. 모듈은 가대의 하단을 먼저 설치하고 상단을 조립한다. (하단의 모듈 고정후 고정된 모듈 프레임 위에 상단의 모듈을 올려놓아 상단의 모듈 설치가 수월하다)

1차 고정된 하단 모듈의 프레임 측면에 상단모듈을 올려놓고 상단 모듈의 고정작업을 한다.

2. 가스켓(Gasket)

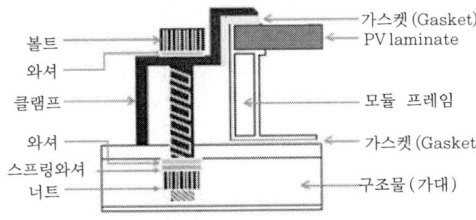
가스켓(Gasket) 설치위치

① 두 개의 고정된 부품 사이에서 물이나 가스의 누수 방지를 위하여 끼워 넣는 패킹(packing)이지만, 태양광모듈 설치시는 이종금속 접합부의 절연 역할을 한다.
② 이종금속의 접촉부식 : 종류가 다른 금속이 접촉한 상태에서 염분 등 전해질(전류 운반매체로 용액, 토양 등) 용액에 접촉되면 그곳에 국부전지가 형성되어, 그 용액 중에서 금속의 전극 전위에 따라서 마이너스(-) 전위가 높은 금속이 양극으로 되어 용액 중에서 용해하여 부식되며, 대기중의 습기나 온도의 영향을 받아서 접촉부식이 발생할 수 있다.
③ 태양광 모듈 프레임(알루미늄)과 가대(철)의 접합 시에는 부식방지를 위해 가스켓을 사용하여 조립한다.

20 전기작업계획서의 작성에 관한 기술지침에 따라 작업계획서에 작성하는 내용으로 틀린 것은?

① 작업의 목적
② 작업자의 인적사항
③ 작업자의 자격 및 적정 인원
④ 교대 근무 시 근무 인계에 관한 사항

해설 전기작업계획서 내용
① 전기작업의 목적 및 내용
② 전기작업 근로자의 자격 및 적정 인원
③ 작업 범위, 작업책임자 임명, 전격 · 아크 섬광 · 아크 폭발 등 전기위험 요인 파악, 접근한계거리, 활선접근 경보장치 휴대 등 작업 시작 전에 필요한 사항
④ 전로 차단에 관한 작업계획 및 전원(電源) 재투입 절차 등 작업 상황에 필요한 안전작업 요령
⑤ 절연용 보호구 및 방호구, 활선 작업용 기구 · 장치 등의 준비 · 점검 · 착용 · 사용 등에 관한 사항
⑥ 점검 · 시운전을 위한 일시 운전, 작업 중단 등에 관한 사항
⑦ 교대 근무 시 근무 인계(引繼)에 관한 사항
⑧ 전기작업장소에 대한 관계 근로자가 아닌 사람의 출입금지에 관한 사항
⑨ 전기안전작업계획서를 해당 근로자에게 교육할 수 있는 방법과 작성된 전기안전작업계획서의 평가 · 관리 계획
⑩ 전기 도면, 기기 세부 사항 등 작업과 관련되는 자료

21 저전압 서지 보호장치-제12부 : 저압 배전 계통 보호용—선정 및 지침(KS C IEC 61643-12 : 2007)에 따른 SPD의 종류로 틀린 것은?

① 조합형 SPD
② 전류 제어형 SPD
③ 전압 제한형 SPD
④ 전압 스위칭형 SPD

해설 SPD의 종류
① 전압 스위치형 SPD
② 전압 제한형 SPD
③ 조합형 SPD

정답 19. ③ 20. ② 21. ②

22 신재생발전기 계통연계기준에 따라 태양광발전기 계통운영자가 지시하는 기능을 수행하기 위해 구비하여야 하는 무효전력 제어방식에 해당하지 않는 것은?

① 일정 역률 제어
② 일정 입력전류 제어
③ 일정 무효전력 출력제어
④ 전압 조정을 위한 무효전력 제어

해설 신재생발전기 계통연계기준(용어 정의)

1) 일정 역률 제어
접속점에서 출력 역률을 계통운영자가 정한 기준에 따라 일정하게 유지할 수 있도록 무효전력을 제어하는 방법을 말한다.

2) 일정 무효전력 제어
접속점에서 무효전력 출력을 계통운영자가 정한 기준에 따라 일정하게 유지할 수 있도록 무효전력을 제어하는 방법을 말한다.

3) 전압조정을 위한 무효전력 제어
① 연계 기준점에서 전압을 규정 범위 내에서 유지할 수 있도록 무효전력을 제어하는 방법을 말한다.
② 접속점에서 계통운영자가 전압을 규정 범위 내에서 유지할 수 있도록 무효전력을 제어하는 방법을 말한다.

23 테브난의 정리와 등가변환 관계에 있는 것은?

① 밀만의 정리   ② 중첩의 정리
③ 노튼의 정리   ④ 보상의 정리

해설 테브난과 노턴의 정리

① 테브난의 정리
두개의 단자를 지닌 전압원, 전류원, 저항의 어떠한 조합이라도 하나의 전압원 V와 하나의 직렬저항 R로 변환하여 전기적 등가를 설명한다

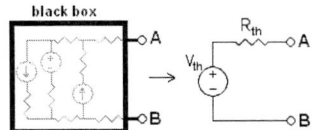

② 노턴의 정리
두개의 단자를 지닌 전압원, 전류원, 저항의 어떠한 조합이라도 이상적인 전류원 I와 병렬저항 R로 변환하여 전기적 등가를 설명한다.

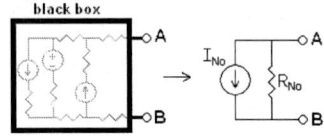

③ 노튼 등가회로는 다음 방정식에 의하여 테브난 등가로 표현된다:

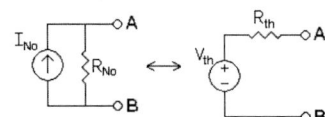

24 태양광발전시스템 점검 시 비치해야 하는 전기안전관리 장비가 아닌 것은?

① 측량계
② 멀티미터
③ 클램프 미터
④ 적외선 온도측정기

해설 측량기(계)는 토목분야에서 지표의 각 지점의 위치와 그 지점들 간의 거리를 구하고 지형의 높낮이, 면적 따위를 재는데 사용되며, 전기안전관리 장비는 아니다.

25 태양광발전시스템에서 발생하는 고장 종류와 원인의 연결로 틀린 것은?

① 환기팬 소음 – 환기팬 노화
② 케이블 변색 – 불량품, 적외선 과다노출
③ 모듈 백화, 적화 현상 – 제조 공정상 불량
④ 모듈 단자함 불량 – 방수 불량, 전선 납땜 불량

해설 케이블 변색이 일어나는 가장 큰 원인은 자외선에 노출이다.

26 신에너지 및 재생에너지 개발·이용·보급 촉진법에 따른 신·재생에너지 통계 전문기관은?

① 통계청
② 한국전력거래소
③ 신·재생에너지센터
④ 한국에너지기술연구원

해설 신·재생에너지센터

산업통상자원부장관은 신·재생에너지의 이용 및 보급을 전문적이고 효율적으로 추진하기 위하여 대통령령으로 정하는 에너지 관련 기관에 신·재생에너지센터를 두어 신·재생에너지 분야에 관한 다음의 사업을 하게 할 수 있다.
① 신·재생에너지의 기술개발 및 이용·보급사업의 실시자에 대한 지원·관리
② 신·재생에너지 이용의무의 이행에 관한 지원·관리
③ 신·재생에너지 공급의무의 이행에 관한 지원·관리
④ 공급인증기관의 업무에 관한 지원·관리
⑤ 설비인증에 관한 지원·관리
⑥ 신·재생에너지 설비에 대한 기술지원
⑦ 신·재생에너지 기술의 국제표준화에 대한 지원·관리
⑧ 신·재생에너지 설비 및 그 부품의 공용화에 관한 지원·관리
⑨ 신·재생에너지 설비 설치기업에 대한 지원·관리
⑩ 신·재생에너지 연료 혼합의무의 이행에 관한 지원·관리
⑪ 산업통상자원부장관은 기본계획 및 실행계획 등 신·재생에너지 관련 시책을 효과적으로 수립·시행하기 위하여 필요한 국내외 신·재생에너지의 수요·공급에 관한 통계자료를 조사·작성·분석 및 관리
⑫ 신·재생에너지 보급사업의 지원·관리
⑬ 신·재생에너지 기술의 사업화에 관한 지원·관리
⑭ 교육·홍보 및 전문인력 양성에 관한 지원·관리
⑮ 신·재생에너지 설비의 효율적 사용에 관한 지원·관리
⑯ 국내외 조사·연구 및 국제협력 사업

16.2.23 / 17.2.30 / 19.1.33 / 19.2.24 / 19.4.37

27 일조시간과 가조시간에 대한 설명으로 틀린 것은?

① 일조시간과 가조시간의 비를 일조율(%)이라 한다.
② 일조시간은 실제로 태양광선이 지표면을 내리 쬔 시간이다.
③ 구름이 많은 날씨일 경우 가조시간과 일조시간이 일치한다.
④ 가조시간이랑 한 지방의 해 돋는 시간부터 해지는 시간까지의 시간을 말한다.

해설 일조시간과 가조시간

1) 일조시간(Duration of Sunshine)
① 태양광선이 구름이나 안개 등에 의해서 차단되지 않고 지표면을 비춘 시간
② 일조율 = $\dfrac{일조시간}{가조시간} \times 100$ [%]

2) 가조시간(Possible Duration of Sunshine)
① 해가 뜬 다음부터 다시 질 때까지 태양에서 오는 직사광선
② 일조(日照)를 기대할 수 있는 시간을 말하며 산, 구름, 안개나 건조물에 의해 바뀔 수 있다.
③ 산, 구름, 안개 등 장애물이 없다고 가정했을 때의 일조시간은 가조시간과 동일하다

28 신재생발전기 계통연계기준에 따라 신재생발전기의 역률은 몇 이상으로 유지하여 운전하여야 하는가?

① 85
② 90
③ 95
④ 100

해설 신재생발전기 계통연계기준(역률)

① 신재생발전기의 역률은 90% 이상으로 유지하여 운전하여야 함. 다만, 역송병렬로 접속하는 경우로는 전압상승 및 강하를 방지하기 위하여 기술적으로 필요한 경우 신재생발전기의 역률의 하한값과 상한값을 고객과 한전이 협의하여 정할 수 있음
② 신재생발전기의 역률은 배전계통 측에서 볼 때 진상역률(발전기 측에서 볼 때 지상 역률)이 되지 않도록 하는 것을 원칙으로 함

29 변압기에서 1차 전압이 120V, 2차 전압이 12V일 때 1차 권선수가 400회라면 2차 권선수는 몇 회인가?

15.2.20 / 15.4.10 / 18.1.6 / 19.1.2 / 19.4.20

① 10   ② 40
③ 400   ④ 4000

해설 권수비 $(a) = \dfrac{V_1}{V_2} = \dfrac{N_1}{N_2} = \dfrac{I_2}{I_1}$

$$a = \dfrac{V_1}{V_2} = \dfrac{120}{12} = 10$$

변압기 2차 권선수 (N_2)

$$N_2 = \dfrac{N_1}{a} = \dfrac{400}{10} = 40(회)$$

30 고장원인을 예방하기 위해 사전에 점검계획 수립 시 고려사항을 모두 고른 것은?

17.1.74 / 17.4.71 / 19.1.75 / 20.2.76 / 20.3.61

> 가. 설비의 사용기간 나. 설비의 중요도
> 다. 환경조건   라. 고장이력
> 마. 부하상태

① 가, 라, 마   ② 가, 나, 라, 마
③ 나, 다, 라, 마 ④ 가, 나, 다, 라, 마

해설 태양광발전시스템 점검 계획 시 고려사항
① 환경조건
② 설비의 중요도
③ 설비의 이용시간
④ 고장이력
⑤ 부하상태
⑥ 보수방법

31 태양광발전의 장점으로 옳은 것은?

① 에너지 밀도가 높아 대전력을 얻기가 용이하다.
② 풍부한 실리콘 재료로 인해 시스템 설치비용이 적게 든다.
③ 전력생산량에 대한 일사량 의존도가 낮아 설비 이용률이 높다.
④ 실 수용지에 직접 설치가 가능하고, 무인 자동화 운전이 가능하다.

해설 태양광발전의 특징
1) 장점
① 에너지의 원료인 태양의 빛은 무료이며, 무한이다.
② 환경오염이 없는 청정에너지원이다.
③ 발전과정에서 환경오염이 없다.
④ 유지관리 비용이 적다.

2) 단점
① 에너지밀도가 낮아 큰 설치면적이 필요하다.
② 설치장소가 한정적이며, 시스템 비용이 고가이다.
③ 발전량은 계절과 일조량의 영향을 많이 받는다.

32 전기사업법령에 따라 기금을 사용할 경우 대통령령으로 정하는 전력산업과 관련한 중요사업에 해당하지 않는 것은?

① 전기의 특수적 공급을 위한 사업
② 전력사업 분야 전문인력의 양성 및 관리
③ 전력사업 분야 개발기술의 사업화 지원사업
④ 전력사업 분야의 시험·평가 및 검사시설의 구축

해설 전력산업과 관련한 중요사업
① 안전관리를 위한 사업
  자연환경 및 생활환경의 적정한 관리·보존을 위한 사업
② 전기의 보편적 공급을 위한 사업
③ 전력산업기반조성사업 및 전력산업기반조성사업에 대한 기획·관리 및 평가
④ 전력산업 및 전력산업 관련 융복합 분야 전문인력의 양성 및 관리
⑤ 전력산업 분야의 시험·평가 및 검사시설의 구축
⑥ 전력산업의 해외 진출 지원사업
⑦ 전력산업 분야 개발기술의 사업화 지원사업

정답 29. ② 30. ④ 31. ④ 32. ①

33 고정전기기계기구에 부속하는 코드 및 캡타이어 케이블의 시설기준으로 틀린 것은?

① 코드 및 캡타이어 케이블은 가급적 길게 할 것
② 코드 및 캡타이어 케이블은 현저한 충격을 받지 않도록 할 것
③ 코드 및 캡타이어 케이블은 부득이 지지하여야 할 경우 단지 그 이동을 방지할 수 있을 정도로 그칠 것
④ 코드 및 캡타이어 케이블의 외상을 예방하기 위해 금속관 등의 내부에 배선할 경우 관 또는 몰드의 말단에 적당한 부싱을 사용할 것

[해설] 코드 및 캡타이어 케이블은 소형 가정용 전기기계기구에 부속되고 또한 길이가 2.5m 이하이며 건조한 장소에서 사용될 경우에 한한다.

19.2.46

34 배전선로에서 지락 고장이나 단락 고장사고가 발생하였을 때 고장을 검출하여 선로를 차단한 후 일정 시간이 경과하면 자동적으로 재투입 동작을 반복함으로써 고장 구간을 제거할 수 있는 보호장치는?

① 리클로저 ② 라인퓨즈
③ 배전용 차단기 ④ 컷아웃 스위치

[해설] 자동재폐로차단기(R/C : Recloser)

일반적으로 반송 보호계전 방식에 의해서 고속 차단-재폐로 동작을 자동적으로 실시하는 방식으로 차단기가 차단된 후 일정시간을 두고 사고지점의 절연이 회복된 후 재폐로 조건(회복조건)이 되면 자동적으로 차단기를 투입하는 시간을 Time Delay라 하고 자동적으로 투입하는 동작을 재폐로라 한다. 재폐로 Time Delay는 Arc 소멸시간(자기 절연회복시간)을 충분히 고려하여 결정한다.

35 정기점검에 의한 처리 중 절연물의 보수에 대한 내용으로 틀린 것은?

① 절연물에 균열, 파손, 변형이 있는 경우에는 부품을 교체한다.
② 합성수지 적층판이 오래되어 헐거움이 발생되는 경우에는 부품을 교체한다.
③ 절연물의 절연저항이 떨어진 경우에는 종래의 데이터를 기초로 하여 계열적으로 비교 검토한다.
④ 절연저항 값은 온도, 습도 및 표면의 오손상태에 따라서 크게 영향을 받지 않으므로 양부의 판정이 쉽다.

[해설] 절연물의 보수
① 자기성 절연물이 오손 및 이물이 부착된 경우에는 청소한다.
② 합성수지 적층판, 목재 등이 오래되어 헐거움이 발생되는 경우에는 부품을 교환한다.
③ 절연물에 균열, 파손, 변형이 있는 경우에도 부품을 교환한다.
④ 절연물의 절연저항이 떨어진 경우에는 종래의 데이터를 기초로하여 개별적으로 비교 검토하고 동시에 접속되어 있는 각 기기 등을 체크하여 원인을 규명하고 처리한다.
⑤ 절연저항치는 온도, 습도 및 표면의 오손상태에 따라서 크게 영향을 받기 때문에 양부의 판정은 어렵지만 기준 값을 참고한다.

36 계통연계형 태양광발전용 인버터가 계통의 제한된 전압손실 또는 전압강하 기간 동안 연결된 부하에 전력을 계속 생산할 수 있는 인버터의 기능은 무엇인가?

① MPPT 기능 ② LVRT 기능
③ 단독운전 방지기능 ④ 자동운전·정지기능

해설 신재생에너지의 LVRT제어(Low Voltage Ride Through)
① 전압이 순간적으로 떨어졌을 때 운전이 멈추는 것을 방지하기 위한 것으로 전력계통의 안정성 확보를 위함
② 계통전압의 10%에 해당하는 전압강하시 저전압사고를 인지하고, 20ms 안에 각 전압비율의 2배에 해당하는 무효전류를 공급할 수 있어야 한다.
③ 50% 전압강하시 정격의 무효전류를 공급할 수 있어야 한다.
④ 계통의 외란과 사고에 대해 신재생에너지의 PCS는 전력계통으로부터 분리되지 않고 계속적인 운전과 함께 계통의 과도현상에 협조

17.4.21 / 18.1.25 / 19.2.39

37 설계도면 작성 시 정류기의 전기도면 기호로 옳은 것은?

① RC ② T
③ ▶| ④ G

해설
① : 룸 에어컨, 역류 계전기(Reverse Current Relay)
② : 온도계(Temperature Meter)
③ : 정류기(Rectifier)
④ : 발전기, 검류기(Galvanometer)

13.4.83 / 15.2.57 / 16.2.85 / 18.1.47

38 경간이 150m인 가공 송전선로에서 전선의 중량이 0.4kg/m, 전선의 수평장력이 100kg이라고 한다. 이 전선로의 이도는 약 몇 m인가?

① 1.125 ② 11.25
③ 3.33 ④ 33.33

해설 전선의 이도(Dip)
지지물 A, B사이에 전선을 가설하면 전선 자체의 무게 때문에 밑으로 처진 곡선을 이루게 되며 가장 밑으로 처진 부분의 수직 거리를 이도(Dip)라고 한다.

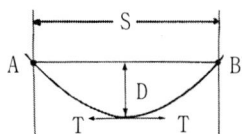

1) 이도의 중요성
① 겨울 : 이도가 적당치 않으면 전선의 수축으로 인해 전선에 무리한 장력 발생 → 단선사고
② 여름 : 온도에 의해 전선은 팽창, 진동 → 도로, 철도, 통신선 등에 위험

2) 이도의 계산
전선의 두 지지점이 수평인 경우

$$D = \frac{WS^2}{8T} \ [m]$$

$$= \frac{0.4 \times 150^2}{8 \times 100} = 11.25 \ [m]$$

T : 수평 장력 [kg], W : 전선의 중량 [kg/m], S : 경간 [m]

39 교류 7000V 활선작업에 적절하지 않은 절연보호구는?

① 절연화 ② 절연장화
③ 절연 안전모 ④ C종 절연 고무장갑

해설 절연보호구의 성능기준(시험방법) 및 사용
① 절연 안전모 : AE, ABE종은 교류 20kV에서 1분간 절연파괴 없이 견뎌야 하고, 이때 누설되는 충전전류는 10mA 이하이어야 한다.(내전압성 7,000V 이상의 안전모는 생산되지 않음)
② 절연장화 : 20,000V에 1분간 견디고 이때의 충전전류가 20mA 이하일 것
③ C종 절연장갑 : 주로 3,500V를 초과, 7,000V이하의 작업에 사용

40 태양광발전 모듈의 유지관리 시 유의사항을 설명한 것으로 틀린 것은?

① 태양광발전 모듈의 동작 상태에서는 커넥터를 분리하지 말아야 한다.
② 모듈의 설치, 배선, 운전 및 정비할 때는 모든 전기적 위험을 방지하여야 한다.
③ 모듈을 세척할 때는 전기적 절연을 위하여 항상 절연 고무장갑을 착용해야 한다.
④ 태양광발전 모듈의 정상 동작을 확인하기 위하여 인위적으로 집광하여 점검해야 한다.

정답 37. ③ 38. ② 39. ① 40. ④

해설 태양광 모듈의 인위적인 국부적 집광은 모듈 파손의 원인이 될 수 있다.

14.4.7 / 16.4.6 / 19.1.8

41 투명유리 위에 코팅된 투명전극과 그 위에 접착되어 있는 TiO2 나노입자와 전해액으로 구성된 태양광발전 전지는?

① 박막
② GIGS계
③ 염료감응형
④ 단결정 실리콘

해설 **염료감응형 태양전지(Dye-sensitized solar cell; DSSC)**

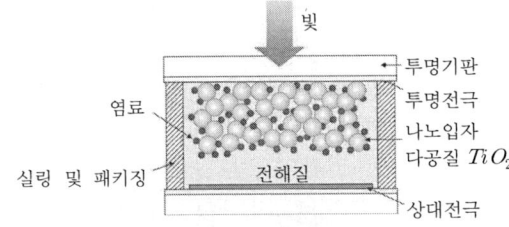

① 기존의 반도체 방식의 실리콘 태양전지나 박막 태양전지와는 달리 식물의 광합성 작용을 모사한 전기화학적 원리를 이용한다.
② 태양광 흡수용 염료고분자, n형반도체 역할을 하는 넓은 밴드 갭을 갖는 반도체 산화물, p형반도체 역할을 하는 전해질, 촉매용 상대전극, 태양광 투과용 투명전극을 기본으로 한다.
③ 태양의 흡수는 염료가 담당하고, 생성된 전자의 분리, 이동은 전자 농도 차에 의해 확산하는 방식으로 반도체 나노입자에서 이루어진다.
④ 안정성이 매우 높아 10년 이상 사용하여도 초기 효율을 거의 유지하고, 실리콘계 태양전지와 비교했을 때 일광량의 영향을 적게 받으며, 제조공정이 단순해서 전지의 가격이 실리콘 셀 가격의 20~30% 수준이다.
⑤ 기존의 태양전지에 비해 전기 변환 효율이 낮고, 전해질의 안정성이 높지 못하며, 액체 전해질의 경우 휘발하는 성질이 있다.

42 풍력발전기가 바람의 방향을 향하도록 블레이드의 방향을 조절하는 것은?

① Pitch control
② Yaw control
③ Active stall control
④ Passive stall control

해설 **풍력발전기의 구성**

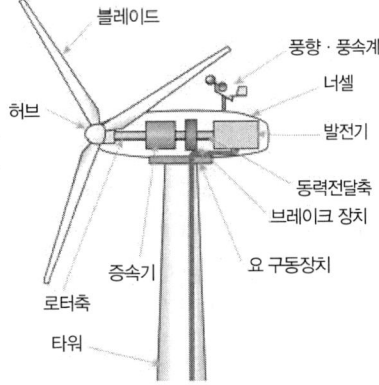

① 블레이드 : 바람이 가지는 에너지를 회전력으로 변환
② 허브 : 블레이드를 연결
③ 로터 : 블레이드와 허브를 포함해서 로터라고 함
④ 주축 : 회전력을 증속기에 전달
⑤ 증속기 : 저회전 고토크의 회전을 고회전 저토크의 회전으로 변환
⑥ 발전기 : 회전력을 전력으로 변환
⑦ 피치시스템 : 블레이드와 피치각을 조절
⑧ 너셀 : 블레이드와 타워를 연결하는 엔진실
⑨ 요잉(Yaw) 시스템 : 너셀을 바람이 부는 방향으로 일치시킴
⑩ 타워 : 풍력발전기를 지지
⑪ 제어/모니터링 시스템 : 풍력발전기를 제어

43 계통연계형 1MW 태양광발전시스템의 단선결선도 상에 표시되는 설비가 아닌 것은?

① VCB
② GPT
③ MOF
④ GTO

정답 41. ③ 42. ② 43. ④

해설 1MW 태양광발전소 단선결선도에 표시되는 설비
① CH(Cable Head, 케이블 헤드)
② VD(Voltage Detector, 검전기)
③ LBS(Load Breaker Switch, 부하개폐기)
④ LA(MOF(Meter Out Fit, 계기용변성기)
⑤ EVT(Earth Voltage Transformer, 접지형 계기용 변압기)
⑥ CT(Current Transformer, 변류기)
⑦ VCB(Vacuum Circuit Breaker, 진공차단기)
⑧ TR(Transformer, 변압기)
⑨ ACB(Air Circuit Breaker, 기중차단기)
⑩ MCCB(Molded Case Circuit Breaker, 배선용차단기)
⑪ GPT(Ground Potential Transformer, 접지전압변성기)
⑫ CLR(Current_limiting Resistor, 한류저항기)
⑬ PTT(Potential Test Terminal, 변성기 시험단자)
⑭ INV(Inverter, 인버터)
※ GTO(Gate Turn-Off thyristor) : 반도체 소자

44 태양광발전시스템의 스트링 다이오드의 결함을 점검하기 위한 방법은?
① 육안검사　　② 접지저항 측정
③ 입·출력 측정　④ 과·저전압 측정

해설 다이오드의 결함 측정
① 다이오드가 고장으로 개방된 경우는 순방향 바이어스나 역방향바이어스 모두 "OL" 표시가 나타난다.
② 다이오드가 단락된 경우는 입출력 측정시 순방향 바이어스나 역방향바이어스 모두 0[V]가 표시된다.

45 온실가스에 해당하지 않는 것은?
① 오존(O_3)
② 메탄(CH_4)
③ 이산화탄소(CO_2)
④ 아산화질소(N_2O)

해설 정의(녹색성장법 제2조)
온실가스 : 이산화탄소(CO_2), 메탄(CH_4), 아산화질소(N_2O), 수소불화탄소(HFCs), 과불화탄소(PFCs), 육불화황(SF_6) 및 그밖에 대통령령으로 정하는 것으로 적외선 복사열을 흡수하거나 재방출하여 온실효과를 유발하는 대기 중의 가스 상태의 물질

14.4.63 / 15.2.64 / 16.4.10 / 19.2.12

46 태양광발전 전지의 충진율(Fill Factor, FF)에 대한 설명으로 틀린 것은?
① 충진율이 낮을수록 태양광발전 전지의 성능 품질이 좋음을 나타낸다.
② 충진율은 개방전압(V_{oc})과 단락전류(I_{sc})의 곱에 대한 최대출력의 비로 정의된다.
③ 충진율은 최적 동작전류(I_m)와 최적 동작전압(V_m)이 단락전류(I_{sc})와 개방전압(V_{oc})에 가까운 정도를 나타낸다.
④ 충진율은 태양광발전 전지의 특성을 표시하는 파라미터로서 내부 직렬저항 및 병렬저항으로부터의 영향을 받는다.

해설 충진율(Fill Factor)
① 태양전지 품질을 확인할 수 있는 가장 중요한 척도
② FF는 최대전력을 개방전압과 단락 회로 전류에서 출력되는 이론상 전력과 비교하여 계산한다. 또한 FF는 그림에 묘사된 정사각형 영역의 비로 해석할 수 있다.
③ 큰 fill factor가 바람직하고, 전형적인 fill factor 범위는 결정질 태양전지 : 0.7 ~ 0.8, 단결정 실리콘 0.75 ~ 0.85 정도이다.
④ 온도가 상승하면 에너지 갭이 작아서 충진율이 낮아진다.

$$FF = \frac{P_{MAX}}{P_T} = \frac{I_{MP} \cdot V_{MP}}{I_{SC} \cdot V_{OC}}$$

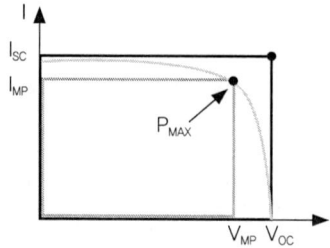

47 태양광발전시스템에 그림자가 발생하게 되면 일사량이 감소하기 때문에 발전량이 감소한다. 일사량의 2가지 성분으로 옳은 것은?

① 직달광 성분, 산란광 성분
② 경사면 일사성분, 산란광 성분
③ 직달광 성분, 수평면 일사성분
④ 수평면 일사성분, 경사면 일사성분

해설 일사량(Solar Radiation Quantity)
① 수평면에 받는 에너지로 태양으로부터 받는 직달광과 천공으로부터 오는 산란광의 합
② 하루 중의 일사량은 태양고도가 가장 높을 때인 남중시에 최대가 되고, 일 년 중에는 하지 경에 최대가 된다.
③ 산란광의 크기는 직달광에 비해 매우 작다.

48 전문감리업 면허 보유자가 수행할 수 있는 영업 범위는?

① 발전설비용량 10만kW 미만의 전력시설물
② 발전설비용량 15만kW 미만의 전력시설물
③ 발전설비용량 20만kW 미만의 전력시설물
④ 발전설비용량 25만kW 미만의 전력시설물

해설 감리업의 영업 범위

종류	영업 범위
종합감리업	전력시설물
전문감리업	발전·변전설비 용량 100,000[kW] 미만의 전력시설물, 전압 100,000[V] 미만의 송전·배전선로 20[kW] 미만의 전력시설물, 용량 5,000[kW] 미만의 전기수용설비, 연면적 30,000[㎡] 미만인 건축물의 전력시설물

49 산업통상자원부장관이 신·재생에너지 관련 통계의 조사·작성·분석 및 관리에 관한 업무의 전부 또는 일부를 하게 할 수 있도록 산업통상자원부령으로 정하는 바에 따라 지정하는 전문성이 있는 기관은?

① 통계청
② 한국전기안전공사
③ 신·재생에너지센터
④ 한국에너지기술연구원

해설 신·재생에너지센터
① 에너지·자원 관련 기술 개발의 기획·관리·평가 기능 강화를 통한 효율적인 연구관리 체계 구축
② 기술 개발 성과의 실용화 및 보급 추진
③ 정부와 민간 부문의 연계 강화를 통한 기술 개발 및 정보 교환 체계 확립

50 저압전로에 시설하는 단락보호용 차단기는 정격전류의 몇 배의 전류에서 자동적으로 작동하지 아니하여야 하는가?

① 1   ② 2   ③ 3   ④ 4

해설 저압전로 중의 과전류차단기의 시설
1) 단락보호전용 차단기
① 정격전류의 1배의 전류에서 자동적으로 작동하지 아니할 것
② 정정전류 값은 정격전류의 13배 이하일 것
③ 정정전류 값의 1.2배의 전류를 통하였을 경우에 0.2초 이내에 자동적으로 작동할 것

2) 단락보호전용 퓨즈
① 정격전류의 1.3배의 전류에 견딜 것
② 정정전류의 10배의 전류를 통하였을 경우에 20초 이내에 용단될 것

51 태양광발전 전지를 사용한 발전방식의 장점이 아닌 것은?

① 친환경 발전이다.
② 유지관리가 용이하다.
③ 확산광(산란광)도 이용할 수 있다.
④ 급격한 전력 수요에 대응이 가능하다.

정답 47. ① 48. ① 49. ③ 50. ① 51. ④

해설 태양광발전의 특징

태양광발전은 무한정한 무공해의 에너지라는 가장 큰 장점으로 지구 온난화방지라는 대의명분과 직사광과 확산광(산란광)으로 발전이 가능하며, 안전한 에너지 공급원이라는 큰 장점을 지니고 있기 때문에 환경을 중시하는 미래의 청정에너지원으로 보다 많은 연구개발이 기대된다.

단점	장점
□ 전력생산량이 지역별 일사량에 의존	□ 에너지원이 청정·무제한
□ 에너지밀도가 낮아 큰 설치면적 필요	□ 필요한 장소에서 필요량 발전가능
□ 설치장소가 한정적, 시스템 비용이 고가	□ 유지보수가 용이, 무인화 가능
□ 초기투자비와 발전단가 높음	□ 긴수명(20년 이상)

52 태양광발전용 인버터의 입력한계전압이 $800V_{dc}$라면, 이때 적합한 태양광발전 모듈의 최대 직렬 수는?
(단, 모듈 온도변화는 −10℃~70℃로 하고, 기타 조건은 표준상태이다.)

$$V_{oc} = 45.16\,V \quad I_{sc} = 7.73\,A$$
$$V_{mpp} = 41.5\,V \quad I_{mpp} = 7.22\,A$$
온도계수 $I = 0.052\,\%/℃$
온도계수 $V = -0.454\,\%/℃$

① 14직렬 ② 15직렬
③ 16직렬 ④ 17직렬

해설 최대 직렬 회로 수

① V_{oc} 상태의 전압(V_c)

V_c = 개방전압 + $\left[$(최저온도 − 기준온도) × $\dfrac{온도계수}{100}$ × 개방전압$\right]$

= $45.16 + \left[(-10-25) \times \dfrac{-0.454}{100} \times 45.16\right]$
≒ 52.3

② 최대 직렬회로 수(V_s)

$V_s = \dfrac{V_{dc}}{V_c} = \dfrac{800}{52.3} ≒ 15\,(회로)$

17.4.46 / 19.4.55

53 전력시설물 공사감리업무 수행지침에 의해 감리원은 공사업자로부터 시공상세도를 사전에 제출받아 검토·확인하여 승인 한 후 시공할 수 있도록 하여야 한다. 제출 받은 날로부터 최대 며칠 이내에 승인하여야 하는가?

① 3일 ② 5일
③ 7일 ④ 14일

해설 시공상세도 승인

공사업자가 제출한 날부터 7일 이내에 검토·확인하여 승인한다. 다만, 7일 이내에 검토·확인이 불가능한 때에는 사유 등을 명시하여 통보하고, 통보사항이 없는 때에는 승인한 것으로 본다.
① 설계도면, 설계설명서 또는 관계 규정에 일치하는지 여부
② 현장의 시공기술자가 명확하게 이해할 수 있는지 여부
③ 실제시공 가능 여부
④ 안정성의 확보 여부
⑤ 계산의 정확성
⑥ 제도의 품질 및 선명성, 도면작성 표준에 일치 여부
⑦ 도면으로 표시 곤란한 내용은 시공시 유의사항으로 작성되었는지 등의 검토

54 태양광발전시스템의 성능평가를 위한 사이트 평가방법이 아닌 것은?

① 설치 용량
② 설치 대상기관
③ 설치 가격 경제성
④ 설치 시설의 지역

해설 태양광 발전 시스템의 사이트 평가 방법
① 태양광 발전 시스템의 설비 설치의 대상기관
② 태양광 발전 시스템 설비 설치의 시설 분류
③ 태양광 발전 시스템의 설비 설치의 시설 지역
④ 태양광 발전 시스템의 설비 설치 형태
⑤ 태양광 발전 시스템의 설비 설치 용량
⑥ 태양광 발전 시스템 설비 설치의 방위와 각도
⑦ 태양광 발전 시스템의 설비 설치 시공업자
⑧ 태양광 발전 시스템의 설비 설치기기 장비 제조사

55 다음 ( )의 ㉠, ㉡에 들어갈 내용으로 옳은 것은?

> 과전류차단기로 시설하는 퓨즈 중 고압전로에 사용하는 비포장 퓨즈는 정격전류의 (㉠)배의 전류에 견디고 또한 2배의 전류로 (㉡)분 안에 용단되어야 한다.

① 1.25배, 2분
② 1.5배, 3분
③ 2배, 4분
④ 2.5배, 6분

해설 고압 및 특고압 전로 중의 과전류차단기의 시설
① 과전류차단기로 시설하는 퓨즈 중 고압전로에 사용하는 포장 퓨즈(퓨즈 이외의 과전류 차단기와 조합하여 하나의 과전류 차단기로 사용하는 것을 제외한다)는 정격전류의 1.3배의 전류에 견디고 또한 2배의 전류로 120분 안에 용단되는 것 또는 다음에 적합한 고압전류제한퓨즈이어야 한다.
② 과전류차단기로 시설하는 퓨즈 중 고압전로에 사용하는 비포장 퓨즈는 정격전류의 1.25배의 전류에 견디고 또한 2배의 전류로 2분 안에 용단되는 것이어야 한다.
③ 고압 또는 특고압의 전로에 단락이 생긴 경우에 동작하는 과전류차단기는 이것을 시설하는 곳을 통과하는 단락전류를 차단하는 능력을 가지는 것이어야 한다.
④ 고압 또는 특고압의 과전류차단기는 그 동작에 따라 그 개폐상태를 표시하는 장치가 되어있는 것이어야 한다. 다만, 그 개폐상태가 쉽게 확인될 수 있는 것은 적용하지 않는다.

56 태양광을 이용한 독립형 전원시스템용 축전지 선정 시 고려사항으로 틀린 것은?

① 부하에 필요한 입력전력량을 검토한다.
② 설치예정 장소의 일사량 데이터를 조사한다.
③ 축전지의 기대수명에서 방전심도(DOD)를 설정한다.
④ 설치장소의 일조량을 고려하여 부조일수를 산정하지 않는다.

해설 독립형 전원시스템용 축전지 선정 시 고려사항
① 부하에 필요한 직류 입력전력량 검토
② 설치예정 장소의 일사량 데이터를 조사한다.
③ 설치장소의 일조량 조건이나 부하의 중요성으로 일조가 없는 시간을 설정한다.
(부조일수 : 하루 중 해가 떠 있는 일조시간이 0.1시간 미만인 날의 수)
④ 축전지의 기대수명으로 방전심도(DOD)를 설정한다.
⑤ 일사의 최저 월(月)에도 충전 량이 부하의 방전 량보다 커지도록 태양전지 어레이 각도 등도 동시에 결정한다.
⑥ 축전지 용량(C)을 계산한다.

57 도면에 사용되는 선의 종류에서 중심선, 절단선, 기준선 등의 용도로 사용되는 선의 종류는?

① 굵은 실선
② 가는 실선
③ 이점쇄선
④ 일점쇄선

해설 도면상 선의 종류 및 용도
① 굵은 실선 : 천정은폐배선, 외형선, 대상물이 보이는 부분의 모양을 표시
② 가는 실선 : 치수선, 지시선, 회전단면선, 중심선
③ 2점 쇄선 : 가상선, 무게중심선
④ 1점 쇄선 : 중심선, 절단선, 기준선, 피치선, 특수지정선

58 배전선로의 장주에 전선로를 병가 할 경우 전선로의 순위를 나타낸 것으로 옳은 것은?

① 통신선은 중성선 또는 저압 전선로의 하단에 배치한다.
② 전용 전선로 또는 이와 유사한 전선로는 일반 전선로보다 하단에 배치한다.
③ 원거리에 전송하는 전선로는 근거리에 전송하는 전선로보다 하단에 배치한다.
④ 서로 다른 전압의 전선로를 동일 지지물에 병가 할 경우에는 높은 전압의 전선로를 하단에 배치한다.

정답 55. ① 56. ④ 57. ④ 58. ①

해설 **저압선과 전력보안통신선 및 약전류전선과의 이격거리**

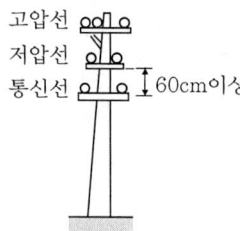

① 저압선(특고압 다중접지 중성선 포함)과 첨가통신선의 이격거리는 60[cm] 이상으로 한다.
② 전주의 가장 상부터 특고압, 고압, 저압, 통신선 순이다.

59 전기안전관리자는 유지관리를 위해서 점검 등 결과가 부적합인 경우 조치 방법으로 틀린 것은?

① 소유자는 전기안전관리자가 안전관리를 위해 부적합 전기설비에 대하여 의견을 제시하는 경우에는 이를 따르지 않아도 된다.
② 전기안전관리자는 전기설비기술기준에 적합하지 아니한 전기설비중 경미한 전기공사에 대하여 필요할 경우에는 직접 수리할 수 있다.
③ 전기안전관리자는 검사 및 점검 결과가 전기설비기술기준에 적합하지 않을 때에는 소유자에게 알려 부적합 전기설비의 수리·개조·보수 등 필요한 조치를 취하도록 하여야 한다.
④ 전기안전관리자는 부적합 전기설비에 대한 조치가 취해지기 전에 전기설비의 운용에 따른 안전 확보를 위해 필요하다고 판단되는 경우 전기설비의 사용을 일시정지하거나 제한할 수 있다.

해설 **부적합설비 등의 조치**

① 전기안전관리자는 검사 및 점검 결과가 전기설비기술기준에 적합하지 않을 때에는 소유자에게 알려 부적합 전기설비의 수리·개조·보수 등 필요한 조치를 취하도록 하여야 한다.
② 전기안전관리자는 부적합 전기설비에 대한 조치가 취해지기 전에 전기설비의 운용에 따른 안전 확보를 위해 필요하다고 판단되는 경우 전기설비의 사용을 일시정지하거나 제한할 수 있다.
③ 전기안전관리자는 전기설비기술기준에 적합하지 아니한 전기설비중 경미한 수리가 필요할 경우에는 직접 수리할 수 있다.
④ 소유자는 전기안전관리자가 안전관리를 위해 부적합 전기설비에 대하여 의견을 제시하는 경우에는 이를 따라야 한다.

60 전기공사기술자의 등급 및 경력 등에 관한 증명서를 발급하는 자는?

① 시·도지사
② 산업통상자원부장관
③ 한국전력공사 이사장
④ 한국전기안전공사 이사장

해설 **전기공사기술자의 인정, 정의(전기공사업법 제17조의 2, 제2조)**

1) 전기공사기술자로 인정을 받으려는 사람은 산업통상자원부장관에게 신청하여야 한다.

2) 산업통상자원부장관은 신청인이 다음에 해당하면 전기공사기술자로 인정하여야 한다.
① 국가기술자격법에 따른 전기 분야의 기술자격을 취득한 사람
② 일정한 학력과 전기 분야에 관한 경력을 가진 사람

3) 산업통상자원부장관은 신청인을 전기공사기술자로 인정하면 전기공사기술자의 등급 및 경력 등에 관한 증명서를 해당 전기공사기술자에게 발급하여야 한다.

4) 신청절차와 기술자격·학력·경력의 기준 및 범위 등은 대통령령으로 정한다.

정답 59.① 60.②

61 P형의 실리콘 반도체를 만들기 위해 실리콘에 도핑 하는 원소로 적당하지 않은 것은?

① 인듐(In)   ② 갈륨(Ga)
③ 비소(As)   ④ 알루미늄(Al)

해설 도핑(Doping)
① 반도체에 적은 양의 불순물을 첨가해서 반도체의 특성을 크게 바꾸는 과정
② P형 도핑은 양공을 많이 만들기 위해서이며, 실리콘의 경우에는 결정 구조가 3족 원자인 붕소(B), 알루미늄(Al), 인듐(In), 갈륨(Ga) 등을 넣는다.
③ N형 도핑은 물질에 운반자 역할을 할 전자를 많이 만들기 위해서이며, 5족 원자 인(P), 비소(As), 안티몬(Sb), 비스무트(Bi) 등을 넣는다.

16.4.37

62 다음의 전기기호 중에서 KS에서 표기하는 진공 차단기(VCB)는 어느 것인가?

① 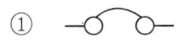   ②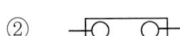

③ 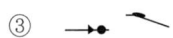   ④

해설 전기심벌(단선도용, 복선도용)
① 기중차단기(ACB ; Air Circuit Breaker), 배선용차단기(MCCB ; Molded-Case Circuit Breaker)

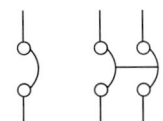

② 교류 차단기
  유입차단기(OCB ; Oil Circuit Breaker)
  진공차단기(VCB ; Vacuum Circuit Breaker)
  가스차단기(GCB ; Gas Circuit Breaker)

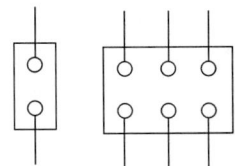

③ 동력조작 단로기

63 태양광 발전시스템의 전기공사 절차 중 옥내공사에 해당하는 것은?

① 분전반 개조
② 접속함 설치
③ 전력량계 설치
④ 태양전지 모듈간의 배선

해설 태양광 발전시스템의 전기공사

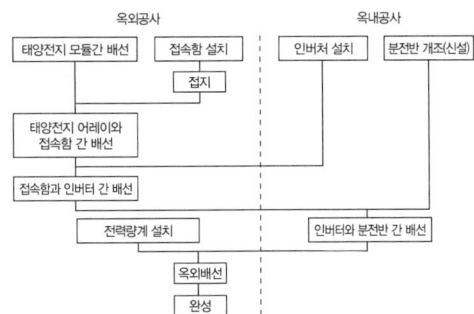

※ 계통연계형 [MW]급 태양광 발전소는 별도의 실을 만들어 인버터와 분전반을 설치하지만, 그 이하의 태양광 발전소에서는 인버터와 분전반을 옥외에 설치한다.(비용 절감)

64 발전기를 전로로부터 자동적으로 차단하는 장치를 시설하여야 하는 경우로서 틀린 것은?

① 발전기에 과전류나 과전압이 생긴 경우
② 용량이 10,000[kVA] 이상인 경우 발전기의 내부에 고장이 생긴 경우
③ 용량이 1,000[kVA] 이상인 수차발전기의 스러스트 베어링의 온도가 현저히 상승한 경우
④ 용량 100[kVA] 이상의 발전기를 구동하는 풍차의 압유장치의 유압이 현저히 저하한 경우

[해설] 발전기 등의 보호장치

발전기에는 다음의 경우에 자동적으로 이를 전로로부터 차단하는 장치를 시설하여야 한다.
① 발전기에 과전류나 과전압이 생긴 경우
② 용량이 500[kVA] 이상의 발전기를 구동하는 수차의 압유 장치의 유압 또는 전동식 가이드밴 제어장치, 전동식 니이들(Needle) 제어장치 또는 전동식 디플렉터 제어장치의 전원전압이 현저히 저하한 경우
③ 용량 100[kVA] 이상의 발전기를 구동하는 풍차(風車)의 압유장치의 유압, 압축 공기장치의 공기압 또는 전동식 브레이드 제어장치의 전원전압이 현저히 저하한 경우
④ 용량이 2,000[kVA] 이상인 수차 발전기의 스러스트 베어링의 온도가 현저히 상승한 경우
⑤ 용량이 10,000[kVA] 이상인 발전기의 내부에 고장이 생긴 경우
⑥ 정격출력이 10,000[kW]를 초과하는 증기터빈은 그 스러스트 베어링이 현저하게 마모되거나 그의 온도가 현저히 상승한 경우

65 전기사업용 태양광발전소 설치공사 시 공사계획의 인가가 필요한 용량은?
① 출력 3000[kW] 이상
② 출력 5000[kW] 이상
③ 출력 7500[kW] 이상
④ 출력 10000[kW] 이상

[해설] 전기사업용 전기설비 공사계획의 인가 및 신고의 대상 (전기사업법 시행규칙 제28조)

공사의 종류	인가가 필요한 것	신고가 필요한 것
태양광 설비 태양전지	출력 10,000[kW] 이상의 태양전지의 설치 또는 전체 모듈 대체	출력 10,000[kW] 미만의 태양전지의 설치 또는 전체모듈 대체
태양광 설비 전력변환장치	출력 10,000[kW] 이상의 전력변환 장치의 설치 또는 대체	출력 10,000[kW] 미만의 전력변환장치의 설치 또는 대체

66 계통연계형 태양광발전시스템에서 축전지의 용량산출 일반식으로 옳은 것은? (단, C : 축전지의 표시용량, K : 방전시간, 축전지온도, 허용최저전압으로 결정되는 용량환산 시간, I : 평균방전전류, L : 보수율(수명말기의 용량 감소율))

① $C = K\dfrac{I}{L}$ ② $C = K\dfrac{L}{I}$

③ $C = \dfrac{I}{KL}$ ④ $C = \dfrac{L}{KI}$

[해설] 축전지 용량(C)

충전한 축전지를 방전했을 때 규정 전압으로 내려갈 때까지 낼 수 있는 전기량, 단위는 [Ah]

15.2.22 / 16.2.28 / 16.4.30 / 17.4.32 / 18.4.27 / 19.1.38

67 설계도서 적용 시 고려사항이 아닌 것은?
① 숫자로 나타낸 치수는 도면상 축척으로 잰 치수보다 우선한다.
② 특기시방서는 당해공사에 한하여 일반시방서에 우선하여 적용한다.
③ 공사계약문서 상호 간에 문제가 있을 때는 감리에 의하여 최종적으로 결정한다.
④ 설계도면 및 시방서의 어느 한 쪽에 기재되어 있는 것은 그 양쪽에 기재되어 있는 사항과 완전히 동일하게 다룬다.

[해설] 설계도서 해석의 우선순위

설계도서·법령해석·감리자의 지시 등이 서로 일치하지 아니하는 경우에 있어 계약으로 그 적용의 우선순위를 정하지 아니한 때에는 다음의 순서를 원칙으로 한다.
① 공사시방서
② 설계도면
③ 전문시방서
④ 표준시방서
⑤ 물량(산출)내역서
⑥ 승인된 상세시공도면
⑦ 관계법령의 유권해석
⑧ 감리자의 지시사항

정답 65.④ 66.① 67.③

68 접지극으로 사용 가능한 규격으로 적합하지 않은 것은?

① 동판을 사용하는 경우는 두께 0.6[mm] 이상, 면적 800[cm²] 편면 이상의 것
② 동봉, 동피복강봉을 사용하는 경우는 지름 8[mm] 이상, 길이 0.9[m] 이상의 것
③ 탄소피복강봉을 사용하는 경우는 지름 8[mm] 이상의 깅심이고 길이 0.9[m] 이상의 것
④ 동복강판을 사용하는 경우는 두께 1.6[mm] 이상, 길이 0.9[m], 면적 250[cm²] 편면 이상의 것

[해설] 접지극의 종류
① 동판(두께 0.7[mm] 이상, 면적 900 [cm²] 이상)
② 동봉, 동피복강봉 (지름 8[mm] 이상, 길이 0.9[m] 이상)
③ 철봉(지름 12[mm] 이상, 길이 0.9[m] 이상의 아연도금 철봉)
④ 동피복강판(두께 1.6[mm] 이상, 길이 0.9[m] 이상, 연적 250[cm²] 이상)
⑤ 탄소피복강봉(지름 8[mm] 이상의 강심, 길이 0.9[m] 이상)

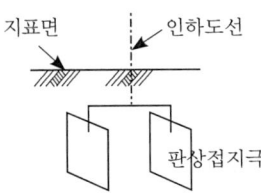

69 충전부 작업 중에 접지면을 절연시켜 인체가 통전경로가 되지 않도록 하기 위해 사용하는 고무판의 사용범위가 아닌 것은?

① 절연내력 시험 시
② 노출충전부가 있는 배전반 및 스위치 조작 시
③ 배전반 내에서의 계전기, 모선 등의 점검, 보수 작업 시
④ 정지된 회전기의 정류자면, 브러시 면을 점검, 조정 작업 시

[해설] 절연 고무판
① 충전부의 작업 중에 작업자의 접지면을 절연시켜 충전부와 접촉시에 인체가 통전경로가 되지 않도록 하기 위해서 사용한다.
② 사용범위는 배전반 내에서 계전기, 모선 등의 점검, 보수 작업시 노출 충전부가 있는 배전반 및 배전반 및 스위치 조작이나 작업시, 절연내력 시험시 사용하며, 주로 저압 선로나 기기류의 작업 시 사용한다.

70 신재생에너지 설비 설치의무기관으로 대통령령으로 정하는 금액 이상을 출연한 정부출연기관에서 "대통령령으로 정하는 금액 이상"이란 최소 연간 얼마 이상을 말하는가?

① 40억 원 ② 50억 원
③ 60억 원 ④ 70억 원

[해설] 신·재생에너지 설비 설치의무기관(신재생에너지법 제12조, 시행령 제16조)
1) 정부가 대통령령으로 정하는 금액(연간 50억원) 이상을 출연한 정부출연기관
2) 지방자치단체 및 공공기관, 정부출연기관 또는 정부출자기업체가 대통령령으로 정하는 비율 또는 금액 이상을 출자한 법인
① 납입자본금의 100의 50 이상을 출자한 법인
② 납입자본금으로 50억원 이상을 출자한 법인

71 태양광발전시스템의 전체성능에 영향을 미치는 인버터 효율에 관한 설명으로 가장 옳은 것은?

① 태양광 인버터의 효율은 중요하지 않다.
② 변환효율만이 시스템 성능에 영향을 미친다.
③ 추적효율만이 시스템 성능에 영향을 미친다.
④ 변환효율과 추적효율을 같이 고려해야 한다.

정답 68. ① 69. ④ 70. ② 71. ④

해설 인버터의 효율은 태양광발전소의 성능에 매우 중요한 요소이므로, 인버터의 변환효율과 추적효율을 같이 고려한다.

72 태양광 발전소 설계 시 적용하는 케이블 중 가교폴리에틸렌 절연 비닐시스 케이블의 약어는?

① OW ② CV
③ DV ④ OC

해설 전력케이블

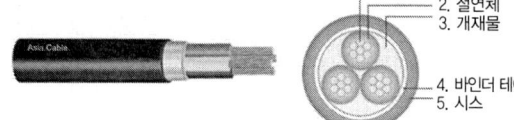

1. 도체
2. 절연체
3. 개재물
4. 바인더 테이프
5. 시스

CV 케이블

① 옥외용 비닐 절연전선(OW ; Out-door weather proof wire) : 저압 가공 배전선로에 사용
② 가교폴리에틸렌 절연 비닐시스 케이블(CV ; XLPE Insulated PVC Sheathed Cable) : 전력 케이블의 대표격, 6/10[kV]에 사용하며 전기적, 물리적, 화학적 특성이 우수한 케이블
③ 인입용 비닐 절연전선(DV ; drop-wire) : 저압 가공 인입선에 사용

13.4.56 / 17.1.46

73 감리원이 해당 공사 착공 전에 실시하는 설계도서 검토내용에 포함되지 않는 것은?

① 설계도서 등의 내용에 대한 상호일치 여부
② 현장조건에 부합 및 시공의 실제가능 여부
③ 설계도서의 누락, 오류 등 불명확한 부분의 존재여부
④ 시공사가 제출한 물량내역서와 발주자가 제공한 산출내역서의 수량일치 여부

해설 설계도서 등의 검토
감리원은 설계도서 등에 대하여 공사계약문서 상호 간의 모순되는 사항, 현장 실정과의 부합여부 등 현장 시공을 주안으로 하여 해당 공사 시작 전에 검토하여야 하며 검토내용에는 다음의 사항 등이 포함되어야 한다.
① 현장조건에 부합 여부
② 시공의 실제가능 여부
③ 다른 사업 또는 다른 공정과의 상호부합 여부
④ 설계도면, 설계 설명서, 기술계산서, 산출내역서 등의 내용에 대한 상호일치 여부
⑤ 설계도서의 누락, 오류 등 불명확한 부분의 존재여부
⑥ 발주자가 제공한 물량 내역서와 공사업자가 제출한 산출내역서의 수량일치 여부
⑦ 시공상의 예상 문제점 및 대책 등

74 전기공사업자가 전기공사를 하도급 주기위하여 미리 해당 전기공사의 발주자에게 이를 알리기 위하여 작성하는 하도급 통지서에 첨부하는 서류로 틀린 것은?

① 공사 예정 공정표
② 하도급(재하도급)계약서 사본
③ 하수급인 또는 다시 하도급받은 공사업자의 등록수첩 사본
④ 하수급인 또는 다시 하도급받은 공사업자의 전기공사자재 보유현황

해설 하도급 통지서(전기공사업법 시행규칙 제11조)
하도급 통지서에는 다음의 서류를 첨부하여야 한다.
① 하도급(재하도급)계약서 사본
② 하도급(재하도급) 내용이 명시된 공사명세서
③ 공사 예정 공정표
④ 하수급인 또는 다시 하도급받은 공사업자의 전기공사기술자 보유현황
⑤ 하수급인 또는 다시 하도급받은 공사업자의 등록수첩 사본

75 공급인증기관이 개설한 거래시장 외에서 공급인증서를 거래한 자는 최대 얼마 이하의 벌금에 처하는가?

① 1천만원 ② 2천만원
③ 5천만원 ④ 7천만원

정답 72. ② 73. ④ 74. ④ 75. ②

해설 **벌칙(신재생에너지법 제34조)**
① 거짓이나 부정한 방법으로 발전차액을 지원받은 자와 그 사실을 알면서 발전차액을 지급한 자는 3년 이하의 징역 또는 지원받은 금액의 3배 이하에 상당하는 벌금에 처한다.
② 거짓이나 부정한 방법으로 공급인증서를 발급받은 자와 그 사실을 알면서 공급인증서를 발급한 자는 3년 이하의 징역 또는 3천만원 이하의 벌금에 처한다.
③ 공급인증기관이 개설한 거래시장 외에서 공급인증서를 거래한 자는 2년 이하의 징역 또는 2천만원 이하의 벌금에 처한다.
④ 법인의 대표자나 법인 또는 개인의 대리인, 사용인, 그 밖의 종업원이 그 법인 또는 개인의 업무에 관하여 ①~③까지의 어느 하나에 해당하는 위반행위를 하면 그 행위자를 벌하는 외에 그 법인 또는 개인에게도 해당 조문의 벌금형을 과한다. 다만, 법인 또는 개인이 그 위반행위를 방지하기 위하여 해당 업무에 관하여 상당한 주의와 감독을 게을리하지 아니한 경우에는 그렇지 않다.

13.4.12 / 14.4.20 / 16.4.7 / 17.2.7 / 17.2.10 / 17.4.14 / 18.2.9

76 태양전지 모듈 내에 포함되지 않는 것은?
① 충전재
② 태양전지 셀
③ 프론트 커버
④ 역류방지소자

해설 **모듈의 구조**

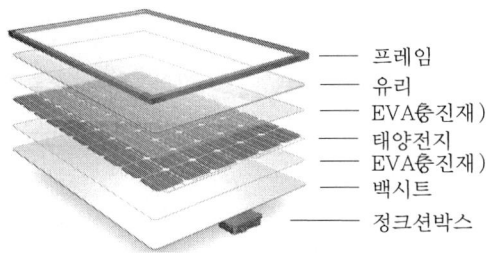

※ 역류방지 다이오드(Blocking Diode)

역류방지다이오드 커넥터

① 태양전지 모듈에 다른 태양전지 회로나 축전지에서 전류가 역류하는 것을 방지하기 위하여 어레이의 끝에 직렬로 삽입한다.
② 보통 접속함이나, 모듈의 커넥터에 설치한다.

77 태양열발전시스템의 주요 구성요소가 아닌 것은?
① 인버터
② 축열조
③ 집열기
④ 열교환기

해설 **태양열시스템의 구성**
① 집열부 : 태양으로부터 에너지를 모아서 열로 변환하는 장치
② 축열부 : 모아진 열을 저장했다가 필요시 사용하기 위한 저장 탱크
③ 이용부 : 태양열 축열조에 저장된 태양열을 효과적으로 공급하고 사용량 부족시 보조열원(보일러 등)에 의해 공급
④ 제어장치 : 태양열을 효과적으로 집열, 축열, 공급하기 위한 조정장치

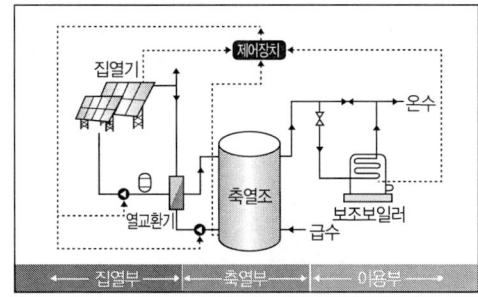

17.1.87 / 17.2.48

78 접지공사 시 접지극의 매설 깊이는 지하 몇 [cm] 이상으로 매설하여야 하는가?
① 30
② 60
③ 75
④ 120

정답 76.④ 77.① 78.③

해설 접지극의 매설

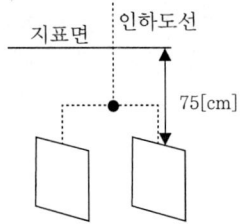

① 접지극은 매설하는 토양을 오염시키지 않아야 하며, 가능한 다습한 부분에 설치한다.
② 접지극은 지표면으로부터 지하 0.75[m] 이상으로 하되 동결 깊이를 감안하여 매설 깊이를 정해야 한다.
③ 접지도체를 철주 기타의 금속체를 따라서 시설하는 경우에는 접지극을 철주의 밑면으로부터 0.3[m] 이상의 깊이에 매설하는 경우 이외에는 접지극을 지중에서 그 금속체로부터 1[m] 이상 떼어 매설하여야 한다.

79 도체의 저항, 두 점 사이의 전압 및 전류세기를 측정하는 검사장비는?

① 검전기
② 멀티미터
③ 접지저항계
④ 오실로스코프

해설 멀티미터

여러 가지의 측정 기능을 결합한 전자 계측기이며, 전형적인 멀티미터는 전압, 전류, 전기저항을 측정하는 능력은 기본적으로 가지는 기능이며, 장치에 따라 기타 측정 기능이 추가되기도 한다.

80 대통령령으로 정하는 신·재생에너지 품질검사 기관이 아닌 것은?

① 한국석유관리원
② 한국임업진흥원
③ 한국에너지공단
④ 한국가스안전공사

해설 신·재생에너지 품질검사기관(신재생에너지법 시행령 제18조의13)

① 한국석유관리원
② 한국가스안전공사
③ 한국임업진흥원

2022년
기출문제

2022 제1회 기출문제

01 환경영향평가법령에 따른 전략환경영향평가의 정책계획에 대한 세부평가항목으로 틀린 것은?

① 입지의 타당성
② 계획의 연계성·일관성
③ 계획의 적정성·지속성
④ 환경보전계획과의 부합성

해설 전략환경영향평가의 정책계획에 대한 세부평가항목
1) 환경보전계획과의 부합성
　① 국가 환경정책
　② 국제환경 동향·협약·규범
2) 계획의 연계성·일관성
　① 상위 계획 및 관련 계획과의 연계성
　② 계획목표와 내용과의 일관성
3) 계획의 적정성·지속성
　① 공간계획의 적정성
　② 수요 공급 규모의 적정성
　③ 환경용량의 지속성
※ 입지의 타당성은 개발기본계획의 세부평가항목

17.4.62
02 전기사업법령에 따라 사업허가 변경신청 시 처리절차로 옳은 것은?
(단, 산업통상자원부에 접수하는 경우이다.)

① 신청서 작성 및 제출 → 접수 → 검토 → 전기위원회 심의 → 허가증 발급
② 신청서 작성 및 제출 → 검토 → 접수 → 전기위원회 심의 → 허가증 발급
③ 신청서 작성 및 제출 → 접수 → 전기위원회 심의 → 검토 → 허가증 발급
④ 신청서 작성 및 제출 → 전기위원회 심의 → 검토 → 접수 → 허가증 발급

해설 전기사업허가(변경) 처리절차

신청서 작성 및 제출 (신청인) → 접 수 (산업통상자원부 시·도(시·군)) → 검 토 (산업통상자원부 시·도(시·군)) → 전기위원회 심의 (전기위원회) → 허가증 발급 (산업통상자원부 시·도(시·군))

18.2.46
03 지방자치단체를 당사자로 하는 계약에 관한 법률에 의거하여 용역 표준계약서를 작성하고자 한다. 이때 필요한 붙임서류가 아닌 것은?

① 특별시방서
② 산출내역서
③ 과업내용서
④ 용역 입찰유의서

해설 용역 표준계약서의 붙임 서류
① 용역 입찰유의서　② 용역계약 일반조건
③ 용역계약 특수조건　④ 과업내용서
⑤ 산출내역서

04 신에너지 및 재생에너지 개발·이용·보급 촉진법령에 따라 신·재생에너지 기술 사업화 지원신청서의 처리기간으로 옳은 것은?

① 15일　② 30일　③ 60일　④ 90일

해설 신·재생에너지 기술의 사업화
산업통상자원부장관은 자체 개발한 기술이나 조성된 사업비를 받아 개발한 기술의 사업화를 촉진시킬 필요가 있다고 인정하면 다음의 지원을 할 수 있다.
① 시험제품 제작 및 설비투자에 드는 자금의 융자
② 신·재생에너지 기술의 개발사업을 하여 정부가 취득한 산업재산권의 무상 양도
③ 개발된 신·재생에너지 기술의 교육 및 홍보
④ 그 밖에 개발된 신·재생에너지 기술을 사업화하기 위하여 필요하다고 인정하여 산업통상자원부장관이 정하는 지원사업

※ 신·재생에너지 기술 사업화 지원신청서의 처리 기간은 90일

정답　1. ①　2. ①　3. ①　4. ④

05 태양광발전시스템의 직류측 보호를 위해 태양광발전용 접속함에 설치하는 장치가 아닌 것은?

① 직류용 퓨즈
② 서지보호장치(SPD)
③ 역류방지 다이오드
④ 바이패스 다이오드

해설 **접속함과 바이패스 다이오드의 설치위치**

바이패스 다이오드(Junction Box에 설치)

태양광발전용 접속함

06 대기질량지수(Air Mass Index, AM)에 대한 설명으로 틀린 것은?

① 표준 시험 조건에서는 1.5의 AM을 사용한다.
② 태양이 바로 위에 떠 있을 시 구름 없는 하늘과 공기압이 P0 표준 운전 조건에서 1.0이다.
③ 태양이 바로 머리 위에 있을 때에는 햇빛이 해면에 이를 때까지 지나오는 거리의 합으로 나타낸다.
④ 직달 태양광이 지구 대기를 통과하는 경로의 길이에 대한 비로 나타낸 것이다.

해설 **대기질량지수(Air Mass Index, AM)**

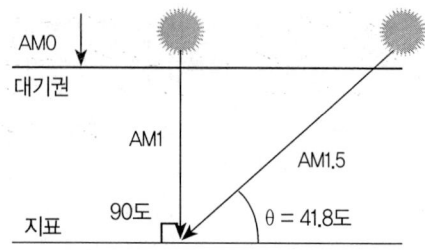

① 빛이 지구에 도달하기 전까지 통과하여야 하는 대기의 일부분으로, 최단 경로의 길이를 나타낸다.
② 대기를 통과 중에 공기와 먼지에 의해 흡수되면서 빛의 출력이 줄어드는 양을 정하게 된다.
③ 지표면에 연직인 가상의 선과 태양이 이루는 각도를 θ라 할 때 AM=1/cosθ로 정의된다.
④ θ는 수직선으로부터의 각도(천정각 : zenith angle)이다. 태양이 바로 머리 위에 있을 때, 에어매스는 1이다.
⑤ 표준시험조건인 AM 1.5는 θ가 약 48.2°일 때 (태양이 지표면으로부터 약 41.8°의 각도로 떠 있을 때) 지표로 입사하는 태양광 스펙트럼을 의미한다.

07 계통연계형 태양광발전시스템에 축전지를 부가함으로써 발생할 수 있는 장점이 아닌 것은?

① 계통전압의 안정화에 기여한다.
② 태양광발전시스템의 수명을 연장한다.
③ 정전 발생 시 전력공급의 역할을 한다.
④ 기후 급변 시나 계통부하 급변 시에 부하 평준화 역할을 한다.

해설 **축전지부착 계통연계시스템**
축전지가 있는 계통연계시스템은 일반적인 계통연계시스템에 비해 적용범위를 확대할 수 있다.
① 방재 대응형
평상시 계통연계시스템으로 동작하고, 재해시 인버터를 자립운전으로 전환하고 특정 방재 대응부하에 전력을 공급한다.
② 부하 평준화 대응형(피크 시프트형, 야간전력 저장형)
태양전지 출력과 축전지 축력을 병용하여 부하의 피크 시에 인버터를 필요한 출력으로 운전하고, 수전 전력의 증대를 억제하여 기본전력요금을 절감한다.

③ 계통 안정화 대응형
태양전지와 축전지를 병렬운전하며, 기후 급변 시나 계통부하 급변 시에 축전지를 방전하고, 태양전지 출력이 증대하여 계통전압이 상승하려고 할 때는 축전지를 충전하여 역조류를 감소시키고, 전압이 상승하는 것을 방지한다.

① 집적화단지의 위치 및 면적
② 집적화단자 조성사업의 개요 및 시행방법
③ 집적화단지 조성 및 기반시설 설치에 필요한 부지 확보 계획
④ 집적화단지 조성사업에 대한 주민 수용성 및 친환경성 확보 계획
⑤ 그 밖에 집적화단지 조성에 필요하다고 산업통상자원부장관이 인정하여 고시하는 사항

19.4.34

08 태양광발전 부지의 연간 경사면 일사량이 4784 MJ/이고 효율이 81% 일 때 일평균 발전시간은 약 몇 h/day 인가?

① 1.328　② 2.947
③ 3.638　④ 4.784

22.1.10 / 22.1.74 / 22.2.72 / 19.1.40

10 120kWp 태양광발전시스템을 밭에 설치하려할 때 REC 가중치는 얼마인가?

① 1.10　② 1.13　③ 1.17　④ 1.20

해설 일평균 발전시간(h/day)

$$h/day = \frac{1000}{\text{연간 경사면 일사량} \times \text{효율} \times 365 \times 24}$$

$$= \frac{100 \times 10^6}{4784 \times 0.81 \times 365 \times 24} ≒ 2.947$$

해설 태양광에너지 공급인증서 가중치

공급인증서 가중치	대상에너지 및 기준	
	설치유형	세부기준
1.2	일반부지에 서치하는 경우	100KW미만
1.0		100KW부터
0.8		3,000KW초과부터
0.5	임야에 설치하는 경우	-
1.5	건축물 등 기존 시설물을 이용하는 경우	3,000KW이하
1.0		3,000KW초과부터
1.6	유지 등의 수면에 부유하여 설치하는 경우	100KW미만
1.4		100KW부터
1.2		3,000KW초과부터
1.0	자가용 발전설비를 통해 전력을 거래하는 경우	

21.2.15

09 신에너지 및 재생에너지 개발·이용 보급·촉진법령에 따라 집적화단지 조성사업의 실시기관으로 선정되려는 지방자치단체의 장이 집적화단지 개발계획을 수립하여 산업통상자원부장관에게 제출할 때 포함되는 사항이 아닌 것은?

① 집적화단지의 위치 및 면적
② 집적화단지 조성사업의 개요 및 시행방법
③ 집적화단지 조성 및 기반시설 설치에 필요한 부지 확보 계획
④ 그 밖에 집적화단지 조성에 필요하다고 신·재생에너지센터장이 인정하여 고시하는 사항

해설 집적화단지 조성사업의 시행 등
집적화단지 조성사업의 실시기관으로 선정되려는 지방자치단체의 장은 다음의 사항이 포함된 집적화단지 개발계획을 수립하여 산업통상자원부장관에게 제출해야 한다.

① 태양광발전소를 일반부지에 설치하는 경우
태양광에너지 가중치는 전체용량에 대하여 부여하되 소수점 넷째자리에서 절사하며, 설치유형별 용량기준 순으로 구분하여 구간별 해당 가중치를 아래와 같이 적용한다.

② 태양광발전소를 일반부지(밭)에 설치하는 경우

설치용량	태양광에너지 가중치 산정식
100kW미만	1.2
100kW부터 3,000kW이하	$\frac{99.999 \times 1.2 + (\text{용량} - 99.999) \times 1.0}{\text{용량}}$
3,000kW 초과부터	$\frac{99.999 \times 1.2}{\text{용량}} + \frac{2,900.001 \times 1.0}{\text{용량}} + \frac{(\text{용량} - 3,000) \times 0.8}{\text{용량}}$

③ 120kWp(밭) REC 가중치

$$REC\,가중치 = \frac{99.999 \times 1.2 + (용량 - 99.999) \times 1.0}{용량}$$

$$= \frac{99.999 \times 1.2 + (120 - 99.999) \times 1.0}{120} ≒ 1.17$$

11 전기공사업법에 따라 공사업자는 등록사항 중 대통령령으로 정하는 중요 사항이 변경된 경우 그 사유가 발생한 날로부터 며칠 이내에 시·도지사에게 그 사실을 신고하여야 하는가?

① 15일　　② 30일
③ 60일　　④ 90일

해설 등록사항 변경신고(전기공사업법 시행규칙 제8조)

등록사항의 변경신고를 하려는 자는 그 사유가 발생한 날부터 30일 이내에 전기공사업 등록사항 변경신고서(전자문서로 된 신고서를 포함한다)에 등록증 및 등록수첩과 다음의 구분에 따른 서류를 첨부하여 지정공사업자단체에 제출하여야 한다.
① 사무실 소재지가 변경된 경우: 임대차계약서 사본(임대차인 경우만 해당한다)
② 대표자가 변경된 경우: 변경된 대표자의 인적사항이 적힌 서류
③ 자본금이 변경된 경우: 기업진단보고서
④ 전기공사기술자가 변경된 경우: 전기공사기술자 보유 현황

12 전기사업법령에 따라 산업통산자원부장관은 「산지관리법」에 따른 산지에 태양광발전설비를 설치하여 전력거래를 하려는 발전사업자가 계절적 요인으로 복구준공이 불가피하게 지연되거나 부분 복구준공이 가능한 경우 등 대통령령으로 정하는 사유가 있는 때에는 몇 개월의 범위에서 사업정지 명령을 유예할 수 있는가?

① 1개월　　② 2개월
③ 6개월　　④ 12개월

해설 산업통상자원부장관은 계절적 요인으로 복구준공이 불가피하게 지연되거나 부분 복구준공이 가능한 경우 등 대통령령으로 정하는 사유가 있는 때에는 6개월의 범위에서 사업정지 명령을 유예할 수 있다.

13 태양광발전 모듈에 대한 설명으로 틀린 것은?

① 일사량이 감소하면 단락전류가 감소한다.
② 일사량이 증가하면 개방전압이 증가한다.
③ 모듈 표면 온도가 증가하면 개방전압이 증가한다.
④ 모듈 표면 온도가 증가하면 단락전류가 증가한다.

해설 모듈 표면온도와 출력감소

① 태양광 모듈의 온도특성을 살펴보면 전류는 양(+)의 온도계수를 가지고 전압과 전력은 음(−)의 온도계수를 가진다. 여기에서 음의 온도계수가 가지는 물리적 의미는 온도가 높을수록 태양광 모듈의 전압과 전력은 감소하고, 온도가 낮을수록 태양광 모듈의 전압과 전력이 증가한다는 것을 의미한다.
② 태양전지에서 전력이 생산되는 동안의 모듈 표면온도는 외기온도에 비례해서 맑은 날씨에는 20~40[℃] 정도 높다.

14 신에너지 및 재생에너지 개발·이용·보급 촉진법령에 따라 하자보수의 대상이 되는 신·재생에너지 설비 및 하자보수 기간 등은 무엇으로 정하는가?

① 기획재정부령　　② 행정안전부령
③ 국토교통부령　　④ 산업통상자원부령

해설 신·재생에너지 설비의 하자보수

① 신·재생에너지 설비를 설치한 시공자는 해당 설비에 대하여 성실하게 무상으로 하자보수를 실시하여야 하며 그 이행을 보증하는 증서를 신·재생에너지 설비의 소유자 또는 산업통상자원부령으로 정하는 자

· (보급사업에 참여한 지방자치단체 또는 공공기관)에 게 제공하여야 한다.
② 하자보수의 대상이 되는 신·재생에너지 설비는 신·재생에너지사업에의 투자 권고 및 신·재생에너지 이용의무화, 보급사업에 따라 설치한 설비
③ 하자보수의 기간은 5년의 범위에서 산업통상자원부장관이 정하여 고시한다.

15.4.83 / 18.2.92 / 19.2.86

15 전기공사업법령에 따라 공사업자가 최근 5년간 몇 회 이상 영업정지처분을 받은 경우 등록취소가 되는가?

① 3회 ② 4회
③ 5회 ④ 6회

해설 등록취소 등(전기공사업법 제28조)

시·도지사는 공사업자가 다음의 어느 하나에 해당하면 등록을 취소하거나 6개월 이내의 기간을 정하여 영업의 정지를 명할 수 있다. 다만, ①, ③, ④, ⑦, ⑧에 해당하는 경우에는 등록을 취소하여야 한다.
① 거짓이나 그 밖의 부정한 방법으로 공사업의 등록, 공사업의 등록기준에 관한 신고 행위를 한 경우
② 대통령령으로 정하는 기술능력 및 자본금 등에 미달하게 된 경우
③ 공사업의 등록을 할 수 없는 결격사유 중 어느 하나에 해당하게 된 경우
④ 타인에게 성명·상호를 사용하게 하거나 등록증 또는 등록수첩을 빌려 준 경우
⑤ 시정명령 또는 지시를 이행하지 아니한 경우
⑥ ①~⑤규정 중 어느 하나에 해당하는 경우로서 해당 전기공사가 완료되어 시정명령 또는 지시를 명할 수 없게 된 경우
⑦ 공사업의 등록을 한 후 1년 이내에 영업을 시작하지 아니하거나 계속하여 1년 이상 공사업을 휴업한 경우
⑧ 영업정지처분기간에 영업을 하거나 최근 5년간 3회 이상 영업정지처분을 받은 경우

16 태양광발전 모듈 1장의 출력이 158W, 크기가 1.29m × 0.99m이고, 지붕의 설치가능 면적이 20㎡인 경우, 설치되는 태양광발전 모듈의 총출력은 약 몇 W 인가?

① 1833 ② 2370
③ 2528 ④ 3160

해설 모듈 수량 $= \dfrac{지붕의 면적}{모듈 크기} = \dfrac{20}{1.29 \times 0.99}$
$\fallingdotseq 15.66$

모듈의 총출력 = 모듈 수량 × 모듈 출력
$= 15 \times 158 = 2370$ W

16.2.37

17 태양광발전용 인버터의 전력변환효율이 다음과 같을 때 유로(변환)효율은 몇 % 인가?

정격전력[%]	전력변환효율[%]
5	76
10	79
20	83
30	87
50	93
100	95

① 90.10 ② 90.15
③ 90.20 ④ 90.25

해설 효율 시험

(1) 계통연계형 인버터의 효율 시험
유로(Euro) 변환 효율로 측정한다.
정격용량 10[kW] 초과 30[kW]이하 : 효율 88[%]이상
정격용량 30[kW] 초과 100[kW]이하 : 효율 90[%]이상
정격용량 100[kW] 초과 : 효율 92[%] 이상일 것

(2) $\eta_{EU} = 0.03\eta_{5\%} + 0.06\eta_{10\%} + 0.13\eta_{20\%} + 0.10\eta_{30\%} + 0.48\eta_{50\%} + 0.20\eta_{100\%}$

(3) 각 전력변환효율을 유로변환효율로 변경한다.
$\eta_{EU} = (0.03 \times 76) + (0.06 \times 79) + (0.13 \times 83) + (0.10 \times 87) + (0.48 \times 93) + (0.2 \times 95) = 90.15$

정답 15.① 16.② 17.②

18. 태양광발전용 인버터의 회로 구성에서 AC-DC 컨버터를 사용하는 방식은? (18.4.3)

① 트랜스리스 방식
② 단권변압기 절연 방식
③ 고주파 변압기 절연 방식
④ 상용 주파 변압기 절연 방식

해설 인버터의 회로방식별 분류

1) 상용주파 변압기 절연방식

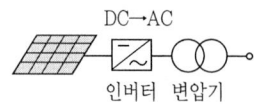

상용주파 변압기 절연방식

① PWM 인버터를 이용하여 상용주파수의 교류를 만들고, 상용주파수의 변압기를 이용하여 절연과 전압변환을 한다.
② 내부 신뢰성이나 노이즈 컷이 우수하지만, 상용주파수의 변압기를 별도로 이용하기 때문에 무겁고 크며, 변압기의 효율이 감소된다.

2) 고주파 변압기 절연방식

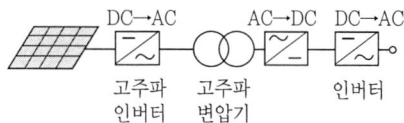

고주파변압기 절연방식

① 태양전지의 직류 출력을 고주파의 교류로 변환한 후 소형의 고주파 변압기로 절연을 한다.
② 일단 직류로 변환하고 재차 상용주파의 교류로 변환하며, 소형 경량이지만 회로가 복잡한 단점이 있다.

3) 트랜스리스(Transless) 방식

트랜스리스(Transless) 방식

① 태양전지의 직류출력을 DC-DC 컨버터로 승압하고 인버터에서 상용주파의 교류로 변환한다.
② 소형 경량이며, 저렴하고 효율이 우수하고 신뢰성이 높다.

③ 상용전원과의 사이에는 절연이 되지 않아 안전성이 떨어진다.

19. 국토의 계획 및 이용에 관한 법령에 따라 개발행위(변경) 허가신청서의 처리기간으로 옳은 것은?

① 3일   ② 7일
③ 15일 ④ 30일

해설 개발행위허가의 절차 등

① 특별시장·광역시장·특별자치시장·특별자치도지사·시장 또는 군수는 제1항에 따른 개발행위허가의 신청에 대하여 특별한 사유가 없으면 대통령령으로 정하는 기간 이내에 허가 또는 불허가의 처분을 하여야 한다.
② 대통령령으로 정하는 기간이란 15일(도시계획위원회의 심의를 거쳐야 하거나 관계 행정기관의 장과 협의를 하여야 하는 경우에는 심의 또는 협의기간을 제외한다)을 말한다.
③ 특별시장·광역시장·특별자치시장·특별자치도지사·시장 또는 군수는 개발행위허가에 조건을 붙이려는 때에는 미리 개발행위허가를 신청한 자의 의견을 들어야 한다.

20. 전기사업법령에 따른 일반용전기설비에 해당하는 것은?

① 저압에 해당하는 용량 10킬로와트 이하인 발전설비
② 저압에 해당하는 용량 20킬로와트 이하인 발전설비
③ 고압에 해당하는 용량 10킬로와트 이하인 발전설비
④ 고압에 해당하는 용량 20킬로와트 이하인 발전설비

해설 일반용전기설비의 범위

① 저압에 해당하는 용량 75킬로와트(제조업 또는 심야

정답 18. ③ 19. ③ 20. ①

전력을 이용하는 전기설비는 용량 100킬로와트) 미만의 전력을 타인으로부터 수전하여 그 수전장소(담·울타리 또는 그 밖의 시설물로 타인의 출입을 제한하는 구역을 포함한다. 이하 같다)에서 그 전기를 사용하기 위한 전기설비
② 저압에 해당하는 용량 10킬로와트 이하인 발전설비

21 전기설비기술기준에 따른 절연유에 대한 설명 중 다음 ( )에 들어갈 내용으로 옳은 것은?

사용전압이 ( )kV 이상의 중성점 직접접지식 전로에 접속하는 변압기를 설치하는 곳에는 절연유의 구외 유출 및 지하 침투를 방지하기 위한 설비를 갖추어야 한다.

① 22.9
② 66
③ 72
④ 100

해설 절연유
① 사용전압이 100kV 이상의 중성점 직접접지식 전로에 접속하는 변압기를 설치하는 곳에는 절연유의 구외 유출 및 지하 침투를 방지하기 위한 설비를 갖추어야 한다.
② 폴리염화비페닐을 함유한 절연유를 사용한 전기기계기구는 전로에 시설하여서는 안 된다.

22 콘크리트 옹벽(KDS 11 80 05:2020)에서 콘크리트 옹벽의 안정해석 시 고려하는 하중의 종류로 해당되지 않는 것은?

① 콘크리트 옹벽에 간접 작용하는 외력
② 배수가 되지 않는 조건에서는 수압과 부력
③ 콘크리트 옹벽과 뒤채움재의 자중 등 고정하중
④ 콘크리트 옹벽에 작용하는 토압과 상재 하중에 의한 토압증가량

해설 콘크리트 옹벽의 안정해석 시 고려하는 하중의 종류
① 콘크리트 옹벽과 뒤채움재의 자중 등 고정하중
② 콘크리트 옹벽에 작용하는 토압과 상재 하중에 의한 토압증가량
③ 배수가 되지 않는 조건에서는 수압과 부력
④ 콘크리트 옹벽에 직접 작용하는 외력
⑤ 지진에 의한 하중 등

23 전력시설물 공사감리업무 수행지침에서 공사 또는 감리업무가 원활하게 이루어지도록 하기 위하여 감리원, 발주자, 공사업자가 사전에 충분한 검토와 협의를 통하여 모두가 동의하는 조치가 이루어지도록 하는 것은?

① 지시
② 조정
③ 합의
④ 승인

해설 조정
공사 또는 감리업무가 원활하게 이루어지도록 하기 위하여 감리원, 발주자, 공사업자가 사전에 충분한 검토와 협의를 통하여 관련자 모두가 동의하는 조치가 이루어지도록 하는 것을 말하며, 조정결과가 기존의 계약내용과의 차이가 있을 때에는 계약변경 사항의 근거가 된다.

24 최대 출력전압이 50V, 전압온도계수가 −0.2V/℃인 태양광발전 모듈이 있다. 이 모듈의 표면온도가 60℃일 때 직렬로 10장을 연결하였다면, 이 때의 최대 출력전압(V)은?(단, STC 조건이다.)

① 380V
② 400V
③ 430V
④ 450V

해설 최대 출력전압(V_{MT})
V_{MT} = 합성 전압 − [직렬 모듈 수량 × 온도계수 × 온도차]
= (50 × 10) − [10 × 0.2 × (60−25)] = 430 [V]

정답 21. ④ 22. ① 23. ② 24. ③

25 신재생발전기 송전계통 연계 기술기준에 따라 무효전력에 대한 정상상태 허용오차는 몇 % 이하이어야 하는가?

① 1%   ② 3%
③ 5%   ④ 10%

해설 무효전력 공급능력
신재생발전기는 운전전압 범위 내에서 유효전력 출력에 따른 무효전력 공급능력을 보유하여야 한다.
① 유효전력 100% ~ 20% 출력시 : 유효전력 정격출력 대비 33%의 무효전력을 흡수 또는 공급
② 유효전력 20% ~ 0% 출력시 : 유효전력 출력감소에 따라 선형적으로 공급능력 감소
③ 무효전력에 대한 정상상태 허용오차는 5% 이하여야 함.
④ 신재생발전기가 자체적으로 정한 무효전력을 공급하기 어려운 경우 별도의 STATCOM, SVC 등의 무효전력 공급설비를 구비하여 무효전력을 공급할 수 있다.

14.4.48 / 15.2.15 / 15.2.42 / 15.4.40 / 16.2.36 / 16.4.29 / 17.2.27 / 17.4.28 / 19.1.13

26 태양광발전시스템의 발전량 향상을 위하여 다양한 추적방식이 있다. 추적방식 중 발전효율이 가장 높은 방법은?

① 단축 추적식
② 양축 추적식
③ 고정 경사가변식
④ 고정 경사고정형

해설 발전효율
양축 추적식 > 단축 추적식 > 가변(반고정형)식 > 고정식

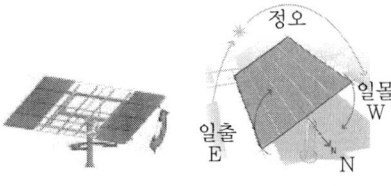

양축 추적식   단축 추적식

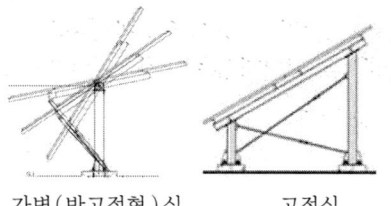

가변(반고정형)식   고정식

18.2.38

27 단선결선도 작성시 일반적으로 사용하는 진공차단기(VCB)의 그림기호로 옳은 것은?

① 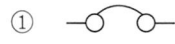   ②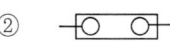

③ 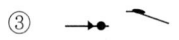   ④

해설 전기심벌(단선도용, 복선도용)
① 기중차단기(ACB ; Air Circuit Breaker), 배선용차단기(MCCB ; Molded-Case Circuit Breaker)

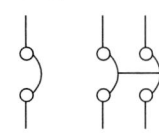

② 교류 차단기
유입차단기(OCB ; Oil Circuit Breaker)
진공차단기(VCB ; Vacuum Circuit Breaker)
가스차단기(GCB ; Gas Circuit Breaker)

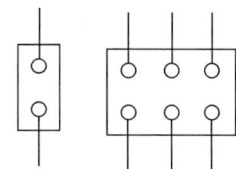

③ 동력조작 단로기

28 전력기술관리법령에서 정의하는 용어 중 "발전설비"에 해당하지 않는 것은?

① 제어장치
② 발전된 전력을 공급하기 위한 전선로
③ 전기·기계기구 중 주(主)차단기의 2차측 단자까지의 설비
④ 수력·기력(汽力)·원자력·내연력(內燃力) 등 발전을 위한 기계적 설비

해설 **발전설비**
다음의 설비를 말한다. 다만, 수력·기력(汽力)·원자력·내연력(內燃力) 등 발전을 위한 기계적 설비는 제외한다.
① 터빈(높은 압력의 액체·기체를 날개바퀴의 날개에 부딪히게 함으로써 회전하는 힘을 얻는 기계를 말한다)·수차 등으로부터 힘을 받아 전력을 생산하기 위한 발전기
② 발전된 전력을 공급하기 위한 전선로
③ 제어장치
④ 전기기계·기구 중 주(主)차단기의 2차측 단자까지의 설비

29 전력시설물 공사감리업무 수행지침에 따라 감리업자는 감리용역 착수 시 착수신고서를 제출하여 발주자의 승인을 받아야 한다. 이때 착수신고서에 포함되지 않는 서류는? 18.4.44

① 공사예정 공정표
② 감리비 산출내역서
③ 감리업무 수행계획서
④ 상주, 비상주 감리원 배치계획서

해설 **착수신고서에 포함내용**
① 감리업무 수행계획서
② 감리비 산출내역서
③ 상주, 비상주 감리원 배치계획서와 감리원의 경력 확인서
④ 감리원 조직 구성내용과 감리원별 투입기간 및 담당업무

30 얕은기초 설계기준(일반설계법)(KDS 11 50 05 : 2021)에 따라 얕은기초의 설계 시 검토하여 결정하는 사항으로 틀린 것은?

① 기초지반이 전단파괴에 대하여 안전하도록 한다.
② 과도한 침하나 부동침하가 발생하지 않도록 한다.
③ 인접한 구조물에 침하, 균열, 손상 등이 발생하지 않도록 한다.
④ 기초가 경사진 지반에 설치될 경우 기초하중에 의한 비탈면 활동 및 지지력의 증가가 발생하지 않도록 한다.

해설 **얕은기초의 설계는 다음 사항을 검토하여 결정한다.**
① 기초지반이 전단파괴에 대하여 안전하도록 한다.
② 과도한 침하나 부동침하가 발생하지 않도록 한다.
③ 기초가 경사진 지반에 설치될 경우 기초하중에 의한 비탈면 활동 및 지지력의 감소가 발생하지 않도록 한다.
④ 인접한 구조물에 침하, 균열, 손상 등이 발생하지 않아야 한다.

31 한국전기설비규정에 따른 특고압 가공전선이 가공약전류전선 등 고압의 가공전선이나 고압의 전차선과 제1차 접근상태로 시설되는 경우 특고압 가공전선로는 몇 종 특고압 보안공사를 하여야 하는가?

① 제1종 특고압 보안공사
② 제2종 특고압 보안공사
③ 제3종 특고압 보안공사
④ 특별 제3종 특고압 보안공사

해설 **특고압 가공전선과 저고압 가공전선 등의 접근 또는 교차**
특고압 가공전선이 가공약전류전선 등 저압 또는 고압의 가공전선이나 저압 또는 고압의 전차선과 제1차 접근상태로 시설되는 경우에는 다음에 따라야 한다.
① 특고압 가공전선로는 제3종 특고압 보안공사에 의할 것.

② 특고압 가공전선과 저고압 가공 전선 등 또는 이들의 지지물이나 지주 사이의 이격거리는 표에서 정한 값 이상일 것.

사용전압의 구분	이격거리
60 kV 이하	2m
60 kV 초과	2 m에 사용전압이 60 kV를 초과하는 10 kV 또는 그 단수마다 0.12 m을 더한 값

32 한국전기설비규정에 따라 분산형전원설비 사업자의 한 사업장의 설비 용량 합계가 몇 kVA 이상일 경우, 송·배전계통과 연계지점의 연결 상태를 감시 또는 유효전력, 무효전력 및 전압을 측정할 수 있는 장치를 시설하여야 하는가?

① 50 　② 100
③ 250 　④ 500

해설 전기 공급방식 등

분산형전원설비의 전기 공급방식, 측정 장치 등은 다음에 따른다.
① 분산형전원설비의 전기 공급방식은 전력계통과 연계되는 전기 공급방식과 동일할 것
② 분산형전원설비 사업자의 한 사업장의 설비 용량 합계가 250 kVA 이상일 경우에는 송·배전계통과 연계지점의 연결 상태를 감시 또는 유효전력, 무효전력 및 전압을 측정할 수 있는 장치를 시설할 것

33 한국전기설비규정에 따라 태양광발전용 인버터로부터 변압기의 저압측까지 3상 3선식, 최대 사용전압이 370V로 배선되어 있는 경우, 변압기의 전로의 절연내력 시험전압은 몇 V인가?(단, 중성점이 비접지된 경우이다.)

① 370 　② 444
③ 500 　④ 555

해설 변압기 전로의 절연내력 시험전압

권선의 종류	시험전압	시험방법
최대 사용전압 7 kV 이하	최대 사용전압의 1.5배의 전압(500 V 미만으로 되는 경우에는 500 V) 다만, 중성점이 접지되고 다중접지된 중성선을 가지는 전로에 접속하는 것은 0.92배의 전압(500 V 미만으로 되는 경우에는 500 V)	시험되는 권선과 다른 권선, 철심 및 외함 간에 시험전압을 연속하여 10분간 가한다.
최대 사용전압 7 kV 초과 25 kV 이하의 권선으로서 중성점접지식전로(중성선을 가지는 것으로서 그 중성선에 다중접지를 하는 것에 한한다)에 접속하는 것.	2 m에 사용전압이 60 kV를 초과하는 10 kV 또는 그 단수마다 0.12 m 을 더한 값	

34 설계감리업무 수행지침에서 정의하는 용어 중 설계감리원 및 설계자 승인 요청한 사항 등에 대하여 발주자가 설계감리원 및 설계자에게 또는 설계감리원이 설계자에게 서면으로 동의하는 것은?

① 승인 　② 확인
③ 지시 　④ 요구

해설 정의

① 승인 : 설계감리원 및 설계자가 승인 요청한 사항 등에 대하여 발주자가 설계감리원 및 설계자에게 또는 설계감리원이 설계자에게 서면으로 동의하는 것을 말한다. 이 경우 설계감리원 및 설계자는 승인되지 않은 업무를 수행할 수 없다.
② 확인 : 발주자 또는 설계감리원이 설계자가 설계용

역을 계약문서 대로 실시하고 있는지 및 지시·조정·승인 사항에 대한 이행 여부를 문서 등으로 확인하는 것을 말한다.
③ 지시 : 발주자가 설계감리원 및 설계자에게 또는 설계감리원이 설계자에게 소관 업무에 관한 방침, 기준, 계획 등에 대하여 기술지도를 하고, 실시하게 하는 것을 말한다.
④ 요구 : 계약당사자가 계약조건에 나타난 자신의 업무에 충실하고 정당한 계약수행을 위해 상대방에게 검토, 조사, 지원, 승인, 협조 등의 적합한 조치를 취하도록 의사를 밝히는 것으로, 요구사항을 접수한 자는 반드시 이에 대한 적절한 답변을 하여야 하며 이 경우 의사표시는 원칙적으로 서면으로 한다.

19.1.48
35 전력기술관리법령에 따라 전력시설물의 설치·보수 공사 발주자는 전력시설물의 설치·보수 공사의 품질 확보 및 향상을 위하여 누구에게 공사감리를 발주하여야 하는가?

① 공사감리업을 등록한 자
② 종합설계업을 등록한 자
③ 전문설계업을 등록한 자
④ 전기공사업을 등록한 자

[해설] 전력시설물의 설치·보수공사 발주자는 전력시설물의 설치·보수 공사의 품질 확보 및 향상을 위하여 전력기술관리법 제14조제1항에 따라 공사감리업의 등록을 한 자에게 공사감리를 발주하여야 한다.

36 분산형전원 배전계통 연계기술기준에 따라 전기방식이 교류 단상 220V인 분산형전원을 저압 한전계통에 연계할 수 있는 용량은 몇 kW 미만으로 하는가?

① 50
② 100
③ 250
④ 500

[해설] 전기방식이 교류 단상 220V인 분산형전원을 저압 한전계통에 연계할 수 있는 용량은 100kW 미만으로 한다.

15.2.52 / 20.2.33
37 전력시설물 공사감리업무 수행지침에 따라 책임감리원은 분기보고서를 작성하여 발주자에게 제출하여야 한다. 보고서는 매 분기말 다음 달 며칠 이내로 제출하여야 하는가?

① 5일
② 7일
③ 14일
④ 30일

[해설] 책임감리원은 다음의 내용이 포함된 분기보고서를 작성하여 발주자에게 제출하여야 한다. 보고서는 매 분기말 다음 달 7일 이내로 제출한다.
① 공사추진 현황(공사계획의 개요와 공사추진계획 및 실적, 공정현황, 감리용역현황, 감리조직, 감리원 조치내역 등)
② 감리원 업무일지
③ 품질검사 및 관리현황
④ 검사요청 및 결과통보내용
⑤ 주요기자재 검사 및 수불내용(주요기자재 검사 및 입·출고가 명시된 수불현황)
⑥ 설계변경 현황
⑦ 그밖에 책임감리원이 감리에 관하여 중요하다고 인정하는 사항

17.1.31 / 17.2.38 / 21.1.23
38 건축전기설비 일반사항(KD 31 19 20:2019)에 따른 실시설계 성과물에 해당하지 않는 것은?

① 설계계산서
② 공사비 적산서
③ 실시설계 도서
④ 기본설계 계획서

[해설] 실시설계 성과물
1) 실시설계도서

정답 35.① 36.② 37.② 38.④

① 설계 설명서
② 설계도면
③ 공사시방서
2) 공사비 적산서
① 내역서
② 산출서
③ 견적서
3) 설계계산서
① 조도계산서
② 부하계산서
③ 간선계산서
④ 용량계산서(변압기, 발전기 등)
⑤ 기타 계산서
4) 기타 사항
① 관공서 협의기록
② 관계자 협의기록
③ 기타 기록(설계자문, 심의 등)

39 저압 전기설비-제5-55부 : 전기기기의 선정 및 설치-기타 기기(KS C IEC 60364-5-55 : 2016)에 따라 제어회로의 공칭 전압은 몇 V를 초과하지 않는 것이 바람직한가?

① 24 V ② 48 V
③ 220 V ④ 380 V

해설 직류 전원 계통으로 공급
제어회로의 공칭 전압은 220V를 초과하지 않는 것이 바람직하다.

13.4.23 / 16.2.29 / 18.4.28
40 다음과 같은 조건일 때 어레이와 어레이간의 최소 이격거리는 약 몇 m 인가?
(단, 경사고정식으로 정남향이다.)

- 어레이 길이(L) : 3m
- 어레이 경사각(θ) : 30°
- 설치지역의 위도 : 35.5°

① 4.6 ② 4.7
③ 5.1 ④ 5.5

해설 어레이 간 최소 이격거리(D)
$$D = L[\cos\theta + \sin\theta \times \tan(\phi + 23.5°)]$$
$$= 3[\cos30° + \sin30° \times \tan(35.5 + 23.5°)]$$
$$\fallingdotseq 5.1 \ [m]$$

41 태양광발전 구조물 기초터파기용 굴삭기계의 경비 중 손료에 해당하지 않는 항목은?

① 정비비 ② 수송비
③ 관리비 ④ 감가상각비

해설 굴삭기계의 시간당 손료계수 = 시간당 감가상각비 계수 + 시간당 정비비 계수 + 시간당 관리비 계수

15.2.56
42 총 설비용량 80kW, 수용률 75%, 부하율 80%인 수용가의 평균전력은 몇 kW인가?

① 30 ② 36
③ 42 ④ 48

해설 부하율(Load Factor)
① 수용률 = $\frac{\text{최대 수용 전력}[kW]}{\text{수용 설비 용량}[kW]} \times 100 \ [\%]$
∴ 최대 수용 전력$[kW]$ = 수용률 × 수용 설비 용량$[kW]$
$= \frac{75}{100} \times 80 = 60 \ [kW]$
② 부하률 = $\frac{\text{평균 수용 전력}[kW]}{\text{합성 최대 수용 전력}[kW]} \times 100 \ [\%]$
∴ 평균 수용 전력$[kW]$ = 부하률 × 합성 최대 수용 전력$[kW]$
$= \frac{80}{100} \times 60 = 48 \ [kW]$

43 연동연선의 단면적이 150㎟이고, 소선의 지름이 2.3mm이며, 4층 구조라고 할 때 소선의 가닥수는?

① 19 ② 37 ③ 61 ④ 91

정답 39. ③ 40. ③ 41. ② 42. ④

해설 연선을 구성하는 소선의 총수(N)와 소선의 층수(n)

$N = 3n(n+1)+1$
$= 3 \times 4 \cdot (4+1) + 1 = 61$

20.4.57

44 수변전설비공사(KCS 31 60 : 2019)에 따라 옥내 시공 시 시공조건에 대한 확인으로 틀린 것은?

① 기기 주위에는 유지관리 공간을 확인하여야 한다.
② 기기의 중량을 산정하여 바닥강도를 확인하여야 한다.
③ 전기실에는 물 배관·증기관·덕트(환기용 제외) 등을 시설하거나 통과시켜서는 안 된다.
④ 습기 또는 결로 등에 의한 절연상승의 우려가 있는 경우에는 적절한 공법으로 하여야 한다.

해설 전기설비 시설공간(실)의 계획
① 전기설비 시설공간(실)은 정상상태 시 운전과 유지관리와 보수, 교환이 발생하므로 이에 대비하여야 하고, 미래에 예상되는 설비 내용 변경과 증설에 대비해야 한다.
② 환기가 잘되어야 하고 고온 다습한 장소에는 설치하지 않아야 한다. 다만, 설비의 중요도에 따라서 환기설비, 냉방 또는 제습장치를 설치할 수 있다.
③ 발전기실의 벽, 기둥, 바닥은 내화구조로 하고, 출입구는 방화문으로 한다.
④ 습기 또는 결로 등에 의한 절연저하의 우려가 있는 경우에는 적절한 공법으로 하여야 한다.

45 볼트 접합 및 핀 연결(KCS 14 31 25 : 2019)에 따른 볼트조임에 관한 일반사항으로 틀린 것은?

① 와셔는 볼트머리와 너트에 평행하게 놓아야 한다.
② 볼트의 끼움에서 본조임까지의 작업은 같은 날 이루어지는 것을 원칙으로 한다.
③ 모든 볼트머리와 너트 밑에 각각 와셔 1개씩 끼우고, 볼트를 회전시켜서 조인다.
④ 볼트의 조임 작업 시 본조임은 원칙적으로 강우 및 결로 등 습한 상태에서 조임해서는 안 된다.

해설 모든 볼트머리와 너트 밑에 각각 와셔 1개씩 끼우고, 너트를 회전시켜서 조인다. 다만 토크-전단형(T/S) 고장력볼트는 너트 측에만 1개의 와셔를 사용한다.

16.2.43 / 19.1.41

46 가공 배전선로에 사용되는 전선의 구비조건이 아닌 것은?

① 가공이 쉬울 것
② 비중이 높을 것
③ 도전율이 클 것
④ 기계적 강도가 클 것

해설 전선의 구비조건
① 도전율이 클 것
② 기계적 강도가 클 것
③ 가요성이 클 것
④ 내구성이 클 것
⑤ 비중이 작을 것(가벼울 것)
⑥ 가격이 저렴할 것
※비중 : 어떤 물질의 질량과, 이것과 같은 부피를 가진 표준물질의 질량과의 비율

17.1.87 / 17.2.48

47 한국전기설비규정에 따라 접지극은 동결 깊이를 감안하여 시설하되 고압 이상의 전기설비와 변압기 중성점 접지에 의하여 시설하는 접지극의 매설깊이는 지표면으로부터 지하 몇 m 이상으로 하는가?

① 0.75m ② 1m ③ 1.2m ④ 2m

정답 43. ③ 44. ④ 45. ③ 46. ②

해설 **접지극의 매설**

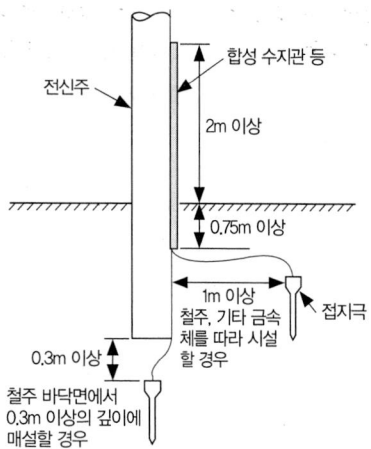

① 접지극은 매설하는 토양을 오염시키지 않아야 하며, 가능한 다습한 부분에 설치한다.
② 접지극은 동결 깊이를 감안하여 지표면으로부터 지하 0.75 m 이상으로 한다.
③ 접지도체를 철주 기타의 금속체를 따라서 시설하는 경우에는 접지극을 철주의 밑면으로부터 0.3 m 이상의 깊이에 매설하는 경우 이외에는 접지극을 지중에서 그 금속체로부터 1 m 이상 떼어 매설하여야 한다.

48 지진구역 I 에서 태양광발전설비 기초구조물 시공에 적용되는 평균재현주기 500년의 지진지반운동에 해당하는 지진구역계수로 옳은 것은?

① 0.07   ② 0.09   ③ 0.11   ④ 0.13

해설 **내진설계 용어**

① 지진구역

지진구역	행정구역	
I	시	서울, 인천, 대전, 부산, 대구, 울산, 광주, 세종
	도	경기, 충북, 충남, 경북, 경남, 전북, 전남, 강원 남부¹
II	도	강원 북부², 제주

1 강원 남부(군, 시): 영월, 성선, 삼척, 강릉, 동해, 원주
2 강원 북부(군, 시): 홍천, 철원, 화천, 횡성, 평창, 양구, 인제, 고성, 양양, 춘천, 속초

② 지진구역계수
재현주기에 따라 지진의 크기를 각 구역별로 나타낸 계수이며, I 구역에서는 0.11, II 구역에서는 0.07이다. 우리나라에서의 지진구역계수는 500년 재현주기에 해당하는 지진가속도로 결정된다.

49 브릿지(bridge) 정류회로에서 필요한 정류용 다이오드의 수는?

① 1개   ② 2개   ③ 3개   ④ 4개

해설 **브릿지(bridge) 정류회로**

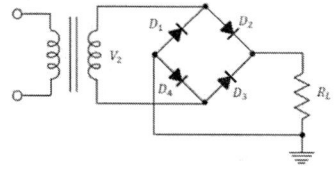

① 전파정류기로 동작하며 4개의 다이오드로 구성된다.
② 하나 이상의 정류기가 직렬로 연결되어 전압이 분배되므로 2개 정류기로 이루어진 전파정류회로보다 안정적이다.

50 한국전기설비규정에 따라 수평 트레이에 다심 케이블을 포설 시 벽면과의 간격은 몇 mm 이상 이격하여 설치하여야 하는가?

① 5   ② 10   ③ 20   ④ 50

해설 **수평 트레이에 단심케이블을 포설 방법**

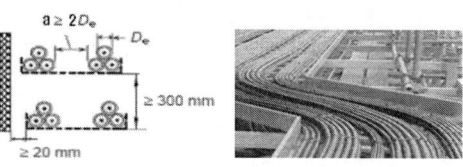

도면   현장사진

① 사다리형, 바닥밀폐형, 펀칭형, 메시형 케이블 트레이 내에 단심케이블을 포설하는 경우 이들 케이블의 지름 합계는 트레이의 내측폭 이하로 하고 단층으로 포설하여야 한다. 단, 삼각포설 시에는 묶음 단위 사이의 간격은 단심케이블 지름의 2배 이상 이격하여 포설하여야 한다.
② 벽면과의 간격은 20mm 이상 이격하여 설치하여야 한다.

51 PN 접합 다이오드에 순방향 바이어스 전압을 인가할 때의 설명으로 옳은 것은?

① 커패시턴스가 커진다.
② 내부전계가 강해진다.
③ 전위장벽이 높아진다.
④ 공간전하 영역의 폭이 넓어진다.

해설 pn 접합 정전용량(Capacitance of p-n Junction)
① pn접합에는 공핍영역에서 쌍극자(dipole)로 인한 접합 정전용량(junction capacitance)과 전하 축적효과 때문에 전류가 변화함에 따라 축전기(capacitor)의 기능을 한다.
② pn접합 다이오드 커패시터는 역방향 바이어스가 증가함에 따라 점진적으로 감소한다는 점에서 표준 커패시터와 다르며, 접합 정전용량은 역방향 바이어스에서 우세하고 전하 축적 정전용량은 순방향바이어스에서 커진다.

52 진공차단기의 특징이 아닌 것은?

① 높은 압력의 공기가 발생하므로 소음이 크다.
② 전류 재단현상이 발생하므로 개폐서지가 크다.
③ 접점의 소모가 적으므로 차단기의 수명이 길다.
④ 소형 경량으로 실내 큐비클에 설치가 가능하다.

해설 진공차단기(VCB ; Vacuum Circuit Breaker)

① 전로의 차단을 높은 진공속에서 실시하며, 폭발음이 없는 저소음차단기이다.
② 전력의 송·수전, 절체 및 정지 등을 계획적으로 수행하는 외에 전력 계통에 고장발생시 신속히 자동 차단하는 책무를 가진 중요한 보호장치이다.

53 전압계가 일반적으로 가지고 있어야 하는 특성은?

① 낮은 감도
② 높은 내부저항
③ 높은 인덕턴스
④ 높은 커패시턴스

해설 전압계(Voltmeter)
① 전류계와 반대로 저항이 매우 크다.
② 전압계의 내부 저항이 크기 때문에 전압계에 흐르는 전류를 최소화할 수 있습니다.
③ 만약 전압계의 내부 저항이 작아지면 전류가 많이 흘러 들어가므로 정확한 값을 측정하기 어려워지는 단점이 있습니다.

54 한국전기설비규정에 따라 피뢰시스템은 전기전자설비가 설치된 건축물·구조물로서 낙뢰로부터 보호가 필요한 것 또는 지상으로부터 높이가 몇 m 이상인 것에 적용하여야 하는가?

① 10m ② 15m
③ 20m ④ 25m

해설 피뢰시스템의 적용범위
① 전기전자설비가 설치된 건축물·구조물로서 낙뢰로부터 보호가 필요한 것 또는 지상으로부터 높이가 20 m 이상인 것
② 전기설비 및 전자설비 중 낙뢰로부터 보호가 필요한 설비

정답 51.① 52.① 53.② 54.③

55 내부저항이 1.0Ω인 1.5V 전지 두 개를 병렬로 연결한 후 외부에 2.5Ω의 저항을 가지는 부하를 직렬로 연결하였다. 외부회로에 흐르는 전류의 크기(A)는?

① 0.5 ② 0.6
③ 1.0 ④ 1.2

[해설] 전류의 크기 I

① 병렬접속 시 전지의 합성 내부 저항 $R_n = \frac{r}{N}$ [Ω]

② $I = \dfrac{E}{\frac{r}{N} + R} = \dfrac{1.5}{\frac{1.0}{2} + 2.5} = 0.5$ [A]

56 신전원설비공사(KCS 31 60 30 : 2019)에 따라 설치하는 태양광발전용 파워컨디셔너에 대한 설명으로 틀린 것은?

① 상세사항은 설계도서 및 공사시방서에 따른다.
② 태양전지출력의 감시 등에 의해 자동운전이 가능하여야 한다.
③ 운전·계측·이상상태 및 시스템 설정 등을 표시할 수 있는 표시장치가 있어야 한다.
④ 인버터의 입력전압 범위를 넓게 하여 정상 운전중 구름 및 기타 장애물에 의해 순간적인 그늘이 발생 시 인버터가 정지되어야 한다.

[해설] 태양광발전용 파워컨디셔너

① 파워컨디셔너는 필터 및 인버터 등의 요소에 의해 구성된 것으로 하여야 한다.
② 인버터의 입력전압 범위를 넓게 하여 정상 운전 중 구름 및 기타 장애물에 의해 순간적인 그늘이 발생 시에도 인버터가 정지되지 않도록 하여야 한다.
③ 태양전지출력의 감시 등에 의해 자동운전이 가능하여야 한다.
④ 운전·계측·이상상태 및 시스템 설정 등을 표시할 수 있는 표시장치가 있어야 한다.
⑤ 파워컨디셔너의 상세사항은 설계도 및 공사시방서에 따른다.

57 전기사업법령에 따라 사용전검사 신청서의 처리절차로 옳은 것은?

① 신청서 작성 → 접수 → 검사 → 검토 → 결정 → 검사결과 통보
② 신청서 작성 → 접수 → 검토 → 검사 → 결정 → 검사결과 통보
③ 신청서 작성 → 검사 → 접수 → 검토 → 결정 → 검사결과 통보
④ 신청서 작성 → 검사 → 검토 → 접수 → 결정 → 검사결과 통보

[해설] 사용전검사 신청서의 처리절차

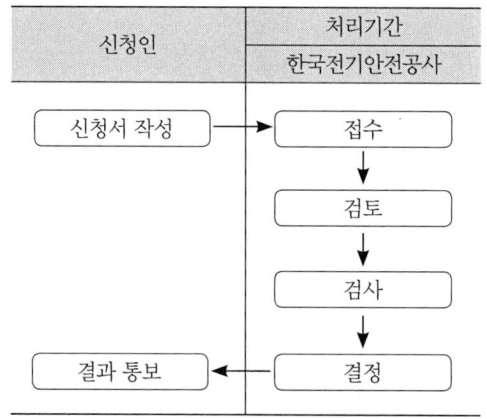

58 한국전기설비규정에 따라 태양광발전 모듈에 접속하는 부하측의 전로를 옥내에 시설할 경우 적용할 수 있는 금속관 공사에서 금속관을 콘크리트에 매설할 때 사용하는 관의 최소 두께(mm)는?

① 1.0mm ② 1.2mm
③ 1.5mm ④ 2.0mm

정답 55. ① 56. ④ 57. ② 58. ②

해설 **금속관공사(관의 두께)**
① 콘크리트에 매입하는 것은 1.2mm 이상
② ①이외의 것은 1mm 이상. 다만, 이음매가 없는 길이 4m 이하인 것을 건조하고 전개된 곳에 시설하는 경우에는 0.5mm까지로 감할 수 있다.

13.4.51 / 16.2.58 / 16.4.54 / 17.4.41

59 직류 송전방식과 비교했을 때 교류 송전방식의 장점이 아닌 것은?

① 안정도가 좋다.
② 회전자계를 쉽게 얻을 수 있다.
③ 전압의 승압, 강압이 용이하다.
④ 교류방식으로 일관된 운용을 기할 수 있다.

해설 **송전방식**
1) 교류 방식
① 변압기를 이용하여 전압의 승압·강하가 쉽다.
② 교류기는 회전자계를 쉽게 얻을 수 있다.
③ 대부분이 교류 송전 방식이므로 운용상의 일관성을 갖는다.

2) 직류 방식
① 교류보다 $\sqrt{2}$배 낮은 전압으로 송전이 가능하므로 절연이 쉽다.
② 리액턴스에 의한 전압강하가 없으므로 장거리 송전에 적합하다.
③ 안정도가 좋다.

60 계기용 변성기(표준용 및 일반 계기용)(KS C 1706 : 2019)에 따라 배전반용으로 사용되는 계기용 변성기의 계급으로 옳은 것은?

① 0.1급   ② 0.2급
③ 0.5급   ④ 3.0급

해설 **계기용 변성기의 계급**

계급	호칭	중요 용도
0.1급	표준용	계기용 변성기의 시험용의 표준기 또는 특별 정밀 계측용
0.2급		
0.5급	일반 계기용	정밀 계측용
1.0급		보통 계측용, 배전반용
3.0급		배전반용

61 태양광발전시스템의 청소 시 유의사항으로 틀린 것은?

① 절연물은 충전부 간을 가로지르는 방향으로 청소한다.
② 문, 커버 등을 열기 전에는 주변의 먼지나 이물질을 제거한다.
③ 청소걸레는 마른걸레를 사용하되 젖은 걸레를 사용하는 경우 산성인 것을 사용한다.
④ 컴프레셔를 이용하여 공압을 사용하는 진공청소기를 이용한 흡입방식을 사용하고, 토출방식은 공기의 압력에 유의한다.

해설 **모듈의 세척**
① 모듈의 유리는 충격에 강화된 특수 유리로 먼지나 이물질이 달라붙는 것을 방지하는 코팅이 되어있고, 모듈의 프레임은 알루미늄, 구조물은 H빔이나, C형강인 철 성분으로 제작되어, 산성과 염기성 세제의 경우 철이나 알루미늄에 부식, 코팅손상 등의 치명적인 피해가 있으니 피한다.
② 모듈의 세척은 마이크로 섬유 천과 에탄올, 재래식 유리 세척제 등을 사용하여 세척한다.
③ 석회성분이 포함된 지하수로 반복적인 세척을 하는 경우, 모듈에 미세한 석회성분이 도포되어 효율이 저하되므로, 지하수의 경우 수질검사를 통해서 안전이 확보된 경우에만 사용한다.

정답 59. ① 60. ④ 61. ③

62 점검계획 시 고려사항 중 다음의 내용에 해당하는 사항으로 옳은 것은?

> 일반적으로 신설 설비보다 오래된 설비가 고장 발생의 확률이 높기 때문에 점검 내용을 세분화하고 주기를 단축해야 한다.

① 고장이력
② 부하상태
③ 설비의 중요도
④ 설비의 사용기간

15.4.68 / 17.2.47 / 17.4.74

63 태양광발전시스템의 절연저항 측정 시 필요한 시험 기자재가 아닌 것은?

① 온도계　② 습도계
③ 절연저항계　④ 접지저항계

해설 절연저항 측정시험 기자재

단락용 악어클립

① 절연저항계(Megger)
② 온도계
③ 습도계
④ 단락용 개폐기 및 단락용 악어클립

16.4.69

64 제어회로 배선의 육안점검 내용으로 틀린 것은?

① SA의 손상여부 확인
② 전선 지지물의 탈락여부 확인
③ 과열에 의한 이상한 냄새 여부 확인
④ 가동부 등의 연결전선의 절연피복 손상여부 확인

해설 배전반 제어회로 배선의 일상점검 항목
1) 손상
① 가동부 등에 연결되는 전선의 절연피복 손상 여부
② 전선 지지물의 탈락 여부

2) 냄새 : 과열에 의한 냄새 여부

17.1.43 / 18.4.77 / 19.1.36 / 19.2.61

65 소방 태양광 발전용 인버터(계통연계형, 독립형)(KS C 8564 : 2021)에 따른 교류 전압, 주파수 추종 범위 시험에 대한 설명으로 옳은 것은?

① 출력 역률이 0.98 이상일 것
② 출력 전류의 종합 왜형률은 3% 이내일 것
③ 출력 전류의 각 차수별 왜형률을 3% 이내일 것
④ 정격 주파수 60Hz에서 천천히 변화시켜, 59Hz와 61Hz에서 교류 출력 전력, 전류 왜형률, 역률 등을 측정한다.

해설 정상특성(교류 전압, 주파수 추종 범위) 시험
교류 전압, 주파수 추종 범위 시험 교류전원을 정격 전압 및 정격 주파수로 운전한다. 직류 전원은 인버터 출력이 정격 출력이 되도록 설정한다.
1) 계통 전압의 크기를 공칭전압에서 천천히 변화시켜 공칭전압의 +8[%]와 −10[%]의 전압에서 교류 출력 전류의 왜형률, 역률 등을 측정한다.

2) 정격주파수 60[Hz]에서 천천히 변화시켜 60.45[Hz]와 59.35[Hz]에서 교류출력 전력, 전류 왜형률, 역률 등을 측정한다.

3) 판정기준
① 기준범위 내의 계통전압변화에 추종하여 안정하게 운전할 것
② 출력 전류의 종합 왜형률은 5[%] 이내, 각 차수별 왜형률이 3[%] 이내일 것
③ 출력 역률이 95[%] 이상일 것

정답 62. ④　63. ④　64. ①　65. ③

66 건축물 내진설계기준(KDS 41 17 00 : 2019)에 따른 구조물의 내진안정성을 제고하기 위한 고려사항으로 틀린 것은?

① 가급적 수평재는 연속되어야 한다.
② 지진하중에 대하여 건물의 비틀림이 최소화 되도록 배치한다.
③ 긴 장방향의 평면인 경우, 평면의 양쪽 끝에 지진력저항시스템을 배치한다.
④ 각 방향의 지진하중에 대하여 충분한 여유도를 가질 수 있도록 횡력저항시스템을 배치한다.

해설 **내진구조계획**
구조물의 내진안정성을 제고하기 위한 고려사항은 다음과 같다.
① 각 방향의 지진하중에 대하여 충분한 여유도를 가질 수 있도록 횡력저항시스템을 배치한다.
② 지진하중에 대하여 건물의 비틀림이 최소화되도록 배치한다. 긴 장방형의 평면인 경우, 평면의 양쪽 끝에 지진력저항시스템을 배치한다.
③ 약층 또는 연층이 발생하지 않도록 수직적으로 구조재의 크기와 층고는 강성 및 강도에 급격한 변화가 없도록 계획한다.
④ 한 층의 유효질량이 인접층의 유효질량보다 과도하게 크지 않도록 계획한다.
⑤ 가급적 수직재는 연속되어야 한다.
⑥ 슬래브에 과도하게 큰 개구부는 피한다.
⑦ 증축계획이 있는 경우, 내진구조계획에 증축의 영향을 반영한다.

67 이동식 사다리의 제작과 사용에 관한 기술지침에 따라 사용 시 안전기준에 적합하지 않은 것은?

① 사다리를 출입문 앞에 설치해서는 안된다.
② 사다리는 작업장에서 위와 아래쪽으로 이동시에만 사용한다.
③ 사다리 사용 시 반드시 절연장갑과 절연장화를 착용하여야 한다.
④ 사다리를 사용 시 작업장 주변에 쓰러질 수 있는 물질을 제거하고 작업환경을 개선하여 사용하여야 한다.

해설 **이동식 사다리의 사용 시 안전기준**
① 사다리는 작업장에서 위와 아래쪽으로 이동시에만 사용한다.
② 부득이하게 사다리 위에서 작업할 때는 사다리가 넘어지거나 미끄러지지 않도록 사다리를 고정하거나, 2인 1조로 팀을 구성하여 반드시 1명은 잡고 있어야 한다.
③ 사다리는 작업 전에 이상 유무를 확인한 후 사용하여야 한다.
④ 사다리 사용 시 작업장 주변에 쓰러질 수 있는 물질을 제거하고 작업환경을 개선하여 사용해야 한다.
⑤ 작업장의 높이에 적합한 사다리를 사용하고, 작업높이가 사다리보다 높을 때 벽돌이나 박스 등을 이용하여 높이를 높여서는 안 된다.
⑥ 사다리를 출입문 앞에 설치해서는 안 된다.
⑦ 짧은 사다리 길이를 늘이기 위해 겹쳐 이어서 사용해서는 안 된다.
⑧ 사다리는 원래 의도된 목적 이외의 용도로 사용해서는 안 된다.
⑨ 사용 시 반드시 안전모와 안전대를 착용하여야 한다.

68 신·재생에너지 설비 지원 등에 관한 지침에 따라 태양광발전설비에 대해 단위시설별로 에너지생산량 및 가동상태를 확인할 수 있는 모니터링 설비를 설치하여야 하는 용량은 몇 kW 인가?
(단, 각 사업 공고에서 모니터링 설비 설치 대상을 따로 정하고 있지 않은 경우이다.)

① 50 ② 100
③ 125 ④ 175

해설 신·재생에너지 설비에 대해 단위시설별로 에너지생산량 및 가동상태를 확인할 수 있는 모니터링 설비를 설치하여야 하며 용량은 단위사업별 설비용량을 기준으로 한다. 다만, 각 사업 공고에서 모니터링 설비 설치 대상을 따로 정하는 경우에는 해당 기준을 적용할 수 있다.
① 50kW 이상의 발전설비(수소·연료전지 : 1kW 초과설비)
② 200㎡ 이상의 태양열설비
③ 175kW 이상의 지열 및 수열에너지설비

17.1.48 / 20.4.75 / 21.4.75

69 전기안전관리법령에 따라 전기안전관리자를 미선임 가능한 사업용 태양광발전소의 최대 설비용량은?

① 5킬로와트   ② 10킬로와트
③ 20킬로와트   ④ 50킬로와트

해설 전기안전관리자를 선임하지 않아도 되는 전기설비

1) 저압에 해당하는 전기수용설비로서 제조업 및 제조업 관련 서비스업에 설치하는 전기수용설비

2) 심야전력을 이용하는 전기설비로서 저압에 해당하는 전기수용설비

3) 휴지(休止) 중인 다음의 전기설비
① 전기설비의 소유자 또는 점유자가 전기사업자에게 전기설비의 휴지를 통지한 전기설비
② 심야전력 전기설비(전기공급계약에 따라 사용을 중지한 경우만 해당한다)
③ 농사용 전기설비(전기를 공급받는 지점에서부터 사용설비까지의 모든 전기설비를 사용하지 않는 경우만 해당한다)

4) 설비용량 20킬로와트 이하의 발전설비

16.4.75 / 17.4.69 / 19.1.66

70 인버터에 누전이 발생했을 경우 인버터에 표시되는 내용으로 옳은 것은?

① Inverter M/C Fault
② Inverter Ground Fault
③ Line Inverter Async Fault
④ Serial Communication Fault

해설 인버터의 표시 내용
① 인버터 출력전압 이상(Inverter Output Voltage Fault) : 인버터 전압 이상이 계측되는 경우
② 인버터 과전류(Inverter Over Current Fault) : 인버터 전류의 규정 값 이상
③ 인버터지락(Inverter Ground Fault) : 인버터에 누전발생
④ 인버터 과열(Inverter Over Temperature) : 인버터의 온도 이상
⑤ 인버터 MC 이상(Inverter M/C Fault) : 전자접촉기(MC) 이상
⑥ 계통-인버터 위상 이상(Line Inverter Async Fault) : 인버터와 전력계통의 위상이 비동기
⑦ 계통 과전압(Line Over Voltage Fault) : 계통 전압이 규정치 이상
⑧ 인버터 저전압(Solar Cell Under Voltage Fault) : 태양전지 전압이 규정치 이하일 때

71 공정안전에 관한 근로자 교육훈련 지침에 따른 교육훈련계획에 포함되는 사항으로 틀린 것은?

① 교육훈련 비용
② 교육훈련방법 및 강사
③ 교육훈련시기, 횟수 및 시간
④ 교육훈련 목적, 범위, 대상, 방법 및 인원

해설 교육훈련계획의 수립
교육훈련계획에는 다음 사항을 포함하여야 한다.
① 교육훈련 목적, 범위, 대상, 방법 및 인원
② 교육훈련의 종류, 과정, 교육훈련과목 및 교육훈련 내용
③ 교육훈련시기, 횟수 및 시간
④ 교육훈련방법 및 강사
⑤ 교육훈련성과 측정 및 평가방법

72 안전장비 보관요령으로 적합하지 않은 것은?

① 세척한 후 건조시키지 말고 보관 할 것
② 청결하고 습기가 없는 장소에 보관 할 것

③ 보호구는 사용 후 손질하여 깨끗이 보관할 것
④ 한 달에 한번 이상 책임 있는 감독자가 점검 할 것

해설 안전장비는 세척 후 건조시킨 후 보관할 것

21.4.80

73 태양광발전시스템 직류용 커넥터-안전 요구사항 및 시험(KS C IEC 62852 : 2014)에 따라 커넥터는 부하 없이 몇 회 동작 사이클 기계적 동작을 만족하여야 하는가?

① 25   ② 50
③ 75   ④ 100

해설 기계적 및 전기적 내구성

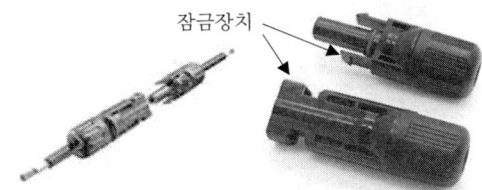

직류용 커넥터

① 커넥터는 부하 없이 50회 동작 사이클 기계적 동작을 만족하여야 한다.
② 비교환용 커넥터의 진동 부분은 90° 각도에 걸쳐(수직의 방향 45°) 전진 및 후진 운동을 한다. 굽힘 속도는 분당 60회이다. 굽힘 1회는 전진 또는 후진 상관없이 1회 운동이 된다. 굽힘 횟수는 100회이다.
③ 정상동작 조건을 모의한 장치로 시료를 체결 및 분리한다. 시료의 준비 및 장착은 일반 시와 동일해야 한다.
④ 사용하는 케이블 묶음의 종류와 단면적은 제조업체가 규정한 것을 사용해야 한다.
⑤ 삽입 및 분리속도는 약 0.01m/s이고 비정합 위치에서의 머무는 시간은 약 30s이다.

20.4.80

74 태양광발전소 설비용량이 3500kW, SMP가 200원/kWh, 가중치 적용 전 REC가 150원/kWh인 경우 판매단가(원/kWh)는? (단, "SMP+1REC가격×가중치" 계약방식이며, 일반부지에 설치하는 것으로 한다.)

① 275   ② 320
③ 347   ④ 380

해설 태양광에너지 공급인증서 가중치

공급인증서 가중치	대상에너지 및 기준	
	설치유형	세부기준
1.2	일반부지에 설치하는 경우	100KW미만
1.0		100KW부터
0.8		3,000KW초과부터
0.5	임야에 설치하는 경우	-
1.5	건축물 등 기존 시설물을 이용하는 경우	3,000KW이하
1.0		3,000KW초과부터
1.6	유지 등의 수면에 부유하여 설치하는 경우	100KW미만
1.4		100KW부터
1.2		3,000KW초과부터
1.0	자가용 발전설비를 통해 전력을 거래하는 경우	

① 태양광발전소를 일반부지에 설치하는 경우
태양광에너지 가중치는 전체용량에 대하여 부여하되 소수점 넷째자리에서 절사하며, 설치유형별 용량기준 순으로 구분하여 구간별 해당 가중치를 아래와 같이 적용한다.

설치용량	태양광에너지 가중치 산정식
100kW미만	1.2
100kW부터 3,000kW이하	$\dfrac{99.999 \times 1.2 + (용량 - 99.999) \times 1.0}{용량}$
3,000kW 초과부터	$\dfrac{99.999 \times 1.2}{용량} + \dfrac{2,900.001 \times 1.0}{용량} + \dfrac{(용량 - 3,000) \times 0.8}{용량}$

② 3500kWp(일반부지) REC 가중치

$REC 가중치 = \dfrac{99.999 \times 1.2}{용량} + \dfrac{2,900.001 \times 1.0}{용량} + \dfrac{(용량 - 3,000) \times 0.8}{용량}$

$= \dfrac{99.999 \times 1.2}{3,500} + \dfrac{2,900.001 \times 1.0}{3,500} + \dfrac{(3,500 - 3,000) \times 0.8}{3,500}$

$= 0.977$

③ 판매단가 = SMP단가 + (REC단가 × 가중치)
= 200 + (150 × 0.977) ≒ 347(원)

75 전기안전관리자의 직무에 관한 고시에 따라 저압 전기설비 점검에서 연차별로 반드시 실시하여야 하는 측정으로 옳은 것은?

① 누설전류 측정
② 절연저항 측정
③ 접지저항 측정
④ 적외선 열화상 측정

해설 점검 종류별 측정 및 시험항목

구 분	주 기						기록서식
	월차	분기	반기	연차	공사중	감리	
외관 점검 및 부하 측정	○				○	○	별지 1호
저압 전기설비 점검							
- 절연저항 측정	-	-	△	○	-	-	별지 2호
- 누설전류 측정	-	△	△	-	-	-	
- 접지저항 측정	-	-	○	-	-	-	

[비고] ○ : 필수, △ : 필요시

76 태양광 시스템용 이차전지(KS C 8575 : 2021)에 따른 전지의 일반적인 일일 사이클로 옳은 것은?

① 낮시간의 충전, 밤시간의 충전
② 낮시간의 충전, 밤시간의 방전
③ 낮시간의 방전, 밤시간의 충전
④ 낮시간의 방전, 밤시간의 방전

해설 일일 사이클
전지는 일반적으로 다음과 같은 일일 사이클을 가진다.
① 낮시간의 충전
② 밤시간의 방전
  전형적인 일일 방전은 전지 용량의 2%~20% 범위이다.

77 태양전지 어레이의 육안점검 항목으로 틀린 것은?

① 가대의 부식 및 녹
② 표면의 오염 및 파손
③ 가대의 접지연결 상태
④ 이상음, 이취 및 진동 유무

해설 태양전지(어레이)의 육안점검
① 모듈의 오염 및 파손
② 프레임 파손 및 변형유무
③ 접속케이블의 손상 및 접속단자 풀림
④ 가대의 고정(볼트 및 너트의 풀림) 및 접지
⑤ 가대의 부식 및 녹 발생
⑥ 지붕재의 파손 및 지지기구와의 고정상태

78 전기설비 검사 및 점검의 방법·절차 등에 관한 고시에 따라 사업용 태양광발전설비의 전력변환장치 정기점검 시 수검자준비자료에 해당하지 않는 것은?

① 단선결선도
② 시퀀스 도면
③ 측정 및 점검기록부
④ 공사계획인가(신고)서

해설 전력변환장치 정기점검 시 수검자준비자료
① 단선결선도
② 시퀀스 도면
③ 측정 및 점검기록표
㉠ 보호장치 및 계전기시험 성적서
㉡ 절연저항시험 성적서
㉢ 접지저항시험 성적서
㉣ 절연내력시험 성적서
㉤ 경보회로시험 성적서
㉥ 부대설비시험 성적서

79 굴착기 안전보건작업 지침에 따른 작업 중 준수사항에 대한 설명으로 틀린 것은?

① 운전자는 경사진 길에서의 굴착기 이동은 저속으로 운행하여야 한다.
② 운전자는 제조사가 제공하는 장비 메뉴얼을 숙지하고 이를 준수하여야 한다.
③ 운전자가 작업 중 시야 확보에 문제가 발행하는 경우에는 유도자의 신호에 따라 작업을 진행하여야 한다.
④ 운전자는 경사진 장소에서 작업하는 동안에는 굴착기의 미끄럼 방지를 위하여 블레이드를 비탈길 상부 방향에 위치시켜야 한다.

[해설] 블레이드(Blade)

① 도랑(배수구, 측구)을 메우거나 소량의 평탄화 작업에 사용하는 것으로 주행 하부장치에 장착된 작업장치이다.
② 운전자는 경사진 장소에서 작업하는 동안에는 굴착기의 미끄럼 방지를 위하여 블레이드를 비탈길 하부 방향에 위치시켜야 한다.

80 태양광발전설비 점검기록표에 작성하여야 하는 내용으로 아닌 것은?

① 모듈의 용량
② Array의 절연저항
③ 전력변환장치의 구입일자
④ 전력변환기장치의 AC 정격전압

[해설] 태양광발전설비 점검기록표

측정장비:			(일기:)		년 월 일
점검자	(소 속)		/ (성 명)		(서명)
설비명			발전설비 전압/용량		[V] / [kW]
설비명	형 식		전력 변환장치	형 식	
	최대전력 용량	[kW]		정격용량	[kW]
	최대동작 전압	[V]		입력전압범위	~ [V]
	최대동작 전류	[A]		출력전압	[V]

NO	항목	소분류	점검 사항	점검결과
1	태양전지	출력	일사량 대비 안정적 출력(월간 발전량 등) 확인	
		외관	변색(황변, 백화, Glass, Back sheet 등), 변형 여부 확인 적외선열화상 측정시 핫스팟 등 열화현상 확인 프레임 부식, 손상(파손) 확인	
		음영	태양전지 어레이 설치장소의 주변으로 인한 음영 발생 확인	
		접속함	외함의 부식 및 손상, 접속점 및 부속품 발열 등 확인	
2	지지물	설치 상태	지지물이 충격 등에 대하여 안전한 상태인지 확인	
		도금 상태	용융아연도금 상태, 절단면 또는 용접부분 등 녹 방지 유지 등 확인	
		기초 상태	기초부위, 지지대 등의 결손 및 정착상태 이상여부 확인	
		볼트체결 상태	용융아연도금 이상의 재질의 볼트 너트사용과 녹발생, 볼트체결 상태 등 이상 여부(스프링 등 풀림방지 와셔 사용)	
		본딩	태양전지모듈과 지지대의 전기적 접속 상태 이상 여부 확인	
3	전선로	전선 연결	스트링별 DC케이블 및 간선기준 접속부 발열 등 이상여부 확인	
		커넥터	모듈, 출력단자, 파손 등 습기 및 빗물 침투방지 구조 확인	
		고정	모듈 간의 직렬배선은 바람에 흔들리지 않도록 고정확인	
4	전력변환장치 및 보호장치	외관	외함 손상, 도금상태 등 변형 여부 확인	
		작동 상태	소음, 진동, 냄새 등과 같이 평소와 다른 현상 발생 확인	
		전선로	배선의 손상, 접속단자(AC, DC) 체결, 관통부분 마감처리 확인	
		설치 환경	제조사가 제시한 설치환경(온도, 습도, 청소상태) 준수 여부 확인	
		보호값 설정	저주파수 설정 등 인버터 전체 보호요소 및 계전기 설정치 적정 여부	
5	주변 환경	부지 안전	배수시설 맨홀 및 배수로 정비상태 확인	
			지지대 또는 지반의 침하가 없으며, 지지대-지반의 고정상태 확인	
			부지 내 지반 침하, 토사유출 등 현상의 흔적 유무	
			축대의 균열, 누수 등 자연재해 대비 이상 여부 확인	
		구조물 등	지붕과 기초, 구조물은 헐거움 없이 고정되었는지 확인	
			별도의 추가 하중 적재 등 위험물 설치 여부 등 확인	
6	기타	측정값	절연 및 접지저항 측정	
		기술 기준	기타 기술기준 등 관련 규정 적합 여부	
7	종합의견			

2022 제2회 기출문제

01 전기공사업법령에 따른 전기공사업 등록기준 항목 중 자본금은 얼마 이상이어야 하는가?
① 1억원
② 1억5천만원
③ 2억원
④ 2억5천만원

해설 공사업의 등록기준

항목	공사업의 등록기준
①기술능력	전기공사기술자 3명 이상(3명 중 1명 이상은 기술사, 기능장, 기사 또는 산업기사의 자격을 취득한 사람이어야 한다)
②자본금	1억5천만원 이상
③사무실	공사업 운영을 위한 사무실

18.4.68

02 전기사업법령에 따라 전기사업의 허가기준에 대한 내용이다. 다음 ( )에 들어갈 내용으로 옳은 것은?

> 법 제7조 제5항 제4호에서 "대통령령으로 정하는 공급능력"이란 해당 특정한 공급 구역의 전력수요의 ( )퍼센트 이상의 공급능력을 말한다.

① 30   ② 40
③ 50   ④ 60

해설 전기사업의 허가기준
대통령령으로 정하는 공급능력이란 해당 특정한 공급구역의 전력수요의 60[%] 이상의 공급능력을 말한다.

03 태양광발전시스템의 교류측 기기인 적산전력량계에 대한 설명으로 틀린 것은?
① 역송전한 전력량을 계측하여 전력요금을 산출한다.
② 역송전 계량용 적산전력량계는 전력회사측을 전원측으로 접속한다.
③ 적산전력량계는 계량법에 의한 검정을 받은 적산전력량계를 사용한다.
④ 역송전한 전력량만을 분리계측하기 위하여 역전력방지장치가 부착된 것을 사용한다.

해설 계통연계형 태양광발전소의 적산전력량계는 전력회사측으로 역송전 판매하는 전력량의 산출을 위해서는 계량에 관한 법률에서 요구되는 형식승인을 받아 역송전한 전력량만을 분리 계측하기 위하여 역전방지 장치가 부착되어있는 적산전력량계를 사용한다.
역송전계량용의 적산전력량계는 전력회사에서 설치하는 수요전력량계의 적산전력량계에 인접하여 설치되며, 역송전 계량용의 적산전력량계는 수요전력량계와는 역으로 수용가측을 전원측으로 접속한다.

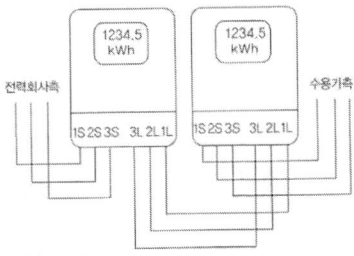

적산전력량계 접속도(단상3선식, 3상3선식)

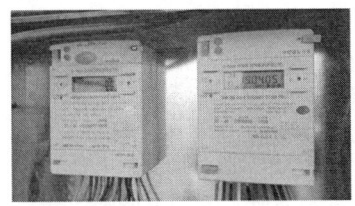

수요 전력량계   역송전 전력량계

18.4.97

04 신에너지 및 재생에너지 개발·이용·보급 촉진법령에 따라 신·재생에너지 설비 설치의무 기관으로서 정부출연기관이 되려면, 정부가 연간 최소 얼마 이상을 출연해야 하는가?
① 5억원   ② 10억원
③ 30억원   ④ 50억원

정답 1.② 2.④ 3.②

해설 신·재생에너지 설비 설치의무기관(신재생에너지법 제12조, 시행령 제16조)
1) 정부가 대통령령으로 정하는 금액(연간 50억원) 이상을 출연한 정부출연기관
2) 지방자치단체 및 공공기관, 정부출연기관 또는 정부출자기업체가 대통령령으로 정하는 비율 또는 금액 이상을 출자한 법인
  ① 납입자본금의 100의 50 이상을 출자한 법인
  ② 납입자본금으로 50억원 이상을 출자한 법인

14.4.11 / 16.4.17 / 17.1.2 / 18.2.5 / 18.2.6 / 19.2.15

05 3kW 인버터의 입력범위가 25~35V이고, 최대 출력에서 효율이 89%이다. 최대 정격에서 인버터의 최대 입력전류는 약 몇 A 인가?

① 96 ② 113
③ 124 ④ 135

해설 전류(I)

$$I = \frac{P}{V \cdot \eta} = \frac{3,000}{25 \times 0.89} \doteqdot 135 \, [A]$$

17.4.39 / 19.1.23 / 20.3.16

06 다음 식은 경제성 분석방법 중 어떤 방법인가?
(단, n: 사업기간, B: 편익, C: 비용, λ: 할인율이다.)

$$\sum_{t=0}^{n} \frac{B}{(1+\lambda)^t} = \sum_{t=0}^{n} \frac{C}{(1+\lambda)^t}$$

① 내부수익률 방법
② 순현재가치 방법
③ 수명주기비용 분석방법
④ 비용편익비율 방법

해설 내부수익률 분석(internal Rate of Return : IRR)
사업 기간 동안 현금 유출과 현금 유입을 같게 만들어 주는 이자율을 뜻하며, NPV를 0으로 만드는 할인율이다. 공식으로 표현하면, 다음을 만족시키는 λ이 IRR이 된다.

$$\sum_{t=0}^{n} \frac{B}{(1+\lambda)^t} = 0$$

예를 들어 현재 100을 투자하여 1년후에 110의 현금 유입이 있다면, IRR은 10%가 된다.
만약 회사에서 목표한 수익률이 10%일 때, 투자안의 내부수익률이 7%이면 그 투자안은 기각되고, 10% 이상 13%면 채택될 것이다.

$$-100 + \frac{110}{1+r} = 0 \quad \therefore r = 0.1$$

07 국토의 계획 및 이용에 관한 법령에 따른 개발행위허가 신청 시 첨부되는 서류로 틀린 것은?
① 토지분할인 경우 예산내역서
② 공작물 설치인 경우 설계도서
③ 토지 형질변경의 경우 배치도
④ 토석채취인 경우 공사 또는 사업관련 도서

해설 개발행위허가신청서
개발행위를 하고자 하는 자는 개발행위허가신청서에 다음의 서류를 첨부하여 개발행위허가권자에게 제출하여야 한다.
① 토지의 소유권 또는 사용권 등 신청인이 당해 토지에 개발행위를 할 수 있음을 증명하는 서류
② 배치도 등 공사 또는 사업관련 도서(토지의 형질변경 및 토석채취인 경우에 한한다)
③ 설계도서(공작물의 설치인 경우에 한한다)
④ 당해 건축물의 용도 및 규모를 기재한 서류(건축물의 건축을 목적으로 하는 토지의 형질변경인 경우에 한한다)
⑤ 개발행위의 시행으로 폐지되거나 대체 또는 새로이 설치할 공공시설의 종류·세목·소유자 등의 조서 및 도면과 예산내역서(토지의 형질변경 및 토석채취인 경우에 한한다)
⑥ 위해방지·환경오염방지·경관·조경 등을 위한 설계도서 및 그 예산내역서(토지분할인 경우를 제외한다). 다만, 경미한 건설공사를 시행하거나 옹벽 등 구조물의 설치 등을 수반하지 아니하는 단순한 토지형질변경의 경우에는 개략설계서로 설계도서에, 견적서 등 개략적인 내역서로 예산내역서에 갈

정답 4.④ 5.④ 6.① 7.①

음할 수 있다.
⑦ 관계 행정기관의 장과의 협의에 필요한 서류

16.4.100 / 18.2.98

08 전기사업법령에 따라 전기설비의 설치 및 사업의 개시 의무에 대한 사항으로 틀린 것은?

① 발전사업자는 최초로 전력거래를 한 날부터 60일 이내에 신고하여야 한다.
② 전기사업자는 허가권자가 지정한 준비기간에 사업에 필요한 전기설비를 설치하고 사업을 시작하여야 한다.
③ 정당한 사유가 없는 한 준비기간은 10년의 범위에서 산업통상자원부장관이 정하여 고시하는 기간을 넘을 수 없다.
④ 허가권자는 전기사업을 허가할 때 필요하다고 인정하면 전기사업별 또는 전기설비별로 구분하여 준비기간을 지정할 수 있다.

해설 전기설비의 설치 및 사업의 개시 의무(전기사업법 제9조)
① 전기사업자는 산업통상자원부장관이 지정한 준비기간에 사업에 필요한 전기설비를 설치하고 사업을 시작하여야 한다.
② 준비기간은 10년을 넘을 수 없다. 다만, 산업통상자원부장관이 정당한 사유가 있다고 인정하는 경우에는 준비기간을 연장할 수 있다.
③ 산업통상자원부장관은 전기사업을 허가할 때 필요하다고 인정하면 전기사업별 또는 전기설비별로 구분하여 준비기간을 지정할 수 있다.
④ 전기사업자는 사업을 시작한 경우에는 지체 없이 그 사실을 허가권자에게 신고하여야 한다. 다만, 발전사업자의 경우에는 최초로 전력거래를 한 날부터 30일 이내에 신고하여야 한다.

16.4.25

09 전기실의 설치 부지선정 시 고려사항으로 틀린 것은?

① 먼지가 없고 다습할 것
② 침수의 우려가 없을 것
③ 기기의 반·출입이 편리할 것
④ 진동이 없고, 지반이 견고할 것

해설 수·변전실 선정을 위한 고려사항

(1) 건축적 고려사항
① 장비 반입 및 반출 통로가 확보되어야 한다.
② 장비의 배치에 충분하고 유지보수가 용이한 넓이를 갖고 장비에 대해 충분한 유효높이를 확보한다.
③ 수변전관련 설비실(발전기실, 축전지실, 무정전 전원장치실)이 있는 경우 이와 가까워야 한다.
④ 수변전실은 불연재료의 구조로 구획하고, 출입구는 방화문으로 한다.

(2) 환경적 고려사항
① 환기가 잘되어야 하고 고온 다습한 장소는 피해야 하며, 부득이한 경우는 환기설비, 냉방 또는 제습장치를 설치하여야 한다.
② 화재, 폭발의 우려가 있는 위험물 제조소나 저장소 부근을 피한다.
③ 염해의 우려가 있거나 부식성 가스 또는 유독성 가스가 체류할 가능성이 있는 장소는 피한다.
④ 홍수 또는 물배관 사고시 침수나 물방울이 떨어질 우려가 없는 위치에 설치하고, 특히 변전실 상부층의 누수로 인한 사고의 우려가 없도록 해야 한다.
⑤ 수변전실에는 가연성가스, 물, 연료 등의 배관이 시설되지 않아야 한다.
⑥ 수변전실은 내부소음이 외부로 전달되지 않도록 하여야 한다.

(3) 전기적 고려사항
① 수전 전원의 인입이 편리한 위치이어야 한다.
② 어레이 중심에 가깝고, 배선이 용이한 곳이어야 한다.
③ 용량의 증설에 대비한 면적을 확보할 수 있는 장소로 한다.
④ 배선 및 송전을 경제적으로 할 수 있는 곳이어야 한다.

정답 8. ① 9. ①

14.4.5 / 14.4.53 / 15.4.31 / 17.1.40 / 17.2.6 / 17.2.51 / 17.4.27 / 18.1.1 / 18.4.26

10 피뢰시스템-제1부 : 일반원칙(KS C IEC 62305-1 : 2012)에 따른 외부피뢰시스템에 해당하지 않는 것은?

① 수뢰부 시스템
② 서지 보호장치
③ 접지극시스템
④ 인하도선시스템

해설 외부 피뢰시스템

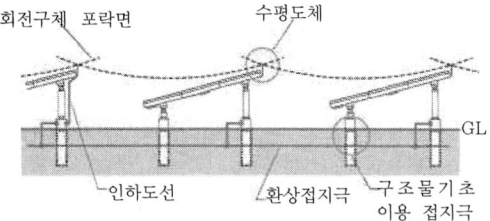

(1) 수뢰부 시스템
① 뇌격이 피 보호범위내로 침입할 확률을 감소시키는 것
② 돌침(피뢰침), 수평도체, 메시 도체(케이지)방식의 개별 또는 이들의 조합으로 한다.
③ PV설비 전체를 보호할 수 있는 범위내로 해야 한다.

(2) 인하도선 시스템
① 위험한 불꽃방전의 발생확률을 감소시키기 위하여 뇌격점과 대지사이를 연결하는 도선
② 다수의 병렬 전류통로를 형성해야 한다.
③ 전류통로의 배선 길이는 최소로 유지해야 한다.
④ 인하도선은 가능한한 수뢰부도체에서 직접 연결되도록 배치하여야 한다.
⑤ 인하도선은 지표면과 가까운 부분에 접지시험단자를 시설한다. 다만, 자연적 구성부재를 이용하는 경우는 생략한다.

(3) 접지 시스템
① 위험한 과전압을 발생시키지 않고 뇌전류를 대지로 방류하기 위해서는 접지의 형상, 크기 및 접지저항값이 중요하다. 다만, 일반적으로는 낮은 접지저항을 권장한다.

② 피뢰설비의 관점에서는 구조체를 사용한 통합단일의 접지가 바람직하며, 모든 접지목적(즉, 피뢰설비, 저압전력시스템, 통신시스템 등)에도적합하다.

11 서울의 위도가 37.34°일 때, 하지 시 태양의 남중고도로 옳은 것은?

① 29.16°   ② 52.66°
③ 76.16°   ④ 80.21°

해설 남중고도(하지) = 90° - 위도 + 23.5°
= 90° - 37.34° + 23.5° = 76.16°

14.4.32 / 15.4.20 / 16.4.13 / 18.4.29

12 독립형 ESS용 축전지의 설계 시 1일 적산부하 전력량 2.4kWh, 부조일수 10일, 보수율 0.8, 방전심도 65%, 축전지 셀 수가 48개일 때 축전지 용량은 약 몇 Ah 인가? (단, 축전지 공칭전압은 2V/cell이다.)

① 281   ② 381
③ 481   ④ 581

해설 축전지 용량(C)

$$C = \frac{1일\ 적산부하\ 전력량(L_d) \times 일조가\ 없는\ 날(D)}{보수율(L) \times 공칭\ 축전지\ 전압 \times 축전지\ 개수 \times 방전심도(DOD)}$$

$$= \frac{2.4 \times 10^3 \times 10}{0.8 \times 2 \times 48 \times 0.65} ≒ 481\ [Ah]$$

17.2.88 / 19.4.92

13 신에너지 및 재생에너지 개발·이용·보급 촉진법령에 따라 공용화 품목의 지정을 요청하려는 자가 국가기술표준원장에게 제출하여야 하는 지정요청서에 첨부하는 서류로 틀린 것은?

① 대상 품목의 명칭·규격 및 설명서
② 공용화 품목으로 지정받으려는 사유
③ 공용화 품목으로 지정될 경우의 기대효과
④ 공용화 품목으로 지정된 후 진행할 사업계획서

해설 신·재생에너지 설비 및 그 부품 중 공용화 품목의 지정절차 등(신재생에너지법 시행령 제24조)

1) 신·재생에너지 설비 및 그 부품 중 공용화 품목의 지정을 요청하려는 자는 산업통상자원부령으로 정하는 바에 따라 대상 품목의 명칭, 규격, 지정 요청 사유 및 기대효과 등을 적은 지정요청서에 대상 품목에 대한 설명서를 첨부하여 산업통상자원부장관에게 제출하여야 한다.

2) 산업통상자원부장관은 지정 요청을 받은 경우에는 전문가 및 이해관계인의 의견을 들은 후 해당 신·재생에너지 설비 및 그 부품을 공용화 품목으로 지정할 수 있다.

3) 산업통상자원부장관은 공용화 품목의 개발, 제조 및 수요·공급 조절에 필요한 자금을 다음의 구분에 따른 범위에서 융자할 수 있다.
① 중소기업자: 필요한 자금의 80[%]
② 중소기업자와 동업하는 중소기업자 외의 자: 필요한 자금의 70[%]
③ 그밖에 산업통상자원부장관이 인정하는 자: 필요한 자금의 50[%]

14 신·재생에너지 설비의 지원 등에 관한 지침에 따라 주택지원사업의 경우 시공자는 설치확인 완료 후 공사실적을 한국신·재생에너지협회에 신고할 수 있는 기간은 최대 몇 개월 이내인가?

① 1개월 ② 2개월
③ 3개월 ④ 4개월

해설 공사실적 신고절차

시공자는 설치확인 완료 후 30일 이내에 공사실적을 한국신·재생에너지협회에 신고하여야 한다. 다만, 주택지원사업의 경우에는 설치확인 완료 후 3개월 이내에 신고할 수 있다.

19.1.63

15 전기사업법령에 따라 태양광발전소 사업허가를 위한 계획서 작성 시 포함되어야 할 사항으로 틀린 것은?

① 사업계획개요
② 전기설비 운영계획
③ 온실가스 감축계획
④ 전기설비 건설계획

해설 사업계획에 포함되어야 할 사항
① 사업 구분
② 사업계획 개요(사업자명, 전기설비의 명칭 및 위치, 발전형식 및 연료, 설비용량, 소요부지면적, 준비기간, 사업개시 예정일 및 운영기간을 포함한다)
③ 전기설비 개요
④ 전기설비 건설 계획(구체적인 주요공정 추진 일정 및 건설인력 관련 계획을 포함한다)
⑤ 전기설비 운영 계획(기술인력의 확보 계획을 포함한다)
⑥ 부지의 확보 및 배치 계획[석탄을 이용한 화력발전의 경우 회(灰)처리장에 관한 사항을 포함한다]
⑦ 전력계통의 연계 계획(발전사업 및 구역전기사업의 경우만 해당한다)
⑧ 연료 및 용수 확보 계획(발전사업 및 구역전기사업의 경우만 해당한다)
⑨ 온실가스 감축계획(화력발전의 경우만 해당한다)
⑩ 소요금액 및 재원조달계획(「전기사업회계규칙」의 계정과목 분류에 따른 공사비 개괄 계산서를 포함한다)
⑪ 사업개시 예정일부터 5년간 연도별·용도별 공급계획(전기판매사업 및 구역전기사업의 경우에만 해당한다)

15.4.94

16 전기사업법령에 따라 전기사업자가 공급하는 전기의 표준전압 및 표준주파수의 허용오차 범위기준에 관한 설명으로 틀린 것은?

① 110볼트의 상하로 6볼트 이내
② 220볼트의 상하로 15볼트 이내
③ 380볼트의 상하로 38볼트 이내
④ 60헤르츠의 상하로 0.2헤르츠 이내

해설 **전기의 품질기준(전기사업법 시행규칙 제18조 별표3)**

전기사업자와 전기신사업자는 그가 공급하는 전기가 표에 따른 표준전압·표준주파수 및 허용오차의 범위에서 유지되도록 하여야 한다.

① 표준전압 및 허용오차

표준전압	허용오차
110[V]	110[V]의 상하로 6[V] 이내
220[V]	220[V]의 상하로 13[V] 이내
380[V]	380[V]의 상하로 38[V] 이내

② 표준주파수 및 허용오차

표준주파수	허용오차
60[Hz]	60[Hz] 상하로 0.2[Hz] 이내

17 다음의 전력-전압 특성을 가지는 태양광발전 모듈에서 최대전력(Maximum Power, Pmax)을 얻기 위한 조건은?

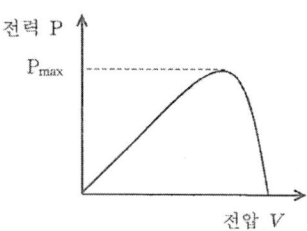

① $\dfrac{dP}{dV} > 0$ ② $\dfrac{dP}{dV} = 0$

③ $\dfrac{dP}{dV} = 1$ ④ $\dfrac{dP}{dV} < 0$

해설 **P-V 곡선영역**

$\dfrac{dP}{dV} > 0$의 상태일 때, 운전점이 MPP의 왼쪽영역에 있으며, 전류를 증가시켜 $\dfrac{dP}{dV} < 0$ 상태이면, 운전점이 MPP의 오른쪽 영역에 있게 된다.

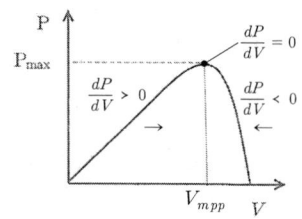

18 전기공사업법에서 산업통상자원부장관 또는 시·도지사의 권한 중 대통령령으로 정하는 바에 따라 공사업자단체에 위탁 할 수 있는 업무에 대한 설명으로 틀린 것은?

① 공사업의 양도에 따른 신고의 수리
② 공사업의 등록에 따른 등록신청의 접수
③ 전기공사에 필요한 자재 등 전기공사 관련 정보의 종합관리 및 제공
④ 등록사항 중 산업통산자원부령으로 정하는 중요 사항의 변경에 따른 등록사항 변경신고의 수리

해설 **권한의 위임·위탁**

(1) 시·도지사의 권한은 그 일부를 대통령령으로 정하는 바에 따라 시장·군수 또는 구청장에게 위임할 수 있다.

(2) 산업통상자원부장관 또는 시·도지사의 권한 중 다음의 업무는 대통령령으로 정하는 바에 따라 공사업자단체에 위탁할 수 있다.
① 등록신청의 접수
② 공사업의 등록기준에 관한 신고의 수리(受理)
③ 공사업의 양도 등에 따른 신고의 수리
④ 등록사항 변경신고의 수리
⑤ 공사업 관련에 정보의 종합관리 및 제공
⑥ 공사업 관련 정보의 종합관리 등에 따른 자료의 제출 요청
⑦ 공사업 관련 정보의 종합관리 등에 따른 공사업자의 시공능력의 평가 및 공시
⑧ 공사업 관련 정보의 종합관리 등에 따른 신고의 접수
⑨ 공사업 관련 정보의 종합관리 등에 따른 전기공사 종합정보시스템의 구축·운영

(3) 산업통상자원부장관의 권한 중 전기공사기술자의 인정·인정취소 및 인정취소를 위한 청문 등 관련 업무는 대통령령으로 정하는 바에 따라 공사업자단체 또는 전기 분야 기술자를 관리하는 법인·단체에 위탁할 수 있다.

정답 16. ② 17. ② 18. ④

19 아몰퍼스 Si 태양전지의 특성이 아닌 것은?
① 구부러지기 쉽다.
② 경량의 기판 위에 형성 가능하다.
③ 제조에 필요한 온도는 약 1400℃로 높다.
④ 초기에 결정이 열화하여 효율이 감소된다.

해설 아몰퍼스 Si 태양전지의 특성
① 와인레드(단층)색이며, 두께는 1μm 이하
② 표면에는 투명전극이 증착되어, 펜턴 인쇄의 얇은 세로 줄무늬가 형성된다.
③ 초기에 결정이 열화되어 효율이 감소되며, 그 후는 안정적이다.
④ 무늬가 없으며, 경량의 기판위에 형성되어 구부러지기 쉽다.
⑤ 결정에 구멍을 형성하여 빛을 투과시킨다.
⑥ 제조에 필요한 온도는 약 200℃로 낮다.
⑦ 실리콘 부족의 우려가 없고 양산화가 용이하다.

14.4.98 / 17.1.100 / 17.2.91

20 신에너지 및 재생에너지 개발·이용·보급 촉진법령에 따라 조성된 사업비의 사용 용도로 틀린 것은?
① 신·재생에너지 특성 산업단지 육성
② 신·재생에너지 시범사업 및 보급사업
③ 신·재생에너지 설비의 성능평가·인증
④ 신·재생에너지의 연구·개발 및 기술평가

해설 조성된 사업비의 사용(신재생에너지법 제10조)
산업통상자원부장관은 조성된 사업비를 다음의 사업에 사용한다.
① 신·재생에너지의 자원조사, 기술수요조사 및 통계 작성
② 신·재생에너지의 연구·개발 및 기술평가
③ 신·재생에너지 공급의무화 지원
④ 신·재생에너지 설비의 성능평가·인증 및 사후관리
⑤ 신·재생에너지 기술정보의 수집·분석 및 제공
⑥ 신·재생에너지 분야 기술지도 및 교육·홍보
⑦ 신·재생에너지 분야 특성화대학 및 핵심기술연구센터 육성
⑧ 신·재생에너지 분야 전문 인력 양성
⑨ 신·재생에너지 설비 설치기업의 지원
⑩ 신·재생에너지 시범사업 및 보급사업
⑪ 신·재생에너지 이용의무화 지원
⑫ 신·재생에너지 관련 국제협력
⑬ 신·재생에너지 기술의 국제표준화 지원
⑭ 신·재생에너지 설비 및 그 부품의 공용화 지원
⑮ 그밖에 신·재생에너지의 기술개발 및 이용·보급을 위하여 필요한 사업으로서 대통령령으로 정하는 사업

21 지반계측(KDS 11 10 15 : 2021)에 따라 계측의 목적을 효과적으로 확보하기 위해 수립하는 계측 계획서 작성 시 고려사항으로 틀린 것은?
① 계측결과의 수집방법
② 계측결과의 해석방법
③ 계측기기의 폐기방법
④ 계측결과를 유지 관리에 활용하는 방법

해설 계측계획의 수립
계측 계획서는 계측의 목적을 효과적으로 확보할 수 있도록 다음 사항을 충분히 고려하여 수립하여야 한다.
① 계측 대상 시설물(공사)의 개요 및 규모
② 계측 대상 시설물의 구조적 형태(여건, 환경 등의 자료조사 포함)
③ 계측목적, 계측항목, 계측범위, 계측위치, 계측방법 및 시스템의 구성
④ 계측기기의 종류, 사양 및 수량
⑤ 계측기의 설치, 유지관리 방법
⑥ 계측결과의 수집방법
⑦ 계측결과의 해석방법
⑧ 계측자료의 보관, 활용 방법 및 체계
⑨ 계측결과를 유지 관리에 활용하는 방법
⑩ 계측관리방법(위탁 또는 직영), 직영 관리 시 계측요원의 교육방법

정답 19. ③ 20. ① 21. ③

22 전력기술관리법령에 따라 (설계업, 감리업) 등록신청서에 작성하는 등록사항으로 틀린 것은?

① 자본금
② 기술인력
③ 기간 및 금액
④ 보유장비(감리업만 해당함)

해설 설계업 · 감리업의 등록

설계업 또는 감리업의 등록을 하려는 자는 설계업 · 감리업 등록신청서에 다음의 서류를 첨부하여 시 · 도지사에게 제출하여야 한다.

① 기술인력기준을 갖추었음을 증명할 수 있는 다음의 서류
  ㉠ 설계업의 경우: 전력기술인 보유확인서와 설계사 면허증 또는 전력기술인 경력수첩 원본
  ㉡ 감리업의 경우: 감리원 보유확인서 및 감리원 수첩 원본
② 자본금기준을 갖추었음을 증명할 수 있는 서류
③ 장비명세서(감리업만 해당한다)
④ 설계업 · 감리업의 종류별 등록 기준 등에 따른 확인서

17.4.46 / 19.4.55 / 20.3.33

23 전력시설물 공사감리업무 수행지침에 따라 감리원은 공사업자로부터 시공상세도를 사전에 제출받아 공사업자가 제출한 날부터 7일 이내에 검토 · 확인하여 승인한 후 시공할 수 있도록 하여야 한다. 다음 중 고려하지 않아도 되는 것은?
(단, 7일 이내에 검토 · 확인이 불가능한 때에는 사유 등을 명시하여 통보하고, 통보사항이 없는 때에는 승인한 것으로 본다.)

① 계산의 정확성
② 실제시공 가능 여부
③ 폐품 또는 발생물의 유무 및 처리의 적정여부
④ 설계도면, 설계설명서 또는 관계 규정에 일치하는 여부

해설 시공상세도 승인

공사업자가 제출한 날부터 7일 이내에 검토 · 확인하여 승인한다. 다만, 7일 이내에 검토 · 확인이 불가능한 때에는 사유 등을 명시하여 통보하고, 통보사항이 없는 때에는 승인한 것으로 본다.

① 설계도면, 설계설명서 또는 관계 규정에 일치하는지 여부
② 현장의 시공기술자가 명확하게 이해할 수 있는지 여부
③ 실제시공 가능 여부
④ 안정성의 확보 여부
⑤ 계산의 정확성
⑥ 제도의 품질 및 선명성, 도면작성 표준에 일치 여부
⑦ 도면으로 표시 곤란한 내용은 시공시 유의사항으로 작성되었는지 등의 검토

15.4.36

24 정격용량이 250W인 태양광발전 모듈(8.1A, 30.9V)로 구성된 어레이(10직렬×30병렬)에서 태양광발전용 인버터까지의 거리가 120m, 전선의 단면적이 75㎟일 때 전압강하는 몇 V인가?

① 4.61
② 6.92
③ 11.98
④ 13.84

해설 전압강하율[%]

① 어레이전압 $= 30.9 \times 10 = 309$ [V]
② 모듈 전압강하 $= 0.5 \times 10 = 5$ [V]
③ 전압강하 $e = \dfrac{35.6 \times L(\text{전선의 길이}) \times I(\text{전류})}{1000 \times A(\text{전선의 단면적})}$

$= \dfrac{35.6 \times 120 \times (8.1 \times 30)}{1000 \times 75} = 13.84$ [V]

25 설계감리업무 수행지침에 따라 설계감리원이 설계도면의 적정성을 검토함에 있어 확인하여야 하는 사항으로 틀린 것은?

① 도면 작성의 법률적 근거가 제시되었는지 여부
② 설계결과물(도면)이 입력 자료와 비교해서 합리적으로 되었는지 여부

③ 도면작성이 의도하는 대로 경제성, 정확성 및 적정성 등을 가졌는지 여부
④ 도면이 적정하게, 해석 가능하게, 실시 가능하며 지속성 있게 표현되었는지 여부

[해설] 설계용역 성과검토

설계감리원은 설계도면의 적정성을 검토함에 있어 다음의 사항을 확인하여야 한다.
① 도면작성이 의도하는 대로 경제성, 정확성 및 적정성 등을 가졌는지 여부
② 설계 입력 자료가 도면에 맞게 표시되었는지 여부
③ 설계결과물(도면)이 입력 자료와 비교해서 합리적으로 되었는지 여부
④ 관련 도면들과 다른 관련 문서들의 관계가 명확하게 표시되었는지 여부
⑤ 도면이 적정하게, 해석 가능하게, 실시 가능하며 지속성 있게 표현되었는지 여부
⑥ 도면상에 사업명을 부여 했는지 여부

17.4.98

26 전기설비기술기준에 따른 극저주파 전자계(Extremely Low Frequency Electric and Magnetic Fields : ELF EMF)라 함은 0Hz를 제외한 몇 Hz 이하의 전계와 자계를 말하는가?

① 150   ② 200
③ 250   ④ 300

[해설] 극저주파 전자계(Extremely Low Frequency Electric and Magnetic Fields : ELF EMF)라 함은 0Hz를 제외한 300Hz 이하의 전계와 자계를 말한다.

27 한국전기설비규정에 따라 고압 가공전선이 건조물과 접근하는 경우에 고압 가공전선이 건조물의 아래쪽에 시설될 때에는 고압 가공전선과 건조물 사이의 이격거리는 몇 m 이상이어야 하는가?
(단, 전선이 케이블이 아닌 경우이다.)

① 0.3   ② 0.4
③ 0.6   ④ 0.8

[해설] 저고압 가공전선과 건조물 사이의 이격거리

저고압 가공전선이 건조물과 접근하는 경우에 저고압 가공전선이 건조물의 아래쪽에 시설될 때에는 저고압 가공전선과 건조물 사이의 이격거리는 표에서 정한 값 이상으로 하고 또한 위험의 우려가 없도록 시설하여야 한다.

가공 전선의 종류	이 격 거 리
저압 가공 전선	0.6m (전선이 고압 절연전선, 특고압 절연전선 또는 케이블인 경우에는 0.3m)
고압 가공 전선	0.8m (전선이 케이블인 경우에는 0.4m)

13.4.40 / 16.2.40

28 건축일반용어(KS F 1526 : 2010)에 따른 제도 및 설계 용어 중 물체의 형상을 한 시점에서 보이는 대로 평면 상에 나타낸 그림은?

① 단면도   ② 상세도
③ 투시도   ④ 투상도

[해설] 건축일반용어(제도 및 설계)
① 상세도 : 건축물 또는 물체의 세부를 상세하게 나타내어 그린 도면
② 투상도 : 물체의 형상을 한 시점에서 보이는 대로 평면상에 나타낸 그림
③ 배치도 : 한 대지 내에 여러 건축물이나 정원의 수목, 시설물 등을 배치하여 그린 평면도
④ 배면도 : 건축물 또는 물체의 정면의 반대쪽 면을 그린 입면도
⑤ 평면도 : 건축물 또는 물체를 수평면으로 자른 단면 또는 위에서 아래로 내려다본 투상도
⑥ 입면도 : 건축물 또는 물체의 수직 투상도
⑦ 배면도 : 건축물 또는 물체의 정면의 반대쪽 면을 그린 입면도

정답 25. ① 26. ④ 27. ④ 28. ④

29 기초 내진 설계기준(KDS 11 50 25 : 2021)에 따라 기초구조물의 내진설계 시 얕은기초의 등가정적해석이 만족하여야 하는 기본사항으로 틀린 것은?

① 액상화 영향을 고려하여 기초 및 지반의 안정성을 평가한다.
② 기초에 작용하는 등가정적하중은 기초지반과 상부구조물의 응답특성을 고려하여 결정한다.
③ 얕은기초는 지지력, 전도, 활동에 대하여 안전하여야 하고, 변형 및 침하량이 허용치 이하 이어야 한다.
④ 말뚝기초 주변지반에 대하여 액상화 가능성, 말뚝머리의 횡방향 변위 및 침하, 말뚝 본체의 파괴 가능성 등을 검토한다.

해설 얕은기초의 등가정적 해석은 다음과 같은 기본사항을 만족하여야 한다.
① 기초에 작용하는 등가정적 하중은 기초지반과 상부 구조물의 응답특성을 고려하여 결정한다.
② 얕은기초는 지지력, 전도, 활동에 대하여 안전하여야 하고, 변형 및 침하량이 허용치 이하이어야 한다.
③ 액상화 영향을 고려하여 기초 및 지반의 안정성을 평가한다

30 다음은 한국전기설비규정의 안전을 위한 보호에서 전압 규정을 나타낸 것이다. ( )에 들어갈 내용으로 옳은 것은? (단, 안전을 위한 보호에서 별도의 언급이 없는 경우이다.)

> 가. 교류전압은 (㉠)(으)로 한다.
> 나. 직류전압은 (㉡)(으)로 한다.

① ㉠ 최대값 ㉡ 실효값
② ㉠ 실효값 ㉡ 리플프리
③ ㉠ 리플프리 ㉡ 실효값
④ ㉠ 실효값 ㉡ 최대값

해설 안전을 위한 보호에서 별도의 언급이 없는 한 다음의 전압 규정에 따른다.
① 교류전압은 실효값으로 한다.
② 직류전압은 리플프리로 한다.
※ 리플프리(Ripple-free)직류 : 교류를 직류로 변환할 때 리플성분의 실효값이 10% 이하로 포함된 직류를 말한다.
※ 리플(Ripple)성분 : 교류를 정류하여 직류로 만들 때, 완벽하게 직류가 되지 않고, 일부 남아 있는 교류성분

Ripple 전압

31 한국전기설비규정에 따라 전기저장장치를 전용 건물에 시설하는 경우에 대한 설명이다.
다음 ( )에 들어갈 내용으로 옳은 것은?

> 이차전지는 벽면으로부터 ( )m 이상 이격하여 설치하여야 한다. 단, 옥외의 전용 컨테이너에서 적정 거리를 이격한 경우에는 규정에 의하지 아니할 수 있다.

① 1 ② 1.5
③ 2 ④ 2.5

해설 이차전지는 전력변환장치(PCS) 등의 다른 전기설비와 분리된 격실에 설치하고 다음에 따라야 한다.
① 이차전지실의 벽면 재료 및 단열재는 준불연재료 또는 이와 동등 이상의 것을 사용할 수 있다.
② 이차전지는 벽면으로부터 1m 이상 이격하여 설치하여야 한다. 단, 옥외의 전용 컨테이너에서 적정 거리를 이격한 경우에는 규정에 의하지 아니할 수 있다.
③ 이차전지와 물리적으로 인접 시설해야 하는 제어장치 및 보조설비(공조설비 및 조명설비 등)는 이차전지실 내에 설치할 수 있다.
④ 이차전지실 내부에는 가연성 물질을 두지 않아야 한다.

32 분산형전원 배전계통 연계 기술기준에 따라 분산형전원을 특고압 한전계통에 연계하는 경우 연계계통의 전기방식으로 옳은 것은?

① 교류 단상 22.9kV
② 교류 삼상 22.9kV
③ 교류 단상 154kV
④ 교류 삼상 154kV

해설 연계구분에 따른 계통의 전기방식

구분	연계계통의 전기방식
저압 한전계통 연계	교류 단상 220V 또는 교류 삼상 380V 중 기술적으로 타당하다고 한전이 정한 한가지 전기방식
특고압 한전계통 연계	교류 삼상 22,900V

33 전력시설물 공사감리업무 수행지침에 따라 발주자는 설계변경 방침결정 요구를 받은 경우 설계변경에 대한 기술검토를 위하여 소속직원으로 기술검토팀(T/F팀)을 구성(필요시 민간전문가 구성)·운영할 수 있으며, 이 경우 단순사항은 며칠 이내에 방침을 확정하여 책임감리원에게 통보하여야 하는가?

① 3   ② 5
③ 7   ④ 14

해설 감리원은 공사업자가 현지여건과 설계도서가 부합되지 않거나 공사비의 절감 및 공사의 품질향상을 위한 개선사항 등 설계변경이 필요하다고 설계변경사유서, 설계변경도면, 개략적인 수량 증감 내역 및 공사비 증감내역 등의 서류를 첨부하여 제출하면 이를 검토·확인하고 필요시 기술검토 의견서를 첨부하여 발주자에게 실정을 보고하고, 발주자의 방침을 받은 후 시공하도록 조치하여야 한다.
감리원은 공사업자로부터 현장실정보고를 접수 후 기술검토 등을 요하지 않는 단순한 사항은 7일 이내, 그 외의 사항은 14일 이내에 검토처리 하여야 하며, 만일 기일내 처리가 곤란하거나 기술적 검토가 미비한 경우에는 그 사유와 처리계획을 발주자에게 보고하고 공사업자에게도 통보하여야 한다.

34 전력시설물 공사감리업무 수행지침에 따라 감리원은 공사업자가 도급받은 공사를 「전기공사업법」에 따라 하도급 하고자 발주자에게 통지하거나, 동의 또는 승낙을 요청하는 사항에 대해서는 「전기공사업법 시행규칙」 별지 제20호 서식의 전기공사 하도급 계약통지서에 관한 적정성 여부를 검토하여 요청받은 날부터 며칠 이내에 발주자에게 의견을 제출하여야 하는가?

① 3   ② 5
③ 7   ④ 14

해설 하도급 관련 사항
① 감리원은 공사업자가 도급받은 공사를 「전기공사업법」에 따라 하도급 하고자 발주자에게 통지하거나, 동의 또는 승낙을 요청하는 사항에 대해서는 「전기공사업법 시행규칙」 별지 제20호서식의 전기공사 하도급 계약통지서에 관한 적정성 여부를 검토하여 요청받은 날부터 7일 이내에 발주자에게 의견을 제출하여야 한다.
② 감리원은 ①에 따라 처리된 하도급에 대해서는 공사업자가 「하도급거래 공정화에 관한 법률」에 규정된 사항을 이행하도록 지도·감독하여야 한다.
③ 감리원은 공사업자가 하도급 사항을 ①과 ②에 따라 처리하지 않고 위장 하도급 하거나 무면허업자에게 하도급 하는 등 불법적인 행위를 하지 않도록 지도하고, 공사업자가 불법하도급 하는 것을 안 때에는 공사를 중지시키고 발주자에게 서면으로 보고하여야 하며, 현장 입구에 불법하도급 행위신고 표지판을 공사업자에게 설치하도록 하여야 한다.

35 태양광발전소의 단선결선도에 작성하는 다음 그림기호의 명칭으로 옳은 것은?

CTT

① 시험용 전압 단자
② 시험용 전류 단자
③ 전자 접촉기 접점
④ 계기용 절환 개폐기

해설 CTT(Current Test Terminal) : 시험용 전류 단자
PTT(Potential Test Terminal) : 시험용 전압 단자

16.4.60 / 18.4.42 / 19.1.50

36 태양광발전시스템을 건축물에 설치하는 경우 설치부위에 따른 구분 중 지붕에 설치하는 형식으로 틀린 것은?

① 창재형
② 지붕설치형
③ 지붕건재형
④ 톱라이트형

해설 창재형
① 세대 창호 및 개폐되는 창문에도 태양광 발전설비를 적용하여 발전과 차양의 효과 및 전체적인 미관을 유지할 수 있는 창문형 태양광 발전시스템
② 유리창의 기능(채광성, 추시성)을 가지고 있는 형태로, 모듈을 유리창으로 대용한다.

37 신재생발전기 송전계통 연계 기술기준에 따라 신재생발전기는 최소 출력 이상으로 발전기를 운전하는 경우 몇 분 평균값으로 측정된 유효전력 발전량이 규정된 값을 초과하지 않도록 출력상한을 조정 가능해야 하는가?

① 3
② 5
③ 7
④ 10

해설 유효전력 제어능력
① 신재생발전기는 유효전력의 출력을 계통운영자의 지

시 후 5초 이내에 정격출력의 20%까지 출력을 감소할 수 있어야 한다. 단, 연료전지 발전기는 제외한다.
② 신재생발전기 인버터는 과·저주파수 시 주파수 추종 운전이 가능해야 하며, 주파수 변화에 따라 아래 표와 같이 정정할 수 있는 제어성능을 구비해야 한다.

항목	설정 허용범위
주파수 변화에 따른 출력 조정률	3 ~ 5%
불감대	주파수의 0.06% 이내

③ 신재생발전기는 최소출력 이상으로 발전기를 운전하는 경우 10분 평균값으로 측정된 유효전력 발전량이 규정된 값을 초과하지 않도록 출력상한을 조정 가능 해야한다.
④ 신재생발전기 인버터는 계통운영자의 지시에 따라 유효전력 출력 증감율 속도를 정격의 10% 이내/분까지 제한하는 것이 가능한 제어성능을 구비해야 한다. 단, 연료전지 발전기는 제외한다.
⑤ 신재생발전기의 주파수 조정 및 유지범위는 58.5Hz ~ 61.5Hz 범위 내에서 연속운전이 가능해야 한다. 다만, 계통주파수가 58.5Hz ~ 57.5Hz 범위에서는 최소한 20초 이상 운전 가능해야 한다.
⑥ 신재생발전사업자는 유효전력 제어능력(출력의 증감 및 최대값 제한, 주파수 추종)을 시험하고 결과를 한전에 제공해야 하며, 시험항목, 적부 판정기준 등은 [부록1] 신재생발전기 시험기준 절차서를 따른다.

38 전력기술관리법령에 따라 시·도지사가 산업통상자원부령으로 정하는 바에 따라 그 등록을 취소만 명할 수 있는 설계업자 및 감리업자의 위반사항으로 옳은 것은?

① 다른 사람에게 등록증을 빌려 준 경우
② 거짓이나 그 밖의 부정한 방법으로 등록을 한 경우
③ 이 법을 위반하여 형의 집행유예를 신고받고 그 유예 기간 중에 있는 사람
④ 설계 또는 공사감리를 성실하게 하지 아니하여 일반인에게 위해(危害)를 끼치거나 전력시설물을 현저히 부실하게 시공하게 한 경우

해설 설계업·감리업의 위반행위별 행정처분기준

위반행위	처분내용
(1) 거짓이나 그 밖의 부정한 방법으로 등록을 한 경우	등록취소
(2) 등록기준에 미달한 날부터 1개월이 지난 경우	등록취소
(3) 설계 또는 공사감리를 성실하게 하지 않아 일반인에게 위해를 끼치거나 전력시설물을 현저히 부실하게 시공하게 한 경우	
① 4주 미만의 치료를 필요로 하는 인명피해 또는 1천만원 미만의 재산상 피해를 끼친 경우	영업정지 2개월
② 사망, 4주 이상의 치료를 필요로 하는 인명피해 또는 1천만원 이상의 재산상 피해를 끼친 경우	영업정지 4개월
③ 부실설계 또는 공사감리로 인하여 해당 전력시설물 및 인근 전력시설물의 여러 기능 및 전기안전에 영향을 끼치는 등 일반인에게 위해를 끼치거나 전력시설물을 현저히 부실하게 시공하게 한 경우	영업정지 6개월
(4) 법 제15조 ①부터 ④까지 또는 ⑥에 해당하게 된 경우(법인의 경우 6개월 이내에 대표자를 변경하는 경우는 제외한다)	등록취소
(5) 다른 사람에게 등록증을 빌려 준 경우 ① 1차 ② 2차	영업정지 6개월 등록취소

13.4.23 / 16.2.29 / 18.4.28

39 태양 고도각 20°, 태양광발전 어레이 경사각 30°, 어레이 길이가 2m일 때 어레이 간 이격거리는 약 몇 m 인가?

① 3.06 ② 4.48
③ 4.77 ④ 5.21

해설 어레이 간 최소 이격 거리(D)

$$D = \frac{\text{어레이 길이}(L) \times \sin(180 - \text{경사각} - \text{고도각})}{\sin(\text{고도각})}$$

$$= \frac{2 \times \sin(180° - 30° - 20°)}{\sin 20°} \fallingdotseq 4.48$$

40 폐쇄배전반 내 시설하는 고압케이블과 저압케이블 사이의 이격거리는 몇 cm 이상이어야 하는가?
(단, 상호 간에 견고한 내화성 격벽을 시설하거나, 상호 간에 난연성케이블을 사용하여 접촉하지 아니하도록 시설할 경우는 그러하지 아니하다.)

① 1 ② 5 ③ 10 ④ 15

해설 폐쇄배전반 내 케이블 사이의 이격거리
① 특고압케이블과 저압케이블 또는 고압케이블 사이의 이격거리는 20㎝ 이상일 것. 다만, 상호간에 견고한 내화성 격벽을 시설하거나, 상호간에 난연성케이블을 사용하여 접촉하지 아니하도록 시설할 경우에는 그러하지 아니하다.
② 고압케이블과 저압케이블 사이의 이격거리는 15㎝ 이상일 것. 다만, 상호 간에 견고한 내화성 격벽을 시설하거나, 상호간에 난연성케이블을 사용하여 접촉하지 아니하도록 시설할 경우에는 그러하지 아니하다.

41 태양광발전시스템에서 지락 발생 시 누전차단기로 보호할 수 없는 경우가 발생하는 이유는?

① 지락전류에 직류성분이 포함되어 있기 때문에
② 인버터의 출력이 직접 계통에 접속되기 때문에
③ 태양광발전 어레이와 계통측이 절연되어 있지 않기 때문에
④ 태양광발전 어레이에서 발생하는 지락전류의 크기가 매우 크기 때문에

해설 누전차단기에는 일반적으로 ZCT를 사용하나 직류에 ZCT를 사용하면 2차 전류가 포화되어 실제 지락전류를 검출할 수 없다. 따라서 직류에 포화되지 않고 직류 지락전류를 검출하는 특성을 가진 플럭스 게이트 CT를 사용하여야 한다.

42 1W·s와 동일한 단위는?   18.1.19

① 1J   ② 1kWh
③ 1kg·m   ④ 860kcal

해설 **전력량(W)**

① 어느 일정 시간 동안에 전기 에너지의 총량을 말하며, 전압 V[V]를 가하여 1[A]의 전류를 t[sec] 동안 흘릴 때의 전력량 W는
$$W = VIt = Pt \; [J]$$
② 단위는 [J]보다는 [W·sec]을 많이 사용하며 실용 단위로 [Wh], [kWh] 등의 단위로 표시한다.
$$1[Kwh] = 10^3 [Wh] = 3.6 \times 10^6 [W\cdot sec]$$
$$= 3.6 \times 10^6 [J]$$

43 다음 [보기]의 내용으로 알맞은 배전방식은?   16.4.42 / 19.2.41

○ 변압기의 공급 전력을 서로 융통시킴으로서 변압기 용량 저감 가능
○ 전압 변동 및 전력 손실 경감
○ 부하의 증가에 대한 탄력적 대응
○ 고장에 대한 보호방법이 적절하고 공급 신뢰도 향상
○ 캐스케이딩 현상 발생

① 방사선 방식
② 저압 뱅킹 방식
③ 저압 네트워크 방식
④ 스포트 네트워크 방식

해설 **저압 뱅킹 방식(Secondary Banking System)**
동일한 고압 배전선에 접속되어 있는 2대 이상의 배전용 변압기의 2차측 저압 간선을 접속하여 융통성을 도모하는 방식이다.

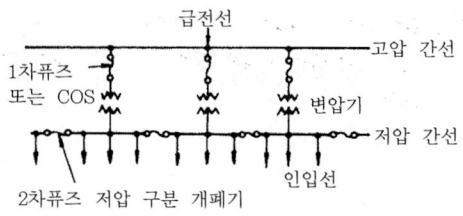

1) 장점
① 전압 강하와 전력 손실을 줄일 수 있다.
② 설비 용량의 경감
③ 부하의 증가에 대한 융통성 증대

2) 단점
① 캐스케이딩(Cascading) 현상 : 변압기 또는 저압 간선에 고장이 발생했을 때 이것을 제거하지 않으면 계속해서 그 뱅크 내의 변압기의 1차측 퓨즈가 차례로 끊어지거나 변압기를 소손시켜 정전 구간을 확대시킨다.
② 캐스케이딩 현상 방지법 : 변압기의 1차측에 퓨즈를 설치하고 인접 변압기를 연락하는 저압선의 중간에 퓨즈 또는 구분 개폐기를 설치한다.

44 3상 1회선 송전선로 길이가 100km, 작용 커패시턴스 0.0088μF/km, 주파수는 60Hz, 선간전압 154kV일 때 충전전류는 약 몇 A인가?

① 29.5   ② 51.09
③ 88.5   ④ 153.27

해설 **충전전류(Ic)**
$$I_C = \omega\, ClE = 2\pi f Cl \times \frac{V}{\sqrt{3}}$$
$$= 2\pi \times 60 \times 0.0088 \times 10^{-6} \times 100 \times \frac{154}{\sqrt{3}} \times 10^3$$
$$\fallingdotseq 29.5 \; [A]$$

45 정전용량 5μF인 커패시터에 1000V의 전압을 가할 때 축적되는 전하(C)는?   18.2.18

① 2×10^{-3} ② 5×10^{-3}
③ 2×10^{-2} ④ 5×10^{-2}

정답 42. ①   43. ②   44. ①

해설 정전 용량(Capacity)

전원 전압 V[V]에 의해 축적된 전하 Q[C]라 하면, Q는 V에 비례한다.

① C는 전극이 전하를 축적하는 능력의 정도를 나타내는 상수로 커패시턴스(Capacitance) 또는 정전 용량이라고 하며, 단위는 패럿(farad), [F]이다.

② 마이크로패럿[μF], $1\,[\mu F] = 10^{-6}\,[F]$

$$Q = CV\,[C]$$
$$= 5 \times 10^{-6} \times 1,000 = 5 \times 10^{-3}\,[C]$$

46 한국전기설비규정에 따른 전선관시스템의 공사방법으로 틀린 것은?

① 케이블 공사
② 금속관공사
③ 합성수지관공사
④ 가요전선관공사

해설 공사방법의 분류

종류	공사방법
전선관시스템	합성수지관공사, 금속관공사, 가요전선관공사
케이블트렁킹시스템	합성수지몰드공사, 금속몰드공사, 금속트렁킹공사a
케이블덕팅시스템	플로어덕트공사, 셀룰러덕트공사, 금속덕트공사b
애자공사	애자공사
케이블트레이시스템 (래더, 브래킷 포함)	케이블트레이공사
케이블공사	고정하지 않는 방법, 직접 고정하는 방법, 지지선 방법

a 금속본체와 커버가 별도로 구성되어 커버를 개폐할 수 있는 금속덕트공사를 말한다.
b 본체와 커버 구분 없이 하나로 구성된 금속덕트공사를 말한다.

47 수·변전설비 중 저압 배전반의 뒷면 또는 점검면에서 사람이 통행할 수 있는 최소 거리는 몇 m 이상이어야 하는가?

① 0.6
② 0.8
③ 1.2
④ 1.4

해설 기기 배치시 배전반 등의 최소유지거리(단위: m)

위치별 기기별	앞면 또는 조작 계측면	뒷면 또는 점검면	열상호간 (점검하는 면)	기타의 면
특고압반	1.7	0.8	1.4	-
고압 배전반	1.5	0.6	1.2	-
저압 배전반	1.5	0.6	1.2	-
변압기 등	1.5	0.6	1.2	0.3

48 다음의 논리회로와 등가인 논리게이트는?

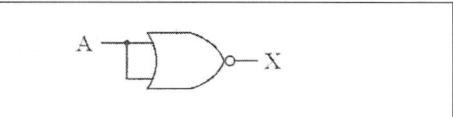

① OR
② AND
③ NOT
④ NAND

해설 NOT 게이트

180도 바꿔서 출력으로 나온다. 0의 반대는 1, 1의 반대는 0이다.

A	X
0	1
1	0

49 전기설비기술기준에 따른 저압전로의 절연성능에서 전로의 사용전압에 대한 절연저항의 기준으로 틀린 것은? (단, 절연저항은 전로와 대지 사이의 값이다.)

① SELV - 0.5MΩ 이상
② FELV - 1.0MΩ 이상
③ 500V 초과 - 1.0MΩ 이상
④ PELV - 2.0MΩ 이상

해설 저압전로의 절연성능

전기사용 장소의 사용전압이 저압인 전로의 전선 상호 간 및 전로와 대지 사이의 절연저항은 개폐기 또는 과전류차단기로 구분할 수 있는 전로마다 다음 표에서 정한 값 이상이어야 한다. 다만, 전선 상호간의 절연저항은 기계기구를 쉽게 분리가 곤란한 분기회로의 경우 기기 접속 전에 측정할 수 있다. 또한, 측정 시 영향을 주거나 손상을 받을 수 있는 SPD 또는 기타 기기 등은 측정 전에 분리시켜야 하고, 부득이하게 분리가 어려운 경우에는 시험전압을 250V DC로 낮추어 측정할 수 있지만 절연저항 값은 1MΩ 이상이어야 한다.

전로의 사용전압(V)	DC시험전압(V)	절연저항(MΩ)
SELV 및 PELV	250	0.5
FELV, 500V 이하	500	1.0
500V 초과	1,000	1.0

[주] 특별저압(extra low voltage : 2차 전압이 AC 50V, DC 120V 이하)으로 SELV(비접지회로 구성) 및 PELV(접지회로)은 1차와 2차간 전기적으로 절연된 회로, FELV는 1차와 2차가 전기적으로 절연되지 않은 회로

17.1.42

50 신·재생에너지 설비 지원 등에 관한 지침에 따른 태양광발전 모듈의 시공기준에 대한 설명으로 틀린 것은?

① 모듈 전면의 음영이 최대화되어야 한다.
② 경사각은 현장 여건에 따라 조정하여 설치할 수 있다.
③ 방위각은 그림자의 영향을 받지 않는 곳에 정남향 설치를 원칙으로 한다.
④ 단위 모듈당 용량에 따라 설계용량과 동일하게 설치할 수 없을 경우에 한하여 설계용량의 110% 이내까지 가능하다.

해설 모듈의 설치상태

① 모듈의 일조시간은 장애물로 인한 음영에도 불구하고 1일 5시간[춘계(3~5월)·추계(9~11월)기준] 이상이어야 하며 전선, 피뢰침, 안테나 등 경미한 음영은 장애물로 보지 않는다.
② 모듈 설치 열이 2열 이상일 경우 앞 열은 뒷 열에 음영이지지 않도록 설치하여야 한다.

51 콘크리트용 앵커 중 선설치 앵커(cast-in-place anchor)에 해당하지 않는 것은?

① 헤드 볼트 앵커
② 언더컷 볼트 앵커
③ 스터드 볼트 앵커
④ 갈고리 볼트 앵커

해설 앵커볼트 종류

(1) 선설치 앵커
선설치 앵커는 후설치 앵커보다 큰 인발저항력과 전단력 저항력을 발현하지만, 콘크리트 타설전에 매입해야 함으로 설계 변경 등에 의해 앵커위치 변경으로 사용하지 못하는 단점이 있다.

(2) 후설치 앵커
후설치 앵커는 콘크리트 및 구조물의 배치후 해머드릴을 통하여 앵커를 설치합니다. 구조물의 위치가 이동시에도 신속히 대응이 가능하고, 추가적인 설계변경에도 대응할 수 있는 장점이 있으나, 인발 및 전단저항 강도가 높지 않은 것과 진동 및 피로에 취약한 단점이 있습니다.

① 확장앵커(세트앵커)
타설된 콘크리트에 구멍을 뚫어 삽입하고, 하단부를 확장시켜 콘크리트와 기계적 마찰에 의해 저항력을 발휘하는 방식

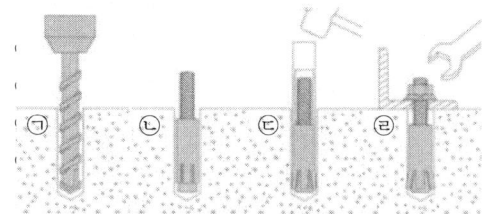

세트 앵커(후설치) 시공방법
㉠ 햄머드릴을 이용한 천공
㉡ 너트, 와셔 분해 후 삽입
㉢ 앵커펀치를 사용, 타격하여 고정
㉣ 너트, 와셔 고정

② 언더컷 볼트 앵커
특수 천공기구를 사용하여, 구멍하부를 미리 더 크게 천공하여 설치
(일반 확장 앵커보다 성능 우수)

③ 부착식 앵커
케미컬 앵커가 이에 해당되며, 전산볼트를 기 타공된 콘크리트 블록에 삽입하고 접착제를 채워 앵커와 콘크리트를 일체화하여 성능을 발현하는 앵커

17.4.50

52 전력계통의 전압을 조정하는 조상설비 중 진상 또는 지상의 무효전력 조정이 가능한 것은?

① 난로기 ② 분로리액터
③ 동기조상기 ④ 전력용커패시터

해설 조상설비

전력 계통의 무효 전력 및 전압 제어용으로 사용되는 외에 무효전력 조류의 적정 배분으로 전력 손실 경감을 목적으로 하는 경우도 있다.
1) 종류
① 회전기 : 동기조상기, 비동기조상기
② 정지기 : 전력용 콘덴서, 분로 리액터

2) 동기조상기
① 앞선 전류(콘덴서)와 뒤진 전류(리액터) 작용이 가능하다(진상, 지상)
② 현재는 거의 사용되고 있지 않다.

53 저전압계전기의 정격전압 정정 시 정격전압의 몇 % 범위에서 정정하는 것이 적당한가?

① 10~30% ② 35~55%
③ 60~80% ④ 90~105%

해설 저전압계전기(Under Voltage Relay)

회로가 저전압 또는 무전압시 콘덴서가 투입되어 있으면 회로 전압 회복시 콘덴서만이 운전되어 콘덴서로 인한 전압상승으로 타 기기에 손상을 주는 것을 방지하기 위하여, 일반적으로 유도형 한시 부족전압계전기를 사용하며, 동작전압은 70% 이하, 시한은 2초 정도로 한다.

21.1.54

54 한국전기설비규정에 따라 덕트를 조영재에 붙이는 경우에는 덕트의 지지점 간의 거리를 몇 m 이하로 하여야 하는가? (단, 취급자 이외의 자가 출입할 수 있도록 설비한 곳이다.)

① 1.5 ② 2
③ 3 ④ 6

해설 금속덕트의 시설

① 덕트 상호 간은 견고하고 또한 전기적으로 완전하게 접속할 것
② 덕트를 조영재에 붙이는 경우에는 덕트의 지지점 간의 거리를 3 m(취급자 이외의 자가 출입할 수 없도록 설비한 곳에서 수직으로 붙이는 경우에는 6 m) 이하로 하고 또한 견고하게 붙일 것
③ 덕트의 본체와 구분하여 뚜껑을 설치하는 경우에는 쉽게 열리지 아니하도록 시설할 것
④ 덕트의 끝부분은 막을 것
⑤ 덕트 안에 먼지가 침입하지 아니하도록 할 것
⑥ 덕트는 물이 고이는 낮은 부분을 만들지 않도록 시설할 것
⑦ 덕트는 접지공사를 할 것

55 공사 중 발생가능한 안전사고의 간접 원인이 아닌 것은?

① 기술적 원인 ② 관리적 원인
③ 인적 원인 ④ 교육적 원인

해설 안전사고 발생 원인

1. 직접원인
(1) 불안전 상태 : 구조물 자체에 결함이 있거나 배치가 잘못된 것, 작업장소 및 환경의 결함 등

(2) 불안전 행동
① 신체적 원인 : 신체적 결함으로 두통, 근시, 난청, 불구, 수면부족 등에 의한 피로, 숙취 등
② 정신적 원인 : 태만, 반항, 불만 등의 태도불량, 초조, 긴장, 공포, 불화 등의 정신적인 동요, 편협, 병 등에 의한 성격적 결함 및 지능적 결함

정답 52. ③ 53. ③ 54. ③ 55. ③

2. 간접원인
① 기술적: 기계장치의 배치, 작업장의 정비, 실내의 조명, 환기, 기계공구류의 설계 및 점검, 위험 장소와 방호설비, 보호구류의 정비 등에 있어 모든 기술적인 결함
② 교육적: 안전에 관한 지식 및 경험의 부족에 의한 것으로 작업내용의 위험성 및 안전하게 수행하는 방법에 대한 무지, 경지, 무이해, 훈련미숙, 악습관, 미경험 등
③ 관리적: 관리자의 안전에 대한 책임감 부족으로 작업기준의 불명확, 점검제도의 결함, 적성배치의 불비, 근로의욕의 침체 등 관리상의 결함

※ 간접원인 중에는 기술적 원인과 교육적 원인이 70~80% 이상, 직접원인 중에는 불안전한 행동이 70~80% 이상을 차지한다.

56 순방향으로 바이어스된 베이스-이미터 트랜지스터 회로의 컬렉트 전류 ic가 4.65mA, 베이스 전류 i_B가 0.0465mA인 경우 DC 전류이득 $β_{DC}$는?

① 0.01 ② 0.22
③ 4.7   ④ 100

해설 전류이득($β_{DC}$)

$$β_{DC} = \frac{컬렉트\ 전류(ic)}{베이스\ 전류(iB)} = \frac{4.65}{0.0465} = 100$$

57 피뢰시스템의 등급이 Ⅳ인 경우 인하도선 사이의 최적 간격은 몇 m인가?

① 5   ② 10
③ 15 ④ 20

해설 인하도선시스템의 배치방법
(1) 건축물·구조물과 분리된 피뢰시스템인 경우
① 뇌전류의 경로가 보호대상물에 접촉하지 않도록 하여야 한다.

② 별개의 지주에 설치되어 있는 경우 각 지주마다 1가닥 이상의 인하도선을 시설한다.
③ 수평도체 또는 메시도체인 경우 지지 구조물마다 1가닥 이상의 인하도선을 시설한다.

(2) 건축물·구조물과 분리되지 않은 피뢰시스템인 경우
① 벽이 불연성 재료로 된 경우에는 벽의 표면 또는 내부에 시설할 수 있다. 다만, 벽이 가연성 재료인 경우에는 0.1m 이상 이격하고, 이격이 불가능 한 경우에는 도체의 단면적을 100㎟ 이상으로 한다.
② 인하도선의 수는 2가닥 이상으로 한다.
③ 보호대상 건축물·구조물의 투영에 따른 둘레에 가능한 한 균등한 간격으로 배치한다. 다만, 노출된 모서리 부분에 우선하여 설치한다.
④ 병렬 인하도선의 최대 간격은 피뢰시스템 등급에 따라 Ⅰ·Ⅱ 등급은 10m, Ⅲ 등급은 15m, Ⅳ 등급은 20m로 한다.

58 한국전기설비규정에 따라 배선설비의 접속방법 선정 시 고려하는 사항으로 틀린 것은?

① 도체의 단면적
② 도체와 절연재료
③ 도체의 설치위치
④ 도체를 구성하는 소선의 가닥수와 형상

해설 전기적 접속
(1) 도체상호간, 도체와 다른 기기와의 접속은 내구성이 있는 전기적 연속성이 있어야 하며, 적절한 기계적 강도와 보호를 갖추어야 한다.

(2) 접속 방법은 다음 사항을 고려하여 선정한다.
① 도체와 절연재료
② 도체를 구성하는 소선의 가닥수와 형상
③ 도체의 단면적
④ 함께 접속되는 도체의 수

59 얕은기초(KCS 11 50 05 : 2021)에서 기초터파기 및 바닥면 마무리에 대한 내용이다.

다음 ( )안에 알맞은 것은?

> 암반지지 기초의 경우 바닥면의 경사가 ( ) 이상인 경우 계단식 또는 톱니식으로 마무리 하여야 한다.

① 1 : 1
② 1 : 2
③ 1 : 3
④ 1 : 4

해설 기초터파기 및 바닥면 마무리
① 기초터파기 경사는 토질조건과 지하수의 상태 등에 따라 안전한 굴착면 경사를 유지하여야 하고 필요시 가설흙막이벽을 설치하여야 한다.
② 기초바닥면은 평탄하게 마무리하여야 한다.
③ 기초바닥재로 지름 80㎜ 이상의 조약돌을 포설할 경우에는 막자갈 또는 쇄석 등의 채움재료로 간극을 메우고 소형 롤러 또는 램머 등으로 다짐을 하여야 한다.
④ 기초바닥재로 자갈 또는 모래를 포설할 경우, 설계 포설면까지 재료를 포설한 후 소형 롤러, 램머 등으로 다짐을 하여야 하며, 설계 포설두께가 20cm 이상으로 두꺼울 경우에는 한 층 다짐두께를 20cm 이하로 층 다짐하여야 한다.
⑤ 암반지지 기초의 경우 바닥면의 경사가 1:4 이상인 경우 계단식 또는 톱니식으로 마무리하여야 한다.
⑥ 바닥면에 용수, 우수 등의 유입이 우려될 경우에는 배수처리를 하여야 한다.
⑦ 바닥면이 암반일 경우에는 돌부스러기 등 이물질을 완전히 제거하여야 하고 토사일 경우에는 적절한 다짐장비로 충분한 다짐을 하여야 한다.
⑧ 기초 터파기 부분은 기초 설치 후 설계서에서 정하는 바에 따라 되메우기를 하여야 하며, 설계서에서 별도로 정하지 않은 경우, 주변 배수여건 변화를 고려하여 원래 상태로 복구되도록 되메우기를 하여야 한다.

15.2.56

60 1일 사용전력량이 240 kWh, 최대 수용전력이 20 kW인 수전설비의 부하율은 몇 % 인가?

① 20%
② 50%
③ 80%
④ 120%

해설 부하율(load factor)
① 일정한 기간의 평균부하전력의 최대부하전력에 대한 비
② 부하율 = $\dfrac{평균\ 수용\ 전력\ [kW]}{합성\ 최대\ 수용\ 전력\ [kW]} \times 100\ [\%]$

$= \dfrac{\frac{240}{24}}{20} \times 100 = 50\ [\%]$

61 산업안전보건법령에 따라 작업내용 변경 시 일용근로자를 제외한 근로자를 대상으로 하는 안전보건교육의 교육시간은 몇 시간 이상인가?

① 1
② 2
③ 4
④ 8

해설 안전보건교육 교육과정별 교육시간

교육과정	교육대상	교육시간
정기교육	㉠ 사무직 종사 근로자 ㉡ 판매업무에 직접 종사하는 근로자	매분기 3시간 이상
	그 외 근로자	매분기 6시간 이상
	관리감독자의 지위에 있는 사람	연간 16시간 이상
채용 시 교육	일용근로자	1시간 이상
	일용근로자를 제외한 근로자	8시간 이상
작업내용 변경 시 교육	일용근로자	1시간 이상
	일용근로자를 제외한 근로자	2시간 이상
특별교육	일용근로자	2시간 이상
	타워크레인 신호작업에 종사하는 일용근로자	8시간 이상
	일용근로자를 제외한 근로자	16시간 이상 (단기간 작업 또는 간헐적 작업인 경우에는 2시간 이상)

62 태양광발전 접속함(KS C 8567 : 2019)에 따른 절연 특성 시험 중 내전압 시험방법 시 서로 연결된 주 회로의 모든 극과 접지된 외함(절연성의 경우 외함의 금속박) 사이에 시험 전압 값을 인가한 후 몇 초 동안 유지하여야 하는가?

① 1
② 3
③ 5
④ 10

정답 59. ④ 60. ② 61. ②

해설 **내전압 시험**

(1) 시험방법
1) 주회로 및 주회로에 연결된 보조회로, 제어회로는 규정된 시험전압을 인가하여야 한다.
2) 주회로에 연결되지 않은 보조회로와 제어회로는 교류나 직류에 관계없이 규정된 시험전압을 인가하여야 한다.
3) 회로에 시험전압 값으로 인가한 후, 5S 동안 유지한다.
① 서로 연결된 주회로의 모든 극과 접지된 외함(절연성의 경우 외함의 금속박) 사이에 인가
② 주회로에 연결되지 않는 각 제어회로 및 보조회로와 다음 사이에 인가
  ㉠ 주회로
  ㉡ 그 밖의 회로
  ㉢ 노출 도전부(접지된 외함 포함)

(2) 품질기준
시험 중에 절연 파괴가 없어야 한다.

16.4.64 / 17.1.69 / 21.2.80
63 인버터의 육안점검항목이 아닌 것은?

① 이상음, 이취, 발연
② 가대의 부식과 녹슴
③ 외함의 부식 및 파손
④ 외부 배선(접속 케이블) 손상

해설 **인버터의 육안점검항목**
① 이상음, 이취, 발연
② 지붕재의 파손
③ 외함의 부식 및 파손
④ 단자대 나사 풀림
⑤ 접지단자와의 접속
⑥ 외부 배선(접속 케이블) 손상
⑦ 인버터의 고정상태

64 절연용 방호구의 선정 및 관리 등에 관한 기술지침에 따라 덮개의 구조에 대한 설명으로 틀린 것은?

① 덮개의 두께는 일정하고 균일한 품질이어야 한다.
② 덮개를 설치하였을 때, 충전부는 노출되는 구조이어야 한다.
③ 2개 이상의 덮개를 연결하여 사용할 때, 연결과 분리가 간편하고 설치 및 해체가 용이해야 한다.
④ 덮개를 선로 등에 설치하였을 때, 회전되거나 탈락되지 않아야 하고 연결부가 분리되지 않은 구조이어야 한다.

해설 **덮개의 구조**

방호관(도체 덮개)   내장 애자 덮개

① 덮개는 형상이 바르고 내·외 표면은 홈, 균열 등의 결함이 없어야 한다.
② 덮개의 두께는 일정하고 균일한 품질이어야 한다.
③ 덮개를 선로 등에 설치하였을 때, 회전되거나 탈락되지 않아야 하고 연결부가 분리되지 않는 구조이어야 한다.
④ 2개 이상의 덮개를 연결하여 사용할 때, 연결과 분리가 간편하고 설치 및 해체가 용이해야 한다.
⑤ 덮개를 설치하였을 때, 충전부가 노출되지 않는 구조이어야 한다.

16.2.75 / 16.4.65 / 17.4.66 / 18.4.72
65 태양광발전시스템의 계측 및 표시에 필요한 기기로 틀린 것은?

① 교류회로 전압 측정을 위한 분류기
② 계측 데이터를 복사, 보존하기 위한 기억장치
③ 검출된 전압, 전류, 전력 등의 데이터 전송을 위한 신호변환기
④ 일시 계측 데이터를 적산하여 평균값 및 적산 값을 얻기 위한 연산장치

해설 태양광발전시스템의 계측시스템 구성

① 검출기
태양광발전시스템의 기상데이터와 전압, 전류 등을 측정하는 장치로 직류측의 전압은 분압기로 전류는 분류기를 이용하고, 교류측의 전압, 전류, 역률, 주파수 계측은 PT, CT를 통해서 검출, 지시계 또는 신호변환기로 전송하는 장치

② 신호변환기
검출기로 검출된 데이터를 컴퓨터 및 먼거리에 설치한 표시장치에 전송할 때 사용하는 장치

③ 연산장치
검출기를 통해 얻어진 순시계측 데이터는 적산하고, 일정기간 동안의 데이터는 평균하는 등 필요 데이터를 가공하는 장치

④ 기억장치
컴퓨터가 필요로 하는 정보, 컴퓨터가 자료를 처리하여 얻은 결과 등을 저장하는 기능을 하는 장치

※ 분류기 : 어느 전로(電路)의 전류를 측정하려는 경우에 전로의 전류가 전류계의 정격보다 큰 경우에는 전류계와 병렬로 다른 전로를 만들고, 전류를 분류하여 측정하며, 이와 같이 전류를 분류하는 전로(저항기)를 분류기라 한다.

15.4.67 / 15.4.78 / 16.2.68 / 16.4.72 / 17.1.61 / 18.4.66 / 19.2.65 / 19.2.79

66 정전작업 중 조치사항에 대한 설명으로 틀린 것은?

① 개폐기의 관리
② 작업지휘자에 의한 작업지휘
③ 근접 활선에 대한 방호상태 관리
④ 검전기로 개로된 전로의 충전 여부 확인

해설 정전작업

1) 정전작업 전 조치사항
① 전원차단후 각 단로기 등을 개방하고 확인할 것
② 차단장치나 단로기 등에 잠금(시건)장치 및 꼬리표를 부착할 것
③ 전기기기 등에 공급되는 모든 전원을 관련 배선도, 도면 등을 통해 확인할 것
④ 검전기를 이용하여 작업 대상 기기가 충전되었는지 확인 할 것(잔류전하 방전)

2) 정전작업 중 조치사항
① 작업지휘자에 의한 작업지휘
② 개폐기 관리(전원 재투입 방지, 잠금장치 및 꼬리표 부착 관리)
③ 근접 활선에 대한 방호상태 관리
④ 단락접지의 상태관리

3) 정전작업 후 조치사항
① 작업기기, 단락접지기구(접지선)를 제거하고 전기기기 등이 안전하게 통전될 수 있는지 확인
② 모든 작업자가 작업이 완료된 전기기기 등에서 떨어져 있는지 확인할 것
③ 잠금장치 와 꼬리표는 설치한 근로자가 직접 철거할 것
④ 모든 이상유무를 확인 한 후 전기기기 등의 전원을 투입할 것

67 건물일체형 태양광 모듈(BIPV)-성능평가 요구사항(KS C8577 : 2016)에 따른 역전류 과부하 시험에서 모듈의 과전류 보호 정격의 몇 %를 가하여 역전류가 모듈을 지나 흐르도록 하는가?

① 90   ② 110
③ 125   ④ 135

해설 역전류 과부하 시험

(1) 시험방법
시험중인 모듈 상판을 아래로 하여 백색 박엽지 한 겹으로 덮은 두께 9mm의 부드러운 송판에 놓고, 모든 차단 다이오드를 단락시키고 직류 전원 공급 장치의 양극 출력을 모듈 양극 단자에 연결하여, 모듈의 과전류 보호 정격의 135%를 가하여 역전류가 모듈을 지나 흐르도록 한다.

(2) 품질기준
① 모듈이 불꽃을 일으키면 타지 않거나, 또는 모듈과 접촉한 무명과 박엽지가 타지도 않고 황색으로 변하지도 않아야 한다.
② 초기 측정에서 모듈파손으로 인한 관통 또는 전류가 흐르는 도체의 노출이 없어야 한다.
※ 박엽지 : 얇게 뜬 양지의 하나로 사전 용지 담배 용지, 타이프라이터 용지 등에 사용된다.

정답 65. ① 66. ④ 67. ④

68 태양광발전시스템에서 사용되는 배선 케이블의 손상유무를 파악하는 육안점검 사항으로 틀린 것은?

① 배선의 저항
② 배선의 늘어짐
③ 배선의 결선상태
④ 배선의 변색 및 변형

해설 배선의 저항값은 회로시험기로 측정한다.

69 중대형 태양광 발전용 인버터(계통연계형, 독립형)(KS C 8565 : 2021)에 따른 구조시험의 품질기준은 KS C 8536 규정을 만족하고 출력 전력, 전압, 전류는 실제 값과 오차가 몇 % 이내이어야 하는가?

① 1 ② 2
③ 3 ④ 4

해설 **구조시험**
1) 시험방법
① 전기 회로의 충전부는 노출하지 않을 것
② 외함 및 바깥틀은 수송 또는 시설 중에 일어나는 일반적 충격에 충분히 견디는 기계적 강도와 장기간에 걸쳐 내후성을 갖는 금속 또는 이와 동등 이상의 성능을 갖는 재료로 만들 것일 것
③ 외함은 사용 상태에서 내부에 기능상 지장이 되는 침수나 결로가 생기지 않는 구조일 것
④ 수납된 기기의 온도 간 최소 허용 온도를 초과하지 않는 구조일 것
⑤ 출력 계측을 위한 장치(CT 등)의 정확도는 3% 이내이어야 한다.

2) 품질기준
KS C 8536의 규정을 만족하고 출력 전력, 전압, 전류는 실제값과 오차가 3% 이내일 것

70 태양광발전시스템을 운영하기 위하여 필요한 계측장비로 틀린 것은?

① IV checker
② 열화상 카메라
③ 폐쇄력 측정기
④ 솔라 경로추적기

해설 **태양광발전시스템의 계측장비**
① 절연저항계
② 접지저항계
③ 멀티미터
④ 클램프미터(후크메타)
⑤ 보호계전기 시험기
⑥ 적외선 열화상 카메라
⑦ 일사량계
⑧ 모듈 테스터
⑨ 버니어 캘리퍼스
⑩ 내전압 측정기
⑪ 태양광 어레이 테스터
⑫ GPS 수신기
⑬ 솔라경로 추적기
⑭ RST 3상 테스터기
⑮ 전력 분석계
⑯ 적외선 온도계
⑰ 지락 전류시험기
⑱ 배터리 테스터기
※ 폐쇄력 측정기 : 급기 가압제연설비의 부속실에 설치된 방화문의 폐쇄력과 개방력을 측정하는 기구

71 태양광 시스템용 배터리 충전 컨트롤러-성능 및 기능(KS C IEC 62509 : 2010)에 따라 배터리 수명 보호 요구조건의 권장 충전 단계에서 배터리 충전 컨트롤러는 주기적으로 배터리에 균등 충전을 제공해야 하며, 균등 충전의 주기

① 3일 ② 5일
③ 7일 ④ 14일

[해설] 충전 방식

① 요구되는 충전 단계
   최소한의 태양광(PV) 배터리 충전 컨트롤러는 벌크와 부동 충전 단계가 있어야 한다.
② 권장 충전 단계
   배터리 충전 컨트롤러는 주기적으로 배터리에 균등 충전을 제공해야 한다. 균등 충전의 주기는 7일 이상이어야 한다.

20.3.80 / 22.1.74

72 태양광발전소 설비용량이 200kW, SMP가 90원/kWh, 가중치 적용 전 REC가 120원/kWh, 1개월간 생산한 전력량이 10MWh일 때 발전수익은 얼마인가? (단, "SMP+1REC가격×가중치" 계약방식이며, 일반부지에 설치하는 것으로 한다.)

① 1740000원
② 2100000원
③ 2220000원
④ 2415000원

[해설] 태양광에너지 공급인증서 가중치

공급인증서 가중치	대상에너지 및 기준	
	설치유형	세부기준
1.2	일반부지에 설치하는 경우	100KW미만
1.0		100KW부터
0.8		3,000KW초과부터
0.5	임야에 설치하는 경우	-
1.5	건축물 등 기존 시설물을 이용하는 경우	3,000KW이하
1.0		3,000KW초과부터
1.6	유지 등의 수면에 부유하여 설치하는 경우	100KW미만
1.4		100KW부터
1.2		3,000KW초과부터
1.0	자가용 발전설비를 통해 전력을 거래하는 경우	

① 태양광발전소를 일반부지에 설치하는 경우
   태양광에너지 가중치는 전체용량에 대하여 부여하되 소수점 넷째자리에서 절사하며, 설치유형별 용량기준 순으로 구분하여 구간별 해당 가중치를 아래와 같이 적용한다.

② 태양광발전소를 일반부지(밭)에 설치하는 경우

설치용량	태양광에너지 가중치 산정식
100kW미만	1.2
100kW부터 3,000kW이하	$\frac{99.999 \times 1.2 + (용량 - 99.999) \times 1.0}{용량}$
3,000kW 초과부터	$\frac{99.999 \times 1.2}{용량} + \frac{2,900.001 \times 1.0}{용량} + \frac{(용량 - 3,000) \times 0.8}{용량}$

③ 200kWp(일반부지) REC 가중치

$$REC 가중치 = \frac{99.999 \times 1.2 + (용량 - 99.999) \times 1.0}{용량}$$

$$= \frac{99.999 \times 1.2 + (200 - 99.999) \times 1.0}{200} \fallingdotseq 1.1$$

④ 발전수익
   발전수익(月) = 10,000×90+(10,000×120×1.1)
   = 2,220,000원

73 전기설비 검사 및 점검의 방법·절차 등에 관한 고시에 따른 사업용 태양광발전설비의 정기점검 시 종합검사의 검사항목에 해당하지 않는 것은?

① 종합연동시험
② 조상설비시험
③ 부하운전시험
④ 부지 및 구조물

[해설] 태양광발전설비의 종합검사 항목

1) 종합연동시험

2) 부하운전시험
① 검사시 일사량을 기준으로 가능출력을 확인하고 발전량 이상유무 확인(30분)
② 부하운전시험의견

3) 부지 및 구조물
① 배수로 정비상태 외관점사
② 부지 유지관리상태 외관검사
③ 기초 구조물 관리상태
④ 구조물 관리상태

정답 71. ③ 72. ③ 73. ②

74 산업안전보건기준에 관한 규칙에 따라 물체의 낙하·충격, 물체에의 끼임, 감전 또는 정전기의 대전(帶電)에 의한 위험이 있는 작업 시 착용하는 보호구는?

① 보안면 ② 방열복
③ 안전화 ④ 방진마스크

[해설] 보호구의 지급 등
사업주는 다음의 어느 하나에 해당하는 작업을 하는 근로자에 대해서는 다음의 구분에 따라 그 작업조건에 맞는 보호구를 작업하는 근로자 수 이상으로 지급하고 착용하도록 하여야 한다.
① 물체가 떨어지거나 날아올 위험 또는 근로자가 추락할 위험이 있는 작업: 안전모
② 높이 또는 깊이 2미터 이상의 추락할 위험이 있는 장소에서 하는 작업: 안전대(安全帶)
③ 물체의 낙하·충격, 물체에의 끼임, 감전 또는 정전기의 대전(帶電)에 의한 위험이 있는 작업: 안전화
④ 물체가 흩날릴 위험이 있는 작업: 보안경
⑤ 용접 시 불꽃이나 물체가 흩날릴 위험이 있는 작업: 보안면
⑥ 감전의 위험이 있는 작업: 절연용 보호구
⑦ 고열에 의한 화상 등의 위험이 있는 작업: 방열복
⑧ 선창 등에서 분진(粉塵)이 심하게 발생하는 하역작업: 방진마스크
⑨ 섭씨 영하 18도 이하인 급냉동어창에서 하는 하역작업: 방한모·방한복·방한화·방한장갑
⑩ 물건을 운반하거나 수거·배달하기 위하여 이륜자동차를 운행하는 작업: 승차용 안전모

75 전기설비 검사 및 점검의 방법·절차 등에 관한 고시에 따라 사업용 태양광발전설비의 정기점검 시 태양광 전지의 수검자 준비자료 중 측정 및 점검기록표에 해당하지 않는 것은?

① 절연내력시험 성적서
② 접지저항시험 성적서
③ 절연저항시험 성적서
④ 보호장치 및 계전기시험 성적서

[해설] 태양광발전설비계통(태양전지) 정기점검 시 수검자 준비자료
① 단선결선도
② 태양광전지 트립 인터록 도면
③ 시퀀스 도면
④ 측정 및 점검기록표
 ㉠ 보호장치 및 계전기시험 성적서
 ㉡ 절연저항시험 성적서
 ㉢ 접지저항시험 성적서

76 전기안전관리법령에 따라 개인대행자가 전기안전관리업무를 대행할 수 있는 태양광발전설비의 규모로 옳은 것은? (단, 원격감시 및 제어기능을 갖춘 경우이다.)

① 용량 250킬로와트 미만
② 용량 500킬로와트 미만
③ 용량 750킬로와트 미만
④ 용량 1000킬로와트 미만

[해설] 전기안전관리업무의 대행규모(전기안전관리법)
1) 안전공사 및 대행사업자: 다음의 어느 하나에 해당하는 전기설비(둘 이상의 전기설비 용량의 합계가 4,500kW 미만 경우로 한정한다)
① 용량 1,000kW천킬로와트 미만의 전기수용설비
② 용량 300kW 미만의 발전설비. 다만, 비상용 예비발전설비의 경우에는 용량 500kW 미만으로 한다.
③ 용량 1,000kW(원격감시 및 제어기능을 갖춘 경우 용량 3,000kW) 미만의 태양광발전설비

2) 개인대행자: 다음의 어느 하나에 해당하는 전기설비(둘 이상의 용량의 합계가 1,550kW 미만인 전기설비로 한정한다)
① 용량 500kW 미만의 전기수용설비
② 용량 150kW 미만의 발전설비. 다만, 비상용 예비발전설비의 경우에는 용량 300kW 미만으로 한다.
③ 용량 250kW(원격감시 및 제어기능을 갖춘 경우 용량 750kW) 미만의 태양광발전설비

77 인버터의 계통 전압이 규정치 이상일 경우 인버터의 표시내용으로 옳은 것은?

16.4.75 / 17.4.69 / 19.1.66

① Utility Line Fault
② Line Over Voltage Fault
③ Line Phase Sequence Fault
④ Inverter Over Current Fault

해설 인버터의 표시 내용
① 인버터 출력전압 이상(Inverter Output Voltage Fault) : 인버터 전압 이상이 계측되는 경우
② 인버터 과전류(Inverter Over Current Fault) : 인버터 전류의 규정 값 이상
③ 인버터지락(Inverter Ground Fault) : 인버터에 누전발생
④ 인버터 과열(Inverter Over Temperature) : 인버터의 온도 이상
⑤ 인버터 MC 이상(Inverter M/C Fault) : 전자접촉기(MC) 이상
⑥ 계통-인버터 위상 이상(Line Inverter Async Fault) : 인버터와 전력계통의 위상이 비동기
⑦ 계통 과전압(Line Over Voltage Fault) : 계통 전압이 규정치 이상
⑧ 인버터 저전압(Solar Cell Under Voltage Fault) : 태양전지 전압이 규정치 이하일 때

15.4.64 / 16.2.77 / 19.1.62

78 태양광발전시스템 운영 시 비치서류가 아닌 것은?

① 건설 관련 도면
② 송전 관계 일람도
③ 시방서 및 계약서
④ 구조물의 구조계산서

해설 태양광발전시스템 운영 시 비치서류
① 건설 관련 도면
② 시방서 및 계약서 사본
③ 구조물의 설계도면 및 구조 계산서
④ 시스템 운영 매뉴얼

⑤ 시설 및 장비 기기의 매뉴얼
⑥ 부품에 대한 상세 매뉴얼
⑦ 전력회사와의 관련된 서류
⑧ 산업 안전 관리 명판과 안전 경고등 위치 매뉴얼
⑨ 전기 안전 관련 정기 점검표
⑩ 시스템 일반 점검표
⑪ 예비품대장
이외에도 태양광발전시스템 운영에 필요한 긴급 복구 안내문, 산업 안전 표지판, 일별·월별·연간 계획표, 전기 생산량 작성표 등을 작성, 비치한다.

15.4.12 / 18.1.63 / 18.4.8 / 18.4.73 / 22.4.20

79 태양광발전시스템의 운영방법에 대한 설명으로 틀린 것은?

① 모듈 표면의 온도가 높을수록 발전효율이 높으므로 강한 빛을 받도록 한다.
② 모듈은 고압 분사기를 이용하여 정기적으로 물을 뿌려 이물질을 제거하여 발전효율을 높인다.
③ 태양광발전설비의 고장요인이 대부분 인버터에서 발생하므로 정기적으로 정상 가동여부 확인한다.
④ 구조물이나 구조물 집합자재에 부분적인 발청 현상이 있을 경우 녹 방지 페인트, 은분 등으로 도포 처리를 해 준다.

해설 태양광 모듈의 온도에 따른 출력 전압과 전류 값
① 태양광 모듈의 온도특성을 살펴보면 전류는 양(+)의 온도계수를 가지고 전압과 전력은 음(-)의 온도계수를 가진다. 음의 온도계수의 의미는 온도가 높을수록 태양광 모듈의 전압과 전력은 감소하고, 온도가 낮을수록 태양광 모듈의 전압과 전력이 증가한다는 것을 의미한다.
② 태양전지가 보다 높은 온도에 노출되면 단락전류(I_{SC})는 조금(+0.05[%/℃]) 증가하며, 개방전압(V_{OC})은 (-0.5[%/℃]) 감소한다.
③ 폴리 실리콘 계열의 태양전지는 표면온도가 1[℃] 상승할 때, 대략 0.3~0.5[%]의 출력이 감소한다.

정답 77. ② 78. ② 79. ①

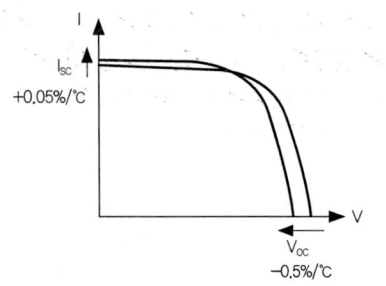

태양전지의 온도특성

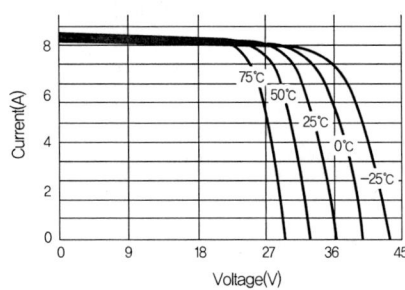

모듈의 온도에 따른 출력전압과 전류 값

80 산업안전보건법령에 따른 다음 안전보건표지의 내용으로 옳은 것은?

① 고압전기 경고
② 레이저광선 경고
③ 방사성물질 경고
④ 폭발성물질 경고

해설 **안전보건 경고표지**

인화성물질 경고	폭발성물질 경고	방사성물질 경고	고압전기 경고
매달린 물체 경고	낙하물 경고	레이저광선 경고	위험장소 경고

정답 80. ①

2022 제4회 CBT기출문제 복원

01 태양전지 모듈에 부분 음영이 존재할 시, 모듈의 특성은 어떻게 변하는가?

① 효율증가 ② 출력감소
③ 발열감소 ④ 변화 없음

해설 낙엽 혹은 그림자에 의한 부분 음영시의 손실을 예방하기 위하여 바이패스다이오드는 그림자로 인한 출력이 저하된 셀 또는 셀 그룹을 우회해 전류가 흐르도록 하고, 이를 통한 출력감소는 그림자에 의해 가려진 셀 또는 셀 그룹에 해당되는 분분으로 제한해서 출력을 유지할 수 있다.

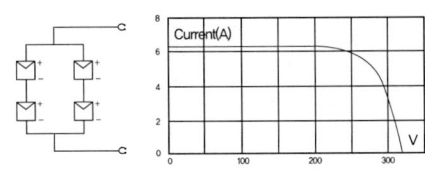

셀이 정상 연결되었을 때

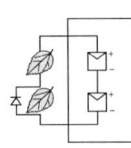 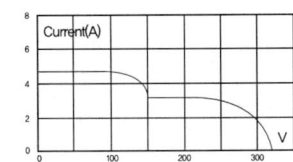

셀 일부가 정상동작하지 않을 시

02 전기사업용 태양광발전소 설치공사 시 공사계획의 인가가 필요한 용량은?

① 출력 3000[kW] 이상
② 출력 5000[kW] 이상
③ 출력 7500[kW] 이상
④ 출력 10000[kW] 이상

해설 전기사업용 전기설비 공사계획의 인가 및 신고의 대상 (전기사업법 시행규칙 제28조)

공사의 종류	인가가 필요한 것	신고가 필요한 것
태양광설비 태양전지	출력 10,000[kW] 이상의 태양전지의 설치 또는 전체 모듈 대체	출력 10,000[kW] 미만의 태양전지의 설치 또는 전체모듈 대체
태양광설비 전력변환장치	출력 10,000[kW] 이상의 전력변환장치의 설치 또는 대체	출력 10,000[kW] 미만의 전력변환장치의 설치 또는 대체

17.2.53 / 18.1.62 / 18.2.64 / 20.2.68 / 20.3.78 / 21.1.76

03 계통연계형과 독립형의 태양광 발전용 인버터가 실외형인 경우 IP(방진, 방수)는 최소 몇 등급 이상인가?

① IP20 ② IP44
③ IP56 ④ IP57

해설 태양광발전용 인버터와 접속함의 IP등급
(1) 인버터

용도	형식	설치 장소	비 고
계통 연계형	3상	실내/실외	실내형 : IP20이상
독립형	3상	실내/실외	실외형 : IP44이상

(2) 접속함

병렬 스트링 수에 의한 분류	설치장소에 의한 분류
소형(3회로 이하)	실내형: IP54 이상
	실외형: IP54 이상
중대형(4회로 이상)	실내형: IP20 이상
	실외형: IP54 이상

※ IP 등급의 표시

숫자	제1숫자 방수 보호정도	제2숫자 방수 보호정도
0	없음	없음
1	손의 접근으로부터 보호	수직으로 떨어지는 물방울로부터의 보호
2	손가락의 접근으로부터의 보호	수직에서 15° 범위에서 떨어지는 물방울로부터의 보호
3	공구의 선단 등으로부터 보호	수직에서 60° 범위에서 떨어지는 물방울로부터의 보호
4	WIRE 등으로부터의 보호	전방향으로 비산되는 물로부터의 보호
5	분진으로부터 보호	전방향으로 쏟아지는 물로부터의 보호
6	완전한 방진구조	파도 등의 강력하게 쏟아지는 물로부터의 보호
7	–	일정한 조건으로 물에 잠겨서 사용 가능
8	–	물속에서 사용 가능

04 태양전지의 특징을 설명한 것 중 틀린 것은?

① 빛이 있을 때 전기를 생산한다.
② 전기를 저장하는 기능을 가진다.
③ 전압의 세기는 여러 장의 태양전지를 직렬로 연결시켜 조정한다.
④ 전류의 세기는 병렬연결이나 태양전지의 면적으로 조정할 수 있다.

정답 1. ② 2. ④ 3. ②

[해설] 태양전지는 전기를 저장할 수는 없다.

05 전기공사업법을 위반하여 경력수첩을 빌려 준 사람 또는 타인의 경력수첩을 빌려서 사용한 자의 벌칙으로 옳은 것은?

① 1년 이하의 징역 또는 1천만원 이하의 벌금
② 2년 이하의 징역 또는 1천만원 이하의 벌금
③ 3년 이하의 징역 또는 2천만원 이하의 벌금
④ 3년 이하의 징역 또는 3천만원 이하의 벌금

[해설] 벌칙(전기공사업법 제42조, 제31조, 제28조)
다음의 어느 하나에 해당하는 자는 1년 이하의 징역 또는 1천만원 이하의 벌금에 처한다.
① 등록을 하지 아니하고 공사업을 한 자
② 거짓이나 그 밖의 부정한 방법으로 등록을 한 자
③ 공사업 등록증 등의 대여금지 등을 위반한 공사업자 및 그 상대방
④ 하도급을 주거나 다시 하도급을 준 자 및 그 상대방
⑤ 경력수첩을 빌려 준 사람 또는 타인의 경력수첩을 빌려서 사용한 자
⑥ 6개월 영업정지처분기간에 영업을 한 자
⑦ 시공능력의 평가 신고를 거짓으로 한 자

17.2.53 / 18.1.62 / 18.2.64 / 20.2.68 / 20.3.78 / 21.1.76

06 중대형 태양광 발전용 인버터를 실내에 쉽게 접근이 가능하도록 설치할 경우 충전부가 갖는 보호벽 표면의 고체침투에 대한 보호등급은 최소한 얼마 이상이어야 되는가?

① IP 15   ② IP 20
③ IP 30   ④ IP 44

[해설] 태양광발전용 인버터의 분류

용도	형식	설치 장소	비 고
계통 연계형	3상	실내/실외	실내 : IP20이상
독립형	3상	실내/실외	실외형 : IP44이상

07 신재생에너지의 이용·보급을 촉진하기 위한 보급 사업에 해당하지 않는 것은?

① 신기술의 적용사업 및 시범사업
② 지방자치단체와 연계한 보급사업
③ 신·재생에너지 국제표준화 적용사업
④ 환경친화적 신·재생에너지 시범단지 조성사업

[해설] 보급사업(신재생에너지법 제27조)
산업통상자원부장관은 신·재생에너지의 이용·보급을 촉진하기 위하여 필요하다고 인정하면 대통령령으로 정하는 바에 따라 다음의 보급사업을 할 수 있다.
① 신기술의 적용사업 및 시범사업
② 환경친화적 신·재생에너지 집적화단지 및 시범단지 조성사업
③ 지방자치단체와 연계한 보급사업
④ 실용화된 신·재생에너지 설비의 보급을 지원하는 사업
⑤ 그밖에 신·재생에너지 기술의 이용·보급을 촉진하기 위하여 필요한 사업으로서 산업통상자원부장관이 정하는 사업

08 PN접합 다이오드에 대한 설명 중 틀린 것은?

① 외부에서 바이어스를 가하지 않으면 확산전류와 드리프트전류의 크기는 동일하다.
② P영역의 정공은 확산(Diffusion)에 의해 N영역으로 이동한다.
③ N영역의 전자는 드리프트(Drift)에 의해 P영역으로 이동한다.
④ 공핍층(Depletion Layer)에서만 전기장이 존재한다.

[해설] PN접합에 의한 태양광 발전의 원리

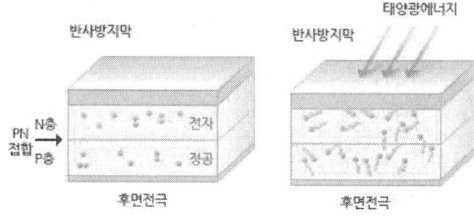

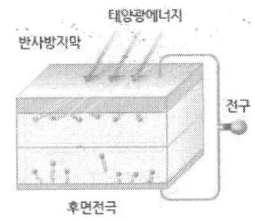

① 대표적인 결정질 실리콘 태양전지는 실리콘에 보론(boron:붕소)을 첨가한 P형 실리콘반도체를 기본으로 하여 그 표면에 인(phosphorous)을 확산시켜 N형 실리콘 반도체층을 형성함으로서 만들어짐, 이 PN접합에 의해 전계(電界)가 발생함

② 이 태양전지에 빛이 입사(광흡수)되면 반도체내의 전자(-)와 정공(+)이 여기(勵起) 되어 반도체 내부를 자유로이 이동하는 상태가 됨

③ 자유로이 이동하다가 PN접합에 의해 생긴 전계에 들어오게 되면 전자(-)는 N형반도체에, 정공(+)은 P형반도체에 이르게 되며, P형반도체와 N형반도체 표면에 전극을 형성하여 전자를 외부 회로로 흐르게 하면 전류가 발생됨

※ 여기(勵起) : 양자론에서, 원자나 분자에 있는 전자가 바닥상태에 있다가 외부의 자극에 의해 일정한 에너지를 흡수하여 보다 높은 에너지로 이동한 상태

09 태양광발전 인허가 절차 중 사전환경성 검토, 협의 내용으로 옳은 것은?

① 50 000[kW] 미만 : 환경 영향 평가, 50 000[kW] 이상 : 사전 환경성 검토

② 50 000[kW] 미만 : 사전 환경성 검토, 50 000[kW] 이상 : 환경 영향 평가

③ 100 000[kW] 미만 : 환경 영향 평가, 100 000[kW] 이상 : 사전 환경성 검토

④ 100 000[kW] 미만 : 사전 환경성 검토, 100 000[kW] 이상 : 환경 영향 평가

해설 환경성 평가제도

환경적으로 건전하며 지속 가능한 발전을 구현하는 핵심적인 환경정책 수단

1) 사전환경성 검토
① 행정계획 보전용 토지내 개발사업
② 개발계획 입안단계에서 계획의 적정성 및 입지의 타당성 위주로 평가

2) 환경영향평가
① 대규모 개발사업
② 개발계획이 확정된 이후 개발사업의 시행으로 인한 해로운 환경 영향을 최소화
③ 대상사업의 종류 및 범위(에너지 개발사업)
㉠ 발전시설용량이 10,000[kW] 이상인 발전소.
  (다만, 태양력·풍력 또는 연료전지 발전소의 경우에는 발전시설용량이 100,000[kW] 이상인 것)
㉡ 345[kV] 이상의 지상송전선로로서 선로길이(공사계획에 지중학구간이 포함된 경우 그 길이를 포함한다)가 10[km] 이상인 것
㉢ 765[kV] 이상의 옥외변전소

13.4.23 / 16.2.29 / 18.2.39

10 태양광발전 어레이 세로길이(L)가 3m, 태양광발전 어레이의 경사각을 33°, 동지 시 발전한계시 각에서의 태양 고도각을 20°로 산정하여 북위 37° 지방에서 태양광발전소를 건설할 때 어레이 간 최소 이격거리 d는 약 몇 m인가?

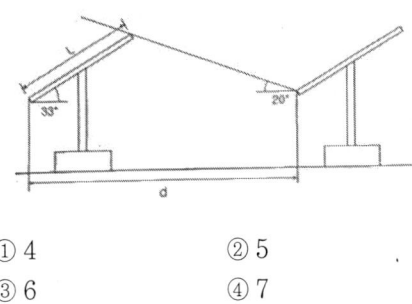

① 4   ② 5
③ 6   ④ 7

해설 어레이 사이 최소 이격 거리(d)

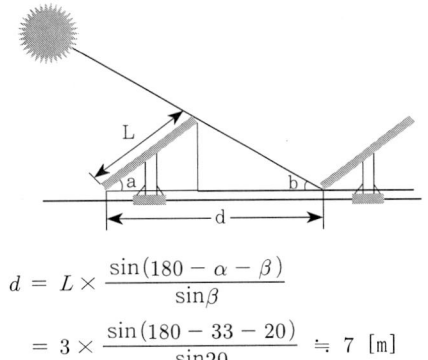

$$d = L \times \frac{\sin(180 - \alpha - \beta)}{\sin\beta}$$
$$= 3 \times \frac{\sin(180 - 33 - 20)}{\sin 20} ≒ 7 \text{ [m]}$$

정답 9. ④ 10. ④

11. 태양전지별 분광감도의 설명이다. 옳은 것은?

① 박막전지는 적외선을 더 잘 이용한다.
② CdTe와 CIS전지는 중간파장의 빛을 잘 흡수한다.
③ 비정질 실리콘 전지는 장파장 빛을 최적으로 흡수한다.
④ 결정질 태양전지는 자외선 파장 태양 복사에 민감하게 작용한다.

해설 태양광 스펙트럼

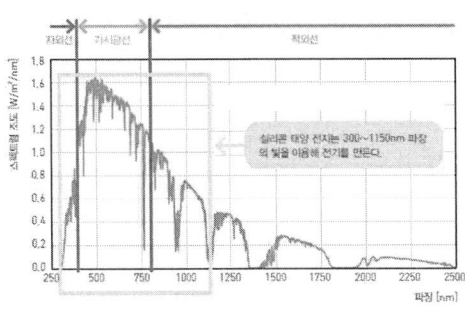

① 빛은 다양한 파장의 스펙트럼을 갖고 있으며, 자외선, 가시광선, 적외선 파장 중 태양 전지판은 주로 가시광선 영역에서 전자 이동이 일어난다.
② 태양 전지판이 검은색이나 진한 푸른색을 띠는 것은 이 상태에서 가시광선을 가장 잘 흡수하기 때문이다.

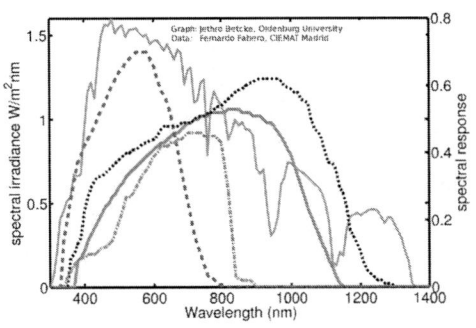

③ 아몰퍼스실리콘(a-Si), 태양전지의 평균 파장은 직사광선의 평균파장보다 짧고, CdTe 박막 태양전지는 짧은 파장에서 좁은 스펙트럼 응답의 분광감도를 나타낸다.

12. 결정질 실리콘 태양전지 모듈 출력에 대한 설명으로 옳은 것은?

14.4.10 / 15.4.4 / 17.2.2 / 17.2.12 / 18.4.20

① 방사조도에 비례하여 감소한다.
② 방사조도에 비례하여 증가한다.
③ 태양전지 표면온도와는 관계가 없다.
④ 태양전지 표면온도가 올라갈수록 계속 증가한다.

해설 태양광 모듈의 출력은 일사량과 온도에 영향을 받는다. 일사량이 강할수록 전류의 증가로 인해 출력 전력이 증가하고 이때 전압은 일조 강도의 변화에 영향이 적다.

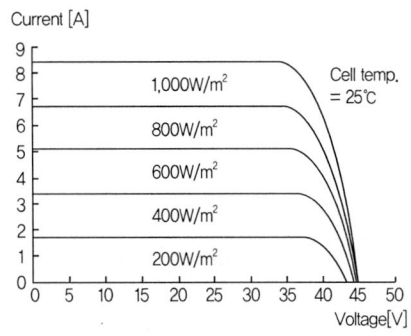

태양광 모듈의 일사량에 따른 출력 전압과 전류 값

13. 전기사업 허가신청서에서 신청내용으로 틀린 것은?

① 설치장소
② 사업의 종류
③ 사업의 시작일자
④ 사업구역 또는 특정한 공급구역

해설 전기사업 허가신청서(신청내용)
① 사업의 종류
② 설치장소
③ 사업구역 또는 특정한 공급구역
④ 전기사업용 전기설비에 관한 사항
⑤ 사업에 필요한 준비기간

정답 11. ② 12. ② 13. ③

13.4.27 / 15.4.24 / 16.4.21 / 17.2.23 / 17.4.33 / 19.2.28 / 19.2.33 / 19.4.24

14 어레이 이격거리 산정을 위한 고려사항과 가장 관계가 없는 것은?

① 설치 부지의 경사도를 반영하였다.
② 설치 부지의 외부음영을 고려하였다.
③ 설비 부지의 태양고도를 반영하였다.
④ 어레이에 모듈을 가로 배치하는 것으로 고려하였다.

해설 구조물 이격거리 산정 시 고려사항

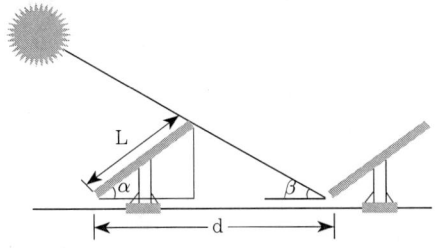

① 태양광 모듈 길이(L)
② 모듈 설치각도(α)
③ 위도(동지시 발전 가능 한계 시간에서 태양의 고도각)
④ 구조물 형상, 장애물의 높이, 남북향간 거리, 부지 현황, 부지의 경사도

16.2.18 / 19.2.3

15 태양광 발전원가의 구성 항목 중 초기투자비에 해당하지 않는 것은?

① 계통연계비용
② 인허가 용역비
③ 설계 및 감리비
④ 운전유지 및 수선비

해설 태양광발전소 연간 유지관리비용
① 모니터링비
② 안전관리자 선임비
③ 법인세 및 제세
④ 보험료
⑤ 운전유지 및 수선비

13.4.5 / 16.4.5 / 19.1.5

16 태양광발전 모듈의 I-V 특성곡선에서 일사량에 따라 가장 많이 변화하는 것은?

① 전압
② 전류
③ 저항
④ 커패시턴스

해설 I-V 곡선(I-V Curve)
태양광 모듈의 출력은 일사량의 영향을 받는다. 일사량이 강할수록 전류의 증가로 인해 출력 전력이 증가하고 이내 전압은 일조 강도의 변화에 영향이 적다.

15.4.47

17 신·재생에너지 설비의 지원 등에 관한 지침에 따라 태양광발전용 인버터에 대한 내용으로 옳은 것은?

① 태양광발전용 인버터는 KS 인증제품을 설치하여야 한다.
② 인버터 입력단(모듈출력)의 표시사항은 전압, 전류, 주파수가 표시되어야 한다.
③ 인버터에 연결된 모듈의 설치용량은 인버터 설치용량의 110% 이내이어야 한다.
④ 인버터는 실내 및 실외용을 구분하여 설치하여야 하며, 실내용은 실외에 설치할 수 있다.

해설 태양광발전용 인버터
① 태양광발전용 인버터는 KS 인증제품을 설치하여야 한다. 다만, 신제품·융합제품 활성화 등을 위해 센터장이 인정하는 경우에는 예외로 할 수 있다.
② 인버터의 용량이 250kW를 초과하는 경우에는 품질기준(KS C 8565)에 따라「절연성능」,「보호기능」,「정상특성」등을 만족하는 시험결과가 포함된 시험성적서를 설비(설치)확인 신청시 센터에 제출할 경우에는 사용할 수 있다.
③ 인버터는 실내 및 실외용을 구분하여 설치하여야 한다. 다만, 실외용은 실내에 설치할 수 있다.
④ 입력단(모듈출력)의 전압, 전류, 전력과 출력단(인버터출력)의 전압, 전류, 전력, 주파수, 누적발전량, 최대출력량(peak)이 표시되어야 한다.

정답 14. ② 15. ④ 16. ② 17. ①

18 사업계획서 작성에서 태양광설비 개요에 포함되어야 할 사항으로 틀린 것은?

14.4.94 / 17.1.80 / 18.2.67 / 19.2.62

① 집광판의 재질
② 인버터의 종류
③ 인버터의 정격출력
④ 태양전지의 정격용량

해설 사업허가의 신청(전기사업법 시행규칙 제4조)
사업계획의 전기설비(태양광) 개요에 포함되어야 할 사항
① 태양전지의 종류, 정격용량, 정격전압 및 정격출력
② 인버터(Inverter)의 종류, 입력전압, 출력전압 및 정격출력
③ 집광판의 면적

19 신·재생에너지 공급의무화제도 및 연료 혼합의 무화제도 관리·운영지침에 따라 신·재생에너지 발전설비용량이 몇 kW미만인 발전소는 공급인증서 발급수수료 및 거래수수료는 면제하는가?

① 100 ② 200 ③ 500 ④ 1000

해설 공급인증서 발급 및 거래수수료
① 공급인증서 발급수수료는 공급인증서 1REC당 50원으로 하며, 공급인증서 거래수수료는 공급인증서 1REC당 50원으로 한다.
② 국가 또는 지방자치단체에 대하여 발급하는 공급인증서의 경우 공급인증서 발급수수료 및 매도자 거래수수료를 면제한다.
③ 한국수자원공사가 발급받는 공급인증서에 대해서는 발급수수료를 면제한다.
④ 신재생에너지 발전설비용량이 100kW 미만인 발전소는 공급인증서 발급수수료 및 거래수수료를 면제한다. 다만, 100kW 이상인 발전소에 대해서는 공급인증기관의 운영규칙에 따라 공급인증서 발급수수료 및 거래수수료를 ①의 범위 이내에서 달리 운영할 수 있다.
⑤ 발급수수료 및 거래수수료는 공급인증기관의 재원으로 귀속되며, 공급인증기관의 업무를 수행하는 데 사용하여야 한다.

20 동일한 태양광발전 모듈에서 개방전압이 가장 높을 것으로 예산되는 상태는?

① 외기 온도가 0℃이고 일사량이 1000W/m² 일 때
② 외기 온도가 10℃이고 일사량이 600W/m² 일 때
③ 외기 온도가 30℃이고 일사량이 800W/m² 일 때
④ 외기 온도가 −10℃이고 일사량이 1000W/m² 일 때

해설 1) 태양광 모듈의 온도에 따른 출력 전압과 전류 값
① 태양광 모듈의 온도특성을 살펴보면 전류는 양(+)의 온도계수를 가지고 전압과 전력은 음(−)의 온도계수를 가진다. 음의 온도계수의 의미는 온도가 높을수록 태양광 모듈의 전압과 전력은 감소하고, 온도가 낮을수록 태양광 모듈의 전압과 전력이 증가한다는 것을 의미한다.
② 태양전지가 보다 높은 온도에 노출되면 단락전류(I_{sc})는 조금 증가하며 개방전압(V_{oc})은 크게 감소한다.
③ 폴리 실리콘 계열의 태양전지는 표면온도가 1[℃] 상승할 때, 대략 0.3~0.5[%]의 출력이 감소한다.

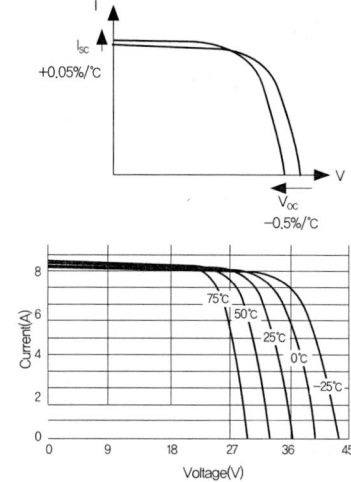

2) I − V 곡선(I − V Curve)
태양광 모듈의 출력은 일사량의 영향을 받는다. 일사량이 강할수록 전류의 증가로 인해 출력 전력이 증가하고 이때 전압은 일조 강도의 변화에 영향이 적다.

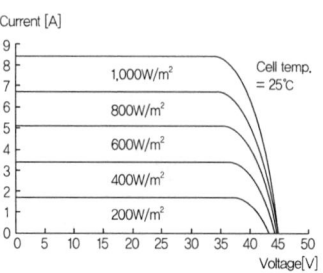

21 저압옥내전류 전기설비의 시설방법 중 틀린 것은?

① 옥내전로에 연계되는 축전지는 접지측 도체에 누전차단기를 시설하여야 한다.
② 직류전로에 사용하는 개폐기는 직류전로 개폐 시 발생하는 아크에 견디는 구조이어야 한다.
③ 직류전기설비의 접지시설에 양(+)도체를 접지하는 경우는 감전에 대한보호를 하여야 한다.
④ 저압 옥내직류 설비는 직류2선식의 임의의 한 점 또는 태양전지의 중간점등을 접지하여야 한다.

해설 1) 축전지실 등의 시설
① 30[V]를 초과하는 축전지는 비접지측 도체에 쉽게 차단할 수 있는 곳에 개폐기를 시설하여야 한다.
② 옥내전로에 연계되는 축전지는 비접지측 도체에 과전류보호장치를 시설하여야 한다.
③ 축전지실 등은 폭발성의 가스가 축적되지 않도록 환기장치 등을 시설하여야 한다.

2) 저압 옥내직류 전기설비의 접지
1) 저압 옥내직류 전기설비는 전로보호장치의 확실한 동작의 확보, 이상전압 및 대지전압의 억제를 위하여 직류 2선식의 임의의 한 점 또는 변환장치의 직류측 중간점, 태양전지의 중간점 등을 접지하여야 한다. 다만, 직류 2선식을 다음에 의하여 시설하는 경우는 그렇지 않다.
① 사용전압이 60[V] 이하인 경우
② 접지검출기를 설치하고 특정구역내의 산업용 기계기구에만 공급하는 경우
③ 교류계통으로부터 공급을 받는 정류기에서 인출되는 직류계통
④ 최대전류 30[mA] 이하의 직류화재경보회로
2) 직류전기설비의 접지시설을 양(+)도체를 접지하는 경우는 감전에 대한 보호를 하여야 한다.
3) 직류전기설비의 접지시설을 음(-)도체를 접지하는 경우는 전기부식방지를 하여야 한다.

4) 직류접지계통은 교류접지계통과 같은 방법으로 금속제 외함, 교류접지선 등과 본딩하여야 하며, 교류접지가 건축물의 피뢰설비 및 통신설비 등의 접지극을 공용하는 통합접지공사를 할 수 있다.
이 경우 낙뢰 등에 의한 과전압으로부터 전기설비 등을 보호하기 위해 과전압 보호 장치 또는 서지보호장치(SPD)를 설치하여야 한다.

22 지붕 건재형 태양광발전 모듈의 설치장소를 고려한 설치 시 유의사항으로 틀린 것은?

① 인접 가옥의 화재에 대한 방화대책을 세워 시설할 것
② 태양광발전 모듈의 하중에 견딜 수 있는 강도를 가질 것
③ 눈이 많은 지역에서는 적설 방지대책을 강구하여 시설할 것
④ 풍력계수는 처마 끝이나 지붕 중앙부나 똑같이 하여 시설할 것

해설 지붕 건재형 태양광발전 모듈의 설치시 고려사항
① 태양광모듈 설치 전에 시스템의 하중을 견딜 수 있는지 반드시 점검해야 한다.
② 태양광모듈을 처마 끝이나 용마루에 설치할 경우는 풍압력을 고려해야 한다.
③ 지붕중앙부가 처마 끝과 용마루의 풍력계수보다 낮으므로 태양광모듈은 중앙부에 설치하는 것이 바람직하다.

23 설계도서의 의미를 가장 적합하게 설명한 것은?

① 구조물 등을 그린 도면으로 건축물, 시설물, 기타 각종사물의 예정된 계획물
② 설계, 공사에 대한 시공중의 지시 등 도면으로 표현될 수 없는 문장이나 수치 등을 표현한 것으로 공사수행에 관련된 제반규정 및 요구사항을 표시한 것이다.
③ 공사계약에 있어 발주자로부터 제시된 도

면 및 그 시공 기준을 정한 시방서류로서 설계도면, 표준시방서, 특기시방서, 현장설명서, 및 현장설명에 대한 질문
④ 각종기계, 장치 등의 요구조건을 만족시키고 또한 합리적, 경제적인 제품을 만들기 위해 그 계획을 종합하여 설계하고 구체적인 내용을 명시하는 일을 일컫는다.

해설 설계도서

건축물의 건축 등에 관한 공사용의 도면과 구조계산서 및 시방서, 건축설비계산 관계서류, 토질 및 지질 관계서류, 기타 공사에 필요한 서류 등 설계도에 표시할 수 없는 것을 기술한 문서이다.

1) 설계 설명서
   설계의 목적, 공사종목 및 그 개요, 각 설계에 대한 분석자료(인입지점, 발전소의 특성 등), 관계 관공서 등과의 협의 사항, 설계시 적용한 특별한 사항
2) 설계도면
   배치도, 단선접속도, 계통도, 배선도(평면도, 결선도, 기기상세도), 기기시방 및 배치도
3) 기술계산서
   부하계산서, 전압강하계산서, 변압기용량계산서, 차단기용량계산서, 축전지용량계산서, 접지계산서
4) 설계시방서
   ① 기본설계 및 실시설계도면에 구체적으로 표시할 수 없는 내용과 공사수행을 위한 시공 방법, 자재의 성능·규격 및 공법, 품질시험 및 검사 등 품질관리, 안전관리, 환경관리 등에 관한 사항을 기술한다.
   ② 표준시방서 및 전문시방서를 기본으로 하여 작성하되, 공사의 특수성·지역여건·공사방법 등을 고려하여 작성한다.
   ③ 공사시방서, 전문시방서, 표준시방서, 특기시방서 등
5) 예산내역서
   자재 산출근거서, 공량산출서, 일위대가표, 내역서, 공사원가산출서, 단가대비표, 견적서 등

24 강우 시 태양전지 모듈 표면에 흙탕물이 튀는 것을 방지하기 위해 지면으로부터 몇 [m]이상 높이에 설치할 수 있도록 설계하여야 하는가?

① 0.3 ② 0.4
③ 0.6 ④ 0.8

해설 모듈의 설치 높이
① 강우시 모듈표면으로 흙탕물이 튀는 것을 방지하기 위해서는 지면에서 0.6[m]이상으로 설치한다.
② 눈이 많이 오는 산간지역은 그 지역의 적설 자료를 참고하여 모듈의 높이를 설정한다.

14.4.40 / 15.4.22 / 16.2.59 / 16.4.52 / 17.1.38 /
17.2.52 / 18.4.32 / 19.2.53

25 태양전지의 기초종류와 적용 목적이 올바르게 설명된 것은?

① 말뚝 기초 : 철탑 등의 기초에 자주 사용
② 직접 기초 : 지지층이 얕을 경우 사용
③ 연속 기초 : 하천 내의 교량 등에 사용
④ 주춧돌 기초 : 지지층이 깊을 경우 사용

해설 기초의 분류

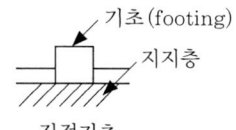

직접기초

1) 얕은 기초(Shallow Foundation)
① 독립(주춧돌)기초(Individual Footing) : 단일기둥을 지지, 기둥간격이 넓은 경우
② 연속기초(Contentious Footing) : 다수의 연속기둥 또는 벽체를 지지
③ 전면(온통)기초(Mat 또는 Raft Foundation)
※ 직접기초 : 독립기초, 연속기초, 전면(온통)기초

2) 깊은 기초(Deep Foundation)
① 파일(말뚝)기초(Pile Foundation)
② 피어기초(Pier Foundation)
③ 케이슨(우물통)기초

14.4.48 / 15.2.15 / 15.2.42 / 15.4.40 / 16.2.36 /
16.4.29 / 17.2.27 / 17.4.28 / 19.1.13

26 태양광 설치 방법 중 발전효율이 가장 낮은 것은?

① 추적식 어레이

② 고정식 어레이
③ 건물통합형(BIPV)
④ 경사가변형 어레이

해설 **발전효율**
양축 추적식 > 단축 추적식 > 가변(반고정형)식 > 고정식 > 건물통합형(BIPV)

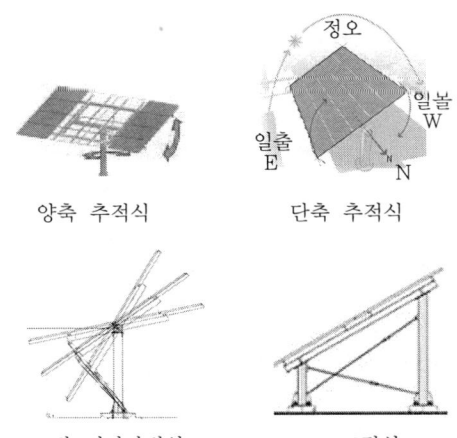

양축 추적식   단축 추적식

고정 경사가변식   고정식

27 도면에 사용되는 선의 종류에서 중심선, 절단선, 기준선 등의 용도로 사용되는 선의 종류는?

① 굵은 실선   ② 가는 실선
③ 이점쇄선   ④ 일점쇄선

해설 **도면상 선의 종류 및 용도**
① 굵은 실선 : 천정은폐배선, 외형선, 대상물이 보이는 부분의 모양을 표시
② 가는 실선 : 치수선, 지시선, 회전단면선, 중심선
③ 2점 쇄선 : 가상선, 무게중심선
④ 1점 쇄선 : 중심선, 절단선, 기준선, 피치선, 특수지정선

17.1.25

28 태양광발전 어레이 설치 지역의 설계속도압이 1000N/m², 태양광발전 어레이의 유효수압면적이 7m² 일 경우 풍하중은 얼마인가? (단, 가스트 영향계수는 1.8, 풍력계수는 1.3을 적용하며, 기타 주어지지 않은 조건은 무시한다.)

① 9.75kN   ② 13.50kN
③ 16.38kN   ④ 17.55kN

해설 **풍하중[W]**
① W = 유효면적 × 풍압계수 × 가스트 영향계수
     = 7 × 1.3 × 1.8 = 16.38 [kN]
② 가스트 영향계수(G_f) : 강풍이 부는 경우 어레이의 최대 변화량과 평균 변화량의 비

17.1.44 / 17.4.53

29 태양광 모듈을 지붕에 시공하고 옥내 배선공사를 케이블 트레이 공사로 시공할 경우 케이블트레이에 적용할 수 없는 전선은?

① 연피 케이블
② PVC 케이블
③ 난연성 케이블
④ 알루미늄피 케이블

해설 **케이블트레이배선의 시설조건**
① 전선은 연피케이블, 알루미늄피 케이블 등 난연성 케이블 또는 기타 케이블(적당한 간격으로 연소(延燒)방지 조치를 하여야 한다) 또는 금속관 혹은 합성수지관 등에 넣은 절연전선을 사용하여야 한다.
② 케이블트레이 안에서 전선을 접속하는 경우에는 전선 접속부분에 사람이 접근할 수 있고 또한 그 부분이 측면 레일 위로 나오지 않도록 하고 그 부분을 절연처리 하여야 한다.
③ 수평으로 포설하는 케이블 이외의 케이블은 케이블 트레이의 가로대에 견고하게 고정시켜야 한다.
④ 저압 케이블과 고압 또는 특고압 케이블은 동일 케이블 트레이 안에 시설하여서는 아니 된다. 다만, 견고한 불연성의 격벽을 시설하는 경우 또는 금속 외장 케이블인 경우에는 그렇지 않다.

30 분산형전원 배전계통 연계 기술기준에 따라 저압계통의 경우, 계통 병입 시 돌입전류를 필요로 하는 발전원에 대해서 계통 병입에 의한 순시전압변동률이 몇 %를 초과하지 않아야 하는가?

① 3 ② 5 ③ 6 ④ 10

해설 순시전압변동

① 특고압 계통의 경우, 분산형전원의 연계로 인한 순시전압변동률은 발전원의 계통 투입·탈락 및 출력 변동 빈도에 따라 다음의 표에서 정하는 허용 기준을 초과하지 않아야 한다. 단, 해당 분산형전원의 변동 빈도를 정의하기 어렵다고 판단되는 경우에는 순시전압변동률 3%를 적용한다.

변동빈도	순시전압변동률
1시간에 2회 초과 10회 이하	3%
1일 4회 초과 1시간에 2회 이하	4%
1일에 4회 이하	5%

② 저압계통의 경우, 계통 병입시 돌입전류를 필요로 하는 발전원에 대해서 계통 병입에 의한 순시전압변동률이 6%를 초과하지 않아야 한다.

31 다음 ( )의 ㉠, ㉡에 들어갈 내용으로 옳은 것은?

> 과전류차단기로 시설하는 퓨즈 중 고압전로에 사용하는 비포장 퓨즈는 정격전류의 (㉠)배의 전류에 견디고 또한 2배의 전류로 (㉡)분 안에 용단되어야 한다.

① 1.25배, 2분 ② 1.5배, 3분
③ 2배, 4분 ④ 2.5배, 6분

해설 고압 및 특고압 전로 중의 과전류차단기의 시설

① 과전류차단기로 시설하는 퓨즈 중 고압전로에 사용하는 포장 퓨즈(퓨즈 이외의 과전류 차단기와 조합하여 하나의 과전류 차단기로 사용하는 것을 제외한다)는 정격전류의 1.3배의 전류에 견디고 또한 2배의 전류로 120분 안에 용단되는 것 또는 다음에 적합한 고압전류제한퓨즈이어야 한다.

② 과전류차단기로 시설하는 퓨즈 중 고압전로에 사용하는 비포장 퓨즈는 정격전류의 1.25배의 전류에 견디고 또한 2배의 전류로 2분 안에 용단되는 것이어야 한다.

③ 고압 또는 특고압의 전로에 단락이 생긴 경우에 동작하는 과전류차단기는 이것을 시설하는 곳을 통과하는 단락전류를 차단하는 능력을 가지는 것이어야 한다.

④ 고압 또는 특고압의 과전류차단기는 그 동작에 따라 그 개폐상태를 표시하는 장치가 되어있는 것이어야 한다. 다만, 그 개폐상태가 쉽게 확인될 수 있는 것은 적용하지 않는다.

32 30°의 고정식 태양광발전소 운전시 우리나라의 남해안에서 연중대비 5~6월에 발생하는 현상으로 가장 옳은 설명은?

① 태양의 고도가 연중 제일 높아 출력이 가장 높다
② 온도 상승에 의한 출력 감소가 연중 제일 높다.
③ 일사량(시간)에 의한 발전은 7, 8월 대비 두 번째로 높다.
④ 양축식 대비 단축식의 출력이 연중 가장 높다.

해설 남해지역 고정식 태양광발전소 발전량

	1월	2월	3월	4월	5월	6월
[kWh]	3,057	3,295	4,348	3,997	4,157	3,831
[%]	7.39	7.96	10.51	9.66	10.05	9.26

	7월	8월	9월	10월	11월	12월	합계
	2,766	3,398	3,603	3,217	2,937	2,776	41,382
	6.68	8.21	8.71	7.77	7.10	6.71	100[%]

① 6월 하지(夏至)에 태양의 고도가 제일 높고, 출력은 3월~6월 가장 높게 발생된다.
② 온도상승에 의한 출력감소는 7, 8월이 가장 크다.
③ 일사량(시간)에 의한 발전은 3월~6월이 가장 높다.
④ 양축식 대비 단축식의 출력이 높은 시기는 없다.

정답 30. ③ 31. ① 32. ①

※ 단축식과 양축식
① 단축식 : 한 개의 축으로 동쪽에서 서쪽방향으로 태양을 추적하는 방식이다.
② 양축식 : 두 개의 축으로 동에서 서쪽(일출, 일몰), 하지와 동지(남쪽의 태양 높이)의 태양위치를 추적한다.

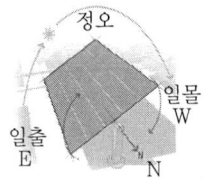
단축(1축) 추적식

양축(2축) 추적식

33 태양광발전시스템의 구조물설치 계획 단계에서 고려해야 할 사항으로 틀린 것은?

① 지지대의 재질　② 지지대의 모양
③ 지지대의 강도　④ 지지대의 내용연수

[해설] 어레이용 지지대 설계시 고려사항
① 지지대의 재질
　환경 조건과 설계 내용연수에 따라 선택, 결정한다.
② 지지대의 강도
　자중(自重)에 풍압력을 가미한 하중을 견뎌야 한다.
　상정하중은 고정하중, 풍압하중, 적설하중, 지진하중이 있다.
③ 지지대의 내용연수
　내용연수를 몇 년으로 설정할지, 유지보수는 어느 정도 실시할지 등에 따라 재질을 선택한다.

14.4.25 / 16.2.39
34 1000[kW] 태양광발전시스템의 직 · 병렬 구성으로 가장 적합한 것은? (단, 인버터의 MPPT는 430~750[V]이며, 기타 조건은 표준 상태이다.)

- P_{mpp} : 250[W]
- V_{mpp} : 30.5[V]
- I_{mpp} : 8.2A
- V_{oc} : 37.5[V]
- I_{sc} : 8.4A

① 18직렬 200병렬　② 18직렬 240병렬
③ 20직렬 200병렬　④ 20직렬 240병렬

[해설] 직렬 모듈수 = $\dfrac{\text{인버터 최대입력전압}(V_i)}{\text{모듈 개방전압}(V_{oc})}$ = $\dfrac{750}{37.5}$ = 20 (장)

병렬 회로수 = $\dfrac{\text{시스템 출력전력}}{\text{모듈 최대출력} \times \text{스트링 직렬 매수}}$
= $\dfrac{1,000,000}{250 \times 20}$ = 200 (회로)

35 얕은 기초와 현장시험에 의한 지지력 산정 시 기초의 허용지지력을 추정할 수 있으며, 다른 종류의 현장시험이 어려운 모래, 자갈, 풍화토, 풍화암 등에 적용할 수 있는 시험은?

① 콘관입시험　② 현장베인시험
③ 공내재하시험　④ 표준관입시험

[해설] 공내재하시험(Pressuremeter test ; P.M.T)
① 시추공의 벽면을 가압하여 변형량과 압력을 측정하여 지반강도 및 변형특성을 파악
② 주로 지반의 변형계수, 암반분류의 지표를 얻기 위하여 실시, 발전소 및 지하철, 고층빌딩 기초지반 조사에 적용함
③ 토사층부터 연암, 경암에 이르기까지 적용범위가 넓고, 지반의 큰 변형없이 지반강도와 변형특성을 구할 수 있음

36 태양전지 어레이 직병렬 설계 시 인버터의 사양 중 고려되지 않는 것은?

① MPPT 전압 범위　② 최대 입력전압
③ 전압 온도계수　④ 전류 온도계수

[해설] 인버터의 고려사항
① MPPT 범위　② 최대입력전압[V]
③ 전압온도계수　④ 정격 출력전력[kW]
⑤ 최대입력전류[A]

정답 33. ② 34. ③ 35. ③ 36. ④

37 적설량이 많은 지역에서의 태양전지 어레이의 설계 경사각으로 가장 적절한 각은?

① 5° ② 15°
③ 45° ④ 90°

해설 눈이 많은 쌓이는 적설지역에서 적설의 피해를 방지하기 위하여 20~30[cm]의 적설에도 자연적으로 눈이 흘러내리기 위한 어레이의 경사각도는 45°이상이다.

15.4.28 / 19.1.30

38 계통연계형 태양광발전시스템 설계 시 갖추어야 할 기초자료가 아닌 것은?

① 청명일수
② 최대 폭설량
③ 지질조사 기록
④ 순간풍속 및 최대풍속

해설 태양광발전시스템 설계 시 갖추어야 할 기초자료
① 연간 일조량 자료
② 순간풍속 및 최대 풍속, 최저 온도 및 최고 온도
③ 설치 예정 장소의 오염발생원 유무
④ 최대 폭설시의 폭설량
⑤ 지질조사자료

17.2.58

39 태양광발전 어레이용 가대의 재질 및 형태에 따른 검토사항으로 틀린 것은? (단, 가대의 재질은 강재+용융아연도금으로 한다.)

① 20년 이상의 내구성을 가져야 한다.
② 절삭 등의 가공이 쉽고 무거워야 한다.
③ 불필요한 가공을 피할 수 있도록 규격화되어야 한다.
④ 염해, 공해 등을 고려하여 녹이 발생하지 않아야 한다.

해설 어레이용 가대의 재질 및 형태에 따른 검토사항

구조물 부식(염해)

① 지지물의 자중, 적재하중 및 구조하중에 맞게 안전한 구조의 것으로 20년 이상의 내구성을 가져야 한다.
② 구조물의 자재인 강제류는 현장에서 절단, 가공하지 않도록 규격화되어야 한다.
③ 염해 등에 의해 녹이 발생하지 않아야 한다.

14.4.21 / 16.4.22 / 17.2.21 / 19.2.22

40 설계도면 작성에 관련한 내용과 가장 관계가 적은 것은?

① 기본설계, 실시설계 순으로 작성한다.
② 전기설비별 KS인증 내역을 작성한다.
③ 공사의 범위, 규모, 배치, 보완사항을 작성한다.
④ 배선도에 조명, 콘센트, 전기방재설비 등을 표기한다.

해설 설계절차

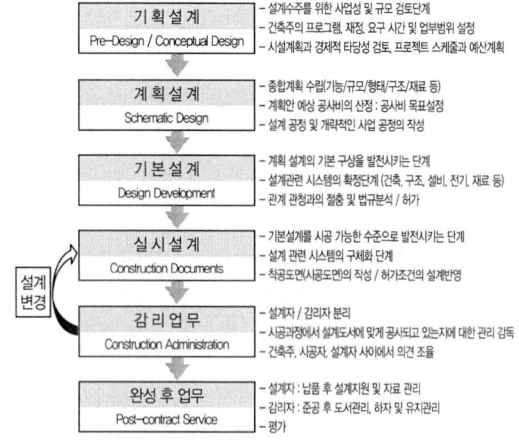

정답 37. ③ 38. ① 39. ② 40. ②

41 계통연계형 1MW 태양광발전시스템의 단선결선도 상에 표시되는 설비가 아닌 것은?

① VCB ② GPT
③ MOF ④ GTO

[해설] 1MW 태양광발전소 단선결선도에 표시되는 설비
① CH(Cable Head, 케이블 헤드)
② VD(Voltage Detector, 검전기)
③ LBS(Load Breaker Switch, 부하개폐기)
④ LA/ MOF(Meter Out Fit, 계기용변성기)
⑤ EVT(Earth Voltage Transformer, 접지형 계기용 변압기)
⑥ CT(Current Transformer, 변류기)
⑦ VCB(Vacuum Circuit Breaker, 진공차단기)
⑧ TR(Transformer, 변압기)
⑨ ACB(Air Circuit Breaker, 기중차단기)
⑩ MCCB(Molded Case Circuit Breaker, 배선용차단기)
⑪ GPT(Ground Potential Transformer, 접지전압변성기)
⑫ CLR(Current_limiting Resistor, 한류저항기)
⑬ PTT(Potential Test Terminal, 변성기 시험단자)
⑭ INV(Inverter, 인버터)
※ GTO(Gate Turn-Off thyristor) : 반도체 소자

19.1.4

42 서로 다른 두 종류의 금속을 접촉하여 두 접점의 온도를 다르게 하면 온도차에 의해서 열기전력이 발생하고 미세한 전류가 흐르는 현상은?

① 홀 효과(Hall effect)
② 펠티에 효과(Peltier effect)
③ 제베크 효과(Seebeck effect)
④ 광도전 효과((photo-conductivity effect)

[해설] 열전 및 전기현상
① 홀 효과(Hall effect)
반도체에 전류(I)를 흘려 이것과 직각 방향으로 자속밀도 B인 자장을 가하면 플레밍의 왼손 법치에 의해 그 양면의 직각 방향으로 기전력이 생기는 현상
② 펠티에 효과(Peltier effect)
두 종류의 금속을 접촉하여 전류를 흘리면 그 접점의 접합부에서 열의 발생 및 흡수 현상이 생기는 현상

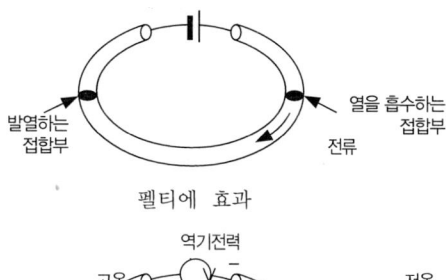

펠티에 효과

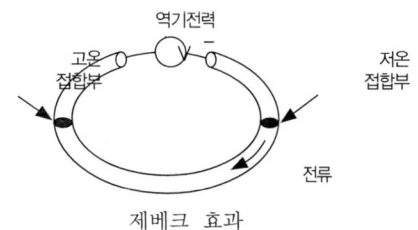

제베크 효과

③ 제베크 효과(Seebeck effect)
두 물체가 접합했을 때 각각의 온도가 달라 전류가 생기는 현상
④ 광도전 효과((photo-conductivity effect)
반도체 빛을 쬐면 빛 에너지를 흡수하여 반도체 내 캐리어(전자, 정공)의 수가 증가하여 도전율이 증가하는 현상

43 태양전지의 모듈 설치 및 조립 시 주의사항으로 틀린 것은?

① 태양전지 모듈의 파손방지를 위해 충격이 가지 않도록 한다.
② 태양전지 모듈과 가대의 접합 시 부식방지용 가스켓을 적용한다.
③ 태양전지 모듈을 가대의 상단에서 하단으로 순차적으로 조립한다.
④ 태양전지 모듈의 필요 정격전압이 되도록 1스트링의 직렬매수를 선정한다.

[해설] 1. 모듈은 가대의 하단을 먼저 설치하고 상단을 조립한다. (하단의 모듈 고정후 고정된 모듈 프레임 위에 상단의 모듈을 올려놓아 상단의 모듈 설치가 수월하다)

정답 41. ④ 42. ③ 43. ③

1차 고정된 하단 모듈의 프레임 측면에 상단모듈을 올려놓고 상단 모듈의 고정작업을 한다.

2) 가스켓(Gasket)

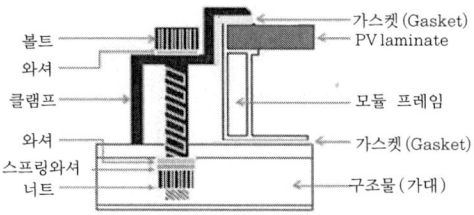

가스켓(Gasket) 설치위치

① 두 개의 고정된 부품 사이에서 물이나 가스의 누수방지를 위하여 끼워 넣는 패킹(packing)이지만, 태양광 모듈 설치시는 이종금속 접합부의 절연 역할을 한다.
② 이종금속의 접촉부식 : 종류가 다른 금속이 접촉한 상태에서 염분 등 전해질(전류 운반매체로 용액, 토양 등) 용액에 접촉되면 그곳에 국부전지가 형성되어, 그 용액 중에서 금속의 전극 전위에 따라서 마이너스(-) 전위가 높은 금속이 양극으로 되어 용액 중에서 용해하여 부식되며, 대기중의 습기나 온도의 영향을 받아서 접촉부식이 발생할 수 있다.
③ 태양광 모듈 프레임(알루미늄)과 가대(철)의 접합 시에는 부식방지를 위해 가스켓을 사용하여 조립한다.

44 태양광전원이 연계된 배전계통에서 사고가 발생하는 경우, 배전계통을 보호하는 보호협조 기기에 해당하는 것이 아닌 것은?

① 배전용변전소 차단기
② 리클로저(Recloser)
③ 인터럽터스위치
④ 고조파계전기

해설 인터럽터스위치(Interrupter Switches)

① 과부하시 자동으로 개폐할 수 없다
② 돌입전류 억제 기능이 없다.
③ 수동 조작만 가능하다.

18.4.46

45 송전선로의 선로정수가 아닌 것은?

① 저항
② 정전용량
③ 리액턴스
④ 누설컨덕턴스

해설

선로 정수(Line Constant)
송·배전 선로는 저항(R), 인덕턴스(L), 정전용량(C), 누설 컨덕턴스(G)라는 4개의 정수로 이루어진 연속된 전기회로이다.

① 저항(Resistance)

$$R = \rho \cdot \frac{l}{A} \ [\Omega]$$

전선의 저항 R[Ω], 고유 저항 ρ[Ω·mm²/m], 길이 l[m], 단면적 A[mm²]

② 인덕턴스(Inductance)

$$L = 0.05\mu s + 0.4605 \log_{10} \frac{D}{r} \ [mH/km]$$

선간 거리 D[m], 전선의 반지름 r[m], 비투자율 μs≒1

③ 정전용량(Capacity)
단상 2선식 정전용량 C

$$C = C_s + 2C_m = \frac{0.02413}{\log_{10} \frac{D}{r}} \ [\mu F/km]$$

C_s : 대지정전용량(전선과 대지 사이에 공기를 유전체로 하는 정전용량)
C_m : 선간정전용량(전선 상호간 공기를 유전체로 하는 정전용량)
r : 전선의 반지름[m]
D : 선간 거리[m]

④ 누설 컨덕턴스(G)
아주 작은 값으로 무시한다.

46 앵커(KCS 11 60 00 : 2016)에 따라 앵커의 삽입작업에 대한 설명으로 틀린 것은?

정답 44. ③ 45. ③

① 앵커는 삽입 작업대 또는 크레인 등의 장비에 의해서 삽입하여야 한다.
② 소요길이까지 삽입 후 지지대를 설치하여 앵커를 공내에 고정시킨다.
③ 공에서 누수가 있을 경우에는 공입구를 부직포로 막아 토사유출을 방지하여야 한다.
④ 앵커 삽입 시 앵커가 천공 구멍의 중앙에 위치하도록 앵커에 중심결정구를 5m 간격으로 부착한다.

해설 앵커의 삽입
① 앵커는 삽입 작업대 또는 크레인 등의 장비에 의해서 삽입하여야 한다.
② 앵커 삽입 시 앵커가 천공 구멍의 중앙에 위치하도록 앵커에 중심결정구(센트럴라이저)를 1m~3m 간격으로 부착하여야 하며 공벽의 붕괴우려가 있으면 케이싱을 인발하지 않고 삽입한다.
③ 소요길이까지 삽입 후 지지대를 설치하여 앵커를 공내에 고정시킨다.
④ 공에서 누수가 있을 경우에는 공입구를 부직포로 막아 토사유출을 방지하여야 한다.

47 태양광전원이 배전선로에 연계되어 운용되는 경우, 수용가의 전압을 일정하게 유지시키는데 가장 중요한 역할을 하는 것은?
① 변전소계전기   ② 리클로저
③ 주상변압기   ④ 선로전압조정기

해설 선로전압 조정장치(SVR, Step Voltage Regulator)
① 태양광전원이 배전계통에 도입되어 운용되는 경우, 급격한 출력변동에 의하여 수용가전압은 규정치를 벗어날 염려가 있다.
② 우리나라에서는 일반으로 전압강하가 10% 이상인 장거리 고압 배선로의 전압제어는 SVR을 설치하여 배선로의 규정 전압을 유지하도록 하고 있다.

14.4.86 / 17.2.92
48 발전소·변전소 또는 이에 준하는 곳에 시설하는 배전반에 고압용 기구 또는 전선을 시설하는 경우 적당하지 않은 것은?
① 점검이 용이하게 통로를 시설할 것
② 기기조작에 필요한 공간을 확보할 것
③ 회로 설비는 반드시 관에 넣어 시설할 것
④ 취급에 위험을 주지 않도록 방호장치를 할 것

해설 배전반의 시설
① 발전소·변전소·개폐소 또는 이에 준하는 곳에 시설하는 배전반에 붙이는 기구 및 전선(관에 넣은 전선 및 개장한 케이블을 제외한다)은 점검할 수 있도록 시설하여야 한다.
② 배전반에 고압용 또는 특고압용의 기구 또는 전선을 시설하는 경우에는 취급자에게 위험이 미치지 않도록 적당한 방호장치 또는 통로를 시설하여야 하며, 기기조작에 필요한 공간을 확보하여야 한다.

13.4.41 / 17.1.59
49 변전소의 설치 목적이 아닌 것은?
① 전압을 승압한다.
② 전압을 강압한다.
③ 전력손실을 감소시킨다.
④ 계통의 주파수를 변환시킨다.

해설 변전소의 설치 목적
① 전압의 변성(승압, 강압)
② 전력의 집중과 배분
③ 전압 조정
④ 전력 제어(유효전력, 무효전력)
⑤ 전력 계통 보호

50 공정관리시스템에서 관리적 측면의 공정관리시스템이 아닌 것은?
① 시간 관리   ② 지원 도구
③ 자원 관리   ④ 생산성 관리

정답 46. ④ 47. ④ 48. ③ 49. ④

51 전력계통에 사용되는 차단기의 차단용량을 결정할 때 이용 되는 것으로 가장 옳은 것은?

① 계통의 최고전압
② 예상 최대 단락 전류
③ 회로에 접속되는 전부하 전류
④ 회로를 구성하는 전선의 최대 허용전류

[해설] 단락전류

전력계통에서의 다양한 고장 중에서 단락고장의 경우 단락지점으로 일시에 대전류가 흐르기 때문에 전력계통에 가장 심각한 영향을 미치며, 신속히 고장구간을 선택하여 차단하지 않으면 전력계통으로 파급되어 정전사고를 발생하게 된다.

17.1.20

52 변압기 결선방식 중 △ - △ 결선의 특징이 아닌 것은?

① 1상분이 고장 나면 나머지 2대로 V 결선할 수 있다.
② 상전압이 선간전압의 $\frac{1}{\sqrt{3}}$ 이 되어 고전압에 적합하다.
③ 제3고조파 전류에 의한 기전력 왜곡을 일으키지 않는다.
④ 각 변압기의 상전류가 선전류의 $\frac{1}{\sqrt{3}}$ 이 되어 대전류에 적합하다.

[해설] △(삼각) 결선 회로

① 전원과 부하가 다 같이 삼각 결선을 한 회로를 △-△결선 회로라 한다.
② 선전류 $I_l(I_a = I_b = I_c)$과 상전류 $I_P(I_{ab} = I_{bc} = I_{ca})$의 관계 $I_l = \sqrt{3}\,I_P$ [A]

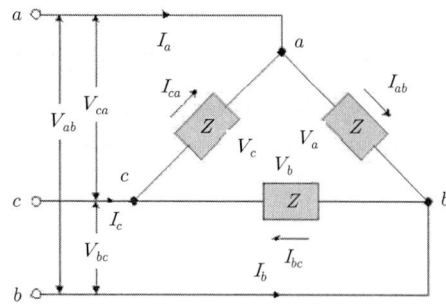

③ 상전압 $V_P(V_a = V_b = V_c)$와 선간 전압 V_l ($V_{ab} = V_{bc} = V_{ca}$)의 관계 $V_P = V_l$ [V]

18.2.52 / 18.4.57

53 태양광발전시스템의 시공절차 중 간선공사 순서가 올바른 것은?

① 모듈→어레이→접속반→인버터→계통 간선
② 모듈→인버터→어레이→접속반→계통 간선
③ 어레이→모듈→인버터→접속반→계통 간선
④ 모듈→인버터→접속반→어레이→계통 간선

[해설] 계통 연계형 태양광발전시스템의 구성

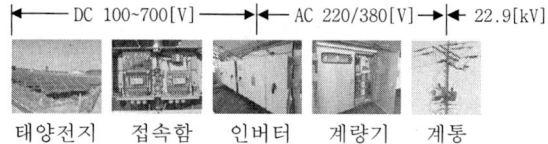

태양전지   접속함   인버터   계량기   계통

54 태양광발전시스템 시공 절차 중 ( )에 들어갈 순서로 옳은 것은?

> 현장조사 → 설계 → ( ) → 설비시공
> → ( ) → 계통연계 시작

① 공사계획신고, 사용전검사
② 사용전검사, 공사계획신고
③ 공사계획신고, 개발행위 준공
④ 사용전검사, 신재생에너지 설치확인

[해설] 태양광발전시스템 발전사업 절차

현장조사 → 설계 → 경제성 분석 → 개발행위 허가 → 발전사업허가 → 공사계획신고 → 설비시공 → 사용전검사 → 계통연계 시작

16.2.56 / 16.4.44 / 17.4.52 / 18.4.60 / 19.4.49

55 화재 발생 시 다른 설비로 불길 확산 방지를 위한 방화구획 관통부의 처리방법 중, 배선을 옥외에서 옥내로 끌어들인 관통부분 처리방법에서 관통부분의 충전재 등이 가져야 할 성질은 무엇인가?

① 내열성, 냉방성
② 가요성, 내후성
③ 난연성, 내후성
④ 난연성, 내열성

해설 방화구획 관통부의 처리

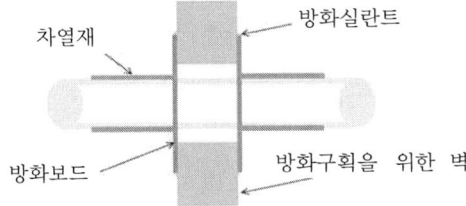

1) 방화구획 관통부의 처리를 하는 것은 화재 발생 시의 방화 대책물인 벽, 바닥, 기둥 등을 통과하는 전선, 배관의 관통 부분에서 다른 설비로 불길이 번지거나 확대하는 것을 방지하기 위해서이다.

2) 배선을 옥외에서 옥내로 끌어들인 관통 부분의 처리 방법으로는 다음과 같다.
   ① 난연성
   관통 부분의 충전재, 케이블, 배관재의 변형, 파손, 탈락, 소실로 인해 뒷면에 화염, 연기가 나지 않을 것
   ② 내열성
   관통 부분의 충전재, 내열씰재의 전열에 의해 뒷면이 연소할 위험이 있는 온도가 되지 않을 것
   ③ 관통부의 내화구조에 대한 성능시험은 단일 제품(예: 방화용 실런트 또는 기타자재)에 대한 시험이 아니라 복합구조(예: 방화용 실런트와 철판, 암면 등의 조합)의 시스템을 제시하여 그 시스템에 대해서 시험성적을 취득한다.

56 태양광발전시스템에 설치되는 모선 및 구조물의 볼트 조임에 대한 설명 중 틀린 것은?

① 조임은 너트를 돌려서 조여 준다.
② 볼트의 크기에 맞는 토크렌치를 사용하여 규정된 힘으로 조여 준다.
③ 토크렌치에 의하여 규정된 힘이 가해졌는지를 확인할 필요가 없다.
④ 2개 이상의 볼트를 사용하는 경우 한쪽만 심하게 조이지 않도록 주의한다.

해설 토크렌치 검사

① 태양광발전소 구조물의 볼트 조임은 설계치의 일정한 볼트 조임이 이루어져야하며, 조립상태가 정상적인가를 확인하기 위하여 볼트너트의 조임 토크를 검사해야 한다.
② 이 검사는 마찰이라는 불안전요소가 게재되어 있어 상당히 까다로워, 조임 토크를 검사하여 정확하게 측정한다는 것은 매우 어렵다.
③ 측정방법에는 풀림 토크법, 증가 토크법, 마크법 등이 있다.
※ 가장 근접한 답은 ③번이다.

57 수변전설비의 변류기 안전진단을 위한 시험항목이 아닌 것은?

① 극성시험
② 포화시험
③ RATIO 시험
④ 보호계전기 시험

해설 전기설비 안전진단
1) 수·변전 특고 전력기기에 대한 열화진단, 이상발열, 절연내력, 절연저항, 접지저항측정, 계전기동작상태, 차단기연동상태 등 전반적 설비진단 및 분석, 전기설비 기술기준 적합여부, 전기설비의 안전사고 예방을 위한 유지 및 관리에 관한 기술지도

정답 54. ① 55. ④ 56. ③

2) 전기설비의 사고예방, 전기설비의 안전성 확보 및 예측, 설비예비율 증가, 전기설비의 합리적 운용 및 이용률 향상 등 경제적 손실방지

3) 변류기 진단 내용
① 활선진단 : 2차측 개방여부 확인, 접지 관련 사항 확인
② 정전진단 : RATIO(비율) 시험, 극성, 포화시험

※ 변류기(CT)
임의의 전류(대)에 대해 비례하는 전류(소)로 변성하는 기기

58 케이블 포설 시 주의 사항으로 틀린 것은?
① 루프회로가 생기지 않도록 한다.
② 케이블 곡률 반지름을 넘지 않도록 주의한다.
③ 케이블을 가능하면 음영지역에 포설하면 안 된다.
④ 케이블은 절연이 손상되기 쉬우므로 겨울기온에 유의하여 취급하여야 한다.

해설 케이블은 발열이 되므로, 가능하면 음영지역에 포설한다.

16.2.52 / 18.4.54
59 접속반 설치공사 중 고려사항이 아닌 것은?
① 접속함 설치위치는 어레이 근처가 적합하다.
② 외함의 재질은 가급적 SUS304재질로 제작 설치한다.
③ 접속함은 풍압 및 설계하중에 견디고 방수, 방부형으로 제작한다.
④ 역류 방지 다이오드의 용량은 모듈 단락전류의 4배 이상으로 한다.

해설 역류방지 다이오드의 시설
① 1대의 인버터에 접속되는 태양전지 직렬군(스트링)이 2병렬 이상 접속될 경우, 각 직렬군에 역전류방지 다이오드를 별도의 접속함에 설치하여야 하며,

접속함은 발생하는 열을 외부에 방출할 수 있도록 환기구 및 방열판을 갖추어야 한다.
② 역전류방지 다이오드의 정격은 모듈 단락전류의 2배 이상이며, 정격을 확인할 수 있어야 한다.

14.4.42 / 18.2.54
60 가공송전 전선에 댐퍼를 설치하는 이유는?
① 코로나 방지
② 전자유도 감소
③ 전선 진동방지
④ 간이측정기로 확인

해설 전선의 진동방지
바람에 의해 전선은 진동을 하고 오랜 세월 반복이 되면 전선 단선 등의 위험 발생

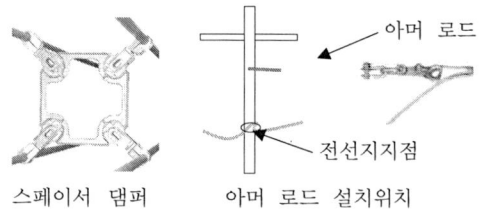

스페이서 댐퍼   아머 로드 설치위치

① 아머 로드(Armor Rod) : 전선과 같은 재질의 선으로 감아서 고정하여, 전선의 진동방지 및 전선지지점에서의 단선을 방지한다.
② 스페이서 댐퍼(Spacer Damper) : 다도체 방식 가공송전선로에 설치되는 방진장치로, 각 소도체간의 간격을 유지시키고 진동발생을 저감시키는 역할을 한다.

15.2.16 / 18.1.75
61 태양광발전시스템의 손실 인자가 아닌 것은?
① 음영
② 모듈의 오염
③ 높은 주변온도
④ 계통 단락용량

해설 모듈의 손실 인자
① 음영
② 모듈의 오염
③ 높은 주변온도
④ 모듈의 온도 상승
⑤ 모듈의 반사손실
⑥ 모듈간의 부조화와 배선에서의 손실

62 태양광발전시스템 유지보수 점검(일상점검, 정기점검) 시 가장 점검 빈도가 높은 것은?

① 육안점검
② 절연저항점검
③ 전압/전류점검
④ 소음/진동점검

해설 육안점검 항목
(1) 태양전지(어레이)의 육안점검
① 모듈의 오염 및 파손
② 프레임 파손 및 변형유무
③ 접속케이블의 손상 및 접속단자 풀림
④ 가대의 고정(볼트 및 너트의 풀림) 및 접지
⑤ 가대의 부식 및 녹 발생
⑥ 지붕재의 파손 및 지지기구와의 고정상태

(2) 축전지의 정기점검(육안)
① 시설상태 확인
② 전해액 확인
③ 환기시설 상태

(3) 인버터의 정기점검 항목(육안검사)
① 외함의 부식 및 파손
② 배선의 손상 및 접속단자 풀림
③ 운전시 이상음, 이취, 연기발생 및 이상과열
④ 환기팬 확인(통풍구, 환기필터 등)
⑤ 발전 상태의 정상적 표시여부

63 태양전지 모듈검사는 출하검사와 신뢰성검사로 구분된다. 다음 중 출하검사에 들어가지 않는 것은?

① 특성검사
② 내습성검사
③ 절연저항시험
④ 구조 및 조립시험

해설 태양전지 모듈검사
① 출하검사 : 전기적 특성검사, 강박시험, 구조 및 조립시험, 내전압검사, 절연저항 등
② 신뢰성 검사 : 내풍압, 온도 사이클 테스트, 내습성검사, 염수분부, 내열성, UV자외선, 피복 시험 등

15.2.45 / 16.2.42 / 17.2.55 / 18.4.50 / 19.4.63

64 태양광발전시스템 시공 시 원칙적인 안전 대책이 아닌 것은?

① 절연장갑을 사용한다.
② 절연 처리된 공구를 사용한다.
③ 작업 전 태양전지 모듈 표면에 차광막을 씌워 태양전지의 출력을 막는다.
④ 강우 시 안전에 유의하면서 작업을 진행한다.

해설 안전 대책
① 작업전 태양전지 모듈 표면에 차광막을 씌워 태양광을 차폐한다.
② 절연 장갑을 사용한다.
③ 절연 처리된 공구를 사용한다.
④ 강우 시에는 감전사고와 미끄러짐으로 인한 추락사고로 이어질 우려가 있으므로 작업을 금지한다.
⑤ 중장비가 배전선로에 근접할 때에는 보호조치를 취한다.

65 ( ) 안에 들어갈 내용으로 옳은 것은?

태양광 발전설비로서 용량 ( )[kW] 미만은 소유자 또는 점유자가 안전공사 및 전기안전관리 대행사업자에게 안전관리 업무를 대행하게 할 수 있다.

정답 61. ④ 62. ① 63. ② 64. ④

① 500 ② 1000
③ 1500 ④ 2000

해설 안전관리업무의 대행

안전관리자 선임의무에도 불구하고 일정 규모 이하의 전기설비의 소유자 또는 점유자는 다음에 해당하는 자에게 안전관리업무를 대행하게 할 수 있다.

전기안전관리 대행업자	해당 전기설비의 규모
안전공사 및 전기안전대행 사업자	다음 중 어느 하나에 해당하는 전기설비(둘 이상의 전기설비 용량의 합계가 2,500[kW] 미만인 경우만 해당) ① 용량 1,000[kW] 미만의 전기수용설비 ② 용량 300[kW] 미만의 발전설비(비상용 예비발전설비는 용량 500[kW] 미만) ③ 태양에너지를 이용하는 발전설비로서 용량 1,000[kW] 미만인 것
개인대행자	다음 중 어느 하나에 해당하는 전기설비(둘 이상의 전기설비 용량의 합계가 1,050[kW] 미만인 경우만 해당) ① 용량 500[kW] 미만의 전기수용설비 ② 용량 150[kW] 미만의 발전설비(비상용 예비발전설비는 용량 300[kW] 미만) ③ 용량 250[kW] 미만의 태양광발전설비

15.4.76 / 17.1.75 / 19.4.75

66 태양광발전 어레이의 개방전압 측정의 목적이 아닌 것은?

① 직렬 접속선의 미결선 검출
② 인버터의 오동작 여부 검출
③ 동작불량의 태양광발전 모듈 검출
④ 태양광발전 모듈의 잘못 연결된 극성 검출

해설 개방전압(Open Circuit Voltage)

태양전지 셀 모듈의 출력 단자를 개방한 때의 양 단자 간의 전압(Voc), 단위 [V], 특정한 온도와 일조 강도에서 부하를 연결하지 않은 개방 상태의 태양광발전설비 양단에 걸리는 전압을 말하며, 태양전지 스트링과 모듈의 동작불량, 직렬 접속선의 결선 누락 등, 각 스트링의 연결 상태확인이 가능하여 우선적으로 실시한다.

67 태양전지 모듈 공사 시 금속부재 절단 작업에 필요한 장비가 아닌 것은?

① 보호안경 ② 방진마스크
③ 헬멧 ④ 절연장갑

해설 절연장갑 : 감전방지용

14.4.27 / 17.2.28

68 태양전지 셀과 태양광 모듈에 관한 변환효율의 관계를 옳게 나타낸 것은?

η_c : 태양전지 셀의 효율
η_m : 태양광 모듈의 효율
η_a : 태양광 어레이의 효율

① $\eta_a > \eta_m > \eta_c$ ② $\eta_m > \eta_c > \eta_a$
③ $\eta_c > \eta_a > \eta_m$ ④ $\eta_c > \eta_m > \eta_a$

해설 효율(Array Efficiency)의 변화

① 셀(Cell)의 효율과 모듈(Module)의 효율이 조금 다르다
② 17[%]의 효율을 가진 셀을 사용하여 모듈을 만들었다면 그 모듈의 효율은 전력 손실로 인하여 셀 효율보다 1~2[%]떨어져 최종적으로 약15[%]정도의 효율을 가지는 태양전지 모듈이 된다.

69 태양광발전 시스템의 운전 상태에 따른 발생 신호에 대한 설명으로 틀린 것은?

① 인버터에 이상이 발생하면 인버터는 자동으로 정지하고 이상신호를 나타낸다.

② 태양전지 전압이 저전압 또는 과전압이 되면 이상신호를 나타내고 인버터의 MC는 ON 상태로 정지한다.
③ 한전 전력계통에서 정전이 발생하면 0.5초 이내에 인버터는 정지하고 복전 확인 후 5분 이후에 재기동 한다.
④ 정상운전 시에는 태양전지로부터 전력을 공급받아 인버터가 계통전압과 동기로 운전을 하며 계통과 부하에 전력을 공급한다.

[해설] 태양전지 전압이 저전압 또는 과전압이 되면, 인버터의 MC(전자접촉기)는 OFF 상태로 되며, 인버터는 정지된다.

17.4.72 / 19.1.78

70 소형 태양광 발전용 인버터의 절연 성능 시험항목이 아닌 것은?

① 내전압 시험 ② 절연저항 시험
③ 감전보호 시험 ④ 출력측 단락 시험

[해설] 절연성능시험 항목
① 절연저항시험
② 내전압시험
③ 감전보호시험
④ 절연거리시험

71 태양광발전시스템 접속함의 고장 현상과 원인의 연결로 틀린 것은?

① 어레이 단자 변형 – 누전
② 다이오드 과열 – 다이오드 불량
③ 터미널 튜브 변색 – 과전류, 과열
④ 부스바 과열 – 과전류, 부스바 결합상태 불량

[해설] 어레이 단자는 외부 충격에 의한 변형

72 2012년부터 국내 총 발전량의 일정 비율을 신재생에너지로 의무화하는 제도는?

① REC(Renewable Energy Certificate)
② FIT(Feed In Tariff)
③ RPS(Renewable Portfolio Standard)
④ FERC(Federal Energy Regulatory Commission)

[해설] RPS(Renewable Portfolio Standard)
일반규모 이상의 발전설비를 보유한 발전사업자에게 총 발전량의 일정량 이상을 신·재생에너지로 생산한 전력을 공급토록 의무한 제도

73 독립형 태양광 발전설비 유지보수 중 일상점검 항목이 아닌 것은?

① 접속함의 개방전압
② 인버터의 이상 과열
③ 축전기의 액면 저하
④ 지지대의 부식

[해설] 개방전압 측정은 정기검사에 실시한다.

74 인버터의 제어특성을 점검하기 위한 측정 및 시험방법으로 적당하지 않은 것은?

① 입출력 측정 ② 과/저전압 측정
③ AC 회로시험 ④ 육안검사

[해설] 인버터의 점검 종류
1) 육안검사
① 외함의 부식 및 파손
② 외부 배선 및 접속단자
③ 접지선 손상 및 접속단자
④ 환기
⑤ 표시부 동작상태 등

2) 측정
① 절연저항 측정
② 입출력 측정
③ 과/저전압 측정
④ AC 회로시험

정답 69. ② 70. ④ 71. ① 72. ③ 73. ① 74. ④

75 태양전지모듈의 지중배선 시공에 대한 설명으로 틀린 것은?

① 지중매설관은 배선용 탄소강 강관, 내충격성 강화비닐 전선관을 사용한다.
② 지중배관 시 중량물의 압력을 받는 경우 1.0[m] 이상의 깊이로 매설한다.
③ 지중전선로의 매설개소에는 필요에 따라 매설깊이, 전선방향 등을 지상에 표기한다.
④ 지중배관이 지나는 지표면에 배관의 재질, 수량, 길이, 재원 등을 표시한 지시서를 포설한다.

해설 지중배선의 시공

케이블 표시시트 설치

지중 케이블 표주

① 지중매설관은 배선용 탄소강관, 내충격성의 경질비닐 전선관, 내충격성 경질 염화비닐관을 사용한다.
② 지중전선의 매설개소는 필요에 따라 매설깊이, 방향 등 지상에서 용이하게 확인할 수 있도록 표주 등에 의해 표시한다.
③ 지중배관과 지표면의 중간에 케이블표시시트를 포설한다.
(지중선로 포설후 지상으로부터 무단 굴착시 예상되는 케이블 손상방지)
④ 지중배관의 깊이는 1.0[m] 이상(중량물의 압력을 받을 우려가 없는 경우에는 0.6[m] 이상)

76 결정계 실리콘 지상용 태양전지 모듈 설계인증 및 형식승인 규격은?

① KS C 8540
② KS C IEC 61215
③ KS C IEC 61646
④ KS C IEC 61730

해설 태양전지발전 설계인증 및 형식승인 규격
① KS C 8540 : 소출력 태양광 발전용 파워 조절기의 시험방법
② KS C IEC 61215 : 지상 설치용 결정계 실리콘 태양전지(PV) 모듈-설계 적격성 확인 및 형식승인 요구 사항
③ KS C IEC 61646 : 지상용 박막 태양광 모듈의 설계 조건과 형식 인증
④ KS C IEC 61730 : 태양광 발전(PV) 모듈 안전조건

77 절연 고무장갑을 착용하여 감전사고를 방지하여야 하는 작업의 경우가 아닌 것은?

① 건조한 장소에서의 개폐기 개방, 투입의 경우
② 충전부의 접속, 절단 및 점검, 보수 등의 작업 시
③ 활선상태의 배전용 지지물에 누설전류의 발생 우려가 있을 때
④ 정전 작업 시 역 송전이 우려되는 선로나 기기에 단락접지를 하는 경우

해설 전기용 절연장갑의 사용범위
① 활선상태의 배전용 지지물에 누설전류의 발생 우려가 있을 때
② 충전부의 접속, 절단 및 점검, 보수 등의 작업시
③ 습기가 많은 장소에서 개폐기 개방, 투입 등의 작업시
④ 정전 작업시 역 송전이 우려되는 선로나 기기에 단락접지를 하는 경우
⑤ 도체에 임시로 보호접지를 실시하거나 이동시 또는 활선공구 사용시
⑥ 기타 감전이 우려되는 경우

78 태양광발전시스템의 운전 시 조작 방법으로 틀린 것은?

① Main, VCB 전압 확인
② 접속반, 인버터 DC전압 확인
③ 즉시 인버터 정상작동여부 확인

④ DC용 차단기 ON, AC측 차단기 ON

해설 태양광발전시스템 운전조작방법
① Main VCB반 전압 확인
 (VCB를 통해 전력계통의 전기가 투입돼야만 인버터 가동됨)
② 인버터 AC 전압 확인
③ 접속반, 인버터의 DC전압 확인
④ DC용 차단기 ON, AC측 차단기 ON
⑤ 인버터의 정상동작 여부확인(5분후 동작)

태양광발전시스템의 응급조치방법
① 접속함의 DC 메인 전원 스위치를 개방(off)한다.
② 인버터의 전원 스위치를 개방(off)한다.
③ 한전차단기를 개방(off)한다.
④ 태양광발전시스템을 점검한다.
⑤ 이상이 없을 시 역순으로 작동한다.

79 태양광발전 모듈의 온도 사이클 시험, 습도-동결 시험, 고온고습 시험을 하기 위한 환경 챔버는?
① 염수분무 장치　② UV시험 장치
③ 항온항습 장치　④ 우박 시험 장치

해설 항온항습장치
① 공기의 온도 및 습도를 일정범위로 유지하기 위한 장치, 공기조화장치라고도 한다.
② 태양전지모듈의 온도 사이클 시험, 온습도 사이클 시험, 내열-내습성시험을 하기 위한 챔버
③ 온도 ±2 [℃] 이내, 습도 ±5[%] 이내이어야 한다.

15.2.72 / 15.4.80 / 16.2.64 / 16.4.74 / 17.1.78 / 17.2.67 / 17.4.80 / 18.2.65 / 18.2.68 / 18.4.80 / 19.2.80 / 19.4.71

80 배전반 외부에서 이상한 소리, 냄새, 손상 등을 점검항목에 따라 점검하며, 이상상태 발견 시 배전반 문을 열고 이상 정도를 확인하는 점검은?
① 일시점검　② 정기점검
③ 임시점검　④ 일상순시점검

해설 일상순시점검
① 태양광발전시스템의 기능을 유지하기 위한 점검으로 아래의 서술된 요령으로 실시한다.

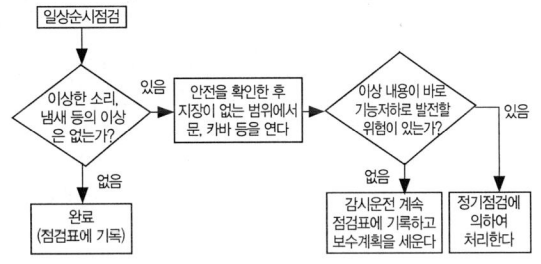

② 매일의 일상(순시)점검은 문을 열어 점검한다던가, 커버를 해체한 후 점검한다던가 하는 것이 아니고 이상한 소리, 냄새, 손상 등을 배전반, 인버터 등의 외부에서 점검항목의 대상항목에 따라 점검하는 것
③ 이상상태를 발견한 경우에는 배전반, 인버터의 문을 열고 이상의 정도를 확인한다.
④ 이상의 상태가 직접 운전을 하지 못할 정도로 전개되는 경우를 제외하고는 이상상태의 내용을 기록하여 정기점검 시에 점검한다.

2021년 기출문제

2021 제1회 기출문제

15.2.30 / 15.2.39 / 16.4.36 / 17.4.36 / 18.4.22

01 환경영향평가법령에 따라 태양광발전소의 경우 환경영향평가를 받아야 하는 발전시설용량은 몇 kW 이상인가?

① 1000　　② 10000
③ 100000　④ 1000000

해설 환경영향평가 대상사업의 구체적인 종류, 범위
전원개발사업 중 다음에 해당하는 시설에 관한 사업
1) 발전시설용량이 10,000[kW] 이상인 발전소.
　① 댐 및 저수지 건설을 수반하는 발전소의 경우에는 발전시설용량이 3,000[kW] 이상
　② 태양력·풍력 또는 연료전지발전소의 경우에는 발전시설용량이 100,000[kW] 이상
　③ 발전소의 냉각수를 활용한 해양소수력 발전소의 경우에는 발전시설용량이 30,000[kW] 이상

2) 345[kV] 이상의 지상 송전선로로서 선로길이가 10[km] 이상인 것

3) 765[kV] 이상의 옥외변전소

14.4.32 / 15.4.20 / 16.4.13 / 18.4.29

02 다음 조건과 같은 독립형 태양광발전용 축전지의 용량은 약 몇 Ah 인가?

- 1일 정격소비량 : 2.4kWh
- 보수율 : 0.8
- 일조가 없는 날 : 10일
- 방전심도 : 65%
- 축전지 공칭전압 : 2V/cell
- 축전지 개수 : 48개

① 390　　② 440
③ 481　　④ 560

해설 축전지 용량(C)

$$C = \frac{1일\ 적산부하\ 전력량(L_d) \times 일조가\ 없는\ 날(D)}{보수율(L) \times 공칭\ 축전지\ 전압 \times 축전지\ 개수 \times 방전심도(DOD)}$$

$$= \frac{2.4 \times 10^3 \times 10}{0.8 \times 2 \times 48 \times 0.65} \fallingdotseq 481\ [Ah]$$

18.4.86

03 신에너지 및 재생에너지 개발·이용·보급 촉진법령에 따라 공급인증기관이 제정하는 공급인증서 발급 및 거래시장 운영에 관한 규칙에 포함되는 사항으로 틀린 것은?

① 공급인증서의 거래방법에 관한 사항
② 공급인증서 가격의 결정방법에 관한 사항
③ 신·재생에너지 공급량의 증명에 관한 사항
④ 저탄소 녹색성장과 관련된 법제도에 관한 사항

해설 운영규칙의 제정 등(신재생에너지법 시행규칙 제2조의4)
공급인증기관이 제정하는 공급인증서 발급 및 거래시장 운영에 관한 규칙에는 다음의 사항이 포함되어야 한다.
① 공급인증서의 발급, 등록, 거래 및 폐기 등에 관한 사항
② 신·재생에너지 공급량의 증명에 관한 사항
③ 공급인증서의 거래방법에 관한 사항
④ 공급인증서 가격의 결정방법에 관한 사항
⑤ 공급인증서 거래의 정산 및 결제에 관한 사항
⑥ ①과 관련된 정보의 공개 및 분쟁조정에 관한 사항
⑦ 그밖에 공급인증서의 발급 및 거래시장 운영에 필요한 사항

15.4.85 / 18.2.88

04 신에너지 및 재생에너지 개발·이용·보급 촉진법령에 따른 신·재생에너지 정책심의회의 심의사항이 아닌 것은?

① 신·재생에너지의 기술개발 및 이용·보급에 관한 중요사항
② 기후변화대응 기본계획, 에너지기본계획 및 지속가능발전 기본계획에 관한 사항
③ 신·재생에너지 발전에 의하여 공급되는 전기의 기준가격 및 그 변경에 관한 사항
④ 대통령령으로 정하는 경미한 사항을 변경하는 경우를 제외한 기본계획의 수립 및 변경에 관한 사항

정답 1.③　2.③　3.④　4.②

[해설] 신·재생에너지정책심의회(신재생에너지법 제8조)
1) 신·재생에너지의 기술개발 및 이용·보급에 관한 중요 사항을 심의하기 위하여 산업통상자원부에 신·재생에너지정책심의회를 두며, 심의회는 다음의 사항을 심의한다.
   ① 기본계획의 수립 및 변경에 관한 사항. 다만, 기본계획의 내용 중 대통령령으로 정하는 경미한 사항을 변경하는 경우는 제외한다.
   ② 신·재생에너지의 기술개발 및 이용·보급에 관한 중요 사항
   ③ 신·재생에너지 발전에 의하여 공급되는 전기의 기준가격 및 그 변경에 관한 사항
   ④ 그밖에 산업통상자원부장관이 필요하다고 인정하는 사항

2) 심의회의 구성·운영과 그밖에 필요한 사항은 대통령령으로 정한다.

05 전기사업법령에 따라 전기사업자 및 한국전력거래소가 전기의 품질을 유지하기 위해 매년 1회 이상 측정하여야 하는 대상의 연결로 틀린 것은?
① 전기판매사업자 – 전압
② 한국전력거래소 – 주파수
③ 배전사업자 – 전압 및 주파수
④ 송전사업자 – 전압 및 주파수

[해설]
전압 및 주파수의 측정
1) 전기사업자 및 한국전력거래소는 다음의 사항을 매년 1회 이상 측정하여야 하며 측정 결과를 3년간 보존하여야 한다.
   ① 발전사업자 및 송전사업자 : 전압 및 주파수
   ② 배전사업자 및 전기판매사업자 : 전압
   ③ 한국전력거래소의 경우 : 주파수

2) 전기사업자 및 한국전력거래소는 1)에 따른 전압 및 주파수의 측정기준·측정방법 및 보존방법 등을 정하여 산업통상자원부장관에게 제출하여야 한다.

16.4.1
06 결정계 태양광발전 모듈의 면적 1.0m², 표면온도 65℃, 변환효율 15%인 경우 일사강도 0.8kW/m²일 때 출력은 약 몇 kW인가? (단, 결정계 태양광발전 전지 온도 보정계수(α)는 −0.4%/℃이다.)
① 0.1   ② 0.12   ③ 0.15   ④ 0.2

[해설] 정격출력(P_R)
P_R = 단위 면적$[m^2]$ × 일사 강도$[KW/m^2]$ × 변환 효율[%]
$= 1 \times 0.8 \times \dfrac{15}{100} = 0.12$

$P_{65℃} = P_R \times [1 + (온도보정계수 \times (모듈온도 - 25))]$
$= 0.12 \times [1 + (-0.004 \times (65 - 25))] = 0.1\ [kW]$

17.4.10
07 태양복사에 대한 설명으로 틀린 것은?
① 매우 흐린 날 특히 겨울에는 태양복사는 거의 모두 산란복사 된다.
② 태양복사량의 평균값을 태양상수라고 하며 약 1367 W/m²이다.
③ 산란복사는 태양복사가 구름이나 대기 중의 먼지에 의해 반사되지 않고 확산된 성분이다.
④ 직달복사는 태양으로부터 지표면에 직접 도달되는 복사로 물체에 강한 그림자를 만드는 성분이다.

[해설] 산란복사(diffuse radiation)
① 태양복사가 지표면에 도달되기 전에 구름이나 대기 중의 먼지에 의해 반사되고 확산된 복사로서 그림자를 만들지 않는 복사성분이다
② 복사의 진행방향이 평행광처럼 일정하지 않고 모든 방향으로 향하고 있는 상태의 복사

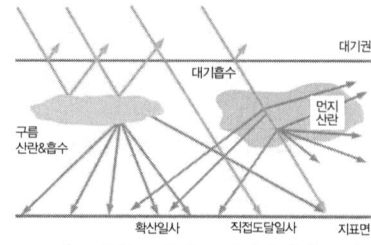
지표면에 도달하는 일사광선의 형태

08 다음과 같은 조건에 적합한 독립형 태양광발전 시스템의 설치용량은 약 몇 kwp인가? (단, STC 조건을 기준으로 한다.)

- 연 일사량 : 1356kWh/m²
- 연 부하소비량 : 3000kWh
- 부하의 태양광발전시스템 의존율 : 50%
- 설계여유계수 : 20%
- 종합설계지수 : 80%

① 1.11　② 1.66　③ 2.54　④ 3.001

해설 $P_{AS} = \dfrac{E_L \times D \times R}{(H_A/G_S) \times K}$

$= \dfrac{3000 \times 0.5 \times 1.2}{1356 \times 0.8} \fallingdotseq 1.66 \,[kWp]$

P_{AS} : 표준상태에서의 태양광 어레이의 출력[kW]
H_A : 태양광 어레이면 일사량[kW/m²·기간]
G_S : 표준상태에서의 일사강도[kW/m²]
E_L : 부하소비전력량[kWh/기간]
D : 부하의 태양광발전시스템에 대한 의존율
R : 설계여유계수
K : 종합설계지수

09 전기사업법령에 따라 기초조사에 포함되어야 할 사항 중 경제·사회 분야의 세부항목으로 옳은 것은?

① 발전사업에 따른 지역경제 활성화 방안
② 발전설비 건설에 따른 환경오염 최소화 방안
③ 발전설비에 대한 환경 규제 및 기준에 관한 사항
④ 발전사업에 따른 인구 전출 유발 효과에 관한 사항

해설 기초조사에 포함되어야 할 사항
1) 환경 분야
① 발전설비에 대한 환경 규제 및 기준에 관한 사항
② 발전설비가 대기·수질 및 토지 등의 환경과 주변 지역에 미치는 영향에 관한 분석 및 대책
③ 발전설비 건설에 따른 환경오염 최소화 방안
④ 발전설비 운영에 따른 오염물질 배출량에 관한 분석 및 오염물질 배출 저감을 위한 설비 구축 방안

2) 경제·사회 분야
① 발전사업에 따른 지역경제 활성화 방안
② 발전사업에 따른 인구 유입 및 고용 유발 효과에 관한 사항

10 태양광발전 어레이에 뇌 서지가 침입할 우려가 있는 장소의 대지와 회로 간에 설치하는 것은?
① SPD　② ELB
③ ZCT　④ MCCB

해설 SPD(Surge Protective Device)

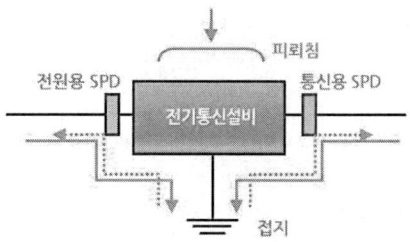

일반적인 전원전압이나 신호전압에 대해서는 절연체이지만, 뇌서지와 같은 이상 과전압에 대해서만 동작해서 뇌서지를 접지선으로 빠르게 흘려 뇌서지 처리후 원래의 정상적인 계통 상태로 스스로 되돌아가는 기능을 갖는다.

11 전기공사업법령에 따라 전기공사업 등록증 및 등록수첩을 발급하는 자는?
① 시·도지사
② 전기안전공사 사장
③ 지정공사업자단체장
④ 산업통상자원부장관

해설 공사업의 등록
① 공사업을 하려는 자는 산업통상자원부령으로 정하는 바에 따라 주된 영업소의 소재지를 관할하는 시·도지사에게 등록하여야 한다.

② ①에 따른 공사업의 등록을 하려는 자는 대통령령으로 정하는 기술능력 및 자본금 등을 갖추어야 한다.
③ ①에 따라 공사업을 등록한 자 중 등록한 날부터 5년이 지나지 아니한 자는 ②에 따른 기술능력 및 자본금 등에 관한 사항을 대통령령으로 정하는 기간이 지날 때마다 산업통상자원부령으로 정하는 바에 따라 시 · 도지사에게 신고하여야 한다.
④ 시 · 도지사는 ①에 따라 공사업의 등록을 받으면 등록증 및 등록수첩을 내주어야 한다.

15.4.96

12 전기공사업법령에 따른 전기공사기술자의 시공관리 구분에서 사용전압이 22.9kV인 전기공사의 시공관리를 할 수 있는 기술자의 최소등급은?

① 초급 전기공사 기술자
② 중급 전기공사 기술자
③ 고급 전기공사 기술자
④ 특급 전기공사 기술자

[해설] 전기공사기술자의 시공관리 구분(전기공사업법 시행령 제12조 별표4)
전기공사의 규모별 전기공사기술자의 시공관리 구분

전기공사기술자의 구분	전기공사의 규모별 시공관리 구분
특급 전기공사기술자 또는 고급 전기공사기술자	모든 전기공사
중급 전기공사기술자	전기공사 중 사용전압이 100,000[V] 이하인 전기공사
초급 전기공사기술자	전기공사 중 사용전압이 1,000[V] 이하인 전기공사

13 국토의 계획 및 이용에 관한 법령에 따른 개발행위허가를 받지 아니하여도 되는 경미한 행위 중 토석채취에 대한 내용이다. 다음 (   )에 들어갈 내용으로 옳은 것은?

> 도시지역 또는 지구단위계획구역에서 채취면적이 (ⓐ)제곱미터 이하의 토지에서의 부피 (ⓑ)세제곱미터 이하의 토석채취

① ⓐ 20 ⓑ 20
② ⓐ 25 ⓑ 20
③ ⓐ 25 ⓑ 50
④ ⓐ 30 ⓑ 50

[해설] 허가를 받지 아니하여도 되는 경미한 행위(토석채취)
① 도시지역 또는 지구단위계획구역에서 채취면적이 25제곱미터 이하인 토지에서의 부피 50세제곱미터 이하의 토석채취
② 도시지역 · 자연환경보전지역 및 지구단위계획구역 외의 지역에서 채취면적이 250제곱미터 이하인 토지에서의 부피 500세제곱미터 이하의 토석채취

17.2.14

14 태양광발전시스템 설치장소 선정 시 고려사항과 관계가 없는 것은?

① 도로 접근성이 용이하여야 한다.
② 일사량 및 일조시간을 고려해야 한다.
③ 설치장소의 고도 및 기압을 고려해야 한다.
④ 전력계통 연계조건이 어떠한지 살펴야 한다.

[해설] 태양광발전소 입지조건
① 일사량 / 일조시간
② 지형과 토지 (정남향, 경사도, 진입도로)
③ 3상 선로 인접 여부 (한전 분산형전원의 여유용량)
④ 허가 가능지역 여부
⑤ 주변 민원발생

17.1.18 / 18.2.3 / 19.4.10 / 21.1.15

15 동일 출력전류(I)를 가지는 N개의 태양전지를 같은 일사 조건에서 서로 병렬로 연결했을 경우 출력전류 I_a 에 대한 계산식은?

① $I_a = N \times I$
② $I_a = N^2 \times I$
③ $I_a = \dfrac{I}{N}$
④ $I_a = \dfrac{N}{I}$

[해설] 태양전지 직병렬 계산식

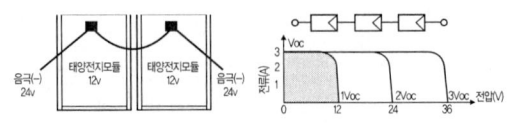

직렬접속

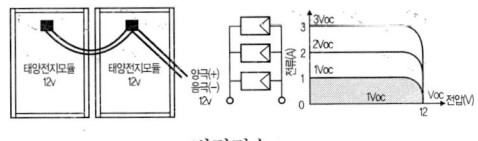

병렬접속

① 직렬접속 : 전압은 증가한다.(전류는 변화 없음)
② 병렬접속 : 전류는 증가한다.(전압은 변화 없음)
③ 병렬접속시 출력전류 $I_a = N \times I$

19.2.6 / 19.4.1

16 계통연계형 태양광발전용 인버터 방식 중 중앙집중형 인버터의 분류방식이 아닌 것은?

① 저전압 방식
② 고전압 방식
③ 모듈 인버터 방식
④ 마스터-슬레이브 방식

[해설] **인버터 방식**

1) 저전압 방식
① 모듈 3~5개를 직렬로 연결해서 스트링 전압을 DC 120V 이하로 구성
② 음영의 영향을 적게 받는다.

2) 고전압 방식
① 스트링 전압이 DC 120V 초과
② 전류값이 낮아 케이블의 굵기가 가늘어진다.
③ 국내에서 주로 사용된다.

3) 모듈인버터(마이크로 인버터: MIC, Module Integrated Central) 방식

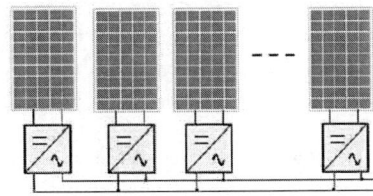

① 태양전지 모듈 1개에 인버터 1개를 부착하는 방식으로 스트링 인버터의 작은 형태이다.
② 태양전지 1장에 대한 모니터링이 가능하여 유지보수가 쉽다.
③ 각 마이크로인버터(MIC; Module Integrated

Converter)의 최대 효율은 낮지만, 태양전지 모듈에 대해 개별로 MPPT를 하므로, 전체 발전량에 있어서는 스트링 인버터 이상의 발전효율을 가지고 있다.
④ 대용량 발전소보다는 소용량 발전소에서 효율이 높고, 태양전지 모듈 1장으로도 태양광발전을 할 수 있다.
⑤ 고장 난 인버터는 쉽게 교체 가능하며, 시스템 확장이 쉽다.

4) 주/종속시스템(Master-Slave System)

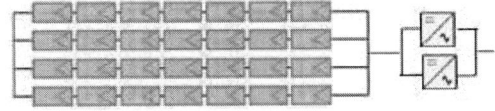

① 인버터 2~3대를 결합하여 회로를 구성한다.
② 발전을 시작하면 마스터 인버터만 구동되고, 마스터 인버터의 전력한계에 도달하면, 다음 슬래브 인버터가 자동 연결되어 생산된 발전량에 대응한다.
③ 낮은 발전량에서도 대용량 인버터 한 대가 운영되는 방식보다는 효율이 높아진다.
④ Master와 Slave의 기능은 정기적(1~3개월)으로 교대를 해주어, 균등운전이 되게 한다.

17 전기사업법령에 따라 허가받은 사항 중 산업통상자원부령으로 정하는 중요사항을 변경하려는 경우 산업통상자원부장관의 허가를 받아야 한다. 이 중요사항에 포함되지 않는 것은?

① 사업자가 변경되는 경우
② 사업구역이 변경되는 경우
③ 공급전압이 변경되는 경우
④ 특정한 공급구역이 변경되는 경우

[해설] **산업통상자원부령으로 정하는 중요사항**

1) 사업구역 또는 특정한 공급구역
2) 공급전압
3) 발전사업 또는 구역전기사업의 경우 발전용 전기설비에 관한 다음의 어느 하나에 해당하는 사항
① 설치장소(동일한 읍·면·동에서 설치장소를 변경하는 경우는 제외한다)
② 설비용량(변경 정도가 허가 또는 변경허가를 받은 설비용량의 100분의 10 이하인 경우는 제외한다)

③ 원동력의 종류(허가 또는 변경허가를 받은 설비용량이 30만킬로와트 이상인 발전용 전기설비에 신·재생에너지를 이용하는 발전용 전기설비를 추가로 설치하는 경우는 제외한다)

18 신·재생에너지 공급의무화제도 및 연료 혼합의무화제도 관리·운영지침에 따른 용어의 정의 중 정부와 에너지공급사 간에 신·재생에너지 확대 보급을 위해 체결한 협약을 말하는 용어의 약어로 옳은 것은?

① RFS ② REC
③ REP ④ RPA

해설 용어의 정의
① 공급의무자 : 발전량의 일정량 이상을 의무적으로 신·재생에너지를 이용하여 공급하여야 하는 자
② 의무공급량 : 공급의무자가 연도별로 신·재생에너지 설비를 이용하여 공급하여야 하는 발전량
③ REC(Renewable Energy Certificate, 공급인증서) : 공급인증서의 발급 및 거래단위로서 공급인증서 발급대상 설비에서 공급된 MWh 기준의 신·재생에너지 전력량에 대해 가중치를 곱하여 부여하는 단위
④ REP(Renewable Energy Point, 신재생에너지 생산인증서) : 생산인증서의 발급 및 거래단위로서 생산인증서 발급대상 설비에서 생산된 MWh기준의 신·재생에너지 전력량에 대해 부여하는 단위
⑤ RPA(Renewable Portfolio Agreement, 신·재생에너지 개발공급협약) : 정부와 에너지공급사 간에 신·재생에너지 확대 보급을 위해 체결한 협약

19 신에너지 및 재생에너지 개발·이용·보급 촉진법령에 따른 신·재생에너지 공급의무자의 2021년도 의무공급량의 비율(%)은?

① 5 ② 6
③ 7 ④ 9

해설 연도별 의무공급량의 비율

해당 연도	비율[%]
2012년	2.0
2013년	2.5
2014년	3.0
2015년	3.0
2016년	3.5
2017년	4.0
2018년	5.0
2019년	6.0
2020년	7.0
2021년	9.0
2022년	12.5
2023년	13.0
2024년	13.5
2025년	14.0
2026년	15.0
2027년	17.0
2028년	19.0
2029년	22.5
2030년 이후	25.0

20 경제성 분석기법에서 적용하는 '할인율(r)'이란 무엇을 의미하는가?

① 인플레이션 비율
② 과거 이자율에 대한 현재의 이자율
③ 미래의 가치를 현재의 가치와 같게 하는 비율
④ 현재 시점의 금전에 대한 금전 시점의 가치 비율

해설 할인율
사업의 편익과 비용을 현재가치로 환산하는 데 중요한 파라미터로 작용하기 때문에 모든 투자사업은 타당성 조사지침이 제시하는 할인율을 적용하여 일관되게 분석, 투자사업의 경제성을 분석해야 한다.

21 얕은 기초의 침하량에 대한 설명으로 틀린 것은?

① 얕은 기초의 침하는 즉시침하, 일차압밀침하, 이차압밀침하를 합한 것을 말한다.
② 이차압밀침하는 즉시침하 완료 후의 시간-침하관계 곡선의 기울기를 적용하여 계산한다.

정답 18. ④ 19. ④ 20. ③

③ 일차압밀침하량은 지반의 압축특성, 유효응력변화, 지반의 투수성, 경계조건 등을 고려하여 계산한다.
④ 기초하중에 의해 발생된 지중응력의 증가량이 초기응력에 비해 상대적으로 작지 않은 영향 깊이 내 지반을 대상으로 침하를 계산한다.

[해설] **2차 압밀침하량**
① 1차 압밀침하 완료후 발생하는 2차 압밀침하는 log(시간)-침하량 관계에서는 직선적으로 나타나며, 유기질 함유량이 많고, 점토층이 두터울수록 증가한다.
② 2차 압밀침하는 유효응력비, 하중 증가비, 온도, 시간 등에 영향을 받으며, 1차 압밀 종료시점의 점성토층 두께, 1차 압밀시간, 2차 압밀시간 등을 이용하여 계산한다.

22 전기실의 면적에 영향을 주는 요소로 틀린 것은?
① 변압기 용량
② 기기의 배치방법
③ 건축물의 구조적 여건
④ 태양광발전 모듈의 배선방법

[해설] **전기실의 면적에 영향을 주는 요소**
① 수전전압 및 수전방식
② 변전설비 변압방식, 변압기 용량, 수량 및 형식
③ 설치 기기와 큐비클의 종류 및 시방
④ 기기의 배치방법 및 유지보수 필요면적
⑤ 건축물의 구조적 여건

23 전기시설물 설계 시 설계도서의 실시설계 성과물로 묶이지 않은 것은?
① 내역서, 산출서, 견적서
② 설계설명서, 설계도면, 공사시방서
③ 용량계산서, 간선계산서, 부하계산서
④ 공사비 내역서, 용량계획서, 시스템선정 검토서

[해설] **실시설계 성과물**

실시설계 도서	설계설명서
	설계도면
	공사시방서
공사비 적산서	내역서
	산출서
	견적서
설계계산서	조도계산서
	부하계산서
	간선계산서
	용량계산서(변압기, 발전기 등)
	기타 계산서
기타 사항	관공서 협의기록
	관계자 협의기록
	기타 기록(설계자문, 심의 등)

24 전력시설물 공사감리업무 수행지침에 따라 부분중지를 지시할 수 있는 사유가 아닌 것은?
① 동일 공정에 있어 2회 이상 시정지시가 이행되지 않을 때
② 동일 공정에 있어 2회 이상 경고가 있었음에도 이행되지 않을 때
③ 안전시공상 중대한 위험이 예상되어 물적, 인적 중대한 피해가 예견될 때
④ 재시공 지시가 이행되지 않는 상태에서 다음 단계의 공정이 진행됨으로써 하자발생이 될 수 있다고 판단될 때

[해설] **부분중지의 적용한계**
① 재시공 지시가 이행되지 않는 상태에서는 다음 단계의 공정이 진행됨으로써 하자발생이 될 수 있다고 판단될 때
② 안전시공상 중대한 위험이 예상되어 물적, 인적 중대한 피해가 예견될 때
③ 동일 공정에 있어 3회 이상 시정지시가 이행되지 않을 때
④ 동일 공정에 있어 2회 이상 경고가 있었음에도 이행되지 않을 때

정답 21. ② 22. ④ 23. ④ 24. ①

25 한국전기설비규정에 따른 저압 옥내직류 전기설비에 대한 시설기준으로 틀린 것은?

① 옥내전로에 연계되는 축전지는 접지측도체에 과전압보호장치를 시설하여야 한다.
② 축전지실 등은 폭발성의 가스가 축적되지 않도록 환기장치 등을 시설하여야 한다.
③ 저압 직류전로에 과전류차단장치를 시설하는 경우 직류단락전류를 차단하는 능력을 가지는 것이어야 하고 "직류용" 표시를 하여야 한다.
④ 저압 직류전기설비를 접지하는 경우에는 직류누설전류에 의한 전기부식작용으로 인한 접지극이나 다른 금속체에 손상의 위험이 없도록 시설하여야 한다.

[해설] **축전지실 등의 시설**
① 30V를 초과하는 축전지는 비접지측 도체에 쉽게 차단할 수 있는 곳에 개폐기를 시설하여야 한다.
② 옥내전로에 연계되는 축전지는 비접지측 도체에 과전류보호장치를 시설하여야 한다.
③ 축전지실 등은 폭발성의 가스가 축적되지 않도록 환기장치 등을 시설하여야 한다.

26 태양광발전 어레이의 세로길이 L이 1.95m, 어레이 경사각 25°, 태양의 고도각 21°로 산정하여 북위 37° 지방에서 태양광발전시스템을 설치하고자 할 때 어레이 간 최소 이격거리는 약 몇 m인가?

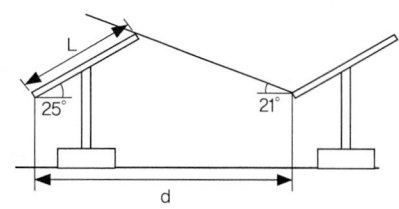

① 2.89　　　② 3.31
③ 3.91　　　④ 4.54

[해설] 어레이간 최소 이격 거리(d)
$$d = L \times \frac{\sin(180 - \alpha - \beta)}{\sin\beta}$$
$$= 1.95 \times \frac{\sin(180 - 25 - 21)}{\sin 21} ≒ 3.91 \, [m]$$

27 분산형전원 배전계통연계 기술기준에 따라 Hybrid 분산형전원의 변동 빈도를 정의하기 어렵다고 판단되는 경우에는 순시전압변동률을 몇 %로 적용하여야 하는가?

① 2　　　② 3
③ 4　　　④ 5

[해설] **순시전압변동**
Hybrid 분산형전원의 순시전압변동률은 ESS의 계통 병입·탈락빈도와 분산형전원의 계통 병입·탈락빈도를 합산한 값에 대하여 아래의 표에서 정하는 허용기준을 초과하지 않아야 한다. 단, 해당 Hybrid 분산형전원의 변동 빈도를 정의하기 어렵다고 판단되는 경우에는 순시전압변동률 3%를 적용한다.

변동빈도	순시전압변동률
1시간에 2회 초과 10회 이하	3%
1일 4회 초과 1시간에 2회 이하	4%
1일에 4회 이하	5%

※ Hybrid 분산형전원은 태양광, 풍력발전 등의 분산형전원에 ESS설비(배터리, PCS 등 포함)를 혼합하여 발전하는 유형을 말한다.

28 한국전기설비규정에 따라 저압 가공전선로의 지지물은 목주인 경우, 풍압하중의 몇 배의 하중에 견디는 강도를 가지는 것이어야 하는가?

① 1.2　② 1.5　③ 1.6　④ 2

[해설] **저압 가공전선로의 지지물의 강도**
저압 가공전선로의 지지물은 목주인 경우에는 풍압하중의 1.2배의 하중, 기타의 경우에는 풍압하중에 견디는 강도를 가지는 것이어야 한다.

13.4.27 / 15.4.24 / 16.4.21 / 17.2.23 / 17.4.33 / 19.2.28 / 19.2.33

29 구조물 이격거리 산정 시 고려사항이 아닌 것은?

① 상부구조물의 하중
② 가대의 경사도와 높이
③ 설치될 장소의 경사도
④ 동지 시 발전 가능 한계 시간에서 태양의 고도

해설 **구조물 이격거리 산정 시 고려사항**

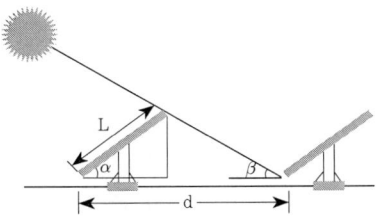

① 태양광 모듈 길이(L)
② 모듈 설치각도(α)
③ 위도(동지시 발전 가능 한계 시간에서 태양의 고도각 β)
④ 구조물 형상, 장애물의 높이, 남북향간 거리, 부지현황, 부지의 경사도

17.2.57

30 전력기술관리법령에 따른 감리원의 업무범위가 아닌 것은?

① 현장 조사ㆍ분석
② 공사 단계별 기성 확인
③ 입찰참가자 자격심사 기준 작성
④ 현장 시공상태의 평가 및 기술지도

해설 **감리원의 업무 범위**
① 공사계획의 검토
② 공정표의 검토
③ 발주자ㆍ공사업자 및 제조자가 작성한 시공설계서의 검토ㆍ확인
④ 공사가 설계도서의 내용에 적합하게 시행되고 있는지에 대한 확인
⑤ 전력시설물의 규격에 관한 검토ㆍ확인
⑥ 사용자재의 규격 및 적합성에 관한 검토ㆍ확인
⑦ 전력시설물의 자재 등에 대한 시험성과에 대한 검토ㆍ확인

⑧ 재해예방대책 및 안전관리의 확인
⑨ 설계 변경에 관한 사항의 검토ㆍ확인
⑩ 공사 진행 부분에 대한 조사 및 검사
⑪ 준공도서의 검토 및 준공검사
⑫ 하도급의 타당성 검토
⑬ 설계도서와 시공도면의 내용이 현장 조건에 적합한지 여부와 시공 가능성 등에 관한 사전 검토
⑭ 그밖에 공사의 질을 높이기 위하여 필요한 사항으로서 산업통상자원부령으로 정하는 사항

31 어레이 설치 지역의 설계속도압이 1100N/m², 유효수압면적이 8.0m²인 어레이의 풍하중은 약 몇 kN인가? (단, 가스트 영향계수는 1.8, 풍압계수는 1.3을 적용한다.)

① 13.500
② 17.555
③ 20.592
④ 25.145

해설 **풍하중[W]**

W = 속도압 × 유효면적 × 풍압계수 × 가스트 영향계수
  = $\frac{1100}{1000} \times 8 \times 1.3 \times 1.8$ = 20.592 [kN]

※ 가스트 영향계수(G_f) : 강풍이 부는 경우 어레이의 최대 변화량과 평균 변화량의 비

13.4.44

32 전력시설물 공사감리업무 수행지침에 따른 감리용역 계약문서가 아닌 것은?

① 설계도서
② 과업지시서
③ 감리비 산출내역서
④ 기술용역입찰유의서

해설 **설계감리용역 계약문서**
① 계약서
② 설계감리용역 입찰유의서
③ 설계감리용역계약 일반조건
④ 설계감리용역계약 특수조건
⑤ 과업지시서
⑥ 설계감리비 산출내역서

정답 29.① 30.③ 31.③ 32.①

15.4.52 / 18.1.42

33 전력시설물 공사감리업무 수행지침에 따라 공사가 시작된 경우 공사업자가 감리원에게 제출하는 착공신고서에 포함되지 않는 것은? (단, 그 밖에 발주자의 지정한 사항이 없는 경우이다.)

① 작업인원 및 장비투입 계획서
② 관계자 회의 및 협의사항 기록대장
③ 공사도급 계약서 사본 및 산출내역서
④ 현장기술자 경력사항 확인서 및 자격증 사본

해설 착공신고서 검토 및 보고

감리원은 공사가 시작된 경우에는 공사업자로부터 다음의 서류가 포함된 착공신고서를 제출받아 적정성 여부를 검토하여 7일 이내에 발주자에게 보고하여야 한다.
① 시공관리책임자 지정통지서(현장관리조직, 안전관리자)
② 공사 예정공정표
③ 품질관리계획서
④ 공사도급 계약서 사본 및 산출내역서
⑤ 공사 시작 전 사진
⑥ 현장기술자 경력사항 확인서 및 자격증 사본
⑦ 안전관리계획서
⑧ 작업인원 및 장비투입 계획서
⑨ 그밖에 발주자가 지정한 사항

34 한국전기설비규정에 따른 전기울타리의 시설기준에 대한 설명으로 틀린 것은?

① 전기울타리는 사람이 쉽게 출입하지 아니하는 곳에 시설할 것
② 전선과 이를 지지하는 기둥 사이의 이격거리는 25mm 이상일 것
③ 전선은 인장강도 1.38kN 이상의 것 또는 지름 2mm이상의 경동선일 것
④ 전선과 다른 시설물(가공전선은 제외) 또는 수목 사이의 이격거리는 50cm 이상일 것

해설 전기울타리의 시설

① 전기울타리는 사람이 쉽게 출입하지 아니하는 곳에 시설할 것.
② 전선은 인장강도 1.38kN 이상의 것 또는 지름 2mm 이상의 경동선일 것.
③ 전선과 이를 지지하는 기둥 사이의 이격거리는 25mm 이상일 것.
④ 전선과 다른 시설물(가공전선을 제외한다) 또는 수목과의 이격거리는 0.3m 이상일 것.
⑤ ①~④까지 이외의 전기울타리의 설치와 결선에 대한 지침은 KS C IEC 60335-2-76(전기울타리의 개별 요구사항)를 따를 것(다만, 전기 보안울타리와 관련한 사항은 적용하지 아니하다).

13.4.60 / 17.2.60

35 설계감리업무 수행지침에 따라 설계감리원은 설계업자로부터 착수신고서를 제출받아 어떤 사항에 대하여 적정성 여부를 검토하여 보고하는가?

① 설계감리일지, 예정공정표
② 설계감리일지, 근무상황부
③ 예정공정표, 과업수행계획 등 그 밖에 필요한 사항
④ 설계감리기록부, 과업수행계획 등 그 밖에 필요한 사항

해설 설계용역의 관리

설계감리원은 설계업자로부터 착수신고서를 제출받아 다음의 사항에 대한 적정성 여부를 검토하여 보고하여야 한다.
① 예정공정표
② 과업수행계획 등 그밖에 필요한 사항

13.4.47 / 15.4.43 / 17.4.22 / 19.2.32 / 19.4.38 / 20.2.31

36 단상 3선식의 전압강하(e)에 대한 계산식으로 옳은 것은? (단, L : 전선의 길이(m), I : 전류(A), A : 사용자 전선의 단면적(mm²)이다.)

① $e = \dfrac{35.8 \times L \times I}{1000 \times A}$ ② $e = \dfrac{30.8 \times L \times I}{1000 \times A}$

③ $e = \dfrac{17.8 \times L \times I}{1000 \times A}$ ④ $e = \dfrac{25.6 \times L \times I}{1000 \times A}$

해설 전압강하 및 전선 굵기 계산식

전기공급방식	전압강하(e)	전선의 단면적(A)
단상 2선식 직류 2선식	$e = \dfrac{35.6 \times L \times I}{1,000 \times A}$	$A = \dfrac{35.6 \times L \times I}{1,000 \times e}$
3상 3선식	$e = \dfrac{30.8 \times L \times I}{1,000 \times A}$	$A = \dfrac{30.8 \times L \times I}{1,000 \times e}$
단상 3선식 3상 4선식 직류 3선식	$e = \dfrac{17.8 \times L \times I}{1,000 \times A}$	$A = \dfrac{17.8 \times L \times I}{1,000 \times e}$

37 전기설비기술기준에 따라 저압전선로 중 절연 부분의 전선과 대지 사이 및 전선의 심선 상호 간의 절연저항은 사용전압에 대한 누설전류가 최대 공급전류의 얼마를 넘지 않도록 하여야 하는가?

① 1/1000 ② 1/2000 ③ 1/3000 ④ 1/4000

해설 전선로의 전선 및 절연성능(기술기준 제27조)
① 저압 가공전선(중성선 다중접지식에서 중성선으로 사용하는 전선을 제외한다) 또는 고압 가공전선은 감전의 우려가 없도록 사용전압에 따른 절연성능을 갖는 절연전선 또는 케이블을 사용하여야 한다. 다만 해협 횡단 · 하천 횡단 · 산악지 등 통상 예견되는 사용 형태로 보아 감전의 우려가 없는 경우에는 그렇지 않다.
② 지중전선(지중전선로의 전선)은 감전의 우려가 없도록 사용전압에 따른 절연성능을 갖는 케이블을 사용하여야 한다.
③ 저압전선로 중 절연 부분의 전선과 대지 사이 및 전선의 심선 상호 간의 절연저항은 사용전압에 대한 누설전류가 최대 공급전류의 1/2,000을 넘지 않도록 하여야한다.

38 해칭선에 대한 설명으로 옳은 것은?

① 가는 실선을 45° 기울여 사용
② 가는 실선을 65° 기울여 사용
③ 굵은 실선을 55° 기울여 사용
④ 굵은 실선을 75° 기울여 사용

해설 해칭선(hatching)

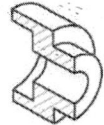 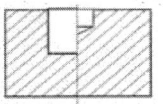

① 가는 선을 같은 간격으로 세밀하게 그은 선. 도면에서 대상의 단면을 이해하기 쉽도록 빗금을 그어 표시한다.
② 단일품의 해칭은 단면 부분이 떨어져 있어도 기본적으로 45°의 사선으로 단면된 부분을 긋는다.
③ 해칭선의 간격은 약 2~3mm정도의 등간격으로 긋는다.
④ 해칭이 되는 부분에 문자 또는 치수선이 쓰여야 하는 경우에는 겹쳐지지 않게 해칭선을 긋는다.

39 분산형전원 배전계통연계 기술기준의 용어 정의 중 다음 설명에 해당하는 것은?

> 한전계통 상에서 검토 대상 분산형전원으로부터 전기적으로 가장 가까운 지점으로서 다른 분산형전원 또는 전기사용 부하가 존재하거나 연결될 수 있는 지점을 말한다.

① 접속점
② 공통 연결점
③ 분산형전원 연결점
④ 분산형전원 검토점

해설 공통 연결점(PCC, Point of Common Coupling)

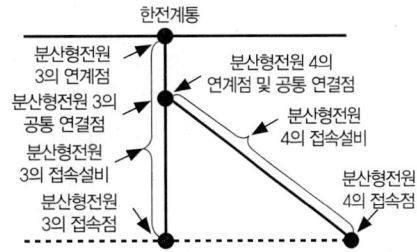

한전계통 상에서 검토 대상 분산형전원으로부터 전기적으로 가장 가까운 지점으로서 다른 분산형전원 또는 전기사용 부하가 존재하거나 연결될 수 있는 지점을 말

한다. 검토 대상 분산형전원으로부터 생산된 전력이 한전계통에 연결된 다른 분산형전원 또는 전기사용 부하에 영향을 미치는 위치로도 정의할 수 있다

40 전력기술관리법령에 따라 전문감리업 면허 보유자가 수행할 수 있는 감리업의 영업 범위는?

① 발전설비용량 10만 kW 미만의 전력시설물
② 발전설비용량 15만 kW 미만의 전력시설물
③ 발전설비용량 20만 kW 미만의 전력시설물
④ 발전설비용량 25만 kW 미만의 전력시설물

해설 감리업의 영업 범위

종류	영업 범위
종합감리업	전력시설물
전문감리업	발전·변전설비 용량 100,000kW 미만의 전력시설물, 전압 100,000V 미만의 송전·배전선로 200,000kW 미만의 전력시설물, 용량 5,000kW 미만의 전기수용설비, 연면적 30,000m² 미만인 건축물의 전력시설물

15.2.78
41 전력계통에 순간 정전이 발생하여 태양광발전용 인버터가 정지할 때 동작되는 계전기는?

① 역상계전기   ② 과전류계전기
③ 과전압계전기   ④ 저전압계전기

해설 저전압계전기(Under Voltage Relay)
① 전압의 크기가 일정 값 이하일 때 동작하는 계전기
② 전압이 일정 크기 이하로 저하되었을 때 전동기 등의 전력설비를 보호하거나, 단독운전방지를 위해 저전압(정전)을 검출하여 분전반 차단기를 OFF 시킨다.

42 한국전기설비규정에 따른 지중전선로에 사용하는 케이블의 시설 방법이 아닌 것은?

① 암거식   ② 관로식
③ 간접매설식   ④ 직접매설식

해설 지중전선로의 시설
1) 지중 전선로는 전선에 케이블을 사용하고 또한 관로식·암거식(暗渠式) 또는 직접 매설식에 의하여 시설한다.
2) 지중 전선로를 관로식 또는 암거식에 의하여 시설하는 경우
① 관로식에 의하여 시설하는 경우에는 매설 깊이를 1.0m 이상으로 하되, 매설 깊이가 충분하지 못한 장소에는 견고하고 차량 기타 중량물의 압력에 견디는 것을 사용할 것. 다만 중량물의 압력을 받을 우려가 없는 곳은 0.6m 이상으로 한다.
② 암거식에 의하여 시설하는 경우에는 견고하고 차량 기타 중량물의 압력에 견디는 것을 사용할 것

19.2.13
43 전류의 이동으로 발생하는 현상이 아닌 것은?

① 발열작용   ② 화학작용
③ 탄화작용   ④ 자기작용

해설 탄화작용(Distillation)
유기물질에 공기나 산소의 흐름을 차단하고 가열할 때 탄소를 많이 함유하는 검은색 물질인 화석으로 보존되는 과정이다

14.4.46 / 15.4.45
44 최대수용전력 1000kVA이고 설비용량은 전등부하 500kW, 동력부하 700kVA이다. 이때 수용률은 약 몇 %인가?

① 83.3   ② 86.6
③ 88.3   ④ 90.6

해설 수용률(Demand Factor)
① 수용 설비가 이용되고 있는 비율
② 수용 설비 용량 : 수용 장소에 설비된 전기 기기류의 정격용량 합계
③ 변압기의 설비 용량 = $\dfrac{\text{최대 수용 전력}}{\text{부하 역률}}$

정답 40.① 41.④ 42.③ 43.③ 44.①

$$수용률 = \frac{최대\ 수용\ 전력\ [kW]}{수용\ 설비\ 용량\ [kW]} \times 100\ [\%]$$
$$= \frac{1,000}{(500+700)} \times 100 ≒ 83.3\ [\%]$$

16.2.8 / 17.1.1 / 19.2.18

45 일정 전압의 직류전원에 저항을 접속하고 전류를 흘릴 때 이 전류 값을 20% 증가시키기 위해서는 저항 값을 어떻게 하면 되는가? (단, 변경 전 저항 R_1, 변경 후 저항 R_2이다.)

① $R_2 ≒ 0.17 \times R_1$
② $R_2 ≒ 0.23 \times R_1$
③ $R_2 ≒ 0.67 \times R_1$
④ $R_2 ≒ 0.83 \times R_1$

해설 옴의 법칙

도체에 전압이 가해졌을 때 흐르는 전류의 크기는 도체의 저항에 반비례하므로 가해진 전압을 V [V], 전류 I [A], 도체의 저항을 R [Ω]이라고 하면

$$I = \frac{V}{R},\ R = \frac{V}{I}$$

$$\therefore R = \frac{V}{1.2I} ≒ 0.83\ [Ω]$$

$R_2 ≒ 0.83 \times R_1$

46 자연 상태의 토량 1000m³를 흐트러진 상태로 하면 토량은 몇 m³로 되는가? (단, 흐트러진 상태의 토량 변화율은 1.2, 다져진 상태의 토량 변화율은 0.9이다.)

① 833 ② 900
③ 1111 ④ 1200

해설 토량의 변화율(L)

$$L = \frac{흐트러진\ 상태의\ 토량}{자연상태의\ 토량}$$

∴ 흐트러진 상태의 토량 = 자연 상태의 토량 × L
= 1,000 × 1.2 = 1,200 [m³]

47 볼트 접합 및 핀 연결(KCS 14 31 25 : 2019)에서 정의하는 고장력볼트의 호칭에 따른 조임 길이(볼트 접합되는 판들의 두께 합)에 더하는 길이(너트 1개, 와셔 2개 두께와 나사 피치 3개의 합)로 틀린 것은? (단, TS 볼트의 경우는 제외한다.)

① M16 – 30mm   ② M20 – 35mm
③ M26 – 50mm   ④ M30 – 55mm

해설 고장력볼트의 길이는 조임 길이에 표의 길이를 더한 것을 표준으로 하여 KS의 규격품에서 가장 가까운 것을 사용한다.

고장력볼트의 호칭	조임 길이에 더하는 길이 [mm]
M16	30
M20	35
M22	40
M24	45
M27	50
M30	55

*조임 길이는 볼트 접합되는 판들의 두께 합이다.

17.4.47

48 일반적으로 고장전류 중 가장 큰 전류는?

① 1선 지락전류   ② 2선 지락전류
③ 선간 단락전류   ④ 3상 단락전류

해설 고장 전류의 크기

① 고장전류 중에서도 3상 단락전류가 가장 크며, 3상 단락전류의 크기를 고려해서 차단기 용량을 선정한다.
② 고장 전류의 크기
1선 지락전류 〈 선간 단락전류 〈 2선 지락전류 〈 3상 단락전류

정답 45. ④ 46. ④ 47. ③ 48. ④

49 전력계통에 사용되는 제어반 내에 설치되는 지시계기의 오차계급에 대한 설명으로 틀린 것은?

① 위상계의 계급은 5.0급 이하로 한다.
② 역률계의 계급은 5.0급 이하로 한다.
③ 주파수계의 계급은 5.0급 이하로 한다.
④ 무효전력계의 계급은 5.0급 이하로 한다.

[해설] 주파수계는 0.5급 또는 1.0급

50 신·재생에너지 설비의 지원 등에 관한 지침에 따라 태양광발전 접속함의 설치에 대한 설명으로 틀린 것은?

① 접속함 및 접속함 일체형 인버터는 KS 인증 제품을 설치하여야 한다.
② 직사광선 노출이 적고, 소유자의 접근 및 육안확인이 용이한 장소에 설치하여야 한다.
③ 접속함 일체형 인버터 중 인버터의 용량이 100kW를 초과하는 경우에는 접속함은 품질기준(KS C 8565)을 만족하여야 한다.
④ 지락, 낙뢰, 단락 등으로 인해 태양광설비가 이상(異常)현상이 발생한 경우 경보등이 켜지거나 경보장치가 작동하여 즉시 외부에서 육안확인이 가능하여야 한다.

[해설] 접속함 일체형 인버터 중 인버터의 용량이 250kW를 초과하는 경우에는 접속함은 품질기준(KS C 8567)을 만족하고, 인버터는 품질기준(KS C 8565)에 따라 절연성능,보호기능, 정상특성 등을 만족하는 시험결과가 포함된 시험성적서를 설치확인 신청시 센터에 제출할 경우에는 사용할 수 있다.

51 태양광발전시스템 공사에 적용될 기본풍속에 대한 설명으로 틀린 것은?

① 10분간의 평균풍속이다.
② 재현기간 100년의 풍속이다.
③ 지역별 풍속에는 서로 차이가 없다.
④ 개활지의 지상 10m에서의 풍속이다.

[해설] 태양광구조물 설계시 적용되는 기본풍속은 지역에 따라 다르기 때문에 시스템을 설치하는 지역 풍속을 참고하여 시스템 설계시 구조물 강도에 적용되어야 한다.

14.4.5 / 14.4.53 / 15.4.31 / 17.1.40 / 17.2.6 / 17.2.51 / 17.4.27 / 18.1.1 / 18.4.26

52 태양광발전시스템의 피뢰설비를 회전구체법으로 할 경우 회전구체 반지름(R)은 몇 m인가? (단, 보호레벨 Ⅳ등급으로 한다.)

① 20   ② 30
③ 45   ④ 60

[해설] 외부 피뢰시스템

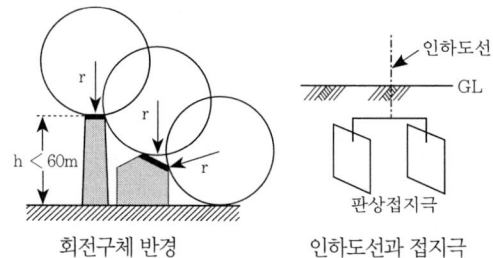

회전구체 반경   인하도선과 접지극

(1) 수뢰부 시스템
① 뇌격이 피 보호범위내로 침입할 확률을 감소시키는 것
② 돌침(피뢰침), 수평도체, 메시 도체(케이지)방식의 개별 또는 이들의 조합으로 한다.
③ PV설비 전체를 보호할 수 있는 범위내로 해야 한다.

1) 수뢰부 시스템의 배치
구조물의 모퉁이, 뾰족한 점, 모서리에 설치한다.
① 보호각법
② 회전구체법(Rolling Sphere)
③ 메쉬(Mesh)법

2) 피뢰시스템의 레벨별 회전구체 반경과 메쉬 치수

피뢰시스템 레벨	회전구체 반경 r[m]	메쉬 치수 W[m]
Ⅰ	20	5×5
Ⅱ	30	10×10
Ⅲ	45	15×15
Ⅳ	60	20×20

정답 49.③ 50.③ 51.③ 52.④

(2) 인하도선 시스템
① 위험한 불꽃방전의 발생확률을 감소시키기 위하여 뇌격점과 대지사이를 연결하는 도선
② 다수의 병렬 전류통로를 형성해야 한다.
③ 전류통로의 배선 길이는 최소로 유지해야 한다.
④ 인하도선은 가능한한 수뢰부도체에서 직접 연결되도록 배치하여야 한다.
⑤ 인하도선은 지표면과 가까운 부분에 접지시험단자를 시설한다. 다만, 자연적 구성부재를 이용하는 경우는 생략한다.

(3) 접지 시스템
① 위험한 과전압을 발생시키지 않고 뇌전류를 대지로 방류하기 위해서는 접지의 형상, 크기 및 접지저항 값이 중요하다. 다만, 일반적으로는 낮은 접지저항을 권장한다.
② 피뢰설비의 관점에서는 구조체를 사용한 통합단일의 접지가 바람직하며, 모든 접지목적(즉, 피뢰설비, 저압전력시스템, 통신시스템 등)에도 적합하다.

53. 송·수전단의 전압이 각각 350kV, 345kV이고 선로의 리액턴스가 60Ω일 때 송전전력(MW)은? (단, 송·수전단 전압의 위상차는 30°이다.)

① 442.75 ② 885.5
③ 1006.25 ④ 1771

해설
$$P = \frac{EV}{X_s} \times \sin\theta$$
$$= \frac{350 \times 345}{60} \times \sin 30 = 1006.25 \,[\text{MW}]$$

54. 한국전기설비규정에 따라 라이팅덕트공사에 의한 저압 옥내배선의 시설기준으로 틀린 것은?

① 덕트는 조영재에 견고하게 붙일 것
② 덕트의 지지점 간의 거리는 2m 이하로 할 것
③ 덕트는 조영재를 관통하여 시설하지 아니할 것
④ 덕트의 개구부(開口部)는 위로 향하여 시설할 것

해설 라이팅덕트공사(시설조건)

① 덕트 상호 간 및 전선 상호 간은 견고하게 또한 전기적으로 완전히 접속할 것.
② 덕트는 조영재에 견고하게 붙일 것.
③ 덕트의 지지점 간의 거리는 2m 이하로 할 것.
④ 덕트의 끝부분은 막을 것.
⑤ 덕트의 개구부(開口部)는 아래로 향하여 시설할 것. 다만, 사람이 쉽게 접촉할 우려가 없는 장소에서 덕트의 내부에 먼지가 들어가지 아니하도록 시설하는 경우에 한하여 옆으로 향하여 시설할 수 있다.
⑥ 덕트는 조영재를 관통하여 시설하지 아니할 것.

55. 특수 목적 다이오드 중 다음 내용에 해당하는 것은?

> 역방향 항복 영역에서도 동작하도록 설계되었다는 점에서 일반 정류 다이오드와는 다른 실리콘 PN접합소자이다. 주로 부하에 일정한 전압을 공급하기 위한 정전압 회로에 사용된다.

① 제너 다이오드
② 발광 다이오드
③ 바이패스 다이오드
④ 역류방지 다이오드

해설 제너 다이오드(Zener diode)

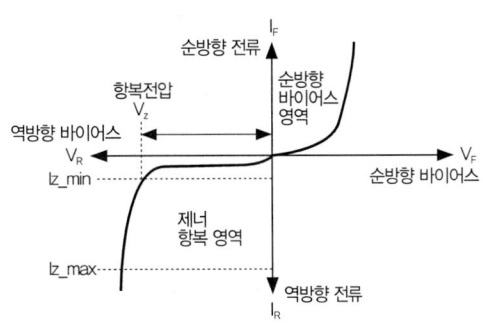

정답 53. ③ 54. ④ 55. ①

① 다이오드가 항복전압 영역에서 동작할 수 있는 최소 역방향 전류 Iz min와 정격을 초과하지 않고 견딜 수 있는 최대 역방향 전류 Iz max사이에서 동작될 경우, 제너 다이오드 양단 전압은 일정하게 유지된다.
② 제너 다이오드의 항복특성을 이용해 정전압회로를 구성하는 것이 제너 다이오드 정전압 회로이다.

56 한국전기설비규정에 따라 금속관을 콘크리트에 매입하는 것은 관의 두께가 몇 mm 이상이어야 하는가?

① 1
② 1.2
③ 1.5
④ 2

해설 금속관공사(관의 두께)
① 콘크리트에 매입하는 것은 1.2mm 이상
② ①이외의 것은 1mm 이상. 다만, 이음매가 없는 길이 4m 이하인 것을 건조하고 전개된 곳에 시설하는 경우에는 0.5mm까지로 감할 수 있다.

57 그림과 같이 접지저항계를 이용하여 접지저항을 측정하고자 한다. 정확한 측정값을 얻기 위하여 E전극과 P전극 사이의 거리는 E전극과 C전극 사이의 거리에 몇 %위치에 설치하여야 하는가?

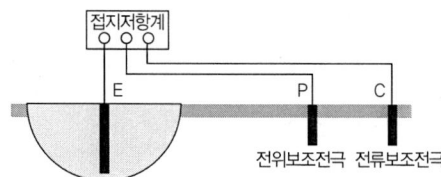

① 51.8
② 56.8
③ 61.8
④ 66.8

해설 접지저항 측정(전위강하법)
E전극과 P전극 사이의 거리는 E전극과 C전극 사이 거리의 61.8%의 거리를 유지한다.

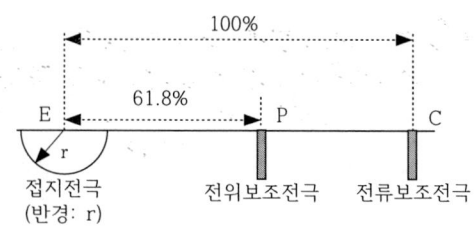

58 차단기의 트립방식으로 틀린 것은?

① 저항 트립방식
② CT 트립방식
③ 콘덴서 트립방식
④ 부족전압 트립방식

해설 차단기 트립방식
① 직류 트립방식
② 콘덴서 트립방식
③ 정류회로 트립방식
④ 전류 트립방식(CT 트립방식)
④ 부족전압 트립방식

15.2.47 / 18.2.41
59 송전선로의 안정도 증진방법으로 틀린 것은?

① 전압변동을 작게 한다.
② 중간 조상방식을 채택한다.
③ 직렬 리액턴스를 크게 한다.
④ 고장 시 발전기 입·출력의 불평형을 작게 한다.

해설 송전선로의 안정도 증진방법
① 직렬 리액턴스를 작게 한다.
 (복도체, 직렬콘덴서 채용)
② 전압변동률을 작게 한다.
 (중간 조상방식, 제동저항기 채용, 계통 연계)
③ 고장구간을 고속도 차단
④ 고장시 발전기 입출력의 불평형을 작게 한다.

정답 56. ② 57. ③ 58. ① 59. ③

60 트랜지스터 컬렉터의 누설전류가 주위온도가 변화함에 따라 20μA에서 100μA로 증가할 때 컬렉터 전류가 0.8mA에서 1.2mA로 증가하였다면 안정계수 S는 얼마인가?

① 0.05 ② 0.2
③ 5   ④ 20

해설 안정계수(S) = $\dfrac{\Delta I_c}{\Delta I_{c0}}$ = $\dfrac{(1.2-0.8) \times 10^{-3}}{(100-20) \times 10^{-6}}$ = 5

※ S의 값이 작을수록 안정도가 높으나 출력은 작아진다.

61 전기사업법령에 따라 태양광발전시스템 정기점검에 대한 설명으로 틀린 것은?

① 저압이고 용량 50킬로와트 초과 100킬로와트 이하의 경우는 매월 1회 이상 점검하여야 한다.
② 저압이고 용량 200킬로와트 초과 300킬로와트 이하의 경우는 매월 2회 이상 점검하여야 한다.
③ 고압이고 용량 500킬로와트 초과 600킬로와트 이하의 경우는 매월 3회 이상 점검하여야 한다.
④ 고압이고 용량 600킬로와트 초과 700킬로와트 이하의 경우는 매월 3회 이상 점검하여야 한다.

해설 전기설비 용량 300킬로와트미만의 경우에는 매월 1회 이상 점검한다.

19.4.35

62 전기사업법령에 따라 발전시설용량이 3천킬로와트 이하인 발전사업의 사업개시 신고를 하려는 자는 사업개시신고서를 누구에게 제출하여야 하는가?

① 국무총리
② 시 · 도지사
③ 한국전력공사 사장
④ 전기기술인협회 회장

해설 태양광발전사업 진행 절차
① 부지선정
② 개발행위허가(발전소 소재지 지자체)
③ 발전사업허가(발전소 소재지 지자체, 3MW 초과는 산업통상자원부)
④ 공사계획신고/인가(발전소 소재지 지자체, 10MW 초과는 산업통상자원부)
⑤ 발전소 시공(시공사)
⑥ 전력거래소 회원 가입 신청, 전력거래자 등록 신청 (전력거래소 거래시)
⑦ 송배전선로 이용 계약(한국전력공사 해당 지사)
⑧ 신규설비(발전기, ESS) 등록, 신규설비 코드부여 등 등(전력거래소 거래시)
⑨ 사용전검사(전기안전공사)
⑩ 전력량 계량설비 봉인(한국전력공사, 전력거래소 거래시)
⑪ 신재생에너지 설비 설치 확인(한국에너지공단)
⑫ 사업개시신고(3MW 초과 : 산업통상자원부, 3MW 이하 : 발전소 소재지 지자체)
⑬ 공급인증서(REC) 발급(한국에너지공단)

19.2.66

63 태양광발전시스템 운전 특성의 측정 방법(KS C 8535 : 2005)에 따른 용어 정의 중 다른 전원에서의 보충 전력량을 의미하는 것은?

① 백업 전력량   ② 표준 전력량
③ 역조류 전력량 ④ 계통 수전 전력량

해설 태양광과 풍력발전은 원자력이나 석탄 같은 기저발전과 달리 햇볕과 바람에 영향을 받아 발전량이 수시로 변동한다. 발전 출력이 일정하지 않아 전력의 주파수에 영향을 미친다. 전력계통에서는 좋지 않은 전원인 것이다. 따라서 재생에너지 확대 시 주파수조정 ESS와 같은 백업(back-up)설비에 대한 준비는 필수적이다.

정답 60.③ 61.② 62.② 63.①

16.4.64 / 17.1.69 / 19.1.80

64 인버터의 정기점검 항목 중 육안점검 항목으로 틀린 것은?

① 통풍 확인
② 접지선의 손상
③ 운전 시 이상음
④ 투입저지 시한 타이머 동작시험

해설 **인버터의 정기점검 항목(육안검사)**
① 외함의 부식 및 파손
② 배선의 손상 및 접속단자 풀림
③ 운전시 이상음, 이취, 연기발생 및 이상과열
④ 환기팬 확인(통풍구, 환기필터 등)
⑤ 발전 상태의 정상적 표시여부
※ 투입저지 시한 타이머 동작시험 : 정기(측정)점검 사항

17.1.77 / 19.1.73

65 절연 고무장갑의 사용범위에 대한 설명으로 틀린 것은?

① 습기가 많은 장소에서의 개폐기 개방, 투입의 경우
② 활선상태의 배전용 지지물에 누설전류의 발생 우려가 있는 경우
③ 충전부에 근접하여 머리에 전기적 충격을 받을 우려가 있는 경우
④ 정전작업 시 역송전이 우려되는 선로나 기기에 단락접지를 하는 경우

해설 **전기용 절연장갑의 사용범위**
① 활선상태의 배전용 지지물에 누설전류의 발생 우려가 있을 때
② 충전부의 접속, 절단 및 점검, 보수 등의 작업시
③ 습기가 많은 장소에서 개폐기 개방, 투입 등의 작업시
④ 정전 작업시 역 송전이 우려되는 선로나 기기에 단락접지를 하는 경우
⑤ 도체에 임시로 보호접지를 실시하거나 이동시 또는 활선공구 사용시
⑥ 기타 감전이 우려되는 경우

17.1.74 / 17.4.71 / 19.1.75 / 20.2.76 / 20.3.61

66 태양광발전시스템 점검계획 시 고려해야 할 사항이 아닌 것은?

① 환경조건
② 고장 이력
③ 부하 종류
④ 설비의 중요도

해설 **태양광발전시스템 점검 계획 시 고려사항**
① 환경조건
② 설비의 중요도
③ 설비의 이용시간
④ 고장이력
⑤ 부하상태
⑥ 보수방법

17.1.64 / 18.2.76

67 결정질 실리콘 태양광발전 모듈(성능)(KS C 8561 : 2020)에 따라 외관검사 시 몇 Lux 이상의 광 조사상태에서 진행하는가?

① 1000 ② 2000 ③ 3000 ④ 4000

해설 **외관(육안) 검사**
1000[Lux] 이상의 광 조사상태에서 모듈 외관, 태양전지 등에 크랙(Crack), 구부러짐, 갈라짐 등이 없는지를 확인하고, 태양전지 간 접속 및 다른 접속부분에 결함이 없는지, 태양전지와 태양전지, 태양전지와 프레임상의 접촉이 없는지, 접착에 결함이 없는지, 태양전지와 모듈 끝부분을 연결하는 기포 또는 박리가 없는지 등을 검사한다.
※ 박리 : 금속을 입힌 표면이나 칠을 칠한 표면에서 그 일부가 벗겨져 떨어지는 일

15.2.45 / 16.2.42 / 17.2.55 / 18.4.50 / 19.4.63 / 20.3.65 / 21.1.68

68 태양광발전시스템에서 작업 중 감전방지대책으로 틀린 것은?

① 절연 고무장갑을 착용한다.
② 절연 처리된 공구를 사용한다.
③ 강우 시에는 작업을 하지 않는다.
④ 작업 중 태양광발전 모듈 표면에 차광막을 벗긴다.

해설 **안전 대책**
① 작업전 태양전지 모듈 표면에 차광막을 씌워 태양광을 차폐한다.
② 절연 장갑을 사용한다.
③ 절연 처리된 공구를 사용한다.
④ 강우 시에는 감전사고와 미끄러짐으로 인한 추락사

정답 64. ④ 65. ③ 66. ③ 67. ① 68. ④

고로 이어질 우려가 있으므로 작업을 금지한다.
⑤ 중장비가 배전선로에 근접할 때에는 보호조치를 취한다.

69 중대형 태양광발전용 인버터(계통연계형, 독립형)(KSC 8565 : 2020)에 따라 독립형의 시험 항목으로 옳은 것은?

13.4.30 / 15.2.33 / 15.4.70 / 19.2.67 / 21.1.69

① 출력측 단락 시험
② 자동 기동·정지 시험
③ 단독운전 방지기능 시험
④ 교류 출력전류 변형률 시험

해설 태양광 발전용 독립형/계통연계형 인버터의 시험 항목

시험항목		독립형	계통연계형
1. 구조 시험		○	○
2. 절연 성능 시험	a) 절연 저항 시험	○	○
	b) 내전압 시험	○	○
	c) 감전 보호 시험	○	○
	d) 절연 거리 시험	○	○
3. 보호 성능 시험	a) 출력 과전압 및 부족 전압 보호 기능 시험	×	○
	b) 주파수 상승 및 저하 보호 기능 시험	×	○
	c) 단독 운전 방지 기능 시험	×	○
	d) 복전 후 일정 시간 투입 방지 기능 시험	×	○
4. 정상 특성 시험	a) 교류 전압, 주파수 추종 범위 시험	×	○
	b) 교류 출력 전류 변형률 시험	×	○
	c) 누설 전류 시험	○	○
	d) 온도 상승 시험	○	○
	e) 효율 시험	○	○
	f) 대기 손실 시험	×	○
	g) 자동 기동·정지 시험	×	○
	h) 최대 전력 추종 시험	×	○
	i) 출력 전류 직류분 검출 시험	×	○
5. 과도 응답 특성 시험	a) 입력 전력 급변 시험	○	○
	b) 계통 전압 급변 시험	×	○
	c) 계통 전압 위상 급변 시험	×	○
6. 외부 사고 시험	a) 출력측 단락 시험	○	○
	b) 계통 전압 순간 정전·강하 시험	×	○
	c) 부하 차단 시험	○	○
7. 내전기 환경 시험	a) 계통 전압 왜형률 내량 시험	×	○
	b) 계통 전압 불평형 시험	×	○
	c) 부하 불평형 시험	○	×
8. 내주위 환경 시험	a) 습도 시험	○	○
	b) 온도 사이클 시험	○	○
9. 전기자기 적합성 (EMC)	a) 전자파 내성(EMI)	○	○
	b) 전자파 내성(EMS)	○	○

70 산업안전보건기준에 관한 규칙에 따라 꽂음접속기를 설치하거나 사용하는 경우 준수하여야 하는 사항으로 틀린 것은?

① 해당 꽂음접속기에 잠금장치가 있는 경우에는 접속 후 잠그고 사용할 것
② 서로 같은 전압의 꽂음접속기는 서로 접속되지 아니한 구조의 것을 사용할 것
③ 습윤한 장소에 사용되는 꽂음접속기는 방수형 등 그 장소에 적합한 것을 사용할 것
④ 근로자가 해당 꽂음접속기를 접속시킬 경우에는 땀 등으로 젖은 손으로 취급하지 않도록 할 것

해설 서로 다른 전압의 꽂음접속기는 서로 접속되지 아니한 구조의 것을 사용할 것

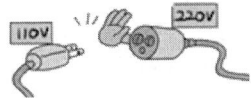

가정용의 경우 110V는 칼날형을 사용하고 220V형은 원통형 구조의 것을 사용하여 전압이 다른 경우 접속이 불가능한 구조이다.

71 태양광발전소의 높은 시스템 전압으로 인하여 태양광발전 모듈과 대지와의 전위차가 모듈의 열화를 가속시킴으로써 출력이 감소하는 현상에 대한 설명으로 틀린 것은?

① 온도와 습도가 높을수록 쉽게 발생한다.
② 직렬저항이 감소하여 누설전류가 증가한다.
③ 웨이퍼의 저항, 에미터 면저항에 영향을 받는다.
④ N타입, P타입 태양광발전 모듈에서 모두 발생할 수 있다.

해설 출력 감소 현상
① 태양광발전소의 높은 시스템 전압으로 인한 태양전지 모듈과 대지와의 전위차가 태양전지 모듈의 열화(degradation)을 가속시킴으로써 출력이 감소하는 PID(potential induced degradation)현상이 발생된다.
② PID가 발생한 태양전지는 병렬저항이 감소하여 누설전류가 증가함으로써 전체 시스템의 출력감소로 이어진다.

정답 69. ① 70. ② 71. ②

③ PID의 발생은 웨이퍼 저항, 에미터 면저항, ARC (anti reflection coating)와 같은 태양전지의 사양에 의한 영향을 많이 받게 된다.

※ PID로 인한 누설전류의 흐름(프레임과 셀 사이)

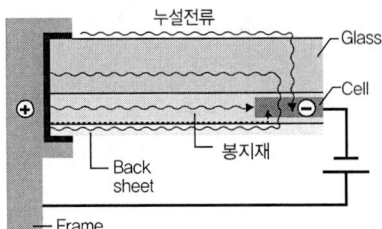

※ PID 현상
태양광 모듈은 플레임과 셀 사이에 전위차가 발생하며, 습도가 높은 날에는 전위차로 누설전류가 발생해서 셀의 성능이 저하, 발전량을 20% 혹은 그 이상 감소시키는 현상

15.2.63 / 17.1.65 / 17.4.73

72 개방전압 측정 시 유의사항으로 틀린 것은?

① 각 스트링의 측정은 안정된 일사강도가 얻어질 때 하도록 한다.
② 태양광발전 모듈 표면의 이물질, 먼지 등을 청소하는 것이 필요하다.
③ 개방전압 측정 시 안전을 위해 우천 시 또는 흐린 날에 측정하도록 한다.
④ 태양광발전 모듈의 개방전압 측정 시 접속함에서 주차단기를 반드시 차단하고 측정한다.

해설 개방전압 측정 시 주의사항
① 각 모듈이 음영의 영향을 받지 않는 것을 확인한다. (모듈의 불량 또는 모듈간의 접속불량 등이 발생하면 각 스트링의 개방전압 측정치가 불균일하다.)
② 각 모듈이 균일한 일사조건이 되기 쉬운 약간 흐린 날씨라면 평가하기 쉬우나, 아침, 저녁의 낮은 일사 조건은 피한다.
③ 맑은 날, 남중고도에 있을 때 측정하면 오차가 적다.
④ 우천 시에는 감전의 위험이 있으니, 측정을 피한다.
⑤ 개방전압 측정은 직류 전압계로 측정한다.

16.4.64 / 17.1.68

73 태양광발전 어레이의 육안점검 시 점검내용으로 틀린 것은?

① 나사의 풀림 여부
② 가대의 부식 및 녹 발생
③ 유리 등 표면의 오염 및 파손
④ 절연저항 측정 및 접지, 본딩선 접속상태

해설 태양전지(어레이)의 육안점검
① 모듈의 오염 및 파손
② 프레임 파손 및 변형유무
③ 접속케이블의 손상 및 접속단자 풀림
④ 가대의 고정(볼트 및 너트의 풀림) 및 접지
⑤ 가대의 부식 및 녹 발생
⑥ 지붕재의 파손 및 지지기구와의 고정상태

13.4.71 / 15.4.77 / 16.4.67 / 17.1.67 / 17.4.61 / 19.2.63

74 태양광발전시스템에 계측기구 및 표시장치의 설치목적으로 틀린 것은?

① 시스템의 홍보
② 시스템의 운전상태를 감시
③ 시스템의 기기 또는 시스템 종합평가
④ 시스템에서 생산된 전력 판매량 파악

해설 계측기기, 표시장치의 설치목적
① 운전상태 감시
② 발전전력량 확인
③ 기기 및 시스템 종합평가
④ 운전상황을 견학자에게 보여주고, 시스템 홍보

16.4.75 / 17.4.69 / 19.1.66 / 19.4.64

75 인버터의 이상표시신호에 따른 조치방법에 대한 설명으로 틀린 것은?

① Line Phase Sequence Fault : 상전압 확인 후 재운전
② Line Inverter Async Fault : 계통 주파주 점검 후 운전

③ Line Over Voltage Fault : 계통전압 확인 후 정상 시 5분 후 재가동
④ Inverter Ground Fault : 인버터 고장부분 수리 또는 접지저항 확인 후 운전

해설 **인버터의 표시 내용**
① 인버터 출력전압 이상(Inverter Output Voltage Fault) : 인버터 전압 이상이 계측되는 경우
② 인버터 과전류(Inverter Over Current Fault) : 인버터 전류의 규정 값 이상
③ 인버터지락(Inverter Ground Fault) : 인버터에 누전발생
④ 인버터 과열(Inverter Over Temperature) : 인버터의 온도 이상
⑤ 인버터 MC 이상(Inverter M/C Fault) : 전자접촉기(MC) 이상
⑥ 계통-인버터 위상 이상(Line Inverter Async Fault) : 인버터와 전력계통의 위상이 비동기
⑦ 계통 과전압(Line Over Voltage Fault) : 계통 전압이 규정치 이상
⑧ 인버터 저전압(Solar Cell Under Voltage Fault) : 태양전지 전압이 규정치 이하일 때
※ 한전계통 역상(Line phase sequence fault) : 상회전 확인 후 정상시 재운전

17.2.53 / 18.1.62 / 18.2.64 / 20.2.68 / 20.3.78 / 21.1.76

76 태양광발전 접속함(KSC 8567 : 2019)에 따라 소형 접속함의 외함 보호 등급(IP)으로 적합한 것은?

① IP 20 이상　　② IP 30 이상
③ IP 44 이상　　④ IP 54 이상

해설 **태양광발전용 인버터와 접속함의 IP등급**
(1) 인버터

용도	형식	설치 장소	비고
계통 연계형	3상	실내/실외	실내형 : IP20이상
독립형	3상	실내/실외	실외형 : IP44이상

(2) 접속함

병렬 스트링 수에 의한 분류	설치장소에 의한 분류	
소형(3회로 이하)	실내형: IP54 이상	
	실외형: IP54 이상	
중대형(4회로 이상)	실내형: IP20 이상	
	실외형: IP54 이상	

※ IP 등급의 표시

숫자	제1숫자 방수 보호정도	제2숫자 방수 보호정도
0	없음	없음
1	손의 접근으로부터 보호	수직으로 떨어지는 물방울로부터의 보호
2	손가락의 접근으로부터의 보호	수직에서 15° 범위에서 떨어지는 물방울로부터의 보호
3	공구의 선단 등으로부터 보호	수직에서 60° 범위에서 떨어지는 물방울로부터의 보호
4	WIRE 등으로부터의 보호	전방향으로 비산되는 물로부터의 보호
5	분진으로부터 보호	전방향으로 쏟아지는 물로부터의 보호
6	완전한 방진구조	파도 등의 강력하게 쏟아지는 물로부터의 보호
7	-	일정한 조건으로 물에 잠겨서 사용 가능
8	-	물속에서 사용 가능

21.2.79

77 송전설비의 유지관리를 위한 육안점검 사항 중 배전반 주회로 인입·인출부에 대한 점검개소와 점검내용에 관한 설명으로 틀린 것은?

① 부싱 : 레일 또는 스토퍼의 변형 여부 확인
② 부싱 : 코로나 방전에 의한 이상음 여부 확인
③ 케이블 단말부 및 접속부, 관통부 : 쥐, 곤충 등의 침입 여부 확인
④ 케이블 단말부 및 접속부, 관통부 : 케이블 막이판의 떨어짐 또는 간격의 벌어짐 유무 확인

해설 **배전반(주회로 인입 및 인출부) 점검내용**
1) 폐쇄모선의 접속부
① 볼트류의 조임이 이완되어 진동음

2) 부싱
① 균열, 파손 여부
② 코로나 방전에 의한 이상음 여부

3) 케이블 단말부 및 접속부, 케이블 관통부
① 볼트류의 조임이 이완되어 진동음 여부

② 코로나 방전 또는 과열에 의한 이상한 냄새 발생 여부
③ 케이블 막이판의 탈락 또는 간격의 벌어짐 유무 확인
④ 소동물 침입의 흔적 유무

※ 레일 또는 스토퍼의 변형 여부 확인은 배전반(정기검사) 인출기구, 차단기, 유닛 등의 검사내용

16.4.100 / 18.2.98 / 20.3.19

78 전기사업법령에 따라 전기사업자는 허가권자가 지정한 준비기간에 사업에 필요한 전기설비를 설치하고 사업을 시작하여야 한다. 그 준비기간은 몇 년의 범위에서 산업통상자원부장관이 정하여 고시하는 기간을 넘을 수 없는가?

① 3
② 5
③ 7
④ 10

해설 전기설비의 설치 및 사업의 개시 의무(전기사업법 제9조)
① 전기사업자는 산업통상자원부장관이 지정한 준비기간에 사업에 필요한 전기설비를 설치하고 사업을 시작하여야 한다.
② 준비기간은 10년을 넘을 수 없다. 다만, 산업통상자원부장관이 정당한 사유가 있다고 인정하는 경우에는 준비기간을 연장할 수 있다.
③ 산업통상자원부장관은 전기사업을 허가할 때 필요하다고 인정하면 전기사업별 또는 전기설비별로 구분하여 준비기간을 지정할 수 있다.
④ 전기사업자는 사업을 시작한 경우에는 지체 없이 그 사실을 산업통상자원부장관에게 신고하여야 한다.

79 배선기구의 정비에 관한 기술지침에 따라 플러그에 대한 설명으로 틀린 것은?

① 플러그의 절연부에 균열, 파손, 탈색 등의 결함이 있는 부품은 교체하여야 한다.
② 도체 소선은 과열을 방지하기 위해 묶음 헤드나사를 사용하는 경우, 납땜을 사용하여야 한다.
③ 절연체의 탈색이나 접촉면의 패임에 대해 육안점검을 하고, 다른 부분도 탈색이나 패인 곳이 있으면 점검하여야 한다.
④ 정기적으로 각 도체의 조립품을 단자까지 점검하되, 개별 도체 소선은 적절하게 수납되어야 하고, 단자 부위는 단단하게 조여야 한다.

해설 플러그
1) 코드 클램프와 변형 완화 피팅(Strain relief fitting)이 조여져 있는지와 코드 외부 덮개가 클램프 지역에 있는지 확인한다.
2) 플러그 표면의 비정상적인 과열은 느슨한 단자처리, 과부하, 높은 주위온도, 기기 오작동 등에 기인할 수 있다.
① 절연체의 탈색이나 접촉면의 패임에 대한 육안점검을 하고, 다른 부분도 탈색이나 패인 곳이 있으면 점검하여야 한다.
② 정기적으로 각 도체의 조립품을 단자까지 점검하되, 개별 도체 소선은 적절하게 수납되어야 하고, 단자 부위는 단단하게 조여야 한다.
③ 도체 소선은 과열을 방지하기 위해 묶음 헤드나사를 사용하는 경우, 납땜을 사용하지 않아야 한다.

15.4.62 / 19.2.74

80 태양광발전시스템의 안전관리 예방업무가 아닌 것은?

① 시설물 및 작업장 위험방지
② 안전작업 관련 훈련 및 교육
③ 안전관리비 실행 집행 및 관리
④ 안전장구, 보호구, 소화설비의 설치, 점검, 정비

해설 안전관리 예방업무
① 시설물 및 작업장 위험 방지
② 안전작업 관련 훈련 및 교육
③ 안전장구, 보호구, 소화설비의 설치, 점검
④ 위험예지 활동 이행
⑤ 안전점검 이행
⑥ 현장 안전관리계획 수립

2021 제2회 기출문제

01 신에너지 및 재생에너지 개발·이용·보급 촉진법령에 따라 국가 또는 지방자치단체가 신·재생에너지 기술개발 및 이용·보급에 관한 사업을 하는 자에게 국유재산 또는 공유재산을 임대하는 경우에는「국유재산법」또는「공유재산 및 물품관리법」에도 불구하고 임대료를 얼마의 범위에서 경감할 수 있는가?

① $\dfrac{10}{100}$ ② $\dfrac{30}{100}$
③ $\dfrac{50}{100}$ ④ $\dfrac{70}{100}$

해설 국유재산·공유재산의 임대 등
① 국가 또는 지방자치단체는 국유재산 또는 공유재산을 신·재생에너지 기술개발 및 이용·보급에 관한 사업을 하는 자에게 대부계약의 체결 또는 사용허가(이하 "임대"라 한다)를 하거나 처분할 수 있다. 이 경우 국가 또는 지방자치단체는 신·재생에너지 기술개발 및 이용·보급에 관한 사업을 위하여 필요하다고 인정하면「국유재산법」또는「공유재산 및 물품 관리법」에도 불구하고 수의계약(隨意契約)으로 국유재산 또는 공유재산을 임대 또는 처분할 수 있다.
② 국가 또는 지방자치단체가 ①에 따라 국유재산 또는 공유재산을 임대하는 경우에는「국유재산법」또는「공유재산 및 물품 관리법」에도 불구하고 자진철거 및 철거비용의 공탁을 조건으로 영구시설물을 축조하게 할 수 있다.
③ ①에 따른 국유재산 및 공유재산의 임대기간은 10년 이내로 하되, 신·재생에너지센터로부터 신·재생에너지 설비의 정상가동 여부를 확인받는 등 운영의 특별한 사유가 없으면 각각 10년 이내의 기간에서 2회에 걸쳐 갱신할 수 있다.
④ ①에 따라 국유재산 또는 공유재산을 임차하거나 취득한 자가 임대일 또는 취득일부터 2년 이내에 해당 재산에서 신·재생에너지 기술개발 및 이용·보급에 관한 사업을 시행하지 아니하는 경우에는 대부계약 또는 사용허가를 취소하거나 환매할 수 있다.
⑤ 국가 또는 지방자치단체가 국유재산 또는 공유재산을 임대하는 경우에는「국유재산법」또는「공유재산 및 물품관리법」에도 불구하고 임대료를 100분의 50의 범위에서 경감할 수 있다.

17.1.23 / 17.4.40 / 18.1.36 / 18.2.1 / 19.2.29 / 20.3.11
02 위도 36.5°에서 하지 시 남중고도는?
① 30° ② 45°
③ 70° ④ 77°

해설 남중고도(하지) = 90° − 위도 + 23.5°
= 90° − 36.5° + 23.5° ≒ 77°

15.4.12 / 15.4.13 / 18.2.2 / 18.1.63 / 18.4.8 / 18.4.73
03 태양광발전 모듈의 온도에 대한 일반적인 특성이 아닌 것은?
① 계절에 따른 온도변화로 출력이 변동한다.
② 태양광발전 모듈은 정(+)의 온도 특성이 있다.
③ 태양광발전 모듈 온도가 상승할 경우 개방전압과 최대출력은 저하한다.
④ 태양광발전 모듈의 표면온도는 외기온도에 비례해서 맑은 날에는 20~40℃ 정도 높다.

해설 태양광 모듈의 온도에 따른 출력 전압과 전류 값
① 태양광 모듈의 온도특성을 살펴보면 전류는 양(+)의 온도계수를 가지고 전압과 전력은 음(−)의 온도계수를 가진다. 음의 온도계수의 의미는 온도가 높을수록 태양광 모듈의 전압과 전력은 감소하고, 온도가 낮을수록 태양광 모듈의 전압과 전력이 증가한다는 것을 의미한다.
② 태양전지가 보다 높은 온도에 노출되면 단락전류(I_{sc})는 조금(+0.05[%/℃]) 증가하며, 개방전압(V_{oc})은 (−0.5[%/℃]) 감소한다.
③ 폴리 실리콘 계열의 태양전지는 표면온도가 1[℃] 상승할 때, 대략 0.3~0.5[%]의 출력이 감소한다.

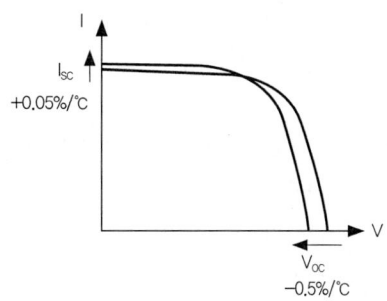

정답 1. ③ 2. ④ 3. ②

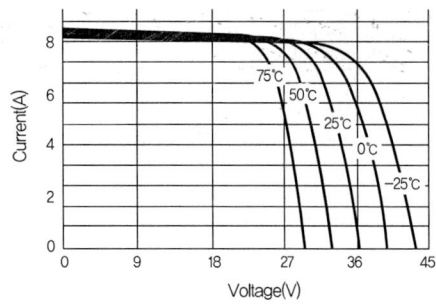

04 신에너지 및 재생에너지 개발·이용·보급 촉진법령에 따라 신·재생에너지 설비를 설치한 시공자는 해당 설비에 대하여 성실하게 무상으로 하자보수를 실시하여야 하며 그 이행을 보증하는 증서를 신·재생에너지 설비의 소유자 또는 산업통상자원부령으로 정하는 자에게 제공하여야 한다. 이때 하자보수의 기간은 몇 년의 범위에서 산업통상자원부장관이 정하여 고시하는가?

① 3　　② 5　　③ 7　　④ 10

해설 신·재생에너지 설비의 하자보수
① 신·재생에너지 설비를 설치한 시공자는 해당 설비에 대하여 성실하게 무상으로 하자보수를 실시하여야 하며 그 이행을 보증하는 증서를 신·재생에너지 설비의 소유자 또는 산업통상자원부령으로 정하는 자(보급사업에 참여한 지방자치단체 또는 공공기관)에게 제공하여야 한다.
② 하자보수의 대상이 되는 신·재생에너지 설비는 신·재생에너지사업에의 투자 권고 및 신·재생에너지 이용의무화, 보급사업에 따라 설치한 설비
③ 하자보수의 기간은 5년의 범위에서 산업통상자원부장관이 정하여 고시한다.

05 축전지의 용량환산시간(K)을 구하기 위해 필요한 값이 아닌 것은?
① 방전시간　　② 축전지 온도
③ 축전지 보수율　　④ 허용 최저전압

해설 용량환산시간(K)는 방전시간, 허용 최저전압 및 최저 축전지 온도 등을 고려한 계수

06 태양광발전시스템을 뇌서지의 피해로부터 보호하기 위한 대책으로 적절하지 않은 것은?
① 뇌우 다발지역에서는 교류전원측에 내뢰 트랜스를 설치한다.
② 접지선에서의 침입을 막기 위해 전원측의 전압을 항상 낮게 유지한다.
③ 피뢰소자를 어레이 주회로 내부에 분산시켜 설치하고 접속함에도 설치한다.
④ 저압 배전선으로 침입하는 뇌서지에 대해서는 분전반에 피뢰소자를 설치한다.

해설 태양광발전시스템의 내뢰대책

광역피뢰침

① 광역피뢰침(ESE), 과전압보호장치(SPD) 설치
② 피뢰소자를 어레이 주회로 내부에 분산시켜 설치하고 접속함에도 설치
③ 저압 배전선으로 침입하는 뇌서지에 대해서는 분전반에 피뢰소자 설치
④ 뇌우 다발지역에서는 교류전원측에 내뢰 트랜스 설치

07 전기사업법령에 따라 전기사업 등의 공정한 경쟁 환경조성 및 전기사용자의 권익 보호에 관한 사항의 심의와 전기사업 등과 관련된 분쟁의 재정(裁定)을 위하여 산업통상자원부에 무엇을 두는가?

① 전기위원회
② 녹색성장위원회
③ 한국전기기술기준위원회
④ 신·재생에너지 정책심의회

해설 전기위원회의 설치 및 구성
① 전기사업 등의 공정한 경쟁 환경 조성 및 전기사용자의 권익 보호에 관한 사항의 심의와 전기사업등과 관련된 분쟁의 재정(裁定)을 위하여 산업통상자원부에 전기위원회를 둔다.
② 전기위원회는 위원장 1명을 포함한 9명 이내의 위원으로 구성하되, 위원 중 대통령령으로 정하는 수의 위원은 상임으로 한다.
③ 전기위원회의 위원장을 포함한 위원은 산업통상자원부장관의 제청으로 대통령이 임명 또는 위촉한다.
④ 전기위원회의 사무를 처리하기 위하여 전기위원회에 사무기구를 둔다.

08 태양전지의 P-N접합에 의한 태양광발전 원리로 옳은 것은?
① 광 흡수 → 전하분리 → 전하생성 → 전하수집
② 광 흡수 → 전하생성 → 전하분리 → 전하수집
③ 광 흡수 → 전하생성 → 전하수집 → 전하분리
④ 광 흡수 → 전하분리 → 전하수집 → 전하생성

해설 p-n접합 태양전지의 발전원리
① 광흡수를 위해 반사율을 감소시킨다.
② 하나의 광자로 하나의 전자와 정공 쌍이 생성(전하생성)
③ 전위차에 의해 전하분리(전자는 n-type, 정공은 p-type)
④ n-type에 전자가 쌓이고(전하수집) 양극에 전선을 연결하면 전자가 나가면서 전류가 흐름

14.4.94 / 17.1.80 / 18.2.67 / 19.2.62

09 전기사업법령에 따라 사업계획에 포함되어야 할 사항 중 전기설비 개요에 포함되어야 할 사항에 해당하지 않는 것은? (단, 전기설비가 태양광설비인 경우)
① 인버터의 종류   ② 집광판의 면적
③ 태양전지의 종류 ④ 이차전지의 종류

해설 사업허가의 신청(전기사업법 시행규칙 제4조)
사업계획의 전기설비(태양광) 개요에 포함되어야 할 사항
① 태양전지의 종류, 정격용량, 정격전압 및 정격출력
② 인버터(Inverter)의 종류, 입력전압, 출력전압 및 정격출력
③ 집광판의 면적

20.3.9

10 전기사업법령에 따른 전기사업의 허가기준으로 틀린 것은?
① 전기사업이 계획대로 수행될 수 있을 것
② 전기사업을 적정하게 수행하는 데 필요한 재무능력이 있을 것
③ 발전소나 발전연료가 특정 지역에 편중되어 전력계통의 운영에 지장을 주지 아니할 것
④ 배전사업의 경우 둘 이상의 배전사업자의 사업구역 중 그 전부 또는 일부가 중복되게 할 것

해설 전기사업의 허가기준
① 전기사업을 적정하게 수행하는 데 필요한 재무능력 및 기술능력이 있을 것
② 전기사업이 계획대로 수행될 수 있을 것
③ 배전사업 및 구역전기사업의 경우 둘 이상의 배전사업자의 사업구역 또는 구역전기사업자의 특정한 공급구역 중 그 전부 또는 일부가 중복되지 아니할 것
④ 구역전기사업의 경우 특정한 공급구역의 전력수요의 50% 이상으로서 대통령령으로 정하는 공급능력을 갖추고, 그 사업으로 인하여 인근 지역의 전기사용자에 대한 다른 전기사업자의 전기공급에 차질이 없을 것
⑤ 발전소나 발전연료가 특정 지역에 편중되어 전력계통의 운영에 지장을 주지 아니할 것
⑥ 태양광, 풍력, 연료전지를 이용하는 발전사업의 경우

대통령령으로 정하는 바에 따라 발전사업 내용에 대한 사전고지를 통하여 주민 의견수렴 절차를 거칠 것
⑦ 그 밖에 공익상 필요한 것으로서 대통령령으로 정하는 기준에 적합할 것

18.1.39 / 19.2.85

11 전기사업법령에 따른 전기사업용 전기설비 공사계획의 인가 및 신고의 대상에서 발전소의 설치 공사 시 인가가 필요한 발전소의 출력은 얼마 이상인가?

① 10000 kW   ② 30000 kW
③ 50000 kW   ④ 100000 kW

해설 전기사업용 전기설비 공사계획의 인가 및 신고의 대상 (태양광설비)

공사의 종류	인가가 필요한 것	신고가 필요한 것
태양전지	출력 1만[kW] 이상의 태양전지의 설치 또는 전체 모듈 대체	출력 1만[kW] 미만의 태양전지의 설치 또는 전체 모듈 대체
전력변환장치	출력 1만[kW] 이상의 태양전지의 설치 또는 전체 모듈 대체	출력 1만[kW] 미만의 태양전지의 설치 또는 전체 모듈 대체

16.4.83 / 18.4.84

12 전기공사업법령에 따라 대통령령으로 정하는 경미한 전기공사가 아닌 것은?

① 퓨즈를 부착하거나 떼어내는 공사
② 전력량계를 부착하거나 떼어내는 공사
③ 꽂음접속기의 보수 및 교환에 관한 공사
④ 벨에 사용되는 소형변압기(2차측 전압 60 볼트 이하의 것으로 한정한다)의 설치공사

해설 경미한 전기공사 등(전기공사업법 시행령 제5조)
대통령령으로 정하는 경미한 전기공사란 다음의 공사를 말한다.
① 꽂음접속기, 소켓, 로제트, 실링블록, 접속기, 전구류, 나이프스위치, 그밖에 개폐기의 보수 및 교환에 관한 공사

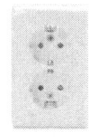  

꽂음접속기   키 소켓   로제트

② 벨, 인터폰, 장식전구, 그밖에 이와 비슷한 시설에 사용되는 소형변압기(2차측 전압 36[V] 이하의 것으로 한정한다)의 설치 및 그 2차측 공사
③ 전력량계 또는 퓨즈를 부착하거나 떼어내는 공사
④ 전기용품 중 꽂음접속기를 이용하여 사용하거나 전기기계·기구(배선기구는 제외한다) 단자에 전선(코드, 캡타이어케이블 및 케이블을 포함한다)을 부착하는 공사
⑤ 전압이 600[V] 이하이고, 전기시설 용량이 5[kW] 이하인 단독주택 전기시설의 개선 및 보수 공사. 다만, 전기공사기술자가 하는 경우로 한정한다.

20.4.9

13 태양광발전시스템의 부지 사전조사 내용으로 틀린 것은?

① 연평균 일사량
② 사업부지의 위치
③ 연평균 CO_2 발생량
④ 주변 건물 또는 수목에 의한 음영 발생 가능성 여부

해설 태양광발전소설치공사 전에 행하는 사전조사
1) 설치 위치
  ① 일사량
  ② 방위각 및 경사각
  ③ 지반지질상태

2) 현장여건
  ① 음영 유무
  ② 공해 유무

정답 11. ① 12. ④ 13. ③

3) 전력여건
   ① 배전용량
   ② 연계점
   ③ 수전전력

14 신·재생에너지 설비의 지원 등에 관한 규정에 따라 주택지원사업은 신·재생에너지 설비를 주택에 설치하려는 경우 설치비의 일부를 국가가 보조금으로 지원해 주는 사업을 말한다. 그 범위 및 대상으로 틀린 것은?

① 기숙사 ② 아파트
③ 단독주택 ④ 공공주택

해설 주택지원사업 등
주택지원사업은 신·재생에너지 설비를 주택에 설치하려는 경우 설치비의 일부를 국가가 보조금으로 지원해 주는 사업을 말하며, 그 범위 및 대상은 다음과 같다.
① 단독·공동주택(기숙사는 제외한다)
② 공공주택

15 신에너지 및 재생에너지 개발·이용·보급 촉진법령에 따라 집적화단지 조성사업의 실시기관으로 선정되려는 지방자치단체의 장이 산업통상자원부장관에게 제출해야 하는 집적화단지 개발계획에 포함되는 사항으로 틀린 것은?

① 집적화단지의 위치 및 면적
② 집적화단지 조성사업의 개요 및 시행방법
③ 집적화단지 조성 및 기반시설 설치에 필요한 부지 판매 계획
④ 집적화단지 조성사업에 대한 주민 수용성 및 친환경성 확보 계획

해설 집적화단지 조성사업의 시행 등
집적화단지 조성사업의 실시기관으로 선정되려는 지방자치단체의 장은 다음의 사항이 포함된 집적화단지 개발계획을 수립하여 산업통상자원부장관에게 제출해야 한다.

① 집적화단지의 위치 및 면적
② 집적화단지 조성사업의 개요 및 시행방법
③ 집적화단지 조성 및 기반시설 설치에 필요한 부지 확보 계획
④ 집적화단지 조성사업에 대한 주민 수용성 및 친환경성 확보 계획
⑤ 그 밖에 집적화단지 조성에 필요하다고 산업통상자원부장관이 인정하여 고시하는 사항

16 국토의 계획 및 이용에 관한 법령에 따라 도시·군관리계획 시 개발행위허가기준에 대한 설명으로 옳은 것은?

① 주변의 교통소통에 지장을 초래하지 아니할 것
② 대지와 도로의 관계는 「건축법」에 적합할 것
③ 공유수면매립의 경우 매립목적이 도시·군계획에 적합할 것
④ 용도지역별 개발행위의 규모 및 건축제한 기준에 적합할 것

해설 개발행위허가기준(도시·군관리계획)
① 용도지역별 개발행위의 규모 및 건축제한 기준에 적합할 것
② 개발행위허가제한지역에 해당하지 아니할 것

17 전기공사업법령에 따라 공사업자는 공사업을 폐업한 경우에는 누구에게 그 사실을 신고하여야 하는가?

① 대통령
② 시·도지사
③ 산업통상자원부 장관
④ 한국전기공사협회 회장

해설 등록사항의 변경신고 등
① 공사업자는 등록사항 중 대통령령으로 정하는 중요사항이 변경된 경우에는 시·도지사에게 그 사실을 신고하여야 한다.
② 공사업자는 공사업을 폐업한 경우에는 시·도지사에게 그 사실을 신고하여야 한다.

정답 14. ① 15. ③ 16. ④ 17. ②

18 인버터의 기능 중 계통보호를 위한 기능으로만 묶인 것은?

① 단독운전 방지기능, 자동전압 조정기능
② 단독운전 방지기능, 자동운전·정지기능
③ 최대전력 추종제어기능, 자동운전·정지기능
④ 최대전력 추종제어기능, 자동전압 조정기능

해설 인버터의 계통보호 기능
① 단독운전 방지(Non-islanding) 기능
　연계된 계통의 고장이나 작업 등으로 인해 분산형전원이 공통 연결점을 통해 한전계통의 일부를 가압하는 단독운전 상태가 발생할 경우 해당 분산형전원 연계 시스템은 이를 감지하여 단독운전 발생 후 최대 0.5초 이내에 한전계통에 대한 가압을 중지해야 한다.
② 자동전압 조정기능
　계통에 접속하여 역송전 운전을 하는 경우, 전력전송을 위한 수전점의 전압이 상승하여 전력회사의 운용 범위를 넘을 때, 이를 피하기 위해 자동전압 조정기능에 의해 전압상승을 방지한다.

19.2.35

19 태양광발전시스템 이용률이 15.5% 일 때 일평균 발전시간(h/day)은 약 몇 시간인가?

① 3.40　② 3.52
③ 3.64　④ 3.72

해설 시스템 이용률(Capacity Factor : L_{SP})
태양광발전 어레이의 정격 출력(P_O)과 가동시간을 곱한 것에 대한 태양광발전 시스템 출력에너지(W_{SP})의 비율

$L_{SP} = \dfrac{W_{SP}}{P_O \times Y}$

∴ $24(h) \times 0.155 = 3.72$ (h/day)

18.4.6

20 면적이 250cm²이고 변환효율이 20%인 결정질 실리콘 태양전지의 표준조건에서의 출력(W)?

① 0.4　② 0.5
③ 4　④ 5

해설 출력전력 P

$P =$ 면적 $\times$ 변환효율 $= 250 \times 10^{-1} \times \dfrac{20}{100} = 5$ [W]

19.4.4 / 21.2.21

21 어떤 태양광발전 모듈의 최대전력은 100W이고, STC 조건에서 측정한 값이다.
태양광발전 모듈의 표면온도가 45℃일 때 태양광발전 모듈의 최대 출력(W)?
(단, 태양광발전 모듈의 온도 보정계수(a)는 −0.5%/℃이다.)

① 90　② 95
③ 100　④ 110

해설 모듈 표면온도에 따른 출력(P_{TM})
$P_{TM} = P[1 + ($온도계수 $\times ($모듈 온도 $-25))]$
$= 100[1 + (-0.005(45-25))] = 90$ [W]
(∵ 25℃는 STC 조건의 온도)

14.4.35 / 15.4.37 / 17.1.27 / 18.2.37 / 20.2.40 / 20.3.26

22 공사시방서에 대한 설명으로 틀린 것은?

① 주요 기자재에 대한 규격, 수량 및 납기일을 기재한다.
② 공사에 필요한 시공방법, 시공품질, 허용오차 등 기술적 사항을 규정한다.
③ 계약문서에 포함되는 설계도서의 하나로, 계약적 구속력을 가지며, 공사의 질적 요구조건을 규정하는 문서이다.
④ 공사감독자 및 수급인에게는 시공을 위한 사전준비, 시공 중의 점검, 시공완료 후의 점검 지침서로 사용할 수 있다.

해설 공사시방서(건설공사의 계약도서에 포함된 시공기준)
표준시방서 및 전문시방서를 기본으로 하여 작성하되, 공사의 특수성, 지역 여건, 공사방법 등을 고려하여 기

정답 18.① 19.④ 20.④ 21.① 22.①

본설계 및 실시설계 도면에 구체적으로 표시할 수 없는 내용과 공사 수행을 위한 시공방법, 자재의 성능·규격 및 공법, 품질시험 및 검사 등 품질관리, 안전관리, 환경관리 등에 관한 사항을 기술할 것

23 전력시설물 공사감리업무 수행지침에 따라 감리원이 착공신고서의 적정 여부를 검토하기 위해 참고하는 사항으로 틀린 것은?

① 안전관리계획 : 전기공사업법에 따른 해당 규정 반영 여부 확인
② 공사 시작 전 사진 : 전경이 잘 나타나도록 촬영되었는지 확인
③ 작업인원 및 장비투입 계획 : 공사의 규모 및 성격, 특성에 맞는 장비형식이나 수량의 적정 여부 확인
④ 품질관리계획 : 공사 예정공정표에 따라 공사용 자재의 투입시기와 시험방법, 빈도 등이 적정하게 반영되었는지 확인

해설 착공신고서 검토 및 보고

감리원은 다음의 내용을 참고하여 착공신고서의 적정 여부를 검토하여야 한다.
1) 계약내용의 확인
① 공사기간(착공~준공)
② 공사비 지급조건 및 방법(선급금, 기성부분 지급, 준공금 등)
③ 그 밖에 공사계약문서에 정한 사항

2) 현장기술자의 적격여부
① 시공관리책임자 : 전기공사업법 제17조
② 안전관리자 : 산업안전보건법 제15조

3) 공사 예정공정표 : 작업 간 선행·동시 및 완료 등 공사 전·후 간의 연관성이 명시되어 작성되고, 예정공정률이 적정하게 작성되었는지 확인

4) 품질관리계획 : 공사 예정공정표에 따라 공사용 자재의 투입시기와 시험방법, 빈도 등이 적정하게 반영되었는지 확인

5) 공사 시작 전 사진 : 전경이 잘 나타나도록 촬영되었는지 확인
6) 안전관리계획 : 산업안전보건법령에 따른 해당 규정 반영여부
7) 작업인원 및 장비투입 계획 : 공사의 규모 및 성격, 특성에 맞는 장비형식이나 수량의 적정여부 등

24 낙석·토석 대책시설(KDS 11 70 20 : 2020)에 따라 낙석방지옹벽의 설계 시 고려사항으로 틀린 것은?

① 낙석의 중량
② 지지지반의 강도
③ 지지지반의 지형
④ 낙석의 최소도약높이

해설 낙석방지옹벽

1) 낙석방지옹벽의 방호기능은 낙석이 가진 운동에너지를 옹벽본체 및 지지지반의 변형에너지로 전환하여 흡수하는 방법으로 낙석을 정지시킨다.

2) 낙석방지옹벽의 설계 시에는 낙석의 중량, 속도, 최대도약높이, 지지지반의 강도 및 지형, 지질 등을 고려하여 옹벽의 활동, 전도에 대한 안정 및 단면의 강도에 대해서 검토하여야 한다.

25 분산형전원 배전계통 연계 기술기준에 따라 저압계통의 경우, 계통 병입 시 돌입전류를 필요로 하는 발전원에 대해서 계통 병입에 의한 순시전압변동률이 몇 %를 초과하지 않아야 하는가?

① 3
② 5
③ 6
④ 10

해설 순시전압변동

① 특고압 계통의 경우, 분산형전원의 연계로 인한 순시전압변동률은 발전원의 계통 투입·탈락 및 출력 변동 빈도에 따라 다음의 표에서 정하는 허용 기준을 초과하지 않아야 한다. 단, 해당 분산형전원의 변동

정답 23.① 24.④ 25.③

빈도를 정의하기 어렵다고 판단되는 경우에는 순시 전압변동률 3%를 적용한다.

변동빈도	순시전압변동률
1시간에 2회 초과 10회 이하	3%
1일 4회 초과 1시간에 2회 이하	4%
1일에 4회 이하	5%

② 저압계통의 경우, 계통 병입시 돌입전류를 필요로 하는 발전원에 대해서 계통 병입에 의한 순시전압변동률이 6%를 초과하지 않아야 한다.

13.4.83 / 16.2.85

26 한국전기설비규정에 따라 사용전압이 400V 초과인 저압 가공전선으로 경동선을 사용하는 경우 안전율이 얼마 이상이 되는 이도(弛度)로 시설하여야 하는가?

① 1.3   ② 1.5   ③ 2.2   ④ 2.5

해설 가공전선의 안전율

1) 저압 가공전선의 안전율
   저압 가공전선이 다음의 어느 하나에 해당하는 경우에는 고압 가공전선 안전율의 규정에 준하여 시설하여야 한다.
   ① 다심형 전선인 경우
   ② 사용전압이 400V 초과인 경우

2) 고압 가공전선의 안전율
   고압 가공전선은 케이블인 경우 이외에는 다음에 규정하는 경우에 그 안전율이 경동선 또는 내열 동합금선은 2.2 이상, 그 밖의 전선은 2.5 이상이 되는 이도(弛度)로 시설하여야 한다.

※ 전선의 이도(Dip)
   지지물 A, B사이에 전선을 가설하면 전선 자체의 무게 때문에 밑으로 처진 곡선을 이루게 되며 가장 밑으로 처진 부분의 수직 거리를 이도(Dip)라고 한다.

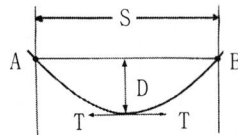

1) 이도의 중요성
   ① 겨울 : 이도가 적당치 않으면 전선의 수축으로 인해 전선에 무리한 장력 발생 → 단선사고
   ② 여름 : 온도에 의해 전선은 팽창, 진동 → 도로, 철도, 통신선 등에 위험

2) 이도의 계산
   ① 전선의 두 지지점이 수평인 경우
   $$D ≒ \frac{W S^2}{8 T} [m]$$
   T : 수평 장력 [kg], W : 전선의 중량 [kg/m], S : 경간 [m]
   ② 전선의 실제 길이
   $$L ≒ S + \frac{8D^2}{3S} [m]$$
   전선의 실제 길이 L은 경간 S보다 $\frac{8D^2}{3S}$ 만큼 더 길어진다(약 경간의 0.1~1[%] 미만).

27 한국전기설비규정에 따라 고압 가공전선이 다른 고압 가공전선과 접근되거나 교차하여 시설되는 경우 고압 가공전선 상호간의 이격거리는 몇 cm 이상이어야 하는가? (단, 어느 한쪽의 전선이 케이블이 아닌 경우이다.)

① 80   ② 100
③ 150   ④ 300

해설 고압 가공전선 상호간의 접근 또는 교차

고압 가공전선이 다른 고압 가공전선과 접근상태로 시설되거나 교차하여 시설되는 경우에는 다음에 따라 시설하여야 한다.
① 위쪽 또는 옆쪽에 시설되는 고압 가공전선로는 고압 보안공사에 의할 것.
② 고압 가공전선 상호간의 이격거리는 0.8m (어느 한쪽의 전선이 케이블인 경우에는 0.4m) 이상, 하나의 고압 가공전선과 다른 고압 가공전선로의 지지물 사이의 이격거리는 0.6m (전선이 케이블인 경우에는 0.3m) 이상일 것.

28 전력기술관리법령에 따라 대통령령으로 정하는 요건에 해당하는 전력시설물 중 설계감리를 받아야 하는 발전설비의 최소 용량은?

① 60만킬로와트 ② 70만킬로와트
③ 80만킬로와트 ④ 90만킬로와트

해설 설계감리를 받아야 하는 전력시설물
① 용량 80만킬로와트 이상의 발전설비
② 전압 30만볼트 이상의 송전·변전설비
③ 전압 10만볼트 이상의 수전설비·구내배전설비·전력사용설비
④ 전기철도의 수전설비·철도신호설비·구내배전설비·전차선설비·전력사용설비
⑤ 국제공항의 수전설비·구내배전설비·전력사용설비
⑥ 21층 이상이거나 연면적 5만제곱미터 이상인 건축물의 전력시설물. 다만, 공동주택의 전력시설물은 제외한다.
⑦ 그 밖에 산업통상자원부령으로 정하는 전력시설물

29 전력시설물 공사감리업무 수행지침에 따른 용어의 정의에서 감리업체에 근무하면서 상주감리원의 업무를 기술적·행정적으로 지원하는 사람을 무엇이라 하는가?

① 책임감리원 ② 보조감리원
③ 비상주감리원 ④ 지원업무 담당자

해설 정의
① 공사감리 : 공사에 대하여 발주자의 위탁을 받은 감리업자가 설계도서, 그 밖의 관계 서류의 내용대로 시공되는지 여부를 확인하고, 품질관리·공사관리 및 안전관리 등에 대한 기술지도를 하며, 관계 법령에 따라 발주자의 권한을 대행하는 것을 말한다.
② 발주자 : 공사를 발주하는 자
③ 감리업자 : 전력시설물의 설계, 감리업을 시·도지사에게 등록한 자
④ 감리원 : 감리업체에 종사하면서 감리업무를 수행하는 사람으로서 상주감리원과 비상주감리원을 말한다.
⑤ 책임감리원 : 감리업자를 대표하여 현장에 상주하면서 해당 공사 전반에 관하여 책임감리 등의 업무를 총괄하는 사람
⑥ 보조감리원 : 책임감리원을 보좌하는 사람으로서 담당 감리업무를 책임감리원과 연대하여 책임지는 사람
⑦ 상주감리원 : 현장에 상주하면서 감리업무를 수행하는 사람으로서 책임감리원과 보조감리원
⑧ 비상주감리원 : 감리업체에 근무하면서 상주감리원의 업무를 기술적·행정적으로 지원하는 사람
⑨ 지원업무담당자 : 감리업무 수행에 따른 업무 연락 및 문제점 파악, 민원해결, 용지보상 지원 그 밖에 필요한 업무를 수행하게 하기 위하여 발주자가 지정한 발주자의 소속 직원

30 한국전기설비규정에 따라 모듈을 병렬로 접속하는 전로에는 그 전로에 단락전류가 발생할 경우에 전로를 보호하는 무엇을 설치하여야 하는가? (단, 그 전로가 단락전류에 견딜 수 없는 경우이다.)

① 개폐기 ② 단로기
③ 전류검출기 ④ 과전류차단기

해설 과전류 및 지락 보호장치
① 모듈을 병렬로 접속하는 전로에는 그 전로에 단락전류가 발생할 경우에 전로를 보호하는 과전류차단기 또는 기타 기구를 시설하여야 한다. 단, 그 전로가 단락전류에 견딜 수 있는 경우에는 그러하지 아니하다.
② 태양전지 발전설비의 직류 전로에 지락이 발생했을 때 자동적으로 전로를 차단하는 장치를 시설한다.

31 설계감리업무 수행지침에 따라 설계도서에 포함되어야 할 서류로 적합하지 않은 것은?

① 설계도면
② 설계내역서
③ 설계설명서
④ 신재생에너지 설비확인서

정답 28.③ 29.③ 30.④ 31.④

[해설] **설계도서**
① 설계도면
② 설계내역서(수량산출서)
③ 시방서
④ 설계설명서
⑤ 그 밖에 발주자가 필요하다고 인정하여 요구한 관련 서류

32 신재생발전기 계통연계기준에 따라 태양광발전기 인버터는 계통운영자의 지시에 따라 유효전력 출력 증감율 속도를 정격의 몇 % 이내/분까지 제한하는 것이 가능한 제어성능을 구비해야 하는가?

① 1 ② 3
③ 5 ④ 10

[해설] **유효전력 제어능력**
① 신재생발전기는 유효전력의 출력을 계통운영자의 지시 후 5초 이내에 정격출력의 20%까지 출력을 감소할 수 있어야 한다. 단, 연료전지 발전기는 제외한다.
② 신재생발전기 인버터는 과·저주파수 시 주파수 추종 운전이 가능해야 하며, 주파수 변화에 따라 아래 표와 같이 정정할 수 있는 제어성능을 구비해야 한다.

항목	설정 허용범위
주파수 변화에 따른 출력조정률	3 ~ 5%
불감대	주파수의 0.06% 이내

③ 신재생발전기는 최소출력 이상으로 발전기를 운전하는 경우 10분 평균값으로 측정된 유효전력 발전량이 규정된 값을 초과하지 않도록 출력 상한 조정 가능해야 한다.
④ 신재생발전기 인버터는 계통운영자의 지시에 따라 유효전력 출력 증감률 속도를 정격의 10% 이내/분까지 제한하는 것이 가능한 제어성능을 구비해야 한다. 단, 연료전지 발전기는 제외한다.
⑤ 신재생발전기의 주파수 조정 및 유지범위는 58.5Hz ~61.5Hz 범위 내에서 연속운전이 가능해야 한다. 다만, 계통주파수가 58.5Hz ~57.5Hz 범위에서는 최소한 20초 이상 운전 가능해야 한다.
⑥ 신재생발전사업자는 유효전력 제어능력(출력의 증감 및 최대값 제한, 주파수 추종)을 시험하고 결과를 한전에 제공해야 하며, 시험항목, 적부 판정기준 등은 신재생발전기 시험기준 절차서를 따른다.

33 전기설비 관련 시설공간(KDS 31 10 21 : 2019)에 따라 수변전실의 위치 결정 시 전기적 고려사항에 해당하지 않는 것은?
① 수전 및 배전 거리를 짧게 하여 경제성을 고려한다.
② 용량의 증설에 대비한 면적을 확보할 수 있는 장소로 한다.
③ 사용부하의 중심에서 멀고, 간선의 배선이 용이한 곳으로 한다.
④ 외부로부터 전원을 공급받기 위한 전선로 등의 인입이 편리한 위치로 한다.

[해설] **전기설비 관련 시설공간(전기적 고려사항)**
① 외부로부터 전원을 공급받기 위한 전선로 등의 인입이 편리한 위치로 한다.
② 사용부하의 중심에 가깝고, 간선의 배선이 용이한 곳으로 한다.
③ 용량의 증설에 대비한 면적을 확보할 수 있는 장소로 한다.
④ 수전 및 배전 거리를 짧게 하여 경제성을 고려한다.

19.2.37
34 토목도면의 재료별 단면을 표시할 경우 지반에 해당하는 것은?

① ㉠ ② ㉡
③ ㉢ ④ ㉣

정답 32.④ 33.③ 34.③

해설 **재료의 단면 표시법**

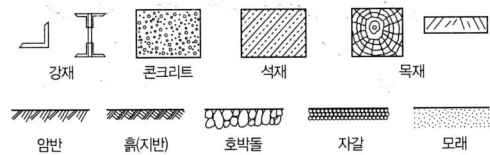

19.4.26

35 지상설치의 기초 형식에 대한 종류와 그림 설명으로 틀린 것은?

① 말뚝기초   ② 케이슨 기초

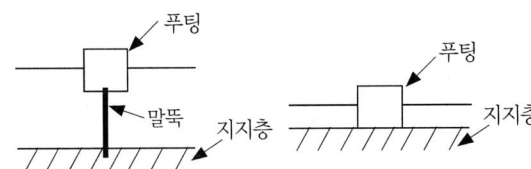

③ 독립푸팅기초   ④ 복합푸팅기초

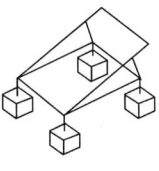 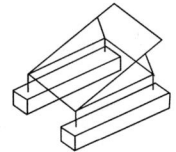

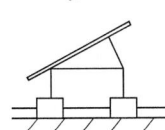 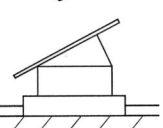

해설 **케이슨(Caisson)기초**

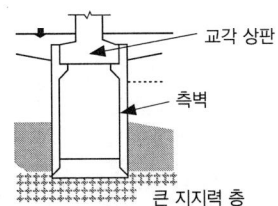

① 연약한 지반을 관통하여 설치된 케이슨(통)을 통해 주로 무거운 상부 구조물로부터 전달되는 큰 하중을 그 아래의 큰 지지력을 갖는 층까지 전달하는 공법
② 깊은 기초 중 지지력과 수평저항력이 큰 기초형식

36 전력시설물 공사감리업무 수행지침에 따라 감리원이 감리현장에서 감리업무 수행상 필요에 의해 비치하고 기록·보관하는 서식으로 틀린 것은?

① 민원처리부
② 문서발송대장
③ 감리업무일지
④ 안전관리비 사용실적 현황

해설 **일반 행정업무**

1) 감리원은 감리업무 착수 후 빠른 시일 내에 해당 공사의 내용, 규모, 감리원 배치인원수 등을 감안하여 각종 행정업무 중에서 최소한의 필요한 행정업무 사항을 발주자와 협의하여 결정하고, 이를 공사업자에게 통보하여야 한다.

2) 감리원은 다음의 서식 중 해당 감리현장에서 감리업무 수행상 필요한 서식을 비치하고 기록·보관하여야 한다.
① 감리업무일지
② 근무상황판
③ 지원업무수행 기록부
④ 착수 신고서
⑤ 회의 및 협의 내용 관리대장
⑥ 문서접수대장
⑦ 문서발송대장
⑧ 교육실적 기록부
⑨ 민원처리부
⑩ 지시부
⑪ 발주자 지시사항 처리부
⑫ 품질관리 검사·확인 대장
⑬ 설계변경 현황
⑭ 검사 요청서
⑮ 검사 체크리스트
⑯ 시공기술자 실명부
⑰ 검사결과 통보서
⑱ 기술검토 의견서
⑲ 주요 기자재 검수 및 수불부
⑳ 기성부분 감리 조서
㉑ 발생품(잉여자재) 정리부

정답 35.② 36.④

㉒ 기성부분 검사 조서
㉓ 기성부분 검사원
㉔ 준공 검사원
㉕ 기성 공정 내역서
㉖ 기성부분 내역서
㉗ 준공검사 조서
㉘ 준공감리 조서
㉙ 안전관리 점검표
㉚ 사고 보고서
㉛ 재해 발생 관리부
㉜ 사후환경영향조사 결과보고서

이하인 지역의 고지대나 산간지방 같은 특정한 지형 조건에서는 기본지상적설하중의 값을 1.5배로 한다.
② 특정지역에 대한 지상적설하중은 실제의 조사·연구에 의한 수직최심적설깊이 및 눈의 평균 중량 등을 고려하여 산정할 수 있다.
③ 최소 지상적설하중은 $0.5kN/m^2$로 한다.

37 태양광발전 모듈 설치 시 태양을 향한 방향에 높이 3m인 장애물이 있을 경우 장애물로부터 최소 이격거리(m)는? (단, 발전가능 한계시각에서의 태양의 고도각은 20°이다.)

① 약 8.2 ② 약 10.5
③ 약 15.6 ④ 약 18.7

해설 최소 이격 거리(D)

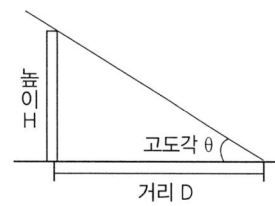

$$D = \frac{장애물\ 높이\,[m]}{\tan\theta(고도각)} = \frac{3}{\tan(20)} ≒ 8.2[m]$$

38 건축구조기준 설계하중(KDS 41 10 15 : 2019)에 따른 최소 지상적설하중은 몇 kN/m^2로 하는가?

① 0.25 ② 0.5
③ 1.0 ④ 3.0

해설 지상적설하중
① 지붕적설하중을 산정하기 위한 지상적설하중은 기본지상적설하중에 따른다. 지상적설하중이 $3.0\ kN/m^2$

39 케이블트레이공사 시 케이블을 지지하기 위하여 사용하는 금속재 또는 불연성 재료로 제작된 유닛 또는 유닛의 집합체 및 그에 부속하는 부속재 등으로 구성된 견고한 구조물중 일체식 또는 분리식으로 모든 면에서 통풍구가 있는 그물형의 조립 금속구는?

① 펀치형 ② 메쉬형
③ 사다리형 ④ 바닥밀폐형

해설 케이블 트레이(Cable Tray)
케이블을 지지하기 위하여 사용하는 금속제 또는 불연성 재료로 제작된 유닛 또는 유닛의 집합체 및 그에 부속하는 부속재 등으로 구성된 견고한 구조물을 말하며 사다리형, 바닥밀폐형, 펀칭형, 메쉬형 등이 있다.

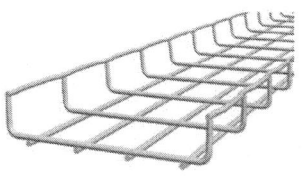

메쉬형

① 사다리형 : 길이 방향의 양측면 레일을 각각의 가로 방향 부재로 연결한 조립 금속구조
② 바닥밀폐형 : 일체식 또는 직선방향 측면 레일에서 바닥 통풍구가 없는 조립 금속구조
③ 펀칭형 : 일체식 또는 분리식 직선방향 측면 레일에서 바닥에 통풍구가 있는 것으로써 100[mm]을 초과하는 조립 금속구조
④ 메쉬형 : 일체식 또는 분리식으로 모든 면에서 통풍구가 있는 그물형의 조립 금속구조

40 전력기술관리법령에 따라 감리업자 등은 그가 시행한 공사감리 용역이 끝났을 때에는 공사감리 완료 보고서를 며칠 이내에 시·도지사에게 제출하여야 하는가?

① 7일   ② 10일
③ 20일 ④ 30일

해설 현장문서 인수·인계
1) 감리원은 해당 공사와 관련한 감리기록서류 중 다음의 서류를 포함하여 발주자에게 인계할 문서의 목록을 발주자와 협의하여 작성하여야 한다.
① 준공사진첩
② 준공도면
③ 품질시험 및 검사성과 총괄표
④ 기자재 구매서류
⑤ 시설물 인수·인계서
⑥ 그 밖에 발주자가 필요하다고 인정하는 서류

2) 감리업자는 해당 감리용역이 완료된 때에는 30일 이내에 공사감리 완료 보고서를 협회(시·도지사에게)에 제출하여야 한다.

41 수·변전설비공사(KCS 31 60 10 : 2019)에 따른 전력퓨즈에 대한 설명으로 틀린 것은?

① 차단용량을 표시하는 경우 교류분의 대칭 실효값을 나타내어야 한다.
② 퓨즈가 차단할 수 있는 단락전류의 최대전류 값으로 표시하여야 한다.
③ 정격전압은 3상 회로에서 사용 가능한 전압 한도를 표시하는 것으로 퓨즈의 정격전압은 계통 최대 상전압으로 선정한다.
④ 정격전류는 전력퓨즈가 온도상승 한도를 넘지 않고 연속으로 흘려보낼 수 있는 전류 값이며 실효값으로 표시하여야 한다.

해설 전력퓨즈(PF)
1) 정격
① 정격전압은 3상 회로에서 사용 가능한 전압 한도를 표시하는 것으로 퓨즈의 정격전압은 계통 최대 선간전압으로 선정한다.

② 정격전류는 전력퓨즈가 온도상승 한도를 넘지 않고 연속으로 흘려보낼 수 있는 전류 값이며 실효값으로 표시하여야 한다.

2) 퓨즈의 차단용량
① 퓨즈가 차단할 수 있는 단락전류의 최대전류 값으로 표시하여야 한다.
② 차단용량을 표시하는 경우 교류분의 대칭 실효값을 나타내어야 한다.

13.4.48 / 15.2.60 / 15.4.48 / 17.4.51 / 18.1.44 / 18.2.49 / 19.4.48

42 태양광발전시스템 구조물의 설치공사 순서를 보기에서 찾아 옳게 나열한 것은?

─────(보기)─────
㉠ 어레이 가대공사 ㉡ 어레이 기초공사
㉢ 어레이 설치공사 ㉣ 배선공사
㉤ 점검 및 검사

① ㉡→㉠→㉢→㉣→㉤
② ㉠→㉡→㉢→㉣→㉤
③ ㉣→㉡→㉠→㉢→㉤
④ ㉣→㉠→㉡→㉢→㉤

해설 태양광발전시스템의 시공절차

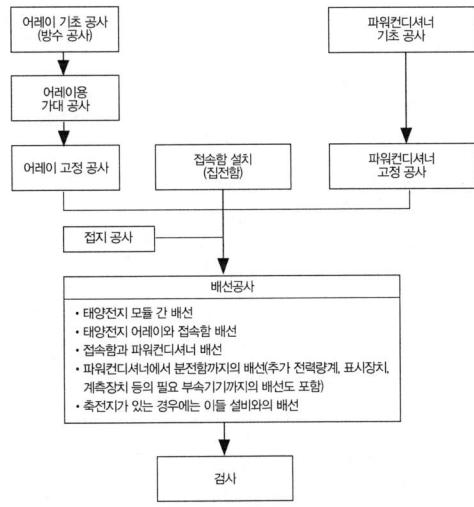

정답 40.④ 41.③ 42.①

16.4.62 / 17.2.65 / 18.2.42 / 18.4.37

43 전기사업법령에 따라 사용전검사를 받으려는 자는 사용전검사 신청서에 필요 서류를 첨부하여 검사를 받으려는 날의 며칠 전까지 한국전기안전공사에 제출하여야 하는가?

① 7   ② 14   ③ 30   ④ 60

해설 **사용전검사**
① 각종 발전설비, 송·변전·배전설비 및 가로등, 신호등, 보안등, 공장, 상가 등 대형건물의 설치공사 또는 변경공사를 완료하고, 그 전기설비가 공사계획의 인가 또는 신고를 한 내용 및 전기설비기술기준에 적합한 지의 여부에 대한 검사를 산업통상자원부장관 또는 시·도지사로부터 위탁받아 한국전기안전공사에서 수행한다.
② 태양광 발전소에 관한 공사의 경우에는 전체의 공사가 완료된 때 검사를 실시한다.
③ 사용전검사를 받으려는 자는, 검사를 받으려는 날의 7일전까지 한국전기안전공사에 사용전검사 신청서를 제출하여야 한다.

17.2.59

44 태양광발전 모듈 설치 및 조립 시 주의사항으로 틀린 것은?

① 태양광발전 모듈의 파손방지를 위해 충격이 가지 않도록 한다.
② 태양광발전 모듈과 가대의 접합 시 부식방지용 가스켓을 적용한다.
③ 태양광발전 모듈을 가대의 상단에서 하단으로 순차적으로 조립한다.
④ 태양광발전 모듈의 필요 정격전압이 되도록 1스트링의 직렬매수를 선정한다.

해설 1. 모듈은 가대의 하단을 먼저 설치하고 상단을 조립한다. (하단의 모듈 고정후 고정된 모듈 프레임 위에 상단의 모듈을 올려놓아 상단의 모듈 설치가 수월하다)

1차 고정된 하단 모듈의 프레임 측면에 상단모듈을 올려놓고 상단 모듈의 고정작업을 한다.

2. 가스켓(Gasket)

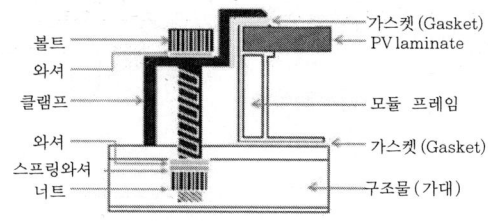

가스켓(Gasket) 설치위치

① 두 개의 고정된 부품 사이에서 물이나 가스의 누수방지를 위하여 끼워 넣는 패킹(packing)이지만, 태양광모듈 설치시는 이종금속 접합부의 절연 역할을 한다.
② 이종금속의 접촉부식 : 종류가 다른 금속이 접촉한 상태에서 염분 등 전해질(전류 운반매체로 용액, 토양 등) 용액에 접촉되면 그곳에 국부전지가 형성되어, 그 용액 중에서 금속의 전극 전위에 따라서 마이너스(-) 전위가 높은 금속이 양극으로 되어 용액 중에서 용해하여 부식되며, 대기중의 습기나 온도의 영향을 받아서 접촉부식이 발생할 수 있다.
③ 태양광 모듈 프레임(알루미늄)과 가대(철)의 접합 시에는 부식방지를 위해 가스켓을 사용하여 조립한다.

45 태양광발전 모듈 단락전류 9A, 스트링 4병렬일 때, 직류(DC) 차단기의 정격전류 범위로 옳은 것은?

① 43.2 A 〈 직류(DC) 차단기 정격전류 ≤ 86.4 A
② 45 A 〈 직류(DC) 차단기 정격전류 ≤ 86.4 A
③ 43.2 A 〈 직류(DC) 차단기 정격전류 ≤ 90 A
④ 45 A 〈 직류(DC) 차단기 정격전류 ≤ 90 A

46 송전전력이 400MW, 송전거리가 200km인 경우의 경제적인 송전전압은 약 몇 kV인가? (단, Still 식에 의하여 산정 할 것)

① 313   ② 333
③ 353   ④ 363

해설 **경제적인 송전전압(Still 식)**

$$V_s = 5.5\sqrt{0.6 + \frac{P}{100}}$$
$$= 5.5\sqrt{0.6 \times 200 + \frac{400 \times 10^3}{100}} = 353 \text{ [kV]}$$

47
저압전기설비 -제5-54부 : 전기기기의 선정 및 설치-접지설비 및 보호도체(KSC IEC 60364-5-54 : 2014)에 따른 보조본딩을 위한 보호본딩도체에 대한 설명이다. 다음 ( )에 들어갈 내용으로 옳은 것은?

> 계통외도전부에 노출도전부를 접속하는 보호본딩도체의 컨덕턴스는 상응하는 단면적을 갖는 보호도체 컨덕턴스의 ( )이상이어야 한다.

① 1/2   ② 1/5   ③ 1/10   ④ 1/20

해설 보조본딩을 위한 보호본딩도체
① 두 개의 노출도전부에 접속하는 보호본딩도체의 컨덕턴스는 노출도전부에 접속된 더 작은 보호도체의 컨덕턴스보다 커야 한다.
② 계통의 도전부에 노출도전부를 접속하는 보호본딩도체의 컨덕턴스는 상응하는 단면적을 갖는 보호도체 컨덕턴스의 1/2 이상이어야 한다.
③ 보조본딩을 위한 보호본딩도체 및 두 계통외도전부 사이의 본딩도체의 최소 단면적은 다음 값 이상이어야 한다.
㉠ 기계적 손상에 대한 보호가 된 것은 구리 2.5mm², 알루미늄 16mm²
㉡ 기계적 손상에 대한 보호가 되지 않은 것은 구리 4mm², 알루미늄 16mm²

※ 계통외도전부 : 전기설비의 일부를 구성하지 않고 일반적으로 국부 대지전위가 전도될 수 있는 도전부

14.4.17 / 18.1.10

48
교류의 파형률을 나타내는 관계식으로 옳은 것은?

① $\dfrac{\text{실효값}}{\text{평균값}}$ ② $\dfrac{\text{평균값}}{\text{실효값}}$

③ $\dfrac{\text{실효값}}{\text{최대값}}$ ④ $\dfrac{\text{최대값}}{\text{실효값}}$

해설 파형률, 파고율
① 교류 파형이 어떤 형태를 이루고 있는지를 알기 위하여 사용된다.
② 파형률 = $\dfrac{\text{실효값}}{\text{평균값}}$, 파고율 = $\dfrac{\text{최대값}}{\text{실효값}}$

49
태양광발전 모듈에서 인버터에 이르는 배선에 대한 설명으로 틀린 것은?

① 태양광발전 모듈의 출력배선은 극성별로 확인할 수 있도록 표시한다.
② 태양광발전 모듈에서 인버터에 이르는 배선에 사용되는 케이블은 피뢰도체와 교차 시 공한다.
③ 태양광발전 모듈 간의 배선은 2.5mm² 이상의 연동선 또는 이와 동등 이상의 세기 및 굵기의 것을 사용한다.
④ 태양광발전 어레이의 출력배선을 중량물의 압력을 받는 장소에 지중으로 직접매설식에 의해 시설하는 경우 1m 이상의 매설 깊이로 한다.

해설 케이블은 가능한 피뢰도체와 떨어진 상태로 포설하며 피뢰도체와 교차 시공하지 않도록 한다.

50
전압-전류의 특성이 비직선적인 저항 소자로, 전압의 변화에 따라 전기저항값이 크게 변화하는 소자는?

① 배리스터(Varistor)
② 서미스터(Thermistor)
③ 압전소자(Piezo element)
④ 열전소자(Thermoelement)

정답 47. ① 48. ① 49. ② 50. ①

[해설] **배리스터(Varistor)**

① Variable+Resistor의 합성어로 인가전압에 따라 저항 값이 민감하게 변화하는 비선형 저항소자이다.
② 배리스터(VDR)의 저항은 전압이 낮을 때 크고, 전압이 높을 때 작다.(전압 의존형)

[해설] **진상용 콘덴서**
전력 계통에 사용되는 병렬 콘덴서로, 역률 개선, 전압 강하의 경감, 설비 용량을 증가시킬 수 있다.
① 콘덴서 본체(SC)
② 직렬 리액터(SR) : 파형의 일그러짐 방지, 제5고조파에 대하여 회로가 유도성으로 되도록 그 기본 주파수에 대한 리액턴스를 콘덴서 리액턴스의 5~6[%]로 한다.
③ 방전 코일(DC) : 개로 상태로 할 때의 잔류 전하에 의한 위험을 방지하기 위한 것이다.

51 수소원자에서 기저상태(주양자수 n = 1)에 있는 전자를 n = 2인 궤도로 옮기는 데 필요한 에너지(eV)는?

① 3.39   ② 6.81
③ 10.19 ④ 13.58

[해설] n = 1에서 n = 2로 이동시 필요한 에너지
$E_n = -3.4 + 13.6 ≒ 10.19 \ [eV]$

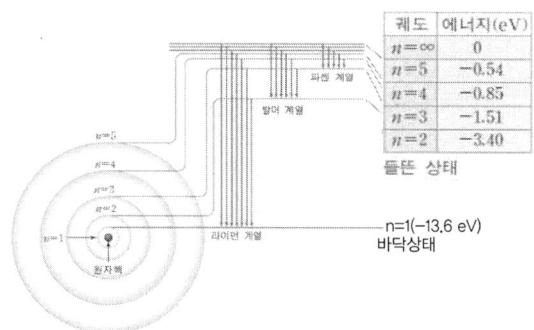

수소 원자의 전자 궤도 에너지 분포

53 피뢰시스템 구성요소(LPSC)-제2부 : 도체 및 접지극에 관한 요구사항(KS C IEC 62561-2 : 2014)에 따라 대지와 직접 전기적으로 접속하고 뇌전류를 대지로 방류시키는 접지시스템의 일부분 또는 그 집합을 정의하는 것은?

① 피뢰침   ② 수뢰부
③ 접지극   ④ 인하도선

[해설] **용어의 정의**
① 수뢰부 시스템(air termination system)
  낙뢰를 포착할 목적으로 피뢰침, 망상도체, 가공지선 등과 같은 금속물체를 이용한 외부 피뢰시스템의 일부
② 피뢰침(air termination rod), 수뢰(수평) 도체(air termination conductor)
  구조물 직격뢰를 포착하여 전도하기 위한 수뢰부시스템의 일부
③ 인하 도선(down conductor)
  뇌전류를 수뢰부시스템에서 접지극시스템으로 흘리기 위한 외부 피뢰시스템의 일부
④ 접지극시스템(earth termination system)
  뇌전류를 대지로 흘려 방출시키기 위한 외부 피뢰시스템의 일부
⑤ 접지극(earth electrode)
  대지와 직접 전기적으로 접속하고 뇌전류를 대지로 방류시키는 접지시스템의 일부분 또는 그 집합
⑥ 접지봉(earth rod)
  땅에 박히는 금속봉으로 구성되는 접지극

18.2.56

52 역률 개선을 통하여 얻을 수 있는 효과가 아닌 것은?

① 전압강하의 경감
② 수용가 전기요금 증가
③ 설비용량의 여유분 증가
④ 배선전 및 변압기의 손실경감

정답 51. ③   52. ②   53. ③

54 전면기초가 우선적으로 고려되어야 할 경우로 틀린 것은?

① 양압력이 확대기초로 견딜 수 있는 크기 이하인 경우
② 지반조건이 좋지 않고, 부등침하가 발생하기 쉬운 지형
③ 건조물의 하부면적이 기초면적의 2/3 이상인 경우로 지반조건이 불량할 때
④ 구조물에 불균등하게 작용하는 수평하중의 독립기초와 말뚝 머리에 불균등한 변위가 예상 될 때

해설 용어의 설명

① 얕은 기초
상부구조물의 하중을 지반에 직접 전달시키는 기능을 하는 기초형식으로서 지표면으로부터 기초 바닥까지의 깊이가 기초 바닥면의 너비에 비하여 크지 않은 확대기초, 벽기초, 전면기초 등이 있다.

② 전면기초
상부구조물의 여러 개의 기둥을 하나의 넓은 기초 슬래브로 처리한 기초

③ 양압력

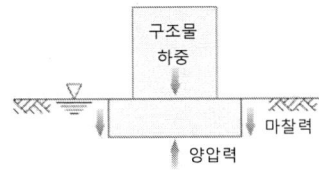

중력 반대방향으로 작용하는 연직 성분의 수압으로서 구조물의 저면에 작용하여 구조물의 안정성에 영향을 준다.

④ 확대기초(푸팅기초)
기초 저면의 단면을 확대한 기초로서 얕은 기초에 속한다.

55 골재의 조립률에 대한 설명으로 틀린 것은?

① 1개의 입도곡선에는 1개의 조립률만 존재한다.
② 1개의 조립률에는 1개의 입도곡선만 존재한다.
③ 조립률이 크면 타설이 어렵지만 시멘트를 절약할 수 있다.
④ 조립률이 작으면 타설이 쉽지만, 시멘트량이 많이 필요하다.

해설 용어 설명

① 입도
골재의 크고 작은 입자의 혼합된 정도, 적당한 골재의 크기가 다른 골재들이 혼합되어 있을 때에는 입자의 크기가 균일한 경우와 비교하여 콘크리트 작업성, 강도, 내구성, 수밀성 등이 우수한 양질의 콘크리트 제조가 가능하다.

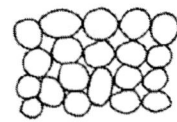

균일한 크기의 입도   입도가 좋은 골재

② 입도곡선(grading curve)
세로측에 체번호, 가로측에 통과중량백분율 또는 잔류중량백분율로 표시하여 체가름 시험결과를 나타낸 것이다.

③ 조립률(finess modulus, FM)
골재의 입도를 수량적으로 나타내는 방법
※ 1개의 입도곡선에는 하나의 조립률이 존재하지만, 하나의 조립률에는 무수한 입도곡선이 있다.

56 20MVA, %임피던스 8%인 3상 변압기가 2차측에서 3상 단락되었을 때 단락용량(MVA)은?

① 150
② 200
③ 250
④ 300

해설 3상 단락용량$(P_s) = \dfrac{100}{\%Z} \times P_n$

$= \dfrac{100}{8} \times 20 = 250$ [MVA]

정답 54. ① 55. ② 56. ③

57 한국전기설비규정에 따라 케이블트레이공사중 수평 트레이에 단심케이블을 포설 시 벽면과의 간격은 몇 mm 이상 이격하여 설치하여야 하는가?

① 5 ② 10 ③ 15 ④ 20

해설 수평 트레이에 단심케이블을 포설 방법
① 사다리형, 바닥밀폐형, 펀칭형, 메시형 케이블 트레이 내에 단심케이블을 포설하는 경우 이들 케이블의 지름 합계는 트레이의 내측폭 이하로 하고 단층으로 포설하여야 한다. 단, 삼각포설 시에는 묶음단위 사이의 간격은 단심케이블 지름의 2배 이상 이격하여 포설하여야 한다.
② 벽면과의 간격은 20mm 이상 이격하여 설치하여야 한다.

18.1.41

58 가공전선로에서 발생할 수 있는 코로나 현상의 방지대책이 아닌 것은?

① 복도체를 사용한다.
② 가선금구를 개량한다.
③ 선간거리를 크게 한다.
④ 바깥지름이 작은 전선을 사용한다.

해설 코로나(corona)
전선에 가해지는 전압이 어떤 값(임계 전압) 이상으로 되면 전선 표면의 공기 절연이 국부적으로 파괴되어 엷은 빛과 낮은 소리를 내게 되는 현상
(1) 임계 전압 E_0
$E_0 = 24.3 \, m_0 \, m_1 \delta d \log_{10} \dfrac{D}{r}$ [kV]
m_0 : 전선의 표면 상태에 의해서 정해지는 계수
m_1 : 일기에 관계되는 계수(맑은날 1, 우천시 0.8)
δ : 상대 공기 밀도
D : 선간거리[m]
r : 전선의 반지름[m]

(2) 코로나손(corona loss)
전기 에너지 → 코로나에 의해 나타나는 빛, 열, 소리 → 전력 손실 → 코로나손

(3) 코로나 방지대책
코로나 발생의 임계 전압을 상규(보통의 일반적인 규정) 전압 이상으로 높여주면 된다.
① 굵은 전선을 사용한다.
② 가선 금구 개선한다.
③ 복도체를 사용한다(가장 효과적인 방법).

14.4.11 / 16.4.17 / 17.1.2 / 18.2.5 / 18.2.6 / 19.2.15

59 10A의 전류를 흘렸을 때의 전력이 50W인 저항에 20A의 전류를 흘렸다면 소비전력은 몇 W 인가?

① 100 ② 200 ③ 500 ④ 1000

해설 전력(P)
① $P = V \times I = \dfrac{V^2}{R} = I^2 \times R$
$\therefore V = \dfrac{P}{I} = \dfrac{50}{10} = 5$ [V]
$R = \dfrac{V^2}{P} = \dfrac{5^2}{50} = 0.5$ [Ω]
② 20[A]에 흐르는 소비전력 P
$P = I^2 \times R = 20^2 \times 0.5 = 200$ [W]

60 한국전기설비규정에 따라 태양광발전 모듈에 접속하는 부하측의 전로를 옥내에 시설할 경우 적용할 수 있는 합성수지관 공사에서 사용하는 관(합성수지제 휨(가요) 전선관을 제외)의 최소 두께(mm)는?

① 1.0 ② 1.2 ③ 1.6 ④ 2.0

해설 합성수지관의 선정
① 관의 끝부분 및 안쪽 면은 전선의 피복을 손상하지 아니하도록 매끈한 것일 것
② 관[합성수지제 휨(가요) 전선관을 제외한다]의 두께는 2mm 이상일 것. 다만, 전개된 장소 또는 점검할 수 있는 은폐된 장소로서 건조한 장소에 사람이 접촉할 우려가 없도록 시설한 경우(옥내배선의 사용전압이 400 V 이하인 경우에 한한다)에는 그러하지 아니하다.

17.2.22 / 19.1.40 / 21.2.61 / 21.

61 공장 지붕에 4200kW 태양광발전설비를 설치할 경우 REC 가중치는 약 얼마인가?

① 1.00 ② 1.36 ③ 1.41 ④ 1.50

해설 신재생에너지 공급인증서 가중치

구분	공급인증서 가중치	대상에너지 및 기준	
		설치유형	세부기준
태양광 에너지	1.2	일반부지에 설치하는 경우	100kW미만
	1.0		100kW부터
	0.8		3,000kW초과부터
	0.5	임야에 설치하는 경우	-
	1.5	건축물 등 기존 시설물을 이용하는 경우	3,000kW이하
	1.0		3,000kW초과부터
	1.6	유지 등의 수면에 부유하여 설치하는 경우	100kW미만
	1.4		100kW부터
	1.2		3,000kW초과부터
	1.0	자가용 발전설비를 통해 전력을 거래하는 경우	

※ 4200kWp(밭) REC 가중치

$REC 가중치 = \dfrac{3000 \times 1.5 + (용량 - 3000) \times 1.0}{용량}$

$= \dfrac{3000 \times 1.5 + (4200 - 3000) \times 1.0}{4200} ≒ 1.36$

62 태양광 시스템용 이차전지(KSC 8575 : 2021)에 따른 권장 시험방법 중 형식시험에 해당하지 않는 것은?

① 용량 시험
② 저온방전 시험
③ 재단파 충격 시험
④ 사이클 내구성 시험

해설 태양광시스템용 이차전지 형식시험
① 용량 시험
② 용량보존 시험
③ 저온방전 시험
④ 사이클 내구성 시험
⑤ 사이클 내구성 시험(극한시험)

17.1.66 / 17.4.65 / 18.1.52

63 중대형 태양광 발전용 인버터(계통연계형, 독립형)(KSC 8565 : 2020)에 따른 정상특성시험 항목이 아닌 것은?

① 효율시험
② 내전압시험
③ 누설전류시험
④ 온도상승시험

해설 인버터의 정상특성시험 항목

	시험 항목	독립형	계통 연계형
정상 특성 시험	a) 교류전압, 주파수 추종 범위 시험	×	○
	b) 교류 출력전류 변형률 시험	×	○
	c) 누설전류시험	○	○
	d) 온도상승시험	○	○
	e) 효율시험	○	○
	f) 대기손실시험	×	○
	g) 자동기동·정지 시험	×	○
	h) 최대전력 추종시험	×	○
	i) 출력전류 직류분 검출시험	×	○

17.1.71 / 17.1.72 / 17.2.63

64 태양광발전시스템이 작동되지 않을 때 응급조치 순서로 옳은 것은?

① 접속함 내부 차단기 개방→인버터 개방→설비 점검
② 접속함 내부 차단기 개방→인버터 투입→설비 점검
③ 접속함 내부 차단기 투입→인버터 개방→설비 점검
④ 접속함 내부 차단기 투입→인버터 투입→설비 점검

해설 태양광발전시스템의 응급조치순서
① 접속함의 DC 메인 전원 스위치를 개방(off)한다.
② 인버터의 전원 스위치를 개방(off)한다.
③ 한전차단기를 개방(off)한다.
④ 태양광발전시스템을 점검한다.
⑤ 이상이 없을 시 역순으로 작동한다.

65 전기설비 검사 및 점검의 방법·절차 등에 관한 고시에 따른 태양광발전설비 중 전력변환장치에서 보호장치의 정기검사 시 세부검사내용에 해당하는 것은?

① 위험표시
② 개방전압
③ 보호장치시험
④ 울타리, 담 등의 시설상태

해설 전력변환장치(세부검사내용)

1) 일반규격
① 규격확인

2) 본체
① 외관검사
② 접지 시공상태
③ 절연저항
④ 절연내력
⑤ 제어회로 및 경보장치
⑥ 전력조절부/Static 스위치
⑦ 자동·수동절체시험
⑧ 역방향운전 제어시험
⑨ 단독운전 방지시험

3) 보호장치
① 외관검사
② 절연저항
③ 보호장치시험

66 인버터의 입·출력단자와 접지 간의 절연저항 측정 시 몇 MΩ 이상이어야 하는가? (단, DC 500V 메가로 측정한 경우이다.)

① 0.1　　② 0.3
③ 0.5　　④ 1

해설 절연저항(저압용)
① 태양전지 ~ 접지 : 0.2MΩ 이상
② 접속함/인버터 ~ 접지 : 1MΩ 이상

67 전기설비 검사 및 점검의 방법·절차 등에 관한 고시에 따른 태양광발전설비에서 전선로(가공, 지중, GIB, 기타)의 정기검사 시 세부검사내용으로 틀린 것은?

① 환기시설상태　　② 절연내력시험
③ 절연저항측정　　④ 보호장치시험

해설 전선로(가공, 지중, GIB, 기타)의 정기검사
① 외관검사
② 보호장치 및 계전기시험
③ 절연저항 측정
④ 절연내력시험
⑤ 충전시험

68 결정질 실리콘 태양광발전 모듈(성능)(KSC 8561 : 2020)에 따른 습도-동결 시험에서 품질기준 중 최대 출력에 대한 내용으로 옳은 것은?

① 시험 전 값의 95% 이상일 것
② 시험 전 값의 90% 이상일 것
③ 시험 전 값의 85% 이상일 것
④ 시험 전 값의 80% 이상일 것

해설 습도-동결 시험

1) 시험방법
① 고온·고습, 영하의 저온 등의 가혹한 자연환경에 반복 장시간 놓였을 때, 열팽창률의 차이나 수분의 침입·확산, 호흡 작용 등에 의한 구조나 재료의 영향을 시험한다.
② 고온 측 온도 조건을 (85±2) ℃, 상대습도 (85±2)%에서 20시간 유지하고, 저온 측 온도 조건을 (-40±2) ℃ 조건에서 0.5시간 유지한다.
③ 위의 조건을 1 사이클로 하여 24시간 이내에 하고 10회 실시한다. 2시간에서 4시간의 회복시간 후 KSC IEC 61215에 따라 시험한다.

2) 품질기준
① 최대 출력 : 시험 전 값의 95% 이상일 것
② 절연저항
㉠ 모듈의 측정면적에 따라 0.1m² 미만에서는 400MΩ

정답 65. ③ 66. ④ 67. ① 68. ①

이상일 것
ⓒ 모듈의 시험면적에 따라 0.1m² 이상에서는 측정값과 면적의 곱이 40MΩ · m² 이상일 것
③ 외관 : 두드러진 이상이 없고, 표시는 판독할 수 있으며 외관검사 품질기준을 만족시킬 것

69 수변전설비의 설치와 유지관리에 관한 기술지침에 따른 충전부 보호에서 방호범위에 대한 설명으로 틀린 것은?

① 작업자들은 공구나 열쇠 등과 같은 금속체를 휴대해서는 안 된다.
② 전기설비의 활선부분과 작업자의 신체 보호장비는 충분한 이격거리를 유지해야 한다.
③ 통로, 복도, 창고와 같이 물건들이 이동하는 곳에는 추가 이격거리 확보와 방호조치를 하여야 한다.
④ 신속한 유지관리를 위해 수변전실 유자격자의 주된 근무 장소와 전기설비는 서로 같은 공간이어야 한다.

해설 부주의한 접촉을 방지하기 위해 수변전실 유자격자의 주된 근무 장소와 전기설비는 서로 독립된 공간이어야 한다.

18.4.61 / 20.2.75 / 21.2.70

70 전기안전관리법령에 따른 선임된 전기안전관리자의 직무 범위로 틀린 것은?

① 전기설비의 안전관리를 위한 확인·점검 및 이에 대한 업무의 감독
② 전기재해의 발생을 예방하거나 그 피해를 줄이기 위하여 필요한 응급조치
③ 전기수용설비의 증설 또는 변경공사로서 총 공사비가 1억원 미만인 공사의 감리업무
④ 비상용 예비발전설비의 설치·변경공사로서 총공사비가 1억원 미만인 공사의 감리업무

해설 전기안전관리자의 직무 범위
① 전기설비의 공사·유지 및 운용에 관한 업무 및 이에 종사하는 사람에 대한 안전교육
② 전기설비의 안전관리를 위한 확인·점검 및 이에 대한 업무의 감독
③ 전기설비의 운전·조작 또는 이에 대한 업무의 감독
④ 전기설비의 안전관리에 관한 기록의 작성·보존 및 비치
⑤ 공사계획의 인가신청 또는 신고에 필요한 서류의 검토
⑥ 공사의 감리업무
  ㉠ 비상용 예비발전설비의 설치·변경공사로서 총공사비가 1억원 미만인 공사
  ㉡ 전기수용설비의 증설 또는 변경공사로서 총공사비가 5천만원 미만인 공사
⑦ 전기설비의 일상점검·정기점검·정밀점검의 절차, 방법 및 기준에 대한 안전관리규정의 작성
⑧ 전기재해의 발생을 예방하거나 그 피해를 줄이기 위하여 필요한 응급조치

71 산업안전보건법령에 따라 금속절단기에 설치하는 방호장치로 옳은 것은?

① 백레스트
② 압력방출장치
③ 날 접촉 예방장치
④ 회전체 접촉 예방장치

해설 유해·위험방지를 위한 방호조치가 필요한 기계·기구

금속절단기

① 예초기 : 날 접촉 예방장치
② 원심기 : 회전체 접촉 예방장치
③ 공기압축기 : 압력방출장치
④ 금속절단기 : 날 접촉 예방장치(방호덮개)
⑤ 지게차 : 헤드 가드, 백레스트(backrest), 전조등, 후미등, 안전벨트
⑥ 포장기계(진공포장기, 래핑기로 한정한다) : 구동부 방호 연동장치

72 태양광발전소의 전기안전관리를 수행하기 위하여 계측장비를 주기적으로 교정하고 안전장구의 성능을 유지하여야 한다. 전기안전관리자의 직무 고시에 따른 안전장구의 권장 시험주기가 아닌 것은?

① 절연안전모 1년
② 저압검전기 1년
③ 고압절연장갑 1년
④ 고압ㆍ특고압 검전기 6개월

[해설] 권장 계측장비 교정 및 시험주기

구분		권장 교정 및 시험주기(년)
계측 장비 교정	계전기 시험기	1
	절연내력 시험기	1
	절연유 내압 시험기	1
	적외선 열화상 카메라	1
	전원품질분석기	1
	절연저항 측정기 (1,000V, 2,000MΩ)	1
	절연저항 측정기 (500V, 100MΩ)	1
	회로시험기	1
	접지저항 측정기	1
	클램프미터	1
안전 장구 시험	특고압 COS 조작봉	1
	저압검전기	1
	고압ㆍ특고압 검전기	1
	고압절연장갑	1
	절연장화	1
	절연안전모	1

73 태양광발전시스템의 계측기구 및 표시장치의 구성으로 틀린 것은?

① 검출기 ② 감시장치
③ 연산장치 ④ 신호변환기

[해설] 태양광발전시스템의 계측시스템 구성
① 검출기
태양광발전시스템의 기상데이터와 전압, 전류 등을 측정하는 장치로 직류측의 전압은 분압기로 전류는 분류기를 이용하고, 교류측의 전압, 전류, 역률, 주파수 계측은 PT, CT를 통해서 검출, 지시계 또는 신호변환기로 전송하는 장치
② 신호변환기
검출기로 검출된 데이터를 컴퓨터 및 먼거리에 설치한 표시장치에 전송할 때 사용하는 장치
③ 연산장치
검출기를 통해 얻어진 순시계측 데이터는 적산하고, 일정기간 동안의 데이터는 평균하는 등 필요 데이터를 가공하는 장치
④ 기억장치
컴퓨터가 필요로 하는 정보, 컴퓨터가 자료를 처리하여 얻은 결과 등을 저장하는 기능을 하는 장치

74 태양광발전 접속함(KSC 8567 : 2019)에 따라 직류(DC)용 퓨즈는 IEC 60269-6의 관련 요구사항을 만족하는 어떤 타입을 사용하여야 하는가?

① sPV 타입 ② aPV 타입
③ gPV 타입 ④ qPV 타입

[해설] 직류(DC)용 퓨즈
① 태양광발전 모듈 스트링이 접속된 개별 회로에는 음극과 양극 각각에 과전류를 보호하는 직류(DC)용 퓨즈를 시설하여야 한다.

② 직류(DC)용 퓨즈는 IEC 60269-6이 관련 사항을 만족하는 gPV 타입을 사용하여야 한다.

75 태양광발전시스템의 유지관리 시 보수점검 작업 후 유의사항으로 틀린 것은?

① 볼트 조임작업을 완벽하게 하였는지 확인한다.
② 쥐, 곤충 등이 침입되어 있지 않은지 확인한다.
③ 검전기로 무전압 상태를 확인하고 필요 개소에 접지한다.
④ 점검을 위해 임시로 설치한 가설물 등의 철거가 지연되고 있지 않은지 확인한다.

해설 검전기로 무전압 상태를 확인하고 필요개소에 접지는 보수점검 작업 전의 내용이다.

14.4.93 / 15.2.76 / 15.4.98 / 16.4.97 / 17.1.92 / 17.2.42 / 17.4.57

76 한국전기설비규정에 따라 태양전지 모듈은 최대 사용전압의 몇 배의 직류전압을 충전부분과 대지 사이에 연속하여 10분간 가하여 절연내력을 시험하였을 때에 이에 견디는 것이어야 하는가?

① 1   ② 1.5   ③ 2   ④ 3

해설 연료전지 및 태양전지 모듈의 절연내력

연료전지 및 태양전지 모듈은 최대사용전압의 1.5배의 직류전압 또는 1배의 교류전압(500[V] 미만으로 되는 경우에는 500[V])을 충전부분과 대지사이에 연속하여 10분간 가하여 절연내력을 시험하였을 때에 이에 견디는 것이어야 한다.

77 전기작업계획서의 작성에 관한 기술지침에 따라 작업계획서에 작성하는 내용으로 틀린 것은?

① 작업의 목적
② 작업자의 인적사항
③ 작업자의 자격 및 적정 인원
④ 교대 근무 시 근무 인계에 관한 사항

해설 전기작업계획서 내용
① 전기작업의 목적 및 내용
② 전기작업 근로자의 자격 및 적정 인원
③ 작업 범위, 작업책임자 임명, 전격·아크 섬광·아크 폭발 등 전기위험 요인 파악, 접근한계거리, 활선접근 경보장치 휴대 등 작업 시작 전에 필요한 사항
④ 전로 차단에 관한 작업계획 및 전원(電源) 재투입 절차 등 작업 상황에 필요한 안전작업 요령
⑤ 절연용 보호구 및 방호구, 활선 작업용 기구·장치 등의 준비·점검·착용·사용 등에 관한 사항
⑥ 점검·시운전을 위한 일시 운전, 작업 중단 등에 관한 사항
⑦ 교대 근무 시 근무 인계(引繼)에 관한 사항
⑧ 전기작업장소에 대한 관계 근로자가 아닌 사람의 출입금지에 관한 사항
⑨ 전기안전작업계획서를 해당 근로자에게 교육할 수 있는 방법과 작성된 전기안전작업계획서의 평가·관리 계획
⑩ 전기 도면, 기기 세부 사항 등 작업과 관련되는 자료

16.4.77

78 태양광발전시스템 고장원인 중 모듈의 제조 공정상 불량에 해당하지 않는 것은?

① 백화 현상   ② 적화 현장
③ 황색 변이   ④ 유리 적색 착색

해설 착색(Cover Glass) 태양광 모듈

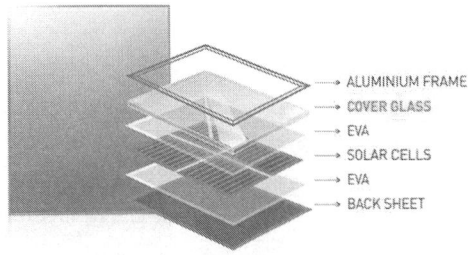

① 건물일체형 태양광발전시스템(BIPV)에 적합한 다양한 컬러의 태양광 모듈의 생산 가능
② 건물 외관에 다양한 디자인과 색상을 적용할 수 있도록 맞춤형 제작 가능
③ Cover Glass 뒷면에 Spray 공정을 통한 컬러 코팅으로 뛰어난 색감과 유리 종류에 상관없이 적용 가능
④ 태양광 셀이 보이지 않아 기존 건물과 조화로움
⑤ Gray, Blue, Green, Violet, Red, Gold 6가지 기본 컬러에서 채도에 따라 다양한 색감 구현

21.1.77

79 발전설비 유지관리를 위한 일상점검 시 배전반 주회로 인입·인출부에 대한 점검항목과 점검내용으로 틀린 것은?

① 부싱 - 코로나 방전에 의한 이상음 여부
② 케이블 접속부 - 과열에 의한 이상한 냄새 발생 여부
③ 태양광발전용 개폐기 - "태양광발전용"이란 표시 여부
④ 폐쇄 모선 접속부 - 볼트류 등의 조임 이완에 따른 진동음 유무

해설 배전반(주회로 인입 및 인출부) 점검내용

1) 폐쇄모선의 접속부
① 볼트류의 조임이 이완되어 진동음

2) 부싱
① 균열, 파손 여부
② 코로나 방전에 의한 이상음 여부

3) 케이블 단말부 및 접속부, 케이블 관통부
① 볼트류의 조임이 이완되어 진동음 여부
② 코로나 방전 또는 과열에 의한 이상한 냄새 발생 여부
③ 케이블 막이판의 탈락 또는 간격의 벌어짐 유무 확인
④ 소동물 침입의 흔적 유무

80 태양광발전용 인버터의 육안점검 항목에 해당하지 않는 것은?

① 배선의 극성
② 지붕재의 파손
③ 단자대 나사 풀림
④ 접지단자와의 접속

해설 배선의 극성은 계측기로 점검한다.

정답 79. ③ 80. ①

2021 제4회 기출문제

17.1.96 / 19.4.85

01 신에너지 및 재생에너지 개발·이용·보급 촉진 법령에 따른 신·재생에너지 공급인증서의 거래 제한사유에 해당하지 않는 것은?

① 공급인증서가 발전소별로 5000kW 이내의 수력을 이용하여 에너지를 공급하고 발급된 경우
② 공급인증서가 기존방조제를 활용하여 건설된 조력을 이용하여 에너지를 공급하고 발급된 경우
③ 공급인증서가 석탄을 액화·가스화한·에너지 또 중질잔사유를 가스화한 에너지를 이용하여 에너지를 공급하고 발급된 경우
④ 공급인증서가 폐기물에너지 중 화석연료에서 부수적으로 발생하는 폐가스로부터 얻어지는 에너지를 이용하여 에너지를 공급하고 발급된 경우

해설 신·재생에너지 공급인증서의 거래 제한
① 공급인증서가 발전소별로 5천[kW]를 넘는 수력을 이용하여 에너지를 공급하고 발급된 경우
② 공급인증서가 기존 방조제를 활용하여 건설된 조력을 이용하여 에너지를 공급하고 발급된 경우
③ 공급인증서가 석탄을 액화·가스화한 에너지 또는 중질잔사유을 가스화한 에너지를 이용하여 에너지를 공급하고 발급된 경우
④ 공급인증서가 폐기물에너지 중 화석연료에서 부수적으로 발생하는 폐가스로부터 얻어지는 에너지를 이용하여 에너지를 공급하고 발급된 경우

14.4.94 / 17.1.80 / 18.2.67 / 19.2.62

02 전기사업법령에 따라 사업계획서 작성 시 전기설비 개요에 포함되어야 할 태양광설비에 대한 사항으로 틀린 것은?

① 태양전지의 종류
② 접속함의 설치장소
③ 집광판의 면적
④ 인버터(Invertre)의 종류

해설 사업허가의 신청(전기사업법 시행규칙 제4조)
사업계획의 전기설비(태양광) 개요에 포함되어야 할 사항
① 태양전지의 종류, 정격용량, 정격전압 및 정격출력
② 인버터(Inverter)의 종류, 입력전압, 출력전압 및 정격출력
③ 집광판의 면적

03 신에너지 및 재생에너지 개발·이용·보급 촉진범령에 따라 태양에너지(태양의 빛에너지를 변환시켜 전기를 생산하는 방식에 한정한다)의 2015년 이후 의무공급량은 몇 GWh인가?

① 723
② 1353
③ 1971
④ 2325

해설 신·재생에너지의 종류 및 의무공급량
① 종류
  태양에너지(태양의 빛에너지를 변환시켜 전기를 생산하는 방식에 한정한다)
② 연도별 의무공급량

해당 연도	의무공급량(단위: GWh)
2012년	276
2013년	723
2014년	1,353
2015년 이후	1,971

21.1.17

04 전기사업법령에 따라 전기사업을 하려는 자가 허가 받은 사항을 변경하려고 할 때 "산업통상자원부령으로 정하는 중요 사항"에 해당되지 않는 것은?

① 사업구역 변경
② 공급전압 변경
③ 발전설비 설치장소 내에서 인버터의 설치위치 변경
④ 허가를 받은 발전설비용량의 100분의 10을 초과한 설비용량 변경

정답 1.① 2.② 3.③ 4.③

해설 **산업통상자원부령으로 정하는 중요사항**
1) 사업구역 또는 특정한 공급구역
2) 공급전압
3) 발전사업 또는 구역전기사업의 경우 발전용 전기설비에 관한 다음의 어느 하나에 해당하는 사항
① 설치장소(동일한 읍·면·동에서 설치장소를 변경하는 경우는 제외한다)
② 설비용량(변경 정도가 허가 또는 변경허가를 받은 설비용량의 100분의 10 이하인 경우는 제외한다)
③ 원동력의 종류(허가 또는 변경허가를 받은 설비용량이 30만킬로와트 이상인 발전용 전기설비에 신·재생에너지를 이용하는 발전용 전기설비를 추가로 설치하는 경우는 제외한다)

17.2.22 / 19.1.40 / 21.2.61 / 21.4.5
05 설비용량 999.999kW인 태양광발전설비를 염전에 설치하였을 때 적용받을 수 있는 가중치는?
① 1 ② 1.019 ③ 1.049 ④ 1.229

해설 **공급인증서 가중치**

구분	공급인증서 가중치	대상에너지 및 기준	
		설치유형	세부기준
태양광 에너지	1.2	일반부지에 설치하는 경우	100KW미만
	1.0		100KW부터
	0.8		3,000KW초과부터
	0.5	임야에 설치하는 경우	-
	1.5	건축물 등 기존 시설물을 이용하는 경우	3,000KW이하
	1.0		3,000KW초과부터
	1.6	유지 등의 수면에 부유하여 설치하는 경우	100KW미만
	1.4		100KW부터
	1.2		3,000KW초과부터
	1.0	자가용 발전설비를 통해 전력을 거래하는 경우	

태양광에너지의 가중치는 전체용량에 대해 부여하되, 소수점 넷째 자리에서 절사하며, 설치유형별 용량기준순으로 구분해 구간별 해당 가중치를 다음과 같이 적용한다.
① 태양광발전소를 일반부지에 설치하는 경우

설치용량	태양광에너지 가중치 산정식
100kW미만	1.2
100kW부터 3,000kW이하	$\dfrac{99.999 \times 1.2 + (용량 - 99.999) \times 1.0}{용량}$
3,000kW초과부터	$\dfrac{99.999 \times 1.2}{용량} + \dfrac{2,900.001 \times 1.0}{용량} + \dfrac{(용량 - 3,000) \times 0.8}{용량}$

② 건축물 등 기존 시설물을 이용하는 경우

설치용량	태양광에너지 가중치 산정식
3,000kW이하	1.5
3,000kW초과부터	$\dfrac{3,000 \times 1.5 + (용량 - 3,000) \times 1.0}{용량}$

③ 999.999kWp(염전) REC 가중치

$$REC 가중치 = \dfrac{99.999 \times 1.2 + (용량 - 99.999) \times 1.0}{용량}$$

$$= \dfrac{99.999 \times 1.2 + (999.999 - 99.999) \times 1.0}{999.999} ≒ 1.019$$

※ 일반부지에 설치하는 경우 3,000kW초과부터 가중치 0.8이 적용됨
REC개정안 고시 시행일로부터 3개월 이내에(21년 10월 28일) 발전사업허가를 취득한 경우 기존 가중치를 적용

※ 가중치는 환경, 기술개발 및 산업 활성화에 미치는 영향, 발전원가, 부존잠재량, 온실가스 배출 저감에 미치는 효과 등을 고려하여 산업통상자원부장관이 정하여 고시. 공급인증서 가중치는 3년마다 재검토(필요한 경우 재검토기간 단축 가능)

13.4.8 / 14.4.16 / 15.4.21 / 18.2.29 / 18.4.34
06 태양을 올려다보는 각도가 30°인 경우, air mass(AM) 값은?
① 1.0 ② 1.15 ③ $\sqrt{2}$ ④ 2.0

해설 **대기 질량 지수(Air Mass index)**

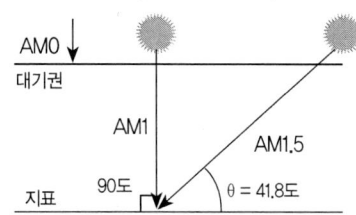

AM 0 : 대기권 밖에서 측정하는 스펙트럼
AM 1 : 태양의 직사광이 지표면에 수직으로 입사한 경우
AM 1.5 : 태양의 직사광이 지표면에 경사각 41.8°
(천정각 48.2°)
AM 2 : 태양의 직사광이 지표면에 경사각 30°(천정각 60°)

07 전기공사업법령에 따라 전기공사업자가 전기공사를 하도급 주기위하여 미리 해당 전기공사의 발주자에게 이를 알리기 위하여 작성하는 하도급 통지서에 첨부하는 서류로 틀린 것은?

① 공사 예정 공정표
② 하도급(재하도급)계약서 사본
③ 하수급인 또는 다시 하도급받은 공사업자의 등록수첩 사본
④ 하구습인 또는 다시 하도급받은 공사업자의 전기공사 자재 보유현황

[해설] 하도급 통지서(전기공사업법 시행규칙 제11조)
하도급 통지서에는 다음의 서류를 첨부하여야 한다.
① 하도급(재하도급)계약서 사본
② 하도급(재하도급) 내용이 명시된 공사명세서
③ 공사 예정 공정표
④ 하수급인 또는 다시 하도급받은 공사업자의 전기공사기술자 보유현황
⑤ 하수급인 또는 다시 하도급받은 공사업자의 등록수첩 사본

08 국토의 계획 및 이용에 관한 법령에 따라 허가를 받지 않아도 되는 경미한 행위에 해당하지 않는 것은?

① 토지의 일부를 공공용지 또는 공용지로 하기 위한 토지의 분할
② 농림지역 안에서 농림어업용 비닐하우스 안에 육상어류양식장의 설치
③ 지구단위계획구역에서 채취면적이 25제곱미터 이하인 토지에서의 부피 50제곱미터 이하의 토석채취
④ 지구단위계획구역에서 물건을 쌓아놓는 면적이 25제곱미터 이하인 토지에 전체무게 50톤 이하, 전체부피 50세제곱미터 이하로 물건을 쌓아놓는 행위

[해설] 허가를 받지 아니하여도 되는 경미한 행위
1) 건축물의 건축
① 가설건축물의 축조신고 대상에 해당하지 아니하는 건축물의 건축

2) 공작물의 설치
① 도시지역 또는 지구단위계획구역에서 무게가 50톤 이하, 부피가 50세곱미터 이하, 수평투영면적이 50제곱미터 이하인 공작물의 설치
② 도시지역·자연환경보전지역 및 지구단위계획구역 외의 지역에서 무게가 150톤 이하, 부피가 150세제곱미터 이하, 수평투영면적이 150제곱미터 이하인 공작물의 설치
③ 녹지지역·관리지역 또는 농림지역안에서의 농림어업용 비닐하우스(비닐하우스안에 설치하는 육상어류양식장을 제외한다)의 설치

09 부지선정 검토 시 법적 인허가 및 신고사항에 포함되지 않는 것은?

① 공작물 축조신고
② 사도개설의 허가
③ 무연분묘 개장허가
④ 공급인증서 발급허가

[해설] 태양광발전사업 진행 절차
① 부지선정
② 개발행위허가(발전소 소재지 지자체)
③ 발전사업허가(발전소 소재지 지자체, 3MW 초과는 산업통상자원부)
④ 공사계획신고/인가(발전소 소재지 지자체, 10MW 초과는 산업통상자원부)
⑤ 발전소 시공(시공사)
⑥ 전력거래소 회원 가입 신청, 전력거래자 등록 신청 (전력거래소 거래시)
⑦ 송배전선로 이용 계약(한국전력공사 해당 지사)
⑧ 신규설비(발전기, ESS) 등록, 신규설비 코드부여 등 등(전력거래소 거래시)
⑨ 사용전검사(전기안전공사)
⑩ 전력량 계량설비 봉인(한국전력공사, 전력거래소 거래시)
⑪ 신재생에너지 설비 설치 확인(한국에너지공단)
⑫ 사업개시신고(3MW 초과 : 산업통상자원부, 3MW 이하 : 발전소 소재지 지자체)
⑬ 공급인증서(REC) 발급(한국에너지공단)

정답 8. ② 9. ④

10 다음 그림은 직류입력으로부터 교류출력을 얻어내는 인버터의 동작원리를 설명하고 있다. 아래와 같은 출력파형을 얻기 위해 ⓒ 신호에 들어갈 스위치의 상태를 S_1 -S_2- S_3- S_4 의 순서에 맞게 나열한 것은?

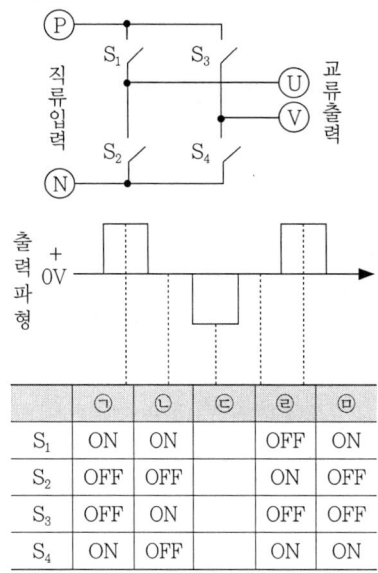

① OFF-ON-ON-OFF
② ON-ON-OFF-OFF
③ OFF-OFF-ON-ON
④ ON-OFF-OFF-ON

해설 인버터의 동작원리

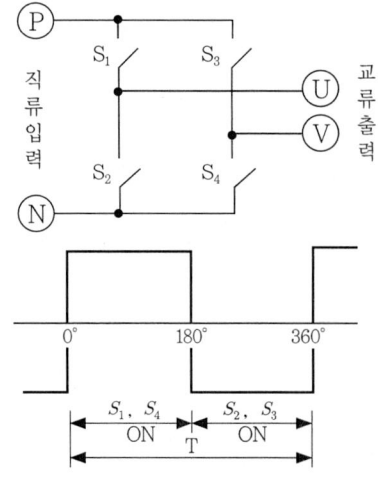

인버터의 기본동작은 직류 전원의 방향을 주기적으로 바꾸어 출력을 내보낸다.
S_1, S_4가 ON, S_2, S_3가 OFF 되면 부하의 왼쪽에 (+)전원이 공급되고, S_2, S_3 ON, S_1, S_4가 OFF 되면 (-)전원이 공급된다.
이러한 동작을 주기적으로 반복하면 사각파의 파형이 반복적으로 나타나며, 스위치의 동작빈도가 높아지면 사각파의 주파수는 높아진다.

18.1.29 / 20.2.6
11 다음 조건에서 월간 발전량을 약 몇 kWh/월 인가? (단, 종합설계계수는 0.66을 적용하며 기타 조건은 무시한다.)

[조건]
- 태양광발전 어레이 출력: 10800 W
- 월 적산어레이 경사면 일사량: 115.94 kWh/m^2 · 월
- 표준상태의 일사강도: 1kW/m^2

① 695.26   ② 826.42
③ 995.72   ④ 713.56

해설 월간 발전량[kWh/월]
[kWh/월] = 어레이출력(kW)×월 경사면 일사량×종합설계계수
= 10.8×115.94×0.66 = 826.42

14.4.95 / 17.1.98 / 19.1.88
12 전기사업법령에 따라 대통령령으로 정하는 규모 이하의 발전설비를 갖추고 특정한 공급구역의 수요에 맞추어 전기를 생산하여 전력시장을 통하지 아니하고 그 공급구역의 전기사용자에게 공급하는 것을 주된 목적으로 하는 사업을 말하는 것은?

① 송전사업   ② 배전사업
③ 중개거래사업   ④ 구역전기사업

해설 구역전기사업자의 발전설비용량(전기사업법 시행령 제1조의2)

구역전기사업이란 35,000[kW] 이하의 발전설비를 갖추고 특정한 공급구역의 수요에 맞추어 전기를 생산하여 전력시장을 통하지 아니하고 그 공급구역의 전기사용자에게 공급하는 것을 주된 목적으로 하는 사업

15.4.2

13 태양전지의 계산식

$$T_{cell} = T_{arnb} + \left(\frac{NOCT - 20°}{0.8}\right) \times S$$

에서 NOCT는 무엇인가? (단, T_{cell}은 태양전지 온도(℃), T_{arnb}은 주위 온도(℃), S는 방사조도 (kW/m²)이다.)

① 일조량
② 공기온도
③ 개방전압
④ 공칭작동 태양전지 온도

해설 공칭 태양광발전 전지 동작 온도 측정시험(Measurement of Nominal Operating Cell Temperature)

태양광발전 모듈의 공칭 전지 동작 온도(Nominal Operating Cell Temperature, NOCT)는 다음의 표준 기준 환경(Standard Reference Environment, SRE)에서 개방형 선반식 가대(open rack)에 설치한 모듈을 구성하는 태양광발전 전지의 평균 접합 온도로 정의된다.

① 경사각 : 수평면을 기준으로 45도
② 경사면 일조강도 : 800 W · m²
③ 주위기온 : 20℃
④ 풍속 : 1m/s
⑤ 전기적 부하 : 없음(회로 개방 상태)

15.4.83 / 18.2.92 / 19.2.86

14 전기공사업법령에 따른 공사업자의 등록취소에 해당하지 않는 경우는?

① 거짓으로 공사업을 등록한 경우
② 타인에게 등록증 또는 등록수첩을 빌려 준 경우
③ 전기공사기술자가 아닌 자에게 전기공사의 시공관리를 맡긴 경우
④ 공사업의 등록을 한 후 1년 이내에 영업을 시작하지 아니한 경우

해설 등록취소 등(전기공사업법 제28조)

시 · 도지사는 공사업자가 다음의 어느 하나에 해당하면 등록을 취소하거나 6개월 이내의 기간을 정하여 영업의 정지를 명할 수 있다. 다만, ①, ③, ④, ⑦, ⑧에 해당하는 경우에는 등록을 취소하여야 한다.
① 거짓이나 그 밖의 부정한 방법으로 공사업의 등록, 공사업의 등록기준에 관한 신고 행위를 한 경우
② 대통령령으로 정하는 기술능력 및 자본금 등에 미달하게 된 경우
③ 공사업의 등록을 할 수 없는 결격사유 중 어느 하나에 해당하게 된 경우
④ 타인에게 성명 · 상호를 사용하게 하거나 등록증 또는 등록수첩을 빌려 준 경우
⑤ 시정명령 또는 지시를 이행하지 아니한 경우
⑥ ①~⑤규정 중 어느 하나에 해당하는 경우로서 해당 전기공사가 완료되어 시정명령 또는 지시를 명할 수 없게 된 경우
⑦ 공사업의 등록을 한 후 1년 이내에 영업을 시작하지 아니하거나 계속하여 1년 이상 공사업을 휴업한 경우
⑧ 영업정지처분기간에 영업을 하거나 최근 5년간 3회 이상 영업정지처분을 받은 경우
※ 전기공사기술자가 아닌 자에게 전기공사의 시공관리를 맡긴 경우에 시 · 도지사는 기간을 정하여 그 시정을 명하거나 그 밖에 필요한 지시를 할 수 있다.

14.3.31 / 16.2.35 / 18.2.24 / 20.2.17

15 태양광발전을 위한 부지선정 시 일반적인 고려사항이 아닌 것은?

① 계통연계 가능성
② 일조량과 일조시간
③ 자연재해의 발생 가능 여부
④ 인근 태양광 발전소와의 거리

해설 부지선정 시 일반적인 고려사항
① 일사량 : 남향을 표준으로 한다.
② 일조시간 : 고지대가 유리함
③ 자연환경검토 : 적설 및 적운이 적은 지역, 음영발생 여부, 바람이 잘 들 수 있을 것(모듈 효율 상승), 지반지질 상태 등

정답 13. ④ 14. ③ 15. ④

④ 접근성 : 비포장도로 4[m], 포장도로 3[m]
⑤ 행정상 조건(인허가문제) : 각 지자체별로 개발행위 및 산지전용 가능여부 등에 관한 규제가 상이 함
⑥ 계통연계 : 3상 전주 인입 가능 여부 및 한전선로(분산형전원) 용량 확인
⑦ 경제성(토지비, 송전 설치비, 발전용량에 맞는 부지 선정 등)
⑧ 기타 – 민원

13.4.2 / 17.4.11

16 태양광발전 어레이에서 생산된 전력 125W가 인버터에 입력되어 인버터 출력이 100W가 되면 인버터의 변환효율은 몇 %인가?

① 45　　② 64　　③ 80　　④ 92

해설 **변환효율 (η)**

$$\eta = \frac{출력}{입력} \times 100 = \frac{100}{125} \times 100 = 80\,[\%]$$

14.4.32 / 15.4.20 / 16.2.12 / 16.4.13 / 18.4.29

17 독립형 태양광발전시스템의 설계 시 1일부하량이 5000Wh이고, 부조일수가 10일, 보수율이 80%, 방전심도가 60%일 때 축전지용량은 약 몇 Ah인가? (단, 축전지의 공칭전압은 2V/cell, 축전지 셀 수는 24개이다.)

① 2170　　② 2320
③ 2517　　④ 2730

해설 **축전지 용량(C)**

$$C = \frac{1일\ 적산부하\ 전력량(L_d) \times 일조가\ 없는\ 날(D)}{보수율(L) \times 공칭\ 축전지\ 전압 \times 축전지\ 개수 \times 방전심도(DOD)}$$

$$= \frac{5000 \times 10}{0.8 \times 2 \times 24 \times 0.6} ≒ 2170\,[Ah]$$

18.4.40

18 할인율을 적용한 수입의 현재가치와 지출의 현재가치를 비교하여 비율로 표시한 것은?

① 내부수익률법(IRR)
② 순현재가치법(NPV)
③ 자본회수기간법(PPM)
④ 비용/편익비율법(BCR)

해설 **편익/비용 비율(Benefit/Cost ratio)**
사업별로 편익의 현재가치를 비용의 현재가치로 나눈 값이 가장 큰 대안을 선택하는 방법이다. 사업의 비용, 편익은 장시간에 걸쳐 투입되거나 발생하기 때문에 할인율을 적용하여 이를 특정기간(일반적으로 현재년도)에 발생하는 것으로 환산하여 비교하게 되는데 이를 현재가치화라고 한다.
각 사업의 편익–비용비는 현재가치로 환산된 편익과 비용으로 나타내는 것이 일반적이며, 편익/비용 비율이 1.0보다 크면 경제성이 있다고 판단한다.
㉠ B/C ratio=1이면, NPV = 0을 의미함
㉡ B/C ratio>1이면, NPV > 0을 의미함(투자할 가치가 있는 것)
㉢ B/C ratio 클수록 좋은 대안임

13.4.94 / 16.4.2 / 16.4.98 / 17.1.84 / 17.4.9 / 18.1.100 / 18.2.96 / 18.4.11 / 18.4.92

19 신에너지 및 재생에너지 개발·이용·보급 촉진 법령에 따른 재생에너지의 종류로 틀린 것은?

① 수소에너지　　② 태양에너지
③ 해양에너지　　④ 지열에너지

해설 **신·재생에너지의 정의(신재생에너지법 제2조)**
1) 신에너지: 기존의 화석연료를 변환시켜 이용하거나 수소·산소 등의 화학 반응을 통하여 전기 또는 열을 이용하는 에너지
① 수소에너지
② 연료전지
③ 석탄을 액화·가스화한 에너지 및 중질잔사유을 가스화

2) 재생에너지: 햇빛·물·지열·강수·생물유기체 등을 포함하는 재생 가능한 에너지를 변환시켜 이용하는 에너지
① 태양에너지　　② 풍력
③ 수력　　　　　④ 해양에너지
⑤ 지열에너지
⑥ 생물자원을 변환시켜 이용하는 바이오에너지

정답 16. ③ 17. ① 18. ④ 19. ①

⑦ 폐기물에너지(비재생폐기물로부터 생산된 것은 제외한다)

20 저전압 서지 보호장치-제12부 : 저압 배전 계통 보호용-선정 및 지침(KS C IEC 61643-12 : 2007)에 따른 SPD의 종류로 틀린 것은?

① 조합형 SPD
② 전류 제어형 SPD
③ 전압 제한형 SPD
④ 전압 스위칭형 SPD

해설 SPD의 종류
① 전압 스위치형 SPD
② 전압 제한형 SPD
③ 조합형 SPD

18.1.45 / 19.2.43

21 전력시설물 공사감리업무 수행지침에 따른 비상주감리원의 업무에 해당되지 않는 것은?

① 기성 및 준공검사
② 설계도서 등의 검토
③ 안전관리계획서 작성
④ 설계변경 및 계약금액 조정의 심사

해설 비상주감리원의 근무수칙
① 설계도서 등의 검토
② 상주감리원이 수행하지 못하는 현장 조사 분석 및 시공상의 문제점에 대한 기술검토와 민원사항에 대한 현지조사 및 해결방안 검토
③ 중요한 설계변경에 대한 기술검토
④ 설계변경 및 계약금액 조정의 심사
⑤ 기성 및 준공검사
⑥ 정기적(분기 또는 월별)으로 현장 시공 상태를 종합적으로 점검·확인·평가하고 기술지도
⑦ 공사와 관련하여 발주자(지원업무수행자 포함)가 요구한 기술적 사항 등에 대한 검토
⑧ 그밖에 감리업무 추진에 필요한 기술지원 업무

15.4.52 / 18.1.42

22 전력시설물 공사감리업무 수행지침에 따라 감리원은 공사가 시작된 경우에 공사업자로부터 착공신고서를 제출받아 적정성 여부를 검토 후 며칠 이내에 발주자에게 보고하여야 하는가?

① 5일
② 7일
③ 14일
④ 30일

해설 착공신고서 검토 및 보고
감리원은 공사가 시작된 경우에는 공사업자로부터 다음의 서류가 포함된 착공신고서를 제출받아 적정성 여부를 검토하여 7일 이내에 발주자에게 보고하여야 한다.
① 시공관리책임자 지정통지서(현장관리조직, 안전관리자)
② 공사 예정공정표
③ 품질관리계획서
④ 공사도급 계약서 사본 및 산출내역서
⑤ 공사 시작 전 사진
⑥ 현장기술자 경력사항 확인서 및 자격증 사본
⑦ 안전관리계획서
⑧ 작업인원 및 장비투입 계획서
⑨ 그밖에 발주자가 지정한 사항

23 건축물 기초구조 설계기준(KDS 41 20 00 : 2019)에 따른 기초형식의 선정에 대한 설명으로 틀린 것은?

① 기초는 하부구조의 규모, 형상, 구조, 강성 등을 함께 고려하여야 한다.
② 기초형식 선정 시 부지 주변에 미치는 영향을 충분히 고려하여야 한다.
③ 동일 구조물의 기초에서는 가능한 한 이종 형식기초의 병용을 피하여야 한다.
④ 구조성능, 시공성, 경제성 등을 검토하여 합리적으로 기초형식을 선정하여야 한다.

해설 지지 지반 및 기초의 선정
① 기초는 좋은 지반에 지지되는 것을 원칙으로 한다.

정답 20. ② 21. ③ 22. ② 23. ①

② 기초는 상부구조의 규모, 형상, 구조, 강성 등을 함께 고려해야 하며 대지의 상황 및 지반의 조건에 적합하고 유해한 장해가 생기지 않아야 한다.
③ 기초의 선정에 있어서는 이 기초가 대지 주변에 미치는 영향을 고려해야 하며 또한 장래 인접 대지에 건설되어지는 구조물과 그 시공에 의한 영향까지도 함께 고려하는 것이 바람직하다.

24 전력기술관리법령에 따른 감리원에 대한 시정조치에 대한 설명이다. 다음 (   )에 들어갈 내용으로 옳은 것은?

> 발주자는 감리원이 업무를 성실하게 수행하지 아니하여 전력시설물공사가 부실하게 될 우려가 있을 때에는 (   )으로 정하는 바에 따라 그 감리원에 대하여 시정지시 등 필요한 조치를 하여야 한다.

① 대통령령
② 국무총리령
③ 시·도지사령
④ 산업통상자원부령

[해설] 감리원에 대한 시정조치(전력기술관리법 시행령 제25조)
발주자는 감리원이 업무를 성실하게 수행하지 아니하여 전력시설물공사가 부실하게 될 우려가 있을 때에는 산업통상자원부령으로 정하는 바에 따라 그 감리원에 대하여 시정지시 등 필요한 조치를 하여야 한다.

14.4.48 / 15.2.15 / 15.2.42 / 15.4.40 / 16.2.36 / 16.4.29 / 17.2.27 / 17.4.28 / 19.1.13

25 지상형 태양광발전시스템 구조물의 종류가 아닌 것은?
① 고정식   ② 단축식
③ 양축식   ④ 부유식

[해설] 태양광발전시스템 구조물의 종류

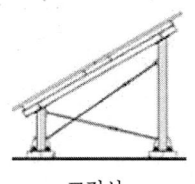
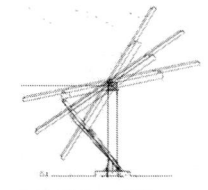

고정식   가변식(반고정형)

1) 고정식
① 한번 설치하면 경사각 및 방위각 수정이 불가능하기 때문에 정남향 방향으로, 경사각을 두어 고정하는 방식
② 각도 변경이 필요 없어, 유지관리비가 저렴하다.
③ 바람이 강한 지역에 안전한 구조이나, 다른 구조물에 비해서는 발전량이 다소 적다.

2) 가변(반고정형)식
① 계절에 따른 태양의 고도각에 대응하기 위해 어레이의 경사각을 수동으로 조절해서 전력량이 최대가 되게 하는 방식
② 모듈의 수평면의 각도를 태양광의 고도와 직각으로 최대한 맞춰 전력량을 증대 시킨다.
③ 계절별 구조물의 각도 변경을 위한 인력이 필요하다.

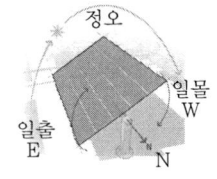

단축(1축) 추적식

양축(2축) 추적식

3) 단축(1축) 추적식
① 어레이는 대지와 수평을 이루며, 남쪽으로의 경사각은 없다.
② 태양의 이동에 따라 해가 뜨는 동쪽에서 해가 지는 서쪽방향으로 추적하는 방식이다.
③ 고정식·가변식보다는 효율이 높고, 양축식보다는 효율이 낮다.

④ 구동장치가 필요하며, 운영 및 유지관리 비용이 소요된다.

4) 양축(2축) 추적식
① 태양의 동서방향을 추적하는 단축 추적식에 추가로 태양의 경사각(계절의 변화)까지 추적하는 방식
② 가장 효과적으로 많은 발전량을 생산할 수 있다.
③ 모듈간 음영발생을 방지하기 위해서는 이격 거리가 많이 필요하다.
④ 양축(2개의 구동장치)을 구동하기 위한 전력이 필요하고, 고장 발생에 따른 유지비용이 소요된다.

※ 발전량 생산 순서
양축 추적식 > 단축 추적식 > 가변(반고정형)식 > 고정식

15.4.56 / 18.2.43

26 가교 폴리에틸렌 절연 비닐 시스 케이블을 나타내는 약호는?

① DV ② GV ③ CV ④ OV

해설 CV(가교 폴리에틸렌 절연 비닐 시스케이블)

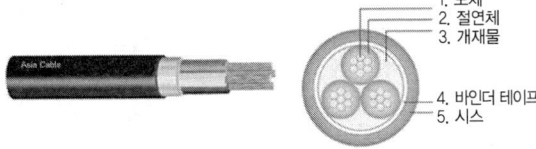

1. 도체
2. 절연체
3. 개재물
4. 바인더 테이프
5. 시스

① PE와 같이 우수한 전기적 특성을 가지고 있다.
② PE와 비교하여 내열성, 기계적 성능을 향상시켜 열변형특성, 열노화 특성이 우수하기 때문에 연속 최고허용온도를 90[℃]로 향상시킨 것으로 대용량의 초고압 송전용 케이블의 절연재료로 사용되고 있다.
③ 내약품성 및 내수성이 우수하다.
④ 화학적 물리적 특성이 우수하다.
※ 내후성 : 각종 기후에 견디는 성질

19.2.95 / 19.4.65

27 한국전기설비규정에 따라 사용전압이 저압인 전로에 정전이 어려운 경우 등 절연저항 측정이 곤란한 경우 저항성분의 누설전류가 몇 mA 이하이면 그 전로의 절연성능은 적합한 것으로 보는가?

① 1 ② 3
③ 5 ④ 10

해설 전로의 절연저항 및 절연내력
① 사용전압이 저압인 전로에서 정전이 어려운 경우 등 절연저항 측정이 곤란한 경우에는 누설전류를 1[mA] 이하로 유지하여야 한다.
② 고압 및 특고압의 전로(회전기, 정류기, 연료전지 및 태양전지 모듈의 전로, 변압기의 전로, 기구 등의 전로 및 직류식 전기철도용 전차선을 제외한다)는 표에서 정한 시험전압을 전로와 대지 사이(다심 케이블은 선심 상호 간 및 심선과 대지 사이)에 연속하여 10분간 가하여 절연내력을 시험하였을 때에 이에 견디어야 한다.

전로의 종류	시험전압
1. 최대사용전압 7[kV] 이하인 전로	최대사용전압의 1.5배의 전압
2. 최대사용전압 7[kV] 초과 25[kV] 이하인 중성점 접지식 전로 (중성선을 가지는 것으로서 그 중성선을 다중접지 하는 것에 한한다)	변압기의 고압측 또는 특고압측의 전로의 1선 지락전류의 암페어 수로 150을 나눈 값과 같은 [Ω] 수
3. 최대사용전압 7[kV] 초과 60[kV] 이하인 전로	최대사용전압의 1.25배의 전압(10,500[V] 미만으로 되는 경우는 10,500[V]
4. 최대사용전압 60[kV] 초과 중성점 비접지식 전로	최대사용전압의 1.25배의 전압
5. 최대사용전압 60[kV] 초과 중성점 접지식 전로	최대사용전압의 1.1배의 전압 (75[kV] 미만으로 되는 경우에는 75[kV])
6. 최대사용전압이 60[kV] 초과 중성점 직접접지식 전로	최대사용전압의 0.72배의 전압

7. 최대사용전압이 170[kV] 초과 중성점 직접 접지식 전로로서 그 중성점이 직접 접지되어 있는 발전소 또는 변전소 혹은 이에 준하는 장소에 시설하는 것	최대사용전압의 0.64배의 전압
8. 최대사용전압이 60[kV]를 초과하는 정류기에 접속되고 있는 전로	교류측 및 직류 고전압측에 접속되고 있는 전로는 교류측의 최대사용전압의 1.1배의 직류전압
	직류측 중성선 또는 귀선이 되는 전로는 계산식에 의하여 구한 값

28 태양광발전시스템에 설치하는 CCTV에 대한 설명으로 틀린 것은?

① 감시구역에 설치하는 카메라와 제어실(또는 방재센터)에 설치하는 모니터 및 전원장치 등을 기본구성으로 한다.
② 카메라의 특성에 맞는 휘도를 확보하여야 하며, 화각 내 고휘도 광원, 물체, 햇빛직사 등을 피해야 하며, 파괴하기 어려운 위치에 설치한다.
③ 전체 경계구역을 효율적인 화각(촬영 범위) 이내가 되도록 이중거리, 초점거리, 촬영방식, 유효 화소수, 해상도, 최저 피사체조도 등을 고려하여 선정한다.
④ 일반적으로 컬러형과 흑백형, 고정형과 회전형(수평, 수직) 옥내형과 옥외형, 노출형과 매입형, 등으로 구분하고, 외부로 드러나지 않게 하는 은폐형이 있다.

해설 최적의 영상을 얻으려면 카메라에 맞는 밝기인 적정조도가 요구된다.

14.4.92 / 17.2.54 / 18.4.88
29 한국전기설비규정에 따라 분산형전원을 계통 연계하는 경우 전략계통의 단락용량이 다른자의 차단기의 차단용량 또는 전선의 순시허용전류 등을 상회할 우려가 있을 때에는 그 분산형 전원 설치자가 설치하여야 하는 것은?

① 지락차단기
② 영상변류기
③ 계기용변압기
④ 전류제한리액터

해설 단락전류 제한장치의 시설
분산형전원을 계통연계하는 경우 전력계통의 단락용량이 다른 자의 차단기의 차단용량 또는 전선의 순시허용전류 등을 상회할 우려가 있을 때에는 그 분산형전원 설치자가 한류리액터 등 단락전류를 제한하는 장치를 시설하여야 하며, 이러한 장치로도 대응할 수 없는 경우에는 그밖에 단락전류를 제한하는 대책을 강구하여야 한다.

17.2.57
30 지반조사(KDS 11 10 10 : 2018)에 따른 예비조사의 목적으로 틀린 것은?

① 구조물 입지로서의 적합성 평가
② 구조물 시공으로 발생될 변화 예측
③ 시공방법 계획수립에 필요한 정보를 제공
④ 구조물의 거동에 중요한 영향을 미치는 지반의 구성 및 특성 파악

해설 지반조사(KDS 11 10 10 : 2018)에 따른 예비조사 목적
① 구조물 입지로서의 적합성 평가
② 대안 부지가 있는 경우, 대안 부지의 적합성 비교 검토
③ 구조물 시공으로 발생될 변화 예측
④ 구조물의 거동에 중요한 영향을 미치는 지반의 구성 및 특성 파악
⑤ 상기 조사를 근거로 한 본조사 계획
⑥ 필요시 공사에 필요한 골재원(레미콘, 아스콘, 세골재, 조골재) 및 토취장 확인

정답 28. ② 29. ④ 30. ③

31. 신재생발전기 계통연계기준에 따라 태양광발전기 계통운영자가 지시하는 기능을 수행하기 위해 구비하여야 하는 무효전력 제어방식에 해당하지 않는 것은?

① 일정 역률 제어
② 일정 입력전류 제어
③ 일정 무효전력 출력제어
④ 전압 조정을 위한 무효전력 제어

해설 신재생발전기 계통연계기준(용어 정의)

1) 일정 역률 제어
   접속점에서 출력 역률을 계통운영자가 정한 기준에 따라 일정하게 유지할 수 있도록 무효전력을 제어하는 방법을 말한다.
2) 일정 무효전력 제어
   접속점에서 무효전력 출력을 계통운영자가 정한 기준에 따라 일정하게 유지할 수 있도록 무효전력을 제어하는 방법을 말한다.
3) 전압조정을 위한 무효전력 제어
   ① 연계 기준점에서 전압을 규정 범위 내에서 유지할 수 있도록 무효전력을 제어하는 방법을 말한다.
   ② 접속점에서 계통운영자가 전압을 규정 범위 내에서 유지할 수 있도록 무효전력을 제어하는 방법을 말한다.

16.4.43 / 17.1.47 / 19.4.60

32. 설계감리업무 수행지침에 따라 설계감리원의 수행 업무범위에 포함되지 않는 것은?

① 설계감리 용역을 발주
② 시공성 및 유지관리의 용이성 검토
③ 주요 설계용역 업무에 대한 기술자문
④ 설계업무의 공정 및 기성관리의 검토·확인

해설 설계감리원의 업무
① 주요 설계용역 업무에 대한 기술자문
② 사업기획 및 타당성조사 등 전 단계 용역 수행 내용의 검토
③ 시공성 및 유지관리의 용이성 검토
④ 설계도서의 누락, 오류, 불명확한 부분에 대한 추가 및 정정 지시 및 확인
⑤ 설계업무의 공정 및 기성관리의 검토·확인
⑥ 설계감리 결과보고서의 작성
⑦ 그밖에 계약문서에 명시된 사항

15.4.52 / 18.1.42

33. 전력기술관리법령에 따라 산업통상자원부장관 또는 시·도지사는 검사(질문을 포함한다)를 하려면 검사일 며칠 전까지 검사 일시, 검사 목적, 검사 내용 등의 검사계획을 검사 대상자에게 알려야 하는가?

① 4
② 7
③ 15
④ 30

해설 전력기술관리법(보고 및 검사 등)
① 산업통상자원부장관 또는 시·도지사는 등록기준에의 적합 여부, 설계도서의 서명날인 유무 등과 관련하여 필요하다고 인정하면 설계업자 및 감리업자에 대하여 보고를 명하거나, 관계 공무원에게 사업소·사무소 또는 사업장에 출입하여 관계 서류·시설 등을 검사하거나 관계인에게 질문하게 할 수 있다.
② 산업통상자원부장관 또는 시·도지사는 ①항에 따라 검사(질문을 포함한다.)를 하려면 검사일 7일 전까지 검사 일시, 검사 목적, 검사 내용 등의 검사계획을 검사 대상자에게 알려야 한다. 다만, 긴급한 경우나 사전에 알리면 증거인멸 등으로 검사 목적을 달성할 수 없다고 인정되는 경우에는 그러하지 아니하다.
③ ①항에 따라 출입 및 검사를 하는 공무원은 그 권한을 표시하는 증표를 지니고 이를 관계인에게 내보여야 하며, 검사 시 그 공무원의 성명, 검사 시간 및 검사 목적 등이 적힌 문서를 관계인에게 내주어야 한다.

정답 31. ② 32. ① 33. ②

14.4.35 / 15.4.37 / 17.1.27 / 18.2.37 / 20.2.40 / 20.3.26 / 21.2.22

34 시방서에 대한 설명으로 틀린 것은?

① 공사시방서는 견적내역서를 기본하여 작성한다.
② 발주처가 공사시방서를 작성하는 경우에 활용하기 위한 시공기준은 표준시방서를 따른다.
③ 공사시방서는 계약문서의 일부가 되기도 하며, 공사별, 공종별로 정하여 시행하는 시공기준이 된다.
④ 특별한 공사의 시공 또는 공사시방서의 작성에 활용하기 위한 종합적인 시공의 기준이 되는 것은 전문 시방서이다.

해설 공사시방서(건설공사의 계약도서에 포함된 시공기준)
표준시방서 및 전문시방서를 기본으로 하여 작성하되, 공사의 특수성, 지역 여건, 공사방법 등을 고려하여 기본설계 및 실시설계 도면에 구체적으로 표시할 수 없는 내용과 공사 수행을 위한 시공방법, 자재의 성능·규격 및 공법, 품질시험 및 검사 등 품질관리, 안전관리, 환경관리 등에 관한 사항을 기술할 것

14.4.91 / 17.1.89

35 한국전기설비규정에 따라 사용전압 35kV 이하의 특고압 가공전선이 도로를 횡단하는 경우 지표상 높이는 몇 m 이상이어야 하는가?

① 5   ② 5.5
③ 6   ④ 6.5

해설 특고압 가공전선의 높이
특고압 가공전선(특고압 가공전선로의 중성선으로서 다중 접지를 한 것을 제외한다)의 지표상(철도 또는 궤도를 횡단하는 경우에는 레일면상, 횡단보도교를 횡단하는 경우에는 그 노면상)의 높이는 표에서 정한 값 이상이어야 한다.

사용전압의 구분	지표상의 높이
35[kV] 이하	5[m] (철도 또는 궤도를 횡단하는 경우에는 6.5[m], 도로를 횡단하는 경우에는 6[m], 횡단보도교의 위에 시설하는 경우로서 전선이 특고압절연전선 또는 케이블인 경우에는 4[m])
35[kV] 초과 160[kV] 이하	6[m] (철도 또는 궤도를 횡단하는 경우에는 6.5[m], 산지 등에서 사람이 쉽게 들어갈 수 없는 장소에 시설하는 경우에는 5[m], 횡단보도교의 위에 시설하는 경우 전선이 케이블인 때는 5[m])
160[kV] 초과	6[m] (철도 또는 궤도를 횡단하는 경우에는 6.5[m], 산지 등에서 사람이 쉽게 들어갈 수 없는 장소를 시설하는 경우에는 5[m])에 160[kV]를 초과하는 10[kV] 또는 그 단수마다 12[cm]를 더한 값

15.2.19 / 17.1.15 / 19.2.14

36 외기온도 30℃에서 태양광발전 모듈의 최대 출력전압은 약 몇 V 인가?

V_{mpp} : 41.3V, I_{mpp} : 7.74A
NOCT: 47℃, 전압온도계수: 0.31%/℃

① 36.34   ② 39.21
③ 41.94   ④ 43.25

해설 최대 전압($V_{m(30℃)}$)
$V_{m(30℃)} = 41.3 \times [1+0.0031(30-25)] ≒ 41.94$

14.4.91 / 17.1.89 / 19.4.89

37 전기설비기술기준에 따라 사용전압이 400kV 이상의 특고압 가공전선과 건조물 사이의 수평거리는 그 건조물의 화재로 인한 그 전선의 손상 등에 의하여 전기사업에 관련된 전기의 원활한 공급에 지장을 줄 우려가 없도록 몇 m 이상 이격하여야 하는가? (단, 가공전선과 건조물 상부와의 수직거리가 28m 미만인 경우이다.)

정답 34.① 35.③ 36. 전항정답 37.③

① 0.5　② 1　③ 3　④ 5

해설 특고압 가공전선과 건조물 등의 접근 또는 교차
1. 사용전압이 400kV 이상의 특고압 가공전선과 건조물 사이의 수평거리는 그 건조물의 화재로 인한 그 전선의 손상 등에 의하여 전기사업에 관련된 전기의 원활한 공급에 지장을 줄 우려가 없도록 3m 이상 이격하여야 한다. 다만, 다음 의 조건을 모두 충족하는 경우에는 예외로 한다.
   ① 가공전선과 건조물 상부와의 수직거리가 28m 이상일 것.
   ② 사람이 거주하는 주택 및 다중 이용 시설이 아닌 건조물로서 내화구조이고, 그 지붕 재질은 불연재료일 것.
   ③ 폭연성 분진, 가연성 가스, 인화성물질, 석유류, 화약류 등 위험물질을 다루는 건조물이 아닐 것.
   ④ 건조물 상부 기준으로 유도장해 방지 규정에 따른 전계 및 자계 허용기준 이하일 것.
   ⑤ 특고압 가공전선은 전선의 단선 및 지지물 도괴의 우려가 없도록 시설할 것.

2. 사용전압이 170kV 초과의 특고압 가공전선이 건조물, 도로, 보도교, 그 밖의 시설물의 아래쪽에 시설될 때의 상호 간의 수평이격 거리는 그 시설물의 도괴 등에 의한 그 전선의 손상에 의하여 전기사업에 관련된 전기의 원활한 공급에 지장을 줄 우려가 없도록 3m 이상 이격하여야 한다.

38 전력시설물 공사감리업무 수행지침에 따라 감리원은 해당 공사와 관련하여 공사업자의 공법 변경요구 등 중요한 기술적인 사항에 대하여 요구한 날부터 며칠 이내에 이를 검토하고 의견서를 첨부하여 발주자에게 보고하여야 하는가?

① 4　② 7　③ 14　④ 30

해설 감리원의 의견제시 등
① 감리원은 해당 공사와 관련하여 공사업자의 공법 변경요구 등 중요한 기술적인 사항에 대하여 요구한 날부터 7일 이내에 이를 검토하고 의견서를 첨부하여 발주자에게 보고하여야 하며, 전문성이 요구되는 경우에는 요구가 있는 날부터 14일 이내에 비상주감리의 검토의견서를 첨부하여 발주자에 보고하여야 한다. 이 경우 발주자는 그가 필요하다고 인정하는 때에는 제3자에게 자문을 의뢰할 수 있다.
② 감리원은 시공과 관련하여 검토한 내용에 대하여 스스로 필요하다고 판단될 경우에는 발주자 또는 공사업자에게 그 검토의견을 서면으로 제시할 수 있다.
③ 감리원은 시공 중 예산이 변경되거나 계획이 변경되는 중요한 민원이 발생된 때에는 발주자가 민원처리를 할 수 있도록 검토의견시를 첨부하여 발주자에게 보고하여야 한다.
④ 감리원은 공사와 직접 관련된 경미한 민원처리는 직접 처리하여야 하고, 전화 또는 방문민원을 처리함에 있어 민원인과의 대화는 원만하고 성실하게 하여야 하며 공사업자와 협조하여 적극적으로 해결방안을 강구·시행하고 그 내용은 민원처리부에 기록 비치하여야 한다. 다만, 경미한 민원처리 사항 중 중요하다고 판단되는 경우에는 검토의견서를 첨부하여 발주자에게 보고하여야 한다.
⑤ 감리원은 발주자(지원업무수행자)가 민원사항 처리를 위하여 조사와 서류작성의 요구가 있을 때에는 적극 협조하여야 한다.

13.4.70 / 15.2.66 / 17.2.39 / 18.1.70 / 18.2.73

39 분산형전원 배전계통연계 기술기준에 따라 분산형전원 연계 시스템은 안정상태의 한전계통 전압 및 주파수가 정상 범위로 복원된 후 그 범위 내에서 몇 분간 유지되지 않는 한 분산형 전원의 재병입이 발생하지 않도록 하는 지연기능을 갖추어야 하는가?

① 1분　② 5분
③ 10분　④ 30분

해설 한전계통에의 재병입(再並入, reconnection)
① 한전계통에서 이상 발생 후 해당 한전계통의 전압 및 주파수가 정상 범위 내에 들어올 때까지 분산형 전원의 재병입이 발생해서는 안 된다.
② 분산형전원 연계 시스템은 안정상태의 한전계통 전압 및 주파수가 정상 범위로 복원된 후 그 범위 내에서 5분간 유지되지 않는 한 분산형전원의 재병입이 발생하지 않도록 하는 지연기능을 갖추어야 한다.

40 변환효율 13%의 100W 태양광발전 모듈을 이용하여 10kW 태양광발전 어레이를 구성하는데 필요한 설치면적(m²)으로 적당한 것은? (단, STC 조건이다.)

① 75　　② 77
③ 79　　④ 81

해설 설치면적(A)
① 표준 시험조건(Standard Test Conditions) : 조사강도 1000[W/m²]
② 비례식으로 $\dfrac{1[m^2]}{1,000[W]} = \dfrac{S[m^2]}{10,000[W]}$ ∴ $S = 10$
③ $S = A \times \eta$, $10 = A \times 0.13$
④ $A = \dfrac{10}{0.13} ≒ 77\,[m^2]$

41 공칭단면적이 38mm²인 경동연선을 경간이 300m이고 고저차가 없는 두 철탑 사이에 가선하는 경우 이도는 몇 m 인가? (단, 전선의 중량이 0.348kg/m, 전선의 수평장력이 650kg 이다.)

① 4.02　　② 5.02
③ 6.02　　④ 7.02

해설 전선의 이도(Dip)
지지물 A, B사이에 전선을 가설하면 전선 자체의 무게 때문에 밑으로 처진 곡선을 이루게 되며 가장 밑으로 처진 부분의 수직 거리를 이도(Dip)라고 한다.

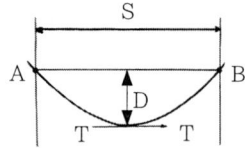

1) 이도의 중요성
① 겨울 : 이도가 적당치 않으면 전선의 수축으로 인해 전선에 무리한 장력 발생 → 단선사고
② 여름 : 온도에 의해 전선은 팽창, 진동 → 도로, 철도, 통신선 등에 위험

2) 이도의 계산
전선의 두 지지점이 수평인 경우
$$D ≒ \dfrac{W S^2}{8\,T}\,[m]$$
$$= \dfrac{0.348 \times 300^2}{8 \times 650} = 6.02\,[m]$$

T : 수평 장력 [kg], W : 전선의 중량 [kg/m], S : 경간 [m]

42 증폭기의 입력전압이 5mV, 출력전압이 5V일 때 전압이득(dB)은?

① 3　　② 60
③ 100　　④ 1000

해설 전압이득(G_{ain})
$$G_{ain} = 20 Log\left(\dfrac{V_{out}}{V_{in}}\right) = 20 Log\left(\dfrac{5}{5 \times 10^{-3}}\right) = 60\,[dB]$$

43 어떤 부하에 전압을 10% 낮추면 전력은 몇 % 감소하는가?

① 10　　② 15
③ 19　　④ 27

해설 전력(P)
$$P = \dfrac{V^2}{R} = \dfrac{0.9^2}{R} = 0.81$$
∴ 19% 감소한다.

44 어떤 변전소의 부하가 10MVA, 역률이 0.75일 때 역률을 0.9로 개선하려면, 필요한 전력용 커패시터의 용량은 약 몇 kVA인가?

① 1500　　② 2000
③ 2500　　④ 3000

해설 콘덴서 용량(Q_c)

정답　40. ②　41. ③　42. ②　43. ③　44. ④

$$Q_c = P(\tan\theta_0 - \tan\theta_1)$$
$$= P\left(\frac{\sin\theta_0}{\cos\theta_0} - \frac{\sin\theta_1}{\cos\theta_1}\right)$$
$$= 10 \times 10^3 \times 0.75\left(\frac{\sqrt{1-0.75^2}}{0.75} - \frac{\sqrt{1-0.9^2}}{0.9}\right)$$
$$\fallingdotseq 3000$$

P : 부하의 용량[kW], $\cos\theta_0$: 개선전의 역률,
  $\cos\theta_1$: 개선후의 역률

45 지상 무효분 공급으로 페란티 현상 방지를 위해 설치하는 리액터는?

① 직렬리액터 ② 소호리액터
③ 병렬리액터 ④ 한류리액터

해설 페란티현상(Ferranti phenomena)
① 고전압 장거리송전선에서 무부하 또는 경부하시에 선로의 정전용량으로 선로의 충전시 생기는 진상충전전류의 영향으로 수전단 전압이 송전단 전압보다 높아지는 현상.
② 진상무효전력이 커져 송전용량이 감소하게되고 심한 경우에는 송전이 불가능하게 되어 전력붕괴를 유발할 수 있다. 특히 충전용량은 전압의 제곱에 비례하므로 송전압이 높을수록 그 영향은 커진다.
③ 분로(병렬)리액터, 동기조상기를 사용하여 무효전력을 일정 범위로 유지하여 적정전압유지, 전력손실 경감 등을 도모해야한다.

14.4.52 / 18.2.47

46 접지저항을 감소시키는 접지저항저감제가 갖추어야 할 조건이 아닌 것은?

① 사람과 가축에 안전할 것
② 전기적으로 양호한 부도체일 것
③ 접지전극을 부식시키지 않을 것
④ 계절에 다른 접지저항값의 변동이 적을 것

해설 접지저항 저감제의 구비조건

① 저감효과가 클 것
② 저감효과의 연속성이 있을 것(경년변화가 적을 것)
③ 내식성이 클 것(접지전극을 부식시키지 않을 것)
④ 친환경 적일 것(공해가 없을 것)
⑤ 사람과 가축에 안전할 것
⑥ 경제적이고 공법이 용이할 것

13.4.86 / 16.4.99

47 한국전기설비규정에 따라 태양광발전설비에서 사용하는 전선의 시설방법이 아닌 것은?

① 접속점에 장력이 가해지도록 할 것
② 충전부분이 노출되지 아니하도록 시설할 것
③ 모듈의 출력배선은 극성별로 확인할 수 있도록 표시할 것
④ 모듈 및 기타 기구에 전선을 접속하는 경우는 나사로 조이고, 기타 이와 동등 이상의 효력이 있는 방법으로 기계적·전기적으로 안전하게 접속할 것

해설 간선의 시설기준
① 모듈 및 기타 기구에 전선을 접속하는 경우는 나사로 조이고, 기타 이와 동등 이상의 효력이 있는 방법으로 기계적·전기적으로 안전하게 접속하고, 접속점에 장력이 가해지지 않도록 할 것
② 배선시스템은 바람, 결빙, 온도, 태양방사와 같이 예상되는 외부영향을 견디도록 시설할 것
③ 모듈의 출력배선은 극성별로 확인할 수 있도록 표시할 것
④ 직렬 연결된 태양전지모듈의 배선은 과도과전압의 유도에 의한 영향을 줄이기 위하여 스트링 양극간의 배선간격이 최소가 되도록 배치할 것
⑤ 태양전지 모듈, 전선, 개폐기 및 기타 기구는 충전부분이 노출되지 않도록 시설하여야 한다.

48 테브난의 정리와 등가변환 관계에 있는 것은?

① 밀만의 정리 ② 중첩의 정리
③ 노튼의 정리 ④ 보상의 정리

정답 45. ③ 46. ② 47. ① 48. ③

해설 테브난과 노턴의 정리

① 테브난의 정리
  두개의 단자를 지닌 전압원, 전류원, 저항의 어떠한 조합이라도 하나의 전압원 V와 하나의 직렬저항 R로 변환하여 전기적 등가를 설명한다

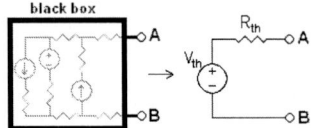

② 노턴의 정리
  두개의 단자를 지닌 전압원, 전류원, 저항의 어떠한 조합이라도 이상적인 전류원 I와 병렬저항 R로 변환하여 전기적 등가를 설명한다.

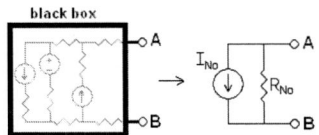

③ 노튼 등가회로는 다음 방정식에 의하여 테브난 등가로 표현된다:

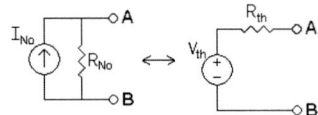

13.4.57 / 15.2.50 / 18.2.45 / 18.4.48 / 19.2.42

49 한국전기설비규정에 따라 금속덕트에 전선을 시설 시, 전광표시장치 기타 이와 유사한 장치 또는 제어회로 등의 배선만을 넣는 경우 전선 단면적(절연피복의 단면적을 포함한다.)의 합계는 덕트의 내부 단면적의 몇 % 이하이어야 하는가?

① 20   ② 30   ③ 40   ④ 50

해설 금속덕트공사의 시설조건

① 전선은 절연전선(옥외용 비닐절연전선을 제외한다)일 것.
② 금속덕트에 넣은 전선의 단면적(절연피복의 단면적을 포함한다)의 합계는 덕트의 내부 단면적의 20%(전광표시장치 기타 이와 유사한 장치 또는 제어회로 등의 배선만을 넣는 경우에는 50%) 이하일 것.
③ 금속덕트 안에는 전선에 접속점이 없도록 할 것. 다만, 전선을 분기하는 경우에는 그 접속점을 쉽게 점검할 수 있는 때에는 그러하지 아니하다.
④ 금속덕트 안의 전선을 외부로 인출하는 부분은 금속덕트의 관통부분에서 전선이 손상될 우려가 없도록 시설할 것.
⑤ 금속덕트 안에는 전선의 피복을 손상할 우려가 있는 것을 넣지 아니할 것.
⑥ 금속덕트에 의하여 저압 옥내배선이 건축물의 방화구획을 관통하거나 인접 조영물로 연장되는 경우에는 그 방화벽 또는 조영물 벽면의 덕트 내부는 불연성의 물질로 차폐하여야 함.

50 한국전기설비규정에 따라 합성수지관 상호 간 및 박스와는 관을 삽입하는 깊이를 관의 바깥지름의 몇 배 이상으로 하여야 하는가? (단, 접착제를 사용하지 않은 경우이다.)

① 0.8   ② 1.2   ③ 1.5   ④ 2.0

해설 합성수지관 및 부속품의 시설

① 관 상호 간 및 박스와는 관을 삽입하는 깊이를 관의 바깥지름의 1.2배(접착제를 사용하는 경우에는 0.8배) 이상으로 하고 또한 꽂음 접속에 의하여 견고하게 접속할 것.
② 관의 지지점 간의 거리는 1.5 m 이하로 하고, 또한 그 지지점은 관의 끝·관과 박스의 접속점 및 관 상호 간의 접속점 등에 가까운 곳에 시설할 것.
③ 습기가 많은 장소 또는 물기가 있는 장소에 시설하는 경우에는 방습 장치를 할 것.

51 태양광발전설비의 시공 전 진행하는 시방서의 검토 내용이 아닌 것은?

① 재해 예방을 위한 검사
② 제반 법규 및 규정의 적합성
③ 설계도면, 구조계산서, 공사내역서 일치 여부
④ 주요 자재 설비와 제품 등의 제품사양서 일치 여부

정답 49. ④ 50. ② 51. ①

해설 시방서의 검토내용
① 사업주체의 지침 및 요구사항 설계기준 등과 일치여부
② 제반 법규 및 규정의 적합성
③ 설계도면, 구조계산서, 공사내역서 등과 일치 여부
④ 주요자재 설비와 제품 등의 제품사양서와 일치여부
⑤ 모든 정보 및 자료의 정확성, 완성도 및 일관성 여부

52 금속으로부터 전자를 진공으로 이탈시키는데 필요한 최소에너지는?

① 일함수
② 기서준위
③ 페르미준위
④ 에너지준위

해설 일함수(Work function)

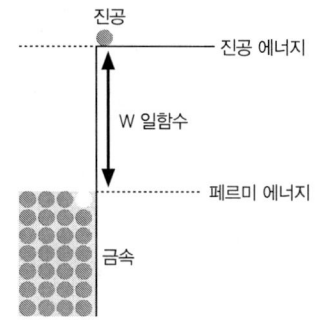

① 금속에서 전자를 떼어내는데 드는 최소한의 에너지
② 물질 내의 전자를 낮은 에너지 준위부터 채웠을 때 가득 찬 최고의 에너지 준위(페르미준위)와 물질의 전기력을 갓 벗어난 에너지 준위와의 에너지 차이

53 가공 송전선에 탬퍼를 설치하는 이유는?

① 코로나 방지
② 전자유도 감소
③ 전선 진동방지
④ 현수애자 경사방지

해설 댐퍼(Damper)

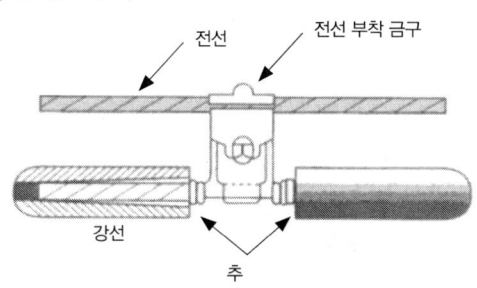

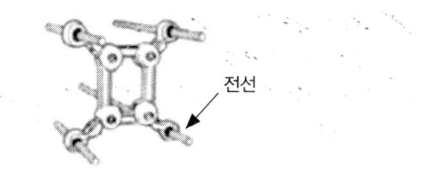

스페이서 댐퍼(Spacer Damper)

일반적으로 가공송전선로에는 풍속, 풍향, 지형, 기후조건 등에 따라 다양한 진동현상이 나타나며, 이러한 진동현상은 전선의 마모 또는 단선사고를 일으켜 전기적 사고를 유발할 수 있다.
전선을 보호하기 위해 가공송전선로에는 스톡브리지 댐퍼나 스페이서댐퍼 등을 설치하며, 이 중 스페이서댐퍼는 다도체 방식 가공송전선로에 설치되는 방진장치로, 각 소도체 간의 간격을 유지시키고 진동발생을 저감시키는 역할을 하는 매우 중요한 송전설비 중 하나이다.

15.4.54 / 18.4.45
54 그림과 같은 SPD의 접속도체의 총 길이는(a+b)는 몇 m 이하로 하여야 하는가?

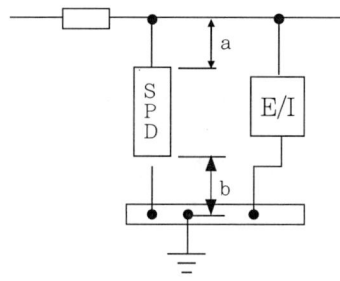

① 0.5
② 1
③ 1.5
④ 2

해설 SPD 접속도체의 최소 길이
① 보호효과를 높이는 배선방법은 SPD의 접지단자에 피보호기기 측의 접지(PE)선을 끌어와서 접속하는 방법이다.

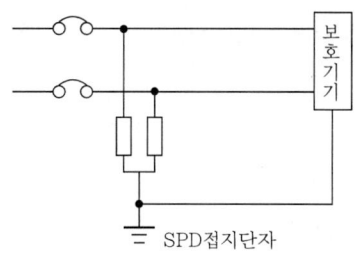

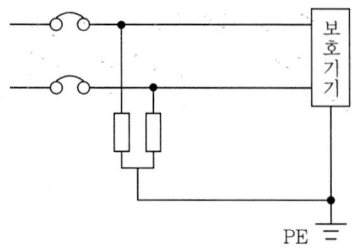

② SPD 접속도체의 길이가 길어지면 SPD의 보호효과가 감소하므로 SPD에 접속하는 도체의 길이가 짧을수록 좋으며 SPD 설치시 접속도체의 총 길이 (a+b)가 0.5m 이하를 권장하며, (a+b)가 0.5m를 초과하면 a를 V결선하며 b의 길이를 0.5m 이하로 최소화한다.

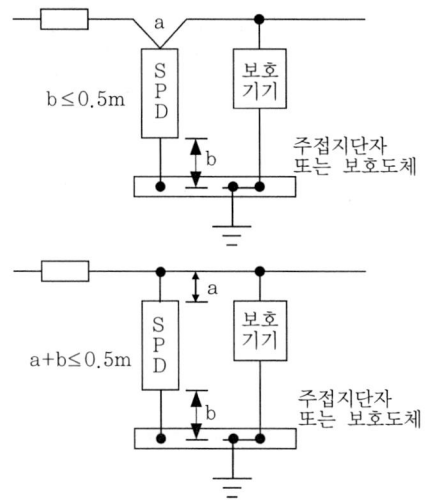

③ 접속도체의 길이를 최소화하는 이유는 접속도체에서 발생하는 전압상승분 때문이며, 접속도체의 임피턴스는 1m 당 약 1μH로 가정하고 이전선에 1kA/μs의 임펄스 전류가 흐르면 1kV의 전압이 발생하며, 이 전압은 Up과 가산되어 피 보호기기의 내전압보다 높게 만들어져 기기가 파손될 수 있다.

55 보호계전장치의 구비조건에 해당하지 않는 것은?

① 신뢰성　　② 협조성
③ 불연성　　④ 후비성

해설 보호계전장치의 역할
① 전력계통에 발생하는 사고구간 분리
② 파급사고 방지
③ 복구의 신속화

보호계전장치의 구비조건
① 신뢰성 확보(오, 부동작)
② 선택성구비(자기구간)
③ 협조성(전, 후비계전기)
④ 양호한 감도(모든 사고 감지)
⑤ 적절한 동작시간
⑥ 취급, 보수, 점검용이
⑦ 자동 재폐로 실시(가공 송, 배전선)

17.2.52

56 태양광발전 어레이의 구조물 설치 시 지반상태에 따른 해결책이 아닌 것은?

① 연약층이 깊을 경우 독립기초로 한다.
② 지반의 허용지지력이 부족할 경우 저판 폭을 증가시키거나 지반을 치환한다.
③ 배면토의 강도정수가 부족할 경우 저판 폭을 증가시키거나 사면경사도를 완화한다.
④ 지반의 지하수위가 높을 경우 지지력 저하로 침하가 발생할 수 있으므로 배수공을 설치한다.

해설 지반의 안정성 확보
① 기초지반이 연약하고 비교적 얕은 곳에 지지층이 있는 경우, 연약층을 치환해야 하며, 지하수가 있는 경우에는 쇄석 등 양질의 것을 사용해야 한다.
② 연약층이 깊을 경우 말뚝기초를 검토해야 한다.
③ 배면토의 강도정수가 부족할 경우 저판 폭을 증가시키거나 사면경사도를 완화한다.
④ 지반의 지하수위가 높을 경우 지지력 저하로 침하가 발생할 수 있으므로 배수공을 설치한다.

57 태양광발전설비의 사용전검사 신청서 제출시 첨부하는 서류가 아닌 것은?

① 설계도서
② 접지설계계산서

③ 감리원 배치확인서
④ 전기안전관리자 선임신고증명서

> [해설] **사용전검사 신청서의 첨부 서류**
> ① 공사계획인가서 또는 신고 수리서 사본 (저압 자가용전기설비의 경우는 제외)
> ② 전력시설물의 설치·보수공사에 관한 계획서, 설계도면, 설계설명서, 공사비 명세서, 기술계산서 및 이와 관련된 설계도서 및 감리원 배치확인서 (저압 자가용전기설비의 설치공사인 경우만 해당하며, 저압 자가용전기설비의 증설·변경공사의 경우는 제외)
> ③ 자체감리를 확인할 수 있는 서류 (전기안전관리자가 자체감리를 하는 경우만 해당)
> ④ 전기안전관리자 선임신고증명서

58 터파기(KCS 11 20 15 : 2018)에 따른 현장 품질관리에 대한 설명으로 틀린 것은?

① 파낸 바닥면과 기초에 접하거나 아래에 있는 흙은 동해를 입지 않도록 보호해야 한다.
② 지반변위나 이완된 흙이 터파기 바닥면으로 떨어지는 것을 방지하고 시공 중 지반 안정을 유지해야 한다.
③ 터파기공사 중 토질에 변화가 생길 때에는 즉시 공사감독자에게 보고하여 승인을 받은 후 시공하여야 한다.
④ 예상하지 못한 지중조건이 발견되면 공사감독자에게 통지하고 작업 중지 지시가 있을 때까지는 해당구역의 작업을 계속 진행해야 한다.

> [해설] 예상하지 못한 지중조건이 발견되면 감리원에게 통지하고 작업재개 지시가 있을때까지는 해당 구역의 작업을 중지해야 한다.

59 신전원설비공사(KCS 31 60 30:2019)에 따른 태양광발전 어레이 및 접속함의 시설방법으로 틀린 것은?

① 태양광발전 모듈을 교체가 용이 한 구조이어야 한다.

② 태양광발전 어레이 및 접속함은 장기간 사용에 충분한 난연성이 있어야 한다.
③ 태양광발전 모듈은 스테인리스 부속자재(볼트·너트·와셔 등)로 견고하게 조립하고 시공하여야 한다.
④ 태양광발전 어레이 및 접속함은 자중·적설·풍압·지진·진동·충격 등에 대하여 안전한 구조이어야 한다.

> [해설] **태양전지어레이 및 접속함**
> ① 태양전지어레이 및 접속함은 자중·적설·풍압·지진·진동·충격 등에 대하여 안전한 구조이어야 한다.
> ② 태양전지어레이 및 접속함은 장기간 사용에 충분한 내후성이 있어야 한다.
> ③ 태양전지모듈은 교체가 용이 한 구조이어야 한다.
> ④ 모듈은 스테인리스 부속자재(볼트·너트·와셔 등)로 견고하게 조립하고 시공하여야 한다.
> ⑤ 접속함은 태양전지어레이 가대에 취부하거나 콘크리트 기초 위에 자립식으로 설치하여야 한다.
> ⑥ 태양전지어레이 및 접속함 시공의 상세사항은 공사시방서에 따른다.

60 수변전설비공사(KCS 31 60 10 : 2019)에 따른 수변전기기 시공에 대한 설명으로 틀린 것은?

① 전기실 바닥 트렌치·트레이 및 풀박스는 전압 및 회선별로 정리하여 배선하고, 회선별 표찰을 부착하여야 한다.
② 모선 및 기기 접속도체의 접속은 전기적·기계적으로 완전하게 시공하여야 하며, 접속점은 최대한으로 하여야 한다.
③ 전기실에 설치하는 수변전설비는 특성·품질·시공방법 등을 검토하여야 하며, 감리자의 승인을 얻은 후 설치 및 시공하여야 한다.
④ 변압기 등과 같이 진동이 있는 기기와 모선을 접촉할 경우는 기기의 진동이 모선에 전달되지 않도록 가요성 도체 등을 설치하여야 한다.

> [해설] **수변전기기 시공**
> ① 전기실에 설치하는 수변전설비는 특성·품질·시공

방법 등을 검토하여야 하며, 감리자의 승인을 얻은 후 설치 및 시공하여야 한다.
② 전기실 각종 접지 및 접지저항 값 등은 설계도서에 따른다.
③ 기기는 소정의 시험성적표를 제출하여야 한다.
④ 전기실 바닥 트렌치·트레이 및 풀박스는 전압 및 회선별로 정리하여 배선하고, 회선 별 표찰을 부착하여야 한다.
⑤ 변압기 등과 같이 진동이 있는 기기와 모선을 접촉할 경우는 기기의 진동이 모선에 전달되지 않도록 가요성 도체 등을 설치하여야 한다.
⑥ 모선 및 기기 접속도체의 접속은 전기적·기계적으로 완전하게 시공하여야 하며, 접속점은 최소한으로 하여야 한다.
⑦ 시공의 상세사항은 공사시방서에 따른다.

16.2.75 / 16.4.65 / 17.4.66 / 18.4.72

61 태양광발전시스템의 계측에 사용되는 기기 중 검출된 데이터를 컴퓨터 및 먼 거리에 설치된 표시장치에 전송하는 경우에 사용되는 장치는?

① 검출기　　② 연산장치
③ 기억장치　　④ 신호변환기

해설 태양광발전시스템의 계측시스템 구성
① 검출기
태양광발전시스템의 기상데이터와 전압, 전류 등을 측정하는 장치로 직류측의 전압은 분압기로 전류는 분류기를 이용하고, 교류측의 전압, 전류, 역률, 주파수 계측은 PT, CT를 통해서 검출, 지시계 또는 신호변환기로 전송하는 장치
② 신호변환기
검출기로 검출된 데이터를 컴퓨터 및 먼거리에 설치한 표시장치에 전송할 때 사용하는 장치
③ 연산장치
검출기를 통해 얻어진 순시계측 데이터는 적산하고, 일정기간 동안의 데이터는 평균하는 등 필요 데이터를 가공하는 장치
④ 기억장치
컴퓨터가 필요로 하는 정보, 컴퓨터가 자료를 처리하여 얻은 결과 등을 저장하는 기능을 하는 장치
※ 분류기 : 어느 전로(電路)의 전류를 측정하려는 경우에 전로의 전류가 전류계의 정격보다 큰 경우에는 전류계와 병렬로 다른 전로를 만들고, 전류를 분류하여 측정하며, 이와 같이 전류를 분류하는 전로(저항기)를 분류기라 한다.

17.2.68

62 소형 태양광 발전용 인버터(계통연계형, 독립형)(KS C 8564: 2020)에 따라 3상 독립형 인버터의 경우 부하 불평형 시험 시 정격 용량에 해당하는 부하를 연결한 후 U상, V상, W상 중 한 상의 부하를 0으로 조정한 후 몇 분 동안 운전하는가?

① 10　　② 15　　③ 20　　④ 30

해설 부하불평형시험
① 3상 독립형 인버터에 적용한다.
② 정격용량에 해당하는 부하를 연결한 후 U, V, W상 중 한상의 부하를 0으로 조정한 후 30분 동안 운전한다.
③ 30분간 안전하게 운전할 것

63 지붕공사 안전보건작업 기술지침에 따라 지붕 경사가 20° 이상인 경우 지붕작업발판의 설치 기준으로 옳은 것은?

① 작업발판 길이는 1m 이상이어야 한다.
② 작업발판 폭은 100mm 이상이어야 한다.
③ 미끄러지는 것과 옆으로 움직이는 것을 방지하는 구조이어야 한다.
④ 작업자 및 자재 등을 제외한 하중에 충분히 견딜 수 있는 구조이어야 한다.

해설 지붕경사가 20° 이상 일 때 지붕작업발판

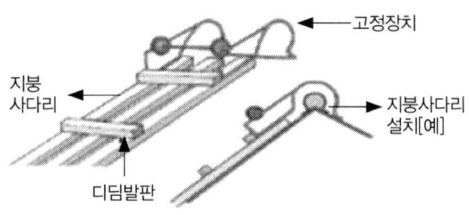

① 작업(디딤)발판 길이는 3m 이상이어야 한다.
② 작업발판 폭은 300mm 이상이어야 한다.
③ 미끄러지는 것과 옆으로 움직이는 것을 방지하는 구조 이어야한다.

④ 작업자 및 자재 등을 포함 한 하중에 충분히 견딜 수 있는 구조이어야 한다.
⑤ 디딤 발판간격은 500mm 이내 이어야한다.
⑥ 목재 두께는 35mm 이상 이어야하며 동등이상의 강도를 가진 미끄러짐이 없는 재질이어야 한다.

20.2.73

64 태양광발전용 변압기의 정기점검 내용으로 틀린 것은?

① 유면계, 온도계 파손 여부
② 부싱 등의 균열, 파손, 변형 여부
③ 퓨즈통, 애자 등에 균열 변형 여부
④ 건식형인 경우 코일, 절연물의 과열에 의한 손상 여부

해설 퓨즈통의 상태는 컷아웃스위치(COS)와 전력퓨즈(PF)의 점검항목이다.

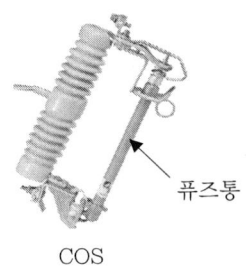

65 태양광발전시스템 점검 시 비치해야 하는 전기안전관리 장비가 아닌 것은?

① 측량계
② 멀티미터
③ 클램프 미터
④ 적외선 온도측정기

해설 측량기(계)는 토목분야에서 지표의 각 지점의 위치와 그 지점들 간의 거리를 구하고 지형의 높낮이, 면적 따위를 재는데 사용되며, 전기안전관리 장비는 아니다.

17.1.74 / 17.4.71 / 19.1.75 / 20.2.76 / 20.3.61

66 태양광발전시스템 점검 계획 시 고려하는 사항으로 옳은 것은?

① 신설설비는 고장발생 확률이 높기 때문에 점검주기를 단축하였다.
② 중요한 설비와 비교적 중요하지 않은 설비를 구별하여 반영하였다.
③ 고장이력을 검토하여 고장이 빈번한 기기는 점검 계획에서 제외하였다.
④ 기기부하 상태를 확인하여 저부하 상태의 설비는 점검 주기를 단축하였다.

해설 태양광발전시스템 점검 계획 시 고려사항
① 환경조건
② 설비의 중요도
③ 설비의 이용시간
④ 고장이력
⑤ 부하상태
⑥ 보수방법

67 산업안전보건기준에 관한 규칙에 따라 사업주가 근로자에게 미칠 위험성을 미리 제거하기 위하여 안전진단 등 안전성 평가를 진행하여야 하는 경우에 해당하지 않는 것은?

① 화재 등으로 구축물 또는 이와 유사한 시설물의 내력(耐力)이 개선되었을 경우
② 구축물 또는 이와 유사한 시설물에 지진, 동해(凍害), 부동침하(不同沈下) 등으로 균열·비틀림 등이 발생하였을 경우
③ 구축물 또는 이와 유사한 시설물의 인근에서 굴착·항타작업 등으로 침하·균열 등이 발생하여 붕괴의 위험이 예상될 경우
④ 구조물, 건축물 그 밖의 시설물이 그 자체의 무게·적설·풍압 또는 그 밖에 부가되는 하중 등으로 붕괴 등의 위험이 있을 경우

해설 구축물 또는 이와 유사한 시설물의 안전성 평가
사업주는 구축물 또는 이와 유사한 시설물이 다음의 어느 하나에 해당하는 경우 안전진단 등 안전성 평가를

정답 64. ③ 65. ① 66. ② 67. ①

하여 근로자에게 미칠 위험성을 미리 제거하여야 한다.
① 구축물 또는 이와 유사한 시설물의 인근에서 굴착·항타작업 등으로 침하·균열 등이 발생하여 붕괴의 위험이 예상될 경우
② 구축물 또는 이와 유사한 시설물에 지진, 동해(凍害), 부동침하(不同沈下) 등으로 균열·비틀림 등이 발생하였을 경우
③ 구조물, 건축물, 그 밖의 시설물이 그 자체의 무게·적설·풍압 또는 그 밖에 부가되는 하중 등으로 붕괴 등의 위험이 있을 경우
④ 화재 등으로 구축물 또는 이와 유사한 시설물의 내력(耐力)이 심하게 저하되었을 경우
⑤ 오랜 기간 사용하지 아니하던 구축물 또는 이와 유사한 시설물을 재사용하게 되어 안전성을 검토하여야 하는 경우
⑥ 그 밖의 잠재위험이 예상될 경우

15.2.72 / 15.4.80 / 16.2.64 / 16.4.74 / 17.1.78 / 17.2.67 / 17.4.80 / 18.2.65 / 18.2.68 / 18.4.80 / 19.2.80

68 태양광발전시스템의 점검 중 일상점검에 관한 내용으로 틀린 것은?

① 이상 상태를 발견한 경우에는 배전반 등의 문을 열고 이상 정도를 확인한다.
② 원칙적으로 정전을 시켜놓고 무전압 상태에서 기기의 이상 상태를 점검하고 필요에 따라서는 기기를 분리하여 점검한다.
③ 주로 점검자의 감각(오감)을 통해서 실시하는 것으로 이상한 소리, 냄새, 손상 등을 점검 항목에 따라서 행하여야 한다.
④ 이상 상태가 직접 운전을 하지 못할 정도로 전개된 경우를 제외하고는 이상 상태의 내용을 정기점검 시에 참고자료로 활용한다.

[해설] 정기점검
① 태양광발전시스템의 기능을 확인하고 유지하기 위한 계획을 수립하여 점검하는 것
② 원칙적으로 시설물을 정지상태에서 운전제어장치의 기계점검, 절연저항측정, 배전반 및 인버터의 기능을 확인하고 유지하기 위한 계획을 수립하여 점검

69 인버터의 이상신호 조치 방법 중 태양전지의 전압이 과전압인 경우 조치사항은?

① 연결단자 점검
② 인버터 및 팬 점검 후 운전
③ 태양전지 전압 점검 후 정상 시 5분 후 재가동
④ 시스템 정지 후 고장 부분 수리 또는 계통 점검 후 운전

[해설] 태양전지 과전압(Solar Cell OV fault)
태양전지 전압이 규정 이상일 때 발생하며, 태양전지 전압 점검 후 정상시 5분 후 재가동한다.

19.4.79

70 태양광발전(PV) 모듈(안전)(KS C 8563 : 2015)에서 플라스틱 등 특정한 용도로 적용할 때 그 사용 용도의 적합성 여부를 미리 예측할 수 있도록 플라스틱 가연성을 시험하는 장치는?

① IP 시험기
② 난연성 시험기
③ 트래킹 시험기
④ Hot wire coil ignition 시험기

[해설] 난연성 시험기(Flammability rating tester)
플라스틱 등 특정한 용도로 적용할 때 그 사용 용도의 적합성 여부를 미리 예측할 수 있도록 플라스틱 가연성을 시험하는 장치

※ 가연성 : 불꽃을 내며 불에 잘 타는 물질의 성질
※ 난연성 : 화원(火源)이 있으면 연소를 계속하지만 그것 자체에서 연소를 계속하는 힘이 약하고, 화원을 제거하면 연소가 정지하도록 하는 물질의 성질

20.3.63

71 절연보호구의 선정 및 사용에 관한 기술지침에 따라 사용전압이 300V를 초과하고 교류 600V 또는 직류 750V 이하의 작업에 사용하는 절연 고무장갑의 종별로 옳은 것은?

① A종 ② B종 ③ C종 ④ D종

정답 68. ② 69. ③ 70. ②

해설 절연 고무장갑의 종류

종별	사용전압
A종	300V를 초과 교류 600V 이하, 직류 750V 이하
B종	600V 또는 직류 750V를 초과하고 3500V 이하
C종	3500V를 초과하고 7000V 이하

15.2.63 / 17.1.65 / 17.4.73

72 전기안전관리자의 직무에 관한 고시에 따라 전기설비의 주요 구성품이 동작시험 및 계기측정 등을 통해 전기설비기술기준에 적합한지 여부를 매년 정기적으로 정밀하게 점검하는 것은?

① 일상점검 ② 사용전 점검
③ 공사 중 점검 ④ 정밀(연차)점검

해설 전기안전관리자의 직무에 관한 고시(용어의 정의)
① 일상점검 : 전기설비의 외관점검, 작동점검, 기능점검 등을 실시하여 이상 유무를 확인하기 위하여 평상시 점검하는 것을 말한다.
② 정기점검 : 월차, 분기, 반기 등의 일정한 주기를 기준으로 전기설비의 이상 유무를 점검하는 것을 말한다.
③ 정밀(연차)점검 : 전기설비의 주요 구성품이 동작시험 및 계기측정 등을 통해 전기설비기술기준에 적합한지 여부를 매년 정기적으로 정밀하게 점검하는 것을 말한다.

15.4.67 / 15.4.78 / 16.2.68 / 16.4.72 / 17.1.61 / 18.4.66 / 19.2.65 / 19.2.79 / 19.4.78

73 태양광발전시스템에서 유지보수 전의 안전조치로 틀린 것은?

① 검전기로 무전압 상태를 확인한다.
② 잔류전하를 방전시키고 접지시킨다.
③ 차단기 앞에 '점검중' 표지판을 설치한다.
④ 해당 단로기를 닫고 주회로가 무전압이 되게 한다.

해설 유지보수 전의 안전조치
① 검전기로 무전압 상태를 확인한다.
② 잔류전하를 방전시키고 접지시킨다.
③ 차단기 앞에 "점검중"표지판을 설치한다.
④ 해당 단로기를 열고 주회로가 무전압이 되게 한다.

74 태양광발전 접속함(KS C 8567 : 2019)에 따라 서지 보호장치(SPD)에 대한 설명으로 틀린 것은?

① 공칭 방전 전류(In, 8/20)는 모든 경우에 대해 10kA 이상이어야 한다.
② 서지 보호장치 최대 연속 사용전압을 접속함 회로 정격전압의 1.2배 이상이어야 한다.
③ 소형 접속함(스트링 2회로 이상)의 경우, 입력회로에 근접하여 서지 보호장치를 설치하여야 한다.
④ 중대형 접속함(스트링 4회로 이상)의 경우, 출력 회로에 근접하여 서지 보호장치를 설치하여야 한다.

해설 태양광발전 접속함(서지보호장치)
① 중대형 접속함(스트링 4회로 이상)의 경우, 출력회로에 근접하여 서지 보호장치(SPD, surge protective)를 설치하여야 한다.
② 서지 보호장치(SPD) 최대연속사용전압(Uc)은 접속함 회로 정격전압의 1.2배 이상이어야 하며, 공칭방전전류(In 8/20)는 모든 경우에 대해 10kA 이상이어야 한다.

17.1.48 / 20.4.75

75 전기안전관리법령에 따라 전기안전관리자를 선임하지 않아도 되는 발전설비의 용량으로 옳은 것은?

① 20kW 이하 ② 30kW 이하
③ 50kW 이하 ④ 100kW 이하

정답 71.① 72.④ 73.④ 74.③ 75.①

해설 전기안전관리자를 선임하지 않아도 되는 전기설비
① 600[V] 이하인 전기수용설비(일반용 전기설비만 해당)로 제조업 및 제조업 관련 서비스업에 설치하는 전기수용설비
② 심야전력을 이용하는 600[V] 이하인 전기수용설비
③ 전기설비의 소유자 또는 점유자가 전기사업자에게 전기설비의 휴지(休止)를 통보한 전기설비
④ 휴지중인 심야전력 전기설비(전기공급계약에 따라 사용을 중지한 경우만 해당)
⑤ 휴지중인 농사용 전기설비(전기를 공급받는 지점에서부터 사용설비까지의 모든 전기설비를 사용하지 않는 경우만 해당)
⑥ 설비용량 20[kW] 이하의 발전설비

76 태양광발전시스템에서 발생하는 고장 종류와 원인의 연결로 틀린 것은?
① 환기팬 소음 – 환기팬 노화
② 케이블 변색 – 불량품, 적외선 과다노출
③ 모듈 백화, 적화 현상 – 제조 공정상 불량
④ 모듈 단자함 불량 – 방수 불량, 전선 납땜 불량

해설 케이블 변색이 일어나는 가장 큰 원인은 자외선에 노출이다.

77 표의 내용을 기준하여, 한국전력공사의 SMP 구입전력금액의 공급가액은 약 얼마인가? (단, 소내소비전력 차감 및 무부하 손실량은 없으며, 발전소의 REC가중치는 1.08이다.)

전월지침(kWh)	8044.73
당월지침(kWh)	8182.83
계기배수	360
기준단가(원/kWh)	87.62
손실단가(원/kWh)	127.47

① 716979원 ② 774337원
③ 4356115원 ④ 4704605원

해설 SMP 구입 전력금액(SMP_a)
SMP_a = (당월지침 – 전월지침) × 계기배수 × 기준단가
= (8182.83 – 8044.73) × 360 × 87.62
= 4,356,115

16.4.100 / 18.2.98 / 20.3.19

78 굴착공사 계측관리 기술지침에 따른 일반적인 계측기 선정 원리로 틀린 것은?
① 구조가 간단하고 설치가 용이할 것
② 계기의 오차가 적고 이상 유무의 발견이 쉬울 것
③ 온도와 습도의 영향을 적게 받거나 보정이 간단할 것
④ 예상 변위나 응력의 크기보다 계측기의 측정 범위가 좁을 것

해설 계측기 선정
계측목적에 적합한 계측기를 선정하여야 하며, 일반적인 계측기 선정원리는 다음과 같다.
① 계측기의 정밀도, 계측 범위 및 신뢰도가 계측목적에 적합할 것
② 구조가 간단하고 설치가 용이할 것
③ 온도와 습도의 영향을 적게 받거나 보정이 간단할 것
④ 예상 변위나 응력의 크기보다 계측기의 측정 범위가 넓을 것
⑤ 계기의 오차가 적고 이상 유무의 발견이 쉬울 것

79 전기설비 검사 및 점검의 방법·절차 등에 관한 고시에 따라 태양광발전설비에서 전력변환장치의 정기검사 시 세부검사내용으로 틀린 것은?
① 개방전압 ② 외관검사
③ 절연저항 ④ 접지저항

해설 정기검사시 세부검사항목(전력변환장치)
1) 일반규격
① 규격확인

정답 76.② 77.③ 78.④

2) 본체
① 외관검사
② 접지 시공상태
③ 절연저항
④ 절연내력
⑤ 제어회로 및 경보장치
⑥ 전력조절부/Static 스위치
⑦ 자동·수동절체시험
⑧ 역방향운전 제어시험
⑨ 단독운전 방지시험

3) 보호장치
① 외관검사
② 절연저항
③ 보호장치시험

15.4.62 / 19.2.74

80 태양광발전 시스템 직류용 커넥터 – 안전 요구사항 및 시험(KS C IEC 62852 : 2014)에 따라 잠금 장치 또는 스냅인 장치가 있는 커넥터는 최소 몇 N의 부하를 견뎌야 하는가?

① 10 ② 30
③ 50 ④ 80

해설 태양광발전 시스템 직류용 커넥터-안전 요구사항 및 시험

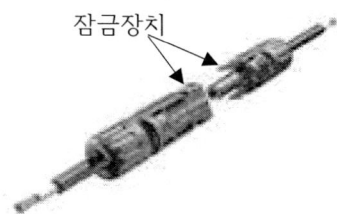
잠금장치

① 잠금장치가 없는 커넥터 : 잠금장치 또는 스냅인(snap-in) 장치가 없는 커넥터는 최소 50N의 제거하는 힘을 견뎌야 한다.
② 잠금장치가 있는 커넥터 : 잠금장치 또는 스냅인 장치가 있는 커넥터는 최소 80N의 부하를 견뎌야 한다.

# 2020년
기출문제

2020 제1, 2회 기출문제

01 전기사업법에 따라 발전사업허가를 신청하는 경우로서 사업계획서만 제출하여도 되는 발전설비용량은 몇 kW 이하인가? (단, 구역전기사업의 허가 외의 허가를 신청하는 경우이다.)

① 200 ② 300
③ 500 ④ 1000

해설 사업계획서 구비서류

1) 재무능력 관련
① 신청자에 대한 신용평가의 의견서
② 재원조달계획 관련 증명서류

2) 기술능력 관련
① 전기설비 건설 및 운영계획 관련 증명서류

3) 계획에 따른 수행 가능 여부 관련
① 발전설비 건설 예정지역 관할 지방자치단체의 발전설비와 접속설비 건설에 대한 의견서(발전설비용량이 1만킬로와트 초과인 신청자만 해당한다. 다만, 태양에너지·풍력 발전설비의 경우에는 발전설비용량이 10만킬로와트 초과인 신청자만 해당한다)
② 발전기의 전력계통 접속에 따른 영향에 관한 한국전력공사의 의견서(발전설비용량이 1만킬로와트 초과인 신청자만 해당한다)
③ 송전관계 일람도(一覽圖)
④ 부지의 확보 및 배치 계획 관련 증명서류
⑤ 연료 및 용수 확보 계획 관련 증명서류(발전사업 또는 구역전기사업의 허가를 신청하는 경우만 해당한다)
⑥ 신청자의 과거 발전설비 준공, 포기 또는 지연 이력 및 운영 실적
⑦ 사업개시 예정일부터 5년 동안의 연도별 예상사업손익산출서

4) 그 밖의 사항 관련
① 사업구역의 경계를 명시한 5만분의 1 지형도(배전사업의 허가를 신청하는 경우만 해당한다)
② 특정한 공급구역의 위치 및 경계를 명시한 5만분의 1 지형도(구역전기사업의 허가를 신청하는 경우만 해당한다)
③ 발전원가명세서(발전사업 또는 구역전기사업의 허가를 신청하는 경우만 해당한다)
④ 발전용 수력의 사용에 대한 허가 또는 발전용 원자로 및 관계시설의 건설에 대한 허가 사실을 증명할 수 있는 허가서의 사본(전기사업용 수력발전소 또는 원자력발전소를 설치하는 경우만 해당하며, 허가 신청 중인 경우에는 그 신청서의 사본을 말한다)

※ 발전설비용량이 200킬로와트 초과 3천킬로와트 이하인 발전사업의 허가를 신청하는 경우는 2의 ①, 3의 ③, 4의 ③, ④에 따른 서류만 제출한다.
※ 발전설비용량이 200킬로와트 이하인 구역전기사업의 허가를 신청하는 경우는 4의 ②에 따른 서류만 제출하며, 발전설비용량이 200킬로와트 이하인 발전사업허가를 신청하는 경우로서 구역전기사업의 허가 외의 허가를 신청하는 경우에는 위 표의 구비서류를 제출하지 아니한다.

02 전기공사업법에 따른 발전설비 공사의 종류가 아닌 것은?

① 화력발전소 ② 비상용발전기
③ 태양광발전소 ④ 태양열발전소

해설 전기공사의 종류

1) 발전설비공사
① 원자력발전소
② 화력발전소
③ 풍력발전소
④ 수력발전소
⑤ 조력발전소
⑥ 태양열발전소
⑦ 내연발전소
⑧ 열병합발전소
⑨ 태양광발전소

2) 송전설비공사
① 공중송전설비공사
② 지중송전설비공사
③ 물밑송전설비공사
④ 터널 안전선로공사

정답 1. ① 2. ②

03 신에너지 및 재생에너지 개발·이용·보급 촉진법에 따른 신·재생에너지 통계 전문기관은?

① 통계청
② 한국전력거래소
③ 신·재생에너지센터
④ 한국에너지기술연구원

해설 신·재생에너지센터

산업통상자원부장관은 신·재생에너지의 이용 및 보급을 전문적이고 효율적으로 추진하기 위하여 대통령령으로 정하는 에너지 관련 기관에 신·재생에너지센터를 두어 신·재생에너지 분야에 관한 다음의 사업을 하게 할 수 있다.
① 신·재생에너지의 기술개발 및 이용·보급사업의 실시자에 대한 지원·관리
② 신·재생에너지 이용의무의 이행에 관한 지원·관리
③ 신·재생에너지 공급의무의 이행에 관한 지원·관리
④ 공급인증기관의 업무에 관한 지원·관리
⑤ 설비인증에 관한 지원·관리
⑥ 신·재생에너지 설비에 대한 기술지원
⑦ 신·재생에너지 기술의 국제표준화에 대한 지원·관리
⑧ 신·재생에너지 설비 및 그 부품의 공용화에 관한 지원·관리
⑨ 신·재생에너지 설비 설치기업에 대한 지원·관리
⑩ 신·재생에너지 연료 혼합의무의 이행에 관한 지원·관리
⑪ 산업통상자원부장관은 기본계획 및 실행계획 등 신·재생에너지 관련 시책을 효과적으로 수립·시행하기 위하여 필요한 국내외 신·재생에너지의 수요·공급에 관한 통계자료를 조사·작성·분석 및 관리
⑫ 신·재생에너지 보급사업의 지원·관리
⑬ 신·재생에너지 기술의 사업화에 관한 지원·관리
⑭ 교육·홍보 및 전문인력 양성에 관한 지원·관리
⑮ 신·재생에너지 설비의 효율적 사용에 관한 지원·관리
⑯ 국내외 조사·연구 및 국제협력 사업

17.2.86

04 전기사업법에 따라 전력수급기본계획의 수립 시 기본계획에 포함되어야 할 사항으로 틀린 것은?

① 분산형전원의 개발에 관한 사항
② 분산형전원의 확대에 관한 사항
③ 전력수급의 기본방향에 관한 사항
④ 주요 송전·변전설비계획에 관한 사항

해설 전력수급기본계획의 수립

1) 산업통상자원부장관은 전력수급의 안정을 위하여 전력수급기본계획을 수립하여야 한다.

2) 산업통상자원부장관은 기본계획을 수립하거나 변경하고자 하는 때에는 관계 중앙행정기관의 장과 협의하고 공청회를 거쳐 의견을 수렴한 후 전력정책심의회의 심의를 거쳐 이를 확정한다.

3) 기본계획에는 다음의 사항이 포함되어야 한다.
① 전력수급의 기본방향에 관한 사항
② 전력수급의 장기전망에 관한 사항
③ 발전설비계획 및 주요 송전·변전설비계획에 관한 사항
④ 전력수요의 관리에 관한 사항
⑤ 직전 기본계획의 평가에 관한 사항
⑥ 분산형전원의 확대에 관한 사항
⑦ 그밖에 전력수급에 관하여 필요하다고 인정하는 사항

19.04.18

05 태양광발전 전지를 재료에 따라 구분한 것으로 틀린 것은?

① 유기물   ② 폴리머형
③ 리튬이온형   ④ 염료감응형

해설 태양전지의 분류

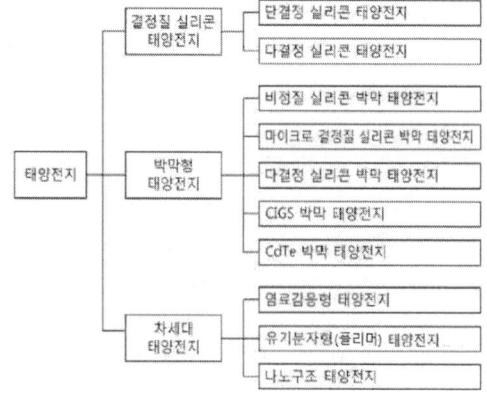

정답 3. ③ 4. ① 5. ③

18.1.29

06 표준상태에서의 태양광발전 어레이 출력 20000[W], 월 적산 어레이 표면(경사면) 일사량 275 [kWh/m² · 월], 표준상태에서의 일사강도 1[kW/m²], 종합설계계수가 0.85일 때 월간 발전량[kWh/월]은?

① 4675 ② 4.675
③ 112200 ④ 140250

해설 월간발전량[kWh/월]

$[kWh/월]$ = 어레이출력(kW) × 월경사면일사량 × 종합설계계수
= 20 × 275 × 0.85 = 4,675 [kWh/월]

13.4.91 / 16.2.62 / 17.1.70 / 20.1.7 / 20.3.13 / 20.4.3

07 전기공사업법에서 명시하고 있는 하자담보책임기간이 다른 공사는?

① 변전설비공사
② 태양광발전설비공사
③ 배전설비공사 중 철탑공사
④ 지중송전을 위한 케이블 공사

해설 전기공사의 종류별 하자담보책임기간(전기공사업법 시행령 제11조의2)

전기공사의 종류	하자담보책임기간
1) 발전설비공사	
① 철근콘크리트 또는 철골구조부	7년
② ①외 시설공사 3년	3년
2) 터널식 및 개착식 전력구 송전·배전설비공사	
① 철근콘크리트 또는 철골구조부	10년
② ①외 송전설비공사	5년
③ ①외 배전설비공사	2년
3) 지중 송전·배전설비공사	
① 송전설비공사	5년
② 배전설비공사	3년
4) 송전설비공사	3년
5) 변전설비공사(전기설비 및 기기설치공사를 포함한다)	3년
6) 배전설비공사	
① 배전설비 철탑공사	3년
② 가목 외 배전설비공사	2년
7) 산업시설물, 건축물 및 구조물의 전기설비공사	1년
8) 그 밖의 전기설비공사	1년

14.4.39 / 17.2.34

08 단독운전 방지기능이 없는 10kW 태양광발전시스템이 380V, 60Hz의 계통전원에 연결되어 운전될 경우, 태양광발전시스템의 출력이 10kW, 부하가 유효전력 10kW, 지상무효전력이 +9.5kVar, 진상무효전력이 −10kVar 일 때 단독운전이 일어날 경우 예상되는 공진 주파수는 약 몇 Hz인가?

① 58.48 ② 59.32
③ 60.00 ④ 61.38

해설 예상되는 주파수(f_0)

① $P_s = \dfrac{\sqrt{지상무효전력(P_{rl}) \times 진상무효전력(P_{rc})}}{유효전력(P)}$

$= \dfrac{\sqrt{9.5 \times 10}}{10} \fallingdotseq 0.975$

② $k = \tan\theta = \dfrac{P_{rl} - P_{rc}}{P} = \dfrac{9.5 - 10}{10} = -0.05$

③ $f_0 = f\left(1 + \dfrac{k}{P_s}\right) = 60\left(1 + \dfrac{-0.05}{2 \times 0.975}\right) \fallingdotseq 58.48$ [Hz]

17.04.99

09 신에너지 및 재생에너지 개발·이용·보급 촉진법에 따라 신에너지 및 재생에너지 기술개발 및 이용·보급에 관한 계획을 협의하려는 자는 그 시행 사업연도 개시 몇 개월 전까지 산업통상자원부장관에게 계획서를 제출하여야 하는가?

① 1 ② 3 ③ 4 ④ 6

정답 6.① 7.④ 8.① 9.③

해설 신·재생에너지 기술개발 등에 관한 계획의 사전협의 (신재생에너지법 제7조)
국가기관, 지방자치단체, 공공기관, 그밖에 대통령령으로 정하는 자가 신·재생에너지 기술개발 및 이용·보급에 관한 계획을 수립·시행하려면 대통령령으로 정하는 바에 따라 미리 산업통상자원부장관과 협의하여야 한다.

17.02.35

10 표면온도 −15℃에서 태양광발전 모듈의 Vmpp와 Voc는 각각 약 몇 V인가?

- P_{mpp} : 250W
- V_{mpp} : 30.8V
- V_{oc} : 38.3V
- 온도에 따른 전압변동률 : −0.32 %/℃

① Vmpp : 14.74, Voc : 23.20
② Vmpp : 24.74, Voc : 33.20
③ Vmpp : 34.74, Voc : 43.20
④ Vmpp : 44.74, Voc : 53.20

해설 태양전지 모듈의 V_{mpp}, V_{oc} (−15[℃])

① $V_{mpp} = V_{mpp} + \left[V_{mpp} \times (온도 - 기준온도) \times \left(\frac{전압변동률}{100}\right)\right]$

$= 30.8 + \left[30.8 \times (-15 - 25) \times \left(\frac{-0.32}{100}\right)\right] \fallingdotseq 34.74$

② $V_{oc} = V_{oc} + \left[V_{oc} \times (온도 - 기준온도) \times \left(\frac{전압변동률}{100}\right)\right]$

$= 38.3 + \left[38.3 \times (-15 - 25) \times \left(\frac{-0.32}{100}\right)\right] \fallingdotseq 43.20$

13.4.51 / 16.4.54 / 17.4.41 / 18.01.97

11 전기사업법에서 정의하는 "송전선로"란 어느 부분을 연결하는 전선로(통신용으로 전용하는 것은 제외한다.)와 이에 속하는 전기설비를 말하는가?

① 발전소와 변전소 간
② 전기수용설비 상호 간
③ 변전소와 전기수용설비 간
④ 발전소와 전기수용설비 간

해설 정의(전기사업법 시행규칙 제2조)
1) 변전소 : 변전소의 밖으로부터 전압 50,000[V] 이상의 전기를 전송받아 이를 변성(전압을 올리거나 내리는 것 또는 전기의 성질을 변경시키는 것)하여 변전소 밖의 장소로 전송할 목적으로 설치하는 변압기와 그 밖의 전기설비 전체

2) 개폐소 : 다음의 곳의 전압 50,000[V] 이상의 송전선로를 연결하거나 차단하기 위한 전기설비
① 발전소 상호간
② 변전소 상호간
③ 발전소와 변전소 간

3) 송전선로 : 다음의 곳을 연결하는 전선로(통신용으로 전용하는 것은 제외한다)와 이에 속하는 전기설비
① 발전소 상호간
② 변전소 상호간
③ 발전소와 변전소 간

4) 배전선로 : 다음 각 목의 곳을 연결하는 전선로와 이에 속하는 전기설비
① 발전소와 전기수용설비
② 변전소와 전기수용설비
③ 송전선로와 전기수용설비
④ 전기수용설비 상호간

5) 전기수용설비 : 수전설비와 구내배전설비

6) 수전설비 : 타인의 전기설비 또는 구내발전설비로부터 전기를 공급받아 구내배전설비로 전기를 공급하기 위한 전기설비로서 수전지점으로부터 배전반(구내배전설비로 전기를 배전하는 전기설비)까지의 설비

7) 구내배전설비 : 수전설비의 배전반에서부터 전기사용기기에 이르는 전선로·개폐기·차단기·분전함·콘센트·제어반·스위치 및 그 밖의 부속설비

13.4.97 / 15.2.88 / 16.2.82 / 16.2.94 / 17.4.81 / 19.01.90 / 19.02.89 / 19.04.93

12 신에너지 및 재생에너지 개발·이용·보급 촉진법에 따라 산업통상자원부장관이 수립하는 신·재생에너지의 기술개발 및 이용·보급을

촉진하기 위한 기본계획의 계획기간은 몇 년 이상인가?

① 1 ② 3 ③ 5 ④ 10

[해설] 기본계획의 수립(신재생에너지법 제5조)
1) 산업통상자원부장관은 관계 중앙행정기관의 장과 협의를 한 후 신·재생에너지정책심의회의 심의를 거쳐 신·재생에너지의 기술개발 및 이용·보급을 촉진하기 위한 기본계획을 5년마다 수립하여야 한다.

2) 기본계획의 계획기간은 10년 이상으로 하며, 기본계획에는 다음의 사항이 포함되어야 한다.
① 기본계획의 목표 및 기간
② 신·재생에너지원별 기술개발 및 이용·보급의 목표
③ 총전력생산량 중 신·재생에너지 발전량이 차지하는 비율의 목표
④ 온실가스의 배출 감소 목표
⑤ 기본계획의 추진방법
⑥ 신·재생에너지 기술수준의 평가와 보급전망 및 기대효과
⑦ 신·재생에너지 기술개발 및 이용·보급에 관한 지원 방안
⑧ 신·재생에너지 분야 전문 인력 양성계획
⑨ 직전 기본계획에 대한 평가
⑩ 그밖에 기본계획의 목표달성을 위하여 산업통상자원부장관이 필요하다고 인정하는 사항

13 계통연계형 태양광발전용 인버터의 기능으로 틀린 것은?

① 직류지락 검출기능
② 자동전압 조정기능
③ 최대전력 추종제어기능
④ 교류를 직류로 변환하는 기능

[해설] 인버터(Inverter)
직류(DC)를 교류(AC)로 변환하는 장치

컨버터(Converter)
교류(AC)를 직류(DC)로 변환하는 장치

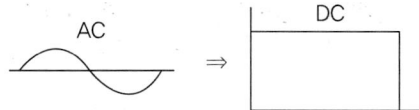

14 국토의 계획 및 이용에 관한 법률에 따라 개발행위허가의 경미한 변경으로 틀린 것은?

① 사업기간을 단축하는 경우
② 부지면적 또는 건축물 연면적을 10퍼센트 범위에서 축소하는 경우
③ 관계 법령의 개정에 따라 허가받은 사항을 불가피하게 변경하는 경우
④ 도시·군관리계획의 변경에 따라 허가받은 사항을 불가피하게 변경하는 경우

[해설] 개발행위허가의 경미한 변경
1) 사업기간을 단축하는 경우
2) 다음의 어느 하나에 해당하는 경우
① 부지면적 또는 건축물 연면적을 5% 범위에서 축소
② 관계 법령의 개정 또는 도시·군관리계획의 변경에 따라 허가받은 사항을 불가피하게 변경하는 경우
③ 허용되는 오차를 반영하기 위한 변경인 경우
④ 허가를 받거나 신고를 하고 건축 중인 부분의 위치가 1m 이내에서 변경되는 경우

13.4.12 / 14.4.20 / 16.4.7 / 17.2.7 / 17.2.10 / 17.4.14 / 18.2.9

15 역류방지 다이오드(Blocking Diode)의 역할에 대한 설명으로 옳은 것은?

① 과전류가 흐를 때 회로를 차단한다.
② 태양광발전 모듈의 최적 운전점을 추적한다.
③ 태양광발전시스템의 외함을 접지하는 데 사용한다.
④ 태양광이 없을 때 축전지로부터 태양전지를 보호한다.

[해설] 역류방지 다이오드(Blocking Diode)
1) 태양광모듈의 역전류 영향
① 어레이 내의 스트링과 스트링 사이에 그림자 및 전

압 불균형 등의 원인으로 병렬 접속된 스트링사이에 역전류가 흘러 어레이에 영향을 준다.
② 어레이의 직류 출력회로에 축전지가 설치되어 있는 경우, 야간이나 흐린 날 등의 태양전지에서 전력이 생산되지 않을 때는 태양전지가 축전지의 부하가 된다.

2) 대책(역류방지 소자)
① 태양전지 모듈의 스트링마다 역류방지 다이오드(Blocking Diode)를 설치해서, 전류의 역방향 흐름을 방지한다.
② 1대의 인버터에 접속되는 태양전지 직렬군(스트링)이 2병렬 이상 접속될 경우, 각 직렬군에 역전류방지 다이오드가 설치되어야 한다.
③ 설치할 회로의 최대전류를 흐르게 할 수 있어야하며, 동시에 사용회로의 최대 역전압에 견딜 수 있어야 한다.
④ 일반적으로 접속함에 설치되며, 커넥터에 사용되기도 한다.

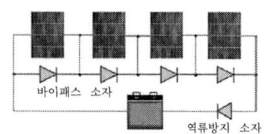

바이패스 및 역류방지 소자   역류방지 다이오드

13.4.11 / 17.4.6

16 다음 그림과 같이 축전지회로가 구성되어 있을 때, 단자 A, B사이에 나타나는 출력전압과 축전지 용량은?

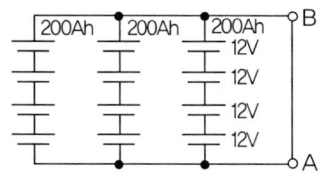

① DC 12V, 200Ah
② DC 12V, 600Ah
③ DC 48V, 200Ah
④ DC 48V, 600Ah

해설 축전지 출력전압과 축전지 용량

① 축전지 출력 전압(V_{AB})
 V_{AB} = 단위 축전지 전압×직렬 수량 = 12×4 = 48 [V]
② 축전지 용량(C)
 C = 직렬 용량×병렬 개수 = 200 × 3 = 600 [Ah]

14.3.31 / 16.2.35 / 18.2.24

17 부지선정 시 일반적으로 고려되어야 하는 사항으로 틀린 것은?

① 풍향 조건   ② 지리적인 조건
③ 행정상의 조건 ④ 건설 환경적 조건

해설 부지선정 시 일반적인 고려사항
① 일사량 : 남향을 표준으로 한다.
② 일조시간 : 고지대가 유리함
③ 자연환경검토 : 적설 및 적운이 적은 지역, 음영발생 여부, 바람이 잘 들 수 있을 것(모듈 효율 상승), 지반지질 상태 등
④ 접근성 : 비포장도로 4[m], 포장도로 3[m]
⑤ 행정상 조건(인허가문제) : 각 지자체별로 개발행위 및 산지전용 가능여부 등에 관한 규제가 상이 함
⑥ 계통연계 : 3상 전주 인입 가능 여부 및 한전선로(분산형전원) 용량 확인
⑦ 경제성(토지비, 송전 설치비, 발전용량에 맞는 부지 선정 등)
⑧ 기타 - 민원

18 신·재생에너지 설비의 지원 등에 관한 규정에 따라 위반행위별 사업참여 제한기준 중 사업내용 위반에 해당하지 않는 것은?

① 허위 또는 부정한 방법으로 신청서를 제출한 경우
② 허위 또는 부정한 방법으로 설치확인을 받은 경우
③ 허위 또는 부정한 방법으로 보조금을 수령한 경우
④ 센터장의 시정요구에 정당한 사유없이 응하지 않는 경우

정답 16. ④ 17. ① 18. ②

해설 **위반행위별 사업참여 제한기준**

1) 시공기준 위반
① 신·재생에너지설비의 시공기준을 위반하여 시공한 경우(2년이상 제한)
② 의무적용 대상 설비를 적용하지 않고 시공한 경우(2년이상 제한)
③ 허위 또는 부정한 방법으로 시험성적서를 제출하거나 시공한 경우(2년이상 제한)
④ 생산량 등을 파악할 수 있는 설비를 구축하지 않고 시공한 경우(1년이상 제한)

2) 설치확인 및 사후관리 위반
① 허위 또는 부정한 방법으로 설치확인을 받은 경우(2년이상 제한)
② 설비의 가동상태·생산량 등에 대한 센터장의 자료요구에 응하지 않거나 허위의 자료를 제출한 경우(2년이상 제한)
③ 자신이 설치한 설비에 대한 A/S 등 사후관리를 실시하지 않는 경우(2년이상 제한)
④ 규정을 위반하여 설비를 관리한 경우(2년이상 제한)
⑤ 설치확인 시 동일 건 3회 이상 부적합 판정을 받은 경우(1년이상 제한)
⑥ 공사실적을 신고하지 않거나 허위로 제출한 경우(1년이상 제한)

3) 사업내용 위반
① 허위 또는 부정한 방법으로 신청서를 제출한 경우(2년이상 제한)
② 허위 또는 부정한 방법으로 보조금을 수령한 경우(2년이상 제한)
③ 수혜자 및 참여기업이 특별한 사유없이 사업을 포기하는 경우(2년이상 제한)
④ 센터장의 시정요구에 정당한 사유없이 응하지 않는 경우(2년이상 제한)
⑤ 센터의 장의 승인 없이 사업계획 또는 사업내용(설치용량·사업 기간 등)을 변경한 경우(1년이상 제한)

※ 상기의 제한기준에서 설정할 수 있는 최대기간은 5년까지로 한다.

16.2.23 / 17.2.30 / 19.1.33 / 19.2.24 / 19.4.37

19 일조시간과 가조시간에 대한 설명으로 틀린 것은?

① 일조시간과 가조시간의 비를 일조율(%)이라 한다.
② 일조시간은 실제로 태양광선이 지표면을 내리 쬔 시간이다.
③ 구름이 많은 날씨일 경우 가조시간과 일조시간이 일치한다.
④ 가조시간이랑 한 지방의 해 돋는 시간부터 해지는 시간까지의 시간을 말한다.

해설 **일조시간과 가조시간**

1) 일조시간(Duration of Sunshine)
① 태양광선이 구름이나 안개 등에 의해서 차단되지 않고 지표면을 비춘 시간
② 일조율 = $\dfrac{일조시간}{가조시간} \times 100$ [%]

2) 가조시간(Possible Duration of Sunshine)
① 해가 뜬 다음부터 다시 질 때까지 태양에서 오는 직사광선
② 일조(日照)를 기대할 수 있는 시간을 말하며 산, 구름, 안개나 건조물에 의해 바뀔 수 있다.
③ 산, 구름, 안개 등 장애물이 없다고 가정했을 때의 일조시간은 가조시간과 동일하다

17.1.37 / 17.2.37 / 19.1.24

20 국토의 계획 및 이용에 관한 법률에 따른 농림지역에서의 개발행위허가의 규모로 옳은 것은?

① 5천제곱미터 미만   ② 1만제곱미터 미만
③ 3만제곱미터 미만   ④ 5만제곱미터 미만

해설 **개발행위허가의 규모**

① 도시지역
㉠ 주거지역·상업지역·자연녹지지역·생산녹지지역 : 10,000[m²]미만
㉡ 공업지역 : 30,000[m²]미만
㉢ 보전녹지지역 : 5,000[m²]미만
② 관리지역 : 30,000[m²]미만
③ 농림지역 : 30,000[m²]미만
④ 자연환경보전지역 : 5,000[m²]미만

정답 19. ③ 20. ③

21 내선규정에 따라 케이블을 콘크리트에 직접 매설하는 경우 케이블은 철근 등을 따라 포설하는 것을 원칙으로 하고 바인드선 등으로 철근 등에 몇 m 이하의 간격으로 고정하여야 하는가?

① 1 ② 2
③ 3 ④ 4

해설 콘크리트 직매용 포설
① 전선은 콘크리트 직매용(直埋用) 케이블 또는 기타 구조의 개장을 한 케이블일 것.
② 공사에 사용하는 박스는 금속제이거나 합성수지제의 것 또는 황동이나 동으로 견고하게 제작한 것일 것.
③ 전선을 박스 또는 풀박스 안에 인입하는 경우는 물이 박스 또는 풀박스 안으로 침입하지 아니하도록 적당한 구조의 부싱 또는 이와 유사한 것을 사용할 것.
④ 콘크리트 안에는 전선에 접속점을 만들지 아니할 것.

13.4.23 / 16.2.29 / 18.2.39
22 태양광발전 어레이 세로길이(L)가 3m, 태양광발전 어레이의 경사각을 33°, 동지 시 발전한계 시각에서의 태양 고도각을 20°로 산정하여 북위 37° 지방에서 태양광발전소를 건설할 때 어레이 간 최소 이격거리 d는 약 몇 m인가?

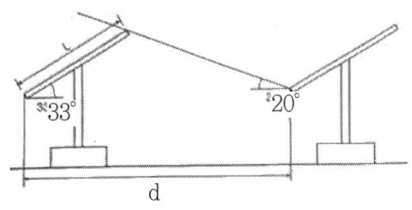

① 4 ② 5
③ 6 ④ 7

해설 어레이 사이 최소 이격 거리(d)

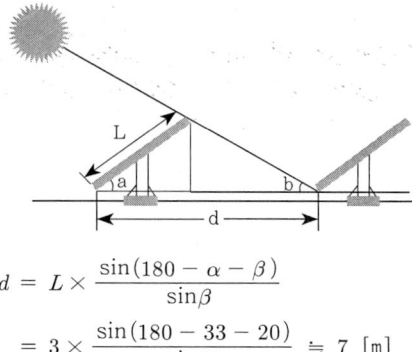

$$d = L \times \frac{\sin(180 - \alpha - \beta)}{\sin\beta}$$
$$= 3 \times \frac{\sin(180 - 33 - 20)}{\sin 20} ≒ 7 \,[m]$$

23 전기설비기술기준의 판단기준에 따라 일반주택 및 아파트 각 호실의 현관등은 몇 분 이내에 소등되도록 타임스위치를 시설하여야 하는가?

① 1 ② 2
③ 3 ④ 5

해설 점멸기의 시설
다음의 경우에는 센서등(타임스위치 포함)을 시설하여야 한다.
① 관광숙박업 또는 숙박업(여인숙업을 제외한다)에 이용되는 객실의 입구등은 1분 이내에 소등되는 것.
② 일반주택 및 아파트 각 호실의 현관등은 3분 이내에 소등되는 것.

24 건축구조기준 설계하중(KDS 41 10 15 : 2019)에 따른 적설하중에 대한 설명으로 틀린 것은?

① 최소 지상 적설 하중은 $0.5kN/m^2$로 한다.
② 우리나라의 기본지상적설하중 중 가장 높은 지방은 $6.0kN/m^2$이다.
③ 지붕의 경사도가 15° 이하 혹은 70°를 초과하는 경우에는 불균형적설하중을 고려하지 않아도 된다.
④ 지상적설하중이 $0.5kN/m^2$ 보다 작은 지역에서는 퇴적량에 의한 추가하중을 고려하지 않아도 무방하다.

해설 우리나라의 기본지상적설하중 중 가장 높은 지방은 울릉도, 독도 $10.0kN/m^2$ 이다.

정답 21. ① 22. ④ 23. ③ 24. ②

17.1.25

25 태양광발전 어레이 설치 지역의 설계속도압이 1000N/m², 태양광발전 어레이의 유효수압면적이 7m² 일 경우 풍하중은 얼마인가? (단, 가스트 영향계수는 1.8, 풍력계수는 1.3을 적용하며, 기타 주어지지 않은 조건은 무시한다.)

① 9.75kN　　② 13.50kN
③ 16.38kN　　④ 17.55kN

[해설] 풍하중 [W]
① W = 유효면적 × 풍압계수 × 가스트 영향계수
　 = 7 × 1.3 × 1.8 = 16.38 [kN]
② 가스트 영향계수(G_f) : 강풍이 부는 경우 어레이의 최대 변화량과 평균 변화량의 비

16.4.41 / 19.1.45 / 19.2.45

26 설계감리업무 수행지침에 따른 설계감리원의 기본임무에 해당하지 않는 것은?

① 설계용역 계약 및 설계감리용역 계약내용이 충실히 이행될 수 있도록 하여야 한다.
② 과업지시서에 따라 업무를 성실히 수행하고 설계의 품질향상에 노력하여야 한다.
③ 설계감리용역을 시행함에 있어 설계기간과 준공처리 등을 감안하여 충분한 기간을 부여하여 최적의 설계품질이 확보되도록 노력하여야 한다.
④ 설계공정의 진척에 따라 설계자로부터 필요한 자료 등을 제출받아 설계용역이 원활히 추진될 수 있도록 설계감리 업무를 수행하여야 한다.

[해설] 설계감리원의 기본임무
① 설계용역 계약 및 설계감리용역 계약내용이 충실히 이행될 수 있도록 하여야 한다.
② 해당 설계용역이 관련 법령 및 전기설비기술기준 등에 적합한 내용대로 설계되는지의 여부를 확인 및 설계의 경제성 검토를 실시하고, 기술지도 등을 하여야 한다.
③ 설계공정의 진척에 따라 설계자로부터 필요한 자료 등을 제출받아 설계용역이 원활히 추진될 수 있도록 설계감리 업무를 수행하여야 한다.
④ 과업지시서에 따라 업무를 성실히 수행하고 설계의 품질향상에 따라 노력하여야 한다.

13.4.40 / 16.2.40

27 건축일반용어(KS F 1526:2010)의 제도 및 설계에 따라 건축물 또는 물체의 세부를 상세하게 나타내어 그린 도면은?

① 상세도　　② 투상도
③ 배치도　　④ 배면도

[해설] 건축일반용어(제도 및 설계)
① 상세도 : 건축물 또는 물체의 세부를 상세하게 나타내어 그린 도면
② 투상도 : 물체의 형상을 한 시점에서 보이는 대로 평면상에 나타낸 그림
③ 배치도 : 한 대지 내에 여러 건축물이나 정원의 수목, 시설물 등을 배치하여 그린 평면도
④ 배면도 : 건축물 또는 물체의 정면의 반대쪽 면을 그린 입면도
⑤ 평면도 : 건축물 또는 물체를 수평면으로 자른 단면 또는 위에서 아래로 내려다본 투상도
⑥ 입면도 : 건축물 또는 물체의 수직 투상도
⑦ 배면도 : 건축물 또는 물체의 정면의 반대쪽 면을 그린 입면도

21.2.28

28 전력기술관리법에 따라 해당되는 전력시설물의 설계도서는 설계감리를 받아야 한다. 법에 따른 전력시설물 중 설계감리 대상에 해당하지 않는 것은?

① 용량 80만킬로와트 이상의 발전설비
② 전압 20만볼트 이상의 송전·변전설비
③ 전압 10만볼트 이상의 수전설비·구내배전설비·전력사용설비
④ 전기철도의 수전설비·철도신호설비·구내배전설비·전차선설비·전력사용설비

정답 25. ③　26. ③　27. ①　28. ②

해설 설계감리를 받아야 하는 전력시설물
① 용량 80만킬로와트 이상의 발전설비
② 전압 30만볼트 이상의 송전·변전설비
③ 전압 10만볼트 이상의 수전설비·구내배전설비·전력사용설비
④ 전기철도의 수전설비·철도신호설비·구내배전설비·전차선설비·전력사용설비
⑤ 국제공항의 수전설비·구내배전설비·전력사용설비
⑥ 21층 이상이거나 연면적 5만제곱미터 이상인 건축물의 전력시설물. 다만, 공동주택의 전력시설물은 제외한다.
⑦ 그 밖에 산업통상자원부령으로 정하는 전력시설물

29 전력시설물 공사감리업무 수행지침에 따라 감리원이 해당 공사 착공 전에 실시하는 설계도서 검토내용에 포함되지 않는 것은?
① 현장조건에 부합 및 시공의 실제가능 여부
② 설계도서의 누락, 오류 등 불명확한 부분의 존재여부
③ 시공사가 제출한 물량내역서와 발주사가 제공한 산출내역서의 수량일치 여부
④ 설계도면, 설계설명서, 기술계산서, 산출내역서 등의 내용에 대한 상호일치여부

해설 설계도서 등의 검토
1) 감리원은 설계도면, 설계설명서, 공사비 산출내역서, 기술계산서, 공사계약서의 계약내용과 해당 공사의 조사 설계보고서 등의 내용을 완전히 숙지하여 새로운 방향의 공법개선 및 예산 절감을 도모하도록 노력하여야 한다.

2) 감리원은 설계도서 등에 대하여 공사계약문서 상호 간의 모순되는 사항, 현장 실정과의 부합 여부 등 현장 시공을 주안으로 하여 해당 공사 시작 전에 검토하여야 하며 검토내용에는 다음의 사항 등이 포함되어야 한다.
① 현장조건에 부합 여부
② 시공의 실제가능 여부
③ 다른 사업 또는 다른 공정과의 상호부합 여부
④ 설계도면, 설계설명서, 기술계산서, 산출내역서 등의 내용에 대한 상호일치 여부
⑤ 설계도서의 누락, 오류 등 불명확한 부분의 존재여부
⑥ 발주자가 제공한 물량 내역서와 공사업자가 제출한 산출내역서의 수량일치 여부

⑦ 시공상의 예상 문제점 및 대책 등

3) 감리원은 2)의 검토 결과 불합리한 부분, 착오, 불명확하거나 의문 사항이 있을 때는 그 내용과 의견을 발주자에게 보고하여야 한다. 또한, 공사업자에게도 설계도서 및 산출내역서 등을 검토하도록 하여 검토 결과를 보고 받아야 한다.

30 분산형전원 배전계통연계 기술기준에 따라 전기방식이 교류 단상 220V인 분산형전원을 저압 한전계통에 연계할 수 있는 용량은?
① 100kW 미만   ② 150kW 미만
③ 250kW 미만   ④ 500kW 미만

해설 전기방식이 교류 단상 220V인 분산형전원을 저압 한전계통에 연계할 수 있는 용량은 100kW 미만으로 한다.

13.4.47 / 15.4.43 / 17.4.22 / 19.2.32 / 19.4.38 / 21.1.36

31 모듈에서 접속함까지의 직류배선이 30m이며, 모듈 전압이 300V, 전류가 5A일 때, 전압강하는 몇 V인가? (단, 전선의 단면적은 4.0mm² 이다.)
① 1.335   ② 1.425
③ 1.787   ④ 1.925

해설 전압강하 (e)
$$e = \frac{35.6 \times L(\text{전선의 길이}) \times I(\text{전류})}{1000 \times A(\text{전선의 단면적})}$$
$$= \frac{35.6 \times 30 \times 5}{1000 \times 4} = 1.335 \, [V]$$

32 설계하중을 시간의 변동에 따라 구분한 것으로 틀린 것은?
① 활하중   ② 영구하중
③ 임시하중   ④ 우발하중

해설 하중(load)
① 활하중 : 풍하중, 지진하중과 같은 환경하중이나 고정하중을 포함하지 않고, 건물이나 다른 구조물의 사용 및 점용에 의해 발생되는 하중으로 사람, 가구, 이동칸막이, 창고의 저장물, 설비기계 등의 하

중으로 적재하중이라고도 한다.
② 영구하중 : 변동이 거의 없든지, 변동이 지속적성분에 비해서 무시할 수 있을 정도의 작은 하중.
③ 임시하중 : 매우 짧은 기간 동안 작용하는 외력
④ 우발하중 : 기간에 작용하는 것으로, 빈도는 드물지만, 우발적으로 발생하여 부재(部材)에 중대한 영향을 미치는 지진, 폭발, 충돌 같은 하중

15.2.52

33 전력시설물 공사감리업무 수행지침에 따라 책임감리원은 분기보고서를 작성하여 발주자에게 제출하여야 한다. 보고서는 매분기말 다음 달 며칠 이내로 제출하여야 하는가?

① 5   ② 7
③ 15 ④ 30

해설 책임감리원은 다음의 내용이 포함된 분기보고서를 작성하여 발주자에게 제출하여야 한다. 보고서는 매 분기말 다음 달 7일 이내로 제출한다.
① 공사추진 현황(공사계획의 개요와 공사추진계획 및 실적, 공정현황, 감리용역현황, 감리조직, 감리원 조치내역 등)
② 감리원 업무일지
③ 품질검사 및 관리현황
④ 검사요청 및 결과통보내용
⑤ 주요기자재 검사 및 수불내용(주요기자재 검사 및 입·출고가 명시된 수불현황)
⑥ 설계변경 현황
⑦ 그밖에 책임감리원이 감리에 관하여 중요하다고 인정하는 사항

34 전력기술관리법에 따라 시·도지사는 감리업자가 공사감리를 성실하게 하지 아니하여 일반인에게 위해(危害)를 끼친 경우 산업통상자원부령으로 정하는 바에 따라 그 등록을 몇 개월 이내의 기간을 정하여 그 영업의 전부 또는 일부의 정지를 명할 수 있는가?

① 1   ② 3
③ 6   ④ 9

해설 **등록의 취소·영업정지**
시·도지사는 설계업자 및 감리업자가 다음의 어느 하나에 해당하면 산업통상자원부령으로 정하는 바에 따라 그 등록을 취소하거나 6개월 이내의 기간을 정하여 그 영업의 전부 또는 일부의 정지를 명할 수 있다. 다만, ①, ②에 해당하는 경우에는 그 등록을 취소하여야 한다.
① 거짓이나 그 밖의 부정한 방법으로 등록을 한 경우
② 설계업·감리업의 등록기준에 미달한 날부터 1개월이 지난 경우
③ 설계 또는 공사감리를 성실하게 하지 아니하여 일반인에게 위해(危害)를 끼치거나 전력시설물을 현저히 부실하게 시공하게 한 경우
④ 설계업 또는 감리업의 등록 결격사유에 해당하게 된 경우 또는 임원 중에 등록 결격사유에 해당하게 된 경우(법인의 경우 6개월 이내에 대표자를 변경하는 경우는 제외한다)
⑤ 다른 사람에게 등록증을 빌려준 경우

35 케이블 화재에 대한 설명으로 틀린 것은?

① 연소가 빠르다.
② 연소에너지가 낮고 열기가 강하다.
③ 부식성 가스 및 유독성 가스가 발생한다.
④ 연기발생으로 피난, 소화활동에 지장을 준다.

해설 **케이블 화재의 문제점**
① 연소에너지가 높고 열기가 강하다.
② 농연 부식성 및 유독가스의 발생
③ 연소가 빠르다.
④ 화점을 알 수 없다.
⑤ 소화기로는 소화되지 않는다.

19.4.40

36 토목도면에서 밭을 나타내는 기호는?

① | | ② |||
③ ⊥⊥ ④

해설 토목도면 표시기호

명칭	기호
논	⊥⊥
밭	׀ ׀ ׀
초지	׀ ׀
과수원	○

37 신재생발전기 계통연계기준에 따라 신재생발전기의 역률은 몇 이상으로 유지하여 운전하여야 하는가?

① 85　　② 90
③ 95　　④ 100

해설 신재생발전기 계통연계기준(역률)
① 신재생발전기의 역률은 90% 이상으로 유지하여 운전하여야 함. 다만, 역송병렬로 접속하는 경우로는 전압상승 및 강하를 방지하기 위하여 기술적으로 필요한 경우 신재생발전기의 역률의 하한값과 상한값을 고객과 한전이 협의하여 정할 수 있음
② 신재생발전기의 역률은 배전계통 측에서 볼 때 진상역률(발전기 측에서 볼 때 지상 역률)이 되지 않도록 하는 것을 원칙으로 함

16.2.90
38 전기설비기술기준의 판단기준에 따라 분산형전원을 전력계통에 연계하는 경우 인버터로부터 직류가 계통으로 유출되는 것을 방지하기 위하여 접속점과 인버터 사이에 설치하는 것은? (단, 단권변압기는 제외한다.)

① 차단기
② 전력퓨즈
③ 보호계전기
④ 상용주파수 변압기

해설 저압 계통연계시 직류유출방지 변압기의 시설
분산형전원을 인버터를 이용하여 배전사업자의 저압 전력계통에 연계하는 경우 인버터로부터 직류가 계통으로 유출되는 것을 방지하기 위하여 접속점(접속설비와 분산형전원 설치자측 전기설비의 접속점)과 인버터 사이에 상용주파수 변압기(단권변압기를 제외한다)를 시설하여야 한다. 다만, 다음을 모두 충족하는 경우에는 예외로 한다.
① 인버터의 직류 측 회로가 비접지인 경우 또는 고주파 변압기를 사용하는 경우
② 인버터의 교류출력 측에 직류 검출기를 구비하고, 직류 검출시에 교류출력을 정지하는 기능을 갖춘 경우

39 전기설비기술기준의 판단기준에 따라 22.9kV 가공전선과 그 지지물·완금류·지주 사이의 이격거리는 몇 cm 이상으로 하여야 하는가?

① 15　　② 20
③ 25　　④ 30

해설 특고압 가공전선과 지지물 등의 이격거리

사용전압	이격거리(m)
15 kV 미만	0.15
15 kV 이상 25 kV 미만	0.2
25 kV 이상 35 kV 미만	0.25
35 kV 이상 50 kV 미만	0.3
50 kV 이상 60 kV 미만	0.35
60 kV 이상 70 kV 미만	0.4
70 kV 이상 80 kV 미만	0.45
80 kV 이상 130 kV 미만	0.65
130 kV 이상 160 kV 미만	0.9
160 kV 이상 200 kV 미만	1.1
200 kV 이상 230 kV 미만	1.3
230 kV 이상	1.6

14.4.35 / 15.4.37 / 17.1.27 / 18.2.37 / 21.2.22
40 태양광발전설비의 공사에 적용하는 시방서에 관련된 내용 중 틀린 것은?

정답 37.② 38.④ 39.②

① 공사시방서는 설계도면에서 표현이 곤란한 설계내용 및 세부 공사방법 등을 기술한다.
② 표준시방서는 시설물의 안전 및 공사시행의 적정성과 품질확보 등을 위하여 시설물별로 정한 표준적인 시공기준을 말한다.
③ 시방서란 어떤 프로젝트의 품질에 관한 요구사항들을 규정하는 공사계약문서의 일부분으로서 공사의 품질과 직접적으로 관련된 문서이다.
④ 전문시방서는 공사시방서를 기본으로 모든 공종을 대상으로 하여 특정한 공사의 시공 등에 활용하기 위한 종합적인 시공기준을 말한다.

해설 공사시방서(건설공사의 계약도서에 포함된 시공기준)
표준시방서 및 전문시방서를 기본으로 하여 작성하되, 공사의 특수성, 지역 여건, 공사방법 등을 고려하여 기본설계 및 실시설계 도면에 구체적으로 표시할 수 없는 내용과 공사 수행을 위한 시공방법, 자재의 성능·규격 및 공법, 품질시험 및 검사 등 품질관리, 안전관리, 환경관리 등에 관한 사항을 기술할 것

41 송전전력, 부하역률, 송전거리, 전력소실 및 선간전압이 같을 경우 3상 3선식에서 전선 한 가닥에 흐르는 전류는 단상 2선식의 경우의 약 몇 %가 되는가?

① 57.7　　② 70.7
③ 141　　④ 115

해설 3상 3선식과 단상 2선식의 전류비
$\sqrt{3}\,VI_3\cos\theta = VI_1\cos\theta$
$\sqrt{3}\,I_3 = I_1$
$\therefore \frac{1}{\sqrt{3}} \times 100 = 57.7[\%]$

19.4.7

42 건물에 설치된 태양광발전시스템의 낙뢰 및 과압 보호로 고려되어야 하는 방법이 아닌 것은?

① 교류측에 과전압 보호장치를 설치해야 한다.
② 태양광발전시스템 접속함의 직류측에 서지보호장치를 설치해야 한다.
③ 태양광발전시스템이 외부에 노출되어 있다면 적절한 피뢰침을 설치해야 한다.
④ 낙뢰 보호시스템이 있어도 반드시 태양광발전시스템을 접지 및 등전위면에 연결해야 한다.

해설 태양광발전시스템에서 피뢰설비는 아주 중요한 기능 중 하나이다. 모듈을 건물의 옥상에 설치하거나 산간지방이나 낙뢰가 많은 곳에 설치하는 경우 별도로 피뢰침설비와 뇌보호에 적합한 SPD같은 피뢰소자를 설치하여야 한다. 피뢰침 설비는 낙뢰로부터 보호하는 설비를 말하고, 피뢰소자는 뇌서지가 태양전지 어레이 혹은 파워컨디셔너 등에 침입한 경우 이러한 기기나 장치 등을 뇌서지에서 보호하기 위한 장치이다.
피뢰설비, 접지설비, 피뢰소자 등은 낙뢰 보호시스템에 포함이 된다.

43 토사기초 터파기에 대한 설명으로 틀린 것은?

① 토사기초 터파기 부위의 지지력 및 침하량은 설계도서에 명시된 허용지지력 및 허용침하량 기준을 만족하여야 한다.
② 토사기초 지반에서는 터파기 후 지하수와 주변 유입수를 차단하거나 타 부위로 유도배수하여 지반의 이완, 변형 및 연약화가 진행되지 않도록 조치하여야 한다.
③ 기초 터파기 바닥면이 동결할 경우에는 설계감리원과 협의하여 동결토를 제거하고, 양질의 재료로 치환하는 등 자연지반과 동등 이상의 지내력을 갖도록 조치한다.
④ 토사기초 지반의 토질이 설계도서와 상이하거나 연약한 지반이 분포할 가능성이 있는 지역에서는 시추조사 등의 방법으로 지층분포 상태와 허용지지력 및 기초 형식의 적합성을 확인하여 공사감독자의 승인을 받아야 한다.

정답 40. ④　41. ①　42. ④　43. ③

해설 **한랭 기후에 대한 주의**
① 기초 터파기 바닥면은 동결되지 않도록 한다. 동결할 경우에는 담당원(공사감리원)과 협의하여 동결토는 제거하고 양질의 재료로 치환하는 등의 자연지반과 동등 이상의 지내력을 갖도록 조치한다.
② 되메우기·성토 및 땅 고르기에는 동결 토사를 사용해서는 안 된다.

44 가정에 공급하는 교류 전압이 220V일 때, 이 220V는 무슨 값을 의미하는가?
① 실효값 ② 최대값
③ 순시값 ④ 평균값

해설 **실효값(Root Mean Square)**
① 동일한 전기의 저항에 교류의 실효값과 같은 값의 직류전압을 가한 경우, 발생하는 전력은 같아진다.
② 교류 전압과 교류 전류를 일정한 평균값으로 나타내는 방법이다.
③ 교류 전압계와 교류 전류계도 실효값에 의해 측정된다.

45 태양광발전시스템을 계통에 연계하는 경우 자동적으로 태양광발전시스템을 전력계통으로부터 분리하기 위한 장치를 시설하지 않아도 되는 경우는?
① 태양광발전시스템의 단독운전 상태
② 연계한 전력계통의 이상 또는 고장
③ 태양광발전시스템의 이상 또는 고장
④ 태양광발전용 모니터링설비의 단독운전 상태

해설 **분리장치**
① 접속점에는 접근이 용이하고 잠금이 가능하며 개방 상태를 육안으로 확인할 수 있는 분리장치를 설치하여야 한다.
② 역송병렬 형태의 분산형전원이 특고압 한전계통에 연계되는 경우 ①에 의한 분리장치는 연계용량에 관계없이 전압·전류 감시 기능, 고장표시(FI, Fault Indication) 기능 등을 구비한 자동개폐기를 설치하여야 한다. 다만, 전용변압기를 통해 한전계통에 연계하는 단독 또는 합산용량 100kW 이상 저압 분산형전원의 경우 변압기 1차 측에 전압·전류 감시 기능, 고장표시(FI, Fault Indication) 기능, 고장전류 감지 및 자동차단 기능 등을 구비한 자동차단기를 설치하여야 한다.
③ 태양광발전용 모니터링설비는 단독운전과 관계가 없다.

17.4.12
46 도선의 길이가 3배로 늘어나고 반지름이 1/3로 줄어들 경우 그 도선의 저항은 어떻게 변하겠는가? (단, 고유저항에는 변화가 없다.)
① 9배 증가 ② 1/9로 감소
③ 27배 증가 ④ 1/27로 감소

해설 **고유 저항 R(Specific Resistance)**
저항 값은 도체의 길이에 비례하고, 단면적에 반비례하므로 도체의 길이 l [m], 단면적 A [m²], 고유 저항을 ρ라고 하면
$$R = \rho \frac{l}{A(\pi r^2)} = \frac{3}{\left(\frac{1}{3}\right)^2} = 27 \text{배 증가}$$

17.2.58
47 태양광발전 어레이용 가대의 재질 및 형태에 따른 검토사항으로 틀린 것은? (단, 가대의 재질은 강재+용융아연도금으로 한다.)
① 20년 이상의 내구성을 가져야 한다.
② 절삭 등의 가공이 쉽고 무거워야 한다.
③ 불필요한 가공을 피할 수 있도록 규격화되어야 한다.
④ 염해, 공해 등을 고려하여 녹이 발생하지 않아야 한다.

해설 **어레이용 가대의 재질 및 형태에 따른 검토사항**

구조물 부식(염해)

정답 44. ① 45. ④ 46. ③ 47. ②

① 지지물의 자중, 적재하중 및 구조하중에 맞게 안전한 구조의 것으로 20년 이상의 내구성을 가져야 한다.
② 구조물의 자재인 강제류는 현장에서 절단, 가공하지 않도록 규격화되어야 한다.
③ 염해 등에 의해 녹이 발생하지 않아야 한다.

50 단상 브리지 정류회로에서 출력전압의 피크값이 20V라면 그 평균값은 약 몇 V인가?

① 3.18 ② 6.37
③ 9.0   ④ 12.73

해설 단상 반파 $V_{dc} = 0.318 V_{peak}$
단상 전파 $V_{dc} = 0.636 V_{peak}$
∴ $V_{dc} = 0.636 \times 20 ≒ 12.73$

15.2.20 / 15.4.10 / 18.1.6 / 19.1.2 / 19.4.20

48 변압기에서 1차 전압이 120V, 2차 전압이 12V일 때 1차 권선수가 400회라면 2차 권선수는 몇 회인가?

① 10   ② 40
③ 400   ④ 4000

해설 권수비 $(a) = \dfrac{V_1}{V_2} = \dfrac{N_1}{N_2} = \dfrac{I_2}{I_1}$

$a = \dfrac{V_1}{V_2} = \dfrac{120}{12} = 10$

변압기 2차 권선수 (N_2)

$N_2 = \dfrac{N_1}{a} = \dfrac{400}{10} = 40(회)$

19.4.54

51 보호계전장치의 구성요소 중 검출부에 해당되지 않는 것은?

① 릴레이   ② 영상변류기
③ 계기용변류기 ④ 계기용변압기

해설 보호계전시스템
전력설비의 이상상태의 발생 및 파급을 방지하고 단락, 지락사고를 신속히 검출 제거함으로써 설비의 파괴와 사고의 파급을 최소한으로 줄이고 복구를 용이하게 하기 위하여 각종 보호시스템을 전기설비에 적용한다.
1) 기능
① 정확성 : 이상상태를 정확히 검출하여 제거하며 오동작을 일으키지 않는다.
② 신속성 : 이상시 신속히 동작하여 사고구간을 제거한다.
③ 선택성 : 선택차단 및 복구로 정전구간을 최소화한다.

2) 구성
① 검출부 : 보호구간의 고장전류 및 전압을 검출하는 구성부로 CT(계기용변류기), PT(계기용변압기), ZCT(영상변류기), GPT 등의 변성기류가 있다.
② 판정부 : 검출된 고장값의 동작 여부를 결정짓는 요소로 릴레이, 반발스프링, 억제코일, 전압·전류탭 등이 있다.
③ 동작부 : 검출과 판정을 거쳐 작동 지시값에 도달한 경우 접점을 여닫는 구동을 하는 구조로서, 가동코일, 가동철심, 유도원판 등이 해당된다.

49 계약상의 큰 변경이나 불가항력 등에 의한 공정지연이 발생하지 않는 한 사업종료 때까지 수정되지 않는 공정표는?

① 관리기준공정표   ② 사업기본공정표
③ 건설종합공정표   ④ 분야별종합공정표

해설 사업기본공정표(PMS : Project Milestone Schedule)
최상위 레벨의 공정표로서 사업 전체기간에 대한 기본계획을 수립하기 위하여 사업 진행일정과 주요사업의 수행 시점이 나타나도록 작성한다. 대분류 및 주요 공정에 해당되는 작업(Activity)으로 구성되며, 향후 전체 프로젝트의 진행 상황을 모니터링하고 평가하기 위한 기준이 되는 공정표이다.

19.4.46

52 다른 개폐기기와 비교하여 전력퓨즈의 특징으로 틀린 것은?

① 고속도 차단된다.
② 릴레이가 필요하다.
③ 소형으로 차단 능력이 크며, 재투입은 불가능하다.
④ 동작시간-전류특성을 계전기처럼 자유롭게 조절할 수 없다.

해설 전력퓨즈(Power Fuse)의 장·단점

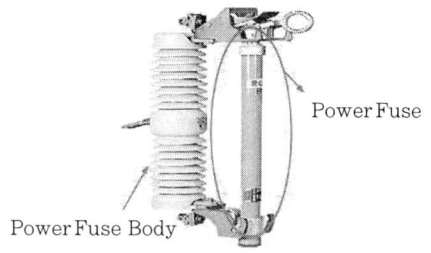

1) 장점
① 소형 경량이다.
② 릴레이나 변성기가 필요 없다.
③ 소형으로 큰 차단능력을 갖는다.
④ 보수가 간단하다.
⑤ 고속도 차단한다.
⑥ 가격이 저렴하다.

2) 단점
① 재투입이 불가능하다.
② 과전류에서 용단될 수 있다.
③ 동작시간-전류특성의 조정이 불가능하다.

53 애자의 구비조건으로 틀린 것은?

① 누설전류가 적을 것
② 기계적 강도가 클 것
③ 충분한 절연내력을 가질 것
④ 온도의 급변에 잘 견디고 습기를 잘 흡수할 것

해설 애자의 구비조건

현수애자

① 절연내력이 클 것
② 누설전류가 적을 것
③ 기계적 강도가 클 것
④ 내구성이 크고 저렴할 것

54 저압전기설비-제5-52부 : 전기기기의 선정 및 설치-배선설비(KSC IEC 60364-5-52 : 2012)에 따라 도체 및 케이블과 관련한 설치방법에 대한 설명으로 틀린 것은?

① 나도체의 애자사용 시공
② 절연전선의 케이블트레이 시공
③ 절연전선의 케이블덕팅 시스템 시공
④ 외장케이블(외장 및 무기질 절연물을 포함)의 직접고정 시공

해설 배선방식 선정

55 전력용 케이블의 지중 매설 시공 방법(KSC 3140:2014)에 따라 관로 인입식 전선로 시공시 사용되는 강관의 접속 방법으로 틀린 것은?

① 나사 박기
② 볼 조인트

정답 52. ② 53. ④ 54. ②

③ 접착 접합
④ 패킹 개재 꽂음(고무링 접합)

해설 관 종류에 따른 접속 방법

구분	접속 방법의 예
강관	나가 박기 패킹 개재 꽂음(고무링 접합) 볼 조인트
콘크리트관	패킹 개재 꽂음(고무링 접합)
합성수지관	슬리브 접속 후 실링재(밀봉)와 테이프 감기 2등분 커플링 볼트 조임 패킹 개재 꽂음(고무링 접합) 접착 접합
도관	패킹 개재 꽂음(고무링 접합)

19.4.51

56 금속제 케이블트레이의 종류 중 길이 방향의 양 옆면 레일을 각각의 가로 방향 부재로 연결한 조립 금속구조인 것은?

① 사다리형　　② 통풍 채널형
③ 바닥밀폐형　　④ 바닥 통풍형

해설 케이블 트레이
케이블을 지지하기 위하여 사용하는 금속제 또는 불연성 재료로 제작된 유닛 또는 유닛의 집합체 및 그에 부속하는 부속재 등으로 구성된 견고한 구조물을 말하며 사다리형, 바닥밀폐형, 펀칭형, 메시형 등이 있다.

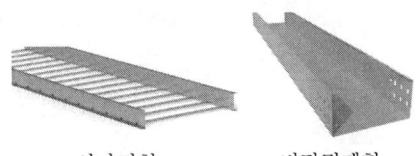

사다리형　　　　바닥밀폐형

펀칭형 (통풍채널형)

① 사다리형 : 길이방향의 양측면 레일을 각각의 가로 방향 부재로 연결한 조립 금속구조

② 바닥밀폐형 : 일체식 또는 직선방향 측면 레일에서 바닥 통풍구가 없는 조립 금속구조

③ 펀칭형 : 일체식 또는 분리식 직선방향 측면레일에서 바닥에 통풍구가 있는 것으로써 100[mm]를 초과하는 조립 금속구조

④ 메시형 : 일체식 또는 분리식으로 모든 면에서 통풍구가 있는 그물형의 조립 금속구조

16.4.18

57 밴드갭 에너지는 반도체의 특성을 구분하는 매우 중요한 요소다. Si, GaAs, Ge를 밴드갭 에너지의 크기순으로 옳게 나열한 것은?

① Si>GaAs>Ge　　② GaAs>Ge>Si
③ GaAs>Si>Ge　　④ Ge>GaAs>Si

해설 에너지 밴드 갭, 금지대 (Energy Band Gap, Forbidden Band)
① 에너지 밴드를 분리시키는 에너지대역 (전도대 및 가전자대를 분리시킴)
② 전자가 존재할 수 없는 에너지 금지대

(1) 밴드갭에 따른 에너지 밴드 구조
$E_g = E_c - E_v$
E_g : 밴드갭 에너지
E_c : 전도대 최하위 에너지준위
E_v : 가전대 최상위 에너지준위

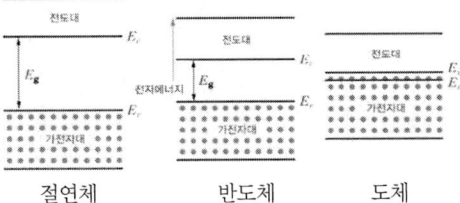

절연체　　　반도체　　　도체

(2) 밴드갭 에너지(E_g)
1) 도체(금속) : 거의 제로($≒ 0$ [eV])
2) 원소 반도체
① si : 1.12 [eV]
② Ge : 0.6 [eV]
3) 화합물 반도체
① GaAs : 1.43 [eV]

② GaP : 2.25 [eV]
③ GaN : 3.4 [eV]
④ InGaAs : 0.77 [eV]
⑤ InP : 1.35 [eV]

15.4.68 / 17.2.47 / 17.4.74 / 18.1.15 / 18.2.63 / 18.4.62 / 20.2.58 / 20.4.69

58 태양광발전 어레이의 절연저항 측정에 대한 내용으로 옳은 것은?

① 절연저항 측정 시 온도는 고려하지 않는다.
② 일사시간 동안에는 단락용 개폐기를 이용한다.
③ 발전량이 적어 위험성이 낮은 비 오는 날 측정하는 것이 좋다.
④ 사용전압 400V 이상일 때 절연저항 측정기준은 0.1MΩ 이상이다.

해설 인버터의 절연저항 측정

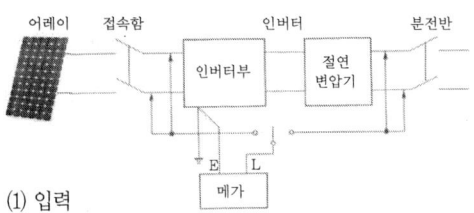

(1) 입력
① 태양전지회로를 접속함에서 분리한다.
② 분전반 내의 분기회로 개폐기를 개방한다.
③ 직류 측의 모든 입력단자 및 교류 측의 모든 출력 단자를 각각 단락한다.
④ 직류단자와 대지간의 절연저항 측정한다.
(각각의 스트링별 한가닥씩, 단락용 악어클립을 사용하여 측정)

(2) 출력회로
① 태양전지 회로를 접속함에서 분리한다.
② 분전반 내의 분기차단기를 개방한다.
③ 직류 측의 모든 입력단자 및 교류 측의 모든 출력 단자를 각각 단락한다.
④ 교류단자와 대지간의 절연저항을 측정한다.
(각각의 교류선을 한가닥씩, 단락용 개폐기를 사용하여 측정)

(3) 기타 주의사항
① 정격전압이 입출력과 다를 때는 높은 측의 전압을 절연저항계의 선택기준으로 한다.
② 입출력 단자에 주회로 이외의 제어단자 등이 있는 경우는 이것을 포함해서 측정한다.
③ 서지업서버 등의 정격에 약한 회로들은 회로에서 분리하여 측정한다.
④ 절연변압기가 별도로 설치된 경우에는 이를 포함하여 측정한다.
⑤ 절연변압기를 장착하지 않은 인버터는 제조사 추천방식으로 측정한다.

59 앵커(KCS 11 60 00 : 2016)에 따라 앵커의 삽입 작업에 대한 설명으로 틀린 것은?

① 앵커는 삽입 작업대 또는 크레인 등의 장비에 의해서 삽입하여야 한다.
② 소요길이까지 삽입 후 지지대를 설치하여 앵커를 공내에 고정시킨다.
③ 공에서 누수가 있을 경우에는 공입구를 부직포로 막아 토사유출을 방지하여야 한다.
④ 앵커 삽입 시 앵커가 천공 구멍의 중앙에 위치하도록 앵커에 중심결정구를 5m 간격으로 부착한다.

해설 앵커의 삽입
① 앵커는 삽입 작업대 또는 크레인 등의 장비에 의해서 삽입하여야 한다.
② 앵커 삽입 시 앵커가 천공 구멍의 중앙에 위치하도록 앵커에 중심결정구(센트럴라이저)를 1m~3m 간격으로 부착하여야 하며 공벽의 붕괴우려가 있으면 케이싱을 인발하지 않고 삽입한다.
③ 소요길이까지 삽입 후 지지대를 설치하여 앵커를 공내에 고정시킨다.
④ 공에서 누수가 있을 경우에는 공입구를 부직포로 막아 토사유출을 방지하여야 한다.

60 전력계통 검토 시 단락전류의 계산목적으로 틀린 것은?

① 보호계전기 셋팅
② 변압기 용량 결정
③ 통신유도장해 검토
④ 차단기 차단용량 결정

해설 단락전류의 계산 목적
① 차단기의 차단용량 선정
② 보호계전기의 정정
③ 기기에 가해지는 전자력의 추정
   (통신유도장해 검토)

15.4.67 / 15.4.78 / 16.2.68 / 16.4.72 / 17.1.61 / 18.4.66 /
19.2.65 / 19.2.79 / 20.2.61 / 20.3. 77

61 전원의 재투입 시 안전조치로 틀린 것은?

① 유자격자가 시험 및 육안 검사를 실시한다.
② 차단장치나 단로기 등에 잠금장치 및 꼬리표를 부착한다.
③ 전기기기 등에서 모든 작업자가 완전히 철수했는지를 직접 확인한다.
④ 유자격자는 필요한 경우, 회로 및 설비를 안전하게 가압할 수 있도록 모든 기구, 점퍼선, 단락선, 접지선 및 기타 철거하여야 할 모든 장치들이 제대로 철거되었는지를 확인하여야 한다.

해설 정전작업
1) 정전작업 전 조치사항
① 전원차단후 각 단로기 등을 개방하고 확인할 것
② 차단장치나 단로기 등에 잠금(시건)장치 및 꼬리표를 부착할 것
③ 전기기기 등에 공급되는 모든 전원을 관련 배선도, 도면 등을 통해 확인할 것
④ 검전기를 이용하여 작업 대상 기기가 충전되었는지 확인 할 것(잔류전하 방전)

잠금(시건)장치   꼬리표(사용금지)

2) 정전작업 중 조치사항
① 작업지휘자에 의한 작업지휘
② 개폐기 관리(전원 재투입 방지, 잠금장치 및 꼬리표 부착 관리)
③ 근접 활선에 대한 방호상태 관리
④ 단락접지의 상태관리

3) 정전작업 후 조치사항
① 작업기기, 단락접지기구(접지선)를 제거하고 전기기기 등이 안전하게 통전될 수 있는지 확인
② 모든 작업자가 작업이 완료된 전기기기 등에서 떨어져 있는지 확인할 것
③ 잠금장치 와 꼬리표는 설치한 근로자가 직접 철거할 것
④ 모든 이상유무를 확인 후 전기기기 등의 전원을 투입할 것

19.4.62

62 태양광발전용 모니터링 프로그램의 기능이 아닌 것은?

① 데이터 수집 기능
② 데이터 분석기능
③ 데이터 예측 기능
④ 데이터 통계기능

해설 모니터링 프로그램의 기능
① 데이터 수집 기능
② 데이터 분석 기능
③ 데이터 저장 기능
④ 데이터 통계 기능

20.2.63 / 21.2.72

63 전기안전관리자의 직무 고시에 따라 태양광발전소 안전관리자가 갖추어야 할 안전장비와 그 장비의 권장 교정 및 시험주기로 옳은 것은?

① 절연장화 1년   ② 고압검전기 2년
③ 절연안전모 2년 ④ 고압절연장갑 3년

해설 권장 계측장비 교정 및 시험주기

구분		권장 교정 및 시험주기(년)
계측 장비 교정	계전기 시험기	1
	절연내력 시험기	1
	절연유 내압 시험기	1
	적외선 열화상 카메라	1
	전원품질분석기	1
	절연저항 측정기 (1,000V, 2,000MΩ)	1
	절연저항 측정기 (500V, 100MΩ)	1
	회로시험기	1
	접지저항 측정기	1
	클램프미터	1
안전 장구 시험	특고압 COS 조작봉	1
	저압검전기	1
	고압·특고압 검전기	1
	고압절연장갑	1
	절연장화	1
	절연안전모	1

17.2.72

64 도체의 저항, 두 점 사이의 전압 및 전류의 세기를 측정하는 검사장비는?

① 검전기　　② 멀티미터
③ 접지저항계　　④ 오실로스코프

해설 멀티미터

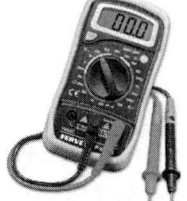

여러 가지의 측정 기능을 결합한 전자 계측기이며, 전형적인 멀티미터는 전압, 전류, 전기저항을 측정하는 능력은 기본적으로 가지는 기능이며, 장치에 따라 기타 측정 기능이 추가되기도 한다.

16.4.55 / 19.1.44

65 자가용전기설비 중 태양광발전시스템의 정기검사 시 태양광 전지의 검사 세부 종목이 아닌 것은?

① 절연저항　　② 외관검사
③ 규격확인　　④ 절연내력

해설 사용전검사 세부검사 종목
1) 규격확인
2) 외관검사
3) 전지 전기적 특성시험
① 최대출력　　② 개방전압
③ 단락전류　　④ 최대 출력전압 및 전류
⑤ 충진율　　⑥ 전력변환효율
4) Array
① 절연저항　　② 접지저항

66 전기설비에 있어서 감전 예방의 종류 중 직접접촉에 대한 감전예방 사항이 아닌 것은?

① 장애물에 의한 보호
② 단독시행에 의한 보호
③ 충전부 절연에 의한 보호
④ 격벽 또는 외함에 의한 보호

해설 감전예방의 종류
1) 직접접촉 보호
전기설비가 정상적으로 운전되고 있는 상태에서 해당 전기설비에 사람 또는 동물이 접촉되는 경우를 대비하여 감전방지하는 보호
① 충전부의 절연에 의한 보호
② 격벽 또는 외함에 의한 보호
③ 장애물에 의한 보호
④ 손의 접근 한계 외측 시설에 의한 보호
⑤ 누전차단기에 의한 추가 보호

2) 간접접촉 보호
전기설비가 지락 등의 고장이 발생한 경우 감전방지를

위한 보호
① 전원의 자동차단에 의한 보호
② II급기기의 사용 또는 이것과 동등 이상의 절연에 대한 보호
③ 비 도전성 장소에 의한 보호
④ 비 접지용 국부적 등전위 접속에 의한 보호
⑤ 전기적 분리에 의한 보호

67 산업안전보건기준에 관한 규칙에 따라 근로자가 충전전로를 취급하거나 그 인근에서 작업하는 경우 그 충전전로의 선간전압이 22.9kV라면 충전 전로에 대한 접근 한계거리는 몇 cm 인가?

① 60　　② 90
③ 110　　④ 130

해설 충전전로에서의 전기작업

유자격자가 충전전로 인근에서 작업하는 경우에는 다음의 경우를 제외하고는 노출 충전부에 다음 표에 제시된 접근한계거리 이내로 접근하거나 절연 손잡이가 없는 도전체에 접근할 수 없도록 할 것
① 근로자가 노출 충전부로부터 절연된 경우 또는 해당 전압에 적합한 절연장갑을 착용한 경우
② 노출 충전부가 다른 전위를 갖는 도전체 또는 근로자와 절연된 경우
③ 근로자가 다른 전위를 갖는 모든 도전체로부터 절연된 경우

충전전로의 선간전압 [kV]	충전전로에 대한 접근 한계거리 [cm]
0.3 이하	접촉금지
0.3 초과 0.75 이하	30
0.75 초과 2 이하	45
2 초과 15 이하	60
15 초과 37 이하	90
37 초과 88 이하	110
88 초과 121 이하	130
121 초과 145 이하	150
145 초과 169 이하	170
169 초과 242 이하	230
242 초과 362 이하	380
362 초과 550 이하	550
550 초과 800 이하	790

17.2.53 / 18.1.62 / 18.2.64 / 20.2.68 / 20.3.78 / 21.1.76

68 태양광발전 접속함(KS C 8567 : 2019)에 따라 소형(3회로 이하) 접속함의 경우 실외에 설치시 보호등급(IP)으로 옳은 것은?

① IP25 이상　　② IP50 이상
③ IP54 이상　　④ IP55 이상

해설 태양광발전용 접속함의 구분

병렬 스트링 수에 의한 분류	설치장소에 의한 분류
소형(3회로 이하)	실내형: IP54 이상
	실외형: IP54 이상
중대형(4회로 이상)	실내형: IP20 이상
	실외형: IP54 이상

69 전력시설물 공사감리업무 수행지침에 따른 태양광발전시스템 시공 후 감리원의 준공도면 등의 검토·확인 사항이 아닌 것은?

① 공사업자로부터 가능한 한 준공예정일 2개월 전까지 준공 설계도서를 제출받아 검토·확인하여야 한다.
② 준공 설계도서 등을 검토·확인하고 완공된 목적물이 발주자에게 차질없이 인계될 수 있도록 지도·감독하여야 한다.
③ 준공도면은 공사시방서에 정한 방법으로 작성되어야 하며, 모든 준공도면에는 발주자의 확인·서명이 있어야 한다.
④ 공사업자가 작성·제출한 준공도면이 실제 시공된 대로 작성되었는지 여부를 검토·확인하여 발주자에게 제출하여야 한다.

해설 준공도면 등의 검토·확인

① 감리원은 준공 설계도서 등을 검토·확인하고 완공된 목적물이 발주자에게 차질없이 인계될 수 있도록 지도·감독하여야 한다. 감리원은 공사업자로부터 가

정답 67. ② 68. ③ 69. ③

능한 한 준공예정일 2개월 전까지 준공 설계도서를 제출받아 검토·확인하여야 한다.
② 감리원은 공사업자가 작성·제출한 준공도면이 실제 시공된 대로 작성되었는지 여부를 검토·확인하여 발주자에게 제출하여야 한다. 준공도면은 계약서에 정한 방법으로 작성되어야 하며, 모든 준공도면에는 감리원의 확인·서명이 있어야 한다.

14.4.66 / 16.4.78 / 19.2.64

70 태양광발전시스템의 일상점검 시 태양광발전 어레이의 육안점검 항목이 아닌 것은?

① 접지저항
② 지지대의 부식 및 녹
③ 표면의 오염 및 파손
④ 외부배선(접속케이블)의 손상

해설 태양전지(어레이)의 육안점검
① 모듈의 오염 및 파손
② 프레임 파손 및 변형유무
③ 접속케이블의 손상 및 접속단자 풀림
④ 가대의 고정(볼트 및 너트의 풀림) 및 접지
⑤ 가대의 부식 및 녹 발생
⑥ 지붕재의 파손 및 지지기구와의 고정상태

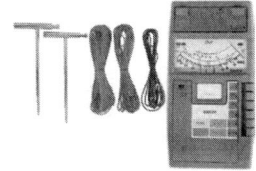

접지저항 측정기
※ 접지저항은 접지저항 측정기로 측정한다.

71 태양광발전시스템 운영에 있어서 월별 운영계획이 아닌 것은?

① 인버터 및 주요 동력기기의 상태 점검
② 일별 운영계획의 분석 및 중요사항 점검
③ 월간발전량 분석을 통한 효율성 감소방안 강구
④ 모듈, 인버터, 지지대 등의 정기점검 실시 및 계획 수립

해설 월간발전량 분석을 통한 효율성 개선방안 강구

15.4.72 / 16.2.73

72 배전반 외부에서 이상한 소리, 냄새, 손상 등을 점검항목에 따라 점검하며, 이상 상태 발견 시 배전반 문을 열고 이상 정도를 확인하는 점검은?

① 일상점검 ② 특별점검
③ 정기점검 ④ 사용전점검

해설 일상(순시)점검
① 태양광발전시스템의 기능을 유지하기 위한 점검
② 매일의 일상(순시)점검은 문을 열어 점검한다던가, 커버를 해체한 후 점검한다던가 하는 것이 아니고 이상한 소리, 냄새, 손상 등을 배전반, 인버터 등의 외부에서 점검항목의 대상항목에 따라 점검하는 것
③ 이상 상태를 발견한 경우에는 배전반, 인버터의 문을 열고 이상의 정도를 확인한다.

73 태양광발전용 변압기의 정기점검 시 점검대상에 해당하지 않는 것은?

① 온도계 ② 냉각팬
③ 유면계 ④ 조작장치

해설 조작장치(조작용 전원 및 회로점검)는 차단기의 점검대상이다.

16.4.75 / 17.4.69 / 19.1.66

74 인버터에 'Solar Cell UV Fault'로 표시되었을 경우의 현상 설명으로 옳은 것은?

① 태양전지 전압이 규정치 이하일 때
② 태양전지 전력이 규정치 이하일 때
③ 태양전지 전류가 규정치 이하일 때
④ 태양전지 주파수가 규정치 이하일 때

해설 인버터의 표시 내용
① 인버터 출력전압 이상(Inverter Output Voltage Fault) : 인버터 전압 이상이 계측되는 경우

② 인버터 과전류(Inverter Over Current Fault) : 인버터 전류의 규정 값 이상
③ 인버터지락(Inverter Ground Fault) : 인버터에 누전발생
④ 인버터 과열(Inverter Over Temperature) : 인버터의 온도 이상
⑤ 인버터 MC 이상(Inverter M/C Fault) : 전자접촉기(MC) 이상
⑥ 계통-인버터 위상 이상(Line Inverter Async Fault) : 인버터와 전력계통의 위상이 비동기
⑦ 계통 과전압(Line Over Voltage Fault) : 계통 전압이 규정치 이상
⑧ 인버터 저전압(Solar Cell Under Voltage Fault) : 태양전지 전압이 규정치 이하일 때

18.4.61 / 21.2.70

75 태양광발전소에 선임된 전기안전관리자의 직무 범위로 틀린 것은?

① 전기설비의 운전, 조작 또는 이에 대한 업무의 감독
② 전기재해의 발생을 예방하거나 그 피해를 줄이기 위하여 필요한 응급조치
③ 전기설비의 공사·유지 및 운용에 관한 업무 및 이에 종사하는 사람에 대한 안전교육
④ 전기수용설비의 증설 또는 변경공사로서 총공사비가 1억 이상인 공사의 감리 업무

해설 전기안전관리자의 직무 범위
① 전기설비의 공사·유지 및 운용에 관한 업무 및 이에 종사하는 사람에 대한 안전교육
② 전기설비의 안전관리를 위한 확인·점검 및 이에 대한 업무의 감독
③ 전기설비의 운전·조작 또는 이에 대한 업무의 감독
④ 전기설비의 안전관리에 관한 기록의 작성·보존 및 비치
⑤ 공사계획의 인가신청 또는 신고에 필요한 서류의 검토
⑥ 공사의 감리업무
㉠ 비상용 예비발전설비의 설치·변경공사로서 총공사비가 1억원 미만인 공사
㉡ 전기수용설비의 증설 또는 변경공사로서 총공사비가 5천만원 미만인 공사
⑦ 전기설비의 일상점검·정기점검·정밀점검의 절차,

방법 및 기준에 대한 안전관리규정의 작성
⑧ 전기재해의 발생을 예방하거나 그 피해를 줄이기 위하여 필요한 응급조치

17.1.74 / 17.4.71 / 19.1.75 / 20.2.76 / 20.3.61

76 고장원인을 예방하기 위해 사전에 점검계획 수립 시 고려사항을 모두 고른 것은?

가. 설비의 사용기간   나. 설비의 중요도
다. 환경조건   라. 고장이력
마. 부하상태

① 가, 라, 마   ② 가, 나, 라, 마
③ 나, 다, 라, 마   ④ 가, 나, 다, 라, 마

해설 태양광발전시스템 점검 계획 시 고려사항
① 환경조건
② 설비의 중요도
③ 설비의 이용시간
④ 고장이력
⑤ 부하상태
⑥ 보수방법

13.4.61 / 16.2.70 / 17.4.77

77 중대형 태양광발전용 인버터(계통연계형, 독립형)(KSC 8565:2016)에 따라 누설전류 시험 시 누설전류는 몇 mA 이하이어야 하는가?

① 5   ② 10   ③ 15   ④ 20

해설 인버터의 누설전류 시험
① 교류전원을 정격 전압 및 정격 주파수로 운전한다. 직류 전원은 인버터 출력이 정격 출력이 되도록 설정한다.
② 인버터의 기체와 대지와의 사이에 1[KΩ] 이상의 저항을 접속해서 저항에 흐르는 누설전류를 측정하고, 누설전류가 5[mA] 이하일 것

정답 75.④ 76.④ 77.①

78 신재생에너지 공급인증서를 뜻하는 용어는?

① SMP
② REC
③ RPS
④ REP

해설 용어의 설명

1) SMP(System Marginal Price, 계통한계가격)
   ① 발전사업자가 한국전력 또는 전력거래소를 통하여 전력을 공급한 대가로 받는 전력판매대금
   ② 전력 판매대금 = 발전량(kWh) × SMP(원/kWh)
   ③ 계통한계가격(SMP)은 전력수요와 공급에 따라 매시간 변동됨

   ※ 매출(상업용 태양광발전소)
   매출 = 전력 판매대금 + 공급인증서(REC)판매대금
   = 발전량(kWh) × 전력 판매단가 + 발전량(MWh) × REC 단가

   ※ SMP 가격 결정
   전력거래소가 전력공급 입찰에 참여한 발전기 중 연료비가 낮은 발전기 순으로 발전기 가동을 결정, 전력거래소의 수요예측 결과 매 시간대별로 가동될 것으로 예상되는 발전기 중 가장 높은 발전 비용으로 가동되는 발전기의 연료비가 SMP를 결정

2) REC(Renewable Energy Certificate, 공급인증서) 판매대금
   신재생에너지 공급의무화제도(RPS)의 의무공급자가 자신의 신재생에너지 공급의무를 이행하기 위하여 제출해야 하는 신재생에너지 공급을 증명하는 인증서로 1MWh 발전에 1REC를 발급

3) RPS(Renewable Energy Portfolio Standard, 신·재생에너지 의무할당제)
   ① RPS 제도는 신·재생에너지 공급의무화 제도로서 FIT제도 이후에 등장한 제도이다.
   ② 50만kW(500MW) 이상 발전사업자는 반드시 일정 비율 이상을 신·재생에너지원으로 발전해야 한다.
   ③ REC은 RPS제도에서 신·재생에너지를 이용하여 에너지를 공급한 사실을 증명하는 인증서이다.

4) REP(Renewable Energy Point, 신재생에너지 생산인증서)
생산인증서의 발급 및 거래단위로서 생산인증서 발급대상 설비에서 생산된 MWh기준의 신·재생에너지 전력량에 대해 부여하는 단위를 말한다.

5) RPA(Renewable Portfolio Agreement, 신·재생에너지 개발공급협약)
정부와 에너지공급사간에 신·재생에너지 확대 보급을 위해 체결한 협약

79 태양광발전시스템 운전 특성의 측정 방법(KSC 8535:2005)에서 축전지의 측정항목으로 틀린 것은?

① 단자전압
② 충전전류
③ 충전 전력량
④ 역조류전류

해설 축전지의 측정항목
① 단자전압
② 충전전류
③ 충전 전력량
④ 방전전류
⑤ 방전 전력량

80 결정질 실리콘 태양광발전 모듈(성능)(KSC 8561:2020)에 따른 시험 장치에 해당하지 않는 것은?

① 항온항습 장치
② 단자강도 시험 장치
③ 용량보존 시험 장치
④ 기계적 하중 시험 장치

해설 결정질 실리콘 모듈의 시험장치
① 솔라 시뮬레이터
② 항온항습장치
③ 염수분무장치
④ UV 시험장치
⑤ 기계적하중 시험장치
⑥ 우박시험장치
⑦ 단자강도 시험장치

2020 제3회 기출문제

13.4.2 / 17.4.11

01 태양광발전 모듈에서 생산된 전력 3[kW]가 인버터에 입력되어 인버터 출력이 2.7[kW]가 되면 인버터 변환효율은 몇[%]인가?

① 80
② 85
③ 90
④ 111

해설 변환효율 (η)
$\eta = \dfrac{출력}{입력} \times 100 = \dfrac{2.7}{3} \times 100 = 90\ [\%]$

17.02.99

02 신에너지 및 재생에너지 개발·이용·보급 촉진법령에 따라 대통령령으로 정하는 신·재생에너지 품질검사기관이 아닌 것은?

① 한국석유관리원
② 한국임업진흥원
③ 한국에너지공단
④ 한국가스안전공사

해설 신·재생에너지 품질검사기관(신재생에너지법 시행령 제18조의13)
① 한국석유관리원
② 한국가스안전공사
③ 한국임업진흥원

13.4.14 / 15.2.10 / 16.4.31 / 17.2.17 / 18.1.64 / 18.2.8 / 19.1.7

03 태양광발전시스템에서 바이패스 다이오드의 설치 위치는?

① 분전반
② 인버터 내부
③ 적산전력계 내부
④ 태양광발전 모듈용 접속함

해설 바이패스 다이오드
1) 태양광 모듈의 그림자 영향
① 태양광 모듈은 아주 적은 일부가 그림자에 가려지더라도 모듈 전체의 출력이 크게 저하된다.

② 모듈은 각각의 태양전지를 직렬로 연결하기 때문에 수십 개의 태양전지로 구성된 모듈에서 단 한 개의 셀이 나뭇잎 등에 의해 완전히 가려졌다면 출력 값은 거의 제로(Zero)에 가깝게 떨어진다.
③ 전체 개방전압에서 그림자가 발생한 모듈의 개방전압을 뺀 값 이하에서 전압 동작점이 존재할 때에 그림자가 발생한 모듈의 전류가 역방향이 된다. 따라서 역 전압이 인가되고 부하처럼 동작되어 열이 발생되고 모듈이 파손되는 원인이 된다.

2) 대책(바이패스 다이오드)

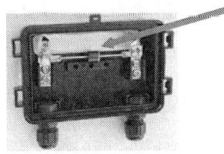

바이패스다이오드(Junction Box에 설치)

① 바이패스다이오드(Bypass Diode)는 전류를 한쪽방향으로만 흐르게 만들어 주는 부품으로 P에서 N방향으로 전류가 흐르고 반대 방향으로는 전류를 거의 통과시키지 않는다.

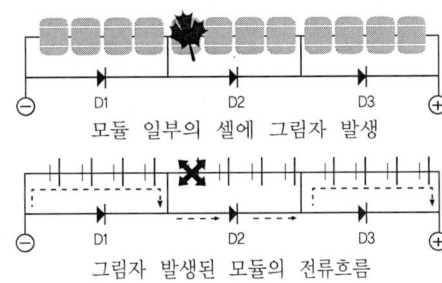

모듈 일부의 셀에 그림자 발생

그림자 발생된 모듈의 전류흐름

② 그림자로 인해 출력이 저하된 셀 또는 셀 그룹을 우회해 전류가 흐르도록 하고, 이를 통한 출력감소는 오직 그림자에 의해 가려진 셀 또는 셀 그룹에 해당하는 부분으로 제한해 출력을 유지한다.

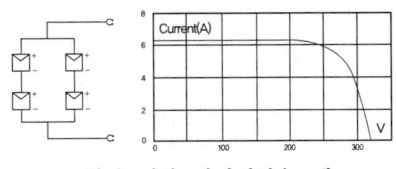

셀이 정상 연결되었을 때

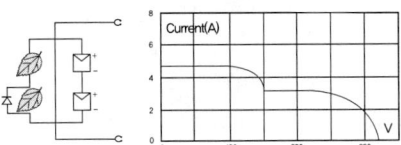

셀 일부가 정상동작하지 않을 시

정답 1. ③ 2. ③ 3. ④

③ 일반적으로 모듈 한 장(태양전지 6×9)에 셀 54개 배열의 경우에는 다이오드 3개(1개당 18개의 셀)를 설치한다.

15.04.08

04 태양광발전의 장점으로 옳은 것은?

① 에너지 밀도가 높아 대전력을 얻기가 용이하다.
② 풍부한 실리콘 재료로 인해 시스템 설치비용이 적게 든다.
③ 전력생산량에 대한 일사량 의존도가 낮아 설비 이용률이 높다.
④ 실 수용지에 직접 설치가 가능하고, 무인 자동화 운전이 가능하다.

해설 태양광발전의 특징

1) 장점
① 에너지의 원료인 태양의 빛은 무료이며, 무한이다.
② 환경오염이 없는 청정에너지원이다.
③ 발전과정에서 환경오염이 없다.
④ 유지관리 비용이 적다.

2) 단점
① 에너지밀도가 낮아 큰 설치면적이 필요하다.
② 설치장소가 한정적이며, 시스템 비용이 고가이다.
③ 발전량은 계절과 일조량의 영향을 많이 받는다.

20.02.03

05 신에너지 및 재생에너지 개발·이용·보급 촉진법령에 따라 산업통상자원부장관이 신·재생에너지 관련 통계의 조사·작성·분석 및 관리에 관한 업무의 전부 또는 일부를 하게 할 수 있도록 산업통상자원부령으로 정하는 바에 따라 지정하는 전문성이 있는 기관은?

① 통계청
② 한국전기안전공사
③ 신·재생에너지센터
④ 한국에너지기술연구원

해설 신·재생에너지센터

산업통상자원부장관은 신·재생에너지의 이용 및 보급을 전문적이고 효율적으로 추진하기 위하여 대통령령으로 정하는 에너지 관련 기관에 신·재생에너지센터를 두어 신·재생에너지 분야에 관한 다음의 사업을 하게 할 수 있다.
① 신·재생에너지의 기술개발 및 이용·보급사업의 실시자에 대한 지원·관리
② 신·재생에너지 이용의무의 이행에 관한 지원·관리
③ 신·재생에너지 공급의무의 이행에 관한 지원·관리
④ 공급인증기관의 업무에 관한 지원·관리
⑤ 설비인증에 관한 지원·관리
⑥ 신·재생에너지 설비에 대한 기술지원
⑦ 신·재생에너지 기술의 국제표준화에 대한 지원·관리
⑧ 신·재생에너지 설비 및 그 부품의 공용화에 관한 지원·관리
⑨ 신·재생에너지 설비 설치기업에 대한 지원·관리
⑩ 신·재생에너지 연료 혼합의무의 이행에 관한 지원·관리
⑪ 산업통상자원부장관은 기본계획 및 실행계획 등 신·재생에너지 관련 시책을 효과적으로 수립·시행하기 위하여 필요한 국내외 신·재생에너지의 수요·공급에 관한 통계자료를 조사·작성·분석 및 관리
⑫ 신·재생에너지 보급사업의 지원·관리
⑬ 신·재생에너지 기술의 사업화에 관한 지원·관리
⑭ 교육·홍보 및 전문인력 양성에 관한 지원·관리
⑮ 신·재생에너지 설비의 효율적 사용에 관한 지원·관리
⑯ 국내외 조사·연구 및 국제협력 사업

06 전기공사업법령에 따라 전기공사를 공사업자에게 도급을 주는 자를 의미하는 용어의 정의로 옳은 것은?

① 발주자
② 감리자
③ 수급자
④ 도급자

해설 정의

1) 전기공사 : 다음의 어느 하나에 해당하는 설비 등을 설치·유지·보수하는 공사 및 이에 따른 부대공사
① 전기설비
② 전력 사용 장소에서 전력을 이용하기 위한 전기계장

설비
③ 전기에 의한 신호표지
④ 신·재생에너지 설비 중 전기를 생산하는 설비
⑤ 지능형전력망 중 전기설비
2) 공사업(工事業) : 도급이나 그 밖에 어떠한 명칭이든 상관없이 전기공사를 업(業)으로 하는 것
3) 공사업자(工事業者) : 공사업의 등록을 한 자
4) 발주자(發注者) : 전기공사를 공사업자에게 도급을 주는 자를 말한다. 다만, 수급인으로서 도급받은 전기공사를 하도급 주는 자는 제외
5) 도급(都給) : 원도급(原都給), 하도급, 위탁, 그 밖에 어떠한 명칭이든 상관없이 전기공사를 완성할 것을 약정하고, 상대방이 그 일의 결과에 대하여 대가를 지급할 것을 약정하는 계약
6) 하도급(下都給) : 도급받은 전기공사의 전부 또는 일부를 수급인이 제3자와 체결하는 계약
7) 수급인(受給人) : 발주자로부터 전기공사를 도급받은 공사업자
8) 시공책임형 전기공사관리 : 전기공사업자가 시공 이전 단계에서 전기공사관리 업무를 수행하고 아울러 시공 단계에서 발주자와 시공 및 전기공사관리에 대한 별도의 계약을 통하여 전기공사의 종합적인 계획·관리 및 조정을 하면서 미리 정한 공사금액과 공사 기간 내에서 전기설비를 시공하는 것

07 국토의 계획 및 이용에 관한 법령에 따라 개발행위허가를 받아야 하는 행위로 틀린 것은?
① 흙·모래·자갈·바위 등의 토석을 채취하는 행위(토지의 형질 변경을 목적으로 하는 것을 제외한다.)
② 절토(땅깎기)·성토(흙쌓기)·정지·포장 등의 방법으로 토지의 형상을 변경하는 행위와 공유수면의 매립(경작을 위한 토지의 형질 변경을 제외한다.)
③ 녹지지역·관리지역·농림지역 및 자연환경보전지역 안에서 관계 법령에 따른 허가·인가 등을 받지 아니하고 행하는 토지의 분할([건축법] 제57조에 따른 건축물이 있는 대지는 제외한다.)
④ 녹지지역·관리지역 또는 자연환경보전지역 안에서 건축물의 울타리 안(적법한 절차에 의하여 조성된 대지에 한한다.)에 위치한 토지에 물건을 1월 이상 쌓아놓는 행위

해설 개발행위의 허가
다음의 어느 하나에 해당하는 행위를 하려는 자는 개발행위의 허가를 받아야 한다
① 건축물의 건축 또는 공작물의 설치
② 토지의 형질 변경(경작을 위한 경우로서 대통령령으로 정하는 토지의 형질 변경은 제외한다)
③ 토석의 채취
④ 토지 분할(건축물이 있는 대지의 분할은 제외한다)
⑤ 녹지지역·관리지역 또는 자연환경보전지역에 물건을 1개월 이상 쌓아놓는 행위

14.3.31 / 16.2.35 / 18.2.24 / 20.2.17
08 국내 태양광 발전부지 선정 시 일반적인 고려사항으로 틀린 것은?
① 일사량이 좋고 남향이어야 한다.
② 바람이 잘 들 수 있는 부지가 좋다.
③ 용량에 맞는 부지를 선정해야 한다.
④ 같은 지역이라도 저지대 부지가 좋다.

해설 부지선정 시 일반적인 고려사항
① 일사량 : 남향을 표준으로 한다.
② 일조시간 : 고지대가 유리함
③ 자연환경검토 : 적설 및 적운이 적은 지역, 음영발생 여부, 바람이 잘 들 수 있을 것(모듈 효율 상승), 지반지질 상태 등
④ 접근성 : 비포장도로 4[m], 포장도로 3[m]
⑤ 행정상 조건(인허가문제) : 각 지자체별로 개발행위 및 산지전용 가능여부 등에 관한 규제가 상이 함
⑥ 계통연계 : 3상 전주 인입 가능 여부 및 한전선로(분산형전원) 용량 확인
⑦ 경제성(토지비, 송전 설치비, 발전용량에 맞는 부지 선정 등)
⑧ 기타 – 민원

09 전기사업법령에 따른 전기사업의 허가기준으로 틀린 것은?   21.2.10

① 전기사업이 계획대로 수행될 수 있을 것
② 발전소가 특정지역에 집중되어 전력계통의 운영에 용이할 것
③ 전기사업을 적정하게 수행하는 데 필요한 재무능력 및 기술능력이 있을 것
④ 배전사업의 경우 둘 이상의 배전사업자의 사업구역 중 그 전부 또는 일부가 중복되지 아니할 것

[해설] 전기사업의 허가기준
① 전기사업을 적정하게 수행하는 데 필요한 재무능력 및 기술능력이 있을 것
② 전기사업이 계획대로 수행될 수 있을 것
③ 배전사업 및 구역전기사업의 경우 둘 이상의 배전사업자의 사업구역 또는 구역전기사업자의 특정한 공급구역 중 그 전부 또는 일부가 중복되지 아니할 것
④ 구역전기사업의 경우 특정한 공급구역의 전력수요의 50% 이상으로서 대통령령으로 정하는 공급능력을 갖추고, 그 사업으로 인하여 인근 지역의 전기사용자에 대한 다른 전기사업자의 전기공급에 차질이 없을 것
⑤ 발전소나 발전연료가 특정 지역에 편중되어 전력계통의 운영에 지장을 주지 아니할 것
⑥ 태양광, 풍력, 연료전지를 이용하는 발전사업의 경우 대통령령으로 정하는 바에 따라 발전사업 내용에 대한 사전고지를 통하여 주민 의견수렴 절차를 거칠 것
⑦ 그 밖에 공익상 필요한 것으로서 대통령령으로 정하는 기준에 적합할 것

10 태양광발전용 인버터의 단독운전방지기능에서 능동적인 검출 방식이 아닌 것은?   13.4.10 / 13.4.62 / 17.1.17 / 18.1.13 / 18.1.32

① 부하 변동방식
② 주파수 시프트방식
③ 무효전력 변동방식
④ 전압위상 도약방식

[해설] 단독운전 검출방식
(1) 수동적 방식
  단독운전에 의한 계통상태의 변화만을 검출
  ① 주파수 변화율 검출방식
  ② 전압위상도약 검출방식
  ③ 3차 고조파전압 왜곡검출방식

(2) 능동적 방식
  각 분산형전원이 동기(同期)한 전기적 신호(능동신호)를 계통측에 주입함으로서 단독운전이 발생했을 때 능동신호에 기인하는 계통상태의 변화를 검출
1) 종래형 능동적 방식
  ① 주파수 시프트 방식
  ② 슬립 모드 주파수 시프트 방식
  ③ 유효·무효 전력변동방식
  ④ 차수간 고조파 주입방식
  ⑤ 부하변동방식

2) 시형 능동적 방식(스텝 주입부 주파수 피드백 방식)

11 위도가 35°인 지역의 하지 시 태양의 남중고도는 몇 도(°)인가?   17.1.23 / 17.4.40 / 18.1.36 / 18.2.1 / 19.2.29 / 21.2.2

① 68.5°   ② 78.5°
③ 88.5°   ④ 58.5°

[해설] 남중고도(하지) = 90° − 위도 + 23.5°
         = 90° − 35° + 23.5° = 78.5°

12 전기사업법령에 따라 3000kW를 초과하는 태양광 발전사업 허가절차를 나타낸 것으로 옳은 것은?

┌─────────────────────────────┐
│ ㉠ 발전사업 신청서 접수   │
│ ㉡ 전기사업 허가증 발급   │
│ ㉢ 발전사업 신청서 작성 및 제출│
│ ㉣ 신청인에 통지   │
│ ㉤ 전기위원회 심의   │
│ ㉥ 전기안전공사 심의   │
│ ㉦ 태양광발전산업협회 심의   │
└─────────────────────────────┘

정답 9.② 10.④ 11.②

① ㉢ → ㉠ → ㉤ → ㉡ → ㉣
② ㉠ → ㉢ → ㉥ → ㉡ → ㉣
③ ㉢ → ㉠ → ㉡ → ㉦ → ㉣
④ ㉢ → ㉠ → ㉦ → ㉡ → ㉣

해설 태양광발전사업 허가절차

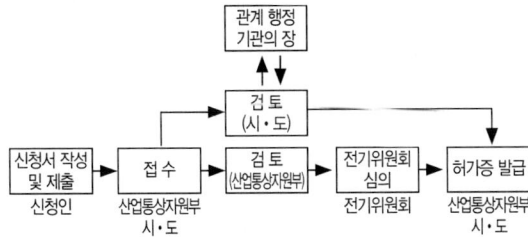

13.4.91 / 16.2.62 / 17.1.70 / 20.1.7 / 20.3.13 / 20.4.3

13 전기공사업법령에 따라 변전기기 설치 등과 같은 변전설비공사의 하자담보책임기간은?

① 1년 ② 2년
③ 3년 ④ 4년

해설 전기공사의 종류별 하자담보책임기간(전기공사업법 시행령 제11조의2)

전기공사의 종류	하자담보 책임기간
1) 발전설비공사	
① 철근콘크리트 또는 철골구조부	7년
② ①외 시설공사 3년	3년
2) 터널식 및 개착식 전력구 송전·배전설비공사	
① 철근콘크리트 또는 철골구조부	10년
② ①외 송전설비공사	5년
③ ①외 배전설비공사	2년
3) 지중 송전·배전설비공사	
① 송전설비공사	5년
② 배전설비공사	3년
4) 송전설비공사	3년
5) 변전설비공사(전기설비 및 기기설치공사를 포함한다)	3년
6) 배전설비공사	
① 배전설비 철탑공사	3년
② 가목 외 배전설비공사	2년
7) 산업시설물, 건축물 및 구조물의 전기설비공사	1년
8) 그 밖의 전기설비공사	1년

14 전기사업법령에 따라 기금을 사용할 경우 대통령령으로 정하는 전력산업과 관련한 중요사업에 해당하지 않는 것은?

① 전기의 특수적 공급을 위한 사업
② 전력사업 분야 전문인력의 양성 및 관리
③ 전력사업 분야 개발기술의 사업화 지원사업
④ 전력사업 분야의 시험·평가 및 검사시설의 구축

해설 전력산업과 관련한 중요사업
① 안전관리를 위한 사업
  자연환경 및 생활환경의 적정한 관리·보존을 위한 사업
② 전기의 보편적 공급을 위한 사업
③ 전력산업기반조성사업 및 전력산업기반조성사업에 대한 기획·관리 및 평가
④ 전력산업 및 전력산업 관련 융복합 분야 전문인력의 양성 및 관리
⑤ 전력산업 분야의 시험·평가 및 검사시설의 구축
⑥ 전력산업의 해외 진출 지원사업
⑦ 전력산업 분야 개발기술의 사업화 지원사업

15 신·재생에너지 공급의무화제도 및 연료 혼합의무화제도 관리·운영지침에 따라 신·재생에너지 발전설비용량이 몇 kW미만인 발전소는 공급인증서 발급수수료 및 거래수수료는 면제하는가?

① 100 ② 200
③ 500 ④ 1000

정답 12.① 13.③ 14.① 15.①

해설 공급인증서 발급 및 거래수수료
① 공급인증서 발급수수료는 공급인증서 1REC당 50원으로 하며, 공급인증서 거래수수료는 공급인증서 1REC당 50원으로 한다.
② 국가 또는 지방자치단체에 대하여 발급하는 공급인증서의 경우 공급인증서 발급수수료 및 매도자 거래수수료를 면제한다.
③ 한국수자원공사가 발급받는 공급인증서에 대해서는 발급수수료를 면제한다.
④ 신재생에너지 발전설비용량이 100kW 미만인 발전소는 공급인증서 발급수수료 및 거래수수료를 면제한다. 다만, 100kW 이상인 발전소에 대해서는 공급인증기관의 운영규칙에 따라 공급인증서 발급수수료 및 거래수수료를 ①의 범위 이내에서 달리 운영할 수 있다.
⑤ 발급수수료 및 거래수수료는 공급인증기관의 재원으로 귀속되며, 공급인증기관의 업무를 수행하는 데 사용하여야 한다.

17.4.39 / 19.1.23
16 다음 설명에 대한 것으로 옳은 것은?

> 투자에 드는 지출액의 현재 가치가 미래에 그 투자에서 기대되는 현금 수입액의 현재 가치와 같아지는 할인율

① 비용편익률   ② 투자회수율
③ 내부수익률   ④ 순현재가치율

해설 내부수익률 분석(internal Rate of Return : IRR)
편익과 비용의 합계가 동일하게 되는 수준의 현재가치 할인율을 의미한다. 즉, 어떤 사업의 순현재가치의 값을 '0'으로 하는 특정한 값의 할인율을 의미하며, IRR이 클수록 좋은 대안이고, IRR>r이면 경제성이 있다고 판단한다.

13.4.88 / 15.2.94 / 17.4.100 / 19.2.83
17 신에너지 및 재생에너지 개발·이용·보급 촉진법의 제정 목적으로 틀린 것은?

① 에너지원의 단일화
② 온실가스 배출의 감소
③ 에너지의 안정적인 공급
④ 에너지 구조의 환경친화적 전환

해설 목적(신재생에너지법 제1조)
① 신에너지 및 재생에너지의 기술개발 및 이용·보급 촉진
② 신에너지 및 재생에너지 산업의 활성화를 통하여 에너지원을 다양화
③ 에너지의 안정적인 공급
④ 에너지 구조의 환경친화적 전환
⑤ 온실가스 배출의 감소를 추진함으로써 환경의 보전, 국가경제의 건전하고 지속적인 발전 및 국민복지의 증진에 이바지함

14.4.32 / 15.4.20 / 16.4.13 / 18.4.29 / 19.2.10
18 독립형 태양광발전설비의 전원시스템용 축전지 용량선정 시 고려사항에 해당되지 않은 것은?

① 보수율   ② 설계습도
③ 부조일수   ④ 방전심도(DOD)

해설 축전지 용량(C)과 방전종지전압(Final Discharge Voltage)
1) 축전지 용량(C)

$$C = \frac{1일\ 적산부하\ 전력량(L_d) \times 일조가\ 없는\ 날(D)}{보수율(L) \times 공칭\ 축전지\ 전압 \times 축전지\ 개수 \times 방전심도(DOD)}$$

2) 방전종지전압(Final Discharge Voltage)
① 일반적으로 축전지는 어느 정도 방전하면 그 후의 전압 강하는 매우 급격하며, 축전지에 악영향을 미친다. 따라서 일정선 이상 방전하지 않기 위하여 어느 한도를 정할 필요가 있는데 이점을 방전종지전압이라 한다.
② 방전종지전압 공칭 축전지 전압(납축전지의 경우 2[V])
③ 방전종지전압 = 공칭 축전지 전압(납축전지의 경우 2[V]) × 축전지 개수

※ 부조일수 : 하루 중 해가 떠 있는 일조시간이 0.1시간 미만인 날의 수

19 전기사업법령에 따라 전기사업자가 사업에 필요한 전기설비를 설치하고 사업을 시작하기 위하여 정당한 사유가 없다면 산업통상자원부장관이 지정한 준비기간은 몇 년을 넘을 수 없는가?

① 3년　　② 5년
③ 7년　　④ 10년

해설 전기설비의 설치 및 사업의 개시 의무(전기사업법 제9조)
① 전기사업자는 산업통상자원부장관이 지정한 준비기간에 사업에 필요한 전기설비를 설치하고 사업을 시작하여야 한다.
② 준비기간은 10년을 넘을 수 없다. 다만, 산업통상자원부장관이 정당한 사유가 있다고 인정하는 경우에는 준비기간을 연장할 수 있다.
③ 산업통상자원부장관은 전기사업을 허가할 때 필요하다고 인정하면 전기사업별 또는 전기설비별로 구분하여 준비기간을 지정할 수 있다.
④ 전기사업자는 사업을 시작한 경우에는 지체 없이 그 사실을 산업통상자원부장관에게 신고하여야 한다.

20 면적이 200cm²이고 변환효율이 20%인 태양광 발전 모듈에 AM 1.5의 빛을 입사시킬 경우에 생산되는 전력(W)은? (단, 수직복사 E는 1000W/m² 이고 온도는 25℃이다.)

① 3　　② 4
③ 5　　④ 6

해설 전력 W = 면적 × 복사량 × 효율
　　　　 = $200 \times 10^{-4} \times 1,000 \times 0.2 = 4\,[W]$

21 지반조사 중 본조사 시 검토하여야 하는 사항으로 틀린 것은?

① 지진 이력　　② 투수조건
③ 동결 가능성　④ 지반 성층 상태

해설 본조사 시 검토하여야 하는 사항
① 지반의 성층상태
② 지반이 강도특성
③ 지반의 변형특성
④ 투수조건
⑤ 지반의 다짐 특성
⑥ 지반개량 가능성
⑦ 동결 가능성

22 전기설비기술기준의 판단기준에 따라 가반형(可搬型)의 용접 전극을 사용하는 아크용접장치의 용접변압기 1차측 전로의 대지전압은 몇 V 이하이어야 하는가?

① 30　　② 60
③ 150　　④ 300

해설 아크 용접기(한국전기설비규정)
① 용접변압기는 절연변압기일 것.
② 용접변압기의 1차측 전로의 대지전압은 300 V 이하일 것.
③ 용접변압기의 1차측 전로에는 용접 변압기에 가까운 곳에 쉽게 개폐할 수 있는 개폐기를 시설할 것.

23 전기실에 설치하는 소화설비로 적합하지 않은 것은?

① 이너젠 소화설비
② 할론가스 소화설비
③ 스프링클러 소화설비
④ 이산화탄소 소화설비

해설 헤드의 설치제외
스프링클러설비를 설치하여야 할 특정소방대상물에 있어서 다음의 어느 하나에 해당하는 장소에는 스프링클러 헤드를 설치하지 아니할 수 있다.
① 계단실·경사로·승강기의 승강로·비상용승강기의 승강장·파이프덕트 및 덕트피트·목욕실·수영장·화장실·직접 외기에 개방되어 있는 복

도·기타 이와 유사한 장소
② 통신기기실·전자기기실·기타 이와 유사한 장소
③ 발전실·변전실·변압기·기타 이와 유사한 전기설비가 설치되어 있는 장소
④ 병원의 수술실·응급처치실·기타 이와 유사한 장소

17.4.21 / 18.1.25 / 19.2.39

24 전기도면 관련 기호 중 전동기를 나타내는 기호는?

① Ⓜ ② Ⓗ
③ Ⓖ ④ Ⓣ

해설 전기도면 기호
① 전동기 기호
   필요에 따라 전기방식, 전압, 용량을 표기한다.
   Ⓜ 3Ø 200W
      3.7kW

② 전열기
   필요에 따라 종류 및 크기를 표기
   Ⓗ

③ 발전기
   Ⓖ

④ 온도계
   Ⓣ

15.4.42 / 17.4.85

25 신재생발전기 계통연계기준에 따라 배전계통의 일부가 배전계통의 전원과 전기적으로 분리된 상태에서 신재생발전기에 의해서만 가압되는 상태를 말하는 것은?

① 단독운전
② 전압요동
③ 출력 증가율
④ 역송 병렬운전

해설 단독운전(Islanding)
연계된 계통의 고장이나 작업 등으로 인해 분산형전원이 공통 연결점을 통해 한전계통의 일부를 가압하는 단독운전 상태가 발생할 경우 해당 분산형전원 연계 시스템은 이를 감지하여 단독운전 발생 후 최대 0.5초 이내에 한전계통에 대한 가압을 중지해야 한다.

14.4.35 / 15.4.37 / 17.1.27 / 18.2.37 / 20.2.40 / 20.3.26 / 21.2.22

26 설계도서 작성에 대한 설명으로 틀린 것은?

① 기본설계, 실시설계 순으로 작성한다.
② 실시설계는 기본설계도서에 따라 상세하게 설계하여 도면, 공사시방서 및 공사비 예산서를 작성한다.
③ 공사시방서는 시설물의 안전 및 공사시행의 적정성과 품질확보 등을 위하여 시설물별로 정한 표준적인 시공기준이다.
④ 기본설계란 기본계획으로 완성된 건축물의 개요(용도, 구조, 규모, 형상 등), 구조계획 등을 설비기능면에서 재검토하는 것이다.

해설 공사시방서(건설공사의 계약도서에 포함된 시공기준)
표준시방서 및 전문시방서를 기본으로 하여 작성하되, 공사의 특수성, 지역 여건, 공사방법 등을 고려하여 기본설계 및 실시설계 도면에 구체적으로 표시할 수 없는 내용과 공사 수행을 위한 시공방법, 자재의 성능·규격 및 공법, 품질시험 및 검사 등 품질관리, 안전관리, 환경관리 등에 관한 사항을 기술할 것

27 평지붕에 태양광발전시스템 설치를 위한 설계 검토시, 평지붕의 적설하중 산정에 사용되지 않은 인자는?

① 노출계수
② 온도계수
③ 지붕면 외압계수
④ 지상적설하중의 기본값

정답 24. ① 25. ① 26. ③

해설 **평지붕의 적설하중(S_f)**
$S_f = C_b \cdot C_e \cdot C_t \cdot I_s \cdot S_g (kN/m^2)$
C_b : 기본지붕적설하중계수
C_e : 노출계수
C_t : 온도계수
I_s : 중요도계수
S_g : 지상적설하중의 기본값

18.2.78 / 19.2.72 / 20.3.28 / 20.4.27

28 분산형전원 배전계통연계 기술기준에 따라 태양광발전시스템 및 그 연계 시스템의 운영시 태양광발전시스템 연결점에서 최대 정격 출력전류의 몇 %를 초과하는 직류 전류를 배전계통으로 유입시켜서는 안 되는가?

① 0.3
② 0.5
③ 0.7
④ 1.0

해설 **전기품질 항목**
① 직류 유입 제한
분산형전원 및 그 연계 시스템은 분산형전원 연결점에서 최대 정격 출력전류의 0.5[%]를 초과하는 직류 전류를 계통으로 유입시켜서는 안된다.
② 역률
분산형전원의 역률은 90[%] 이상으로 유지함을 원칙으로 한다.
③ 플리커(flicker)
④ 고조파

29 고정전기기계기구에 부속하는 코드 및 캡타이어 케이블의 시설기준으로 틀린 것은?

① 코드 및 캡타이어 케이블은 가급적 길게 할 것
② 코드 및 캡타이어 케이블은 현저한 충격을 받지 않도록 할 것
③ 코드 및 캡타이어 케이블은 부득이 지지하여야 할 경우 단지 그 이동을 방지할 수 있을 정도로 그칠 것

④ 코드 및 캡타이어 케이블의 외상을 예방하기 위해 금속관 등의 내부에 배선할 경우 관 또는 몰드의 말단에 적당한 부싱을 사용할 것

해설 코드 및 캡타이어 케이블은 소형 가정용 전기기계기구에 부속되고 또한 길이가 2.5m 이하이며 건조한 장소에서 사용될 경우에 한한다.

15.4.84 / 17.2.89

30 전기설비기술기준의 판단기준에 따라 전선을 접속하는 경우 전선의 세기를 몇 % 이상 감소시키지 않아야 하는가?

① 10
② 20
③ 25
④ 30

해설 **전선의 접속**
전선을 접속하는 경우에는 전선의 전기저항을 증가시키지 아니하도록 접속하여야 하며, 전선의 세기[인장하중(引張荷重)]를 20% 이상 감소시키지 아니할 것.

15.2.59 / 18.1.51

31 전력시설물 공사감리업무 수행지침에 따라 감리원이 공사업자로부터 물가변동에 따른 계약금액 조정요청을 받은 경우 공사업자로 하여금 작성·제출하도록 하는 서류 목록이 아닌 것은?

① 물가변동 조정 요청서
② 계약금액 조정 요청서
③ 계약금액 조정 산출근거
④ 안전관리비 사용 내역서

해설 **물가변동으로 인한 계약금액의 조정요청시 공사업자 제출서류**
감리원은 제출된 서류를 검토·확인하여 조정요청을 받은 날부터 14일 이내에 검토의견을 발주자에게 보고
① 물가변동조정 요청서

정답 27. ③ 28. ② 29. ① 30. ② 31. ④

② 계약금액조정 요청서
③ 품목조정율 또는 지수조정율의 산출근거
④ 계약금액 조정 산출근거
⑤ 그밖에 설계변경에 필요한 서류

⑥ 제도의 품질 및 선명성, 도면작성 표준에 일치 여부
⑦ 도면으로 표시 곤란한 내용은 시공시 유의사항으로 작성되었는지 등의 검토

32 전력기술관리법령에 따라 설계업 또는 감리업을 등록한 자는 등록사항이 변경된 경우, 변경사유가 발생한 날부터 며칠 이내에 산업통상자원부령으로 정하는 바에 따라 시·도지사에게 신고하여야 하는가?

① 7   ② 10
③ 15 ④ 30

해설 설계업·감리업에 등록한 자는 등록사항이 변경된 경우에는 변경 사유가 발생한 날부터 30일 이내에 산업통상자원부령으로 정하는 바에 따라 시·도지사에게 신고하여야 한다. 다만, 산업통상자원부령으로 정하는 경미한 사항을 변경하는 경우에는 그러하지 아니하다.

19.4.55

33 전력시설물 공사감리업무 수행지침에 따라 감리원은 공사업자로부터 시공상세도를 사전에 제출받아 검토·확인하여 승인한 후 시공할 수 있도록 하여야 한다. 제출받은 날로부터 며칠 이내에 승인하여야 하는가?

① 3   ② 5
③ 7   ④ 14

해설 시공상세도 승인
공사업자가 제출한 날부터 7일 이내에 검토·확인하여 승인한다. 다만, 7일 이내에 검토·확인이 불가능한 때에는 사유 등을 명시하여 통보하고, 통보사항이 없는 때에는 승인한 것으로 본다.
① 설계도면, 설계설명서 또는 관계 규정에 일치하는지 여부
② 현장의 시공기술자가 명확하게 이해할 수 있는지 여부
③ 실제시공 가능 여부
④ 안정성의 확보 여부
⑤ 계산의 정확성

34 전기설비기술기준의 판단기준에 따라 저압 옥내 직류전기설비의 접지시설을 양(+)도체를 접지하는 경우 무엇에 대한 보호를 하여야 하는가?

① 지락   ② 감전
③ 단락   ④ 과부하

해설 저압 옥내 직류전기설비의 접지
1) 저압 옥내 직류전기설비는 전로 보호장치의 확실한 동작의 확보, 이상전압 및 대지전압의 억제를 위하여 직류 2선식의 임의의 한 점 또는 변환장치의 직류측 중간점, 태양전지의 중간점 등을 접지하여야 한다. 다만, 직류 2선식을 다음에 따라 시설하는 경우는 그러하지 아니하다.
① 사용전압이 60V 이하인 경우
② 접지검출기를 설치하고 특정구역내의 산업용 기계기구에만 공급하는 경우
③ 교류 전로로부터 공급을 받는 정류기에서 인출되는 직류계통
④ 최대전류 30mA 이하의 직류화재경보회로
⑤ 절연감시장치 또는 절연고장점검출장치를 설치하여 관리자가 확인할 수 있도록 경보장치를 시설하는 경우
2) 직류전기설비를 시설하는 경우는 감전에 대한 보호를 하여야 한다.
3) 직류전기설비의 접지시설은 전기부식방지를 하여야 한다.

35 전력기술관리법령에 따라 설계업 또는 감리업을 휴업·재개업(再開業) 또는 폐업한 경우에는 산업통상자원부령으로 정하는 바에 따라 누구에게 신고하여야 하는가?

① 시·도지사
② 전기안전공사장
③ 전기기술인협회장
④ 산업통상자원부장관

정답 32. ④ 33. ③ 34. ②

해설 휴업 등의 신고

설계업 또는 감리업을 휴업·재개업(再開業) 또는 폐업한 경우에는 산업통상자원부령으로 정하는 바에 따라 시·도지사에게 신고하여야 한다.

13.4.47 / 17.4.22 / 19.2.32

36 태양광발전 모듈에서 인버터까지의 전압강하 계산식은? (단, A: 전선의 단면적(mm²), I : 전류(A), L : 전선 1가닥의 길이(m)이다.)

① $e = \dfrac{17.8 \times L \times I}{1000 \times A}$

② $e = \dfrac{30.8 \times L \times I}{1000 \times A}$

③ $e = \dfrac{33.6 \times L \times I}{1000 \times A}$

④ $e = \dfrac{35.6 \times L \times I}{1000 \times A}$

해설 전압강하 및 전선 굵기 계산식

전기공급방식	전압강하(e)	전선의 단면적(A)
단상 2선식 직류 2선식	$e = \dfrac{35.6 \times L \times I}{1,000 \times A}$	$A = \dfrac{35.6 \times L \times I}{1,000 \times e}$
3상 3선식	$e = \dfrac{30.8 \times L \times I}{1,000 \times A}$	$A = \dfrac{30.8 \times L \times I}{1,000 \times e}$
단상 3선식 3상 4선식 직류 3선식	$e = \dfrac{17.8 \times L \times I}{1,000 \times A}$	$A = \dfrac{17.8 \times L \times I}{1,000 \times e}$

15.4.52 / 18.1.42

37 전력시설물 공사관리업무 수행지침에 따라 감리원은 공사가 시작된 경우 공사업자로부터 착공신고서를 제출받아 적정성 여부를 검토하여 며칠 이내에 발주자에게 보고하여야 하는가?

① 2 　　② 3
③ 5 　　④ 7

해설 착공신고서 검토 및 보고

감리원은 공사가 시작된 경우에는 공사업자로부터 다음의 서류가 포함된 착공신고서를 제출받아 적정성 여부를 검토하여 7일 이내에 발주자에게 보고하여야 한다.
① 시공관리책임자 지정통지서(현장관리조직, 안전관리자)
② 공사 예정공정표
③ 품질관리계획서
④ 공사도급 계약서 사본 및 산출내역서
⑤ 공사 시작 전 사진
⑥ 현장기술자 경력사항 확인서 및 자격증 사본
⑦ 안전관리계획서
⑧ 작업인원 및 장비투입 계획서
⑨ 그밖에 발주자가 지정한 사항

38 설계감리업무 수행지침에 따라 감리원이 발주자에게 제출하는 설계감리업무 수행계획서에 포함되지 않은 것은?

① 보안 대책 및 보안각서
② 세부공정계획 및 업무흐름도
③ 설계감리 검토의견 및 조치 결과서
④ 용역명, 설계감리규모 및 설계감리기간

해설 설계용역의 관리

설계감리원은 발주된 설계용역의 특성에 맞게 지침에 따른 설계감리원 세부업무 내용을 정하고 다음의 사항을 포함한 설계감리업무 수행계획서를 작성하여 발주자에게 제출하여야 한다.
① 대상 : 용역명, 설계감리규모 및 설계감리기간 등
② 세부시행계획 : 세부공정계획 및 업무흐름도 등
③ 보안 대책 및 보안각서
④ 그 밖에 발주자가 정한 사항

15.4.16 / 16.4.35 / 19.1.22 / 19.2.21 / 19.4.29 / 20.4.39

39 태양광발전시스템 출력이 38500W, 모듈 최대출력이 175W, 모듈의 직렬개수가 20장 일 때, 병렬 회로수는?

① 10　　② 11　　③ 12　　④ 13

정답 35.① 36.④ 37.④ 38.③

해설 병렬 회로수(N_P)

$$N_P = \frac{출력\ 전력}{모듈\ 최대\ 전력 \times 1스트링\ 직렬\ 매수}$$

$$= \frac{38,500}{175 \times 20} ≒ 11$$

16.2.24 / 16.4.38

40 태양광발전 어레이 가대를 아래와 같이 설계하고자 한다. 설계 순서를 옳게 나열한 것은?

> ⓐ 태양광발전 모듈의 배열 결정
> ⓑ 설치장소 결정
> ⓒ 상정최대하중 산출
> ⓓ 지지대 기초 설계
> ⓔ 지지대의 형태, 높이, 구조 결정

① ⓐ → ⓒ → ⓔ → ⓑ → ⓓ
② ⓑ → ⓐ → ⓔ → ⓒ → ⓓ
③ ⓐ → ⓓ → ⓒ → ⓔ → ⓑ
④ ⓑ → ⓒ → ⓐ → ⓔ → ⓓ

해설 가대 설계의 절차
어레이 지지대는 지역에 따라 설치형태는 여러 종류가 있으며, 지지대의 설계는 설치장소 상황 및 환경을 충분히 파악할 필요가 있다.

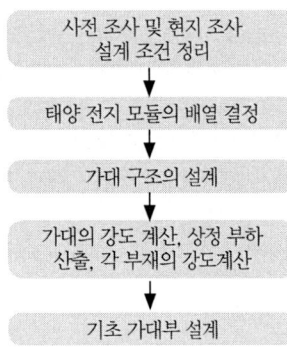

13.4.42 / 16.4.58

41 케이블 트레이 시공방식의 장점이 아닌 것은?

① 방열특성이 좋다.
② 허용전류가 크다.
③ 재해를 거의 받지 않는다.
④ 장래 부하 증설 시 대응력이 크다.

해설 케이블 트레이 시공방식의 장점

① 방열특성이 좋다
② 허용전류가 크다
③ 장래 부하 증설 시 대응력이 좋다.

16.2.20

42 궤도전자가 강한 에너지를 받아 원자 내의 궤도를 이탈하여 자유전자가 되는 것을 무엇이라 하는가?

① 여기   ② 전리
③ 공진   ④ 방사

해설 전리(Ionization)
입사 방사선이 원자(전기적으로 중성)의 궤도전자에 전자의 결합에너지보다 큰 에너지를 부여함으로써 원자로부터 전자를 제거하는 현상으로, 이온화라고도 한다.

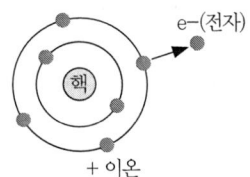

43 공정관리시스템에서 관리적 측면의 공정관리시스템이 아닌 것은?

① 시간 관리   ② 지원 도구
③ 자원 관리   ④ 생산성 관리

44 터파기(KCS 11 20 15:2016)에 따라 굴착작업시 유의사항으로 틀린 것은?

① 굴착 주위에 과다한 압력을 피하도록 하여야 한다.
② 굴착 중 물이 고이지 않도록 배수장비를 갖춘다.
③ 방호계획은 고정시설물뿐만 아니라 차량 및 주민 등에 대해서도 수립한다.
④ 정해진 깊이보다 깊이 굴착된 경우는 지하수위 상승공법을 사용하여 원지반보다 연약하지 않도록 한다.

해설 굴착작업시 유의사항
① 정해진 깊이보다 깊이 굴착하지 않도록 하고 만약 깊이 굴착된 경우는 다시 되메우기하고 다짐공법을 사용하여 원지반보다 연약하지 않도록 한다.
② 굴착 중 물이 고이지 않도록 배수장비를 갖춘다.
③ 굴착부 주변의 가옥이나 담장 등과 같은 기존 고정 구조물에 근접한 장소에서의 굴착은 구조물의 기초를 이완시키거나 용수, 지하수 배출시 주변 지반의 지지력을 저하 시키므로 인접 구조물의 피해가 최소화되도록 대책을 수립한다.
④ 방호계획은 고정시설물뿐만 아니라 차량 및 주민 등에 대해서도 수립한다.
⑤ 굴착된 토사 혹은 기타 재료는 굴착 비탈면의 안정성에 영향이 없는 위치에 쌓아야 하며 굴착면 안으로 낙하 되거나 붕괴되어 유입되지 않도록 유지하여야 한다. 또한, 굴착 주위에 과다한 압력을 피하도록 하여야 한다.
⑥ 작업원 혹은 장비가 충분히 횡단할 수 있도록 관로 굴착 개소에 난간을 갖춘 가교를 설치하여야 한다.

45 가요전선관 공사의 시설방법에 대한 설명으로 틀린 것은?

① 가요전선관 상호의 접속은 커플링으로 하여야 한다.
② 가요전선관과 박스의 접속은 접속기로 접속하여야 한다.
③ 전선은 절연전선(옥외용 비닐 절연전선을 제외한다.)을 사용한다.
④ 습기가 많은 장소 또는 물기가 있는 장소에는 2종 가요전선관을 사용한다.

해설 가요전선관 공사의 시설조건
① 전선은 절연전선(옥외용 비닐절연전선을 제외한다)일 것.
② 전선은 연선일 것. 다만, 단면적 10 ㎟(알루미늄선은 단면적 16 ㎟) 이하인 것은 그러하지 아니하다.
③ 가요전선관 안에는 전선에 접속점이 없도록 할 것.
④ 가요전선관은 2종 금속제 가요전선관일 것. 다만, 전개된 장소 또는 점검할 수 있는 은폐된 장소(옥내배선의 사용전압이 400V 초과인 경우에는 전동기에 접속하는 부분으로서 가요성을 필요로 하는 부분에 사용하는 것에 한한다)에는 1종 가요전선관(습기가 많은 장소 또는 물기가 있는 장소에는 비닐 피복 1종 가요전선관에 한한다)을 사용할 수 있다.

46 태양광발전용 구조물의 기초공사에 관련된 내용으로 틀린 것은?

① 설계하중에 대한 구조적 안정성을 확보해야 한다.
② 현장 여건을 고려하여 시공의 가능성을 판단해야 한다.
③ 기초의 침하 정도는 구조물의 허용 침하량 이내에 있어야 한다.
④ 국부적인 지반 쇄굴의 저항을 고려하여 최대한의 깊이를 유지해야 한다.

해설 국부적인 지반 세굴의 저항을 고려하여, 쇄석매트, 아스팔트매트, 합성수지매트, 콘크리트블록을 설치하여야 한다.

47 계통의 사고에 대해 보호대상물을 보호하고 사고의 파급을 최소화 해주는 보호협조 기기는?

① 개폐기   ② 변압기
③ 보호계전기   ④ 한전계량기

정답 44. ④ 45. ④ 46. ④ 47. ③

해설 보호계전기(protective relay)

전기설비의 고장(단락, 지락 등) 시 사람 및 기기의 손상을 최소한으로 억제하여 전기설비의 안정을 유지하도록 설치하여야 한다.

15.4.71 / 16.2.67 / 18.1.15 / 18.2.63 / 18.4.62 / 20.4.51

48 [보기]에서 태양광발전설비 인버터 출력회로의 절연저항 측정 순서를 옳게 연결한 것은?

> 가. 태양전지 회로를 접속함에서 분리한다.
> 나. 분전반 내의 분기 차단기를 개방한다.
> 다. 직류측의 모든 입력단자 및 교류측의 전체 출력단자를 각각 단락한다.
> 라. 교류단자와 대지 간의 절연저항을 측정한다.

① 가 → 나 → 다 → 라
② 나 → 가 → 다 → 라
③ 다 → 가 → 나 → 라
④ 가 → 다 → 나 → 라

해설 인버터의 절연저항 측정

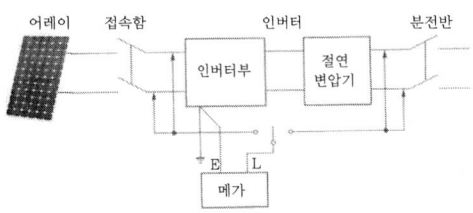

(1) 입력회로
① 태양전지회로를 접속함에서 분리한다.
② 분전반 내의 분기회로 차단기를 개방한다.
③ 인버터의 입·출력단자를 단락하고, 직류단자와 대지간을 절연저항계(Megger)로 측정한다.

(2) 출력회로
① 태양전지회로를 접속함에서 분리한다.
② 분전반 내의 분기회로 차단기를 개방한다.
③ 인버터의 교류측 회로를 분전반 차단기에서 분리하여 분전반까지의 전로를 포함하여 측정한다.

④ 인버터의 입·출력단자를 단락하고, 출력단자와 대지간을 절연저항계(Megger)로 측정한다.

(3) 기타 주의사항
① 정격전압이 입출력과 다를 때는 높은 측의 전압을 절연저항계의 선택기준으로 한다.
② 입출력 단자에 주회로 이외의 제어단자 등이 있는 경우는 이것을 포함해서 측정한다.
③ 서지업서버 등의 정격에 약한 회로들은 회로에서 분리하여 측정한다.
④ 절연변압기가 별도로 설치된 경우에는 이를 포함하여 측정한다.
⑤ 절연변압기를 장착하지 않은 인버터는 제조사 추천방식으로 측정한다.

13.4.1 / 17.2.1 / 20.3.39

49 저항 50Ω, 인덕턴스 200mH의 직렬회로에 주파수 50Hz의 교류를 접속하였다면, 이 회로의 역률은 약 몇 %인가?

① 52.3   ② 62.3
③ 72.3   ④ 82.3

해설 ① 유도 리액턴스(inductive reactance) X_L
$$X_L = \omega L = 2\pi f L \; [\Omega]$$
② 임피던스(impedance) Z
합성 임피던스 $Z = \sqrt{(\text{저항 성분})^2 + (\text{유도 리액턴스 성분})^2}$
$= \sqrt{R^2 + (\omega L)^2} = \sqrt{R^2 + (2\pi f L)^2} \; [\Omega]$
③ 역률(cosθ)
$$\cos\theta = \frac{R}{Z} = \frac{R}{\sqrt{R^2 + (X_L)^2}} = \frac{R}{\sqrt{R^2 + (\omega L)^2}}$$
$$= \frac{50}{\sqrt{50^2 + (2\pi \times 50 \times 200 \times 10^{-3})^2}} \approx 62.27 \; [\%]$$

13.4.51 / 16.2.58 / 16.4.54 / 17.4.41

50 송전방식 중 직류 송전방식에 비해 교류 송전방식의 장점이 아닌 것은?

① 회전자계를 쉽게 얻을 수 있다.
② 계통을 일관되게 운용할 수 있다.
③ 전압의 승·강압 변경이 용이하다.
④ 역률이 항상 1로 송전효율이 좋아진다.

정답 48. ① 49. ② 50. ④

해설 송전방식

1) 교류 방식
① 변압기를 이용하여 전압의 승압·강하가 쉽다.
② 교류기는 회전자계를 쉽게 얻을 수 있다.
③ 대부분이 교류 송전 방식이므로 운용상의 일관성을 갖는다.

2) 직류 방식
① 절연계급을 낮출 수 있다.
② 송전효율이 좋다.
③ 안정도가 좋다.
④ 유도장해가 적다.

19.2.46

51 배전선로에서 지락 고장이나 단락 고장사고가 발생하였을 때 고장을 검출하여 선로를 차단한 후 일정 시간이 경과하면 자동적으로 재투입 동작을 반복함으로써 고장 구간을 제거할 수 있는 보호장치는?

① 리클로저
② 라인퓨즈
③ 배전용 차단기
④ 컷아웃 스위치

해설 자동재폐로차단기(R/C : Recloser)

일반적으로 반송 보호계전 방식에 의해서 고속 차단-재폐로의 동작을 자동적으로 실시하는 방식으로 차단기가 차단된 후 일정시간을 두고 사고지점의 절연이 회복된 후 재폐로 조건(회복조건)이 되면 자동적으로 차단기를 투입하는 시간을 Time Delay라 하고 자동적으로 투입하는 동작을 재폐로라 한다. 재폐로 Time Delay는 Arc 소멸시간(자기 절연회복시간)을 충분히 고려하여 결정한다.

13.4.86 / 16.4.99

52 전기설비기술기준의 판단기준에 따라 태양전지 발전소에 시설하는 태양전지 모듈, 전선 및 개폐기 기타 기구의 시설방법이 아닌 것은?

① 충전부분은 노출되지 아니하도록 시설할 것
② 태양전지 모듈의 프레임은 지지물과 전기적으로 완전하게 접속하여야 한다.
③ 전선은 공칭단면적 1.0mm² 이상의 연동선 또는 이와 동등 이상의 세기 및 굵기의 것일 것
④ 태양전지 발전설비의 직류 전로에 지락이 발생했을 때 자동적으로 전로를 차단하는 장치를 시설해야 한다.

해설 태양전지 모듈 등의 시설

1) 충전부분은 노출되지 않도록 시설할 것

2) 태양전지 모듈에 접속하는 부하측의 전로(복수의 태양전지 모듈을 시설한 경우에는 그 집합체에 접속하는 부하측의 전로)에는 그 접속점에 근접하여 개폐기 기타 이와 유사한 기구(부하전류를 개폐할 수 있는 것에 한한다)를 시설할 것

3) 태양전지 모듈을 병렬로 접속하는 전로에는 그 전로에 단락이 생긴 경우에 전로를 보호하는 과전류차단기 기타의 기구를 시설할 것. 다만, 그 전로가 단락전류에 견딜 수 있는 경우에는 그렇지 않다.

4) 전선은 다음에 의하여 시설할 것. 다만, 기계기구의 구조상 그 내부에 안전하게 시설할 수 있을 경우에는 그렇지 않다.
① 전선은 공칭단면적 2.5[mm²] 이상의 연동선 또는 이와 동등 이상의 세기 및 굵기의 것일 것
② 옥내에 시설할 경우에는 합성수지관공사, 금속관공사, 가요전선관공사 또는 케이블공사로 시설할 것
③ 옥측 또는 옥외에 시설할 경우에는 합성수지관공사, 금속관공사, 가요전선관공사 또는 케이블공사로 시설할 것

정답 51. ① 52. ③

53 전등 설비용량 250W, 전열 설비용량 800W, 전동기 설비용량 200W, 기타 설비용량 150W인 수용가가 있다. 이 수용가의 최대수용전력이 910W이면 수용률 (%)은?

① 65 ② 70
③ 75 ④ 80

[해설] 수용률(Demand Factor)

$$수용률 = \frac{최대\ 수용\ 전력\ [kW]}{수용\ 설비\ 용량\ [kW]} \times 100\ [\%]$$

$$= \frac{910}{(250+800+200+150)} \times 100 = 65\,[\%]$$

54 전기사업법령에 따라 사업용 전기설비의 사용 전 검사는 받고자 하는 날의 며칠 전까지 한국전기안전공사로 신청해야 하는가?

① 3일 ② 5일
③ 7일 ④ 10일

[해설] 사용전검사

① 각종 발전설비, 송·변전·배전설비 및 가로등, 신호등, 보안등, 공장, 상가 등 대형건물의 설치공사 또는 변경공사를 완료하고, 그 전기설비가 공사계획의 인가 또는 신고를 한 내용 및 전기설비기술기준에 적합한 지의 여부에 대한 검사를 산업통상자원부장관 또는 시·도지사로부터 위탁받아 한국전기안전공사에서 수행한다.
② 태양광 발전소에 관한 공사의 경우에는 전체의 공사가 완료된 때 검사를 실시한다.
③ 사용·전검사를 받으려는 자는, 검사를 받으려는 날의 7일전까지 한국전기안전공사에 사용전검사 신청서를 제출하여야 한다.

55 신·재생에너지 설비의 지원 등에 관한 지침에 따른 전기배선에 대한 설명으로 틀린 것은?

① 모듈의 출력배선은 군별 및 극성별로 확인할 수 있도록 표시하여야 한다.
② 가공전선로를 시설하는 경우에는 목주, 철주, 콘크리트주 등 지지물을 설치하여 케이블의 장력 등을 분산시켜야 한다.
③ 모듈 간 배선은 바람에 흔들림이 없도록 코팅된 와이어 또는 동등 이상(내구성) 재질의 타이(Tie)로 단단히 고정하여야 한다.
④ 수상형을 포함한 모든 유형의 모듈에서 인버터에 이르는 배선에 사용되는 케이블은 모듈 전용선 또는 단심(1C) 난연성 케이블(TFR-CV, F-CV, FR-CV 등)을 사용하여야 한다.

[해설] 전기배선

1) 수상형을 제외한 모든 유형의 경우 모듈에서 인버터에 이르는 배선에 사용되는 케이블은 모듈 전용선 또는 단심(1C) 난연성 케이블(TFR-CV, F-CV, FR-CV 등)을 사용하여야 하며 케이블이 지면 위에 설치되거나 포설되는 경우에는 피복에 손상이 발생되지 않게 가요전선관, 금속덕트 또는 몰드 등을 시설하여야 한다.

2) 모듈 간 배선은 바람에 흔들림이 없도록 코팅된 와이어 또는 동등 이상(내구성) 재질의 타이(Tie)로 단단히 고정하여야 하며 가공전선로를 시설하는 경우에는 목주, 철주, 콘크리트주 등 지지물을 설치하여 케이블의 장력 등을 분산시켜야 한다. 모듈의 출력배선은 군별 및 극성별로 확인할 수 있도록 표시하여야 한다.

56 전선에 전류의 밀도가 도선의 중심으로 들어갈수록 작아지는 현상은?

① 근접효과 ② 표피효과
③ 접지효과 ④ 페란티현상

[해설] 표피효과(Skin effect)

① 도체에 전류가 흐를 때 도체가 굵어질수록 내부 인덕턴스가 증가하여 전류는 도체의 표피에 몰려 흐르게 되는 현상

정답 53.① 54.③ 55.④ 56.②

② 도체가 굵어질수록 와전류도 도체 두께의 제곱에 비례하여 커지는데 표피효과는 주파수에 비례하여 커진다.
③ 큰 전력을 송·수신하기 위한 설비에서 전선을 얇게 여러 개를 묶어서 표면적을 넓게 하거나, ACSR, 중공전선 등을 사용한다.

57 이미터 접지형 증폭기에서 베이스 접지 시 전류 증폭률 a가 0.9이면, 전류이득 β는 얼마인가?

① 0.45
② 0.9
③ 4.5
④ 9.0

[해설] 트랜지스터의 동작

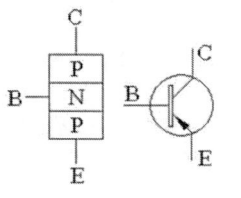

기호(PNP형)   트랜지스터

① 에미터에서 컬렉터로 전달되는 비율을 전류 증폭률(α)라고, 1을 넘을 수 없다.

$$\alpha = \frac{\beta}{1+\beta}$$

② 전류이득 (β)

$$\beta = \frac{\alpha}{\alpha - 1} = \frac{0.9}{0.9 - 1} = 9$$

58 태양광발전설비에 적용되는 반(Panel)의 시공기준에 대한 설명으로 틀린 것은?

① 베이스용 형강은 기초볼트로 바닥면에 고정하여야 한다.
② 반류에는 고정된 베이스용 형강의 위에 반을 설치하고, 볼트로 고정한다.
③ 수평이동 및 전도(넘어짐) 사고를 방지할 수 있도록 필요한 안전대책을 검토한다.
④ 장치로부터 발생되는 발열에 대하여 환기설비 또는 냉각설비를 고려하지 않는다.

[해설] 장치로부터 발생되는 발열에 대하여 환기설비 및 냉방장치 설치를 반드시 검토하여야 한다.

14.4.5 / 14.4.53 / 15.4.31 / 17.1.40 / 17.2.6 / 17.2.51 / 17.4.27 / 18.1.1 / 18.4.26

59 태양광발전시스템이 설치된 고층 건물에 적용하는 방법으로 뇌격 거리를 반지름으로 하는 가상 구를 대지와 수뢰부가 동시에 접하도록 회전시켜 보호범위를 정하는 방법은 무엇인가?

① 메쉬법
② 돌침 방식
③ 회전구체법
④ 수평도체 방식

[해설] 외부 피뢰시스템

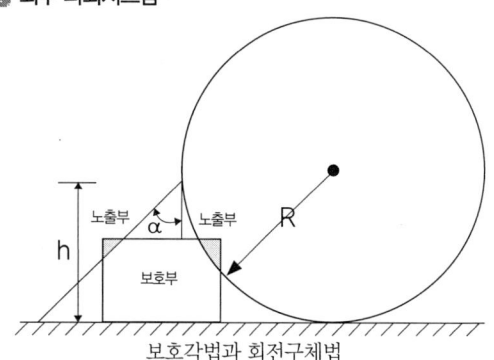

보호각법과 회전구체법

(1) 수뢰부 시스템
① 뇌격이 피 보호범위내로 침입할 확률을 감소시키는 것
② 돌침(피뢰침), 수평도체, 메시 도체(케이지)방식의 개별 또는 이들의 조합으로 한다.
③ PV설비 전체를 보호할 수 있는 범위내로 해야 한다.

1) 수뢰부 시스템의 배치
구조물의 모퉁이, 뾰족한 점, 모서리에 설치한다.
① 보호각법
② 회전구체법(Rolling Sphere)
③ 메쉬(Mesh)법

2) 피뢰시스템의 레벨별 회전구체 반경과 메쉬 치수

정답 57. ④ 58. ④ 59. ③

피뢰시스템 레벨	회전구체 반경 r[m]	메쉬 치수 W[m]
I	20	5×5
II	30	10×10
I	45	15×15
IV	60	20×20

(2) 인하도선 시스템
① 위험한 불꽃방전의 발생확률을 감소시키기 위하여 뇌격점과 대지사이를 연결하는 도선
② 다수의 병렬 전류통로를 형성해야 한다.
③ 전류통로의 배선 길이는 최소로 유지해야 한다.
④ 인하도선은 가능한한 수뢰부도체에서 직접 연결되도록 배치하여야 한다.
⑤ 인하도선은 지표면과 가까운 부분에 접지시험단자를 시설한다. 다만, 자연적 구성부재를 이용하는 경우는 생략한다.

(3) 접지 시스템
① 위험한 과전압을 발생시키지 않고 뇌전류를 대지로 방류하기 위해서는 접지의 형상, 크기 및 접지저항값이 중요하다. 다만, 일반적으로는 낮은 접지저항을 권장한다.
② 피뢰설비의 관점에서는 구조체를 사용한 통합단일의 접지가 바람직하며, 모든 접지목적(즉, 피뢰설비, 저압전력시스템, 통신시스템 등)에도 적합하다.

60 250mm 현수애자 1개의 건조 섬락전압은 100kV이다. 현수애자 10개를 직렬로 연결한 애자련의 건조 섬락전압이 850kV일 때 연능률은 얼마인가?

① 0.12　　　② 0.85
③ 1.18　　　④ 8.5

해설 애자련의 연능률

$$\eta = \frac{애자련의\ 섬락전압}{애자의\ 개수 \times 애자\ 1개의\ 섬락전압}$$

$$= \frac{850}{10 \times 100} = 0.85$$

17.1.74 / 17.4.71 / 19.1.75 / 20.2.76 / 20.3.61

61 태양광발전시스템의 점검계획 시 고려해야 할 사항이 아닌 것은?
① 고장이력　　② 설비의 중요도
③ 설비의 사용기간　　④ 설비의 운영비용

해설 태양광발전시스템 점검 계획 시 고려사항
① 환경조건
② 설비의 중요도
③ 설비의 이용시간
④ 고장이력
⑤ 부하상태
⑥ 보수방법

62 전기사업법령에 따라 전기안전관리자의 선임신고를 한 자가 선임신고증명서의 발급을 요구한 경우에는 산업통상자원부령으로 정하는 바에 따라 어디에서 선임신고 증명서를 발급하는가?
① 고용노동부
② 전력기술인단체
③ 산업통상자원부
④ 한국산업인력공단

해설 전기안전관리자의 선임 및 해임신고
① 전기안전관리자의 선임 또는 해임신고를 하려는 자는 신고서에 관련 서류를 첨부하여 선임 또는 해임한 날부터 30일 이내에 전력기술인단체 중 산업통상자원부장관이 지정하여 고시하는 단체(전력기술인단체)에 제출해야 한다.
② 전력기술인단체는 전기안전관리자의 선임 또는 해임신고를 한 자가 전기안전관리자 선임(해임)신고증명서의 발급을 요구하면 지체 없이 전기안전관리자 선임(해임)신고 증명서를 발급해야 한다.

63 절연 보호구의 선정 및 사용에 관한 기술지침에 따른 C종 절연 고무장갑의 사용 전압 범위로 옳은 것은?
① 300V를 초과 교류 600V 이하

정답　60. ②　61. ④　62. ②

② 600V 또는 직류 750V를 초과하고 3500V 이하
③ 3500V를 초과하고 7000V 이하
④ 12000V 이상

해설 절연 고무장갑의 종류

종별	사용전압
A종	300V를 초과 교류 600V 이하, 직류 750V 이하
B종	600V 또는 직류 750V를 초과하고 3500V 이하
C종	3500V를 초과하고 7000V 이하

64 태양광발전용 납축전지의 잔존 용량 측정방법(KS C 8532 : 1995)에서 사용하는 전압계와 전류계의 계급은?

① 0.2급 이상   ② 0.3급 이상
③ 0.4급 이상   ④ 0.5급 이상

해설 전압 측정법
① 측정회로
납축전지 시스템의 단자전압을 측정하는 측정회로는 그림과 같다.
② 측정기의 정밀도
사용하는 전압계와 전류계의 계급은 0.5급 이상으로 한다. 측정범위는 측정 대상 정격의 1.5~3배의 범위로 한다.
③ 측정방법
측정지 시스템의 단자전압의 경우는 직렬 셀 수로 측정 전압을 나누고 단위 셀로 환산한다.

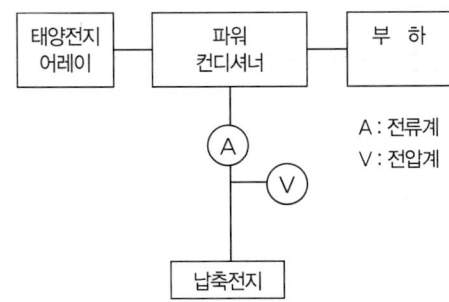

전압 측정법의 측정 회로

15.2.45 / 16.2.42 / 17.2.55 / 18.4.50 / 19.4.63 / 20.4.62

65 태양광발전시스템의 점검 시 감전방지 대책으로 틀린 것은?

① 저압 절연장갑 착용한다.
② 작업 전 접지선을 제거한다.
③ 절연 처리된 공구를 사용한다.
④ 모듈 표면에 차광시트를 씌워 태양광을 차단한다.

해설 안전 대책
① 작업전 태양전지 모듈 표면에 차광막을 씌워 태양광을 차폐한다.
② 절연 장갑을 사용한다.
③ 절연 처리된 공구를 사용한다.
④ 강우 시에는 감전사고와 미끄러짐으로 인한 추락사고로 이어질 우려가 있으므로 작업을 금지한다.
⑤ 중장비가 배전선로에 근접할 때에는 보호조치를 취한다.

15.4.72

66 태양광발전용 인버터의 일상점검에 대한 설명으로 틀린 것은?

① 통풍구가 막혀 있지 않은지를 점검한다.
② 외함의 부식 및 파손이 없는지를 점검한다.
③ 육안점검에 의해서 매년 1회 정도 실시한다.
④ 외부배선(접속케이블)의 손상 여부를 점검한다.

해설 인버터의 일상점검
① 외함의 부식 및 파손
② 배선의 손상 및 접속단자 풀림
③ 운전시 이상음, 이취, 연기발생 및 이상과열
④ 환기팬 확인(통풍구, 환기필터 등)
⑤ 발전 상태의 정상적 표시여부

※ 일상(순시)점검
① 태양광발전시스템의 기능을 유지하기 위한 점검
② 매일의 일상(순시)점검은 문을 열어 점검한다던가, 커버를 해체한 후 점검한다던가 하는 것이 아니고 이상

정답 63. ③ 64. ④ 65. ② 66. ③

한 소리, 냄새, 손상 등을 배전반, 인버터 등의 외부에서 점검항목의 대상항목에 따라 점검하는 것
③ 이상상태를 발견한 경우에는 배전반, 인버터의 문을 열고 이상의 정도를 확인한다.
④ 이상의 상태가 직접 운전을 하지 못할 정도로 전개되는 경우를 제외하고는 이상 상태의 내용을 기록하여 정기점검 시에 점검한다.

해설 솔라 시뮬레이터
① 태양전지모듈의 발전성능을 옥내에서 시험하기 위한 인공광원이며, 방사조도 ±2[%] 이내, 습도 ±5[%] 이내이어야 한다.
② 표준 시험조건(Standard Test Conditions)은 태양광발전 소자가 빛을 받는 면의 조사강도 1000[W/m²]이다.

67 일반부지에 설치하는 태양광발전시스템 설비용량 99kW, 일 평균발전시간 3.6h, 연일수 365일, REC 판매가격 173981원/REC일 때 연간공급인증서 판매 수익은 약 몇 만원인가?

① 1920만원 ② 2286만원
③ 2716만원 ④ 4115만원

해설 연간 발전량 = 설비용량 × 발전시간 × 연일수
= 99 × 3.6 × 365 = 130,086 [MWh]
REC판매 연수익 = 130,096 × 1.2 × 1739819
= 2716 [만원]
(∵ 1REC = 1 [MWh], 일반부지 가중치 1.2)

14.4.79 / 16.4.68 / 17.2.61 / 17.4.68 / 19.2.70
69 전기사업법령에 따라 태양광발전소의 태양광·전기설비 계통의 정기검사 시기는?

① 1년 이내 ② 2년 이내
③ 3년 이내 ④ 4년 이내

해설 자가용/전기사업용전기설비의 정기검사
① 태양광·전기설비 계통 : 4년 이내
② 구역전기사업자의 송전·변전 : 2년 이내

17.1.73 / 19.2.69
68 결정질 실리콘 태양광발전 모듈(성능)(KS C 8561 : 2020)에 따른 시험 장치에 대한 설명으로 틀린 것은?

① 솔라 시뮬레이터 : 태양광발전 모듈의 발전성능을 옥외에서 시험하기 위한 인공광원
② 우박 시험 장치 : 우박의 충격에 대한 태양광발전 모듈의 기계적 강도를 조사하기 위한 시험 장치
③ UV 시험 장치 : 태양광발전 모듈이 태양광에 노출되는 경우에 따라서 유기되는 열화정도를 시험하기 위한 장치
④ 항온 항습 장치 : 태양광발전 모듈의 온도 사이클 시험, 습도 – 동결 시험, 고온·고습 시험을 하기 위한 환경 챔버

15.2.74 / 18.2.74
70 태양광발전시스템의 상태를 파악하기 위하여 설치하는 계측기기로 틀린 것은?

① 전압계 ② 조도계
③ 전류계 ④ 전력량계

해설 조도계(illuminometer)
조명도를 재는 계기. 눈금은 럭스(lux)나 칸델라(cd)로 표시된다.

15.2.63 / 17.1.65 / 17.4.73
71 태양광발전 어레이 개방전압 측정 시 주의사항으로 틀린 것은?

① 측정은 직류전류계로 측정한다.
② 태양광발전 어레이의 표면을 청소하는 것이 필요하다.
③ 각 스트링의 측정은 안정된 일사강도가 얻어질 때 실시한다.

정답 67.③ 68.① 69.④ 70.②

④ 태양광발전 어레이는 비 오는 날에도 미소한 전압을 발생하고 있으니 주의한다.

해설 개방전압 측정 시 주의사항
① 각 모듈이 음영의 영향을 받지 않는 것을 확인한다. (모듈의 불량 또는 모듈간의 접속불량 등이 발생하면 각 스트링의 개방전압 측정치가 불균일하다)
② 각 모듈이 균일한 일사조건이 되기 쉬운 약간 흐린 날씨라면 평가하기 쉬우나, 아침, 저녁의 낮은 일사 조건은 피한다.
③ 맑은 날, 남중고도에 있을 때 측정하면 오차가 적다.
④ 우천 시에는 감전의 위험이 있으니, 측정을 피한다.
⑤ 개방전압 측정은 직류 전압계로 측정한다.

18.1.67 / 19.2.73
72 태양광발전시스템의 구조물에 발생하는 고장으로 틀린 것은?
① 황색 변이   ② 녹 및 부식
③ 이상 진동음 ④ 구조물 변형

해설 구조물의 고장
① 부식 및 녹발생 : 아연도금 불량, 시공시 절단 불량, 용접불량, 크랙 원인 등
② 이상 진동음 : 볼트와 너트 체결 상태 불량, 구조물 변형, 전선 이완 등
③ 마찰음 : 볼트와 너트 체결 상태 불량, 구조물 불균형, 구조물 구동부 마찰 등
④ 구조물 변형 : 외부 충격, 기초 변형, 구조물 불균형 등

16.4.69
73 배전반의 일상점검 내용이 아닌 것은?
① 접지선에 부식이 없는지 점검
② 후면 백시트가 부풀어 올라 있는지 점검
③ 외함에 부착된 명판의 탈락, 파손이 있는지 점검
④ 제어회로의 배선에 과열 등에 의한 냄새가 나는지 점검

해설 배전반 제어회로 배선의 일상점검 항목
1) 손상
① 가동부 등에 연결되는 전선의 절연피복 손상 여부
② 전선 지지물의 탈락 여부

2) 냄새 : 과열에 의한 냄새 여부

※ 백시트의 에어 버블링은 태양전지 모듈의 불량내용

74 산업안전보건기준에 관한 규칙에 따라 누전에 의한 감전위험을 방지하기 위하여 해당 전로의 정격에 적합하고 감도가 양호하며 확실하게 작동하는 감전방지용 누전차단기를 설치하여야 하는 전기기계·기구로 틀린 것은?
① 대지 전압이 150볼트를 초과하는 이동형 또는 휴대형 전기기계·기구
② 철판·철골 위 등 도전성이 높은 장소에서 사용하는 이동형 또는 휴대형 전기기계·기구
③ 임시배선의 전로가 설치되는 장소에서 사용하는 이동형 또는 휴대형 전기기계·기구
④ 물 등 도전성이 높은 액체가 있는 습윤장소에서 사용하는 750볼트 이상의 교류전압용 전기기계·기구

해설 물 등 도전성이 높은 액체가 있는 습윤장소에서 사용하는 (750볼트 이하 직류전압이나 600볼트 이하의 교류전압을 말한다) 전기기계·기구

16.4.64 / 17.1.68
75 태양광발전 모듈의 정기점검 시 육안점검 항목으로 옳은 것은?
① 표시부의 이상 표시
② 역류방지 다이오드의 손상
③ 프레임 간의 접지 접속상태
④ 투입저지 시한 타이머 동작시험

해설 태양전지(어레이)의 육안점검
① 모듈의 오염 및 파손
② 프레임 파손 및 변형유무
③ 접속케이블의 손상 및 접속단자 풀림
④ 가대의 고정(볼트 및 너트의 풀림) 및 접지
⑤ 가대의 부식 및 녹 발생
⑥ 지붕재의 파손 및 지지기구와의 고정상태

16.4.73 / 18.1.79 / 18.4.69 / 19.1.64

76 태양광발전시스템의 신뢰성 평가·분석항목이 아닌 것은?

① 사이트 ② 계획정지
③ 계측 트러블 ④ 시스템 트러블

해설 태양광발전소 신뢰성 평가분석의 주요내용
① 시스템 트러블
② 계측 관련 트러블
③ 운전 데이터의 결측
④ 계획정지 등

15.4.67 / 15.4.78 / 16.2.68 / 16.4.72 / 17.1.61 / 18.4.66 /
19.2.65 / 19.2.79 / 20.2.61 / 20.3.77

77 전기안전작업요령 작성에 관한 기술지침에 따라 사업주가 따라야 하는 정전작업절차에 대한 내용으로 틀린 것은?

① 정전작업 대상 기기의 모든 전원을 차단한다.
② 전원차단을 위한 안전절차는 전기기기 등을 차단하기 전에 결정하여야 한다.
③ 작업이 이루어지는 전기기기 등을 정전시키는 모든 차단장치에 잠금장치 및 꼬리표를 제거한다.
④ 작업자에게 전기위험을 줄 수 있는 커패시터 등에 축적 또는 유기된 전기에너지는 단락 및 접지시켜 방전시킨다.

해설 정전작업
1) 정전작업 전 조치사항

① 전원차단후 각 단로기 등을 개방하고 확인할 것
② 차단장치나 단로기 등에 잠금(시건)장치 및 꼬리표를 부착할 것
③ 전기기기 등에 공급되는 모든 전원을 관련 배선도, 도면 등을 통해 확인할 것
④ 검전기를 이용하여 작업 대상 기기가 충전되었는지 확인 할 것(잔류전하 방전)

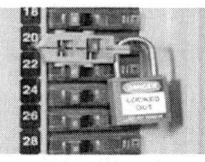　　　
　잠금(시건)장치　　　　꼬리표(사용금지)

2) 정전작업 중 조치사항
① 작업지휘자에 의한 작업지휘
② 개폐기 관리(전원 재투입 방지, 잠금장치 및 꼬리표 부착 관리)
③ 근접 활선에 대한 방호상태 관리
④ 단락접지의 상태관리

3) 정전작업 후 조치사항
① 작업기기, 단락접지기구(접지선)를 제거하고 전기기기 등이 안전하게 통전될 수 있는지 확인
② 모든 작업자가 작업이 완료된 전기기기 등에서 떨어져 있는지 확인할 것
③ 잠금장치 와 꼬리표는 설치한 근로자가 직접 철거할 것
④ 모든 이상유무를 확인한 후 전기기기 등의 전원을 투입할 것

17.2.53 / 18.1.62 / 18.2.64 / 20.2.68 / 20.3.78 / 21.1.76

78 중대형 태양광발전용 인버터(계통연계형, 독립형)(KS C 8565:2020)에 따라 3상 실외형 인버터의 IP(방진, 방수) 최소 등급은?

① IP20 ② IP44
③ IP54 ④ IP57

해설 태양광발전용 인버터와 접속함의 IP등급
(1) 인버터

정답 76.① 77.③ 78.②

용도	형식	설치 장소	비 고
계통 연계형	3상	실내/실외	실내형: IP20이상
독립형	3상	실내/실외	실외형: IP44이상

(2) 접속함

병렬 스트링 수에 의한 분류	설치장소에 의한 분류
소형(3회로 이하)	실내형: IP54 이상
	실외형: IP54 이상
중대형(4회로 이상)	실내형: IP20 이상
	실외형: IP54 이상

※ IP 등급의 표시

숫자	제1숫자 방수 보호정도	제2숫자 방수 보호정도
0	없음	없음
1	손의 접근으로부터 보호	수직으로 떨어지는 물방울로부터의 보호
2	손가락의 접근으로부터의 보호	수직에서 15° 범위에서 떨어지는 물방울로부터의 보호
3	공구의 선단 등으로부터 보호	수직에서 60° 범위에서 떨어지는 물방울로부터의 보호
4	WIRE 등으로부터의 보호	전방향으로 비산되는 물로부터의 보호
5	분진으로부터 보호	전방향으로 쏟아지는 물로부터의 보호
6	완전한 방진구조	파도 등의 강력하게 쏟아지는 물로부터의 보호
7	-	일정한 조건으로 물에 잠겨서 사용 가능
8	-	물속에서 사용 가능

16.4.61

79 정기점검에 의한 처리 중 절연물의 보수에 대한 내용으로 틀린 것은?

① 절연물에 균열, 파손, 변형이 있는 경우에는 부품을 교체한다.
② 합성수지 적층판이 오래되어 헐거움이 발생되는 경우에는 부품을 교체한다.
③ 절연물의 절연저항이 떨어진 경우에는 종래의 데이터를 기초로 하여 계열적으로 비교 검토한다.
④ 절연저항 값은 온도, 습도 및 표면의 오손상태에 따라서 크게 영향을 받지 않으므로 양부의 판정이 쉽다.

[해설] **절연물의 보수**
① 자기성 절연물이 오손 및 이물이 부착된 경우에는 청소한다.

② 합성수지 적층판, 목재 등이 오래되어 헐거움이 발생되는 경우에는 부품을 교환한다.
③ 절연물에 균열, 파손, 변형이 있는 경우에도 부품을 교환한다.
④ 절연물의 절연저항이 떨어진 경우에는 종래의 데이터를 기초로 하여 개별적으로 비교 검토하고 동시에 접속되어 있는 각 기기 등을 체크하여 원인을 규명하고 처리한다.
⑤ 절연저항치는 온도, 습도 및 표면의 오손상태에 따라서 크게 영향을 받기 때문에 양부의 판정은 어렵지만 기준 값을 참고한다.

17.4.76

80 접근 위험경고 및 감전 재해를 방지하기 위하여 사용하는 활선접근경보기의 사용범위가 아닌 것은?

① 활선에 근접하여 작업하는 경우
② 작업 중 착각·오인 등에 의해 감전이 우려되는 경우
③ 보수작업 시행 시 저압 또는 고압 충전유무를 확인하는 경우
④ 정전작업 장소에서 사선 구간과 활선 구간이 공존되어 있는 경우

[해설] **활선접근경보기**
활선 작업이나 활선 근접 작업 등의 전기 작업을 하는 동안 고압이나 특고압 선로나 설비에 접촉하거나 근접할 경우 작업자에게 명확히 경고하기 위하여 근로자의 안전모, 손목 등에 착용한다.

※ 검전기

정전기 유도를 이용하여 충전유무를 알아내는 데 이용하는 기구

2020 제4회 기출문제

01 전기공사업법령에 따른 전기공사의 종류가 아닌 것은?

① 도로, 공항 및 항만 전기설비공사
② 발전 · 송전 · 변전 및 배전 설비공사
③ 전기철도 및 철도신호 전기설비공사
④ 저수지, 수로 및 이에 수반되는 구조물의 공사

해설 전기공사(전기공사업법 시행령 제2조)
전기공사는 다음의 공사(저수지, 수로 및 이에 수반되는 구조물의 공사는 제외한다)로 한다.
① 발전 · 송전 · 변전 및 배전 설비공사
② 산업시설물, 건축물 및 구조물의 전기설비공사
③ 도로, 공항 및 항만 전기설비공사
④ 전기철도 및 철도신호 전기설비공사
⑤ ①~④호까지의 규정에 따른 전기설비공사 외의 전기설비공사
⑥ ①~⑤호까지의 규정에 따른 전기설비 등을 유지 · 보수하는 공사 및 그 부대공사

02 태양광발전용 인버터의 회로방식에서 낙뢰에 대한 노이즈 방지대책 특성이 우수한 방식은?

① 무변압기 방식
② 고주파 변압기 절연방식
③ 상용주파 변압기 절연방식
④ 전자기파 변압기 절연방식

해설 인버터의 회로방식별 분류
1) 상용주파 변압기 절연방식

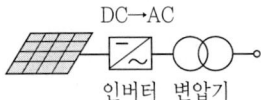

① PWM 인버터를 이용하여 상용주파수의 교류를 만들고, 상용주파수의 변압기를 이용하여 절연과 전압변환을 한다.
② 내부 신뢰성이나 노이즈 컷이 우수하지만, 상용주파수의 변압기를 별도로 이용하기 때문에 무겁고 크며, 변압기의 효율이 감소된다.

2) 고주파 변압기 절연방식

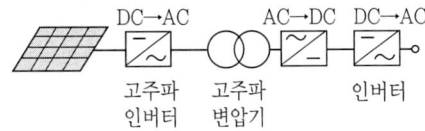

① 태양전지의 직류 출력을 고주파의 교류로 변환한 후 소형의 고주파 변압기로 절연을 한다.
② 일단 직류로 변환하고 다시 상용주파의 교류로 변환하며, 소형 경량이지만 회로가 복잡한 단점이 있다.

3) 트랜스리스(Transless) 방식

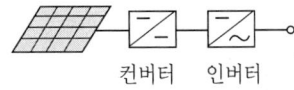

① 태양전지의 직류출력을 DC-DC 컨버터로 승압하고 인버터에서 상용주파의 교류로 변환한다.
② 소형 경량이며, 저렴하고 효율이 우수하고 신뢰성이 높다.
③ 상용전원과의 사이에는 절연이 되지 않아 안전성이 떨어진다.

03 신 · 재생에너지 설비의 지원 등에 관한 규정에 따라 융 · 복합지원사업을 제외한 신 · 재생에너지설비의 하자이행보증 기간의 연결로 옳은 것은?

① 풍력발전설비 – 4년
② 소수력발전설비 – 2년
③ 태양광발전설비 – 3년
④ 태양열발전설비 – 4년

정답 1. ④ 2. ③ 3. ③

해설 전기공사의 종류별 하자담보책임기간(전기공사업법 시행령 제11조의2)

전기공사의 종류	하자담보 책임기간
1) 발전설비공사	
① 철근콘크리트 또는 철골구조부	7년
② ①외 시설공사 3년	3년
2) 터널식 및 개착식 전력구 송전·배전설비공사	
① 철근콘크리트 또는 철골구조부	10년
② ①외 송전설비공사	5년
③ ①외 배전설비공사	2년
3) 지중 송전·배전설비공사	
① 송전설비공사	5년
② 배전설비공사	3년
4) 송전설비공사	3년
5) 변전설비공사(전기설비 및 기기설치 공사를 포함한다)	3년
6) 배전설비공사	
① 배전설비 철탑공사	3년
② 가목 외 배전설비공사	2년
7) 산업시설물, 건축물 및 구조물의 전기설비공사	1년
8) 그 밖의 전기설비공사	1년

14.4.98 / 17.1.100 / 17.2.91

04 신에너지 및 재생에너지 개발·이용·보급 촉진법령에 따라 조성된 사업비를 사용할 수 있는 사업이 아닌 것은?

① 신·재생에너지 공급의무화 지원
② 신·재생에너지 이용의무화 지원
③ 신·재생에너지 설비 설치기업의 지원
④ 신·재생에너지 설비 및 그 부품의 특성화 지원

해설 조성된 사업비의 사용
① 신·재생에너지의 자원조사, 기술수요조사 및 통계 작성
② 신·재생에너지의 연구·개발 및 기술평가
③ 신·재생에너지 공급의무화 지원
④ 신·재생에너지 설비의 성능평가·인증 및 사후관리
⑤ 신·재생에너지 기술정보의 수집·분석 및 제공
⑥ 신·재생에너지 분야 기술지도 및 교육·홍보
⑦ 신·재생에너지 분야 특성화대학 및 핵심기술연구센터 육성
⑧ 신·재생에너지 분야 전문인력 양성
⑨ 신·재생에너지 설비 설치기업의 지원
⑩ 신·재생에너지 시범사업 및 보급사업
⑪ 신·재생에너지 이용의무화 지원
⑫ 신·재생에너지 관련 국제협력
⑬ 신·재생에너지 기술의 국제표준화 지원
⑭ 신·재생에너지 설비 및 그 부품의 공용화 지원
⑮ 그밖에 신·재생에너지의 기술개발 및 이용·보급을 위하여 필요한 사업으로서 대통령령으로 정하는 사업

05 계통연계형 태양광발전용 인버터가 계통의 제한된 전압손실 또는 전압강하 기간 동안 연결된 부하에 전력을 계속 생산할 수 있는 인버터의 기능은 무엇인가?

① MPPT 기능
② LVRT 기능
③ 단독운전 방지기능
④ 자동운전·정지기능

해설 신재생에너지의 LVRT제어(Low Voltage Ride Through)
① 전압이 순간적으로 떨어졌을 때 운전이 멈추는 것을 방지하기 위한 것으로 전력계통의 안정성 확보를 위함
② 계통전압의 10%에 해당하는 전압강하시 저전압사고를 인지하고, 20ms 안에 각 전압비율의 2배에 해당하는 무효전류를 공급할 수 있어야 한다.
③ 50% 전압강하시 정격의 무효전류를 공급할 수 있어야 한다.
④ 계통의 외란과 사고에 대해 신재생에너지의 PCS는 전력계통으로부터 분리되지 않고 계속적인 운전과 함께 계통의 과도현상에 협조

정답 4.④ 5.②

06 전기사업법령에 따라 대통령령으로 정하는 구역전기사업자의 발전설비용량 최대 규모는?

① 1만킬로와트 ② 1만8천킬로와트
③ 3만5천킬로와트 ④ 5만킬로와트

해설 **구역전기사업자의 발전설비용량(전기사업법 시행령 제1조의2)**
구역전기사업이란 35,000[kW] 이하의 발전설비를 갖추고 특정한 공급구역의 수요에 맞추어 전기를 생산하여 전력시장을 통하지 아니하고 그 공급구역의 전기사용자에게 공급하는 것을 주된 목적으로 하는 사업

07 태양전지의 효율을 나타내는 식으로 옳은 것은?

① (출력 전기에너지/입사 태양광에너지)×100
② (인버터 출력 전기에너지/인버터 입력 전기에너지)×100
③ (출력 전기에너지/출력 태양광에너지)×100
④ (입사 태양광에너지/태양 발생에너지)×100

해설 **변환효율(Conversion Efficiency)**
표준 시험조건(Standard Test Conditions, STC)에서 측정한 태양전지 출력전력을 입사된 빛 에너지(소자 넓이 × 경사면 조사 강도)로 나누어 백분율로 나타낸 것

08 전기공사업법령에 따라 시·도지사가 공사업자의 등록을 반드시 취소해야 하는 사항으로 틀린 것은?

① 거짓이나 그 밖의 부정한 방법으로 공사업의 등록을 한 경우
② 정당한 사유 없이 도급받은 전기공사를 시공하지 아니한 경우
③ 영업정지처분기간에 영업을 하거나 최근 5년간 3회 이상 영업정지처분을 받은 경우
④ 공사업의 등록을 한 후 1년 이내에 영업을 시작하지 아니하거나 계속하여 1년 이상 공사업을 휴업한 경우

해설 **등록취소 등(전기공사업법 제28조)**
시·도지사는 공사업자가 다음의 어느 하나에 해당하면 등록을 취소하거나 6개월 이내의 기간을 정하여 영업의 정지를 명할 수 있다. 다만, ①, ③, ④, ⑦, ⑧에 해당하는 경우에는 등록을 취소하여야 한다.
① 거짓이나 그 밖의 부정한 방법으로 공사업의 등록, 공사업의 등록기준에 관한 신고 행위를 한 경우
② 대통령령으로 정하는 기술능력 및 자본금 등에 미달하게 된 경우
③ 공사업의 등록을 할 수 없는 결격사유 중 어느 하나에 해당하게 된 경우
④ 타인에게 성명·상호를 사용하게 하거나 등록증 또는 등록수첩을 빌려 준 경우
⑤ 시정명령 또는 지시를 이행하지 아니한 경우
⑥ ①~⑤규정 중 어느 하나에 해당하는 경우로서 해당 전기공사가 완료되어 시정명령 또는 지시를 명할 수 없게 된 경우
⑦ 공사업의 등록을 한 후 1년 이내에 영업을 시작하지 아니하거나 계속하여 1년 이상 공사업을 휴업한 경우
⑧ 영업정지처분기간에 영업을 하거나 최근 5년간 3회 이상 영업정지처분을 받은 경우

09 태양광발전시스템 설치공사 착수 전에 행하는 사전조사 중 현장여건 조사에 해당하지 않는 것은?

① 설치현장 주변에 하수처리 시설의 유무 등을 조사한다.
② 설치현장 주변 장애물에 의한 음영발생 유무 등을 조사한다.
③ 설치현장에서 모듈의 설치 최적 방위각 및 경사각을 조사한다.
④ 모듈 설치 시 구조적 안정성 확보를 위한 설치현장의 지반특성을 조사한다.

정답 6. ③ 7. ① 8. ② 9. ①

[해설] 태양광발전소설치공사 전에 행하는 사전조사
1) 설치 위치
 ① 일사량   ② 방위각 및 경사각
 ③ 지반지질상태

2) 현장여건
 ① 음영 유무   ② 공해 유무

3) 전력여건
 ① 배전용량   ② 연계점
 ③ 수전전력

10 연간 총 일사량이 5509600 MJ/m²·year이라면 평균 일간 일사량은 약 몇 kWh/m²·day인가?

① 4.19   ② 15.09
③ 1509.4   ④ 4193

[해설] 일간 일사량 = $\dfrac{\text{연간 일사량}}{365}$

= $\dfrac{5509600 \times 0.2778}{365}$ ≒ 4193 [kWh/m²·day]

(∵ 1 MJ = 238.8 kcal = 0.2778 kWh)

11 그림은 태양광발전설비와 태양전지판의 크기를 나타낸 것이다. 햇빛이 지표면에 수직으로 입사할 때 1m²의 지표면에서 단위 시간당 받는 빛에너지가 1000W이고 태양전지의 변환효율이 15%일 때, 이 태양광발전설비가 2시간 동안 생산하는 전력량은 몇 Wh 인가? (단, 햇빛은 2시간 내내 동일하게 지면에 수직으로 입사하며, 태양전지 표면에서 빛의 반사는 일어나지 않는다.)

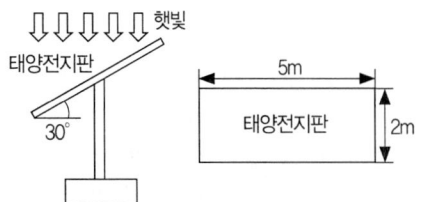

① $1000\sqrt{3}$ ② 1500
③ $1500\sqrt{3}$ ④ 3000

[해설] 전력량 (P)
P = 면적 × 일사량 × 경사각 × 발전시간 × 변환효율
= $(5 \times 2) \times 1,000 \times \cos 30 \times 2 \times 0.15$
= $1,500\sqrt{3}$ [wh]

12 신에너지 및 재생에너지 개발·이용·보급 촉진 법령에 따른 신·재생에너지 설비에 대한 설명으로 틀린 것은?

① 수력설비는 물의 표층의 열을 변환시켜 에너지를 생산하는 설비이다.
② 폐기물에너지 설비는 폐기물을 변환시켜 연료 및 에너지를 생산하는 설비이다.
③ 수소에너지 설비는 물이나 그 밖에 연료를 변환시켜 수소를 생산하거나 이용하는 설비이다.
④ 해양에너지 설비는 해양의 조수, 파도, 해류, 온도차 등을 변환시켜 전기 또는 열을 생산하는 설비이다.

[해설] 신·재생에너지 설비(신재생에너지법 시행규칙 제2조)
① 연료전지 설비 : 수소와 산소의 전기화학 반응을 통하여 전기 또는 열을 생산하는 설비
② 태양열 설비 : 태양의 열에너지를 변환시켜 전기를 생산하거나 에너지원으로 이용하는 설비
③ 태양광 설비 : 태양의 빛에너지를 변환시켜 전기를 생산하거나 채광(採光)에 이용하는 설비
④ 해양에너지 설비 : 해양의 조수, 파도, 해류, 온도차 등을 변환시켜 전기 또는 열을 생산하는 설비
⑤ 수열에너지 설비 : 물의 표층의 열을 변환시켜 에너지를 생산하는 설비
⑥ 지열에너지 설비 : 물, 지하수 및 지하의 열 등의 온도차를 변환시켜 에너지를 생산하는 설비

14.4.71 / 16.2.63 / 18.1.35 / 19.2.40

13 전기사업법령에 따라 3000kW 초과의 발전사업을 하기 위한 전기(발전)사업 허가권자는? (단, 제주특별자치도는 예외로 한다.)

① 국무총리
② 시·도지사
③ 한국전력공사장
④ 산업통상자원부장관

해설 사업허가의 신청(전기사업법 시행규칙 제4조)
① 전기사업의 허가를 신청하려는 자는 전기사업허가 신청서에 관련 서류(전자문서를 포함한다. 이하 같다)를 첨부하여 산업통상자원부장관에게 제출하여야 한다.
② 다만, 발전설비용량이 3,000[kW] 이하인 발전사업의 허가를 받으려는 자는 특별시장·광역시장·특별자치시장·도지사 또는 특별자치도지사에게 제출하여야 한다.

14 전기사업법령에 명시된 전기신사업의 종류로 옳은 것은?

① 핵융합발전사업
② 전기자동차충전사업
③ 대규모전력중개사업
④ 신재생에너지발전사업

해설 전기신사업
① 전기자동차충전사업
② 소규모전력중개사업

17.1.94 / 19.1.92

15 전기사업법령에 따라 산업통상자원부장관이 전기의 보편적 공급의 구체적 내용을 정할 때 고려하는 사항으로 틀린 것은?

① 사회복지의 증진
② 전기의 보급 정도
③ 공공의 이익과 안전
④ 의무이행 관련 정보의 수집

해설 보편적 공급(전기사업법 제6조)
1) 전기사업자등은 전기의 보편적 공급에 이바지할 의무가 있다.
2) 산업통상자원부장관은 다음의 사항을 고려하여 전기의 보편적 공급의 구체적 내용을 정한다.
① 전기기술의 발전 정도
② 전기의 보급 정도
③ 공공의 이익과 안전
④ 사회복지의 증진

13.4.36 / 16.4.28 / 18.1.26

16 태양광발전의 경제성을 분석하는 일반적인 방법으로 틀린 것은?

① 감가상각법
② 내부수익률법
③ 순현재가치법
④ 비용·편익분석

해설 경제성 평가 방법(정태적 ; Static Analysis)
1) 비교 우위적 경제성 평가
비교 가능한 대체기기를 상정, 에너지공급과 원가면에서 기존 에너지 공급과의 비교에서 상대적 우위를 판단

2) 경제성 편익분석기법
① 편익/비용 비율(Benefit/Cost ratio)
② 순현재가치 분석(Net Present Value : NPV)
③ 내부수익률 분석(internal Rate of Return : IRR)
④ 투자회수기간 분석(Pay-Back Period : PBP)
⑤ 투자수익률 분석(Return on Investment : ROI)

17 에너지저장시스템(ESS)에서 발전량과 부하간의 균형을 맞추기 위한 Grid support 용도와 피크전력대응을 위한 대책은 무엇인가?

① Load leveling
② Power backup
③ Power management
④ Battery management

해설 부하평준화(Load Leveling)
① 일시적으로 급증하는 전력수요에 대처하기 위한 방안

정답 13. ④ 14. ② 15. ④ 16. ① 17. ①

중 하나로, 피크 부하를 줄이고, 전력 소모가 적은 시간대의 부하(오프 피크 부하)를 증가시키는 것
② ESS(Energy Storage System)는 피크 감소(최대수요 절감) 혹은 부하평준화가 가능하다.

13.4.14 / 15.2.10 / 16.4.31 / 17.2.17 / 18.1.64 / 18.2.8 / 19.1.7 / 20.3.3

18 일부 태양전지에 그늘이 발생하면 그 부분의 태양전지로 인한 역전압 바이어스가 걸리기 때문에 열점 현상이 발생하거나 또는 열점으로 인한 손상이 발생하지 않도록 전류가 우회하여 흐를 수 있도록 하는 것은?

① 차단기
② 피뢰기
③ 역류방지 다이오드
④ 바이패스 다이오드

해설 바이패스 다이오드

1) 태양광 모듈의 그림자 영향
① 태양광 모듈은 아주 적은 일부가 그림자에 가려지더라도 모듈 전체의 출력이 크게 저하된다.
② 모듈은 각각의 태양전지를 직렬로 연결하기 때문에 수십 개의 태양전지로 구성된 모듈에서 단 한 개의 셀이 나뭇잎 등에 의해 완전히 가려졌다면 출력 값은 거의 제로(Zero)에 가깝게 떨어진다.
③ 전체 개방전압에서 그림자가 발생한 모듈의 개방전압을 뺀 값 이하에서 전압 동작점이 존재할 때에 그림자가 발생한 모듈의 전류가 역방향이 된다. 따라서 역 전압이 인가되고 부하처럼 동작되어 열이 발생되고 모듈이 파손되는 원인이 된다.

2) 대책(바이패스 다이오드)

바이패스다이오드(Junction Box에 설치)

① 바이패스다이오드(Bypass Diode)는 전류를 한쪽방향으로만 흐르게 만들어 주는 부품으로 P에서 N방향으로 전류가 흐르고 반대 방향으로는 전류를 거의 통과시키지 않는다.

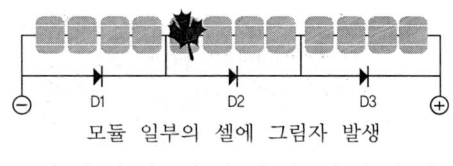

모듈 일부의 셀에 그림자 발생

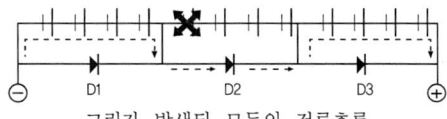

그림자 발생된 모듈의 전류흐름

② 그림자로 인해 출력이 저하된 셀 또는 셀 그룹을 우회해 전류가 흐르도록 하고, 이를 통한 출력감소는 오직 그림자에 의해 가려진 셀 또는 셀 그룹에 해당하는 부분으로 제한해 출력을 유지한다.

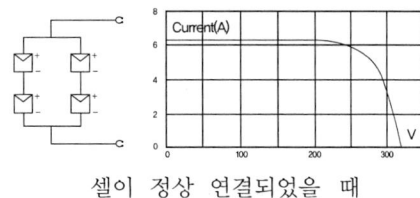

셀이 정상 연결되었을 때

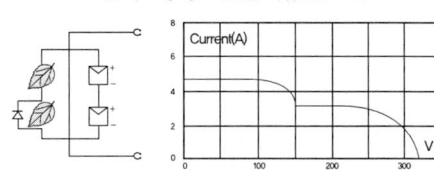

셀 일부가 정상동작하지 않을 시

③ 일반적으로 모듈 한 장(태양전지 6×9)에 셀 54개 배열의 경우에는 다이오드 3개(1개당 18개의 셀)를 설치한다.

20.3.7

19 국토의 계획 및 이용에 관한 법령에 따라 개발행위 허가신청서 작성 시 신청내용에 해당하지 않는 것은?

① 토지분할   ② 기초변경
③ 물건 적치   ④ 토지형질변경

해설 개발행위의 허가

다음의 어느 하나에 해당하는 행위를 하려는 자는 개발행위의 허가를 받아야 한다
① 건축물의 건축 또는 공작물의 설치
② 토지의 형질 변경(경작을 위한 경우로서 대통령으

로 정하는 토지의 형질 변경은 제외한다)
③ 토석의 채취
④ 토지 분할(건축물이 있는 대지의 분할은 제외한다)
⑤ 녹지지역·관리지역 또는 자연환경보전지역에 물건을 1개월 이상 쌓아놓는 행위

14.4.96 / 15.4.89 / 18.4.87 / 19.2.90

20 신에너지 및 재생에너지 개발·이용·보급 촉진법령에 따른 2020년 이후 신·재생에너지의 공급의무 비율(%)은?

① 21 ② 24 ③ 30 ④ 37

[해설] 신·재생에너지 공급의무 비율 등(신재생에너지법 시행령 제15조)
1) 건축법 시행령에서 정한 용도의 건축물로서 신축·증축 또는 개축하는 부분의 연면적이 1,000[m²] 이상인 건축물(해당 건축물의 건축 목적, 기능, 설계 조건 또는 시공 여건상의 특수성으로 인하여 신·재생에너지 설비를 설치하는 것이 불합리하다고 인정되는 경우로서 산업통상자원부장관이 정하여 고시하는 건축물은 제외한다)에 따른 비율 이상
2) 1)외의 건축물 : 산업통상자원부장관이 용도별 건축물의 종류로 정하여 고시하는 비율 이상

연도	2011~2012	2013	2014	2015
공급의무 비율[%]	10	11	12	15
연도	2016	2017	2018	2019	2020 이후
공급의무 비율[%]	18	21	24	27	30

신·재생에너지 공급의무 비율 등(개정 2020. 9. 23)

해당 연도	2020~2021	2022~2023	2024~2025	2026~2027	2028~2029	2030 이후
공급의무 비율[%]	30	32	34	36	38	40

18.1.45 / 19.2.43

21 전력시설물 공사감리업무 수행지침에 따른 비상주감리원의 근무수칙으로 틀린 것은?

① 설계도서 등의 검토
② 중요한 설계변경에 대한 기술검토
③ 설계변경 및 계약금액 조정의 심사
④ 입찰참가자격심사(PQ) 기준 작성(필요한 경우)

[해설] 비상주감리원의 근무수칙
① 설계도서 등의 검토
② 상주감리원이 수행하지 못하는 현장 조사 분석 및 시공상의 문제점에 대한 기술검토와 민원사항에 대한 현지조사 및 해결방안 검토
③ 중요한 설계변경에 대한 기술검토
④ 설계변경 및 계약금액 조정의 심사
⑤ 기성 및 준공검사
⑥ 정기적(분기 또는 월별)으로 현장 시공 상태를 종합적으로 점검·확인·평가하고 기술지도
⑦ 공사와 관련하여 발주자(지원업무수행자 포함)가 요구한 기술적 사항 등에 대한 검토
⑧ 그밖에 감리업무 추진에 필요한 기술지원 업무

※ 지원업무담당자의 주요 업무 : 감리업무 수행계획서, 감리원 배치계획서 검토

22 얕은 기초와 현장시험에 의한 지지력 산정 시 기초의 허용지지력을 추정할 수 있으며, 다른 종류의 현장시험이 어려운 모래, 자갈, 풍화토, 풍화암 등에 적용할 수 있는 시험은?

① 콘관입시험 ② 현장베인시험
③ 공내재하시험 ④ 표준관입시험

[해설] 공내재하시험(Pressuremeter test ; P.M.T)
① 시추공의 벽면을 가압하여 변형량과 압력을 측정하여 지반강도 및 변형특성을 파악
② 주로 지반의 변형계수, 암반분류의 지표를 얻기 위하여 실시, 발전소 및 지하철, 고층빌딩 기초지반 조사에 적용함
③ 토사층부터 연암, 경암에 이르기까지 적용범위가 넓고, 지반의 큰 변형없이 지반강도와 변형특성을 구할 수 있음

23 태양광발전 어레이용 가대의 구조설계 시 적용되는 상정하중의 분류 중 수평하중에 속하는 것은?

① 풍하중 ② 활하중
③ 고정하중 ④ 적설하중

정답 20. ③ 21. ④ 22. ③ 23. ①

해설 **수평 하중(horizontal load)**
지진하중, 풍압하중, 토압하중 등

24 전력기술관리법령에 따라 산업통상자원부장관이 전력기술의 연구·개발을 촉진하고 그 성과를 효율적으로 이용하기 위하여 수립하는 전력기술진흥기본계획에 포함되는 사항이 아닌 것은?

① 새로운 전력기술의 채택에 관한 사항
② 전력기술 진흥의 기본 목표 및 그 추진 방향
③ 전력기술의 진흥을 위한 자금 지원에 관한 사항
④ 신·재생에너지의 기술개발 및 이용·보급에 관한 중요사항

해설 **전력기술진흥기본계획의 수립**
1) 산업통상자원부장관은 전력기술의 연구·개발을 촉진하고 그 성과를 효율적으로 이용하기 위하여 전력기술진흥기본계획을 수립하여야 한다.

2) 기본계획에는 다음의 사항이 포함되어야 한다.
① 전력기술 진흥의 기본 목표 및 그 추진 방향
② 전력기술의 개발 촉진 및 그 활용을 위한 시책
③ 전력기술인의 양성 및 수급(需給)에 관한 사항
④ 새로운 전력기술의 채택에 관한 사항
⑤ 전력기술의 정보관리 및 표준화에 관한 사항
⑥ 전력기술을 연구하는 기관 및 단체의 지도·육성에 관한 사항
⑦ 전력기술의 국제협력에 관한 사항
⑧ 전력기술의 진흥을 위한 자금 지원에 관한 사항
⑨ 그 밖에 전력기술의 진흥에 관한 사항

16.4.32

25 현장에 설치된 태양광발전시스템에서 외기온도 37℃일 때 다음 모듈의 셀 표면 온도는? (단, 패널 표면의 일사량은 1000W/m² 이며, NOCT는 45℃이다.)

정상작동 셀 온도	45[℃]
전력 온도계수	-0.43[%/℃]
전압 온도계수	-0.31[%/℃]
전류 온도계수	+0.05[%/℃]

① 66.25℃ ② 67.25℃
③ 68.25℃ ④ 69.25℃

해설 **모듈 표면온도(T_C)**

$$T_C = 주변온도[℃] + \frac{NOCT - 20[℃]}{800[W/m^2]} \times 일사량[W/m^2]$$

$$= 37 + \left(\frac{45-20}{800}\right) \times 1,000 = 68.25 \ [℃]$$

17.4.21 / 18.1.25 / 19.2.39

26 설계도면 작성 시 정류기의 전기도면 기호로 옳은 것은?

① RC ② T
③ ▶| ④ G

해설 ① : 룸 에어컨, 역류 계전기(Reverse Current Relay)
② : 온도계(Temperature Meter)
③ : 정류기(Rectifier)
④ : 발전기, 검류기(Galvanometer)

18.2.78 / 19.2.72 / 20.3.28 / 20.4.27

27 신재생발전기 계통연계기준에 따라 신재생발전기 및 그 연계 시스템은 최대 정격 출력전류의 몇 %를 초과하는 직류전류를 배전계통으로 유입시켜서는 안 되는가?

① 0.1 ② 0.5 ③ 5 ④ 10

해설 **전기품질 항목**
① 직류 유입 제한
분산형전원 및 그 연계 시스템은 분산형전원 연결점에서 최대 정격 출력전류의 0.5[%]를 초과하는 직류 전류를 계통으로 유입시켜서는 안된다.
② 역률
분산형전원의 역률은 90[%] 이상으로 유지함을 원칙으로 한다.
③ 플리커(flicker)
④ 고조파

정답 24.④ 25.③ 26.③ 27.②

28 설계감리업무 수행지침에 따라 설계감리원이 설계용역 수행단계에서 발주자 및 설계자의 설계 수행절차에 대한 문제점 및 기술적인 애로사항의 해결을 위해 수행하는 지원업무에 대한 설명으로 틀린 것은?

① 설계자의 조치계획에 대한 적정성 검토
② 그 밖에 발주자 및 설계자가 설계수행을 위하여 요청하는 사항
③ 설계 및 설계감리용역 시행에 따른 업무연락, 문제점 파악 및 민원해결
④ 설계상 기술적인 애로사항의 해결을 위해 직접 자문가의 역할을 수행하거나 외부 전문가의 활용을 통한 설계품질 향상을 도모

[해설] 설계감리원의 지원업무

설계감리원은 설계용역 수행단계에서 발주자 및 설계자의 설계 수행절차에 대한 문제점 및 기술적인 애로사항의 해결을 위한 다음의 지원업무를 수행하여야 한다.
① 설계상 기술적인 애로사항의 해결을 위해 직접 자문가의 역할을 수행하거나 외부 전문가의 활용을 통한 설계품질 향상을 도모
② 설계자의 조치계획에 대한 적정성 검토
③ 그 밖에 발주자 및 설계자가 설계수행을 위하여 요청하는 사항

29 건축물의 설계도서 작성기준에 따른 설계도서 작성방법에서 계획설계의 도서내용 중 전기설비계획서의 내용에 해당하지 않는 것은?

① 해당 법규 검토
② 추정 부하 산정
③ 개략 예산 검토
④ 적용 시스템 비교 검토

[해설] 계획설계의 도서내용(전기설비계획서)
① 해당 법규 검토
② 설계방향 설정, 전기설비계획개요
③ 추정 부하 산정
④ 개략 예산 검토

30 태양광발전시스템에서 인버터 출력측의 3상 3선식 간선의 전압강하 계산식으로 옳은 것은? (단, L : 전선의 길이(m), I : 부하전류(A), A : 전선의 단면적(mm²)이다.)

① $e = \dfrac{17.8 \times L \times I}{1000 \times A}$ ② $e = \dfrac{20.8 \times L \times I}{1000 \times A}$

③ $e = \dfrac{30.8 \times L \times I}{1000 \times A}$ ④ $e = \dfrac{35.6 \times L \times I}{1000 \times A}$

[해설] 전압강하 및 전선 굵기 계산식

전기공급방식	전압강하(e)	전선의 단면적(A)
단상 2선식 직류 2선식	$e = \dfrac{35.6 \times L \times I}{1,000 \times A}$	$A = \dfrac{35.6 \times L \times I}{1,000 \times e}$
3상 3선식	$e = \dfrac{30.8 \times L \times I}{1,000 \times A}$	$A = \dfrac{30.8 \times L \times I}{1,000 \times e}$
단상 3선식 3상 4선식 직류 3선식	$e = \dfrac{17.8 \times L \times I}{1,000 \times A}$	$A = \dfrac{17.8 \times L \times I}{1,000 \times e}$

31 전력시설물 공사감리업무 수행지침에 따라 전력시설물의 감리원이 공사업자로부터 받은 시공상세도를 승인할 때 고려할 사항이 아닌 것은?

① 주요 공정의 시공 절차 및 방법
② 제도의 품질 및 선명성, 도면작성 표준에 일치 여부
③ 현장의 시공기술자가 명확하게 이해할 수 있는지 여부
④ 설계도면, 설계설명서 또는 관계 규정에 일치하는지 여부

[해설] 시공상세도 승인

공사업자가 제출한 날부터 7일 이내에 검토·확인하여 승인한다. 다만, 7일 이내에 검토·확인이 불가능한 때에는 사유 등을 명시하여 통보하고, 통보사항이 없는 때에는 승인한 것으로 본다.
① 설계도면, 설계 설명서 또는 관계 규정에 일치하는지 여부

정답 28. ③ 29. ④ 30. ③ 31. ①

② 현장의 시공기술자가 명확하게 이해할 수 있는지 여부
③ 실제시공 가능 여부
④ 안정성의 확보 여부
⑤ 계산의 정확성
⑥ 제도의 품질 및 선명성, 도면작성 표준에 일치 여부
⑦ 도면으로 표시 곤란한 내용은 시공시 유의사항으로 작성되었는지 등의 검토

15.4.52 / 18.1.42

32 전력시설물 공사감리업무 수행지침에 따른 태양광발전시스템의 착공신고서에 포함된 서류가 아닌 것은?

① 기성내역서
② 품질관리계획서
③ 안전관리계획서
④ 공사 예정공정표

해설 착공신고서 검토 및 보고

감리원은 공사가 시작된 경우에는 공사업자로부터 다음의 서류가 포함된 착공신고서를 제출받아 적정성 여부를 검토하여 7일 이내에 발주자에게 보고하여야 한다.
① 시공관리책임자 지정통지서(현장관리조직, 안전관리자)
② 공사 예정공정표
③ 품질관리계획서
④ 공사도급 계약서 사본 및 산출내역서
⑤ 공사 시작 전 사진
⑥ 현장기술자 경력사항 확인서 및 자격증 사본
⑦ 안전관리계획서
⑧ 작업인원 및 장비투입 계획서
⑨ 그밖에 발주자가 지정한 사항

33 전기설비 관련 시설공간(KSD 31 10 21 : 2019)에 따라 수변전실 설계 시 건축 관점에서의 고려사항으로 틀린 것은?

① 장비 반입 및 반출 통로가 확보되어야 한다.
② 수변전실은 불연 재료를 사용하여 구획하고, 출입구는 방화문으로 한다.
③ 장비의 배치 및 유지보수가 용이하도록 충분한 넓이와 유효높이가 확보되어야 한다.
④ 수·변전 관련 설비실(발전기실, 축전지실, 무정전 전원장치실 등)이 있는 경우 수변전실과 가급적 떨어진 위치로 한다.

해설 건축 관점의 고려사항
① 장비 반입 및 반출 통로가 확보되어야 한다.
② 장비의 배치 및 유지보수가 용이하도록 충분한 넓이와 유효높이가 확보되어야 한다.
③ 수·변전 관련 설비실(발전기실, 축전지실, 무정전 전원장치실 등)이 있는 경우 가능한 수변전실과 인접 되어야 한다.
④ 수변전실은 불연 재료를 사용하여 구획하고, 출입구는 방화문으로 한다.

34 전력기술관리법령에 따라 설계업자는 그가 작성하거나 제공한 실시설계도서를 해당 전력시설물이 준공된 후 몇 년간 보관하여야 하는가?

① 3
② 5
③ 10
④ 12

해설 설계도서의 보관의무
① 전력시설물의 소유자 및 관리주체는 전력시설물에 대한 실시설계도서 및 준공 설계도서를 시설물이 폐지될 때까지 보관할 것
② 설계업자는 그가 작성하거나 제공한 실시설계도서를 해당 전력시설물이 준공된 후 5년간 보관할 것
③ 감리업자는 그가 공사감리한 준공 설계도서를 하자담보책임기간이 끝날 때까지 보관할 것

18.4.89

35 전기설비기술기준의 판단기준에 따라 발전소·변전소·개폐소 또는 이에 준하는 곳에는 울타리·담 등의 시설을 하여야 한다. 사용전압이 345kV일 경우 울타리·담 등의 높이와 이로부터 충전부분까지 거리의 합계는 최소 몇 m 인가?

① 3
② 5
③ 7.17
④ 8.28

해설 **발전소 등의 울타리·담 등의 시설(판단기준 제44조)**
1) 고압 또는 특고압의 기계기구·모선 등을 옥외에 시설하는 발전소·변전소·개폐소 또는 이에 준하는 곳에는 다음에 따라 구내에 취급자 이외의 사람이 들어가지 않도록 시설하여야 한다. 다만, 토지의 상황에 의하여 사람이 들어갈 우려가 없는 곳은 그렇지 않다.
① 울타리·담 등을 시설할 것
② 출입구에는 출입금지의 표시를 할 것
③ 출입구에는 자물쇠장치 기타 적당한 장치를 할 것

2) 제①항 울타리·담 등의 시설조건
① 울타리·담 등의 높이는 2[m] 이상으로 하고 지표면과 울타리·담 등의 하단사이의 간격은 15[cm] 이하로 할 것
② 울타리·담 등과 고압 및 특고압의 충전 부분이 접근하는 경우에는 울타리·담 등의 높이와 울타리·담 등으로부터 충전부분까지 거리의 합계는 표에서 정한 값 이상으로 할 것

사용전압의 구분	울타리·담 등의 높이와 울타리·담 등으로부터 충전부분까지의 거리의 합계
35[kV] 이하	5[m]
35[kV] 초과 160[kV] 이하	6[m]
160[kV] 초과	6[m]에 160[kV]를 초과하는 10[kV] 또는 그 단수마다 12[cm]를 더한 값

③ 사용전압 345kV
$L = 6 + (19 \times 0.12) = 8.28 \ [m]$
($\because \frac{345-160}{10} = 18.5$ 절상 후 19[m])

36 전기설비기술기준의 판단기준에 따라 저압 옥내간선과의 분기점에서 전선의 길이가 3m 이하인 곳에 설치하여야 하는 것은?
① 피뢰기
② 과전압 계전기
③ 과전류 계전기
④ 개폐기 및 과전류차단기

해설 **과부하 보호장치의 설치 위치**

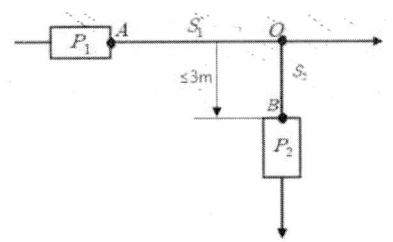

분기회로 (S_2)의 보호장치 (P_2)는 (P_2)의 전원 측에서 분기점(O) 사이에 다른 분기회로 또는 콘센트의 접속이 없고, 단락의 위험과 화재 및 인체에 대한 위험성이 최소화되도록 시설된 경우, 분기회로의 보호장치 (P_2)는 분기회로의 분기점(O)으로부터 3m 까지 이동하여 설치할 수 있다.

37 전기설비기술기준의 판단기준에 따라 몇 V를 초과하는 축전지는 비접지측 도체에 쉽게 차단할 수 있는 곳에 개폐기를 시설하여야 하는가?
① 10 ② 20 ③ 30 ④ 60

해설 **축전지실 등의 시설**
① 30V를 초과하는 축전지는 비접지측 도체에 쉽게 차단할 수 있는 곳에 개폐기를 시설하여야 한다.
② 옥내전로에 연계되는 축전지는 비접지측 도체에 과전류보호장치를 시설하여야 한다.
③ 축전지실 등은 폭발성의 가스가 축적되지 않도록 환기장치 등을 시설하여야 한다.

38 기초의 근입 깊이가 낮고 상부 구조물의 하중을 기초하부 지반에 직접 전달하는 구조물 기초의 종류가 아닌 것은?
① 줄기초 ② 전면기초
③ 말뚝기초 ④ 복합기초

해설 **파일(말뚝)기초(Pile Foundation)**

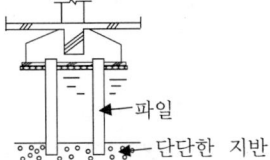

15.4.16 / 16.4.35 / 19.1.22 / 19.2.21 / 19.4.29 / 20.3.39

39 태양광발전시스템 출력 18750W, 태양광발전 모듈 최대출력 250W, 모듈의 직렬연결 개수가 5개일 때 최대 병렬연결 개수는?

① 10 ② 15
③ 20 ④ 25

해설 병렬 회로수(N_P)

$$N_P = \frac{\text{시스템 출력}}{\text{모듈 최대출력} \times \text{스트링 직렬 매수}}$$

$$= \frac{18{,}750}{250 \times 5} = 15 \text{ [회로]}$$

40 분산형전원 배전계통연계 기술기준에 따라 비정상 전압이 V<50 에 해당하는 분산형전원의 분리시간은 최대 몇 초인가? (단, V는 기준전압(계통의 공칭전압)에 대한 백분율(%)이며, 전압범위 정정치와 분리시간을 현장에서 조정하는 경우는 제외한다.)

① 0.16초 ② 0.5초
③ 1.0초 ④ 2.0초

해설 한전계통 이상시 분산형전원 분리 및 재병입

1) 한전계통의 고장
   분산형전원은 연계된 한전계통 선로의 고장시 해당 한전계통에 대한 가압을 즉시 중지하여야 한다.

2) 한전계통 재폐로와의 협조
   1)에 의한 분산형전원 분리시점은 해당 한전계통의 재폐로 시점 이전이어야 한다.

3) 전압
   ① 연계 시스템의 보호장치는 각 선간전압의 실효값 또는 기본파 값을 감지해야 한다. 단, 구내계통을 한전계통에 연결하는 변압기가 Y-Y 결선 접지방식의 것 또는 단상 변압기일 경우에는 각 상전압을 감지해야 한다.
   ② ①의 전압 중 어느 값이나 표와 같은 비정상 범위 내에 있을 경우 분산형전원은 해당 분리시간(clearing time) 내에 한전계통에 대한 가압을 중지하여야 한다.
   ③ 다음의 하나에 해당하는 경우에는 분산형전원 연결점에서 ①에 의한 전압을 검출할 수 있다.
   ㉠ 하나의 구내계통에서 분산형전원 용량의 총합이 30kW 이하인 경우
   ㉡ 연계 시스템 설비가 단독운전 방지시험을 통과한 것으로 확인될 경우
   ㉢ 분산형전원 용량의 총합이 구내계통의 15분간 최대수요전력 연간 최소값의 50% 미만이고, 한전계통으로의 유·무효전력 역송이 허용되지 않는 경우

전압 범위 (공칭전압에 대한 백분율[%])	분리시간 [초]
V < 50	0.5
50 ≤ V < 70	2
70 ≤ V < 90	2
110 < V < 120	1
V ≥ 120	0.16

16.4.53 / 17.4.56 / 18.1.56 / 19.2.49

41 전기설비기술기준의 판단기준에 따라 태양광발전 모듈 배선을 금속관 공사로 시공할 경우의 시설기준으로 틀린 것은?

① 옥외용 비닐절연전선을 사용하여야 한다.
② 전선은 금속관 안에서 접속점을 만들어서는 안 된다.
③ 짧고 가는 금속관에 넣는 전선인 경우 단선을 사용할 수 있다.
④ 전선은 단면적 10mm²을 초과하는 경우 연선을 사용하여야 한다.

해설 금속관배선의 시설조건

정답 39. ② 40. ② 41. ①

1) 전선은 절연전선(옥외용 비닐절연전선을 제외한다)일 것
2) 전선은 연선일 것. 다만, 다음의 것은 적용하지 않는다.
   ① 짧고 가는 금속관에 넣은 것
   ② 단면적 10[mm²](알루미늄선은 단면적 16[mm²]) 이하의 것
3) 전선은 금속관 안에서 접속점이 없도록 할 것

42 태양광발전시스템이 설치될 지역 중 지진구역 I 이 아닌 곳은?

① 경기도 ② 제주도
③ 전라북도 ④ 충청남도

해설 지진구역

지진구역		행정구역
I	시	서울, 인천, 대전, 부산, 대구, 울산, 광주, 세종
	도	경기, 충북, 충남, 경북, 경남, 전북, 전남, 강원 남부¹
II	도	강원 북부², 제주

1 강원 남부군, 시 : 영월, 정선, 삼척, 강릉, 동해, 원주, 태백
2 강원 북부군, 시 : 홍천, 철원, 화천, 횡성, 평창, 양구, 인제, 고성, 양양, 춘천, 속초

43 지붕 건재형 태양광발전 모듈의 설치장소를 고려한 설치 시 유의사항으로 틀린 것은?

① 인접 가옥의 화재에 대한 방화대책을 세워 시설할 것
② 태양광발전 모듈의 하중에 견딜 수 있는 강도를 가질 것
③ 눈이 많은 지역에서는 적설 방지대책을 강구하여 시설할 것
④ 풍력계수는 처마 끝이나 지붕 중앙부나 똑같이 하여 시설할 것

해설 지붕 건재형 태양광발전 모듈의 설치시 고려사항
① 태양광모듈 설치 전에 시스템의 하중을 견딜 수 있는지 반드시 점검해야 한다.
② 태양광모듈을 처마 끝이나 용마루에 설치할 경우는 풍압력을 고려해야 한다.
③ 지붕중앙부가 처마 끝과 용마루의 풍력계수보다 낮으므로 태양광모듈은 중앙부에 설치하는 것이 바람직하다.

44 변전소 비접지 선로의 접지보호용으로 사용되는 계전기에 영상전류를 검출하는 기기는?

① CT ② PT
③ GPT ④ ZCT

해설 ZCT(zero current transformer : 영상변류기)

3상회로의 3개의 전선을 통과시키고, 2차권선은 철심의 둘레에 균일하게 분포시켜 감은 것, 3상전류의 Vector합, 즉, 3배의 영상전류에 대응하는 2차 전류를 얻도록 된 CT.

16.2.8 / 17.1.1 / 19.2.18

45 옴의 법칙에서 전류의 크기는 어느 것에 비례하는가?

① 임피던스 ② 전선의 길이
③ 전선의 단면적 ④ 전선의 고유저항

해설 옴의 법칙
① 도체에 전압이 가해졌을 때 흐르는 전류의 크기는 도체의 저항에 반비례하므로 가해진 전압을 V [V], 전류 I [A], 도체의 저항을 R [Ω]이라고 하면
$$I = \frac{V}{R}$$
② 저항 값은 도체의 길이에 비례하고, 단면적에 반비례하므로 도체의 길이 l [m], 단면적 A [m²], 고유저항을 ρ 라고 하면
$$R = \rho \frac{l}{A}$$
③ 전류의 크기는 전선의 단면적에 비례한다.
$$I = \frac{V}{R} = \frac{V}{\rho \frac{l}{A}} \text{ [A]}$$

46 단상 브리지 정류회로에서 전원전압이 220V인 경우 출력전압의 평균값은 약 몇 V인가?

① 99　　② 198
③ 220　　④ 311

해설 단상 반파 $V_{dc} = 0.318 V_{peak}$
단상 전파 $V_{dc} = 0.636 V_{peak}$
∴ $V_{dc} = 0.636 \times 220\sqrt{2} ≒ 198$ [V]
∵ 실효값(V) = 220V, 최대값(V_m) = $220\sqrt{2}$ V

47 낙뢰의 위험으로부터 시설물을 보호하기 위한 피뢰방식이 아닌 것은?

① 분전방식　　② 돌침방식
③ 메시도체방식　　④ 수평도체방식

해설 외부 피뢰시스템

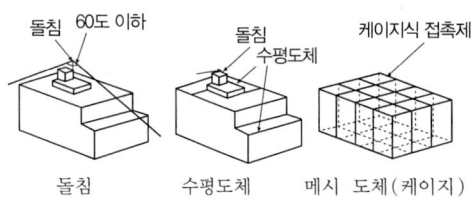

돌침　수평도체　메시 도체(케이지)

(1) 수뢰부 시스템
① 뇌격이 피 보호범위내로 침입할 확률을 감소시키는 것
② 돌침(피뢰침), 수평도체, 메시 도체(케이지)방식의 개별 또는 이들의 조합으로 한다.
③ PV설비 전체를 보호할 수 있는 범위내로 해야 한다.

(2) 인하도선 시스템
① 위험한 불꽃방전의 발생확률을 감소시키기 위하여 뇌격점과 대지사이를 연결하는 도선
② 다수의 병렬 전류통로를 형성해야 한다.
③ 전류통로의 배선 길이는 최소로 유지해야 한다.
④ 인하도선은 가능한한 수뢰부도체에서 직접 연결되도록 배치하여야 한다.
⑤ 인하도선은 지표면과 가까운 부분에 접지시험단자를 시설한다. 다만, 자연적 구성부재를 이용하는 경우는 생략한다.

(3) 접지 시스템
① 위험한 과전압을 발생시키지 않고 뇌전류를 대지로 방류하기 위해서는 접지의 형상, 크기 및 접지저항 값이 중요하다. 다만, 일반적으로는 낮은 접지저항을 권장한다.
② 피뢰설비의 관점에서는 구조체를 사용한 통합단일의 접지가 바람직하며, 모든 접지목적(즉, 피뢰설비, 저압전력시스템, 통신시스템 등)에도 적합하다.

※ 케이지(Cage)방식
건조물의 주위를 피뢰도선으로 감싸는 방식으로 새장과 같이 되어 있어 케이지방식이라 하며, 어떠한 뇌격에 대해서도 완전히 보호되는 방식이다.

48 경간이 150m인 가공 송전선로에서 전선의 중량이 0.4kg/m, 전선의 수평장력이 100kg이라고 한다. 이 전선로의 이도는 약 몇 m인가?

① 1.125　　② 11.25
③ 3.33　　④ 33.33

해설 전선의 이도(Dip)
지지물 A, B사이에 전선을 가설하면 전선 자체의 무게 때문에 밑으로 처진 곡선을 이루게 되며 가장 밑으로 처진 부분의 수직 거리를 이도(Dip)라고 한다.

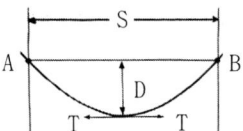

1) 이도의 중요성
① 겨울 : 이도가 적당치 않으면 전선의 수축으로 인해 전선에 무리한 장력 발생 → 단선사고
② 여름 : 온도에 의해 전선은 팽창, 진동 → 도로, 철도, 통신선 등에 위험

2) 이도의 계산
전선의 두 지지점이 수평인 경우
$$D ≒ \frac{WS^2}{8T} [m]$$
$$= \frac{0.4 \times 150^2}{8 \times 100} = 11.25 [m]$$

T : 수평 장력 [kg], W : 전선의 중량 [kg/m], S : 경간 [m]

49 절대온도 0도에서 최외각 전자가 가지는 에너지 높이를 말하는 것은?

① 일함수 ② 전자볼트
③ 퍼텐셜우물 ④ 페르미준위

해설 **페르미 준위(Fermi level, Ef)**
① 0K에서 전자가 가질 수 있는 최대 에너지 준위
② 최외각 준위라는 것은 물질 가장 외부에 존재한다. 따라서 이 위치에 있는 전자는 원자에 존재할 수도, 바깥으로 나가버릴 수도 있다. 따라서 전자가 존재할 확률이 50%인 에너지 준위.

50 태양광발전설비의 사용전검사 방법으로 틀린 것은?

① 각종 보호계전기 제어기능 등을 모의(수동) 동작시켜 차단 및 경보 상태를 확인한다.
② 기준 일사량 및 온도 조건하에서 회로를 개방하고 두 단자(P, N)간 개방전압(VOC)을 측정한다.
③ 제작사 자체 또는 시험기관에서 제시한 설정 값에서 전력조절부와 Static 스위치의 자동·수동 절체동작을 확인한다.
④ 접속함에서 태양광전지 스트링의 양극과 음극을 개방시키고, DC전로와 대지(접지) 간에 500V 또는 1000V Megger로 절연저항을 측정한다.

해설 접속함에서 태양광전지 스트링의 양극과 음극을 개방시키고, DC전로와 대지(접지) 간에 500V Megger로 절연저항을 측정한다.

15.4.71 / 16.2.67 / 18.1.15 / 18.2.63 / 18.4.62 / 20.3.38

51 태양광발전시스템에 사용되는 인버터의 출력측 절연저항을 측정하는 순서는?

가. 교류단자와 대지 간의 절연저항을 측정
나. 태양전지 회로를 접속함에서 분리
다. 분전반 내의 분기차단기 개방
라. 직류측의 모든 입력단자 및 교류측 전체의 출력단자를 각각 단락

① 다→나→라→가 ② 나→라→다→가
③ 다→라→나→가 ④ 나→다→라→가

해설 **인버터의 절연저항 측정**

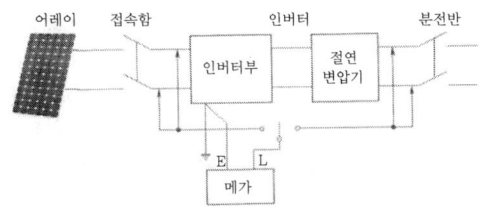

1) 입력회로
① 태양전지회로를 접속함에서 분리한다.
② 분전반 내의 분기회로 차단기를 개방한다.
③ 인버터의 입·출력단자를 단락하고, 직류단자와 대지간을 절연저항계(Megger)로 측정한다.

2) 출력회로
① 태양전지회로를 접속함에서 분리한다.
② 분전반 내의 분기회로 차단기를 개방한다.
③ 인버터의 교류측 회로를 분전반 차단기에서 분리하여 분전반까지의 전로를 포함하여 측정한다.
④ 인버터의 입·출력단자를 단락하고, 출력단자와 대지간을 절연저항계(Megger)로 측정한다.

3) 기타 주의사항
① 정격전압이 입출력과 다를 때는 높은 측의 전압을 절연저항계의 선택기준으로 한다.
② 입출력 단자에 주회로 이외의 제어단자 등이 있는 경우는 이것을 포함해서 측정한다.
③ 서지업서버 등의 정격에 약한 회로들은 회로에서 분리하여 측정한다.
④ 절연변압기가 별도로 설치된 경우에는 이를 포함하여 측정한다.
⑤ 절연변압기를 장착하지 않은 인버터는 제조사 추천 방식으로 측정한다.

정답 49. ④ 50. ④ 51. ④

52 네트워크에 의한 공정관리기법의 종류가 아닌 것은?

① CPM 기법   ② ADM 기법
③ PERT 기법 ④ RAMPS 기법

해설 네트워크에 의한 공정관리기법의 종류
① CPM(Critical Path Method) 기법
② PERT(Program Evaluation and Review Technique)
③ PDM(Precedence Diagraming Method) 기법
④ RAMPS(Reprap Arduino Mega Pololu Shield) 기법

13.4.73 / 15.2.67

53 태양광전원의 용량 50MVA에 대하여, 15%의 임피던스를 가지는 경우, 100MVA를 기준으로 한 %임피던스는 몇 %인가?

① 30   ② 40
③ 50   ④ 60

해설 %임피던스
변압기에 정격전류가 흘렀을 때 변압기 자체 임피던스에 의한 전압강하의 2차 정격전압에 대한 퍼센트 변압기의 정격 2차 전압 V_n [kV], 정격 2차 전류 I_n [A], 자체 임피던스 Z [Ω], 용량 P[kVA]

$$\%Z = \frac{Z \times I_n}{V_n} \times 100\,[\%] = \frac{Z \times I_n \times V_n}{V_n \times V_n} \times 100\,[\%]$$
$$= \frac{Z \times P}{V_n^2} \times 100\,[\%]$$
$$\therefore \%Z \propto P$$
$$50[MVA] : 15[\%] = 100[MVA] : \%Z_2$$
$$\%Z_2 = 30$$

16.4.42 / 19.2.4

54 저압 뱅킹(banking) 방식에 대한 설명으로 옳은 것은?

① 부하 증가에 대한 융통성이 없다.
② 캐스케이딩(cascading) 현상의 염려가 있다.
③ 깜박임(light flicker) 현상이 심하게 나타난다.
④ 저압 간선의 전압강하는 줄어드나 전력손실을 줄일 수 없다.

해설 저압 뱅킹 방식(Secondary Banking System)
동일한 고압 배전선에 접속되어 있는 2대 이상의 배전용 변압기의 2차측 저압 간선을 접속하여 융통성을 도모하는 방식이다.

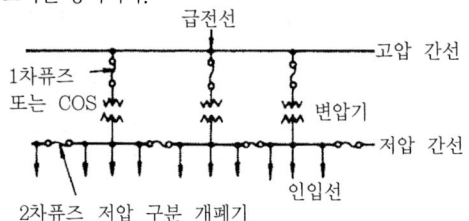

1) 장점
① 전압 강하와 전력 손실을 줄일 수 있다.
② 설비 용량의 경감
③ 부하의 증가에 대한 융통성 증대

2) 단점
① 캐스케이딩(Cascading) 현상 : 변압기 또는 저압 간선에 고장이 발생했을 때 이것을 제거하지 않으면 계속해서 그 뱅크 내의 변압기의 1차측 퓨즈가 차례로 끊어지거나 변압기를 소손시켜 정전 구간을 확대시킨다.
② 캐스케이딩 현상 방지법 : 변압기의 1차측에 퓨즈를 설치하고 인접 변압기를 연락하는 저압선의 중간에 퓨즈 또는 구분 개폐기를 설치한다.

55 전기설비기술기준의 판단기준에 따라 태양전지 발전소에 시설하는 태양전지 모듈, 전선 및 개폐기 기타 기구를 옥내에 시설할 경우 사용할 수 없는 공사방법은?

① 케이블공사   ② 애자공사
③ 합성수지관공사 ④ 가요전선관공사

해설 태양전지 모듈 등의 시설
① 충전부분은 노출되지 않도록 시설할 것
② 태양전지 모듈에 접속하는 부하측의 전로(복수의 태양전지 모듈을 시설한 경우에는 그 집합체에 접속하는 부하측의 전로)에는 그 접속점에 근접하여 개폐기 기타 이와 유사한 기구(부하전류를 개폐할 수 있

정답 52.② 53.① 54.② 55.②

는 것에 한한다)를 시설할 것
③ 태양전지 모듈을 병렬로 접속하는 전로에는 그 전로에 단락이 생긴 경우에 전로를 보호하는 과전류차단기 기타의 기구를 시설할 것. 다만, 그 전로가 단락전류에 견딜 수 있는 경우에는 그렇지 않다.
④ 전선은 다음에 의하여 시설할 것. 다만, 기계기구의 구조상 그 내부에 안전하게 시설할 수 있을 경우에는 그렇지 않다.
㉠ 전선은 공칭단면적 2.5[mm²] 이상의 연동선 또는 이와 동등 이상의 세기 및 굵기의 것일 것
㉡ 옥내에 시설할 경우에는 합성수지관공사, 금속관공사, 가요전선관공사 또는 케이블공사로 시설할 것
㉢ 옥측 또는 옥외에 시설할 경우에는 합성수지관공사, 금속관공사, 가요전선관공사 또는 케이블공사로 시설할 것

56 전기설비기술기준의 판단기준에 따라 저압 옥내배선의 전선으로 미네럴인슈레이션케이블을 사용하는 경우 단면적이 몇 mm² 이상이어야 하는가?

① 1 ② 2.5 ③ 6 ④ 10

해설 저압 옥내배선의 사용전선

MI Cable

① 단면적 2.5mm² 이상의 연동선 또는 이와 동등 이상의 강도 및 굵기의 것.
② 단면적이 1mm² 이상의 미네럴인슈레이션케이블

57 수·변전설비를 옥내에 시공 시 유의사항으로 틀린 것은?

① 기기 주위에는 유지관리 공간을 확인하여야 한다.
② 기기의 중량을 산정하여 바닥 강도를 확인하여야 한다.
③ 전기실에는 물 배관·증기관·환기용 덕트 등을 시설하거나 통과시켜서는 안 된다.
④ 습기 또는 결로 등에 의한 절연저하의 우려가 있는 경우에는 적절한 공법으로 하여야 한다.

해설 전기설비 시설공간(실)의 계획
① 전기설비 시설공간(실)은 정상상태 시 운전과 유지관리와 보수, 교환이 발생하므로 이에 대비하여야 하고, 미래에 예상되는 설비 내용 변경과 증설에 대비해야 한다.
② 환기가 잘되어야 하고 고온 다습한 장소에는 설치하지 않아야 한다. 다만, 설비의 중요도에 따라서 환기설비, 냉방 또는 제습장치를 설치할 수 있다.
③ 발전기실의 벽, 기둥, 바닥은 내화구조로 하고, 출입구는 방화문으로 한다.
④ 습기 또는 결로 등에 의한 절연저하의 우려가 있는 경우에는 적절한 공법으로 하여야 한다.

58 송전선로에서 코로나 방지대책으로 틀린 것은?

① 단도체의 사용
② 복도체의 사용
③ 굵은 전선의 사용
④ 가선 금구의 개량

해설 코로나(corona)
전선에 가해지는 전압이 어떤 값(임계 전압) 이상으로 되면 전선 표면의 공기 절연이 국부적으로 파괴되어 엷은 빛과 낮은 소리를 내게 되는 현상

1) 임계 전압 E_0

$$E_0 = 24.3\, m_0\, m_1 \delta d \log_{10} \frac{D}{r} \text{ [kV]}$$

m_0 : 전선의 표면 상태에 의해서 정해지는 계수
m_1 : 일기에 관계되는 계수(맑은날 1, 우천시 0.8)
δ : 상대 공기 밀도
D : 선간거리[m]
r : 전선의 반지름[m]

2) 코로나손(corona loss)
전기 에너지 → 코로나에 의해 나타나는 빛, 열, 소리 → 전력 손실 → 코로나손

정답 56. ① 57. ③ 58. ①

3) 코로나 방지대책
코로나 발생의 임계 전압을 상규(보통의 일반적인 규정) 전압 이상으로 높여주면 된다.
① 굵은 전선을 사용한다.
② 가선 금구 개선한다.
③ 복도체를 사용한다(가장 효과적인 방법).

15.4.47

59 신·재생에너지 설비의 지원 등에 관한 지침에 따라 태양광발전용 인버터에 대한 내용으로 옳은 것은?

① 태양광발전용 인버터는 KS 인증제품을 설치하여야 한다.
② 인버터 입력단(모듈출력)의 표시사항은 전압, 전류, 주파수가 표시되어야 한다.
③ 인버터에 연결된 모듈의 설치용량은 인버터 설치용량의 110% 이내이어야 한다.
④ 인버터는 실내 및 실외용을 구분하여 설치하여야 하며, 실내용은 실외에 설치할 수 있다.

해설 태양광발전용 인버터

① 태양광발전용 인버터는 KS 인증제품을 설치하여야 한다. 다만, 신제품·융합제품 활성화 등을 위해 센터장이 인정하는 경우에는 예외로 할 수 있다.
② 인버터의 용량이 250kW를 초과하는 경우에는 품질기준(KS C 8565)에 따라「절연성능」,「보호기능」,「정상특성」등을 만족하는 시험결과가 포함된 시험성적서를 설비(설치)확인 신청시 센터에 제출할 경우에는 사용할 수 있다.
③ 인버터는 실내 및 실외용을 구분하여 설치하여야 한다. 다만, 실외용은 실내에 설치할 수 있다.
④ 입력단(모듈출력)의 전압, 전류, 전력과 출력단(인버터출력)의 전압, 전류, 전력, 주파수, 누적발전량, 최대출력량(peak)이 표시되어야 한다.

13.4.15 / 17.4.1

60 어떤 전지의 외부회로 저항은 5Ω이고 전류는 8A가 흐른다. 외부회로에 5Ω 대신에 15Ω의 저항을 접속하면 흐르는 전류는 4A로 떨어진다. 이 전지의 기전력(V)은?

① 40 ② 60
③ 80 ④ 100

해설 전지의 기전력 E

① E = (외부저항+내부저항) × 전류
② E = (5+r) × 8 = 40+8r
③ E = (15+r) × 4 = 60+4r
② = ③이며 40+8r = 60+4r
따라서 내부저항 r = 5[Ω]
∴ E = 80[V]

19.2.68

61 중대형 태양광발전용 인버터(계통연계형, 독립형)(KS C 8565:2020)의 절연성능 시험방법에서 입력단자 및 출력단자를 각각 단락하고, 그 단자와 대지 간의 절연저항을 측정하는 경우 품질기준으로서 절연저항은 몇 MΩ 이상이어야 하는가?

① 0.1 ② 0.5
③ 0.7 ④ 1.0

해설 절연저항 시험(KS C 8565:2020)

① 시험방법
입력단자 및 출력단자를 각각 단락하고, 그 단자와 대지 간의 절연저항을 측정한다. KS C 1302에서 규정하는 대로 시험 품의 정격 측정 전압이 500V 미만에서는 유효 최대 눈금값 1000MΩ, 500V 이상 1000V 이하에서는 유효 최대 눈금값 2000MΩ의 절연저항계를 사용한다. 다만, 해당 시험에는 바리스터, Y-CAP, 서지 보호 부품은 제거한다.
② 품질기준
절연저항은 1MΩ 이상일 것

15.2.45 / 16.2.42 / 17.2.55 / 18.4.50 / 19.4.63 / 20.3.65 / 21.1.68

62 태양광발전시스템 작업 중 감전방지대책으로 틀린 것은?

① 저압 절연장갑을 착용한다.
② 강우 시에는 작업을 중지한다.
③ 절연 처리된 공구들을 사용한다.
④ 작업 전 태양광발전 모듈 표면을 외부로 노출한다.

해설 **안전 대책**
① 작업전 태양전지 모듈 표면에 차광막을 씌워 태양광을 차폐한다.
② 절연 장갑을 사용한다.
③ 절연 처리된 공구를 사용한다.
④ 강우 시에는 감전사고와 미끄러짐으로 인한 추락사고로 이어질 우려가 있으므로 작업을 금지한다.
⑤ 중장비가 배전선로에 근접할 때에는 보호조치를 취한다.

16.4.69

63 배전반 제어회로의 배선에 대한 일상점검 항목이 아닌 것은?

① 전선 지지물의 탈락여부 확인
② 과열에 의한 이상한 냄새여부 확인
③ 차단기 고정용 볼트 조임 이완에 따른 진동음 유무 확인
④ 가동부 등의 연결전선의 절연피복 손상여부 확인

해설 **배전반 제어회로 배선의 일상점검 항목**
1) 손상
① 가동부 등에 연결되는 전선의 절연피복 손상 여부
② 전선 지지물의 탈락 여부
2) 냄새 : 과열에 의한 냄새 여부

64 산업안전보건기준에 관한 규칙에 따라 사업주는 항타기 또는 항발기의 권상용 와이어로프의 안전계수가 얼마 이상이 아니면 이를 사용해서는 안 되는가?

① 2   ② 3
③ 4   ④ 5

해설 **권상용 와이어로프의 안전계수**
사업주는 항타기 또는 항발기의 권상용 와이어로프의 안전계수가 5 이상이 아니면 이를 사용해서는 아니 된다.

65 교류 7000V 활선작업에 적절하지 않은 절연보호구는?

① 절연화   ② 절연장화
③ 절연 안전모   ④ C종 절연 고무장갑

해설 **절연보호구의 성능기준(시험방법) 및 사용**
① 절연 안전모 : AE, ABE종는 교류 20kV에서 1분간 절연파괴 없이 견뎌야 하고, 이때 누설되는 충전전류는 10mA 이하이어야 한다.(내전압성 7,000V 이상의 안전모는 생산되지 않음)
② 절연장화 : 20,000V애 1분간 견디고 이때의 충전전류가 20mA 이하일 것
③ C종 절연장갑 : 주로 3,500V를 초과, 7,000V이하의 작업에 사용

16.2.75 / 16.4.65 / 17.4.66 / 18.4.72

66 모니터링시스템에 관한 설명으로 틀린 것은?

① 계측·표시장치의 목적은 운전상태 감시, 발전전력량 표시, 시스템 종합평가 계측이다.
② 계측·표시장치 시스템은 검출기(센서)→연산장치→신호변환기→표시장치 순으로 정보가 전달된다.
③ 프로그램 기능으로는 데이터 수집기능, 데이터 저장기능, 데이터 분석기능, 데이터 통계기능 등이 있다.
④ 데이터 분석기능은 각각의 계층요소마다 일일평균값과 시간에 따라 각 계측값의 변화를 알 수 있도록 표의 형식으로 데이터를 제공한다.

정답 62. ④ 63. ③ 64. ④ 65. ① 66. ②

[해설] **태양광발전시스템의 계측시스템 구성**
① 검출기
　태양광발전시스템의 기상데이터와 전압, 전류 등을 측정하는 장치로 직류측의 전압은 분압기로 전류는 분류기를 이용하고, 교류측의 전압, 전류, 역률, 주파수 계측은 PT, CT를 통해서 검출, 지시계 또는 신호변환기로 전송하는 장치
② 신호변환기
　검출기로 검출된 데이터를 컴퓨터 및 먼거리에 설치한 표시장치에 전송할 때 사용하는 장치
③ 연산장치
　검출기를 통해 얻어진 순시계측 데이터는 적산하고, 일정기간 동안의 데이터는 평균하는 등 필요 데이터를 가공하는 장치
④ 기억장치
　컴퓨터가 필요로하는 정보, 컴퓨터가 자료를 처리하여 얻은 결과 등을 저장하는 기능을 하는 장치

18.2.71
67 결정질 실리콘 태양광발전 모듈(성능)(KS C 8561:2020)에 따라 결정질 실리콘 태양광발전 모듈의 시험방법에 해당되지 않는 것은?

① 고온 · 고습시험
② UV 전처리시험
③ 열점 내구성시험
④ 정현파 진동시험

[해설] **결정질 실리콘 태양광발전 모듈의 시험 항목**
① 외관검사
② 최대출력결정
③ 절연시험
④ 온도계수의 측정
⑤ 공칭 태양전지 동작온도(NOCT)에서의 측정
⑥ STC 및 NOTC에서의 성능
⑦ 낮은 조사강도에서의 특성
⑧ 옥외 노출 시험
⑨ 열점 내구성 시험
⑩ UV 전처리 시험
⑪ 온도 사이클 시험
⑫ 습도-동결 시험
⑬ 고온고습시험
⑭ 단자강도 시험
⑮ 습윤 누설전류 시험
⑯ 기계적하중 시험
⑰ 우박 시험
⑱ 바이패스 다이오드열시험
⑲ 염수분무 시험

16.2.61
68 태양광발전시스템의 안전관리 대책 중 추락사고 예방을 위한 조치사항이 아닌 것은?

① 안전모 착용
② 안전벨트 착용
③ 절연장갑 착용
④ 안전난간대 설치

[해설] **태양광발전시스템의 안전관리대책**

공정	조치 사항	비고
모듈 설치	고소작업시 안전 난간대 설치 안전모, 안전화, 안전밸트 착용	추락 사고 예방
배관배선 작업	사다리 적합품 사용 안전모, 안전화, 안전밸트 착용	
구조물 설치	리프트카 사용, 안전 난간대 설치 안전모, 안전화, 안전밸트 착용	
인버터, 접속함 등 연결	태양전지 모듈 등 전원개방 절연 장갑 착용	감전 사고 예방
임시배선 작업	누전위험장소 누전차단기 설치 전선 피복상태, 접지선 관리	

15.4.68 / 17.2.47 / 17.4.74 / 18.1.15 / 18.2.63 / 18.4.62 / 20.2.58 / 20.4.69

69 인버터의 절연저항 측정 시 주의사항으로 틀린 것은?

① SA 등의 정격에 약한 회로들은 회로에서 분리하여 측정한다.

② 정격전압이 입·출력과 다를 때는 낮은 측의 전압을 선택기준으로 한다.
③ 입·출력단자에 주회로 이외의 제어단자 등이 있는 경우 이것을 포함해서 측정한다.
④ 절연변압기를 장착하지 않은 인버터는 제조사가 추천하는 방법에 따라 측정한다.

해설 인버터의 절연저항 측정

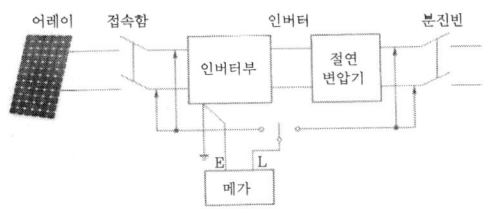

1) 입력회로
① 태양전지회로를 접속함에서 분리한다.
② 분전반 내의 분기회로 개폐기를 개방한다.
③ 직류 측의 모든 입력단자 및 교류 측의 모든 출력 단자를 각각 단락한다.
④ 직류단자와 대지간의 절연저항 측정한다.
(각각의 스트링별 한가닥씩, 단락용 악어클립을 사용하여 측정)

2) 출력회로
① 태양전지 회로를 접속함에서 분리한다.
② 분전반 내의 분기차단기를 개방한다.
③ 직류 측의 모든 입력단자 및 교류 측의 모든 출력 단자를 각각 단락한다.
④ 교류단자와 대지간의 절연저항을 측정한다.
(각각의 교류선을 한가닥씩, 단락용 개폐기를 사용하여 측정)

3) 기타 주의사항
① 정격전압이 입출력과 다를 때는 높은 측의 전압을 절연저항계의 선택기준으로 한다.
② 입출력 단자에 주회로 이외의 제어단자 등이 있는 경우는 이것을 포함해서 측정한다.
③ 서지업서버 등의 정격에 약한 회로들은 회로에서 분리하여 측정한다.
④ 절연변압기가 별도로 설치된 경우에는 이를 포함하여 측정한다.
⑤ 절연변압기를 장착하지 않은 인버터는 제조사 추천 방식으로 측정한다.

70 태양광발전용 축전지의 정기점검 항목 중 육안점검의 항목이 아닌 것은?
① 외관점검   ② 단자전압
③ 전해액 비중   ④ 전해액면 저하

해설 축전지의 정기점검(육안)
① 시설상태 확인
② 전해액 확인
③ 환기시설 상태
※ 단자전압 측정 : 정기(측정)점검

71 태양광발전 접속함(KS C 8567:2019)에 따른 시험 항목이 아닌 것은?
① 인장력시험   ② 내열성시험
③ 온도상승시험   ④ 내부식성시험

해설 접속함의 시험항목
① 구조시험
② 공간거리 및 연면거리 시험
③ 절연특성시험(내전압, 임펄스 내전압)
④ 내열성 시험
⑤ 내부식성 시험
⑥ 외함보호등급(IP)
⑦ 온도상승시험
⑧ 직류전원장치의 안전성 및 전자파적합성 시험(EMC 해당시)
⑨ 표시의 내구성 시험

72 태양광발전시스템의 일상점검에서 점검대상과 점검내용의 연결로 틀린 것은?
① 접속함 – 접속케이블에 손상이 없을 것
② 축전지 – 현저한 변형 및 파손이 없을 것
③ 태양광발전 어레이 – 현저한 오염 및 파손이 없을 것
④ 인버터 외함 – 부식 및 녹이 없고 충전부가 노출되어 있을 것

해설 충전 부분은 노출되어서는 안 된다.

73 태양광발전시스템 직류용 커넥터-안전요구사항 및 시험(KS C IEC 62852:2014)에 따라 커넥터가 옥외 사용에 적합하게 내구성이 있어야 하는 주위온도 영역으로 옳은 것은?

① −60℃ ~ +65℃
② −50℃ ~ +75℃
③ −40℃ ~ +85℃
④ −30℃ ~ +95℃

해설 커넥터는 −40℃에서 +85℃까지의 주위 온도 영역 내 옥외 사용에 적합하게 내구성이 있어야 한다.

74 전기작업에 관한 기술지침에 따라 자격자의 선정 및 교육에 대한 설명으로 틀린 것은?

① 교육은 작업별로 간단하게 실시되어야 하며, 안전시스템의 중요성이 강조되어야 한다.
② 자격자의 작업자는 특정 유형의 작업에 대하여 동반 작업자와 함께 훈련을 받아야 한다.
③ 개별 작업자의 자격 정도는 수행되는 작업 종류에 및 작업자의 지식, 훈련 및 경험에 따라 평가하여야 한다.
④ 작업자가 추가적인 책임을 수반할 수 있는 다양한 범위의 작업을 수행할 경우에는 추가훈련을 하여야 한다.

해설 교육은 작업별로 구체적으로 실시되어야 하며, 안전시스템의 중요성이 강조되어야 한다.

17.1.48
75 전기사업법령에 따라 전기안전관리자를 선임하지 않아도 되는 전기설비로 틀린 것은?

① 설비용량 20킬로와트 이하의 발전설비
② 전기공급계약에 의하여 사용을 중지한 심야 전력 전기설비
③ 점유자가 전기사업자에게 전기설비의 휴지를 통보하지 않은 전기설비
④ 심야전력을 이용하는 전기설비로서 전압이 600볼트 이하인 전기수용설비

해설 전기안전관리자를 선임하지 않아도 되는 전기설비
① 600[V] 이하인 전기수용설비(일반용 전기설비만 해당)로 제조업 및 제조업 관련 서비스업에 설치하는 전기수용설비
② 심야전력을 이용하는 600[V] 이하인 전기수용설비
③ 전기설비의 소유자 또는 점유자가 전기사업자에게 전기설비의 휴지(休止)를 통보한 전기설비
④ 휴지 중인 심야전력 전기설비(전기공급계약에 따라 사용을 중지한 경우만 해당)
⑤ 휴지중인 농사용 전기설비(전기를 공급받는 지점에서부터 사용설비까지의 모든 전기설비를 사용하지 않는 경우만 해당)
⑥ 설비용량 20[kW] 이하의 발전설비

15.4.64 / 16.2.77 / 19.1.62
76 태양광발전시스템 운영 시 비치 목록으로 틀린 것은?

① 전기안전관리용 정기점검표
② 태양광발전시스템 운영매뉴얼
③ 태양광발전시스템 피난안내도
④ 태양광발전시스템 긴급복구 안내문

해설 태양광발전시스템 운영 시 비치서류
① 건설 관련 도면
② 시방서 및 계약서 사본
③ 구조물의 설계도면 및 구조 계산서
④ 시스템 운영 매뉴얼
⑤ 시설 및 장비 기기의 매뉴얼
⑥ 부품에 대한 상세 매뉴얼
⑦ 전력회사와의 관련된 서류
⑧ 산업 안전 관리 명판과 안전 경고등 위치 매뉴얼
⑨ 전기 안전 관련 정기 점검표
⑩ 시스템 일반 점검표
⑪ 예비품대장

정답 73. ③ 74. ① 75. ③ 76. ③

이외에도 태양광발전시스템 운영에 필요한 긴급 복구 안내문, 산업 안전 표지판, 일별·월별·연간 계획표, 전기 생산량 작성표 등을 작성, 비치한다.

15.2.77 / 15.2.79 / 16.2.66 / 16.2.78 / 16.4.80 / 18.1.65 / 19.2.76

77 자가용전기설비 검사업무 처리규정에 따라 태양광발전설비의 태양광 전지 정기검사 시 검사 세부 종목으로 틀린 것은?

① 누설전류
② 규격확인
③ 외관검사
④ 전지 전기적 특성시험

해설 태양광발전설비(정기검사) 태양전지의 검사세부 종목
1) 규격확인
2) 외관검사
3) 전지 전기적 특성시험
　① 최대출력
　② 개방전압
　③ 단락전류
　④ 최대 출력전압 및 전류
　⑤ 충진율
　⑥ 전력변환효율
4) Array
　① 절연저항
　② 접지저항

78 태양광발전 모듈에서 바이패스 다이오드의 고장 원인으로 적합하지 않은 것은?

① 빈번한 차광　② 외부의 충격
③ 낙뢰 및 서지　④ 낮은 외기 온도

해설 바이패스 다이오드 고장의 주요 원인은 다이오드 항복전압 이상의 서지전압과 정션박스 내부에 설치되어 열 배출 미흡, 정션박스 파괴에 의한 단락 상태가 주를 이룬다.

79 태양광발전 모듈의 유지관리 시 유의사항을 설명한 것으로 틀린 것은?

① 태양광발전 모듈의 동작 상태에서는 커넥터를 분리하지 말아야 한다.
② 모듈의 설치, 배선, 운전 및 정비할 때는 모든 전기적 위험을 방지하여야 한다.
③ 모듈을 세척할 때는 전기적 절연을 위하여 항상 절연 고무장갑을 착용해야 한다.
④ 태양광발전 모듈의 정상 동작을 확인하기 위하여 인위적으로 집광하여 점검해야 한다.

해설 태양광 모듈의 인위적인 국부적 집광은 모듈 파손의 원인이 될 수 있다.

80 태양광발전소 설비용량이 2500kW, SMP가 200원/kWh, 가중치 적용 전 REC가 150원/kWh인 경우 판매단가(원/kWh)는? (단, "SMP+1REC가격×가중치" 계약방식이며, 설치장소는 기존 건축물 지붕을 이용하여 설치하는 것으로 한다.)

① 425　② 475　③ 500　④ 525

해설 판매단가 = SMP 단가 + (REC 단가 × 가중치)
　　　　 = 200 + (150 × 1.5) = 425(원)

신재생에너지 공급인증서 가중치

구분	공급인증서 가중치	대상에너지 및 기준	
		설치유형	세부기준
태양광 에너지	1.2	일반부지에 설치하는 경우	100kW미만
	1.0		100kW부터
	0.8		3,000kW초과부터
	0.5	임야에 설치하는 경우	-
	1.5	건축물 등 기존 시설물을 이용하는 경우	3,000kW이하
	1.0		3,000kW초과부터
	1.6	유지 등의 수면에 부유하여 설치하는 경우	100kW미만
	1.4		100kW부터
	1.2		3,000kW초과부터
	1.0	자가용 발전설비를 통해 전력을 거래하는 경우	

정답 77.① 78.④ 79.④ 80.①

2019년 기출문제

2019 제1회 기출문제

01 어떤 회로에 E=200+j50(V)인 전압을 가했을 때 I=5+j5(A)의 전류가 흘렀다면 이 회로의 임피던스는 약 몇 Ω인가?

① 0
② ∞
③ 70+j30
④ 25-j15

해설 직교좌표-극좌표 변환

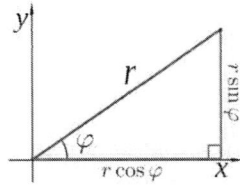

① 직교좌표 (x, y) → 극좌표 (r, θ)
$r = \sqrt{x^2+y^2}$, $\theta = \tan^{-1}(y/x)$
∴ $E = 200+j50 : r = \sqrt{200^2+50^2}$, $\theta = \tan^{-1}(50/200) = 206.16\angle 14.04$
$I = 200+j50 : r = \sqrt{5^2+5^2}$, $\theta = \tan^{-1}(5/5) = 7.07\angle 45$

② 임피던스 (Z)
$Z = \dfrac{E}{I} = \dfrac{206.16\angle 14.04}{7.07\angle 45} = 29.16\angle -30.96$

③ 극좌표 (r, θ) → 직교좌표 (x, y)
$x = r\cos\theta$, $y = r\sin\theta$
∴ $29.16\angle -30.96 = 29.16 \times \cos -30.96, 29.16 \times \sin -30.96 = 25-j15$

15.2.20 / 15.4.10 / 18.1.6 / 19.1.2 / 19.4.20

02 이상적인 변압기에 대한 설명으로 옳은 것은?

① 단자 전류의 비 I_2/I_1는 권수비와 같다.
② 단자 전압의 비 V_2/V_1는 코일의 권수비와 같다.
③ 1차측 복소전력은 2차측 부하의 복소전력과 같다.
④ 1차측 단자에서 본 전체 임피던스는 부하 임피던스에 권수비의 자승의 역수를 곱한 것과 같다.

해설 변압기의 원리

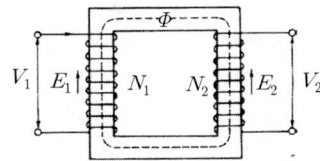

① 1개의 철심에 2개의 권선(코일)을 감고 한쪽의 권선에 전압 $V_1[V]$의 사인파 전압을 가하면, 철심중에 자속 $\Phi[Wb]$가 발생하며, 이 자속과 쇄교하는 다른 쪽 권선에는 권선 횟수에 비례하는 V_2의 전압을 공급받게 된다.

② 1차, 2차 권선에 유도되는 기전력의 비는 변압기의 권수비에 비례하며, 권수비를 a라 하면
$$a = \frac{N_1}{N_2} = \frac{V_1}{V_2} = \frac{I_2}{I_1}$$

15.2.3 / 17.1.8 / 19.1.3

03 태양광발전 전지에서 직렬저항이 발생하는 원인이 아닌 것은?

① 전면 및 후면 금속전극의 저항
② 태양광발전 전지 내의 누설전류
③ 금속전극과 에미터, 베이스 사이의 접촉저항
④ 태양광발전 전지의 에미터와 베이스를 통한 전류 흐름

해설 직렬저항과 병렬저항

① 직렬저항은 벌크 반도체, 전극 그리고 상호 연결에 의한 저항 등을 뜻하고, 태양전지의 에미터와 베이스의 수직저항 성분과 금속전극과 에미터, 베이스 사이의 접촉저항, 전면 및 후면의 금속전극의 저항과 같은 세가지 원인에 의해 발생된다. 큰 직렬저항에 의해 태양전지의 단락전류가 감소하기도 한다.
② 병렬저항은 태양전지의 가장자리를 통해 흐르는 누설 전류와 격자 결함에 의한 저항이다.

04 서로 다른 두 종류의 금속을 접촉하여 두 접점의 온도를 다르게 하면 온도차에 의해서 열기전력이 발생하고 미세한 전류가 흐르는 현상은?

① 홀 효과(Hall effect)
② 펠티에 효과(Peltier effect)
③ 제베크 효과(Seebeck effect)
④ 광도전 효과((photo-conductivity effect)

정답 1.④ 2.① 3.② 4.③

해설 열전 및 전기현상

① 홀 효과(Hall effect)
반도체에 전류(I)를 흘려 이것과 직각 방향으로 자속 밀도 B인 자장을 가하면 플레밍의 왼손 법칙에 의해 그 양면의 직각 방향으로 기전력이 생기는 현상

② 펠티에 효과(Peltier effect)
두 종류의 금속을 접촉하여 전류를 흘리면 그 접점의 접합부에서 열의 발생 및 흡수 현상이 생기는 현상

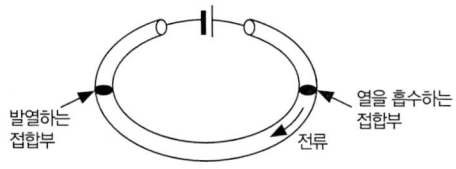

펠티에 효과

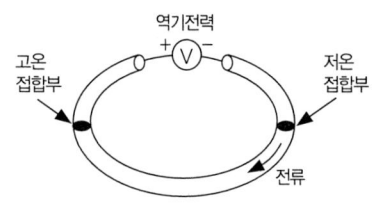

제베크 효과

③ 제베크 효과(Seebeck effect)
두 물체가 접합했을 때 각각의 온도가 달라 전류가 생기는 현상

④ 광도전 효과((photo-conductivity effect)
반도체 빛을 쬐면 빛 에너지를 흡수하여 반도체 내 캐리어(전자, 정공)의 수가 증가하여 도전율이 증가하는 현상

13.4.5 / 16.4.5 / 19.1.5

05 태양광발전 모듈의 I-V 특성곡선에서 일사량에 따라 가장 많이 변화하는 것은?

① 전압
② 전류
③ 저항
④ 커패시턴스

해설 I-V 곡선(I-V Curve)
태양광 모듈의 출력은 일사량의 영향을 받는다. 일사량이 강할수록 전류의 증가로 인해 출력 전력이 증가하고 이때 전압은 일조 강도의 변화에 영향이 적다.

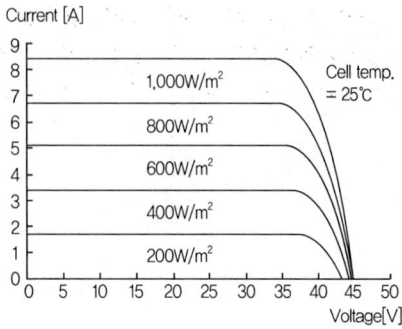

14.4.8 / 15.4.33 / 16.4.20 / 17.4.15 / 19.1.6

06 태양광발전 인버터에서 태양광발전 전지의 동작점을 항상 최대가 되도록 하는 기능은?

① 자동 전압 조정 기능
② 자동 운전 정지 기능
③ 단독 운전 방지 기능
④ 최대전력 추종제어 기능

해설 최대전력 추종(MPPT ; Maximum Power Point Tracking)제어 기능
태양전지의 출력은 일사강도나 태양전지의 표면온도에 따라 변화하며, 이들 변동에서 태양전지의 동작점이 항상 최대출력점을 추종하도록 변화시켜, 태양전지에서 최대 출력을 유도하는 제어

13.4.14 / 15.2.10 / 16.4.31 / 17.2.17 / 18.1.64 / 18.2.8 / 19.1.7

07 태양광발전 모듈을 구성하는 직렬 셀에 음영이 생길 경우 발생하는 출력 저하 및 발열을 억제하기 위해 설치하는 소자는?

① 정류 다이오드
② 역전류 방지 퓨즈
③ 바이패스 다이오드
④ 역전류 방지 다이오드

해설 바이패스(Bypass) 소자
1) 태양광 모듈의 그림자 영향
① 태양광 모듈은 아주 적은 일부가 그림자에 가려지더라도 모듈 전체의 출력이 크게 저하된다.

② 모듈은 각각의 태양전지를 직렬로 연결하기 때문에 수십 개의 태양전지로 구성된 모듈에서 단 한 개의 셀이 나뭇잎 등에 의해 완전히 가려졌다면 출력 값은 거의 제로(Zero)에 가깝게 떨어진다.
③ 전체 개방전압에서 그림자가 발생한 모듈의 개방전압을 뺀 값 이하에서 전압 동작점이 존재할 때에 그림자가 발생한 모듈의 전류가 역방향이 된다. 따라서 역 전압이 인가되고 부하처럼 동작되어 열이 발생되고 모듈이 파손되는 원인이 된다.

2) 대책(바이패스 다이오드)

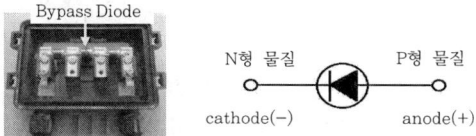

① 바이패스다이오드(Bypass Diode)는 전류를 한쪽방향으로만 흐르게 만들어 주는 부품으로 P에서 N방향으로 전류가 흐르고 반대 방향으로는 전류를 거의 통과시키지 않는다.

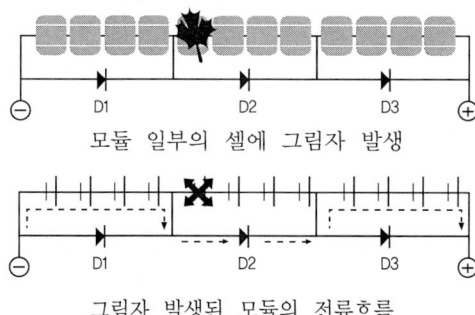

② 그림자로 인해 출력이 저하된 셀 또는 셀 그룹을 우회해 전류가 흐르도록 하고, 이를 통한 출력감소는 오직 그림자에 의해 가려진 셀 또는 셀 그룹에 해당하는 부분으로 제한해 출력을 유지한다.

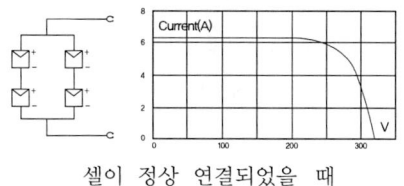
셀이 정상 연결되었을 때

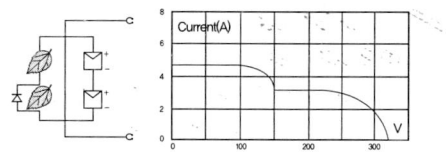
셀 일부가 정상동작하지 않을 시

③ 일반적으로 모듈 한 장(태양전지 6×9)에 셀 54개 배열의 경우에는 다이오드 3개(1개당 18개의 셀)를 설치한다.

14.4.7 / 16.4.6 / 19.1.8

08 투명유리 위에 코팅된 투명전극과 그 위에 접착되어 있는 TiO2 나노입자와 전해액으로 구성된 태양광발전 전지는?

① 박막
② GIGS계
③ 염료감응형
④ 단결정 실리콘

해설 **염료감응형 태양전지(Dye-sensitized solar cell; DSSC)**

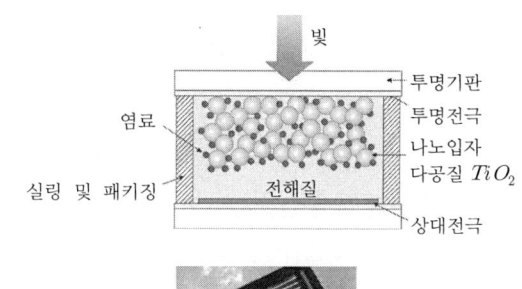

① 기존의 반도체 방식의 실리콘 태양전지나 박막 태양전지와는 달리 식물의 광합성 작용을 모사한 전기화학적 원리를 이용한다.
② 태양광 흡수용 염료고분자, n형반도체 역할을 하는 넓은 밴드 갭을 갖는 반도체 산화물, p형반도체 역할을 하는 전해질, 촉매용 상대전극, 태양광 투과용 투명전극을 기본으로 한다.
③ 태양의 흡수는 염료가 담당하고, 생성된 전자의 분리, 이동은 전자 농도 차에 의해 확산하는 방식으로

정답 8. ③

반도체 나노입자에서 이루어진다.
④ 안정성이 매우 높아 10년 이상 사용하여도 초기 효율을 거의 유지하고, 실리콘계 태양전지와 비교했을 때 일광량의 영향을 적게 받으며, 제조공정이 단순해서 전지의 가격이 실리콘 셀 가격의 20~30% 수준이다.
⑤ 기존의 태양전지에 비해 전기 변환 효율이 낮고, 전해질의 안정성이 높지 못하며, 액체 전해질의 경우 휘발하는 성질이 있다.

① p형과 n형반도체에 각각 존재하는 양공과 전자가 모두 p-n 접합 다이오드 양쪽 극단으로 이동한다.
② 접합부에 형성된 결핍층(depletion layer)의 너비가 늘어나고 접합부에 형성된 포텐셜 장벽도 높아진다.
③ p형반도체의 양공은 p형반도체의 끝쪽으로, n형반도체의 전자는 n형반도체의 끝쪽으로 옮겨 가게 되어 p-n접합부에는 전류가 흐르지 않는다.
④ 다이오드는 부도체와 같은 특성으로 저항은 무한대이고, 전류는 0이다.

15.2.13 / 17.2.8 / 19.1.9

09 PN접합 다이오드에 역방향 바이어스 전압을 인가했을 때 접합면 주변에서 발생하는 물리적 특성에 해당하지 않는 것은?

① 전계가 강해진다.
② 전위장벽이 높아진다.
③ 접합 커패시턴스가 커진다.
④ 공간전하 영역의 폭이 넓어진다.

해설 **역방향 바이어스(Reverse Bias)**

p영역에 (-)의 전압을 N영역에 (+)의 전압이 인가된 상태를 역방향(reverse) 바이어스가 인가되었다고 함

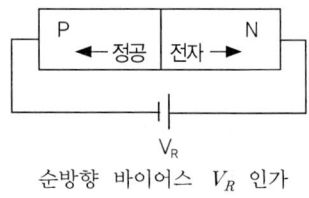

순방향 바이어스 V_R 인가

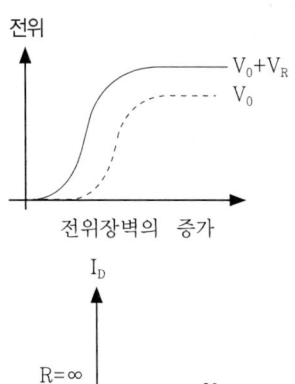

역방향 바이어스 상태

14.4.2 / 19.1.10

10 태양광발전시스템에서 지락 발생 시 누전차단기로 보호할 수 없는 경우가 발생하는 이유는?

① 지락전류에 직류성분이 포함되어 있기 때문에
② 인버터의 출력이 직접 계통에 접속되기 때문에
③ 태양광발전 전지와 계통측이 절연되어 있지 않기 때문에
④ 태양광발전 전지에서 발생하는 지락전류의 크기가 매우 크기 때문에

해설 **누전차단기(Earth Leakage Breaker)**

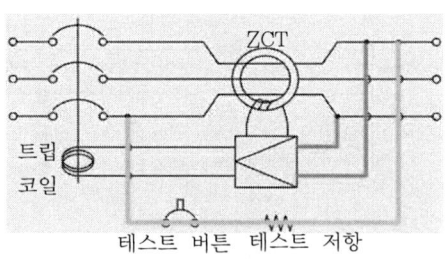

누전차단기 구조

ZCT

① 핵심부품인 ZCT(Zero Current Transformer)는 일종의 CT로서 전류를 전압 값으로 변환시킨다.
② 일반 CT는 한 상의 전선만 통과하여 전류 값 측정에 사용되나, ZCT는 한 구멍에 전류의 방향이 다른 극의 전선이 동시에 통과하므로 서로 상쇄되어 정상 상태에서는 전압이 발생되지 않으나, 누전이 발생하면 한 극에서 출발한 전류가 다른 극으로 100[%] 돌아오지 않게 되고 그 값의 차이가 설정 값 이상이면 제어회로의 판단에 따라 TC(Trip Coil)이 여자되어 TM(Trip Mechanism)을 동작시켜 접점이 개방된다.
③ 태양광발전시스템에서 지락 발생 시 누전차단기로 보호할 수 없는 경우가 발생되므로, 누전차단기에는 직류성분을 갖는 누설전류 발생 시의 동작특성이 표시되어야 한다.

16.2.9 / 18.2.10 / 19.1.11

11 태양광발전 어레이와 인버터 사이에 위치하는 접속함에 설치되는 소자가 아닌 것은?

① 피뢰소자 ② 역류방지소자
③ 바이패스소자 ④ 직류출력개폐기

해설 **태양광발전용 접속함**
어레이를 구성하고 있는 모든 태양광발전 모듈의 스트링이 연결되는 단자가 들어있으며, 태양광발전 모듈 스트링의 출력을 인버터에 중계하며, 접속함의 주요자재는 다음과 같다.

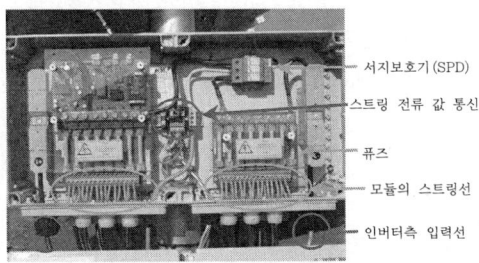

① 외함   ② DC Connector
③ Terminal Block   ④ DC 퓨즈
⑤ 퓨즈 링크(홀더)   ⑥ 다이오드
⑦ 방열판   ⑧ PCB
⑨ DC 개폐기(차단기)   ⑩ SPD
⑪ power supply   ⑫ FAN
⑬ 케이블 그랜드   ⑭ 모니터링 설비
⑮ 전류센서
⑯ 기타(제조사가 주요 자재로 취급하는 것)

※ 자재 중에서 수명(shelf life) 또는 보관 시 환경관리가 필요한 자재는 반도체 부품으로 다이오드 등이다.

13.4.28 / 16.4.34 / 17.1.35 / 19.1.12

12 태양광발전 모듈의 특성치가 다음의 표와 같다. 이 모듈의 변환 효율은 약 몇 %인가?

> Voc : 45.10V, Isc : 8.57A
> Vpp : 35.70A, Impp : 8.27A
> Dimensions : 1956×992×40mm

① 14.3 ② 14.6 ③ 14.9 ④ 15.2

해설 **변환효율(η)**
① 표준 시험조건(Standard Test Conditions, STC)에서 측정한 태양전지 출력전력을 입사된 빛 에너지(소자 넓이 × 경사면 조사강도)로 나누어 백분율로 나타낸 것

② $\eta = \dfrac{P_{AS}}{G_S \times A} \times 100 = \dfrac{35.70 \times 8.27}{1.956 \times 0.992} \times 100$
$= 15.215 \, [\%]$

14.4.48 / 15.2.15 / 15.2.42 / 15.4.40 / 16.2.36 / 16.4.29 / 17.2.27 / 17.4.28 / 19.1.13

13 태양광발전시스템 중 정상적으로 동작하고 있을 때 에너지 효율이 가장 좋은 방식은?

① 고정형 시스템
② 추적형 시스템
③ 반고정형 시스템
④ 건물일체형 시스템

해설 **발전효율**
양축 추적식 〉 단축 추적식 〉 가변(반고정형)식 〉 고정식 〉 건물통합형(BIPV)

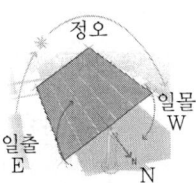

양축 추적식   단축 추적식

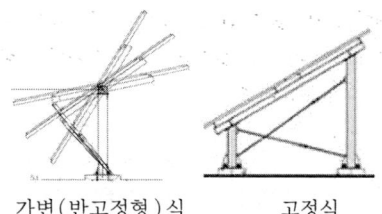

가변(반고정형)식   고정식

14.4.78 / 15.2.25 / 15.4.50 / 18.2.59 / 19.1.14

14 축전지 설계 시 유의하여야할 사항으로 틀린 것은?

① 가급적 자기방전율이 높은 축전지 방식을 선전한다.
② 축전지 직렬 개수는 태양광발전 전지에서도 충전 가능한지 검토하여야 한다.
③ 축전지의 전압은 인버터 입력전압 범위에 포함되는지 확인하여 선정한다.
④ 방재 대응형에는 대해로 인한 정전시에 태양광발전 전지에서 충전을 하기 위한 충전전력량과 축전지 용량을 매칭할 필요가 있다.

해설 축전지가 갖추어야할 조건
① 자기방전율이 낮고 에너지 저장 밀도가 높을 것
② 과충전, 과방전에 강하고, 방전 전압, 전류가 안정적일 것
③ 환경변화에 안정적이며, 효율이 높을 것
④ 유지보수가 용이하고 경제적일 것

15 도가니 인발 공정(Czochralski 공정)을 거쳐서 생산되는 태양광 전지는?

① 염료감응형   ② 단결정 실리콘
③ 다결정 실리콘   ④ 비정질 실리콘

해설 단결정/다결정 실리콘 웨이퍼 제조기술
1) 단결정 실리콘 잉곳 제조기술
① CZ법(Czochralski Technique) : 현재 반도체 기판의 대부분을 차지한다.
② FZ법(Floating Zone Technique) : 고저항 웨이퍼 제조, 고가격

2) 다결정 실리콘 잉곳 제조기술
① Bridgman법
② Casting법
③ EMC법(Electro-Magnetic Casting Technique)

15.2.18 / 19.1.16

16 과부하 또는 단락이 발생하면 계통으로부터 태양광발전시스템을 자동으로 차단시키는 과전류 보호장치는?

① 스트링퓨즈
② 누전차단기
③ 배선용차단기
④ 바이패스다이오드

해설 배선용차단기(Molded Case Circuit Breaker, No Fuse Breaker)

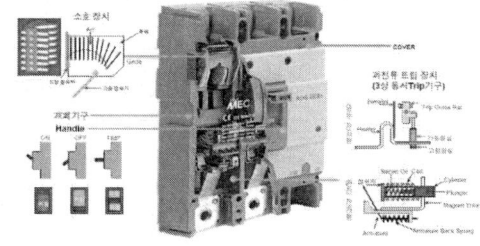

교류 600(V), 직류 250(V) 이하의 저압 옥내전로의 보호를 위하여 사용하며 개폐기구, 트립장치 등을 절연물의 용기 내에 조립한 것으로 통전상태의 전로를 수동 또는 전기 조작에 의하여 개폐가 가능하고 과부하, 단락사고시 자동으로 전로를 차단하는 기구이다.

17 풍력발전기가 바람의 방향을 향하도록 블레이드의 방향을 조절하는 것은?

① Pitch control
② Yaw control
③ Active stall control
④ Passive stall control

해설 **풍력발전기의 구성**

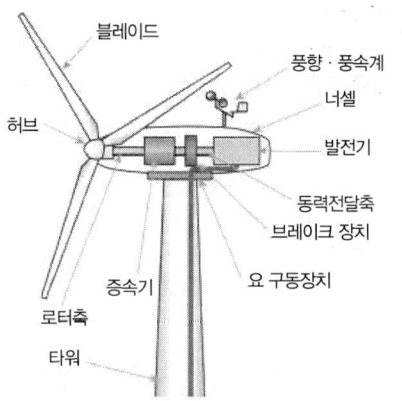

① 블레이드 : 바람이 가지는 에너지를 회전력으로 변환
② 허브 : 블레이드를 연결
③ 로터 : 블레이드와 허브를 포함해서 로터라고 함
④ 주축 : 회전력을 증속기에 전달
⑤ 증속기 : 저회전 고토크의 회전을 고회전 저토크의 회전으로 변환
⑥ 발전기 : 회전력을 전력으로 변환
⑦ 피치시스템 : 블레이드와 피치각을 조절
⑧ 너셀 : 블레이드와 타워를 연결하는 엔진실
⑨ 요잉(Yaw) 시스템 : 너셀을 바람이 부는 방향으로 일치시킴
⑩ 타워 : 풍력발전기를 지지
⑪ 제어/모니터링 시스템 : 풍력발전기를 제어

13.4.4 / 19.1.18
18 트랜스리스 방식의 인버터를 선정할 경우 특히 주의해야 할 점은?
① 계통연계 보호장치
② 연계하는 계통의 전압과 결선방식
③ 태양광발전 모듈의 출력특성 분석
④ 계통의 전압, 주파수, 상수특성 분석

해설 **트랜스리스(무변압기) 방식**
① 태양전지의 직류출력을 DC-DC 컨버터로 승압하고 인버터에서 상용주파의 교류로 변환한다.
② 태양전지의 직류전압을 트랜스리스 인버터가 필요로 하는 전압까지 승압하는 컨버터와 직류전력을 교류전력으로 변환하는 인버터 및 계통연계 보호릴레이의 기능을 가진 제어회로로 구성되며 계통과 연계하기 위한 기계적 개폐기를 설치하여 비상시 인버터를 전기적으로 분리할 수 있는 방식으로 되어 있다.
③ 소형이며, 가볍고 효율도 높지만 전력계통과는 절연이 되어있지 않아 안정성의 문제가 있어, 출력측의 전압과 결선방식에 주의해야 하며, 직류지락 검출 기능 등의 보안장치가 필요하다.

15.2.7 / 16.2.3 / 19.1.19 / 19.4.12
19 연료전지의 특징에 대한 설명 중 틀린 것은?
① 도심지역에 설치 운영이 가능하다.
② 다양한 발전 용량에 맞게 제작이 가능하다.
③ 기계적 에너지변환 과정에서 소음이 발생한다.
④ 석탄가스, LNG, 메탄올 등 연료의 다양화가 가능하다.

해설 **연료전지의 특징**
1) 장점
① 소음이 없어 도심 한가운데에서도 발전할 수 있어, 송배전 효율이 높다.
② 부산물로 물만 얻어지므로 친환경적이며, 전기효율 40~60[%] 이상(가동률 95[%] 이상)
③ 열병합발전 또는 냉난방열원 이용 가능하다.
④ 천연가스, 수소, 바이오가스, 매립지가스, 석탄가스 등 다양한 연료 사용이 가능하다.
⑤ 휴대용 전원, 발전용 전원, 우주선 전원, 연료 전지 자동차 등에 이용된다.

2) 단점
① 수소의 대량생산, 저장, 운송 등이 원활하지 못하다.
② 연료전지의 수명과 신뢰성을 높이는 기술연구가 필요하다.
③ 가격 경쟁력이 떨어진다.

20 지표면에서 태양을 올려 보는 각(angle of elevation)이 30°인 경우에 AM(Air Mass)값은?

① 0　　② 1
③ 1.5　　④ 2

해설 대기 질량 지수(Air Mass index)

빛이 지표면에 이르는 가장 짧은 거리를 통해 공기나 먼지 등에 흡수되어 감소된 태양광에너지의 크기를 나타내는 것

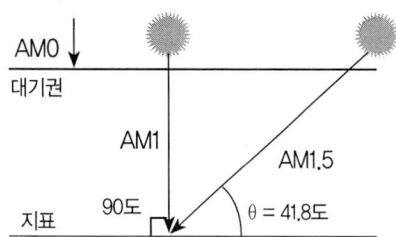

AM 0 : 대기권 밖에서 측정하는 스펙트럼
AM 1 : 태양의 직사광이 지표면에 수직으로 입사한 경우
AM 1.5 : 태양의 직사광이 지표면에 경사각 41.8°
　　　　(천정각 48.2°)
AM 2 : 태양의 직사광이 지표면에 경사각 30°(천정각 60°)

21 IEC 76(Power Transformer)에서 변압기 Y-△ 결선방식을 각 변위 표시 기호로 나타낸 것으로 옳은 것은?

① Dd0　　② Yy0
③ Yd1　　④ Dn11

해설 변압기의 각변위 표시 방법

1) 변압기의 각변위
① 각 변위(위상 차) : 전압벡터에서 고압측과 저압측의 각도차
② 전압에 위상차가 있으면 전압이 같아도 위상차로 인해 과대전류가 흘러 변압기의 병렬운전이 불가능하다.

2) 각 변위 표시방법
변압기 결선방식에 따른 각 변위 표시는 IEC 76에서 규정하는 벡터군 기호에 의하여 아래와 같이 표시한다.
① 고압 : 대문자, 저압 : 소문자, Y결선 : Y, △결선 : △

② 0 = 동상, 1 = 30°지상, 11 = 30°진상(330°지상), 5 = 150°지상
③ △-△ = Dd0
④ △- Y = Dy11
⑤ Y -△ = Yd1
⑥ Y - Y = Yy0

22 800kW로 전기사업허가를 득하였다. 다음과 같은 주요기자재를 사용하여 최대 용량으로 태양광발전시스템을 설치하고자 할 때 모듈의 병렬수는? (단, 모듈의 직렬 수는 19직렬로 하며, 토지면적은 충분히 여유 있는 것으로 한다. 기타 사항은 신·재생에너지 설비의 지원 등에 관한 지침을 따른다.)

- 태양광발전 모듈 : 370Wp
- 태양광발전 인버터 : 800kW

① 112병렬　　② 113병렬
③ 119병렬　　④ 125병렬

해설 병렬 회로수(N_P)

$$N_P = \frac{출력 전력}{모듈 최대 전력 \times 1스트링 직렬 매수}$$
$$= \frac{800,000}{370 \times 19} ≒ 113$$

23 사업의 경제성 평가 기준에 대한 설명으로 가장 옳은 것은?

① 내부수익률법에서 IRR=r이 될 경우 경제성이 있다고 판단한다.
② 내부수익률법에서 IRR<r이 될 경우 경제성이 있다고 판단한다.
③ 비용편익 분석법에서 B/C Ratio<1일 때 경제성이 있다고 판단한다.
④ 순현재가치 분석 판단법에서 NPV>0 일 때 경제성이 있다고 판단한다.

해설 **경제성 평가**
① 순현재가치(Net Present Value : NPV)
  현재가치로 환산된 장래의 연차별 순편익의 합계에서 초기 투자비용 및 현재가치로 환산된 장래의 연차별 비용의 합계를 뺀 값을 의미하며, NPV >0이면 경제성이 있다고 판단한다.
② 내부수익률 분석(internal Rate of Return : IRR)
  편익과 비용의 합계가 동일하게 되는 수준의 현재가치 할인율을 의미한다. 즉, 어떤 사업의 순현재가치의 값을 '0'으로 하는 특정한 값의 할인율을 의미하며, IRR이 클수록 좋은 대안이고, IRR>r이면 경제성이 있다고 판단한다.

17.1.37 / 17.2.37 / 19.1.24

24 '개발행위허가' 만으로 태양광 발전소를 건설할 수 있는 '관리지역'의 면적제한 기준은 최대 몇 m^2 미만인가?

① 5000 ② 10000 ③ 20000 ④ 30000

해설 **개발행위허가의 규모**
① 도시지역
  ㉠ 주거지역 · 상업지역 · 자연녹지지역 · 생산녹지지역 : 10,000[m^2]미만
  ㉡ 공업지역 : 30,000[m^2]미만
  ㉢ 보전녹지지역 : 5,000[m^2]미만
② 관리지역 : 30,000[m^2]미만
③ 농림지역 : 30,000[m^2]미만
④ 자연환경보전지역 : 5,000[m^2]미만

25 경사지붕 면적이 100m^2(10m×10m)인 건축물에 태양광발전시스템을 설치하려고 한다. 165Wp급 태양광발전 모듈이 가로의 길이가 1.6m, 세로의 길이가 0.8m, 모듈의 온도에 따른 전압범위가 28~42Vmpp일 때 모듈의 설치 가능 개수는? (단, 인버터의 MPP전압 범위는 150~540Vmpp, 효율은 92%, 인버터의 기동전압, 모듈설치간격 및 기타 손실 등은 무시한다.)

① 62개 ② 68개 ③ 72개 ④ 76개

해설 **모듈의 설치 가능 개수(M)**

① 가로측 설치 개수 = $\frac{\text{가로측·지붕 길이}}{\text{모듈 가로의 길이}} = \frac{10}{1.6} ≒ 6$개

② 세로측 설치 개수 = $\frac{\text{세로측 지붕 길이}}{\text{모듈 세로의 길이}} = \frac{10}{0.8} ≒ 12$개

③ M = 가로측 설치 개수 × 세로측 설치 개수 = 6 × 12 = 72개

15.4.23 / 18.4.23 / 19.1.26

26 태양광발전시스템을 이상전압으로부터 보호하기 위한 과전압 보호장치(SPD)선정으로 틀린 것은? (단, IPZ는 Lighting Protection Zone이다.)

① 접속함에서 인버터까지의 선선로에는 LPZ Ⅱ(4/10μs, Imax<10kA)으로 교류용을 선정한다.
② 유도뢰만 있는 어레이에서는 LPZ Ⅲ(전압 1.2/50μs+전류 8/20μs를 조합)을 사용 가능하다.
③ 한전 계통인입부에는 외부의 직격뢰 침입을 고려하여 LPZ Ⅰ(3/350μs, I_{imp}<15kA) 이상을 선정한다.
④ 피뢰설비로부터 직격뢰 전류가 침입 가능한 위치에 설치된 어레이에는 LPZ Ⅰ(3/350μs, I_{imp}<15kA)을 선정한다.

해설 **SPD를 이용한 대책**
SPD는 일반적인 전원전압이나 신호전압에 대해서는 절연체이지만, 뇌서지와 같은 이상 과전압에 대해서만 동작해서 뇌서지를 접지선으로 빠르게 흘려 뇌서지 처리후 원래의 정상적인 계통 상태로 스스로 되돌아가는 기능을 갖는다.
(1) SPD의 시험규격과 적용

사용 용도	시험 명칭	시험 파형	방전 내량 성능	설치 장소 및 역할
전원용	클래스 Ⅰ 시험	전류 파형 10/350μs	임펄스 전류 Imp	전력인입구 등에 설치 건물외로 유출하는 직격뢰전류에 대응
	클래스 Ⅱ 시험	전류 파형 8/20μs	최대 방전전류 Imax	건물 내부의 분전반 등에 설치, 건물 내부에 발생하는 유도뢰 전류에 대응
신호용	카테고리 D1시험	전류 파형 10/350μs	임펄스 내구성	신호선의 인입구 등에 설치, 건물 외에 유출하는 직격 뇌전류에 대응
	카테고리 D2시험	전압 파형 12/50μs 전류 파형 8/20μs	임펄스 내구성	건물내부의 기기 근방에 설치, 건물 내부에 발생하는 유도뢰 전류에 대응

정답 23.④ 24.④ 25.③ 26.①

(2) 태양광발전시스템의 뇌해대책

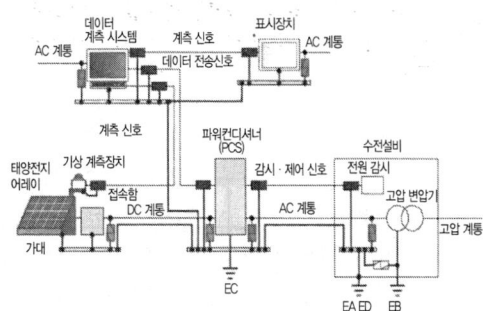

※ 접속함에서 인버터까지의 전선로에는 LPZ Ⅱ (8/20[μs] 태양광 DC용)을 선정한다.

27 북위 35°에 위치한 태양광발전시스템의 어레이 경사각이 30°이다. 동지에 정오 기준으로, 어레이간 음영의 영향을 받지 않는 최소 이격거리 (m)는? (단, 모듈의 긴 면을 가로로 하며, 모듈 설치 간격은 무시한다.)

- 태양광발전 모듈의 크기 : 2m × 1m
- 모듈의 어레이 구성 : 가로 2단 배치

① 2.06 ② 2.15
③ 3.36 ④ 3.51

해설 어레이간 최소 이격 거리(D)

$D = L[\cos\theta + \sin\theta \times \tan(\phi + 23.5°)]$
$= 2[\cos30° + \sin30° \times \tan(35 + 23.5°)]$
$≒ 3.36 \,[m]$

17.2.49 / 17.4.35 / 18.4.35 / 19.1.28

28 태양광발전 어레이 가대 설계 시 고려하여야 할 수평하중은?
① 자중 ② 풍하중
③ 고정하중 ④ 적설하중

해설 구조물의 상정하중
① 수직하중 : 고정하중, 활하중, 적설하중
② 수평하중 : 풍하중, 지진하중

※ 활하중(Live Load)
구조물의 용도에 따라 바닥이나 지붕위에 적재되는 이동 가능한 하중

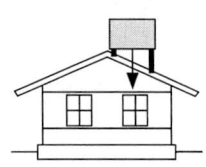

29 태양광발전시스템의 도면배치 순서가 옳은 것은? (단, 배치는 태양광발전 모듈에서 계통방향으로 하며, 태양광발전 모듈은 ◁로, 인버터는 ▱로, 접속함은 ⊠로, 변압기는 ⬭로 표기하였다.)

① ◁ → ⊠ → ▱ → ⬭
② ◁ → ⬭ → ▱ → ⊠
③ ◁ → ⬭ → ⊠ → ▱
④ ◁ → ▱ → ⬭ → ⊠

해설 계통연계형 태양광발전시스템의 구성

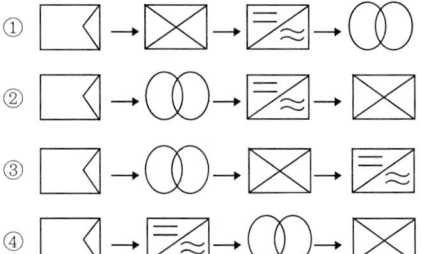

15.4.28 / 19.1.30

30 계통연계형 태양광발전시스템 설계 시 갖추어야 할 기초자료가 아닌 것은?
① 청명일수
② 최대 폭설량

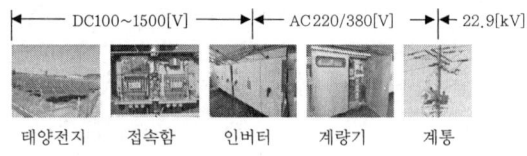

③ 지질조사 기록
④ 순간풍속 및 최대풍속

해설 태양광발전시스템 설계 시 갖추어야 할 기초자료
① 연간 일조량 자료
② 순간풍속 및 최대 풍속, 최저 온도 및 최고 온도
③ 설치 예정 장소의 오염발생원 유무
④ 최대 폭설시의 폭설량
⑤ 지질조사자료

15.2.38 / 19.1.31

31 태양광발전 전지(솔라셀) 직렬 연결 시 음영에 의한 출력은 몇 W인가? (단, 셀은 모두 5W×10개 이고, 음영에 의해 출력이 저하한 셀은 3.5W×4개이다.)

① 28　　　　② 35
③ 44　　　　④ 50

해설 부정합 출력(W)
① 출력 = 모든 셀×음영 출력 = (10×3.5) = 35[W]
② 모듈의 특성이 서로 다른 경우 시스템 전체의 출력이 모듈 각각의 최대전력의 합보다 작아지는 부정합 손실(Mismatch Loss)이 발생된다.
③ 부정합의 발생원인으로는 태양전지와 모듈의 제조공정에서 발생하는 오차, 장기간 사용에 따른 특성 열화의 불균일, 오염 등에 의해 발생하는 전기적 특성의 분산과 구름, 나무 등에 의한 부분적 그림자, 모듈 설치 고도각의 차이, 온도의 차이 등에 의하여 발생하는 환경의 불균일이 있다.

32 태양광발전시스템의 방재 대책에 대한 사항으로 옳은 것은?

① 뇌해를 방지하기 위해 피뢰소자를 사용한다.
② 내진 대책을 위하여 방화구획 관통부를 보강한다.
③ 염해를 예방하기 위해 이종금속 사이에 절연물을 사용한다.
④ 최다 적설 시를 대비하여 태양광발전 어레이가 매몰되지 않는 높이가 되도록 한다.

해설 태양광발전시스템의 내진 대책으로는 지진 시의 수평이동, 넘어질 경우의 사고를 방지할 수 있도록 관련설비에 내진처리를 실시하며, 방화구획 관통부의 보강은 화재의 확대를 방지하기 위한 방법이다.

16.2.23 / 17.2.30 / 19.1.33 / 19.2.24 / 19.4.37

33 가조시간과 일조시간에 대한 설명으로 틀린 것은?

① 맑은 날은 가조시간과 일조시간이 동일하다.
② 가조시간과 일조시간의 비를 발전률이라 한다.
③ 가조시간은 태양이 뜨고 지는 때까지의 시간이다.
④ 일조시간 실제 지표면에 태양이 비치는 시간이다.

해설 일조시간과 가조시간
1) 일조시간(Duration of Sunshine)
① 태양광선이 구름이나 안개 등에 의해서 차단되지 않고 지표면을 비춘 시간
② 일조율 = $\dfrac{일조시간}{가조시간} \times 100$ [%]

2) 가조시간(Possible Duration of Sunshine)
① 해가 뜬 다음부터 다시 질 때까지 태양에서 오는 직사광선
② 일조(日照)를 기대할 수 있는 시간을 말하며 산, 구름, 안개나 건조물에 의해 바뀔 수 있다.
③ 산, 구름, 안개 등 장애물이 없다고 가정했을 때의 일조시간은 가조시간과 동일하다.

18.2.33 / 19.1.34

34 태양광발전시스템을 평지에 고정식으로 설치하는 경우 국내에서 적용하고 있는 최적경사각 범위로 가장 적합한 것은?

① 15~20°　　② 20~25°
③ 28~36°　　④ 40~60°

해설 연중 최적경사각
국내 설치의 경우, 그 지역의 위도와 거의 동일하며, 약 24~36°이다.

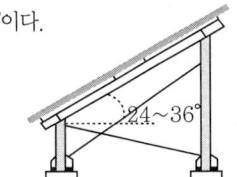

정답 31. ①② 32. ② 33. ② 34. ③

35 계통연계형 1MW 태양광발전시스템의 단선결선도 상에 표시되는 설비가 아닌 것은?
① VCB   ② GPT
③ MOF   ④ GTO

해설 1MW 태양광발전소 단선결선도에 표시되는 설비
① CH(Cable Head, 케이블 헤드)
② VD(Voltage Detector, 검전기)
③ LBS(Load Breaker Switch, 부하개폐기)
④ LA(MOF(Meter Out Fit, 계기용변성기)
⑤ EVT(Earth Voltage Transformer, 접지형 계기용 변압기)
⑥ CT(Current Transformer, 변류기)
⑦ VCB(Vacuum Circuit Breaker, 진공차단기)
⑧ TR(Transformer, 변압기)
⑨ ACB(Air Circuit Breaker, 기중차단기)
⑩ MCCB(Molded Case Circuit Breaker, 배선용차단기)
⑪ GPT(Ground Potential Transformer, 접지전압변성기)
⑫ CLR(Current_limiting Resistor, 한류저항기)
⑬ PTT(Potential Test Terminal, 변성기 시험단자)
⑭ INV(Inverter, 인버터)
※ GTO(Gate Turn-Off thyristor) : 반도체 소자

17.1.43 / 18.4.77 / 19.1.36 / 19.2.61

36 송·배전용전기설비 이용규정에 따라 태양광발전시스템에서 계통으로 유입되는 고조파 전류는 종합 전압 왜형률이 최대 몇 %미만이어야 하는가?
① 2   ② 3   ③ 4   ④ 5

해설 정상특성(교류 전압, 주파수 추종 범위) 시험
교류 전압, 주파수 추종 범위 시험 교류전원을 정격 전압 및 정격 주파수로 운전한다. 직류 전원은 인버터 출력이 정격 출력이 되도록 설정한다.
1) 계통 전압의 크기를 공칭전압에서 천천히 변화시켜 공칭전압의 +8[%]와 -10[%]의 전압에서 교류 출력 전류의 왜형률, 역률 등을 측정한다.
2) 정격주파수 60[Hz]에서 천천히 변화시켜 60.45[Hz]와 59.35[Hz]에서 교류출력 전력, 전류 왜형률, 역률 등을 측정한다.
3) 판정기준
① 기준범위 내의 계통전압변화에 추종하여 안정하게 운전할 것
② 출력 전류의 종합 왜형률은 5[%] 이내, 각 차수별 왜형률이 3[%] 이내일 것
③ 출력 역률이 95[%] 이상일 것

14.4.24 / 14.4.65 / 16.2.45 / 16.4.76 / 17.1.26 / 17.4.45 / 18.2.30 / 18.2.78 / 19.1.37 / 19.2.72

37 전력품질에 들어가지 않는 항목은?
① 전압   ② 주파수
③ 발전량   ④ 정전시간

해설 전기품질 항목
① 직류 유입 제한
분산형전원 및 그 연계 시스템은 분산형전원 연결점에서 최대 정격 출력전류의 0.5[%]를 초과하는 직류 전류를 계통으로 유입시켜서는 안된다.
② 역률
분산형전원의 역률은 90[%] 이상으로 유지함을 원칙으로 한다.
③ 플리커(flicker)   ④ 고조파
⑤ 전압   ⑥ 주파수
⑦ 한전계통에의 재병입(Reconnection)
⑧ 단락용량   ⑨ 정전시간
⑩ 접지

15.2.22 / 16.2.28 / 16.4.30 / 17.4.32 / 18.4.27 / 19.1.38

38 설계조서 해석 시 우선 순위를 나열한 것으로 가장 옳은 것은?

ⓐ 설계도면	ⓑ 공사시방서
ⓒ 전준시방서	ⓓ 산출내역서
ⓔ 감리자의 지시사항	ⓕ 표준시방서

① ⓐ→ⓑ→ⓒ→ⓓ→ⓔ→ⓕ
② ⓑ→ⓐ→ⓒ→ⓕ→ⓓ→ⓔ
③ ⓒ→ⓐ→ⓑ→ⓓ→ⓕ→ⓔ
④ ⓔ→ⓑ→ⓐ→ⓕ→ⓒ→ⓓ

정답 35. ④ 36. ④ 37. ③

해설 설계도서 해석의 우선순위

설계도서 · 법령해석 · 감리자의 지시 등이 서로 일치하지 아니하는 경우에 있어 계약으로 그 적용의 우선순위를 정하지 아니한 때에는 다음의 순서를 원칙으로 한다.
① 공사시방서　　② 설계도면
③ 전문시방서　　④ 표준시방서
⑤ 물량(산출)내역서　⑥ 승인된 상세시공도면
⑦ 관계법령의 유권해석　⑧ 감리자의 지시사항

39
태양광발전시스템의 월간 발전 가능량(EPM) 산출식으로 옳은 것은?
(단, PAS:표준상태에서의 태양광발전 어레이 출력(kW), HAM:월 적산 어레이 표면(경사면) 일조량(kWh/m² · 월), GS:표준상태에서의 일조강도(kW/m²), K:종합설계계수)

① EPM=PAS×(GS/HAM)×K(kWh/월)
② EPM=PAS×(HAM/GS)×K(kWh/월)
③ EPM=HAM×(GS/PAS)×K(kWh/월)
④ EPM=PAS×{HAM/(GS×K)}(kWh/월)

17.2.22 / 19.1.40 / 21.2.61 / 21.4.5

40
120kWp 태양광발전시스템을 밭에 설치할 때 REC 가중치는 얼마인가?

① 1.10　　② 1.13
③ 1.17　　④ 1.20

해설 신재생에너지 공급인증서 가중치

구분	공급인증서 가중치	대상에너지 및 기준	
		설치유형	세부기준
태양광 에너지	1.2	일반부지에 설치하는 경우	100KW미만
	1.0		100KW부터
	0.8		3,000KW초과부터
	0.5	임야에 설치하는 경우	-
	1.5	건축물 등 기존 시설물을 이용하는 경우	3,000KW이하
	1.0		3,000V초과부터
	1.6	유지 등의 수면에 부유하여 설치하는 경우	100KW미만
	1.4		100KW부터
	1.2		3,000KW초과부터
	1.0	자가용 발전설비를 통해 전력을 거래하는 경우	

태양광에너지의 가중치는 전체용량에 대해 부여하되, 소수점 넷째 자리에서 절사하며, 설치유형별 용량기준순으로 구분해 구간별 해당 가중치를 다음과 같이 적용한다.

① 태양광발전소를 일반부지에 설치하는 경우

설치용량	태양광에너지 가중치 산정식
100kW미만	1.2
100kW부터 3,000kW이하	$\dfrac{99.999 \times 1.2 + (용량 - 99.999) \times 1.0}{용량}$
3,000kW초과부터	$\dfrac{99.999 \times 1.2}{용량} + \dfrac{2,900.001 \times 1.0}{용량} + \dfrac{(용량 - 3,000) \times 0.8}{용량}$

② 건축물 등 기존 시설물을 이용하는 경우

설치용량	태양광에너지 가중치 산정식
3,000kW이하	1.5
3,000kW초과부터	$\dfrac{3,000 \times 1.5 + (용량 - 3,000) \times 1.0}{용량}$

③ 120kWp(밭) REC 가중치

$$REC가중치 = \dfrac{99.999 \times 1.2 + (용량 - 99.999) \times 1.0}{용량}$$

$$= \dfrac{99.999 \times 1.2 + (120 - 99.999) \times 1.0}{120} ≒ 1.17$$

16.2.43 / 19.1.41

41
가공 전선로의 전선 구비조건이 아닌 것은?
① 도전율이 클 것
② 비중이 클 것
③ 부식성이 작을 것
④ 기계적 강도가 클 것

해설 전선의 구비조건
① 도전율이 클 것
② 기계적 강도가 클 것
③ 가요성이 클 것
④ 내구성이 클 것
⑤ 비중이 작을 것(가벼울 것)
⑥ 가격이 저렴할 것

※비중 : 어떤 물질의 질량과, 이것과 같은 부피를 가진 표준물질의 질량과의 비율

정답 38.② 39.② 40.③ 41.②

42 태양광발전 어레이를 구성함에 있어서 태양광발전 모듈간의 케이블을 연결하는 배선공사방법으로 적합한 것은?

① 접속함의 설치장소는 어레이에서 멀리 설치한다.
② 케이블의 굵기는 거리에 상관없이 사용할 수 있다.
③ 태양광발전 모듈의 접속용 케이블이 2가닥씩 나와 있으므로 반드시 극성을 확인할 필요는 없다.
④ 태양광발전 모듈간의 배선에 사용할 전선사이즈는 단락전류에 충분히 견뎌야 한다.

해설 태양전지 모듈간의 배선은 단락전류에 충분히 견딜 수 있도록 2.5[mm²] 이상의 전선을 사용하여야 한다.

43 시공된 공사에 대한 재시공이 지시되는 경우가 아닌 것은?

① 시공된 공사가 품질확보가 미흡할 경우
② 관계 규정에 맞지 아니하게 시공된 경우
③ 지진·해일·폭풍 등 불가항력적인 사태가 발생할 경우
④ 감리원의 확인·검사에 대한 승인을 받지 아니하고 후속 공정을 진행하는 경우

해설 재시공 및 공사중지 지시 등의 적용 한계
① 재시공 : 시공된 공사가 품질확보 미흡 또는 위해를 발생시킬 우려가 있다고 판단되거나, 감리원의 확인·검사에 대한 승인을 받지 아니하고 후속 공정을 진행한 경우와 관계 규정에 맞지 아니하게 시공한 경우
② 공사중지 : 시공된 공사가 품질확보 미흡 또는 중대한 위해를 발생시킬 우려가 있다고 판단되거나, 안전상 중대한 위험이 발견된 경우에는 공사중지를 지시할 수 있으며 공사중지는 부분중지와 전면중지로 구분한다.

16.4.55 / 19.1.44
44 태양광발전시스템 사용전검사 시 검사항목 중 세부검사 내용이 아닌 것은?

① 접지저항 측정
② 절연저항 측정
③ 검전기로 정격전압 측정
④ 태양광전지 전기적 특성시험

해설 사용전검사 세부검사 종목
1) 규격확인
2) 외관검사
3) 전지 전기적 특성시험
 ① 최대출력
 ② 개방전압
 ③ 단락전류
 ④ 최대 출력전압 및 전류
 ⑤ 충진율
 ⑥ 전력변환효율
4) Array
 ① 절연저항
 ② 접지저항

16.4.41 / 19.1.45 / 19.2.45
45 설계감리원의 기본임무가 아닌 것은?

① 설계 및 설계감리용역 시행에 따른 업무연락, 문제점 파악 및 민원을 해결하여야 한다.
② 과업지시서에 따라 업무를 성실히 수행하고 설계의 품질향상에 따라 노력하여야 한다.
③ 설계용역 계약 및 설계감리용역 계약내용이 충실히 이행될 수 있도록 하여야 한다.
④ 해당 설계용역이 관련 법령 및 전기설비기술기준 등에 적합한 내용대로 설계되는지의 여부를 확인 및 설계의 경제성 검토를 실시하고, 기술지도 등을 하여야 한다.

해설 설계감리원의 기본임무
① 설계용역 계약 및 설계감리용역 계약내용이 충실히 이행될 수 있도록 하여야 한다.

정답 42. ④ 43. ③ 44. ③ 45. ①

② 해당 설계용역이 관련 법령 및 전기설비기술기준 등에 적합한 내용대로 설계되는지의 여부를 확인 및 설계의 경제성 검토를 실시하고, 기술지도 등을 하여야 한다.
③ 설계공정의 진척에 따라 설계자로부터 필요한 자료 등을 제출받아 설계용역이 원활히 추진될 수 있도록 설계감리 업무를 수행하여야 한다.
④ 과업지시서에 따라 업무를 성실히 수행하고 설계의 품질향상에 따라 노력하여야 한다.

16.2.48 / 17.4.59 / 19.1.46

46 감리용역이 완료된 때에는 최대 며칠 이내에 공사감리 완료보고서를 제출하여야 하는가?

① 7일
② 10일
③ 15일
④ 30일

[해설] 전력시설물 공사감리업무 수행지침
감리업자는 감리용역이 완료된 때에는 30일 이내에 공사감리 완료보고서를 협회에 제출하여야 한다.

47 태양광발전시스템 시공 절차 중 ( )에 들어갈 순서로 옳은 것은?

현장조사 → 설계 → ( ) → 설비시공 → ( ) → 계통연계 시작

① 공사계획신고, 사용전검사
② 사용전검사, 공사계획신고
③ 공사계획신고, 개발행위 준공
④ 사용전검사, 신재생에너지 설치확인

[해설] 태양광발전시스템 발전사업 절차
현장조사 → 설계 → 경제성 분석 → 개발행위 허가 → 발전사업허가 → 공사계획신고 → 설비시공 → 사용전검사 → 계통연계 시작

48 전력시설물의 설치·보수 공사 발주자는 전력시설물의 설치·보수 공사의 품질 확보 및 향상을 위하여 누구에게 공사감리를 발주하여야 하는가?

① 종합설계업을 등록한 자
② 전문설계업을 등록한 자
③ 공사감리업을 등록한 자
④ 전기공사업을 등록한 자

[해설] 전력시설물의 설치·보수공사 발주자는 전력시설물의 설치·보수 공사의 품질 확보 및 향상을 위하여 전력기술관리법 제14조제1항에 따라 공사감리업의 등록을 한 자에게 공사감리를 발주하여야 한다.

49 케이블 포설 시 주의 사항으로 틀린 것은?

① 루프회로가 생기지 않도록 한다.
② 케이블 곡률 반지름을 넘지 않도록 주의한다.
③ 케이블을 가능하면 음영지역에 포설하면 안 된다.
④ 케이블은 절연이 손상되기 쉬우므로 겨울기온에 유의하여 취급하여야 한다.

[해설] 케이블은 발열이 되므로, 가능하면 음영지역에 포설한다.

16.4.60 / 18.4.42 / 19.1.50

50 지붕에 설치하는 태양광발전시스템 중 톱 라이트형의 특징이 아닌 것은?

① 톱 라이트의 채광 및 셀에 의한 차폐효과도 있다.
② 셀(모듈)의 배치에 따라서 개구율을 바꿀 수 있다.
③ 양면수광형의 태양광발전 전지 등 수직설치 공법이 가능하다.
④ 톱 라이트의 유리부분에 맞게 태양광발전 전지 유리를 설치한 타입이다.

정답 46. ④ 47. ① 48. ③ 49. ③ 50. ③

[해설] 톱라이트(Top Light)형

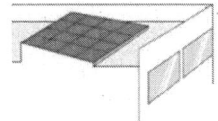

① 지붕에 설치한다.
② 셀(모듈)의 배치에 따라서 개구율을 바꿀 수 있다.
③ 톱라이트의 기능으로 실내 채광 및 설치된 셀에 의한 차폐효과도 있다.
④ 톱 라이트의 유리부분에 맞게 태양전지를 설치하는 형태

51 태양광발전 어레이 출력이 2kW를 넘는 경우 접지선의 굵기(mm²)로 적당한 것은?

① 0.75　　② 1.2
③ 1.5　　　④ 4.0

[해설] 태양전지 어레이 전기회로용 접지선의 굵기

태양전지 어레이 출력	접지선의 굵기[mm]
500W 이하	1.5
500W를 넘고 2kW 이하	2.5
2kW를 넘는 경우	4

15.2.58 / 19.1.52

52 케이블 단말처리 중 시공 시 테이프 폭이 3/4로부터 2/3 정도로 중첩해 감아 놓으면 시간이 지남에 따라 융착하여 일체화하는 절연테이프 종류는?

① 보호 테이프
② 노튼 테이프
③ 비닐 절연 테이프
④ 자기 융착 절연테이프

[해설] 자기융착 절연테이프

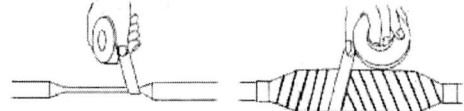

① 시공 시 테이프 폭이 3/4에서 2/3정도로 중첩해 감아놓으면 시간이 지남에 따라 융착하여 일체화된다.
② 부틸고무제와 폴리에틸렌 부틸고무가 합성된 제품이 있지만 저압의 경우 부틸고무 제는 일반적으로 사용하지 않는다.

13.4.49 / 16.2.53 / 16.4.48 / 17.1.52 / 17.4.48 / 19.1.53 / 19.2.56

53 태양광발전시스템의 전기배선에 관한 설명으로 틀린 것은?

① 인버터 출력단과 계통연계점 간의 전압강하는 5% 이하로 하여야 한다.
② 모듈의 출력배선은 군별 및 극성별로 확인할 수 있도록 표시하여야 한다.
③ 모듈에서 인버터에 이르는 배선에 사용되는 케이블은 모듈 전용선을 사용하여야 한다.
④ 케이블이 지면 위에 설치되거나 포설되는 경우에는 피복에 손상이 발생되지 않게 별도의 조치를 취해야 한다.

[해설] 전압강하

모듈에서 인버터 입력단 간 및 인버터 출력단과 계통연계점 간의 전압강하는 각 3[%]을 초과하여서는 아니 된다.
다만, 전선길이가 60[m]을 초과할 경우에는 아래 표에 따라 시공할 수 있다.

전선길이	120[m] 이하	200[m] 이하	200[m] 초과
전압강하	5[%]	6[%]	7[%]

16.4.51 / 17.1.51 / 19.1.54 / 19.2.44

54 태양광발전시스템 시공 방법으로 틀린 것은?

① 그림자의 영향을 받지 않도록 한다.
② 건축물의 방수에 문제가 없도록 설치한다.
③ 인버터 설치용량은 사업계획서 상의 인버터 설계용량 이하로 한다.
④ 모듈의 설치용량은 인버터 설치용량의 105% 이내로 한다.

정답 51.④ 52.④ 53.① 54.③

해설 인버터 설치용량과 표시사항
① 입력단(모듈출력)의 전압, 전류, 전력과 출력단(인버터출력)의 전압, 전류, 전력, 주파수, 누적발전량, 최대출력량(peak)이 표시되어야 한다.
② 인버터의 설치용량은 사업계획서 상의 인버터 설계용량 이상이어야 하고, 인버터에 연결된 모듈의 설치용량은 인버터 설치용량의 105[%] 이내이어야 한다. 다만, 각 직렬군의 태양전지 개방전압은 인버터 입력전압 범위 안에 있어야 한다.
③ 인버터는 옥내·옥외용을 구분하여 설치하여야한다. 단, 옥내용을 옥외에 설치하는 경우는 5[kW]이상 용량일 경우에만 가능하며 이 경우 빗물 침투를 방지할 수 있도록 옥내에 준하는 수준으로 외함 등을 설치하여야 한다.

55 변압기 효율과 관계없는 것은?

① 철손과 동손이 같아질 때 효율이 최대가 된다.
② 철손 및 동손은 부하율에 따라 항상 비례한다.
③ 변압기의 규약효율은 (출력(W)/(출력(W)+손실(W)))×100%이다.
④ 최대부하(W), 평균부하(W)라 하면 부하율은 (평균부하/최대부하)×100%이다.

해설 변압기 손실과 효율
① 손실에는 부하전류와 관계가 있는 부하손실과 부하전류와 관계가 없는 무부하 손실이 있다.

손실종류		손실 내용
무부하손	히스테리시스손	철심중에서 자속밀도가 변할 때 생김
	와류손	철심 내에 발생하는 와전류에 의한 손실
	유전체손	절연물 중에서 발생하는 손실
부하손	저항손	권선의 저항에 의한 손실
	와류손	권선 내의 와전류에 의한 손실
	표류 부하손	누설자속에 의해 외함 등에서 생기는 손실

② 변압기의 효율은 출력과 손실을 측정하여 계산하며, 출력과 손실을 이용하여 계산하기로 약정된 효율을 규약효율이라 한다.

$$규약\ 효율 = \frac{출력}{출력 + 손실} \times 100\,[\%]$$
$$= \frac{출력}{출력 + 철손 + 동손} \times 100\,[\%]$$

③ 철손과 동손이 같아질 때 효율이 최대가 된다.
④ 철손 및 동손은 부하율에 따라 항상 비례하지는 않는다.

56 접지설비 시공방법으로 옳은 것을 모두 고른 것은?

ⓐ 부식, 전식 등의 외적영향에 견딜 수 있도록 시설되어야 한다.
ⓑ 접지저항 값은 전기설비에 대한 보호 및 기능적 요구사항에 적합해야 한다.
ⓒ 지락전류를 열적, 기계적 및 전자력적 스트레스에 의한 위험이 없이 흘러야 한다.

① ⓐ
② ⓐ, ⓑ
③ ⓑ, ⓒ
④ ⓐ, ⓑ, ⓒ

14.4.45 / 19.1.57
57 다음 (   )의 내용으로 알맞은 것은?

태양광발전 모듈의 배열 및 결선방법은 출력전압과 설치장소 등이 다르기 때문에 (   )를 이용하여 시공전과 시공완료 후에 확인하는 것이 좋다.

① 체크리스트
② 부품사양서
③ 단선결선도
④ 고정식계통도

해설 점검표(Checklist)
① 어떠한 대상의 점검한 내용을 표 형식으로 나타내

정답 55. ② 56. ④ 57. ①

기재한 문서
② 인간의 기억력과 주의력의 한계를 넘어서는 복잡성이 있는 업무에 적용할 때, 특히 효과적이다.

58 전선로의 수평각도가 15° 이상의 곳에 사용하며 전선의 굵기나 종류가 다른 전선을 점퍼해서 접속할 경우나 장경간 및 중요 도로, 철도 등을 횡단할 경우에도 사용하는 장주는?

① 핀장주 ② 내장주
③ 보통장주 ④ 인류장주

해설 전선로와 완철이 이루는 각도가 15°미만일 경우는 핀형장주, 수평각도가 15°에서 30°이거나 전선의 종류 혹은 굵기가 바뀌는 장소에는 내장장주, 수평각도가 30°이상이거나 전선의 분기 및 종단 개소일 경우에는 인류장주를 설치한다.

59 전선의 표피 효과에 관한 설명으로 옳은 것은?

① 도전율이 클수록, 투자율이 작을수록 커진다.
② 도전율이 작을수록, 비투자율이 클수록 커진다.
③ 전선의 단면적이 클수록, 주파수가 낮을수록 커진다.
④ 전선의 단면적이 클수록, 주파수가 높을수록 커진다.

해설 **표피효과(Skin effect)**
① 도체에 전류가 흐를 때 도체가 굵어질수록 내부 인덕턴스가 증가하여 전류는 도체의 표피에 몰려 흐르게 되는 현상
② 도체가 굵어질수록 와전류도 도체 두께의 제곱에 비례하여 커지는데 표피효과는 주파수에 비례하여 커진다.
③ 큰 전력을 송·수신하기 위한 설비에서 전선을 얇게 여러 개를 묶어서 표면적을 넓게 하거나, ACSR, 중공전선 등을 사용한다.

60 전력시설물 공사감리업무 수행지침의 용어정의에서 공사 또는 감리업무가 원활하게 이루어지도록 하기 위하여 감리원, 발주자, 공사업자가 사전에 충분한 검토와 협의를 통하여 모두가 동의하는 조치가 이루어지도록 하는 것은?

① 지시 ② 합의 ③ 승인 ④ 조정

해설 **조정**
공사 또는 감리업무가 원활하게 이루어지도록 하기 위하여 감리원, 발주자, 공사업자가 사전에 충분한 검토와 협의를 통하여 관련자 모두가 동의하는 조치가 이루어지도록 하는 것을 말하며, 조정결과가 기존의 계약내용과의 차이가 있을 때에는 계약변경 사항의 근거가 된다.

61 태양광발전시스템 유지보수 점검(일상점검, 정기점검) 시 가장 점검 빈도가 높은 것은?

① 육안점검 ② 절연저항점검
③ 전압/전류점검 ④ 소음/진동점검

해설 **육안점검 항목**
(1) 태양전지(어레이)의 육안점검
① 모듈의 오염 및 파손
② 프레임 파손 및 변형유무
③ 접속케이블의 손상 및 접속단자 풀림
④ 가대의 고정(볼트 및 너트의 풀림) 및 접지
⑤ 가대의 부식 및 녹 발생
⑥ 지붕재의 파손 및 지지기구와의 고정상태

(2) 축전지의 정기점검(육안)
① 시설상태 확인
② 전해액 확인
③ 환기시설 상태

(3) 인버터의 정기점검 항목(육안검사)
① 외함의 부식 및 파손
② 배선의 손상 및 접속단자 풀림
③ 운전시 이상음, 이취, 연기발생 및 이상과열
④ 환기팬 확인(통풍구, 환기필터 등)
⑤ 발전 상태의 정상적 표시여부

15.4.64 / 16.2.77 / 19.1.62

62 다음 중 태양광발전시스템 운영 시 비치 목록으로 가장 적합하지 않는 것은?

정답 58.② 59.④ 60.④ 61.①

① 발전시스템 일반점검표
② 발전시스템 운영 매뉴얼
③ 발전시스템 비상탈출구 위치도
④ 발전시스템의 한전계통연계 관련 서류

해설 태양광발전시스템 운영 시 비치서류
① 건설 관련 도면
② 시방서 및 계약서 사본
③ 구조물의 설계도면 및 구조 계산서
④ 시스템 운영 매뉴얼
⑤ 시설 및 장비 기기의 매뉴얼
⑥ 부품에 대한 상세 매뉴얼
⑦ 전력회사와의 관련된 서류
⑧ 산업 안전 관리 명패과 안전 경고등 위치 매뉴얼
⑨ 전기 안전 관련 정기 점검표
⑩ 시스템 일반 점검표
⑪ 예비품대장
이외에도 태양광발전시스템 운영에 필요한 긴급 복구 안내문, 산업 안전 표지판, 일별·월별·연간 계획표, 전기 생산량 작성표 등을 작성, 비치한다.

63 태양광발전사업 계획 시 사업계획에 포함되어야 할 사항으로 틀린 것은?
① 사업 구분   ② 사업계획 개요
③ 전기설비 개요   ④ 온실가스 감축계획

해설 사업계획에 포함되어야 할 사항
① 사업 구분
② 사업계획 개요(사업자명, 전기설비의 명칭 및 위치, 발전형식 및 연료, 설비용량, 소요부지면적, 준비기간, 사업개시 예정일 및 운영기간을 포함한다)
③ 전기설비 개요
④ 전기설비 건설 계획(구체적인 주요공정 추진 일정 및 건설인력 관련 계획을 포함한다)
⑤ 전기설비 운영 계획(기술인력의 확보 계획을 포함한다)
⑥ 부지의 확보 및 배치 계획[석탄을 이용한 화력발전의 경우 회(灰)처리장에 관한 사항을 포함한다]
⑦ 전력계통의 연계 계획(발전사업 및 구역전기사업의 경우만 해당한다)
⑧ 연료 및 용수 확보 계획(발전사업 및 구역전기사업의 경우만 해당한다)
⑨ 온실가스 감축계획(화력발전의 경우만 해당한다)
⑩ 소요금액 및 재원조달계획(「전기사업회계규칙」의 계정과목 분류에 따른 공사비 개괄 계산서를 포함한다)

⑪ 사업개시 예정일부터 5년간 연도별·용도별 공급계획(전기판매사업 및 구역전기사업의 경우에만 해당한다)

16.4.73 / 18.1.79 / 18.4.69 / 19.1.64

64 태양광발전시스템의 신뢰성 평가 및 분석 항목에 대한 설명 중 틀린 것은?
① 운전 데이터의 결측 상황
② 계측 트러블-컴퓨터 전원의 차단 및 조작오류
③ 정기점검, 개수정전, 계통정전 등의 수시정지 상황
④ 시스템 트러블-인버터의 정지, 직류지락, 계통지락 등에 의한 시스템의 운전정지

해설 태양광 발전 시스템의 신뢰성 평가 및 분석 항목과 내용
1) 트러블
① 시스템 트러블 : 인버터 운전 정지, 직류 지락, ELB 트립, 계통 지락, 원인불명 등에 의한 태양광 발전 시스템 운전 정지 등
② 계측 트러블 : 컴퓨터 전원의 차단, 프리즈, 컴퓨터의 조작 오류 등
2) 태양광 발전 시스템의 정상 운전 데이터의 결측 사항 등
3) 태양광 발전 시스템의 계획 정지 : 개수 정전, 계통 정전 등

65 태양광발전(PV) 어레이 전류-전압 특성의 현장 측정방법(KS C IEC 61829:2015)에서 전기적인 측정 데이터 및 측정 조건에 대한 기록 사항으로 틀린 것은?
① 시험 어레이의 온도 값(15분 전의 온도값을 의미함)
② 조사강도 센서의 출력 값(15분 전의 센서 출력 값을 의미함)
③ 시험 실시 15분 전의 조사강도, 온도 및 풍속 변동에 대한 정성적 분석(평가)
④ 시험 어레이의 전류-전압 특성(15분 전의 전류-전압 특성을 의미함)

해설 전기적인 측정 데이터 및 측정 조건에 대한 기록
① 시험 어레이의 온도 값(15분 전의 온도값을 의미함)

② 조사강도 센서의 출력 값(15분 전의 센서 출력 값을 의미함)
③ 시험 실시 15분 전의 조사강도, 온도 및 풍속 변동에 대한 정성적 분석(평가)
④ (필요한 경우) 조사강도 센서의 온도(15분전의 센서 온도를 의미함)
⑤ 시험 어레이의 전류-전압 특성
⑥ 시험 어레이의 온도값(측정 시 온도값을 의미함)
⑦ 조사강도 센서의 출력(측정 시 센서의 출력 값을 의미함)
⑧ (필요한 경우) 조사강도 센서의 온도(측정 시 센서의 온도값을 의미함)
⑨ 태양 및 구름의 위치를 나타내는 하늘 이미지(선택 사항)

16.4.75 / 17.4.69 / 19.1.66 / 19.4.64

66 인버터의 계통 전압이 규정치 이상일 경우 인버터의 표시내용으로 옳은 것은?

① Utility line fault
② Line over voltage fault
③ Line phase sequence fault
④ Inverter over current fault

해설 인버터의 표시 내용
① 인버터 출력전압 이상(Inverter Output Voltage Fault) : 인버터 전압 이상이 계측되는 경우
② 인버터 과전류(Inverter Over Current Fault) : 인버터 전류의 규정 값 이상
③ 인버터지락(Inverter Ground Fault) : 인버터에 누전발생
④ 인버터 과열(Inverter Over Temperature) : 인버터의 온도 이상
⑤ 인버터 MC 이상(Inverter M/C Fault) : 전자접촉기(MC) 이상
⑥ 계통-인버터 위상 이상(Line Inverter Async Fault) : 인버터와 전력계통의 위상이 비동기
⑦ 계통 과전압(Line Over Voltage Fault) : 계통 전압이 규정치 이상
⑧ 인버터 저전압(Solar Cell Under Voltage Fault) : 태양전지 전압이 규정치 이하일 때

67 태양광발전시스템에 사용되는 인버터의 사용전압이 300V 초과 600V 이하의 경우는 몇 V 절연저항계를 이용하는 것이 좋은가?

① 600   ② 700
③ 900   ④ 1000

해설 절연저항계의 종류 및 측정범위
① 500V 절연저항계 : 인버터 정격전압 300V이하
② 1000V 절연저항계 : 인버터 정격전압 300V초과 600V이하

68 일반적으로 태양광발전용 접속함을 설치하는 현장의 고도는 몇 m를 넘지 않아야 하는가?

① 250   ② 500
③ 1000 ④ 2000

해설 접속함의 정상 사용 조건
1) 주위 대기 온도
① 옥내 설비의 주위 대기 온도
   주위 대기 온도는 +40[℃]를 초과하지 않아야 하며, 24시간동안 그 평균은 +35[℃]를 초과하지 않아야 한다. 주위 공기 온도의 하한은 -5[℃]이어야 한다.
② 옥외 설비의 주위 대기 온도
   주위 대기 온도는 +40[℃]를 초과하지 않아야 하며, 24시간동안 그 평균은 +35[℃]를 초과하지 않아야 한다. 주위 대기 온도의 하한은 -25[℃]이어야 한다.

2) 대기조건
① 옥내 설비의 대기조건
   공기는 청결해야하며, 그 상대 습도는 +40[℃]의 최대 온도에서 50[%]를 초과하지 않아야 한다. 온도가 더 낮을 때는 더 높은 상대습도가 허용된다. 예를 들면 +20[℃]에서는 90[%]가 허용된다. 온도 변화로 인해 가끔 응결이 생길 수 있다는 것을 고려하는 것이 좋다.
② 옥외 설비의 대기조건
   상대습도는 +25[℃]의 최대온도에서 일시적으로 100[%] 정도로 높을 수도 있다.

정답 66. ② 67. ④ 68. ④

3) 오염 등급
   충전부와 접속함 표면 사이의 공간거리 및 연면거리는 오염등급 3에 따라 치수를 결정한다. 접속함 충전부의 공간거리 및 연면거리는 오염등급 2에 대해 치수를 결정한다.

4) 고도
   ① 설치현장의 고도는 2,000[m]를 넘지 않아야 한다.
   ② 더 높은 고도에서 사용해야 하는 장비에 대해서는 장치의 절연내력과 개폐 능력, 공기의 냉각효과 감소를 고려해야 한다.

69 태양광발전시스템의 정기점검에서 절연저항 측정의 대상이 아닌 것은?
① 축전지 ② 접속함
③ 인버터 ④ 태양광발전용 개폐기

해설 축전지의 정기점검
① 시설상태 확인
② 전해액 확인
③ 환기시설 상태
④ 단자전압 측정

70 태양광발전시스템의 스트링 다이오드의 결함을 점검하기 위한 방법은?
① 육안검사 ② 접지저항 측정
③ 입·출력 측정 ④ 과·저전압 측정

해설 다이오드의 결함 측정
① 다이오드가 고장으로 개방된 경우는 순방향 바이어스나 역방향바이어스 모두 "OL" 표시가 나타난다.
② 다이오드가 단락된 경우는 입출력 측정시 순방향 바이어스나 역방향바이어스 모두 0[V]가 표시된다.

71 태양광발전 모듈 및 어레이의 점검 방법을 설명한 것으로 틀린 것은?
① 먼지가 많은 설치장소에는 태양광발전 모듈 표면의 오염검사와 청소유무를 확인한다.
② 태양광발전 모듈은 현장 이동 중 파손될 수 있으므로 시공 시 외관검사를 하여야 한다.
③ 태양광발전 모듈 표면 유리의 금, 변형, 이물질에 대한 오염과 프레임 등의 변형 및 지지대 등의 녹 발생 유무를 확인한다.
④ 태양광발전 모듈을 고정형이나 추적형으로 설치할 경우에는 세부적인 점검이 곤란하므로 시험성적서를 확인하여 점검을 대체한다.

해설 태양광발전 모듈은 고정형, 추적형에 관계없이 세부적인 전수 점검을 실시한다.

72 태양광발전시스템의 유지관리 시 비치하여야 하는 장비가 아닌 것은?
① 유온계 ② 멀티테스터
③ 전력계측기 ④ 적외선 온도 측정기

해설 유온계(oil temperature gauge) : 오일의 온도를 나타내는 계기

17.1.77 / 19.1.73
73 절연 고무장갑을 착용하여 감전사고를 방지하여야 하는 작업의 경우가 아닌 것은?
① 건조한 장소에서의 개폐기 개방, 투입의 경우
② 충전부의 접속, 절단 및 점검, 보수 등의 작업 시
③ 활선상태의 배전용 지지물에 누설전류의 발생 우려가 있을 때
④ 정전 작업 시 역 송전이 우려되는 선로나 기기에 단락접지를 하는 경우

해설 전기용 절연장갑의 사용범위
① 활선상태의 배전용 지지물에 누설전류의 발생 우려가 있을 때
② 충전부의 접속, 절단 및 점검, 보수 등의 작업시

정답 69. ① 70. ③ 71. ④ 72. ① 73. ①

③ 습기가 많은 장소에서 개폐기 개방, 투입 등의 작업시
④ 정전 작업시 역 송전이 우려되는 선로나 기기에 단락접지를 하는 경우
⑤ 도체에 임시로 보호접지를 실시하거나 이동시 또는 활선공구 사용시
⑥ 기타 감전이 우려되는 경우

74 접속함의 정기점검 항목으로 틀린 것은?

① 접지선의 손상
② 운전 시 이상음
③ 외부배선의 손상
④ 외함의 부식 및 파손

해설 접속함의 정기점검 항목

방법	점검항목	점검요령
육안점검	외함의 부식 및 파손	부식 및 손상이 없을 것
	배선의 손상 및 접속단자 풀림	배선/나사의 체결상태에 이상이 없을 것
측정	절연저항	태양전지 모듈~대지간
		각 접속함, 출력단지~대지 간
	개방전압	각 회로마다 전부 측정
		다이오드 상태 확인 (각 회로마다 전부 측정)

17.1.74 / 17.4.71 / 19.1.75

75 점검계획의 수립에 있어서 점검의 내용 및 주기는 여러 가지의 조건을 고려하여 결정할 경우 고려사항이 아닌 것은?

① 환경조건
② 설비의 가격
③ 설비의 중요도
④ 설비의 사용기간

해설 태양광발전시스템 점검 계획 시 고려사항
① 환경조건

② 설비의 중요도
③ 설비의 이용시간(사용기간)
④ 고장이력
⑤ 부하상태
⑥ 보수방법

76 산업안전보건기준에 관한 규칙에서 물체의 낙하·충격, 물체에의 끼임, 감전 또는 정전기의 대전(帶電)에 의한 위험이 있는 작업을 하는 경우 사용하는 보호구는?

① 안전대
② 보안경
③ 안전화
④ 방진마스크

해설 보호구의 지급 등

사업주는 다음의 어느 하나에 해당하는 작업을 하는 근로자에 대해서는 다음의 구분에 따라 그 작업조건에 맞는 보호구를 작업하는 근로자 수 이상으로 지급하고 착용하도록 하여야 한다.
① 물체가 떨어지거나 날아올 위험 또는 근로자가 추락할 위험이 있는 작업: 안전모
② 높이 또는 깊이 2미터 이상의 추락할 위험이 있는 장소에서 하는 작업: 안전대(安全帶)
③ 물체의 낙하·충격, 물체에의 끼임, 감전 또는 정전기의 대전(帶電)에 의한 위험이 있는 작업: 안전화
④ 물체가 흩날릴 위험이 있는 작업: 보안경
⑤ 용접 시 불꽃이나 물체가 흩날릴 위험이 있는 작업: 보안면
⑥ 감전의 위험이 있는 작업: 절연용 보호구
⑦ 고열에 의한 화상 등의 위험이 있는 작업: 방열복
⑧ 선창 등에서 분진(粉塵)이 심하게 발생하는 하역작업: 방진마스크

77 태양광발전 모듈의 고장현상이 아닌 것은?

① 마찰음
② 백화 현상
③ 프레임 변형
④ 백시트 에어 버블링

해설 모듈의 고장현상
① 직렬저항 증가(전극박리)

정답 74. ② 75. ② 76. ③

② 전극부식
③ 백화현상(봉지재-셀 간 박리)
④ EVA 변색
⑤ 글라스, 셀 깨짐
⑥ 쇼트·리크(leak)
⑦ 백시트 에어 버블링
⑧ 전선, 다이오드, 터미널, 단자 등의 과열
⑨ 기계적 물리적 파손
⑩ 바이패스 다이오드 결함

17.4.72 / 19.1.78
78 소형 태양광 발전용 인버터의 절연 성능 시험항목이 아닌 것은?
① 내전압 시험   ② 절연저항 시험
③ 감전보호 시험   ④ 출력측 단락 시험

[해설] 절연성능시험 항목
① 절연저항시험
② 내전압시험
③ 감전보호시험
④ 절연거리시험

79 전력량계의 점검 항목 중 계기용 변압·변류기의 점검내용으로 틀린 것은?
① 가스압 저하 여부
② 단자부 볼트류 조임 이완 여부
③ 절연물 등에 균열, 파손, 손상 여부
④ 부식 등에 이물질 및 먼지 등의 부착 여부

[해설] 계기용변성기의 점검(취부시 점검, 일상점검, 정기점검)
① 단자부 볼트류 조임 이완 여부
② 절연물 등에 균열, 파손, 손상 여부
③ 부식 등에 이물질 및 먼지 등의 부착 여부
④ 이상 소음, 진동의 발생 여부
⑤ 이상한 악취의 발생여부
⑥ 절연체의 절연저항 측정, 부분방전시험

17.1.69 / 19.1.80
80 일상점검 시 인버터의 육안검사 점검항목이 아닌 것은?
① 이상음, 악취, 발연
② 가대의 부식 및 녹
③ 외함의 부식 및 파손
④ 외부배선(접속 케이블)

[해설] 인버터의 육안 점검
① 외함의 부식 및 파손
② 배선의 손상 및 접속단자 풀림
③ 운전시 이상음, 이취, 연기발생 및 이상과열
④ 환기팬 확인(통풍구, 환기필터 등)
⑤ 발전 상태의 정상적 표시여부

18.1.96 / 19.1.81
81 수소와 산소의 전기화학 반응을 통하여 전기 또는 열을 생산하는 신·재생에너지 설비는?
① 연료전지 설비
② 수소에너지 설비
③ 폐기물에너지 설비
④ 바이오에너지 설비

[해설] 신·재생에너지 설비(신재생에너지법 시행규칙 제2조)
① 연료전지 설비 : 수소와 산소의 전기화학 반응을 통하여 전기 또는 열을 생산하는 설비
② 태양열 설비 : 태양의 열에너지를 변환시켜 전기를 생산하거나 에너지원으로 이용하는 설비
③ 태양광 설비 : 태양의 빛에너지를 변환시켜 전기를 생산하거나 채광(採光)에 이용하는 설비
④ 해양에너지 설비 : 해양의 조수, 파도, 해류, 온도차 등을 변환시켜 전기 또는 열을 생산하는 설비
⑤ 수열에너지 설비 : 물의 표층의 열을 변환시켜 에너지를 생산하는 설비
⑥ 지열에너지 설비 : 물, 지하수 및 지하의 열 등의 온도차를 변환시켜 에너지를 생산하는 설비

정답 77. ① 78. ④ 79. ① 80. ② 81. ①

82 저압전로에 사용하는 퓨즈는 수평으로 붙인 경우에 정격전류의 몇 배의 전류에 견디어야 하는가?

① 1.1 ② 1.25
③ 1.5 ④ 2.0

해설 저압전로 중의 과전류차단기의 시설

과전류차단기로 저압전로에 사용하는 퓨즈는 수평으로 붙인 경우에 다음에 적합한 것이어야 한다.
① 정격전류의 1.1배의 전류에 견딜 것
② 정격전류의 1.6배 및 2배의 전류를 통한 경우에 표에서 정한 시간 내에 용단될 것

정격전류의 구분	시 간	
	정격전류의 1.6배의 전류를 통한 경우	정격전류의 2배의 전류를 통한 경우
30[A] 이하	60분	2분
30[A] 초과 60[A] 이하	60분	4분
60[A] 초과 100[A] 이하	120분	6분
100[A] 초과 200[A] 이하	120분	8분
200[A] 초과 400[A] 이하	180분	10분
400[A] 초과 600[A] 이하	240분	12분
600[A] 초과	240분	20분

83. 전기설비기술기준에 의해 연료전지설비에서 과도한 압력 방지를 위해 안전밸브 설치 대신 과압방지장치로 대체 가능한 최고 사용압력은 몇 MPa 미만인가?

① 0.1 ② 0.5
③ 1.5 ④ 3

해설 안전밸브

연료전지설비(액화가스 설비는 제외한다)의 압력을 받는 부분에는 과도한 압력을 방지하기 위한 적당한 안전밸브를 설치하여야 한다. 이 경우 해당 안전밸브는 작동시 안전밸브로부터 방출되는 가스에 의한 위험이 발생하지 않도록 시설하여야 한다. 다만, 최고사용압력이 0.1MPa 미만의 것에 있어서는 그 압력을 낮추기 위한 적당한 과압방지장치로 대신할 수 있다.

18.1.83 / 19.1.84 / 19.2.98

84. 전기저장장치를 시설하는 곳에 계측장치를 시설하여 계측하여야 할 내용이 아닌 것은?

① 주요변압기의 전력
② 주요변압기의 주파수
③ 이차전지 집합체의 출력 단자의 전력
④ 이차전지 집합체의 출력 단자의 충·방전 상태

해설 계측장치

발전소에는 다음의 사항을 계측하는 장치를 시설하여야 한다. 다만, 태양전지 발전소는 연계하는 전력계통에 그 발전소 이외의 전원이 없는 것에 대하여는 그렇지 않다.
① 발전기·연료전지 또는 태양전지 모듈의 전압 및 전류 또는 전력
② 발전기의 베어링 및 고정자의 온도
③ 정격출력이 10,000[kW]를 초과하는 증기터빈에 접속하는 발전기의 진동의 진폭(정격출력이 400,000[kW] 이상의 증기터빈에 접속하는 발전기는 이를 자동적으로 기록하는 것에 한한다)
④ 주요 변압기의 전압 및 전류 또는 전력
⑤ 특고압용 변압기의 온도

85 전기사업법에서 정하는 전기위원회의 구성으로 옳은 것은?

① 위원장 1명을 포함한 9명 이내의 위원
② 위원장 2명을 포함한 9명 이내의 위원
③ 위원장 1명을 포함한 10명 이내의 위원
④ 위원장 2명을 포함한 10명 이내의 위원

해설 전기위원회의 설치 및 구성

① 전기사업 등의 공정한 경쟁 환경 조성 및 전기사용자의 권익 보호에 관한 사항의 심의와 전기사업등

과 관련된 분쟁의 재정(裁定)을 위하여 산업통상자원부에 전기위원회를 둔다.
② 전기위원회는 위원장 1명을 포함한 9명 이내의 위원으로 구성하되, 위원 중 대통령령으로 정하는 수의 위원은 상임으로 한다.
③ 전기위원회의 위원장을 포함한 위원은 산업통상자원부장관의 제청으로 대통령이 임명 또는 위촉한다.
④ 전기위원회의 사무를 처리하기 위하여 전기위원회에 사무기구를 둔다.

17.2.90 / 19.1.86

86 전기공사업법에 의해 공사업자는 등록사항 중 대통령령으로 정하는 중요 사항이 변경된 경우 그 사유가 발생한 날로부터 며칠 이내에 시·도지사에게 그 사실을 신고하여야 하는가?

① 15 ② 30
③ 60 ④ 90

해설 **등록사항 변경신고(전기공사업법 시행규칙 제8조)**
등록사항의 변경신고를 하려는 자는 그 사유가 발생한 날부터 30일 이내에 전기공사업 등록사항 변경신고서(전자문서로 된 신고서를 포함한다)에 등록증 및 등록수첩과 다음의 구분에 따른 서류를 첨부하여 지정공사업자단체에 제출하여야 한다.
① 사무실 소재지가 변경된 경우: 임대차계약서 사본 (임대차인 경우만 해당한다)
② 대표자가 변경된 경우: 변경된 대표자의 인적사항이 적힌 서류
③ 자본금이 변경된 경우: 기업진단보고서
④ 전기공사기술자가 변경된 경우: 전기공사기술자 보유 현황

87 전기설비기술기준에 의해 운전 중 이상이 발생할 때 수차를 자동적으로 정지시키는 장치를 시설하여야 하는 발전기의 용량은 몇 kVA 이상인가?

① 50 ② 100
③ 300 ④ 500

해설 **수차 및 양수용 펌프**
1) 수차 또는 양수식 수력발전소의 양수용 펌프는 다음에 따라 시설하여야 한다.
① 부유물 및 토사 등의 유입에 따른 피해를 현저하게 받지 않을 것
② 수압을 받는 부분은 부하 또는 입력이 차단되었을 때 최대수압에 대하여 구조상 안전할 것
③ 회전부는 부하 또는 입력이 차단되었을 때 최대속도에 대하여 구조상 안전할 것
④ 운전 중에 수차 또는 양수용 펌프에 손상을 주는 진동이 없을 것
⑤ 물의 유입 또는 유출을 신속하게 차단하는 시설을 수차 또는 양수용 펌프에 설치할 것
2) 발전기의 용량이 500kVA 이상인 수차일 경우에는 운전 중에 이상이 발생한 경우 수차를 자동적으로 정지시키는 장치를 시설하여야 한다.
3) 발전소에 설치하는 압력유장치 및 공기압축장치는 내식성을 가지며 압력상승에 따른 파손이 없도록 시설하여야 한다.
4) 해수를 접촉하는 수차 및 부속품의 재질은 내식성 재료를 사용하여야 한다.

14.4.95 / 17.1.98 / 19.1.88

88 전기사업법에서 구역전기사업자는 몇 kW까지 전기를 생산하여 전력시장을 통하지 아니하고 그 공급구역의 전기사용자에게 전기를 공급할 수 있는가?

① 20000 ② 25000
③ 30000 ④ 35000

해설 **구역전기사업자의 발전설비용량(전기사업법 시행령 제1조의2)**
구역전기사업이란 35,000[kW] 이하의 발전설비를 갖추고 특정한 공급구역의 수요에 맞추어 전기를 생산하여 전력시장을 통하지 아니하고 그 공급구역의 전기사용자에게 공급하는 것을 주된 목적으로 하는 사업

14.4.81 / 19.1.89

89 신·재생에너지 공급인증서에 관한 내용 중 옳은 것을 모두 선택한 것은?

> ㄱ. 공급인증서는 산업통상자원부장관이 지정하는 공급 인증기관에서만 발급할 수 있다.
> ㄴ. 공급인증서를 발급받으려는 자는 대통령령이 정하는 바에 따라 신청할 수 있다.
> ㄷ. 공급인증서의 유효기간은 발급받은 날로부터 5년이다.
> ㄹ. 공급인증서는 공급인증기관이 개설한 거래시장에서 거래할 수 있다.

① ㄱ, ㄴ, ㄷ   ② ㄱ, ㄴ, ㄹ
③ ㄱ, ㄷ, ㄹ   ④ ㄴ, ㄷ, ㄹ

해설 신·재생에너지 공급인증서 등(신재생에너지법 제12조의7)

1) 신·재생에너지를 이용하여 에너지를 공급한 자는 산업통상자원부장관이 신·재생에너지를 이용한 에너지 공급의 증명 등을 위하여 지정하는 기관으로부터 그 공급 사실을 증명하는 인증서를 발급받을 수 있다. 다만, 발전차액을 지원받은 신·재생에너지 공급자에 대한 공급인증서는 국가에 대하여 발급한다.

2) 공급인증서를 발급받으려는 자는 공급인증기관에 대통령령으로 정하는 바에 따라 공급인증서의 발급을 신청하여야 한다.

3) 공급인증기관은 신청을 받은 경우에는 신·재생에너지의 종류별 공급량 및 공급기간 등을 확인한 후 다음의 기재사항을 포함한 공급인증서를 발급하여야 한다. 이 경우 균형 있는 이용·보급과 기술개발 촉진 등이 필요한 신·재생에너지에 대하여는 대통령령으로 정하는 바에 따라 실제 공급량에 가중치를 곱한 양을 공급량으로 하는 공급인증서를 발급할 수 있다.

① 신·재생에너지 공급자
② 신·재생에너지의 종류별 공급량 및 공급기간
③ 유효기간

4) 공급인증서의 유효기간은 발급받은 날부터 3년으로 하되, 공급의무자가 구매하여 의무공급량에 충당하거나 발급받아 산업통상자원부장관에게 제출한 공급인증서는 그 효력을 상실한다. 이 경우 유효기간이 지나거나 효력을 상실한 해당 공급인증서는 폐기하여야 한다.

5) 공급인증서를 발급받은 자는 그 공급인증서를 거래하려면 공급인증서 발급 및 거래시장 운영에 관한 규칙으로 정하는 바에 따라 공급인증기관이 개설한 거래시장에서 거래하여야 한다.

6) 산업통상자원부장관은 다른 신·재생에너지와의 형평을 고려하여 공급인증서가 일정 규모 이상의 수력을 이용하여 에너지를 공급하고 발급된 경우 등 산업통상자원부령으로 정하는 사유에 해당할 때에는 거래시장에서 해당 공급인증서가 거래될 수 없도록 할 수 있다.

7) 산업통상자원부장관은 거래시장의 수급조절과 가격안정화를 위하여 대통령령으로 정하는 바에 따라 국가에 대하여 발급된 공급인증서를 거래할 수 있다. 이 경우 산업통상자원부장관은 공급의무자의 의무공급량, 의무이행실적 및 거래시장 가격 등을 고려하여야 한다.

8) 신·재생에너지 공급자가 신·재생에너지 설비에 대한 지원 등 대통령령으로 정하는 정부의 지원을 받은 경우에는 대통령령으로 정하는 바에 따라 공급인증서의 발급을 제한할 수 있다.

13.4.97 / 15.2.88 / 16.2.82 / 16.2.94 / 17.1.90 / 17.4.81 / 19.1.90 / 19.2.89 / 19.4.93

90 신에너지 및 재생에너지 개발·이용·보급 촉진법에서 산업통상자원부장관은 관계중앙행정기관의 장과 협의를 한 후 신·재생에너지정책심의회의 심의를 거쳐 신·재생에너지의 기술

개발 및 이용·보급을 촉진하기 위한 기본계획을 몇 년마다 수립하여야 되는가?

① 1년 ② 3년
③ 5년 ④ 10년

해설 기본계획의 수립(신재생에너지법 제5조)
① 산업통상자원부장관은 관계 중앙행정기관의 장과 협의를 한 후 신·재생에너지정책심의회의 심의를 거쳐 신·재생에너지의 기술개발 및 이용·보급을 촉진하기 위한 기본계획을 5년마다 수립하여야 한다.
② 기본계획의 계획기간은 10년 이상으로 한다.

91 정격전류 50A의 과전류차단기를 220V의 전로에서 사용 시 100A의 전류가 흐를 경우 용단되어야 하는 시간은?

① 2분 이내 ② 4분 이내
③ 6분 이내 ④ 8분 이내

해설 저압전로 중의 과전류차단기의 시설
과전류차단기로 저압전로에 사용하는 퓨즈는 수평으로 붙인 경우에 다음에 적합한 것이어야 한다.
① 정격전류의 1.1배의 전류에 견딜 것
② 정격전류의 1.6배 및 2배의 전류를 통한 경우에 표에서 정한 시간 내에 용단될 것

정격전류의 구분	시간	
	정격전류의 1.6배의 전류를 통한 경우	정격전류의 2배의 전류를 통한 경우
30[A] 이하	60분	2분
30[A] 초과 60[A] 이하	60분	4분
60[A] 초과 100[A] 이하	120분	6분
100[A] 초과 200[A] 이하	120분	8분
200[A] 초과 400[A] 이하	180분	10분
400[A] 초과 600[A] 이하	240분	12분
600[A] 초과	240분	20분

17.1.94 / 19.1.92
92 산업통상자원부장관이 전기의 보편적 공급의 구체적 내용을 정하는 경우 고려사항으로 틀린 것은?

① 사회복지의 증진
② 전기의 보급 정도
③ 공공의 이익과 안전
④ 전기발전량의 여유 정도

해설 보편적 공급(전기사업법 제6조)
1) 전기사업자등은 전기의 보편적 공급에 이바지할 의무가 있다.

2) 산업통상자원부장관은 다음의 사항을 고려하여 전기의 보편적 공급의 구체적 내용을 정한다.
① 전기기술의 발전 정도
② 전기의 보급 정도
③ 공공의 이익과 안전
④ 사회복지의 증진

13.4.89 / 17.2.87 / 19.1.93
93 신에너지 및 재생에너지 개발·이용·보급촉진법에서 정한 공급의무자는 지난 연도 총전력생산량의 합계에 일정비율을 곱한 의무공급량 이상을 신·재생에너지로 공급하여야 한다. 2019년도 의무공급량의 비율은?

① 4% ② 5%
③ 6% ④ 7%

해설 연도별 의무공급량의 합계 등(신재생에너지법 시행령 제18조의4)
① 의무공급량의 연도별 합계는 공급의무자의 다음 계산식에 따른 총전력생산량에 연도별 의무공급량의 비율을 곱한 발전량 이상으로 한다. 이 경우 의무공급량은 공급인증서를 기준으로 산정한다.

> 총전력생산량 = 지난 연도 총전력생산량 − (신·재생에너지 발전량 + 일반용전기설비 중 산업통상자원부장관이 정하여 고시하는 설비에서 생산된 발전량)

정답 90.③ 91.② 92.④ 93.③

② 산업통상자원부장관은 3년마다 신·재생에너지 관련 기술 개발의 수준 등을 고려하여 연도별 의무공급량의 비율을 재검토하여야 한다.

※ 연도별 의무공급량의 비율

해당 연도	비율[%]
2012년	2.0
2013년	2.5
2014년	3.0
2015년	3.0
2016년	3.5
2017년	4.0
2018년	5.0
2019년	6.0
2020년	7.0
2021년	9.0
2022년	12.5
2023년	13.0
2024년	13.5
2025년	14.0
2026년	15.0
2027년	17.0
2028년	19.0
2029년	22.5
2030년 이후	25.0

13.4.87 / 19.1.94

94 온실가스에 해당하지 않는 것은?

① 오존(O_3)
② 메탄(CH_4)
③ 이산화탄소(CO_2)
④ 아산화질소(N_2O)

정의(녹색성장법 제2조)
온실가스 : 이산화탄소(CO_2), 메탄(CH_4), 아산화질소(N_2O), 수소불화탄소(HFCs), 과불화탄소(PFCs), 육불화황(SF_6) 및 그밖에 대통령령으로 정하는 것으로 적외선 복사열을 흡수하거나 재방출하여 온실효과를 유발하는 대기 중의 가스 상태의 물질

95 용어에 대한 설명 중 틀린 것은?

① "계통연계"란 분산형전원을 송전사업자나 배전사업자의 전력계통에 접속하는 것을 말한다.
② "접속설비"란 공용 전력계통으로부터 특정 분산형전원 설치자의 전기설비에 이르기까지의 전선로를 말하며, 이에 부속하는 개폐장치, 모선 등은 해당되지 않는다.
③ "단순 병렬운전"이란 자가용 발전설비를 배전계통에 연계하여 운전하되, 생산한 전력의 전부를 자체적으로 소비하기 위한 것으로서 생산한 전력이 연계계통으로 유입되지 않는 병렬 형태를 말한다.
④ "단독운전"이란 전력계통의 일부가 전력계통의 전원과 전기적으로 분리된 상태에서 분산형전원에 의해서만 가압되는 상태를 말한다.

해설 "접속설비"란 공용 전력계통으로부터 특정 분산형전원 설치자의 전기설비에 이르기까지의 전선로와 이에 부속하는 개폐장치, 모선 및 기타 관련 설비를 말한다.

13.4.94 / 16.4.2 / 16.4.98 / 17.1.84 / 17.4.9 / 18.1.100 / 18.2.96 / 18.4.11 / 18.4.92 / 19.1.96

96. 재생에너지에 해당하지 않는 것은?

① 태양에너지   ② 수소에너지
③ 해양에너지   ④ 지열에너지

해설 신·재생에너지의 정의(신재생에너지법 제2조)
1) 신에너지: 기존의 화석연료를 변환시켜 이용하거나 수소·산소 등의 화학 반응을 통하여 전기 또는 열을 이용하는 에너지
① 수소에너지
② 연료전지
③ 석탄을 액화·가스화한 에너지 및 중질잔사유을 가스화

2) 재생에너지: 햇빛·물·지열·강수·생물유기체 등을 포함하는 재생 가능한 에너지를 변환시켜 이용하는 에너지

정답 94. ① 95. ② 96. ②

① 태양에너지
② 풍력
③ 수력
④ 해양에너지
⑤ 지열에너지
⑥ 생물자원을 변환시켜 이용하는 바이오에너지
⑦ 폐기물에너지(비재생폐기물로부터 생산된 것은 제외한다)

4) 직류접지계통은 교류접지계통과 같은 방법으로 금속제 외함, 교류접지선 등과 본딩하여야하며, 교류접지가 건축물의 피뢰설비 및 통신설비 등의 접지극을 공용하는 통합접지공사를 할 수 있다.
이 경우 낙뢰 등에 의한 과전압으로부터 전기설비 등을 보호하기 위해 과전압 보호 장치 또는 서지보호장치(SPD)를 설치하여야 한다.

16.4.95 / 19.1.98

97 저압 옥내 직류 2선식 전기설비에서 반드시 접지를 해야 하는 경우는?

① 사용전압이 400V 이상인 경우
② 최대전류 30mA 이하의 직류화재경보회로
③ 접지검출기를 설치하고 특정구역내의 산업용 기계기구에만 공급하는 경우
④ 고압 또는 특고압과 저압의 혼촉에 의한 위험방지 시설을 적용한 교류계통으로부터 공급을 받는 정류기에서 인출되는 직류계통

[해설] 저압 옥내직류 전기설비의 접지

1) 저압 옥내직류 전기설비는 전로보호장치의 확실한 동작의 확보, 이상전압 및 대지전압의 억제를 위하여 직류 2선식의 임의의 한 점 또는 변환장치의 직류측 중간점, 태양전지의 중간점 등을 접지하여야 한다. 다만, 직류 2선식을 다음에 의하여 시설하는 경우는 그렇지 않다.
① 사용전압이 60[V] 이하인 경우
② 접지검출기를 설치하고 특정구역내의 산업용 기계기구에만 공급하는 경우
③ 교류계통으로부터 공급을 받는 정류기에서 인출되는 직류계통
④ 최대전류 30[mA] 이하의 직류화재경보회로

2) 직류전기설비의 접지시설을 양(+)도체를 접지하는 경우는 감전에 대한 보호를 하여야 한다.

3) 직류전기설비의 접지시설을 음(-)도체를 접지하는 경우는 전기부식방지를 하여야 한다.

98 에너지 자립도와 관련성이 가장 적은 지표는?

① 국내 생산에너지량
② 국내 총발전설비량
③ 국내 총소비에너지량
④ 우리나라가 국외에서 개발(지분 취득을 포함)한 에너지량

[해설] 녹색성장법의 정의(녹색성장법 제2조)
① 자원순환: 환경정책상의 목적을 달성하기 위하여 필요한 범위 안에서 폐기물의 발생을 억제하고 발생된 폐기물을 적정하게 재활용 또는 처리하는 등 자원의 순환과정을 환경 친화적으로 이용·관리하는 것
② 녹색기술: 온실가스 감축기술, 에너지 이용 효율화 기술, 청정생산기술, 청정에너지 기술, 자원순환 및 친환경 기술(관련 융합기술을 포함한다) 등 사회·경제 활동의 전 과정에 걸쳐 에너지와 자원을 절약하고 효율적으로 사용하여 온실가스 및 오염물질의 배출을 최소화하는 기술
③ 녹색생활: 기후변화의 심각성을 인식하고 일상생활에서 에너지를 절약하여 온실가스와 오염물질의 발생을 최소화하는 생활
④ 온실가스: 이산화탄소(CO_2), 메탄(CH_4), 아산화질소(N_2O), 수소불화탄소(HFCs), 과불화탄소(PFCs), 육불화황(SF_6) 및 그밖에 대통령령으로 정하는 것으로 적외선 복사열을 흡수하거나 재방출하여 온실효과를 유발하는 대기 중의 가스 상태의 물질
⑤ 에너지 자립도: 국내 총소비에너지량에 대하여 신·재생에너지 등 국내 생산에너지량 및 우리나라가 국외에서 개발(지분 취득을 포함한다)한 에너지양을 합한 양이 차지하는 비율

정답 97. ① 98. ②

15.2.90 / 16.2.96 / 19.1.99

99 신·재생에너지전문위원회 위원은 신·재생에너지 분야에 관한 전문지식을 가진 사람으로서 누가 위촉하는 사람으로 하는가?

① 국무총리
② 행정안전부장관
③ 중소벤처기업부장관
④ 산업통상자원부장관

해설 신·재생에너지정책심의회의 구성(신재생에너지법 시행령 제4조)

1) 신·재생에너지정책심의회는 위원장 1명을 포함한 20명 이내의 위원으로 구성한다.

2) 심의회의 위원장은 산업통상자원부 소속 에너지 분야의 업무를 담당하는 고위공무원단에 속하는 일반직공무원 중에서 산업통상자원부장관이 지명하는 사람으로 하고, 위원은 다음의 사람으로 한다.
① 기획재정부, 과학기술정보통신부, 농림축산식품부, 산업통상자원부, 환경부, 국토교통부, 해양수산부의 3급 공무원 또는 고위공무원단에 속하는 일반직공무원 중 해당 기관의 장이 지명하는 사람 각 1명
② 신·재생에너지 분야에 관한 학식과 경험이 풍부한 사람 중 산업통상자원부장관이 위촉하는 사람

17.4.93 / 18.2.99 / 19.1.100

100 전로에 지락이 생겼을 경우 자동적으로 전로를 차단하는 장치를 시설하지 않아도 되는 경우로 틀린 것은?

① 기계기구가 유도전동기 2차측 전로에 접속되는 것일 경우
② 기계기구를 발전소·변전소·개폐소· 또는 이에 준하는 곳에 시설하는 경우
③ 대지전압 300V 이하인 기계기구를 물기가 있는 곳 이외의 곳에 시설하는 경우
④ 그 전로의 전원측에 절연변압기(2차 전압이 300V 이하인 경우에 한한다)를 시설하고 또한 그 절연변압기의 부하측의 전로에 접지하지 아니하는 경우

해설 지락차단장치 등의 시설

금속제 외함을 가지는 사용전압이 60[V]를 초과하는 저압의 기계기구로서 사람이 쉽게 접촉할 우려가 있는 곳에 시설하는 것에 전기를 공급하는 전로에는 전로에 지락이 생겼을 때에 자동적으로 전로를 차단하는 장치를 하여야 한다. 다만, 다음의 어느 하나에 해당하는 경우는 적용하지 않는다.

① 기계기구를 발전소·변전소·개폐소 또는 이에 준하는 곳에 시설하는 경우
② 기계기구를 건조한 곳에 시설하는 경우
③ 대지전압이 150[V] 이하인 기계기구를 물기가 있는 곳 이외의 곳에 시설하는 경우
④ 2중 절연구조의 기계기구를 시설하는 경우
⑤ 그 전로의 전원측에 절연변압기(2차 전압이 300[V] 이하인 경우에 한한다)를 시설하고 또한 그 절연변압기의 부하측의 전로에 접지하지 아니하는 경우
⑥ 기계기구가 고무·합성수지 기타 절연물로 피복된 경우
⑦ 기계기구가 유도전동기의 2차측 전로에 접속되는 것일 경우
⑧ 기계기구내에 누전차단기를 설치하고 또한 기계기구의 전원연결선이 손상을 받을 우려가 없도록 시설하는 경우

정답 99. ④ 100. ③

2019 제2회 기출문제

14.4.9 / 15.2.8 / 15.2.27 / 16.4.16 / 17.1.73 / 17.1.79 / 18.1.14 / 18.2.26 / 19.2.1 / 19.2.9 / 19.2.69

01 태양광발전 모듈의 출력에 직접적인 영향을 주는 항목이 아닌 것은?

① Air mass(AM)
② 모듈 표면온도(℃)
③ 모듈 주위의 습도(%)
④ 태양의 일사강도(W/㎡)

[해설] **표준 시험조건(Standard Test Conditions)**
태양광발전 소자를 시험할 때의 기준이 되는 시험조건 즉, 태양광발전 소자가 빛을 받는 면의 조사강도 1000[W/㎡], 태양전지 온도 25[℃], 스펙트럼 조성은 대기질량지수(AM : Air Mass) 1.5인 조건

02 태양열 에너지의 장점이 아닌 것은?

① 무공해, 무한량의 청정에너지원이다.
② 계속적인 수요에 안정적인 공급이 가능한 에너지원이다.
③ 화석에너지에 비해 지역적 편중이 적은 분산형 에너지원이다.
④ 지구온난화 대책으로 탄산가스 배출을 저감할 수 있는 재생 에너지원이다.

[해설] **태양열 에너지의 특징**

장 점	단 점
· 무공해, 무한정, 무가격 청정에너지원 · 기존의 화석에너지에 비해 지역적 편중이 적은 분산형 에너지원 · 지구온난화 대책으로 탄산가스 배출을 저감할 수 있는 재생가능 에너지원	· 고급 에너지이나 에너지 밀도가 낮음 · 에너지 생산이 간헐적임 · 지속적인 수요에 대한 안정적 공급이 어려움

16.2.18 / 19.2.3

03 PN 접합구조의 반도체 소자가 빛을 흡수하였을 때, 전자와 정공쌍이 생성되는 현상은?

① 홀효과   ② 펀치효과
③ 광전효과 ④ 제벡효과

[해설] **태양전지에 의한 발전원리**

태양에너지를 전기에너지로 변환할 목적으로 제작된 광전지로서 금속과 반도체의 접촉면 또는 반도체의 PN 접합에 빛을 조사(照射)하면 광전효과에 의해 광기전력이 일어나는 것을 이용한 것

※ 광전 효과(Photovoltaic Effect)

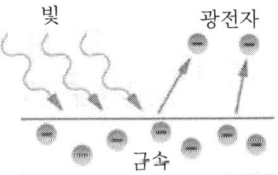

금속 등의 물질이 고유의 특정 파장보다 짧은 파장(높은 에너지)을 가진 전자기파를 흡수했을 때 전자를 내보내는 현상

04 태양광발전 모듈 제작순서가 다음과 같을 때 빈 칸에 들어갈 공정은?

탭달기(Tabbing) → 스트링(String) → 배치(Lay-up) → (　　) → 알루미늄 프레임(Framing) → 접합 단자함(Junction box) → 품질평가(test)

① 절단(Cutting)
② 포장(Packing)
③ 건조(Drying)
④ 라미네이션(Lamination)

[해설] **모듈 제작순서**

Tabbing & String　　　Lay-up

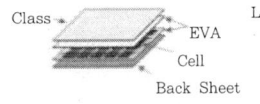 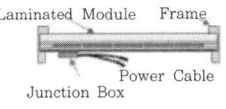

Lamination　　　Framing & Junction box

정답 1.③ 2.② 3.③ 4.④

① 셀 선별(Cell Selection) : Cell을 테스트하여 비슷한 전기적 특성을 갖는 Cell로 분류
② 탭달기 & 스트링(Tabbing&String) : 태양전지(+), (−)전극을 일렬로 도체리본과 함께 납땜하는 과정
③ 배치(Lay-up) : 태양전지 모듈의 형태로 만든 후 저철분강화유리, EVA, Back Sheet 등을 적층한다.
④ 라미네이션(Lamination) : 적층된 태양광 모듈 자재들을 고온에서 진공 압착, 모듈이 충격에 견디고 방수성을 갖도록 한다.
⑤ 알루미늄 프레임(Framing) : 모듈보호 및 어레이 구성을 위해 알루미늄 프레임으로 고정
⑥ 접합 단자함(Junction box) : 모듈의 전원을 외부로 인출하기 위한 단자박스 설치
⑦ 품질평가(test) : 완성된 태양광 모듈의 정상여부 테스트

13.4.19 / 14.4.57 / 14.4.73 / 15.2.1 / 15.2.5 / 15.2.28 / 16.4.4 / 16.4.12 / 17.2.5 / 17.4.7 / 18.1.11 / 18.4.3 / 18.4.14 / 19.2.5 / 19.2.17

05 태양광발전 전지의 직류 출력을 상용주파수의 교류로 변환한 후 변압기에서 절연하는 방식은?

① PAM방식
② 트랜스리스 방식
③ 고주파 변압기 절연방식
④ 상용주파 변압기 절연방식

해설 인버터의 회로방식별 분류

1) 상용주파 변압기 절연방식

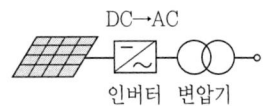

① PWM 인버터를 이용하여 상용주파수의 교류를 만들고, 상용주파수의 변압기를 이용하여 절연과 전압변환을 한다.
② 내부 신뢰성이나 노이즈 컷이 우수하지만, 상용주파수의 변압기를 별도로 이용하기 때문에 무겁고 크며, 변압기의 효율이 감소된다.

2) 고주파 변압기 절연방식

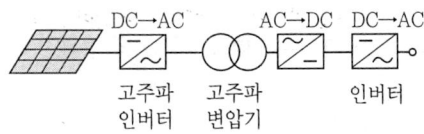

① 태양전지의 직류 출력을 고주파의 교류로 변환한 후 소형의 고주파 변압기로 절연을 한다.
② 일단 직류로 변환하고 재차 상용주파의 교류로 변환하며, 소형 경량이지만 회로가 복잡한 단점이 있다.

3) 트랜스리스(Transless) 방식

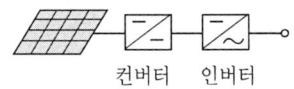

① 태양전지의 직류출력을 DC-DC 컨버터로 승압하고 인버터에서 상용주파의 교류로 변환한다.
② 소형 경량이며, 저렴하고 효율이 우수하고 신뢰성이 높다.
③ 상용전원과의 사이에는 절연이 되지 않아 안전성이 떨어진다.

13.4.80 / 15.2.2 / 17.1.9 / 17.2.33 / 17.4.24 / 18.1.74 / 19.2.6 / 19.4.1

06 태양광발전 모듈이 제각기 최대 전력점에서 작동하도록 모듈과 인버터가 한 개의 장치로 구성되는 인버터 시스템 방식은?

① 모듈 인버터 방식
② 스트링 인버터 방식
③ 마스터 슬레이브 방식
④ 서브어레이 인버터 방식

해설 태양광발전시스템의 인버터 운영방식

1) 중앙 집중형 인버터방식

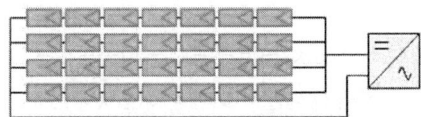

① 발전소 현장에 1대의 인버터만 설치함
② 모든 전선이 한 곳으로 오기 때문에 작업공정이 간단, 설치비가 적게 소요되며, 발전량 확인이 용이하다.

③ 단일형 인버터는 제품 이상발생 시 전체 발전소가 가동을 멈추기 때문에 발전 손실이 크다.

2) 분산형(스트링 포함) 인버터 방식

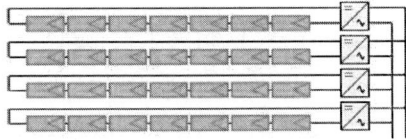

① 발전소 현장에 소형 인버터 여러 대를 설치함
② 특정 인버터가 고장이 나더라도 해당 인버터 부분에서만 발전 손실이 일어나고 나머지 인버터는 정상적으로 발전이 되기 때문에 발전 손실을 최소화할 수 있다.
③ 방향과 경사가 서로 다른 하부 어레이들로 구성된 시스템, 부분적으로 음영이 지는 시스템의 경우 분산형 인버터 방식을 고려할 필요가 있다.

3) 주/종속시스템(Master-Slave System)

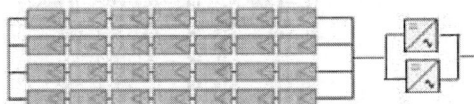

① 인버터 2~3대를 결합하여 회로를 구성한다.
② 발전을 시작하면 마스터 인버터만 구동되고, 마스터 인버터의 전력한계에 도달하면, 다음 슬래브 인버터가 자동 연결되어 생산된 발전량에 대응한다.
③ 낮은 발전량에서도 대용량 인버터 한 대가 운영되는 방식보다는 효율이 높아진다.
④ Master와 Slave의 기능은 정기적(1~3개월)으로 교대를 해주어, 균등운전이 되게 한다.

4) 모듈인버터(마이크로 인버터: MIC, Module Integrated Central) 방식

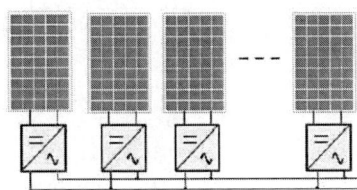

① 태양전지 모듈 1개에 인버터 1개를 부착하는 방식으로 스트링 인버터의 작은 형태이다.
② 태양전지 1장에 대한 모니터링이 가능하여 유지보수가 쉽다.
③ 각 마이크로인버터(MIC; Module Integrated Converter)의 최대 효율은 낮지만, 태양전지 모듈에 대해 개별로 MPPT를 하므로, 전체 발전량에 있어서는 스트링 인버터 이상의 발전효율을 가지고 있다.
④ 대용량 발전소보다는 소용량 발전소에서 효율이 높고, 태양전지 모듈 1장으로도 태양광발전을 할 수 있다.
⑤ 고장 난 인버터는 쉽게 교체 가능하며, 시스템 확장이 쉽다.

15.2.17 / 19.2.7

07 하이브리드 태양광발전시스템에 대한 설명으로 틀린 것은?

① 하나 혹은 하나 이상의 보조 전원을 포함한다.
② 보조 전원으로는 풍력이나 수력발전이 포함된다.
③ 계통연계형이나 독립형 중에 선택해서 사용할 수 있는 시스템도 있다.
④ 화석연료를 사용한 발전기는 하이브리드 시스템에 포함되지 않는다.

해설 태양광 발전시스템의 분류

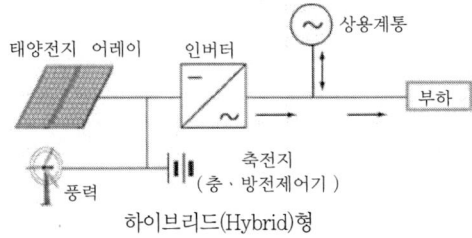

하이브리드(Hybrid)형

① 독립형 시스템 : 등대, 중계소, 인공위성, 도서, 산간, 벽지 등에 사용
② 계통연계형 : 한전계통선이 들어오는 지역의 주택, 빌딩, 대규모 발전시스템에 사용
③ 하이브리드(Hybrid)형 : 풍력발전, 디젤발전 등 타 에너지원에 의한 발전방식과 결합된 방식

정답 7. ④

08 전선로에 침입하는 이상 전압의 높이를 완화하고 파고치를 저하시키는 장치는?

① 서지흡수기　② 내뢰트랜스
③ 슈퍼커패시터　④ 역류방지다이오드

해설 서지흡수기(Surge Absorber)

① 전선로에 침입하는 이상전압의 높이를 완화하고 파고치를 저하시키는 장치
② 피뢰기와 같은 구조이며, 적용범위만을 조정하여 적용시키는 일종의 옥내 피뢰기이다.
③ 피뢰기와는 다르게 뇌서지에는 사용하지 못하며, 특히 방전내량이 낮다.
④ 차단기(VCB)의 개폐서지를 대지로 방전시키고 개폐서지로부터 2차기기(몰드변압기, 건식변압기, 고압모터 등)를 보호하는 역할을 한다.

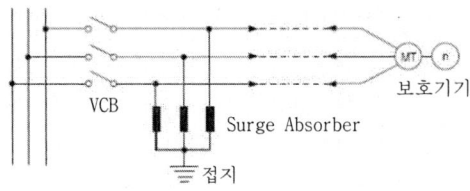

서지흡수기 설치 장소

14.4.9 / 15.2.8 / 15.2.27 / 16.4.16 / 17.1.73 / 17.1.79 / 18.1.14 / 18.2.26 / 19.2.1 / 19.2.9 / 19.2.69

09 태양광발전 전지의 변환효율에 대한 설명으로 틀린 것은?

① 태양광발전 전지의 성능을 나타내는 파라미터이다.
② 태양광 스펙트럼이나 세기, 전지의 온도에 영향을 받는다.
③ 태양으로부터 입사된 에너지에 대한 출력 전기에너지의 비로 정의된다.
④ 지상에서 사용되는 태양광발전 전지의 효율은 모듈온도 25℃, AM 1.0 조건에서 측정된다.

해설 표준 시험조건(Standard Test Conditions)
태양광발전 소자를 시험할 때의 기준이 되는 시험조건 즉, 태양광발전 소자가 빛을 받는 면의 조사강도 1000[W/m²], 태양전지 온도 25[℃], 스펙트럼 조성은 대기질량지수(AM : Air Mass) 1.5인 조건

15.4.29 / 16.2.12 / 17.1.7 / 19.2.10

10 다음은 축전지 용량의 산출식이다. (　)에 알맞은 내용은?

$$C = \frac{1일\ 소비전력량 \times 불일조일수}{(\quad) \times 방전심도 \times 방전종지전압} (Ah)$$

① 효율　② 역률　③ 셀수　④ 보수율

해설 축전지 용량(C)과 방전종지전압(Final Discharge Voltage)
1) 축전지 용량(C)

$$C = \frac{1일\ 적산부하\ 전력량(L_d) \times 일조가\ 없는\ 날(D)}{보수율(L) \times 공칭\ 축전지\ 전압 \times 축전지\ 개수 \times 방전심도(DOD)}$$

2) 방전종지전압(Final Discharge Voltage)
① 일반적으로 축전지는 어느 정도 방전하면 그 후의 전압 강하는 매우 급격하며, 축전지에 악영향을 미친다. 따라서 일정선 이상 방전하지 않기 위하여 어느 한도를 정할 필요가 있는데 이점을 방전종지전압이라 한다.
② 방전종지전압 공칭 축전지 전압(납축전지의 경우 2[V])
③ 방전종지전압 = 공칭 축전지 전압(납축전지의 경우 2[V]) × 축전지 개수

11 기어리스(Gearless)형 풍력발전기의 장점이 아닌 것은?

① 증속기어의 제거로 기계적 소음을 저감함
② 단극형 발전기 사용으로 제작비용이 저렴함
③ 역률제어가 가능하여 출력에 무관하게 고역률 실현 가능함
④ 나셀(nacelle) 구조가 매우 간단 단순해져 유지 보수 시 간편성이 증대됨

해설 풍력발전의 운전방식에 따른 분류
(1) Geared형 : 풍속의 변화에 상관없이 발전기가 일정한 속도(증속기)로 회전하도록 기어를 설치한 것으로 대부분의 풍력발전에 널리 상용화되어있다.
(2) Gearless형
① 대부분의 가변속 운전동기형 발전기기를 사용하는 풍력발전 시스템에 해당하며, 다극형 동기발전기를 사용하여 증속기어장치가 없이 회전자와 발전기기가 직결되는 지접구동 형태.
② 가변속으로 한전계통 주파수와 맞지 않기 때문에 인버터가 필요하다.
③ 발전효율 높음(단독운전의 경우 많이 사용되나 유도발전기보다 비싸고, 크기도 큰 단점이 있다)

14.4.63 / 15.2.64 / 16.4.10 / 19.2.12

12 태양광발전 전지의 충진율(Fill Factor, FF)에 대한 설명으로 틀린 것은?

① 충진율이 낮을수록 태양광발전 전지의 성능 품질이 좋음을 나타낸다.
② 충진율은 개방전압(V_{OC})과 단락전류(I_{SC})의 곱에 대한 최대출력의 비로 정의된다.
③ 충진율은 최적 동작전류(I_m)와 최적 동작전압(V_m)이 단락전류(I_{SC})와 개방전압(V_{OC})에 가까운 정도를 나타낸다.
④ 충진율은 태양광발전 전지의 특성을 표시하는 파라미터로서 내부 직렬저항 및 병렬저항으로부터의 영향을 받는다.

해설 충진율(Fill Factor)
① 태양전지 품질을 확인할 수 있는 가장 중요한 척도
② FF는 최대전력을 개방전압과 단락 회로 전류에서 출력되는 이론상 전력과 비교하여 계산한다. 또한 FF는 그림에 묘사된 정사각형 영역의 비로 해석할 수 있다.
③ 큰 fill factor가 바람직하고, 전형적인 fill factor 범위는 결정질 태양전지 : 0.7 ~ 0.8, 단결정 실리콘 0.75 ~ 0.85 정도이다.
④ 온도가 상승하면 에너지 갭이 작아서 충진율이 낮아진다.

$$FF = \frac{P_{MAX}}{P_T} = \frac{I_{MP} \cdot V_{MP}}{I_{SC} \cdot V_{OC}}$$

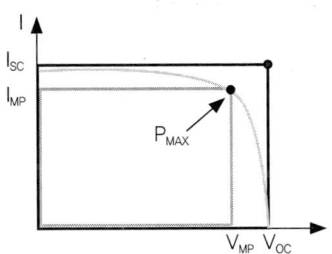

13 전류의 이동으로 발생하는 현상이 아닌 것은?
① 발열작용　　② 화학작용
③ 탄화작용　　④ 자기작용

해설 탄화작용(Distillation)
유기물질에 공기나 산소의 흐름을 차단하고 가열할 때 탄소를 많이 함유하는 검은색 물질인 화석으로 보존되는 과정이다

15.2.19 / 17.1.15 / 19.2.14

14. STC 조건에서 최대전압이 45V, 전압온도계수가 −0.2 V/℃ 인 결정질 태양광발전 모듈 10장이 직렬로 연결되어 있다. 외기 온도가 −10℃일 때 최대전압은 몇 V 인가?
① 450　　② 470
③ 520　　④ 550

해설 최대 전압(V_{MT})
V_{MT} = 합성 전압−직렬 모듈 수량×온도계수×온도차 (V)
= (45 × 10) − 10 × 0.2 × (−10−25) = 520 [V]

14.4.11 / 16.4.17 / 17.1.2 / 18.2.5 / 18.2.6 / 19.2.15

15 10A의 전류를 흘렸을 때의 전력이 50W인 저항에 20A의 전류를 흘렸다면 소비전력은 몇 W 인가?
① 100　　② 200
③ 500　　④ 1000

해설 전력(P)

① $P = V \times I = \dfrac{V^2}{R} = I^2 \times R$

∴ $V = \dfrac{P}{I} = \dfrac{50}{10} = 5$ [V]

$R = \dfrac{V^2}{P} = \dfrac{5^2}{50} = 0.5$ [Ω]

② 20[A]에 흐르는 소비전력 P
$P = I^2 \times R = 20^2 \times 0.5 = 200$ [W]

16 인버터의 부분 부하 동작을 고려하여 부분효율의 가중치를 달리하여 계산하는 효율은?

① 최대효율 ② 추적효율
③ 정격효율 ④ 유로효율

해설 인버터의 공칭효율과 유로효율

(1) 공칭효율 : 인버터를 운전하는 조건에서 최대의 효율이 나오는 조건에서 최대 효율
(2) 유로 효율(Euro Efficiency)
① 인버터를 실제 운전조건과 같게 해서 전 부하에서 부분 부하로 운전해서 효율의 가중평균을 낸, 유럽의 기후에 대해 가중된 동적 효율
② 실제로 인버터의 공칭효율이 98%인 경우에도 유로효율은 94%대가 나오는 경우도 있다.
③ 태양광발전소의 출력은 이 유로효율에 비례하기 때문에 공칭효율에 현혹되지 말고 유로효율을 구해야 한다.
④ 유로효율의 평상치는 94% 수준인데, 메이커에 따라 유로효율이 97%인 인버터도 출시되고 있어, 인버터를 잘 선택하면 태양광발전소 출력을 추가로 2% 이상 높일 수가 있다.

13.4.19 / 14.4.57 / 14.4.73 / 15.2.1 / 15.2.5 / 15.2.28 /
16.4.4 / 16.4.12 / 17.2.5 / 17.4.7 / 18.1.11 / 18.4.3 /
18.4.14 / 19.2.5 / 19.2.17

17. 태양광발전 인버터에 대한 설명으로 틀린 것은?

① PWM 원리로 정현파를 재생한다.
② 무변압기 인버터는 효율이 나쁘다.
③ MPPT를 이용한 최대전력을 생산한다.
④ 절연변압기를 사용하는 인버터는 노이즈에 강하다.

해설 트랜스리스(Transless) 방식

컨버터 인버터

① 태양전지의 직류출력을 DC-DC 컨버터로 승압하고 인버터에서 상용주파의 교류로 변환한다.
② 소형 경량이며, 저렴하고 효율이 우수하고 신뢰성이 높다.
③ 상용전원과의 사이에는 절연이 되지 않아 안전성이 떨어진다.

16.2.8 / 17.1.1 / 19.2.18

18 일정 전압의 직류 전원에 저항을 접속하고 전류를 흘릴 때 이 전류 값을 20% 증가시키기 위해서는 저항 값을 어떻게 하면 되는가?

① 저항 값을 17% 감소시킨다.
② 저항 값을 20% 감소시킨다.
③ 저항 값을 80% 감소시킨다.
④ 저항 값을 83% 감소시킨다.

해설 옴의 법칙

도체에 전압이 가해졌을 때 흐르는 전류의 크기는 도체의 저항에 반비례하므로 가해진 전압을 V [V], 전류 I [A], 도체의 저항을 R [Ω]이라고 하면

$I = \dfrac{V}{R}$, $R = \dfrac{V}{I}$

∴ $R = \dfrac{V}{1.2I} ≒ 0.833$ [Ω]

13.4.18 / 14.4.23 / 16.4.9 / 18.1.4 / 18.1.12 / 18.4.15 /
19.2.19

19 독립형 태양광발전시스템의 특징으로 옳은 것은?

① 정전 시 단독운전 방지 기능을 보유하고 있다.
② 생산된 에너지를 전력 계통 측으로 송전할 수 있다.
③ 태양광발전이 불가능한 경우를 대비하여 축전지를 사용한다.
④ 전력회사 계통연계 규정에 맞추어 적절한 보호설비가 필요하다.

정답 16. ④ 17. ② 18. ④

해설 독립형 태양광발전 시스템

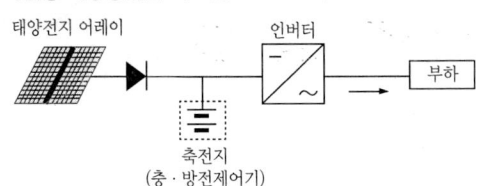

① 외딴 섬과 같이 전기가 들어오지 않는 지역에서, 상용전력계통과 직접 연결되지 않고 분리된 발전방식으로, 태양광발전시스템의 발전 전력만으로 부하에 전력을 공급한다.
② 야간 혹은 우천 시, 태양광발전시스템의 발전이 불가할 때는 발전된 전력을 저장할 수 있는 축전장치를 접속하여 태양광 전력을 저장하여 사용하는 방식

20 내부저항이 1.0Ω인 1.5V 전지 두 개를 병렬로 연결한 후 외부에 2.5Ω의 저항을 가지는 부하를 직렬로 연결하였다. 외부회로에 흐르는 전류의 크기(A)는?

① 0.5 ② 0.6 ③ 1.0 ④ 1.2

해설 전류의 크기 I

① 병렬접속 시 전지의 합성 내부 저항 $R_n = \dfrac{r}{N}$ [Ω]

② $I = \dfrac{E}{\dfrac{r}{N}+R} = \dfrac{1.5}{\dfrac{1.0}{2}+2.5} = 0.5$ [A]

15.4.16 / 16.4.35 / 19.1.22 / 19.2.21 / 19.4.29

21 태양광발전시스템 출력이 38500W, 모듈 최대출력이 175W, 모듈의 직렬개수가 20장일 때, 병렬회로 수는?

① 10 ② 11 ③ 12 ④ 13

해설 병렬 회로수(N_P)

$N_P = \dfrac{\text{출력 전력}}{\text{모듈 최대 전력} \times 1\text{스트링 직렬 매수}}$

$= \dfrac{38,500}{175 \times 20} ≒ 11$

14.4.21 / 16.4.22 / 17.2.21 / 19.2.22

22 설계도면 작성에 관련한 내용과 가장 관계가 적은 것은?

① 기본설계, 실시설계 순으로 작성한다.
② 전기설비별 KS인증 내역을 작성한다.
③ 공사의 범위, 규모, 배치, 보완사항을 작성한다.
④ 배선도에 조명, 콘센트, 전기방재설비 등을 표기한다.

해설 설계절차

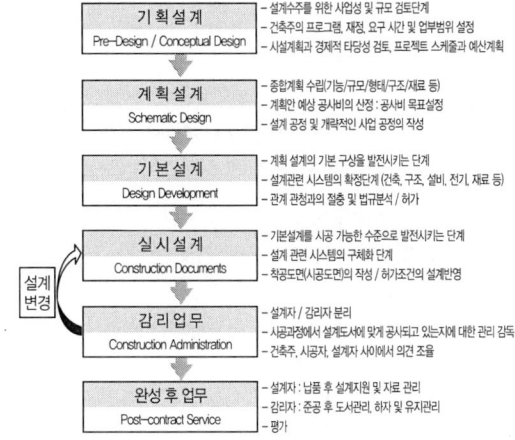

15.4.30 / 19.2.23

23 태양광발전시스템 전기설계 절차로 옳은 것은?

① 설치면적 결정 → 직렬 결선수 선정 → 병렬수와 어레이 용량 선정 → 모듈 선정 → 인버터 선정
② 설치면적 결정 → 모듈 선정 → 인버터 선정 → 병렬수와 어레이 용량 선정 → 직렬 결선수 선정
③ 설치면적 결정 → 인버터 선정 → 모듈 선정 → 직렬 결선수 선정 → 병렬수와 어레이 용량 선정
④ 설치면적 결정 → 인버터 선정 → 모듈 선정 → 병렬수와 어레이 용량 선정 → 직렬 결선수 선정

해설 전기설계 절차

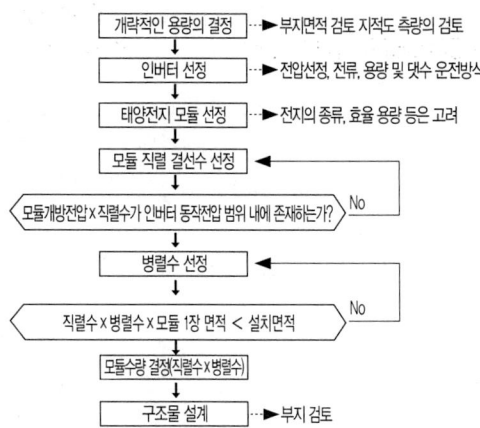

16.2.23 / 17.2.30 / 19.1.33 / 19.2.24 / 19.4.37

24 일조시간과 가조시간에 대한 설명으로 틀린 것은?

① 일조시간은 실제로 태양광선이 지표면을 내리쬔 시간이다.
② 일조시간과 가조시간과의 비를 일조율(%)이라 한다.
③ 구름이 많은 날씨일 경우 가조시간과 일조시간이 일치한다.
④ 가조시간이란 한 지방의 해 돋는 시간부터 해지는 시간까지의 시간을 말한다.

해설 일조시간과 가조시간

1) 일조시간(Duration of Sunshine)
① 태양광선이 구름이나 안개 등에 의해서 차단되지 않고 지표면을 비춘 시간
② 일조율 = $\frac{일조시간}{가조시간} \times 100$ [%]

2) 가조시간(Possible Duration of Sunshine)
① 해가 뜬 다음부터 다시 질 때까지 태양에서 오는 직사광선
② 일조(日照)를 기대할 수 있는 시간을 말하며 산, 구름, 안개나 건조물에 의해 바뀔 수 있다.
③ 산, 구름, 안개 등 장애물이 없다고 가정했을 때의 일조시간은 가조시간과 동일하다.

14.4.33 / 15.2.36 / 18.1.34 / 18.4.25 / 19.2.25 / 19.4.23

25 다음의 설계도면 중 태양광발전시스템과 관계 있는 것을 모두 고른 것은?

> ㉠ 피뢰 설계도
> ㉡ 어레이 배치도
> ㉢ 접속반 내부 결선도

① ㉠, ㉡ ② ㉡, ㉢
③ ㉠, ㉢ ④ ㉠, ㉡, ㉢

해설 설계도서

1) 설계설명서
설계의 목적, 공사종목 및 그 개요, 각 설계에 대한 분석자료(인입지점, 발전소의 특성 등), 관계 관공서 등과의 협의 사항, 설계시 적용한 특별한 사항

2) 설계도면
배치도, 단선접속도, 계통도, 배선도(평면도, 결선도, 기기상세도), 피뢰 설계도, 어레이 배치도, 접속반 내부 결선도

3) 기술계산서
부하계산서, 전압강하계산서, 변압기용량계산서, 차단기용량계산서, 축전지용량계산서, 접지계산서

4) 설계시방서
① 기본설계 및 실시설계도면에 구체적으로 표시할 수 없는 내용과 공사수행을 위한 시공 방법, 자재의 성능·규격 및 공법, 품질시험 및 검사 등 품질관리, 안전관리, 환경관리 등에 관한 사항을 기술한다.
② 표준시방서 및 전문시방서를 기본으로 하여 작성하되, 공사의 특수성·지역여건·공사방법 등을 고려하여 작성한다.
③ 공사시방서, 전문시방서, 표준시방서, 특기시방서 등

5) 예산내역서
자재 산출근거서, 공량산출서, 일위대가표, 내역서, 공사원가산출서, 단가대비표, 견적서 등

정답 24. ③ 25. ④

26 태양광발전시스템의 통합모니터링 구성요소가 아닌 것은?

① 자동 기상관측 장치(AWS)
② 자동고장전류 계산 장치(ACS)
③ 전력변환장치 감시제어 장치(AIS)
④ 태양광발전 모듈 계측 메인장치(SCS)

해설 태양광발전 모니터링 시스템(solar power monitoring system)
태양광발전시스템이 설치된 지역의 현 상태를 모니터링(발전현황, 감시, 진단, 분석 등)하여 유지 관리를 위해 모니터링 시스템을 설치한다.
① 태양광발전 모듈 계측 메인장치(SCS)
② 전력변환장치 감시제어 장치(AIS)
③ 자동 기상관측 장치(AWS)
④ 발전소 내 감시용 CCTV
⑤ LOCAL 및 Web Monitoring

27 순현재가치 분석을 위한 필요인자를 모두 고른 것은?

| ㉠ 이자율 | ㉡ 할인율 |
| ㉢ 연차별 총 편익 | ㉣ 연차별 총 비용 |

① ㉠, ㉡
② ㉢, ㉣
③ ㉠, ㉡, ㉢
④ ㉡, ㉢, ㉣

해설 순현재가치 분석(Net Present Value : NPV)
현재가치로 환산된 장래의 연차별 순편익의 합계에서 초기 투자비용 및 현재가치로 환산된 장래의 연차별 비용의 합계를 뺀 값을 의미한다. NPV>0이면 경제성이 있다고 판단한다.

$$NPV = -투자\ 순편익 + \frac{첫해\ 순편익}{(1+자본비용)} + \frac{둘째해\ 순편익}{(1+자본비용)^2}$$

① NPV > 0이면 순이익이 있다는 것이며, 투자할 가치가 있다고 판명
② NPV < 0이면 투자할 가치가 없는 것으로 판명

28 어레이 이격거리 산정을 위한 고려사항과 가장 관계가 없는 것은?

① 설치 부지의 경사도를 반영하였다.
② 설치 부지의 외부음영을 고려하였다.
③ 설비 부지의 태양고도를 반영하였다.
④ 어레이에 모듈을 가로 배치하는 것으로 고려하였다.

해설 구조물 이격거리 산정 시 고려사항

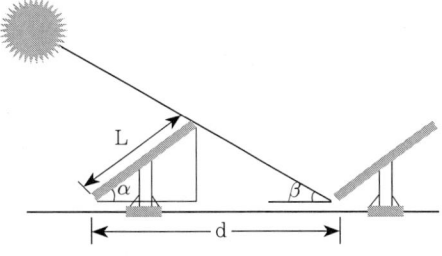

① 태양광 모듈 길이(L)
② 모듈 설치각도(α)
③ 위도(동지시 발전 가능 한계 시간에서 태양의 고도각)
④ 구조물 형상, 장애물의 높이, 남북향간 거리, 부지 현황, 부지의 경사도

29 북위 36도 위치에 태양광 발전소를 구축하고자 한다. 어레이 설계 시 태양 고도각을 결정하는 기준이 되는 날의 남중 고도는?

① 23.5도
② 30.5도
③ 54.0도
④ 77.5도

해설 남중고도
① 겨울철 태양의 남중고도가 가장 낮아 모듈간 그림자의 영향이 가장 많다.
② 지구의 자전축은 23.5도 기울어져 있다.
③ 계절별 남중고도 및 모듈 설치각도

계절별 구분	남중고도	모듈 설치각도
여 름	90−36+23.5=77.5°	12.5°
봄, 가을	90−36+0=54°	36°
겨 울	90−36−23.5=30.5°	59.5°

ㄹ 최적 설치 각도

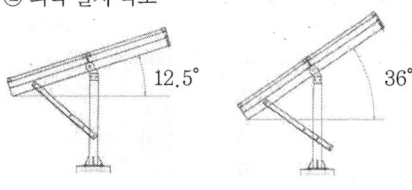

하지(여름) 경사각   춘. 추분(봄, 가을) 경사각

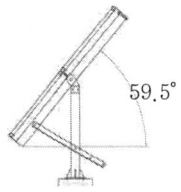

동지(겨울) 경사각

15.4.39 / 19.2.30

30 다음 조건에서 태양광발전 모듈의 최대 직렬 연결 수는?

- 인버터 최대 입력전압(V_{imax}) : 500V
- 개방전압(V_{oc}) : 42.5V
- 전압온도계수(Kt) : -0.35%/℃
- 최저온도(T_{min}) : -25℃
- 최고온도(T_{max}) : 60℃

① 8직렬   ② 9직렬
③ 10직렬 ④ 11직렬

해설 직렬 모듈수(S_n)

$$S_n = \frac{\text{인버터 최대입력전압}(V_i) \times \text{전압온도계수}(K_t) \times \text{최고온도}(T_{max})}{\text{모듈 개방전압}(V_{oc}) \times \text{최저온도}(T_{min})}$$

$$= \frac{500 \times 0.35 \times 60}{42.5 \times 25} ≒ 9[장]$$

31 사전환경성 검토 업무 흐름도에서 a ~ c에 들어갈 내용으로 옳은 것은?

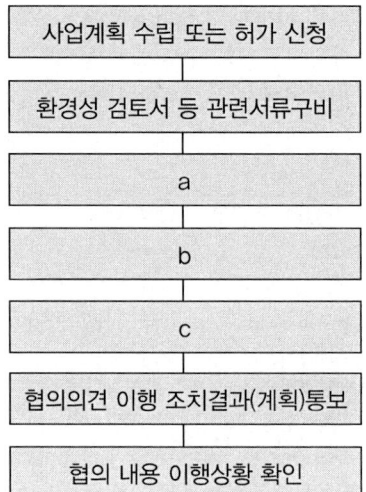

① a : 협의 요청 b : 환경성 검토 c : 협의결과 통보
② a : 환경성 검토 b : 협의 요청 c : 협의결과 통보
③ a : 협의결과 통보 b : 협의 요청 c : 환경성 검토
④ a : 환경성 검토 b : 협의결과 통보 c : 협의 요청

해설 사전환경성검토 및 협의절차

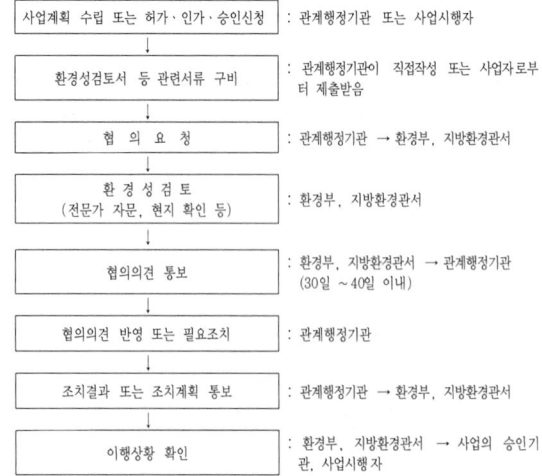

13.4.47 / 15.4.43 / 17.4.22 / 19.2.32 / 19.4.38

32 단상 3선식 전압강하 계산식은?
(단, 전선길이 : L, 전류 : I, 단면적 : A)

① $e = \dfrac{35.6 \times L \times I}{1000 \times A}$ ② $e = \dfrac{30.8 \times L \times I}{1000 \times A}$

③ $e = \dfrac{17.8 \times L \times I}{1000 \times A}$ ④ $e = \dfrac{25.6 \times L \times I}{1000 \times A}$

해설 전압강하 및 전선 굵기 계산식

전기공급방식	전압강하(e)	전선의 단면적(A)
단상 2선식 직류 2선식	$e = \dfrac{35.6 \times L \times I}{1,000 \times A}$	$A = \dfrac{35.6 \times L \times I}{1,000 \times e}$
3상 3선식	$e = \dfrac{30.8 \times L \times I}{1,000 \times A}$	$A = \dfrac{30.8 \times L \times I}{1,000 \times e}$
단상 3선식 3상 4선식 직류 3선식	$e = \dfrac{17.8 \times L \times I}{1,000 \times A}$	$A = \dfrac{17.8 \times L \times I}{1,000 \times e}$

13.4.27 / 15.4.24 / 16.4.21 / 17.2.23 / 17.4.33 / 19.2.28 /
19.2.33 / 19.4.24

33 태양광발전 어레이의 경사각과 방위각에 대한 설명으로 옳은 것은?

① 경사각은 설치할 부지의 위도를 고려하여 설계하여야 한다.
② 경사각이 낮아질수록 어레이 사이의 이격거리가 길어진다.
③ 방위각은 남반구일 때 정남향으로, 북반구일 때 정북향으로 설치한다.
④ 경사각은 어레이가 정남향을 기준으로 동쪽 또는 서쪽으로 틀어진 각도를 말한다.

해설 구조물 이격거리 선정 시 고려사항

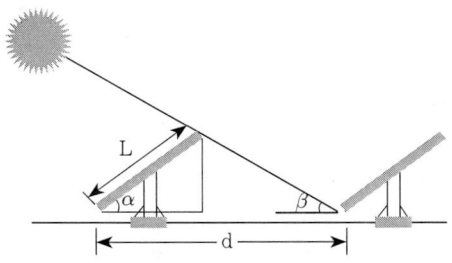

① 태양광 모듈 길이(L)
② 모듈 설치각도(α)
③ 위도(동지시 발전 가능 한계 시간에서 태양의 고도)
④ 구조물의 형상, 장애물의 높이, 남북향간 거리, 부지현황, 부지의 경사도

16.4.40 / 19.2.34

34 태양광발전시스템에 그림자가 발생하게 되면 일사량이 감소하기 때문에 발전량이 감소한다. 일사량의 2가지 성분으로 옳은 것은?

① 직달광 성분, 산란광 성분
② 경사면 일사성분, 산란광 성분
③ 직달광 성분, 수평면 일사성분
④ 수평면 일사성분, 경사면 일사성분

해설 일사량(Solar Radiation Quantity)
① 수평면에 받는 에너지로 태양으로부터 받는 직달광과 천공으로부터 오는 산란광의 합
② 하루 중의 일사량은 태양고도가 가장 높을 때인 남중시에 최대가 되고, 일 년 중에는 하지 경에 최대가 된다.
③ 산란광의 크기는 직달광에 비해 매우 작다.

17.4.23 / 19.2.35

35 태양광발전시스템 이용률이 15.5%일 때 일평균 발전시간(h/day)은 약 몇 시간인가?

① 3.40 ② 3.53
③ 3.64 ④ 3.72

해설 시스템 이용률(Capacity Factor) L_{SP}
태양광발전 어레이의 정격 출력(P_O)과 가동시간을 곱한 것에 대한 태양광발전 시스템 출력에너지(W_{SP})의 비율

$L_{SP} = \dfrac{W_{SP}}{P_O \times Υ}$

∴ $24(h) \times 0.155 = 3.72$ (h/day)

정답 32. ③ 33. ① 34. ① 35. ④

36 태양광발전 시스템 전기설계 계산서에 해당하지 않는 것은?

① 구조계산서
② 전압강하계산서
③ 보호계전기 정정치 계산서
④ 모듈 및 어레이 직·병렬 계산서

해설 전기설계 계산서의 종류
① 변압기용량계산서
② 차단기용량계산서
③ 간선계산서
④ 모듈 및 어레이 직병렬 계산서
⑤ 전압강하계산서
⑥ 고장전류계산서
⑦ 보호계전기 정정치 계산서
⑧ 축전지용량계산서
⑨ 접지계산서
⑩ 기타 계산서

37 토목도면의 재료별 단면을 표시할 경우 지반에 해당하는 것은?

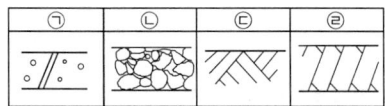

① ㉠
② ㉡
③ ㉢
④ ㉣

해설 재료의 단면 표시법

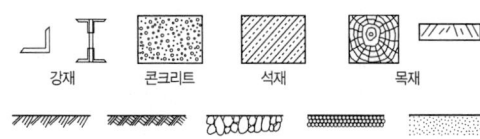

강재 콘크리트 석재 목재
암반 흙(지반) 호박돌 자갈 모래

38 다음과 같은 조건에 적합한 자가소비형 태양광발전시스템의 설치용량은 약 몇 kWp 인가? (단, STC 조건을 기준으로 한다.)

- 연 일사량 : 1356 kWh/㎡
- 연 부하소비량 : 3000kWh
- 부하의 태양광발전시스템에 대한 의존율 : 50%
- 설계 여유 계수 : 20%
- 종합설계지수 : 80%

① 1.11
② 1.66
③ 2.54
④ 3.00

해설
$$P_{AS} = \frac{E_L \times D \times R}{(H_A / G_S) \times K}$$
$$= \frac{3000 \times 0.5 \times 1.2}{1356 \times 0.8} = 1.66 \text{[kWp]}$$

P_{AS} : 표준상태에서의 태양광 어레이의 출력[kW]
H_A : 태양광 어레이면 일사량[kW/·기간]
G_S : 표준상태에서의 일사강도[kW/]
E_L : 부하소비전력량[kWh/기간]
D : 부하의 태양광발전시스템에 대한 의존율
R : 설계여유계수
K : 종합설계지수

39 설계도면 작성 시 정류기의 전기도면 기호로 옳은 것은?

① RC
② T
③ ▶|
④ G

해설 전기도면 기호
① : 룸 에어컨, 역류 계전기(Reverse Current Relay)
② : 온도계(Temperature Meter)
③ : 정류기
④ : 발전기, 검류기(Galvanometer)

정답 36. ① 37. ③ 38. ② 39. ③

40 3000kW 초과의 발전사업을 하기 위한 전기(발전)사업 허가권자는?

① 국무총리
② 시·도지사
③ 한국전력공사장
④ 산업통상자원부장관

[해설] 사업허가의 신청(전기사업법 시행규칙 제4조)
① 전기사업의 허가를 신청하려는 자는 전기사업허가신청서에 관련 서류(전자문서를 포함한다. 이하 같다)를 첨부하여 산업통상자원부장관에게 제출하여야 한다.
② 다만, 발전설비용량이 3,000[kW] 이하인 발전사업의 허가를 받으려는 자는 특별시장·광역시장·특별자치시장·도지사 또는 특별자치도지사에게 제출하여야 한다.

41 다음 [보기]에서 설명한 배전방식으로 가장 적합한 것은?

[보기]
- 변압기의 공급 전력을 서로 융통시킴으로서 변압기 용량 저감 가능
- 전압 변동 및 전력 손실 경감
- 부하의 증가에 대한 탄력성 향상
- 고장에 대한 보호방법이 적절하며 공급 신뢰도가 좋음
- 캐스케이딩 현상 발생

① 방사선 방식
② 저압 뱅킹 방식
③ 저압 네트워크 방식
④ 스폿 네트워크 방식

[해설] 저압 뱅킹 방식(Secondary Banking System)
동일한 고압 배전선에 접속되어 있는 2대 이상의 배전용 변압기의 2차측 저압 간선을 접속하여 융통성을 도모하는 방식이다.

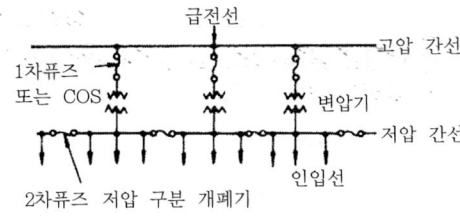

1) 장점
① 전압 강하와 전력 손실을 줄일 수 있다.
② 설비 용량의 경감
③ 부하의 증가에 대한 융통성 증대

2) 단점
① 캐스케이딩(Cascading) 현상 : 변압기 또는 저압 간선에 고장이 발생했을 때 이것을 제거하지 않으면 계속해서 그 뱅크 내의 변압기의 1차측 퓨즈가 차례로 끊어지거나 변압기를 소손시켜 정전 구간을 확대시킨다.
② 캐스케이딩 현상 방지법 : 변압기의 1차측에 퓨즈를 설치하고 인접 변압기를 연락하는 저압선의 중간에 퓨즈 또는 구분 개폐기를 설치한다.

42 ( )안에 들어갈 내용으로 옳은 것은?

전선관의 굵기는 동일 굵기의 전선을 동일관내에 넣은 경우에는 피복을 포함한 단면적의 총합계가 관내 단면적의 ( ) % 이하로 할 수 있으며, 서로 다른 굵기의 전선을 동일 관내에 넣는 경우에는 피복을 포함한 단면적의 총합계가 관내 단면적의 ( ) % 이하가 되도록 선정하는 게 일반적인 원칙이다.

① ㉠ : 24, ㉡ : 48
② ㉠ : 32, ㉡ : 24
③ ㉠ : 32, ㉡ : 48
④ ㉠ : 48, ㉡ : 32

[해설] 금속전선관의 굵기는 굵기가 다른 절연전선을 동일관내에 넣어 시설하는 경우 절연 피복물을 포함한 관내 단면적의 32[%]이하가 되도록 선정한다. 단, 동일 굵기의 경우는 48[%]까지 채울 수 있다.

43 전력시설물의 공사감리에서 비상주 감리원의 업무에 해당되지 않는 것은?
18.1.45 / 19.2.43

① 설계도서의 검토
② 기성 및 준공검사
③ 안전관리계획서 작성
④ 설계변경 및 계약금액 조정의 심사

해설 비상주감리원의 근무수칙
① 설계도서 등의 검토
② 상주감리원이 수행하지 못하는 현장 조사 분석 및 시공상의 문제점에 대한 기술검토와 민원사항에 대한 현지조사 및 해결방안 검토
③ 중요한 설계변경에 대한 기술검토
④ 설계변경 및 계약금액 조정의 심사
⑤ 기성 및 준공검사
⑥ 정기적(분기 또는 월별)으로 현장 시공 상태를 종합적으로 점검·확인·평가하고 기술지도
⑦ 공사와 관련하여 발주자(지원업무수행자 포함)가 요구한 기술적 사항 등에 대한 검토
⑧ 그밖에 감리업무 추진에 필요한 기술지원 업무

44 인버터의 설치용량은 사업계획서 상의 인버터 설계용량 이상이어야 하고, 인버터에 연결된 모듈의 설치용량은 인버터 설치용량의 최대 몇 % 이내이어야 하는가?
16.4.51 / 17.1.51 / 19.1.54 / 19.2.44

① 92 ② 96
③ 103 ④ 105

해설 인버터 설치용량과 표시사항
① 입력단(모듈출력)의 전압, 전류, 전력과 출력단(인버터출력)의 전압, 전류, 전력, 주파수, 누적발전량, 최대출력량(peak)이 표시되어야 한다.
② 인버터의 설치용량은 사업계획서 상의 인버터 설계용량 이상이어야 하고, 인버터에 연결된 모듈의 설치용량은 인버터 설치용량의 105[%] 이내이어야 한다. 다만, 각 직렬군의 태양전지 개방전압은 인버터 입력전압 범위 안에 있어야 한다.
③ 인버터는 옥내·옥외용을 구분하여 설치하여야한 다. 단, 옥내용을 옥외에 설치하는 경우는 5[kW]이상 용량일 경우에만 가능하며 이 경우 빗물 침투를 방지할 수 있도록 옥내에 준하는 수준으로 외함 등을 설치하여야 한다.

45 설계감리 업무 범위가 아닌 것은?
16.4.41 / 19.1.45 / 19.2.45

① 설계의 경제성 검토
② 주요 기자재 공급원의 검토·승인
③ 공사기간 및 공사비의 적정성 검토
④ 설계내용의 시공 가능성에 대한 사전 검토

해설 설계감리원의 기본임무
① 설계용역 계약 및 설계감리용역 계약내용이 충실히 이행될 수 있도록 하여야 한다.
② 해당 설계용역이 관련 법령 및 전기설비기술기준 등에 적합한 내용대로 설계되는지의 여부를 확인 및 설계의 경제성 검토를 실시하고, 기술지도 등을 하여야 한다.
③ 설계공정의 진척에 따라 설계자로부터 필요한 자료 등을 제출받아 설계용역이 원활히 추진될 수 있도록 설계감리 업무를 수행하여야 한다.
④ 과업지시서에 따라 업무를 성실히 수행하고 설계의 품질향상에 따라 노력하여야 한다.

46 배전선로에서 지락 고장이나 단락 고장사고가 발생하였을 때 고장을 검출하여 선로를 차단한 후 일정시간 경과하면 자동적으로 재투입 동작을 반복함으로서 고장 구간을 제거할 수 있는 보호장치는?

① 리클로저 ② 라인퓨즈
③ 배전용 차단기 ④ 컷아웃 스위치

해설 자동재폐로차단기(R/C : Recloser)

정답 43.③ 44.④ 45.② 46.①

일반적으로 반송 보호계전 방식에 의해서 고속 차단-재폐로의 동작을 자동적으로 실시하는 방식으로 차단기가 차단된 후 일정시간을 두고 사고지점의 절연이 회복된 후 재폐로 조건(회복조건)이 되면 자동적으로 차단기를 투입하는 시간을 Time Delay라 하고 자동적으로 투입하는 동작을 재폐로라 한다. 재폐로 Time Delay는 Arc 소멸시간(자기 절연회복시간)을 충분히 고려하여 결정한다.

16.2.47 / 19.2.47

47 구조물 및 자재 종류별 검사에서 감리원의 검사 절차로 옳은 것은?

> ㉠ 시공완료
> ㉡ 검사요청서제출
> ㉢ 시공관리책임자점검
> ㉣ 감리원현장검사
> ㉤ 검사결과통보

① ㉠→㉢→㉡→㉣→㉤
② ㉠→㉢→㉣→㉡→㉤
③ ㉠→㉡→㉢→㉣→㉤
④ ㉠→㉣→㉡→㉢→㉤

[해설] 감리원은 다음의 검사절차에 따라 검사업무를 수행하여야 한다.
① 검사 체크리스트에 따른 검사는 1차적으로 시공관리책임자가 검사하여 합격된 것을 확인한 후 그 확인된 검사 체크리스트를 첨부하여 검사 요청서를 감리원에게 제출하면 감리원은 1차 점검내용을 검토한 후, 현장 확인 검사를 실시하고 검사결과 통보서를 시공관리책임자에게 통보한다.
② 검사결과 불합격인 경우에는 그 불합격된 내용을 공사업자가 명확히 이해할 수 있도록 상세하게 불합격 내용을 첨부하여 통보하고, 보완시공 후 재검사를 받도록 조치한 후 감리일지와 감리보고서에 반드시 기록하고 공사업자가 재검사를 요청할 때에는 잘못 시공한 시공기술자의 서명을 받아 그 명단을 첨부하도록 하여야 한다.

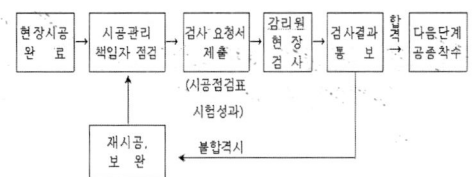

48 송전전력, 부하역률, 송전거리, 전력손실 및 선간전압이 같을 경우 3상3선식에서 전선 한가닥에 흐르는 전류는 단상 2선식의 경우 약 몇 %가 되는가?

① 70.7   ② 57.7
③ 141   ④ 115

[해설] ① 단상 2선식 = $\frac{P}{2} = \frac{1}{2}VI\cos\theta$

② 3상 3선식 = $\frac{P}{3} = \frac{\sqrt{3}}{3}VI\cos\theta$

∴ $\frac{단상 2선식}{3상 3선식} = \frac{\frac{1}{2}}{\frac{\sqrt{3}}{3}} \times 100 ≒ 115[\%]$

16.4.53 / 17.4.56 / 18.1.56 / 19.2.49

49 태양광발전 모듈 배선을 금속관공사로 시공할 경우의 설명으로 틀린 것은?

① 옥외용 비닐절연전선을 사용하여야 한다.
② 금속관 내에서 전선은 접속점을 만들어서는 안 된다.
③ 짧고 가는 금속관에 넣는 전선인 경우 단선을 사용할 수 있다.
④ 전선은 단면적 10mm²을 초과하는 경우 연선을 사용하여야 한다.

[해설] 금속관배선의 시설조건
1) 전선은 절연전선(옥외용 비닐절연전선을 제외한다)일 것
2) 전선은 연선일 것. 다만, 다음의 것은 적용하지 않는다.
  ① 짧고 가는 금속관에 넣는 것
  ② 단면적 10[mm²](알루미늄선은 단면적 16[mm²]) 이하의 것
3) 전선은 금속관 안에서 접속점이 없도록 할 것

정답 47.① 48.② 49.①

50 매설 혹은 심타 접지극의 종류로 동판을 사용하는 경우 알맞은 치수는?

① 두께 0.6mm 이상, 면적 800㎠ 이상
② 두께 0.6mm 이상, 면적 900㎠ 이상
③ 두께 0.7mm 이상, 면적 900㎠ 이상
④ 두께 0.8mm 이상, 면적 800㎠ 이상

해설 접지극의 종류
① 동판(두께 0.7[mm] 이상, 면적 900 [cm²] 이상)
② 동봉, 동피복강봉(지름 8[mm] 이상, 길이 0.9[m] 이상)
③ 철봉(지름 12[mm] 이상, 길이 0.9[m] 이상의 아연도금 철봉)
④ 동피복강판(두께 1.6[mm] 이상, 길이 0.9[m] 이상, 연적 250[cm²] 이상)
⑤ 탄소피복강봉(지름 8[mm] 이상의 강심, 길이 0.9[m] 이상)

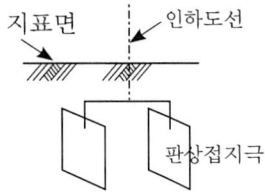

51 전문감리업 면허 보유자가 수행할 수 있는 영업범위는?

① 발전설비용량 10만kW 미만의 전력시설물
② 발전설비용량 15만kW 미만의 전력시설물
③ 발전설비용량 20만kW 미만의 전력시설물
④ 발전설비용량 25만kW 미만의 전력시설물

해설 감리업의 영업 범위

종 류	영업 범위
종합감리업	전력시설물
전문감리업	발전·변전설비 용량 100,000[kW] 미만의 전력시설물, 전압 100,000[V] 미만의 송전·배전선로 20[kW] 미만의 전력시설물, 용량 5,000[kW] 미만의 전기수용설비, 연면적 30,000[㎡] 미만인 건축물의 전력시설물

52 자가용 전기설비 사용전검사에 대한 설명으로 틀린 것은?

① 검사 결과의 통지는 검사완료로부터 5일 이내에 검사확인증을 신청인에게 통지하여야 한다.
② 검사 결과 검사기준에 부적합한 경우 사용전검사의 재검사 기간은 검사일 다음날부터 15일 이내로 한다.
③ 검사의 목적은 전기설비가 공가계획대로 설계 시공되었는가를 확인하여 전기설비의 안전성을 확보하는 것이다.
④ 전기안전에 지장이 없는 경우라도 발전기 인가 출력보다 낮고 저출력 운전시에는 임시사용이 불가능하다.

해설 사용전검사와 임시사용을 허용할 경우의 그 사용기간과 기준

(1) 사용전검사
① 각종 발전설비, 송·변전·배전설비 및 가로등, 신호등, 보안등, 공장, 상가 등 대형건물의 설치공사 또는 변경공사를 완료하고, 그 전기설비가 공사계획의 인가 또는 신고를 한 내용 및 전기설비기술기준에 적합한 지의 여부에 대한 검사를 산업통상자원부장관 또는 시·도지사로부터 위탁받아 한국전기안전공사에서 수행한다.
② 태양광 발전소에 관한 공사의 경우에는 전체의 공사가 완료된 때 검사를 실시한다.
③ 사용전검사를 받으려는 자는, 검사를 받으려는 날의 7일전까지 한국전기안전공사에 사용전검사 신청서를 제출하여야 한다.

(2) 임시사용을 허용할 경우의 그 사용기간과 기준
1) 임시사용기간은 임시사용 사유의 해소기간, 위험도 등을 고려하여 3개월 이내로 한다.
2) 3개월 이내에 임시사용 사유가 해소될 수 없는 특별한 사유가 있다고 인정되는 경우에는 전체 임시사용 기간이 1년을 초과하지 아니하는 범위 내에서 재연장 할 수 있다.
3) 임시사용의 허용기준
① 발전기의 출력이 인가를 받거나 신고한 출력보다 낮으나 사용상 안전에 지장이 없다고 인정되는 경우

정답 50. ③ 51. ① 52. ④

② 송·수전과 직접적인 관련이 없는 보호울타리 등이 시공되지 아니한 상태이나 사람이 접근할 수 없도록 안전조치를 취한 경우
③ 공사계획을 인가받거나 신고한 전기설비중 교대성·예비성설비 또는 비상용예비발전기가 완공되지 아니한 상태이나 주된 설비가 전기의 사용상이나 안전에 지장이 없다고 인정되는 경우

14.4.40 / 15.4.22 / 16.2.59 / 16.4.52 / 17.1.38 / 17.2.52 / 18.4.32 / 19.2.53

53 태양광발전시스템의 구조물 설치를 위한 기초의 종류 중 지지층이 얕을 경우 적용하는 방식은 무엇인가?

① 말뚝기초　　② 피어기초
③ 간접기초　　④ 직접기초

해설 기초의 분류

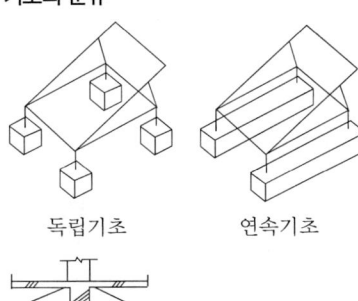

독립기초　　연속기초

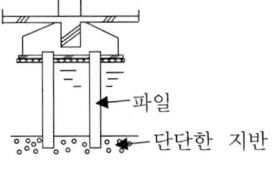

파일(말뚝)기초

(1) 얕은 기초(Shallow Foundation)
1) 독립(주춧돌)기초(Individual Footing) : 단일 기둥을 지지, 기둥간격이 넓은 경우

2) 연속기초(Contentious Footing) : 다수의 연속기둥 또는 벽체를 지지

3) 전면(온통)기초(Mat 또는 Raft Foundation)
① 다수의 기둥들을 지지, 상부구조 전 단면 아래의 지지토층 위에 있는 단일 슬래브 형식의 확대기초
② 고층건물, 중량건물, 연약지반, 지하수위가 높은 지하실바닥에 유리

※ 직접기초 : 독립기초, 연속기초, 전면(온통)기초

(2) 깊은 기초(Deep Foundation)
1) 파일(말뚝)기초(Pile Foundation)
① 대표적인 깊은 기초공법으로 피어 및 케이슨기초 보다 시공이 간편하고 공사비가 저렴함
② 말뚝의 축방향 허용-지력은 지반의 허용지지력과 말뚝재료의 허용하중을 비교하여 낮은 값으로 결정함

2) 피어기초(Pier Foundation)
구조물 하중을 연약한 투층을 지나 견고한 지지층에 전달시키기 위하여 지반에 굴착한 구멍 속에 현장타설 콘크리트를 채워 설치하는 깊은 기초의 일종으로서 일반적으로 직경은 사람이 들어가서 확인할 수 있도록 최소 직경 760[mm] 정도 이상인 것을 말함

3) 케이슨(우물통)기초

54 난연성, 절연의 신뢰성, 내습·내진성, 소형 및 경량화, 내전압 성능이 낮아 VCB와 조합 시 서지흡수기를 설치하며, 단시간 과부하에 좋은 변압기는?

① 몰드변압기　　② 유입변압기
③ 아몰퍼스변압기　④ H종 건식변압기

해설 몰드변압기

① 변압기의 권선부분을 에폭시수지로 굳혀 절연한 건식변압기
② 서지가 빈번히 발생하는 장소(수용가)에서는 서지흡수기(SA)를 변압기 1차측에 설치해야 한다.
③ 충격에는 약하지만 전기적, 기계적 특성이 우수하고 내진성이 좋다.
④ 전기적 소음이 유입변압기에 비해서 크지만, 유지보수가 간단하고, 권선이 에폭시 수지로 절연되어 있어서 흡습에 따른 절연열화가 없다.
⑤ 난연성이기 때문에 자기 소화성으로 고정소화설비를 간소화해도 된다.

55 KEC 한국전기설비규정의 변경으로 삭제됨

13.4.49 / 16.2.53 / 16.4.48 / 17.1.52 / 17.4.48 / 19.1.53 / 19.2.56

56 태양광발전 모듈과 인버터간의 배선에 대한 설명으로 틀린 것은?

① 태양광발전 모듈 접속용 케이블은 반드시 극성표시 확인 후 설치한다.
② 접속함에서 인버터까지 배선의 길이가 60m 이내일 경우 전압강하는 5% 이하로 한다.
③ 태양광발전 모듈간 배선은 2.5㎟ 이상의 전선을 사용하면 단락전류에 충분히 견딜 수 있다.
④ 태양광발전 어레이 지중배선을 직접매설방식에 의해 중량물의 압력을 받는 장소에 매설하는 경우 1.2m 이상의 깊이로 한다.

[해설] **전압강하**
모듈에서 인버터 입력단 간 및 인버터 출력단과 계통연계점 간의 전압강하는 각 3[%]을 초과하여서는 아니 된다. 다만, 전선길이가 60[m]을 초과할 경우에는 아래 표에 따라 시공할 수 있다.

전선길이	120[m] 이하	200[m] 이하	200[m] 초과
전압강하	5[%]	6[%]	7[%]

15.4.59 / 16.4.50 / 18.4.24 / 19.2.57

57 그림과 같이 옥상 또는 지붕위에 설치한 케이블의 물 빠짐을 위해 케이블 외경의 최소 몇 배 이상의 반경으로 배선해야 하는가?

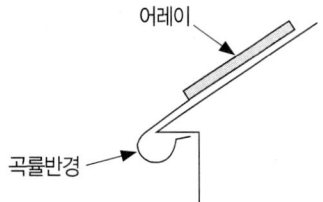

① 2　　② 4　　③ 6　　④

[해설] **곡률반경(r)**

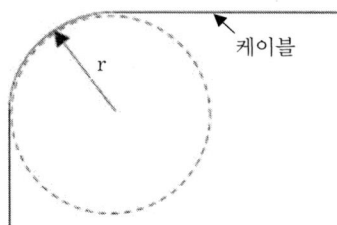

케이블 반지름의 6배 이상으로 곡률반경을 유지해야한다

58 발주자가 설계변경 지시를 할 경우 첨부서류에 포함되지 않는 것은?

① 수량산출 조서
② 설계변경 개요서
③ 주요 기자재 및 인력투입 계획
④ 설계변경 도면, 설계설명서, 계산서 등

[해설] **발주기관의 장(감독관)의 지시에 의한 설계변경**
발주기관의 장(감독관)은 외부적 사업 환경의 변동, 사업추진 기본계획의 조정 등으로 설계변경이 필요한 경우에는 다음서류를 첨부하여 설계변경을 지시할 수 있다. 단, 발주기관에서 설계변경 도서를 작성 할 수 없을 경우에는 설계변경 개요서만 첨부하여 설계변경 지시를 할 수 있다.
① 설계변경 개요서
② 설계변경 도면, 시방서, 계산서 등
③ 수량조서 및 산출조서
④ 기타 필요한 서류

13.4.46 / 16.4.49 / 17.1.21 / 19.2.59

59 KS C IEC 60364의 저압계통의 접지방식이 아닌 것은?

① IT방식　　② TT방식
③ TN-C방식　　④ TT-C방식

[해설] **보호접지 설비**
계통접지와 기기접지의 조합에 따라 다음방식으로 구분하여 설계한다.

정답　55.　56. ②　57. ③　58. ③

(1) TN계통방식은 전력공급측을 계통접지하고, 기기의 노출 도전성 부분을 보호도체를 통해 전원의 접지점으로 연결시킨 것이며, 과전류 차단기로 지락을 보호해야 한다.

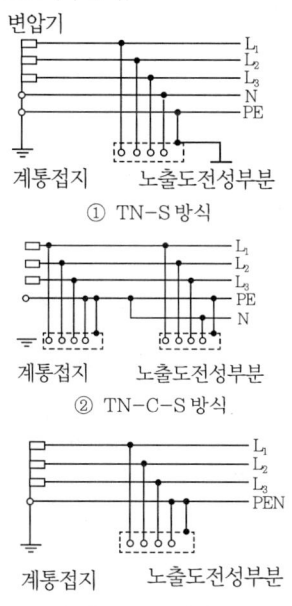

(2) TT계통방식은 전력공급측은 계통접지하고, 기기의 노출, 도전성 부분은 독립된 기기접지로 하는 방법이며, 과전류차단기 또는 누전차단기로 지락을 보호해야 한다.

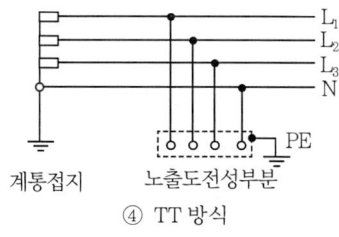

④ TT 방식

(3) IT계통방식은 전력공급측은 임피던스를 고려한 접지로 하고, 기기의 노출, 도전성부분은 독립된 기기접지로하며, 1점지락 사고시 기기프레임의 접지저항을 낮게 하여 보호해야 한다.

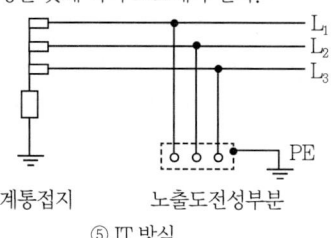

⑤ IT 방식

60 태양광발전시스템 시공에서 모듈 설치 및 결선의 체크리스트 항목이 아닌 것은?

① 전선의 자재는 KS 규격품을 사용하였는가?
② 모듈의 직·병렬연결 시 링 타입의 단자를 사용하여 연결하였는가?
③ 모듈간의 직렬배선은 바람에 흔들리지 않도록 케이블타이로 단단히 고정하였는가?
④ 태양광발전 모듈의 전선은 접속함에 일반용 커넥터를 사용하여 결속하였는가?

해설 태양광발전소 전기배선 및 접속함의 설비기준
① 전선의 자재는 KS 규격품 사용
② 태양전지에서 옥내에 이르는 배선에 쓰이는 전선은 모듈전용선 또는 TFR-CV선을 사용해야 하며, 전선이 지면을 통과하는 경우에는 피복에 손상이 발생되지 않도록 별도의 조치를 취해야 한다.
③ 태양전지판 배선은 바람에 흔들림 없도록 케이블타이 등으로 단단히 고정하여야 하며 태양전지판의 출력배선은 군별, 극성별로 확인할 수 있도록 표시하여야 한다.
④ 태양전지판 결선시에 접속배선함 구멍에 맞추어 압착단자를 사용하여 견고하게 전선을 연결해야하며, 접속배선함 연결부위는 일체형 전용 커넥터를 사용한다.

17.1.43 / 18.4.77 / 19.1.36 / 19.2.61

61 태양광발전시스템에서 배전계통으로 유입되는 종합 전압고조파 왜형률은 최대 몇 %를 초과하지 않도록 하여야 하는가?

① 3   ② 5   ③ 7   ④ 9

해설 정상특성시험
교류 전압, 주파수 추종 범위 시험 교류전원을 정격 전압 및 정격 주파수로 운전한다. 직류 전원은 인버터 출력이 정격 출력이 되도록 설정한다.
1) 계통 전압의 크기를 공칭전압에서 천천히 변화시켜 공칭전압의 +8[%]와 -10[%]의 전압에서 교류 출력 전류의 왜형률, 역률 등을 측정한다.
2) 정격주파수 60[Hz]에서 천천히 변화시켜 60.45[Hz]

와 59.35[Hz]에서 교류출력 전력, 전류 왜형률, 역률 등을 측정한다.
3) 판정기준
① 기준범위 내의 계통전압변화에 추종하여 안정하게 운전할 것
② 출력 전류의 종합 왜형률은 5[%] 이내, 각 차수별 왜형률이 3[%] 이내일 것
③ 출력 역률이 95[%] 이상일 것

14.4.94 / 17.1.80 / 18.2.67 / 19.2.62

62 사업계획서 작성 시 태양광발전설비의 전기설비 개요에 포함되어야 할 사항으로 옳은 것은?

① 증발량   ② 연료의 종류
③ 회전날개의 수   ④ 집광판의 면적

해설 사업허가의 신청(전기사업법 시행규칙 제4조)
사업계획의 전기설비(태양광) 개요에 포함되어야 할 사항
① 태양전지의 종류, 정격용량, 정격전압 및 정격출력
② 인버터(Inverter)의 종류, 입력전압, 출력전압 및 정격출력
③ 집광판의 면적

13.4.71 / 15.4.77 / 16.4.67 / 17.1.67 / 17.4.61 / 19.2.63

63 태양광발전시스템의 운영에 있어 계측기기나 표시장치의 사용목적이 아닌 것은?

① 시스템의 성능 예측
② 시스템의 운전상태 감시
③ 시스템에 의한 발전 전력량 파악
④ 시스템의 성능을 평가하기 위한 데이터 수집

해설 계측기기, 표시장치의 설치목적
① 운전상태 감시
② 발전전력량 확인
③ 기기 및 시스템 종합평가
④ 운전상황을 견학자에게 보여주고, 시스템 홍보

14.4.66 / 16.4.78 / 19.2.64

64 태양광발전 어레이의 일상점검 시 외관검사 방법 중 관찰사항으로 틀린 것은?

① 접지저항 검사
② 가대의 녹 발생 유무 검사
③ 변색, 낙엽 등의 유무 검사
④ 태양광발전 어레이 표면의 오염 검사

해설 태양전지(어레이)의 육안점검
① 모듈의 오염 및 파손
② 프레임 파손 및 변형유무
③ 접속케이블의 손상 및 접속단자 풀림
④ 가대의 고정(볼트 및 너트의 풀림) 및 접지
⑤ 가대의 부식 및 녹 발생
⑥ 지붕재의 파손 및 지지기구와의 고정상태
※ 접지저항 검사 : 정기점검 측정 항목

15.4.67 / 15.4.78 / 16.2.68 / 16.4.72 / 17.1.61 / 18.4.66 / 19.2.65 / 19.2.79 / 19.4.78

65 전원의 재투입 시 안전조치로 틀린 것은?

① 모든 이상 유무 확인 후 전원 투입
② 차단장치나 단로기 등에 잠금장치 및 꼬리표 부착
③ 모든 작업자가 작업 완료된 전기기기에서 떨어져 있는지 확인
④ 단락접지기구, 통전금지표시, 개폐기 잠금장치 등 안전장치를 제거하고 안전하게 통전할 수 있는지 확인

해설 정전작업
1) 정전작업 전 조치사항
① 전원차단후 각 단로기 등을 개방하고 확인할 것
② 차단장치나 단로기 등에 잠금(시건)장치 및 꼬리표를 부착할 것
③ 전기기기 등에 공급되는 모든 전원을 관련 배선도, 도면 등을 통해 확인할 것
④ 검전기를 이용하여 작업 대상 기기가 충전되었는지 확인 할 것(잔류전하 방전)

2) 정전작업 중 조치사항

정답 62. ④   63. ①   64. ①   65. ②

① 작업지휘자에 의한 작업지휘
② 개폐기 관리(전원 재투입 방지, 잠금장치 및 꼬리표 부착 관리)
③ 근접 활선에 대한 방호상태 관리
④ 단락접지의 상태관리

3) 정전작업 후 조치사항
① 작업기기, 단락접지기구(접지선)를 제거하고 전기기기 등이 안전하게 통전될 수 있는지 확인
② 모든 작업자가 작업이 완료된 전기기기 등에서 떨어져 있는지 확인할 것
③ 잠금장치 와 꼬리표는 설치한 근로자가 직접 철거할 것
④ 모든 이상 유무를 확인한 후 전기기기 등의 전원을 투입할 것

66 태양광발전시스템 운전 특성의 측정 방법(KS C 8385:2005)에서 용어 정의 중 다른 전원에서의 보충 전력량을 의미하는 것은?

① 표준 전력량
② 백업 전력량
③ 역조류 전력량
④ 계통 수전 전력량

해설 태양광과 풍력발전은 원자력이나 석탄 같은 기저발전과 달리 햇볕과 바람에 영향을 받아 발전량이 수시로 변동한다. 발전 출력이 일정하지 않아 전력의 주파수에 영향을 미친다. 전력계통에서는 좋은 전원이 아닌 것이다. 따라서 재생에너지 확대 시 주파수조정 ESS와 같은 백업(back-up)설비에 대한 준비는 필수적이다.

13.4.30 / 15.2.33 / 15.4.70 / 19.2.67 / 21.1.69

67 중대형 태양광 발전용 인버터(KS C 8565:2016) 중 독립형의 시험 항목으로 옳은 것은?

① 출력측 단락 시험
② 자동 기동·정지 시험
③ 단독 운전 방지 기능 시험
④ 교류 출력 전류 변형률 시험

해설 태양광 발전용 독립형/계통연계형 인버터의 시험 항목

시험항목		독립형	계통연계형
1. 구조 시험		○	○
2. 절연 성능 시험	a) 절연 저항 시험	○	○
	b) 내전압 시험	○	○
	c) 감전 보호 시험	○	○
	d) 절연 거리 시험	○	○
3. 보호 성능 시험	a) 출력 과전압 및 부족 전압 보호 기능 시험	×	○
	b) 주파수 상승 및 저하 보호 기능 시험	×	○
	c) 단독 운전 방지 기능 시험	×	○
	d) 복전 후 일정 시간 투입 방지 기능 시험	×	○
4. 정상 특성 시험	a) 교류 전압, 주파수 추종 범위 시험	×	○
	b) 교류 출력 전류 변형률 시험	×	○
	c) 누설 전류 시험	○	○
	d) 온도 상승 시험	○	○
	e) 효율 시험	○	○
	f) 대기 손실 시험	×	○
	g) 자동 기동·정지 시험	○	○
	h) 최대 전력 추종 시험	×	○
	i) 출력 전류 직류분 검출 시험	×	○
5. 과도 응답 특성 시험	a) 입력 전력 급변 시험	○	○
	b) 계통 전압 급변 시험	×	○
	c) 계통 전압 위상 급변 시험	×	○
6. 외부 사고 시험	a) 출력측 단락 시험	○	○
	b) 계통 전압 순간 정전·강하 시험	×	○
	c) 부하 차단 시험	○	○
7. 내전기 환경 시험	a) 계통 전압 왜형률 내량 시험	×	○
	b) 계통 전압 불평형 시험	×	○
	c) 부하 불평형 시험	○	×
8. 내주위 환경 시험	a) 습도 시험	○	○
	b) 온도 사이클 시험	○	○
9. 전기자기 적합성 (EMC)	a) 전자파 내성(EMI)	○	○
	b) 전자파 내성(EMS)	○	○

68 중대형 태양광 발전용 인버터(KS C 8565 : 2016)의 절연 저항 시험에서 입력 단자 및 출력 단자를 각각 단락하고, 그 단자와 대지간의 절연 저항을 측정하는 경우 품질기준으로 절연 저항은 몇 MΩ 이상이어야 하는가?

① 0.1
② 0.5
③ 0.7
④ 1.0

정답 66. ② 67. ① 68. ④

[해설] **절연 저항 시험(KS C 8565:2016)**
① 시험방법
입력 단자 및 출력 단자를 각각 단락하고, 그 단자와 대지간의 절연 저항을 측정한다. KS C 1302에서 규정하는 대로 시험품의 정격 측정 전압이 500V 미만에서는 유효 최대 눈금값 1000MΩ, 500V 이상 1000V 이하에서는 유효 최대 눈금값 2000MΩ의 절연저항계를 사용한다. 다만, 해당 시험에는 바리스터, Y-CAP, 서지 보호 부품은 제거한다.
② 품질기준
절연 저항은 1MΩ 이상일 것

14.4.9 / 15.2.8 / 15.2.27 / 16.4.16 / 17.1.73 / 17.1.79 / 18.1.14 / 18.2.26 / 19.2.1 / 19.2.9 / 19.2.69

69 솔라 시뮬레이터가 STC 측정 목적으로 사용되도록 설계되어 있는 경우, 이 시뮬레이터는 시험면에서 몇 W/m²의 유효조사 강도를 생성할 수 있어야 하는가?

① 250 ② 500 ③ 1000 ④ 2000

[해설] **솔라 시뮬레이터**
① 태양전지모듈의 발전성능을 옥내에서 시험하기 위한 인공광원이며, 방사조도 ±2[%] 이내, 습도 ±5[%] 이내이어야 한다.
② 표준 시험조건(Standard Test Conditions)은 태양광발전 소자가 빛을 받는 면의 조사강도 1000[W/m²]이다.

14.4.79 / 16.4.68 / 17.2.61 / 17.4.68 / 19.2.70

70 전기사업법에 의해 전기사업용 태양광발전소의 태양광·전기설비 계통의 정기검사 시기는?

① 1년 이내 ② 2년 이내
③ 3년 이내 ④ 4년 이내

[해설] **자가용/전기사업용전기설비의 정기검사**
① 태양광·전기설비 계통 : 4년 이내
② 구역전기사업자의 송전·변전 : 2년 이내

71 태양광발전시스템의 운전 중 점검사항에 해당하지 않는 것은?

① 인버터 표시부의 이상표시
② 축전지의 변색, 변형, 팽창
③ 인버터의 이음, 이취, 연기 발생
④ 접속함의 절연저항 및 개방전압

[해설] 태양광발전시스템이 운전 중에는 절연저항 및 개방전압의 측정이 불가능하다.

14.4.24 / 14.4.65 / 16.2.45 / 16.4.76 / 17.1.26 / 17.4.45 / 18.2.30 / 18.2.78 / 19.1.37 / 19.2.72

72 분산형전원 배전계통 연계 기술기준에 의해 태양광발전시스템 및 그 연계 시스템의 운영시 태양광발전시스템 연결점에서 최대 정격 출력전류의 몇 %를 초과하는 직류 전류를 배전계통으로 유입시켜서는 안 되는가?

① 0.3 ② 0.5 ③ 0.7 ④ 1.0

[해설] **전기품질 항목**
① 직류 유입 제한
분산형전원 및 그 연계 시스템은 분산형전원 연결점에서 최대 정격 출력전류의 0.5[%]를 초과하는 직류 전류를 계통으로 유입시켜서는 안된다.
② 역률
분산형전원의 역률은 90[%] 이상으로 유지함을 원칙으로 한다.
③ 플리커(flicker)
④ 고조파

73 태양광발전시스템의 구조물에 발생하는 고장으로 틀린 것은?

① 백화현상 ② 녹 및 부식
③ 이상 진동음 ④ 구조물 변형

[해설] **백화현상**
① 시멘트를 사용하는 건축물의 외부면에 백색의 물질이 발생되는 현상
② 구조물의 일부인 기초 콘크리트를 해안 근처에 설치하는 경우, 백화현상이 발생할 수 있다.

정답 69. ③ 70. ④ 71. ④ 72. ② 73. 전항정답

74 태양광발전시스템의 안전관리 예방업무가 아닌 것은?

① 시설물 및 작업장 위험방지
② 안전작업 관련 훈련 및 교육
③ 안전관리비 실행 집행 및 관리
④ 안전장구, 보호구, 소화설비의 설치, 점검, 정비

해설 안전관리 예방업무
① 시설물 및 작업장 위험 방지
② 안전작업 관련 훈련 및 교육
③ 안전장구, 보호구, 소화설비의 설치, 점검
④ 위험예지 활동 이행
⑤ 안전점검 이행
⑥ 현장 안전관리계획 수립

75 태양광발전시스템의 성능을 평가하기 위한 측정 요소로 틀린 것은?

① 사이트   ② 가중치
③ 신뢰성   ④ 설치 코스트

해설 태양광발전시스템 성능평가의 대분류
① 태양광 발전 시스템 구성 요인의 성능 및 신뢰성
② 태양광 발전 시스템의 사이트
③ 태양광 발전 시스템의 신뢰성
④ 태양광 발전 시스템의 설비 설치비용(경제성)
⑤ 태양광 발전 시스템의 발전 전력 생산 능력(발전성능)

76 자가용전기설비 중 태양광발전설비의 태양광전지 정기검사 시 검사세부 종목으로 틀린 것은?

① 누설전류
② 규격확인
③ 외관검사
④ 전지 전기적 특성시험

해설 태양광발전설비(정기검사) 태양전지의 검사세부 종목
1) 규격확인
2) 외관검사
3) 전지 전기적 특성시험
 ① 최대출력   ② 개방전압
 ③ 단락전류   ④ 최대 출력전압 및 전류
 ⑤ 충진율   ⑥ 전력변환효율
4) Array
 ① 절연저항   ② 접지저항

77 태양광발전시스템의 고장별 조치방법을 나열한 것으로 틀린 것은?

① 불량 모듈이 선별되어 교체 시에는 제조사와 관계없이 동일 면적의 제품으로 교체하여야 한다.
② 모듈의 단락전류는 음영에 의한 경우와 모듈 불량에 의한 경우의 문제로 판정되면 그 원인을 해소한다.
③ 인버터가 고장인 경우에는 유지보수 인력이 직접 수리가 곤란하므로 제조업체에 A/S를 의뢰하여 보수한다.
④ 태양광발전 모듈의 개방전압이 저하하는 원인은 셀 및 바이패스 다이오드의 손상에 기인하는 경우가 대부분이므로 손상된 모듈을 찾아서 교체하여야 한다.

해설 태양광발전시스템의 고장별 조치방법
① 모듈의 파손, 열화, 단자하의 방수 성능저하 등과 케이블의 열화, 피복 손상이 있는 경우 절연저하의 문제가 발생되므로 절연저항 기준치 이하인 경우 해당 스트링의 모듈 및 선로를 육안 점검한다.
② 육안점검으로 찾지 못한 경우에는 전체 스트링의 중간(1/2)지점에서 모듈의 커넥터를 분리하고, 절연저항을 측정한다.
③ 절연저항이 낮은 쪽으로 구간을 축소해 최종적으로 모듈 뒷면 단자함을 개방해서 불량모듈을 선별한다.
④ 불량모듈이 선별되면 동일 제조사의 동일규격 제품으로 교체한다.

정답 74. ③ 75. ② 76. ① 77. ①

18.2.61 / 18.4.63 / 19.2.78 / 19.4.61

78 태양광발전시스템의 운영방법으로 틀린 것은?

① 태양광발전시스템의 고장요인은 대부분 인버터에서 발생하므로 정기적으로 정상가동 유무를 확인하여야 한다.
② 접속함에는 역류방지 다이오드, 차단기, 단자대 등이 내장되어 있으므로 누수나 습기 침투 여부를 정기적으로 점검이 필요하다.
③ 태양광발전 모듈 표면은 특수 강화처리된 유리로 되어 있어 고압 세척기를 이용하거나 오염이 심할 경우 세재를 이용하여 세척을 하여도 무방하다.
④ 태양광발전 모듈은 일사량이 높을수록 발전효율이 높으므로 어레이 각도를 태양의 남중고도를 고려하여 정기적으로 조절하면 발전량을 높일 수 있다.

해설 모듈의 세척
① 모듈의 유리는 충격에 강화된 특수 유리로 먼지나 이물질이 달라붙는 것을 방지하는 코팅이 되어있고, 모듈의 프레임은 알루미늄, 구조물은 H빔이나, C형강인 철 성분으로 제작되어, 산성과 염기성 세제의 경우 철이나 알루미늄에 부식, 코팅손상 등의 치명적인 피해가 있으니 피한다.
② 모듈의 세척은 마이크로 섬유 천과 에탄올, 재래식 유리 세척제 등을 사용하여 세척한다.
③ 석회성분이 포함된 지하수로 반복적인 세척을 하는 경우, 모듈에 미세한 석회성분이 도포되어 효율이 저하되므로, 지하수의 경우 수질검사를 통해서 안전이 확보된 경우에만 사용한다.

15.4.67 / 15.4.78 / 16.2.68 / 16.4.72 / 17.1.61 / 18.4.66 / 19.2.65 / 19.2.79 / 19.4.78

79 송·배전설비의 유지관리 시 점검 후의 유의사항으로 옳은 것은?

① 준비철저 및 연락
② 회로도에 의한 검토
③ 무전압 상태확인 및 안전조치
④ 임시 접지선 제거 및 최종확인

해설 정전작업
1) 정전작업 전 조치사항
① 전원차단후 각 단로기 등을 개방하고 확인할 것
② 차단장치나 단로기 등에 잠금(시건)장치 및 꼬리표를 부착할 것
③ 전기기기 등에 공급되는 모든 전원을 관련 배선도, 도면 등을 통해 확인할 것
④ 검전기를 이용하여 작업 대상 기기가 충전되었는지 확인 할 것(잔류전하 방전)

2) 정전작업 중 조치사항
① 작업지휘자에 의한 작업지휘
② 개폐기 관리(전원 재투입 방지, 잠금장치 및 꼬리표 부착 관리)
③ 근접 활선에 대한 방호상태 관리
④ 단락접지의 상태관리

3) 정전작업 후 조치사항
① 작업기기, 단락접지기구(접지선)를 제거하고 전기기기 등이 안전하게 통전될 수 있는지 확인
② 모든 작업자가 작업이 완료된 전기기기 등에서 떨어져 있는지 확인할 것
③ 잠금장치 와 꼬리표는 설치한 근로자가 직접 철거할 것
④ 모든 이상 유무를 확인한 후 전기기기 등의 전원을 투입할 것

15.2.72 / 15.4.80 / 16.2.64 / 16.4.74 / 17.1.78 / 17.2.67 / 17.4.80 / 18.2.65 / 18.2.68 / 18.4.80 / 19.2.80

80 정지상태의 점검으로 내전압 시험 및 보호계전기 등의 동작시험을 수행하는 점검은?

① 운전점검   ② 일상점검
③ 정기점검   ④ 임시점검

해설 정기점검
① 태양광발전시스템의 기능을 확인하고 유지하기 위한 계획을 수립하여 점검하는 것
② 원칙적으로 시설물을 정지상태에서 운전제어장치의 기계점검, 절연저항측정, 배전반 및 인버터의 기능을 확인하고 유지하기 위한 계획을 수립하여 점검
③ 모선을 정전하지 않고 점검을 하여야 할 경우에는 안전사고가 일어나지 않도록 주의하여야 한다.

81 전기사업법의 정의에서 "전기사업"에 포함되지 않는 것은?
① 발전사업　　② 변전사업
③ 송전사업　　④ 전기판매사업

해설 정의(전기사업법 제2조)
① 전기사업 : 발전사업·송전사업·배전사업·전기판매사업 및 구역전기사업
② 발전사업 : 전기를 생산하여 이를 전력시장을 통하여 전기판매사업자에게 공급하는 것을 주된 목적으로 하는 사업
③ 송전사업 : 발전소에서 생산된 전기를 배전사업자에게 송전하는 데 필요한 전기설비를 설치·관리하는 것을 주된 목적으로 하는 사업
④ 배전사업 : 발전소로부터 송전된 전기를 전기사용자에게 배전하는 데 필요한 전기설비를 설치·운용하는 것을 주된 목적으로 하는 사업
⑤ 구역전기사업 : 대통령령으로 정하는 규모 이하의 발전설비를 갖추고 특정한 공급구역의 수요에 맞추어 전기를 생산하여 전력시장을 통하지 아니하고 그 공급구역의 전기사용자에게 공급하는 것을 주된 목적으로 하는 사업

82 산업통상자원부장관이 신·재생에너지 관련 통계의 조사·작성·분석 및 관리에 관한 업무의 전부 또는 일부를 하게 할 수 있도록 산업통상자원부령으로 정하는 바에 따라 지정하는 전문성이 있는 기관은?
① 통계청
② 한국전기안전공사
③ 신·재생에너지센터
④ 한국에너지기술연구원

해설 신·재생에너지센터
① 에너지·자원 관련 기술 개발의 기획·관리·평가 기능 강화를 통한 효율적인 연구관리 체계 구축
② 기술 개발 성과의 실용화 및 보급 추진
③ 정부와 민간 부문의 연계 강화를 통한 기술 개발 및 정보 교환 체계 확립

83 신에너지 및 재생에너지 개발·이용·보급 촉진법의 목적이 아닌 것은?
① 핵심적인 에너지원만 집중 육성
② 신에너지 및 재생에너지의 기술개발 및 이용·보급 촉진
③ 신에너지 및 재생에너지 산업의 활성화를 통하여 에너지원을 다양화
④ 에너지 구조의 환경 친화적 전환 및 온실가스 배출의 감소를 추진함으로써 환경의 보전

해설 목적(신재생에너지법 제1조)
① 신에너지 및 재생에너지의 기술개발 및 이용·보급 촉진
② 신에너지 및 재생에너지 산업의 활성화를 통하여 에너지원을 다양화
③ 에너지의 안정적인 공급
④ 에너지 구조의 환경 친화적 전환
⑤ 온실가스 배출의 감소를 추진함으로써 환경의 보전, 국가경제의 건전하고 지속적인 발전 및 국민복지의 증진에 이바지함

84 전기설비기술기준에서 발전소 등의 부지 시설 조건에 대한 설명으로 틀린 것은?
① 산지전용 후 발생하는 절·성토면의 수직높이는 15m 이하로 한다.
② 부지조성을 위해 산지를 전용할 경우에는 전용하고자 하는 산지의 평균 경사도가 25도 이하여야 한다.
③ 산지전용면적중 산지전용으로 발생되는 절·성토 경사면의 면적이 100분의 50을 초과해서는 안 된다.
④ 산지전용 후 발생하는 절토면 최하단부에서 발전 및 변전설비까지의 최소이격거리는 보안울타리, 외곽도로, 수림대 등을 포함하여 3m 이상이 되어야 한다.

정답 81. ②　82. ③　83. ①　84. ④

해설 발전소 등의 부지 시설조건(기술기준 제21조의2)

전기설비의 부지(敷地)의 안정성 확보 및 설비 보호를 위하여 발전소·변전소·개폐소를 산지에 시설할 경우에는 풍수해, 산사태, 낙석 등으로부터 안전을 확보할 수 있도록 다음에 따라 시설하여야 한다.

① 부지조성을 위해 산지를 전용할 경우에는 전용하고자 하는 산지의 평균 경사도가 25도 이하여야 하며, 산지전용면적중 산지전용으로 발생되는 절·성토 경사면의 면적이 100분의 50을 초과해서는 아니 된다.

② 산지전용 후 발생하는 절·성토면의 수직높이는 15[m] 이하로 한다. 다만, 345[kV]급 이상 변전소 또는 전기사업용전기설비인 발전소로서 불가피하게 절·성토면 수직높이가 15[m] 초과되는 장대비탈면이 발생할 경우에는 절·성토면의 안정성에 대한 전문용역기관(토질 및 기초와 구조분야 전문기술사를 보유한 엔지니어링 활동주체로 등록된 업체)의 검토 결과에 따라 용수, 배수, 법면보호 및 낙석방지 등 안전대책을 수립한 후 시행하여야 한다.

③ 산지전용 후 발생하는 절토면 최하단부에서 발전 및 변전설비까지의 최소이격거리는 보안울타리, 외곽도로, 수림대 등을 포함하여 6[m] 이상이 되어야 한다. 다만, 옥내변전소와 옹벽, 낙석방지망 등 안전대책을 수립한 시설의 경우에는 예외로 한다.

18.1.39 / 19.2.85

85 전기사업법에 의해 자가용전기설비의 설치공사 계획의 신고 대상이 아닌 것은?

① 출력 1만 킬로와트 이상의 발전소 설치
② 특고압 이상 20만 볼트 미만의 차단기 설치 또는 대체
③ 특고압 이상 20만 볼트 미만의 변압기 설치 또는 대체
④ 고압 이상 20만 볼트 미만의 전선로 설치·연장 또는 변경

해설 자가용전기설비 공사계획의 인가 및 신고의 대상(전기사업용과 동일함)

공사의 종류	인가가 필요한 것	신고가 필요한 것
1. 발전소 가. 설치공사	출력 1만킬로와트 이상의 발전소 설치	출력 1만킬로와트 미만의 발전소 설치
나. 변경공사 1) 발전설비의 설치	출력 1만킬로와트 이상의 발전설비 설치	출력 1만킬로와트 미만의 발전설비 설치
2. 전기수용설비 (변전소 및 송전선로를 포함한다)		
가. 설치공사(증설공사를 포함한다)	수전전압 20만볼트 이상의 수용설비 설치	수전전압 20만볼트 미만의 수용설비 설치. 다만, 설비용량 1,000킬로와트 미만의 수용설비의 구내배전설비는 제외한다.
나. 변경공사 1) 차단기	전압 20만볼트 이상의 차단기 설치 또는 대체	고압 이상 수전용 차단기와 특고압 이상 20만볼트 미만의 차단기 설치 또는 대체
2) 변압기	전압 20만볼트 이상의 변압기 설치 또는 대체	특고압 이상 20만볼트 미만의 변압기 설치 또는 대체
3) 전선로	전압 20만볼트 이상의 전선로 설치·연장 또는 변경	고압 이상 20만볼트 미만의 전선로 설치·연장 또는 변경

15.4.83 / 18.2.92 / 19.2.86

86 전기공사업법에 의해 시·도지사가 공사업자의 등록을 반드시 취소해야 하는 사항으로 틀린 것은?

① 거짓이나 그 밖의 부정한 방법으로 공사업의 등록을 한 경우
② 하도급 관계법령을 위반하여 하도급을 주거나 다시 하도급을 준 경우
③ 영업정지처분기간에 영업을 하거나 최근 5년간 3회 이상 영업정지처분을 받은 경우

정답 85. 전항정답

④ 공사업의 등록을 한 후 1년 이내에 영업을 시작하지 아니하거나 계속하여 1년 이상 공사업을 휴업한 경우

해설 **등록취소 등(전기공사업법 제28조)**
시·도지사는 공사업자가 다음의 어느 하나에 해당하면 등록을 취소하거나 6개월 이내의 기간을 정하여 영업의 정지를 명할 수 있다. 다만, ①, ③, ④, ⑦, ⑧에 해당하는 경우에는 등록을 취소하여야 한다.
① 거짓이나 그 밖의 부정한 방법으로 공사업의 등록, 공사업의 등록기준에 관한 신고 행위를 한 경우
② 대통령령으로 정하는 기술능력 및 자본금 등에 미달하게 된 경우
③ 공사업의 등록을 할 수 없는 결격사유 중 어느 하나에 해당하게 된 경우
④ 타인에게 성명·상호를 사용하게 하거나 등록증 또는 등록수첩을 빌려 준 경우
⑤ 시정명령 또는 지시를 이행하지 아니한 경우
⑥ ①~⑤규정 중 어느 하나에 해당하는 경우로서 해당 전기공사가 완료되어 시정명령 또는 지시를 명할 수 없게 된 경우
⑦ 공사업의 등록을 한 후 1년 이내에 영업을 시작하지 아니하거나 계속하여 1년 이상 공사업을 휴업한 경우
⑧ 영업정지처분기간에 영업을 하거나 최근 5년간 3회 이상 영업정지처분을 받은 경우

13.4.84 / 19.2.87

87 물밑전선로의 시설에 대한 설명으로 틀린 것은?

① 특고압인 경우 전선으로 케이블을 사용하였다.
② 전선에 케이블을 사용하고 또한 이를 견고한 관에 넣어 시설하였다.
③ 폴리에틸렌혼합물·부틸고무 혼합물의 절연재료로 규정하는 시험에 적합한 케이블을 사용하였다.
④ 전선에 지름 3.5mm 아연도철선이상의 기계적 강도가 있는 금속선으로 개장한 케이블을 사용하였다.

해설 **물밑전선로의 시설**
1) 물밑전선로는 손상을 받을 우려가없는 곳에 위험의 우려가 없도록 시설하여야 한다.

2) 저압 또는 고압의 물밑전선로의 전선은 물밑케이블의 표준에 적합한 물밑케이블 또는 지중전선로 규정에서 정하는 구조로 개장한 케이블이어야 한다. 다만, 다음의 어느 하나에 의하여 시설하는 경우에는 그렇지 않다.
① 전선에 케이블을 사용하고 또한 이를 견고한 관에 넣어서 시설하는 경우
② 전선에 지름 4.5[mm] 이연도철선이상의 기계적 강도가 있는 금속선으로 개장한 케이블을 사용하고 또한 이를 물밑에 매설하는 경우
③ 전선에 지름 4.5[mm] 아연도철선 이상의 기계적 강도가 있는 금속선으로 개장하고 또한 개장 부위에 방식피복을 한 케이블을 사용하는 경우

3) 특고압 물밑전선로는 다음에 따라 시설하여야 한다.
① 전선은 케이블일 것
② 케이블은 견고한 관에 넣어 시설할 것. 다만, 전선에 지름 6[mm]의 아연도철선 이상의 기계적강도가 있는 금속선으로 개장한 케이블을 사용하는 경우에는 그렇지 않다.

4) 물밑 케이블 절연체의 재료는 폴리에틸렌혼합물·부틸고무 혼합물 또는 에틸렌 프로필렌 고무혼합물로서 규정하는 시험을 한 때에 적합한 것

17.1.91 / 19.2.88

88 과전류차단기를 시설하여야 하는 장소는?

① 저압옥내선로
② 접지공사의 접지선
③ 다선식선로의 중성선
④ 전로의 일부에 접지공사를 한 저압 가공전선로의 접지측 전선

해설 **과전류차단기의 시설 제한**
① 접지공사의 접지선
② 다선식 전로의 중성선
③ 전로의 일부에 접지공사를 한 저압 가공전선로의 접지측 전선

※ 다만, 다선식 전로의 중성선에 시설한 과전류차단기가 동작한 경우에 각 극이 동시에 차단될 때 또는

정답 86.② 87.④ 88.①

저항기・리액터 등을 사용하여 접지공사를 한 때에 과전류차단기의 동작에 의하여 그 접지선이 비접지 상태로 되지 아니할 때는 적용하지 않는다.

13.4.97 / 15.2.88 / 16.2.82 / 16.2.94 / 17.1.90 / 17.4.81 / 19.1.90 / 19.2.89 / 19.4.93

89 신에너지 및 재생에너지 개발・이용・보급 촉진법에서 신・재생에너지의 기술개발 및 이용・보급을 촉진하기 위한 기본계획의 계획기간은 몇 년 이상인가?

① 3년   ② 5년   ③ 7년   ④ 10년

[해설] 기본계획의 수립(신재생에너지법 제5조)
① 산업통상자원부장관은 관계 중앙행정기관의 장과 협의를 한 후 신・재생에너지정책심의회의 심의를 거쳐 신・재생에너지의 기술개발 및 이용・보급을 촉진하기 위한 기본계획을 5년마다 수립하여야 한다.
② 기본계획의 계획기간은 10년 이상으로 한다.

13.4.96 / 14.4.96 / 15.4.89 / 15.4.90 / 17.4.96 / 18.4.87 / 19.2.90

90 연면적 1500㎡의 공공기관을 신축하기 위해 2019년 4월에 건축허가를 신청하였다. 신에너지 및 재생에너지 개발・이용・보급 촉진법에 의하여 이 건물의 예상 에너지사용량에 대한 신・재생에너지의 공급의무 비율은 몇 % 이상이어야 하는가?

① 18   ② 21   ③ 24   ④ 27

[해설] 신・재생에너지 공급의무 비율 등
건축법 시행령에서 정한 용도의 건축물로서 신축・증축 또는 개축하는 부분의 연면적이 1,000[㎡] 이상인 건축물에 따른 비율 이상

연도	2011~2012	2013	2014	2015
공급의무 비율[%]	10	11	12	15

2016	2017	2018	2019	2020 이후
18	21	24	27	30

신・재생에너지 공급의무 비율 등(개정 2020. 9. 23)

해당 연도	2020~2021	2022~2023	2024~2025	2026~2027	2028~2029	2030 이후
공급의무 비율[%]	30	32	34	36	38	40

91 신에너지 및 재생에너지 개발・이용・보급 촉진법에 의해 신・재생에너지 설비를 설치한 시공자는 해당 설비에 대하여 성실하게 무상으로 하자보수를 시행하여야 한다. 이 경우 하자보수의 최대 기간의 범위는 얼마인가?
(단, 하자보수에 관하여「국가를 당사자로 하는 계약에 관한 법률」또는「지방자치단체를 당사자로 하는 계약에 관한 법률」에 특별한 규정이 있는 경우는 제외한다.)

① 2년   ② 3년
③ 4년   ④ 5년

[해설] 신・재생에너지 설비의 하자보수
하자보수의 기간은 5년의 범위에서 산업통상자원부장관이 정하여 고시한다.

15.4.93 / 19.2.92

92 산업통상자원부장관이 신・재생에너지 기술개발 및 이용・보급에 관한 계획의 협의를 요청한 자에게 계획서를 받았을 때 그 의견을 통보하기 위하여 검토하는 사항이 아닌 것은?

① 시의성(時宜性)
② 공동연구의 가능성
③ 기본계획과의 차별성
④ 다른 계획과의 중복성

[해설] 신・재생에너지 기술개발 등에 관한 계획의 사전협의 (신재생에너지법 시행령 제3조)
산업통상자원부장관은 신에너지 및 재생에너지 기술개발 및 이용・보급에 관한 계획을 협의하려는 자에게 계획서를 받았을 때에는 다음의 사항을 검토하여 협의를 요청한 자에게 그 의견을 통보하여야 한다.

정답 89. ④ 90. ④ 91. ④ 92. ③

① 신·재생에너지의 기술개발 및 이용·보급을 촉진하기 위한 기본계획과의 조화성
② 시의성
③ 다른 계획과의 중복성
④ 공동연구의 가능성

93. 특고압 전선로에 접속하는 배전용 변압기를 시설하는 경우에 특고압 절연전선 또는 케이블을 사용하였다면 변압기의 1차 및 2차 전압은?

① 1차 : 35kV 이하   2차 : 특고압
② 1차 : 35kV 이하   2차 : 저압 또는 고압
③ 1차 : 60kV 이하   2차 : 저압 또는 고압
④ 1차 : 60kV 이하   2차 : 특고압 또는 고압

해설 특고압 배전용 변압기의 시설

특고압 전선로에 접속하는 배전용 변압기를 시설하는 경우에는 특고압 전선에 특고압 절연전선 또는 케이블을 사용하고 또한 다음에 따라야 한다.
(1) 변압기의 1차 전압은 35kV 이하, 2차 전압은 저압 또는 고압일 것
(2) 변압기의 특고압측에 개폐기 및 과전류차단기를 시설할 것. 다만, 변압기를 다음에 따라 시설하는 경우는 특고압측의 과전류차단기를 시설하지 아니할 수 있다.
① 2 이상의 변압기를 각각 다른 회선의 특고압 전선에 접속할 것
② 변압기의 2차측 전로에는 과전류차단기 및 2차측 전로로부터 1차측 전로에 전류가 흐를 때에 자동적으로 2차측 전로를 차단하는 장치를 시설하고 그 과전류차단기 및 장치를 통하여 2차측 전로를 접속할 것
(3) 변압기의 2차 전압이 고압인 경우에는 고압측에 개폐기를 시설하고 또한 쉽게 개폐할 수 있도록 할 것

94. KEC 한국전기설비규정의 변경으로 삭제됨

13.4.98 / 16.2.86 / 17.2.85 / 19.2.95 / 19.4.65

95. 사용전압이 저압인 전로에 정전이 어려운 경우 등 절연저항 측정이 곤란한 경우 저항성분의 누설전류가 몇 mA 이하이면 그 전로의 절연성능은 적합한 것으로 보는가?

① 1   ② 3
③ 5   ④ 10

해설 전로의 절연저항 및 절연내력

① 사용전압이 저압인 전로에서 정전이 어려운 경우 등 절연저항 측정이 곤란한 경우에는 누설전류를 1[mA] 이하로 유지하여야 한다.
② 고압 및 특고압의 전로(회전기, 정류기, 연료전지 및 태양전지 모듈의 전로, 변압기의 전로, 기구 등의 전로 및 직류식 전기철도용 전차선을 제외한다)는 표에서 정한 시험전압을 전로와 대지 사이(다심케이블은 심선 상호 간 및 심선과 대지 사이)에 연속하여 10분간 가하여 절연내력을 시험하였을 때에 이에 견디어야 한다.

전로의 종류	시험전압
1. 최대사용전압 7[kV] 이하인 전로	최대사용전압의 1.5배의 전압
2. 최대사용전압 7[kV] 초과 25[kV] 이하인 중성점 접지식 전로 (중성선을 가지는 것으로서 그 중성선을 다중접지 하는 것에 한한다)	변압기의 고압측 또는 특고압측의 전로의 1선 지락전류의 암페어 수로 150을 나눈 값과 같은 [Ω] 수
3. 최대사용전압 7[kV] 초과 60[kV] 이하인 전로	최대사용전압의 1.25배의 전압(10,500[V] 미만으로 되는 경우는 10,500[V])
4. 최대사용전압 60[kV] 초과 중성점 비접지식 전로	최대사용전압의 1.25배의 전압
5. 최대사용전압 60[kV] 초과 중성점 접지식 전로	최대사용전압의 1.1배의 전압 (75[kV] 미만으로 되는 경우에는 75[kV])
6. 최대사용전압이 60[kV] 초과 중성점 직접접지식 전로	최대사용전압의 0.72배의 전압

7. 최대사용전압이 170[kV] 초과 중성점 직접 접지식 전로로서 그 중성점이 직접 접지되어 있는 발전소 또는 변전소 혹은 이에 준하는 장소에 시설하는 것	최대사용전압의 0.64배의 전압
8. 최대사용전압이 60[kV]를 초과하는 정류기에 접속되고 있는 전로	교류측 및 직류 고전압측에 접속되고 있는 전로는 교류측의 최대사용전압의 1.1배의 직류전압
	직류측 중성선 또는 귀선이 되는 전로는 계산식에 의하여 구한 값

96 중소기업의 녹색기술 및 녹색경영을 촉진하기 위한 연차별 추진계획을 위원회의 심의를 거쳐 수립·시행하여야 하는 사람은?

① 행정안전부장관
② 국토교통부장관
③ 중소벤처기업부장관
④ 과학기술정보통신부장관

해설 중소기업의 녹색기술·녹색경영 지원(녹색성장법 시행령 제21조)

중소벤처기업부장관은 중소기업의 녹색기술 및 녹색경영을 촉진하기 위한 연차별 추진계획을 위원회의 심의를 거쳐 수립·시행하여야 한다.

16.4.87 / 19.2.97

97 전기사업법에서 동일인이 두 종류 이상의 전기사업을 할 수 있는 경우가 아닌 것은?

① 도서지역에서 전기사업을 하는 경우
② 변전사업과 전기판매사업을 겸업하는 경우
③ 배전사업과 전기판매사업을 겸업하는 경우
④ 「집단에너지사업법」에 따라 발전사업의 허가를 받은 것으로 보는 집단에너지사업자가 전기판매사업을 겸업하는 경우로 허가받은 공급구역에 전기를 공급하려는 경우

해설 두 종류 이상의 전기사업의 허가(전기사업법 시행령 제3조)

동일인이 두 종류 이상의 전기사업을 할 수 있는 경우는 다음과 같다.
① 배전사업과 전기판매사업을 겸업하는 경우
② 도서지역에서 전기사업을 하는 경우
③ 발전사업의 허가를 받은 것으로 보는 집단에너지사업자가 전기판매사업을 겸업하는 경우. 다만, 허가받은 공급구역에 전기를 공급하려는 경우로 한정한다.

18.1.83 / 19.1.84 / 19.2.98

98 태양전지발전소와 연계하는 전력계통에 그 발전소 이외의 전원이 있는 경우 태양전지 모듈(복수의 태양전지 모듈을 설치하는 경우에는 그 집합체)을 계측하는 장치로 틀린 것은?

① 온도계   ② 전압계
③ 전류계   ④ 전력계

해설 계측장치

발전소에는 다음의 사항을 계측하는 장치를 시설하여야 한다. 다만, 태양전지 발전소는 연계하는 전력계통에 그 발전소 이외의 전원이 없는 것에 대하여는 그렇지 않다.
① 발전기·연료전지 또는 태양전지 모듈의 전압 및 전류 또는 전력
② 발전기의 베어링 및 고정자의 온도
③ 정격출력이 10,000[kW]를 초과하는 증기터빈에 접속하는 발전기의 진동의 진폭(정격출력이 400,000[kW] 이상의 증기터빈에 접속하는 발전기는 이를 자동적으로 기록하는 것에 한한다)
④ 주요 변압기의 전압 및 전류 또는 전력
⑤ 특고압용 변압기의 온도

15.2.85 / 19.2.99

99 지방자치단체의 저탄소 녹색성장 시책을 정려하고 지원하며, 녹색성장의 정착·확산을 위하여 사업자와 국민, 민간단체에 정보의 제공 및 재정 지원 등 필요한 조치를 할 수 있는 것은?

정답 96. ③ 97. ② 98. ①

① 국민 ② 국가
③ 대기업 ④ 민간단체

해설 국가의 책무(녹색성장법 제4조)
① 국가는 정치·경제·사회·교육·문화 등 국정의 모든 부문에서 저탄소 녹색성장의 기본원칙이 반영될 수 있도록 노력하여야 한다.
② 국가는 각종 정책을 수립할 때 경제와 환경의 조화로운 발전 및 기후변화에 미치는 영향 등을 종합적으로 고려하여야 한다.
③ 국가는 지방자치단체의 저탄소 녹색성장 시책을 장려하고 지원하며, 녹색성장의 정착·확산을 위하여 사업자와 국민, 민간단체에 정보의 제공 및 재정 지원 등 필요한 조치를 할 수 있다.
④ 국가는 에너지와 자원의 위기 및 기후변화 문제에 대한 대응책을 정기적으로 점검하여 성과를 평가하고 국제협상의 동향 및 주요 국가의 정책을 분석하여 적절한 대책을 마련하여야 한다.
⑤ 국가는 국제적인 기후변화대응 및 에너지·자원 개발협력에 능동적으로 참여하고, 개발도상국가에 대한 기술적·재정적 지원을 할 수 있다.

100 저압전로에 시설하는 단락보호용 차단기는 정격전류의 몇 배의 전류에서 자동적으로 작동하지 아니하여야 하는가?

① 1 ② 2 ③ 3 ④ 4

해설 저압전로 중의 과전류차단기의 시설
1) 단락보호전용 차단기
① 정격전류의 1배의 전류에서 자동적으로 작동하지 아니할 것
② 정정전류 값은 정격전류의 13배 이하일 것
③ 정정전류 값의 1.2배의 전류를 통하였을 경우에 0.2초 이내에 자동적으로 작동할 것
2) 단락보호전용 퓨즈
① 정격전류의 1.3배의 전류에 견딜 것
② 정정전류의 10배의 전류를 통하였을 경우에 20초 이내에 용단될 것

2019 제4회 기출문제

01 18.1.83 / 19.1.84 / 19.2.98
태양광발전 모듈과 인버터가 통합된 형태로서 태양광발전시스템 확장이 유리한 인버터 운전 방식은?

① 모듈 인버터 방식
② 스트링 인버터 방식
③ 병렬운전 인버터 방식
④ 중앙 집중형 인버터 방식

해설 태양광발전시스템의 인버터 운영방식

1) 중앙 집중형 인버터방식

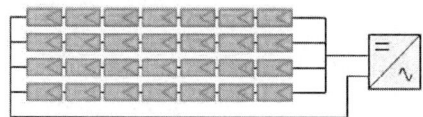

① 발전소 현장에 1대의 인버터만 설치함
② 모든 전선이 한 곳으로 오기 때문에 작업공정이 간단, 설치비가 적게 소요되며, 발전량 확인이 용이하다.
③ 단일형 인버터는 제품 이상발생 시 전체 발전소가 가동을 멈추기 때문에 발전 손실이 크다.

2) 분산형(스트링 포함) 인버터 방식

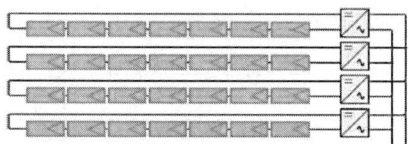

① 발전소 현장에 소형 인버터 여러 대를 설치함
② 특정 인버터가 고장이 나더라도 해당 인버터 부분에서만 발전 손실이 일어나고 나머지 인버터는 정상적으로 발전이 되기 때문에 발전 손실을 최소화할 수 있다.
③ 방향과 경사가 서로 다른 하부 어레이들로 구성된 시스템, 부분적으로 음영이 지는 시스템의 경우 분산형 인버터 방식을 고려할 필요가 있다.

3) 주/종속시스템(Master-Slave System)

① 인버터 2~3대를 결합하여 회로를 구성한다.
② 발전을 시작하면 마스터 인버터만 구동되고, 마스터 인버터의 전력한계에 도달하면, 다음 슬래브 인버터가 자동 연결되어 생산된 발전량에 대응한다.
③ 낮은 발전량에서도 대용량 인버터 한 대가 운영되는 방식보다는 효율이 높아진다.
④ Master와 Slave의 기능은 정기적(1~3개월)으로 교대를 해주어, 균등운전이 되게 한다.

4) 모듈인버터(마이크로 인버터: MIC, Module Integrated Central) 방식

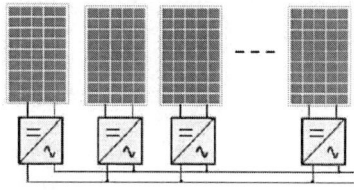

① 태양전지 모듈 1개에 인버터 1개를 부착하는 방식으로 스트링 인버터의 작은 형태이다.
② 태양전지 1장에 대한 모니터링이 가능하여 유지보수가 쉽다
③ 각 마이크로인버터(MIC; Module Integrated Converter)의 최대 효율은 낮지만, 태양전지 모듈에 대해 개별로 MPPT를 하므로, 전체 발전량에 있어서는 스트링 인버터 이상의 발전효율을 가지고 있다.
④ 대용량 발전소보다는 소용량 발전소에서 효율이 높고, 태양전지 모듈 1장으로도 태양광발전을 할 수 있다.
⑤ 고장 난 인버터는 쉽게 교체 가능하며, 시스템 확장이 쉽다.

02 13.4.10 / 13.4.62 / 17.1.17 / 18.1.13 / 18.1.32 / 19.4.2
태양광발전시스템용 인버터의 단독운전 방지 기능에서 능동적인 검출 방식이 아닌 것은?

① 주파수 시프트 방식
② 유효전력 변동 방식
③ 유효전력 변동 방식
④ 전압위상 도약 검출방식

정답 1. ① 2. ④

[해설] **단독운전 검출방식**

(1) 수동적 방식
단독운전에 의한 계통상태의 변화만을 검출
① 주파수 변화율 검출방식
② 전압위상도약 검출방식
③ 3차 고조파전압 왜곡검출방식

(2) 능동적 방식
각 분산형전원이 동기(同期)한 전기적 신호(능동신호)를 계통측에 주입함으로서 단독운전이 발생했을 때 능동신호에 기인하는 계통상태의 변화를 검출
1) 종래형 능동적 방식
① 주파수 시프트 방식
② 슬립 모드 주파수 시프트 방식
③ 유효·무효 전력변동방식
④ 차수간 고조파 주입방식
⑤ 부하변동방식
2) 시형 능동적 방식(스텝 주입부 주파수 피드백 방식)

03 전원으로부터 부하로 전력이 공급될 때, 최대 전력 전달이 가능하기 위한 전원의 내부저항과 부하저항의 크기 관계는?

① 관계없음
② 내부저항 > 부하저항
③ 내부저항 < 부하저항
④ 내부저항 = 부하저항

[해설] **최대전력전달**

테브낭 등가회로에 연결된 부하저항(R_L)

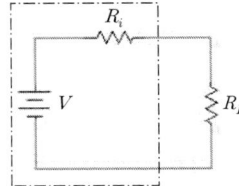

부하 R_L에 흐르는 전력(P_L)

$$P_L = I^2 R_L$$

회로에 흐르는 전류(I)

$$I = \frac{V}{R_T} = \frac{V}{R_i + R_L}$$

전력(P_L) 계산식에 전류(I)계산식을 대입하면

$$P_L = I^2 R_L = \frac{V^2}{(R_i + R_L)^2} \times R_L$$

최대전력을 전달하기위한 부하저항(R_L)과의 관계식이 되며, 부하저항(R_L)에 흐르는 전력(P_L)이 최대값일 때의 부하저항(R_L)를 구하기 위해서는 계산식을 미분했을 때 0이 되는 부하저항(R_L)을 구하면 된다.

분수함수의 미분공식으로

$$y = \frac{f(x)}{g(x)} \rightarrow y' = \frac{f'(x)g(x) - f(x)g'(x)}{g(x)^2}$$

전력(P_L)과 부하저항(R_L)의 관계식을 R_L으로 미분하기 위해서

$$f(x) = V^2 R_L, \quad g(x) = (R_i + R_L)^2$$

치환한다면

$$\frac{dP_L}{dR_L} = \frac{V^2(R_i + R_L)^2 - 2V^2 R_L(R_i + R_L)}{(R_i + R_L)^4}$$

$$= \frac{V^2(R_i + R_L)[(R_i + R_L) - 2R_L]}{(R_i + R_L)^4}$$

다음의 식이 0이 되기 위해서는

$(R_i + R_L) - 2R_L = 0$

$\therefore R_i + R_L = 2R_L$

최대전력 전달을 위한 조건으로 부하저항의 크기는 전원의 내부저항과 크기가 같아야 한다.

R_i (내부저항) = R_L (부하저항)

19.4.4 / 21.2.21

04 STC 조건에서 측정한 어떤 태양광발전 모듈의 최대출력이 100W라면, 태양광발전 전지온도가 45℃ 일 때 태양광발전 모듈의 최대출력(W)은? (단, 태양광발전 전지의 온도 보정계수(α)는 -0.5%/℃이다.)

① 90 ② 95 ③ 100 ④ 110

[해설] **모듈 표면온도에 따른 출력**

P_{TM} = P [1+ (온도계수 × (모듈온도 - 25)]
= 100[1+(-0.005(45-25)] = 90 [W]
(∵ 25℃는 STC 조건의 온도)

정답 3.④ 4.①

05 전기를 생산하는 발전에는 여러 방식이 있고, 각각의 에너지 변환효율은 다르다. 다음 설명중 가장 옳은 것은?

① 수력발전이 화력발전보다 효율이 높다.
② 풍력발전이 화력발전보다 효율이 높다.
③ 지열발전이 태양광발전보다 효율이 높다.
④ 바이오에너지발전이 원자력발전보다 효율이 높다.

해설 에너지 변환효율
① 화력발전 40~50%
② 소수력발전 80~90%

06 전력변환장치(PCS)의 기능으로 옳은 것은?

① 단독운전기능, 수동전압 조정기능, 직류지락검출기능
② 단독운전기능, 최대전력 추종제어기능, 직류검출기능
③ 단독운전 방지기능, 최대전력 추종제어기능, 직류운전기능
④ 자동운전 정지기능, 최대전력 추종제어기능, 단독운전 방지기능

해설 태양광 인버터의 기능
① 자동운전 정지(Auto shutdown) 기능
인버터는 해가 떠오르고 출력이 발생되는 조건이 되면 자동적으로 운전을 시작하며, 해가 지는 동안에도 출력이 발생하는 한 가동은 계속되고 완전한 일몰 뒤 운전이 정지한다.
② 단독운전 방지(Non-islanding) 기능
단독운전(한전 정전시 분리된 계통에 전력을 계속 공급하게 되는 운전상태)시의 문제점을 해결하기 위한 기능으로 단독운전방지기능이 설치되어 안전하게 정지할 수 있도록 함
③ 최대전력 추종(MPPT ; Maximum Power Point Tracking)제어 기능
태양전지의 출력은 일사강도나 태양전지의 표면온도에 따라 변화하며, 이들 변동에서 태양전지의 동작점이 항상 최대출력점을 추종하도록 변화시켜, 태양전지에서 최대 출력을 유도하는 제어

07 건물에 설치된 태양광발전시스템의 낙뢰 및 과전압 보호로 고려해야 하는 방법이 아닌 것은?

① 교류측에 과전압 보호장치를 설치해야 한다.
② 태양광발전시스템 접속함의 직류측에 서지 보호장치를 설치해야 한다.
③ 태양광발전시스템이 외부에 노출되어 있다면 적절한 피뢰침을 설치해야 한다.
④ 낙뢰 보호시스템이 있어도 반드시 태양광발전시스템을 접지 및 등전위면에 연결해야 한다.

해설 태양광발전시스템에서 피뢰설비는 아주 중요한 기능 중 하나이다. 모듈을 건물의 옥상에 설치하거나 산간지방이나 낙뢰가 많은 곳에 설치하는 경우 별도로 피뢰침 설비와 뇌보호에 적합한 SPD같은 피뢰소자를 설치하여야 한다. 피뢰침 설비는 낙뢰로부터 보호하는 설비를 말하고, 피뢰소자는 뇌서지가 태양전지 어레이 혹은 파워컨디셔너 등에 침입한 경우 이러한 기기나 장치 등을 뇌서지에서 보호하기 위한 장치이다.
피뢰설비, 접지설비, 피뢰소자 등은 낙뢰 보호시스템에 포함이 된다.

08 PN 접합 다이오드에 순방향 바이어스 전압을 인가할 때의 설명으로 옳은 것은?

① 커패시턴스가 커진다.
② 내부전계가 강해진다.
③ 전위장벽이 높아진다.
④ 공간전하 영역의 폭이 넓어진다.

해설 pn 접합 정전용량(Capacitance of p-n Junction)
① pn접합에는 공핍영역에서 쌍극자(dipole)로 인한 접합 정전용량(junction capacitance)과 전하 축적효과 때문에 전류가 변화함에 따라 축전기(capacitor)의 기능을 한다.
② pn접합 다이오드 커패시터는 역방향 바이어스가 증가함에 따라 점진적으로 감소한다는 점에서 표준 커패시터와 다르며, 접합 정전용량은 역방향 바이어스에서 우세하고 전하 축적 정전용량은 순방향바이어스에서 커진다.

정답 5.① 6.④ 7.④ 8.①

09 태양광발전 모듈의 지락에 대한 안전대책이 가장 필요한 인버터 회로방식은?

① 부하변동 방식
② 트랜스리스 방식
③ 고주파 변압기 절연 방식
④ 상용주파 변압기 절연 방식

해설 트랜스리스(무변압기) 방식
① 태양전지의 직류출력을 DC-DC 컨버터로 승압하고 인버터에서 상용주파의 교류로 변환한다.
② 태양전지의 직류전압을 트랜스리스 인버터가 필요로 하는 전압까지 승압하는 컨버터와 직류전력을 교류전력으로 변환하는 인버터 및 계통연계 보호릴레이의 기능을 가진 제어회로로 구성되며 계통과 연계하기 위한 기계적 개폐기를 설치하여 비상시 인버터를 전기적으로 분리할 수 있는 방식으로 되어 있다.
③ 소형이며, 가볍고 효율도 높지만 전력계통과는 절연이 되어있지 않아 안정성의 문제가 있어, 출력측의 전압과 결선방식에 주의해야 하며, 직류지락 검출 기능 등의 보안장치가 필요하다.

17.1.18 / 18.2.3 / 19.4.10 / 21.1.15

10 동일 출력전류(I) 특성을 가지는 개의 태양광발전 전지를 같은 일사 조건에서 서로 병렬로 연결했을 경우 출력전류 I_a 에 대한 계산식은?

① $I_a = N \times I$ ② $I_a = N^2 \times I$
③ $I_a = \dfrac{I}{N}$ ④ $I_a = \dfrac{N}{I}$

해설 태양전지 직병렬 계산식

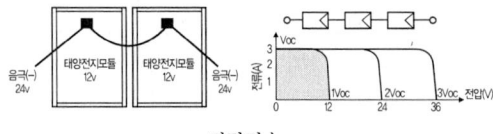
직렬접속

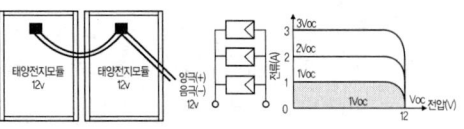
병렬접속

① 직렬접속 : 전압은 증가한다.(전류는 변화 없음)
② 병렬접속 : 전류는 증가한다.(전압은 변화 없음)
③ 병렬접속시 출력전류 $I_a = N \times I$

11 동일한 태양광발전 모듈에서 개방전압이 가장 높을 것으로 예산되는 상태는?

① 외기 온도가 0℃이고 일사량이 $1000W/m^2$ 일 때
② 외기 온도가 10℃이고 일사량이 $600W/m^2$ 일 때
③ 외기 온도가 30℃이고 일사량이 $800W/m^2$ 일 때
④ 외기 온도가 -10℃이고 일사량이 $1000W/m^2$ 일 때

해설 1. 태양광 모듈의 온도에 따른 출력 전압과 전류 값
① 태양광 모듈의 온도특성을 살펴보면 전류는 양(+)의 온도계수를 가지고 전압과 전력은 음(-)의 온도계수를 가진다. 음의 온도계수의 의미는 온도가 높을수록 태양광 모듈의 전압과 전력은 감소하고, 온도가 낮을수록 태양광 모듈의 전압과 전력이 증가한다는 것을 의미한다.
② 태양전지가 보다 높은 온도에 노출되면 단락전류(I_{SC})는 조금 증가하며 개방전압(V_{oc})은 크게 감소한다.
③ 폴리 실리콘 계열의 태양전지는 표면온도가 1[℃] 상승할 때, 대략 0.3~0.5[%]의 출력이 감소한다.

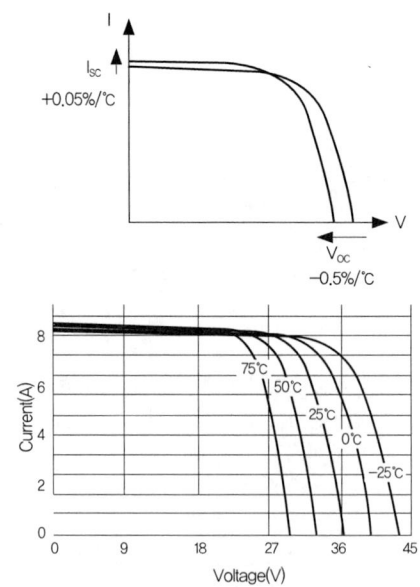

2. I - V 곡선(I - V Curve)
태양광 모듈의 출력은 일사량의 영향을 받는다. 일사량이 강할수록 전류의 증가로 인해 출력 전력이 증가하고 이때 전압은 일조 강도의 변화에 영향이 적다.

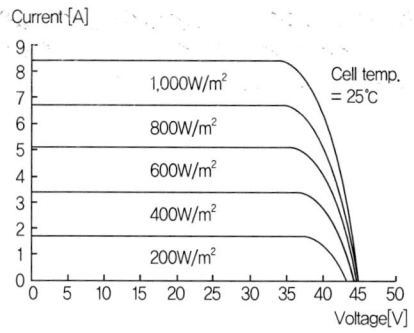

12 연료전지발전에 대한 설명으로 틀린 것은?

① 소음 및 공해 배출이 적어 친환경적이다.
② 천연가스, 메탄올, 석탄가스 등 다양한 연료를 사용할 수 있다.
③ 도심 부근에 설치 가능하여 송·배전 시의 설비 및 전력손실이 적다.
④ 수소의 연소로부터 공급되어지는 열에너지를 전기에너지로 변환한다.

해설 연료전지의 특징

1) 장점
① 소음이 없어 도심 한가운데에서도 발전할 수 있어, 송배전 효율이 높다.
② 부산물로 물만 얻어지므로 친환경적이며, 전기효율 40~60[%] 이상(가동률 95[%] 이상)
③ 열병합발전 또는 냉난방열원 이용 가능하다.
④ 천연가스, 수소, 바이오가스, 매립지가스, 석탄가스 등 다양한 연료 사용이 가능하다.
⑤ 휴대용 전원, 발전용 전원, 우주선 전원, 연료 전지 자동차 등에 이용된다.

2) 단점
① 수소의 대량생산, 저장, 운송 등이 원활하지 못하다.
② 연료전지의 수명과 신뢰성을 높이는 기술연구가 필요하다.
③ 가격 경쟁력이 떨어진다.

※ 연료전지발전은 수소와 산소의 화학반응으로 생기는 화학에너지를 직접 전기에너지로 변환시킨다.

13 1일 적산부하전력량은 1.3kWh, 불일조일은 10일, 보수율은 0.8, 2V의 공칭전압을 갖는 납축전지 50개, 방전심도는 65%인 독립형 태양광발전시스템의 축전지 용량은 몇 Ah인가?

① 100 ② 250 ③ 500 ④ 1000

해설 축전지 용량(C)

$$C = \frac{1일\ 적산부하\ 전력량(L_d) \times 일조가\ 없는\ 날(D)}{보수율(L) \times 공칭\ 축전지\ 전압 \times 축전지\ 개수 \times 방전심도(DOD)}$$

$$= \frac{1.3 \times 10^3 \times 10}{0.8 \times 2 \times 50 \times 0.65} = 250\ [Ah]$$

14 태양광발전시스템에서 바이패스 소자의 설치 위치는?

① 단자함   ② 분전반
③ 변압기 내부 ④ 인버터 내부

해설 바이패스(Bypass) 소자

일반적으로 바이패스(Bypass) 다이오드는 태양전지 모듈의 단자함내부에 위치한다.

15 태양광발전 전지를 사용한 발전방식의 장점이 아닌 것은?

① 친환경 발전이다.
② 유지관리가 용이하다.
③ 확산광(산란광)도 이용할 수 있다.
④ 급격한 전력 수요에 대응이 가능하다.

해설 태양광발전의 특징

태양광발전은 무한정한 무공해의 에너지라는 가장 큰 장점으로 지구 온난화방지라는 대의명분과 직사광과 확산광(산란광)으로 발전이 가능하며, 안전한 에너지 공급원이라는 큰 장점을 지니고 있기 때문에 환경을 중시하는 미래의 청정에너지원으로 보다 많은 연구개발이 기대된다.

단점	장점
□ 전력생산량이 지역별 일사량에 의존 □ 에너지밀도가 낮아 큰 설치면적 필요 □ 설치장소가 한정적, 시스템 비용이 고가 □ 초기투자비와 발전단가 높음	□ 에너지원이 청정·무제한 □ 필요한 장소에서 필요량 발전가능 □ 유지보수 용이, 무인화 가능 □ 긴수명(20년 이상)

14.4.4 / 15.2.11 / 15.2.34 / 17.1.39 / 17.4.4 / 18.2.11 / 19.4.16

16 독립형 태양광발전용 축전지의 기대수명에 큰 영향을 주는 요소가 아닌 것은?

① 습도 ② 온도
③ 방전심도 ④ 방전횟수

해설 축전지의 수명

기대수명은 축전지의 사용기간이 경과함에 따라 성능이 급격히 저하되는 80[%] 용량까지 시점

1) 사용온도

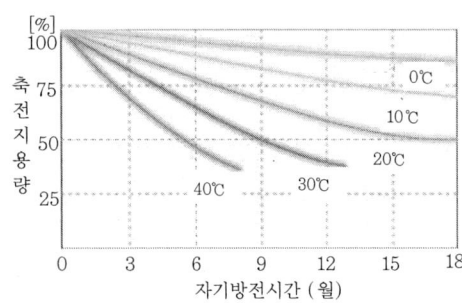

① 축전지의 기대수명은 온도 25[℃] 이하의 경우를 정의하는데, 25[℃]를 넘는 범위라면, 온도가 10[℃] 올라가면 수명이 절반으로 줄어든다.
② 축전지의 자기방전은 온도가 높으면 증가하며, 25[℃]에서 월 3[%]이하의 자기방전이 발생된다.

2) 충전전압
충전전압이 높게 인가되면 과충전이 되고, 낮은 경우에는 충전부족이되며, 어떤 경우든 축전지의수명을 단축시키기 때문에 충전전압의 관리가 중요하다.

3) 방전
축전지는 열화에 따라 내부저항이 증가하기 때문에 방전전류가 크면 클수록 내부의 전압강하가 커지고, 축전지 전압이 낮아져 방전시간이 단축되며, 방전횟수가 많을수록 수명도 짧아진다.

4) 방전심도(DOD)와 수명관계

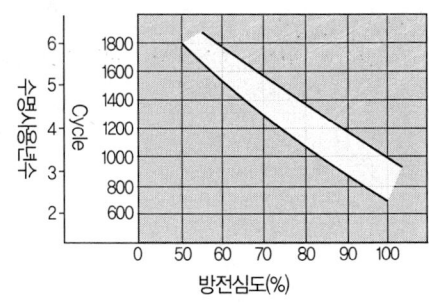

① 방전심도(DOD)는 축전지 잔존용량의 표시
② 방전 심도 = $\frac{실제\ 방전량}{축전지의\ 정격용량} \times 100\,(\%)$
③ 방전심도[%]가 50[%]인 경우 만나는 곡선에서 1800사이클, 100[%]의 경우 700사이클이며, 연간 250사이클을 기준해 보면 1800사이클(7년 1개월), 700사이클(2년 9개월)의 수명임을 알 수 있다.
④ 방전심도를 낮게 설정하면 축전지 수명은 길어지고, 잔존 용량은 증가한다.

14.4.1 / 15.2.95 / 17.1.50 / 18.1.9 / 18.2.86 / 18.4.82 / 19.4.17

17 피뢰기가 구비해야 할 조건으로 틀린 것은?

① 제한전압이 낮을 것
② 충격방전 개시전압이 낮을 것
③ 속류의 차단능력이 충분할 것
④ 상용주파방전 개시전압이 낮을 것

해설 피뢰기(Lightning Arrester)

전선로에 규정 전압보다 몇 배 높은 이상 전압으로 인해 피뢰기의 단자 전압이 어느 일정 값 이상이 되면 방전되어, 전압 상승을 억제하고 기기를 보호하며, 이상 전압이 없어지면 방전이 정지되어 정상 송전 상태가 된다.

1) 피뢰기 구비 조건
① 상용 주파 방전 개시전압은 높을 것
② 충격 방전 개시 전압이 낮을 것
③ 속류 차단능력이 클 것
④ 제한 전압(절연 협조의 기본이 되는 전압)이 낮을 것
⑤ 반복동작이 가능하고, 구조가 견고하며 특성이 변화하지 않을 것

2) 피뢰기 설치 장소
① 발전소·변전소 또는 이에 준하는 장소의 가공전선 인입구 및 인출구
② 가공전선로에 접속하는 배전용 변압기의 고압측 및 특고압측
③ 고압 및 특고압 가공전선로로부터 공급을 받는 수용 장소의 인입구
④ 가공전선로와 지중전선로가 접속되는 곳

18 태양광발전 전지를 재료에 따라 구분한 것으로 틀린 것은?

① 절연체
② 화합물 반도체
③ 실리콘 반도체
④ 염료감응형 및 유기물

해설 **태양전지의 분류**
재료에 따라 결정질 실리콘, 비정질실리콘, 화합물반도체 등으로 분류

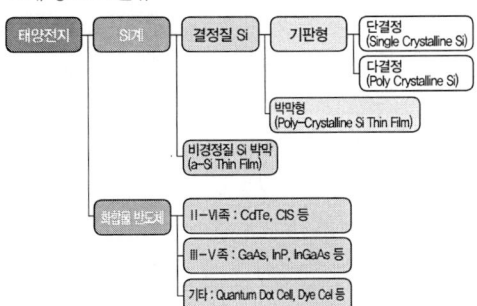

19 태양광발전시스템이 갖추어야 할 기본적인 조건이 아닌 것은?

① 안정성이 좋을 것
② 신뢰성이 좋을 것
③ 설치비용이 높을 것
④ 변환효율이 좋을 것

해설 **태양광발전시스템의 장·단점**

단점	장점
전력생산량이 지역별 일사량에 의존	에너지원이 청정·무제한
에너지밀도가 낮아 큰 설치면적 필요	필요한 장소에서 필요량 발전가능
설치장소가 한정적, 시스템 비용이 고가	유지보수가 용이, 무인화 가능
초기투자비와 발전단가 높음	긴수명(20년 이상)

20 변압기에서 1차 전압이 120V, 2차 전압이 12V일 때 1차 권선수가 400회라면 2차 권선수는 몇 회인가?

① 10   ② 40   ③ 400   ④ 4000

해설 **변압기의 원리**

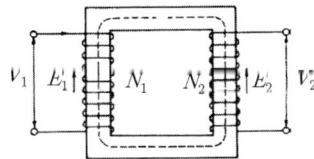

① 1개의 철심에 2개의 권선(코일)을 감고 한쪽의 권선에 전압 V_1 [V]의 사인파 전압을 가하면, 철심중에 자속 Φ[Wb]가 발생하며, 이 자속과 쇄교하는 다른 쪽 권선에는 권선 횟수에 비례하는 V_2의 전압을 공급받게 된다.
② 1차, 2차 권선에 유도되는 기전력의 비는 변압기의 권수비에 비례하며 권수비를 a라 하면
$$a = \frac{N_1}{N_2} = \frac{V_1}{V_2} = \frac{I_2}{I_1}$$
③ $a = \frac{400}{N_2} = \frac{120}{12}$
$$\therefore N_2 = \frac{N_1 \times V_2}{V_1} = \frac{400 \times 12}{120} = 40 [회]$$

21 일반적으로 구조물이나 시설물 등을 공사 또는 제작할 목적으로 상세하게 작성된 도면은?

① 상세도
② 시방서
③ 내역서
④ 간트도표

해설 **상세도**
① 사용하는 기기의 구조, 사용방법, 내용 등에 관한 구조 약도, 결선도 등을 작성
② 도면에서 명확하게 표시할 수 없거나 치수를 기입할 수 없는 영역을 확대하여 작성

정답 18. ① 19. ③ 20. ② 21. ①

22 일사량의 특징으로 틀린 것은?
① 1년 중 춘분경이 최대이다.
② 해안지역이 산악지역보다 일사량이 높다.
③ 하루 중의 일사량은 태양고도가 가장 높을 때인 남중시에 최대이다.
④ 지면 위 일사량은 공기 중에 있는 먼지에 의해 흡수 또는 산란되기도 한다.

해설 일사량
① 태양의 복사를 일사라 하며, 일사의 세기를 일사량이라 한다.
② 하루 중 태양이 남중할 때, 1년 중 하지 경에 일사량은 최대가 된다.

14.4.33 / 15.2.36 / 18.1.34 / 18.4.25 / 19.2.25 / 19.4.23

23 설계감리업무 수행지침에 따른 설계도서에 포함되어야 할 서류로 적합하지 않은 것은?
① 설계도면 ② 설계내역서
③ 설계설명서 ④ 신·재생에너지 설비확인서

해설 설계도서
1) 설계설명서
설계의 목적, 공사종목 및 그 개요, 각 설계에 대한 분석자료(인입지점, 발전소의 특성 등), 관계 관공서 등과의 협의 사항, 설계시 적용한 특별한 사항
2) 설계도면
배치도, 단선접속도, 계통도, 배선도(평면도, 결선도, 기기상세도), 피뢰 설계도, 어레이 배치도, 접속반 내부 결선도
3) 기술계산서
부하계산서, 전압강하계산서, 변압기용량계산서, 차단기용량계산서, 축전지용량계산서, 접지계산서
4) 설계시방서
① 기본설계 및 실시설계도면에 구체적으로 표시할 수 없는 내용과 공사수행을 위한 시공 방법, 자재의 성능·규격 및 공법, 품질시험 및 검사 등 품질관리, 안전관리, 환경관리 등에 관한 사항을 기술한다.
② 표준시방서 및 전문시방서를 기본으로 하여 작성하되, 공사의 특수성·지역여건·공사방법 등을 고려하여 작성한다.
③ 공사시방서, 전문시방서, 표준시방서, 특기시방서 등
5) 예산내역서
자재 산출근거서, 공량산출서, 일위대가표, 내역서, 공사원가산출서, 단가대비표, 견적서 등

13.4.27 / 15.4.24 / 16.4.21 / 17.2.23 / 17.4.33 / 19.2.28 / 19.2.33 / 19.4.24

24 태양광 입사각(태양 고도각)을 결정하기 위한 방법이 아닌 것은?
① 구조물 높이를 측정한다.
② 태양광발전 모듈의 효율을 확인한다.
③ 태양광발전 모듈의 경사각을 결정한다.
④ 음영의 영향을 받지 않는 이격거리를 계산한다.

해설 구조물 이격거리 산정 시 고려사항

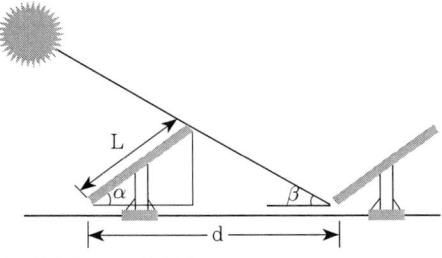

① 태양광 모듈 길이(L)
② 모듈 설치각도(α)
③ 위도(동지시 발전 가능 한계 시간에서 태양의 고도각 β)
④ 구조물 형상, 장애물의 높이, 남북향간 거리, 부지 현황, 부지의 경사도

13.4.24 / 15.2.73 / 15.4.55 / 16.2.38 / 16.2.79 / 17.2.24 / 17.4.29 / 19.4.25

25 3000kW 이하 발전사업 허가 시 필요서류가 아닌 것은? (단, 발전설비용량이 200kW 이하인 발전사업은 제외한다.)
① 사업계획서
② 송전관계일람도
③ 전기사업 허가신청서
④ 5년간 예상사업 손익산출서

해설 발전사업 신청에 필요한 서류(3000[kW] 이하인 경우)
(1) 전기사업 허가신청서
(2) 사업계획서
① 기술능력 관련(전기설비 건설 및 운영 계획 관련 증명서류)
② 계획에 따른 수행 가능 여부 관련(송전관계 일람도)
③ 발전원가명세서(발전사업 또는 구역전기사업의 허가를 신청하는 경우만 해당한다)

정답 22.① 23.④ 24.② 25.④

(3) 정관, 대차대조표 및 손익계산서(신청자가 법인인 경우만 해당하며, 설립 중인 법인의 경우에는 정관만 제출한다)
(4) 신청자(발전설비용량 3천킬로와트 이하인 신청자는 제외한다)의 주주명부. 이 경우 신청자가 재무능력을 평가할 수 없는 신설법인인 경우에는 신청자의 최대주주를 신청자로 본다.

26 지상설치의 기초 형식에 대한 종류와 그림 설명으로 틀린 것은?

① 전면기초
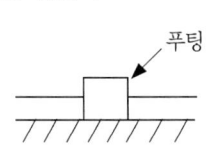

② 말뚝기초
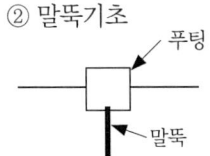

③ 독립푸팅기초
④ 복합푸팅기초
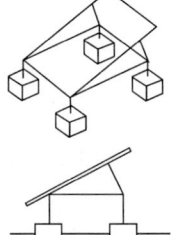
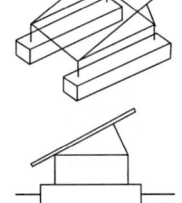

해설 푸팅(footing)
지반의 지지력이 필요한 구조물의 기둥 밑부분 등에는 계단적으로 기초면적을 넓게 하며, 이 넓게 잡은 토대의 부분을 푸팅이라고 하고, 이러한 구조의 기초를 푸팅기초라고 한다. 푸팅기초는 기초가 얕을 때 많이 채용되는 공법으로, 구조에 따라 독립푸팅·연결푸팅·벽 푸팅 등으로 분류한다.

16.2.24 / 16.4.38 / 19.4.27

27 태양광발전 어레이 가대를 아래와 같이 설계하고자 한다. 설계 순서를 옳게 나열한 것은?

ⓐ 태양광발전 모듈의 배열 결정
ⓑ 설치장소 결정
ⓒ 상정최대하중 산출
ⓓ 지지대 기초 설계
ⓔ 지지대의 형태, 높이, 구조 결정

① ⓐ→ⓒ→ⓔ→ⓑ→ⓓ
② ⓑ→ⓐ→ⓔ→ⓒ→ⓓ
③ ⓐ→ⓓ→ⓒ→ⓔ→ⓑ
④ ⓑ→ⓒ→ⓐ→ⓔ→ⓓ

해설 가대 설계의 절차
어레이 지지대는 지역에 따라 설치형태는 여러 종류가 있으며, 지지대의 설계는 설치장소 상황 및 환경을 충분히 파악할 필요가 있다.

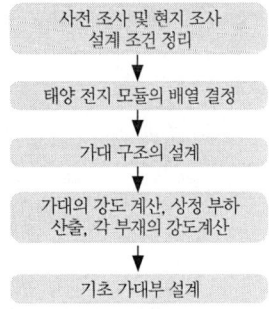

17.4.55 / 19.4.28

28 평지붕에 태양광발전시스템 설치를 위한 설계 검토 시, 평지붕의 적설하중 관계식에 사용되지 않은 인자는?

① 노출계수
② 온도계수
③ 지붕면 외압계수
④ 지상적설하중의 기본값

해설 평지붕 적설하중은 지상 적설하중의 기본값을 기준으로 하며, 기본 지붕 적설하중계수, 노출계수, 온도계수, 중요도계수 및 지붕의 형상계수와 기타 재하분포상태 등을 고려하여 산정한다.

15.4.16 / 16.4.35 / 19.1.22 / 19.2.21 / 19.4.29

29 태양광발전시스템의 출력 18750W, 태양광발전 모듈의 최대 출력 250W, 모듈의 직렬 연결 개수가 5개일 때 최대 병렬연결 개수는?

① 10 ② 15 ③ 20 ④ 25

해설 병렬 회로수(N_P)
$$N_P = \frac{\text{시스템 출력}}{\text{모듈 최대출력} \times \text{스트링 직렬 매수}}$$
$$= \frac{18{,}750}{250 \times 5} = 15 \text{ [회로]}$$

정답 26. ① 27. ② 28. ③ 29. ②

30 태양광 발전원가의 구성 항목 중 초기투자비로 보기 어려운 것은?

① 계통연계비용
② 인허가 용역비
③ 설계 및 감리비
④ 운전유지 및 수선비

해설 태양광발전소 연간 유지관리비용
① 모니터링비
② 안전관리자 선임비
③ 법인세 및 제세
④ 보험료
⑤ 운전유지 및 수선비

31 전기실에 설치하는 소화설비로 적합하지 않은 것은?

① 이너젠 소화설비
② 하론가스 소화설비
③ 스프링클러 소화설비
④ 이산화탄소 소화설비

해설 전기실의 소화설비
① 이너젠(Inergen) 소화설비 : 이너젠 가스(질소 52%, 아르곤 40%, 탄산가스 8%)를 방출해서 산소 농도를 희석시켜 대기를 제어하는 소화설비
② 하론가스 소화설비 : 할로겐 화합물 소화약제를 사용하여 화재의 연소반응을 억제함으로서 소화하는 설비이며, 일반금속에 대하여 부식성이 적고 전기 부도체이므로 전기기기에 사용할 수 있다.
③ 이산화탄소 소화설비 : 압축한 이산화탄소를 노즐을 통해 연소하는 면에 방사하여 공기 공급을 차단하는 방식으로 변압기, 스위치, 발전기 등의 전기설비의 소화설비로 사용된다.

32 가교 폴리에틸렌 절연 비닐시스 케이블을 나타내는 약호는?

① DV   ② GV   ③ CV   ④ OV

해설 전력케이블

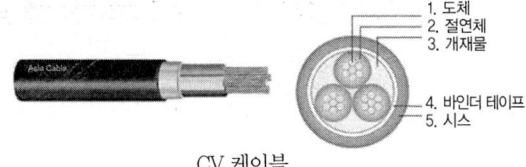

CV 케이블

① 옥외용 비닐 절연전선(OW ; Out-door weather proof wire) : 저압 가공 배전선로에 사용
② 가교폴리에틸렌 절연 비닐시스 케이블(CV ; XLPE Insulated PVC Sheathed Cable) : 전력 케이블의 대표격, 6/10[kV]에 사용하며 전기적, 물리적, 화학적 특성이 우수한 케이블
③ 인입용 비닐 절연전선(DV ; drop-wire) : 저압 가공 인입선에 사용

33 태양광발전용 인버터의 입력한계전압이 $800V_{dc}$라면, 이때 적합한 태양광발전 모듈의 최대 직렬 수는?
(단, 모듈 온도변화는 $-10°C \sim 70°C$로 하고, 기타 조건은 표준상태이다.)

$$V_{oc} = 45.16\,V \quad I_{sc} = 7.73\,A$$
$$V_{mpp} = 41.5\,V \quad I_{mpp} = 7.22\,A$$
$$온도계수\ I = 0.052\,\%/°C$$
$$온도계수\ V = -0.454\,\%/°C$$

① 14직렬   ② 15직렬
③ 16직렬   ④ 17직렬

해설 최대 직렬 회로 수
① V_{oc} 상태의 전압(V_c)
V_c = 개방전압 + [(최저온도 - 기준온도) × $\frac{온도계수}{100}$ × 개방전압]
= $45.16 + [(-10-25) \times \frac{-0.454}{100} \times 45.16]$
≒ 52.3
② 최대 직렬회로 수(V_s)

$$V_s = \frac{V_{dc}}{V_e} = \frac{800}{52.3} ≒ 15(회로)$$

34 태양광발전 부지의 연간 경사면 일사량이 4784 MJ/m²이고 효율이 81% 일 때 일평균 발전시간은 약 몇 h/day 인가?

① 1.328　② 2.947　③ 3.638　④ 4.784

해설 일평균 발전시간(h/day)

$$h/day = \frac{1000}{연간 경사면 일사량 \times 효율 \times 365 \times 24}$$
$$= \frac{100 \times 10^6}{4784 \times 0.81 \times 365 \times 24} ≒ 2.946$$

35 부지선정 검토 시 법적 인허가 및 신고사항에 포함되지 않는 것은?

① 공작물 축조신고
② 문화재 지표조사
③ 무연분묘 개장허가
④ 공급인증서 발급허가

해설 태양광발전사업 진행 절차
① 부지선정
② 개발행위허가(발전소 소재지 지자체)
③ 발전사업허가(발전소 소재지 지자체, 3MW 초과는 산업통상자원부)
④ 공사계획신고/인가(발전소 소재지 지자체, 10MW 초과는 산업통상자원부)
⑤ 발전소 시공(시공사)
⑥ 전력거래소 회원 가입 신청, 전력거래자 등록 신청 (전력거래소 거래시)
⑦ 송배전선로 이용 계약(한국전력공사 해당 지사)
⑧ 신규설비(발전기, ESS) 등록, 신규설비 코드부여 등 등(전력거래소 거래시)
⑨ 사용전검사(전기안전공사)
⑩ 전력량 계량설비 봉인(한국전력공사, 전력거래소 거래시)
⑪ 신재생에너지 설비 설치 확인(한국에너지공단)
⑫ 사업개시신고(3MW 초과 : 산업통상자원부, 3MW 이하 : 발전소 소재지 지자체)
⑬ 공급인증서(REC) 발급(한국에너지공단)

36 태양광발전시스템의 감시(Monitoring)설비에 대한 설명으로 틀린 것은? (단, 분산형전원 배전계통 연계 기술기준 및 신·재생에너지 설비의 지원 등에 관한 지침 등에 따른다.)

① 기상상태를 파악하기 위해 풍향 및 풍속계, 온도계, 습도계를 설치한다.
② 일사량을 측정하기 위해 경사면 일사량계, 수평면 일사량계를 설치한다.
③ 250kW 이상 발전설비의 연계점에 전력품질 감시설비를 설치해야 한다.
④ 20kW 이상 발전설비에는 운전상황을 알 수 있는 모니터링 설비를 설치해야 한다.

해설 신·재생에너지 설비에 대해 단위시설별로 에너지생산량 및 가동상태를 확인할 수 있는 모니터링 설비를 설치하여야 하며 용량은 단위사업별 설비용량을 기준으로 한다. 다만, 각 사업 공고에서 모니터링 설비 설치 대상을 따로 정하는 경우에는 해당 기준을 적용할 수 있다.
① 50kW 이상의 발전설비(수소·연료전지 : 1kW 초과설비)
② 200㎡ 이상의 태양열설비
③ 175kW 이상의 지열 및 수열에너지설비

16.2.23 / 17.2.30 / 19.1.33 / 19.2.24 / 19.4.37

37 일조율에 관한 설명으로 옳은 것은?

① 가조시간에 대한 일조시간의 비
② 해뜨는 시간부터 해지는 시간까지의 일사량
③ 구름의 방해 없이 지표면에 태양이 비친 시간
④ 지표면에 직접 도달하는 직달 일조강도의 적산

해설 일조시간과 가조시간
1) 일조시간(Duration of Sunshine)
① 태양광선이 구름이나 안개 등에 의해서 차단되지 않고 지표면을 비춘 시간
② 일조율 = $\frac{일조시간}{가조시간} \times 100[\%]$

2) 가조시간(Possible Duration of Sunshine)
① 해가 뜬 다음부터 다시 질 때까지 태양에서 오는 직사광선
② 일조(日照)를 기대할 수 있는 시간을 말하며 산, 구름, 안개나 건조물에 의해 바뀔 수 있다.
③ 산, 구름, 안개 등 장애물이 없다고 가정했을 때의 일조시간은 가조시간과 동일하다.

정답 34. ②　35. ④　36. ④　37. ①　38. ①

13.4.47 / 15.4.43 / 17.4.22 / 19.2.32 / 19.4.38

38 모듈에서 접속함까지의 직류 배선길이가 30m 이며, 어레이 전압이 300V, 전류가 5A일 때, 전압강하는 몇 V 인가? (단, 전선의 단면적은 4.0mm²이다.)

① 1.335 ② 1.425 ③ 1.787 ④ 1.925

해설 전압강하(e)

$$e = \frac{35.6 \times L(전선의\ 길이) \times I(전류)}{1000 \times A(전선의\ 단면적)}$$

$$= \frac{35.6 \times 30 \times 5}{1000 \times 4} = 1.335\,[V]$$

39 어레이의 세로길이를 3.6m, 어레이의 경사각을 33°, 그림자 고도각을 15°로 산정하여 북위 37° 지방에서 태양광발전시스템을 건설하고자 할 때 어레이간 최소 이격거리는 약 몇 m 인가?

① 9.6 ② 10.3 ③ 11.3 ④ 13.6

해설 어레이간 최소 이격 거리(D)

$$D = L[\cos\theta + \sin\theta \times \tan(\phi + 23.5°)]$$
$$= 3.6[\cos33° + \sin33° \times \tan((15+37) + 23.5°)]$$
$$\fallingdotseq 10.3\,[m]$$

40 토목 도면에서 밭을 나타내는 기호는?

① ㅗㅗ ② ㅣㅣㅣ ③ ㅗ ④ ○

해설 토목도면 표시기호

명칭	기호
논	ㅗㅗ
밭	ㅣㅣㅣ
초지	ㅣㅣ
과수원	○

41 전기설비기술기준의 판단기준에 따라 옥내에 시설하는 저압용 배·분전반 등의 시설방법으로 틀린 것은?

① 한 개의 분전반에는 한 가지 전원(1회선의 간선)만 공급하여야 한다.

② 배·분전반 안에 물이 스며들어 고이지 아니하도록 한 구조로 하여야 한다.

③ 옥내에 설치하는 배전반 및 분전반은 불연성 또는 난연성이 있도록 시설하여야 한다.

④ 노출된 충전부가 있는 배전반 및 분전반은 취급자 이외의 사람이 쉽게 출입할 수 없도록 설치하여야 한다.

해설 옥내에 시설하는 저압용 배분전반 등의 시설
옥내에 시설하는 저압용 배·분전반의 기구 및 전선은 쉽게 점검할 수 있도록 하고 다음에 따라 시설할 것.
① 노출된 충전부가 있는 배전반 및 분전반은 취급자 이외의 사람이 쉽게 출입할 수 없도록 설치하여야 한다.
② 한 개의 분전반에는 한 가지 전원(1회선의 간선)만 공급하여야 한다. 다만 안전 확보가 충분하도록 격벽을 설치하고 사용전압을 쉽게 식별할 수 있도록 그 회로의 과전류차단기 가까운 곳에 그 사용전압을 표시하는 경우에는 그러하지 않다.
③ 주택용 분전반은 노출된 장소(신발장, 옷장 등의 은폐된 장소는 제외한다)에 시설하며 구조는 KS C 8326 "7. 구조, 치수 및 재료"에 의한 것일 것
④ 옥내에 설치하는 배전반 및 분전반은 불연성 또는 난연성이 있도록 시설할 것.

13.4.57 / 15.2.50 / 18.2.45 / 18.4.48 / 19.2.42 / 19.4.42

42 굵기가 다른 케이블을 배선할 경우 전선관의 두께는 전선의 피복 절연물을 포함한 단면적이 전선관의 내 단면적의 최대 몇 % 이하가 되어야 하는가?

① 20 ② 32 ③ 48 ④ 52

해설 금속전선관의 굵기는 굵기가 다른 절연전선을 동일관 내에 넣어 시설하는 경우 절연 피복물을 포함한 관내 단면적의 32[%]이하가 되도록 선정한다. 단, 동일 굵기의 경우는 48[%]까지 채울 수 있다.

13.4.56 / 14.4.49 / 15.4.53 / 17.1.58 / 17.2.45 / 19.4.43

43 전력계통에서 3권선 변압기(Y-Y-△)를 사용하는 주된 이유는?

① 승압용 ② 노이즈 제거
③ 제3고조파 제거 ④ 2가지 용량 사용

정답 39.② 40.② 41.② 42.②

해설 **분산형전원**
배전계통연계시 승압용변압기의 1차 결선방식은 Y결선방식이며, 주로 Y-△-Y, Y-Y-△ 방식 등, △권선을 통해 인버터에서 발생하는 제3고조파를 제거 한다.

15.4.31 / 18.4.26 / 19.4.44

44 태양광발전시스템이 설치된 고층 건물에 적용하는 방법으로 뇌격거리를 반지름으로 하는 가상구를 대지와 수뢰부가 동시에 접하도록 회전시켜 보호범위를 정하는 피뢰방식은 무엇인가?

① 메시법 ② 돌침 방식
③ 회전구체법 ④ 수평도체 방식

해설 **회전구체법**
뇌격거리와 동등한 반경의 가상구를 건축물에 회전시킬 때 접촉하는 모든 점에 피뢰침을 설치하는 방법이다. 즉, 보호영역은 뇌격거리 R을 반경으로 하는 구를 돌출물(피뢰도체)에 접하게 했을 때 구내부로 노출되지 않는 공간이다.

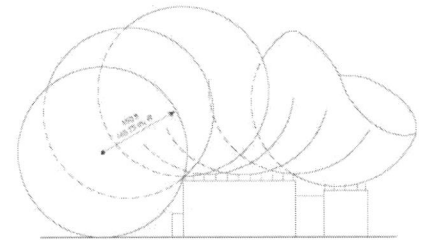

회전구체법에서의 보호영역

13.4.43 / 17.2.50 / 18.1.60 / 18.4.49 / 19.4.45

45 태양광발전시스템의 접지공사 시설방법에 대한 설명으로 틀린 것은?

① 부득이한 상황을 제외하고는 접지선은 녹색으로 표시한다.
② 태양광발전 어레이에서 인버터까지의 직류전로는 원칙적으로 접지공사를 실시한다.
③ 접지선이 외상을 받을 우려가 있는 경우에는 합성수지관 또는 금속관에 넣어 보호하도록 한다.
④ 태양광발전 모듈의 접지는 1개 모듈을 해체하더라도 전기적 연속성이 유지되도록 하여야 한다.

해설 태양전지에서 인버터까지의 직류전로에는 일반적으로 접지를 하지 않는다.

46 다른 개폐기기와 비교하여 전력퓨즈의 특징으로 틀린 것은?

① 고속도 차단된다.
② 과전류에 용단되기 어렵다
③ 차단 능력이 크며, 재투입은 불가능하다.
④ 동작시간-전류특성을 계전기처럼 자유롭게 조절할 수 없다.

해설 **전력퓨즈(Power Fuse)의 장 · 단점**

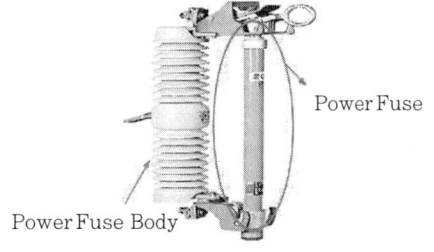

1) 장점
 ① 소형 경량이다.
 ② 릴레이나 변성기가 필요 없다.
 ③ 소형으로 큰 차단능력을 갖는다.
 ④ 보수가 간단하다.
 ⑤ 고속도 차단한다.
 ⑥ 가격이 저렴하다

2) 단점
 ① 재투입이 불가능하다.
 ② 과전류에서 용단될 수 있다.
 ③ 동작시간-전류특성의 조정이 불가능하다.

13.4.44 / 19.4.47

47 전력시설물 공사감리업무 수행지침에 따른 감리용역 계약문서가 아닌 것은?

① 설계도서
② 과업지시서
③ 감리비 산출내역서
④ 기술용역입찰유의서

해설 설계감리용역 계약문서
① 계약서
② 설계감리용역 입찰유의서
③ 설계감리용역계약 일반조건
④ 설계감리용역계약 특수조건
⑤ 과업지시서
⑥ 설계 감리비 산출내역서

13.4.48 / 15.2.60 / 15.4.48 / 17.4.51 / 18.1.44 / 18.2.49 / 19.4.48

48 태양광발전시스템 설치공사에 대한 일반적인 절차이다. 가, 나, 다, 라에 들어갈 내용으로 옳은 것은?

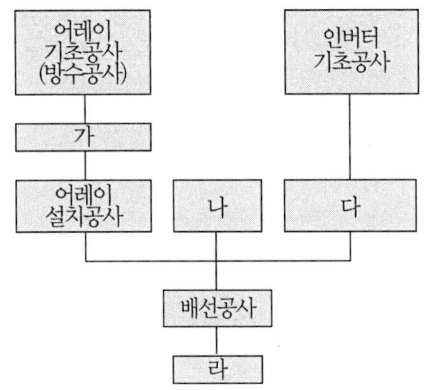

① 가. 어레이용지지대공사 나. 인버터설치공사
    다. 접속함 설치   라. 점검 및 검사
② 가. 어레이용지지대공사 나. 접속함 설치
    다. 인버터설치공사   라. 점검 및 검사
③ 가. 어레이용지지대공사 나. 접속함 설치
    다. 점검 및 검사   라. 인버터설치공사
④ 가. 어레이용지지대공사 나. 점검 및 검사
    다. 인버터설치공사   라. 접속함 설치

해설 태양광발전시스템의 시공절차

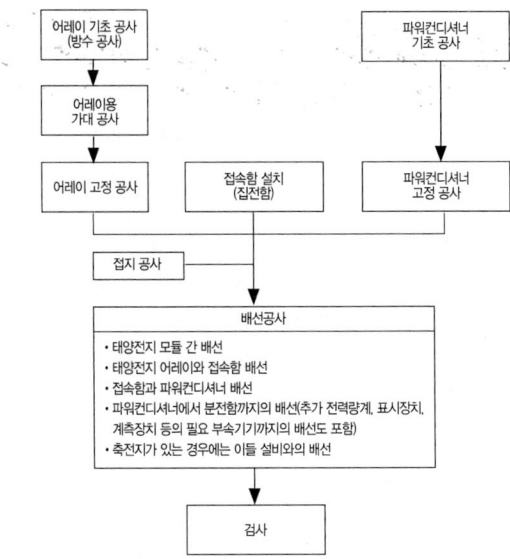

16.2.56 / 16.4.44 / 17.4.52 / 18.4.60 / 19.4.49

49 케이블 등이 방화구획을 관통할 경우 관통부분에 되메우기 충전재 등을 사용하여 관통부 처리를 하여야 한다. 방화구획 관통부 처리 목적이 아닌 것은?

① 화열의 제한
② 연기 확산방지
③ 인명 안전대피
④ 전선의 절연강도 향상

해설 방화구획 관통부 처리목적
건물을 구획하여 비상시 각각의 구획이 폐쇄되도록 함으로써 최초 화재발생구역 이상으로 화재가 확산되는 것을 차단시키고 연소확대를 방지하여 안전하게 대피할 수 있는 시간을 확보한다.

50 KEC 한국전기설비규정의 변경으로 삭제됨

18.1.99 / 19.4.51

51 금속제 케이블트레이의 종류 중 길이방향의 양 옆면 레일을 각각의 가로 방향 부재로 연결한 조립 금속구조인 것은?

① 사다리형 ② 통풍 채널형
③ 바닥 밀폐형 ④ 바닥 통풍형

해설 케이블 트레이

케이블을 지지하기 위하여 사용하는 금속재 또는 불연성 재료로 제작된 유닛 또는 유닛의 집합체 및 그에 부속하는 부속재 등으로 구성된 견고한 구조물을 말하며 사다리형, 바닥밀폐형, 펀칭형, 메시형 등이 있다.

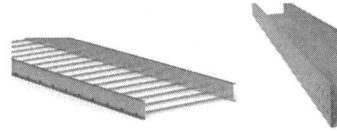

사다리형   바닥밀폐형

펀칭형(통풍채널형)

① 사다리형 : 길이방향의 양측면 레일을 각각의 가로 방향 부재로 연결한 조립 금속구조
② 바닥밀폐형 : 일체식 또는 직선방향 측면 레일에서 바닥 통풍구가 없는 조립 금속구조
③ 펀칭형 : 일체식 또는 분리식 직선방향 측면레일에서 바닥에 통풍구가 있는 것으로써 100[mm]를 초과하는 조립 금속구조
④ 메시형 : 일체식 또는 분리식으로 모든 면에서 통풍구가 있는 그물형의 조립 금속구조

13.4.54 / 19.4.52

52 전력시설물 공사감리업무 수행지침에 따라 감리원은 시공된 공사가 품질확보 미흡 또는 중대한 위해를 발생시킬 수 있다고 판단되거나, 안전상 중대한 위험이 발생된 경우 공사 중지를 지시할 수 있는데, 다음 중 전면중지에 해당하는 것은?

① 동일 공정에 있어 3회 이상 시정지시가 이행되지 않을 때
② 안전 시공상 중대한 위험이 예상되어 물적, 인적 중대한 피해가 예견될 때
③ 공사업자가 공사의 부실 발생 우려가 짙은 상황에서 적절한 조치를 취하지 않은 채 공사를 계속 진행할 때
④ 재시공 지시가 이행되지 않는 상태에서는 다음 단계의 공정이 진행됨으로써 하자발생이 될 수 있다고 판단될 때

해설 전면중지의 적용한계

① 공사업자가 고의로 공사의 추진을 지연시키거나, 공사의 부실 발생우려가 짙은 상황에서 적절한 조치를 취하지 않은 채 공사를 계속 진행하는 경우
② 부분중지가 이행되지 않음으로써 전체공정에 영향을 끼칠 것으로 판단될 때
③ 지진·해일·폭풍 등 불가항력적인 사태가 발생하여 시공을 계속할 수 없다고 판단될 때
④ 천재지변 등으로 발주자의 지시가 있을 때

17.1.24 / 18.1.58 / 19.4.53

53 신재생에너지 설비의 지원 등에 관한 지침에 따른 태양광발전 모듈의 시공 기준으로 틀린 것은?

① 태양광발전 모듈은 인증 받은 제품을 설치하여야 한다.
② 전선, 피뢰침, 안테나 등 경미한 음영은 장애물로 보지 않는다.
③ 사업계획서 상의 모듈 설계용량과 동일하게 설치 할 수 없을 경우에는 설계용량의 105%를 넘지 말아야 한다.
④ 모듈의 일조면을 정남향으로 설치가 불가능할 경우에 한하여 정남향을 기준으로 동쪽 또는 서쪽 방향으로 45도 이내에 설치하여야 한다.

정답 51.① 52.③ 53.③

해설 태양광설비 시공기준
① 인버터의 설치용량
사업계획서 상의 인버터 설계용량 이상이어야 하고, 인버터에 연결된 모듈의 설치용량은 인버터의 설치용량 105[%]이내이어야 한다. 다만, 각 직렬군의 태양전지 개방전압은 인버터 입력전압 범위 안에 있어야 한다.
② 태양광발전 모듈 설치용량
설치용량은 사업계획서 상의 모듈 설계용량과 동일하여야 한다. 다만, 단위 모듈당 용량에 따라 설계용량과 동일하게 설치할 수 없을 경우에 한하여 설계용량의 110[%] 이내까지 가능하다.

54 보호계전시스템의 구성 요소 중 검출부에 해당되지 않는 것은?
① 릴레이
② 영상변류기
③ 계기용변류기
④ 계기용변압기

해설 보호계전시스템
전력설비의 이상상태의 발생 및 파급을 방지하고 단락, 지락사고를 신속히 검출 제거함으로써 설비의 파괴와 사고의 파급을 최소한으로 줄이고 복구를 용이하게 하기 위하여 각종 보호시스템을 전기설비에 적용한다.
1) 기능
① 정확성 : 이상상태를 정확히 검출하여 제거하며 오동작을 일으키지 않는다.
② 신속성 : 이상시 신속히 동작하여 사고구간을 제거한다.
③ 선택성 : 선택차단 및 복구로 정전구간을 최소화 한다.
2) 구성
① 검출부 : 보호구간의 고장전류 및 전압을 검출하는 구성부로 CT(계기용변류기), PT(계기용변압기), ZCT(영상변류기), GPT 등의 변성기류 등이 있다.
② 판정부 : 검출된 고장값의 동작 여부를 결정짓는 요소로 릴레이, 반발스프링, 억제코일, 전압·전류탭 등이 있다.
③ 동작부 : 검출과 판정을 거쳐 작동 지시값에 도달한 경우 접점을 여닫는 구동을 하는 구조로서, 가동코일, 가동철심, 유도원판 등이 해당된다.

17.4.46 / 19.4.55
55 전력시설물 공사감리업무 수행지침에 의해 감리원은 공사업자로부터 시공상세도를 사전에 제출받아 검토·확인하여 승인 한 후 시공할 수 있도록 하여야 한다. 제출 받은 날로부터 최대 며칠 이내에 승인하여야 하는가?
① 3일 ② 5일
③ 7일 ④ 14일

해설 시공상세도 승인
공사업자가 제출한 날부터 7일 이내에 검토·확인하여 승인한다. 다만, 7일 이내에 검토·확인이 불가능한 때에는 사유 등을 명시하여 통보하고, 통보사항이 없는 때에는 승인한 것으로 본다.
① 설계도면, 설계설명서 또는 관계 규정에 일치하는지 여부
② 현장의 시공기술자가 명확하게 이해할 수 있는지 여부
③ 실제시공 가능 여부
④ 안정성의 확보 여부
⑤ 계산의 정확성
⑥ 제도의 품질 및 선명성, 도면작성 표준에 일치 여부
⑦ 도면으로 표시 곤란한 내용은 시공시 유의사항으로 작성되었는지 등의 검토

56 버스덕트 공사의 시설방법으로 틀린 것은?
① 덕트(환기형의 것을 제외한다)의 끝부분은 막을 것
② 덕트 상호 간 및 전선 상호 간은 견고하고 또한 전기적으로 완전하게 접속할 것
③ 도체는 단면적 20mm^2 이상의 띠 모양, 지름 5mm 이상의 관모양이나 둥글고 긴 막대 모양의 동 또는 단면적 30mm^2 이상의 띠 모양의 알루미늄을 사용한 것일 것
④ 덕트를 조영재에 붙이는 경우에는 덕트의 지지점 간의 거리를 5m(취급자 이외의 자가 출입할 수 없도록 설비한 곳에서 수직으로 붙이는 경우에는 10m) 이하로 하고 또한 견고하게 붙일 것

정답 54.① 55.③ 56.④

해설 덕트를 조영재에 붙이는 경우에는 덕트의 지지점 간의 거리를 3[m](취급자 이외의 자가 출입할 수 없도록 설비한 곳에서 수직으로 붙이는 경우에는 6[m]) 이하로 하고 또한 견고하게 붙일 것

16.2.46 / 18.1.54 / 19.4.57

57 태양광발전 모듈 간 직·병렬배선 방법으로 틀린 것은?

① 배선 접속부위는 빗물 등이 유입되지 않도록 자기 융착 절연테이프와 보호테이프로 감는다.
② 모듈 뒷면에는 접속용 케이블이 2개씩 나와 있으므로 반드시 극성(+, −) 표시를 확인한 후 결선한다.
③ 태양광발전 모듈간의 배선은 동작전류에 충분히 견딜 수 있도록 단면적 $1.5mm^2$ 이상의 케이블을 사용한다.
④ 1대의 인버터에 연결된 태양광발전 모듈의 직렬군이 2병렬 이상일 경우에는 각 직렬군의 출력전압이 동일하게 형성되도록 배열한다.

해설 태양전지 모듈간의 배선
태양전지판 모듈과 모듈을 연결하는 전선은 공칭단면적 $2.5[mm^2]$ 이상의 연동선 또는 동등 이상의 세기 및 굵기의 전선으로 배선하여야 한다.

58 회로를 차단할 때 발생하는 아크를 진공중으로 급속히 확산하는 것을 이용하는 진공차단기의 특징이 아닌 것은?

① 높은 압력의 공기가 발생하므로 소음이 크다.
② 전류 재단현상이 발생하므로 개폐서지가 크다.
③ 접점의 소모가 적으므로 차단기의 수명이 길다.
④ 소형 경량으로 실내 큐비클에 설치가 가능하다.

해설 진공차단기(VCB ; Vacuum Circuit Breaker)

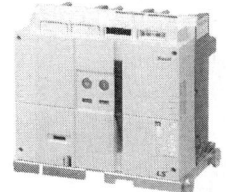

① 전로의 차단을 높은 진공속에서 실시하며, 폭발음이 없는 저소음차단기이다.
② 전력의 송·수전, 절체 및 정지 등을 계획적으로 수행하는 외에 전력 계통에 고장발생시 신속히 자동차단하는 책무를 가진 중요한 보호장치이다.

13.4.50 / 14.4.47 / 17.1.55 / 17.2.41 / 19.4.59

59 전력시설물 공사감리 업무 수행지침에 따라 태양광발전시스템의 준공검사 후 현장문서 인수인계 사항이 아닌 것은?

① 준공사진첩
② 시공계획서
③ 시설물 인수·인계서
④ 품질시험 및 검사성과 총괄표

해설 발주자에게 인계할 문서 목록
① 준공사진첩
② 준공도면
③ 품질시험 및 검사성과 총괄표
④ 기자재 구매서류
⑤ 시설물 인수·인계서
⑥ 그밖에 발주자가 필요하다고 인정하는 서류

16.4.43 / 17.1.47 / 19.4.60

60 설계감리 업무 수행지침에 따른 설계감리원의 수행 업무범위에 포함되지 않는 것은?

① 설계감리용역을 발주
② 시공성 및 유지관리의 용이성 검토
③ 주요 설계용역 업무에 대한 기술자문
④ 설계업무의 공정 및 기성관리의 검토·확인

해설 설계감리원의 업무
① 주요 설계용역 업무에 대한 기술자문
② 사업기획 및 타당성조사 등 전 단계 용역 수행 내용의 검토
③ 시공성 및 유지관리의 용이성 검토
④ 설계도서의 누락, 오류, 불명확한 부분에 대한 추가 및 정정 지시 및 확인
⑤ 설계업무의 공정 및 기성관리의 검토·확인
⑥ 설계감리 결과보고서의 작성
⑦ 그밖에 계약문서에 명시된 사항

정답 57. ③ 58. ① 59. ② 60. ①

18.2.61 / 18.4.63 / 19.2.78 / 19.4.61

61 태양광발전시스템의 운영 시 안전 및 유의 사항으로 틀린 것은?

① 태양광발전 어레이의 표면을 청소할 필요는 없다.
② 접속함 출력측 전압은 안정된 일사 강도가 얻어질 때 실시한다.
③ 태양광발전 모듈은 비오는 날에는 미소한 전압을 발생하고 있으므로 주의해서 측정해야 한다.
④ 측정 시각은 일사강도, 온도의 변동을 극히 적게 하기 위해 맑을 때, 태양이 남쪽에 있을 때의 전후 1시간에 실시하는 것이 바람직하다.

해설 모듈의 세척

① 모듈의 유리는 충격에 강화된 특수 유리로 먼지나 이물질이 달라붙는 것을 방지하는 코팅이 되어있고, 모듈의 프레임은 알루미늄, 구조물은 H빔이나, C형강인 철 성분으로 제작되어, 산성과 염기성 세제의 경우 철이나 알루미늄에 부식, 코팅손상 등의 치명적인 피해가 있으니 피한다.
② 모듈의 세척은 마이크로 섬유 천과 에탄올, 재래식 유리 세척제 등을 사용하여 세척한다.
③ 석회성분이 포함된 지하수로 반복적인 세척을 하는 경우, 모듈에 미세한 석회성분이 도포되어 효율이 저하되므로, 지하수의 경우 수질검사를 통해서 안전이 확보된 경우에만 사용한다.

62 태양광발전 모니터링 프로그램의 기능이 아닌 것은?

① 데이터 수집 기능
② 데이터 분석 기능
③ 데이터 예측 기능
④ 데이터 통계 기능

해설 모니터링 프로그램의 기능

① 데이터 수집 기능
② 데이터 분석 기능
③ 데이터 저장 기능
④ 데이터 통계 기능

15.2.45 / 16.2.42 / 17.2.55 / 18.4.50 / 19.4.63

63 태양광발전시스템 작업 중 감전방지대책으로 틀린 것은?

① 강우 시에는 작업을 중지한다.
② 절연 처리된 공구들을 사용한다.
③ 저압선로용 절연장갑을 착용한다.
④ 작업 전 태양광발전 모듈 표면을 외부로 노출한다.

해설 안전 대책

① 작업전 태양전지 모듈 표면에 차광막을 씌워 태양광을 차폐한다.
② 절연 장갑을 사용한다.
③ 절연 처리된 공구를 사용한다.
④ 강우 시에는 감전사고와 미끄러짐으로 인한 추락사고로 이어질 우려가 있으므로 작업을 금지한다.
⑤ 중장비가 배전선로에 근접할 때에는 보호조치를 취한다.

16.4.75 / 17.4.69 / 19.1.66 / 19.4.64

64 태양광발전용 인버터에 'Solar Cell UV fault'라고 표시 되었을 경우 현상 설명으로 옳은 것은?

① 계통 전압이 규정 초과일 때 발생
② 계통 전압이 규정 이하일 때 발생
③ 태양전지 전압이 규정 초과일 때 발생
④ 태양전지 전압이 규정 이하일 때 발생

해설 인버터의 표시 내용

① 인버터 출력전압 이상(Inverter Output Voltage Fault) : 인버터 전압 이상이 계측되는 경우
② 인버터 과전류(Inverter Over Current Fault) : 인버터 전류의 규정 값 이상
③ 인버터지락(Inverter Ground Fault) : 인버터에 누전발생
④ 인버터 과열(Inverter Over Temperature) : 인버터

정답 61. ① 62. ③ 63. ④ 64. ④

의 온도 이상
⑤ 인버터 MC 이상(Inverter M/C Fault) : 전자접촉기(MC) 이상
⑥ 계통-인버터 위상 이상(Line Inverter Async Fault) : 인버터와 전력계통의 위상이 비동기
⑦ 계통 과전압(Line Over Voltage Fault) : 계통 전압이 규정치 이상
⑧ 인버터 저전압(Solar Cell Under Voltage Fault) : 태양전지 전압이 규정치 이하일 때

19.2.95 / 19.4.65

65 태양광발전시스템의 사용전압이 저압인 전로에서 정전이 어려운 경우 등 절연저항 측정이 곤란한 경우에는 누설전류를 최대 몇 mA 이하로 유지하여야 하는가?

① 0.5　　② 1
③ 2　　　④ 4

[해설] **전로의 절연저항 및 절연내력(판단기준 제13조)**
사용전압이 저압인 전로에서 정전이 어려운 경우 등 절연저항 측정이 곤란한 경우에는 누설전류를 1[mA] 이하로 유지하여야 한다.

14.4.67 / 18.4.75 / 19.4.66

66 태양광발전시스템 정기점검에 대한 설명으로 틀린 것은?

① 점검·시험은 원칙적으로 지상에서 실시한다.
② 100kW 이상의 경우에는 매월 1회 이상 점검하여야 한다.
③ 100kW 미만의 경우에는 매월 2회 이상 점검하여야 한다.
④ 3kW 미만의 태양광발전시스템은 법적으로 정기점검을 하지 않아도 된다.

[해설] **정기점검**
① 100[kW] 미만의 경우 매년 2회 이상 점검
② 100[kW] 이상의 경우 매년 6회 이상 점검
③ 3[kW] 미만의 소출력 태양광발전시스템은 일반용 전기설비로 분류되어 정기점검을 하지 않아도 된다.

20.2.79

67 태양광발전시스템 운전특성의 측정방법(KS C 8535:2005)에서 축전지의 측정항목으로 틀린 것은?

① 단자전압　　② 충전전류
③ 충전전력량　　④ 역조류전류

[해설] **축전지의 측정항목**
① 단자전압　　② 충전전류
③ 충전 전력량　　④ 방전전류
⑤ 방전 전력량

68 정기점검에서 인버터의 측정 및 시험항목에 해당하지 않는 것은?

① 절연저항
② 통풍확인
③ 표시부 동작확인
④ 투입저지 시한 타이머 동작시험

[해설] **인버터의 일상점검 항목**
① 외함의 부식 및 파손
② 배선의 손상 및 접속단자 풀림
③ 운전시 이상음, 이취, 연기발생 및 이상과열
④ 환기팬 확인(통풍구, 환기필터 등)
⑤ 발전 상태의 정상적 표시여부

69 구역전기사업의 허가를 신청하는 경우 허가신청서와 함께 첨부되는 서류의 종류로 틀린 것은?

① 송전관계일람도
② 발전원가명세서
③ 특정한 공급구역의 경계를 명시한 3만분의 1 지형도
④ 「전기사업법 시행규칙」별표 1의 작성요령에 따라 작성한 사업계획서

[해설] 특정한 공급구역의 위치 및 경계를 명시한 5만분의 1 지형도(구역전기사업의 허가를 신청하는 경우만 해당한다)

정답 65.② 66.② 67.④ 68.② 69.③

70 결정질 실리콘 태양광발전 모듈(성능)(KS C 8561:2018)에서 외관검사 시 품질기준으로 틀린 것은?

① 최대 출력이 시험 전 값의 95% 이상 일 것
② 모듈외관에 크랙, 구부러짐, 갈라짐 등이 없는 것
③ 태양전지 간 접속 및 다른 접속부분에 결함이 없는 것
④ 태양전지와 태양전지, 태양전지와 프레임의 접촉이 없는 것

해설 외관(육안) 검사

1) 검사방법
1000[Lux] 이상의 광조사 상태에서 모듈 외관, 태양전지 셀 등에 크랙(Crack), 구부러짐, 갈라짐 등이 없는지 확인하고, 셀 간 접속 및 다른 접속부분에 결함이 없는지, 셀과 셀, 셀과 프레임상의 터치가 없는지, 접속에 결함이 없는지 등을 검사한다.

2) 품질기준
① 모듈외관에 크랙, 구부러짐, 갈라짐 등이 없는 것
② 태양전지: 깨짐, 크랙이 없는 것
③ 태양전지 간 접속 및 다른 접속부분에 결함이 없는 것
④ 태양전지와 태양전지, 태양전지와 프레임의 접촉이 없는 것
⑤ 접착에 결함이 없는 것
⑥ 태양전지와 모듈 끝부분을 연결하는 기포 또는 박리가 없는 것 등

15.4.80 / 16.2.64 / 16.4.74 / 19.4.71

71 배전반 외부에서 이상한 소리, 냄새, 손상 등을 점검항목에 따라 점검하며, 이상 상태 발견 시 배전반 문을 열고 이상 정도를 확인하는 점검은?

① 특별점검   ② 정기점검
③ 일상점검   ④ 사용전점검

해설 일상(순시)점검
① 태양광발전시스템의 기능을 유지하기 위한 점검
② 매일의 일상(순시)점검은 문을 열어 점검한다던가, 커버를 해체한 후 점검한다던가 하는 것이 아니고 이상한 소리, 냄새, 손상 등을 배전반, 인버터 등의 외부에서 점검항목의 대상항목에 따라 점검하는 것
③ 이상상태를 발견한 경우에는 배전반, 인버터의 문을 열고 이상의 정도를 확인한다.
④ 이상의 상태가 직접 운전을 하지 못할 정도로 전개되는 경우를 제외하고는 이상상태의 내용을 기록하여 정기점검 시에 점검한다.

72 태양광발전시스템을 운영하기 위하여 필요한 계측장비로 틀린 것은?

① IV checker
② 열화상카메라
③ 폐쇄력 측정기
④ 솔라 경로추적기

해설 태양광발전시스템의 계측장비
① 절연저항계
② 접지저항계
③ 멀티미터
④ 클램프미터(후크메타)
⑤ 보호계전기 시험기
⑥ 적외선 열화상 카메라
⑦ 일사량계
⑧ 모듈 테스터
⑨ 버니어 캘리퍼스
⑩ 내전압 측정기
⑪ 태양광 어레이 테스터
⑫ GPS 수신기
⑬ 솔라경로 추적기
⑭ RST 3상 테스터기
⑮ 전력 분석계
⑯ 적외선 온도계
⑰ 지락 전류시험기
⑱ 배터리 테스터기
※ 폐쇄력 측정기 : 급기 가압제연설비의 부속실에 설치된 방화문의 폐쇄력과 개방력을 측정하는 기구

73 태양광발전시스템의 전선에서 발생하는 고장으로 틀린 것은?

① 변색
② 경화
③ 소음
④ 표면 크랙

해설 전선에서 발생하는 고장
① 변색
② 크랙
③ 경화
④ 늘어짐
⑤ 전선관의 물

74 태양광발전시스템의 성능평가를 위한 사이트 평가방법이 아닌 것은?

① 설치 용량
② 설치 대상기관
③ 설치 가격 경제성
④ 설치 시설의 지역

해설 태양광 발전 시스템의 사이트 평가 방법
① 태양광 발전 시스템의 설비 설치의 대상기관
② 태양광 발전 시스템 설비 설치의 시설 분류
③ 태양광 발전 시스템 설비 설치의 시설 지역
④ 태양광 발전 시스템 설비 설치 형태
⑤ 태양광 발전 시스템 설비 설치 용량
⑥ 태양광 발전 시스템 설비 설치의 방위와 각도
⑦ 태양광 발전 시스템 설비 설치 시공업자
⑧ 태양광 발전 시스템 설비 설치기기 장비 제조사

15.4.76 / 17.1.75 / 19.4.75

75 태양광발전 어레이의 개방전압 측정의 목적이 아닌 것은?

① 직렬 접속선의 미결선 검출
② 인버터의 오동작 여부 검출
③ 동작불량의 태양광발전 모듈 검출
④ 태양광발전 모듈의 잘못 연결된 극성 검출

해설 개방전압(Open Circuit Voltage)
태양전지 셀 모듈의 출력 단자를 개방한 때의 양 단자 간의 전압(Voc), 단위 [V], 특정한 온도와 일조 강도에서 부하를 연결하지 않은 개방 상태의 태양광발전설비 양단에 걸리는 전압을 말하며, 태양전지 스트링과 모듈의 동작불량, 직렬 접속선의 결선 누락 등, 각 스트링의 연결 상태확인이 가능하여 우선적으로 실시한다.

76 태양광발전시스템 보호계전기의 점검내용으로 틀린 것은?

① 단자부의 볼트 이완 여부
② 부싱 단자부의 변색 여부
③ 이물질, 먼지 등이 접착 여부
④ 접점의 접촉상태의 양호 여부

해설 보호계전기의 점검

과전류 계전기(Over Current Relay)

위치	목적	내용
외부 일반	볼트 체결	- 단자부 볼트 및 너트의 체결상태와 바닥에 떨어진 부품의 유무
	오손	- 이물질, 먼지 등의 접착 여부
	손상	- 패킹류 및 커버 손상 여부
접점부, 도전부	손상	- 접점표면점검 - 혼촉, 코일소손, 단선, 단락, 절연파괴 등 점검
	접촉	- 접점 접촉상태 - CT 2차측 점검(테스터 플러그 사용시)
기계부	동작	- 기어 마찰에 의한 헐거움 여부 - 가동부의 회전장치, 표시기 정상여부 - 회전부 동작상태
정정부	볼트 체결	- 정정탭의 상태
	정정	- 정정탭, 정정레버 등 점검

정답 73. ③ 74. ③ 75. ② 76. ②

77 태양광발전시스템의 계측에서 관리하여야 할 데이터 항목으로 틀린 것은?

① 조도
② 대기온도
③ 일일 발전량
④ 수평면 또는 경사면 일사량

> **해설** 계측관리 데이터 항목
> ① 대기온도
> ② 태양전지 모듈 온도
> ③ 수평면 또는 경사면 일사량
> ④ 일일발전량
> ⑤ 풍속 및 습도
> ⑥ 수온(수상태양광)

15.4.67 / 15.4.78 / 16.2.68 / 16.4.72 / 17.1.61 / 18.4.66 / 19.2.65 / 19.2.79 / 19.4.78

78 태양광발전시스템에서 유지보수 전의 안전조치로 틀린 것은?

① 검전기로 무전압 상태를 확인한다.
② 잔류전하를 방전시키고 접지시킨다.
③ 차단기 앞에 "점검중"표지판을 설치한다.
④ 해당 단로기를 닫고 주회로가 무전압이 되게 한다.

> **해설** 정전작업
> 1) 정전작업 전 조치사항
> ① 전원차단후 각 단로기 등을 개방하고 확인할 것
> ② 차단장치나 단로기 등에 잠금(시건)장치 및 꼬리표를 부착할 것
> ③ 전기기기 등에 공급되는 모든 전원을 관련 배선도, 도면 등을 통해 확인할 것
> ④ 검전기를 이용하여 작업 대상 기기가 충전되었는지 확인 할 것(잔류전하 방전)
>
> 2) 정전작업 중 조치사항
> ① 작업지휘자에 의한 작업지휘
> ② 개폐기 관리(전원 재투입 방지, 잠금장치 및 꼬리표 부착 관리)
> ③ 근접 활선에 대한 방호상태 관리
> ④ 단락접지의 상태관리
>
> 3) 정전작업 후 조치사항
> ① 작업기기, 단락접지기구(접지선)를 제거하고 전기기기 등이 안전하게 통전될 수 있는지 확인
> ② 모든 작업자가 작업이 완료된 전기기기 등에서 떨어져 있는지 확인할 것
> ③ 잠금장치 와 꼬리표는 설치한 근로자가 직접 철거할 것
> ④ 모든 이상 유무를 확인한 후 전기기기 등의 전원을 투입할 것

79 태양광발전(PV) 모듈(안전)(KS C 8563:2015)에서 플라스틱 등 특정한 용도로 적용할 때 그 사용 용도의 적합성 여부를 미리 예측할 수 있도록 플라스틱 가연성을 시험하는 장치는?

① IP시험기
② 난연성 시험기
③ 트래킹 시험기
④ 접근성 시험기

> **해설** 태양광발전(PV) 모듈(안전)
> ① IP시험기 : 옥외에 사용하는 부품에 대해 방수 등급을 결정하기위한 장치
> ② 난연성 시험기 : 플라스틱 등 특정한 용도로 적용할 때 그 사용 용도의 적합성 여부를 미리 예측할 수 있도록 플라스틱 가연성을 시험하는 장치
> ③ 트래킹 시험기(CTI) : 액체 오염 물질에 표면이 노출될 때 600[V]에 이르는 전압의 트래킹에 대한 고체 전기 절연재료의 상대 저항 측정을 통해 절연물의 내성을 측정하는 장치
> ④ 접근성 시험기 : 절연되지 않은 충전부에 사람의 위험이 있는지 시험할 수 있는 장치

80 태양광발전용 납축전지의 잔존 용량 측정방법(KS C 8532:1995)에서 측정주기는 몇 분 이하로 하는가? (단, 보정의 목적으로 사용하는 경우는 제외)

① 10   ② 20
③ 30   ④ 60

정답 77.① 78.④ 79.②

해설 **태양광발전용 납축전지의 잔존 용량 측정방법**

태양광발전시스템에서 전기 에너지 저장용으로 설치되는 고정 납축전지의 시스템 운용상태에서의 잔존 용량 측정방법

1) 측정 방법의 종류
① 전압 측정법 : 납축전지 시스템 또는 납축전지의 단자전압을 측정하므로서 납축전지 내의 잔존 용량을 측정하는 방법
② 비중 측정법 : 납축전지 내의 황상 전해액의 비중을 측정하므로서 축전지 내의 잔존 용량을 측정하는 방법
③ Ah 측정법 : 납축전지 시스템의 충전전류, 방전전류의 적산치를 측정하므로서 납축전지 내의 잔존 용량을 측정하는 방법

2) 측정조건
① 측정주기는 10분 이하로 한다. 다만 보정의 목적으로 사용할 때에는 이에 따르지 않아도 된다.
② 적용 온도 범위는 −20~+50℃로 한다.

15.4.94 / 19.4.82

81 전기사업법에 의거하여 전기사업자가 전기품질을 유지하기 위하여 지켜야 하는 표준전압, 표준주파수와 허용오차에 관한 설명으로 틀린 것은?

① 표준전압 110볼트의 상하로 6볼트 이내
② 표준전압 220볼트의 상하로 13볼트 이내
③ 표준전압 380볼트의 상하로 20볼트 이내
④ 표준주파수 60헤르츠 상하로 0.2헤르츠 이내

해설 **전기의 품질기준(전기사업법 시행규칙 제18조 별표3)**
전기사업자와 전기신사업자는 그가 공급하는 전기가 표에 따른 표준전압 · 표준주파수 및 허용오차의 범위에서 유지되도록 하여야 한다.

① 표준전압 및 허용오차

표준전압	허용오차
110[V]	110[V]의 상하로 6[V] 이내
220[V]	220[V]의 상하로 13[V] 이내
380[V]	380[V]의 상하로 38[V] 이내

② 표준주파수 및 허용오차

표준주파수	허용오차
60[Hz]	60[Hz] 상하로 0.2[Hz] 이내

13.4.81 / 14.4.89 / 15.2.83 / 16.2.88 / 16.4.93 / 17.4.88 / 19.4.82

82 전기사업법에서 사용하는 용어 중 발전사업 · 송전사업 · 배전사업 · 전기사업 및 구역전기사업을 말하는 것은?

① 전기사업
② 전력시장
③ 전기설비
④ 보편적 공급

해설 **정의(전기사업법 제2조)**
① 전기사업 : 발전사업 · 송전사업 · 배전사업 · 전기판매사업 및 구역전기사업
② 발전사업 : 전기를 생산하여 이를 전력시장을 통하여 전기판매사업자에게 공급하는 것을 주된 목적으로 하는 사업
③ 송전사업 : 발전소에서 생산된 전기를 배전사업자에게 송전하는 데 필요한 전기설비를 설치 · 관리하는 것을 주된 목적으로 하는 사업
④ 배전사업 : 발전소로부터 송전된 전기를 전기사용자에게 배전하는 데 필요한 전기설비를 설치 · 운용하는 것을 주된 목적으로 하는 사업
⑤ 구역전기사업 : 대통령령으로 정하는 규모 이하의 발전설비를 갖추고 특정한 공급구역의 수요에 맞추어 전기를 생산하여 전력시장을 통하지 아니하고 그 공급구역의 전기사용자에게 공급하는 것을 주된 목적으로 하는 사업

16.2.90 / 19.4.83

83 분산형전원을 인버터를 이용하여 배전사업자의 저압 전력계통에 연계하는 경우 인버터로부터 직류가 계통으로 유출되는 것을 방지하기 위하여 접속점(접속설비와 분산형전원 설치자측 전기설비의 접속점을 말한다.)과 인버터 사이에 설치하는 것은? (단, 단권변압기를 제외한다.)

① 차단기
② 전동기
③ 보호계전기
④ 상용주파수 변압기

정답 80.① 81.③ 82.① 83.④

해설 저압 계통연계시 직류유출방지 변압기의 시설
분산형전원을 인버터를 이용하여 배전사업자의 저압 전력계통에 연계하는 경우 인버터로부터 직류가 계통으로 유출되는 것을 방지하기 위하여 접속점(접속설비와 분산형전원 설치자측 전기설비의 접속점)과 인버터 사이에 상용주파수 변압기(단권변압기를 제외한다)를 시설하여야 한다. 다만, 다음을 모두 충족하는 경우에는 예외로 한다.
① 인버터의 직류 측 회로가 비접지인 경우 또는 고주파 변압기를 사용하는 경우
② 인버터의 교류출력 측에 직류 검출기를 구비하고, 직류 검출시에 교류출력을 정지하는 기능을 갖춘 경우

84 신에너지 및 재생에너지 개발·이용·보급 촉진법에 따른 신·재생에너지 설치의무화제도에 대한 설명으로 틀린 것은?

① 학교시설은 대상에 포함된다.
② 2019년도 공급의무 비율은 27% 이다.
③ 공급의무 비율 용량산정 기준은 건축비이다.
④ 대상 건축물의 신축·증축 또는 개축하는 부분의 연면적 기준은 1000m² 이상이다.

해설 신·재생에너지 공급의무 비율 등
건축법 시행령에서 정한 용도의 건축물로서 신축·증축 또는 개축하는 부분의 연면적이 1,000[m²] 이상인 건축물에 따른 비율 이상

연도	2011~2012	2013	2014	2015
공급의무 비율[%]	10	11	12	15

2016	2017	2018	2019	2020 이후
18	21	24	27	30

신·재생에너지 공급의무 비율 등(개정 2020. 9. 23)

해당 연도	2020~2021	2022~2023	2024~2025	2026~2027	2028~2029	2030 이후
공급의무 비율[%]	30	32	34	36	38	40

17.1.96 / 19.4.85

85 신에너지 및 재생에너지 개발·이용·보급 촉진법에 의거하여 신·재생에너지 공급인증서의 거래 제한 사유가 되지 않는 것은?

① 공급인증서가 발전소별로 5000kW 이내의 수력을 이용하여 에너지를 공급하고 발급된 경우
② 공급인증서가 기존 방조제를 활용하여 건설된 조력(潮力)을 이용하여 에너지를 공급하고 발급된 경우
③ 공급인증서가 석탄을 액화·가스화한 에너지 또 중질잔사유을 가스화한 에너지를 이용하여 에너지를 공급하고 발급된 경우
④ 공급인증서가 폐기물에너지 중 화석연료에서 부수적으로 발생하는 폐가스로부터 얻어지는 에너지를 이용하여 에너지를 공급하고 발급된 경우

해설 신·재생에너지 공급인증서의 거래 제한(신재생에너지법 시행규칙 제2조의2)
① 공급인증서가 발전소별로 5천[kW]를 넘는 수력을 이용하여 에너지를 공급하고 발급된 경우
② 공급인증서가 기존 방조제를 활용하여 건설된 조력을 이용하여 에너지를 공급하고 발급된 경우
③ 공급인증서가 석탄을 액화·가스화한 에너지 또는 중질잔사유를 가스화한 에너지를 이용하여 에너지를 공급하고 발급된 경우
④ 공급인증서가 폐기물에너지 중 화석연료에서 부수적으로 발생하는 폐가스로부터 얻어지는 에너지를 이용하여 에너지를 공급하고 발급된 경우

86 저탄소 녹색성장 기본법에 따라 다음 ( )에 들어갈 내용으로 옳은 것은?

> ( )이(란) 화석연료(化石燃料)에 대한 의존도를 낮추고 청정에너지의 사용 및 보급을 확대하며 녹색기술 연구개발, 탄소 흡수원 확충 등을 통하여 온실가스를 적정수준 이하로 줄이는 것을 말한다.

① 저탄소 ② 녹색성장
③ 녹색기술 ④ 녹색산업

해설 녹색성장법의 정의(녹색성장법 제2조)
① 저탄소 : 화석연료(化石燃料)에 대한 의존도를 낮추고 청정에너지의 사용 및 보급을 확대하며 녹색기술 연구개발, 탄소흡수원 확충 등을 통하여 온실가스를 적정수준 이하로 줄이는 것
② 녹색성장 : 에너지와 자원을 절약하고 효율적으로 사용하여 기후변화와 환경훼손을 줄이고 청정에너지와 녹색기술의 연구개발을 통하여 새로운 성장동력을 확보하며 새로운 일자리를 창출해 나가는 등 경제와 환경이 조화를 이루는 성장
③ 녹색기술: 온실가스 감축기술, 에너지 이용 효율화 기술, 청정생산기술, 청정에너지 기술, 자원순환 및 친환경 기술(관련 융합기술을 포함한다) 등 사회·경제 활동의 전 과정에 걸쳐 에너지와 자원을 절약하고 효율적으로 사용하여 온실가스 및 오염물질의 배출을 최소화하는 기술
④ 녹색산업 : 경제·금융·건설·교통물류·농림수산·관광 등 경제활동 전반에 걸쳐 에너지와 자원의 효율을 높이고 환경을 개선할 수 있는 재화(財貨)의 생산 및 서비스의 제공 등을 통하여 저탄소 녹색성장을 이루기 위한 모든 산업

87 전기사업법에 따라 구역전기사업자가 특정한 공급구역의 열 수요가 감소함에 따라 발전기 가동을 단축하는 경우 생산된 전력으로는 해당 특정한 공급구역의 수요에 부족한 전력을 전력시장에서 거래할 수 있도록 산업통상자원부령으로 정하는 기간으로 옳은 것은?
(단, 지역난방사업을 하는 자로서 15만킬로와트 이하의 발전설비용량을 갖춘 자에 한한다.)

① 매년 1월 1일부터 6월 30일까지
② 매년 7월 1일부터 8월 31일까지
③ 매년 3월 1일부터 11월 30일까지
④ 매년 4월 1일부터 12월 31일까지

해설 전력거래(전기사업법 시행령 제19조)
구역전기사업자는 다음의 어느 하나에 해당하는 전력을 전력시장에서 거래할 수 있다.
① 허가받은 공급능력으로 해당 특정한 공급구역의 수요에 부족하거나 남는 전력
② 발전기의 고장, 정기점검 및 보수 등으로 인하여 해당 특정한 공급구역의 수요에 부족한 전력
③ 산업통상자원부령으로 정하는 기간(매년 3월 1일부터 11월 30일까지)동안 해당 특정한 공급구역의 열 수요가 감소함에 따라 발전기 가동을 단축하는 경우 생산한 전력으로는 해당 특정한 공급구역의 수요에 부족한 전력

88 저탄소 녹색성장 기본법의 목적으로 이 법 제1조에서 언급하고 있지 않은 것은?

① 온실가스 배출 증가
② 국민경제의 발전을 도모
③ 녹색성장에 필요한 기반조성
④ 경제와 환경의 조화로운 발전

해설 목적(녹색성장법 제1조)
① 경제와 환경의 조화로운 발전을 위하여 저탄소 녹색성장에 필요한 기반을 조성한다.
② 녹색기술과 녹색산업을 새로운 성장 동력으로 활용함으로써 국민경제의 발전을 도모한다.
③ 저탄소 사회 구현을 통하여 국민의 삶의 질을 높인다.
④ 국제사회에서 책임을 다하는 성숙한 선진 일류국가로 도약하는 데 이바지함

정답 86.① 87.③ 88.①

14.4.91 / 17.1.89 / 19.4.89

89 사용전압 35kV 이하의 특고압 가공전선이 도로를 횡단하는 경우 지표상 높이는 최소 몇 m 이상이어야 하는가?

① 5　　② 5.5
③ 6　　④ 6.5

해설 특고압 가공전선의 높이

특고압 가공전선(특고압 가공전선로의 중성선으로서 다중 접지를 한 것을 제외한다)의 지표상(철도 또는 궤도를 횡단하는 경우에는 레일면상, 횡단보도교를 횡단하는 경우에는 그 노면상)의 높이는 표에서 정한 값 이상이어야 한다.

사용전압의 구분	지표상의 높이
35[kV] 이하	5[m] (철도 또는 궤도를 횡단하는 경우에는 6.5[m], 도로를 횡단하는 경우에는 6[m], 횡단보도교의 위에 시설하는 경우로서 전선이 특고압절연전선 또는 케이블인 경우에는 4[m])
35[kV] 초과 160[kV] 이하	5[m] (철도 또는 궤도를 횡단하는 경우에는 6.5[m], 산지 등에서 사람이 쉽게 들어갈 수 없는 장소에 시설하는 경우에는 5[m], 횡단보도교의 위에 시설하는 경우 전선이 케이블인 때는 5[m])
160[kV] 초과	6[m] (철도 또는 궤도를 횡단하는 경우에는 6.5[m], 산지 등에서 사람이 쉽게 들어갈 수 없는 장소를 시설하는 경우에는 5[m])에 160[kV]를 초과하는 10[kV] 또는 그 단수마다 12[cm]를 더한 값

90 다음 보기 중 전기공사업법에 의거하여 전기공사를 도급받은 수급인이 다른 공사업자에게 하도급 줄 수 있는 경우는?

[보기]
ㄱ. 도급받은 전기공사 중 공정별로 분리하여 시공하여도 전체 전기공사의 완성에 지장을 주지 아니하는 부분을 하도급하는 경우
ㄴ. 도급받은 전기공사 중 건물이나 현장별로 따로 구분되어 분리하여 시공하는 것이 공사 공정 추진상 더 유리한 부분을 하도급하는 경우
ㄷ. 수급인이 시공관리 책임자를 지정하여 하수급인을 지도 · 조정하는 경우

① ㄱ, ㄴ　　② ㄱ, ㄷ
③ ㄴ, ㄷ　　④ ㄱ, ㄴ, ㄷ

해설 하도급의 범위(전기공사업법 시행령 제10조)

도급받은 전기공사의 일부를 다른 공사업자에게 하도급 줄 수 있는 경우는 다음의 모두에 해당하는 경우로 한다.
① 도급받은 전기공사 중 공정별로 분리하여 시공하여도 전체 전기공사의 완성에 지장을 주지 아니하는 부분을 하도급하는 경우
② 수급인(受給人)이 법에 따른 시공관리책임자를 지정하여 하수급인을 지도 · 조정하는 경우

91 다음 ( )의 ㉠, ㉡에 들어갈 내용으로 옳은 것은?

과전류차단기로 시설하는 퓨즈 중 고압전로에 사용하는 비포장 퓨즈는 정격전류의 (㉠)배의 전류에 견디고 또한 2배의 전류로 (㉡)분 안에 용단되어야 한다.

① 1.25배, 2분　　② 1.5배, 3분
③ 2배, 4분　　　④ 2.5배, 6분

해설 고압 및 특고압 전로 중의 과전류차단기의 시설
① 과전류차단기로 시설하는 퓨즈 중 고압전로에 사용

정답 89. ③ 90. ② 91. ①

하는 포장 퓨즈(퓨즈 이외의 과전류 차단기와 조합하여 하나의 과전류 차단기로 사용하는 것을 제외한다)는 정격전류의 1.3배의 전류에 견디고 또한 2배의 전류로 120분 안에 용단되는 것 또는 다음에 적합한 고압전류제한퓨즈이어야 한다.

② 과전류차단기로 시설하는 퓨즈 중 고압전로에 사용하는 비포장 퓨즈는 정격전류의 1.25배의 전류에 견디고 또한 2배의 전류로 2분 안에 용단되는 것이어야 한다.

③ 고압 또는 특고압의 전로에 단락이 생긴 경우에 동작하는 과전류차단기는 이것을 시설하는 곳을 통과하는 단락전류를 차단하는 능력을 가지는 것이어야 한다.

④ 고압 또는 특고압의 과전류차단기는 그 동작에 따라 그 개폐상태를 표시하는 장치가 되어있는 것이어야 한다. 다만, 그 개폐상태가 쉽게 확인될 수 있는 것은 적용하지 않는다.

17.2.88 / 19.4.92

92 신에너지 및 재생에너지 개발·이용·보급 촉진법에 따라 산업통산자원부장관은 공용화 품목의 개발, 제조 및 수요·공급 조절에 필요한 자금의 몇 %까지 중소기업자에게 융자할 수 있는가?

① 20 ② 40
③ 60 ④ 80

해설 신·재생에너지 설비 및 그 부품 중 공용화 품목의 지정절차 등(신재생에너지법 시행령 제24조)
1) 신·재생에너지 설비 및 그 부품 중 공용화 품목의 지정을 요청하려는 자는 산업통상자원부령으로 정하는 바에 따라 대상 품목의 명칭, 규격, 지정 요청 사유 및 기대효과 등을 적은 지정요청서에 대상 품목에 대한 설명서를 첨부하여 산업통상자원부장관에게 제출하여야 한다.
2) 산업통상자원부장관은 지정 요청을 받은 경우에는 전문가 및 이해관계인의 의견을 들은 후 해당 신·재생에너지 설비 및 그 부품을 공용화 품목으로 지정할 수 있다.
3) 산업통상자원부장관은 공용화 품목의 개발, 제조 및 수요·공급 조절에 필요한 자금을 다음의 구분에 따른 범위에서 융자할 수 있다.
① 중소기업자: 필요한 자금의 80[%]
② 중소기업자와 동업하는 중소기업자 외의 자: 필요한 자금의 70[%]
③ 그밖에 산업통상자원부장관이 인정하는 자: 필요한 자금의 50[%]

13.4.97 / 15.2.88 / 16.2.82 / 16.2.94 / 17.1.90 / 17.4.81 /
19.1.90 / 19.2.89 / 19.4.93

93 신에너지 및 재생에너지 개발·이용·보급 촉진법에 따라 신·재생에너지 기술개발 및 이용 보급을 촉진하기 위한 기본계획은 몇 년마다 수립하여야 하는가?

① 2년 ② 3년 ③ 5년 ④ 10년

해설 기본계획의 수립(신재생에너지법 제5조)
① 산업통상자원부장관은 관계 중앙행정기관의 장과 협의를 한 후 신·재생에너지정책심의회의 심의를 거쳐 신·재생에너지의 기술개발 및 이용·보급을 촉진하기 위한 기본계획을 5년마다 수립하여야 한다.
② 기본계획의 계획기간은 10년 이상으로 한다.

15.4.85 / 18.2.88 / 19.4.94

94 신에너지 및 재생에너지 개발·이용·보급 촉진법에 따른 신·재생에너지 정책심의회 심의 내용이 아닌 것은?

① 기본계획의 수립 및 변경에 관한 사항
② 신·재생에너지 분야 전문 인력 양성계획에 관한 사항
③ 신·재생에너지의 기술개발 및 이용·보급에 관한 중요 사항
④ 신·재생에너지 발전에 의하여 공급되는 전기의 기준가격 및 그 변경에 관한 사항

해설 신·재생에너지정책심의회(신재생에너지법 제8조)
1) 신·재생에너지의 기술개발 및 이용·보급에 관한

중요 사항을 심의하기 위하여 산업통상자원부에 신·재생에너지정책심의회를 두며, 심의회는 다음의 사항을 심의한다.
① 기본계획의 수립 및 변경에 관한 사항. 다만, 기본계획의 내용 중 대통령령으로 정하는 경미한 사항을 변경하는 경우는 제외한다.
② 신·재생에너지의 기술개발 및 이용·보급에 관한 중요 사항
③ 신·재생에너지 발전에 의하여 공급되는 전기의 기준가격 및 그 변경에 관한 사항
④ 그밖에 산업통상자원부장관이 필요하다고 인정하는 사항

2) 심의회의 구성·운영과 그밖에 필요한 사항은 대통령령으로 정한다.

95 KEC 한국전기설비규정의 변경으로 삭제됨

96 전기사업법에서 정의하는 전기설비에 포함되지 않는 것은?
① 송전설비
② 배전설비
③ 전기사용을 위하여 설치하는 기계·기구
④ 댐건설 및 주변지역자원 등에 관한 법률에 따라 건설되는 댐

해설 전기설비
발전·송전·변전·배전·전기공급 또는 전기사용을 위하여 설치하는 기계·기구·댐·수로·저수지·전선로·보안통신선로 및 그 밖의 설비(댐·저수지와 선박·차량 또는 항공기에 설치되는 것과 그 밖에 대통령령으로 정하는 것은 제외한다)로서 다음의 것을 말한다.
① 전기사업용전기설비
② 일반용전기설비
③ 자가용전기설비

18.2.97 / 19.4.97

97 저탄소 녹색성장 기본법에 따라 녹색성장위원회의 구성으로 옳은 것은?
① 위원장 1명을 포함한 30명 이내의 위원으로 구성
② 위원장 1명을 포함한 50명 이내의 위원으로 구성
③ 위원장 2명을 포함한 30명 이내의 위원으로 구성
④ 위원장 2명을 포함한 50명 이내의 위원으로 구성

해설 녹색성장위원회의 구성 및 운영(녹색성장법 제14조)
1) 국가의 저탄소 녹색성장과 관련된 주요 정책 및 계획과 그 이행에 관한 사항을 심의하기 위하여 국무총리 소속으로 녹색성장위원회를 둔다.

2) 위원회는 위원장 2명을 포함한 50명 이내의 위원으로 구성한다.

3) 위원회의 위원장은 국무총리와 위원 중에서 대통령이 지명하는 사람이 된다.

4) 위원회의 위원은 다음의 사람이 된다.
① 기획재정부장관, 과학기술정보통신부장관, 산업통상자원부장관, 환경부장관, 국토교통부장관 등 대통령령으로 정하는 공무원
② 기후변화, 에너지·자원, 녹색기술·녹색산업, 지속가능발전 분야 등 저탄소 녹색성장에 관한 학식과 경험이 풍부한 사람 중에서 대통령이 위촉하는 사람

5) 위원회의 사무를 처리하게 하기 위하여 위원회에 간사위원 1명을 두며, 간사위원의 지명에 관한 사항은 대통령령으로 정한다.

6) 위원장은 각자 위원회를 대표하며, 위원회의 업무를 총괄한다.

7) 위원장이 부득이한 사유로 직무를 수행할 수 없는 때에는 국무총리인 위원장이 미리 정한 위원이 위원장의 직무를 대행한다.

8) 위원의 임기는 1년으로 하되, 연임할 수 있다.

15.2.97 / 17.4.94 / 19.4.98

98 전로의 중성점을 접지하는 목적에 해당되지 않는 것은?

① 이상 전압의 억제
② 대지 전압의 저하
③ 보호 장치의 확실한 동작의 확보
④ 부하 전류의 일부를 대지로 흐르게 함으로써 전선을 절약

해설 전로의 중성점의 접지
① 전로의 보호장치의 확실한 동작의 확보
② 이상 전압의 억제
③ 대지전압의 저하

13.4.99 / 15.2.46 / 15.4.84 / 17.2.89 / 17.4.86 / 19.4.99

99 전선을 접속하는 경우 전선의 세기를 최대 몇 % 이상 감소시키지 않아야 하는가?

① 10   ② 20
③ 30   ④ 40

해설 전선의 접속법
① 전선을 접속하는 경우에는 전선의 전기저항을 증가시키지 않도록 접속하여야 한다.
② 나전선 상호 또는 나전선과 절연전선을 접속할 경우에는 전선의 세기(인장하중)를 20[%]이상 감소시키지 아니할 것
③ 접속부분은 접속관 기타의 기구를 사용 할 것.
※ 전선관 안에는 접속점이 없도록 할 것

100 전기사업법에 따른 전기위원회 위원의 자격이 되지 않는 사람은?

① 변호사로서 10년 이상 있거나 있었던 사람
② 5급 이상의 공무원으로 있거나 있었던 사람
③ 전기 관련 기업에서 15년 이상 종사한 경력이 있는 사람
④ 소비자보호 관련 단체에서 10년 이상 종사한 경력이 있는 사람

해설 위원의 자격 등(전기사업법 제54조)
1) 전기위원회 위원은 다음의 어느 하나에 해당하는 사람으로 한다.
① 3급 이상의 공무원으로 있거나 있었던 사람
② 판사·검사 또는 변호사로서 10년 이상 있거나 있었던 사람
③ 대학에서 법률학·경제학·경영학·전기공학이나 그 밖의 전기 관련 학과를 전공한 사람으로서 학교나 공인된 연구기관에서 부교수 이상으로 있거나 있었던 사람 또는 이에 상당하는 자리에 10년 이상 있거나 있었던 사람
④ 전기 관련 기업의 대표자나 상임임원으로 5년 이상 있었거나 전기 관련 기업에서 15년 이상 종사한 경력이 있는 사람
⑤ 전기 관련 단체 또는 소비자보호 관련 단체에서 10년 이상 종사한 경력이 있는 사람

2) 1)의 ② 및 ③의 재직기간은 합산한다.

3) 공무원이 아닌 위원의 임기는 3년으로 하되, 연임할 수 있다.

정답 98.④ 99.② 100.②

2018년 기출문제

2018 제1회 기출문제

14.4.5 / 14.4.53 / 15.4.31 / 17.1.40 / 17.2.6 / 17.2.51 /
17.4.27 / 18.1.1 / 18.4.26

01 피뢰소자에 대한 설명으로 틀린 것은?

① 피뢰소자의 접지측 배선은 되도록 짧게 함
② 낙뢰를 비롯한 이상전압으로부터 전력계통을 보호함
③ 태양전지 어레이의 보호를 위해 모듈마다 설치함
④ 동일회로에서도 배선이 긴 경우에는 배선의 양단에 설치하는 것이 좋음

해설 피뢰소자

낙뢰를 비롯한 이상전압으로부터 전력계통을 보호
(1) 수뢰부 시스템
① 뇌격이 피 보호범위내로 침입할 확률을 감소시키는 것
② 돌침(피뢰침), 수평도체, 메시 도체(케이지)방식의 개별 또는 이들의 조합으로 한다.
③ PV설비 전체를 보호할 수 있는 범위내로 해야 한다.

(2) 인하도선 시스템
① 위험한 불꽃방전의 발생확률을 감소시키기 위하여 뇌격점과 대지사이를 연결하는 도선
② 다수의 병렬 전류통로를 형성해야 한다.
③ 전류통로의 배선 길이는 최소로 유지해야 한다.
④ 인하도선은 가능한한 수뢰부도체에서 직접 연결되도록 배치하여야 한다.
⑤ 인하도선은 지표면과 가까운 부분에 접지시험단자를 시설한다. 다만, 자연적 구성부재를 이용하는 경우는 생략한다.

(3) 접지
① 위험한 과전압을 발생시키지 않고 뇌전류를 대지로 방류하기 위해서는 접지의 형상, 크기 및 접지저항 값이 중요하다. 다만, 일반적으로는 낮은 접지저항을 권장한다.
② 피뢰설비의 관점에서는 구조체를 사용한 통합단일의 접지가 바람직하며, 모든 접지목적(즉, 피뢰설비, 저압전력시스템, 통신시스템 등)에도적합하다.
※ 내부피뢰를 위한 SPD는 태양전지 어레이를 보호하기 위해 접속함에 설치한다.

02 태양전지의 개방전압에 대한 설명 중 틀린 것은?

① 태양전지로부터 얻을 수 있는 최대 전압이다.
② 태양전지 흡수층을 구성하는 물질의 밴드 갭 에너지에 따라 변화한다.
③ 출력전력이 최대일 때 태양전지의 두 전극 사이에서 발생하는 전위차에 해당한다.
④ 태양전지의 두 전극 사이에 무한대의 부하를 연결한 경우, 두 전극 사이의 전위차다.

해설 개방전압(Open Circuit Voltage)

태양전지 셀 모듈의 출력단자를 개방한 때의 양 단자간의 전압(V_∞), 단위 [V], 특정한 온도와 일조 강도에서 부하를 연결하지 않은 개방 상태의 태양광발전설비 양단에 걸리는 전압을 말하며, 태양전지 스트링과 모듈의 동작불량, 직렬 접속선의 결선 누락 등, 각 스트링의 연결 상태확인이 가능하여, 우선적으로 실시한다.

03 지열발전에서 지열유체가 증기와 열수인 경우 지열유체를 증기분리기로 유도하여 증기와 열수를 분리하고 분리한 증기로 터빈을 가동시켜 발전하는 방식은?

① 증기발전
② 싱글플래시발전
③ 더블플래시발전
④ 바이너리 사이클발전

해설 지열발전의 종류

① 증기(Steam power plant)발전

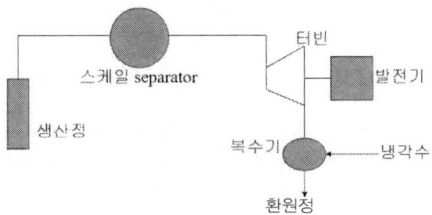

천연 건조를 관정에서 추출하여 발전 설비의 터빈에 직접 주입하여 발전하고 배기는 대기 중에 방출하는 가장 간단한 방식

정답 1. ③ 2. ③ 3. ②

② 싱글플래시(Single flash power plant)발전

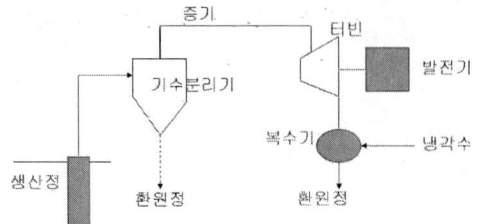

지열유체가 증기와 열수인 경우 지열유체를 기수분리기로 유도하여 증기와 열수를 분리하고, 분리한 증기로 터빈을 가동하여 발전하는 방식

③ 더블플래시(Double flash power plant)발전
기수분리기로 분리한 열수의 온도가 높은 경우 열수를 플래시(저압증발)로 유도하고 다시 급탕하여 생긴 증기를 터빈에 주입해 출력을 증가시키는 방식

④ 이원 사이클(Binary cycle power plant)발전
생산과정에서 추출한 지열 유체를 열수와 증기로 분리하지 않고 직접 토털플로 팽창기에 넣어 발전하는 방식

13.4.18 / 14.4.23 / 16.4.9 / 18.1.4 / 18.1.12 / 18.4.15 / 19.2.19

04 독립형 태양광발전시스템의 응용 예로 가장 부적합한 것은?

① 위성용 전원
② 양식장 부표
③ 태양광 자동차
④ MW급 태양광발전소

해설 독립형 태양광발전 시스템

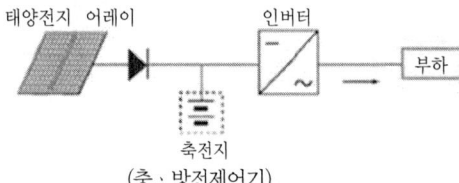

① 외딴 섬과 같이 전기가 들어오지 않는 지역에서, 상용전력계통과 직접 연결되지 않고 분리된 발전방식으로, 태양광발전시스템의 발전 전력만으로 부하에 전력을 공급한다.

② 야간 혹은 우천 시, 태양광발전시스템의 발전이 불가할 때는 발전된 전력을 저장할 수 있는 축전장치를 접속하여 태양광 전력을 저장하여 사용하는 방식

05 에너지가 1.08[eV]인 광자의 파장은? (단, Planck 상수=4.136×10⁻¹⁵[eVs], c=2.998×10⁸[m/s])

① 0.9[μm] ② 1.15[μm]
③ 1.4[μm] ④ 1.65[μm]

해설 에너지(E)

$$E = \frac{h \cdot c}{\lambda} = \frac{4.136 \times 10^{-15} \times 2.998 \times 10^8}{1.08}$$
$$= 1.148 \ [\mu m]$$

15.2.20 / 15.4.10 / 18.1.6 / 19.1.2 / 19.4.20

06 변압기를 사용하여 220[V], 60[Hz] 교류전압을 12[V]의 교류전원으로 바꾸려고 한다. 이 변압기 1차 코일의 권선수가 350회일 때, 2차 코일의 권선 수는?

① 약 19회 ② 약 25회
③ 약 56회 ④ 약 500회

해설 변압기의 원리

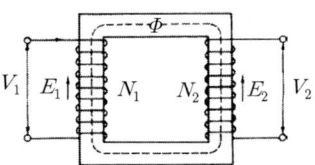

① 1개의 철심에 2개의 권선(코일)을 감고 한쪽의 권선에 전압 V_1 [V]의 사인파 전압을 가하면, 철심 중에 자속 Φ[Wb]가 발생하며, 이 자속과 쇄교하는 다른 쪽 권선에는 권선 횟수에 비례하는 V_2의 전압을 공급받게 된다.

② 1차, 2차 권선에 유도되는 기전력의 비는 변압기의 권수비에 비례하며 권수비를 a라 하면

$$a = \frac{N_1}{N_2} = \frac{V_1}{V_2} = \frac{I_2}{I_1}$$

③ $a = \frac{350}{N_2} = \frac{220}{12}$

$$\therefore N_2 = \frac{N_1 \times V_2}{V_1} = \frac{350 \times 12}{220} \approx 19 \ [회]$$

정답 4.④ 5.② 6.①

07 태양전지 모듈 중 박막 계열의 모듈이 아닌 것은?

16.2.11 / 17.1.11 / 17.4.13 / 18.1.7

① a-Si 모듈
② CIS 모듈
③ CdTe 모듈
④ Multi-crystalline 모듈

해설 박막형 태양전지
① 유리, 스테인리스 스틸, 플라스틱 등 저가의 기판에 얇은 막 형태의 박막을 형성하는 구조로, 기판위에 형성되는 막의 원료에 따라 비정질 실리콘 태양전지, CdTe, CIGS 박막, a-Si, 염료감응형 태양전지, 유기 태양전지로 구분된다.
② 실리콘 사용량이 적어 저렴하나 제조공정이 복잡하고 에너지 효율이 낮아 결정질 태양전지와 동일한 출력을 내기 위해서는 대면적의 모듈이 필요하다.
③ 결정질 실리콘 태양전지의 두께는 200~300[㎛], 박막형 실리콘 태양전지의 두께는 0.3~2[㎛]로서 상당히 얇게 제작할 수 있다.
④ 불순물 첨가 (도핑)에 의한 전기 전도도 제어가 쉽지 않으며, 이 경우 p-형보다는 In 등의 첨가 및 열처리에 의하여 n-형 쪽으로 제어하는 것이 보다 쉬운 것으로 알려져 있다.
⑤ 적은 온도계수로 온도에 따른 효율 감소가 적으며, 빛의 강도 변화에 대한 안정성으로 흐린 날, 겨울, 음지에서도 안정적이다.
⑥ 각국 정부의 태양광발전에 대한 관심과 지원이 폭발적으로 증대되면서 폴리실리콘의 양산규모 증대는 벌크형 실리콘 태양전지의 가격 하락을 이끌었고, 차세대 태양전지였던 박막 태양전지는 목표로 했던 가격에 도달했음에도 불구하고 가격적으로는 경쟁력이 없는 결과에 있다.

08 태양광을 이용한 독립형 전원시스템용 축전지 선정 시 고려사항으로 틀린 것은?

① 부하에 필요한 입력전력량을 검토한다.
② 설치예정 장소의 일사량 데이터를 조사한다.
③ 축전지의 기대수명에서 방전심도(DOD)를 설정한다.
④ 설치장소의 일조량을 고려하여 부조일수를 산정하지 않는다.

해설 독립형 전원시스템용 축전지 선정 시 고려사항
① 부하에 필요한 직류 입력전력량 검토
② 설치예정 장소의 일사량 데이터를 조사한다.
③ 설치장소의 일조량 조건이나 부하의 중요성으로 일조가 없는 시간을 설정한다.
(부조일수 : 하루 중 해가 떠 있는 일조시간이 0.1시간 미만인 날의 수)
④ 축전지의 기대수명으로 방전심도(DOD)를 설정한다.
⑤ 일사의 최저 월(月)에도 충전 량이 부하의 방전 량보다 커지도록 태양전지 어레이 각도 등도 동시에 결정한다.
⑥ 축전지 용량(C)을 계산한다.

14.4.1 / 15.2.95 / 17.1.50 / 18.1.9 / 18.2.86 / 18.4.82 / 19.4.17

09 피뢰기가 구비해야 할 조건 중 틀린 것은?

① 속류의 차단능력이 충분할 것
② 충격 방전 개시 전압이 낮을 것
③ 상용주파 방전 개시 전압이 높을 것
④ 방전내량이 작으면서 제한전압이 높을 것

해설 피뢰기(Lightning Arrester)
전선로에 규정 전압보다 몇 배 높은 이상 전압으로 인해 피뢰기의 단자 전압이 어느 일정 값 이상이 되면 방전되어, 전압 상승을 억제하고 기기를 보호하며, 이상 전압이 없어지면 방전이 정지되어 정상 송전 상태가 된다.

1) 피뢰기 구비 조건
① 상용 주파 방전 개시전압은 높을 것
② 충격 방전 개시 전압이 낮을 것
③ 속류 차단능력이 클 것

정답 7.④ 8.④ 9.④

④ 제한 전압(절연 협조의 기본이 되는 전압)이 낮을 것
⑤ 반복동작이 가능하고, 구조가 견고하며 특성이 변화하지 않을 것

2) 피뢰기 설치 장소
① 발전소·변전소 또는 이에 준하는 장소의 가공전선 인입구 및 인출구
② 가공전선로에 접속하는 배전용 변압기의 고압측 및 특고압측
③ 고압 및 특고압 가공전선로로부터 공급을 받는 수용 장소의 인입구
④ 가공전선로와 지중전선로가 접속되는 곳

14.4.17 / 18.1.10

10 교류의 파형률이란?

① 실효값/평균값   ② 평균값/실효값
③ 실효값/최대값   ④ 최대값/실효값

해설 파형률, 파고율
① 교류 파형이 어떤 형태를 이루고 있는지를 알기 위하여 사용된다.
② 파형률 = $\dfrac{실효값}{평균값}$, 파고율 = $\dfrac{최대값}{실효값}$

13.4.19 / 14.4.57 / 14.4.73 / 15.2.1 / 15.2.5 / 15.2.28 /
16.4.4 / 16.4.12 / 17.2.5 / 17.4.7 / 18.1.11 / 18.4.3 /
18.4.14 / 19.2.5 / 19.2.17

11 그림과 같은 인버터 회로방식의 명칭으로 옳은 것은?

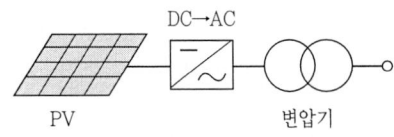

① 트랜스리스 방식
② 고주파 변압기 절연방식
③ on-line 인버터 절연방식
④ 상용주파 변압기 절연방식

해설 인버터의 회로방식별 분류

1) 상용주파 변압기 절연방식

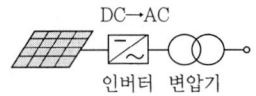

① PWM 인버터를 이용하여 상용주파수의 교류를 만들고, 상용주파수의 변압기를 이용하여 절연과 전압변환을 한다.
② 내부 신뢰성이나 노이즈 컷이 우수하지만, 상용주파수의 변압기를 별도로 이용하기 때문에 무겁고 크며, 변압기의 효율이 감소된다.

2) 고주파 변압기 절연방식

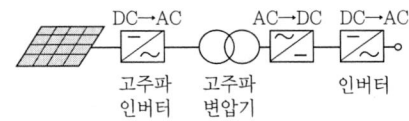

① 태양전지의 직류 출력을 고주파의 교류로 변환한 후 소형의 고주파 변압기로 절연을 한다.
② 일단 직류로 변환하고 재차 상용주파의 교류로 변환하며, 소형 경량이지만 회로가 복잡한 단점이 있다.

3) 트랜스리스(Transless) 방식

① 태양전지의 직류출력을 DC-DC 컨버터로 승압하고 인버터에서 상용주파의 교류로 변환한다.
② 소형 경량이며, 저렴하고 효율이 우수하고 신뢰성이 높다.
③ 상용전원과의 사이에는 절연이 되지 않아 안전성이 떨어진다.

13.4.18 / 14.4.23 / 16.4.9 / 18.1.4 / 18.1.12 / 18.4.15 /
19.2.19

12 다음 그림은 태양광발전시스템의 독립형 시스템을 나타내고 있다. A의 명칭은?

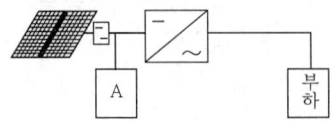

정답 10.① 11.④

① 축전지　② 어레이
③ 컨버터　④ 인버터

해설 **독립형 태양광발전 시스템**

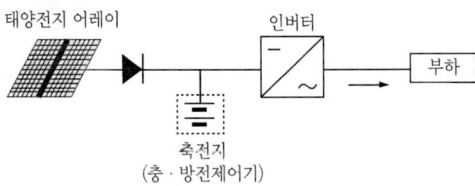

① 외딴 섬과 같이 전기가 들어오지 않는 지역에서, 상용전력계통과 직접 연결되지 않고 분리된 발전방식으로, 태양광발전시스템의 발전 전력만으로 부하에 전력을 공급한다.
② 야간 혹은 우천 시, 태양광발전시스템의 발전이 불가할 때는 발전된 전력을 저장할 수 있는 축전장치를 접속하여 태양광 전력을 저장하여 사용하는 방식

13.4.10 / 13.4.62 / 17.1.17 / 18.1.13 / 18.1.32 / 19.4.2

13 계통연계형 태양광발전시스템에서 주파수의 변동을 검출하지 않고 전압 또는 전류의 급변현상만을 이용하여 단독운전을 검출하는 방식은?

① 부하변동방식
② 주파수 시프트방식
③ 무효전력 변동방식
④ 주파수 변화율 검출방식

해설 **단독운전 능동적 검출방식**

각 분산형전원이 동기(同期)한 전기적 신호(능동신호)를 계통측에 주입함으로서 단독운전이 발생했을 때 능동신호에 기인하는 계통상태의 변화를 검출

① 주파수 시프트 방식
　인버터의 내부발진기에 주파수 바이어스를 주었을 때, 단독운전시에 나타나는 주파수 변동을 검출
② 유효전력 변동방식
　인버터 출력에 주기적인 유효전력 변동을 주었을 때, 단독운전시에 나타나는 전압, 전류 또는 주파수 변동을 검출한다. 상시 출력이 변동하는 가능성이 있다
③ 무효전력 변동방식
　인버터의 출력에 주기적인 무효전력 변동을 주었을 때, 단독운전시에 나타나는 주파수 변동 등을 검출한다.
④ 차수간 고조파주입방식
　계통 기본파의 파형, 위상, 주파수에는 관계하지 않으며, 계통 기본파 주파수의 2~3배에 해당하는 주파수인 차수 간 고조파 능동신호를 사용하기 때문에 고속검출이 가능하다.
⑤ 부하 변동방식
　인버터의 출력과 병렬로 임피던스를 순간적 또는 주기적으로 삽입하여 전압 또는 전류의 급변을 검출한다.

14.4.9 / 15.2.8 / 15.2.27 / 16.4.16 / 17.1.73 / 17.1.79 / 18.1.14 / 18.2.26 / 19.2.1 / 19.2.9 / 19.2.69

14 다음 [보기]의 ( )에 알맞은 내용은 무엇인가?

> 표준시험상태 : 태양광 모듈 온도(A)
> 분광분포(B), 방사조도(C)

① A : 20[℃], B : AM 1.0, C : 1000[W/m²]
② A : 20[℃], B : AM 1.5, C : 1200[W/m²]
③ A : 25[℃], B : AM 1.5, C : 1200[W/m²]
④ A : 25[℃], B : AM 1.5, C : 1000[W/m²]

해설 **표준 시험조건(Standard Test Conditions)**

태양광발전 소자를 시험할 때의 기준이 되는 시험조건 즉, 태양광발전 소자가 빛을 받는 면의 조사강도 1,000[W/m²], 태양전지 온도 25[℃], 스펙트럼 조성은 대기질량지수(AM : Air Mass) 1.5인 조건

15 다음 [보기]의 태양광 발전설비용 인버터 중 변압기형 인버터의 절연저항 측정순서가 옳은 것은?

> ㉠ 직류 측의 모든 입력단자 및 교류 측의 모든 출력 단자를 각각 단락
> ㉡ 분전반 내의 분기개폐기 개방
> ㉢ 직류단자와 대지간의 절연저항 측정
> ㉣ 태양전지 회로를 접속함에서 분리

① ㉣ → ㉠ → ㉡ → ㉢
② ㉠ → ㉡ → ㉣ → ㉢
③ ㉡ → ㉣ → ㉢ → ㉠
④ ㉣ → ㉡ → ㉠ → ㉢

해설 절연저항의 측정 순서

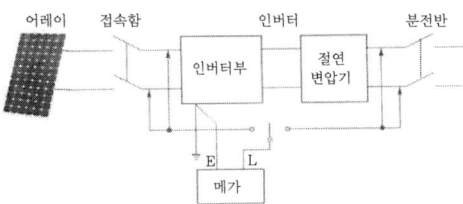

(1) 입력회로
① 태양전지회로를 접속함에서 분리한다.
② 분전반 내의 분기회로 개폐기를 개방한다.
③ 직류 측의 모든 입력단자 및 교류 측의 모든 출력 단자를 각각 단락한다.
④ 직류단자와 대지간의 절연저항을 측정한다.
 (각각의 스트링별 한가닥씩, 단락용 악어클립을 사용하여 측정)

(2) 출력회로
① 태양전지 회로를 접속함에서 분리한다.
② 분전반 내의 분기차단기를 개방한다.
③ 직류 측의 모든 입력단자 및 교류 측의 모든 출력 단자를 각각 단락한다.
④ 교류단자와 대지간의 절연저항을 측정한다.
 (각각의 교류선을 한가닥씩, 단락용 개폐기를 사용하여 측정)

16 STC 조건하에서 다음 표와 같이 모듈의 특성이 주어질 때 정격출력은 약 몇 [W]인가?

[모듈특성]

단락 전류	9.1[A]
개방 전압	60.31[V]
최대동작 전압	48.73[V]
최대동작 전류	8.62[A]
효율	16.4[%]

① 68.88 ② 90.20
③ 420.05 ④ 550.03

해설 정격출력(P_R)
P_R = 최대동작전압 × 최대동작전류 = 48.73 × 8.62
 = 420.05 [W]

17 인버터의 자동운전 정지 기능에 대한 설명 중 틀린 것은?
① 흐린 날이나 비오는 날은 운전을 정지한다.
② 일사량이 기동전압 이하일 경우 자동정지 한다.
③ 태양광 모듈의 출력을 감시하여 자동으로 운전한다.
④ 태양광 모듈의 출력이 적어 인버터 출력이 거의 0으로 되면 대기상태가 된다.

해설 자동운전 정지(Auto shutdown) 기능
① 인버터는 해가 떠오르고 출력이 발생되는 조건이 되면 자동적으로 운전을 시작하며, 해가 지는 동안에도 출력이 발생하는 한 가동은 계속되고 완전한 일몰 뒤 운전이 정지한다.
② 흐린 날이나 비오는 날에는 일사량이 인버터의 MPPT 전압범위에 있을 시는 운전을 계속하고, 반대의 경우 대기상태로 전환된다.

18 전천일사강도 I_g 와 직달일사강도 I_d 및 산란일사강도 I_s 을 옳게 나타낸 식은? (단, θ는 태양의 고도 각이다.)

① $I_g = I_d \sin\theta + I_s$
② $I_s = I_d \sin\theta + I_g$
③ $I_g = I_s \sin\theta + I_d$
④ $I_d = I_s \sin\theta + I_g$

해설 AM(Air Mass)
① 빛이 지표면에 이르는 가장 짧은 거리를 통해 공기나 먼지 등에 흡수되어 감소된 태양광에너지의 크기를 나타내는 것

$$AM = \frac{1}{\cos\theta(천정각)}$$

② 태양광이 지표면에 도착하기 전에 지나가야하는 대기의 양을 가장 단거리인 수직방향 대기의 양과 비교하여 나타낸 것으로 결국 태양 일사거리간의 비율과 동일하다.
③ 지표면에서 표준 스펙트럼 AM1.5G, G는 전천일사량(Global Radiation)을 의미하며, 이것은 직달일사량(Direct Radiation)과 산란일사량(Diffuse Radiation)을 포함한다.

$I_g = I_d \sin\theta + I_s$

19 1[W·s]와 동일한 단위는?

① 1[J]
② 1[kWh]
③ 1[kg·m]
④ 860[kcal]

해설 전력량(W)
① 어느 일정 시간 동안에 전기 에너지의 총량을 말하며, 전압 V[V]를 가하여 1[A]의 전류를 t[sec] 동안 흘릴 때의 전력량 W는
W = VIt = Pt [J]
② 단위는 [J]보다는 [W·sec]을 많이 사용하며 실용단위로 [Wh], [kWh] 등의 단위로 표시한다.
1[Kwh] = 10^3[Wh] = 3.6× 10^6[W·sec] = 3.6× 10^6[J]

17.1.6 / 18.1.20

20 수용가 전력요금 절감 및 전력회사 피크전력 대응으로 설비투자비를 절감할 수 있는 축전지 부착 계통연계형 시스템은?

① 방재 대응형
② 부하 평준화 대응형
③ 계통 안정화 대응형
④ 계통 평준화 대응형

해설 축전지부착 계통연계시스템
축전지가 있는 계통연계시스템은 일반적인 계통연계시스템에 비해 적용범위를 확대할 수 있다.
① 방재 대응형
평상시 계통연계시스템으로 동작하고, 재해시 인버터를 자립운전으로 전환하고 특정 방재 대응부하에 전력을 공급한다.
② 부하 평준화 대응형(피크 시프트형, 야간전력 저장형)
태양전지 출력과 축전지 축력을 병용하여 부하의 피크 시에 인버터를 필요한 출력으로 운전하고, 수전전력의 증대를 억제하여 기본전력요금을 절감한다.
③ 계통 안정화 대응형
태양전지와 축전지를 병렬운전하며, 기후 급변 시나 계통부하 급변 시에 축전지를 방전하고, 태양전지 출력이 증대하여 계통전압이 상승하려고 할 때는 축전지를 충전하여 역조류를 감소시키고, 전압이 상승하는 것을 방지한다.

21 아스팔트 방수층, 개량 아스팔트 시트 방수층, 합성고분자계 시트 방수층 및 도막 방수층 등 불투수성 피막을 형성하여 방수하는 공사를 총칭하는 용어로 옳은 것은?

① 실링방수
② 멤브레인방수
③ 구체침투방수
④ 벤토나이트방수

해설 멤브레인방수(Asphalt Membrane Waterproofing)
아스팔트 루핑을 3~5층 겹쳐, 그 때마다 용융 아스팔트로 바탕에 붙여서 방수층을 구성하는 방수 공법. 일반적으로 아스팔트 방수라고 부르는 경우가 많다.

정답 18. ① 19. ① 20. ② 21. ②

22 태양광발전시스템 부지선정 시 현장의 환경조건 조사사항으로 틀린 것은?

① 빛 장해
② 가로등 밝기
③ 염해, 공해의 유무
④ 동계적설, 결빙, 뇌해 상태

해설 환경조건의 조사
빛 장해, 염해, 공해, 적설, 결빙, 뇌해, 자연재해, 새 분비물 피해 등

23 태양광발전시스템 출력이 32000[W], 모듈 최대출력이 250[W], 모듈의 직렬 장수가 16장일 때 모듈의 병렬 수는?

① 7   ② 8
③ 9   ④ 10

해설 병렬 회로수 $= \dfrac{\text{시스템 출력전력}}{\text{모듈 최대출력} \times \text{스트링 직렬 매수}}$

$= \dfrac{32,000}{250 \times 16} = 8$

24 분산형전원의 저압연계가 가능한 기준 용량은 몇 [kW] 미만인가?

① 500   ② 1000
③ 1500 ④ 2000

해설 분산형전원의 연계용량이 500[kW] 미만이고 배전용변압기 누적연계용량이 해당 배전용변압기 용량의 50[%] 이하인 경우 저압계통에 연계할 수 있다. 다만, 분산형전원의 출력전류의 합은 해당 저압 전선의 허용전류를 초과할 수 없다.
※ 분산형전원(DR, Distributed Resources)
대규모 집중형 전원과는 달리 소규모로 전력소비지역 부근에 분산하여 배치가 가능한 전원

17.4.21 / 18.1.25 / 19.2.39

25 다음 전기도면의 기호 중 전열기는?

㉠	㉡	㉢	㉣
G	M	RC	H

① ㉠   ② ㉡
③ ㉢   ④ ㉣

해설 전기도면 기호
㉠ : 발전기
㉡ : 전동기
㉢ : 룸 에어컨
㉣ : 전열기

13.4.36 / 16.4.28 / 18.1.26

26 태양광발전사업을 하고자 하는 경우 일반적으로 경제성 분석평가를 실시하는데 경제성 분석 기준으로 옳지 않는 것은?

① 순현가   ② 할인율
③ 비용편익비 ④ 내부 수익률

해설
경제성 평가 방법(정태적 ; Static Analysis)
1) 비교 우위적 경제성 평가
비교 가능한 대체기기를 상정, 에너지공급과 원가면에서 기존 에너지 공급과의 비교에서 상대적 우위를 판단

2) 경제성 편익분석기법
① 편익/비용 비율(Benefit/Cost ratio)
② 순현재가치 분석(Net Present Value : NPV)
③ 내부수익률 분석(internal Rate of Return : IRR)
④ 투자회수기간 분석(Pay-Back Period : PBP)
⑤ 투자수익률 분석(Return on Investment : ROI)

27 태양광발전소 내 남북으로 설치된 어레이 최적 경사각이 30°일 때 어레이 경사각을 최적 경사각보다 10° 낮출 경우, 나타나는 효과로 틀린 것은?

① 발전량이 줄어든다.
② 대지 이용률이 감소한다.
③ 어레이 간 이격거리가 짧아진다.
④ 어레이 간 음영 길이가 줄어든다.

해설 어레이 경사각 a를 낮출 경우

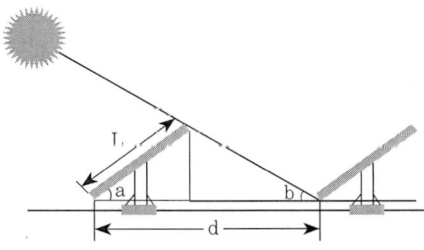

① 음영 길이가 줄어든다.
② 어레이 이격거리가 짧아진다.
③ 발전량이 줄어든다.
④ 많은 양의 모듈설치로 대지이용률이 증가한다.

18.1.28 / 19.2.27

28 1000만원을 투자하여 첫 해에는 400만원, 둘째 해에는 800만원의 현금유입이 있을 때, 자본비용이 10[%]라면 이 투자안의 순현가[NPV]는?

① 10.4만원
② 24.8만원
③ 62.5만원
④ 82.8만원

해설 순현재가치 분석(Net Present Value : NPV)
현재가치로 환산된 장래의 연차별 순편익의 합계에서 초기 투자비용 및 현재가치로 환산된 장래의 연차별 비용의 합계를 뺀 값을 의미한다. NPV>0이면 경제성이 있다고 판단한다.
① NPV > 0이면 순이익이 있다는 것이며, 투자할 가치가 있다고 판명
② NPV < 0이면 투자할 가치가 없는 것으로 판명

$$NPV = -투자\,순편익 + \frac{첫해\,순편익}{(1+자본비용)}$$
$$+ \frac{둘째해\,순편익}{(1+자본비용)^2}$$
$$= -1,000 + \frac{400}{1.1} + \frac{800}{1.1^2} ≒ 24.8\,[만원]$$

20.02.06

29 다음 조건에서 월간 발전량[kWh/월]은? (단, 종합설계계수는 0.66을 적용하며 기타 조건은 무시한다.)

- 태양전지 어레이 출력 : 10800[W]
- 월 적산어레이 경사면 일사량 : 115.94[kWh/m² · 월]
- 표준상태의 일사강도 : 1[kW/m²]

① 695.26
② 826.42
③ 995.72
④ 713.56

해설 월간 발전량[kWh/월]
[kWh/월] = 어레이출력(kW) × 월 경사면 일사량 × 종합설계계수
= 10.8 × 115.94 × 0.66 = 826.42

30 SPD[Surge Protective Device]를 시험에 의해 분류할 경우 클래스 I등급 시험의 파형 크기(파두장/파미장)와 종류로 옳은 것은? (단, 직격뢰를 가정한 경우이다.)

① 8/20[μs]의 전류파형
② 8/20[μs]의 전압파형
③ 10/350[μs]의 전류파형
④ 10/350[μs]의 전압파형

해설 통합접지공사에 따른 SPD시설기준
1) 과전압으로 인한 전기설비의 보호를 위해 SPD를 시설해야 하는 장소
① 연간뇌우일수(IKL) 25일/년 초과하는 지역에서 전원이 가공전로로 공급되는 전기설비
② 저압으로 인입되는 전기설비가 통합접지인 건물 안의 전기설비

2) SPD의 등급시험에 따른 분류

SPD종류	시험등급	방전매개변수	시험파형
I등급	I등급시험	I_{imp}, I_n	I_{imp} : 10/350μs 임펄스전류
II등급	II등급시험	I_{max}, I_n	I_n, I_{max} : 8/20μs 공칭방전전류
III등급	III등급시험	U_{oc}	U_{oc} : 1.2/50μs 콤비네이션파형

정답 27.② 28.② 29.② 30.③

31 분산전원의 저압 계통의 병입시 순시 전압변동률이 최대 몇 [%]를 초과하지 않아야 하는가?

① 3 ② 4
③ 5 ④ 6

해설 신재생에너지 저압 배선전로 계통연계 시 전압변동률
① 저압 일반선로에서 분산형전원의 상시 전압변동률은 3[%]를 초과하지 않아야 한다.
② 저압계통의 경우, 계통 병입시 돌입전류를 필요로 하는 발전원에 대해서 계통 병입에 의한 순시전압 변동률이 6[%]를 초과하지 않아야 한다.

32 단독운전 방지 기능 중 능동적인 방법이 아닌 것은?

① 부하변동방식
② 유효전력 변동방식
③ 주파수 시프트방식
④ 주파수 변화율 검출방식

해설 단독운전 능동적 검출방식
능동형은 전력변환장치 등을 이용하여 계통외란 신호를 출력하고, 이러한 출력 외란에 대한 전력계통의 응답 특성을 관측하여 단독운전 여부를 검출
① 주파수 시프트 방식
   인버터의 내부발진기에 주파수 바이어스를 주었을 때, 단독운전 시에 나타나는 주파수 변동을 검출
② 유효전력 변동방식
   인버터 출력에 주기적인 유효전력 변동을 주었을 때, 단독운전 시에 나타나는 전압, 전류 또는 주파수 변동을 검출한다. 상시 출력이 변동되는 가능성이 있다.
③ 무효전력 변동방식
   인버터의 출력에 주기적인 무효전력 변동을 주었을 때, 단독운전 시에 나타나는 주파수 변동 등을 검출
④ 부하 변동방식
   인버터의 출력과 병렬로 임피던스를 순간적 또는 주기적으로 삽입하여 전압 또는 전류의 급변을 검출

33 태양광발전시스템 사업을 할 경우 경제성은 사업에 중요한 부분을 차지한다. 경제성 용어인 IRR의 의미는 무엇인가?

① 투자수익률 ② 순현재가치
③ 내부수익률 ④ 예산조달비용

해설 내부수익률 분석(internal Rate of Return : IRR)
편익과 비용의 합계가 동일하게 되는 수준의 현재가치 할인율을 의미한다. 즉, 어떤 사업의 순현재가치의 값을 '0'으로 하는 특정한 값의 할인율을 의미하며, IRR이 클수록 좋은 대안이고, IRR>r이면 경제성이 있다고 판단한다.

34 공사 설계도서에 필수항목으로 가장 거리가 먼 것은?

① 배치도 ② 평면도
③ 입체도 ④ 시방서

해설 설계도서
1) 설계 설명서
   설계의 목적, 공사종목 및 그 개요, 각 설계에 대한 분석자료(인입지점, 발전소의 특성 등), 관계 관공서 등과의 협의 사항, 설계시 적용한 특별한 사항

2) 설계도면
   배치도, 단선접속도, 계통도, 배선도(평면도, 결선도, 기기상세도), 피뢰 설계도, 어레이 배치도, 접속반 내부 결선도

3) 기술계산서
   부하계산서, 전압강하계산서, 변압기용량계산서, 차단기용량계산서, 축전지용량계산서, 접지계산서

4) 설계시방서
① 기본설계 및 실시설계도면에 구체적으로 표시할 수 없는 내용과 공사수행을 위한 시공 방법, 자재의 성능·규격 및 공법, 품질시험 및 검사 등 품질관리, 안전관리, 환경관리 등에 관한 사항을 기술한다.

정답 31. ④ 32. ④ 33. ③ 34. ③

② 표준시방서 및 전문시방서를 기본으로 하여 작성하되, 공사의 특수성·지역여건·공사방법 등을 고려하여 작성한다.
③ 공사시방서, 전문시방서, 표준시방서, 특기시방서 등

5) 예산내역서
자재 산출근거서, 공량산출서, 일위대가표, 내역서, 공사원가산출서, 단가대비표, 견적서 등

14.4.71 / 16.2.63 / 18.1.35 / 19.2.40
35 전기사업의 허가를 받는 경우 시·도지사에게 받을 수 있는 발전시설의 최대 용량[kWh]은?
① 1000　　② 2000
③ 3000　　④ 4000

해설　발전사업 허가기관
3,000[kW]초과설비(산자부 전기위원회), 3,000[kW] 이하설비(광역시도지자체)
단, 제주특별자치도는 용량에 구분 없이 제주도 자체허가

17.1.23 / 17.4.40 / 18.1.36 / 18.2.1 / 19.2.29
36 계절별 태양의 남중고도가 가장 낮은 시기는?
① 춘분　　② 추분
③ 동지　　④ 하지

해설　남중고도
① 태양이 남쪽 하늘의 중앙에 있을 때 지표면과 이루는 각
② 자전축을 중심으로 매일 한 바퀴씩 자전하는 지구가 태양 주위를 일 년에 한 바퀴씩 공전하기 때문에 남중고도의 높이차이가 발생됨(지구의 자전축이 공전궤도면에 대하여 오른쪽으로 23.5도 기울어져 있다)
③ 제주지역 동지(32°), 하지(78°)

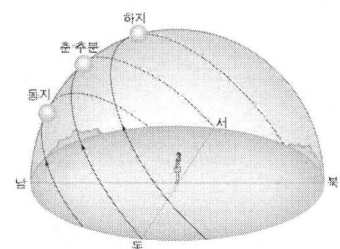

37 도면에 사용되는 선의 종류에서 중심선, 절단선, 기준선 등의 용도로 사용되는 선의 종류는?
① 굵은 실선　　② 가는 실선
③ 이점쇄선　　④ 일점쇄선

해설　도면상 선의 종류 및 용도
① 굵은 실선 : 천정은폐배선, 외형선, 대상물이 보이는 부분의 모양을 표시
② 가는 실선 : 치수선, 지시선, 회전단면선, 중심선
③ 2점 쇄선 : 가상선, 무게중심선
④ 1점 쇄선 : 중심선, 절단선, 기준선, 피치선, 특수지정선

17.4.31 / 18.1.38
38 도면의 작성 및 관리에 필요한 정보를 모아서 기재한 것을 무엇이라 하는가?
① 범례　　② 시방서
③ 표제란　　④ 도면목록표

해설　도면의 표제란 (Title Chart of Drawing)

TITLE	1차 배치도	DRWG	DESIGN	CHEK	APPR	DATE
PART	가변식	H.G.LEE	H.G.LEE	H.G.LEE		2018. 03. 30
PROJECT	태양광 발전소 모듈 배치도		사람과 에너지 (주)			DWG NO.
CUSTOMER	제주 신도1,2 태양광발전소					JJSDLM-B01

① 도면 오른쪽 밑에 내용을 요약해서 기입하는 난
② 도면 번호, 공사 명칭, 척도, 책임자·설계자의 서명, 도면 작성 연월일 등을 표기

18.1.39 / 19.2.85
39 전기사업용 전기설비의 공사계획 인가 또는 신고 시 산업통상자원부의 인가가 필요한 발전소 출력 기준은?
① 10000[kW] 이상　② 30000[kW] 이상
③ 50000[kW] 이상　④ 100000[kW] 이상

해설　전기사업용 전기설비 공사계획의 인가 및 신고의 대상 (태양광설비)

정답 35. ③ 36. ③ 37. ④ 38. ③ 39. ①

공사의 종류	공사의 종류	신고가 필요한 것
태양전지	출력 1만[kW] 이상의 태양전지의 설치 또는 전체 모듈 대체	출력 1만[kW] 미만의 태양전지의 설치 또는 전체 모듈 대체
전력변환장치	출력 1만[kW] 이상의 태양전지의 설치 또는 전체 모듈 대체	출력 1만[kW] 미만의 태양전지의 설치 또는 전체 모듈 대체

13.4.38 / 18.1.40

40 1000[m²] 면적에 하나의 어레이를 구성하여 태양광발전시스템을 설치할 때, 모듈 효율 15[%], 일사량 500[W/m²]일 때 생산되는 전력[kW]은? (단, 기타조건은 무시한다.)

① 75
② 750
③ 7500
④ 75000

해설 전력(P)

$P = 일사량 \times 모듈효율 = 500 \times \dfrac{15}{100} = 75\,[\text{kW}]$

41 가공전선로에서 발생할 수 있는 코로나 현상의 방지 대책이 아닌 것은?

① 복도체를 사용한다.
② 가선금구를 개량한다.
③ 선간거리를 크게 한다.
④ 바깥지름이 작은 전선을 사용한다.

해설 코로나(corona)
전선에 가해지는 전압이 어떤 값(임계 전압) 이상으로 되면 전선 표면의 공기 절연이 국부적으로 파괴되어 엷은 빛과 낮은 소리를 내게 되는 현상

(1) 임계 전압 (E_0)

$E_0 = 24.3\, m_0\, m_1\, \delta d \log_{10} \dfrac{D}{r}\,[\text{kV}]$

m_0 : 전선의 표면 상태에 의해서 정해지는 계수

m_1 : 일기에 관계되는 계수(맑은날 1, 우천시 0.8)
δ : 상대 공기 밀도
D : 선간거리[m]
r : 전선의 반지름[m]

2) 코로나손(corona loss)
전기 에너지 → 코로나에 의해 나타나는 빛, 열, 소리 → 전력 손실 → 코로나손

3) 코로나 방지대책
코로나 발생의 임계 전압을 상규(보통의 일반적인 규정) 전압 이상으로 높여주면 된다.
① 굵은 전선을 사용한다.
② 가선 금구 개선한다.
③ 복도체를 사용한다(가장 효과적인 방법).

15.4.52 / 18.1.42

42 감리원은 공사가 시작된 경우에 공사업자로부터 착공신고서를 제출받아 적정성 여부를 검토 후 며칠 이내에 발주자에게 보고하여야 하는가?

① 5일
② 7일
③ 10일
④ 14일

해설 착공신고서 검토 및 보고
감리원은 공사가 시작된 경우에는 공사업자로부터 다음의 서류가 포함된 착공신고서를 제출받아 적정성 여부를 검토하여 7일 이내에 발주자에게 보고하여야 한다.
① 시공관리책임자 지정통지서(현장관리조직, 안전관리자)
② 공사 예정공정표
③ 품질관리계획서
④ 공사도급 계약서 사본 및 산출내역서
⑤ 공사 시작 전 사진
⑥ 현장기술자 경력사항 확인서 및 자격증 사본
⑦ 안전관리계획서
⑧ 작업인원 및 장비투입 계획서
⑨ 그밖에 발주자가 지정한 사항

정답 40. ① 41. ④ 42. ②

43 착공신고 보고서류에 포함할 사항이 아닌 것은?

① 시공상세도
② 공사 시작 전 사진
③ 공사도급계약서 사본 및 산출내역서
④ 현장기술자 경력확인서 및 자격증 사본

해설 **착공신고서 검토 및 보고**

감리원은 공사가 시작된 경우에는 공사업자로부터 다음의 서류가 포함된 착공신고서를 제출받아 적정성 여부를 검토하여 7일 이내에 발주자에게 보고하여야 한다.
① 시공관리책임자 지정통지서(현장관리조직, 안전관리자)
② 공사 예정공정표
③ 품질관리계획서
④ 공사도급 계약서 사본 및 산출내역서
⑤ 공사 시작 전 사진
⑥ 현장기술자 경력사항 확인서 및 자격증 사본
⑦ 안전관리계획서
⑧ 작업인원 및 장비투입 계획서
⑨ 그밖에 발주자가 지정한 사항

13.4.48 / 15.2.60 / 15.4.48 / 17.4.51 / 18.1.44 / 18.2.49 / 19.4.48

44 태양광발전시스템 구조물의 설치공사 순서를 보기에서 찾아 옳게 나열한 것은?

```
㉠ 어레이 가대공사
㉡ 어레이 기초공사
㉢ 어레이 설치공사
㉣ 배선공사
㉤ 점검 및 검사
```

① ㉡ → ㉠ → ㉢ → ㉣ → ㉤
② ㉠ → ㉡ → ㉢ → ㉣ → ㉤
③ ㉣ → ㉡ → ㉠ → ㉢ → ㉤
④ ㉣ → ㉠ → ㉡ → ㉢ → ㉤

해설 **설치 시공 순서**

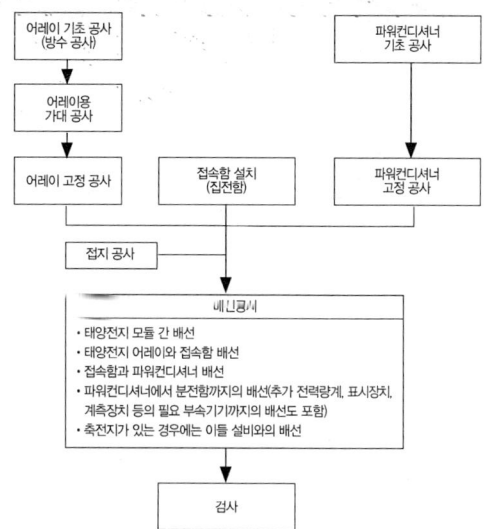

18.1.45 / 19.2.43

45 비상주감리원의 업무 범위가 아닌 것은?

① 기성 및 준공검사
② 설계 변경 및 계약금액 조정의 심사
③ 감리업무 수행계획서, 감리원 배치계획서 검토
④ 정기적으로 현장 시공 상태를 종합적으로 점검 · 확인 · 평가하고 기술지도

해설 **비상주감리원의 근무수칙**

① 설계도서 등의 검토
② 상주감리원이 수행하지 못하는 현장 조사 분석 및 시공상의 문제점에 대한 기술검토와 민원사항에 대한 현지조사 및 해결방안 검토
③ 중요한 설계변경에 대한 기술검토
④ 설계변경 및 계약금액 조정의 심사
⑤ 기성 및 준공검사
⑥ 정기적(분기 또는 월별)으로 현장 시공 상태를 종합적으로 점검 · 확인 · 평가하고 기술지도
⑦ 공사와 관련하여 발주자(지원업무수행자 포함)가 요구한 기술적 사항 등에 대한 검토
⑧ 그밖에 감리업무 추진에 필요한 기술지원 업무
※ 지원업무담당자의 주요 업무 : 감리업무 수행계획서, 감리원 배치계획서 검토

정답 43. ① 44. ① 45. ③

13.4.53 / 18.1.46 / 18.4.56

46 감리원이 작성하는 전력시설물의 유지관리지침서 내용에 포함되지 않는 것은?

① 시설물 유지관리방법
② 시설물의 규격 및 기능설명서
③ 시설물의 시운전 결과 보고서
④ 시설물 유지관리기구에 대한 의견서

해설 유지관리지침서

유지관리지침서를 작성, 공사 준공 후 14일 이내에 발주자에게 제출
① 시설물의 규격 및 기능설명서
② 시설물 유지관리기구에 대한 의견서
③ 시설물 유지관리방법
④ 특기사항

13.4.83 / 15.2.57 / 16.2.85 / 18.1.47

47 가공전선로에서 전선의 이도에 관한 설명으로 틀린 것은?

① 이도는 지지물의 높이를 결정한다.
② 이도는 온도 변화의 영향과 무관하다.
③ 이도가 크면 전선이 진동하므로 지락 사고의 우려가 있다.
④ 이도가 작으면 전선의 장력이 증가하여 단선의 우려가 있다.

해설 전선의 이도(Dip)

지지물 A, B사이에 전선을 가설하면 전선 자체의 무게 때문에 밑으로 처진 곡선을 이루게 되며 가장 밑으로 처진 부분의 수직 거리를 이도(Dip)라고 한다.

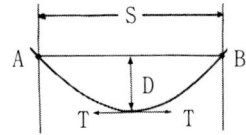

1) 이도의 중요성
① 겨울 : 이도가 적당치 않으면 전선의 수축으로 인해 전선에 무리한 장력 발생 → 단선사고
② 여름 : 온도에 의해 전선은 팽창, 진동 → 도로, 철도, 통신선 등에 위험

2) 이도의 계산
① 전선의 두 지지점이 수평인 경우

$$D ≒ \frac{W S^2}{8 T} \ [m]$$

T : 수평 장력 [kg], W : 전선의 중량 [kg/m], S : 경간 [m]

② 전선의 실제 길이

$$L ≒ S + \frac{8D^2}{3S} \ [m]$$

전선의 실제 길이 L은 경간 S보다 $\frac{8D^2}{3S}$ 만큼 더 길어진다(약 경간의 0.1~1[%] 미만).

13.4.86 / 15.2.93 / 15.4.51 / 15.4.100 / 16.4.99 / 17.2.96 / 18.1.48

48 태양전지 모듈 등의 시설 방법으로 틀린 것은?

① 충전부분은 노출되지 아니하도록 시설
② 전선은 공칭단면적 2.5[mm²]이상의 연동선 또는 이와 동등 이상의 세기 및 굵기의 것
③ 태양전지 모듈에 접속하는 부하측의 전로에는 그 접속점에 근접하여 개폐기 기타 이와 유사한 기구를 시설
④ 태양전지 모듈을 병렬로 접속하는 전로에는 그 전로에 단락이 생긴 경우에 전로를 보호하는 보호계전기를 시설

해설 개폐기(과전류차단기)

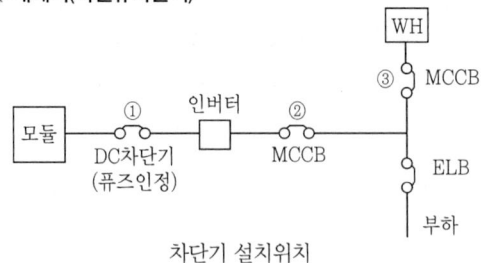

차단기 설치위치

① 태양전지 모듈 직렬군(스트링)에 접속한 태양전지 DC 주케이블의 가까운 곳(접속단자함)에 부하전류를 개폐할 수 있는 개폐기(차단기)를 시설하여야 한다.
② 태양전지 모듈 직렬군(스트링)을 병렬 접속한 접속점 이후의 간선에 단락이 생긴 경우에 전로를 보호하는 과전류차단기를 시설하여야 한다. 다만, 해당

전로의 전선이 단락전류에 충분한 경우에는 생략 가능하다.
③ 과전류차단기는 이를 시설하는 곳을 통과하는 단락전류를 차단하는 능력을 가지는 것을 시설하여야 한다.

49 KEC 한국전기설비규정의 변경으로 삭제됨

50 태양전지 모듈의 취부방향은 대부분 좌우가 긴 횡방향으로 설치되나, 상하가 긴 종방향으로 설치하는 이유로 틀린 것은?

① 적설지대에 적합함
② 세정효과가 좋아짐
③ 발전부지가 적게 됨
④ 먼지, 꽃가루 등이 많은 지역에 적합함

[해설] 모듈의 종방향 설치

① 모듈의 긴 쪽이 상하가 되도록 설치하는 것
② 자연강우에 의한 세정효과, 적설 시 눈의 추락위험이 적다.
③ 전선의 고정 및 정리가 쉽다.

※ 종방향과 횡방향의 설치 방법에 따른 필요 발전부지의 면적에는 차이가 없다.

15.2.59 / 18.1.51

51 감리원이 공사업자로부터 물가변동에 따른 계약금액 조정요청을 받은 경우에 작성하여 제출하도록 되어 있는 서류가 아닌 것은?

① 물가변동조정 요청서
② 계약금액 조정 요청서
③ 안전관리비 집행근거 서류
④ 품목조정률 또는 지수조정률에 대한 산출근거

[해설] 물가변동으로 인한 계약금액의 조정요청시 공사업자 제출서류

감리원은 제출된 서류를 검토·확인하여 조정요청을 받은 날부터 14일 이내에 검토의견을 발주자에게 보고
① 물가변동조정 요청서
② 계약금액조정 요청서
③ 품목조정율 또는 지수조정율의 산출근거
④ 계약금액 조정 산출근거
⑤ 그밖에 설계변경에 필요한 서류

17.1.66 / 17.4.65 / 18.1.52

52 인버터의 시험항목 중에서 독립형 및 연계형에서 모두 시험해야 하는 정상특성시험에 속하지 않는 것은?

① 효율시험   ② 온도상승시험
③ 누설전류시험   ④ 부하차단시험

[해설] 인버터의 정상특성시험 항목

	시 험 항 목	독립형	계통 연계형
정상 특성 시험	a) 교류전압, 주파수 추종 범위 시험	×	○
	b) 교류 출력전류 변형률 시험	×	○
	c) 누설전류시험	○	○
	d) 온도상승시험	○	○
	e) 효율시험	○	○
	f) 대기손실시험	×	○
	g) 자동기동·정지 시험	×	○
	h) 최대전력 추종시험	×	○
	i) 출력전류 직류분 검출시험	×	○

53 책임 설계감리원이 설계감리의 기성 및 준공을 처리할 때 발주자에게 제출하는 서류 중 감리기록서류에 해당하지 않는 것은?

① 설계감리일지
② 설계감리요청서
③ 설계감리지시부
④ 설계감리 결과보고서

해설 설계감리의 기성 및 준공
책임 설계감리원이 설계감리의 기성 및 준공을 처리할 때에는 다음의 준공서류를 구비하여 발주자에게 제출한다.
1) 설계용역 기성부분 검사원 또는 설계용역 준공검사원
2) 설계용역 기성부분 내역서
3) 설계감리 결과보고서
4) 감리기록서류
 ① 설계감리일지
 ② 설계감리지시부
 ③ 설계감리기록부
 ④ 설계감리요청서
 ⑤ 설계자와 협의사항 기록부
5) 그밖에 발주자가 과업지시서상에서 요구한 사항

54 태양전지 모듈과 인버터간의 배선에 대하여 옳게 설명한 것은?

① 태양전지 어레이의 지중배선은 1.0[m] 이상의 깊이로 매설한다.
② 태양전지 모듈 접속용 케이블은 반드시 극성 표시를 하지 않아도 된다.
③ 접속함에서 인버터까지의 배선은 전압강하율 5[%] 이하로 할 것을 권장하고 있다.
④ 태양전지 모듈 사이의 배선은 2.5[mm²] 이상의 전선을 사용하면 단락전류에 견딜 수 있다.

해설 태양전지 모듈간의 배선
태양전지판 모듈과 모듈을 연결하는 전선은 공칭단면적 2.5[mm²] 이상의 연동선 또는 동등 이상의 세기 및 굵기의 전선으로 배선하여야 한다.

55 배전선로의 장주에 전선로를 병가 할 경우 전선로의 순위를 나타낸 것으로 옳은 것은?

① 통신선은 중성선 또는 저압 전선로의 하단에 배치한다.
② 전용 전선로 또는 이와 유사한 전선로는 일반 전선로보다 하단에 배치한다.
③ 원거리에 전송하는 전선로는 근거리에 전송하는 전선로보다 하단에 배치한다.
④ 서로 다른 전압의 전선로를 동일 지지물에 병가 할 경우에는 높은 전압의 전선로를 하단에 배치한다.

해설 저압선과 전력보안통신선 및 약전류전선과의 이격거리

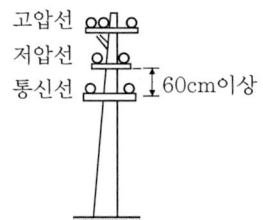

① 저압선(특고압 다중접지 중성선 포함)과 첨가통신선의 이격거리는 60[cm] 이상으로 한다.
② 전주의 가장 상부부터 특고압, 고압, 저압, 통신선 순이다.

56 태양전지 모듈의 연결공사에 대한 설명으로 틀린 것은?

① 전선의 연결부위는 전선관 내에서 연결해야 한다.
② 금속관 상호 간 및 관과 박스의 접속은 견고하고 전기적으로 완전하게 접속한다.
③ 태양전지 모듈 결선 시 Junction Box Hole에 맞는 방수 커넥터를 사용한다.
④ 사용전압이 400[V] 이상인 경우 금속관에는 접지공사를 한다.

해설 금속관배선의 시설조건
1) 전선은 절연전선(옥외용 비닐절연전선을 제외한다) 일 것
2) 전선은 연선일 것. 다만, 다음의 것은 적용하지 않는다.
   ① 짧고 가는 금속관에 넣은 것
   ② 단면적 10[mm²](알루미늄선은 단면적 16[mm²]) 이하의 것
3) 전선은 금속관 안에서 접속점이 없도록 할 것

14.4.44 / 18.1.57

57. 자가용 전기설비 사용전검사를 실시하기 전이나 실시한 후에 신청인 및 전기안전관리자 등 검사입회자에게 회의를 통해 설명하고 확인시켜야 할 사항이 아닌 것은?

① 안전작업 수칙
② 준공표지판 설치
③ 검사에 필요한 안전자료 검토 및 확인
④ 검사결과 부적합 사항의 조치내용 및 개수방법·기술적인 조언 및 권고

해설 검사전·후 회의실시
검사자는 검사를 실시하기 전이나 검사를 실시한 후에 신청인 및 전기안전관리자 등 검사입회자에게 아래의 내용을 설명하고 확인하기 위해서 회의를 실시할 수 있다.
① 검사의 목적 과 내용
② 안전작업 수칙
③ 검사의 절차 및 방법
④ 검사에 필요한 기술자료 검토 및 확인
⑤ 검사결과 부적합 사항의 조치내용 및 개수방법·기술적인 조언 및 권고
⑥ 준공표지판 설치

17.1.24 / 18.1.58 / 19.4.53

58. 태양전지 모듈은 사업계획서상에 제시된 설치용량의 몇 [%]를 초과하지 않아야 하는가?

① 101   ② 103
③ 105   ④ 110

해설 모듈 설치용량
모듈의 설치용량은 사업계획서 상의 모듈 설계용량과 동일하여야 한다. 다만, 단위모듈당 용량에 따라 설계용량과 동일하게 설치할 수 없을 경우에 한하여 설계용량의 110[%] 이내까지 가능하다.

13.4.31 / 14.4.60 / 15.4.58 / 18.1.59

59. 분산형전원의 이상 또는 고장 발생 시 이로 인한 영향이 연계된 계통으로 파급되지 않도록 태양광발전시스템에 설치해야 하는 보호계전기가 아닌 것은?

① 과전압 계전기   ② 과전류 계전기
③ 저전압 계전기   ④ 저주파수 계전기

해설 보호장치 설치
① 분산형전원 설치자는 고장 발생시 자동적으로 계통과의 연계를 분리할 수 있도록 다음의 보호계전기 또는 동등 이상의 기능 및 성능을 가진 보호장치를 설치하여야 한다.
② 계통 또는 분산형전원 측의 단락·지락고장시 보호를 위한 보호장치를 설치한다.
③ 인버터에는 적정한 전압과 주파수를 벗어난 운전을 방지하기 위하여 과·저(부족)전압 계전기, 과·저(부족)주파수 계전기가 설치된다.
④ 단순병렬 분산형전원의 경우에는 역전력 계전기를 설치한다. 단, 신·재생에너지를 이용하여 전기를 생산하는 용량 50[kW] 이하의 소규모 분산형전원(단, 해당 구내계통 내의 전기사용 부하의 수전 계약전력이 분산형전원 용량을 초과하는 경우에 한한다)으로서 단독운전 방지기능을 가진 것을 단순병렬로 연계하는 경우에는 역전력계전기 설치를 생략할 수 있다.

※ 과전압계전기(OVR), 부족전압계전기(UVR), 주파수 상승계전기(OFR), 주파수 저하계전기(UFR)

60 KEC 한국전기설비규정의 변경으로 삭제됨

정답 56.① 57.③ 58.④ 59.② 60.

61 배전반의 케이블 단말부 및 접속부, 관통부 등의 점검 내용으로 틀린 것은?

① 부하 개폐기의 절연유 누출
② 볼트의 풀림 등에 의한 진동
③ 코로나 방전에 의한 과열 냄새
④ 곤충 및 설치류 등의 침입 흔적

해설 케이블 단말부 및 접속부, 케이블 관통부의 점검
① 소리 : 볼트류의 조임이 이완되어 진동음은 없는가.
② 냄새 : 코로나 방전 또는 과열에 의한 이상한 냄새는 없는가.
③ 손상 : 케이블 막이판의 탈락 또는 간격의 벌어짐은 없는가.
④ 소동물 : 침입의 흔적은 없는가.

17.2.53 / 18.1.62 / 18.2.64 / 20.2.68 / 20.3.78 / 21.1.76

62 계통연계형과 독립형의 태양광 발전용 인버터가 실외형인 경우 IP(방진, 방수)는 최소 몇 등급 이상인가?

① IP20   ② IP44
③ IP56   ④ IP57

해설 태양광발전용 인버터와 접속함의 IP등급

(1) 인버터

용도	형식	설치 장소	비 고
계통 연계형	3상	실내/실외	실내형 : IP20이상
독립형	3상	실내/실외	실외형 : IP44이상

(2) 접속함

병렬 스트링 수에 의한 분류	설치장소에 의한 분류
소형(3회로 이하)	실내형: IP54 이상
	실외형: IP54 이상
중대형(4회로 이상)	실내형: IP20 이상
	실외형: IP54 이상

※ IP 등급의 표시

숫자	제1숫자 방수 보호정도	제2숫자 방수 보호정도
0	없음	없음
1	손의 접근으로부터 보호	수직으로 떨어지는 물방울로부터의 보호
2	손가락의 접근으로부터 보호	수직에서 15° 범위에서 떨어지는 물방울로부터의 보호
3	공구의 선단 등으로부터 보호	수직에서 60° 범위에서 떨어지는 물방울로부터의 보호
4	WIRE 등으로부터의 보호	전방향으로 비산되는 물로부터의 보호
5	분진으로부터 보호	전방향으로 쏟아지는 물로부터의 보호
6	완전한 방진구조	파도 등의 강력하게 쏟아지는 물로부터의 보호
7	-	일정한 조건으로 물에 잠겨서 사용 가능
8	-	물속에서 사용 가능

15.4.12 / 15.4.13 / 18.1.63 / 18.2.2 / 18.4.8 / 18.4.73 / 21.2.3

63 태양광발전설비 운영방법과 관련하여 틀린 것은?

① 모듈은 고압 분사기를 이용하여 정기적으로 물을 뿌려준다.
② 모듈 표면의 온도가 높을수록 발전효율이 높으므로 강한 빛을 받도록 한다.
③ 구조물 및 전선에 부분적인 발청 현상이 있을 경우 도포 처리를 해 준다.
④ 태양광 발전설비의 고장요인이 대부분 인버터에서 발생하므로 정기적으로 정상여부 확인한다.

해설 태양광 모듈의 온도에 따른 출력 전압과 전류 값
① 태양광 모듈의 온도특성을 살펴보면 전류는 양(+)의 온도계수를 가지고 전압과 전력은 음(-)의 온도계수를 가진다. 음의 온도계수의 의미는 온도가 높을수록 태양광 모듈의 전압과 전력은 감소하고, 온도가 낮을수록 태양광 모듈의 전압과 전력이 증가한다는 것을 의미한다.
② 태양전지가 보다 높은 온도에 노출되면 단락전류(I_{sc})는 조금(+0.05[%/℃]) 증가하며, 개방전압(V_{oc})은 (-0.5[%/℃]) 감소한다.
③ 폴리 실리콘 계열의 태양전지는 표면온도가 1[℃] 상승할 때, 대략 0.3~0.5[%]의 출력이 감소한다.

정답 61. ① 62. ② 63. ②

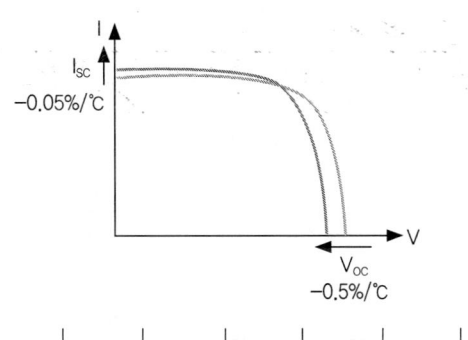

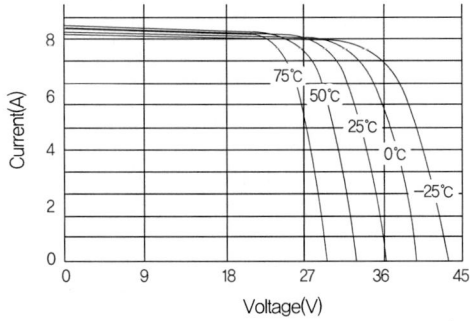

13.4.14 / 15.2.10 / 16.4.31 / 17.2.17 / 18.1.64 / 18.2.8 / 19.1.7

64 태양광발전모듈에 차광이 모듈의 부하로 작용하여 태양광발전시스템의 출력을 저하시킬 경우 조치로 옳은 것은?

① 제너 다이오드를 설치한다.
② 스트링 다이오드를 설치한다.
③ 블럭킹 다이오드를 설치한다.
④ 바이패스 다이오드를 설치한다.

해설 바이패스(Bypass) 소자

1) 태양광 모듈의 그림자 영향
① 태양광 모듈은 아주 적은 일부가 그림자에 가려지더라도 모듈 전체의 출력이 크게 저하된다.
② 모듈은 각각의 태양전지를 직렬로 연결하기 때문에 수십 개의 태양전지로 구성된 모듈에서 단 한 개의 셀이 나뭇잎 등에 의해 완전히 가려졌다면 출력 값은 거의 제로(Zero)에 가깝게 떨어진다.
③ 전체 개방전압에서 그림자가 발생한 모듈의 개방전압을 뺀 값 이하에서 전압 동작점이 존재할 때에 그림자가 발생한 모듈의 전류가 역방향이 된다. 따라서 역 전압이 인가되고 부하처럼 동작되어 열이 발생되고 모듈이 파손되는 원인이 된다.

2) 대책(바이패스 다이오드)

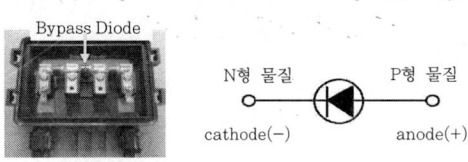

바이패스다이오드(Junction Box에 설치) 회로 표기방법(기호)

① 바이패스다이오드(Bypass Diode)는 전류를 한쪽 방향으로만 흐르게 만들어 주는 부품으로 P에서 N방향으로 전류가 흐르고 반대 방향으로는 전류를 거의 통과시키지 않는다.

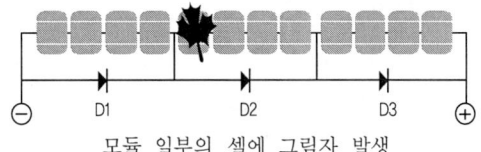

모듈 일부의 셀에 그림자 발생

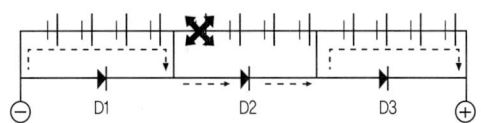

그림자 발생된 모듈의 전류흐름

② 그림자로 인해 출력이 저하된 셀 또는 셀 그룹을 우회해 전류가 흐르도록 하고, 이를 통한 출력감소는 오직 그림자에 의해 가려진 셀 또는 셀 그룹에 해당하는 부분으로 제한해 출력을 유지한다.

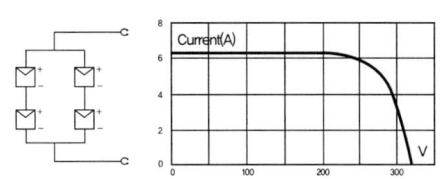

셀이 정상 연결되었을 때

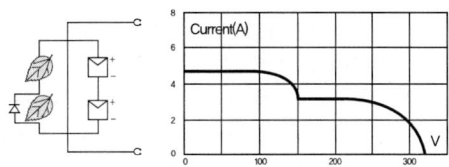

셀 일부가 정상동작하지 않을 시

③ 일반적으로 모듈 한 장(태양전지 6×9)에 셀 54개 배열의 경우에는 다이오드 3개(1개당 18개의 셀)를 설치한다.

정답 64. ④

15.2.77 / 15.2.79 / 16.2.66 / 16.2.78 / 16.4.80 / 18.1.65 / 19.2.76

65 자가용전기설비 중 태양광 발전설비 전력변환장치의 정기검사 항목으로 틀린 것은?

① 윤활유 ② 외관검사
③ 절연저항 ④ 절연내력

해설 자가용 태양광 발전설비 전력변환장치의 정기검사 항목

1) 일반 규격
① 규격확인

2) 본체
② 외관검사
③ 절연저항
④ 절연내력
⑤ 제어회로 및 경보장치
⑥ 전력조절부/Static 스위치 자동·수동 절체시험
⑦ 역방향운전 제어시험
⑧ 단독운전 방지시험
⑨ 인버터 자동·수동 절체시험
⑩ 충전기능시험

3) 보호장치
① 외관검사
② 절연저항
③ 보호장치시험

4) 축전지
① 시설상태 확인
② 전해액 확인
③ 환기시설 상태

66 (   ) 안에 들어갈 내용으로 옳은 것은?

태양광 발전설비로서 용량 (   )[kW] 미만은 소유자 또는 점유자가 안전공사 및 전기안전관리 대행사업자에게 안전관리업무를 대행하게 할 수 있다.

① 500 ② 1000
③ 1500 ④ 2000

해설 안전관리업무의 대행

안전관리자 선임의무에도 불구하고 일정 규모 이하의 전기설비의 소유자 또는 점유자는 다음에 해당하는 자에게 안전관리업무를 대행하게 할 수 있다.

전기안전관리 대행업자	해당 전기설비의 규모
안전공사 및 전기안전대행 사업자	다음 중 어느 하나에 해당하는 전기설비(둘 이상의 전기설비 용량의 합계가 2,500[kW] 미만인 경우만 해당) ① 용량 1,000[kW] 미만의 전기수용설비 ② 용량 300[kW] 미만의 발전설비(비상용 예비발전설비는 용량 500[kW] 미만) ③ 태양에너지를 이용하는 발전설비로서 용량 1,000[kW] 미만인 것
개인대행자	다음 중 어느 하나에 해당하는 전기설비(둘 이상의 전기설비 용량의 합계가 1,050[kW] 미만인 경우만 해당) ① 용량 500[kW] 미만의 전기수용설비 ② 용량 150[kW] 미만의 발전설비(비상용 예비발전설비는 용량 300[kW] 미만) ③ 용량 250[kW] 미만의 태양광발전설비

14.4.77 / 17.4.64 / 18.1.67

67 태양광발전시스템 구조물의 고장으로 틀린 것은?

① 마찰음 ② 핫스팟
③ 이상 진동음 ④ 구조물 변형

해설 구조물의 고장

① 부식 및 녹발생 : 아연도금 불량, 시공시 절단 불량, 용접불량, 크랙 원인 등
② 이상 진동음 : 볼트와 너트 체결 상태 불량, 구조물 변형, 전선 이완 등
③ 마찰음 : 볼트와 너트 체결 상태 불량, 구조물 불균형, 구조물 구동부 마찰 등
④ 구조물 변형 : 외부 충격, 기초 변형, 구조물 불균형 등

정답 65. ① 66. ② 67. ②

※ 핫스팟(Hot Spot, 열점)

태양광발전 모듈을 구성하는 셀의 일부에 그늘이 지거나, 셀의 결선 부위에 회로 결함이 생긴 경우, 셀의 부정합 또는 전지 특성의 편차 등으로, 태양전지의 어느 한 점에서 낮은 출력으로 과도한 역전압이 인가되거나 다른 어떤 손상으로 인해 절연파괴가 발생하여 국부적으로 심하게 과열되는 현상

68 전기안전관리자는 유지관리를 위해서 점검 등 결과가 부적합인 경우 조치 방법으로 틀린 것은?

① 소유자는 전기안전관리자가 안전관리를 위해 부적합 전기설비에 대하여 의견을 제시하는 경우에는 이를 따르지 않아도 된다.
② 전기안전관리자는 전기설비기술기준에 적합하지 아니한 전기설비중 경미한 전기공사에 대하여 필요할 경우에는 직접 수리할 수 있다.
③ 전기안전관리자는 검사 및 점검 결과가 전기설비기술기준에 적합하지 않을 때에는 소유자에게 알려 부적합 전기설비의 수리·개조·보수 등 필요한 조치를 취하도록 하여야 한다.
④ 전기안전관리자는 부적합 전기설비에 대한 조치가 취해지기 전에 전기설비의 운용에 따른 안전 확보를 위해 필요하다고 판단되는 경우 전기설비의 사용을 일시정지하거나 제한할 수 있다.

해설 부적합설비 등의 조치
① 전기안전관리자는 검사 및 점검 결과가 전기설비기술기준에 적합하지 않을 때에는 소유자에게 알려 부적합 전기설비의 수리·개조·보수 등 필요한 조치를 취하도록 하여야 한다.

② 전기안전관리자는 부적합 전기설비에 대한 조치가 취해지기 전에 전기설비의 운용에 따른 안전 확보를 위해 필요하다고 판단되는 경우 전기설비의 사용을 일시정지하거나 제한할 수 있다.
③ 전기안전관리자는 전기설비기술기준에 적합하지 아니한 전기설비중 경미한 수리가 필요할 경우에는 직접 수리할 수 있다.
④ 소유자는 전기안전관리자가 안전관리를 위해 부적합 전기설비에 대하여 의견을 제시하는 경우에는 이를 따라야 한다.

69 전기사업 허가신청서에서 신청내용으로 틀린 것은?

① 설치장소
② 사업의 종류
③ 사업의 시작일자
④ 사업구역 또는 특정한 공급구역

13.4.70 / 15.2.66 / 17.2.39 / 18.1.70 / 18.2.73

70 태양광발전시스템의 인버터 점검 시 조치 내용으로 틀린 것은?

① 상회전 확인 후 정상 시 재운전
② 전자접촉기 교체 점검 후 재운전
③ 계통전압 확인 후 정상 시 5분 후 재기동
④ 태양전지 전압 점검 후 정상 시 3분 후 재기동

해설 한전계통에의 재병입(Reconnection)
① 한전계통에서 이상 발생 후 해당 한전계통의 전압 및 주파수가 정상 범위 내에 들어올 때까지 분산형전원의 재병입이 발생해서는 안된다.
② 분산형전원 연계 시스템은 안정상태의 한전계통 전압 및 주파수가 정상 범위로 복원된 후 그 범위 내에서 5분간 유지되지 않는 한 분산형전원의 재병입이 발생하지 않도록 하는 지연기능을 갖추어야 한다.

17.2.70 / 18.1.71

71 중대형 태양광 발전용 인버터의 효율 시험 시 교류 전원을 정격 전압 및 정격 주파수로 운전하고 운전 시작 후 최소한 몇 시간 후에 측정하는가?

① 2 ② 4
③ 6 ④ 8

해설 효율시험
① 교류 전원을 정격전압 및 정격 주파수로 운전한다.
② 운전시작 후 최소 2시간 이후에 측정한다.

72 태양전지 소자 – 제3부 : 기준 스펙트럼 조사강도 데이터를 이용한 지상용 태양전지(PV) 소자의 측정원리(KS C IEC 60904-3)의 적용범위로 틀린 것은?

① 모듈
② 시스템
③ 태양전지의 하부 조직
④ 보호 덮개가 없는 태양전지는 제외

해설 KS C IEC 60904-3의 적용범위
태양전지 소자-제3부 : 기준 스펙트럼 조사강도 데이터를 이용한 지상용 태양전지(PV) 소자의 측정원리
① 보호 덮개가 있거나 없는 태양전지
② 태양전지의 하부 조직
③ 모듈
④ 시스템

73 태양광발전시스템의 운전 시 확인 요소로 틀린 것은?

① 어레이 구조물의 접지의 연속성 확인
② 태양광발전모듈, 어레이의 단락전류 측정
③ 태양광발전모듈, 어레이의 전압, 극성 확인
④ 무변압기방식 인버터를 사용할 경우 교류측 비접지의 확인

해설 트랜스리스(Transless) 방식

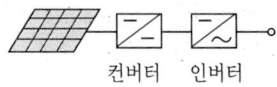
컨버터 인버터

① 태양전지의 직류출력을 DC-DC 컨버터로 승압하고 인버터에서 상용주파의 교류로 변환한다.
② 소형 경량으로 저렴하며, 효율이 우수하고 신뢰성이 높다.
③ 상용전원과의 사이에는 절연이 되지 않아 안정성이 떨어진다.

13.4.80 / 15.2.2 / 17.1.9 / 17.2.33 / 17.4.24 / 18.1.74 / 19.2.6 / 19.4.1

74 방향과 경사가 서로 다른 하부 어레이들로 구성된 태양광발전시스템의 인버터 운영방식으로 적합한 것은?

① 모듈형
② 분산형
③ 중앙집중형
④ 마스터-슬레이브형

해설 태양광발전시스템의 인버터 운영방식
1) 중앙 집중형 인버터방식

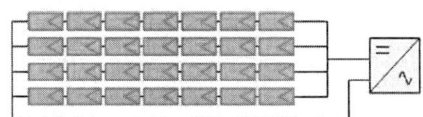

① 발전소 현장에 1대의 인버터만 설치함
② 모든 전선이 한 곳으로 오기 때문에 작업공정이 간단, 설치비가 적게 소요되며, 발전량 확인이 용이하다.
③ 단일형 인버터는 제품 이상발생 시 전체 발전소가 가동을 멈추기 때문에 발전 손실이 크다.

2) 분산형(스트링 포함) 인버터 방식

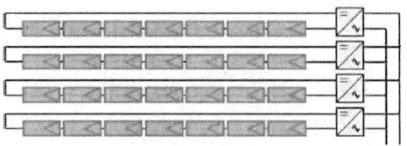

① 발전소 현장에 소형 인버터 여러 대를 설치함

정답 71. ① 72. ④ 73. ④ 74. ②

② 특정 인버터가 고장이 나더라도 해당 인버터 부분에서만 발전 손실이 일어나고 나머지 인버터는 정상적으로 발전이 되기 때문에 발전 손실을 최소화할 수 있다.
③ 방향과 경사가 서로 다른 하부 어레이들로 구성된 시스템, 부분적으로 음영이 지는 시스템의 경우 분산형 인버터 방식을 고려할 필요가 있다.

3) 주/종속시스템(Master-Slave System)

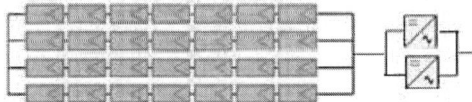

① 인버터 2~3대를 결합하여 회로를 구성한다.
② 발전을 시작하면 마스터 인버터만 구동되고, 마스터 인버터의 전력한계에 도달하면, 다음 슬래브 인버터가 자동 연결되어 생산된 발전량에 대응한다.
③ 낮은 발전량에서도 대용량 인버터 한 대가 운영되는 방식보다는 효율이 높아진다.
④ Master와 Slave의 기능은 정기적(1~3개월)으로 교대를 해주어, 균등운전이 되게 한다.

4) 모듈인버터(마이크로 인버터: MIC, Module Integrated Central) 방식

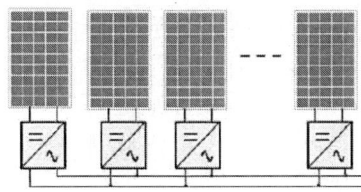

① 태양전지 모듈 1개에 인버터 1개를 부착하는 방식으로 스트링 인버터의 작은 형태이다.
② 태양전지 1장에 대한 모니터링이 가능하여 유지보수가 쉽다
③ 각 마이크로인버터(MIC; Module Integrated Converter)의 최대 효율은 낮지만, 태양전지 모듈에 대해 개별로 MPPT를 하므로, 전체 발전량에 있어서는 스트링 인버터 이상의 발전효율을 가지고 있다.
④ 대용량 발전소보다는 소용량 발전소에서 효율이 높고, 태양전지 모듈 1장으로도 태양광발전을 할 수 있다.

⑤ 고장 난 인버터는 쉽게 교체 가능하며, 시스템 확장이 쉽다.

15.2.16 / 18.1.75
75 태양광발전시스템의 손실 인자가 아닌 것은?
① 음영 ② 모듈의 오염
③ 높은 주변온도 ④ 계통 단락용량

해설 모듈의 손실 인자
① 음영
② 모듈의 오염
③ 높은 주변온도
④ 모듈의 온도 상승
⑤ 모듈의 반사손실
⑥ 모듈간의 부조화와 배선에서의 손실

76 고압 활선작업 시의 안전조치 사항이 아닌 것은?
① 절연용 보호구 착용
② 절연용 방호구 설치
③ 단락접지기구의 철거
④ 활선작업용 장치 사용

해설 단락접지기구

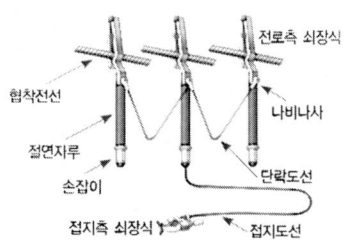

충전부로부터 단로된 도체·기기의 위 또는 부근에서 작업하는 경우, 관련지침에 따라 잠금장치 및 꼬리표를 부착하고 전압이 있는지를 시험, 예기치 못하게 전원이 투입되는 것을 방지하고, 유도전압으로부터 안전을 확보하기 위해서 필요시에 단락 접지를 하고 작업을 실시하며, 작업이 종료되면 단락접지기구를 철거한다.

정답 75. ④ 76. ③

14.4.75 / 17.2.74 / 18.1.77 / 19.2.75

77 태양광발전시스템의 성능평가의 대분류 종류로 틀린 것은?

① 사이트 ② 신뢰성
③ 설비생산비용 ④ 설비설치비용

해설 태양광발전시스템 성능평가의 대분류
① 태양광 발전 시스템 구성 요인의 성능 및 신뢰성
② 태양광 발전 시스템의 사이트
③ 태양광 발전 시스템의 신뢰성
④ 태양광 발전 시스템의 설비 설치비용(경제성)
⑤ 태양광 발전 시스템의 발전 전력 생산 능력(발전 성능)

78 사용전압이 300[V]를 초과하고 교류 600[V] 또는 직류 750[V] 이하의 작업에 사용하는 절연 고무장갑의 종별로 옳은 것은?

① A종 ② B종
③ C종 ④ D종

해설 절연 고무장갑의 종류

종별	사용 전압
A종	300[V]를 초과하고 교류 600[V] 또는 직류 750[V] 이하의 작업에 사용
B종	600[V]를 또는 직류 750[V]를 초과하고 3,500[V] 이하의 작업에 사용
C종	3,500[V]를 초과하고 7,000[V] 이하의 작업에 사용

16.4.73 / 18.1.79 / 18.4.69 / 19.1.64

79 태양광발전시스템의 신뢰성 평가 및 분석 항목에서 시스템 트러블과 관계가 없는 것은?

① 직류 지락
② ELB 트립
③ 인버터 운전 정지
④ 컴퓨터의 조작 오류

해설 신뢰성 평가 및 분석 항목
① 계측 트러블 : 컴퓨터의 조작 오류
② 시스템 트러블 : 인버터의 정지, 직류 지락, 계통지락 등에 의한 시스템의 운전정지

80 태양광발전시스템의 성능분석을 위한 산식으로 틀린 것은?

① 성능계수
② 발전전력량
③ 가대의 탄성계수
④ 어레이의 변환효율

해설 태양광 발전 시스템의 성능분석을 위한 산식
① 태양광 발전 시스템의 발전 전력량
② 태양광 발전 시스템의 태양 에너지 의존율
③ 태양광 발전 시스템의 이용률
④ 태양광 발전 시스템의 어레이의 변환 효율
⑤ 태양광 발전 시스템의 성능 계수
⑥ 태양광 발전 시스템의 가동률
⑦ 태양광 발전 시스템의 일조 가동률

81 가공전선로 지지물의 기초 안전율은 최소 얼마 이상이어야 하는가?

① 0.5 ② 1
③ 1.5 ④ 2

해설 가공전선로 지지물 기초의 안전율
가공전선로의 지지물에 하중이 가하여지는 경우에 그 하중을 받는 지지물 기초의 안전율은 2(이상 시 상정하중이 가하여지는 경우의 그 이상 시 상정하중에 대한 철탑의 기초에 대하여는 1.33) 이상이어야 한다.

16.2.81 / 18.1.82 / 18.2.83

82 신·재생에너지 발전차액의 지원을 위한 기준가격 산정기준으로 틀린 것은?

① 신·재생에너지 발전사업자의 변전설비 이용요금

정답 77. ③ 78. ① 79. ④ 80. ③ 81. ④

② 신·재생에너지 발전기술의 상용화 수준 및 시장 보급 여건
③ 운전 중인 신·재생에너지 발전사업자의 경영 여건 및 운전 실적
④ 전기요금 및 전력시장에서의 신·재생에너지 발전에 의하여 공급한 전력의 거래가격의 수준

② 발전기의 베어링 및 고정자의 온도
③ 정격출력이 10,000[kW]를 초과하는 증기터빈에 접속하는 발전기의 진동의 진폭(정격출력이 400,000[kW] 이상의 증기터빈에 접속하는 발전기는 이를 자동적으로 기록하는 것에 한한다)
④ 주요 변압기의 전압 및 전류 또는 전력
⑤ 특고압용 변압기의 온도

[해설] **발전차액의 지원을 위한 기준가격의 산정기준(신재생에너지법 시행령 제22조)**
① 신·재생에너지 발전소의 표준공사비, 운전유지비, 투자보수비 및 각종 세금과 공과금
② 신·재생에너지 발전소의 설비 이용률, 수명 기간, 사고 보수율과 발전소에서의 신·재생에너지 소비율 등의 설계치 및 실적치
③ 신·재생에너지 발전사업자의 송전·배전 선로 이용요금
④ 신·재생에너지 발전기술의 상용화 수준 및 시장 보급 여건
⑤ 운전 중인 신·재생에너지 발전사업자의 경영 여건 및 운전 실적
⑥ 전기요금 및 전력시장에서의 신·재생에너지 발전에 의하여 공급한 전력의 거래가격의 수준

17.4.87 / 18.1.84

84 신·재생에너지 공급인증서를 발급받으려는 자는 공급인증서 발급 및 거래시장 운영에 관한 규칙에서 정하는 바에 따라 신·재생에너지를 공급한 날부터 최대 며칠 이내에 발급신청을 하여야 하는가?
① 30 ② 60 ③ 90 ④ 120

[해설] **신·재생에너지 공급인증서의 발급 신청 등(신재생에너지법 시행령 제18조의8)**
① 공급인증서를 발급받으려는 자는 공급인증서 발급 및 거래시장 운영에 관한 규칙에서 정하는 바에 따라 신·재생에너지를 공급한 날부터 90일 이내에 발급 신청을 하여야 한다.
② 발급 신청을 받은 공급인증기관은 발급 신청을 한 날부터 30일 이내에 공급인증서를 발급하여야 한다.

18.1.83 / 19.1.84 / 19.2.98

83 전소에서 계측장치를 시설하지 않아도 되는 것은?
① 변압기의 역률
② 발전기의 고정자 온도
③ 특고압용 변압기의 온도
④ 발전기의 전압, 전류 및 전력

[해설] **계측장치**
발전소에는 다음의 사항을 계측하는 장치를 시설하여야 한다. 다만, 태양전지 발전소는 연계하는 전력계통에 그 발전소 이외의 전원이 없는 것에 대하여는 그렇지 않다.
① 발전기·연료전지 또는 태양전지 모듈의 전압 및 전류 또는 전력

85 산업통상자원부장관은 대통령령으로 정하는 바에 따라 매년 최소 몇 회 이상 전기안전 관리업무에 대한 실태조사를 실시하여야 하는가?
① 1 ② 2 ③ 3 ④ 4

[해설] **전기안전관리업무에 대한 실태조사 등(전기사업법 제73조의8)**
① 산업통상자원부장관은 대통령령으로 정하는 바에 따라 매년 1회 이상 전기안전관리업무에 대한 실태조사를 실시하여야 한다.
② 산업통상자원부장관은 실태조사 결과 전기설비의 안전관리에 필요하다고 인정될 때에는 전기설비의 소유자 또는 점유자에게 전기설비의 안전관리에 관하여 개선을 권고하거나 시정을 명할 수 있다.

정답 82. ① 83. ① 84. ③ 85. ①

13.4.90 / 16.2.83 / 18.1.86

86 지중에 매설되어 있는 금속제 수도 관로가 접지공사의 접지극으로 사용되려면, 대지와의 전기저항 값을 최대 몇 [Ω] 이하로 유지하고 있어야 하는가?

① 2   ② 3   ③ 4   ④ 5

해설 수도관 등의 접지극
지중에 매설되어 있고 대지와의 전기저항 값이 3[Ω] 이하의 값을 유지하고 있는 금속제 수도관로는 이를 접지공사의 접지극으로 사용할 수 있다.

14.4.87 / 17.4.99 / 18.1.87

87 신·재생에너지 기술개발 및 이용·보급에 관한 계획을 수립·시행하려는 자는 대통령령으로 정하는 바에 따라 미리 산업통상자원부장관과 협의하여야 한다. 다음 중 해당되는 자가 아닌 것은?

① 국가기관   ② 국외기관
③ 공공기관   ④ 지방자치단체

해설 신·재생에너지 기술개발 등에 관한 계획의 사전협의 (신재생에너지법 제7조, 시행령 제3조)
① 국가기관
② 지방자치단체
③ 공공기관
④ 정부로부터 출연금을 받은 자
⑤ 정부출연기관
⑥ 정부로부터 출연금을 받은 자로부터 납입자본금의 100분의 50 이상을 출자 받은 자

15.4.91 / 18.1.88

88 고압용의 피뢰기·개폐기·차단기 기타 이와 유사한 기구로서 동작시에 아크가 발생하는 것은 목재의 벽 또는 천정 기타의 가연성 물체로부터 최소 몇 [m] 이상 떼어 놓아야 하는가?

① 1   ② 1.5
③ 2   ④ 2.5

해설 아크를 발생하는 기구의 시설
고압용 또는 특고압용의 개폐기·차단기·피뢰기 기타 이와 유사한 기구로서 동작시에 아크가 생기는 것은 목재의 벽 또는 천장 기타의 가연성 물체로부터 다음에서 정한 값 이상 이격하여 시설하여야 한다.

기구 등의 구분	이격거리
고압용의 것	1[m] 이상
특고압용의 것	2[m] 이상(사용전압이 35[kV] 이하의 특고압용의 기구 등으로서 동작할 때에 생기는 아크의 방향과 길이를 화재가 발생할 우려가 없도록 제한하는 경우에는 1[m] 이상)

89 저압 옥내배선 공사로 인입용 비닐 절연전선을 사용할 수 없는 공사방법은?

① 금속관 공사   ② 애자 공사
③ 금속몰드 공사   ④ 합성수지관공사

해설 애자 공사
전선은 절연전선(옥외용 비닐 절연전선 및 인입용 비닐 절연전선을 제외한다)일 것

90 다음의 용어 중 분산형전원에 해당되지 않는 것은?

① 연료전지   ② 태양에너지
③ 해양에너지   ④ 비상용 예비전원

해설 분산형전원
중앙급전 전원과 구분되는 것으로서 전력소비지역 부근에 분산하여 배치 가능한 전원(상용전원의 정전시에만 사용하는 비상용 예비전원을 제외한다)을 말하며, 신·재생에너지 발전설비, 전기저장장치 등을 포함한다.

정답 86. ② 87. ② 88. ① 89. ② 90. ④

91 대통령령으로 정하는 신·재생에너지 연료의 기준 및 범위에 해당하지 않는 것은?

① 이산화탄소
② 동물·식물의 유지를 변환시킨 바이오디젤
③ 생물유기체를 변환시킨 목재칩, 펠릿 및 목탄 등의 고체연료
④ 생물유기체를 변환시킨 바이오가스, 바이오에탄올, 바이오액화유 및 합성가스

해설 신·재생에너지 연료의 기준 및 범위(신재생에너지법 시행령 제18조의 12)
① 수소
② 중질잔사유를 가스화한 공정에서 얻어지는 합성가스
③ 생물유기체를 변환시킨 바이오가스, 바이오에탄올, 바이오액화유 및 합성가스
④ 동물·식물의 유지를 변환시킨 바이오디젤
⑤ 생물유기체를 변환시킨 목재칩, 펠릿 및 목탄 등의 고체연료
※ 중질잔사유 : 원유를 정제하고 남은 최종 잔재물로서 감압증류 과정에서 나오는 감압잔사유, 아스팔트와 열분해 공정에서 나오는 코크, 타르 및 피치 등
※ 감압증류 : 끓는점이 비교적 높은 액체 혼합물을 분리하기 위하여 액체에 작용하는 압력을 감소시켜 증류 속도를 빠르게 하는 방법

92 전기공사기술자의 등급 및 경력 등에 관한 증명서를 발급하는 자는?

① 시·도지사
② 산업통상자원부장관
③ 한국전력공사 이사장
④ 한국전기안전공사 이사장

해설 전기공사기술자의 인정, 정의(전기공사업법 제17조의 2, 제2조)
1) 전기공사기술자로 인정을 받으려는 사람은 산업통상자원부장관에게 신청하여야 한다.
2) 산업통상자원부장관은 신청인이 다음에 해당하면 전기공사기술자로 인정하여야 한다.
① 국가기술자격법에 따른 전기 분야의 기술자격을 취득한 사람
② 일정한 학력과 전기 분야에 관한 경력을 가진 사람
3) 산업통상자원부장관은 신청인을 전기공사기술자로 인정하면 전기공사기술자의 등급 및 경력 등에 관한 증명서를 해당 전기공사기술자에게 발급하여야 한다.
④ 신청절차와 기술자격·학력·경력의 기준 및 범위 등은 대통령령으로 정한다.

93 다음 ( ) 안에 들어갈 내용으로 옳은 것은?

"리플프리직류"는 교류를 직류로 변환할 때 리플성분이 실효값으로 ( )[%] 이하 포함한 직류를 말한다.

① 10
② 15
③ 20
④ 25

해설 용어의 정의
① 가공인입선 : 가공전선로의 지지물로부터 다른 지지물을 거치지 아니하고 수용장소의 붙임 점에 이르는 가공전선
② 관등회로 : 방전등용 안정기(방전등용 변압기를 포함한다)로부터 방전관까지의 전로
③ 제1차 접근 상태 : 가공 전선이 다른 시설물과 접근(병행하는 경우를 포함하며 교차하는 경우 및 동일 지지물에 시설하는 경우를 제외한다)하는 경우에 가공 전선이 다른 시설물의 위쪽 또는 옆쪽에서 수평거리로 가공 전선로의 지지물의 지표상의 높이에 상당하는 거리 안에 시설(수평 거리로 3[m] 미만인 곳에 시설되는 것을 제외한다)됨으로써 가공 전선로의 전선의 절단, 지지물의 도괴 등의 경우에 그 전선이 다른 시설물에 접촉할 우려가 있는 상태
④ 제2차 접근상태 : 가공 전선이 다른 시설물과 접근하는 경우에 그 가공 전선이 다른 시설물의 위쪽 또는 옆쪽에서 수평 거리로 3[m] 미만인 곳에 시설되는 상태

⑤ 단독운전 : 전력계통의 일부가 전력계통의 전원과 전기적으로 분리된 상태에서 분산형전원에 의해서만 가압되는 상태
⑥ 리플프리직류 : 교류를 직류로 변환할 때 리플(Ripple)성분이 10%(실효값) 이하 포함한 직류
⑦ 단순 병렬운전 : 자가용 발전설비를 배전계통에 연계하여 운전하되, 생산한 전력의 전부를 자체적으로 소비하기 위한 것으로서 생산한 전력이 연계계통으로 유입되지 않는 병렬 형태

※ 리플(Ripple)성분 : 교류를 정류하여 직류로 만들 때, 완벽하게 직류가 되지 않고, 일부 남아 있는 교류성분

Ripple 전압

94 기후변화의 심각성을 인식하고 일상생활에서 에너지를 절약하여 온실가스와 오염물질의 발생을 최소화하는 생활은?

① 일상생활   ② 녹색생활
③ 에너지생활 ④ 기후변화생활

해설 녹색성장법의 정의(녹색성장법 제2조)
① 자원순환: 환경정책상의 목적을 달성하기 위하여 필요한 범위 안에서 폐기물의 발생을 억제하고 발생된 폐기물을 적정하게 재활용 또는 처리하는 등 자원의 순환과정을 환경친화적으로 이용·관리하는 것
② 녹색기술: 온실가스 감축기술, 에너지 이용 효율화 기술, 청정생산기술, 청정에너지 기술, 자원순환 및 친환경 기술(관련 융합기술을 포함한다) 등 사회·경제 활동의 전 과정에 걸쳐 에너지와 자원을 절약하고 효율적으로 사용하여 온실가스 및 오염물질의 배출을 최소화하는 기술
③ 녹색생활: 기후변화의 심각성을 인식하고 일상생활에서 에너지를 절약하여 온실가스와 오염물질의 발생을 최소화하는 생활
④ 온실가스: 이산화탄소(CO_2), 메탄(CH_4), 아산화질소(N_2O), 수소불화탄소(HFCs), 과불화탄소(PFCs), 육불화황(SF_6) 및 그밖에 대통령령으로 정하는 것으로 적외선 복사열을 흡수하거나 재방출하여 온실효과를 유발하는 대기 중의 가스 상태의 물질
⑤ 에너지 자립도: 국내 총소비에너지량에 대하여 신·재생에너지 등 국내 생산에너지량 및 우리나라가 국외에서 개발(지분 취득을 포함한다)한 에너지양을 합한 양이 차지하는 비율

95 정부가 녹색기술의 공동연구개발, 시설장비의 공동 활용 및 산·학·연 네트워크 구축 등의 사업을 위한 집적지와 단지를 조성하거나 이를 지원할 때 고려사항이 아닌 것은?

① 산업단지별 산업집적 현황에 관한 사항
② 녹색기술·녹색산업의 사업추진체계 및 재원조달방안
③ 기업·대학·연구소 등의 연구개발 역량강화 및 상호연계에 관한 사항
④ 산업집적기반시설의 확충 및 우수한 녹색산업의 해외기술 수입에 관한 사항

해설 녹색기술·녹색산업 집적지 및 단지 조성 등(녹색성장법 제34조)
1) 정부는 녹색기술의 공동연구개발, 시설장비의 공동 활용 및 산·학·연 네트워크 구축 등의 사업을 위한 집적지와 단지를 조성하거나 이를 지원할 수 있다.

2) 사업을 추진하는 경우에는 다음의 사항을 고려하여야 한다.
① 산업단지별 산업집적 현황에 관한 사항
② 기업·대학·연구소 등의 연구개발 역량강화 및 상호연계에 관한 사항
③ 산업집적기반시설의 확충 및 우수한 녹색기술·녹색산업 인력의 유치에 관한 사항
④ 녹색기술·녹색산업의 사업추진체계 및 재원조달방안

18.1.96 / 19.1.81

96 수소와 산소의 전기화학 반응을 통하여 전기 또는 열을 생산하는 설비는?

① 수력설비   ② 연료전지 설비
③ 수소에너지 설비 ④ 수열에너지 설비

해설 **신·재생에너지 설비(신재생에너지법 시행규칙 제2조)**
① 연료전지 설비 : 수소와 산소의 전기화학 반응을 통하여 전기 또는 열을 생산하는 설비
② 태양열 설비 : 태양의 열에너지를 변환시켜 전기를 생산하거나 에너지원으로 이용하는 설비
③ 태양광 설비 : 태양의 빛에너지를 변환시켜 전기를 생산하거나 채광(採光)에 이용하는 설비
④ 해양에너지 설비 : 해양의 조수, 파도, 해류, 온도차 등을 변환시켜 전기 또는 열을 생산하는 설비
⑤ 수열에너지 설비 : 물의 표층의 열을 변환시켜 에너지를 생산하는 설비
⑥ 지열에너지 설비 : 물, 지하수 및 지하의 열 등의 온도차를 변환시켜 에너지를 생산하는 설비

97 다음 (   ) 안에 들어갈 내용으로 옳은 것은?

> "변전소"란 변전소의 밖으로부터 전압 (   )[V] 이상의 전기를 전송받아 이를 변성(전압을 올리거나 내리는 것 또는 전기의 성질을 변경시키는 것을 말한다)하여 변전소 밖의 장소로 전송할 목적으로 설치하는 변압기와 그 밖의 전기설비 전체를 말한다.

① 2만 ② 3만
③ 4만 ④ 5만

해설 **정의(전기사업법 시행규칙 제2조)**
1) 변전소 : 변전소의 밖으로부터 전압 50,000[V] 이상의 전기를 전송받아 이를 변성(전압을 올리거나 내리는 것 또는 전기의 성질을 변경시키는 것)하여 변전소 밖의 장소로 전송할 목적으로 설치하는 변압기와 그 밖의 전기설비 전체

2) 개폐소 : 다음의 곳의 전압 50,000[V] 이상의 송전선로를 연결하거나 차단하기 위한 전기설비
① 발전소 상호간
② 변전소 상호간
③ 발전소와 변전소 간

3) 송전선로 : 다음의 곳을 연결하는 전선로(통신용으로 전용하는 것은 제외한다)와 이에 속하는 전기설비
① 발전소 상호간
② 변전소 상호간
③ 발전소와 변전소 간

4) 배전선로 : 다음 각 목의 곳을 연결하는 전선로와 이에 속하는 전기설비
① 발전소와 전기수용설비
② 변전소와 전기수용설비
③ 송전선로와 전기수용설비
④ 전기수용설비 상호간

5) 전기수용설비 : 수전설비와 구내배전설비

6) 수전설비 : 타인의 전기설비 또는 구내발전설비로부터 전기를 공급받아 구내배전설비로 전기를 공급하기 위한 전기설비로서 수전지점으로부터 배전반(구내배전설비로 전기를 배전하는 전기설비)까지의 설비

7) 구내배전설비 : 수전설비의 배전반에서부터 전기사용기기에 이르는 전선로·개폐기·차단기·분전함·콘센트·제어반·스위치 및 그 밖의 부속설비

98 다음 (   ) 안에 들어갈 내용으로 옳은 것은?

> 전기사업자는 매년 12월 말까지 계획기간을 (   )년 이상으로 한 전기설비의 시설계획 및 전기공급계획을 작성하여 산업통상자원부장관에게 신고하여야 한다.

① 3   ② 5
③ 7   ④ 10

해설 **전기설비의 시설계획 및 전기공급계획의 신고(전기사업법 시행령 제17조)**
① 전기사업자는 법 제26조에 따라 매년 12월 말까지 계획기간을 3년 이상으로 한 전기설비의 시설계획 및 전기공급계획을 작성하여 산업통상자원부장관에게 신고하여야 한다.

② 신고의 절차와 그밖에 필요한 사항은 산업통상자원 부령으로 정한다.

18.1.99 / 19.4.51
99 금속제 케이블트레이의 종류에 해당하지 않는 것은?
① 전폐형　　　② 사다리형
③ 바닥밀폐형　　④ 통풍채널형

해설 케이블 트레이

케이블을 지지하기 위하여 사용하는 금속제 또는 불연성 재료로 제작된 유닛 또는 유닛의 집합체 및 그에 부속하는 부속재 등으로 구성된 견고한 구조물을 말하며 사다리형, 바닥밀폐형, 펀칭형, 메시형 등이 있다.

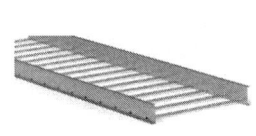
사다리형

바닥밀폐형

펀칭형(통풍채널형)

① 사다리형 : 길이방향의 양측면 레일을 각각의 가로 방향 부재로 연결한 조립 금속구조
② 바닥밀폐형 : 일체식 또는 직선방향 측면 레일에서 바닥 통풍구가 없는 조립 금속구조
③ 펀칭형 : 일체식 또는 분리식 직선방향 측면레일에서 바닥에 통풍구가 있는 것으로써 100[mm]를 초과하는 조립 금속구조
④ 메시형 : 일체식 또는 분리식으로 모든 면에서 통풍구가 있는 그물형의 조립 금속구조

13.4.94 / 16.4.2 / 16.4.98 / 17.1.84 / 17.4.9 / 18.1.100 / 18.2.96 / 18.4.11 / 18.4.92 / 19.1.96
100 신·재생에너지의 종류가 아닌 것은?
① 수력　　　　② 수소에너지
③ 해양에너지　④ 산소에너지

해설 신·재생에너지의 정의(신재생에너지법 제2조)

1) 신에너지: 기존의 화석연료를 변환시켜 이용하거나 수소·산소 등의 화학 반응을 통하여 전기 또는 열을 이용하는 에너지
　① 수소에너지
　② 연료전지
　③ 석탄을 액화·가스화한 에너지 및 중질잔사유을 가스화

2) 재생에너지: 햇빛·물·지열·강수·생물유기체 등을 포함하는 재생 가능한 에너지를 변환시켜 이용하는 에너지
① 태양에너지
② 풍력
③ 수력
④ 해양에너지
⑤ 지열에너지
⑥ 생물자원을 변환시켜 이용하는 바이오에너지
⑦ 폐기물에너지(비재생폐기물로부터 생산된 것은 제외한다)

2018 제2회 기출문제

17.1.23 / 17.4.40 / 18.1.36 / 18.2.1 / 19.2.29

01 위도 36.5°에서 하지 시 남중 고도는?

① 30°   ② 45°
③ 70°   ④ 77°

해설 남중고도(하지) = 90° − 위도 + 23.5°
= 90° − 36.5° + 23.5° = 77°

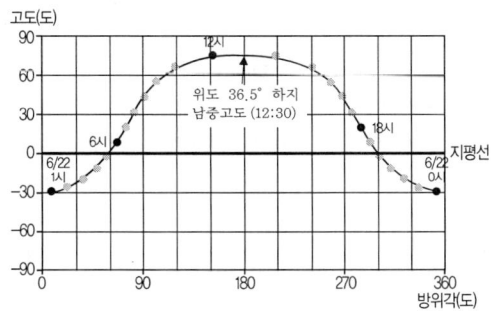

15.4.12 / 15.4.13 / 18.1.63 / 18.2.2 / 18.4.8 / 18.4.73 / 21.2.3

02 태양전지 모듈의 온도에 대한 일반적인 특성이 아닌 것은?

① 태양전지의 모듈은 정(+)의 온도 특성이 있다.
② 태양전지 온도가 상승할 경우 개방전압과 최대출력은 저하 된다.
③ 계절에 따른 온도변화로 출력이 변동 된다.
④ 태양전지 모듈의 표면온도는 외기온도에 비례해서 맑은 날씨는 20~40[℃] 정도 높다.

해설 모듈 표면온도와 출력감소
① 태양광 모듈의 온도특성을 살펴보면 전류는 양(+)의 온도계수를 가지고 전압과 전력은 음(−)의 온도계수를 가진다. 여기에서 음의 온도계수가 가지는 물리적 의미는 온도가 높을수록 태양광 모듈의 전압과 전력은 감소하고, 온도가 낮을수록 태양광 모듈의 전압과 전력이 증가한다는 것을 의미한다.
② 태양전지에서 전력이 생산되는 동안의 모듈 표면온도는 외기온도에 비례해서 맑은 날씨에는 20~40[℃] 정도 높다.

17.1.18 / 18.2.3 / 19.4.10 / 21.1.15

03 0.5[V]의 전압을 갖는 태양광 전지 24개(6개의 직렬×4개의 병렬)를 연결하여 부하에 접속하였다. 부하에 인가된 전압[V]은?

① 3   ② 12   ③ 15   ④ 18

해설 태양전지 직병렬 계산식

1) 태양전지의 접속

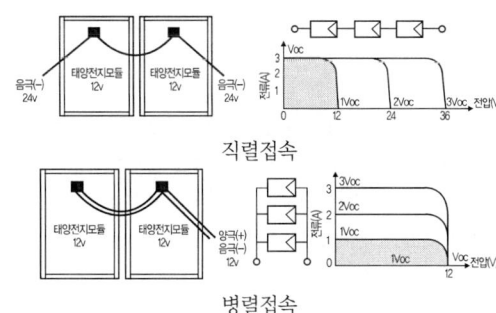

① 직렬접속 : 전압은 증가한다.(전류는 변화 없음)
② 병렬접속 : 전류는 증가한다.(전압은 변화 없음)

2) 계산식
① 직렬접속 시 전지 기전력
V = (0.5 × 6) = 3 [V]
② 3[V] 전지 4개가 병렬 연결되면, 전압의 차이는 없이, 3[V]가 발생된다.

04 P형의 실리콘 반도체를 만들기 위해 실리콘에 도핑 하는 원소로 적당하지 않은 것은?

① 인듐(In)   ② 갈륨(Ga)
③ 비소(As)   ④ 알루미늄(Al)

해설 도핑(Doping)
① 반도체에 적은 양의 불순물을 첨가해서 반도체의 특성을 크게 바꾸는 과정
② P형 도핑은 양공을 많이 만들기 위해서이며, 실리콘의 경우에는 결정 구조가 3족 원자인 붕소(B), 알루미늄(Al), 인듐(In), 갈륨(Ga) 등을 넣는다.
③ N형 도핑은 물질에 운반자 역할을 할 전자를 많이 만들기 위해서이며, 5족 원자 인(P), 비소(As), 안티몬(Sb), 비스무트(Bi) 등을 넣는다.

정답 1.④ 2.① 3.① 4.③

14.4.11 / 16.4.17 / 17.1.2 / 18.2.5 / 18.2.6 / 19.2.15

05 전원전압 100[V], 소비전력 100[W]인 백열전구에 흐르는 전류는 몇 [A]인가?

① 1A　② 0.6A　③ 6A　④ 60A

[해설] 전력(P)

$P = VI \ [W]$

$\therefore I = \dfrac{P}{V} = \dfrac{100}{100} = 1 \ [A]$

14.4.11 / 16.4.17 / 17.1.2 / 18.2.5 / 18.2.6 / 19.2.15 / 20.2.5

06 2500[W]인버터의 입력전압 범위가 22~32[V]이고 최대출력에서 효율은 88[%]이다. 최대 정격에서 인버터의 최대 입력 전류는?

① 약 78[A]　② 약 88[A]
③ 약 113[A]　④ 약 129[A]

[해설] 전류(I)

$I = \dfrac{P}{V \cdot \eta} = \dfrac{2,500}{22 \times 0.88} \fallingdotseq 129 \ [A]$

14.4.6 / 18.2.7

07 태양열 발전 시스템에 대한 설명 중 틀린 것은?

① 홈통형 : 공정열이나 화학 반응을 위해 열을 제공한다.
② 파라볼라 접시형 : 집열기에서 태양열에너지를 직접열로 변환시켜 열로 이용한다.
③ 진공관형 : 집열판내의 가열된 열매체는 파이프를 통해 열교환기로 수송되어 증기를 생산한다.
④ 파워 타워형 : 집광비는 300~1500sun 정도이며 1500[℃] 이상에서도 동작이 가능하다.

[해설] 진공관형 집열기

① 흡수관이 내부를 진공으로 한 유리관 내에 설치된 형태의 집열기
② 진공기술을 사용함으로 인해 대류열손실을 획기적으로 줄임
③ 고효율 전열소자인 히트파이프를 사용

13.4.14 / 15.2.10 / 16.4.31 / 17.2.17 / 18.1.64 / 18.2.8 / 19.1.7

08 태양전지 모듈의 바이패스 다이오드에 대한 설명 중 틀린 것은?

① 태양전지 모듈의 원활한 동작을 위하여 바이패스 다이오드는 발전하는 동안 계속 동작해야 한다.
② 일반적으로 바이패스 다이오드는 태양전지 모듈의 단자함내부에 위치한다.
③ 바이패스 다이오드는 태양전지 모듈의 동작을 원활히 하기 위한 부품이다.
④ 일반적으로 박막 태양전지 모듈의 경우 바이패스 다이오드를 사용하지 않는다.

[해설] 바이패스(Bypass) 소자

1) 태양광 모듈의 그림자 영향
① 태양광 모듈은 아주 적은 일부가 그림자에 가려지더라도 모듈 전체의 출력이 크게 저하된다.
② 모듈은 각각의 태양전지를 직렬로 연결하기 때문에 수십 개의 태양전지로 구성된 모듈에서 단 한 개의 셀이 나뭇잎 등에 의해 완전히 가려졌다면 출력 값은 거의 제로(Zero)에 가깝게 떨어진다.
③ 전체 개방전압에서 그림자가 발생한 모듈의 개방전압을 뺀 값 이하에서 전압 동작점이 존재할 때에 그림자가 발생한 모듈의 전류가 역방향이 된다. 따라서 역 전압이 인가되고 부하처럼 동작되어 열이 발생되고 모듈이 파손되는 원인이 된다.

2) 대책(바이패스 다이오드)

이중 진공관　단일 진공관

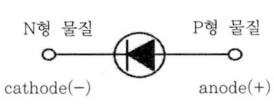

바이패스다이오드(Junction Box에 설치)　회로 표기방법(기호)

① 바이패스다이오드(Bypass Diode)는 전류를 한쪽방향으로만 흐르게 만들어 주는 부품으로 P에서 N방향으로 전류가 흐르고 반대 방향으로는 전류를 거의 통과시키지 않는다.

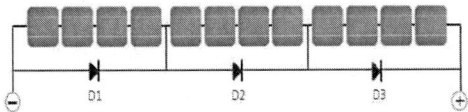

모듈 일부의 셀에 그림자 발생

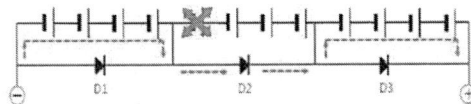

그림자 발생된 모듈의 전류흐름

② 그림자로 인해 출력이 저하된 셀 또는 셀 그룹을 우회해 전류가 흐르도록 하고, 이를 통한 출력감소는 오직 그림자에 의해 가려진 셀 또는 셀 그룹에 해당하는 부분으로 제한해 출력을 유지한다.

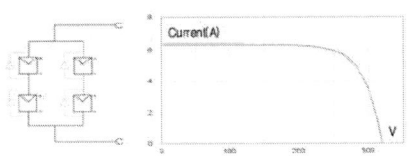

셀이 정상 연결되었을 때

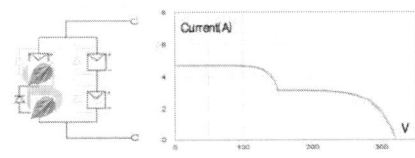

셀 일부가 정상동작하지 않을 시

③ 일반적으로 모듈 한 장(태양전지 6×9)에 셀 54개 배열의 경우에는 다이오드 3개(1개당 18개의 셀)를 설치한다.

13.4.12 / 14.4.20 / 16.4.7 / 17.2.7 / 17.2.10 / 17.4.14 / 18.2.9

09 태양전지 모듈에 대한 다른 태양전지 회로와 축전지의 전류가 유입되는 것을 방지하기 위해 설치하는 것은?

① 피뢰소자 ② 바이패스 소자
③ 역류방지 소자 ④ 정류다이오드

해설 역류방지 소자

1) 태양광모듈의 역전류 영향
① 어레이 내의 스트링과 스트링 사이에 그림자 및 전압 불균형 등의 원인으로 병렬 접속된 스트링사이에 역전류가 흘러 어레이에 영향을 준다.
② 어레이의 직류 출력회로에 축전지가 설치되어 있는 경우, 야간이나 흐린 날 등의 태양전지에서 전력이 생산되지 않을 때는 태양전지가 축전지의 부하가 된다.

2) 대책(역류방지 소자)
① 태양전지 모듈의 스트링마다 역류방지 다이오드(Blocking Diode)를 설치해서, 전류의 역방향 흐름을 방지한다.
② 1대의 인버터에 접속되는 태양전지 직렬군(스트링)이 2병렬 이상 접속될 경우, 각 직렬군에 역전류방지 다이오드가 설치되어야 한다.
③ 설치할 회로의 최대전류를 흐르게 할 수 있어야 하며, 동시에 사용회로의 최대 역전압에 견딜 수 있어야 한다.
④ 일반적으로 접속함에 설치되며, 커넥터에 사용되기도 한다.

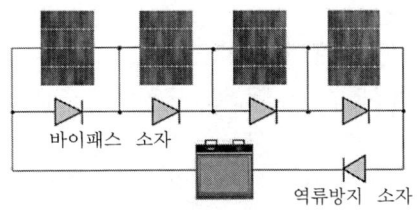

바이패스 및 역류방지 소자

16.2.9 / 18.2.10 / 19.1.11

10 다수의 태양광모듈이 스트링을 접속하게 하여 보수점검이 용이하도록 한 것은?

① 분전반 ② 개폐기
③ 접속함 ④ SPD(서지보호장치)

[해설] 태양광발전용 접속함
어레이를 구성하고 있는 모든 태양광발전 모듈의 스트링이 연결되는 단자가 들어있으며, 태양광발전 모듈 스트링의 출력을 인버터에 중계하며, 접속함의 주요자재는 다음과 같다.

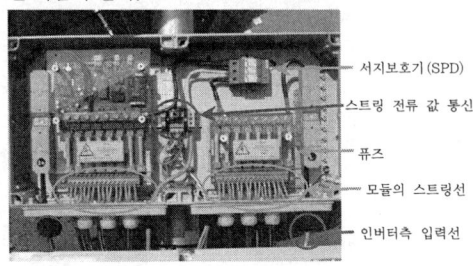

① 외함
② DC Connector
③ Terminal Block
④ DC 퓨즈
⑤ 퓨즈 링크(홀더)
⑥ 다이오드
⑦ 방열판
⑧ PCB
⑨ DC 개폐기(차단기)
⑩ SPD
⑪ power supply
⑫ FAN
⑬ 케이블 그랜드
⑭ 모니터링 설비
⑮ 전류센서
⑯ 기타(제조사가 주요 자재로 취급하는 것)

※ 자재 중에서 수명(shelf life) 또는 보관 시 환경관리가 필요한 자재는 반도체 부품으로 다이오드 등이다.

14.4.14 / 15.2.11 / 15.2.34 / 17.1.39 / 17.4.4 / 18.2.11 / 19.4.16

11 독립형 태양광발전 시스템은 매일 충·방전을 반복해야 한다. 이 경우 축전지의 수명(충·방전cycle)에 직접적으로 영향을 미치는 것이 아닌 것은?

① 보수율
② 방전심도
③ 방전횟수
④ 사용온도

[해설] 축전지의 수명
기대수명은 축전지의 사용기간이 경과함에 따라 성능이 급격히 저하되는 80% 용량까지 시점
1) 사용온도

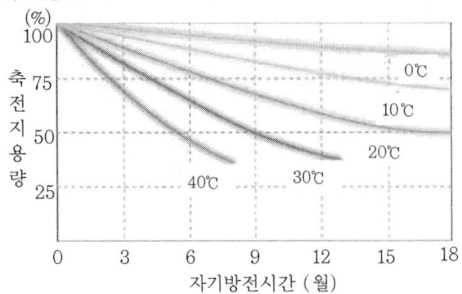

① 축전지의 기대수명은 온도 25℃ 이하의 경우를 정의하는데, 25℃를 넘는 범위라면, 온도가 10℃ 올라가면 수명이 절반으로 줄어든다.
② 축전지의 자기방전은 온도가 높으면 증가하며, 25℃에서 월 3%이하의 자기방전이 발생된다.

2) 충전전압
충전전압이 높게 인가되면 과충전이 되고, 낮은 경우에는 충전부족이되며, 어떤 경우든 축전지의수명을 단축시키기 때문에 충전전압의 관리가 중요하다.

3) 방전
축전지는 열화에 따라 내부저항이 증가하기 때문에 방전전류가 크면 클수록 내부의 전압강하가 커지고, 축전지 전압이 낮아져 방전시간이 단축되며, 방전횟수가 많을수록 수명도 짧아진다.

4) 방전심도(DOD)와 수명관계

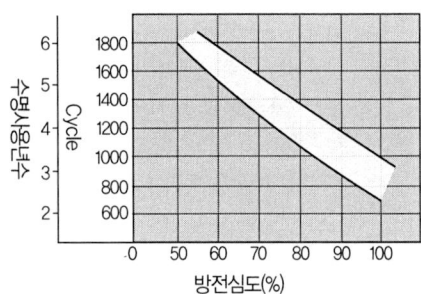

① 방전심도(DOD)는 축전지 잔존용량의 표시
② 방전 심도 = $\dfrac{실제 방전량}{축전지의 정격용량} \times 100\%$
③ 방전심도(%)가 50%인 경우 만나는 곡선에서 1800 사이클, 100%의 경우 700사이클 이며, 연간 250사이클을 기준해 보면 1800사이클(7년 1개월), 700사이클(2년 9개월)의 수명임을 알 수 있다.
④ 방전심도를 낮게 설정하면 축전지 수명은 길어지고, 잔존 용량은 증가한다.

13.4.6 / 14.4.26 / 15.4.42 / 17.4.85 / 18.2.12 / 18.2.57

12 태양광 발전시스템이 계통과 연계 시 계통 측에 정전이 발생한 경우 계통 측으로 전력이 공급되는 것을 방지하는 인버터 기능은?

① 자동운전 정지 기능
② 단독운전 방지기능
③ 자동전류 조정기능
④ 최대전력 추종제어 기능

정답 11.① 12.②

[해설] **단독운전방지(Non-islanding)기능**
① 단독 운전
  분산형전원을 연계한 계통에서 전력 계통 사고 등으로 전력회사 변전소의 송출 차단기가 개방되면, 분리된 계통은 분산형전원만으로 수용가에 전력을 공급하게 되는 상태
② 감전사고 발생
  배전선에 사고가 발생하면, 통상 사고가 발생한 배전선의 변전소 측 전원이 차단된다. 이때 분산형전원이 단독운전으로 사고가 발생한 배전선에 전기를 공급하면 배전선에 접촉한 작업자나 일반사람이 감전 피해를 입을 수 있다.
③ 사고 점의 전력 기기 손상
  감전사고와 마찬가지로, 사고 점에 있는 전력 기기에도 전력이 공급되기에 전력기기가 손상될 우려가 있다.
④ 단독운전 발생 후 최대 0.5초 이내에 한전계통에 대한 가압을 중지하는 단독운전방지기능은 인버터의 중요한 기능중의 하나이다.
⑤ 단독운전 검출장치의 방식
  단독운전 검출장치는 크게 두 가지 방식이 있다. 분산형전원의 연계점에서 전압파형 등의 계통정보를 상시 감시하다가 급격한 변화를 검출하는 수동방식과 계통에 아주 작은 변동을 주는 신호(능동 신호)를 주입해 단독운전 시 그 변동이 드러나는 것을 검출하는 능동방식이다.

13 다음중 비정질 실리콘 모듈의 충진율(Fill Factor)로 가장 적합한 것은?

① 0.35~0.55   ② 0.56 ~ 0.61
③ 0.75 ~0.85   ④ 0.86 ~0.95

[해설] **충진율(Fill Factor)**
① 단결정 실리콘 0.75~0.85
② 비경정질 태양전지 : 0.5~0.7

14 독립형 태양광발전설비의 종류가 아닌 것은?

① 복합형   ② 계통연계형
③ 축전지가 없는 형   ④ 축전지가 있는 형

[해설] **독립형 태양광발전 시스템**

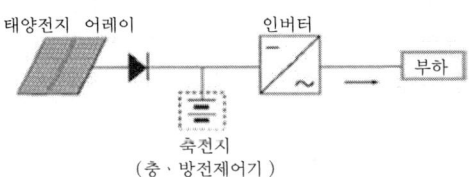

① 외딴 섬과 같이 전기가 들어오지 않는 지역에서, 상용전력계통과 직접 연결되지 않고 분리된 발전방식으로, 태양광발전시스템의 발전 전력만으로 부하에 전력을 공급한다.
② 야간 혹은 우천 시, 태양광발전시스템의 발전이 불가할 때는 발전된 전력을 저장할 수 있는 축전장치를 접속하여 태양광 전력을 저장하여 사용하는 방식

※계통연계형 시스템

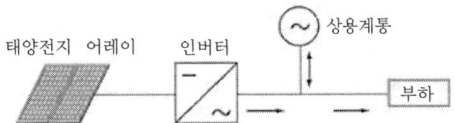

태양광발전으로 부하에 전력공급시 전기가 부족하면 전력회사의 상용전력계통에서 공급을 받고, 전기가 남을 때는 전력회사(상용계통)에 공급하는 시스템

15 결정질 태양전지의 에너지 손실이 가장 적은 부분은?

① 직렬저항
② 재결합 손실
③ 전면접촉으로 초래된 반사와 차광
④ 단파장 복사에서 너무 높은 광자 에너지

[해설] **단결정 실리콘 태양전지에서 에너지 손실 성분**
① 직렬(series)과 병렬(shunt) 저항에 의한 손실
  직렬 저항은 벌크 반도체, 전극 그리고 상호 연결에 의한 저항 등을 뜻하고 병렬 저항은 태양전지의 가장자리를 통해 흐르는 누설 전류와 격자 결함에 의

해 기인하는 저항이다. 실제 태양전지에서 직렬저항은 0.5Ω 이하로 되어 영향은 작다.

② 재결합 손실

효율에 영향을 주는 물질 변수는 소수 캐리어 수명과 캐리어 이동도이다. 왜냐하면 캐리어는 공핍층 내와 공핍영역의 가장자리로 부터 거리가 확산거리 이내에 있어야 광전류로써 수집될 수 있다. 만약 확산거리가 충분히 길지 않으면 손실이 발생한다. deep level이나 전위(dislocation)와 같은 다른 격자 결함이나 결정 입계(grain boundary)가 물질 내에 있으면 확산거리는 짧아진다. 또한 높은 불순물 도핑 역시 확산거리를 짧게 한다. V_{oc}는 격자 결함에 의한 포화 전류의 증가에 의해 떨어진다. 전면과 후면에서의 큰 표면 재결합은 V_{oc}와 I_{sc}을 떨어뜨린다.

③ 반사율에 의한 손실

Si 웨이퍼의 표면 반사율은 30% 정도이므로 입사광의 70% 정도가 광전기변환에 쓰일 수 있다. 반사율을 줄이기 위해 반사 방지막 코팅과 표면 texturing을 실시한다.

16.2.16 / 16.2.17 / 18.2.16

16 태양광 발전시스템에서 안전을 확보하기 위해 과전압계전기, 부족전압 계전기, 주파수 상승계전기, 주파수 저하 계전기 등에 필요로 하는 설치기능은?

① 자동전력 조정기능
② 최대전력 추종기능
③ 계통연계 보호기능
④ 직류지락 검출기능

해설 계통연계용 보호장치의 시설(기술기준 제283조)

(1) 계통연계하는 분산형전원을 설치하는 경우 다음의 1에 해당하는 이상 또는 고장 발생시 자동적으로 분산형전원을 전력계통으로부터 분리하기 위한 장치 시설 및 해당 계통과의 보호협조를 실시하여야 한다.
① 분산형전원의 이상 또는 고장
② 연계한 전력계통의 이상 또는 고장
③ 단독운전 상태
(2) (1)의 ②에 따라 연계한 전력계통의 이상 또는 고장 발생시 분산형전원의 분리시점은 해당 계통의 재폐로 시점 이전이어야 하며, 이상 발생 후 해당 계통의 전압 및 주파수가 정상 범위 내에 들어올 때까지 계통과의 분리상태를 유지하는 등 연계한 계통의 재폐로방식과 협조를 이루어야 한다.

(3) 단순 병렬운전 분산형전원의 경우에는 역전력 계전기를 설치한다. 단, 신·재생에너지를 이용하여 동일 전기사용장소에서 전기를 생산하는 합계 용량이 50kW 이하의 소규모 분산형 전원으로서 (1)의 ③에 의한 단독운전 방지기능을 가진 것을 단순 병렬로 연계하는 경우에는 역전력계전기 설치를 생략할 수 있다.

※ OCGR(Over Current Ground Relay : 과전류 지락계전기) : 중성점 접지방식의 전로에 CT 3개를 Y결선한 잔류회로를 이용하여 지락전류를 검출하는 방식

※ 과전압계전기(OVR), 부족전압계전기(UVR), 주파수 상승계전기(OFR), 주파수 저하계전기(UFR), 역전력계전기(RPR)

15.4.9 / 18.2.17

17 다음 중 연료전지의 종류가 아닌 것은?

① 인산형(PAFC)
② 용융탄산염형(MCFC)
③ 분산전해질형(PEFC)
④ 고체산화물형(SOFC)

해설 연료전지의 종류(전해질 종류에 따라 연료전지를 구분)

구분	알카리 (AFC)	인산형 (PAFC)	용융탄산염형 (MCFC)	고체산화물형 (SOFC)	고분자전해질형 (PEMFC)	직접매탄올 (DMFC)
전해질	알카리	인산형	탄산염	세라믹	이온교환막	이온교환막
동작온도 (℃)	120이하	250이하	700이하	1,200이하	100이하	100이하
효율(%)	85	70	80	85	75	40
용도	우수발사체 전원	중형건물 (200kW)	중·대형건물 (100kW~MW)	소·중·대용량 발전(1kw~MW)	가정·상업용 (1~10kW이하)	소형이동 (1kW이하)
특징	–	CO 내구성 큼, 열병합 대응기능	발전효율 높음, 내부개질 기능, 열병합대응 기능	발전효율 높음, 내부개질 기능, 복합발전 기능	저온작동 고출력밀도	저온작동 고출력밀도

* AFC(Alkaline Fuel Cell), PAFC(Phosphoric Acid FC), MCFC(Molten Carbonate), SOFC(Solid Oxide), PEMFC(Polymer Electrolyte Membrane), DMFC(Direct Methanol) → 순서대로 기술발전 단계임

18 정전용량 5[μF]의 콘덴서에 1000[V]의 전압을 가할 때 축적되는 전하는?

① 5×10^{-3} ② 6×10^{-3}
③ 7×10^{-3} ④ 8×10^{-3}

해설 정전 용량(Capacity)

전원 전압 V[V]에 의해 축적된 전하 Q[C]이라 하면, Q는 V에 비례한다.

① C는 전극이 전하를 축적하는 능력의 정도를 나타내는 상수로 커패시턴스(Capacitance) 또는 정전 용량이라고 하며, 단위는 패럿(farad), [F]이다.
② 마이크로패럿[μF], $1[μF] = 10^{-6}[F]$

$$Q = CV \; [C]$$
$$= 5 \times 10^{-6} \times 1,000 = 5 \times 10^{-3} \; [C]$$

13.4.3 / 13.4.71 / 18.2.19

19 실리콘 태양전지와 비교해서 화합물 반도체 GaAs(갈륨비소)태양전지의 특징은?

① 모든 파장 영역에서 빛의 흡수율이 떨어진다.
② 접합 영역에서 전자와 정공의 재결합이 낮다.
③ 빛의 흡수가 뛰어나 후면에서 재결합이 거의 발생하지 않는다.
④ 접합 영역이나 표면에서의 재결합보다 내부에서의 재결합이 많이 발생한다.

해설 화합물반도체 GaAs 태양전지

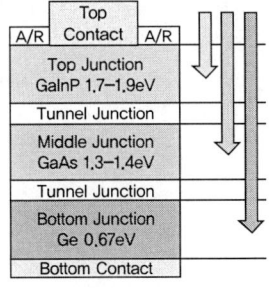

① GaInP, GaInAs, Ge의 화합물 반도체로 구성된 태양전지는 공유결합을 하고 있기 때문에 재료자체의 물성이 우수하고, 태양광을 보다 효율적으로 활용할 수 있는 다중접합 구조 구현이 가능하다.
② 삼중접합 태양전지의 구조는 밴드 갭이 다른 세 종류의 태양전지가 연결된 적층구조로 되어있다.
③ 밴드 갭 크기순으로 적층된 각각의 태양전지 셀이 서로 다른 파장영역의 빛을 순차적으로 흡수하여 전기를 생산한다.
④ 전기적으로 직렬연결 구조이기 때문에 총 전류는 제한되지만, 총 전압은 각 태양전지 전압의 합만큼 증가하여 단일접합 태양전지보다 높은 효율 달성이 가능하다.

20 태양광 발전시스템에 사용되는 인버터회로에 대한 설명 중 틀린 것은?

① 직류전압을 교류전압으로 변환하는 장치를 인버터라 한다.
② 전류형 인버터와 전압형 인버터로 구분 할 수 있다.
③ 전류방식에 따라 타력식과 자력식으로 구분 할 수 있다.
④ 인버터의 부하장치에는 직류직권전동기를 사용 할 수 있다.

해설 인버터(Inverter)

① 직류(DC)를 교류(AC)로 바꾸기 위한 전기적 장치
② 특정 전원 소스(전압원, 전류원, 주파수, 크기, 방향)를 다른 성분의 전원으로 사용하기 위해 사용하는 전력 변환기 중 출력이 AC인 부하장치에 전원을 공급한다.

21 태양광발전설비 모니터링 시스템의 구축시 메인 화면에 표시할 내용으로 거리가 먼 것은?

① 대기온도
② 누적발전량
③ 축열부의 유량
④ 인버터의 상태(ON/OFF)

[해설] 태양열시스템의 구성
① 집열부 : 태양으로부터 에너지를 모아서 열로 변환하는 장치
② 축열부 : 모아진 열을 저장했다가 필요시 사용하기 위한 저장 탱크
③ 이용부 : 태양열 축열조에 저장된 태양열을 효과적으로 공급하고 사용량 부족시 보조열원(보일러 등)에 의해 공급
④ 제어장치 : 태양열을 효과적으로 집열, 축열, 공급하기 위한 조정장치

22 경사도 계수 0.6, 노출계수 0.9, 기본 지붕적설하중이 0.6[N/m²]이고 적설면적이 100[m²]일 때 적설하중은 얼마인가?

① 25.4[N] ② 40.8[N]
③ 90.5[N] ④ 32.4[N]

[해설] 적설하중(S)
S = A(적설면적) × P(눈의 평균단위중량) × C_s(경사도 계수) × C_q(노출 계수) = 100 × 0.6 × 0.6 × 0.9 = 32.4 [N]

14.4.41 / 15.2.26 / 18.2.23

23 태양광 발전설비의 음영발생 원인이 아닌 것은?

① 대기 중의 습도
② 나뭇잎 또는 새의 배설물
③ 건물이나 식재 등의 장애물
④ PV 어레이 상호배치에 의해 생성

[해설] 음영발생 원인
① 주변에 높은 산, 나무, 수목, 전주, 건물 등의 음영 (주변 지형지물은 최대 높이의 약 세 배 길이만큼 음영에 영향을 준다)
② 태양광모듈 설치 열이 2열 이상일 경우 앞열의 영향으로 뒷열에 음영
③ 구름, 눈, 새의 분비물, 꽃가루, 먼지 등으로 인한 음영
④ 다만, 전기선, 피뢰침, 안테나 등 경미한 음영은 장애물로 보지 아니한다.

14.3.31 / 16.2.35 / 18.2.24

24 태양광 발전시스템 부지 선정 시 일반적 고려사항으로 거리가 먼 것은?

① 부지의 가격은 저렴한 곳인지 확인
② 높은 장애물(산, 건물 등)의 주변지형을 확인
③ 일사량이 좋은 지역이고 동향인지 확인
④ 토사, 암반의 지내력 등 지반지질 상태확인

[해설] 부지선정 시 일반적인 고려사항
① 일사량 : 남향을 표준으로 한다.
② 일조시간 : 고지대가 유리함
③ 자연환경검토 : 적설 및 적운이 적은 지역, 음영발생 여부, 바람이 잘 들 수 있을 것(모듈 효율 상승), 지반지질 상태 등
④ 접근성 : 비포장도로 4[m], 포장도로 3[m]
⑤ 행정상 조건(인허가문제) : 각 지자체별로 개발행위 및 산지전용 가능여부 등에 관한 규제가 상이 함
⑥ 계통연계 : 3상 전주 인입 가능 여부 및 한전선로(분산형전원) 용량 확인
⑦ 경제성(토지비, 송전 설치비, 발전용량에 맞는 부지 선정 등)
⑧ 기타 - 민원

13.4.34 / 18.2.25

25 설계도서의 의미를 가장 적합하게 설명한 것은?

① 구조물 등을 그린 도면으로 건축물, 시설물, 기타 각종사물의 예정된 계획물

② 설계, 공사에 대한 시공중의 지시 등 도면으로 표현될 수 없는 문장이나 수치 등을 표현한 것으로 공사수행에 관련된 제반규정 및 요구사항을 표시한 것이다.
③ 공사계약에 있어 발주자로부터 제시된 도면 및 그 시공 기준을 정한 시방서류로서 설계도면, 표준시방서, 특기시방서, 현장설명서, 및 현장설명에 대한 질문
④ 각종기계, 장치 등의 요구조건을 만족시키고 또한 합리적, 경제적인 제품을 만들기 위해 그 계획을 종합하여 설계하고 구체적인 내용을 명시하는 일을 일컫는다.

해설 **설계도서**
건축물의 건축 등에 관한 공사용의 도면과 구조계산서 및 시방서, 건축설비계산 관계서류, 토질 및 지질 관계서류, 기타 공사에 필요한 서류 등 설계도에 표시할 수 없는 것을 기술한 문서이다.
1) 설계 설명서
   설계의 목적, 공사종목 및 그 개요, 각 설계에 대한 분석자료(인입지점, 발전소의 특성 등), 관계 관공서 등과의 협의 사항, 설계시 적용한 특별한 사항
2) 설계도면
   배치도, 단선접속도, 계통도, 배선도(평면도, 결선도, 기기상세도), 기기시방 및 배치도
3) 기술계산서
   부하계산서, 전압강하계산서, 변압기용량계산서, 차단기용량계산서, 축전지용량계산서, 접지계산서
4) 설계시방서
① 기본설계 및 실시설계도면에 구체적으로 표시할 수 없는 내용과 공사수행을 위한 시공 방법, 자재의 성능·규격 및 공법, 품질시험 및 검사 등 품질관리, 안전관리, 환경관리 등에 관한 사항을 기술한다.
② 표준시방서 및 전문시방서를 기본으로 하여 작성하되, 공사의 특수성·지역여건·공사방법 등을 고려하여 작성한다.
③ 공사시방서, 전문시방서, 표준시방서, 특기시방서 등
5) 예산내역서
   자재 산출근거서, 공량산출서, 일위대가표, 내역서, 공사원가산출서, 단가대비표, 견적서 등

14.4.9 / 15.2.8 / 15.2.27 / 16.4.16 / 17.1.73 / 17.1.79 / 18.1.14 / 18.2.26 / 19.2.1 / 19.2.9 / 19.2.69

26 표준 시험조건 (STC) 기준으로 틀린 것은?
① 모든 시험의 기준온도는 25[℃]로 한다.
② 모든 시험의 풍속조건은 10[m/s]로 한다.
③ 빛의 일조강도는 1000[W/m^2]를 기준으로 한다.
④ 수광조건은 대기질량(AM : Air Mass) 1.5의 지역을 기준으로 한다.

해설 **표준 시험조건(Standard Test Conditions)**
태양광발전 소자를 시험할 때의 기준이 되는 시험조건 즉, 태양광발전 소자가 빛을 받는 면의 조사강도 1000[W/m^2], 태양전지 온도 25[℃], 스펙트럼 조성은 대기질량지수(AM : Air Mass) 1.5인 조건

27 인버터(PCS) 주요기능에 대한 설명으로 옳지 않은 것은?
① 계통설계 기능
② 계통연계 보호기능
③ 자동전압 조정기능
④ 최대전력점 추종제어(MPPT)기능

해설 **태양광 인버터의 기능**
① 자동운전 정지
② 최대출력 추종제어
③ 자동전압조정
④ 직류지락 검출
⑤ 단독 운전방지
⑥ 계통연계 보호장치

16.2.34 / 18.2.28 / 18.2.51

28 태양광어레이 전선 굵기를 산정하기 위한 기준이 아닌 것은?
① 전압강하 ② 역률
③ 전류   ④ 전력손실

해설 **전선의 굵기 선정시 고려사항**

정답 25.③ 26.② 27.① 28.②

① 허용전류
② 전압강하
③ 기계적강도
④ 기타(전압, 전력손실, 경제성 등)

13.4.8 / 14.4.16 / 15.4.21 / 18.2.29 / 18.4.34 / 19.1.20

29 대기질량(Air Mass, AM)에 대한 설명이 틀린 것은?

① AM 0은 대기권 밖일 때
② AM 2.0은 태양빛이 30°로 비추는 상태일 때
③ AM 1.0은 바다표면에 태양빛이 90°로 비추는 상태일 때
④ AM 1.5는 태양빛이 180°로 비추는 스펙트럼일 때

[해설] 대기 질량 지수(Air Mass index)
빛이 지표면에 이르는 가장 짧은 거리를 통해 공기나 먼지 등에 흡수되어 감소된 태양광에너지의 크기를 나타내는 것

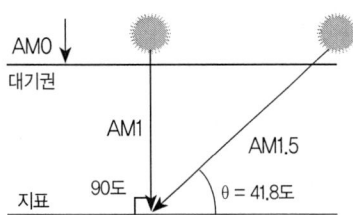

AM 0 : 대기권 밖에서 측정하는 스펙트럼
AM 1 : 태양의 직사광이 지표면에 수직으로 입사한 경우
AM 1.5 : 태양의 직사광이 지표면에 경사각 41.8°
 (천정각 48.2°)
AM 2 : 태양의 직사광이 지표면에 경사각 30°(천정각 60°)

14.4.24 / 14.4.65 / 16.2.45 / 16.4.76 / 17.1.26 /
17.4.45 / 18.2.30 / 18.2.78 / 19.1.37 / 19.2.72

30 분산형전원의 전기품질 관리항목에 해당하지 않는 것은?

① 역률   ② 고조파
③ 노이즈   ④ 직류 유입 제한

[해설] 전기품질 항목
① 직류 유입 제한
  분산형전원 및 그 연계 시스템은 분산형전원 연결점에서 최대 정격 출력전류의 0.5[%]를 초과하는 직류 전류를 계통으로 유입시켜서는 안된다.
② 역률
  분산형전원의 역률은 90[%] 이상으로 유지함을 원칙으로 한다.
③ 플리커(flicker)
④ 고조파
⑤ 전압
⑥ 주파수
⑦ 한전계통에의 재병입(Reconnection)
⑧ 단락용량
⑨ 정전시간
⑩ 접지

31 250[W]의 PV 모듈을 사용하고 모듈의 온도에 따라 전압변동 범위가 30~50[V]일 때 모듈을 직렬연결 할 때 최대설치 가능 개수는? (단, 인버터(PCS)의 동작전압이 400~720[V], 설치간격, 기타 손실 및 조건은 무시한다)

① 13   ② 14
③ 15   ④ 16

[해설] 직렬 모듈수(S_n) = $\dfrac{\text{인버터 최대 동작전압}}{\text{모듈 최대 전압 변동}}$ = $\dfrac{720}{50}$
≒ 14.4 (장)

32 태양광발전소 부지선정 절차로 옳은 것은?

① 지역설정- 지자체 방문 공부확인-토지이용협의 및 소유자파악-현장조사
② 지역설정- 현장조사- 지자체 방문 공부확인-토지이용 협의 및 소유자 파악
③ 지역설정- 주변지역지가조사- 지자체방문 공부확인-현장조사
④ 지역설정- 지자체 방문 공부확인-현장조사-주변지역 지가조사

정답 29.④ 30.③ 31.② 32.②

해설 부지선정 절차
① 지역설정
② 사전정보조사
③ 현장조사
④ 지자체 방문 공부확인
⑤ 토지 이용 협의 및 소유자 파악
⑥ 태양광 규모 기획
⑦ 주변지역 지가조사
⑧ 소유자 협의 및 매입 결정
⑨ 매매 계약 체결

③ 내부수익률 분석(internal Rate of Return : IRR)
④ 투자회수기간 분석(Pay-Back Period : PBP)
⑤ 투자수익률 분석(Return on Investment : ROI)

15.4.35 / 18.2.35

35 태양광 발전 시스템의 22.9[kV] 특별고압 가공선로 1회선에 연계 가능한 용량으로 옳은 것은?

① 30[kW] 이하   ② 100[kW] 이하
③ 10000[kW] 이하   ④ 30000[kW] 이하

해설 배전선로 연계 분산형전원 발전용량 : 10,000[kW] 이하

18.2.33 / 19.1.34

33 우리나라 다음지역의 태양전지 어레이의 연중 최적경사각으로 적합한 것은?

경도 17.7°37'57", 위도 35°33'37"

① 10~15°   ② 15~0°
③ 30~35°   ④ 45~70°

해설 연중 최적경사각
국내 설치의 경우, 그 지역의 위도와 거의 동일하며, 약 24~36°이다.

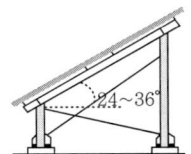

36 한국전력공사의 22.9[kV] 배전선로와 연계하는 발전사업자용 태양광설비를 계획 시 연계하려는 선로 및 계통에서 한국전력설비 및 배전선로에 대해 검토해야할 사항이 아닌 것은?

① 변전소의 배전용 변압기의 전체용량
② 한 변전소에 연계되어 있는 전체발전설비 용량
③ 한 변압기에 연계되는 발전설비 용량
④ 연계하고자 하는 배전선로에 연계되어 있는 전체발전설비 용량

14.4.35 / 15.4.37 / 17.1.27 / 18.2.37

37 공사시방서 작성요령으로 옳지 않은 것은?

① 공사의 질적 요구조건을 기술 한다.
② 사용할 자재의 성능, 규격, 시험 및 검증에 관하여 기술한다.
③ 도면에 표시되는 내용을 참조하여 치수를 정확히 기재한다.
④ 시공 시 유의할 사항을 착공 전, 시공 중, 시공완료후로 구분하여 작성 한다.

34 경제성 분석중 편익분석 방법의 종류가 아닌 것은?

① 순현재 가치 분석법
② 비용편익비 분석법
③ 편중미분 분석법
④ 내부수익률법

해설 경제성 편익분석기법
① 편익/비용 비율(Benefit/Cost ratio)
② 순현재가치 분석(Net Present Value : NPV)

해설 시방서(Specifications)
① 기본설계 및 실시설계도면에 구체적으로 표시할 수 없는 내용과 공사수행을 위한 시공 방법, 자재의 성능·규격 및 공법, 품질시험 및 검사 등 품질관리,

정답 33.③ 34.③ 35.③ 36.① 37.③

안전관리, 환경관리 등에 관한 사항을 기술한다.
② 표준시방서 및 전문시방서를 기본으로 하여 작성하되, 공사의 특수성·지역여건·공사방법 등을 고려하여 작성한다.

16.4.37
38 다음의 전기기호 중에서 KS에서 표기하는 진공차단기(VCB)는 어느 것인가?

① 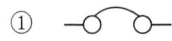   ②

③    ④

[해설] 전기심벌(단선도용, 복선도용)
① 기중차단기(ACB ; Air Circuit Breaker), 배선용차단기(MCCB ; Molded-Case Circuit Breaker)

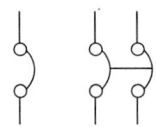

② 교류 차단기
  유입차단기(OCB ; Oil Circuit Breaker)
  진공차단기(VCB ; Vacuum Circuit Breaker)
  가스차단기(GCB ; Gas Circuit Breaker)

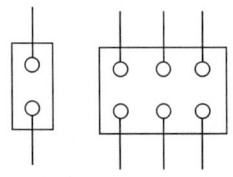

③ 동력조작 단로기

13.4.22 / 18.2.39
39 태양전지 어레이(길이 2.58[m], 경사각 30°)가 남북방향으로 설치되어 있으며 앞면어레이의 높이는 약 1.5[m] 뒷면 어레이에 태양입사각이 20°일 때 어레이의 그림자 길이[m]는?

① 약 2.5[m]   ② 약 3.1[m]
③ 약 4.1[m]   ④ 약 5.5[m]

[해설] 어레이 그림자 길이(d)
그림자의 길이는 모듈의 높이에 비례한다.

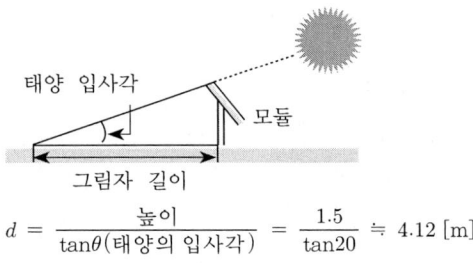

$$d = \frac{높이}{\tan\theta(태양의\ 입사각)} = \frac{1.5}{\tan 20} ≒ 4.12\,[\text{m}]$$

16.4.23 / 18.2.40
40 태양전지 어레이의 경사각에 대한 설명 중 틀린 것은?
① 경사각을 낮출수록 대지이용률이 감소함
② 건축물의 경사진 지붕을 이용할 경우 지붕의 경사각으로 함
③ 적설을 고려하여 선정
④ 태양광어레이의 지면과 이루는 각

[해설] 어레이 경사각 a를 낮출 경우

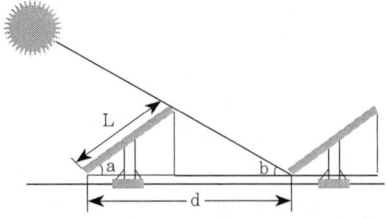

① 음영 길이가 줄어든다.
② 어레이 이격거리가 짧아진다.
③ 발전량이 줄어든다.
④ 많은 양의 모듈설치로 대지이용률이 증가한다.

15.2.47 / 18.2.41

41 송전선로의 안정도 증진방법이 아닌 것은?

① 계통을 연계 한다.
② 전압변동을 적게 한다.
③ 직렬 리액턴스를 크게 한다.
④ 중간조상방식을 채택한다.

해설 송전선로의 안정도 증진방법
① 직렬 리액턴스를 작게 한다.
  (복도체, 직렬콘덴서 채용)
② 전압변동률을 작게 한다.
  (중간 조상방식, 제동저항기 채용, 계통 연계)
③ 고장구간을 고속도 차단
④ 고장시 발전기 입출력의 불평형을 작게 한다.

16.4.62 / 17.2.65 / 18.2.42 / 18.4.37

42 태양광 발전설비공사의 사용 전 검사를 받으려면 검사를 받고자하는 날의 며칠 전에 어느 기관에 신청하여야 하는가?

① 7일전 한국전기안전공사
② 10일전 한국전기안전공사
③ 7일전 한국에너지 관리공단(신재생에너지 센터)
④ 10일전 한국에너지 관리공단(신재생에너지 센터)

해설 사용전검사
① 각종 발전설비, 송·변전·배전설비 및 가로등, 신호등, 보안등, 공장, 상가 등 대형건물의 설치공사 또는 변경공사를 완료하고, 그 전기설비가 공사계획의 인가 또는 신고를 한 내용 및 전기설비기술기준에 적합한 지의 여부에 대한 검사를 산업통상자원부장관 또는 시·도지사로부터 위탁받아 한국전기안전공사에서 수행한다.
② 태양광 발전소에 관한 공사의 경우에는 전체의 공사가 완료된 때 검사를 실시한다.
③ 사용전검사를 받으려는 자는, 검사를 받으려는 날의 7일전까지 한국전기안전공사에 사용전검사 신청서를 제출하여야 한다.

15.4.56 / 18.2.43

43 태양광 발전시스템에 일반적으로 적용되는 CV 케이블의 장점으로 틀린 것은?

① 내열성이 우수하다.
② 내수성이 우수하다.
③ 내후성이 우수하다.
④ 도체의 최고허용온도는 연속 사용의 경우 90[℃] 단락 시에는 230[℃]이다.

해설 CV케이블의 장점

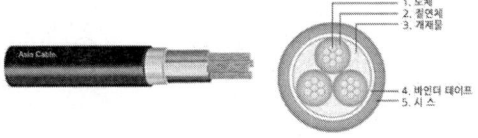

① PE와 같이 우수한 전기적 특성을 가지고 있다.
② PE와 비교하여 내열성, 기계적 성능을 향상시켜 열변형특성, 열노화 특성이 우수하기 때문에 연속 최고허용온도를 90[℃]로 향상시킨 것으로 대용량의 초고압 송전용 케이블의 절연재료로 사용되고 있다.
③ 내약품성 및 내수성이 우수하다.
④ 화학적 물리적 특성이 우수하다.

※ 내후성 : 각종 기후에 견디는 성질

13.4.85 / 16.2.93 / 18.2.44 / 18.4.83

44 신에너지 및 재생에너지 개발이용보급 촉진법에 의한 태양광발전설비에서 안전관리 대행 사업자가 업무를 대행할 수 있는 발전설비의 최대 용량을 얼마인가?

① 500[kW] 미만
② 750[kW] 미만
③ 1000[kW] 미만
④ 1500[kW] 미만

해설 전기안전관리업무의 대행규모(전기안전관리법)
1) 안전공사 및 대행사업자: 다음의 어느 하나에 해당하는 전기설비(둘 이상의 전기설비 용량의 합계가 4,500kW 미만 경우로 한정한다)
① 용량 1,000kW천킬로와트 미만의 전기수용설비

정답 41. ③ 42. ① 43. ③ 44. ③

② 용량 300kW 미만의 발전설비. 다만, 비상용 예비 발전설비의 경우에는 용량 500kW 미만으로 한다.
③ 용량 1,000kW(원격감시 및 제어기능을 갖춘 경우 용량 3,000kW) 미만의 태양광발전설비

2) 개인대행자: 다음의 어느 하나에 해당하는 전기설비(둘 이상의 용량의 합계가 1,550kW 미만인 전기설비로 한정한다)
① 용량 500kW 미만의 전기수용설비
② 용량 150kW 미만의 발전설비. 다만, 비상용 예비발전설비의 경우에는 용량 300kW 미만으로 한다.
③ 용량 250kW(원격감시 및 제어기능을 갖춘 경우 용량 750kW) 미만의 태양광발전설비

13.4.57 / 15.2.50 / 18.2.45 / 18.4.48 / 19.2.42 / 19.4.42

45 태양광 발전설비의 어레이에서 중계단자함까지 전선관을 사용할 경우 전선관의 굵기로 옳은 것은?

① 케이블의 굵기가 같을 경우 전선피복물을 포함한 단면적의 합계가 50[%] 이하로 한다.
② 케이블의 굵기가 같을 경우 전선피복물을 포함한 단면적의 합계가 32[%] 이하로 한다.
③ 케이블의 굵기가 다를 경우 전선피복물을 포함한 단면적의 합계가 50[%] 이하로 한다.
④ 케이블의 굵기가 다를 경우 전선피복물을 포함한 단면적의 합계가 32[%] 이하로 한다.

해설 금속전선관의 굵기는 굵기가 다른 절연전선을 동일관 내에 넣어 시설하는 경우 절연 피복물을 포함한 관내 단면적의 32[%]이하가 되도록 선정한다. 단, 동일 굵기의 경우는 48[%]까지 채울 수 있다.

46 지방자치단체를 당자자로 하는 계약에 관한 법률에 의거 하여 용역 표준계약서를 작성하고자 한다. 이때 필요한 붙임서류가 아닌 것은?
① 입찰유의서 ② 특별시방서
③ 산출내역서 ④ 과업내용서

해설 용역 표준계약서의 붙임 서류
① 용역 입찰유의서
② 용역계약 일반조건
③ 용역계약 특수조건
④ 과업내용서
⑤ 산출내역서

14.4.52 / 18.2.47

47 접지저항을 감소시키는 접지 저항 저감제가 갖추어야 할 조건이 아닌 것은?
① 사람과 가축에 안전할 것
② 전기적으로 양호한 부도체일 것
③ 접지전극을 부식시키지 않을 것
④ 계절에 따른 접지저항 변동이 적을 것

해설 접지저항 저감제의 구비조건

① 저감효과가 클 것
② 저감효과의 연속성이 있을 것(경년변화가 적을 것)
③ 내식성이 클 것(접지전극을 부식시키지 않을 것)
④ 친환경 적일 것(공해가 없을 것)
⑤ 사람과 가축에 안전할 것
⑥ 경제적이고 공법이 용이할 것

15.2.51 / 18.1.53 / 18.2.48

48 책임설계 감리의 기성 및 준공을 처리한때에 발주자에게 제출하여야 하는 감리기록서류가 아닌 것은?

① 품질관리기록부
② 설계감리지시부
③ 설계감리기록부
④ 설계자와 협의사항 기록부

해설 **설계감리의 기성 및 준공**
책임 설계감리원이 설계감리의 기성 및 준공을 처리한 때에는 다음의 준공서류를 구비하여 발주자에게 제출한다.
1) 설계용역 기성부분 검사원 또는 설계용역 준공검사원
2) 설계용역 기성부분 내역서
3) 설계감리 결과보고서
4) 감리기록서류
① 설계감리일지
② 설계감리지시부
③ 설계감리기록부
④ 설계감리요청서
⑤ 설계자와 협의사항 기록부
5) 그밖에 발주자가 과업지시서상에서 요구한 사항

13.4.48 / 15.2.60 / 15.4.48 / 17.4.51 / 18.1.44 / 18.2.49 / 19.4.48

49 그림은 태양광발전시스템의 일반적인 시공절차이다. A, B, C에 알맞은 내용을 순서대로 올바르게 나타낸 것은?

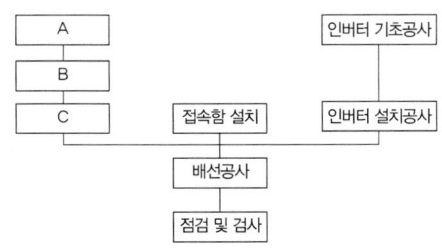

① A : 어레이 가대공사, B : 어레이 설치공사, C : 어레이 기초공사
② A : 어레이 기초공사, B : 어레이 가대공사, C : 어레이 설치공사
③ A : 어레이 기초공사, B : 어레이 배선공사, C : 어레이 가대공사
④ A : 어레이 배선공사, B : 어레이 가대공사, C : 어레이 설치공사

해설 **설치 시공 순서**

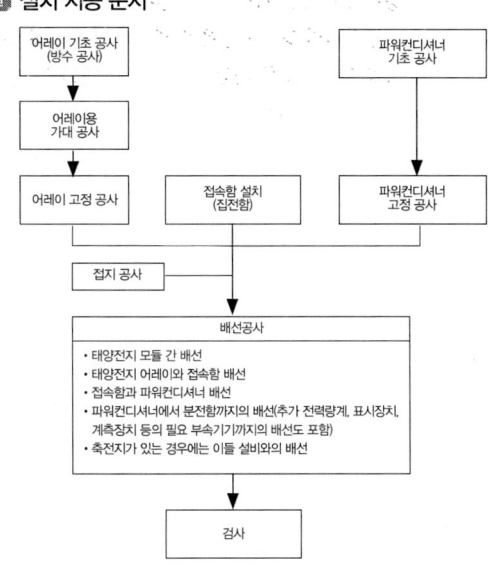

50 태양광 발전시스템의 전기공사 절차 중 옥내공사에 해당하는 것은?
① 분전반 개조
② 접속함 설치
③ 전력량계 설치
④ 태양전지 모듈간의 배선

해설 **태양광 발전시스템의 전기공사**

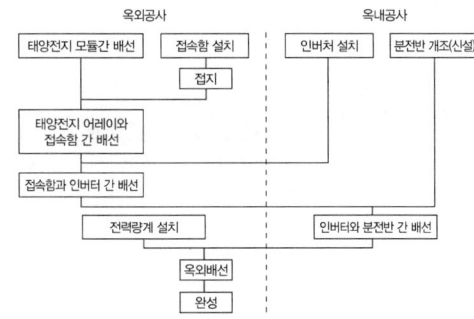

※ 계통연계형 [MW]급 태양광 발전소는 별도의 실을 만들어 인버터와 분전반을 설치하지만, 그 이하의 태양광 발전소에서는 인버터와 분전반을 옥외에 설치한다.(비용 절감)

정답 48.① 49.② 50.①

16.2.34 / 18.2.28 / 18.2.51

51 저압 옥내간선 굵기 선정 시 고려할 사항이 아닌 것은?

① 허용전류 ② 전압강하
③ 전자유도 ④ 기계적 강도

[해설] 전선의 굵기 선정시 고려사항
① 허용전류
② 전압강하
③ 기계적강도
④ 기타(전압, 전력손실, 경제성 등)

18.2.52 / 18.4.57

52 태양광 발전시스템의 시공 절차 중 간선공사 순서로 가장 올바른 것은?

① 모듈 → 인버터 → 어레이 → 접속반 → 계통간선
② 모듈 → 어레이 → 인버터 → 접속반 → 계통간선
③ 모듈 → 인버터 → 접속반 → 어레이 → 계통간선
④ 모듈 → 어레이 → 접속반 → 인버터 → 계통간선

[해설] 계통 연계형 태양광발전시스템의 구성

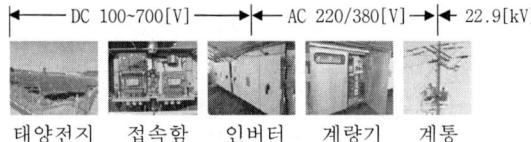

15.4.60 / 18.2.53

53 태양광 모듈 2차측 회로를 비접지 방식으로 할 경우 비접지 확인 방법이 아닌 것은?

① 검전기로 확인
② 전류계로 확인
③ 회로시험기로 확인
④ 간이측정기로 확인

[해설] 안전대책(비접지 확인)
회로시험기(Circuit Tester), 검전기(Electroscope), 간이측정기로 측정한다.

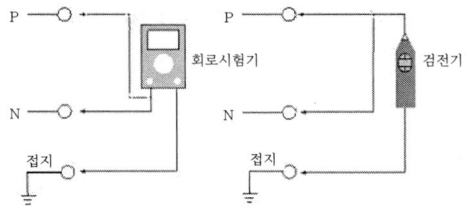

14.4.42 / 18.2.54

54 가공송전 전선에 댐퍼를 설치하는 이유는?

① 코로나 방지   ② 전자유도 감소
③ 전선 진동방지   ④ 간이측정기로 확인

[해설] 전선의 진동방지
바람에 의해 전선은 진동을 하고 오랜 세월 반복이 되면 전선 단선 등의 위험 발생

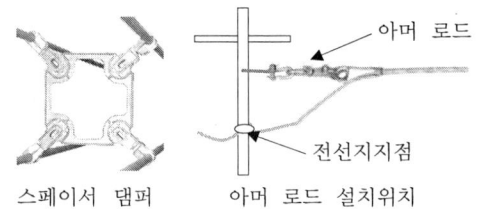

① 아머 로드(Armor Rod) : 전선과 같은 재질의 선으로 감아서 고정하여, 전선의 진동방지 및 전선지지점에서의 단선을 방지한다.
② 스페이서 댐퍼(Spacer Damper) : 다도체 방식 가공송전선로에 설치되는 방진장치로, 각 소도체간의 간격을 유지시키고 진동발생을 저감시키는 역할을 한다.

55 설계자의 요구에 의해 변경사항이 발생할 때에는 설계감리원은 기술적인 적합성을 검토 확인 후 누구에게 승인을 받아야 하는가?

① 발주자   ② 공사업자
③ 상주감리원 ④ 지원업무 수행자

해설 설계감리원은 발주자의 요구 및 지시사항에 따라 변경사항이 발생할 경우 이에 대해 설계자가 원활히 대처할 수 있도록 지시 및 감독을 하여야 하며, 설계자의 요구에 의해 변경사항이 발생할 때에는 기술적인 적합성을 검토·확인하여 발주자에게 보고하여 승인을 받아야 한다.

56 진상용 콘덴서의 설치효과가 아닌 것은?
① 전압강하의 경감
② 수용가 전기요금증가
③ 설비용량의 여유분 증가
④ 배전선 및 변압기의 손실경감

해설 **진상용 콘덴서**
전력 계통에 사용되는 병렬 콘덴서로, 역률 개선, 전압 강하의 경감, 설비 용량을 증가시킬 수 있다.
① 콘덴서 본체(SC)
② 직렬 리액터(SR) : 파형의 일그러짐 방지, 제5고조파에 대하여 회로가 유도성으로 되도록 그 기본 주파수에 대한 리액턴스를 콘덴서 리액턴스의 5~6[%]로 한다.
③ 방전 코일(DC) : 개로 상태로 할 때의 잔류 전하에 의한 위험을 방지하기 위한 것이다.

13.4.6 / 14.4.26 / 15.4.42 / 17.4.85 / 18.2.12 / 18.2.57
57 계통연계 운전중인 태양광발전시스템이 단독운전 하는 경우 전력계통으로부터 최대 몇 초 이내에 분리시켜야 하는가?
① 0.2초 ② 0.3초
③ 0.4초 ④ 0.5초

해설 **단독운전(Islanding)**
연계된 계통의 고장이나 작업 등으로 인해 분산형전원이 공통 연결점을 통해 한전계통의 일부를 가압하는 단독운전 상태가 발생할 경우 해당 분산형전원 연계 시스템은 이를 감지하여 단독운전 발생 후 최대 0.5초 이내에 한전계통에 대한 가압을 중지해야 한다.

13.4.55 / 14.4.22 / 15.2.41 / 16.4.59 / 17.1.57 / 17.2.56 / 18.2.58 / 18.4.53
58 태양전지 모듈의 배선 후 확인할 사항 중 태양전지 어레이 검사항목이 아닌 것은?
① 전압 및 극성확인
② 퓨즈용량 확인
③ 단락전류 확인
④ 비접지 확인

해설 **모듈의 배선 연결 후 점검 사항**
① 전압 및 극성 확인
② 단락전류 측정
③ 접지확인(일반적으로 직류측 회로는 비접지한다)

14.4.78 / 15.2.25 / 15.4.50 / 18.2.59 / 19.1.14
59 독립형 전원시스템용 축전지 선정 시 고려사항으로 옳은 것은?
① 자기방전이 클 것
② 과충전이 우수한 것
③ 충방전 사이클 특성이 우수한 것
④ 온도 저하 시 입력특성이 우수한 것

해설 **축전지가 갖추어야할 조건**
① 자기방전율이 낮고 에너지 저장 밀도가 높을 것
② 과충전, 과방전에 강하고, 방전 전압, 전류가 안정적일 것
③ 환경변화에 안정적이며, 효율이 높을 것
④ 유지보수가 용이하고 경제적일 것

60 발전사업허가를 받은 후 변경허가를 받지 않아도 되는 경우는?
① 공급전압이 변경되는 경우
② 설비용량이 변경되는 경우
③ 전력수용가의 전력량이 변경되는 경우
④ 사업구역 또는 특정한 공급구역이 변경되는 경우

해설 전력수용가의 전력량이 변경되는 경우는 전력회사에 변경신청을 한다.

정답 56.② 57.④ 58.② 59.③ 60.③

61 태양광 발전시스템의 유지보수 및 관리를 위해 취한 행동으로 틀린 것은?

① 모듈이 설치된 지붕구조가 구부러져 있어 바르게 폈다.
② 모듈이 정확히 고정되어 있나 확인하고 느슨한 부분은 충분히 조였다.
③ 흙과 먼지를 제거하기 위하여 산성세제와 물을 사용하여 충분히 청소하였다.
④ 모듈표면의 긁힌 상처를 없애기 위해 물과 스펀지를 사용하여 가볍게 청소하였다.

해설 모듈의 세척
① 모듈의 유리는 충격에 강화된 특수 유리로 먼지나 이물질이 달라붙는 것을 방지하는 코팅이 되어있고, 모듈의 프레임은 알루미늄, 구조물은 H빔이나, C형강인 철 성분으로 제작되어, 산성과 염기성 세제의 경우 철이나 알루미늄에 부식, 코팅손상 등의 치명적인 피해가 있으니 피한다.
② 모듈의 세척은 마이크로 섬유 천과 에탄올, 재래식 유리 세척제 등을 사용하여 세척한다.
③ 석회성분이 포함된 지하수로 반복적인 세척을 하는 경우, 모듈에 미세한 석회성분이 도포되어 효율이 저하되므로, 지하수의 경우 수질검사를 통해서 안전이 확보된 경우에만 사용한다.

62 태양광발전시스템의 전기안전관리업무를 전문으로 하는 자의 요건 중에서 개인장비가 아닌 것은?

① 절연안전모
② 저압검전기
③ 접지저항 측정기
④ 절연저항 측정기

해설 전기안전관리업무를 대행하는 자가 갖추어야 할 장비
① 절연저항 측정기(500[V], 100[MΩ])
② 절연저항 측정기(1,000[V], 2,000[MΩ])
③ 접지저항 측정기

④ 클램프미터
⑤ 저압검전기
⑥ 고압 및 특고압기
⑦ 계전기 시험기
⑧ 적외선 열화상 카메라(적외선 실화상 기능을 갖추고 측정온도 250[℃] 이상, 해상도 1만 픽셀 이상일 것)

※ 두 가지 이상의 기능을 함께 가지고 있는 장비를 갖춘 경우에는 각각의 장비를 갖춘 것으로 본다.

63 태양광 발전시스템에 사용되는 인버터의 출력 측 절연저항 측정순서로 옳은 것은?

> ㄱ. 직류측의 모든 입력 단자 및 교류측 전체의 출력단자를 각각 단락
> ㄴ. 태양전지 회로를 접속함에서 분리
> ㄷ. 교류단자와 대지간의 절연저항을 측정
> ㄹ. 분전반 내의 분기차단기 개방

① ㄱ → ㄴ → ㄹ → ㄷ
② ㄴ → ㄹ → ㄱ → ㄷ
③ ㄷ → ㄹ → ㄱ → ㄷ
④ ㄴ → ㄱ → ㄹ → ㄷ

해설 절연저항의 측정 순서

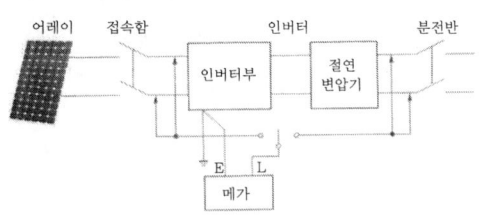

(1) 입력회로
① 태양전지회로를 접속함에서 분리한다.
② 분전반 내의 분기회로 개폐기를 개방한다.
③ 직류 측의 모든 입력단자 및 교류 측의 모든 출력 단자를 각각 단락한다.
④ 직류단자와 대지간의 절연저항 측정한다.
 (각각의 스트링별 한가닥씩, 단락용 개폐기를 사용하여 측정)

(2) 출력회로
① 태양전지 회로를 접속함에서 분리한다.
② 분전반 내의 분기차단기를 개방한다.
③ 직류 측의 모든 입력단자 및 교류 측의 모든 출력 단자를 각각 단락한다.
④ 교류단자와 대지간의 절연저항을 측정한다.
   (각각의 교류선을 한가닥씩, 단락용 악어클립을 사용하여 측정)

17.2.53 / 18.1.62 / 18.2.64 / 20.2.68 / 20.3.78 / 21.1.76

64 중대형 태양광 발전용 인버터를 실내에 쉽게 접근이 가능하도록 설치할 경우 충전부가 갖는 보호벽 표면의 고체침투에 대한 보호등급은 최소한 얼마 이상이어야 되는가?

① IP 15
② IP 20
③ IP 30
④ IP 44

해설 태양광발전용 인버터의 분류

용도	형식	설치 장소	비 고
계통 연계형	3상	실내/실외	실내형 : IP20이상
독립형	3상	실내/실외	실외형 : IP44이상

15.2.72 / 15.4.80 / 16.2.64 / 16.4.74 / 17.1.78 / 17.2.67 / 17.4.80 / 18.2.65 / 18.2.68 / 18.4.80 / 19.2.80

65 송변전설비의 정기점검에 대한 설명으로 틀린 것은?

① 배전반의 기능을 확인하기 위한 것이다.
② 필요에 따라서는 기기를 분해하여 점검한다.
③ 원칙적으로 정전을 시키고 무전압 상태에서 기기의 이상상태를 점검한다.
④ 운전 중 이상상태를 발견한 경우에는 배전반의 문을 열고 이상의 정도를 확인한다.

해설 전기설비 점검의 종류
1) 일상(순시)점검
① 태양광발전시스템의 기능을 유지하기 위한 점검
② 매일의 일상(순시)점검은 문을 열어 점검한다던가. 커버를 해체한 후 점검한다던가 하는 것이 아니고 이상한 소리, 냄새, 손상 등을 배전반, 인버터 등의 외부에서 점검항목의 대상항목에 따라 점검하는 것
③ 이상상태를 발견한 경우에는 배전반, 인버터의 문을 열고 이상의 정도를 확인한다.
④ 이상의 상태가 직접 운전을 하지 못할 정도로 전개되는 경우를 제외하고는 이상상태의 내용을 기록하여 정기점검 시에 점검한다.

2) 정기점검
① 태양광발전시스템의 기능을 확인하고 유지하기 위한 계획을 수립하여 점검하는 것
② 원칙적으로 시설물을 정지상태에서 운전제어장치의 기계점검, 절연저항측정, 배전반 및 인버터의 기능을 확인하고 유지하기 위한 계획을 수립하여 점검
③ 모선을 정전하지 않고 점검을 하여야 할 경우에는 안전사고가 일어나지 않도록 주의하여야 한다.

3) 임시점검
① 일상순시점검 및 정기점검에 의하여 상세하게 점검할 필요가 있을 때 실시한다.
② 1개월 이상 사용하지 않았던 설비를 사용할 때는 사용을 개시하기 전에 점검을 실시할 필요가 있으며 또 일정 규모 이상의 폭풍이나 지진이 있은 뒤 등에는 임시점검을 실시하여야 한다.

15.4.72

66 태양광모듈의 고장으로 틀린 것은?

① 핫 스팟
② 백화현상
③ 프레임변형
④ 환기팬 소음

해설 인버터의 일상점검
① 외함의 부식 및 파손
② 내외부 배선의 손상
③ 통풍확인(통풍구, 환기필터 등)
④ 운전시 이상음, 이취, 연기발생 및 이상과열

정답 64. ② 65. ④

67 사업계획에 포함 되어야 할 사항중 전기설비 개요에 포함되어야 할 사항에 해당하지 않는 것은? (단, 전기설비가 태양광설비인 경우)

14.4.94 / 17.1.80 / 18.2.67 / 19.2.62

① 인버터의 종류
② 집광판의 면적
③ 태양전지의 종류
④ 이차전지의 종류

해설 사업허가의 신청(전기사업법 시행규칙 제4조)
사업계획의 전기설비(태양광) 개요에 포함되어야 할 사항
① 태양전지의 종류, 정격용량, 정격전압 및 정격출력
② 인버터(Inverter)의 종류, 입력전압, 출력전압 및 정격출력
③ 집광판의 면적

15.2.72 / 15.4.80 / 16.2.64 / 16.4.74 / 17.1.78 / 17.2.67 / 17.4.80 / 18.2.65 / 18.2.68 / 18.4.80 / 19.2.80

68 태양광발전시스템 유지보수 시 일반적인 점검 종류가 아닌 것은?

① 일상점검   ② 정기점검
③ 임시점검   ④ 특수점검

해설 전기설비 점검의 종류
① 일상(순시)점검
② 정기점검
③ 임시점검

69 태양광발전설비 모니터링 시스템의 육안점검사항으로 틀린 것은?

① 인터넷 접속상태
② 통신단자 이상 유무
③ 센서 접속 이상 유무
④ 오일의 온도 상승여부

해설 유량계 오일의 온도 상승여부 확인은 지열에너지설비, 목재펠릿보일러, 수열에너지설비 등에 설치되는 모니터링시스템에서의 육안점검 사항이다.

70 수변전설비의 변류기 안전진단을 위한 시험항목이 아닌 것은?

① 극성시험
② 포화시험
③ RATIO 시험
④ 보호계전기 시험

해설 전기설비 안전진단
1) 수·변전 특고 전력기기에 대한 열화진단, 이상발열, 절연내력, 절연저항, 접지저항측정, 계전기동작상태, 차단기연동상태 등 전반적 설비진단 및 분석, 전기설비 기술기준 적합여부, 전기설비의 안전사고 예방을 위한 유지 및 관리에 관한 기술지도

2) 전기설비의 사고예방, 전기설비의 안전성 확보 및 예측, 설비예비율 증가, 전기설비의 합리적 운용 및 이용률 향상 등 경제적 손실방지

3) 변류기 진단 내용
① 활선진단 : 2차측 개방여부 확인, 접지 관련 사항 확인
② 정전진단 : RATIO(비율) 시험, 극성, 포화시험

※ 변류기(CT)
임의의 전류(대)에 대해 비례하는 전류(소)로 변성하는 기기

71. 결정질 실리콘 태양광발전모듈의 성능평가 시험 항목으로 틀린 것은?

① 열점 내구성 시험
② 온도 사이클 시험
③ 과도 응답 특성시험
④ 바이패스 다이오드 열시험

해설 결정질 실리콘 태양광발전 모듈의 시험 항목
① 외관검사
② 최대출력결정
③ 절연시험
④ 온도계수의 측정
⑤ 공칭 태양전지 동작온도(NOCT)에서의 측정
⑥ STC 및 NOTC에서의 성능
⑦ 낮은 조사강도에서의 특성
⑧ 옥외 노출 시험
⑨ 열점 내구성 시험
⑩ UV 전처리 시험
⑪ 온도 사이클 시험
⑫ 습도-동결 시험
⑬ 고온고습시험
⑭ 단자강도 시험
⑮ 습윤 누설전류 시험
⑯ 기계적하중 시험
⑰ 우박 시험
⑱ 바이패스 다이오드열시험
⑲ 염수분무 시험

72. 태양광발전시스템에서 복사에너지의 강도를 측정하는데 일반적으로 사용하는 기기는?

① 풍속계
② 일사계
③ 온도계
④ 풍향계

해설 일사계(Actinometer)
① 태양으로부터 지구 표면에 도달하는 태양복사, 즉 일사의 세기를 측정하는 계기
② 태양 자체로부터의 복사를 측정하는 직달일사계와 하늘 전체에서의 복사까지 포함시킨 전천일사량을 측정하는 전천일사계 등이 있다.

73. 태양광발전시스템 정기점검 사항중 인버터의 투입저지 시한 타이머(동작시험)관련 인버터가 정지하여 자동기동 할 때는 몇 분정도 시간이 소요되는가?

① 1분
② 3분
③ 5분
④ 10분

해설 한전계통에의 재병입(Reconnection)
① 한전계통에서 이상 발생 후 해당 한전계통의 전압 및 주파수가 정상 범위 내에 들어올 때까지 분산형전원의 재병입이 발생해서는 안된다.
② 분산형전원 연계 시스템은 안정상태의 한전계통 전압 및 주파수가 정상 범위로 복원된 후 그 범위 내에서 5분간 유지되지 않는 한 분산형전원의 재병입이 발생하지 않도록 하는 지연기능을 갖추어야 한다.

74. 태양광발전모듈 접속점의 상태를 파악하기 위한 측정 및 점검방법 중 옳은 것은?

① 다기능 측정
② 과전압 측정
③ 접지저항 측정
④ 절연저항 측정

해설 다기능 측정
전력의 측정, 분석, 파형측정 및 케이블 테스터 기능을 일체화한 정확한 측정

75. 태양광 발전시스템 품질관리에서 성능평가를 위한 측정요소 중 설치코스트 평가방법에 해당하지 않는 것은?

① 시스템 설치단가
② 인버터 설치단가
③ 계측표시장치 단가
④ 발전전력 판매단가

해설 태양광 발전시스템의 설치비(Cost) 평가 방법
① 태양광 발전 시스템의 기초 공사 단가

정답 71. ③ 72. ② 73. ③ 74. ① 75. ④

② 태양광 발전 시스템의 어레이 가대 설비 설치 단가
③ 태양광 발전 시스템의 부착 공사 단가
④ 태양광 발전 시스템의 태양 전지 설비 설치 단가
⑤ 태양광 발전 시스템의 인버터 설비 설치 단가
⑥ 태양광 발전 시스템의 계측기 표시 장치의 단가
⑦ 태양광 발전 시스템의 설비 설치 단가

17.1.64 / 18.2.76

76 결정적 실리콘 태양광발전 모듈의 외관검사 시 최소 몇 [Lux] 이상의 광 조사상태에서 진행하여야 하는가?

① 100 ② 500 ③ 1000 ④ 2000

해설 외관(육안) 검사

1000[Lux] 이상의 광 조사상태에서 모듈 외관, 태양전지 등에 크랙(Crack), 구부러짐, 갈라짐 등이 없는지를 확인하고, 태양전지 간 접속 및 다른 접속부분에 결함이 없는지, 태양전지와 태양전지, 태양전지와 프레임상의 접촉이 없는지, 접착에 결함이 없는지, 태양전지와 모듈 끝부분을 연결하는 기포 또는 박리가 없는지 등을 검사한다.

※ 박리 : 금속을 입힌 표면이나 칠을 칠한 표면에서 그 일부가 벗겨져 떨어지는 일.

13.4.65 / 17.4.79 / 18.2.77

77 태양광 발전용 접속함의 시험항목으로 틀린 것은?

① 구조시험 ② 광조사 시험
③ 내 부식성 시험 ④ 온도 상승 시험

해설 접속함의 시험항목
① 구조시험
② 공간거리 및 연면거리 시험
③ 절연특성시험(내전압, 임펄스 내전압)
④ 내열성 시험
⑤ 내부식성 시험
⑥ 외함보호등급(IP)
⑦ 온도상승시험
⑧ 직류전원장치의 안전성 및 전자파적합성 시험(EMC 해당시)
⑨ 표시의 내구성 시험

14.4.24 / 14.4.65 / 16.2.45 / 16.4.76 / 17.1.26 / 17.4.45 / 18.2.30 / 18.2.78 / 19.1.37 / 19.2.72

78 태양광 발전시스템은 최대 정격 출력 전류의 최소 몇 [%]를 초과하는 직류 전류를 배전계통으로 유입시켜서는 안 되는가?

① 0.5 ② 1
③ 2 ④ 5

해설 전기품질 항목
① 직류 유입 제한
분산형전원 및 그 연계 시스템은 분산형전원 연결점에서 최대 정격 출력전류의 0.5[%]를 초과하는 직류 전류를 계통으로 유입시켜서는 안된다.
② 역률
분산형전원의 역률은 90[%] 이상으로 유지함을 원칙으로 한다.
③ 플리커(flicker)
④ 고조파

79 유지관리비의 구성요소로 틀린 것은?

① 유지비 ② 운용지원비
③ 특수 관리비 ④ 보수비와 개량비

해설 유지관리비의 항목
① 유지비 : 법령점검, 정기점검보수, 일상점검, 청소, 보안, 경상수선
② 수선비 : 임시수선
③ 개량비 : 개량, 디자인개량
④ 운용비 : 경비, 통신비, 광열, 수도, 소모품
⑤ 일반관리비 : 조세공과, 보험료, 감가상각비, 운용계획, 업무 외 사무
⑥ 운영지원비 : 기술자료 수집, 기술연구, 기술연수

80 태양광발전 모듈이 태양광에 노출되는 경우에 따라서 유기되는 열화 정도를 시험하기 위해 장치는?

① UV 시험 장치 ② 염수분부 장치
③ 항온항습 장치 ④ 솔라 시뮬레이터

정답 76. ③ 77. ② 78. ① 79. ③

해설 태양전지모듈 시험장치

① UV시험 장치
  태양전지모듈이 태양광에 노출되는 경우에 따라서 유지되는 열화정도를 시험하기 위한 장치
② 염수분무 장치
  태양전지모듈의 구성 재료와 패키지 등의 구성품을 대상으로 염수(바닷물)에 대한 내구성을 시험하기 위한 환경 챔버
③ 항온항습 장치
  태양전지모듈의 온도 사이클 시험, 온습도 사이클 시험, 내열-내습성시험을 하기 위한 챔버, 온도 ±2[℃] 이내, 습도 ±5[%] 이내이어야 한다.
④ 솔라 시뮬레이터
  태양광발전 모듈의 발전성능을 옥내에서 시험하기 위한 인공광원이며, KS C IEC 60904-9에서 규정하는 방사조도 ±2[%] 이내, 광원 균일도 ±2[%] 이내의 A등급 이상의 것

81. 고압용 또는 특고압용 개폐기로서 중력 등에 의하여 자연히 동작할 우려가 있는 것은 어떤 방지장치를 시설하여야 하는가?

① 차단장치 ② 단락장치
③ 제어장치 ④ 자물쇠장치

해설 개폐기의 시설

1) 전로 중에 개폐기를 시설하는 경우에는 그곳의 각 극에 설치하여야 한다. 다만, 다음의 경우에는 그렇지 않다.
 ① 저압 옥내간선에서 분기하여 전기사용기계기구에 이르는 저압 옥내 전로의 각극에 개폐기를 시설하는 경우
 ② 인입구에서 저압 옥내간선을 거치지 아니하고 전기사용 기계기구에 이르는 저압 옥내전로의 각극에 개폐기를 시설하는 경우
 ③ 특고압 가공전선로로서 다중 접지를 한 중성선을 가지는 것의 그 중성선 이외의 각 극에 개폐기를 시설하는 경우
 ④ 제어회로 등에 조작용 개폐기를 시설하는 경우

2) 고압용 또는 특고압용의 개폐기는 그 작동에 따라 그 개폐상태를 표시하는 장치가 되어 있는 것이어야 한다. 다만, 그 개폐상태를 쉽게 확인할 수 있는 것은 그렇지 않다.

3) 고압용 또는 특고압용의 개폐기로서 중력 등에 의하여 자연히 작동할 우려가 있는 것은 자물쇠장치 기타 이를 방지하는 장치를 시설하여야 한다.

4) 고압용 또는 특고압용의 개폐기로서 부하전류를 차단하기 위한 것이 아닌 개폐기는 부하전류가 통하고 있을 경우에는 개로할 수 없도록 시설하여야 한다. 다만, 개폐기를 조작하는 곳의 보기 쉬운 위치에 부하전류의 유무를 표시한 장치 또는 전화기 기타의 지령 장치를 시설하거나 터블렛 등을 사용함으로서 부하전류가 통하고 있을 때에 개로조작을 방지하기 위한 조치를 하는 경우는 그렇지 않다.

82. 발전기를 전로로부터 자동적으로 차단하는 장치를 시설하여야 하는 경우로서 틀린 것은?

① 발전기에 과전류나 과전압이 생긴 경우
② 용량이 10,000[kVA] 이상인 경우 발전기의 내부에 고장이 생긴 경우
③ 용량이 1,000[kVA] 이상인 수차발전기의 스러스트 베어링의 온도가 현저히 상승한 경우
④ 용량 100[kVA] 이상의 발전기를 구동하는 풍차의 압유장치의 유압이 현저히 저하한 경우

해설 발전기 등의 보호장치

발전기에는 다음의 경우에 자동적으로 이를 전로로부터 차단하는 장치를 시설하여야 한다.
① 발전기에 과전류나 과전압이 생긴 경우
② 용량이 500[kVA] 이상의 발전기를 구동하는 수차의 압유 장치의 유압 또는 전동식 가이드밴 제어장치, 전동식 니이들(Needle) 제어장치 또는 전동식 디플렉터 제어장치의 전원전압이 현저히 저하한 경우
③ 용량 100[kVA] 이상의 발전기를 구동하는 풍차(風車)의 압유장치의 유압, 압축 공기장치의 공기압 또는 전동식 브레이드 제어장치의 전원전압이 현저히 저하한 경우

정답 80. ① 81. ④ 82. ③

④ 용량이 2,000[kVA] 이상인 수차 발전기의 스러스트 베어링의 온도가 현저히 상승한 경우
⑤ 용량이 10,000[kVA] 이상인 발전기의 내부에 고장이 생긴 경우
⑥ 정격출력이 10,000[kW]를 초과하는 증기터빈은 그 스러스트 베어링이 현저하게 마모되거나 그의 온도가 현저히 상승한 경우

16.2.81 / 18.1.82 / 18.2.83

83 발전차액을 지원을 위한 기준가격의 선정기준에서 발전원가 별 기준가격의 산정기준이 틀린 것은?

① 신재생에너지 발전사업자의 송전 · 배전선로 이용요금
② 신재생에너지 발전기술의 상용화수준 및 시장보급 여건
③ 운전 중인 신재생 에너지 발전사업자의 경영여건 및 운전실적
④ 전기요금 및 전력시장에서의 모든 발전설비에 의하여 공급한 전력의 평균거래 가격의 수준

해설 발전차액의 지원을 위한 기준가격의 산정기준(신재생에너지법 시행령 제22조)
① 신 · 재생에너지 발전소의 표준공사비, 운전유지비, 투자보수비 및 각종 세금과 공과금
② 신 · 재생에너지 발전소의 설비 이용률, 수명 기간, 사고 보수율과 발전소에서의 신 · 재생에너지 소비율 등의 설계치 및 실적치
③ 신 · 재생에너지 발전사업자의 송전 · 배전 선로 이용요금
④ 신 · 재생에너지 발전기술의 상용화 수준 및 시장 보급 여건
⑤ 운전 중인 신 · 재생에너지 발전사업자의 경영 여건 및 운전 실적
⑥ 전기요금 및 전력시장에서의 신 · 재생에너지 발전에 의하여 공급한 전력의 거래가격의 수준

17.1.86 / 18.2.84

84 신재생에너지 공급의무자가 공급량 불이행에 대한 과징금 부과범위는 얼마인가?

① 신재생에너지 공급인증서의 해당연도 평균 거래 가격의 100/10을 곱한 범위 내
② 신재생에너지 공급인증서의 해당연도 평균 거래 가격의 100/50을 곱한 범위 내
③ 신재생에너지 공급인증서의 해당연도 평균 거래 가격의 100/90을 곱한 범위 내
④ 신재생에너지 공급인증서의 해당연도 평균 거래 가격의 100/150을 곱한 범위 내

해설 신 · 재생에너지 공급 불이행에 대한 과징금(신재생에너지법 제12조의 6)
① 산업통상자원부장관은 공급의무자가 의무공급량에 부족하게 신 · 재생에너지를 이용하여 에너지를 공급한 경우에는 대통령령으로 정하는 바에 따라 신 · 재생에너지 공급인증서의 해당 연도 평균거래 가격의 100분의 150을 곱한 금액의 범위에서 과징금을 부과할 수 있다.
② 과징금을 납부한 공급의무자에 대하여는 그 과징금의 부과기간에 해당하는 의무공급량을 공급한 것으로 본다.
③ 산업통상자원부장관은 과징금을 납부하여야 할 자가 납부기한까지 그 과징금을 납부하지 아니한 때에는 국세 체납처분의 예를 따라 징수한다.
④ 징수한 과징금은 전기사업법에 따른 전력산업기반 기금의 재원으로 귀속된다.

85 신재생에너지 설비 설치의무기관으로서 정부가 대통령령으로 정하는 출연금액은 연간 얼마 이상을 말하는가?

① 5억원　② 10억원
③ 30억원　④ 50억원

해설 신 · 재생에너지 설비 설치의무기관(신재생에너지법 제12조, 시행령 제16조)
1) 정부가 대통령령으로 정하는 금액(연간 50억원) 이상을 출연한 정부출연기관

정답　83. ④　84. ④　85. ④

2) 지방자치단체 및 공공기관, 정부출연기관 또는 정부출자기업체가 대통령령으로 정하는 비율 또는 금액 이상을 출자한 법인
① 납입자본금의 100의 50 이상을 출자한 법인
② 납입자본금으로 50억원 이상을 출자한 법인

14.4.1 / 15.2.95 / 17.1.50 / 18.1.9 / 18.2.86 / 18.4.82 / 19.4.17

86 피뢰기를 반드시 시설하지 않아도 되는 장소는?

① 특고압 배전선로의 가공지선
② 가공전선로와 지중전선로가 접속되는 곳
③ 고압 및 특고압 가공전선로로부터 공급을 받는 수용장소의 인입구
④ 발전소, 변전소 또는 이에 준하는 장소의 가공전선 인입구 및 인출구

해설 피뢰기의 시설

고압 및 특고압의 전로 중 다음에 열거하는 곳 또는 이에 근접한 곳에는 피뢰기를 시설하여야 한다.
① 발전소·변전소 또는 이에 준하는 장소의 가공전선 인입구 및 인출구
② 가공전선로에 접속하는 배전용 변압기의 고압측 및 특고압측
③ 고압 및 특고압 가공전선로로부터 공급을 받는 수용장소의 인입구
④ 가공전선로와 지중전선로가 접속되는 곳

87 주택 등 수용장소에서 TN-C-S접지방식으로 접지공사를 하는 경우에 보호도체 단면적의 굵기는?

① 단면적이 구리는 6[mm²] 이상 알루미늄은 8[mm²] 이상
② 단면적이 구리는 10[mm²] 이상 알루미늄은 16[mm²] 이상
③ 단면적이 구리는 16[mm²] 이상 알루미늄은 25[mm²] 이상
④ 단면적이 구리는 25[mm²] 이상 알루미늄은 35[mm²] 이상

해설 주택 등 저압수용장소 접지

주택 등 저압수용장소에서 TN-C-S 접지방식으로 접지공사를 하는 경우에 보호도체는 다음에 따라 시설하여야 한다.
① 보호도체의 최소 단면적은 규정에서 정한 값 이상이어야 한다.
② 중성선 겸용 보호도체(PEN)는 고정 전기설비에만 사용할 수 있고, 그 도체의 단면적이 구리는 10[mm²] 이상, 알루미늄은 16[mm²] 이상이어야 하며, 그 계통의 최고전압에 대하여 절연시켜야 한다.

15.4.85 / 18.2.88 / 19.4.94

88 신재생에너지 기술개발 및 이용 보급에 관한 중요사항을 심의하기 위한 신재생에너지정책심의위원회 심의사항이 아닌 것은?

① 기본계획수립 및 변경에 관한사항
② 각 부처 장관이 필요하다고 인정하는 사항
③ 신재생에너지 기술개발 및 이용보급에 관한 중요사항
④ 신재생에너지 발전에 의하여 공급되는 전기의 기준가격, 및 그 변경에 관한 사항

해설 신·재생에너지정책심의회(신재생에너지법 제8조)

1) 신·재생에너지의 기술개발 및 이용·보급에 관한 중요 사항을 심의하기 위하여 산업통상자원부에 신·재생에너지정책심의회를 두며, 심의회는 다음의 사항을 심의한다.
① 기본계획의 수립 및 변경에 관한 사항. 다만, 기본계획의 내용 중 대통령령으로 정하는 경미한 사항을 변경하는 경우는 제외한다.
② 신·재생에너지의 기술개발 및 이용·보급에 관한 중요 사항
③ 신·재생에너지 발전에 의하여 공급되는 전기의 기준가격 및 그 변경에 관한 사항
④ 그밖에 산업통상자원부장관이 필요하다고 인정하는 사항

2) 심의회의 구성·운영과 그밖에 필요한 사항은 대통령령으로 정한다.

정답 86. ① 87. ② 88. ②

16.2.84 / 18.2.89

89 저압옥내전류 전기설비의 시설방법 중 틀린 것은?

① 옥내전로에 연계되는 축전지는 접지측 도체에 누전차단기를 시설하여야 한다.
② 직류전로에 사용하는 개폐기는 직류전로 개폐 시 발생하는 아크에 견디는 구조이어야 한다.
③ 직류전기설비의 접지시설에 양(+)도체를 접지하는 경우는 감전에 대한보호를 하여야 한다.
④ 저압 옥내직류 설비는 직류2선식의 임의의 한 점 또는 태양전지의 중간점등을 접지하여야 한다.

해설 축전지실 등의 시설

① 30[V]를 초과하는 축전지는 비접지측 도체에 쉽게 차단할 수 있는 곳에 개폐기를 시설하여야 한다.
② 옥내전로에 연계되는 축전지는 비접지측 도체에 과전류보호장치를 시설하여야 한다.
③ 축전지실 등은 폭발성의 가스가 축적되지 않도록 환기장치 등을 시설하여야 한다.

※ 저압 옥내직류 전기설비의 접지

1) 저압 옥내직류 전기설비는 전로보호장치의 확실한 동작의 확보, 이상전압 및 대지전압의 억제를 위하여 직류 2선식의 임의의 한 점 또는 변환장치의 직류측 중간점, 태양전지의 중간점 등을 접지하여야 한다. 다만, 직류 2선식을 다음에 의하여 시설하는 경우는 그렇지 않다.
① 사용전압이 60[V] 이하인 경우
② 접지검출기를 설치하고 특정구역내의 산업용 기계기구에만 공급하는 경우
③ 교류계통으로부터 공급을 받는 정류기에서 인출되는 직류계통
④ 최대전류 30[mA] 이하의 직류화재경보회로

2) 직류전기설비의 접지시설을 양(+)도체를 접지하는 경우는 감전에 대한 보호를 하여야 한다.
3) 직류전기설비의 접지시설을 음(-)도체를 접지하는 경우는 전기부식방지를 하여야 한다.

4) 직류접지계통은 교류접지계통과 같은 방법으로 금속제 외함, 교류접지선 등과 본딩하여야 하며, 교류접지가 건축물의 피뢰설비 및 통신설비 등의 접지극을 공용하는 통합접지공사를 할 수 있다.
이 경우 낙뢰 등에 의한 과전압으로부터 전기설비 등을 보호하기 위해 과전압 보호 장치 또는 서지보호장치(SPD)를 설치하여야 한다.

90 한국전력거래소의 회원이 아닌 자는?

① 전기판매사업자
② 전력시장에서 전력거래를 하는 발전사업자
③ 전력시장에서 전력거래를 하는 송전사업자
④ 전력시장에서 전력을 직접 구매하는 전기사용자

해설 회원의 자격(전기사업법 제39조)

한국전력거래소의 회원은 다음의 자로 한다.
① 전력시장에서 전력거래를 하는 발전사업자
② 전기판매사업자
③ 전력시장에서 전력을 직접 구매하는 전기사용자
④ 전력시장에서 전력거래를 하는 자가용전기설비를 설치한 자
⑤ 전력시장에서 전력거래를 하는 구역전기사업자
⑥ 전력시장에서 전력거래를 하지 아니하는 자 중 한국전력거래소의 정관으로 정하는 요건을 갖춘 자
⑦ 전력시장에서 전력거래를 하는 수요관리사업자
⑧ 전력시장에서 전력거래를 하는 소규모전력중개사업자

91 태양의 열에너지를 변환시켜 전기를 생산하거나 에너지원으로 이용하는 설비는?

① 태양열설비
② 태양광 설비
③ 수열에너지 설비
④ 지열에너지 설비

해설 신·재생에너지 설비(신재생에너지법 시행규칙 제2조)

① 연료전지 설비 : 수소와 산소의 전기화학 반응을 통하여 전기 또는 열을 생산하는 설비

정답 89. ① 90. ③ 91. ①

② 태양열 설비 : 태양의 열에너지를 변환시켜 전기를 생산하거나 에너지원으로 이용하는 설비
③ 태양광 설비 : 태양의 빛에너지를 변환시켜 전기를 생산하거나 채광에 이용하는 설비
④ 해양에너지 설비 : 해양의 조수, 파도, 해류, 온도차 등을 변환시켜 전기 또는 열을 생산하는 설비
⑤ 수열에너지 설비 : 물의 표층의 열을 변환시켜 에너지를 생산하는 설비
⑥ 지열에너지 설비 : 물, 지하수 및 지하의 열 등의 온도차를 변환시켜 에너지를 생산하는 설비

15.4.83 / 18.2.92 / 19.2.86

92 공사업자의 등록취소에 해당하지 않는 경우는?

① 거짓으로 공사업을 등록한 경우
② 타인에게 등록증 또는 등록수첩을 빌려 준 경우
③ 전기공사기술자가 아닌 자에게 전기공사의 시공관리를 맡긴 경우
④ 공사업의 등록을 한 후 1년 이내에 영업을 시작하지 않은 경우

해설 등록취소 등(전기공사업법 제28조)

시·도지사는 공사업자가 다음의 어느 하나에 해당하면 등록을 취소하거나 6개월 이내의 기간을 정하여 영업의 정지를 명할 수 있다. 다만, ①, ③, ④, ⑦, ⑧에 해당하는 경우에는 등록을 취소하여야 한다.
① 거짓이나 그 밖의 부정한 방법으로 공사업의 등록, 공사업의 등록기준에 관한 신고 행위를 한 경우
② 대통령령으로 정하는 기술능력 및 자본금 등에 미달하게 된 경우
③ 공사업의 등록을 할 수 없는 결격사유 중 어느 하나에 해당하게 된 경우
④ 타인에게 성명·상호를 사용하게 하거나 등록증 또는 등록수첩을 빌려 준 경우
⑤ 시정명령 또는 지시를 이행하지 아니한 경우
⑥ ①~⑤규정 중 어느 하나에 해당하는 경우로서 해당 전기공사가 완료되어 시정명령 또는 지시를 명할 수 없게 된 경우
⑦ 공사업의 등록을 한 후 1년 이내에 영업을 시작하지 아니하거나 계속하여 1년 이상 공사업을 휴업한 경우

⑧ 영업정지처분기간에 영업을 하거나 최근 5년간 3회 이상 영업정지처분을 받은 경우

※ 전기공사기술자가 아닌 자에게 전기공사의 시공관리를 맡긴 경우에 시·도지사는 기간을 정하여 그 시정을 명하거나 그 밖에 필요한 지시를 할 수 있다.

93 특고압을 직접 저압으로 변성하는 변압기를 시설할 수 없는 것은?

① 전기로 등 전류가 큰 전기를 소비하기 위한 변압기
② 발전소, 변전소, 개폐소 또는 이에 준하는 곳이 소내용 변압기
③ 교류식 전기철도용 신호회로에 전기를 공급하기 위한 변압기
④ 사용전압이 150[kV] 이하의 변압기로서 그 특고압측 권선과 저압측 권선이 혼촉한 경우에 자동적으로 변압기를 전로로부터 차단하는 장치를 설치한 것

해설 특고압을 직접 저압으로 변성하는 변압기의 시설

특고압을 직접 저압으로 변성하는 변압기는 다음의 것 이외에는 시설하여서는 아니 된다.
① 전기로 등 전류가 큰 전기를 소비하기 위한 변압기
② 발전소·변전소·개폐소 또는 이에 준하는 곳의 소내용 변압기
③ 특고압 전선로에 접속하는 변압기
④ 사용전압이 35[kV]이하인 변압기로서 그 특고압측 권선과 저압측 권선이 혼촉한 경우에 자동적으로 변압기를 전로로부터 차단하기 위한 장치를 설치한 것
⑤ 사용전압이 100[kV]이하인 변압기로서 그 특고압측 권선과 저압측 권선사이에 접지공사를 한 금속제의 혼촉방지판이 있는 것
⑥ 교류식 전기철도용 신호회로에 전기를 공급하기 위한 변압기

정답 92. ③ 93. ④

94 전기사업용 태양광발전소 설치공사 시 공사계획의 인가가 필요한 용량은?

① 출력 3000[kW] 이상
② 출력 5000[kW] 이상
③ 출력 7500[kW] 이상
④ 출력 10000[kW] 이상

해설 전기사업용 전기설비 공사계획의 인가 및 신고의 대상 (전기사업법 시행규칙 제28조)

공사의 종류	인가가 필요한 것	신고가 필요한 것
태양광설비 태양전지	출력 10,000[kW] 이상의 태양전지의 설치 또는 전체 모듈 대체	출력 10,000[kW] 미만의 태양전지의 설치 또는 전체모듈 대체
태양광설비 전력변환장치	출력 10,000[kW] 이상의 전력변환 장치의 설치 또는 대체	출력 10,000[kW] 미만의 전력변환장치의 설치 또는 대체

18.2.95 / 18.4.96

95 정부는 기후변화 대응의 기본원칙에 따라 몇 년을 계획기간으로 하는 기후변화 대응 기본 계획을 5년마다 수립하여야 하는가?

① 3   ② 5
③ 10   ④ 20

해설 지속가능발전 기본계획의 수립·시행(녹색성장법 제50조)
정부는 1992년 브라질에서 개최된 유엔환경개발회의에서 채택한 의제21, 2002년 남아프리카공화국에서 개최된 세계지속가능발전정상회의에서 채택한 이행계획 등 지속가능발전과 관련된 국제적 합의를 성실히 이행하고, 국가의 지속가능발전을 촉진하기 위하여 20년을 계획기간으로 하는 지속가능발전 기본계획을 5년마다 수립·시행하여야 한다.

13.4.94 / 16.4.2 / 16.4.98 / 17.1.84 / 17.4.9 / 18.1.100 / 18.2.96 / 18.4.11 / 18.4.92 / 19.1.96

96 다음 중 신에너지에 해당하는 것은?

① 풍력   ② 태양에너지
③ 해양에너지   ④ 수소에너지

해설 신·재생에너지의 정의(신재생에너지법 제2조)
1) 신에너지: 기존의 화석연료를 변환시켜 이용하거나 수소·산소 등의 화학 반응을 통하여 전기 또는 열을 이용하는 에너지
① 수소에너지
② 연료전지
③ 석탄을 액화·가스화한 에너지 및 중질잔사유을 가스화

2) 재생에너지: 햇빛·물·지열·강수·생물유기체 등을 포함하는 재생 가능한 에너지를 변환시켜 이용하는 에너지
① 태양에너지
② 풍력
③ 수력
④ 해양에너지
⑤ 지열에너지
⑥ 생물자원을 변환시켜 이용하는 바이오에너지
⑦ 폐기물에너지(비재생폐기물로부터 생산된 것은 제외한다)

18.2.97 / 19.4.97

97 녹색성장위원회의 구성으로 옳은 것은?

① 위원장 1명을 포함한 30명이내의 위원
② 위원장 2명을 포함한 30명이내의 위원
③ 위원장 1명을 포함한 50명이내의 위원
④ 위원장 2명을 포함한 50명이내의 위원

해설 녹색성장위원회의 구성 및 운영(녹색성장법 제14조)
① 국가의 저탄소 녹색성장과 관련된 주요 정책 및 계획과 그 이행에 관한 사항을 심의하기 위하여 국무총리 소속으로 녹색성장위원회를 둔다.
② 위원회는 위원장 2명을 포함한 50명 이내의 위원으로 구성한다.

③ 위원회의 위원장은 국무총리와 위원 중에서 대통령이 지명하는 사람이 된다.
④ 위원회의 위원은 다음의 사람이 된다.
  ㉠ 기획재정부장관, 과학기술정보통신부장관, 산업통상자원부장관, 환경부장관, 국토교통부장관 등 대통령령으로 정하는 공무원
  ㉡ 기후변화, 에너지ㆍ자원, 녹색기술ㆍ녹색산업, 지속가능발전 분야 등 저탄소 녹색성장에 관한 학식과 경험이 풍부한 사람 중에서 대통령이 위촉하는 사람
⑤ 위원회의 사무를 처리하게 하기 위하여 위원회에 간사위원 1명을 두며, 간사위원의 지명에 관한 사항은 대통령령으로 정한다.
⑥ 위원장은 각자 위원회를 대표하며, 위원회의 업무를 총괄한다.
⑦ 위원장이 부득이한 사유로 직무를 수행할 수 없는 때에는 국무총리인 위원장이 미리 정한 위원이 위원장의 직무를 대행한다.
⑧ 위원의 임기는 1년으로 하되, 연임할 수 있다.

16.4.100 / 18.2.98

98 전기사업자는 산업통상자원부장관이 지정한 전기설비를 설치하고 사업을 시작한 경우 준비기간은 몇 년을 넘을 수 없는가? (단, 산업통상자원부장관이 정당한 사유가 인정하는 경우 제외)

① 3 ② 5 ③ 7 ④ 10

해설 전기설비의 설치 및 사업의 개시 의무(전기사업법 제9조)
① 전기사업자는 산업통상자원부장관이 지정한 준비기간에 사업에 필요한 전기설비를 설치하고 사업을 시작하여야 한다.
② 준비기간은 10년을 넘을 수 없다. 다만, 산업통상자원부장관이 정당한 사유가 있다고 인정하는 경우에는 준비기간을 연장할 수 있다.
③ 산업통상자원부장관은 전기사업을 허가할 때 필요하다고 인정하면 전기사업별 또는 전기설비별로 구분하여 준비기간을 지정할 수 있다.
④ 전기사업자는 사업을 시작한 경우에는 지체 없이 그 사실을 산업통상자원부장관에게 신고하여야 한다.

17.4.93 / 18.2.99 / 19.1.100

99 금속제 외함을 가지는 사용전압이 60[V]를 초과하는 저압의 기계기구로서 사람이 쉽게 접촉할 우려가 있는 곳에 시설하는 전로에 지락차단장치를 생략할 수 없는 경우는?

① 기계기구를 건조한곳에 시설하는 경우
②「전기용품안전관리법」의 적용을 받는 2중 절연구조의 기계기구를 시설하는 경우
③ 기계기구가 유도전동기의 2차측 전로에 접속되는 것일 경우
④ 대지전압이 150[V] 이하인 기계기구를 물기가 있는 곳에 시설하는 경우

해설 지락차단장치 등의 시설
금속제 외함을 가지는 사용전압이 60[V]를 초과하는 저압의 기계기구로서 사람이 쉽게 접촉할 우려가 있는 곳에 시설하는 것에 전기를 공급하는 전로에는 전로에 지락이 생겼을 때에 자동적으로 전로를 차단하는 장치를 하여야 한다. 다만, 다음의 어느 하나에 해당하는 경우는 적용하지 않는다.
① 기계기구를 발전소ㆍ변전소ㆍ개폐소 또는 이에 준하는 곳에 시설하는 경우
② 기계기구를 건조한 곳에 시설하는 경우
③ 대지전압이 150[V] 이하인 기계기구를 물기가 있는 곳 이외의 곳에 시설하는 경우
④ 2중 절연구조의 기계기구를 시설하는 경우
⑤ 그 전로의 전원측에 절연변압기(2차 전압이 300[V] 이하인 경우에 한한다)를 시설하고 또한 그 절연변압기의 부하측의 전로에 접지하지 아니하는 경우
⑥ 기계기구가 고무ㆍ합성수지 기타 절연물로 피복된 경우
⑦ 기계기구가 유도전동기의 2차측 전로에 접속되는 것일 경우
⑧ 기계기구내에 누전차단기를 설치하고 또한 기계기구의 전원연결선이 손상을 받을 우려가 없도록 시설하는 경우

100 교류전압 고압 E[V]의 범위는?

① 7000 ≥ E > 1000
② 3500 ≥ E > 1000
③ 7000 ≥ E > 2000
④ 3500 ≥ E > 2000

해설 전압의 종별(전기사업법 시행규칙 제2조)

구분	KEC(개정)
저압	AC 1000[V] 이하
	DC 1500[V] 이하
고압	AC 1000[V] 초과 7000[V] 이하
	DC 1500[V] 초과 7000[V] 이하
특고압	7000[V] 초과

정답 100. ①

2018 제4회 기출문제

14.4.4 / 15.4.5 / 18.4.1

01 태양광발전시스템에서 추적제어방식에 따른 분류가 아닌 것은?

① 프로그램 추적법(program tracking)
② 감지식 추적법(sensor tracking)
③ 양방향 추적법(double axis tracking)
④ 혼합식 추적법(mixed tracking)

해설 추적제어방식에 따른 분류

1) 감지식 추적법(Sensor Tracking)

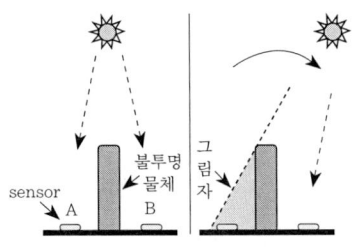

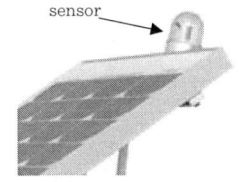

① 감지기(sensor)기구는 모듈의 상부 혹은 측면에 부착되며, 일정시간 간격으로 불투명물체에 가려진 두 개의 일사량감지 센서에 비추는 일사량이 평형이 되도록 모듈고정 구조물은 구동되며, 발전량을 최대로 한다.
② 감지기를 이용하여 최대 일사량을 추적해 가는 방식으로 감지기의 종류와 형태에 따라 오차가 발생하기도 한다.
③ 특히 태양이 구름에 가리거나 부분 음영이 발생하는 경우 감지부의 정확한 태양궤도 추적이 곤란하다.

2) 프로그램 추적법(Program Tracking)
태양의 연중 이동 궤도를 추적하는 프로그램을 내장한 컴퓨터 또는 마이크로프로세서를 이용하여 프로그램에 위도, 경도, 년, 월, 일에 따라 최적의 태양 위치를 저장해 놓고 추적한다.

3) 혼합추적식(Mixed Tracking)
프로그램 추적법을 중심으로 운영하면서 설치위치에 따른 미세한 부분은 주기적으로 수정해주는 방법으로 가장 이상적인 방법

02 태양광발전 경사각에 대한 설명으로 가장 거리가 먼 것은?

① 적도지방의 경사각은 0°일 때 가장 효율적이다.
② 우리나라의 경우 중부지방은 경사각이 37°일 때 가장 효율적이다.
③ 태양광 모듈과 지표면이 이루는 각도를 말한다.
④ 최적의 경사각은 그 지역의 위도와 관계없이 항상 90°일 때이다.

해설 모듈의 경사각
① 사계절 고정설치 : 설치장소의 위도
② 여름(각도 조절형) : 설치장소의 위도 -15°
③ 겨울(각도 조절형) : 설치장소의 위도 +15°
④ 주요도시 위도 : 서울시청 37.56°, 대전광역시청 36.35°, 대구광역시청 35.87°, 부산광역시청 35.17°, 광주광역시청 37.42°, 제주시청 33.49°

13.4.19 / 14.4.57 / 14.4.73 / 15.2.1 / 15.2.5 / 15.2.28 / 16.4.4 / 16.4.12 / 17.2.5 / 17.4.7 / 18.1.11 / 18.4.3 / 18.4.14 / 19.2.5 / 19.2.17

03 태양광 발전용 PCS의 회로방식 중 소형·경량으로 회로가 복잡하고 고효율 화를 위한 특별한 기술이 요구되는 회로방식은?

① 상용주파 절연방식
② 고주파 절연방식
③ 무변압기방식
④ 전류 절연방식

정답 1.③ 2.④ 3.②

해설 **인버터의 회로방식별 분류**

1) 상용주파 변압기 절연방식

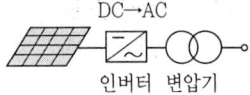

① PWM 인버터를 이용하여 상용주파수의 교류를 만들고, 상용주파수의 변압기를 이용하여 절연과 전압변환을 한다.
② 내부 신뢰성이나 노이즈 컷이 우수하지만, 상용주파수의 변압기를 별도로 이용하기 때문에 무겁고 크며, 변압기의 효율이 감소된다.

2) 고주파 변압기 절연방식

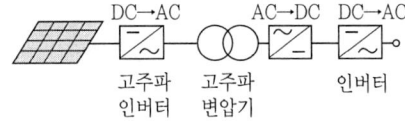

① 태양전지의 직류 출력을 고주파의 교류로 변환한 후 소형의 고주파 변압기로 절연을 한다.
② 일단 직류로 변환하고 재차 상용주파의 교류로 변환하며, 소형 경량이지만 회로가 복잡한 단점이 있다.

3) 트랜스리스(Transless) 방식

① 태양전지의 직류출력을 DC-DC 컨버터로 승압하고 인버터에서 상용주파의 교류로 변환한다.
② 소형 경량이며, 저렴하고 효율이 우수하고 신뢰성이 높다.
③ 상용전원과의 사이에는 절연이 되지 않아 안전성이 떨어진다.

04 파장이 546[nm]인 광자의 에너지를 전자볼트의 단위로 환산했을 때 옳은 것은?

① 2.28[eV]
② 3.28[eV]
③ 3.62[eV]
④ 4.14[eV]

해설 E [KeV]의 X-선의 파장 λ

$$\lambda = \frac{12.4}{E}$$

$$E = \frac{1240}{\lambda} = \frac{1240}{546} \fallingdotseq 2.28 \ [eV]$$

14.4.3 / 18.4.5

05 태양전지 제조 과정 중 표면 조직화에 대한 설명 중 틀린 것은?

① 표면 조직화는 표면 반사손실을 줄이거나 입사경로를 증가시킬 목적이다.
② 표면 조직화는 광 흡수율을 높여 단락전류를 높이기 위함이다.
③ 태양전지의 표면을 피라미드 또는 요철구조로 형성화하는 방법이다.
④ 표면 조직화는 태양전지의 곡선인자 값을 향상시키게 된다.

해설 **표면조직화 (Surface texturing)**

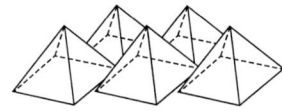

표면 조직화된 결정 실리콘 태양전지의 표면을 형성하는 사각면 피라미드

① 표면 반사 손실을 줄이고 빛을 가두어 광 흡수율을 높여 단락전류를 높이기 위한 목적으로 표면에 피라미드 구조형상을 만들거나, 다공성 또는 요철구조 형성(표면적을 넓힘)을 두어 입사한 빛이 반사로 소실되지 않도록 하는 구조를 만드는 공정
② 단결정 실리콘 표면 조직화는 웨이퍼 세정후 웨이퍼 절단시 손상된 표면 제거(SDR etching), 2[%] NaOH이상의 용액을 80° 부근에서 25분 처리
③ 다결정 실리콘 표면 조직화는 질산과 불산 혼합 용액에서 온도를 상온 이하로 냉각하여 다공성 표면을 만들어 표면조직화

06 면적이 250[cm²]이고 변환효율이 20[%]인 결정질 실리콘 태양전지의 표준조건에서의 출력은?

① 0.4[W]
② 0.5[W]
③ 4[W]
④ 5[W]

해설 출력전력 P

$$P = 면적 \times 변환효율 = 250 \times 10^{-1} \times \frac{20}{100} = 5 \, [\text{W}]$$

07 축전지 충전방식 중 자기방전량만을 항상 충전하는 충전방식은?

① 보통충전
② 급속충전
③ 부동충전
④ 세류충전

해설 축전지 설비

1) 구성 요소 : 축전지, 충전장치, 보안장치, 제어장치
2) 충전방식
① 보통 충전 : 필요할 때마다 표준 시간 율로 소정의 충전을 하는 방식
② 급속 충전 : 비교적 단시간에 보통 전류의 2~3배의 전류로 충전하는 방식
③ 부동 충전 : 축전지의 자기 방전을 보충함과 동시에 사용 부하에 대한 전력공급은 충전기가 부담하도록 하되 충전기가 부담하기 어려운 일시적인 대 전류의 부하는 축전지가 부담하도록 하며, 축전지와 부하를 충전지에 병렬로 접속하여 사용하는 충전방식
④ 세류 충전 : 축전지의 자기 방전을 보충하기 위하여 부하를 off한 상태에서 미소 전류로 항상 충전하는 방식
⑤ 균등 충전 : 각 전해조에서 일어나는 전위차를 보정하기 위하여 1~3개월마다 1회, 정 전압 충전하여 각 전해조의 용량을 균일화하기 위하여 행하는 충전방식

15.4.12 / 15.4.13 / 18.1.63 / 18.2.2 / 18.4.8 / 18.4.73 / 21.2.3

08 결정계 실리콘 태양전지 모듈에서 표면온도와 출력과의 관계를 옳게 나타낸 것은?

① 표면온도가 높아지면 출력이 증가한다.
② 표면온도가 높아지면 출력이 감소한다.
③ 표면온도가 낮아지면 출력이 감소한다.
④ 표면온도가 높든지 낮든지 출력에는 영향이 없다.

해설 태양광 모듈의 온도에 따른 출력 전압과 전류 값

① 태양광 모듈의 온도특성을 살펴보면 전류는 양(+)의 온도계수를 가지고 전압과 전력은 음(-)의 온도계수를 가진다. 음의 온도계수의 의미는 온도가 높을수록 태양광 모듈의 전압과 전력은 감소하고, 온도가 낮을수록 태양광 모듈의 전압과 전력이 증가한다는 것을 의미한다.
② 태양전지가 보다 높은 온도에 노출되면 단락전류(I_{SC})는 조금(+0.05[%/℃]) 증가하며, 개방전압(V_{OC})은 (-0.5[%/℃]) 감소한다.
③ 폴리 실리콘 계열의 태양전지는 표면온도가 1[℃] 상승할 때, 대략 0.3~0.5[%]의 출력이 감소한다.

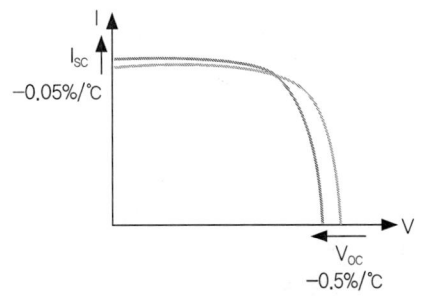

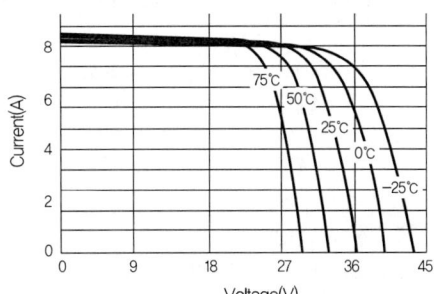

정답 6. ④ 7. ④ 8. ②

09 다음 중 발전방식에 의한 이산화탄소 배출량으로 옳은 것은? (단, 생산규모 100[MW], 상정수명이 20년으로 가정한다)

① 다결정 실리콘 40~45[g]-CO_2/[kWh]
② 다결정 실리콘 60~80[g]-CO_2/[kWh]
③ 아몰퍼스 실리콘 5~10[g]-CO_2/[kWh]
④ 아몰퍼스 실리콘 100~150[g]-CO_2/[kWh]

해설 발전방식별 이산화탄소 배출량

발전방식	이산화탄소 배출량[CO_2 . g/kWh]
석탄	900
석유	850
IGCC	400
바이오매스	45
다결정 Si 태양광	40
박막 태양광	18
원자력(미국)	24
풍력	11

※ IGCC(Integrated Gasification Combined Cycle, 석탄가스화복합발전)

10 계통연계형 태양광발전시스템에서 축전지의 용량산출 일반식으로 옳은 것은? (단, C : 축전지의 표시용량, K : 방전시간, 축전지온도, 허용최저전압으로 결정되는 용량환산 시간, I : 평균방전전류, L : 보수율(수명말기의 용량 감소율))

① $C = K\dfrac{I}{L}$
② $C = K\dfrac{L}{I}$
③ $C = \dfrac{I}{KL}$
④ $C = \dfrac{L}{KI}$

해설 축전지 용량(C)

충전한 축전지를 방전했을 때 규정 전압으로 내려갈 때까지 낼 수 있는 전기량, 단위는 [Ah]

13.4.94 / 16.4.2 / 16.4.98 / 17.1.84 / 17.4.9 / 18.1.100 / 18.2.96 / 18.4.11 / 18.4.92 / 19.1.96

11 다음 중 신재생에너지의 분류에 해당되지 않는 것은?

① 태양열   ② 원자력발전
③ 바이오에너지   ④ 해양에너지

해설 신ㆍ재생에너지의 정의(신재생에너지법 제2조)

1) 신에너지: 기존의 화석연료를 변환시켜 이용하거나 수소ㆍ산소 등의 화학 반응을 통하여 전기 또는 열을 이용하는 에너지
① 수소에너지
② 연료전지
③ 석탄을 액화ㆍ가스화한 에너지 및 중질잔사유을 가스화

2) 재생에너지: 햇빛ㆍ물ㆍ지열ㆍ강수ㆍ생물유기체 등을 포함하는 재생 가능한 에너지를 변환시켜 이용하는 에너지
① 태양에너지
② 풍력
③ 수력
④ 해양에너지
⑤ 지열에너지
⑥ 생물자원을 변환시켜 이용하는 바이오에너지
⑦ 폐기물에너지(비재생폐기물로부터 생산된 것은 제외한다)

15.4.17 / 18.4.12

12 회로에서 입력전압 24[V], 스위칭 주기 50[μs], 듀티비 0.6, 부하저항이 10[Ω]일 때, 출력전압 V_0는 몇 [V]인가? (단, 인덕터의 전류는 일정하고, 커패시터의 C는 출력전압의 리플 성분을 무시할 수 있을 정도로 매우 크다.)

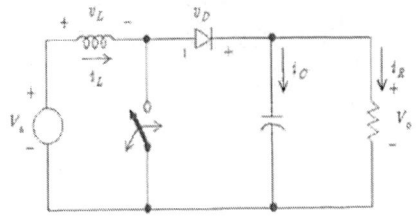

① 20　② 40　③ 60　④ 80

해설 출력전압 V

V = 입력전압 + (듀티비 × 저항)^2
= 24 + (0.6×10)^2 = 60 [V]

※ 듀티비 : 신호가 개폐되면서 한 주기를 이룰 때, 한 주기(전류가 흐른 시간 + 전류가 흐르지 않은 시간)에 대한 전류가 흐른 시간의 비

※ 리플(Ripple)성분 : 교류를 정류하여 직류로 만들 때, 완벽하게 직류가 되지 않고, 일부 남아 있는 교류성분

Ripple 전압

13 PN접합 다이오드에 대한 설명 중 틀린 것은?

① 외부에서 바이어스를 가하지 않으면 확산전류와 드리프트전류의 크기는 동일하다.
② P영역의 정공은 확산(Diffusion)에 의해 N영역으로 이동한다.
③ N영역의 전자는 드리프트(Drift)에 의해 P영역으로 이동한다.
④ 공핍층(Depletion Layer)에서만 전기장이 존재한다.

해설 PN접합에 의한 태양광 발전의 원리

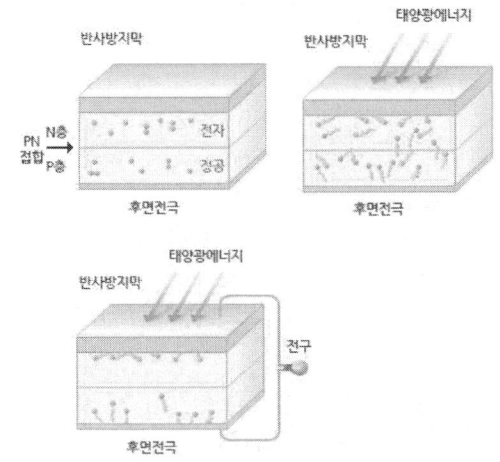

① 대표적인 결정질 실리콘 태양전지는 실리콘에 보론(boron:붕소)을 첨가한 P형 실리콘반도체를 기본으로 하여 그 표면에 인(phosphorous)을 확산시켜 N형 실리콘 반도체층을 형성함으로서 만들어짐, 이 PN접합에 의해 전계(電界)가 발생함
② 이 태양전지에 빛이 입사(광흡수)되면 반도체내의 전자(-)와 정공(+)이 여기(勵起) 되어 반도체 내부를 자유로이 이동하는 상태가 됨
③ 자유로이 이동하다가 PN접합에 의해 생긴 전계에 들어오게 되면 전자(-)는 N형반도체에, 정공(+)은 P형반도체에 이르게 되며, P형반도체와 N형반도체 표면에 전극을 형성하여 전자를 외부 회로로 흐르게 하면 전류가 발생됨

※ 여기(勵起) : 양자론에서, 원자나 분자에 있는 전자가 바닥상태에 있다가 외부의 자극에 의해 일정한 에너지를 흡수하여 보다 높은 에너지로 이동한 상태

13.4.19 / 14.4.57 / 14.4.73 / 15.2.1 / 15.2.5 / 15.2.28 / 16.4.4 / 16.4.12 / 17.2.5 / 17.4.7 / 18.1.11 / 18.4.3 / 18.4.14 / 19.2.5 / 19.2.17

14 태양광발전용 인버터의 회로방식으로 적당하지 않은 것은?

① 트랜스리스 방식
② 단권변압기 절연방식
③ 고주파 변압기 절연방식
④ 상용주파 변압기 절연방식

해설 인버터의 회로방식별 분류

1) 상용주파 변압기 절연방식
① PWM 인버터를 이용하여 상용주파수의 교류를 만들고, 상용주파수의 변압기를 이용하여 절연과 전압변환을 한다.
② 내부 신뢰성이나 노이즈 컷이 우수하지만, 상용주파수의 변압기를 별도로 이용하기 때문에 무겁고 크며, 변압기의 효율이 감소된다.

2) 고주파 변압기 절연방식
① 태양전지의 직류 출력을 고주파의 교류로 변환한 후 소형의 고주파 변압기로 절연을 한다.
② 일단 직류로 변환하고 재차 상용주파의 교류로 변환하며, 소형 경량이지만 회로가 복잡한 단점이 있다.

3) 트랜스리스(Transless) 방식
① 태양전지의 직류출력을 DC-DC 컨버터로 승압하고 인버터에서 상용주파의 교류로 변환한다.
② 소형 경량이며, 저렴하고 효율이 우수하고 신뢰성이 높다.
③ 상용전원과의 사이에는 절연이 되지 않아 안전성이 떨어진다.

13.4.18 / 14.4.23 / 16.4.9 / 18.1.4 / 18.1.12 / 18.4.15 / 19.2.19

15 독립형 태양광발전 설비용 인버터의 필요한 조건 중 틀린 것은?

① 출력쪽 단락 손상에 대한 보호
② 축전지 전압 변동에 대한 내성
③ 교류 측으로 직류의 역류 기능
④ 급상승 전압 보호

해설 독립형 태양광발전 시스템

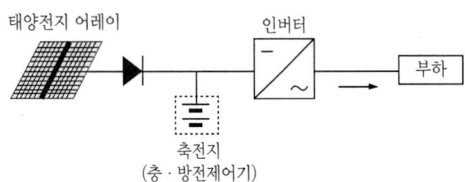

① 외딴 섬과 같이 전기가 들어오지 않는 지역에서, 상용전력계통과 직접 연결되지 않고 분리된 발전방식으로, 태양광발전시스템의 발전 전력만으로 부하에 전력을 공급한다.
② 야간 혹은 우천 시, 태양광발전시스템의 발전이 불가할 때는 발전된 전력을 저장할 수 있는 축전장치를 접속하여 태양광 전력을 저장하여 사용하는 방식

16 다음 중 수직축 풍차가 아닌 것은?

① 사보니우스 풍차
② 프로펠러형 풍차
③ 크로스플로 풍차
④ 다리우스 풍차

해설 회전축방향에 따른 구분

① 수평축
간단한 구조로 이루어져 있어 설치하기 편리하나 바람의 방향에 영향을 받음(중대형급 이상은 수평축을 사용하고, 100kW급 이하 소형은 수직축도 사용됨)

프로펠러형   더치형   세일윙형   블레이드형

② 수직축
바람의 방향과 관계가 없어 사막이나 평원에 많이 설치하여 이용 가능하지만 소재가 비싸고 수평축 풍차에 비해 효율이 떨어지는 단점이 있다.

 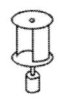
다리우스형   사보니우스형   크로스 플로우형   패들형

17 태양광발전시스템용 축전지(Battery)로 사용되지 않는 것은?

① 니켈-카드뮴
② 니켈-수소
③ 리튬이온
④ 망간

해설 태양광발전소용 축전지
① 납축전지(가장 많이 사용)
② 니켈 카드뮴 축전지
③ 니켈 수소 축전지
④ 리튬 2차전지 등

18 인버터 데이터 중 모니터링 화면에 전송되는 것이 아닌 것은?

① 발전량
② 일사량, 온도
③ 입력전압, 전류, 전력
④ 출력전압, 전류, 전력

해설 **인버터의 표시사항**
입력단(모듈출력)의 전압, 전류, 전력과 출력단(인버터 출력)의 전압, 전류, 전력, 주파수, 누적발전량, 최대출력량(peak)이 표시되어야 한다.

15.2.14
19 축전지 설비의 설치기준에서 큐비클식 축전지 설비 이외의 발전설비와의 사이 이격거리[m]는?

① 0.5 ② 1.0
③ 1.5 ④ 2.0

해설 **큐비클식 축전지 설비의 이격 거리**

이격 거리를 확보해야 할 부분	이격 거리[m]
큐비클 이외의 발전설비와의 거리	1.0
큐비클 이외의 변전설비와의 거리	1.0
실외에 설치할 경우 건물과의 거리	2.0
전면 또는 조작면	1.0
점검면	0.6
점검면	0.2

14.4.10 / 15.4.4 / 17.2.2 / 17.2.12 / 18.4.20
20 태양전지의 특징에 대하여 설명한 내용 중 옳은 것을 [보기]에서 찾아 모두 나열한 것은?

[보기]
ㄱ. 태양전지가 전달하는 전력은 입사하는 빛의 세기에 따라 달라짐
ㄴ. 태양전지로부터의 전류 값은 부하저항에 따라 변하지 않음
ㄷ. 빛에 의한 전기화학적인 전위의 일시적인 변화로부터 기전력을 유도함

① ㄱ   ② ㄱ, ㄴ
③ ㄱ, ㄷ   ④ ㄴ, ㄷ

해설 **태양전지의 특징**

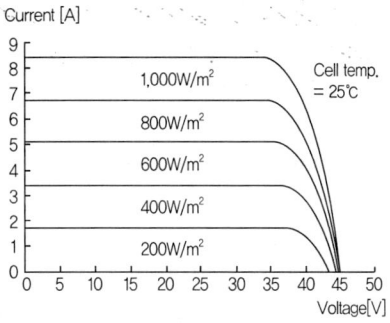

태양광 모듈의 일사량에 따른 출력 전압과 전류 값

① 태양광 모듈의 전압·전류 특성
태양광 모듈의 출력은 일사량과 온도에 의해 영향을 받는다. 일사량이 강할수록 전류의 증가로 인해 출력 전력이 증가하고 이때 전압은 일조 강도의 변화에 영향이 적다.
② 태양전지에 의한 발전원리
태양에너지를 전기에너지로 변환할 목적으로 제작된 광전지로서 금속과 반도체의 접촉면 또는 반도체의 PN 접합에 빛을 조사(照射)하면 광전효과에 의해 광기전력이 일어나는 것을 이용한 것

※ 광전 효과(Photovoltaic Effect)

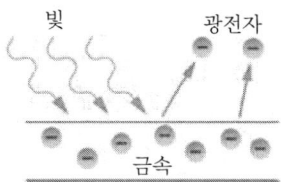

금속 등의 물질이 고유의 특정 파장보다 짧은 파장(높은 에너지)을 가진 전자기파를 흡수했을 때 전자를 내보내는 현상

13.4.29 / 15.2.37 / 18.4.21 / 19.2.26
21 모니터링시스템 주요 구성 요소가 아닌 것은?

① 발전소 내 감시용 CCTV
② LOCAL 및 Web Monitoring
③ 기상관측 장치
④ LBS

해설 태양광발전 모니터링 시스템(solar power monitoring system)

태양광발전시스템이 설치된 지역의 현 상태를 모니터링(발전현황, 감시, 진단, 분석 등)하여 유지 관리를 위해 모니터링 시스템을 설치한다.
① 태양광발전 모듈 계측 메인장치(SCS)
② 전력변환장치 감시제어 장치(AIS)
③ 자동 기상관측 장치(AWS)
④ 발전소 내 감시용 CCTV
⑤ LOCAL 및 Web Monitoring

※ 부하개폐기(Load break Switch)
수변전설비의 인입구개폐기로 많이 사용되는 것으로, 정상상태의 부하전류를 개폐하며 이상 시(과부하, 단락 등)의 보호기능은 없다.

15.2.30 / 15.2.39 / 16.4.36 / 17.4.36 / 18.4.22

22 태양광 발전사업 허가기준에 대한 설명이다. 다음 중 허가기준에 맞지 않은 것은?
① 전기사업 수행에 필요한 재무능력 및 기술능력이 있을 것
② 전기사업이 계획대로 수행될 수 있을 것
③ 일정지역에 편중되어 전력계통의 운영에 지장을 초래해서는 아니 될 것
④ 태양광 발전사업 허가신청 시 환경영향평가를 반드시 2회 받아야 될 것

해설 환경영향평가 대상사업의 종류 및 범위(에너지 개발사업)
① 발전시설용량이 10,000[kW] 이상인 발전소 (다만, 태양력·풍력 또는 연료전지 발전소의 경우에는 발전시설용량이 100,000[kW] 이상인 것)
② 345[kV] 이상의 지상송전선로로서 선로길이(공사계획에 지중화구간이 포함된 경우 그 길이를 포함한다)가 10[km] 이상인 것
③ 765[kV] 이상의 옥외변전소

15.4.23 / 18.4.23 / 19.1.26

23 태양광 발전설비를 뇌격으로부터 보호하기 위한 과전압 보호장치(SPD : Surge Protection Device) 설치 및 접지방식에서 그림 중에서 가장 적절한 방식은?

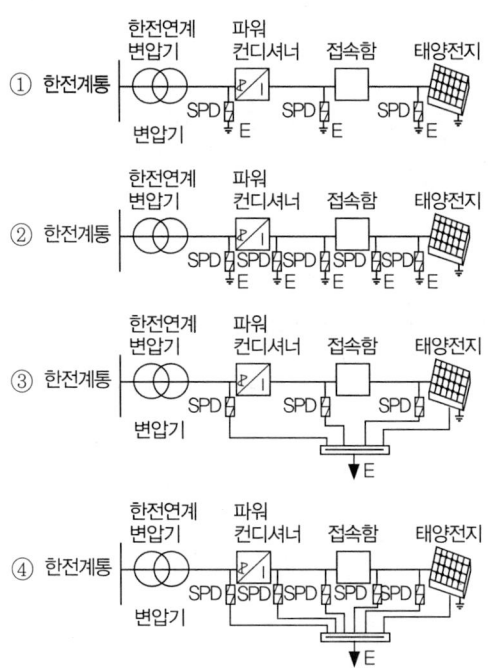

해설 SPD를 이용한 대책

SPD는 일반적인 전원전압이나 신호전압에 대해서는 절연체이지만, 뇌서지와 같은 이상 과전압에 대해서만 동작해서 뇌서지를 접지선으로 빠르게 흘려 뇌서지 처리후 원래의 정상적인 계통 상태로 스스로 되돌아가는 기능을 갖는다.

(1) SPD의 시험규격과 적용

사용 용도	시험 명칭	시험 파형	방전 내량 성능	설치 장소 및 역할
전원용	클래스 I 시험	전류 파형 10/350µs	임펄스 전류 Imp	전력인입구 등에 설치, 건물외로 유출하는 직격뇌전류에 대응
	클래스 II 시험	전류 파형 8/20µs	최대 방전전류 Imax	건물 내부의 분전반 등에 설치, 건물 내부에 발생하는 유도뢰 전류에 대응
신호용	카테고리 D1시험	전류 파형 10/350µs	임펄스 내구성	신호선의 인입구 등에 설치, 건물 외로 유출하는 직격 뇌전류에 대응
	카테고리 C2시험	전압 파형 12/50µs 전류 파형 8/20µs	임펄스 내구성	건물내부의 기기 근방에 설치, 건물 내부에 발생하는 유도뢰 전류에 대응

(2) 태양광발전시스템의 뇌해대책

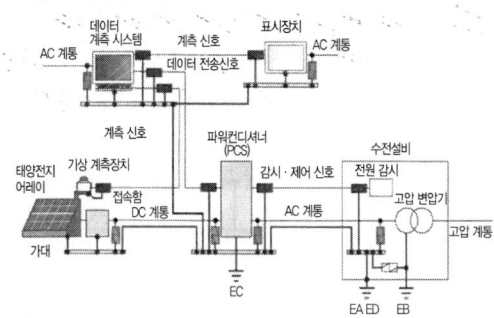

15.4.59 / 16.4.50 / 18.4.24 / 19.2.57

24 태양전지 간의 배선 또는 태양전지 모듈과 접속함, 파워컨디셔너 간의 배선이 갖추어야 될 특성으로 볼 수 없는 것은?

① 최대 내열온도 범위는 -40[℃]~90[℃]
② 최소 곡률반경은 도선 지름의 3~4배
③ 절연체 재질로는 XLPE, 외피에는 난연성 PVC 사용
④ 회로의 단락전류에 견딜 수 있는 굵기의 케이블을 선정

[해설] **곡률반경(r)**

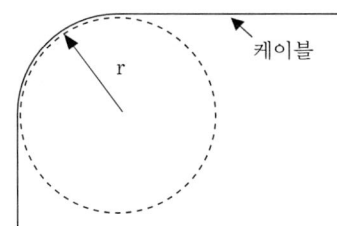

케이블 반지름의 6배 이상으로 곡률반경을 유지해야한다

14.4.33 / 15.2.36 / 18.1.34 / 18.4.25 / 19.2.25 / 19.4.23

25 태양광발전설비 설치 시 반드시 필요한 설계도서에 해당되지 않는 것은?

① 배치도　　② 평면도
③ 시방서　　④ 계획서

[해설] **설계도서**

1) 설계 설명서
   설계의 목적, 공사종목 및 그 개요, 각 설계에 대한 분석자료(인입지점, 발전소의 특성 등), 관계 관공서 등과의 협의 사항, 설계시 적용한 특별한 사항

2) 설계도면
   배치도, 단선접속도, 계통도, 배선도(평면도, 결선도, 기기상세도), 기기시방 및 배치도

3) 기술계산서
   부하계산서, 전압강하계산서, 변압기용량계산서, 차단기용량계산서, 축전지용량계산서, 접지계산서

4) 설계시방서
   ① 기본설계 및 실시설계도면에 구체적으로 표시할 수 없는 내용과 공사수행을 위한 시공 방법, 자재의 성능·규격 및 공법, 품질시험 및 검사 등 품질관리, 안전관리, 환경관리 등에 관한 사항을 기술한다.
   ② 표준시방서 및 전문시방서를 기본으로 하여 작성하되, 공사의 특수성·지역여건·공사방법 등을 고려하여 작성한다.
   ③ 공사시방서, 전문시방서, 표준시방서, 특기시방서 등

5) 예산내역서
   자재 산출근거서, 공량산출서, 일위대가표, 내역서, 공사원가산출서, 단가대비표, 견적서 등

14.4.5 / 14.4.53 / 15.4.31 / 17.1.40 / 17.2.6 / 17.2.51 / 17.4.27 / 18.1.1 / 18.4.26

26 피뢰시스템의 보호각법에서 II레벨의 회전구체 반경 r [m]의 최대값은?

① 10　② 20　③ 30　④ 45

[해설] **외부 피뢰시스템**

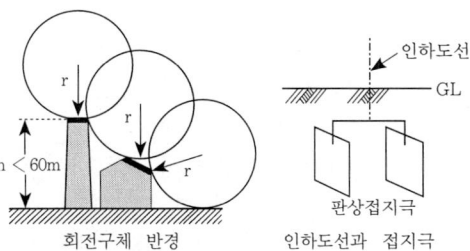

회전구체 반경　　인하도선과 접지극

정답 24. ② 25. ④ 26. ③

(1) 수뢰부 시스템
① 뇌격이 피 보호범위내로 침입할 확률을 감소시키는 것
② 돌침(피뢰침), 수평도체, 메시 도체(케이지)방식의 개별 또는 이들의 조합으로 한다.
③ PV설비 전체를 보호할 수 있는 범위내로 해야 한다.

1) 수뢰부시스템의 배치
  구조물의 모퉁이, 뾰족한 점, 모서리에 설치한다.
  ① 보호각법
  ② 회전구체법(Rolling Sphere)
  ③ 메쉬(Mesh)법

2) 피뢰시스템의 레벨별 회전구체 반경과 메쉬 치수

피뢰시스템 레벨	회전구체 반경 r[m]	메쉬 치수 W[m]
I	20	5×5
II	30	10×10
III	45	15×15
IV	60	20×20

(2) 인하도선 시스템
① 위험한 불꽃방전의 발생확률을 감소시키기 위하여 뇌격점과 대지사이를 연결하는 도선
② 다수의 병렬 전류통로를 형성해야 한다.
③ 전류통로의 배선 길이는 최소로 유지해야 한다.
④ 인하도선은 가능한한 수뢰부도체에서 직접 연결되도록 배치하여야 한다.
⑤ 인하도선은 지표면과 가까운 부분에 접지시험단자를 시설한다. 다만, 자연적 구성부재를 이용하는 경우는 생략한다.

(3) 접지 시스템
① 위험한 과전압을 발생시키지 않고 뇌전류를 대지로 방류하기 위해서는 접지의 형상, 크기 및 접지저항 값이 중요하다. 다만, 일반적으로는 낮은 접지저항을 권장한다.
② 피뢰설비의 관점에서는 구조체를 사용한 통합단일의 접지가 바람직하며, 모든 접지목적(즉, 피뢰설비, 저압전력시스템, 통신시스템 등)에도 적합하다.

15.2.22 / 16.2.28 / 16.4.30 / 17.4.32 / 18.4.27 / 19.1.38

27 설계도서 적용 시 고려사항이 아닌 것은?

① 숫자로 나타낸 치수는 도면상 축척으로 잰 치수보다 우선한다.
② 특기시방서는 당해공사에 한하여 일반시방서에 우선하여 적용한다.
③ 공사계약문서 상호 간에 문제가 있을 때는 감리에 의하여 최종적으로 결정한다.
④ 설계도면 및 시방서의 어느 한 쪽에 기재되어 있는 것은 그 양쪽에 기재되어 있는 사항과 완전히 동일하게 다룬다.

해설 설계도서 해석의 우선순위

설계도서·법령해석·감리자의 지시 등이 서로 일치하지 아니하는 경우에 있어 계약으로 그 적용의 우선순위를 정하지 아니한 때에는 다음의 순서를 원칙으로 한다.
① 공사시방서
② 설계도면
③ 전문시방서
④ 표준시방서
⑤ 물량(산출)내역서
⑥ 승인된 상세시공도면
⑦ 관계법령의 유권해석
⑧ 감리자의 지시사항

13.4.23 / 16.2.29 / 18.4.28

28 태양광모듈 설치 시 태양을 향한 방향에 높이 5[m]인 장애물이 있을 경우 장애물로부터 최소 이격 거리[m]는? (단, 발전가능 한계시각에서의 태양의 고도각은 15°이다)

① 약 8.2 ② 약 10.5
③ 약 15.6 ④ 약 18.7

해설 최소 이격 거리(D)

$$D = \frac{장애물 높이}{\tan\theta(고도각)} = \frac{5}{\tan(15)} ≒ 18.7°$$

554

정답 27. ③ 28. ④

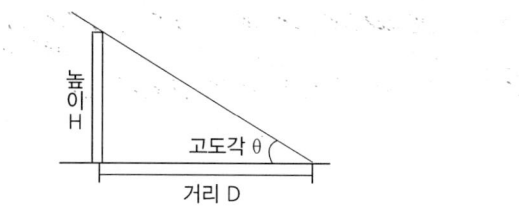

③ 적설하중 : 모듈면의 적설에 따른 하중, 특히 다설지역(적설 1[m] 이상)에서는 주의가 필요하다.
④ 지진하중 : 풍압하중보다는 작지만, 가로등용 등 중심이 높은 가대나 방재용에 사용하는 경우는 주의가 필요하다.

14.4.32 / 15.4.20 / 16.4.13 / 18.4.29 / 19.4.13

29 다음의 조건에서 독립형 태양광발전시스템의 축전지 용량[Ah]은?

[조건]
- 1일 적산부하량 : 3.0[kWh]
- 일조가 없는 날 : 10일
- 공칭축전지 전압 : 2[V]
- 보수율 : 0.8
- 축전지 직렬개수 : 48상
- 방전심도 : 65[%]

① 601 ② 751
③ 941 ④ 451

해설 축전지 용량(C)

$$C = \frac{1일\ 적산부하\ 전력량(L_d) \times 일조가\ 없는\ 날(D)}{보수율(L) \times 공칭\ 축전지\ 전압 \times 축전지\ 개수 \times 방전심도(DOD)}$$

$$= \frac{3 \times 10^3 \times 10}{0.8 \times 2 \times 48 \times 0.65} ≒ 600.96\ [Ah]$$

30 가대설계 시 적용하는 하중으로 가장 거리가 먼 것은?

① 적설 하중 ② 우천 하중
③ 지진 하중 ④ 풍압 하중

해설 중요 하중
① 풍압하중 : 가장 중시해야 할 하중이며, 풍력계수, 설계용 속도압 및 수평면적에 의해 산출
② 고정하중 : 가대 본체의 자중과 가대에 설치하는 태양전지 모듈의 적재하중 및 어레이 구성에 필요한 배설자재 등의 중량을 가산한 것으로서 지속적으로 적용되는 하중

15.2.35 / 18.4.31

31 태양광발전시스템과 전력계통선과의 연계를 위한 송·수전설비에서 중요한 송전용 변압기의 용량산정에 고려사항이 아닌 것은?

① DC케이블의 굵기 선정
② 변압기 효율과 부하율의 관계
③ 변압기 뱅크방식에 따른 송전방식
④ 적정 변압기의 결선방식 선정

해설 변압기 용량 선정 시 고려사항
① 인버터 종류에 따른 변압기의 결선방식
② 변압기 효율과 부하율의 관계
③ 변압기 뱅크방식에 따른 송전방식
④ 주위온도와 발열량파악
⑤ 단락전류 계산 및 차단기선정
⑥ 단락 보호방식
⑦ 기타(접지보호, 써지보호, 전기기술기준 등)
※ 송전용 변압기에는 AC케이블을 사용한다.

14.4.40 / 15.4.22 / 16.2.59 / 16.4.52 / 17.1.38 / 17.2.52 / 18.4.32 / 19.2.53

32 태양전지의 기초종류와 적용 목적이 올바르게 설명된 것은?

① 말뚝 기초 : 철탑 등의 기초에 자주 사용
② 직접 기초 : 지지층이 얕을 경우 사용
③ 연속 기초 : 하천 내의 교량 등에 사용
④ 주춧돌 기초 : 지지층이 깊을 경우 사용

해설 기초의 분류

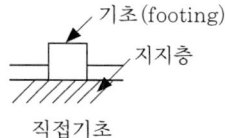

1) 얕은 기초(Shallow Foundation)
① 독립(주춧돌)기초(Individual Footing) : 단일기둥을 지지, 기둥간격이 넓은 경우
② 연속기초(Contentious Footing) : 다수의 연속기둥 또는 벽체를 지지
③ 전면(온통)기초(Mat 또는 Raft Foundation)
※ 직접기초 : 독립기초, 연속기초, 전면(온통)기초

2) 깊은 기초(Deep Foundation)
① 파일(말뚝)기초(Pile Foundation)
② 피어기초(Pier Foundation)
③ 케이슨(우물통)기초

33 유리계면에 태양광에너지가 60°로 입사될 경우 태양광에너지의 반사율은 얼마인가? (단, 굴절률은 공기 : 1, 유리 : 1.526)

① 0.063
② 0.073
③ 0.083
④ 0.093

해설 태양광에너지의 반사율

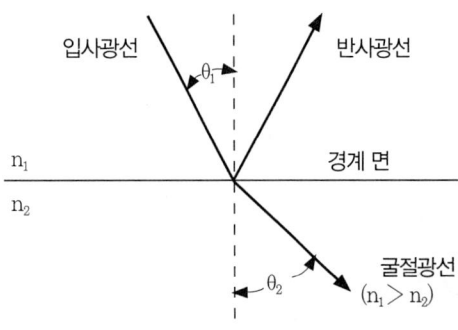

① 굴절의 법칙 = $\frac{2}{n_1} = \frac{n_1}{n_2} \cdot \frac{\sin\theta_1}{\sin\theta_2}$

② 입사각의 굴절률 $(\sin\theta_2) = \frac{n_1}{n_2} \times \sin\theta_1 = \frac{1}{1.526} \times \sin 60 ≒ 0.5675$

③ $n_2 = \sin^{-1}(0.5675) ≒ 34.57$

④ 반사율 $= \dfrac{\left(\dfrac{\sin(\alpha-\beta)}{\sin(\alpha+\beta)}\right)^2 + \left(\dfrac{\tan(\alpha-\beta)}{\tan(\alpha+\beta)}\right)^2}{2}$

$= \dfrac{\left(\dfrac{\sin(60-34.57)}{\sin(60+34.57)}\right)^2 + \left(\dfrac{\tan(60-34.57)}{\tan(60+34.57)}\right)^2}{2} ≒ 0.093$ [%]

34 에어매스(AM : Air Mass)의 뜻으로 옳은 것은?

① 지구대기에 입사한 태양광의 입사각도
② 지구대기에 입사한 태양광과 대기 분포의 비
③ 지구대기에 임의의 측정 위치의 지구 대기 질량
④ 지구대기에 입사한 태양광이 통과한 대기노 정의 길이

해설 대기 질량 지수(Air Mass index)

빛이 지표면에 이르는 가장 짧은 거리를 통해 공기나 먼지 등에 흡수되어 감소된 태양광에너지의 크기를 나타내는 것

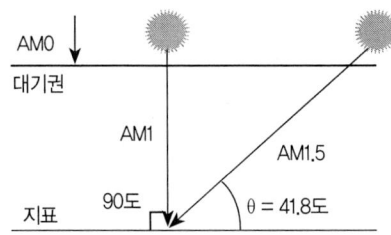

AM 0 : 대기권 밖에서 측정하는 스펙트럼
AM 1 : 태양의 직사광이 지표면에 수직으로 입사한 경우
AM 1.5 : 태양의 직사광이 지표면에 경사각 41.8°
 (천정각 48.2°)
AM 2 : 태양의 직사광이 지표면에 경사각 30°(천정각 60°)

35 다음 중 수직하중에 해당하지 않는 것은?

① 적설하중
② 고정하중
③ 활하중
④ 풍하중

해설 구조물의 상정하중

① 수직하중 : 고정하중, 활하중, 적설하중
② 수평하중 : 풍하중, 지진하중
③ 고정하중 : 가대 본체의 하중과 가대에 적재하는 태양광 모듈 등의 적재하중 및 어레이의 구성에 필요한 기자재 등의 중량을 가산한 것으로써 영구적으로 작용하는 하중이다.

※ 활하중(Live Load)
구조물의 용도에 따라 바닥이나 지붕위에 적재되는 이동 가능한 하중

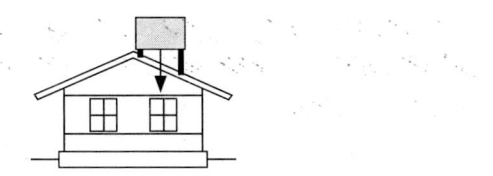

36 적설량이 많은 지역에서의 태양전지 어레이의 설계 경사각으로 가장 적절한 각은?

① 5°   ② 15°
③ 45° ④ 90°

해설 눈이 많은 쌓이는 적설지역에서 적설의 피해를 방지하기 위하여 20~30[cm]의 적설에도 자연적으로 눈이 흘러내리기 위한 어레이의 경사각도는 45°이상이다.

16.4.62 / 17.2.65 / 18.2.42 / 18.4.37

37 태양광발전사업 추진 절차내용과 관련기관이 틀린 것은?

① 사용전검사 – 한국전력공사
② 대상 설비 확인 – 공급인증기관
③ 전력수급계약 체결 – 전력거래소
④ 사업 개시 신고 – 산업통상자원부 장관

해설 사용전검사

전기설비의 설치공사 또는 변경공사를 한 자는 산업통상자원부령으로 정하는 바에 따라 산업통상자원부장관 또는 시·도지사가 실시하는 검사(한국전기안전공사)에 합격한 후에 이를 사용하여야 한다.

15.4.26 / 17.2.31 / 18.4.38

38 어레이 설계 시 어레이 구조 결정의 기술적 측면에서의 고려 사항으로 틀린 것은?

① 구조 안정성
② 환경영향평가 검토
③ 풍속, 풍압, 지진 고려
④ 건축물과의 결합(기초)방법 결정

해설 기술적 측면에서의 고려 사항

① 경사각, 방위각의 결정
② 풍속, 풍압, 지진 고려
③ 건축물과의 결합(기초)방법 결정
④ 구조 안정성
⑤ 시공방법
⑥ 유지관리

39 태양광발전설비 부지를 선정할 때 틀린 것은?

① 일조량이 많아야 한다.
② 일조시간이 길어야 한다.
③ 적설량이 적어야 한다.
④ 음영이 많아야 한다.

해설 부지 선정 시 일반적인 고려사항

① 일사량 : 남향을 표준으로 한다.
② 일조시간
③ 자연환경검토 : 적설 및 적운이 많은 지역 여부, 음영발생여부
④ 접근성 : 비포장도로 4[m], 포장도로 3[m]
⑤ 행정상 조건 (인허가문제) : 각 지자체별로 개발행위 여부 및 산지전용이 가능여부 등에 관한 규제가 상이함
⑥ 계통연계 : 3상 전주 인입가능 여부 및 한전선로 용량 확인(분산형전원 용량 확인)
⑦ 경제성
⑧ 기타 – 민원

40 연차별 총비용 대비 연차별 총편익의 비를 토대로 사업의 타당성을 판단하는 경제성 분석 모형은?

① 순현재가치법(NPV)
② 비용편익비 분석(CBR)
③ 내부수익률(IRR)
④ 자본회수기간법(PPM)

해설 편익/비용 비율(Benefit/Cost ratio)

사업별로 편익의 현재가치를 비용의 현재가치로 나눈 값이 가장 큰 대안을 선택하는 방법이다. 사업의 비용,

정답 36. ③ 37. ① 38. ② 39. ④ 40. ②

편익은 장시간에 걸쳐 투입되거나 발생하기 때문에 할인율을 적용하여 이를 특정기간(일반적으로 현재년도)에 발생하는 것으로 환산하여 비교하게 되는데 이를 현재가치화라고 한다.
각 사업의 편익-비용비는 현재가치로 환산된 편익과 비용으로 나타내는 것이 일반적이며, 편익/비용 비율이 1.0보다 크면 경제성이 있다고 판단한다.
① B/C ratio=1이면, NPV = 0을 의미함
② B/C ratio>1이면, NPV > 0을 의미함(투자할 가치가 있는 것)
③ B/C ratio 클수록 좋은 대안임

41 변압기의 Y-Y 결선방식의 특징이 아닌 것은?

① 기전력 파형은 제3고조파를 포함한 왜형파가 된다.
② 중성점을 접지할 수 있으므로 단절연 방식을 채택할 수 없다.
③ 상전압은 선간전압의 $\frac{1}{\sqrt{3}}$이 되어 고전압의 결선에 적용된다.
④ 변압비, 임피던스가 서로 틀려도 순환전류가 흐르지 않는다.

해설 Y-Y 결선 방식

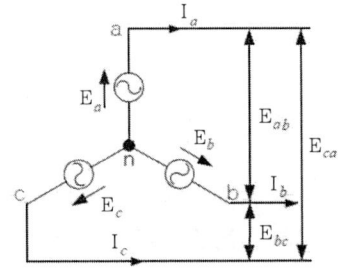

1) 장점
① 중성점을 접지할 수 있으므로 단절연 방식을 채택할 수 있다.
② 상전압 $E_P(E_a, E_b, E_c)$은 선간 전압 $E_l(E_{ab}, E_{bc}, E_{ca})$의 $\frac{1}{\sqrt{3}}$이 되어 절연이 용이하고 고전압의 결선에 적용된다.

2) 단점

① 제3고조파를 함유하여 중성점을 접지하면 통신선에 유도 장해를 준다.
② 기전력 파형은 제3고조파를 포함한 왜형파가 된다.
③ 부하의 불평형에 의해 중성점 전위가 변동하여, 3상 전압의 불평형을 일으킨다.

16.4.60 / 18.4.42 / 19.1.50

42 지붕에 설치하는 태양광발전 형태로 볼 수 있는 것은?

① 창재형 ② 차양형
③ 난간형 ④ 톱라이트형

해설 톱라이트(Top Light)형

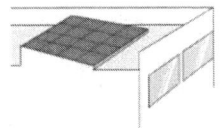

① 지붕에 설치한다.
② 셀(모듈)의 배치에 따라서 개구율을 바꿀 수 있다.
③ 톱라이트의 기능으로 실내 채광 및 설치된 셀에 의한 차폐효과도 있다.
④ 톱 라이트의 유리부분에 맞게 태양전지를 설치하는 형태

16.4.57 / 18.4.43

43 공사업자가 감리원에게 제출하는 시공계획서에 포함되지 않는 것은?

① 시공기준 내역서
② 공사 세부공정표
③ 주요 장비 동원계획
④ 주요 기자재 및 인력투입 계획

해설 시공계획서의 검토·확인

감리원은 공사업자가 작성·제출한 시공계획서를 공사 시작일부터 30일 이내에 제출받아 이를 검토·확인하여 7일 이내에 승인하여 시공하도록 하여야 하고, 시공계획서의 작성기준과 함께 다음의 내용이 포함되어야 한다.
① 현장조직표
② 공사 세부공정표

③ 주요 공정의 시공 절차 및 방법
④ 시공일정
⑤ 주요 장비 동원계획
⑥ 주요 기자재 및 인력투입 계획
⑦ 주요 설비
⑧ 품질·안전·환경관리 대책 등

44 감리업자는 감리용역 착수 시 착수신고서를 제출하여 발주자의 승인을 받아야 한다. 착수신고서에 포함되지 않는 서류는?

① 공사예정 공정표
② 감리비 산출내역서
③ 감리업무 수행계획서
④ 상주, 비상주 감리원 배치계획서

해설 착수신고서에 포함내용
① 감리업무 수행계획서
② 감리비 산출내역서
③ 상주, 비상주 감리원 배치계획서와 감리원의 경력확인서
④ 감리원 조직 구성내용과 감리원별 투입기간 및 담당업무

15.4.54 / 18.4.45
45 서지 보호를 위해 SPD 설치 시 접속 도체의 길이는 몇 [m] 이하가 되도록 하여야 하는가?

① 0.3   ② 0.5
③ 0.8   ④ 1.0

해설 서지보호장치(SPD, Surge Protective Device)
내부계통에 서지 전류가 들어올 때, 그 전류가 부하를 통해 흐르지 않고 우회하도록 하여 부하에서 발생하는 과전압이 과다하게 상승하는 것을 막아서 부하를 보호한다.

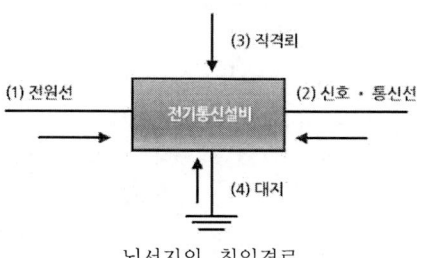

뇌서지의 침입경로

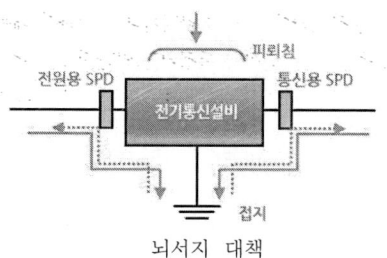

뇌서지 대책

① SPD는 크게 반도체형과 갭형이 있고, 기능면으로 구별하면 억제형과 차단형으로 구분할 수 있다.
② 종래의 SPD 소자에 단화규소(SiC)가 사용되어 왔으나 산화아연(ZnO)이 개발된 이후, 반도체형의 SPD 소자에 산화아연이 많이 사용된다.
③ 산화아연은 큰 서지 내량과 우수한 제한 전압 특성 등의 특징을 갖고 있어 직렬 갭을 필요로 하지 않는 이상적인 SPD로서 옥내·외 및 기기의 입·출력부에 설치된다.
④ SPD의 구비 조건으로서는 동작전압이 낮고 응답시간이 빠르고 정전 용량이 작아야 된다.
⑤ 탄소 피뢰기, 가스 주입 차단관 등은 차단형 소자로서 응답속도가 느리고 정전용량이 커서, 뇌 서지 보호에는 적당하지 않기 때문에 최근에는 반도체형 SPD가 많이 사용되고 있다.
⑥ SPD 설치시 접속도체 길이가 길어지는 것은 뇌서지 회로의 임피던스를 증가시켜 과전압 보호 효과를 감소시키기 때문에 전체 길이는 0.5[m] 이하가 되도록 규정하고 있다.
※ 서지란 전기회로나 전기기기 내에 운전중에 고장의 제거나 제어 등을 위한 개폐조작 혹은 뇌방전에 의해서 과도적으로 발생하여 진행하는 과전압 또는 과전류를 말한다.

46 송전선로의 선로정수가 아닌 것은?

① 저항   ② 정전용량
③ 리액턴스   ④ 누설컨덕턴스

해설 선로 정수(Line Constant)
송·배전 선로는 저항(R), 인덕턴스(L), 정전용량(C), 누설 컨덕턴스(G)라는 4개의 정수로 이루어진 연속된 전기회로이다.

정답 44. ① 45. ② 46. ③

① 저항(Resistance)

$$R = \rho \cdot \frac{l}{A} \ [\Omega]$$

전선의 저항 R[Ω], 고유 저항 ρ[Ω·mm²/m], 길이 1 [m], 단면적 A[mm²]

② 인덕턴스(Inductance)

$$L = 0.05\mu s + 0.4605 \log_{10} \frac{D}{r} \ [mH/km]$$

선간 거리 D[m], 전선의 반지름 r[m], 비투자율 μs≒1

③ 정전용량(Capacity)

단상 2선식 정전용량 C

$$C = C_s + 2C_m = \frac{0.02413}{\log_{10} \frac{D}{r}} \ [\mu F/km]$$

C_s : 대지정전용량(전선과 대지 사이에 공기를 유전체로 하는 정전용량)

C_m : 선간정전용량(전선 상호간 공기를 유전체로 하는 정전용량)

r : 전선의 반지름[m]

D : 선간 거리[m]

④ 누설 컨덕턴스(G)

아주 작은 값으로 무시한다.

15.4. 57 / 18.4.47 / 19.2.50

47 접지극으로 사용 가능한 규격으로 적합하지 않은 것은?

① 동판을 사용하는 경우는 두께 0.6[mm] 이상, 면적 800[cm²] 편면 이상의 것
② 동봉, 동피복강봉을 사용하는 경우는 지름 8[mm] 이상, 길이 0.9[m] 이상의 것
③ 탄소피복강봉을 사용하는 경우는 지름 8[mm] 이상의 강심이고 길이 0.9[m] 이상의 것
④ 동복강판을 사용하는 경우는 두께 1.6[mm] 이상, 길이 0.9[m], 면적 250[cm²] 편면 이상의 것

해설 **접지극의 종류**

① 동판(두께 0.7[mm] 이상, 면적 900 [cm²] 이상)
② 동봉, 동피복강봉 (지름 8[mm] 이상, 길이 0.9[m] 이상)
③ 철봉(지름 12[mm] 이상, 길이 0.9[m] 이상의 아연도금 철봉)
④ 동피복강판(두께 1.6[mm] 이상, 길이 0.9[m] 이상, 면적 250[cm²] 이상)
⑤ 탄소피복강봉(지름 8[mm] 이상의 강심, 길이 0.9[m] 이상)

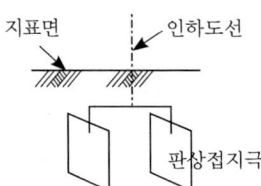

13.4.57 / 15.2.50 / 18.2.45 / 18.4.48 / 19.2.42 / 19.4.42

48 태양광전지 모듈과 접속함 간의 배선공사를 금속덕트로 시공할 경우 금속덕트에 넣은 전선의 단면적의 합계는 덕트 내부 단면적의 몇 [%] 이하로 하여야 하는가? (단, 전선의 단면적은 절연피복을 포함한다)

① 50 ② 40
③ 30 ④ 20

해설 금속덕트에 넣은 전선의 단면적(절연피복의 단면적을 포함한다)의 합계는 덕트의 내부 단면적의 20[%](전광표시 장치·출퇴표시등 기타 이와 유사한 장치 또는 제어회로 등의 배선만을 넣는 경우에는 50[%]) 이하일 것

49 KEC 한국전기설비규정의 변경으로 삭제됨

15.2.45 / 16.2.42 / 17.2.55 / 18.4.50 / 19.4.63

50 태양광발전시스템 시공 시 원칙적인 안전 대책이 아닌 것은?

① 절연장갑을 사용한다.
② 절연 처리된 공구를 사용한다.
③ 작업 전 태양전지 모듈 표면에 차광막을 씌워 태양전지의 출력을 막는다.
④ 강우 시 안전에 유의하면서 작업을 진행한다.

해설 **안전 대책**
① 작업전 태양전지 모듈 표면에 차광막을 씌워 태양광을 차폐한다.
② 절연 장갑을 사용한다.
③ 절연 처리된 공구를 사용한다.
④ 강우 시에는 감전사고와 미끄러짐으로 인한 추락사고로 이어질 우려가 있으므로 작업을 금지한다.
⑤ 중장비가 배전선로에 근접할 때에는 보호조치를 취한다.

14.4.43 / 18.4.51
51 설계감리원의 설계도면 적정성 검토사항으로 옳지 않은 것은?
① 도면 작성의 법률적 근거를 제시하였는지 여부
② 설계 입력 자료가 도면에 맞게 표시되었는지 여부
③ 설계결과물(도면)이 입력자료와 비교해서 합리적으로 표시되었는지 여부
④ 도면이 적정하게, 해석 가능하게, 실시 가능하며 지속성 있게 표현되었는지 여부

해설 **설계감리원의 설계도면 적정성 검토사항**
① 도면작성이 의도하는 대로 경제성, 정확성 및 적정성 등을 가졌는지 여부
② 설계 입력 자료가 도면에 맞게 표시되었는지 여부
③ 설계결과물(도면)이 입력 자료와 비교해서 합리적으로 되었는지 여부
④ 관련 도면들과 다른 관련 문서들의 관계가 명확하게 표시되었는지 여부
⑤ 도면이 적정하게, 해석 가능하게, 실시 가능하며 지속성 있게 표현되었는지 여부
⑥ 도면상에 사업명을 부여 했는지 여부

52 태양광 전지 사용전검사의 세부내용이 아닌 것은?
① 외관검사
② 어레이 접지상태 확인
③ 전지 전기적 특성시험
④ 제어회로 및 경보시험

해설 **태양광 전지 사용전검사의 세부내용**
1) 규격확인
2) 외관검사
3) 전지 전기적 특성시험
 ① 최대출력
 ② 개방전압
 ③ 단락전류
 ④ 최대 출력전압 및 전류
 ⑤ 충진율
 ⑥ 전력변환효율
4) Array
 ① 절연저항
 ② 접지저항

13.4.55 / 14.4.22 / 15.2.41 / 16.4.59 / 17.1.57 /
17.2.56 / 18.2.58 / 18.4.53
53 태양전지 모듈의 배선이 끝나고 전기와 관련된 검사 항목이 아닌 것은?
① 극성 확인 ② 전압 확인
③ 주파수 확인 ④ 단락전류확인

해설 **모듈의 배선 연결 후 점검 사항**
① 전압 및 극성 확인
② 단락전류 측정
③ 접지확인(일반적으로 직류측 회로는 비접지한다)

16.2.52 / 18.4.54
54 접속반 설치공사 중 고려사항이 아닌 것은?
① 접속함 설치위치는 어레이 근처가 적합하다.
② 외함의 재질은 가급적 SUS304재질로 제작 설치한다.
③ 접속함은 풍압 및 설계하중에 견디고 방수, 방부형으로 제작한다.
④ 역류 방지 다이오드의 용량은 모듈 단락전류의 4배 이상으로 한다.

정답 50.④ 51.① 52.④ 53.③ 54.④

해설 **역류방지 다이오드의 시설**
① 1대의 인버터에 접속되는 태양전지 직렬군(스트링)이 2병렬 이상 접속될 경우, 각 직렬군에 역전류방지 다이오드를 별도의 접속함에 설치하여야 하며, 접속함은 발생하는 열을 외부에 방출할 수 있도록 환기구 및 방열판을 갖추어야 한다.
② 역전류방지 다이오드의 정격은 모듈 단락전류의 2배 이상이며, 정격을 확인할 수 있어야 한다.

55 건축물에 태양광발전 설치방식 중 개구부의 블라인드 기능을 보유하고, 건축의 디자인을 손상시키지 않고 설치할 수 있는 방식은?
① 창재형
② 차양형
③ 난간형
④ 루버형

해설 **루버형(Louver System)**
개구부의 블라인드 기능

13.4.53 / 18.1.46 / 18.4.56
56 감리원은 공사업자 등이 제출한 시설물의 유지관리지침 자료를 검토하여 공사 준공 후 며칠 이내에 발주자에게 제출하여야 하는가?
① 7일
② 14일
③ 20일
④ 30일

해설 **유지관리지침서**
유지관리지침서를 작성, 공사 준공 후 14일 이내에 발주자에게 제출
① 시설물의 규격 및 기능설명서
② 시설물 유지관리기구에 대한 의견서
③ 시설물 유지관리방법
④ 특기사항

18.2.52 / 18.4.57
57 태양광발전시스템의 시공절차 중 간선공사 순서가 올바른 것은?
① 모듈→어레이→접속반→인버터→계통 간 간선
② 모듈→인버터→어레이→접속반→계통 간 간선
③ 어레이→모듈→인버터→접속반→계통 간 간선
④ 모듈→인버터→접속반→어레이→계통 간 간선

해설 **계통 연계형 태양광발전시스템의 구성**

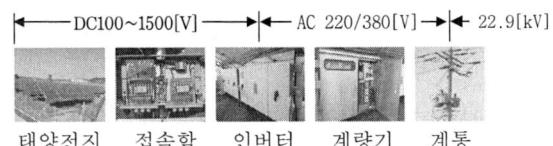

58 전압변동에 의한 플리커 현상의 경감대책에 대한 설명으로 가장 옳지 않은 것은?
① 전원 계통에 리액터분을 보상하는 방법은 직렬콘덴서 방식이 있다.
② 전압 강하를 보상하는 방법은 상호 보상 리액터 방식이 있다.
③ 부하와 무효전력 변동분을 흡수하는 방식은 사이리스터 이용 콘덴서 개폐 방식이 있다.
④ 플리커 부하 전류의 변동분을 억제하는 방식은 병렬리액터 방식이 있다.

해설 **플리커(Flicker) 현상의 경감대책**
특정계통의 전압강하 현상으로 전등이나 전력기기에서 깜박임이 나타나는 현상
(1) 전원측
① 전용계통으로 공급한다.
② 단락용량이 큰 계통에서 공급한다.
③ 전용 변압기로 공급한다.
④ 공급전압을 승압한다.

(2) 수용가측
1) 전원계통에서 리액터분을 보상
① 직렬콘덴서
② 3권선 보상변압기

2) 전압강하를 보상
① 부스터방식
② 상호보상리액터

3) 부하의 무효전력 변동분 흡수
① 사이리스터를 이용한 콘덴서 개폐방식
② 사이리스터용 리액터
③ 동기조상기와 리액터

4) 플리커 부하전류의 변동분 억제
① 직렬리액터
② 직렬리액터 가포화방식

17.4.44 / 18.4.59
59 특기시방서에 대한 설명으로 알맞은 것은?
① 일반적인 기술 사항을 규정한 시방서
② 특정 공사를 위해 일반사항을 규정한 시방서
③ 공사 전반에 걸쳐 기술적인 사항을 규정한 시방서
④ 특정자재의 종류, 유형, 치수, 설치방법, 시험 및 검사항목 등을 명시한 시방서

해설 특기시방서(Special Specification)
특정한 공법이나 재료가 필요한 공사에 대한 사항을 규정한 시방서

16.2.56 / 16.4.44 / 17.4.52 / 18.4.60 / 19.4.49
60 화재 발생 시 다른 설비로 불길 확산 방지를 위한 방화구획 관통부의 처리방법 중, 배선을 옥외에서 옥내로 끌어들인 관통부분 처리방법에서 관통부분의 충전재 등이 가져야 할 성질은 무엇인가?
① 내열성, 냉방성
② 가요성, 내후성
③ 난연성, 내후성
④ 난연성, 내열성

해설 방화구획 관통부의 처리

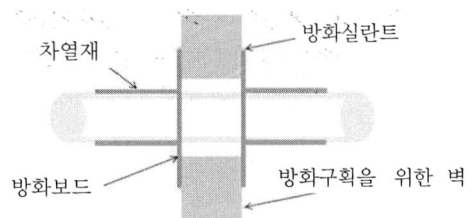

차열재   방화실란트
방화보드 방화구획을 위한 벽

1) 방화구획 관통부의 처리를 하는 것은 화재 발생 시의 방화 대책물인 벽, 바닥, 기둥 등을 통과하는 전선, 배관의 관통 부분에서 다른 설비로 불길이 번지거나 확대하는 것을 방지하기 위해서이다.

2) 배선을 옥외에서 옥내로 끌어들인 관통 부분의 처리 방법으로는 다음과 같다.
① 난연성
관통 부분의 충전재, 케이블, 배관재의 변형, 파손, 탈락, 소실로 인해 뒷면에 화염, 연기가 나지 않을 것
② 내열성
관통 부분의 충전재, 내열씰재의 전열에 의해 뒷면이 연소할 위험이 있는 온도가 되지 않을 것
③ 관통부의 내화구조에 대한 성능시험은 단일 제품(예: 방화용 실런트 또는 기타자재)에 대한 시험이 아니라 복합구조(예: 방화용 실런트와 철판, 암면 등의 조합)의 시스템을 제시하여 그 시스템에 대해서 시험성적을 취득한다.

61 전기설비의 운전·조작에 관한 설명으로 틀린 것은?
① 전기안전관리자는 비상재해 발생시를 대비하여 비상연락망을 구축한다.
② 전기안전관리자는 전기설비의 운전·조작 또는 이에 대한 업무를 수행하여야 한다.
③ 전기안전관리자는 전기설비의 운전·조작 또는 이에 대한 업무를 감독하여야 한다.
④ 전기안전관리자가 부재 등의 사유로 전기설비의 운전·조작할 수 없을 경우 안전관리 교육을 받은 자 중 1명을 지정할 수 있다.

[해설] **전기안전관리자의 직무 범위**
① 전기설비의 공사·유지 및 운용에 관한 업무 및 이에 종사하는 사람에 대한 안전교육
② 전기설비의 안전관리를 위한 확인·점검 및 이에 대한 업무의 감독
③ 전기설비의 운전·조작 또는 이에 대한 업무의 감독
④ 전기설비의 안전관리에 관한 기록의 작성·보존 및 비치
⑤ 공사계획의 인가신청 또는 신고에 필요한 서류의 검토
⑥ 공사의 감리업무
　㉠ 비상용 예비발전설비의 설치·변경공사로서 총공사비가 1억원 미만인 공사
　㉡ 전기수용설비의 증설 또는 변경공사로서 총공사비가 5천만원 미만인 공사
⑦ 전기설비의 일상점검·정기점검·정밀점검의 절차, 방법 및 기준에 대한 안전관리규정의 작성
⑧ 전기재해의 발생을 예방하거나 그 피해를 줄이기 위하여 필요한 응급조치

　　　　　　15.4.71 / 16.2.67 / 18.1.15 / 18.2.63 /18.4.62
62 인버터 입출력회로 절연저항 측정 시 주의사항에 관한 설명 중 틀린 것은?

① 트랜스리스 인버터의 경우는 제조업자가 추천하는 방법에 따라 측정한다.
② 측정할 때는 서지 업서버 등 정격에 약한 회로에 관해서는 회로에서 분리시킨다.
③ 입출력 단자에 주회로 이외의 제어단자 등이 있는 경우는 이것을 포함해서 측정한다.
④ 정격전압이 입출력에서 다를 때는 낮은 측의 전압을 절연저항계의 선택기준으로 한다.

[해설] **인버터의 절연저항 측정**

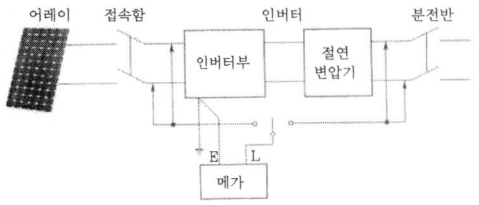

1) 입력회로
① 태양전지회로를 접속함에서 분리한다.
② 분전반 내의 분기회로 개폐기를 개방한다.
③ 직류 측의 모든 입력단자 및 교류 측의 모든 출력 단자를 각각 단락한다.
④ 직류단자와 대지간의 절연저항을 측정한다.
　(각각의 스트링별 한가닥씩, 단락용 악어클립을 사용하여 측정)

2) 출력회로
① 태양전지 회로를 접속함에서 분리한다.
② 분전반 내의 분기차단기를 개방한다.
③ 직류 측의 모든 입력단자 및 교류 측의 모든 출력 단자를 각각 단락한다.
④ 교류단자와 대지간의 절연저항을 측정한다.
　(각각의 교류선을 한가닥씩, 단락용 개폐기를 사용하여 측정)

3) 기타 주의사항
① 정격전압이 입출력과 다를 때는 높은 측의 전압을 절연저항계의 선택기준으로 한다.
② 입출력 단자에 주회로 이외의 제어단자 등이 있는 경우는 이것을 포함해서 측정한다.
③ 서지업서버 등의 정격에 약한 회로들은 회로에서 분리하여 측정한다.
④ 절연변압기가 별도로 설치된 경우에는 이를 포함하여 측정한다.
⑤ 절연변압기를 장착하지 않은 인버터는 제조사 추천 방식으로 측정한다.

　　　　　　　18.2.61 / 18.4.63 / 19.2.78 / 19.4.61
63 태양광발전시스템의 청소 시 유의사항으로 틀린 것은?

① 절연물은 충전부 간을 가로지르는 방향으로 청소한다.
② 문, 커버 등을 열기 전에는 주변의 먼지나 이물질을 제거한다.
③ 청소걸레는 마른걸레를 사용하되 젖은 걸레를 사용하는 경우 산성인 것을 사용한다.
④ 컴프레서를 이용하여 공압을 사용하는 진공 청소기를 이용한 흡입방식을 사용하고, 토출방식은 공기의 압력에 유의한다.

해설 모듈의 세척

① 모듈의 유리는 충격에 강화된 특수 유리로 먼지나 이물질이 달라붙는 것을 방지하는 코팅이 되어있고, 모듈의 프레임은 알루미늄, 구조물은 H빔이나, C형강인 철 성분으로 제작되어, 산성과 염기성 세제의 경우 철이나 알루미늄에 부식, 코팅손상 등의 치명적인 피해가 있으니 피한다.
② 모듈의 세척은 마이크로 섬유 천과 에탄올, 재래식 유리 세척제 등을 사용하여 세척한다.
③ 석회성분이 포함된 지하수로 반복적이 세척을 하는 경우, 모듈에 미세한 석회성분이 도포되어 효율이 저하되므로, 지하수의 경우 수질검사를 통해서 안전이 확보된 경우에만 사용한다.

14.4.55 / 14.4.90 / 15.4.79 / 17.4.91 / 18.4.64 / 18.4.71

64 한국전기설비규정에서 저압전로의 절연성능 중 전로의 사용전압이 500[V] 초과의 경우 절연저항 값은 몇 [MΩ] 이상인가?

① 0.3　　② 0.5
③ 0.7　　④ 1.0

해설 절연저항

전로의 사용전압[V]	DC 시험전압 [V]	절연저항 [MΩ]
SELV 및 PELV	250	0.5
FELV, 500V이하	500	1.0
500V 초과	1,000	1.0

[주]특별저압(extra low voltage : 2차 전압이 AC 50V, DC120V 이하)으로 SELV(비접지회로 구성) 및 PELV(접지회로 구성)은 1차와 2차가 전기적으로 절연된 회로, FELV는 1차와 2차가 전기적으로 절연되지않은 회로

전기사용장소의 사용전압이 저압인 전로의 전선상호간 및 전로와 대지 사이의 절연저항은 개폐기 또는 과전류차단기로 구분할 수 있는 전로마다 표에서 정한 값이어야 한다.
다만, 전선 상호간의 절연저항은 기계기구를 쉽게 분리가 간단한 분기회로의 경우 기기 접속 전에 측정할 수 있다. 또한, 측정시 영향을 주거나 손상을 받을 수 있는 기기 등은 측정 전에 분리시켜야 하고, 부득이하게 분리가 어려운 경우에는 시험 전압을 250V DC로 낮추어 측정할 수 있지만, 절연저항 값은 1MΩ 이상이어야 한다.

※ 용어 설명
① SELV : Safety Extra Low Voltage
　　(1차와 2차가 전기적으로 절연되어있지만, 접지가 되어있지 않음)
② PELV : Protected Extra Low Voltage
　　(1차와 2차가 전기적으로 절연되어있고, 접지가 되어 있음)
③ FELV : Functional Extra Low Voltage
　　(1차와 2차가 전기적으로 절연되어있지 않음)

65 정기점검에 따른 배전반 점검 항목이 아닌 것은?

① 가스 압력계　　② 리미터 스위치
③ 명판과 표시물　　④ 제어회로 단자부

해설 배전반의 정기점검사항
① 제어회로 단로부
② Shutter
③ 리미트스위치
④ 인출기구 차단기, 유닛 등
⑤ 기구조작(단로기 등)
⑥ 명판과 표시물

15.4.67 / 15.4.78 / 16.2.68 / 16.4.72 / 17.1.61 / 18.4.66 / 19.2.65 / 19.2.79 / 19.4.78

66 송전설비 보수점검 작업 시 점검 전 유의사항이 아닌 것은?

① 무전압 상태확인 및 안전조치
② 차단기 1차측의 통전 유무를 확인
③ 점검 시 안전을 위하여 접지선을 제거
④ 작업 주변의 정리, 설비 및 기계의 안전 확인

해설 정전작업
1) 정전작업 전 조치사항
① 전원차단후 각 단로기 등을 개방하고 확인할 것
② 차단장치나 단로기 등에 잠금(시건)장치 및 꼬리표

를 부착할 것
③ 전기기기 등에 공급되는 모든 전원을 관련 배선도, 도면 등을 통해 확인할 것
④ 검전기를 이용하여 작업 대상 기기가 충전되었는지 확인 할 것(잔류전하 방전)

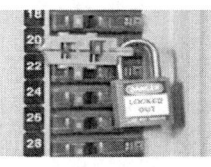
잠금(시건)장치

꼬리표(사용금지)

2) 정전작업 중 조치사항
① 작업지휘자에 의한 작업지휘
② 개폐기 관리(전원 재투입 방지, 잠금장치 및 꼬리표 부착 관리)
③ 근접 활선에 대한 방호상태 관리
④ 단락접지의 상태관리

3) 정전작업 후 조치사항
① 작업기기, 단락접지기구(접지선)를 제거하고 전기기기 등이 안전하게 통전될 수 있는지 확인
② 모든 작업자가 작업이 완료된 전기기기 등에서 떨어져 있는지 확인할 것
③ 잠금장치 와 꼬리표는 설치한 근로자가 직접 철거할 것
④ 모든 이상유무를 확인한 후 전기기기 등의 전원을 투입할 것

67 일상점검 시 축전지의 육안점검 항목으로 틀린 것은?
① 통풍   ② 변형
③ 팽창   ④ 변색

해설 축전지의 일상 육안점검
① 전해액 저하, 변색
② 단자의 부식, 풀림 등 케이블 연결 상태
③ 외함의 균열, 변형, 팽창, 손상 상태

68 [보기]의 괄호에 들어갈 내용으로 가장 옳은 것은?

─── [보기] ───
전기사업의 허가기준(제4조) 중 대통령령으로 정하는 공급능력 이란 해당 특정한 공급구역의 전력수요의 (   )[%] 이상의 공급능력을 말한다.

① 30   ② 40
③ 50   ④ 60

해설 전기사업의 허가기준
대통령령으로 정하는 공급능력이란 해당 특정한 공급구역의 전력수요의 60[%] 이상의 공급능력을 말한다.

16.4.73 / 18.1.79 / 18.4.69 / 19.1.64

69 성능평가를 위한 측정요소에서 신뢰성 평가·분석 항목 중 시스템 트러블에 해당하지 않는 것은?
① 직류지락   ② 인버터 정지
③ 계통지락   ④ 컴퓨터 전원의 차단

해설 태양광 발전 시스템의 신뢰성 평가 및 분석 항목과 내용
1) 트러블
① 시스템 트러블 : 인버터 운전 정지, 직류 지락, ELB 트립, 계통 지락, 원인불명 등에 의한 태양광 발전 시스템 운전 정지 등
② 계측 트러블 : 컴퓨터 전원의 차단, 프리즈, 컴퓨터의 조작 오류 등

2) 태양광 발전 시스템의 정상 운전 데이터의 결측 사항 등

3) 태양광 발전 시스템의 계획 정지 : 개수 정전, 계통 정전 등

70 다음 그림에서 태양광 어레이의 각 스트링의 개방 전압 측정방법으로 틀린 것은?

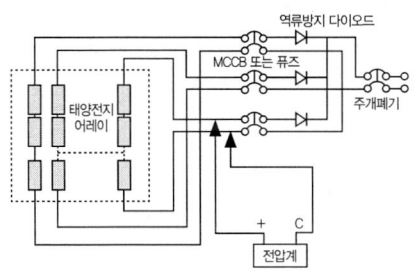

① 접속함의 출력개폐기를 OFF 한다.
② 각 모듈이 음영에 영향을 받지 않는지 확인한다.
③ 접속함의 각 스트링 단로스위치를 모두 ON 한다.
④ 측정을 시행하는 스트링의 단로스위치만 OFF 한다.

해설 개방 전압 측정

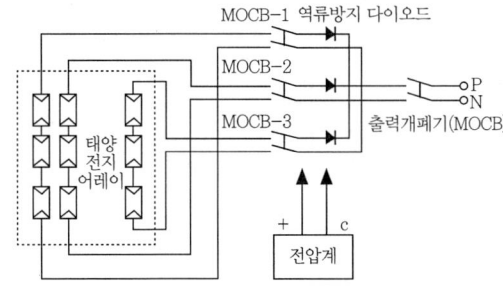

① 접속함 출력개폐기를 OFF 한다.
② 접속함 각 스트링의 단로스위치(MCCB)를 모두 OFF 한다.
③ 각 모듈이 음영의 영향을 받지 않는 것을 확인한다.
   (모듈의 불량 또는 모듈간의 접속불량 등이 발생하면 각 스트링의 개방전압 측정치가 불균일하다)
④ 측정하는 스트링의 단로스위치(MCCB)를 OFF하여 측정한다.
   (직류전압계로 각 스트링의 P-N 단자간 전압을 측정한다)

14.4.55 / 14.4.90 / 15.4.79 / 17.4.91 / 18.4.64 / 18.4.71

71 절연저항의 측정 시 전로전압에 대한 절연저항 값이다. ( )의 알맞은 내용으로 옳은 것은?

전로의 사용전압[V]	DC 시험전압 [V]	절연저항 [MΩ]
SELV 및 PELV	250	0.5
FELV, 500V이하	500	1.0
500V 초과	( )	1.0

[주]특별저압(extra low voltage : 2차 전압이 AC 50V, DC120V 이하)으로 SELV(비접지회로 구성) 및 PELV(접지회로 구성)은 1차와 2차가 전기적으로 절연된 회로, FELV는 1차와 2차가 전기적으로 절연되지않은 회로

① 1000
② 750
③ 500
④ 250

해설 절연저항

전로의 사용전압[V]	DC 시험전압 [V]	절연저항 [MΩ]
SELV 및 PELV	250	0.5
FELV, 500V이하	500	1.0
500V 초과	1,000	1.0

[주]특별저압(extra low voltage : 2차 전압이 AC 50V, DC120V 이하)으로 SELV(비접지회로 구성) 및 PELV(접지회로 구성)은 1차와 2차가 전기적으로 절연된 회로, FELV는 1차와 2차가 전기적으로 절연되지않은 회로

전기사용장소의 사용전압이 저압인 전로의 전선상호간 및 전로와 대지 사이의 절연저항은 개폐기 또는 과전류차단기로 구분할 수 있는 전로마다 표에서 정한 값이어야 한다.
다만, 전선 상호간의 절연저항은 기계기구를 쉽게 분리가 간단한 분기회로의 경우 기기 접속 전에 측정할 수 있다. 또한, 측정시 영향을 주거나 손상을 받을 수 있는 기기 등은 측정 전에 분리시켜야 하고, 부득이하게 분리가 어려운 경우에는 시험 전압을 250V DC로 낮추어 측정할 수 있지만, 절연저항 값은 1MΩ 이상이어야 한다.

16.2.75 / 16.4.65 / 17.4.66 / 18.4.72

72 검출기로 검출된 데이터를 컴퓨터 및 먼거리에 설치한 표시 장치에 전송하는 경우에 사용하는 기기는?

① 일사량계   ② 연산장치
③ 기억장치   ④ 신호변환기

해설 태양광발전시스템의 계측시스템 구성
① 검출기
  태양광발전시스템의 기상데이터와 전압, 전류 등을 측정하는 장치로 직류측의 전압은 분압기로 전류는 분류기를 이용하고, 교류측의 전압, 전류, 역률, 주파수 계측은 PT, CT를 통해서 검출, 지시계 또는 신호변환기로 전송하는 장치
② 신호변환기
  검출기로 검출된 데이터를 컴퓨터 및 먼거리에 설치한 표시장치에 전송할 때 사용하는 장치
③ 연산장치
  검출기를 통해 얻어진 순시계측 데이터는 적산하고, 일정기간 동안의 데이터는 평균하는 등 필요 데이터를 가공하는 장치
④ 기억장치
  컴퓨터가 필요로하는 정보, 컴퓨터가 자료를 처리하여 얻은 결과 등을 저장하는 기능을 하는 장치

15.4.12 / 15.4.13 / 18.1.63 / 18.2.2 / 18.4.8 / 18.4.73 / 21.2.3

73 동일한 일사량 조건하에서 태양광발전 모듈 온도가 상승할 경우, 나타나는 형상으로 옳은 것은?

① 개방단 전압(V_{oc})과 단락전류(I_{sc}) 모두 증가하여 최대출력 증가
② 개방단 전압(V_{oc})과 단락전류(I_{sc}) 모두 감소하여 최대출력 감소
③ 개방단 전압(V_{oc})은 증가하고 단락전류(I_{sc})는 감소하여 최대출력 증가
④ 개방단 전압(V_{oc})은 감소하고 단락전류(I_{sc})는 소폭 증가하여 최대출력 감소

해설 태양광 모듈의 온도에 따른 출력 전압과 전류 값

① 태양광 모듈의 온도특성을 살펴보면 전류는 양(+)의 온도계수를 가지고 전압과 전력은 음(-)의 온도계수를 가진다. 음의 온도계수의 의미는 온도가 높을수록 태양광 모듈의 전압과 전력은 감소하고, 온도가 낮을수록 태양광 모듈의 전압과 전력이 증가한다는 것을 의미한다.
② 태양전지가 보다 높은 온도에 노출되면 단락전류(I_{sc})는 조금(+0.05[%/℃]) 증가하며, 개방전압(V_{oc})은 (-0.5[%/℃]) 감소한다.
③ 폴리 실리콘 계열의 태양전지는 표면온도가 1[℃] 상승할 때, 대략 0.3~0.5[%]의 출력이 감소한다.

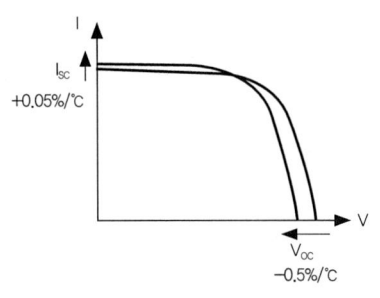

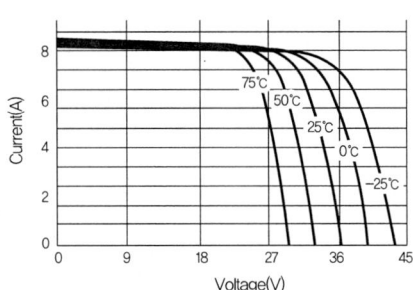

74 태양광발전 모듈의 온도 사이클 시험, 습도-동결 시험, 고온고습 시험을 하기 위한 환경 챔버는?

① 염수분무 장치   ② UV시험 장치
③ 항온항습 장치   ④ 우박 시험 장치

해설 항온항습장치
① 공기의 온도 및 습도를 일정범위로 유지하기 위한 장치, 공기조화장치라고도 한다.
② 태양전지모듈의 온도 사이클 시험, 온습도 사이클 시험, 내열-내습성시험을 하기 위한 챔버
③ 온도 ±2[℃] 이내, 습도 ±5[%] 이내이어야 한다.

14.4.67 / 18.4.75 / 19.4.66

75 태양광발전설비 유지보수 관리에 필요한 전기안전관리자의 점검횟수 및 점검간격에 대한 기준으로 틀린 것은?

① 설비용량 300[kW] 이하, 월1회, 점검간격 20일 이상
② 설비용량 300[kW] 초과~500[kW] 이하, 월2회, 점검간격 10일 이상
③ 설비용량 500[kW] 초과~700[kW] 이하, 월3회, 점검간격 7일 이상
④ 설비용량 1,500[kW] 초과~2,000[kW] 이하, 월5회, 점검간격 5일 이상

해설 점검주기 및 점검횟수

안전관리업무를 대행하는 전기안전관리자는 전기설비가 설치된 장소 또는 사업장을 방문하여 점검을 실시해야 한다.

용량별		점검횟수	점검 간격
저압	1~300[kW] 이하	월1회	20일 이상
	300[kW] 초과	월2회	10일 이상
고압	1~300[kW] 이하	월1회	20일 이상
	300[kW] 초과 ~500[kW] 이하	월2회	10일 이상
	500[kW] 초과 ~700[kW] 이하	월3회	7일 이상
	700[kW] 초과 ~1,500[kW] 이하	월4회	5일 이상
	1,500[kW] 초과 ~2,000[kW] 이하	월5회	4일 이상
	2,000[kW] 초과 ~2,500[kW] 이하	월7회	3일 이상

76 충전부 작업 중에 접지면을 절연시켜 인체가 통전경로가 되지 않도록 하기 위해 사용하는 고무판의 사용범위가 아닌 것은?

① 절연내력 시험 시
② 노출충전부가 있는 배전반 및 스위치 조작 시
③ 배전반 내에서의 계전기, 모선 등의 점검, 보수 작업 시
④ 정지된 회전기의 정류자면, 브러시 면을 점검, 조정 작업 시

해설 절연 고무판

① 충전부의 작업 중에 작업자의 접지면을 절연시켜 충전부와 접촉시에 인체가 통전경로가 되지 않도록 하기 위해서 사용한다.
② 사용범위는 배전반 내에서 계전기, 모선 등의 점검, 보수 작업시 노출 충전부가 있는 배전반 및 배전반 및 스위치 조작이나 작업시, 절연내력 시험시 사용하며, 주로 저압 선로나 기기류의 작업 시 사용한다.

17.1.43 / 18.4.77 / 19.1.36 / 19.2.61

77 소형 태양광 인버터의 교류 전압, 주파수 추종 범위 시험에 대한 설명으로 가장 옳은 것은?

① 출력 역률이 0.98 이상이다.
② 각 차수별 왜형률을 3[%] 이내이다.
③ 출력 전류의 종합 왜형률은 3[%] 이내이다.
④ 59.5[Hz]와 60.5[Hz]에서 교류출력 전력, 전류 왜형률, 역률 등을 측정한다.

해설 정상특성(교류 전압, 주파수 추종 범위) 시험

교류 전압, 주파수 추종 범위 시험 교류전원을 정격 전압 및 정격 주파수로 운전한다. 직류 전원은 인버터 출력이 정격 출력이 되도록 설정한다.

1) 계통 전압의 크기를 공칭전압에서 천천히 변화시켜 공칭전압의 +8[%]와 -10[%]의 전압에서 교류 출력 전류의 왜형률, 역률 등을 측정한다.
2) 정격주파수 60[Hz]에서 천천히 변화시켜 60.45[Hz]와 59.35[Hz]에서 교류출력 전력, 전류 왜형률, 역률 등을 측정한다.

정답 75. ④ 76. ④ 77. ②

3) 판정기준
① 기준범위 내의 계통전압변화에 추종하여 안정하게 운전할 것
② 출력 전류의 종합 왜형률은 5[%] 이내, 각 차수별 왜형률이 3[%] 이내일 것
③ 출력 역률이 95[%] 이상일 것

78 안전장비의 정기점검 관리 보관 요령으로 틀린 것은?
① 세척한 후에 그늘진 곳에 보관할 것
② 청결하고 습기가 없는 장소에 보관할 것
③ 보호구 사용 후에는 손질하여 항상 깨끗이 보관할 것
④ 한 달에 한 번 이상 책임있는 감독자가 점검을 할 것

해설 보호구의 점검과 관리
보호구는 필요할 때 언제든지 사용할 수 있는 상태로 손질하여 놓아야 하며, 정기적으로 점검·관리한다.
① 적어도 한 달에 한번이상 책임있는 감독자가 점검을 할 것
② 청결하고, 습기가 없으며, 통풍이 잘되는 장소에 보관 할 것
③ 부식성 액체, 유기용제, 기름, 화장품, 산(acid) 등과 혼합하여 보관하지 말 것
④ 보호구는 항상 깨끗하게 보관하고 땀 등으로 오염된 경우에는 세척하고, 건조시킨 후 보관할 것

18.2.75 / 18.4.79

79 성능평가를 위한 측정요소 중 설치코스트 평가 방법으로 가장 옳은 것은?
① 설치시설의 분류
② 설시시설의 지역
③ 설치각도와 방위
④ 인버터 설치 단가

해설 태양광 발전시스템의 설치비(Cost) 평가 방법
① 태양광 발전 시스템의 기초 공사 단가
② 태양광 발전 시스템의 어레이 가대 설비 설치 단가
③ 태양광 발전 시스템의 부착 공사 단가
④ 태양광 발전 시스템의 태양 전지 설비 설치 단가
⑤ 태양광 발전 시스템의 인버터 설비 설치 단가
⑥ 태양광 발전 시스템의 계측기 표시 장치의 단가
⑦ 태양광 발전 시스템의 설비 설치 단가

15.2.72 / 15.4.80 / 16.2.64 / 16.4.74 / 17.1.78 / 17.2.67 / 17.4.80 / 18.2.65 / 18.2.68 / 18.4.80 / 19.2.80

80 송전설비 정기점검에 대한 설명 중 틀린 것은?
① 무전압 상태에서 필요에 따라서는 기기를 분해하여 점검한다.
② 원칙적으로 정전시키고 무전압 상태에서 기기의 이상상태를 점검한다.
③ 이상상태를 발견한 경우에는 배전반의 문을 열고 이상의 정도를 확인한다.
④ 배전반의 기능을 확인하고 유지하기 위한 계획을 수립하여 점검하는 것이다.

해설 전기설비 점검의 종류
1) 일상(순시)점검
① 태양광발전시스템의 기능을 유지하기 위한 점검
② 매일의 일상(순시)점검은 문을 열어 점검한다던가. 커버를 해체한 후 점검한다던가 하는 것이 아니고 이상한 소리, 냄새, 손상 등을 배전반, 인버터 등의 외부에서 점검항목의 대상항목에 따라 점검하는 것
③ 이상상태를 발견한 경우에는 배전반, 인버터의 문을 열고 이상의 정도를 확인한다.
④ 이상의 상태가 직접 운전을 하지 못할 정도로 전개되는 경우를 제외하고는 이상상태의 내용을 기록하여 정기점검 시에 점검한다.
2) 정기점검
① 태양광발전시스템의 기능을 확인하고 유지하기 위한 계획을 수립하여 점검하는 것
② 원칙적으로 시설물을 정지상태에서 운전제어장치의 기계점검, 절연저항측정, 배전반 및 인버터의 기능을 확인하고 유지하기 위한 계획을 수립하여 점검
③ 모선을 정전하지 않고 점검을 하여야 할 경우에는

정답 78.① 79.④ 80.③

안전사고가 일어나지 않도록 주의하여야 한다.

3) 임시점검
① 일상순시점검 및 정기점검에 의하여 상세하게 점검할 필요가 있을 때 실시한다.
② 1개월 이상 사용하지 않았던 설비를 사용할 때는 사용을 개시하기 전에 점검을 실시할 필요가 있으며 또 일정 규모 이상의 폭풍이나 지진이 있은 뒤 등에는 임시점검을 실시하여야 한다.

81 지중전선로를 직접 매설 식에 의하여 시설하는 경우 차량 기타 중량물의 압력을 받을 우려가 있는 장소의 매설 깊이는 몇 [m] 이상인가?

① 0.8　　　② 1.0
③ 1.4　　　④ 1.6

[해설] **지중 전선로의 시설**
지중 전선로를 직접 매설식에 의하여 시설하는 경우에는 매설 깊이를 차량 기타 중량물의 압력을 받을 우려가 있는 장소에는 1.0 m 이상, 기타 장소에는 0.6 m 이상으로 하고 또한 지중 전선을 견고한 트라프 기타 방호물에 넣어 시설하여야 한다.

14.4.1 / 15.2.95 / 17.1.50 / 18.1.9 / 18.2.86 / 18.4.82 / 19.4.17

82 고압 및 특고압 전로의 피뢰기 시설 위치가 아닌 것은?

① 가공전선로와 지중전선로가 접속되는 곳
② 발전소·변전소 또는 이에 준하는 장소의 가공전선인입구 및 인출구
③ 고압 또는 특고압의 지중전선로로부터 공급을 받는 수용 장소의 인입구
④ 가공전선로(25[kV] 이하의 중성점 다중접지식 특고압 가공전선로를 제외한다)에 접속하는 배전용 변압기의 고압측 및 특고압측

[해설] **피뢰기의 시설**
고압 및 특고압의 전로 중 다음에 열거하는 곳 또는 이에 근접한 곳에는 피뢰기를 시설하여야 한다.

① 발전소·변전소 또는 이에 준하는 장소의 가공전선 인입구 및 인출구
② 가공전선로에 접속하는 배전용 변압기의 고압측 및 특고압측
③ 고압 및 특고압 가공전선로로부터 공급을 받는 수용 장소의 인입구
④ 가공전선로와 지중전선로가 접속되는 곳

13.4.85 / 16.2.93 / 18.2.44 / 18.4.83

83 안전공사 및 전기안전관리대행사업자가 안전관리업무를 대행할 수 있는 전기설비의 규모가 아닌 것은?

① 용량 300[kW] 미만의 발전설비
② 용량 1,000[kW] 미만의 전기수용설비
③ 용량 600[kW] 미만의 태양광 발전설비
④ 용량 500[kW] 미만의 비상용 예비발전설비

[해설] **전기안전관리업무의 대행규모(전기안전관리법)**

(1) 안전공사 및 대행사업자: 다음의 어느 하나에 해당하는 전기설비(둘 이상의 전기설비 용량의 합계가 4,500kW 미만 경우로 한정한다)
① 용량 1,000kW천킬로와트 미만의 전기수용설비
② 용량 300kW 미만의 발전설비. 다만, 비상용 예비발전설비의 경우에는 용량 500kW 미만으로 한다.
③ 용량 1,000kW(원격감시 및 제어기능을 갖춘 경우 용량 3,000kW) 미만의 태양광발전설비

(2) 개인대행자: 다음의 어느 하나에 해당하는 전기설비(둘 이상의 용량의 합계가 1,550kW 미만인 전기설비로 한정한다)
① 용량 500kW 미만의 전기수용설비
② 용량 150kW 미만의 발전설비. 다만, 비상용 예비발전설비의 경우에는 용량 300kW 미만으로 한다.
③ 용량 250kW(원격감시 및 제어기능을 갖춘 경우 용량 750kW) 미만의 태양광발전설비

정답 81. ② 82. ③ 83. 전항정답

16.4.83 / 18.4.84

84 전기공사업법에서 공사업자가 아니어도 도급받거나 시공할 수 있는 대통령령으로 정하는 경미한 전기공사가 아닌 것은?

① 전력량계 또는 퓨즈를 부착하거나 떼어내는 공사
② 꽂음접속기, 소켓, 로제트, 실링블록, 접속기, 전구류, 나이프스위치, 그밖에 개폐기의 보수 및 교환에 관한 공사
③ 벨, 인터폰, 장식전구, 그밖에 이와 비슷한 시설에 사용되는 소형변압기(2차측 전압 36[V] 이하의 것으로 한정한다)의 설치 및 그 2차측 공사
④ 전압이 220[V] 이하이고, 전기시설 용량이 5[kW] 이하인 단독주택 전기시설의 개선 및 보수공사

해설 경미한 전기공사 등(전기공사업법 시행령 제5조)
① 꽂음접속기, 소켓, 로제트, 실링블록, 접속기, 전구류, 나이프스위치, 그밖에 개폐기의 보수 및 교환에 관한 공사

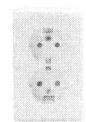  

꽂음접속기   키 소켓   로제트

② 벨, 인터폰, 장식전구, 그밖에 이와 비슷한 시설에 사용되는 소형변압기(2차측 전압 36볼트 이하의 것으로 한정한다)의 설치 및 그 2차측 공사
③ 전력량계 또는 퓨즈를 부착하거나 떼어내는 공사
④ 전기용품 중 꽂음접속기를 이용하여 사용하거나 전기기계·기구(배선기구는 제외한다) 단자에 전선(코드, 캡타이어케이블 및 케이블을 포함한다)을 부착하는 공사
⑤ 전압이 600볼트 이하이고, 전기시설 용량이 5[kW] 이하인 단독주택 전기시설의 개선 및 보수 공사. 다만, 전기공사기술자가 하는 경우로 한정한다.

※ 캡타이어 케이블(cabtyre cable)

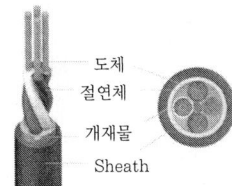

강인한 차폐외장을 가진 케이블의 총칭이며, 절연체, 캡타이어 피복에 사용하는 재료에 따라서, 고무 캡타이어 케이블, 크롤로프렌 캡타이어 케이블, 부틸고무 절연 캡타이어 케이블 및 비닐 캡타이어 케이블의 4종류가 있다.

85 온실가스 배출량 및 에너지 소비량에 관한 명세서를 작성할 때 포함되는 사항이 아닌 것은?

① 명세서에 관한 품질관리 절차
② 온실가스 감축·흡수·제거 실적
③ 업체의 규모, 생산설비, 제품원료 및 생산량
④ 생산공정과 생산설비로 구분한 온실가스 배출량·종류 및 규모

해설 명세서의 보고·관리 절차 등(녹색성장법 시행령 제34조)
1) 관리업체는 해당 연도(관리업체로 지정된 최초의 연도의 경우에는 과거 3년간) 온실가스 배출량 및 에너지 소비량에 관한 명세서를 작성하고, 이에 대한 검증기관의 검증 결과를 첨부하여 부문별 관장기관에게 다음 연도 3월 31일까지 전자적 방식으로 제출하여야 한다.

2) 명세서에는 다음의 사항이 포함되어야 한다.
① 업체의 규모, 생산설비, 제품원료 및 생산량
② 사업장별 배출 온실가스의 종류 및 배출량, 온실가스 배출시설의 종류·규모·수량 및 가동시간
③ 사업장별 사용 에너지의 종류 및 사용량, 사용연료의 성분, 에너지 사용시설의 종류·규모·수량 및 가동시간
④ 생산공정과 생산설비로 구분한 온실가스 배출량·종류 및 규모
⑤ 생산공정에서 사용된 온실가스 배출 방지시설의 종류·규모·처리효율·수량 및 가동시간
⑥ 포집·처리한 온실가스의 종류 및 양
⑦ ②~⑥까지의 부문별 온실가스 배출량 및 에너지 사용량의 계산·측정 방법
⑧ 명세서에 관한 품질관리 절차
⑨ 그밖에 관리업체의 온실가스 배출량 및 에너지 소비량의 관리를 위하여 부문별 관장기관이 환경부장관과의 협의를 거쳐 필요하다고 인정한 사항

정답 84.① 85.②

86 공급인증기관이 제정하는 공급인증서 발급 및 거래시장 운영에 관한 규칙 사항이 아닌 것은?

① 공급인증서의 거래방법에 관한 사항
② 공급인증서 가격의 결정방법에 관한 사항
③ 신재생에너지 사용량의 증명에 관한 사항
④ 공급인증서 거래의 정산 및 결제에 관한 사항

해설 운영규칙의 제정 등(신재생에너지법 시행규칙 제2조의4)

공급인증기관이 제정하는 공급인증서 발급 및 거래시장 운영에 관한 규칙에는 다음의 사항이 포함되어야 한다.
① 공급인증서의 발급, 등록, 거래 및 폐기 등에 관한 사항
② 신·재생에너지 공급량의 증명에 관한 사항
③ 공급인증서의 거래방법에 관한 사항
④ 공급인증서 가격의 결정방법에 관한 사항
⑤ 공급인증서 거래의 정산 및 결제에 관한 사항
⑥ ①과 관련된 정보의 공개 및 분쟁조정에 관한 사항
⑦ 그밖에 공급인증서의 발급 및 거래시장 운영에 필요한 사항

13.4.96 / 14.4.96 / 15.4.89 / 15.4.90 / 17.4.96 / 18.4.87 / 19.2.90

87 연면적 1천제곱미터 이상의 신축·증축 또는 개축하는 건축물을 대상으로 예상 에너지사용량에 대한 2018년도 신재생에너지의 공급의무비율[%]은?

① 18   ② 21
③ 24   ④ 27

해설 신·재생에너지 공급의무 비율 등

건축법 시행령에서 정한 용도의 건축물로서 신축·증축 또는 개축하는 부분의 연면적이 1,000[m²] 이상인 건축물에 따른 비율 이상

연도	2011~2012	2013	2014	2015
공급의무 비율[%]	10	11	12	15
2016	2017	2018	2019	2020 이후
18	21	24	27	30

신·재생에너지 공급의무 비율 등(개정 2020. 9. 23)

해당 연도	2020~2021	2022~2023	2024~2025	2026~2027	2028~2029	2030 이후
공급의무 비율[%]	30	32	34	36	38	40

14.4.92 / 18.4.88

88 분산형전원을 계통연계하는 경우 전력계통의 단락용량이 전선의 순시허용전류를 상회할 우려가 있을 때에 시설해야 하는 장치로 가장 옳은 것은?

① 지락차단기
② 영상변류기
③ 한류리액터
④ 과전류차단기

해설 단락전류 제한장치의 시설

분산형전원을 계통연계하는 경우 전력계통의 단락용량이 다른 자의 차단기의 차단용량 또는 전선의 순시허용전류 등을 상회할 우려가 있을 때에는 그 분산형전원 설치자가 한류리액터 등 단락전류를 제한하는 장치를 시설하여야 하며, 이러한 장치로도 대응할 수 없는 경우에는 그밖에 단락전류를 제한하는 대책을 강구하여야 한다.

89 발전소 등의 울타리·담 등의 시설 기준에 대한 설명 중 틀린 것은?

① 울타리·담 등의 높이는 2[m] 이상으로 할 것
② 지표면과 울타리·담 등의 하단 사이의 간격은 20[cm] 이하로 할 것
③ 출입구에는 출입금지 표시 및 자물쇠 등 기타 적당한 장치를 할 것
④ 35[kV] 이하 전압에서는 울타리·담 등의 높이와 울타리·담 등으로부터 충전부분까지의 거리의 합계는 5[m] 이상일 것

정답 86.③ 87.③ 88.③ 89.②

해설 발전소 등의 울타리·담 등의 시설

1) 고압 또는 특고압의 기계기구·모선 등을 옥외에 시설하는 발전소·변전소·개폐소 또는 이에 준하는 곳에는 다음에 따라 구내에 취급자 이외의 사람이 들어가지 않도록 시설하여야 한다. 다만, 토지의 상황에 의하여 사람이 들어갈 우려가 없는 곳은 그렇지 않다.
① 울타리·담 등을 시설할 것
② 출입구에는 출입금지의 표시를 할 것
③ 출입구에는 자물쇠장치 기타 적당한 장치를 할 것

2) 울타리·담 등의 시설조건
① 울타리·담 등의 높이는 2[m] 이상으로 하고 지표면과 울타리·담 등의 하단사이의 간격은 15[cm] 이하로 할 것
② 울타리·담 등과 고압 및 특고압의 충전 부분이 접근하는 경우에는 울타리·담 등의 높이와 울타리·담 등으로부터 충전부분까지 거리의 합계는 표에서 정한 값 이상으로 할 것

사용전압의 구분	울타리·담 등의 높이와 울타리·담 등으로부터 충전부분까지의 거리의 합계
35 [kV] 이하	5 [m]
35 [kV] 초과 160 [kV] 이하	6 [m]
160 [kV] 초과	6 [m]에 160 [kV]를 초과하는 10 [kV] 또는 그 단수마다 12 [cm]를 더한 값

90 KEC 한국전기설비규정의 변경으로 삭제됨

91 한국전력거래소는 전력시장 및 전력계통의 운영에 관한 규칙을 정하여야 한다. 전력시장운영규칙에 포함되지 않는 내용은?

① 전력거래방법에 관한 사항
② 전력거래 시 REC 가격 변동 사항
③ 전력거래의 정산·결제에 관한 사항
④ 전력량계의 설치 및 계량 등에 관한 사항

해설 전력시장운영규칙(전기사업법 제43조)

1) 한국전력거래소는 전력시장 및 전력계통의 운영에 관한 규칙을 정하여야 한다.

2) 한국전력거래소는 전력시장운영규칙을 제정·변경 또는 폐지하려는 경우에는 산업통상자원부장관의 승인을 받아야 한다.

3) 산업통상자원부장관은 제2)항에 따른 승인을 하려면 전기위원회의 심의를 거쳐야 한다.

4) 전력시장운영규칙
① 전력거래방법에 관한 사항
② 전력거래의 정산·결제에 관한 사항
③ 전력거래의 정보공개에 관한 사항
④ 전력계통의 운영 절차와 방법에 관한 사항
⑤ 전력량계의 설치 및 계량 등에 관한 사항
⑥ 전력거래에 관한 분쟁조정에 관한 사항
⑦ 그밖에 전력시장의 운영에 필요하다고 인정되는 사항

13.4.94 / 16.4.2 / 16.4.98 / 17.1.84 / 17.4.9 / 18.1.100 / 18.2.96 / 18.4.11 / 18.4.92 / 19.1.96

92 다음 중 신에너지에 해당되지 않는 것은?

① 수소에너지
② 태양에너지
③ 연료전지
④ 석탄을 액화·가스화한 에너지

해설 신·재생에너지의 정의(신재생에너지법 제2조)

1) 신에너지: 기존의 화석연료를 변환시켜 이용하거나 수소·산소 등의 화학 반응을 통하여 전기 또는 열을 이용하는 에너지
① 수소에너지
② 연료전지
③ 석탄을 액화·가스화한 에너지 및 중질잔사유을 가스화

2) 재생에너지: 햇빛·물·지열·강수·생물유기체 등을 포함하는 재생 가능한 에너지를 변환시켜 이용하는 에너지
① 태양에너지
② 풍력
③ 수력
④ 해양에너지
⑤ 지열에너지

⑥ 생물자원을 변환시켜 이용하는 바이오에너지
⑦ 폐기물에너지(비재생폐기물로부터 생산된 것은 제외한다)

93 전기판매사업자는 대통령령으로 정하는 바에 따라 전기요금과 그 밖의 공급조건에 관한 약관을 작성하여 누구의 인가를 받아야 하는가?

① 전기위원회위원장
② 전력거래소장
③ 기획재정부장관
④ 산업통상자원부장관

해설 전기의 공급약관(전기사업법 제16조)
① 전기판매사업자는 대통령령으로 정하는 바에 따라 전기요금과 그 밖의 공급조건에 관한 약관을 작성하여 산업통상자원부장관의 인가를 받아야 한다. 이를 변경하려는 경우에도 또한 같다.
② 산업통상자원부장관은 제①항에 따른 인가를 하려는 경우에는 전기위원회의 심의를 거쳐야 한다.

94 KEC 한국전기설비규정의 변경으로 삭제됨

95 신재생에너지 발전사업자가 신재생에너지의 기술개발 및 이용 · 보급에 필요한 사업을 원활히 수행하기 위하여 가입하는 엔지니어링산업 진흥법 제34조에 따른 공제조합이 공제사업을 할 경우 정하는 공제규정에 대한 내용으로 틀린 것은?

① 공제사업의 범위
② 공제계약의 내용
③ 공제금 및 공제료
④ 공제계약 위반 시 범칙금

해설 신 · 재생에너지사업자의 공제조합 가입 등, 공제규정(신재생에너지법 제30조2, 시행령 제28조)
1) 신 · 재생에너지 발전사업자, 신 · 재생에너지 연료사업자, 신 · 재생에너지 설비 설치기업, 신 · 재생에너지 설비의 제조 · 수입 및 판매 등의 사업을 영위하는 자는 신 · 재생에너지의 기술개발 및 이용 · 보급에 필요한 사업을 원활히 수행하기 위하여 엔지니어링산업 진흥법에 따른 공제조합의 조합원으로 가입할 수 있다.

2) 공제규정에는 다음의 사항이 포함되어야 한다.
① 공제사업의 범위
② 공제계약의 내용
③ 공제금 및 공제료
④ 공제금에 충당하기 위한 책임준비금
⑤ 그밖에 공제사업의 운영에 필요한 사항

18.2.95 / 18.4.96

96 정부는 지속가능발전과 관련된 국제적 합의를 성실히 이행하고, 국가의 지속가능발전을 촉진하기 위하여 몇 년을 계획기간으로 하는 지속가능발전 기본계획을 5년 마다 수립 · 시행하여야 하는가?

① 10   ② 20   ③ 30   ④ 50

해설 지속가능발전 기본계획의 수립 · 시행(녹색성장법 제50조)
정부는 1992년 브라질에서 개최된 유엔환경개발회의에서 채택한 의제21, 2002년 남아프리카공화국에서 개최된 세계지속가능발전정상회의에서 채택한 이행계획 등 지속가능발전과 관련된 국제적 합의를 성실히 이행하고, 국가의 지속가능발전을 촉진하기 위하여 20년을 계획기간으로 하는 지속가능발전 기본계획을 5년마다 수립 · 시행하여야 한다.

97 신재생에너지 설비 설치의무기관으로 대통령령으로 정하는 금액 이상을 출연한 정부출연기관에서 "대통령령으로 정하는 금액 이상"이란 최소 연간 얼마 이상을 말하는가?

① 40억 원   ② 50억 원
③ 60억 원   ④ 70억 원

해설 신 · 재생에너지 설비 설치의무기관(신재생에너지법 제12조, 시행령 제16조)
1) 정부가 대통령령으로 정하는 금액(연간 50억원) 이상을 출연한 정부출연기관

정답 93. ④ 94.   95. ④ 96. ② 97. ②

2) 지방자치단체 및 공공기관, 정부출연기관 또는 정부출자기업체가 대통령령으로 정하는 비율 또는 금액 이상을 출자한 법인
① 납입자본금의 100의 50 이상을 출자한 법인
② 납입자본금으로 50억원 이상을 출자한 법인

98 KEC 한국전기설비규정의 변경으로 삭제됨

99 정부가 신재생에너지의 기술개발 및 이용·보급의 촉진에 관한 시책을 마련하여 자발적인 신재생에너지 기술개발 및 이용·보급을 장려하고 보호 육성하여야 하는 대상이 아닌 것은?

① 기업체 ② 공공기관
③ 해외기관 ④ 지방자치단체

해설 시책과 장려 등(신재생에너지의 기술개발 및 이용·보급의 촉진법 제4조)
① 정부는 신·재생에너지의 기술개발 및 이용·보급의 촉진에 관한 시책을 마련하여야 한다.
② 정부는 지방자치단체, 공공기관, 기업체 등의 자발적인 신·재생에너지 기술개발 및 이용·보급을 장려하고 보호·육성하여야 한다.

100 상주 감시를 하지 아니하는 변전소의 변전제어소 또는 기술원이 상주하는 장소에 경보장치를 시설하는 경우로서 틀린 것은?

① 제어 회로의 전압이 현저히 저하한 경우
② 주요 변압기의 전원측 전로가 무전압으로 된 경우
③ 특고압용 타냉식변압기는 그 냉각장치가 고장 난 경우
④ 출력 500[kVA]를 초과하는 특고압용변압기의 온도가 현저히 상승한 경우

해설 상주 감시를 하지 아니하는 변전소의 시설
다음의 경우에는 변전제어소 또는 기술원이 상주하는 장소에 경보장치를 시설할 것

① 운전조작에 필요한 차단기가 자동적으로 차단한 경우(차단기가 재폐로한 경우를 제외한다)
② 주요 변압기의 전원측 전로가 무전압으로 된 경우
③ 제어 회로의 전압이 현저히 저하한 경우
④ 옥내변전소에 화재가 발생한 경우
⑤ 출력 3,000[kVA]를 초과하는 특고압용변압기는 그 온도가 현저히 상승한 경우
⑥ 특고압용 타냉식변압기는 그 냉각장치가 고장 난 경우
⑦ 조상기는 내부에 고장이 생긴 경우
⑧ 수소냉각식조상기는 그 조상기안의 수소의 순도가 90[%] 이하로 저하한 경우, 수소의 압력이 현저히 변동한 경우 또는 수소의 온도가 현저히 상승한 경우
⑨ 가스절연기기(압력의 저하에 의하여 절연파괴 등이 생길 우려가 없는 경우를 제외한다)의 절연가스의 압력이 현저히 저하한 경우

2017년 기출문제

2017 제1회 기출문제

01 옴의 법칙에서 전류의 크기는 어느 것에 비례하는가?

① 임피던스 ② 전선의 길이
③ 전선의 단면적 ④ 전선의 고유저항

해설 옴의 법칙

① 도체에 전압이 가해졌을 때 흐르는 전류의 크기는 도체의 저항에 반비례하므로 가해진 전압을 V [V], 전류 I [A], 도체의 저항을 R [Ω]이라고 하면

$$I = \frac{V}{R}$$

② 저항 값은 도체의 길이에 비례하고, 단면적에 반비례하므로 도체의 길이 l [m], 단면적 A [m²], 고유저항을 ρ 라고 하면

$$R = \rho\frac{l}{A}$$

③ 전류의 크기는 전선의 단면적에 비례한다.

$$I = \frac{V}{R} = \frac{V}{\rho\frac{l}{A}} \text{ [A]}$$

02 3 [kW] 인버터의 입력범위가 25~35[V]이고, 최대 출력에서 효율이 89[%]이다. 최대정격에서 인버터의 최대입력 전류는 약 몇 [A]인가?

① 96 ② 113
③ 124 ④ 135

해설 전류(I)

$$I = \frac{P}{V \cdot \eta} = \frac{3,000}{25 \times 0.89} = 134.8 \text{ [A]}$$

03 1 [Ω · m]과 동일한 단위는?

① 1[μΩ · cm] ② 10^2[μΩ · mm²]
③ 10^4[μΩ · cm] ④ 10^6[μΩ · mm²/m]

해설 고유 저항 R (Specific Resistance)

① 저항 값은 도체의 길이에 비례하고, 단면적에 반비례하므로 도체의 길이 l [m], 단면적 A [m²], 고유저항을 ρ 라고 하면

$$R = \rho\frac{l}{A} \text{ [Ω]}$$

② 단위는 1[Ω · m] = [10^2Ω · cm] = [10^6Ω · mm²/m]

04 연료전지 시스템의 구성요소 중 단위전지를 적층하여 모듈화 한 것은?

① 스택 ② 전해질
③ 가스켓 ④ 고분자막

해설 스택(Stack)

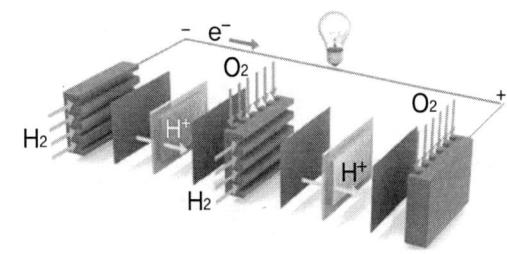

① 원하는 전기출력을 얻기 위해 단위전지를 수십장, 수백장 직렬로 쌓아 올린 본체.
② 단위전지 제조, 단위전지 적층 및 밀봉, 수소공급과 열회수를 위한 분리판 설계 · 제작 등의 핵심기술이 필요하다.

05 뇌보호시스템 중 내부 뇌보호시스템은?

① 전지 시스템
② 수뢰부 시스템
③ 인하도선 시스템
④ 서지보호장치 시스템

해설 서지보호장치(SPD, Surge Protective Device)

내부계통에 서지 전류가 들어올 때, 그 전류가 부하를 통해 흐르지 않고 우회하도록 하여 부하에서 발생하는 과전압이 과다하게 상승하는 것을 막아서 부하를 보호한다.

정답 1. ③ 2. ④ 3. ④ 4. ① 5. ④

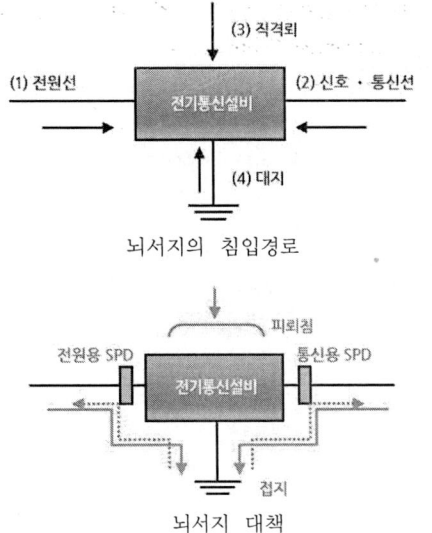

뇌서지의 침입경로

뇌서지 대책

17.1.6 / 18.1.20

06 계통연계형 태양광발전시스템에 축전지를 부가함으로서 발생할 수 있는 장점이 아닌 것은?

① 계통전압의 안정화에 기여한다.
② 태양광발전시스템의 수명을 연장한다.
③ 재해 발생 시 전력공급의 역할을 한다.
④ 태양광발전시스템의 적용 범위를 확대한다.

해설 축전지부착 계통연계시스템

축전지가 있는 계통연계시스템은 일반적인 계통연계시스템에 비해 적용범위를 확대할 수 있다.
① 방재 대응형
평상시 계통연계시스템으로 동작하고, 재해시 인버터를 자립운전으로 전환하고 특정 방재 대응부하에 전력을 공급한다.
② 부하 평준화 대응형(피크 시프트형, 야간전력 저장형)
태양전지 출력과 축전지 출력을 병용하여 부하의 피크 시에 인버터를 필요한 출력으로 운전하고, 수전전력의 증대를 억제하여 기본전력요금을 절감한다.
③ 계통 안정화 대응형
태양전지와 축전지를 병렬운전하며, 기후 급변 시나 계통부하 급변 시에 축전지를 방전하고, 태양전지 출력이 증대하여 계통전압이 상승하려고 할 때는 축전지를 충전하여 역조류를 감소시키고, 전압이 상승하는 것을 방지한다.

15.4.29 / 16.2.12 / 17.1.7 / 19.2.10

07 독립형 태양광발전설비의 전원시스템용 축전지 용량 선정 시 고려사항에 해당되지 않는 것은?

① 보수율   ② 설계습도
③ 부조일수   ④ 방전심도(DOD)

해설 축전지 용량(C)

$$C = \frac{\text{하루 소비전력량} \times \text{일조없는 날 수}}{\text{보수율} \times \text{방전심도} \times \text{방전 종지전압}} \text{ [A.h]}$$

※ 부조일수(不照日數)
하루 종일 해가 비치지 않은 날의 수

15.2.3 / 17.1.8 / 19.1.3

08 태양전지에서 직렬저항 성분이 아닌 것은?

① 기판 자체 저항
② 표면층의 면 저항
③ 금속 전극 자체의 저항
④ 접합의 결함에 의한 누설 저항

해설 직렬저항과 병렬저항

① 직렬저항은 벌크 반도체, 전극 그리고 상호 연결에 의한 저항 등을 뜻하고, 태양전지의 에미터와 베이스의 수직저항 성분과 금속전극과 에미터, 베이스 사이의 접촉저항, 전면 및 후면의 금속전극의 저항과 같은 세가지 원인에 의해 발생된다. 큰 직렬저항에 의해 태양전지의 단락전류가 감소하기도 한다.
② 병렬저항은 태양전지의 가장자리를 통해 흐르는 누설 전류와 격자 결함에 의한 저항이다.

13.4.80 / 15.2.2 / 17.1.9 / 17.2.33 / 17.4.24 / 18.1.74 / 19.2.6 / 19.4.1

09 태양전지 모듈과 인버터가 통합된 형태로서 태양광발전시스템 확장이 유리한 인버터 운전 방식은?

① 모듈 인버터 방식
② 스트링 인버터 방식
③ 병렬운전 인버터 방식
④ 중앙 집중형 인버터 방식

정답 6.② 7.② 8.④ 9.①

해설 태양광발전시스템의 인버터 운영방식

1) 중앙 집중형 인버터방식

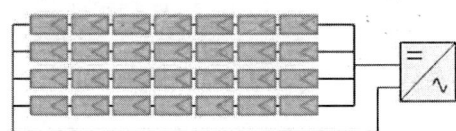

① 발전소 현장에 1대의 인버터만 설치함
② 모든 전선이 한 곳으로 오기 때문에 작업공정이 간단, 설치비가 적게 소요되며, 발전량 확인이 용이하다.
③ 단일형 인버터는 제품 이상발생 시 전체 발전소가 가동을 멈추기 때문에 발전 손실이 크다.

2) 분산형(스트링 포함) 인버터 방식

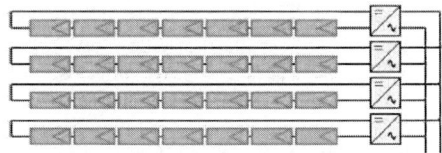

① 발전소 현장에 소형 인버터 여러 대를 설치함
② 특정 인버터가 고장이 나더라도 해당 인버터 부분에서만 발전 손실이 일어나고 나머지 인버터는 정상적으로 발전이 되기 때문에 발전 손실을 최소화할 수 있다.
③ 방향과 경사가 서로 다른 하부 어레이들로 구성된 시스템, 부분적으로 음영이 지는 시스템의 경우 분산형 인버터 방식을 고려할 필요가 있다.

3) 주/종속시스템(Master-Slave System)

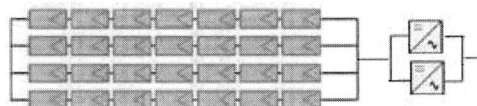

① 인버터 2~3대를 결합하여 회로를 구성한다.
② 발전을 시작하면 마스터 인버터만 구동되고, 마스터 인버터의 전력한계에 도달하면, 다음 슬래브 인버터가 자동 연결되어 생산된 발전량에 대응한다.
③ 낮은 발전량에서도 대용량 인버터 한 대가 운영되는 방식보다는 효율이 높아진다.
④ Master와 Slave의 기능은 정기적(1~3개월)으로 교대를 해주어, 균등운전이 되게 한다.

4) 모듈인버터(마이크로 인버터: MIC, Module Integrated Central) 방식

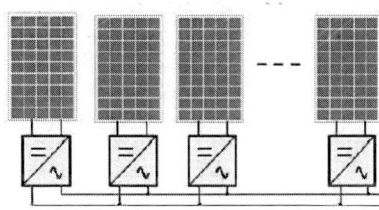

① 태양전지 모듈 1개에 인버터 1개를 부착하는 방식으로 스트링 인버터의 작은 형태이다.
② 태양전지 1장에 대한 모니터링이 가능하여 유지보수가 쉽다.
③ 각 마이크로인버터(MIC; Module Integrated Converter)의 최대 효율은 낮지만, 태양전지 모듈에 대해 개별로 MPPT를 하므로, 전체 발전량에 있어서는 스트링 인버터 이상의 발전효율을 가지고 있다.
④ 대용량 발전소보다는 소용량 발전소에서 효율이 높고, 태양전지 모듈 1장으로도 태양광발전을 할 수 있다.
⑤ 고장 난 인버터는 쉽게 교체 가능하며, 시스템 확장이 쉽다.

10 단결정 실리콘 태양전지의 특징이 아닌 것은?

① 색이 검은색이다.
② 무늬가 다양하다.
③ 단단하고, 구부러지지 않는다.
④ 제조에 필요한 온도는 약 1400℃ 이다.

해설 단결정과 다결정의 특징

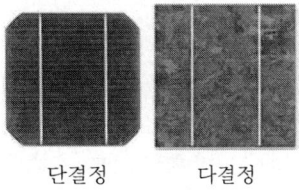

단결정   다결정

1) 단결정
① 검은색으로 무늬가 없으며, 단단하고 구부러지지 않는다.
② 실리콘의 원자배열이 규칙적이며 배열방향이 일정

정답 10. ②

하여 전자의 이동에 걸림이 없어 변환효율이 높다.
③ 폴리 실리콘을 석영도가니에 불순물(붕소, 인)과 함께 넣어 고온으로 용융시켜 원주모양의 단결정 실리콘 잉곳을 만든 후 이것을 얇게 절단한 것을 단결정 실리콘 웨이퍼라고 한다.
④ 고진동 상태에서 1400℃ 이상의 고온에 녹은 폴리 실리콘은 정밀하게 조절되는 조건하에서 큰 직경을 가진 단절 봉으로 성장한다.

2) 다결정
① 청색으로 무늬가 다양하며, 단단하고 구부러지지 않는다.
② 단결정질에 비해 공정이 간단하고 단결정질보다 가격도 저렴하여 널리 사용되고 있으나 변환효율이 단결정보다 낮다.
③ 폴리 실리콘을 석영도가니에 넣고 높은 온도로 가열하여 녹인 다음 정제한 후 일정한 틀에 부어 응고시키는 방법으로 잉곳을 만들며, 단결정제조 방법보다 간단하여 원가를 낮출 수 있고 대량생산이 가능하다.
④ 제조에 필요한 온도는 약 800~1000℃로 높다.

16.2.11 / 17.1.11 / 17.4.13 / 18.1.7

11 태양전지 셀의 종류에서 박막형의 특징이 아닌 것은?

① 온도 특성이 강하다.
② 경정질보다 두께가 얇다.
③ 결정질보다 변환 효율이 낮다.
④ 동일 용량 설치 시 결정질보다 박막형이 면적을 적게 차지한다.

해설 **박막형 태양전지**
① 유리, 스테인리스 스틸, 플라스틱 등 저가의 기판에 얇은 막 형태의 박막을 형성하는 구조로, 기판위에 형성되는 막의 원료에 따라 비정질 실리콘 태양전지, CdTe, CIGS 박막, a-Si, 염료감응형 태양전지, 유기 태양전지로 구분된다.
② 실리콘 사용량이 적어 저렴하나 제조공정이 복잡하고 에너지 효율이 낮아 결정질 태양전지와 동일한 출력을 내기 위해서는 대면적의 모듈이 필요하다.
③ 결정질 실리콘 태양전지의 두께는 200~300[μm],

박막형 실리콘 태양전지의 두께는 0.3~2[μm]로서 상당히 얇게 제작할 수 있다.
④ 불순물 첨가 (도핑)에 의한 전기 전도도 제어가 쉽지 않으며, 이 경우 p-형보다는 In 등의 첨가 및 열처리에 의하여 n-형 쪽으로 제어하는 것이 보다 쉬운 것으로 알려져 있다.
⑤ 적은 온도계수로 온도에 따른 효율 감소가 적으며, 빛의 강도 변화에 대한 안정성으로 흐린 날, 겨울, 음지에서도 안정적이다.
⑥ 각국 정부의 태양광발전에 대한 관심과 지원이 폭발적으로 증대되면서 폴리실리콘의 양산규모 증대는 벌크형 실리콘 태양전지의 가격 하락을 이끌었고, 차세대 태양전지였던 박막 태양전지는 목표로 했던 가격에 도달했음에도 불구하고 가격적으로는 경쟁력이 없는 결과에 있다.

13.4.13 / 17.1.12

12 태양광발전시스템의 전체성능에 영향을 미치는 인버터 효율에 관한 설명으로 가장 옳은 것은?

① 태양광 인버터의 효율은 중요하지 않다.
② 변환효율만이 시스템 성능에 영향을 미친다.
③ 추적효율만이 시스템 성능에 영향을 미친다.
④ 변환효율과 추적효율을 같이 고려해야 한다.

해설 인버터의 효율은 태양광발전소의 성능에 매우 중요한 요소이므로, 인버터의 변환효율과 추적효율을 같이 고려한다.

16.2.13 / 17.1.13

13 태양전지 모듈 뒷면에 부착된 라벨에 표시되는 사항이 아닌 것은?

① 공칭 최대출력
② 공칭 개방전압
③ 공칭 개방전류
④ 공칭 최대출력 동작전압

정답 11.④ 12.④ 13.③

해설 KS C 8561 결정질 실리콘 태양광발전 모듈(성능) 제품인증 표시의 방법
① KS마크의 크기 3[mm] 이상
② KS명 또는 KS번호
③ 인증번호
④ 설비명 및 모델명/모델코드
⑤ 제품의 주요 사양
 (최대출력, 출력공차, 공칭 중량, 최대전압, 최대전류, 개방전압, 단락전류, 내풍압성 등급 등등)
⑥ 제조연월일
⑦ 제조자명 및 소재지
 (해당하는 경우 수입사 포함)
⑧ 인증기관명
⑨ KS C 8561의 표시사항

13.4.16 / 17.1.14

14 다음 설명은 인버터의 효율 중 어떤 효율에 관한 것인가?

> 태양광 모듈의 출력이 최대가 되는 최대 전력점(MPP : Maximum Power Point)을 찾는 기술에 대한 성능 지표이다.

① 정격 효율　② 추적 효율
③ 유로 효율　④ 변환 효율

해설 추적효율 = $\dfrac{\text{순간 입력 전력}}{\text{최대 } PV \text{어레이 전력}}$

15.2.19 / 17.1.15 / 19.2.14

15 최대전압 50V, 전압온도계수 −0.2V/°C인 결정질 태양전지 모듈 10장이 직렬연결 되어 있다. 태양전지 표면온도가 60°C일 때 최대전압은 몇 V인가? (단, STC 조건이다.)

① 380　② 400
③ 430　④ 450

해설 최대 전압(V_{MT})

V_{MT} = 합성 전압−직렬 모듈 수량×온도계수×온도차 (V)
 = (50×10) − 10×0.2×(60−25) = 430 [V]

16 확산광에 대한 설명으로 적절하지 않은 것은?
① 맑은 날의 경우 지표에 도달하는 전체 태양광의 10~20[%]를 차지한다.
② 확산광은 주로 대기에서의 산란에 의해 발생한다.
③ 결정질 실리콘 태양전지는 확산광을 흡수하지 못한다.
④ 확산광이 늘어나면 집광형 시스템의 출력은 줄어든다.

해설 확산광(diffused light)
① 여러 방향에서 피사체를 부드럽고 고르게 비추는 조명으로 흐린 날이나 그늘진 곳에서 많이 생긴다.
② 확산광은 빛이 반투명체의 물질에 의해 통과된 빛과 주변의 다른 물체에 의해 반사되어 나오는 빛이며, 결정질 실리콘 태양전지는 확산광을 흡수하여 전기를 생산한다.

13.4.10 / 13.4.62 / 17.1.17 / 18.1.13 / 18.1.32 / 19.4.2

17 다음은 인버터의 단독운전 검출방식 중 어떤 방식에 대한 설명인가?

> 인버터의 출력 단에 병렬로 임피던스를 순간적 또는 주기적으로 삽입하여 전압 또는 전류의 급변을 검출한다.

① 주파수 시프트방식
② 유효전력 변동방식
③ 무효전력 변동방식
④ 부하 변동방식

해설 단독운전 능동적 검출방식
각 분산형전원이 동기(同期)한 전기적 신호(능동신호)를 계통측에 주입함으로서 단독운전이 발생했을 때 능

동신호에 기인하는 계통상태의 변화를 검출
① 주파수 시프트 방식
인버터의 내부발진기에 주파수 바이어스를 주었을 때, 단독운전시에 나타나는 주파수 변동을 검출
② 유효전력 변동방식
인버터 출력에 주기적인 유효전력 변동을 주었을 때, 단독운전시에 나타나는 전압, 전류 또는 주파수 변동을 검출한다. 상시 출력이 변동하는 가능성이 있다
③ 무효전력 변동방식
인버터의 출력에 주기적인 무효전력 변동을 주었을 때, 단독운전시에 나타나는 주파수 변동 등을 검출한다.
④ 차수간 고조파주입방식
계통 기본파의 파형, 위상, 주파수에는 관계하지 않으며, 계통 기본파 주파수의 2~3배에 해당하는 주파수인 차수 간 고조파 능동신호를 사용하기 때문에 고속검출이 가능하다.
⑤ 부하 변동방식
인버터의 출력과 병렬로 임피던스를 순간적 또는 주기적으로 삽입하여 전압 또는 전류의 급변을 검출한다.

17.1.18 / 18.2.3 / 19.4.10 / 21.1.15

18 동일 출력전류(I) 특성을 가지는 N개의 태양전지를 같은 일사 조건에서 서로 병렬로 연결했을 경우 출력전류 I_a에 대한 계산식은?

① $I_a = N \times I$
② $I_a = N^2 \times I$
③ $I_a = \dfrac{I}{N}$
④ $I_a = \dfrac{N}{I}$

해설 태양전지 직병렬 계산식

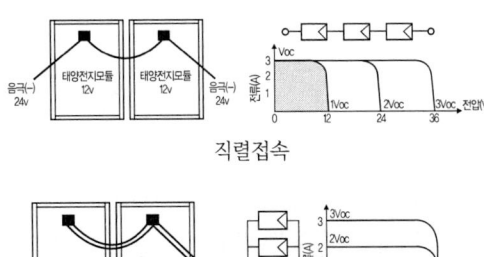

① 직렬접속 : 전압은 증가한다.(전류는 변화 없음)
② 병렬접속 : 전류는 증가한다.(전압은 변화 없음)
③ 병렬접속시 출력전류 $I_a = N \times I$

19 일반적인 GaAs 태양전지의 개방전압(Voc)과 충진율(Fill Factor, FF) 값으로 가장 적절한 것은?

① V_{oc} = 0.6 [V], FF = 0.7 ~ 0.8
② V_{oc} = 0.75 [V], FF = 0.72 ~ 0.8
③ V_{oc} = 0.95 [V], FF = 0.78 ~ 0.85
④ V_{oc} = 1.06 [V], FF = 0.8 ~ 0.9

해설 갈륨비소(Gallium arsenide, GaAs)
① V_{oc} = 0.95[V], n = 1.0~2.0, FF = 0.78~0.85
② n : 이상적인 다이오드 특성으로부터 벗어나는 정도를 나타낸 값

20 변압기 결선방식 중 △-△ 결선의 특징이 아닌 것은?

① 1상분이 고장 나면 나머지 2대로 V 결선할 수 있다.
② 상전압이 선간전압의 $\dfrac{1}{\sqrt{3}}$ 이 되어 고전압에 적합하다.
③ 제3고조파 전류에 의한 기전력 왜곡을 일으키지 않는다.
④ 각 변압기의 상전류가 선전류의 $\dfrac{1}{\sqrt{3}}$ 이 되어 대전류에 적합하다.

해설 △(삼각) 결선 회로

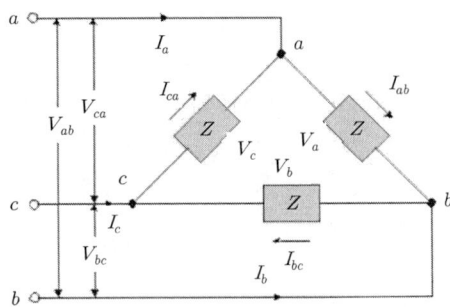

① 전원과 부하가 다 같이 삼각 결선을 한 회로를 △-△결선 회로라 한다.

② 상전류(I_{ab}, I_{bc}, I_{ca})와 선전류(I_a, I_b, I_c)의 관계

$I_a = I_{ab} - I_{ca}$ [A], $I_b = I_{bc} - I_{ab}$ [A], $I_b = I_{ca} - I_{bc}$ [A]

③ 선전류 I_l ($I_a = I_b = I_c$)과 상전류 I_P ($I_{ab} = I_{bc} = I_{ca}$)의 관계

$I_P = \dfrac{I_l}{\sqrt{3}}$ [A]

④ 상전압 V_P ($V_a = V_b = V_c$)와 선간 전압 V_l ($V_{ab} = V_{bc} = V_{ca}$)의 관계

$V_P = V_l$ [V]

13.4.46 / 16.4.49 / 17.1.21 / 19.2.59

21 전력계통의 한 점을 직접 접지하고 설비의 노출 도전성 부분을 전력계통의 접지극과 전기적으로 독립한 접지극으로 접속하는 방식은?

① TT 방식 ② IT 방식
③ TN 방식 ④ TN-S 방식

[해설] TT계통

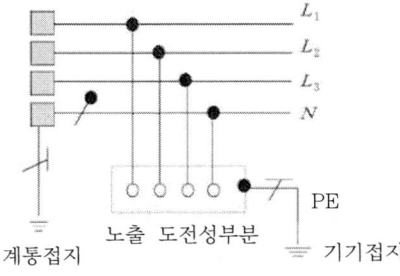

① 전력공급측 1점은 직접접지(계통접지)를 하고, 설비의 노출 도전성 부분은 보호도체에 의해서 계통접지와는 전기적으로 독립된 접지(기기접지)를 한다.

② 이 계통은 개별접지 방식으로서 지락사고를 과전류 차단기 또는 누전차단기로 보호하며, 기기 프레임 대지전위 상승을 억제하기 위한 조건이 필요하다.

22 태양전지 어레이 설계 시 그늘에 대한 검토사항 중 일반적으로 수평면에 수직으로 세워진 높이는 L, 높이가 만든 그림자의 남북방향의 길이를

L_S, 태양의 높이를 h, 방위각을 a로 할 때 그림자 배율 R을 나타낸 식은?

① $R = \dfrac{L_S}{L} \cos\alpha$

② $R = \dfrac{L}{L_S} \coth$

③ $R = \dfrac{L_S}{L} \coth \cdot \cos\alpha$

④ $R = \dfrac{L}{L_S} \coth \cdot \cos\alpha$

17.1.23 / 17.4.40 / 18.1.36 / 18.2.1 / 19.2.29

23 위도가 30° 일 때 하지 시의 남중고도는?

① 36.5° ② 60.5°
③ 70.5° ④ 83.5°

[해설] 남중고도(하지) = 90° − 위도 + 23.5°
= 90° − 30° + 23.5° = 83.5°

③17.1.24 / 18.1.58 / 19.4.53

24 태양광 인버터의 용량이 40[kW] 일 때, 인버터에 연결될 모듈의 최대 설치용량[kW]은? (단, 태양광 설비 시공기준에 준한다.)

① 40 ② 42
③ 45 ④ 50

[해설] 태양광설비 시공기준

① 인버터의 설치용량
사업계획서 상의 인버터 설계용량 이상이어야 하고, 인버터에 연결된 모듈의 설치용량은 인버터의 설치용량 105[%] 이내이어야 한다. 다만, 각 직렬군의 태양전지 개방전압은 인버터 입력전압 범위 안에 있어야 한다.

② 태양광발전 모듈 설치용량
설치용량은 사업계획서 상의 모듈 설계용량과 동일하여야 한다. 다만, 단위모듈당 용량에 따라 설계용량과 동일하게 설치할 수 없을 경우에 한하여 설계용량의 110[%] 이내까지 가능하다.

정답 21.① 22.③ 23.④ 24.②

25 어레이 설치 지역의 설계 속도 압이 1000[N/m²], 유효수압면적이 7[m²]인 어레이의 풍하중은 얼마인가? (단, 가스트 영향계수는 1.8, 풍압계수는 1.3을 적용한다.)

① 9.75 [kN] ② 13.50 [kN]
③ 16.38 [kN] ④ 17.55 [kN]

해설 풍하중[W]
① W = 유효면적 × 풍압계수 × 가스트 영향계수
    = 7 × 1.3 × 1.8 = 16.38 [kN]
② 가스트 영향계수(G_f) : 강풍이 부는 경우 어레이의 최대 변화량과 평균 변화량의 비

14.4.24 / 14.4.65 / 16.2.45 / 16.4.76 / 17.1.26 /
17.4.45 / 18.2.30 / 18.2.78 / 19.1.37 / 19.2.72

26 분산형전원 계통연계기술기준에서 전력품질에 들어가지 않는 항목은?

① 전압 관리 ② 역률 관리
③ 발전량 관리 ④ 직류 유입 관리

해설 전기품질 항목
① 직류 유입 제한
   분산형전원 및 그 연계 시스템은 분산형전원 연결점에서 최대 정격 출력전류의 0.5[%]를 초과하는 직류 전류를 계통으로 유입시켜서는 안된다.
② 역률
   분산형전원의 역률은 90[%] 이상으로 유지함을 원칙으로 한다.
③ 플리커(flicker)
④ 고조파
⑤ 전압
⑥ 주파수
⑦ 한전계통에의 재병입(Reconnection)
⑧ 단락용량
⑨ 정전시간
⑩ 접지
※ 분산형전원(DR, Distributed Resources)
대규모 집중형 전원과는 달리 소규모로 전력소비지역 부근에 분산하여 배치가 가능한 전원

14.4.35 / 15.4.37 / 17.1.27 / 18.2.37

27 시방서의 역할 및 명기사항이 아닌 것은?

① 주요 기자재에 대한 규격, 수량 및 납기일을 기재한다.
② 시공 상에 필요한 품질 및 안전관리 계획, 시공 상에서 특별히 주의해야 할 특기사항들을 포함시킨다.
③ 시공 상에 필요한 기술기준을 규정하는 것으로 계약서류에 포함되는 설계도서의 일부로 법적인 구속력을 갖는다.
④ 설계도면에 표시하지 못한 상세 내용 즉 공정별로 적용되는 국내외 표준기준, 시공방법, 허용오차 등의 기술적 내용을 기재한다.

해설 시방서(Specifications)
① 기본설계 및 실시설계도면에 구체적으로 표시할 수 없는 내용과 공사수행을 위한 시공 방법, 자재의 성능·규격 및 공법, 품질시험 및 검사 등 품질관리, 안전관리, 환경관리 등에 관한 사항을 기술한다.
② 표준시방서 및 전문시방서를 기본으로 하여 작성하되, 공사의 특수성·지역여건·공사방법 등을 고려하여 작성한다.

28 다음 내용을 나타내는 것은 무엇인가?

> 상환해야 할 원금과 매번(매년 또는 매월) 상환액의 비를 나타낸다.

① 비용편익률 ② 투자회수율
③ 내부수익률 ④ 순현재가치율

해설 투자회수율(ROI ; Return On Investment)
① 투자액에 대한 연간 수익 회수 비율
② 태양광발전소의 가치를 산정하는데 사용하는 비율

29 태양광발전시스템에서 어레이 경사면 일조량과 가장 근사한 것은?

① 전수평면일조량과 경사면 직달광선 일조량의 합
② 전수평면일조량과 경사면 산란광선 일조량의 합
③ 경사면 직달광선 일조량과 경사면 산란광선 일조량의 합
④ 전수평면일조량, 경사면 직달광선 일조량, 경사면 산란광선 일조량의 합

해설 총(경사면) 일조량(Total Irradiation)
규정된 일정기간에 걸쳐 경사면이 받는 직달 일조 강도와 산란 일조 강도를 더한 것

30 태양광발전소 설비용량이 2500[kW], SMP가 200[원/kWh], 가중치 적용전 REC가 150[원/kWh]인 경우 판매단가 [원/kWh]는? (단, 설치장소는 기존 건축물 지붕을 이용하여 설치하는 것으로 한다.)

① 450   ② 475
③ 500   ④ 525

해설 전항정답

31 전기설계 일반사항에서 실시설계 성과물 중 공사비 견적서와 가장 거리가 먼 것은?

① 계산서   ② 내역서
③ 산출서   ④ 견적서

해설 실시설계 성과물
1) 실시설계도서
 ① 설계 설명서   ② 설계도면
 ③ 공사시방서
2) 공사비 적산서
 ① 내역서   ② 산출서
 ③ 견적서
3) 설계계산서
 ① 조도계산서   ② 부하계산서
 ③ 간선계산서
 ④ 용량계산서(변압기, 발전기 등)
 ⑤ 기타 계산서
4) 기타 사항
 ① 관공서 협의기록   ② 관계자 협의기록
 ③ 기타 기록(설계자문, 심의 등)

32 태양광 발전소 설계 시 적용하는 케이블 중 가교폴리에틸렌 절연 비닐시스 케이블의 약어는?

① OW   ② CV
③ DV   ④ OC

해설 전력케이블

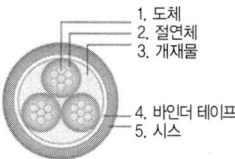

CV 케이블

① 옥외용 비닐 절연전선(OW ; Out-door weather proof wire) : 저압 가공 배전선로에 사용
② 가교폴리에틸렌 절연 비닐시스 케이블(CV ; XLPE Insulated PVC Sheathed Cable) : 전력 케이블의 대표격, 6/10[kV]에 사용하며 전기적, 물리적, 화학적 특성이 우수한 케이블
③ 인입용 비닐 절연전선(DV ; drop-wire) : 저압 가공 인입선에 사용

33 태양광발전시스템 어레이의 그림자 영향에 대한 대책이 아닌 것은?

① 모듈을 가로깔기로 배치한다.
② 인버터에 MPPT 제어기능을 추가한다.
③ 모듈 후면 단자함 내 바이패스 다이오드를 설치한다.
④ 스트링(모듈 직렬연결)간 블로킹 다이오드를 설치한다.

해설 음영의 대책
① 음영이 생기지 않도록 어레이를 배치한다.
② 건물, 장애물 및 태양전지 모듈 간격에 의한 음영은 쉽게 인지할 수 있는 것으로 배치를 조정하거나 간격을 조정한다.
③ 음영에 의한 출력감소를 최소화하기 위해 MPPT 제어기능과 바이패스 다이오드, 블로킹(역류방지) 다이오드를 설치한다.
④ 음영의 원인은 옮기거나 제거해서 음영에 의한 영향을 최소화한다.

34 태양광발전시스템 어레이 지지대의 조건으로 가장 거리가 먼 것은?
① 유지관리가 용이할 것
② 미관 및 조형성을 가질 것
③ 태풍, 지진 등 외력에 충분히 견딜 것
④ 대기환경에 충분히 비내수성을 가질 것

해설 구조물 설계 방향
1) 안전성
① 내진 태풍 설계를 수반하여, 천재지변에 안전하도록 설계
② 사용중 유지보수 및 발생 가능한 추가 하중을 반영한다.
③ 하부의 기존 구조물의 안정성 및 미관을 고려한다.
④ 대기환경에 충분히 내수성을 가질 것

2) 경제성
① 과다한 응력에 따른 구조물량 증가 요인을 배재한다.
② 공사비를 절감할 수 있는 공법을 적용하여 설계한다.

3) 시공성
① 부재 단면을 통일하여 시공성을 향상시킨다.
② 접합부의 시공성을 고려한 부재를 배치한다.

4) 상용성
장·단기 처짐 및 기타 변형 등에 관한 검토를 한다.

13.4.28 / 16.4.34 / 17.1.35 / 19.1.12

35 표준 상태에서 태양전지 어레이의 변환효율을 산출하는 계산식으로 옳은 것은?

- P_{AS} : 태양전지 어레이 출력전력[kW]
- G_S : 경사면 일사량[kW/m^2]
- G_H : 수평면 일사량[kW/m^2]
- A : 태양전지 어레이 면적[m^2]

① $\eta = \dfrac{P_{AS}}{G_S \times A} \times 100 [\%]$

② $\eta = \dfrac{G_S}{P_{AS} \times A} \times 100 [\%]$

③ $\eta = \dfrac{P_{AS} \times A}{G_H} \times 100 [\%]$

④ $\eta = \dfrac{G_S \times A}{P_{AS}} \times 100 [\%]$

해설 변환효율(Conversion Efficiency)
표준 시험조건(Standard Test Conditions, STC)에서 측정한 태양전지 출력전력을 입사된 빛 에너지(소자 넓이 × 경사면 조사 강도)로 나누어 백분율로 나타낸 것

36 태양전지 모듈간의 이격 거리(X)는 약 몇 [m]인가?

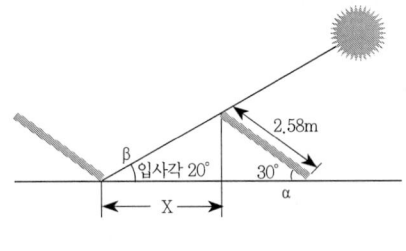

① 5.1 ② 5.8 ③ 6.2 ④ 6.5

해설 모듈간의 이격 거리(d)

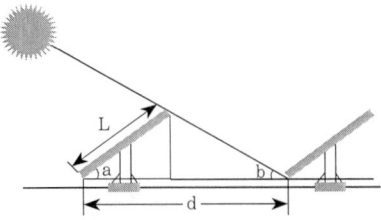

정답 34. ④ 35. ① 36. 전항정답

$$d = L \times \frac{\sin(180 - \alpha - \beta)}{\sin\beta}$$
$$= 2.58 \times \frac{\sin(180 - 30 - 20)}{\sin 20} \fallingdotseq 5.8 \, [m]$$

일반적으로 모듈간의 이격 거리는 해설 그림의 이격 거리 d를 의미한다.

17.1.37 / 17.2.37 / 19.1.24

37 농림지역에 태양광 발전 사업을 하려고 한다. 개발행위 대상이 되는 부지면적은 최대 몇 [m²] 미만 인가?

① 5000　　② 7500
③ 10000　　④ 30000

해설 **개발행위허가의 규모**
① 도시지역
　㉠ 주거지역・상업지역・자연녹지지역・생산녹지지역 : 10,000[m²]미만
　㉡ 공업지역 : 30,000[m²]미만
　㉢ 보전녹지지역 : 5,000[m²]미만
② 관리지역 : 30,000[m²]미만
③ 농림지역 : 30,000[m²]미만
④ 자연환경보전지역 : 5,000[m²]미만

14.4.40 / 15.4.22 / 16.2.59 / 16.4.52 / 17.1.38 / 17.2.52 / 18.4.32 / 19.2.53

38 태양광발전시스템 어레이 기초시설 중 내력벽 또는 조적 벽을 지지하는 기초로 벽체 양옆에 캔틸레버 작용으로 하중을 분산시키는 기초는 무엇인가?

① 독립기초　　② 연속기초
③ 온통기초　　④ 파일기초

해설 **기초의 분류**

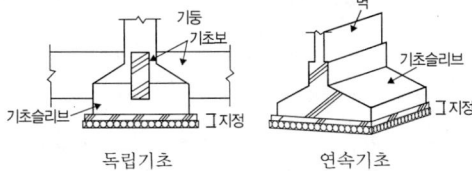

독립기초　　연속기초

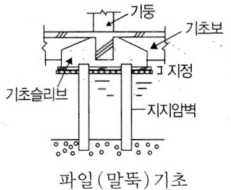

파일(말뚝)기초

(1) 얕은 기초(Shallow Foundation)
1) 독립(주춧돌)기초(Individual Footing) : 단일기둥을 지지, 기둥간격이 넓은 경우

2) 연속기초(Contentious Footing) : 다수의 연속기둥 또는 벽체를 지지

3) 전면(온통)기초(Mat 또는 Raft Foundation)
① 다수의 기둥들을 지지, 상부구조 전 단면 아래의 지지 토층 위에 있는 단일 슬래브 형식의 확대기초
② 고층건물, 중량건물, 연약지반, 지하수위가 높은 지하실바닥에 유리
※ 직접기초 : 독립기초, 연속기초, 전면(온통)기초

(2) 깊은 기초(Deep Foundation)
1) 파일(말뚝)기초(Pile Foundation)
① 대표적인 깊은 기초공법으로 피어 및 케이슨기초 보다 시공이 간편하고 공사비가 저렴함
② 말뚝의 축방향 허용지지력은 지반의 허용지지력과 말뚝재료의 허용하중을 비교하여 낮은 값으로 결정함

2) 피어기초(Pier Foundation)
구조물 하중을 연약한 토층을 지나 견고한 지지층에 전달시키기 위하여 지반에 굴착한 구멍 속에 현장타설 콘크리트를 채워 설치하는 깊은 기초의 일종으로서 일반적으로 직경은 사람이 들어가서 확인할 수 있도록 최소직경 760[mm] 정도 이상인 것을 말함

3) 케이슨(우물통)기초

14.4.14 / 15.2.11 / 15.2.34 / 7.1.39 / 17.4.4 / 18.2.11 / 19.4.16

39 태양광발전에 사용되는 축전지 선정 시 기대수명을 예상할 때 고려할 대상이 아닌 것은?

① 축전지용량　　② 사용온도
③ 방전심도　　④ 방전횟수

정답 37.④ 38.② 39.①

해설 축전지의 수명

기대수명은 축전지의 사용기간이 경과함에 따라 성능이 급격히 저하되는 80[%] 용량까지 시점

1) 사용온도

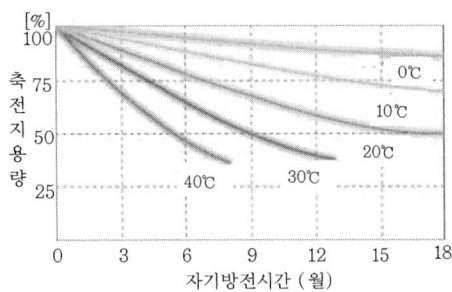

① 축전지의 기대수명은 온도 25[℃] 이하의 경우를 정의하는데, 25[℃]를 넘는 범위라면, 온도가 10[℃] 올라가면 수명이 절반으로 줄어든다.
② 축전지의 자기방전은 온도가 높으면 증가하며, 25[℃]에서 월 3[%]이하의 자기방전이 발생된다.

2) 충전전압

충전전압이 높게 인가되면 과충전이 되고, 낮은 경우에는 충전부족이되며, 어떤 경우든 축전지의 수명을 단축시키기 때문에 충전전압의 관리가 중요하다.

3) 방전

축전지는 열화에 따라 내부저항이 증가하기 때문에 방전전류가 크면 클수록 내부의 전압강하가 커지고, 축전지 전압이 낮아져 방전시간이 단축되며, 방전횟수가 많을수록 수명도 짧아진다.

4) 방전심도(DOD)와 수명관계

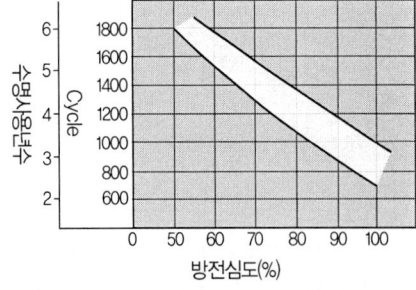

① 방전심도(DOD)는 축전지 잔존용량의 표시
② 방전 심도 = $\dfrac{\text{실제 방전량}}{\text{축전지의 정격용량}} \times 100$ [%]
③ 방전심도[%]가 50[%]인 경우 만나는 곡선에서 1800사이클, 100[%]의 경우 700사이클 이며, 연간 250사이클을 기준해 보면 1800사이클(7년 1개월), 700사이클(2년 9개월)의 수명임을 알 수 있다.
④ 방전심도를 낮게 설정하면 축전지 수명은 길어지고, 잔존 용량은 증가한다.

14.4.5 / 14.4.53 / 15.4.31 / 17.1.40 / 17.2.6 / 17.2.51 / 17.4.27 / 18.1.1 / 18.4.26

40 태양광발전시스템에 적용하는 피뢰방식이 아닌 것은?

① 메쉬법 ② 보호각법
③ 회전구체법 ④ 바리스터법

외부 피뢰시스템

해설

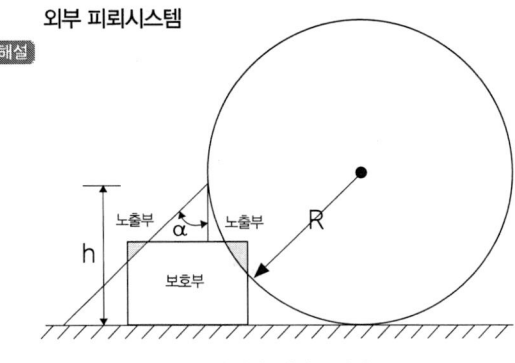

보호각법과 회전구체법

(1) 수뢰부 시스템
① 뇌격이 피 보호범위내로 침입할 확률을 감소시키는 것
② 돌침(피뢰침), 수평도체, 메시 도체(케이지)방식의 개별 또는 이들의 조합으로 한다.
③ PV설비 전체를 보호할 수 있는 범위내로 해야 한다.

1) 수뢰부 시스템의 배치
구조물의 모퉁이, 뾰족한 점, 모서리에 설치한다.
① 보호각법
② 회전구체법(Rolling Sphere)
③ 메쉬(Mesh)법

2) 피뢰시스템의 레벨별 회전구체 반경과 메쉬 치수

피뢰시스템 레벨	회전구체 반경 r[m]	메쉬 치수 W[m]
I	20	5×5
II	30	10×10
III	45	15×15
IV	60	20×20

(2) 인하도선 시스템
① 위험한 불꽃방전의 발생확률을 감소시키기 위하여 뇌격점과 대지사이를 연결하는 도선
② 다수의 병렬 전류통로를 형성해야 한다.
③ 전류통로의 배선 길이는 최소로 유지해야 한다.
④ 인하도선은 가능한한 수뢰부도체에서 직접 연결되도록 배치하여야 한다.
⑤ 인하도선은 지표면과 가까운 부분에 접지시험단자를 시설한다. 다만, 자연적 구성부재를 이용하는 경우는 생략한다.

(3) 접지 시스템
① 위험한 과전압을 발생시키지 않고 뇌전류를 대지로 방류하기 위해서는 접지의 형상, 크기 및 접지저항 값이 중요하다. 다만, 일반적으로는 낮은 접지저항을 권장한다.
② 피뢰설비의 관점에서는 구조체를 사용한 통합단일의 접지가 바람직하며, 모든 접지목적(즉, 피뢰설비, 저압전력시스템, 통신시스템 등)에도 적합하다.

14.4.50 / 17.1.41

41 태양광발전시스템 건설을 위한 기본 계획 흐름도가 올바른 것은?

① 현장여건분석 → 시스템설계 → 구성요소제작 → 기초공사 → 구조물설치 → 간선공사 → 모듈설치 → 인버터설치 → 시운전 → 운전개시
② 현장여건분석 → 시스템설계 → 기초공사 → 구성요소제작 → 구조물설치 → 간선공사 → 모듈설치 → 인버터설치 → 시운전 → 운전개시
③ 현장여건분석 → 시스템설계 → 구성요소제작 → 기초공사 → 구조물설치 → 모듈설치 → 간선공사 → 인버터설치 → 시운전 → 운전개시
④ 현장여건분석 → 시스템설계 → 구성요소제작 → 기초공사 → 구조물설치 → 모듈설치 → 인버터설치 → 간선공사 → 시운전 → 운전개시

해설 태양광발전시스템 건설을 위한 기본 계획 흐름도

① 현장여건분석 ② 시스템 설계 ③ 구성요소제작
④ 기초공사 ⑤ 구조물 설치 ⑥ 모듈 설치
⑦ 간선공사 ⑧ 인버터 설치 ⑨ 시운전

42 태양전지 모듈을 설치할 경우 시공기준에 적합하지 않은 것은?
① 모듈 전면의 음영이 최대화 되어야 한다.
② 경사각은 현장 여건에 따라 조정하여 설치할 수 있다.
③ 설치용량은 사업계획서상의 모듈 설계용량과 동일하여야 한다.
④ 방위각은 그림자의 영향을 받지 않는 곳에 정남향 설치를 원칙으로 한다.

해설 모듈의 설치상태
① 모듈의 일조면은 정남향 방향으로 설치되어야 한다. 정남향으로 설치가 불가능할 경우에 한하여 정남향을 기준으로 동쪽 또는 서쪽 방향으로 45°이내에 설치하여야 한다.
② 모듈의 일조시간은 장애물로 인한 음영에도 불구하고 1일 5시간 이상이어야 한다. 전선, 피뢰침, 안테나 등 경미한 음영은 장애물로 보지 않는다.

17.1.43 / 18.4.77 / 19.1.36 / 19.2.61

43 태양광 파워컨디셔너를 설치 후 역률 확인 시 출력 기본파 역률은 몇 [%] 이상인가?
① 85   ② 90
③ 93   ④ 95

정답 41. ③ 42. ① 43. ④

해설 **인버터(PCS) 정상특성시험의 판정기준**
① 기준범위 내의 계통전압변화에 추종하여 안정하게 운전할 것
② 출력 전류의 종합 왜형률은 5[%] 이내, 각 차수별 왜형률이 3[%] 이내일 것
③ 출력 역률이 95[%] 이상일 것
※ 파워컨디셔너(PCS)
① 전기의 성질(AC/DC, 전압, 주파수)을 바꿔주는 전력변환장치의 총칭
② 태양광인버터는 PCS의 한 종류이다.

17.1.44 / 17.4.53

44 태양광 모듈을 지붕에 시공하고 옥내 배선공사를 케이블 트레이 공사로 시공할 경우 케이블트레이에 적용할 수 없는 전선은?
① 연피 케이블
② PVC 케이블
③ 난연성 케이블
④ 알루미늄피 케이블

해설 **케이블트레이배선의 시설조건**
① 전선은 연피케이블, 알루미늄피 케이블 등 난연성 케이블 또는 기타 케이블(적당한 간격으로 연소(延燒)방지 조치를 하여야 한다) 또는 금속관 혹은 합성수지관 등에 넣은 절연전선을 사용하여야 한다.
② 케이블트레이 안에서 전선을 접속하는 경우에는 전선 접속부분에 사람이 접근할 수 있고 또한 그 부분이 측면 레일 위로 나오지 않도록 하고 그 부분을 절연처리하여야 한다.
③ 수평으로 포설하는 케이블 이외의 케이블은 케이블 트레이의 가로대에 견고하게 고정시켜야 한다.
④ 저압 케이블과 고압 또는 특고압 케이블은 동일 케이블 트레이 안에 시설하여서는 아니 된다. 다만, 견고한 불연성의 격벽을 시설하는 경우 또는 금속 외장 케이블인 경우에는 그렇지 않다.

45 KEC 한국전기설비규정의 변경으로 삭제됨

13.4.56 / 17.1.46

46 감리원이 해당 공사 착공 전에 실시하는 설계도서 검토내용에 포함되지 않는 것은?
① 설계도서 등의 내용에 대한 상호일치 여부
② 현장조건에 부합 및 시공의 실제가능 여부
③ 설계도서의 누락, 오류 등 불명확한 부분의 존재여부
④ 시공사가 제출한 물량내역서와 발주자가 제공한 산출내역서의 수량일치 여부

해설 **설계도서 등의 검토**
감리원은 설계도서 등에 대하여 공사계약문서 상호 간의 모순되는 사항, 현장 실정과의 부합여부 등 현장 시공을 주안으로 하여 해당 공사 시작 전에 검토하여야 하며 검토내용에는 다음의 사항 등이 포함되어야 한다.
① 현장조건에 부합 여부
② 시공의 실제가능 여부
③ 다른 사업 또는 다른 공정과의 상호부합 여부
④ 설계도면, 설계 설명서, 기술계산서, 산출내역서 등의 내용에 대한 상호일치 여부
⑤ 설계도서의 누락, 오류 등 불명확한 부분의 존재여부
⑥ 발주자가 제공한 물량 내역서와 공사업자가 제출한 산출내역서의 수량일치 여부
⑦ 시공상의 예상 문제점 및 대책 등

16.4.43 / 17.1.47 / 19.4.60

47 다음 중 설계감리의 업무 범위가 아닌 것은?
① 사용자재의 적정성 검토
② 설계도면의 적정성 검토
③ 주요인력 및 장비투입 현황 검토
④ 공사기간 및 공사비의 적정성 검토

해설 **설계감리원의 업무**
① 주요 설계용역 업무에 대한 기술자문
② 사업기획 및 타당성조사 등 전 단계 용역 수행 내용의 검토
③ 시공성 및 유지관리의 용이성 검토
④ 설계도서의 누락, 오류, 불명확한 부분에 대한 추가 및 정정 지시 및 확인
⑤ 설계업무의 공정 및 기성관리의 검토·확인

⑥ 설계감리 결과보고서의 작성
⑦ 그밖에 계약문서에 명시된 사항

21.4.75

48. 태양광 발전설비 중 일반용의 경우 안전관리자를 선임하지 않아도 되는 용량[kW]은?
① 10[kW] 이하 ② 20[kW] 이하
③ 50[kW] 이하 ④ 100[kW] 이하

해설 전기안전관리자를 선임하지 않아도 되는 전기설비
① 600[V] 이하인 전기수용설비(일반용 전기설비만 해당)로 제조업 및 제조업 관련 서비스업에 설치하는 전기수용설비
② 심야전력을 이용하는 600[V] 이하인 전기수용설비
③ 전기설비의 소유자 또는 점유자가 전기사업자에게 전기설비의 휴지(休止)를 통보한 전기설비
④ 휴지중인 심야전력 전기설비(전기공급계약에 따라 사용을 중지한 경우만 해당)
⑤ 휴지중인 농사용 전기설비(전기를 공급받는 지점에서부터 사용설비까지의 모든 전기설비를 사용하지 않는 경우만 해당)
⑥ 설비용량 20[kW] 이하의 발전설비

49. 발주청의 감독권한 대행을 제외한 행정업무, 시공관리업무, 공정관리업무, 안전관리업무를 포함하는 감리를 무엇이라고 하는가?
① 검측감리 ② 시공감리
③ 책임감리 ④ 설계감리

해설 시공감리
① 품질관리, 시공관리, 안전관리 등에 대한 기술지도와 검측관리를 하는 것
② 검측관리란 건설공사가 설계도서 및 그 밖의 관계서류와 관계 법령의 내용대로 시공되는지 여부를 확인하는 것

14.4.1 / 15.2.95 / 17.1.50 / 18.1.9 / 18.2.86 / 18.4.82 / 19.4.17

50 피뢰기의 구비 조건이 아닌 것은?
① 방전 내량이 클 것
② 속류 차단 능력이 클 것
③ 충격 방전개시 전압이 높을 것
④ 상용주파 방전개시 전압이 높을 것

해설 피뢰기(Lightning Arrester)

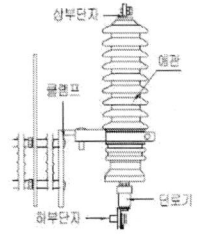

전선로에 규정 전압보다 몇 배 높은 이상 전압으로 인해 피뢰기의 단자 전압이 어느 일정 값 이상이 되면 방전되어, 전압 상승을 억제하고 기기를 보호하며, 이상 전압이 없어지면 방전이 정지되어 정상 송전 상태가 된다.

1) 피뢰기 구비 조건
① 상용 주파 방전 개시전압은 높을 것
② 충격 방전 개시 전압이 낮을 것
③ 속류 차단능력이 클 것
④ 제한 전압(절연 협조의 기본이 되는 전압)이 낮을 것
⑤ 반복동작이 가능하고, 구조가 견고하며 특성이 변화하지 않을 것

2) 피뢰기 설치 장소
① 발전소 · 변전소 또는 이에 준하는 장소의 가공전선 인입구 및 인출구
② 가공전선로에 접속하는 배전용 변압기의 고압측 및 특고압측
③ 고압 및 특고압 가공전선로로부터 공급을 받는 수용장소의 인입구
④ 가공전선로와 지중전선로가 접속되는 곳

16.4.51 / 17.1.51 / 19.1.54 / 19.2.44

51 태양광설비 인버터의 입력단(모듈출력)에 표시하지 않아도 되는 것은?
① 전압 ② 전류 ③ 전력 ④ 주파수

정답 48. ② 49. ② 50. ③ 51. ④

해설 인버터 설치용량과 표시사항

① 입력단(모듈출력)의 전압, 전류, 전력과 출력단(인버터출력)의 전압, 전류, 전력, 주파수, 누적발전량, 최대출력량(peak)이 표시되어야 한다.
② 인버터의 설치용량은 사업계획서 상의 인버터 설계용량 이상이어야 하고, 인버터에 연결된 모듈의 설치용량은 인버터 설치용량의 105[%] 이내이어야 한다. 다만, 각 직렬군의 태양전지 개방전압은 인버터 입력전압 범위 안에 있어야 한다.
③ 인버터는 옥내·옥외용을 구분하여 설치하여야 한다. 단, 옥내용을 옥외에 설치하는 경우는 5[kW]이상 용량일 경우에만 가능하며 이 경우 빗물 침투를 방지할 수 있도록 옥내에 준하는 수준으로 외함 등을 설치하여야 한다.

13.4.49 / 16.2.53 / 16.4.48 / 17.1.52 / 17.4.48 / 19.1.53 / 19.2.56

52 태양전지 모듈에서 인버터 입력단간 거리가 120[m] 이하일 때 전선의 길이에 따른 전압강하 최대 허용치 [%]는?

① 3[%] ② 5[%] ③ 7[%] ④ 10[%]

해설 전압강하

모듈에서 인버터 입력단 간 및 인버터 출력단과 계통연계점 간의 전압강하는 각 3[%]을 초과하여서는 아니 된다. 다만, 전선길이가 60[m]을 초과할 경우에는 아래 표에 따라 시공할 수 있다.

전선길이	120[m] 이하	200[m] 이하	200[m] 초과
전압강하	5[%]	6[%]	7[%]

53 태양광 모듈 설치 시 감전사고 예방대책이 아닌 것은?

① 절연장갑 착용
② 안전난간대 설치
③ 태양전지 모듈 등 전원 개방
④ 누전 위험장소 누전차단기 설치

해설 태양광발전시스템의 안전관리대책

공정	조치 사항	비고
모듈 설치	고소작업시 안전 난간대 설치 안전모, 안전화, 안전벨트 착용	추락사고 예방
배관배선 작업	사다리 적합품 사용 안전모, 안전화, 안전벨트 착용	
구조물 설치	리프트카 사용, 안전 난간대 설치 안전모, 안전화, 안전벨트 착용	
인버터, 접속함 등 연결	태양전지 모듈 등 전원개방 절연 장갑 착용	감전사고 예방
임시배선 작업	누전위험장소 누전차단기 설치 전선 피복상태, 접지선 관리	

54 태양전지 모듈의 검사 시 성능평가 요소가 아닌 것은?

① 충진율   ② 개방전압
③ 전력변환효율   ④ 방전종지전압

해설 방전종지전압(Final Discharge Voltage)

① 일반적으로 축전지는 어느 정도 방전하면 그 후의 전압 강하는 매우 급격하며, 축전지에 악영향을 미친다. 따라서 일정선 이상 방전하지 않기 위하여 어느 한도를 정할 필요가 있는데 이점을 방전종지전압이라 한다.
② 방전종지전압 공칭 축전지 전압(납축전지의 경우 2[V])
③ 방전종지전압 = 공칭 축전지 전압(납축전지의 경우 2[V]) × 축전지 개수

13.4.50 / 14.4.47 / 17.1.55 / 17.2.41 / 19.4.59

55 태양광발전설비의 준공검사 후 현장문서 인수인계 사항이 아닌 것은?

① 준공 사진첩
② 공사시공 계획서
③ 시설물 인수인계서
④ 품질시험 및 검사성과 총괄표

해설 발주자에게 인계할 문서 목록

정답 52. ② 53. ② 54. ④

① 준공사진첩
② 준공도면
③ 품질시험 및 검사성과 총괄표
④ 기자재 구매서류
⑤ 시설물 인수·인계서
⑥ 그밖에 발주자가 필요하다고 인정하는 서류

56 감리원이 공사업자에게 행하는 기술지도 사항이 아닌 것은?

① 품질관리 ② 시공관리
③ 공정관리 ④ 운영관리

해설 감리원은 해당 공사가 공사계약문서, 예정공정표, 발주자의 지시사항, 그밖에 관련 법령의 내용대로 시공되는가를 공사 시행시 수시로 확인하여 품질관리에 임하여야 하고, 공사업자에게 품질·시공·안전·공정관리 등에 대한 기술지도와 지원을 하여야 한다.

13.4.55 / 14.4.22 / 15.2.41 / 16.4.59 / 17.1.57 / 17.2.56 / 18.2.58 / 18.4.53

57 태양전지 모듈의 배선공사가 끝나고 확인할 사항으로 옳지 않은 것은?

① 단락전류 확인 ② 단락전압 확인
③ 모듈의 극성 확인 ④ 모듈 출력전압 확인

해설 모듈의 배선 연결 후 점검 사항
① 전압 및 극성 확인
② 단락전류 측정
③ 접지확인(일반적으로 직류측 회로는 비접지한다)

13.4.56 / 14.4.49 / 15.4.53 / 17.1.58 / 17.2.45 / 19.4.43

58 분산형전원을 배전계통에 연계 시 승압용 변압기의 1차 결선방식으로 옳은 것은? (단, 인버터는 3상이며, 절연변압기를 사용하는 조건임)

① Y 결선 ② △ 결선
③ V 결선 ④ 스코트(Scott)결선

해설 분산형전원
배전계통연계시 승압용변압기의 1차 결선방식은 Y결선방식이며, 주로 Y-△-Y, Y-Y-△ 방식 등, △권선을 통해 인버터에서 발생하는 제3고조파를 제거 한다

13.4.41 / 17.1.59

59 변전소의 설치 목적이 아닌 것은?
① 전압을 승압한다.
② 전압을 강압한다.
③ 전력손실을 감소시킨다.
④ 계통의 주파수를 변환시킨다.

해설 변전소의 설치 목적
① 전압의 변성(승압, 강압)
② 전력의 집중과 배분
③ 전압 조정
④ 전력 제어(유효전력, 무효전력)
⑤ 전력 계통 보호

60 KEC 한국전기설비규정의 변경으로 삭제됨

15.4.67 / 15.4.78 / 16.2.68 / 16.4.72 / 17.1.61 / 18.4.66 / 19.2.65 / 19.2.79 / 19.4.78

61 정전작업 중 조치 사항에 대한 설명 중 틀린 것은?

① 개폐기 관리
② 작업지휘자에 의한 작업지휘
③ 근접 활선에 대한 방호상태 관리
④ 검전기로 개로된 전로의 충전 여부 확인

해설 정전작업
1) 정전작업 전 조치사항
① 전원차단후 각 단로기 등을 개방하고 확인할 것
② 차단장치나 단로기 등에 잠금(시건)장치 및 꼬리표를 부착할 것
③ 전기기기 등에 공급되는 모든 전원을 관련 배선도, 도면 등을 통해 확인할 것

정답 55.② 56.④ 57.② 58.① 59.④ 60. 61.④

④ 검전기를 이용하여 작업 대상 기기가 충전되었는지 확인 할 것(잔류전하 방전)

2) 정전작업 중 조치사항
① 작업지휘자에 의한 작업지휘
② 개폐기 관리(전원 재투입 방지, 잠금장치 및 꼬리표 부착 관리)
③ 근접 활선에 대한 방호상태 관리
④ 단락접지의 상태관리

3) 정전작업 후 조치사항
① 작업기기, 단락접지기구(접지선)를 제거하고 전기기기 등이 안전하게 통전될 수 있는지 확인
② 모든 작업자가 작업이 완료된 전기기기 등에서 떨어져 있는지 확인할 것
③ 잠금장치와 꼬리표는 설치한 근로자가 직접 철거할 것
④ 모든 이상유무를 확인한 후 전기기기 등의 전원을 투입할 것

62 태양광발전시스템 접속함의 고장 현상과 원인의 연결로 틀린 것은?

① 어레이 단자 변형 – 누전
② 다이오드 과열 – 다이오드 불량
③ 터미널 튜브 변색 – 과전류, 과열
④ 부스바 과열 – 과전류, 부스바 결합상태 불량

해설 어레이 단자는 외부 충격에 의한 변형

17.1.63 / 17.4.78

63 태양광발전용 독립형/연계형 인버터의 성능시험을 위해 사용되는 CT 등 출력계측기의 정확도 범위는?

① 1 [%] 이내
② 3 [%] 이내
③ 5 [%] 이내
④ 10 [%] 이내

해설 계측설비별 요구사항

계측설비	요구사항	확인방법
인버터	CT 정확도 3[%] 이내	• 관련 내용이 명시된 설비 스펙 제시 • 인증 인버터는 면제
온도센서	정확도 ±0.3[℃] (−20~100[℃])미만 정확도 ±1[℃] (100~1000[℃]) 이내	• 관련 내용이 명시된 설비 스펙 제시
유량계, 열량계	정확도 ±1.5[%] 이내	• 관련 내용이 명시된 설비 스펙 제시
전력량계	정확도 1[%] 이내	• 관련 내용이 명시된 설비 스펙 제시

※ 변류기(CT)
임의의 전류(대)에 대해 비례하는 전류(소)로 변성하는 기기

18.2.76, 21.1.67

64 결정질 실리콘 태양광발전 모듈의 외관검사에 대한 설명으로 틀린 것은?

① 태양전지는 깨짐, 크랙이 없어야 한다.
② 모듈외관은 크랙, 구부러짐, 갈라짐 등이 없어야 한다.
③ 500[lx] 이상의 광조사 상태에서 검사를 진행한다.
④ 태양전지와 태양전지, 태양전지와 프레임의 접촉이 없어야 한다.

해설 외관(육안) 검사
1000[Lux] 이상의 광 조사상태에서 모듈 외관, 태양전지 등에 크랙(Crack), 구부러짐, 갈라짐 등이 없는지를 확인하고, 태양전지 간 접속 및 다른 접속부분에 결함이 없는지, 태양전지와 태양전지, 태양전지와 프레임상의

접촉이 없는지, 접착에 결함이 없는지, 태양전지와 모듈 끝부분을 연결하는 기포 또는 박리가 없는지 등을 검사한다.
※ 박리 : 금속을 입힌 표면이나 칠을 칠한 표면에서 그 일부가 벗겨져 떨어지는 일

15.2.63 / 17.1.65 / 17.4.73

65 태양전지 어레이의 개방전압을 측정할 때 유의해야 할 사항이 아닌 것은?

① 태양전지 어레이의 표면을 청소할 필요가 있다.
② 각 스트링의 전압은 안정된 일사강도가 얻어질 때 실시한다.
③ 측정 시각은 일사강도 온도의 변동을 극히 적게 하기 위해 맑을 때 실시하는 것이 바람직하다.
④ 태양이 남쪽에 있을 때의 전·후 1시간은 일사강도가 가장 높으므로 측정을 피하는 것이 좋다.

해설 개방전압 측정 시 주의사항
① 각 모듈이 음영의 영향을 받지 않는 것을 확인한다. (모듈의 불량 또는 모듈간의 접속불량 등이 발생하면 각 스트링의 개방전압 측정치가 불균일하다)
② 각 모듈이 균일한 일사조건이 되기 쉬운 약간 흐린 날씨라면 평가하기 쉬우나, 아침, 저녁의 낮은 일사조건은 피한다.
③ 맑은 날, 남중고도에 있을 때 측정하면 오차가 적다.
④ 우천 시에는 감전의 위험이 있으니, 측정을 피한다.

17.1.66 / 17.4.65 / 18.1.52

66 소형 태양광 발전용 인버터의 정상 특성 시험 항목 중 독립형 인버터의 시험 항목으로 틀린 것은?

① 효율 시험   ② 대기 손실 시험
③ 온도 상승 시험   ④ 누설 전류 시험

해설 인버터의 정상특성시험 항목

시험항목		독립형	계통연계형
정상특성시험	a) 교류전압, 주파수 추종 범위 시험	×	○
	b) 교류 출력전류 변형률 시험	×	○
	c) 누설전류시험	○	○
	d) 온도상승시험	○	○
	e) 효율시험	○	○
	f) 대기손실시험	○	×
	g) 자동기동·정지 시험	×	○
	h) 최대전력 추종시험	×	○
	i) 출력전류 직류분 검출시험	×	○

13.4.71 / 15.4.77 / 16.4.67 / 17.1.67 / 17.4.61 / 19.2.63

67 태양광발전시스템의 계측·표시 목적이 아닌 것은?

① 시스템의 발전량을 알기 위해 계측
② 시스템의 운영 자료를 견학자에게 제공
③ 시스템의 운전상태 감시를 위한 계측 또는 표시
④ 시스템의 기기 및 시스템 종합평가를 위한 계측

해설 계측기기, 표시장치의 설치목적
① 운전상태 감시
② 발전전력량 확인
③ 기기 및 시스템 종합평가
④ 운전상황을 견학자에게 보여주고, 시스템 홍보

16.4.64 / 17.1.68

68 태양광 발전모듈의 정기점검 시 육안점검 항목으로 옳은 것은?

① 절연저항
② 단자전압
③ 투입저지 시한 타이머 동작시험
④ 접지선의 접속 및 접속단자 이완

정답 65. ④ 66. ② 67. ②

[해설] 태양전지(어레이)의 육안점검
① 모듈의 오염 및 파손
② 프레임 파손 및 변형유무
③ 접속케이블의 손상 및 접속단자 풀림
④ 가대의 고정(볼트 및 너트의 풀림) 및 접지
⑤ 가대의 부식 및 녹 발생
⑥ 지붕재의 파손 및 지지기구와의 고정상태

17.1.69 / 19.1.80

69 인버터의 정기점검 항목 중 육안 항목으로 틀린 것은?
① 통풍 확인
② 접지선의 손상
③ 운전 시 이상음
④ 표시부 동작확인

[해설] 인버터의 육안 점검
① 외함의 부식 및 파손
② 배선의 손상 및 접속단자 풀림
③ 운전시 이상음, 이취, 연기발생 및 이상과열
④ 환기팬 확인(통풍구, 환기필터 등)
⑤ 발전 상태의 정상적 표시여부

13.4.91 / 16.2.62 / 17.1.70 / 20.1.7 / 20.3.13 / 20.4.3

70 발전설비공사에서 철근콘크리트 또는 철골구조부의 하자담보책임기간으로 옳은 것은?
① 2년
② 3년
③ 5년
④ 7년

[해설] 하자담보책임기간(발전·가스 및 산업설비)
① 발전설비공사의 철근콘크리트·철골구조부 : 7년
② 담보책임의 존속기간 중 연 2회 이상 정기적으로 하자 검사를 하여야 한다.

17.1.71 / 17.1.72 / 17.2.63

71 태양광발전시스템 운전 조작 방법 중 운전 시 행해지는 조작 방법으로 틀린 것은?
① Main VCB반 전압 확인
② 한전 전원 복구 여부 확인
③ DC용 차단기 ON, AC측 차단기 ON
④ 5분 후 인버터 정상 작동 여부 확인

[해설] 태양광발전시스템의 운전조작방법
① Main VCB반 전압 확인
   (VCB를 통해 전력계통의 전기가 투입돼야만 인버터 가동됨)
② 인버터 AC 전압 확인
③ 접속반, 인버터의 DC전압 확인
④ DC용 차단기 ON, AC측 차단기 ON
⑤ 인버터의 정상동작 여부확인(5분후 동작)

17.1.71 / 17.1.72 / 17.2.63

72 태양광발전시스템이 작동되지 않을 때 응급조치 순서로 옳은 것은?
① 접속함 내부 차단기 개방 → 인버터 개방 → 설비 점검
② 접속함 내부 차단기 개방 → 인버터 투입 → 설비 점검
③ 접속함 내부 차단기 투입 → 인버터 개방 → 설비 점검
④ 접속함 내부 차단기 투입 → 인버터 투입 → 설비 점검

[해설] 태양광발전시스템의 응급조치순서
① 접속함의 DC 메인 전원 스위치를 개방(off)한다.
② 인버터의 전원 스위치를 개방(off)한다.
③ 한전차단기를 개방(off)한다.
④ 태양광발전시스템을 점검한다.
⑤ 이상이 없을 시 역순으로 작동한다.

14.4.9 / 15.2.8 / 15.2.27 / 16.4.16 / 17.1.73 / 17.1.79 / 18.1.14 / 18.2.26 / 19.2.1 / 19.2.9 / 19.2.69

73 솔라 시뮬레이터는 시험면에서 몇 [W/m²]의 유효 조사 강도를 생성할 수 있어야 하는가? (단, STC 측정 목적으로 사용되도록 설계된 시뮬레이터이다.)
① 500
② 1000
③ 1500
④ 2000

[정답] 68.④ 69.④ 70.④ 71.② 72.①

해설 **솔라 시뮬레이터**
① 태양전지모듈의 발전성능을 옥내에서 시험하기 위한 인공광원이며, 방사조도 ±2[%] 이내, 습도 ±5[%] 이내이어야 한다.
② 표준 시험조건(Standard Test Conditions)은 태양광발전 소자가 빛을 받는 면의 조사강도 1000[W/m²]이다.

17.1.74 / 17.4.71 / 19.1.75
74 태양광발전시스템 점검 계획 시 고려해야 할 사항이 아닌 것은?
① 환경 조건　② 고장 이력
③ 부하 종류　④ 설비의 중요도

해설 **태양광발전시스템 점검 계획 시 고려사항**
① 환경조건
② 설비의 중요도
③ 설비의 이용시간
④ 고장이력
⑤ 부하상태
⑥ 보수방법

15.4.76 / 17.1.75 / 19.4.75
75 태양광 발전시스템에서 태양전지 스트링과 모듈의 동작불량, 직렬 접속선의 결선 누락 등을 확인하기 위한 점검 방법은?
① 일상점검　② 개방전압 측정
③ 운전상황 점검　④ 단락전류 확인

해설 **개방전압(Open Circuit Voltage)**
태양전지 셀 모듈의 출력단자를 개방한 때의 양 단자간의 전압(V_{OC}), 단위 [V], 특정한 온도와 일조 강도에서 부하를 연결하지 않은 개방 상태의 태양광발전설비 양단에 걸리는 전압을 말하며, 태양전지 스트링과 모듈의 동작불량, 직렬 접속선의 결선 누락 등, 각 스트링의 연결 상태확인이 가능하여, 우선적으로 실시한다.

16.4.79 / 17.1.76
76 태양광 발전용 파워컨디셔너의 정격 부하 효율 결정 시 조건으로 틀린 것은?
① 부하 역률은 정격 값으로 한다.
② 온도 상승 시험 이전의 값으로 한다.
③ 입력 전압, 출력 전압, 전력 및 주파수는 정격 값으로 한다.
④ 계통 연계형인 경우 직류 쪽의 전압 또는 전류 맥동률과 교류 쪽의 전류 왜곡률은 규정된 값을 초과하지 않는 것으로 한다.

해설 **중대형 태양광발전용 인버터 효율시험**
교류전원을 정격전압 및 정격 주파수로 운전한다. 운전시작 후 최소한 2시간 이후에 측정한다.
① 출력전력이 정격출력의 5[%], 10[%], 20[%], 30[%], 50[%], 그리고 100[%]일 때의 각각의 전력변환효율을 측정한다.
② 직류입력을 정격전압으로 두고 측정한다.
③ 독립형 인버터의 경우 정격효율로 측정한다.
④ 판정기준
㉠ 계통연계형 인버터의 경우 Euro 변환효율로 측정한다.
㉡ 정격용량이 10[kW] 초과 30[kW] 이하에서는 90[%], 30[kW] 초과 100[kW] 이하에서는 92[%], 100[kW] 초과에서는 94[%] 이상일 것
㉢ 독립형 인버터의 경우 정격효율로 측정하여 정격용량이 10[kW] 초과 30[kW] 이하에서는 88[%], 30[kW] 초과 100[kW] 이하에서는 90[%], 100[kW] 초과에서는 92[%] 이상일 것

17.1.77 / 19.1.73
77 전기용 고무장갑의 사용 범위에 대한 설명으로 틀린 것은?
① 건조한 장소에서 고압전로에 접근이 어려운 경우
② 고압 이하 충전부의 접속·절단 등을 작업할 경우
③ 정전작업 시 역송전으로 선로, 기기가 단락, 접지되는 경우
④ 활선상태의 배전용 지지물에 누설전류가 흐를 우려가 있는 경우

정답　73. ②　74. ③　75. ②　76. ②　77. ①

해설 전기용 절연장갑의 사용범위
① 활선상태의 배전용 지지물에 누설전류의 발생 우려가 있을 때
② 충전부의 접속, 절단 및 점검, 보수 등의 작업시
③ 습기가 많은 장소에서 개폐기 개방, 투입 등의 작업시
④ 정전 작업시 역 송전이 우려되는 선로나 기기에 단락접지를 하는 경우
⑤ 도체에 임시로 보호접지를 실시하거나 이동시 또는 활선공구 사용시
⑥ 기타 감전이 우려되는 경우

15.2.72 / 15.4.80 / 16.2.64 / 16.4.74 / 17.1.78 / 17.2.67 / 17.4.80 / 18.2.65 / 18.2.68 / 18.4.80 / 19.2.80

78 송변전설비 유지관리 점검의 종류에서, 원칙적으로 정전을 시키고 무전압 상태에서 기기의 이상상태를 점검하고 필요에 따라서는 기기를 분해하여 점검하는 방식은 무엇인가?
① 정기점검
② 일상점검
③ 수시점검
④ 육안점검

해설 정기점검
① 태양광발전시스템의 기능을 확인하고 유지하기 위한 계획을 수립하여 점검하는 것
② 원칙적으로 시설물을 정지상태에서 운전제어장치의 기계점검, 절연저항측정, 배전반 및 인버터의 기능을 확인하고 유지하기 위한 계획을 수립하여 점검

14.4.9 / 15.2.8 / 15.2.27 / 16.4.16 / 17.1.73 / 17.1.79 / 18.1.14 / 18.2.26 / 19.2.1 / 19.2.9 / 19.2.69

79 태양광 모듈 성능시험을 위한 표준 시험조건 중 최적의 온도기준[℃]은?
① 15
② 20
③ 25
④ 30

해설 표준 시험조건(Standard Test Conditions)
태양광발전 소자를 시험할 때의 기준이 되는 시험조건 즉, 태양광발전 소자가 빛을 받는 면의 조사강도 1000[W/m²], 태양전지 온도 25[℃], 스펙트럼 조성은 대기질량지수(AM : Air Mass) 1.5인 조건

14.4.94 / 17.1.80 / 18.2.67 / 19.2.62

80 사업계획서 작성에서 태양광설비 개요에 포함되어야 할 사항으로 틀린 것은?
① 집광판의 재질
② 인버터의 종류
③ 인버터의 정격출력
④ 태양전지의 정격용량

해설 사업허가의 신청(전기사업법 시행규칙 제4조)
사업계획의 전기설비(태양광) 개요에 포함되어야 할 사항
① 태양전지의 종류, 정격용량, 정격전압 및 정격출력
② 인버터(Inverter)의 종류, 입력전압, 출력전압 및 정격출력
③ 집광판의 면적

81 전기공사업자가 전기공사를 하도급 주기위하여 미리 해당 전기공사의 발주자에게 이를 알리기 위하여 작성하는 하도급 통지서에 첨부하는 서류로 틀린 것은?
① 공사 예정 공정표
② 하도급(재하도급)계약서 사본
③ 하수급인 또는 다시 하도급받은 공사업자의 등록수첩 사본
④ 하수급인 또는 다시 하도급받은 공사업자의 전기공사자재 보유현황

해설 하도급 통지서(전기공사업법 시행규칙 제11조)
하도급 통지서에는 다음의 서류를 첨부하여야 한다.
① 하도급(재하도급)계약서 사본
② 하도급(재하도급) 내용이 명시된 공사명세서
③ 공사 예정 공정표
④ 하수급인 또는 다시 하도급받은 공사업자의 전기공사기술자 보유현황
⑤ 하수급인 또는 다시 하도급받은 공사업자의 등록수첩 사본

정답 78. ① 79. ③ 80. ① 81. ④

82 저압전로에 사용하는 퓨즈가 견디어야 할 전류는 정격전류의 몇 배 인가? (단, IEC 표준을 도입한 과전류차단기로 저압전로에 사용하는 퓨즈는 제외한다)

① 1.1　　② 1.2
③ 1.25　　④ 1.5

해설 저압전로 중의 과전류차단기의 시설
과전류차단기로 저압전로에 사용하는 퓨즈는 수평으로 붙인 경우에 정격전류의 1.1배의 전류에 견딜 것

83 정부가 범지구적인 온실가스 감축에 적극대응하고 저탄소 녹색성장을 효율적·체계적으로 추진하기 위하여 중장기 및 단계별 목표를 설정하고 그 달성을 위하여 필요한 조치를 강구하여야 하는 사항으로 틀린 것은?

① 에너지 판매 목표
② 에너지 자립 목표
③ 온실가스 감축 목표
④ 신·재생에너지 보급 목표

해설 기후변화대응 및 에너지의 목표관리(녹색성장법 제42조)
정부는 범지구적인 온실가스 감축에 적극 대응하고 저탄소 녹색성장을 효율적·체계적으로 추진하기 위하여 다음의 사항에 대한 중장기 및 단계별 목표를 설정하고 그 달성을 위하여 필요한 조치를 강구하여야 한다.
① 온실가스 감축 목표
② 에너지 절약 목표 및 에너지 이용효율 목표
③ 에너지 자립 목표
④ 신·재생에너지 보급 목표

84 다음 중 신·재생에너지에 해당되지 않는 것은?

① 풍력　　② 원자력
③ 연료전지　　④ 태양에너지

해설 신·재생에너지의 정의(신재생에너지법 제2조)
1) 신에너지: 기존의 화석연료를 변환시켜 이용하거나 수소·산소 등의 화학 반응을 통하여 전기 또는 열을 이용하는 에너지
① 수소에너지
② 연료전지
③ 석탄을 액화·가스화한 에너지 및 중질잔사유을 가스화

2) 재생에너지: 햇빛·물·지열·강수·생물유기체 등을 포함하는 재생 가능한 에너지를 변환시켜 이용하는 에너지
① 태양에너지
② 풍력
③ 수력
④ 해양에너지
⑤ 지열에너지
⑥ 생물자원을 변환시켜 이용하는 바이오에너지
⑦ 폐기물에너지(비재생폐기물로부터 생산된 것은 제외한다)

85 산업통상자원부장관이 신·재생에너지 발전사업자에게 기준가격 설정을 위하여 필요한 자료를 제출할 것을 요구하였으나 거짓으로 자료를 2회 제출한 경우 행하는 조치 사항으로 옳은 것은?

① 경고
② 벌금
③ 시정명령
④ 발전차액의 지원중단

해설 발전차액의 지원 중단 및 환수절차(신재생에너지법 시행규칙 제11조, 촉진법 제18조)
산업통상자원부장관은 발전차액을 지원받는 신·재생에너지 발전사업자가 결산재무제표 등 기준가격 설정을 위하여 필요한 자료요구에 따르지 아니하거나 거짓으로 자료를 제출한 경우에는 다음의 구분에 따라 조치한다.
① 위반행위를 1회 한 경우: 경고
② 위반행위를 2회 한 경우: 시정명령
③ 위반행위를 2회하고 시정명령에 따르지 아니한 경우: 발전차액의 지원 중단

정답　82.①　83.①　84.②　85.③

86 산업통상자원부장관은 공급의무자가 의무공급량에 부족하게 신·재생에너지를 이용하여 에너지를 공급한 경우에는 대통령령으로 정하는 바에 따라 그 부족분에 신·재생에너지 공급인증서의 해당 연도 평균거래 가격의 얼마를 곱한 금액의 범위에서 과징금을 부과하는가?

① 100분의 30   ② 100분의 50
③ 100분의 100 ④ 100분의 150

[해설] 신·재생에너지 공급 불이행에 대한 과징금(신재생에너지법 제12조의 6)
① 산업통상자원부장관은 공급의무자가 의무공급량에 부족하게 신·재생에너지를 이용하여 에너지를 공급한 경우에는 대통령령으로 정하는 바에 따라 신·재생에너지 공급인증서의 해당 연도 평균거래 가격의 100분의 150을 곱한 금액의 범위에서 과징금을 부과할 수 있다.
② 과징금을 납부한 공급의무자에 대하여는 그 과징금의 부과기간에 해당하는 의무공급량을 공급한 것으로 본다.
③ 산업통상자원부장관은 과징금을 납부하여야 할 자가 납부기한까지 그 과징금을 납부하지 아니한 때에는 국세 체납처분의 예를 따라 징수한다.
④ 징수한 과징금은 전기사업법에 따른 전력산업기반기금의 재원으로 귀속된다.

87. 접지공사 시에 사용하는 접지선을 사람이 접촉할 우려가 있는 곳에 시설하는 경우 동결 깊이를 감안하여 접지극은 최소 지하 몇 [cm] 이상으로 매설하여야 하는가?

① 30   ② 45
③ 60   ④ 75

[해설] 각종 접지공사의 세목
접지공사에 사용하는 접지선을 사람이 접촉할 우려가 있는 곳에 시설하는 경우에는 다음에 따라야 한다. 다만, 발전소·변전소·개폐소 또는 이에 준하는 곳에 접지극을 시설하는 경우에는 그렇지 않다.

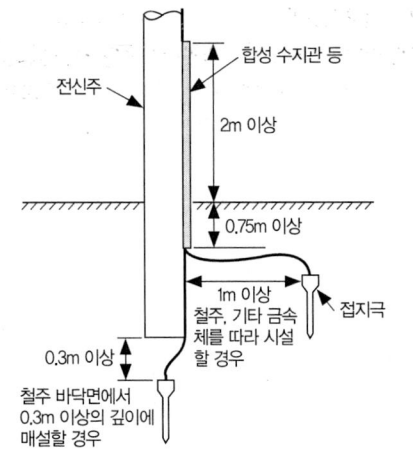

① 접지극은 지하 75[cm] 이상으로 하되 동결 깊이를 감안하여 매설할 것
② 접지선을 철주 기타의 금속체를 따라서 시설하는 경우에는 접지극을 철주의 밑면으로부터 30[cm] 이상의 깊이에 매설하는 경우 이외에는 접지극을 지중에서 그 금속체로부터 1[m] 이상 떼어 매설할 것
③ 접지선에는 절연전선(옥외용 비닐절연전선을 제외한다), 캡타이어케이블 또는 케이블(통신용 케이블을 제외한다)을 사용할 것. 다만, 접지선을 철주 기타의 금속체를 따라서 시설하는 경우 이외의 경우에는 접지선의 지표상 60[cm]를 초과하는 부분에 대하여는 그렇지 않다.
④ 접지선의 지하 75[cm]로부터 지표상 2[m] 까지의 부분은 합성수지관(두께 2[mm] 미만의 합성수지제 전선관 및 난연성이 없는 콤바인덕트관을 제외한다) 또는 이와 동등 이상의 절연효력 및 강도를 가지는 몰드로 덮을 것

88 KEC 한국전기설비규정의 변경으로 삭제됨

89. 사용전압 35[kV] 이하의 특고압 가공전선이 도로를 횡단하는 경우 지표상 높이는 최소 몇 [m] 이상이어야 하는가?

① 5   ② 5.5
③ 6   ④ 6.5

해설 **특고압 가공전선의 높이**

특고압 가공전선(특고압 가공전선로의 중성선으로서 다중 접지를 한 것을 제외한다)의 지표상(철도 또는 궤도를 횡단하는 경우에는 레일면상, 횡단보도교를 횡단하는 경우에는 그 노면상)의 높이는 표에서 정한 값 이상이어야 한다.

사용전압의 구분	지표상의 높이
35[kV] 이하	5[m] (철도 또는 궤도를 횡단하는 경우에는 6.5[m], 도로를 횡단하는 경우에는 6[m], 횡단보도교의 위에 시설하는 경우로서 전선이 특고압 절연전선 또는 케이블인 경우에는 4[m])
35[kV] 초과 160[kV] 이하	6[m] (철도 또는 궤도를 횡단하는 경우에는 6.5[m], 산지 등에서 사람이 쉽게 들어갈 수 없는 장소에 시설하는 경우에는 5[m], 횡단보도교의 위에 시설하는 경우 전선이 케이블인 때는 5[m])
160[kV] 초과	(철도 또는 궤도를 횡단하는 경우에는 6.5[m], 산지 등에서 사람이 쉽게 들어갈 수 없는 장소를 시설하는 경우에는 5[m])에 160[kV]를 초과하는 10[kV] 또는 그 단수마다 12[cm]를 더한 값

13.4.97 / 15.2.88 / 16.2.82 / 16.2.94 / 17.1.90 / 17.4.81 / 19.1.90 / 19.2.89 / 19.4.93

90 전력수급의 안정을 위하여 전력수급기본계획을 수립하는 사람은 누구인가?

① 고용노동부장관
② 국토교통부장관
③ 기획재정부장관
④ 산업통상자원부장관

해설 **전력수급기본계획의 수립(전기사업법 제25조)**

1) 산업통상자원부장관은 전력수급의 안정을 위하여 전력수급기본계획을 수립하여야 한다.

2) 산업통상자원부장관은 기본계획을 수립하거나 변경하고자 하는 때에는 관계 중앙행정기관의 장과 협의하고 공청회를 거쳐 의견을 수렴한 후 전력정책심의회의 심의를 거쳐 이를 확정한다.

3) 기본계획에는 다음의 사항이 포함되어야 한다.
① 전력수급의 기본방향에 관한 사항
② 전력수급의 장기전망에 관한 사항
③ 발전설비계획 및 주요 송전·변전설비계획에 관한 사항
④ 전력수요의 관리에 관한 사항
⑤ 직전 기본계획의 평가에 관한 사항
⑥ 분산형전원의 확대에 관한 사항
⑦ 그밖에 전력수급에 관하여 필요하다고 인정하는 사항

17.1.91 / 19.2.88

91 과전류차단기를 시설하여야 하는 장소는?

① 저압옥내선로
② 접지공사의 접지선
③ 다선식 선로의 중성선
④ 전로의 일부에 접지공사를 한 저압 가공전선로의 접지측 전선

해설 **과전류차단기의 시설 제한**

① 접지공사의 접지선
② 다선식 전로의 중성선
③ 전로의 일부에 접지공사를 한 저압 가공전선로의 접지측 전선
※ 다만, 다선식 전로의 중성선에 시설한 과전류차단기가 동작한 경우에 각 극이 동시에 차단될 때 또는 저항기·리액터 등을 사용하여 접지공사를 한 때에 과전류차단기의 동작에 의하여 그 접지선이 비접지상태로 되지 아니할 때는 적용하지 않는다.

14.4.93 / 15.2.76 / 15.4.98 / 16.4.97 / 17.1.92 / 17.2.42 / 17.4.57

92 태양전지 모듈의 절연내역 시험 시 10분간 연속적으로 인가하는 직류전압 또는 교류전압(500[V] 미만으로 되는 경우에는 500[V])은 최대사용전압의 몇 배인가?

정답 89.③ 90.④ 91.①

① 직류 1배, 교류 1배
② 직류 1배, 교류 1.5배
③ 직류 1.5배, 교류 1배
④ 직류 1.5배, 교류 1.5배

해설 연료전지 및 태양전지 모듈의 절연내력
연료전지 및 태양전지 모듈은 최대사용전압의 1.5배의 직류전압 또는 1배의 교류전압(500[V] 미만으로 되는 경우에는 500[V])을 충전부분과 대지사이에 연속하여 10분간 가하여 절연내력을 시험하였을 때에 이에 견디는 것이어야 한다.

93 사용전압이 22.9 [kV]인 특고압 가공전선과 그 지지물과의 이격거리는 일반적인 경우 최소 몇 [m] 이상인가?
① 0.2
② 0.25
③ 0.3
④ 0.35

해설 특고압 가공전선과 지지물 등의 이격거리
특고압 가공전선과 그 지지물·완금류·지주 또는 지선 사이의 이격거리는 표에서 정한 값 이상이어야 한다. 다만, 기술상 부득이한 경우에 위험의 우려가 없도록 시설한 때에는 표에서 정한 값의 0.8배까지 감할 수 있다.

사용전압	이격거리[cm]
15[kV] 미만	15
15[kV] 이상 25[kV] 미만	20
25[kV] 이상 35[kV] 미만	25
35[kV] 이상 50[kV] 미만	30
50[kV] 이상 60[kV] 미만	35
60[kV] 이상 70[kV] 미만	40
70[kV] 이상 80[kV] 미만	45
80[kV] 이상 130[kV] 미만	65
130[kV] 이상 160[kV] 미만	90
160[kV] 이상 200[kV] 미만	110
200[kV] 이상 230[kV] 미만	130
230[kV] 이상	160

17.1.94 / 19.1.92

94 산업통상자원부장관이 전기의 보편적 공급의 구체적 내용을 정할 경우 고려하여야 할 사항으로 틀린 것은?
① 사회복지의 증진
② 전기의 보급 정도
③ 개인의 이익과 안전
④ 전기기술의 발전 정도

해설 보편적 공급(전기사업법 제6조)
1) 전기사업자등은 전기의 보편적 공급에 이바지할 의무가 있다.
2) 산업통상자원부장관은 다음의 사항을 고려하여 전기의 보편적 공급의 구체적 내용을 정한다.
① 전기기술의 발전 정도
② 전기의 보급 정도
③ 공공의 이익과 안전
④ 사회복지의 증진

14.4.84 / 17.1.95

95 수상전선로의 전선을 가공전선로의 전선과 육상에서 접속하는 경우 접속점의 높이는 지표상 최소 몇 [m] 이상인가?
① 4
② 5
③ 6
④ 7

해설 수상전선로의 시설
수상전선로를 시설하는 경우에는 그 사용전압은 저압 또는 고압인 것에 한하며 다음에 따르고 또한 위험의 우려가 없도록 시설하여야 한다.
1) 전선은 전선로의 사용전압이 저압인 경우에는 클로로프렌 캡타이어 케이블이어야 하며, 고압인 경우에는 캡타이어 케이블일 것
2) 수상전선로의 전선을 가공전선로의 전선과 접속하는 경우에는 그 부분의 전선은 접속점으로부터 전선의 절연 피복 안에 물이 스며들지 않도록 시설하고 또한 전선의 접속점은 다음의 높이로 지지물에 견고하게 붙일 것
① 접속점이 육상에 있는 경우에는 지표상 5[m] 이상. 다만, 수상전선로의 사용전압이 저압인 경우에 도

정답 92. ③ 93. ① 94. ③ 95. ②

로상 이외의 곳에 있을 때에는 지표상 4[m] 까지로 감할 수 있다.
2) 접속점이 수면상에 있는 경우에는 수상전선로의 사용전압이 저압인 경우에는 수면상 4[m] 이상, 고압인 경우에는 수면상 5[m] 이상
3) 수상전선로에 사용하는 부대는 쇠사슬 등으로 견고하게 연결한 것일 것
4) 수상전선로의 전선은 부대의 위에 지지하여 시설하고 또한 그 절연피복을 손상하지 않도록 시설할 것

※ 캡타이어 케이블(cabtyre cable)

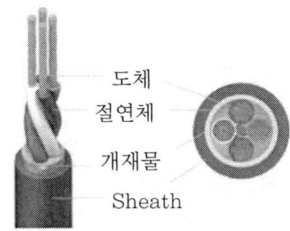

강인한 차폐외장을 가진 케이블의 총칭이며, 절연체, 캡타이어 피복에 사용하는 재료에 따라서, 고무 캡타이어 케이블, 크롤로프렌 캡타이어 케이블, 부틸고무 절연 캡타이어 케이블 및 비닐 캡타이어 케이블의 4종류가 있다.

17.1.96 / 19.4.85

96 산업통상자원부령으로 정하는 신·재생에너지 공급인증서의 거래 제한 사유로 틀린 것은?

① 발전소별로 1천[kW]를 넘는 수력을 이용하여 에너지를 공급하고 발급된 경우
② 기존 방조제를 활용하여 건설된 조력을 이용하여 에너지를 공급하고 발급된 경우
③ 석탄을 액화·가스화한 에너지 또는 중질잔사유를 가스화한 에너지를 이용하여 에너지를 공급하고 발급된 경우
④ 폐기물에너지 중 화석연료에서 부수적으로 발생하는 폐가스로부터 얻어지는 에너지를 이용하여 에너지를 공급하고 발급된 경우

[해설] 신·재생에너지 공급인증서의 거래 제한(신재생에너지법 시행규칙 제2조의2)

① 공급인증서가 발전소별로 5천[kW]를 넘는 수력을 이용하여 에너지를 공급하고 발급된 경우
② 공급인증서가 기존 방조제를 활용하여 건설된 조력을 이용하여 에너지를 공급하고 발급된 경우
③ 공급인증서가 석탄을 액화·가스화한 에너지 또는 중질잔사유를 가스화한 에너지를 이용하여 에너지를 공급하고 발급된 경우
④ 공급인증서가 폐기물에너지 중 화석연료에서 부수적으로 발생하는 폐가스로부터 얻어지는 에너지를 이용하여 에너지를 공급하고 발급된 경우

97 공급인증기관이 개설한 거래시장 외에서 공급인증서를 거래한 자는 최대 얼마 이하의 벌금에 처하는가?

① 1천만원   ② 2천만원
③ 5천만원   ④ 7천만원

[해설] 벌칙(신재생에너지법 제34조)

① 거짓이나 부정한 방법으로 발전차액을 지원받은 자와 그 사실을 알면서 발전차액을 지급한 자는 3년 이하의 징역 또는 지원받은 금액의 3배 이하에 상당하는 벌금에 처한다.
② 거짓이나 부정한 방법으로 공급인증서를 발급받은 자와 그 사실을 알면서 공급인증서를 발급한 자는 3년 이하의 징역 또는 3천만원 이하의 벌금에 처한다.
③ 공급인증기관이 개설한 거래시장 외에서 공급인증서를 거래한 자는 2년 이하의 징역 또는 2천만원 이하의 벌금에 처한다.
④ 법인의 대표자나 법인 또는 개인의 대리인, 사용인, 그 밖의 종업원이 그 법인 또는 개인의 업무에 관하여 ①~③까지의 어느 하나에 해당하는 위반행위를 하면 그 행위자를 벌하는 외에 그 법인 또는 개인에게도 해당 조문의 벌금형을 과한다. 다만, 법인 또는 개인이 그 위반행위를 방지하기 위하여 해당 업무에 관하여 상당한 주의와 감독을 게을리하지 아니한 경우에는 그렇지 않다.

98 대통령령으로 정하는 구역전기사업자의 발전설비용량 규모는?

① 1만[kW]   ② 1만8천[kW]
③ 3만5천[kW]   ④ 5만[kW]

해설 구역전기사업자의 발전설비용량(전기사업법 시행령 제1조의2)

구역전기사업이란 35,000[kW] 이하의 발전설비를 갖추고 특정한 공급구역의 수요에 맞추어 전기를 생산하여 전력시장을 통하지 아니하고 그 공급구역의 전기사용자에게 공급하는 것을 주된 목적으로 하는 사업

99 정부가 에너지 절약, 에너지 이용효율 향상 및 온실가스 감축을 위하여 정보통신기술 및 서비스를 적극 활용토록 수립·시행하는 시책으로 틀린 것은?

① 새로운 정보통신 서비스의 개발·보급
② 방송통신 네트워크 등 정보통신 기반 확대
③ 정보통신 산업을 지원하는 금융상품의 판매
④ 정보통신 산업 및 기기 등에 대한 녹색기술 개발 촉진

해설 정보통신기술의 보급·활용(녹색성장법 제27조)

1) 정부는 에너지 절약, 에너지 이용효율 향상 및 온실가스 감축을 위하여 정보통신기술 및 서비스를 적극 활용하는 다음에 대한 시책을 수립·시행하여야 한다.
① 방송통신 네트워크 등 정보통신 기반 확대
② 새로운 정보통신 서비스의 개발·보급
③ 정보통신 산업 및 기기 등에 대한 녹색기술 개발 촉진
2) 정부는 저탄소 녹색성장을 위한 생활문화를 조속히 확산시키기 위하여 재택근무·영상회의·원격교육·원격진료 등을 활성화하는 등의 방송통신 시책을 수립·시행하여야 한다.
3) 정부는 정보통신기술을 활용하여 전력 네트워크를 지능화·고도화함으로써 고품질의 전력서비스를 제공하고 에너지 이용효율을 극대화하며 온실가스를 획기적으로 감축할 수 있도록 하여야 한다.

100 신·재생에너지 기술개발 및 이용·보급 사업비의 조성에 따라 조성된 사업비의 용도로 틀린 것은?

① 신·재생에너지 시범사업 및 보급사업
② 신·재생에너지 설비 수출기업의 지원
③ 신·재생에너지 설비의 성능평가·인증
④ 신·재생에너지의 연구·개발 및 기술평가

해설 조성된 사업비의 사용

① 신·재생에너지의 자원조사, 기술수요조사 및 통계작성
② 신·재생에너지의 연구·개발 및 기술평가
③ 신·재생에너지 공급의무화 지원
④ 신·재생에너지 설비의 성능평가·인증 및 사후관리
⑤ 신·재생에너지 기술정보의 수집·분석 및 제공
⑥ 신·재생에너지 분야 기술지도 및 교육·홍보
⑦ 신·재생에너지 분야 특성화대학 및 핵심기술연구센터 육성
⑧ 신·재생에너지 분야 전문인력 양성
⑨ 신·재생에너지 설비 설치기업의 지원
⑩ 신·재생에너지 시범사업 및 보급사업
⑪ 신·재생에너지 이용의무화 지원
⑫ 신·재생에너지 관련 국제협력
⑬ 신·재생에너지 기술의 국제표준화 지원
⑭ 신·재생에너지 설비 및 그 부품의 공용화 지원
⑮ 그밖에 신·재생에너지의 기술개발 및 이용·보급을 위하여 필요한 사업으로서 대통령령으로 정하는 사업

정답 98. ③ 99. ③ 100. ②

2017 제2회 기출문제

01 저항 50[Ω], 인덕턴스 200[mL]의 직렬회로에 주파수 50[Hz]의 교류를 접속하였다면, 이 회로의 역률은 약 몇 [%]인가?

① 82.3   ② 72.3
③ 62.3   ④ 52.3

[해설] ① 유도 리액턴스(inductive reactance) X_L
$$X_L = \omega L = 2\pi f L \ [\Omega]$$
② 임피던스(impedance) Z
합성 임피던스 $Z = \sqrt{(저항 성분)^2 + (유도 리액턴스 성분)^2}$
$= \sqrt{R^2 + (\omega L)^2} = \sqrt{R^2 + (2\pi f L)^2} \ [\Omega]$
③ 역률($\cos\theta$)
$$\cos\theta = \frac{R}{Z} = \frac{R}{\sqrt{R^2 + (X_L)^2}} = \frac{R}{\sqrt{R^2 + (\omega L)^2}}$$
$$= \frac{50}{\sqrt{50^2 + (2\pi \times 50 \times 200 \times 10^{-3})^2}} \fallingdotseq 62.27 \ [\%]$$

02 태양전지의 전기적 특성에 대한 설명이 아닌 것은?

① 출력전압은 절대적으로 입사광 세기에 비례한다.
② 태양전지의 출력전압은 온도에 따라 영향을 받는다.
③ 최대 밝기의 1/5정도 되는 흐린 날에도 전압이 나온다.
④ 태양전지의 출력전류는 입사되는 빛의 세기에 비례한다.

[해설] 태양광 모듈의 출력은 일사량과 온도에 의해 영향을 받는다. 일사량이 강할수록 전류의 증가로 인해 출력 전력이 증가하고 이때 전압은 일조 강도의 변화에 영향이 적다.

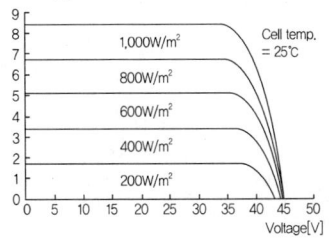

태양광 모듈의 일사량에 따른 출력 전압과 전류 값(온도 25[℃] 기준)

03 태양전지 모듈에 부분 음영이 존재할 시, 모듈의 특성은 어떻게 변하는가?

① 효율증가   ② 출력감소
③ 발열감소   ④ 변화 없음

[해설] 낙엽 혹은 그림자에 의한 부분 음영시의 손실을 예방하기 위하여 바이패스다이오드는 그림자로 인한 출력이 저하된 셀 또는 셀 그룹을 우회해 전류가 흐르도록 하고, 이를 통한 출력감소는 그림자에 의해 가려진 셀 또는 셀 그룹에 해당되는 분분으로 제한해서 출력을 유지할 수 있다.

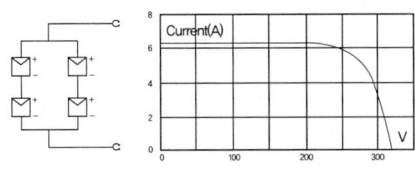

셀이 정상 연결되었을 때

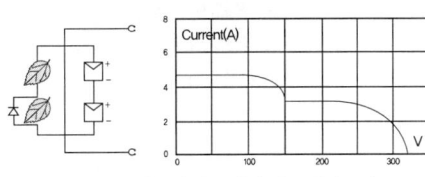

셀 일부가 정상동작하지 않을 시

04 상용주파변압기 절연방식의 인버터에 대한 특징이 아닌 것은?

① 구조가 간단하다.
② 소용량의 경우 효율이 낮다.
③ 중량이 가볍고 부피가 작다.
④ 절연이 가능하고 회로구성이 간단하다.

[해설] **상용주파변압기 절연방식**
상용주파수의 변압기를 이용해 절연과 전압변환을 하기 때문에 내부 신뢰성이나 노이즈 컷에 우수하지만 상용주파 변압기를 별도로 이용하기 때문에 무겁고 크며, 변압기의 효율이 감소된다.

정답 1. ③ 2. ① 3. ② 4. ③

13.4.19 / 14.4.57 / 14.4.73 / 15.2.1 / 15.2.5 / 15.2.28 /
16.4.4 / 16.4.12 / 17.2.5 / 17.4.7 / 18.1.11 / 18.4.3 /
18.4.14 / 19.2.5 / 19.2.17

05 태양광발전시스템의 직류출력을 DC-DC 컨버터로 승압하고 인버터로 상용주파의 교류로 변환하는 인버터의 회로방식은?

① 상용주파 변압기 절연방식
② 고주파 변압기 절연방식
③ 트랜스리스 방식
④ 계통연계 방식

해설 인버터의 회로방식별 분류

1) 상용주파 변압기 절연방식

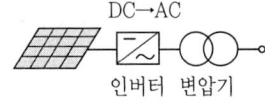

① PWM 인버터를 이용하여 상용주파수의 교류를 만들고, 상용주파수의 변압기를 이용하여 절연과 전압변환을 한다.
② 내부 신뢰성이나 노이즈 컷이 우수하지만, 상용주파수의 변압기를 별도로 이용하기 때문에 무겁고 크며, 변압기의 효율이 감소된다.

2) 고주파 변압기 절연방식

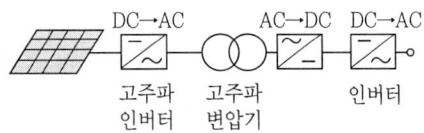

① 태양전지의 직류 출력을 고주파의 교류로 변환한 후 소형의 고주파 변압기로 절연을 한다.
② 일단 직류로 변환하고 재차 상용주파의 교류로 변환하며, 소형 경량이지만 회로가 복잡한 단점이 있다.

3) 트랜스리스(Transless) 방식

① 태양전지의 직류출력을 DC-DC 컨버터로 승압하고 인버터에서 상용주파의 교류로 변환한다.
② 소형 경량이며, 저렴하고 효율이 우수하고 신뢰성이 높다.
③ 상용전원과의 사이에는 절연이 되지 않아 안전성이 떨어진다.

14.4.5 / 14.4.53 / 15.4.31 / 17.1.40 / 17.2.6 / 17.2.51 /
17.4.27 / 18.1.1 / 18.4.26

06 태양광발전시스템이 개방된 곳에 설치되어 있다면 낙뢰로부터 보호하기 위해 설치하는 것은?

① 피뢰침   ② 역류방지장치
③ 바이패스장치   ④ 발광다이오드

해설 외부 피뢰시스템

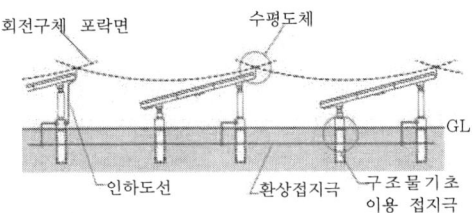

1) 수뢰부 시스템
① 뇌격이 피 보호범위내로 침입할 확률을 감소시키는 것
② 돌침(피뢰침), 수평도체, 메시 도체(케이지)방식의 개별 또는 이들의 조합으로 한다.
③ PV설비 전체를 보호할 수 있는 범위내로 해야 한다.

피뢰침(Lightning Rod)

2) 인하도선 시스템
① 위험한 불꽃방전의 발생확률을 감소시키기 위하여 뇌격점과 대지사이를 연결하는 도선
② 다수의 병렬 전류통로를 형성해야 한다.
③ 전류통로의 배선 길이는 최소로 유지해야 한다.

④ 인하도선은 가능한한 수뢰부도체에서 직접 연결되도록 배치하여야 한다.
⑤ 인하도선은 지표면과 가까운 부분에 접지시험단자를 시설한다. 다만, 자연적 구성부재를 이용하는 경우는 생략한다.

(3) 접지 시스템
① 위험한 과전압을 발생시키지 않고 뇌전류를 대지로 방류하기 위해서는 접지의 형상, 크기 및 접지저항 값이 중요하다. 다만, 일반적으로는 낮은 접지저항을 권장한다.
② 피뢰설비의 관점에서는 구조체를 사용한 통합단일의 접지가 바람직하며, 모든 접지목적(즉, 피뢰설비, 저압전력시스템, 통신시스템 등)에도 적합하다.

13.4.12 / 14.4.20 / 16.4.7 / 17.2.7 / 17.2.10 / 17.4.14 / 18.2.9

07 태양전지 모듈 내에 포함되지 않는 것은?
① 충전재
② 태양전지 셀
③ 프론트 커버
④ 역류방지소자

해설 모듈의 구조

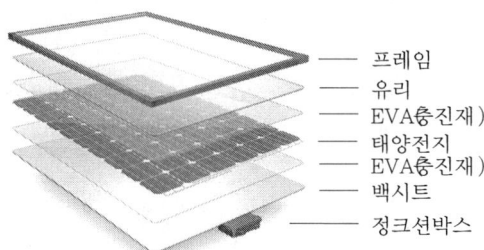

※ 역류방지 다이오드(Blocking Diode)

역류방지다이오드 커넥터

① 태양전지 모듈에 다른 태양전지 회로나 축전지에서 전류가 역류하는 것을 방지하기 위하여 어레이의 끝에 직렬로 삽입한다.
② 보통 접속함이나, 모듈의 커넥터에 설치한다.

15.2.13 / 17.2.8 / 19.1.9

08 PN접합 다이오드의 p형반도체에 (−)바이어스를 가하고 n형반도체에 (+)바이어스를 가할 때 나타나는 현상은?
① 결핍층의 폭이 작아진다.
② 결핍층 내부의 전기장이 감소한다.
③ 전류는 다수캐리어에 의해 발생한다.
④ 다이오드는 부도체와 같은 특성을 보인다.

해설 PN 접합과 바이어스

1) 순방향 바이어스
P영역에 (+)의 전압을 N영역에 (−)의 전압이 인가된 상태를 순방향(forward) 바이어스가 인가되었다고 함

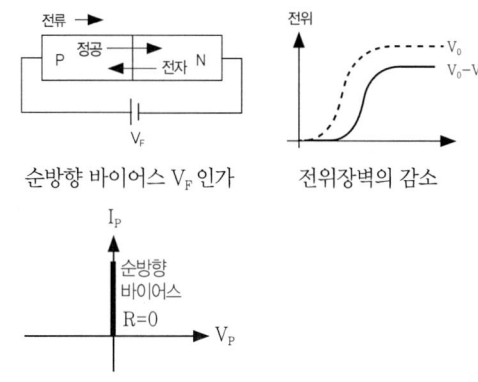

순방향 바이어스 V_F 인가   전위장벽의 감소

순방향 바이어스 상태
① p형과 n형 반도체에 각각 존재하는 양공과 전자가 모두 p-n 접합 다이오드의 접합부쪽으로 이동한다.
② 접합부에 형성된 결핍층(depletion layer)의 너비가 줄어들고 접합부에 형성된 포텐셜 장벽이 낮아지게 된다.
③ p형 반도체의 양공은 n형 반도체로 옮겨 가고, n형 반도체의 전자는 p형 반도체로 옮겨 가므로 p-n접합부를 지나는 전류가 흐른다.
④ 이상적인 전류-전압 특성은 순방향 바이어스상태에서 저항이 0이고, 전류는 무한대로 흐른다.

2) 역방향 바이어스
P영역에 (−)의 전압을 N영역에 (+)의 전압이 인가된 상태를 역방향(reverse) 바이어스가 인가되었다고 함

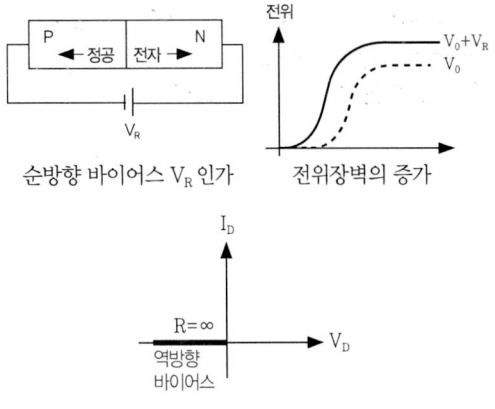

순방향 바이어스 V_R 인가 / 전위장벽의 증가

역방향 바이어스 상태

① p형과 n형 반도체에 각각 존재하는 양공과 전자가 모두 p-n 접합 다이오드 양쪽 극단으로 이동한다.
② 접합부에 형성된 결핍층(depletion layer)의 너비가 늘어나고 접합부에 형성된 포텐셜 장벽도 높아진다.
③ p형 반도체의 양공은 p형 반도체의 끝쪽으로, n형 반도체의 전자는 n형 반도체의 끝쪽으로 옮겨 가게 되어 p-n접합부에는 전류가 흐르지 않는다.
④ 다이오드는 부도체와 같은 특성으로 저항은 무한대이고, 전류는 0이다.

09 25[W]의 전구 2개를 하루에 5시간 사용하고, 65[W]의 팬을 하루에 7시간 사용한다고 할 때, 24시간 동안의 총 전력량은?

① 455[Wh/day]　② 580[Wh/day]
③ 705[Wh/day]　④ 880[Wh/day]

해설 전력량(W)
$W = VIt = Pt = [(25 \times 2) \times 5] + (65 \times 7) = 705$ [Wh/day]

13.4.12 / 14.4.20 / 16.4.7 / 17.2.7 / 17.2.10 / 17.4.14 / 18.2.9

10 역류방지 다이오드(Blocking Diode)의 역할을 옳게 설명한 것은?

① 과전류가 흐를 때 회로를 차단한다.
② 태양광 모듈의 최적 운전점을 추적한다.
③ 태양광 발전시스템의 외함을 접지하는데 사용한다.
④ 태양빛이 없을 때 축전지로부터 태양전지를 보호한다.

해설 역류방지 소자
1) 태양광모듈의 역전류 영향
① 어레이 내의 스트링과 스트링 사이에 그림자 및 전압 불균형 등의 원인으로 병렬 접속된 스트링사이에 역전류가 흘러 어레이에 영향을 준다.
② 어레이의 직류 출력회로에 축전지가 설치되어 있는 경우, 야간이나 흐린 날 등의 태양전지에서 전력이 생산되지 않을 때는 태양전지가 축전지의 부하가 된다.

2) 대책(역류방지 소자)
① 태양전지 모듈의 스트링마다 역류방지 다이오드(Blocking Diode)를 설치해서, 전류의 역방향 흐름을 방지한다.
② 1대의 인버터에 접속되는 태양전지 직렬군(스트링)이 2병렬 이상 접속될 경우, 각 직렬군에 역전류방지 다이오드가 설치되어야 한다.
③ 설치할 회로의 최대전류를 흐르게 할 수 있어야 하며, 동시에 사용회로의 최대 역전압에 견딜 수 있어야 한다.
④ 일반적으로 접속함에 설치되며, 커넥터에 사용되기도 한다.

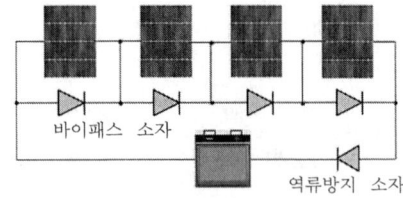

바이패스 및 역류방지 소자

11 실리콘 태양전지의 P형반도체의 특성 설명으로 옳은 것은?

① 정공이 다수 캐리어이다.
② 전자가 다수 캐리어이다.
③ 전자, 정공 모두 다수 캐리어이다.
④ 전자, 정공 모두 소수 캐리어이다.

해설 p형과 n형반도체
① p형반도체 : 정공이 다수캐리어
② n형반도체 : 전자가 다수캐리어

14.4.10 / 15.4.4 / 17.2.2 / 17.2.12 / 18.4.20

12 결정질 실리콘 태양전지 모듈 출력에 대한 설명으로 옳은 것은?

① 방사조도에 비례하여 감소한다.
② 방사조도에 비례하여 증가한다.
③ 태양전지 표면온도와는 관계가 없다.
④ 태양전지 표면온도가 올라갈수록 계속 증가한다.

해설 태양광 모듈의 출력은 일사량과 온도에 영향을 받는다. 일사량이 강할수록 전류의 증가로 인해 출력 전력이 증가하고 이때 전압은 일조 강도의 변화에 영향이 적다.

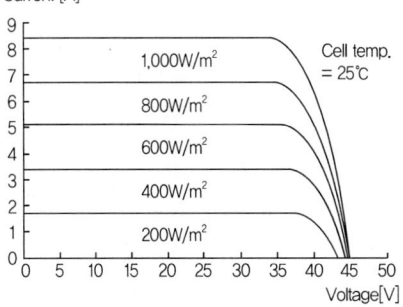

태양광 모듈의 일사량에 따른 출력 전압과 전류 값(온도 25℃ 기준)

13.4.8 / 14.4.16 / 15.4.21 / 18.2.29 / 18.4.34

13 태양을 올려다보는 각도가 30°인 경우, air mass 값은?

① 0.5 ② 1.0 ③ 1.5 ④ 2.0

해설 대기 질량 지수(Air Mass index)

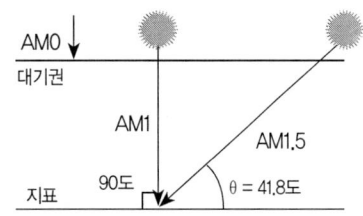

AM 0 : 대기권 밖에서 측정하는 스펙트럼
AM 1 : 태양의 직사광이 지표면에 수직으로 입사한 경우
AM 1.5 : 태양의 직사광이 지표면에 경사각 41.8°
         (천정각 48.2°)
AM 2 : 태양의 직사광이 지표면에 경사각 30°(천정각 60°)

14 태양광발전시스템 설치장소 선정 시 고려사항으로 가장 거리가 먼 것은?

① 도로 접근성이 용이하여야 한다.
② 일사량 및 일조시간을 고려해야 한다.
③ 전력계통 연계조건이 어떠한지 살펴야 한다.
④ 설치장소의 고도 및 기압을 측정하여야 한다.

해설 태양광발전소 입지조건
① 일사량 / 일조시간
② 지형과 토지
   (정남향, 경사도, 진입도로)
③ 3상 선로 인접 여부
   (한전 분산형전원의 여유용량)
④ 허가 가능지역 여부
⑤ 주변 민원발생

15 인버터의 최저 입력전압은 250[V], 효율은 90[%], 출력용량은 100[kW]이며, 직류선로의 전압강하는 2[V]일 때 인버터의 직류입력전류는 약 몇 [A]인가?

① 401 ② 421 ③ 441 ④ 461

해설 ① 인버터효율 = $\frac{출력용량}{입력용량} \times 100$ [%]

입력 용량 = $\frac{출력 용량}{효율} \times 100$ [%]

= $\frac{100}{90} \times 100 ≒ 111.11$ [kW]

② 입력 용량[kW] = (입력 전압 + 전압 강하) × 입력 전류

입력 전류 = $\frac{입력 용량}{입력 전압 + 전압 강하}$

= $\frac{111.11 \times 10^3}{250 + 2} ≒ 441$ [A]

16 다음 그림이 설명하고 있는 전지의 종류는?

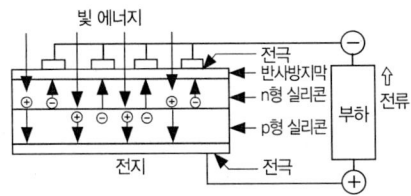

① 연료 전지 ② 태양 전지
③ 2차 전지 ④ 인산형 전지

해설 **태양전지(Solar Cell)**
태양에너지를 전기에너지로 변환할 목적으로 제작된 광전지로, 금속과 반도체의 접촉면 또는 반도체의 PN 접합에 빛을 조사(照射)하면 광전효과에 의해 광기전력이 일어나는 것을 이용한 것

13.4.14 / 15.2.10 / 16.4.31 / 17.2.17 / 18.1.64 / 18.2.8
17 태양전지 모듈에 그림자가 생겼을 때 대비책으로 설치하는 것은?

① 바이패스 다이오드
② 역류방지 다이오드
③ 제너 다이오드
④ 발광 다이오드

해설 **바이패스(Bypass) 소자**
1) 태양광 모듈의 그림자 영향
① 태양광 모듈은 아주 적은 일부가 그림자에 가려지더라도 모듈 전체의 출력이 크게 저하된다.
② 모듈은 각각의 태양전지를 직렬로 연결하기 때문에 수십 개의 태양전지로 구성된 모듈에서 단 한 개의 셀이 나뭇잎 등에 의해 완전히 가려졌다면 출력 값은 거의 제로(Zero)에 가깝게 떨어진다.
③ 전체 개방전압에서 그림자가 발생한 모듈의 개방전압을 뺀 값 이하에서 전압 동작점이 존재할 때에 그림자가 발생한 모듈의 전류가 역방향이 된다. 따라서 역 전압이 인가되고 부하처럼 동작되어 열이 발생되고 모듈이 파손되는 원인이 된다.

2) 대책(바이패스 다이오드)

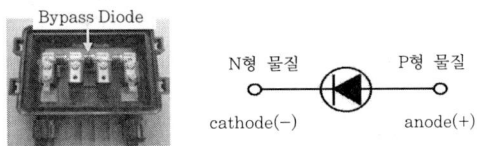

바이패스다이오드(Junction Box에 설치) 회로 표기방법(기호)

① 바이패스다이오드(Bypass Diode)는 전류를 한쪽방향으로만 흐르게 만들어 주는 부품으로 P에서 N방향으로 전류가 흐르고 반대 방향으로는 전류를 거의 통과시키지 않는다.

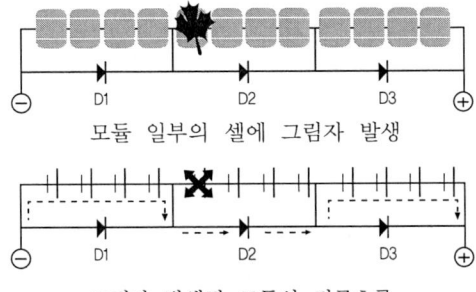

모듈 일부의 셀에 그림자 발생

그림자 발생된 모듈의 전류흐름

② 그림자로 인해 출력이 저하된 셀 또는 셀 그룹을 우회해 전류가 흐르도록 하고, 이를 통한 출력감소는 오직 그림자에 의해 가려진 셀 또는 셀 그룹에 해당하는 부분으로 제한해 출력을 유지한다.

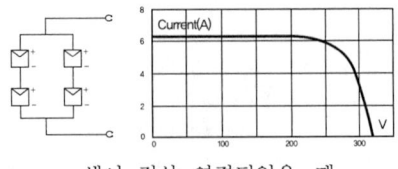

셀이 정상 연결되었을 때

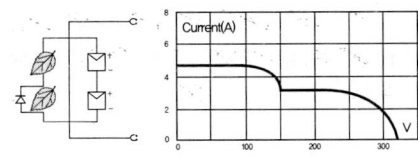

셀 일부가 정상동작하지 않을 시

③ 일반적으로 모듈 한 장(태양전지 6×9)에 셀 54개 배열의 경우에는 다이오드 3개(1개당 18개의 셀)를 설치한다.

18 다음 중 태양광 인버터의 기능이 아닌 것은?

① 태양 추적 기능
② 자동운전 정지 기능
③ 단독운전 방지 기능
④ 최대전력 추종제어 기능

해설 태양광 인버터의 기능

① 자동운전 정지(Auto shutdown) 기능
  인버터는 해가 떠오르고 출력이 발생되는 조건이 되면 자동적으로 운전을 시작하며, 해가 지는 동안에도 출력이 발생하는 한 가동은 계속되고 완전한 일몰 뒤 운전이 정지한다.
② 단독운전 방지(Non-islanding) 기능
  단독운전(한전 정전시 분리된 계통에 전력을 계속 공급하게 되는 운전상태)시의 문제점을 해결하기 위한 기능으로 단독운전방지기능이 설치되어 안전하게 정지할 수 있도록 함
③ 최대전력 추종(MPPT ; Maximum Power Point Tracking)제어 기능
  태양전지의 출력은 일사강도나 태양전지의 표면온도에 따라 변화하며, 이들 변동에서 태양전지의 동작점이 항상 최대출력점을 추종하도록 변화시켜, 태양전지에서 최대 출력을 유도하는 제어

19 태양열발전시스템의 주요 구성요소가 아닌 것은?

① 인버터   ② 축열조
③ 집열기   ④ 열교환기

해설 태양열시스템의 구성

① 집열부 : 태양으로부터 에너지를 모아서 열로 변환하는 장치
② 축열부 : 모아진 열을 저장했다가 필요시 사용하기 위한 저장 탱크
③ 이용부 : 태양열 축열조에 저장된 태양열을 효과적으로 공급하고 사용량 부족시 보조열원(보일러 등)에 의해 공급
④ 제어장치 : 태양열을 효과적으로 집열, 축열, 공급하기 위한 조정장치

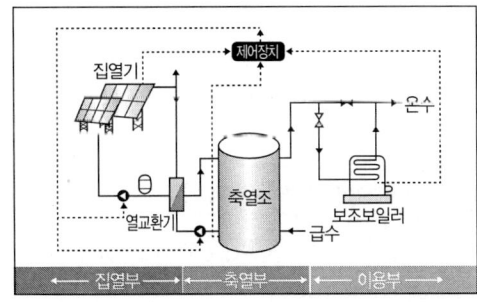

14.4.19 / 17.2.20

20 BIPV(Building Integrated PV System)에 대한 설명이 아닌 것은?

① 경제적이며 에너지 효율성이 우수하다.
② 건축 재료와 발전기능을 동시에 발휘하는 방식이다.
③ 태양광발전시스템 설계 시 건축가와 사전협의가 필요하다.
④ 태양광모듈을 지붕·파사드·블라인드 등 건물외피에 적용하는 방식이다.

해설 BIPV(Building Integrated PV System)

① 태양광 에너지로 전기를 생산하여 소비자에게 공급하는 것 외에 건물 일체형 태양광 모듈을 건축물 외장재로 사용하는 태양광 발전 시스템이다. 기존에 넓은 평지나 지붕에 태양발전 시스템을 설치하는 것과 달리 건물의 외벽, 창호 등에 설치하는 것이 가장 큰 특징이다.
② BIPV는 태양전지에 색깔을 입히는 염료감응태양전지나 유기태양전지를 활용해 건물외벽을 화려하게

장식할 수도 있지만 실리콘 태양전지보다는 효율이 떨어지며, 일반 태양전지 모듈보다 1.5~2배 정도 가격이 높다.

14.4.21 / 16.4.22 / 17.2.21 / 19.2.22

21 태양광발전시스템의 기초설계단계에서 설계자의 업무가 아닌 것은?

① 자금조달 ② 토목설계
③ 전기설계 ④ 구조물설계

해설 태양광발전시스템의 설계절차

(1) 기획업무
발전소의 규모검토, 현장조사, 설계지침 등 발주에 필요하여 발주자(발전사업자)가 사전에 요구하는 설계업무

(2) 계획(기초)설계
발주자로부터 제공된 자료와 기획업무 내용을 참작하여 발전소의 규모, 예산 등의 측면에서 설계목표를 정하고 그에 대한 가능한 계획을 제시하며, 발전소(전기, 구조물, 토목 등)의 기본시스템이 검토된 계획안을 발주자에게 제안 승인 받는 단계

(3) 기본설계
계획설계 내용을 구체화하여 발전된 안을 정하고, 실시설계단계에서의 변경 가능성을 최소화하기 위해 다각적인 검토가 이루어지는 단계로서, 시스템 확정에 따른 각종 자재, 장비의 규모, 용량이 구체화된 설계도서를 작성하여 발주자로부터 승인을 받는 단계이다.

(4) 실시설계
기본설계를 바탕으로 하여 입찰, 계약 및 공사에 필요한 설계도서를 작성하는 단계로서, 시공중 조정에 대해서는 사후설계관리업무 단계에서 수행방법 등을 명시한다.

(5) 사후설계관리업무
설계가 완료된 후 공사시공 과정에서 설계자의 설계의도가 충분히 반영되도록 설계도서의 해석, 자문, 현장여건 변화 및 업체선정에 따른 자재와 장비 등의 선정 및 변경에 대한 검토·보완 등을 위하여 수행하는 설계업무를 말한다.

※ 자금조달은 발주자의 업무

17.2.22 / 19.1.40 / 21.2.6 / 21.4.5

22 5000[kW]의 수상 태양광 발전소의 RPS 가중치는?

① 0.923 ② 1.125 ③ 1.323 ④ 1.5

해설 신재생에너지 공급인증서 가중치

구분	공급인증서 가중치	대상에너지 및 기준	
		설치유형	세부기준
태양광 에너지	1.2	일반부지에 설치하는 경우	100kW미만
	1.0		100kW부터
	0.8		3,000kW초과부터
	0.5	임야에 설치하는 경우	-
	1.5	건축물 등 기존 시설물을 이용하는 경우	3,000kW이하
	1.0		3,000kW초과부터
	1.6	유지 등의 수면에 부유하여 설치하는 경우	100kW미만
	1.4		100kW부터
	1.2		3,000kW초과부터
	1.0	자가용 발전설비를 통해 전력을 거래하는 경우	

태양광에너지의 가중치는 전체용량에 대해 부여하되, 소수점 넷째 자리에서 절사하며, 설치유형별 용량기준순으로 구분해 구간별 해당 가중치를 다음과 같이 적용한다.

① 태양광발전소를 유지 등의 수면에 설치하는 경우

설치용량	태양광에너지 가중치 산정식
100kW미만	1.6
100kW부터 3,000kW이하	$\dfrac{99.999 \times 1.6 + (용량 - 99.999) \times 1.4}{용량}$
3,000kW초과부터	$\dfrac{99.999 \times 1.6}{용량} + \dfrac{2,900.001 \times 1.4}{용량} + \dfrac{(용량 - 3,000) \times 1.2}{용량}$

② 5000kW(수상 태양광) REC 가중치

$REC 가중치 = \dfrac{99.999 \times 1.6}{용량} + \dfrac{2,900.001 \times 1.4}{용량} + \dfrac{(용량 - 3,000) \times 1.2}{용량}$

$= \dfrac{99.999 \times 1.6}{5,000} + \dfrac{2,900.001 \times 1.4}{5,000} + \dfrac{(5,000 - 3,000) \times 1.2}{5,000}$

$= 1.323$

*가중치는 환경, 기술개발 및 산업 활성화에 미치는 영향, 발전원가, 부존잠재량, 온실가스 배출 저감에 미치는 효과 등을 고려하여 산업통상자원부장관이 정하여 고시. 공급인증서 가중치는 3년마다 재검토(필요한 경우 재검토기간 단축 가능)

13.4.27 / 15.4.24 / 16.4.21 / 17.2.23 / 17.4.33 / 19.2.28 / 19.2.33 / 19.4.24

23 태양전지 어레이의 이격 거리 산출 시 적용하는 설계요소가 아닌 것은?

정답 21.① 22.③ 23.③

① 구조물 형상
② 남북향간 길이
③ 강제의 강도 및 관의 두께
④ 태양광발전 위치에 대한 위도

해설 구조물 이격거리 산정 시 고려사항

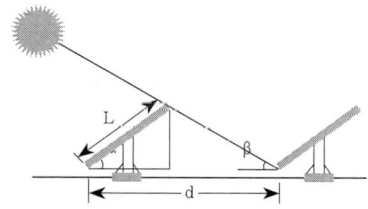

① 태양광 모듈 길이(L)
② 모듈 설치각도(α)
③ 위도(동지시 발전 가능 한계 시간에서 태양의 고도각 β)
④ 구조물 형상, 장애물의 높이, 남북향간 거리, 부지 현황, 부지의 경사도

13.4.24 / 15.2.73 / 15.4.55 / 16.2.38 / 16.2.79 / 17.2.24 / 17.4.29 / 19.4.25

24 3000[kW] 이하의 태양광 발전소 전기사업 허가 시 필요한 서류가 아닌 것은?

① 송전관련 일람도 ② 신용평가 의견서
③ 발전원가 명세서 ④ 전기사업허가신청서

해설 발전사업 신청에 필요한 서류(200[kW]초과 3000[kW] 이하인 경우)
① 전기사업 허가신청서
② 사업계획서
㉠ 기술능력 관련(전기설비 건설 및 운영 계획 관련 증명서류)
㉡ 계획에 따른 수행 가능 여부 관련(송전관계 일람도)
㉢ 발전원가명세서(발전사업 또는 구역전기사업의 허가를 신청하는 경우만 해당한다)
③ 정관, 대차대조표 및 손익계산서(신청자가 법인인 경우만 해당하며, 설립 중인 법인의 경우에는 정관만 제출한다)
④ 신청자(발전설비용량 3천킬로와트 이하인 신청자는 제외한다)의 주주명부. 이 경우 신청자가 재무능력을 평가할 수 없는 신설법인인 경우에는 신청자의 최대주주를 신청자로 본다.

25 태양광발전시스템의 계통연계 기술기준을 크게 3가지로 구분할 때 해당되지 않는 것은?

① 도입한계용량 ② 외부운전성능
③ 전력품질   ④ 보호협조

해설 분산형전원 계통연계 기술기준
① 도입한계용량 ② 계통과의 보호협조
③ 전력품질   ④ 안전성

26 초기투자비가 20억원, 설비수명이 20년, 연간 유지비가 1억원인 1[MW] 태양광 설비의 연간 총 발전량이 1500[MW]일 때 발전원가 [원/kWh]는?

① 90.5 ② 120.3 ③ 133.3 ④ 155.5

해설 발전원가[원/kWh]

$$발전원가 = \frac{\text{연간 총 투입비용[원]}}{\text{연간 총 발전량}[kWh]}$$

$$= \frac{\frac{\text{초기 투자비[원]}}{\text{설비수명[년]}} + \text{연간 유지관리비[원]}}{\text{연간 총 발전량}[kWh]}$$

$$= \frac{\frac{2,000,000,000}{20} + 100,000,000}{1,500 \times 10^3} ≒ 133.3 [원/kWh]$$

14.4.48 / 15.2.15 / 15.2.42 / 15.4.40 / 16.2.36 / 16.4.29 / 17.2.27 / 17.4.28 / 19.1.13

27 다음 (   ) 안에 들어갈 알맞은 내용은?

태양광발전시스템은 설치 형태에 따라 (㉠)식과 (㉡)식이 있다.

① ㉠ 고정, ㉡ 추적   ② ㉠ 독립, ㉡ 추적
③ ㉠ 연계, ㉡ 추적   ④ ㉠ 역조류, ㉡ 단독

해설 고정식과 추적식
1) 고정식
① 한번 설치하면 경사각 및 방위각 수정이 불가능하기 때문에 정남향 방향으로, 경사각을 두어 고정하는 방식

정답 24. ② 25. ② 26. ③ 27. ①

② 각도 변경이 필요 없어, 유지관리비가 저렴하다.
③ 바람이 강한 지역에 안전한 구조이나, 다른 구조물에 비해서는 발전량이 다소 적다.

고정식   단축 추적식

(2) 추적식(단축)
① 어레이는 대지와 수평을 이루며, 남쪽으로의 경사각은 없다.
② 태양의 이동에 따라 해가 뜨는 동쪽에서 해가 지는 서쪽방향으로 추적하는 방식이다.
③ 고정식·가변식보다는 효율이 높고, 양축식보다는 효율이 낮다.
④ 구동장치가 필요하며, 운영 및 유지관리 비용이 소요된다.

14.4.27 / 17.2.28

28 태양전지 셀과 태양광 모듈에 관한 변환효율의 관계를 옳게 나타낸 것은?

η_c : 태양전지 셀의 효율
η_m : 태양광 모듈의 효율
η_a : 태양광 어레이의 효율

① $\eta_a > \eta_m > \eta_c$ ② $\eta_m > \eta_c > \eta_a$
③ $\eta_c > \eta_a > \eta_m$ ④ $\eta_c > \eta_m > \eta_a$

해설 효율(Array Efficiency)의 변화
① 셀(Cell)의 효율과 모듈(Module)의 효율이 조금 다르다
② 17[%]의 효율을 가진 셀을 사용하여 모듈을 만들었다면 그 모듈의 효율은 전력 손실로 인하여 셀 효율보다 1~2[%]떨어져 최종적으로 약15[%]정도의 효율을 가지는 태양전지 모듈이 된다.

29 태양광발전시스템에서 생산된 전기에너지를 저장하는 시스템의 약어는?
① ESS ② SPD ③ PV ④ ZCT

해설 에너지저장장치(Energy Storage System; ESS)
① 생산된 전기를 저장장치(배터리 등)에 저장했다가 전력이 필요할 때 공급하여 전력사용 효율을 높인다.
② 불규칙적이고 단속적으로 생산되는 풍력발전과 태양광발전 시스템에서 생산된 전력의 충방전을 통해 신재생 에너지의 출력을 안정시킨다.
③ 피크가 아닌 시간대에 전력을 저장하여 피크 시간대에 사용함으로써 고가의 피크 전력 수요를 최소화 할 수 있어, 전력 요금이 절감된다.
④ 피크 전력 수요를 스마트 방식으로 관리하여 송전 및 배전망의 투자필요시점을 연장시킨다.

16.2.23 / 17.2.30 / 19.1.33 / 19.2.24 / 19.4.37

30 일조율을 나타낸 식으로 옳은 것은?

① 일조율 = $\dfrac{일조시간}{가조시간} \times 100[\%]$
② 일조율 = $\dfrac{가조시간}{일조시간} \times 100[\%]$
③ 일조율 = $\dfrac{법선면일조시간}{수평면일조시간} \times 100[\%]$
④ 일조율 = $\dfrac{수평면일조시간}{법선면일조시간} \times 100[\%]$

해설 일조시간과 가조시간
1) 일조시간(Duration of Sunshine)
① 태양광선이 구름이나 안개 등에 의해서 차단되지 않고 지표면을 비춘 시간
② 일조율 = $\dfrac{일조시간}{가조시간} \times 100$ [%]

2) 가조시간(Possible Duration of Sunshine)
① 해가 뜬 다음부터 다시 질 때까지 태양에서 오는 직사광선
② 일조(日照)를 기대할 수 있는 시간을 말하며 산, 구름, 안개나 건조물에 의해 바뀔 수 있다.
③ 산, 구름, 안개 등 장애물이 없다고 가정했을 때의 일조시간은 가조시간과 동일하다.

31 어레이 설계 시 설치방식 및 경사각 결정의 기술적 측면에서의 고려사항으로 거리가 먼 것은?

① 태양광 발전과 건물과의 통합 수준
② 설치 방식별 특성을 반영
③ 시공성 및 유지관리
④ 지역의 특성

해설 **기술적 측면에서의 고려 사항**
① 경사각, 방위각의 결정
② 풍속, 풍압, 지진 고려
③ 건축물과의 결합(기초)방법 결정
④ 구조 안정성
⑤ 시공방법
⑥ 유지관리

32 전기설비의 개폐기 중 변압기 내부의 이상전류로부터 변압기를 보호하기 위해 변압기 1차측에 설치하는 것은?

① 부하 개폐기
② 컷 아웃 스위치
③ 자동 구간 개폐기
④ 자동부하 전환 개폐기

해설 **컷 아웃 스위치(Cut-Out Switches, COS)**

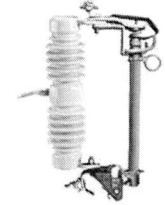

① 변압기 및 주요기기의 1차측에 설치 사용하며 단락이나 지락 사고 또는 과부하에 등에 의한 과전류로부터 기기를 보호하기 위해 사용된다.
② 고장전류가 흐르면 퓨즈 링크가 용단되면서 발생하는 아크열에 의해 퓨즈통 내벽의 물질이 분해, 절연성가스가 발생하여 아크가 소호되어 고장전류가 차단된다.

33 음영의 영향을 가장 많이 받는 인버터 접속방법은?

① 중앙 집중 방식
② 서브 어레이 방식
③ 개별 스트링 방식
④ 마이크로 인버터 방식

해설 **중앙 집중 방식**

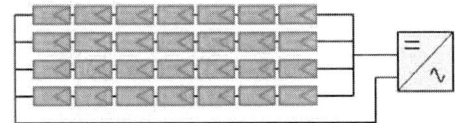

① 다수의 스트링에 한 개의 인버터를 설치하는 방식으로 하나의 인버터가 처리할 수 있는 전압만큼 모듈을 직렬로 연결하고, 인버터가 처리할 수 있는 전류만큼 다수의 스트링으로 병렬로 접속한다.
② 설치면적을 최소화 할 수 있고 유지관리가 간편하다.
③ 전압이 높은 대신 전류가 작기 때문에 전선의 굵기를 최소화 할 수 있다.
④ 직렬구간 어딘가에 그림자가 지거나 이물질이 있으면 발전 손실이 커지므로, 그림자의 우려가 없는 지역에 구성해야 한다.

34 단독운전 방지기능이 없는 10[kW] 태양광발전시스템에 380V, 60[Hz]의 계통전원에 연결되어 운전될 경우, 태양광발전시스템의 출력이 10[kW], 부하가 유효전력 10[kW], 지상무효전력이 +9.5[kVar], 진상무효전력이 −10[kVar]일 때 단독운전이 일어날 경우 예상되는 주파수는 약 얼마인가?

① 58.48[Hz]　② 59.32[Hz]
③ 60.00[Hz]　④ 61.38[Hz]

해설 1) 지상무효전력 P_{r1}

① $P_{r1} = \dfrac{V^2}{X_L} = \dfrac{V^2}{wL} = \dfrac{V^2}{2\pi f L}$

정답　31. ④　32. ②　33. ①　34. ①

② $L = \dfrac{V^2}{2\pi f \cdot P_{r1}} = \dfrac{380^2}{2\pi \times 60 \times 9,500} ≒ 0.0403[H]$

2) 진상무효전력 P_{r2}

① $P_{r2} = \dfrac{V^2}{X_C} = \dfrac{V^2}{\dfrac{1}{wC}} = \dfrac{V^2}{\dfrac{1}{2\pi fC}}$

② $C = \dfrac{P_{r2}}{2\pi \times f \times V^2} = \dfrac{10,000}{2\pi \times 60 \times 380^2} = 0.0001837[F]$

3) 예상되는 주파수 f_0

$f_0 = \dfrac{1}{2\pi\sqrt{LC}} = \dfrac{1}{2\pi \times \sqrt{0.0403 \times 0.0001837}} ≒ 58.49[Hz]$

35 온도가 −15[℃]에서 태양전지모듈의 V_{mpp}와 V_{oc}는 약 몇 [V]인가?

- P_{mpp} : 250[W]
- V_{mpp} : 30.8[V]
- V_{oc} : 38.3[V]
- 온도에 따른 전압변동률 : −0.32[%/℃]

① V_{mpp} : 14.74, V_{oc} : 23.20
② V_{mpp} : 24.74, V_{oc} : 33.20
③ V_{mpp} : 34.74, V_{oc} : 43.20
④ V_{mpp} : 44.74, V_{oc} : 53.20

해설 태양전지 모듈의 V_{mpp}, V_{oc} (−15[℃])

① $V_{mpp-15℃} = V_{mpp} + \left[V_{mpp} \times (온도 - 기준온도) \times \left(\dfrac{전압변동률}{100}\right)\right]$
$= 30.8 + \left[30.8 \times (-15 - 25) \times \left(\dfrac{-0.32}{100}\right)\right] ≒ 34.7^4$

② $V_{oc-15℃} = V_{oc} + \left[V_{oc} \times (온도 - 기준온도) \times \left(\dfrac{전압변동률}{100}\right)\right]$
$= 38.3 + \left[38.3 \times (-15 - 25) \times \left(\dfrac{-0.32}{100}\right)\right] ≒ 43.20$

36 1일 전력수용량 산정 수식으로 적합한 것은?

① 1일 전력소비량×1.1
② 1일 전력소비량×1.2
③ 1일 전력소비량×1.3
④ 1일 전력소비량×1.4

37 태양광발전사업을 위한 부지를 선정하고자 한다. 개발행위허가 기준에 따른 개발행위의 규모가 아닌 것은?

① 농림지역 30000[m²]미만
② 도시 주거지역 10000[m²] 미만
③ 도시 공업지역 30000[m²] 미만
④ 자연환경보전지역 7000[m²] 미만

해설 개발행위허가의 규모

① 도시지역
  ㉠ 주거지역 · 상업지역 · 자연녹지지역 · 생산녹지지역 : 10,000[m²] 미만
  ㉡ 공업지역 : 30,000[m²] 미만
  ㉢ 보전녹지지역 : 5,000[m²] 미만
② 관리지역 : 30,000[m²] 미만
③ 농림지역 : 30,000[m²] 미만
④ 자연환경보전지역 : 5,000[m²] 미만

38 전기시설물 설계 시 설계도서의 실시설계 성과물이 아닌 것은?

① 내역서, 산출서, 견적서
② 설계 설명서, 설계도면, 공사시방서
③ 용량계산서, 구조계산서, 부하계산서, 간선계산서
④ 설계계획서, 개량공사비 내역서, 시스템선정점토서

해설 실시설계 성과물

1) 실시설계도서
① 설계 설명서
② 설계도면
③ 공사시방서

2) 공사비 적산서
① 내역서
② 산출서
③ 견적서

정답 35. ③ 36. ② 37. ④ 38. ④

3) 설계계산서
① 조도계산서
② 부하계산서
③ 간선계산서
④ 용량계산서(변압기, 발전기 등)
⑤ 기타 계산서

4) 기타 사항
① 관공서 협의기록
② 관계자 협의기록
③ 기타 기록(설계자문, 심의 등)

도금된 형강
② 스테인리스 스틸(STS) : 녹이 잘 슬지 않게 만든 합금
③ 알루미늄합금
④ ①호부터 ③호까지 동등이상 성능

13.4.50 / 14.4.47 / 17.1.55 / 17.2.41 / 19.4.59

41 태양광발전설비의 준공 후 감리원이 발주자에게 인수 · 인계할 목록에 반드시 포함되어야 하는 서류가 아닌 것은?

① 안전교육 실적표
② 기자재 구매서류
③ 시설물 인수 · 인계서
④ 품질시험 및 검사성과 총괄표

해설 발주자에게 인계할 문서 목록
① 준공사진첩
② 준공도면
③ 품질시험 및 검사성과 총괄표
④ 기자재 구매서류
⑤ 시설물 인수 · 인계서
⑥ 그밖에 발주자가 필요하다고 인정하는 서류

13.4.70 / 15.2.66 / 17.2.39 / 18.1.70 / 18.2.73

39 한전계통에 이상이 발생 후 분산형전원이 재투입하기 위해서는 한전계통의 전압 및 주파수가 정상범위로 복귀 후 몇 분간 유지되어야 하는가?

① 1분 ② 2분 ③ 3분 ④ 5분

해설 한전계통에의 재병입(Reconnection)
① 한전계통에서 이상 발생 후 해당 한전계통의 전압 및 주파수가 정상 범위 내에 들어올 때까지 분산형전원의 재병입이 발생해서는 안 된다.
② 분산형전원 연계 시스템은 안정상태의 한전계통 전압 및 주파수가 정상 범위로 복원된 후 그 범위 내에서 5분간 유지되지 않는 한 분산형전원의 재병입이 발생하지 않도록 하는 지연기능을 갖추어야 한다.

14.4.93 / 15.2.76 / 15.4.98 / 16.4.97 / 17.1.92 / 17.2.42 / 17.4.57

42 태양광발전시스템 중 태양광모듈의 절연내력검사 시 기술기준 내용으로 옳은 것은?

① 최대 사용전압의 1배의 직류전압, 또는 1배의 교류전압을 충전부분과 대지사이에 5분간 인가하여 견뎌야 한다.
② 최대 사용 전압의 1배의 직류전압, 또는 1.5배의 교류전압을 충전부분과 대지사이에 10분간 인가하여 견뎌야 한다.
③ 최대 사용전압의 1.5배의 직류전압, 또는 1배의 교류전압을 충전부분과 재지사이에 10분간 인가하여 견뎌야 한다.
④ 최대 사용전압의 1.5배의 직류전압, 또는 1.5배의 교류전압을 충전부분과 대지사이에 5분간 인가하여 견뎌야 한다.

40 태양광 모듈 설계 시 가대의 수명을 30년 이상 보증하려고 할 때 선정 재질로 가장 바람직한 것은? (단, 경제성 고려는 하지 않는다.)

① 강재   ② 스테인리스
③ 강재+도색   ④ 강재+용융아연도금

해설 지지대, 연결부, 기초(용접부위 포함)
지지대간 연결 및 모듈-지지대 연결은 가능한 볼트로 체결하되, 절단가공 및 용접부위(도금처리제품 한정)는 용융아연도금처리를 하거나 에폭시-아연페인트를 2회 이상 도포하여야 한다.
① 용융아연 또는 용융아연-알루미늄-마그네슘합금

정답 39. ④ 40. ② 41. ① 42. ③

해설 태양전지 모듈의 절연내력

태양전지 모듈은 최대사용전압의 1.5배의 직류전압 또는 1배의 교류전압(500[V] 미만으로 되는 경우에는 500[V])을 충전부분과 대지사이에 연속하여 10분간 가하여 절연내력을 시험하였을 때에 이에 견디는 것이어야 한다.

43 특고압 계통에서 분산형전원의 연계로 인한 계통 투입, 탈락 및 출력 변동 빈도가 1일 4회 초과, 1시간에 2회 이하이면 순시전압변동률은 몇 [%]를 초과하지 않아야 하는가?

① 3 ② 4
③ 5 ④ 6

해설 순시전압변동률 허용기준

① 특고압 계통의 경우, 분산형전원의 연계로 인한 순시전압변동률은 발전원의 계통 투입·탈락 및 출력 변동 빈도에 따라 다음에서 정하는 허용 기준을 초과하지 않아야 한다.
② 단, 해당 분산형전원의 변동 빈도를 정의하기 어렵다고 판단되는 경우에는 순시전압변동률 3[%]을 적용한다.

변동 빈도	순시전압변동률
1시간에 2회 초과 10회 이하	3[%]
1일 4회 초과 1시간에 2회 이하	4[%]
1일에 4회 이하	5[%]

③ 저압계통의 경우, 계통 병입시 돌입전류를 필요로 하는 발전원에 대해서 계통 병입에 의한 순시전압변동률이 6[%]을 초과하지 않아야 한다.

13.4.14 / 15.2.10 / 16.4.31 / 17.2.17 / 18.1.64 / 18.2.8

44 접속함에 관한 설명으로 틀린 것은?

① 접속함 안에 바이패스 다이오드를 설치한다.
② 접속함은 노출이 적고, 소유자의 접근 및 육안확인이 용이한 장소에 설치하여야 한다.
③ 접속함 내부 발생 열을 배출할 수 있는 환기구 및 방열판을 설치하여야 한다.
④ 접속함 전면부는 직사광선을 견딜 수 있는 폴리카보네이트(PC) 또는 동등 이상의 재질로 제작하여야 한다.

해설 바이패스 다이오드

바이패스다이오드(Junction Box에 설치)

① 바이패스다이오드(Bypass Diode)는 전류를 한쪽방향으로만 흐르게 만들어 주는 부품으로 P에서 N방향으로 전류가 흐르고 반대 방향으로는 전류를 거의 통과시키지 않는다.
② 그림자로 인해 출력이 저하된 셀 또는 셀 그룹을 우회해 전류가 흐르도록 하고, 이를 통한 출력감소는 오직 그림자에 의해 가려진 셀 또는 셀 그룹에 해당하는 부분으로 제한해 출력을 유지한다.
③ 일반적으로 모듈 한 장(태양전지 6×9)에 셀 54개 배열의 경우에는 다이오드 3개(1개당 18개의 셀)를 설치한다.

13.4.56 / 14.4.49 / 15.4.53 / 17.1.58 / 17.2.45 / 19.4.43

45 전력계통에서 3권선 변압기(Y-Y-△)를 사용하는 주된 원인은?

① 승압용 ② 노이즈 제거
③ 제3고조파 제거 ④ 2가지 용량 사용

해설 분산형전원

배전계통연계시 승압용변압기의 1차 결선방식은 Y결선방식이며, 주로 Y-△-Y, Y-Y-△ 방식 등, △권선을 통해 인버터에서 발생하는 제3고조파를 제거 한다

46 공사업자가 공사시작과 동시에 감리원에게 작성, 제출하여야 할 가설시설물의 설치계획표에 포함되는 사항이 아닌 것은?

① 공사용도로
② 공사예정공정표
③ 공사용 임시전력
④ 가설사무소, 작업장, 창고 등의 부대시설

해설 현장사무소, 공사용 도로, 작업장부지 등의 선정
감리원은 공사 시작과 동시에 공사업자에게 다음에 따른 가설시설물의 면적, 위치 등을 표시한 가설시설물 설치계획표를 작성하여 제출하도록 하여야 한다.
① 공사용도로(발·변전설비, 송·배전설비에 해당)
② 가설사무소, 작업장, 창고, 숙소, 식당 및 그 밖의 부대설비
③ 자재 야적장

15.4.68 / 17.2.47 / 17.4.74

47 태양광발전시스템 공사 중 태양전지 어레이의 절연저항 측정에 필요한 시험 기자재로 가장 거리가 먼 것은?

① 온도계　　② 습도계
③ 계전기　　④ 절연저항계

해설 절연저항 측정시험 기자재

단락용 악어클립

① 절연저항계(Megger)
② 온도계
③ 습도계
④ 단락용 개폐기 및 단락용 악어클립

17.1.87 / 17.2.48

48 접지공사 시 접지극의 매설 깊이는 지하 몇 [cm] 이상으로 매설하여야 하는가?

① 30　　② 60
③ 75　　④ 120

해설 접지극의 매설

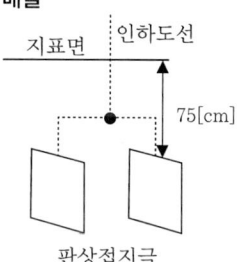

판상접지극

① 접지극은 매설하는 토양을 오염시키지 않아야 하며, 가능한 다습한 부분에 설치한다.
② 접지극은 지표면으로부터 지하 0.75[m] 이상으로 하되 동결 깊이를 감안하여 매설 깊이를 정해야 한다.
③ 접지도체를 철주 기타의 금속체를 따라서 시설하는 경우에는 접지극을 철주의 밑면으로부터 0.3[m] 이상의 깊이에 매설하는 경우 이외에는 접지극을 지중에서 그 금속체로부터 1[m] 이상 떼어 매설하여야 한다.

17.2.49 / 17.4.35 / 18.4.35 / 19.1.28

49 태양전지 어레이의 상정하중에 대한 설명으로 틀린 것은?

① 적설하중은 모듈면의 수직 적설하중을 나타낸다.
② 고정하중은 모듈과 지지물 등의 질량의 합이다.
③ 지진하중은 모듈에 가해지는 직선 지진력을 의미한다.
④ 풍압하중은 모듈과 지지물에 가해지는 풍압력의 합이다.

해설 구조물의 상정하중
① 수직하중 : 고정하중, 활하중, 적설하중
② 수평하중 : 풍하중, 지진하중
※ 활하중(Live Load)
　구조물의 용도에 따라 바닥이나 지붕위에 적재되는 이동 가능한 하중

정답 46. ② 47. ③ 48. ③ 49. ③

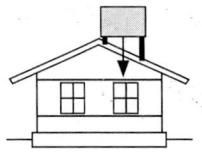

13.4.43 / 17.2.50 / 18.1.60 / 18.4.49 / 19.4.45

50 태양전지 모듈 및 어레이 설치 후의 설명이 아닌 것은?

① 태양전지 모듈의 극성이 올바른지 직류전압계로 확인한다.
② 태양전지 모듈의 설명서에 기재된 단락전류가 흐르는지 직류전류계로 측정한다.
③ 태양전지 모듈구조는 설치로 인해 다른 접지의 연접성이 훼손되지 않은 것을 사용한다.
④ 태양전지 모듈과 인버터 사이에 직류측 회로는 반드시 접지한다.

해설 태양전지에서 인버터까지의 직류전로에는 일반적으로 접지를 하지 않는다.

14.4.5 / 14.4.53 / 15.4.31 / 17.1.40 / 17.2.6 / 17.2.51 / 17.4.27 / 18.1.1 / 18.4.26

51 태양광발전시스템에 적용하는 피뢰방식이 아닌 것은?

① 돌침 방식　② 케이지 방식
③ 구조체 방식　④ 수평도체 방식

해설 외부 피뢰시스템

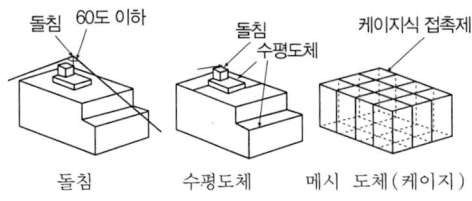

1) 수뢰부 시스템
① 뇌격이 피 보호범위내로 침입할 확률을 감소시키는 것
② 돌침(피뢰침), 수평도체, 메시 도체(케이지)방식의 개별 또는 이들의 조합으로 한다.
③ PV설비 전체를 보호할 수 있는 범위내로 해야 한다.

2) 인하도선 시스템
① 위험한 불꽃방전의 발생확률을 감소시키기 위하여 뇌격점과 대지사이를 연결하는 도선
② 다수의 병렬 전류통로를 형성해야 한다.
③ 전류통로의 배선 길이는 최소로 유지해야 한다.
④ 인하도선은 가능한한 수뢰부도체에서 직접 연결되도록 배치하여야 한다.
⑤ 인하도선은 지표면과 가까운 부분에 접지시험단자를 시설한다. 다만, 자연적 구성부재를 이용하는 경우는 생략한다.

3) 접지 시스템
① 위험한 과전압을 발생시키지 않고 뇌전류를 대지로 방류하기 위해서는 접지의 형상, 크기 및 접지저항 값이 중요하다. 다만, 일반적으로는 낮은 접지저항을 권장한다.
② 피뢰설비의 관점에서는 구조체를 사용한 통합단일의 접지가 바람직하며, 모든 접지목적(즉, 피뢰설비, 저압전력시스템, 통신시스템 등)에도 적합하다.

※ 케이지(Cage)방식
건조물의 주위를 피뢰도선으로 감싸는 방식으로 새장과 같이 되어 있어 케이지방식이라 하며, 어떠한 뇌격에 대해서도 완전히 보호되는 방식이다.

14.4.40 / 15.4.22 / 16.2.59 / 16.4.52 / 17.1.38 / 17.2.52 / 18.4.32 / 19.2.53

52 태양전지 어레이의 구조물 설치 시 지반상태에 따른 해결책이 아닌 것은?

① 연약층이 깊을 경우 독립기초로 한다.
② 지반의 허용지지력이 부족할 경우 저판 폭을 증가시키거나 지반을 치환한다.
③ 배면토의 강도정수가 부족할 경우 저판 폭을 증가시키거나 사면경사도를 완화한다.
④ 지반의 지하수위가 높을 경우 지지력저하로 침하가 발생할 수 있으므로 배수공을 설치한다.

해설 지반의 안정성 확보
① 기초지반이 연약하고 비교적 얕은 곳에 지지층이 있

는 경우, 연약층을 치환해야 하며, 지하수가 있는 경우에는 쇄석 등 양질의 것을 사용해야 한다.
② 연약층이 깊을 경우 말뚝기초를 검토해야 한다.
③ 배면토의 강도 정수가 부족할 경우 저판 폭을 증가시키거나 사면 경사도를 완화한다.
④ 지반의 지하수위가 높을 경우 지지력 저하로 침하가 발생할 수 있으므로 배수공을 설치한다.

17.2.53 / 18.1.62 / 18.2.64 / 20.2.68 / 20.3.78 / 21.1.76

53 계통연계형 소형 태양광 인버터의 옥외 설치 시 IP(Ingress Protection rating) 등급은?

① IP 20 이상
② IP 25 이상
③ IP 33 이상
④ IP 44 이상

해설 태양광발전용 인버터와 접속함의 IP등급

(1) 인버터

용도	형식	설치 장소	비 고
계통 연계형	3상	실내/실외	실내형: IP20이상
독립형계	3상	실내/실외	실외형: IP44이상

(2) 접속함

병렬 스트링 수에 의한 분류	설치장소에 의한 분류
소형(3회로 이하)	실내형: IP54 이상
	실외형: IP54 이상
중대형(4회로 이상)	실내형: IP20 이상
	실외형: IP54 이상

※ IP 등급의 표시

숫자	제1숫자 방수 보호정도	제2숫자 방수 보호정도
0	없음	없음
1	손의 접근으로부터 보호	수직으로 떨어지는 물방울로부터의 보호
2	손가락의 접근으로부터의 보호	수직에서 15° 범위에서 떨어지는 물방울로부터의 보호
3	공구의 선단 등으로부터 보호	수직에서 60° 범위에서 떨어지는 물방울로부터의 보호
4	WIRE 등으로부터의 보호	전방향으로 비산되는 물로부터의 보호
5	분진으로부터 보호	전방향으로 쏟아지는 물로부터의 보호
6	완전한 방진구조	파도 등의 강력하게 쏟아지는 물로부터의 보호
7	-	일정한 조건으로 물에 잠겨서 사용 가능
8	-	물속에서 사용 가능

54 전력계통의 단락용량 경감 대책으로 틀린 것은?

① 사고 시 모선 분리방식을 채용한다.
② 발전기와 변압기의 임피던스를 작게 한다.
③ 계통 간을 직류설비라든지 특수한 장치로 연계한다.
④ 계통을 분할하거나 송전선 또는 모선 간에 한류리액터를 삽입한다.

해설 단락용량 경감 대책
① %Z가 큰 변압기 선정
② 한류 리액터 설치
③ 계통의 분리(전원 분리)
④ Cascade 차단방식 선정
⑤ 계봉 연계기 실시

15.2.45 / 16.2.42 / 17.2.55 / 18.4.50 / 19.4.63

55 태양광발전시스템 시공 작업 중 감전 방지대책으로 가장 거리가 먼 것은?

① 일반장갑을 착용한다.
② 우천 시 작업을 금지한다.
③ 이중절연 처리된 공구를 사용한다.
④ 작업 전 태양전지 모듈표면에 차광막을 씌워 태양광을 차폐한다.

해설 안전 대책
① 작업전 태양전지 모듈 표면에 차광막을 씌워 태양광을 차폐한다.
② 절연 장갑을 사용한다.
③ 절연 처리된 공구를 사용한다.
④ 강우 시에는 감전사고와 미끄러짐으로 인한 추락사고로 이어질 우려가 있으므로 작업을 금지한다.
⑤ 중장비가 배전선로에 근접할 때에는 보호조치를 취한다.

13.4.55 / 14.4.22 / 15.2.41 / 16.4.59 / 17.1.57 / 17.2.56 / 18.2.58 / 18.4.53

56 태양광모듈 어레이 설치 후 확인 점검 시 사용하는 기기로만 짝지어진 것은?

① 교류전압계, 교류전류계
② 교류전압계, 직류전류계
③ 직류전압계, 직류전류계
④ 직류전압계, 교류전류계

해설 모듈의 배선 연결 후 점검 사항
① 전압 및 극성 확인
② 단락전류 측정

③ 접지확인(일반적으로 직류측 회로는 비접지한다)
※ 태양광모듈 어레이에서는 직류가 발생된다.

57 전력기술관리법 시행령 및 시행규칙의 감리원 업무범위가 아닌 것은?

① 현장 조사 및 분석
② 공사 단계별 기성 확인
③ 입찰참가자 자격심사 기준 작성
④ 현장 시공 상태의 평가 및 기술지도

해설 감리원의 업무 범위
① 공사계획의 검토
② 공정표의 검토
③ 발주자·공사업자 및 제조자가 작성한 시공설계도 서의 검토·확인
④ 공사가 설계도서의 내용에 적합하게 시행되고 있는 지에 대한 확인
⑤ 전력시설물의 규격에 관한 검토·확인
⑥ 사용자재의 규격 및 적합성에 관한 검토·확인
⑦ 전력시설물의 자재 등에 대한 시험성과에 대한 검 토·확인
⑧ 재해예방대책 및 안전관리의 확인
⑨ 설계 변경에 관한 사항의 검토·확인
⑩ 공사 진행 부분에 대한 조사 및 검사
⑪ 준공도서의 검토 및 준공검사
⑫ 하도급의 타당성 검토
⑬ 설계도서와 시공도면의 내용이 현장 조건에 적합한 지 여부와 시공 가능성 등에 관한 사전 검토
⑭ 그밖에 공사의 질을 높이기 위하여 필요한 사항으로 서 산업통상자원부령으로 정하는 사항

58 태양광발전시스템 중 태양전지 어레이용 가대의 재질 및 형태에 따른 검토사항 중 아닌 것은?

① 절삭 등의 가공이 쉽고 무거워야 한다.
② 최소 20년 이상의 내구성을 가져야 한다.
③ 불필요한 가공을 피할 수 있도록 규격화 되 어야 한다.
④ 염해, 공해 등을 고려하여 녹이 발생하지 않 아야 한다.

해설 어레이용 가대의 재질 및 형태에 따른 검토사항

구조물 부식(염해)

① 지지물의 자중, 적재하중 및 구조하중에 맞게 안전한 구조의 것으로 20년 이상의 내구성을 가져야 한다.
② 구조물의 자재인 강재류는 현장에서 절단, 가공하지 않도록 규격화되어야 한다.
③ 염해 등에 의해 녹이 발생하지 않아야 한다.

59 태양전지의 모듈 설치 및 조립 시 주의사항으로 틀린 것은?

① 태양전지 모듈의 파손방지를 위해 충격이 가지 않도록 한다.
② 태양전지 모듈과 가대의 접합 시 부식방지 용 가스켓을 적용한다.
③ 태양전지 모듈을 가대의 상단에서 하단으로 순차적으로 조립한다.
④ 태양전지 모듈의 필요 정격전압이 되도록 1 스트링의 직렬매수를 선정한다.

해설 모듈 설치와 가스켓(Gasket)
1) 모듈은 가대의 하단을 먼저 설치하고 상단을 조립한다. (하단의 모듈 고정후 고정된 모듈 프레임 위에 상단 의 모듈을 올려놓아 상단의 모듈 설치가 수월하다)

1차 고정된 하단 모듈의 프레임 측면에 상단모듈 을 올려놓고 상단 모듈 의 고정작업을 한다.

2) 가스켓(Gasket)

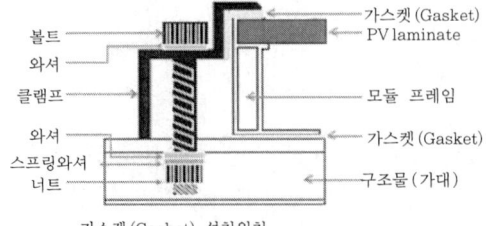
가스켓(Gasket) 설치위치

① 두 개의 고정된 부품 사이에서 물이나 가스의 누수 방지를 위하여 끼워 넣는 패킹(packing)이지만, 태양광모듈 설치시는 이종금속 접합부의 절연 역할을 한다.
② 이종금속의 접촉부식 : 종류가 다른 금속이 접촉한 상태에서 염분 등 전해질(전류 운반매체로 용액, 토양 등) 용액에 접촉되면 그곳에 국부전지가 형성되어, 그 용액 중에서 금속의 전극 전위에 따라서 마이너스(-) 전위가 높은 금속이 양극으로 되어 용액 중에서 용해하여 부식되며, 대기중의 습기나 온도의 영향을 받아서 접촉부식이 발생할 수 있다.
③ 태양광 모듈 프레임(알루미늄)과 가대(철)의 접합 시에는 부식방지를 위해 가스켓을 사용하여 조립한다.

13.4.60 / 17.2.60

60 설계 감리원이 설계업자로부터 착수신고서를 제출받아 적정성 여부를 검토하여 보고하여야 하는 것은?

① 근무상황부　　② 예정공정표
③ 설계감리일지　④ 설계감리기록부

해설 설계용역의 관리
설계감리원은 설계업자로부터 착수신고서를 제출받아 다음의 사항에 대한 적정성 여부를 검토하여 보고하여야 한다.
① 예정공정표
② 과업수행계획 등 그밖에 필요한 사항

14.4.79 / 16.4.68 / 17.2.61 / 17.4.68 / 19.2.70

61 자가용 태양광 발전소의 태양전지·전기설비 계통의 정기검사 시기는?

① 1년 이내　　② 2년 이내
③ 3년 이내　　④ 4년 이내

해설 자가용/전기사업용전기설비의 정기검사
① 태양광·전기설비 계통 : 4년 이내
② 구역전기사업자의 송전·변전 : 2년 이내

62 박막 태양광발전 모듈은 광조사 시험 후 STC 조건에서의 최대 출력 측정값이 제조자가 표시한 정격 출력 최소값의 최소 몇 [%] 이상이어야 하는가?

① 80　　② 85
③ 90　　④ 95

해설 박막 태양광 모듈의 광조사시험
① 최대출력 : 시험후 STC조건에서의 측정값은 제조자가 표시한 정격출력의 최소값의 90[%] 이상일 것
② 균일도는 5[%] 이내일 것
③ 절연저항 : 기준에 만족할 것
④ 외관 : 두드러진 이상이 없고, 표시는 판독할 수 있으며 기준에 만족할 것

17.1.71 / 17.1.72 / 17.2.63

63 태양광발전시스템의 운전 시 조작 방법으로 틀린 것은?

① Main, VCB 전압 확인
② 접속반, 인버터 DC전압 확인
③ 즉시 인버터 정상작동여부 확인
④ DC용 차단기 ON, AC측 차단기 ON

해설 태양광발전시스템 운전조작방법
① Main VCB반 전압 확인
　(VCB를 통해 전력계통의 전기가 투입돼야만 인버터 가동됨)
② 인버터 AC 전압 확인
③ 접속반, 인버터의 DC전압 확인
④ DC용 차단기 ON, AC측 차단기 ON
⑤ 인버터의 정상동작 여부확인(5분후 동작)

※ 태양광발전시스템의 응급조치방법
① 접속함의 DC 메인 전원 스위치를 개방(off)한다.
② 인버터의 전원 스위치를 개방(off)한다.
③ 한전차단기를 개방(off)한다.
④ 태양광발전시스템을 점검한다.
⑤ 이상이 없을 시 역순으로 작동한다.

정답　60. ②　61. ④　62. ③　63. ③

64 태양광발전시스템 운전조작 방법 중 태양전지 모듈에 대한 설명으로 틀린 것은?

① 태양전지 모듈 표면은 주로 일반 유리로 되어 있어, 약한 충격에도 파손될 수 있다.
② 태양전지 모듈 표면에 그늘이 지거나, 나뭇잎 등이 떨어져 있는 경우 전체적인 발전효율 저하 요인으로 작용할 수 있다.
③ 발전효율을 높이기 위해 부드러운 천으로 이물질을 제거하며, 태양전지 모듈 표면에 흠이 생기지 않도록 주의해야 한다.
④ 풍압이나 진동으로 인하여 태양전지 모듈과 형강의 체결 부위가 느슨해지는 경우가 있으므로 정기적으로 점검해야 한다.

[해설] 저철분 강화유리
태양광발전 모듈에 사용되는 유리는 주로 두께 3.2[mm](일부4[mm])가 사용되며, 철분함량 150[PPM]이하의 저철분 유리를 강화 처리한 제품으로 모듈내부와 태양전지를 보호하고 투과율 (91[%] 이상) 및 집광은 최대화, 반사율은 최소화 하여 태양전지의 발전효율을 최대화 시킬 목적으로 제작됨

16.4.62 / 17.2.65 / 18.2.42 / 18.4.37

65 전기사용전기설비 검사를 받고자 하는 자는 안전공사에 검사희망일 며칠 전에 정기검사를 신청하여야 하는가?

① 3 ② 5 ③ 7 ④ 10

[해설] 사용전검사
① 각종 발전설비, 송·변전·배전설비 및 가로등, 신호등, 보안등, 공장, 상가 등 대형건물의 설치공사 또는 변경공사를 완료하고, 그 전기설비가 공사계획의 인가 또는 신고를 한 내용 및 전기설비기술기준에 적합한 지의 여부에 대한 검사를 산업통상자원부장관 또는 시·도지사로부터 위탁받아 한국전기안전공사에서 수행한다.
② 태양광 발전소에 관한 공사의 경우에는 전체의 공사가 완료된 때 검사를 실시한다.
③ 사용전검사를 받으려는 자는, 검사를 받으려는 날의 7일전까지 한국전기안전공사에 사용전검사 신청서를 제출하여야 한다.

13.4.68 / 17.2.66 / 18.4.70

66 태양전지 어레이의 출력 확인 시험 중 개방전압 측정순서에 대한 설명으로 틀린 것은?

① 접속함의 주개폐기를 개방(OFF)한다.
② 접속함의 각 스트링의 MCCB 또는 퓨즈가 있는 경우 개방(OFF)한다.
③ 각 모듈이 그늘 져 있지 않은지 확인한다.
④ 출력개폐기의 입력부에 서지 업서버를 취부하고 있는 경우에는 접지단자를 분리시킨다.

[해설] 개방 전압 측정순서

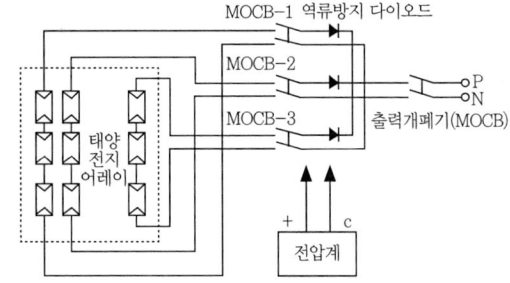

① 접속함 출력개폐기를 OFF한다.
② 접속함 각 스트링의 단로스위치(MCCB)를 모두 OFF한다.
③ 각 모듈이 음영의 영향을 받지 않는 것을 확인한다. (모듈의 불량 또는 모듈간의 접속불량 등이 발생하면 각 스트링의 개방전압 측정치가 불균일하다)
④ 측정하는 스트링의 단로스위치(MCCB)를 OFF하여 측정한다. (직류전압계로 각 스트링의 P-N 단자간 전압을 측정한다)

정답 64. ① 65. ③ 66. ④

15.2.72 / 15.4.80 / 16.2.64 / 16.4.74 / 17.1.78 / 17.2.67 /
17.4.80 / 18.2.65 / 18.2.68 / 18.4.80 / 19.2.80

67 태양광발전시스템의 점검에서 유지보수 점검 종류가 아닌 것은?

① 일시점검 ② 일상점검
③ 정기점검 ④ 임시점검

해설 전기설비 점검의 종류

1) 일상(순시)점검
① 태양광발전시스템의 기능을 유지하기 위한 점검
② 매일의 일상(순시)점검은 문을 열어 점검한다던가, 커버를 해체한 후 점검한다던가 하는 것이 아니고 이상한 소리, 냄새, 손상 등을 배전반, 인버터 등의 외부에서 점검항목의 대상항목에 따라 점검하는 것
③ 이상상태를 발견한 경우에는 배전반, 인버터의 문을 열고 이상의 정도를 확인한다.
④ 이상의 상태가 직접 운전을 하지 못할 정도로 전개되는 경우를 제외하고는 이상상태의 내용을 기록하여 정기점검 시에 점검한다.

2) 정기점검
① 태양광발전시스템의 기능을 확인하고 유지하기 위한 계획을 수립하여 점검하는 것
② 원칙적으로 시설물을 정지상태에서 운전제어장치의 기계점검, 절연저항측정, 배전반 및 인버터의 기능을 확인하고 유지하기 위한 계획을 수립하여 점검
③ 모선을 정전하지 않고 점검을 하여야 할 경우에는 안전사고가 일어나지 않도록 주의하여야 한다.

3) 임시점검
① 일상순시점검 및 정기점검에 의하여 상세하게 점검할 필요가 있을 때 실시한다.
② 1개월 이상 사용하지 않았던 설비를 사용할 때는 사용을 개시하기 전에 점검을 실시할 필요가 있으며 또 일정 규모 이상의 폭풍이나 지진이 있은 뒤 등에는 임시점검을 실시하여야 한다.

68 소형 태양광 발전용 3상 독립형 인버터의 경우 부하 불평형 시험 시 정격 용량에 해당하는 부하를 연결한 후 U상, V상, W상 중 한 상의 부하를 0으로 조정한 후 몇 분 동안 운전하는가?

① 10 ② 15
③ 30 ④ 60

해설 부하불평형시험
① 3상 독립형 인버터에 적용한다.
② 정격용량에 해당하는 부하를 연결한 후 U, V, W상 중 한상의 부하를 0으로 조정한 후 30분 동안 운전한다.
③ 30분간 안전하게 운전할 것

69 태양광발전용 접속함의 환경시험 중 충격시험에서의 시험조건으로 틀린 것은?

① 정현반파
② 가속도 : 500[m/s^2]
③ 공칭 펄스 : 11[ms]
④ 상하 방향 각 5회

해설 상하방향 각 3회

17.2.70 / 18.1.71

70 중대형 태양광발전용 계통연계형 인버터의 효율 시험에 대한 설명으로 틀린 것은?

① Euro 변환 효율로 측정한다.
② 운전시작 후 최소한 1시간 이후에 효율을 측정한다.
③ 정격용량이 10[kW] 초과 30[kW] 이하에서의 효율은 90[%] 이상이어야 한다.
④ 정격용량이 30[kW] 초과 100[kW] 이하에서의 효율은 92[%] 이상이어야 한다.

해설 효율시험
① 교류 전원을 정격전압 및 정격 주파수로 운전한다.
② 운전시작 후 최소한 2시간 이후에 측정한다.

정답 67.① 68.③ 69.④ 70.②

71. 결정질 실리콘 태양광발전 모듈의 성능을 시험하는 시험장치가 아닌 것은?

① 항온항습 장치   ② 염수분무 장치
③ 우박시험 장치   ④ 저온방전시험 장치

해설 결정질 실리콘 모듈의 시험장치
① 인장력측정기
② 절연저항계
③ 쏠라시뮬레이터
④ NOCT 측정 장치
⑤ 옥외노출 시험장치
⑥ 열점내구성시험장치
⑦ UV시험장치
⑧ 항온항습장치
⑨ 단자강도 시험장치
⑩ 절연저항시험장치
⑪ 습윤 누설전류 시험장치
⑫ 기계적하중 시험장치
⑬ 우박시험장치
⑭ 온도계수 측정 장치
⑮ 내전압시험장치
⑯ 염수분무장치
⑰ 바이패스다이오드 시험장치

72. 도체의 저항, 두 점 사이의 전압 및 전류세기를 측정하는 검사장비는?

① 검전기   ② 멀티미터
③ 접지저항계   ④ 오실로스코프

해설 멀티미터

여러 가지의 측정 기능을 결합한 전자 계측기이며, 전형적인 멀티미터는 전압, 전류, 전기저항을 측정하는 능력은 기본적으로 가지는 기능이며, 장치에 따라 기타 측정 기능이 추가되기도 한다.

73. 태양광발전시스템에서 사용되는 송·변전 시스템 점검사항 중 비상정지회로의 점검은 언제 수행되어야 하는가?

① 정기점검   ② 일시점검
③ 외관점검   ④ 일상순시점검

해설 전기설비의 보수점검
① 비상정지회로는 정기점검시에 동작확인을 한다.
② 비나 바람이 강한 날은 평상시에 일어나지 않는 현상이 발생할 수 있으므로 특히 이점을 고려하여 순시를 하여야 한다.
③ 배전반 부근에서 건축공사 등을 시행하는 경우에는 분진의 침입 및 진동에 의해 기기가 손상이 일어나지 않도록 조치한다.

14.4.75 / 17.2.74 / 18.1.77 / 19.2.75

74. 태양광발전시스템 성능평가의 분류로 틀린 것은?

① 경제성   ② 신뢰성
③ 설치형태   ④ 발전성능

해설 태양광발전시스템 성능평가의 대분류
① 태양광 발전 시스템 구성 요인의 성능 및 신뢰성
② 태양광 발전 시스템의 사이트
③ 태양광 발전 시스템의 신뢰성
④ 태양광 발전 시스템의 설비 설치비용(경제성)
⑤ 태양광 발전 시스템의 발전 전력 생산 능력(발전성능)

14.4.74 / 17.2.75

75. 태양전지 어레이 점검 시 가장 먼저 점검해야 하는 것은?

① 개방전류   ② 정격전류
③ 개방전압   ④ 단락전압

해설 개방전압(Open Circuit Voltage)
태양전지 셀 모듈의 출력단자를 개방한 때의 양 단자간의 전압(Voc), 단위 [V], 특정한 온도와 일조 강도에서 부하를 연결하지 않은 개방 상태의 태양광발전설비 양

정답 71. ④ 72. ② 73. ① 74. ③ 75. ③

단에 걸리는 전압을 말하며, 태양전지 스트링과 모듈의 동작불량, 직렬 접속선의 결선 누락 등, 각 스트링의 연결 상태확인이 가능하여, 우선적으로 실시한다.

76 태양광발전시스템에서 사용되는 배선 케이블의 손상유무를 파악하는 육안점검 사항으로 틀린 것은?

① 배선의 저항
② 배선의 늘어짐
③ 배선의 결선상태
④ 배선의 변색 및 변형

해설 전선의 저항값은 회로시험기로 측정한다.

77 누전에 의한 인사사고 및 화재로부터 인명과 재산을 지키기 위해 전기기기의 접지를 완벽하게 시공해야 한다. 이에 해당하는 대상이 아닌 것은?

① 금속관
② 목재구조
③ 전기기기의 가대
④ 케이블 피복금속체

해설 접지(Earth grounding)

기기 접지(×)

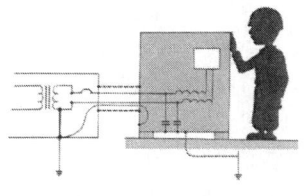
기기 접지(○)

제품에 이상이 있어 누전이 되는 제품에 신체가 닿으면 전류는 그 사람의 몸속을 통하여 대지로 흘러나가는데, 전류 값이 큰 경우에는 치명적인 장애 또는 사망까지 이른다. 이러한 위험 상태를 예방하고자 전기회로 또는 전기 장비의 한 부분을 도선으로 땅(ground)에 연결하는 것

78 접속함에 설치된 태양전지와 접지선 간의 절연 저항은 DC 500[V] 메거로 측정 시 최소 몇 [MΩ] 이상이어야 하는가?

① 0.1
② 0.2
③ 0.5
④ 1

해설 접속반 DC 500[V] 절연저항시험
① 태양전지–접지선(각 회로별) 간 0.2[MΩ]
② 출력단자–접지선간 1[MΩ] 이상일 것

79 태양광발전시스템의 일상점검 시 태양전지 어레이의 육안점검 항목이 아닌 것은?

① 접지저항
② 지지대의 부식 및 녹
③ 표면의 오염 및 파손
④ 외부배선(접속케이블)의 손상

해설 태양전지(어레이)의 육안점검
① 모듈의 오염 및 파손
② 프레임 파손 및 변형유무
③ 접속케이블의 손상 및 접속단자 풀림
④ 가대의 고정(볼트 및 너트의 풀림) 및 접지
⑤ 가대의 부식 및 녹 발생
⑥ 지붕재의 파손 및 지지기구와의 고정상태
※ 접지저항 : 정기점검 항목

14.4.64 / 17.2.80

80 태양광발전시스템에 설치된 퓨즈의 고장을 점검하기 위한 방법으로 틀린 것은?

① 육안 검사
② 다기능 측정
③ 전력망 분석
④ 입출력 측정

해설 퓨즈의 고장 점검방법
① 육안검사
② 다기능 측정
③ 입출력 측정

※ 전력망

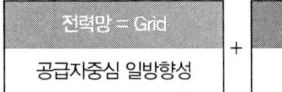

① 전기를 생산하여 전기사용자에게 공급하는 데에 필요한 전기설비와 이를 통제·관리하는 체계
② 전력망에 정보통신기술을 적용하여 전기의 공급자와 사용자가 실시간으로 정보를 교환하는 등의 방법을 통하여 전기를 공급함으로써 에너지 이용효율을 극대화하는 전력망을 지능형전력망(smart grid)이라 한다.

81 KEC 한국전기설비규정의 변경으로 삭제됨

82 KEC 한국전기설비규정의 변경으로 삭제됨

83 녹색인증의 유효기간은 녹색 인증을 받은 날부터 몇 년으로 하는가? (단, 유효기간을 연장하지 않는 경우이다)

① 1
② 3
③ 5
④ 10

해설 녹색기술·녹색사업의 적합성 인증 및 녹색전문기업 확인(녹색성장법 시행령 제19조)
① 중앙행정기관의 장은 소관 분야에 대하여 녹색기술·녹색사업에 대한 적합성 인증 및 녹색전문기업의 확인을 한다.
② 녹색인증을 받으려는 자는 소관 중앙행정기관의 장에게 녹색인증을 신청하며, 신청을 받은 소관 중앙행정기관의 장은 신청한 내용을 평가하는 기관을 지정하여 녹색인증의 평가를 의뢰하여야 한다.
③ 평가기관의 평가 결과를 확인하고 녹색인증의 여부를 결정하기 위하여 관련 중앙행정기관 공동으로 녹색인증심의위원회를 둔다.
④ 소관 중앙행정기관의 장은 녹색인증의 신청 접수 및 평가기관의 평가 업무의 지원 등에 관한 업무를 한국산업기술진흥원에 위탁한다.
⑤ 소관 중앙행정기관의 장은 녹색인증을 신청한 자에게 인증에 필요한 비용을 부담하게 할 수 있다.
⑥ 녹색인증의 유효기간은 녹색 인증을 받은 날부터 3년으로 하고, 그 유효기간은 1회에 한정하여 3년 이내에서 연장할 수 있다.

84 한국전력거래소의 수행업무가 아닌 것은?

① 전력계통의 설계에 관한 업무
② 회원의 자격 심사에 관한 업무
③ 전력거래량의 계량에 관한 업무
④ 전력시장의 개설·운영에 관한 업무

해설 한국전력거래소 업무(전기사업법 제36조)
① 전력시장 및 소규모전력중개시장의 개설·운영에 관한 업무
② 전력거래에 관한 업무
③ 회원의 자격 심사에 관한 업무
④ 전력거래대금 및 전력거래에 따른 비용의 청구·정산 및 지불에 관한 업무
⑤ 전력거래량의 계량에 관한 업무
⑥ 전력시장운영규칙 및 중개시장운영규칙 등 관련 규칙의 제정·개정에 관한 업무
⑦ 전력계통의 운영에 관한 업무
⑧ 전기품질의 측정·기록·보존에 관한 업무

정답 80. ③ 81. 82. 83. ② 84. ①

85.

13.4.98 / 16.2.86 / 17.2.85 / 19.2.95

최대사용전압이 22.9[kV]인 중성점 접지식 전로(중성선을 가지는 것으로서 그 중성선을 다중 접지 하는 것에 한한다)의 절연내력 시험전압은 최대사용전압의 몇 배의 전압인가?

① 1.25
② 1.12
③ 0.92
④ 0.80

해설 전로의 절연저항 및 절연내력

① 사용전압이 저압인 전로에서 정전이 어려운 경우 등 절연저항 측정이 곤란한 경우에는 누설전류를 1[mA] 이하로 유지하여야 한다.
② 고압 및 특고압의 전로(회전기, 정류기, 연료전지 및 태양전지 모듈의 전로, 변압기의 전로, 기구 등의 전로 및 직류식 전기철도용 전차선을 제외한다)는 표에서 정한 시험전압을 전로와 대지 사이(다심 케이블은 심선 상호 간 및 심선과 대지 사이)에 연속하여 10분간 가하여 절연내력을 시험하였을 때에 이에 견디어야 한다.

기구 등의 구분	이격거리
1. 최대사용전압 7[kV] 이하인 전로	최대사용전압의 1.5배의 전압
2. 최대사용전압 7[kV]초과 25[kV] 이하인 중성점 접지식 전로(중성선을 가지는 것으로서 그 중성선을 다중접지 하는 것에 한한다)	최대사용전압의 0.92배의 전압
3. 최대사용전압 7[kV]초과 60[kV] 이하인 전로	최대사용전압의 1.25배의 전압(10,500[V] 미만으로 되는 경우는 10,500[V])
4. 최대사용전압 60[kV]초과 중성점 비접지식전로	최대사용전압의 1.25배의 전압
5. 최대사용전압 60[kV]초과 중성점 접지식 전로	최대사용전압의 1.1배의 전압(75[kV] 미만으로 되는 경우에는 75[kV])
6. 최대사용전압이 60[kV] 초과 중성점 직접접지식 전로	최대사용전압의 0.72배의 전압
7. 최대사용전압이 170[kV]초과 중성점 직접 접지식 전로로서 그 중성점이 직접 접지되어 있는 발전소 또는 변전소 혹은 이에 준하는 장소에 시설하는 것	최대사용전압의 0.64배의 전압
8. 최대사용전압이 60[kV]를 초과하는 정류기에 접속되고 있는 전로	교류측 및 직류 고전압측에 접속되고 있는 전로는 교류측의 최대사용전압의 1.1배의 직류전압
	직류측 중성선 또는 귀선이 되는 전로는 계산식에 의하여 구한 값

86.

전력수급기본계획의 수립과 관련하여 기본계획에 포함되어야 할 사항으로 틀린 것은?

① 전력생산의 관리에 관한 사항
② 전력수급의 기본방향에 관한 사항
③ 전력수급의 장기전망에 관한 사항
④ 발전설비계획 및 주요 송전·변전설비계획에 관한 사항

해설 전력수급기본계획의 수립(전기사업법 제25조)

1) 산업통상자원부장관은 전력수급의 안정을 위하여 전력수급기본계획을 수립하여야 한다.

2) 산업통상자원부장관은 기본계획을 수립하거나 변경하고자 하는 때에는 관계 중앙행정기관의 장과 협의하고 공청회를 거쳐 의견을 수렴한 후 전력정책심의회의 심의를 거쳐 이를 확정한다.

3) 기본계획에는 다음의 사항이 포함되어야 한다.
① 전력수급의 기본방향에 관한 사항
② 전력수급의 장기전망에 관한 사항
③ 발전설비계획 및 주요 송전·변전설비계획에 관한 사항
④ 전력수요의 관리에 관한 사항
⑤ 직전 기본계획의 평가에 관한 사항
⑥ 분산형전원의 확대에 관한 사항
⑦ 그밖에 전력수급에 관하여 필요하다고 인정하는 사항

정답 85. ③ 86. ①

87 신·재생에너지 공급의무자의 2017년도 의무공급량의 비율[%]은?

① 2　　② 3
③ 4　　④ 5

해설 연도별 의무공급량의 합계 등(신재생에너지법 시행령 제18조의4)

① 의무공급량의 연도별 합계는 공급의무자의 다음 계산식에 따른 총전력생산량에 연도별 의무공급량의 비율을 곱한 발전량 이상으로 한다. 이 경우 의무공급량은 공급인증서를 기준으로 산정한다.

> 총전력생산량 = 지난 연도 총전력생산량 − (신·재생에너지 발전량 + 일반용전기설비 중 산업통상자원부장관이 정하여 고시하는 설비에서 생산된 발전량)

② 산업통상자원부장관은 3년마다 신·재생에너지 관련 기술 개발의 수준 등을 고려하여 연도별 의무공급량의 비율을 재검토하여야 한다.

※ 연도별 의무공급량의 비율

해당 연도	비율[%]
2012년	2.0
2013년	2.5
2014년	3.0
2015년	3.0
2016년	3.5
2017년	4.0
2018년	5.0
2019년	6.0
2020년	7.0
2021년	9.0
2022년	12.5
2023년	13.0
2024년	13.5
2025년	14.0
2026년	15.0
2027년	17.0
2028년	19.0
2029년	22.5
2030년 이후	25.0

88 산업통상자원부장관은 공용화 품목의 개발, 제조 및 수요·공급 조절에 필요한 자금의 몇 [%] 까지 중소기업자에게 융자할 수 있는가?

① 20　　② 40
③ 60　　④ 80

해설 신·재생에너지 설비 및 그 부품 중 공용화 품목의 지정 절차 등(신재생에너지법 시행령 제24조)

1) 신·재생에너지 설비 및 그 부품 중 공용화 품목의 지정을 요청하려는 자는 산업통상자원부령으로 정하는 바에 따라 대상 품목의 명칭, 규격, 지정 요청 사유 및 기대효과 등을 적은 지정요청서에 대상 품목에 대한 설명서를 첨부하여 산업통상자원부장관에게 제출하여야 한다.

2) 산업통상자원부장관은 지정 요청을 받은 경우에는 전문가 및 이해관계인의 의견을 들은 후 해당 신·재생에너지 설비 및 그 부품을 공용화 품목으로 지정할 수 있다.

3) 산업통상자원부장관은 공용화 품목의 개발, 제조 및 수요·공급 조절에 필요한 자금을 다음의 구분에 따른 범위에서 융자할 수 있다.
① 중소기업자: 필요한 자금의 80[%]
② 중소기업자와 동업하는 중소기업자 외의 자: 필요한 자금의 70[%]
③ 그밖에 산업통상자원부장관이 인정하는 자: 필요한 자금의 50[%]

89 전선을 접속하는 경우 전선의 세기를 최소 몇 [%] 이상 감소시키지 않아야 하는가?

① 10　　② 20
③ 25　　④ 30

해설 전선의 접속법

① 전선을 접속하는 경우에는 전선의 전기저항을 증가시키지 않도록 접속하여야 한다.
② 나전선 상호 또는 나전선과 절연전선을 접속할 경우

정답 87. ③　88. ④　89. ②

에는 전선의 세기(인장하중)를 20[%]이상 감소시키지 아니할 것

17.2.90 / 19.1.86

90 등록사항의 변경신고를 하려는 자는 그 사유가 발생한 날부터 며칠 이내에 전기공사업 등록사항 변경신고서에 등록증 및 등록수첩과 구비서류를 첨부하여 지정공사업자단체에 제출하여야 하는가?

① 30　　② 60
③ 90　　④ 120

해설 **등록사항 변경신고(전기공사업법 시행규칙 제8조)**
등록사항의 변경신고를 하려는 자는 그 사유가 발생한 날부터 30일 이내에 전기공사업 등록사항 변경신고서(전자문서로 된 신고서를 포함한다)에 등록증 및 등록수첩과 다음의 구분에 따른 서류를 첨부하여 지정공사업자단체에 제출하여야 한다.
① 사무실 소재지가 변경된 경우: 임대차계약서 사본(임대차인 경우만 해당한다)
② 대표자가 변경된 경우: 변경된 대표자의 인적사항이 적힌 서류
③ 자본금이 변경된 경우: 기업진단보고서
④ 전기공사기술자가 변경된 경우: 전기공사기술자 보유 현황

14.4.98 / 17.1.100 / 17.2.91

91 산업통상자원부장관이 신·재생에너지 기술개발 및 이용·보급 사업비의 조성에 따라 조성된 사업비를 사용할 수 있는 사업이 아닌 것은?

① 신·재생에너지 공급의무화 지원
② 신·재생에너지 이용의무화 지원
③ 신·재생에너지 설비 설치기업의 지원
④ 신·재생에너지 설비 및 그 부품의 특성화 지원

해설 **조성된 사업비의 사용**

① 신·재생에너지의 자원조사, 기술수요조사 및 통계작성
② 신·재생에너지의 연구·개발 및 기술평가
③ 신·재생에너지 공급의무화 지원
④ 신·재생에너지 설비의 성능평가·인증 및 사후관리
⑤ 신·재생에너지 기술정보의 수집·분석 및 제공
⑥ 신·재생에너지 분야 기술지도 및 교육·홍보
⑦ 신·재생에너지 분야 특성화대학 및 핵심기술연구센터 육성
⑧ 신·재생에너지 분야 전문인력 양성
⑨ 신·재생에너지 설비 설치기업의 지원
⑩ 신·재생에너지 시범사업 및 보급사업
⑪ 신·재생에너지 이용의무화 지원
⑫ 신·재생에너지 관련 국제협력
⑬ 신·재생에너지 기술의 국제표준화 지원
⑭ 신·재생에너지 설비 및 그 부품의 공용화 지원
⑮ 그밖에 신·재생에너지의 기술개발 및 이용·보급을 위하여 필요한 사업으로서 대통령령으로 정하는 사업

14.4.86 / 17.2.92

92 발전소·변전소 또는 이에 준하는 곳에 시설하는 배전반에 고압용 기구 또는 전선을 시설하는 경우 적당하지 않은 것은?

① 점검이 용이하게 통로를 시설할 것
② 기기조작에 필요한 공간을 확보할 것
③ 회로 설비는 반드시 관에 넣어 시설할 것
④ 취급에 위험을 주지 않도록 방호장치를 할 것

해설 **배전반의 시설**
① 발전소·변전소·개폐소 또는 이에 준하는 곳에 시설하는 배전반에 붙이는 기구 및 전선(관에 넣은 전선 및 개장한 케이블을 제외한다)은 점검할 수 있도록 시설하여야 한다.
② 배전반에 고압용 또는 특고압용의 기구 또는 전선을 시설하는 경우에는 취급자에게 위험이 미치지 않도록 적당한 방호장치 또는 통로를 시설하여야 하며, 기기조작에 필요한 공간을 확보하여야 한다.

정답 90. ① 91. ④ 92. ③

93 전기안전에 관하여 산업통상자원부장관에게 보고할 사항이 아닌 것은?

① 점검이 용이하게 통로를 시설할 것
② 전기안전관리자의 선임 및 해임에 관한 사항
③ 부적합 전기설비에 대한 조치 내용 및 처리 결과
④ 전기안전관리대행사업자 및 개인대행자의 등록 및 신고수리 현황

해설 보고(전기사업법 시행규칙 제50조의2)

시·도지사, 시장·군수·구청장, 안전공사 및 전기판매사업자가 산업통상자원부장관에게 보고하여야 할 사항 및 시기

1) 시·도지사, 시장·군수 또는 구청장의 보고사항

보고사항	보고기한
① 부적합 전기설비에 대한 조치 내용 및 처리 결과	해당 연도 실적을 다음해 1월 31일까지 보고
② 전기안전관리대행사업자 및 개인대행자의 등록 및 신고수리 현황	

2) 안전공사의 보고사항

해당 연도	보고기한
① 검사업무 실시 결과	해당 연도 실적을 다음해 1월 31일까지 보고
② 일반용전기설비 점검 결과	
③ 여러 사람이 이용하는 시설의 안전점검 결과	

3) 전기판매사업자의 보고사항

보고사항	보고기한
① 일반용전기설비 사용전 점검 결과	해당 연도 실적을 다음해 1월 31일까지 보고
② 전기공급 정지 현황	

94 KEC 한국전기설비규정의 변경으로 삭제됨

95 산업통상자원부장관이 혼합의무자에게 제출을 요구하는 자료 중 신·재생에너지 연료 혼합시설에 대한 자료가 아닌 것은?

① 신·재생에너지 연료 혼합시설 현황
② 신·재생에너지 연료 혼합시설 변동사항
③ 신·재생에너지 연료 혼합시설의 구매단가
④ 신·재생에너지 연료 혼합시설의 사용실적

해설 신·재생에너지 연료 혼합의무(신재생에너지법 시행령 제26조의2)

석유정제업자 또는 석유수출입업자는 연도별로 계산식에 의하여 산정하는 양 이상의 신·재생에너지 연료를 수송용 연료에 혼합하여야 한다.

자료제출(신재생에너지법 시행령 제26조의3)

산업통상자원부장관은 혼합의무자에게 다음의 자료 제출을 요구할 수 있다.

1) 신·재생에너지 연료 혼합의무 이행확인에 관한 다음의 자료
① 수송용 연료의 생산량
② 수송용 연료의 내수판매량
③ 수송용 연료의 재고량
④ 수송용 연료의 수출입량
⑤ 수송용 연료의 자가 소비량

2) 신·재생에너지 연료 혼합시설에 관한 다음의 자료
① 신·재생에너지 연료 혼합시설 현황
② 신·재생에너지 연료 혼합시설 변동사항
③ 신·재생에너지 연료 혼합시설의 사용실적

3) 혼합의무자의 사업에 관한 다음의 자료
① 수송용 연료 및 신·재생에너지 연료 거래실적
② 신·재생에너지 연료 평균거래가격
③ 결산재무제표
4) 그밖에 혼합의무의 이행 여부를 확인하기 위하여 산업통상자원부장관이 필요하다고 인정하는 자료

13.4.86 / 15.2.93 / 15.4.5 1 / 15.4.100 / 16.4.99 / 17.2.96 / 18.1.48

96 태양전지 발전소에 시설하는 태양전지 모듈, 전선 및 개폐기 등의 시설기준을 설명한 것 중 틀린 것은?

정답 93. ② 94. ③ 95. ③

① 충전부분은 노출되지 않도록 시설할 것
② 태양전지 모듈에 접속하는 부하측 전로에는 그 접속점에 근접하여 개폐기를 시설할 것
③ 전선은 공칭단면적 1.5[mm²] 이상의 연동선 또는 이와 동등 이상의 세기 및 굵기의 것일 것
④ 태양전지 모듈을 병렬로 접속하는 전로에는 그 전로에 단락이 생긴 경우에 전로를 보호하는 과전류차단기를 시설할 것

해설 **태양전지 모듈 등의 시설**
① 충전부분은 노출되지 않도록 시설할 것
② 태양전지 모듈에 접속하는 부하측의 전로(복수의 태양전지 모듈을 시설한 경우에는 그 집합체에 접속하는 부하측의 전로)에는 그 접속점에 근접하여 개폐기 기타 이와 유사한 기구(부하전류를 개폐할 수 있는 것에 한한다)를 시설할 것
③ 태양전지 모듈을 병렬로 접속하는 전로에는 그 전로에 단락이 생긴 경우에 전로를 보호하는 과전류차단기 기타의 기구를 시설할 것 다만, 그 전로가 단락전류에 견딜 수 있는 경우에는 그렇지 않다.
④ 전선은 다음에 의하여 시설할 것. 다만, 기계기구의 구조상 그 내부에 안전하게 시설할 수 있을 경우에는 그렇지 않다.
㉠ 전선은 공칭단면적 2.5[mm²] 이상의 연동선 또는 이와 동등 이상의 세기 및 굵기의 것일 것
㉡ 옥내에 시설할 경우에는 합성수지관공사, 금속관공사, 가요전선관공사 또는 케이블공사로 시설할 것
㉢ 옥측 또는 옥외에 시설할 경우에는 합성수지관공사, 금속관공사, 가요전선관공사 또는 케이블공사로 시설할 것

97 가공전선로의 지지물에 사용하는 발판 볼트는 지표상 최대 몇 [m] 미만에 시설하여서는 안 되는가?

① 1.2
② 1.5
③ 1.8
④ 2.0

해설 **가공전선로 지지물의 승탑 및 승주방지**
가공전선로의 지지물에 취급자가 오르고 내리는데 사용하는 발판 볼트 등을 지표상 1.8[m] 미만에 시설하여서는 아니 된다.

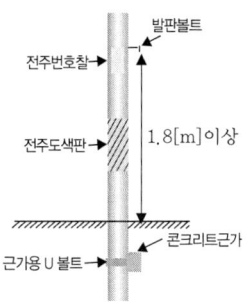

15.4.87 / 17.2.98 / 17.4.90

98 온실가스 감축시설, 에너지 이용 효율화 기술, 청정생산기술, 청정에너지 기술, 자원순환 및 친환경 기술(관련 융합기술을 포함한다) 등 사회·경제 활동의 전 과정에 걸쳐 에너지와 자원을 절약하고 효율적으로 사용하여 온실가스 및 오염물질의 배출을 최소화하는 기술은?

① 저탄소
② 녹색성장
③ 녹색기술
④ 녹색생활

해설 **녹색기술 정의(녹색성장법 제2조)**
① 온실가스 감축기술
② 에너지 이용 효율화 기술
③ 청정생산기술
④ 청정에너지 기술
⑤ 자원순환 및 친환경 기술(관련 융합기술을 포함한다) 등
⑥ 사회·경제 활동의 전 과정에 걸쳐 에너지와 자원을 절약하고 효율적으로 사용하여 온실가스 및 오염물질의 배출을 최소화하는 기술

99 대통령령으로 정하는 신·재생에너지 품질검사 기관이 아닌 것은?

① 한국석유관리원
② 한국임업진흥원
③ 한국에너지공단
④ 한국가스안전공사

해설 신·재생에너지 품질검사기관(신재생에너지법 시행령 제18조의13)
① 한국석유관리원
② 한국가스안전공사
③ 한국임업진흥원

14.4.100 / 17.2.100

100 신·재생에너지 공급인증서에 표기되는 공급량 계산 시 적용되는 신·재생에너지 가중치 결정의 고려사항이 아닌 것은?

① 수입대체 효과
② 부존 잠재량
③ 지역주민의 수용 정도
④ 전력 수급의 안정에 미치는 영향

해설 신·재생에너지의 가중치(신재생에너지법 시행령 제18조의9)
신·재생에너지의 가중치는 다음의 사항을 고려하여 산업통상자원부장관이 정하여 고시하는 바에 따른다.
① 환경, 기술개발 및 산업 활성화에 미치는 영향
② 발전 원가
③ 부존 잠재량
④ 온실가스 배출 저감에 미치는 효과
⑤ 전력 수급의 안정에 미치는 영향
⑥ 지역주민의 수용 정도

정답 99. ③ 100. ①

2017 제4회 기출문제

01 어떤 전지의 외부회로 저항은 5[Ω]이고 전류는 8[A]가 흐른다. 외부회로에 5[Ω] 대신에 15[Ω]의 저항을 접속하면 4[A]로 떨어진다. 이 전지의 기전력은?

① 100V ② 80V ③ 60V ④ 40V

해설 전지의 기전력 E
① E = (외부저항+내부저항) × 전류
② E = (5+r) × 8 = 40+8r
③ E = (15+r) × 4 = 60+4r
②=③이며 40+8r = 60+4r
따라서 내부저항 r = 5[Ω]
∴ E = 80[V]

02 2012년부터 국내 총 발전량의 일정 비율을 신재생에너지로 의무화하는 제도는?

① REC(Renewable Energy Certificate)
② FIT(Feed In Tariff)
③ RPS(Renewable Portfolio Standard)
④ FERC(Federal Energy Regulatory Commission)

해설 RPS(Renewable Portfolio Standard)
일반규모 이상의 발전설비를 보유한 발전사업자에게 총 발전량의 일정량 이상을 신·재생에너지로 생산한 전력을 공급토록 의무한 제도

03 뇌서지 등의 피해로부터 PV 시스템을 보호하기 위한 대책으로 적합하지 않은 것은?

① 피뢰소자를 어레이 주회로 내에 분산시켜 설치함과 동시에 접속함에도 설치한다.
② 뇌우의 발생지역에서는 직류전원 측에 내뢰 트랜스를 설치하여 보다 완전한 대책을 취한다.
③ 접속함 및 분전반 안에 설치하는 피뢰소자는 방전내량이 큰 것을 선정한다.
④ 저압 배전선으로부터 침입하는 뇌서지에 대해서는 분전반에 피뢰소자를 설치한다.

해설 PV 시스템을 보호하기 위한 대책

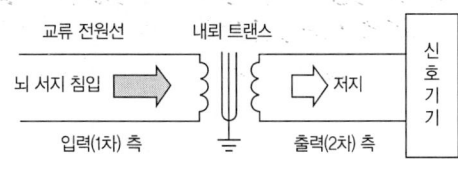

내뢰트랜스 설치위치

① 피뢰소자를 어레이 주회로 내에 분산시켜 설치함과 동시에 접속함에도 설치한다.
② 뇌 서지가 내부로 침입하지 못하도록 피뢰소자를 설비인입구에서 가까운 장소에 설치한다.
③ 뇌우의 발생지역에서는 교류전원 측에 내뢰 트랜스를 설치한다.
④ 저압 배전선으로부터 침입하는 뇌서지에 대해서는 분전반에 피뢰소자를 설치한다.
⑤ 접속함 및 분전반 안에 설치하는 피뢰소자는 방전내량이 큰 것을 선정한다.
⑥ 피뢰소자의 접지측 배선은 되도록 짧게 설치한다.

04 태양광발전용 축전지의 방전심도에 대한 설명으로 틀린 것은?

① 방전심도를 낮게(30~40[%]) 설정하면 전지 수명이 증가한다.
② 방전심도를 깊게(70~80[%]) 설정하면 전지 수명이 단축된다.
③ 방전심도를 낮게(30~40[%]) 설정하면 잔존 용량이 감소한다.
④ 방전심도를 깊게(70~80[%]) 설정하면 전지 이용률이 증가한다.

해설 방전심도(DOD)와 수명관계

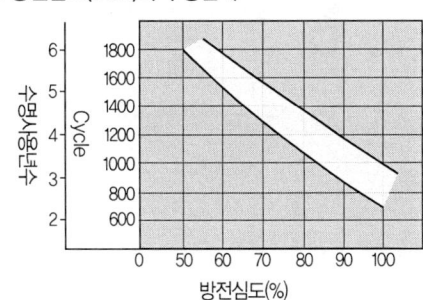

정답 1.② 2.③ 3.② 4.③

① 방전심도(DOD)는 축전지 잔존용량의 표시
② 방전 심도 = $\frac{실제 방전량}{축전지의 정격용량} \times 100$ [%]
③ 방전심도(%)가 50[%]인 경우 만나는 곡선에서 1800 사이클, 100[%]의 경우 700사이클 이며, 연간 250 사이클을 기준해 보면 1800사이클(7년 1개월), 700 사이클(2년 9개월)의 수명임을 알 수 있다.
④ 방전심도를 낮게 설정하면 축전지 수명은 길어지고, 잔존 용량은 증가한다.

05 인버터에 대한 효율을 각각 변환효율(η_{con}), 추적효율(η_{tr}), 유로효율(η_{lero}) 이라 할 때 정격 효율(η_{inv})은 어떻게 나타낼 수 있는가?

① 변환효율(η_{con}) × 추적효율(η_{tr})
② 추적효율(η_{tr}) × 유로효율(η_{lero})
③ $\frac{변환효율(\eta_{con})}{추적효율(\eta_{tr})}$
④ $\frac{추적효율(\eta_{tr})}{변환효율(\eta_{con})}$

해설 인버터의 효율
① 정격 효율 = 변환 효율 × 추적 효율
② 변환효율(출력전력과 입력전력의 비)
변환 효율 = $\frac{직류 출력 전압 \times 직류 출력 전류}{입력 전력} \times 100$

13.4.11 / 17.4.6

06 다음 그림과 같이 축전지회로가 구성되어 있다. 단자 A, B 사이에 나타나는 출력전압과 축전지 용량은?

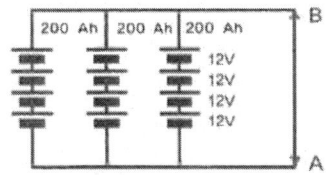

① DC 48 [V], 200 [Ah]
② DC 48 [V], 600 [Ah]
③ DC 12 [V], 200 [Ah]
④ DC 12 [V], 600 [Ah]

해설 축전지 출력전압과 축전지 용량
① 축전지 출력 전압(V_{AB})
V_{AB} = 단위 축전지 전압×직렬 수량 = 12×4 = 48 [V]
② 축전지 용량(C)
C = 직렬 용량 × 병렬 개수 = 200 × 3 = 600 [Ah]

13.4.19 / 14.4.57 / 14.4.73 / 15.2.1 / 15.2.5 / 15.2.28 /
16.4.4 / 16.4.12 / 17.2.5 / 17.4.7 / 18.1.11 / 18.4.3 /
18.4.14 / 19.2.5 / 19.2.17

07 인버터의 회로방식에 따른 종류가 아닌 것은?

① 상용주파 변압기 절연방식
② 고주파 변압기 절연방식
③ 고조파 변압기 절연방식
④ 트랜스리스(Transless) 방식

해설 인버터의 회로방식별 분류
1) 상용주파 변압기 절연방식

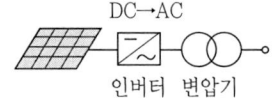

① PWM 인버터를 이용하여 상용주파수의 교류를 만들고, 상용주파수의 변압기를 이용하여 절연과 전압변환을 한다.
② 내부 신뢰성이나 노이즈 컷이 우수하지만, 상용주파수의 변압기를 별도로 이용하기 때문에 무겁고 크며, 변압기의 효율이 감소된다.

2) 고주파 변압기 절연방식

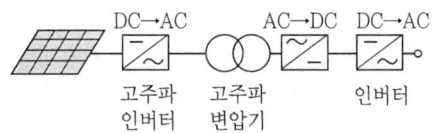

① 태양전지의 직류 출력을 고주파의 교류로 변환한 후 소형의 고주파 변압기로 절연을 한다.
② 일단 직류로 변환하고 재차 상용주파의 교류로 변환하며, 소형 경량이지만 회로가 복잡한 단점이 있다.

3) 트랜스리스(Transless) 방식

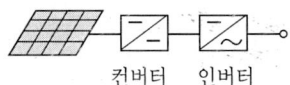

① 태양전지의 직류출력을 DC-DC 컨버터로 승압하고 인버터에서 상용주파의 교류로 변환한다.
② 소형 경량이며, 저렴하고 효율이 우수하고 신뢰성이 높다.
③ 상용전원과의 사이에는 절연이 되지 않아 안전성이 떨어진다.

08 $v = 100\sqrt{2}\sin(120\pi t + \frac{\pi}{3})$ [V]인 정현파 교류전압의 실효값과 주파수는?

① 141[V], 60[Hz]　② 100[V], 60[Hz]
③ 141[V], 50[Hz]　④ 100[V], 50[Hz]

해설 **실효값(Effective Value)**
① 저항 R에 직류 전압 V[V]와 교류 전압 v(V)를 같은 시간 동안 인가해서 발열량이 서로 같을 때, 직류 전압과 같은 효과가 있는 것으로 생각하고 실효적으로 같다고 결정한 값
② 순시 값의 제곱 평균의 제곱근 값
   $V = \sqrt{v^2 \text{의 평균값}}$
③ 정현파 교류의 실효값 V[V]와 최대값 V_m[V] 사이의 관계
   $V = \frac{1}{\sqrt{2}} \cdot V_m = \frac{100\sqrt{2}}{\sqrt{2}} = 100$ [V]
④ 각속도(ω)
   $\omega = 2\pi n = 2\pi f$
   $\therefore f = \frac{\omega}{2\pi} = \frac{2\pi f}{2\pi} = \frac{120\pi}{2\pi} = 60$ [Hz]

13.4.94 / 16.4.2 / 16.4.98 / 17.1.84 / 17.4.9 / 18.1.100 / 18.2.96 / 18.4.11 / 18.4.92 / 19.1.96

09 다음 중 재생에너지가 아닌 것은?

① 수소에너지　② 폐기물에너지
③ 바이오에너지　④ 해양에너지

해설 신·재생에너지의 정의(신재생에너지법 제2조)
1) 신에너지: 기존의 화석연료를 변환시켜 이용하거나 수소·산소 등의 화학 반응을 통하여 전기 또는 열을 이용하는 에너지
   ① 수소에너지　② 연료전지
   ③ 석탄을 액화·가스화한 에너지 및 중질잔사유를 가스화

2) 재생에너지: 햇빛·물·지열·강수·생물유기체 등을 포함하는 재생 가능한 에너지를 변환시켜 이용하는 에너지
   ① 태양에너지　② 풍력
   ③ 수력　　　　④ 해양에너지
   ⑤ 지열에너지
   ⑥ 생물자원을 변환시켜 이용하는 바이오에너지
   ⑦ 폐기물에너지(비재생폐기물로부터 생산된 것은 제외한다)

21.1.7

10 다음 태양복사에 관한 설명 중 틀린 것은?

① 태양복사량의 평균값을 태양상수라고 하며 약 $1367[W/m^2]$ 이다.
② 직달복사는 태양으로부터 지표면에 직접 도달되는 복사로 물체에 강한 그림자를 만드는 성분이다.
③ 산란복사는 태양복사가 지표면에 도달되기 전에 구름이나 대기 중의 먼지에 의해 반사되지 않고 확산된 성분이다.
④ 매우 흐린 날 특히 겨울에는 태양복사는 거의 모두 산란복사 된다.

해설
산란복사(diffuse radiation)
① 태양복사가 지표면에 도달되기 전에 구름이나 대기 중의 먼지에 의해 반사되고 확산된 복사로서 그림자를 만들지 않는 복사성분이다
② 복사의 진행방향이 평행광처럼 일정하지 않고 모든 방향으로 향하고 있는 상태의 복사

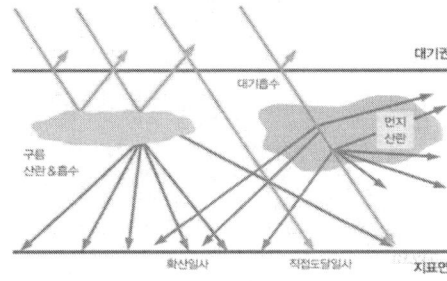

지표면에 도달하는 일사광선의 형태

정답 8.② 9.① 10.③

11 태양광 전지에서 생산된 전력 125[W]가 인버터에 입력되어 인버터 출력이 100[W]가 되면 인버터의 변환 효율은 몇 [%]인가?

① 45 [%]   ② 64 [%]
③ 80 [%]   ④ 92 [%]

해설 변환효율 (η)

$$\eta = \frac{출력}{입력} \times 100 = \frac{100}{125} \times 100 = 80 \quad [\%]$$

12 도선의 길이가 3배로 늘어나고 반지름이 1/3로 줄어들 경우 그 도선의 저항은 어떻게 변하겠는가?

① 9배 증가   ② 1/9로 감소
③ 27배 증가   ④ 1/27로 감소

해설 고유 저항 R(Specific Resistance)

저항 값은 도체의 길이에 비례하고, 단면적에 반비례하므로 도체의 길이 l[m], 단면적 A [m²], 고유 저항을 ρ 라고 하면

$$R = \rho \frac{l}{A(\pi r^2)} = \frac{3}{\left(\frac{1}{3}\right)^2} = 27 \text{ 배 증가}$$

16.2.11 / 17.1.11 / 17.4.13 / 18.1.7

13 다음 중 박막형 태양 전지 모듈의 종류에 해당되지 않는 것은?

① 비정질 실리콘 전지
② 다결정 전지
③ Cd-Te 전지
④ 염료감응형 전지

해설 박막형 태양전지

① 유리, 스테인리스 스틸, 플라스틱 등 저가의 기판에 얇은 막 형태의 박막을 형성하는 구조로, 기판위에 형성되는 막의 원료에 따라 비정질 실리콘 태양전지, CdTe, CIGS 박막, a-Si, 염료감응형 태양전지, 유기 태양전지로 구분된다.
② 실리콘 사용량이 적어 저렴하나 제조공정이 복잡하고 에너지 효율이 낮아 결정질 태양전지와 동일한 출력을 내기 위해서는 대면적의 모듈이 필요하다.
③ 결정질 실리콘 태양전지의 두께는 200~300[μm], 박막형 실리콘 태양전지의 두께는 0.3~2[μm]로서 상당히 얇게 제작할 수 있다.
④ 불순물 첨가 (도핑)에 의한 전기 전도도 제어가 쉽지 않으며, 이 경우 p-형보다는 In 등의 첨가 및 열처리에 의하여 n-형 쪽으로 제어하는 것이 보다 쉬운 것으로 알려져 있다.
⑤ 적은 온도계수로 온도에 따른 효율 감소가 적으며, 빛의 강도 변화에 대한 안정성으로 흐린 날, 겨울, 음지에서도 안정적이다.
⑥ 각국 정부의 태양광발전에 대한 관심과 지원이 폭발적으로 증대되면서 폴리실리콘의 양산규모 증대는 벌크형 실리콘 태양전지의 가격 하락을 이끌었고, 차세대 태양전지였던 박막 태양전지는 목표로 했던 가격에 도달했음에도 불구하고 가격적으로는 경쟁력이 없는 결과에 있다.

13.4.12 / 14.4.20 / 16.4.7 / 17.2.7 / 17.2.10 / 17.4.14 / 18.2.9

14 독립형 태양광발전시스템에서 축전지의 방전 시 모듈로 유입하는 전류를 억제하기 위해 설치하는 소자는?

① 역류방지 소자   ② 바이패스 소자
③ 방전방지 소자   ④ 출력조정 소자

해설 역류방지 소자

1) 태양광모듈의 역전류 영향
① 어레이 내의 스트링과 스트링 사이에 그림자 및 전압 불균형 등의 원인으로 병렬 접속된 스트링사이에 역전류가 흘러 어레이에 영향을 준다.
② 어레이의 직류 출력회로에 축전지가 설치되어 있는 경우, 야간이나 흐린 날 등의 태양전지에서 전력이 생산되지 않을 때는 태양전지가 축전지의 부하가 된다.

2) 대책(역류방지 소자)
① 태양전지 모듈의 스트링마다 역류방지 다이오드 (Blocking Diode)를 설치해서, 전류의 역방향 흐름

정답   11. ③   12. ③   13. ②   14. ①

을 방지한다.
② 1대의 인버터에 접속되는 태양전지 직렬군(스트링)이 2병렬 이상 접속될 경우, 각 직렬군에 역전류방지 다이오드가 설치되어야 한다.
③ 설치할 회로의 최대전류를 흐르게 할 수 있어야 하며, 동시에 사용회로의 최대 역전압에 견딜 수 있어야 한다.
④ 일반적으로 접속함에 설치되며, 커넥터에 사용되기도 한다.

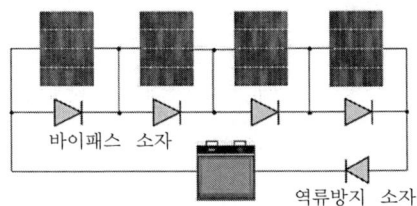

바이패스 및 역류방지 소자

역류방지 다이오드

14.4.8 / 15.4.33 / 16.4.20 / 17.4.15

15 인버터의 직류동작전압을 일정시간 간격으로 약간 변동시켜 그 때의 태양전지 출력전력을 계측하여 사전에 발생한 부분과 비교를 하게 되고, 항상 전력이 크게 되는 방향으로 인버터의 직류 전압을 변화시키는 기능은?

① 직류 검출제어 기능
② 자동전압 조정 기능
③ 자동운전 정지제어 기능
④ 최대전력 추종제어 기능

해설 최대전력 추종(MPPT ; Maximum Power Point Tracking)제어 기능
태양전지의 출력은 일사강도나 태양전지의 표면온도에 따라 변화하며, 이들 변동에서 태양전지의 동작점이 항상 최대출력점을 추종하도록 변화시켜, 태양전지에서 최대 출력을 유도하는 제어

16 발전과정에서 화학에너지를 전기에너지로 변환하는 신·재생에너지는?

① 풍력   ② 지열
③ 태양열   ④ 연료전지

해설 연료전지의 발전원리(단위전지)

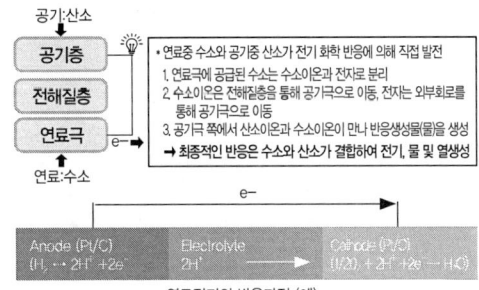

17 태양광 모듈 표면의 황변현상은 태양광 모듈 내부의 충진재(EVA)가 무엇과 화학반응 하여 변색되는 것을 말하는가?

① 가시광선   ② 자외선
③ 적외선   ④ 습기

해설 충진재(EVA)

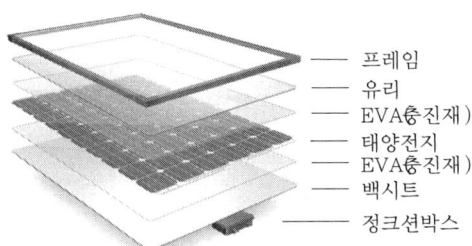

① 유리와 셀 전면, 셀 후면과 백시트 사이에 삽입되어 태양전지를 보호하는 역할을 합니다. 그리고 백시트는 태양전지 모듈 후면에 위치하여 열, 습도, 자외선(ultraviolet, UV)과 같은 외부환경으로 부터 셀을 보호합니다.
② 백시트(불소필름과 PET 필름 적층)의 반사율 및 백색도 향상을 위해 형광 증백제를 필름 전체함량 중 100 ~ 900[ppm]으로 함유한다. 100[ppm] 미만인 경우는 백색도가 떨어져 광반사 효율이 떨어지며, 900[ppm]을 초과하는 경우는 백색도 및 반사율은

증가하나 자외선(ultraviolet, UV)에 안정성이 떨어져 외부에 장기 노출 시 황변현상이 나타나 백색도 및 반사율이 저하될 수 있다.

18 다음에서 설명하는 목질계 연료는 무엇인가?

> 목재 가공과정에서 발생하는 건조된 목재 잔재를 압축하여 생산하는 작은 원통모양의 표준화된 목질계 연료

① 목탄　　② 목질칩
③ 목질 펠릿　　④ 목질 브리켓

해설 목재 펠릿(Wood Pellet)

① 산림에서 생산된 목재나 제재소에서 나오는 부산물을 톱밥으로 분쇄한 다음, 높은 온도와 압력으로 압축하여 일정한 크기로 생산한 청정 목질계 바이오 연료
② 작고 일정한 크기로 압축 생산되기 때문에 작은 공간에 많은 양을 저장할 수 있는 이점이 있으며, 난방장치 소형화, 연료공급 자동화 등의 장점이 있다.
③ 재생한 가능한 목재자원을 활용하여 화석연료를 대체하고 온실가스를 감축하는 효과가 있어 신재생에너지원으로 분류된다.

13.4.79 / 17.4.19
19 인버터의 부하가 인덕턴스인 경우 스위칭소자가 ON-OFF 시 인덕턴스 양단에 나타나는 역기전력에 의한 스위칭소자의 내전압을 초과하여 소손되는 것을 방지하는 용도의 소자는?

① IGBT
② 피뢰소자
③ 환류 다이오드
④ 바이패스 다이오드

해설 환류다이오드(Free Wheeling Diode)

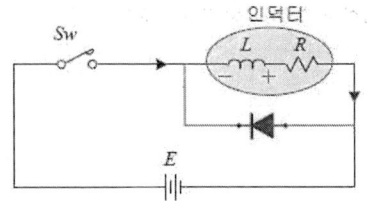

① 스위치가 ON되어 일정시간동안 도통되면 부하를 통해 흐르는 전류는 유도성부하(인덕터)에 저장되게 된다.
② 스위치를 개방하게 되면 인덕터에 저장된 전류가 방출되어야 하는데 회로 개방 시 스위치 부분에 스파크가 나타나게 된다.
③ 환류다이오드가 부하와 병렬로 존재하고 있으면 축적된 전류를 방출해 주는 통로 역할을 하게 된다.
④ 인덕터의 충전전류로 인한 기기의 손상을 방지하기 위해 부하와 병렬로 연결된 다이오드

20 태양전지의 특징을 설명한 것 중 틀린 것은?

① 빛이 있을 때 전기를 생산한다.
② 전기를 저장하는 기능을 가진다.
③ 전압의 세기는 여러 장의 태양전지를 직렬로 연결시켜 조정한다.
④ 전류의 세기는 병렬연결이나 태양전지의 면적으로 조정할 수 있다.

해설 태양전지는 전기를 저장할 수는 없다.

17.4.21 / 18.1.25 / 19.2.39
21 전기도면 관련 기호 중 전동기를 나타내는 기호는?

① Ⓜ　　② Ⓗ
③ Ⓖ　　④ Ⓣ

해설 전기도면 기호
① 전동기 기호
필요에 따라 전기방식, 전압, 용량을 표기한다.

Ⓜ　3Ø 200kW
　　3.7kW

정답 18. ③　19. ③　20. ②　21. ①

② 전열기
  필요에 따라 종류 및 크기를 표기
  Ⓗ
③ 발전기
  Ⓖ
④ 온도계
  Ⓣ

13.4.47 / 15.4.43 / 17.4.22 / 19.2.32 / 19.4.38

22 태양광발전에서 인버터 출력측의 3상 4선식 간선의 전압강하 계산식으로 알맞은 것은?

① 17.8LI / 1000A
② 20.8LI / 1000A
③ 30.8LI / 1000A
④ 35.6LI / 1000A

해설 전압강하 및 전선 굵기 계산식

전기공급방식	전압강하(e)	전선의 단면적(A)
단상 2선식 직류 2선식	$e = \dfrac{35.6 \times L \times I}{1{,}000 \times A}$	$A = \dfrac{35.6 \times L \times I}{1{,}000 \times e}$
3상 3선식	$e = \dfrac{30.8 \times L \times I}{1{,}000 \times A}$	$A = \dfrac{30.8 \times L \times I}{1{,}000 \times e}$
단상 3선식 3상 4선식 직류 3선식	$e = \dfrac{17.8 \times L \times I}{1{,}000 \times A}$	$A = \dfrac{17.8 \times L \times I}{1{,}000 \times e}$

17.4.23 / 19.2.35

23 태양광발전시스템의 연간 누적발전량이 15000 [kWh], 시스템 용량은 10[kW], 연간 운전일수가 350일 일 때, 시스템 이용률은 약 몇 [%]인가?

① 14.29[%]   ② 16.45[%]
③ 17.85[%]   ④ 19.04[%]

해설 시스템 이용률(L_{SP})

$$L_{SP} = \dfrac{\text{시스템 출력}(W_{SP})}{\text{어레이 정격출력}(P_0) \times \text{측정기간}(\tau)}$$

$$= \dfrac{15{,}000}{10 \times 350 \times 24} \times 100 \fallingdotseq 17.86 \ [\%]$$

13.4.80 / 15.2.2 / 17.1.9 / 17.2.33 / 17.4.24 / 18.1.74 / 19.2.6 / 19.4.1

24 파워컨디셔너의 종류 중 인버터의 대수 및 연결 방식에 따른 구분에서 최대 효율 및 MPP 최적 제어가 가능하나 투자비가 가장 많이 드는 방식은 무엇인가?

① 마스터슬레이브 방식
② 모듈인버터 방식
③ 병렬운전 방식
④ 중앙집중식

해설 태양광발전시스템의 인버터 운영방식

1) 중앙 집중형 인버터방식

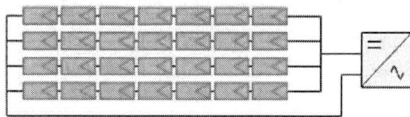

① 발전소 현장에 1대의 인버터만 설치함
② 모든 전선이 한 곳으로 오기 때문에 작업공정이 간단, 설치비가 적게 소요되며, 발전량 확인이 용이하다.
③ 단일형 인버터는 제품 이상발생 시 전체 발전소가 가동을 멈추기 때문에 발전 손실이 크다.

2) 분산형(스트링 포함) 인버터 방식

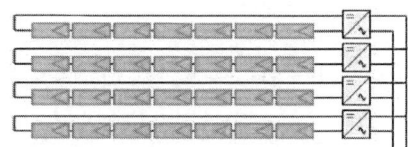

① 발전소 현장에 소형 인버터 여러 대를 설치함
② 특정 인버터가 고장이 나더라도 해당 인버터 부분에서만 발전 손실이 일어나고 나머지 인버터는 정상적으로 발전이 되기 때문에 발전 손실을 최소화할 수 있다.
③ 방향과 경사가 서로 다른 하부 어레이들로 구성된 시스템, 부분적으로 음영이 지는 시스템의 경우 분산형 인버터 방식을 고려할 필요가 있다.

3) 주/종속시스템(Master-Slave System)

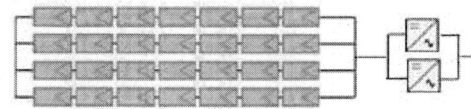

① 인버터 2~3대를 결합하여 회로를 구성한다.
② 발전을 시작하면 마스터 인버터만 구동되고, 마스터 인버터의 전력한계에 도달하면, 다음 슬래브 인버터가 자동 연결되어 생산된 발전량에 대응한다.
③ 낮은 발전량에서도 대용량 인버터 한 대가 운영되는 방식보다는 효율이 높아진다.
④ Master와 Slave의 기능은 정기적(1~3개월)으로 교대를 해주어, 균등운전이 되게 한다.

4) 모듈인버터(마이크로 인버터: MIC, Module Integrated Central) 방식

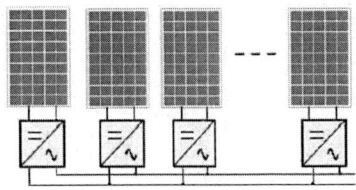

① 태양전지 모듈 1개에 인버터 1개를 부착하는 방식으로 스트링 인버터의 작은 형태이다.
② 태양전지 1장에 대한 모니터링이 가능하여 유지보수가 쉽다
③ 각 마이크로인버터(MIC; Module Integrated Converter)의 최대 효율은 낮지만, 태양전지 모듈에 대해 개별로 MPPT를 하므로, 전체 발전량에 있어서는 스트링 인버터 이상의 발전효율을 가지고 있다.
④ 대용량 발전소보다는 소용량 발전소에서 효율이 높고, 태양전지 모듈 1장으로도 태양광발전을 할 수 있다.
⑤ 고장 난 인버터는 쉽게 교체 가능하며, 시스템 확장이 쉽다.

14.4.1 / 17.4.25 / 18.1.9

25 피뢰소자의 선정방법 설명 중 (   )에 알맞은 내용을 나열한 것은?

접속함 내의 분전반 내에 설치하는 피뢰소자로 어레스터는 (㉠)을 선정하고, 어레이 주회로 내에 설치하는 피뢰소자인 서지업서버는 (㉡)를 선정한다.

① ㉠ 충전내량이 큰 것, ㉡ 충전내량이 작은 것
② ㉠ 방전내량이 큰 것, ㉡ 방전내량이 작은 것
③ ㉠ 충전내량이 작은 것, ㉡ 충전내량이 큰 것
④ ㉠ 방전내량이 작은 것, ㉡ 방전내량이 큰 것

해설 서지 보호장치
(1) 서지흡수기(Surge Absorber)

① 피뢰기와 같은 구조이며, 적용범위만을 조정하여 적용시키는 일종의 옥내 피뢰기이다.
② 피뢰기와는 다르게 뇌서지에는 사용하지 못하며, 특히 방전내량이 낮다.
③ 차단기(VCB)의 개폐서지를 대지로 방전시키고 개폐서지로부터 2차기기(몰드변압기, 건식변압기, 고압모터 등)를 보호하는 역할을 한다.

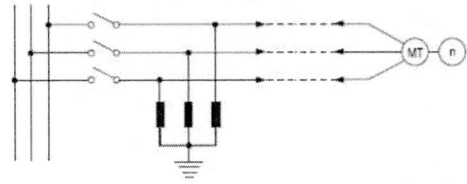

서지흡수기 설치 장소

(2) 서지 어레스터(SPD: Surge Protective Device)

낙뢰 및 서지로 인한 순간과전압의 유입으로부터 전기·전자, 태양광 발전 시스템, 통신 시설 등을 보호하기 위한 장치
1) 전압 스위칭형 SPD(Voltage Switching Type SPD)
① 서지가 없을 때에는 높은 임피던스를 가지지만, 서지전압에 반응하여 임피던스가 낮은 값으로 급변하는 SPD
② 방전 갭, 가스관, 사이리스터 등이 있으며, 크로바형(Crowbar Type) SPD라 부르기도 한다.

2) 전압 제한형 SPD(Voltage Limiting Type SPD)
① 서지가 없을 때는 높은 임피던스를 가지지만, 서지전류와 전압이 상승하면 임피던스가 연속적으로 감소한다.

② 일반적인 비선형 장치로 사용되는 부품으로는 배리스터와 억제 다이오드 등이 있으며, 클램핑형(Clamping Type) SPD라 부르기도 한다.

(3) 피뢰기(Lightning Arrester)

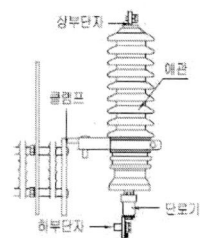

전선로에 규정 전압보다 몇 배 높은 이상 전압으로 인해 피뢰기의 단자 전압이 어느 일정 값 이상이 되면 방전되어, 전압 상승을 억제하고 기기를 보호하며, 이상 전압이 없어지면 방전이 정지되어 정상 송전 상태가 된다.

1) 피뢰기 구비 조건
① 상용 주파 방전 개시전압은 높을 것
② 충격 방전 개시 전압이 낮을 것
③ 속류 차단능력이 클 것
④ 제한 전압(절연 협조의 기본이 되는 전압)이 낮을 것
⑤ 반복동작이 가능하고, 구조가 견고하며 특성이 변화하지 않을 것

15.2.23 / 17.4.26

26 다음과 같은 태양광발전시스템의 어레이 설계 시 직병렬 수량은?

- 모듈 최대 출력 : 250[Wp]
- 1스트링 직렬매수 : 10직렬
- 시스템 출력 전력 : 50,000[W]

① 10직렬 – 10병렬
② 10직렬 – 15병렬
③ 10직렬 – 20병렬
④ 10직렬 – 25병렬

해설 병렬 회로수 = $\dfrac{\text{시스템 출력전력}}{\text{모듈 최대출력} \times \text{스트링 직렬 매수}}$

$= \dfrac{50,000}{250 \times 10} = 20$ [회로]

14.4.5 / 14.4.53 / 15.4.31 / 17.1.40 / 17.2.6 / 17.2.51 / 17.4.27 / 18.1.1 / 18.4.26

27 다음 중 태양광 발전설비의 외부피뢰시스템에 해당하지 않는 것은?

① 접지시스템   ② 수뢰부시스템
③ 인하도선시스템   ④ 다중방호시스템

해설 외부 피뢰시스템

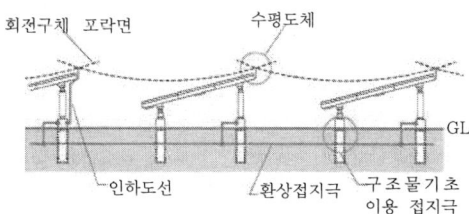

1) 수뢰부 시스템
① 뇌격이 피 보호범위내로 침입할 확률을 감소시키는 것
② 돌침(피뢰침), 수평도체, 메시 도체(케이지)방식의 개별 또는 이들의 조합으로 한다.
③ PV설비 전체를 보호할 수 있는 범위내로 해야 한다.

2) 인하도선 시스템
① 위험한 불꽃방전의 발생확률을 감소시키기 위하여 뇌격점과 대지사이를 연결하는 도선
② 다수의 병렬 전류통로를 형성해야 한다.
③ 전류통로의 배선 길이는 최소로 유지해야 한다.
④ 인하도선은 가능한한 수뢰부도체에서 직접 연결되도록 배치하여야 한다.
⑤ 인하도선은 지표면과 가까운 부분에 접지시험단자를 시설한다. 다만, 자연적 구성부재를 이용하는 경우는 생략한다.

3) 접지 시스템
① 위험한 과전압을 발생시키지 않고 뇌전류를 대지로 방류하기 위해서는 접지의 형상, 크기 및 접지저항 값이 중요하다. 다만, 일반적으로는 낮은 접지저항을 권장한다.
② 피뢰설비의 관점에서는 구조체를 사용한 통합단일의 접지가 바람직하며, 모든 접지목적(즉, 피뢰설비, 저압전력시스템, 통신시스템 등)에도 적합하다.

14.4.48 / 15.2.15 / 15.2.42 / 15.4.40 / 16.2.36 / 16.4.29 / 17.2.27 / 17.4.28 / 19.1.13

28 태양광 설치 방법 중 발전효율이 가장 낮은 것은?

① 추적식 어레이
② 고정식 어레이
③ 건물통합형(BIPV)
④ 경사가변형 어레이

해설 발전효율

양축 추적식 > 단축 추적식 > 가변(반고정형)식 > 고정식 > 건물통합형(BIPV)

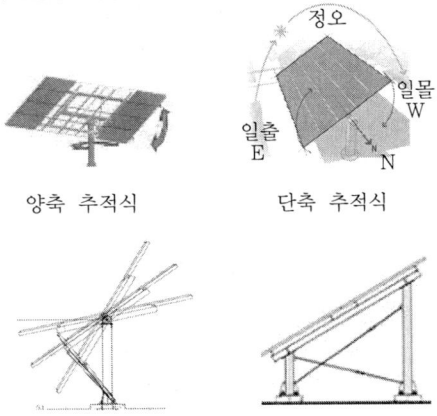

13.4.24 / 15.2.73 / 15.4.55 / 16.2.38 / 16.2.79 / 17.2.24 / 17.4.29 / 19.4.25

29 태양광발전소의 전기사업허가신청서에 포함되는 필요서류 목록이 아닌 것은? (단, 3000[kW] 미만인 경우이다. 신청자가 법인이다.)

① 신청자의 주주명부
② 사업계획서
③ 손익계산서
④ 대차대조표

해설 발전사업 신청에 필요한 서류(3000[kW] 이하인 경우)

1) 전기사업 허가신청서

2) 사업계획서
① 기술능력 관련(전기설비 건설 및 운영 계획 관련 증명서류)
② 계획에 따른 수행 가능 여부 관련(송전관계 일람도)
③ 발전원가명세서(발전사업 또는 구역전기사업의 허가를 신청하는 경우만 해당한다)

3) 정관, 대차대조표 및 손익계산서(신청자가 법인인 경우만 해당하며, 설립 중인 법인의 경우에는 정관만 제출한다)

4) 신청자(발전설비용량 3천킬로와트 이하인 신청자는 제외한다)의 주주명부. 이 경우 신청자가 재무능력을 평가할 수 없는 신설법인인 경우에는 신청자의 최대주주를 신청자로 본다.

17.4.30 / 17.4.39 / 18.1.33 / 19.1.23

30 사업의 경제성이 있다고 판단되는 항목을 모두 옳게 나열한 것은? (단, r은 할인율을 나타낸다.)

① NPV>0, B/C ratio>1, IRR>r
② NPV<0, B/C ratio<1, IRR<r
③ NPV-0, B/C ratio<1, IRR<r
④ NPV-0, B/C ratio=1, IRR=r

해설 경제성 평가

1) 순현재가치(Net Present Value : NPV)
현재가치로 환산된 장래의 연차별 순편익의 합계에서 초기 투자비용 및 현재가치로 환산된 장래의 연차별 비용의 합계를 뺀 값을 의미하며, NPV >0이면 경제성이 있다고 판단한다.

2) 내부수익률 분석(internal Rate of Return : IRR)
편익과 비용의 합계가 동일하게 되는 수준의 현재가치 할인율을 의미한다. 즉, 어떤 사업의 순현재가치의 값을'0'으로 하는 특정한 값의 할인율을 의미하며, IRR이 클수록 좋은 대안이고, IRR>r이면 경제성이 있다고 판단한다.

17.4.31 / 18.1.38

31 도면의 작성 및 관리에 필요한 정보를 모아서 기재한 것은 무엇인가?

① 범례　　　　② 표제란
③ 상세도　　　④ 도면목록표

정답 28.③ 29.① 30.① 31.②

해설 도면의 표제란(Title Chart of Drawing)

TITLE	1차 배치도	DRWG	DESIGN	CHEK	APPR	DATE
PART	가변식	H.G.LEE	H.G.LEE	H.G.LEE		2018. 03. 30
PROJECT	태양광 발전소 모듈 배치도	사람과 에너지 (주)			DWG NO.	
CUSTOMER	제주 신도1,2 태양광발전소				JJSDLM-B01	

① 도면 오른쪽 밑에 내용을 요약해서 기입하는 난
② 도면 번호, 공사 명칭, 척도, 책임자·설계자의 서명, 도면 작성 연월일 등을 표기

15.2.22 / 16.2.28 / 16.4.30 / 17.4.32 / 18.4.27

32 설계도서 해석의 우선순위로 가장 먼저 검토할 것은? (단, 계약으로 우선순위를 정하지 아니한 경우이다.)

① 공사시방서
② 산출내역서
③ 감리자 지시사항
④ 승인된 상세시공도면

해설 설계도서 해석의 우선순위

설계도서·법령해석·감리자의 지시 등이 서로 일치하지 아니하는 경우에 있어 계약으로 그 적용의 우선순위를 정하지 아니한 때에는 다음의 순서를 원칙으로 한다.
① 공사시방서
② 설계도면
③ 전문시방서
④ 표준시방서
⑤ 물량(산출)내역서
⑥ 승인된 상세시공도면
⑦ 관계법령의 유권해석
⑧ 감리자의 지시사항

13.4.27 / 15.4.24 / 16.4.21 / 17.2.23 / 17.4.33 / 19.2.28 / 19.2.33 / 19.4.24

33 태양전지 어레이의 이격 거리 산출 시 적용하는 설계요소가 아닌 것은?

① 태양의 고도각
② 강재의 강도 및 판 두께
③ 건축 시공 부지 현황
④ 태양광발전소 위치에 대한 위도

해설 구조물 이격거리 산정 시 고려사항

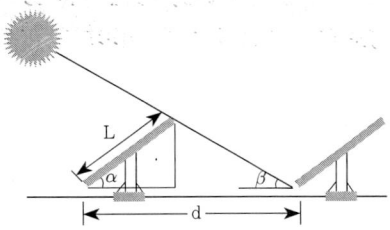

① 태양광 모듈 길이(L)
② 모듈 설치각도(α)
③ 위도(동지시 발전 가능 한계 시간에서 태양의 고도각 β)
④ 구조물의 형상, 장애물의 높이, 남북향간 거리, 부지현황, 부지의 경사도

13.4.25 / 17.4.34

34 태양광 어레이 구조물 중 일반 철골구조에 비교할 때 파워볼트 시스템(Power Bolt System)의 장점이 아닌 것은?

① 필요한 응력에 의한 자재사용으로 경제적인 설계를 할 수 있다.
② 제품의 규격이 정교하여 구조물의 마감처리를 정밀하게 할 수 있다.
③ 조립 및 해체가 간단하여 타 장소에 이설 설치가 가능하다.
④ 모듈이 적고 짧은 스팬(span) 구조물에 유리하다.

해설 파워볼트 시스템(Power Bolt System)의 장점

① 조립해체가 간단하여 이동이 유리하다.
② 경제적인 설계가 가능하다.
③ 모듈이 많은 장스팬(Span)에 유리하다.
④ 마감을 정밀 처리할 수 있다.
⑤ 구조물의 미적 감각을 표현할 수 있다.
⑥ 돔, 정방향 구조에 유리하다.
⑦ 용접이 필요 없어, 공기가 단축된다.

정답 32. ① 33. ② 34. ④

17.2.49 / 17.4.35 / 18.4.35 / 19.1.28

35 태양전지 어레이용 가대의 구조설계 시 적용되는 상정하중의 분류 중 수평하중에 속하는 것은?

① 풍하중　　② 활하중
③ 고정하중　④ 적설하중

해설 구조물의 상정하중
① 수직하중 : 고정하중, 활하중, 적설하중
② 수평하중 : 풍하중, 지진하중

※ 활하중(Live Load)
구조물의 용도에 따라 바닥이나 지붕위에 적재되는 이동 가능한 하중

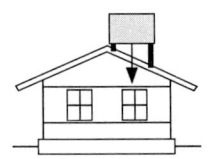

15.2.30 / 15.2.39 / 16.4.36 / 17.4.36 / 18.4.22

36 태양광 발전소의 경우 환경 영향 평가를 받아야 하는 발전용량은 몇 [kW] 이상인가?

① 1,000[kW]　　② 10,000[kW]
③ 100,000[kW]　④ 1,000,000[kW]

해설 환경영향평가 대상사업의 종류 및 범위(에너지 개발사업)
① 발전시설용량이 10,000[kW] 이상인 발전소
(다만, 태양력·풍력 또는 연료전지 발전소의 경우에는 발전시설용량이 100,000[kW] 이상인 것)
② 345[kV] 이상의 지상송전선로로서 선로길이(공사계획에 지중화구간이 포함된 경우 그 길이를 포함한다)가 10[km] 이상인 것
③ 765[kV] 이상의 옥외변전소

37 음영각 및 음영각의 검토사항에 대한 설명으로 틀린 것은?

① 수직 음영각은 태양의 고도각을 말한다.
② 주변 산세, 수풀, 나무, 건물 등을 고려하여 어레이를 배치한다.
③ 그늘의 길이와 방향은 위도, 계절에 따라 같으므로 그림자의 길이를 계산하여 어레이를 배치한다.
④ 연중 입사각이 가장 적은 동지의 오전 9시부터 오후 3시 사이에 어레이에 그늘이 생기지 않도록 해야 한다.

해설 위도와 경도, 계절별 태양의 각도는 약50°정도의 차이가 발생하며, 그늘의 길이는 매우 상이하다.

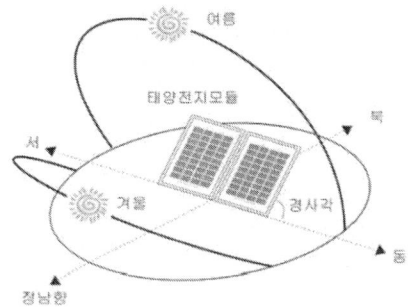

38 파워컨디셔너의 동작범위가 250~590[V], 태양전지 모듈이 온도에 따른 전압범위가 30~45[V]일 때 태양전지 모듈의 최대직렬 연결 가능 개수는?

① 11개　② 12개
③ 13개　④ 14개

해설 모듈의 최대직렬 연결 가능 수량

$$직렬\ 수량 = \frac{최대\ 동작\ 전압}{모듈\ 온도\ 최대\ 전압} = \frac{590}{45} ≒ 13$$

17.4.30 / 17.4.39 / 18.1.33 / 19.1.23

39 순 현재가치를 0으로 만들어 평가하는 경제성 분석 모형은?

① 현재가치법
② 편익 비용비율법
③ 자본 회수기간법
④ 내부 수익률법

해설 내부수익률 분석(internal Rate of Return : IRR)
편익과 비용의 합계가 동일하게 되는 수준의 현재가치 할인율을 의미한다. 즉, 어떤 사업의 순현재가치의 값을 '0'으로 하는 특정한 값의 할인율을 의미하며, IRR이 클수록 좋은 대안이고, IRR>r이면 경제성이 있다고 판단한다.

17.1.23 / 17.4.40 / 18.1.36 / 18.2.1 / 19.2.29

40 태양고도가 가장 높은 시기로 옳은 것은?
① 춘분   ② 하지
③ 추분   ④ 동지

해설 남중고도
① 태양이 남쪽 하늘의 중앙에 있을 때 지표면과 이루는 각
② 자전축을 중심으로 매일 한 바퀴씩 자전하는 지구가 태양 주위를 일 년에 한 바퀴씩 공전하기 때문에 남중고도의 높이차이가 발생됨(지구의 자전축이 공전 궤도면에 대하여 오른쪽으로 23.5도 기울어져 있다)
③ 제주지역 동지(32°), 하지(78°)

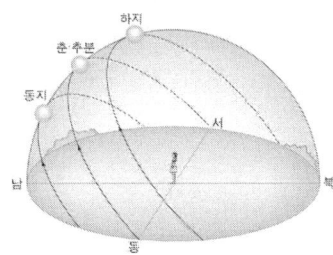

13.4.51 / 16.2.58 / 16.4.54 / 17.4.41 / 20.3.50

41 다음 중 송전선로에 대한 설명으로 틀린 것은?
① 송전설비는 발전소 상호간, 변전소 상호간, 발전소와 변전소 간을 연결하는 전선로와 전기설비를 말한다.
② 송전선로는 발전소, 1차변전소, 배전용 변전소로 구성된다.
③ 송전 방식은 교류 송전방식만이 사용된다.
④ 송전 계통의 개요는 송전선로, 급전설비, 운영설비이다.

해설 송전방식
1) 교류 방식
① 변압기를 이용하여 전압의 승압·강하가 쉽다.
② 교류기는 회전자계를 쉽게 얻을 수 있다.
③ 대부분이 교류 송전 방식이므로 운용상의 일관성을 갖는다.

2) 직류 방식
① 절연계급을 낮출 수 있나.
② 송전효율이 좋다.
③ 안정도가 좋다.
④ 유도장해가 적다.

15.2.49 / 17.4.42

42 태양광발전시스템의 배선공사에 사용되는 케이블 중 내연성이 가장 좋은 케이블은?
① ACSR강심 알루미늄 연선)
② VV비닐절연 비닐시스 케이블)
③ CV가교 폴리에틸렌 절연비닐 시스케이블)
④ PNCT(에틸렌 프로필렌 고무절연 클로로플렌시스 캡타이어 케이블)

해설 PNCT

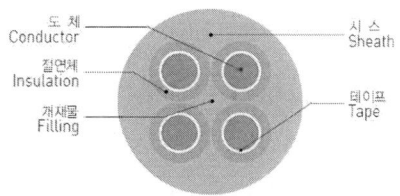

① 캡타이어 케이블은 강한 시스를 가진 케이블의 총칭이다.
② 광산, 농장, 건설공장 현장 등에서 저압 이동용 전기 기기의 배선에 사용되는 전선으로서, 탄력성이 양호한 클로로프렌 고무로 피복되어 충격, 마찰, 굴곡 등의 기계적 내성이 높고 내수, 내열, 내산 및 내알칼리성 등의 화학적 내성이 강하다.

43 태양광발전설비 설치를 위한 현장실사 시 고려할 사항이 아닌 것은?

① 모듈유형, 시스템 개념 및 설치방법에 관한 고객의 희망사항
② 원하는 태양광 전력 및 발전량
③ 지형의 조건
④ 축전지 용량

해설 현장실사 시 고려할 사항
① 지형의 조건(경사도, 진입 도로유무, 지형형태)
② 원하는 태양광 전력 및 발전량
③ 모듈유형, 시스템 개념 및 설치방법에 관한 고객의 희망사항

17.4.44 / 18.4.59

44 시방서 종류별로 설명한 것 중 틀린 것은?

① 공사시방서 – 특정 공사를 위해 작성
② 특기시방서 – 비기술적인 사항을 규정
③ 표준시방서 – 모든 공사의 공통적인 사항을 규정
④ 기술시방서 – 공사전반에 기술적인 사항을 규정

해설 특기시방서(Special Specification)
특정한 공법이나 재료가 필요한 공사에 대한 사항을 규정한 시방서

14.4.24 / 14.4.65 / 16.2.45 / 16.4.76 / 17.1.26 / 17.4.45 / 18.2.30 / 18.2.78 / 19.1.37 / 19.2.72

45 분산형전원 발전설비와 계통연계지점에서의 전기품질에 관한 설명으로 틀린 것은?

① 고조파의 측정치가 5[%] 이내인지 확인한다.
② 분산형전원측 역률의 측정치가 80[%] 이상인지 확인한다.
③ 분산형전원 및 그 연계 시스템은 분산형전원 연결점에서 직류가 계통으로 유입되는 것을 방지하기 위하여 연계 시스템에 상용주파 변압기를 설치하였는지 확인한다.
④ 분산형전원은 빈번한 기동·탈락 또는 출력 변동 등에 의하여 계통에 연결된 다른 전기 사용자에게 시각적인 자극을 줄 만한 플리커나 설비의 오동작을 초래하는 전압요동을 발생하지 않게 되었는지 확인한다.

해설 전기품질 항목
① 직류 유입 제한
 분산형전원 및 그 연계 시스템은 분산형전원 연결점에서 최대 정격 출력전류의 0.5[%]를 초과하는 직류 전류를 계통으로 유입시켜서는 안된다.
② 역률
 분산형전원의 역률은 90[%] 이상으로 유지함을 원칙으로 한다.
③ 플리커(flicker)
④ 고조파

17.4.46 / 19.4.55

46 전력시설물의 감리원이 공사업자로부터 받은 시공상세도를 승인할 때 고려할 사항이 아닌 것은?

① 설계도면, 설계 설명서 또는 관계 규정에 일치하는지 여부
② 현장시공기술자가 명확하게 이해할 수 있는지 여부
③ 주요 공정의 시공 절차 및 방법
④ 실제시공 가능 여부

해설 시공상세도 승인
공사업자가 제출한 날부터 7일 이내에 검토·확인하여 승인한다. 다만, 7일 이내에 검토·확인이 불가능한 때에는 사유 등을 명시하여 통보하고, 통보사항이 없는 때에는 승인한 것으로 본다.
① 설계도면, 설계 설명서 또는 관계 규정에 일치하는지 여부
② 현장의 시공기술자가 명확하게 이해할 수 있는지 여부
③ 실제시공 가능 여부
④ 안정성의 확보 여부
⑤ 계산의 정확성
⑥ 제도의 품질 및 선명성, 도면작성 표준에 일치 여부
⑦ 도면으로 표시 곤란한 내용은 시공시 유의사항으로 작성되었는지 등의 검토

정답 43. ④ 44. ② 45. ② 46. ③

47 고장전류 중 일반적으로 가장 큰 전류에 해당하는 것은?

① 1선 지락전류 ② 2선 지락전류
③ 선간 단락전류 ④ 3상 단락전류

해설 고장 전류의 크기
① 고장전류 중에서도 3상 단락전류가 가장 크며, 3상 단락전류의 크기를 고려해서 차단기 용량을 선정한다.
② 고장 전류의 크기
1선 지락전류 < 선간 단락전류 < 2선 지락전류 < 3상 단락전류

48 태양광발전설비 시공 중 접속함에서 인버터까지 배선의 전압강하율은 몇 [%] 이내로 권장하고 있는가?

① 1~2[%] ② 4~5[%]
③ 7~9[%] ④ 10~15[%]

해설 전압강하
모듈에서 인버터 입력단간 및 인버터 출력단과 계통연계점 간의 전압강하는 각 3[%]을 초과하여서는 아니 된다. 다만, 전선길이가 60[m]을 초과할 경우에는 아래 표에 따라 시공할 수 있다.

전선길이	120[m] 이하	200[m] 이하	200[m] 초과
전압강하	5[%]	6[%]	7[%]

49 KEC 한국전기설비규정의 변경으로 삭제됨

50 전력계통의 전압을 조정하는 조상설비 중 진상 또는 지상 모두 무효전력 조정이 가능한 것은?

① 단로기 ② 분로리액터
③ 동기 조상기 ④ 전력용 콘덴서

해설 조상설비
전력 계통의 무효 전력 및 전압 제어용으로 사용되는 외에 무효 전력 조류의 적정 배분으로 전력 손실 경감을 목적으로 하는 경우도 있다.
1) 종류
① 회전기 : 동기 조상기, 비동기 조상기
② 정지기 : 전력용 콘덴서, 분로 리액터

2) 동기 조상기
① 앞선 전류(콘덴서)와 뒤진 전류(리액터) 작용이 가능하다(진상, 지상)
② 현재는 거의 사용되고 있지 않다.

51 태양광발전시스템 구조물의 설치공사 순서를 올바르게 나타낸 것은?

① 어레이 기초공사 → 어레이 가대공사 → 어레이 설치공사 → 배선공사 → 검사
② 어레이 가대공사 → 어레이 기초공사 → 어레이 설치공사 → 배선공사 → 검사
③ 배선공사 → 어레이 기초공사 → 어레이 가대공사 → 어레이 설치공사 → 검사
④ 배선공사 → 어레이 가대공사 → 어레이 기초공사 → 어레이 설치공사 → 검사

해설 설치 시공 순서

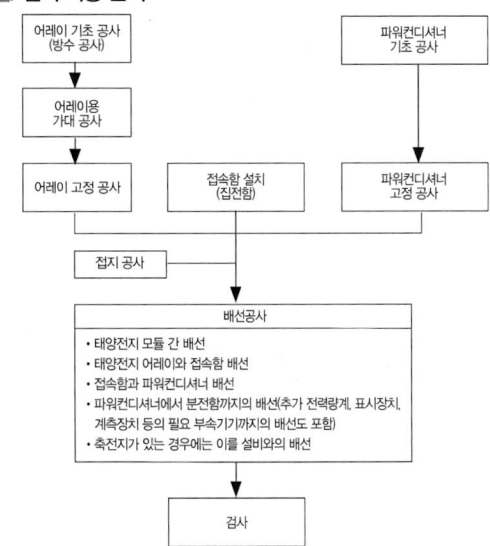

16.2.56 / 16.4.44 / 17.4.52 / 18.4.60 / 19.4.49

52 방화구획을 관통하는 배관, 배선의 처리방법에 대한 설명으로 틀린 것은?

① 다른 설비로 연소, 확대하는 것을 방지하는 것이다.
② 관통부분의 충전재, 내열시트재는 전열에 의해 이면측이 연소할 위험온도가 되지 않을 것
③ 관통부분의 충전재, 배관재의 변형·소실 등에 의한 이면측에 화염, 연기가 나오지 않을 것
④ 내화구조물을 배선, 배관 등으로 관통한 경우 되메움 충전재는 관통전과 동등하지 않아도 된다.

해설 방화구획 관통부의 처리

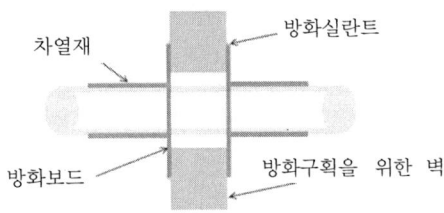

1) 방화구획 관통부의 처리를 하는 것은 화재 발생시의 방화 대책물인 벽, 바닥, 기둥 등을 통과하는 전선, 배관의 관통 부분에서 다른 설비로 불길이 번지거나 확대하는 것을 방지하기 위해서이다.

2) 배선을 옥외에서 옥내로 끌어들인 관통 부분의 처리방법으로는 다음과 같다.
① 난연성
관통 부분의 충전재, 케이블, 배관재의 변형, 파손, 탈락, 소실로 인해 뒷면에 화염, 연기가 나지 않을 것
② 내열성
관통 부분의 충전재, 내열씰재의 전열에 의해 뒷면이 연소할 위험이 있는 온도가 되지 않을 것

17.1.44 / 17.4.53

53 케이블트레이의 시설방법으로 틀린 것은?

① 수평으로 포설하는 케이블은 케이블트레이의 가로대에 반드시 견고하게 고정시켜야 한다.
② 저압케이블과 고압 또는 특고압케이블은 동일 케이블트레이 내에 시설하여서는 안된다.
③ 케이블이 케이블트레이 계통에서 금속관 등으로 옮겨가는 개소는 케이블에 압력이 가해지지 않도록 지지한다.
④ 케이블트레이가 방화구획의 벽, 마루, 천장 등을 관통 시 개구부에 연소방지시설 등 적절한 조치를 해야 한다.

해설 케이블트레이 배선의 시설조건
① 전선은 연피케이블, 알루미늄피 케이블 등 난연성 케이블 또는 기타 케이블(적당한 간격으로 연소(延燒)방지 조치를 하여야 한다) 또는 금속관 혹은 합성수지관 등에 넣은 절연전선을 사용하여야 한다.
② 케이블트레이 안에서 전선을 접속하는 경우에는 전선 접속부분에 사람이 접근할 수 있고 또한 그 부분이 측면 레일 위로 나오지 않도록 하고 그 부분을 절연처리 하여야 한다.
③ 수평으로 포설하는 케이블 이외의 케이블은 케이블트레이의 가로대에 견고하게 고정시켜야 한다.
④ 저압 케이블과 고압 또는 특고압 케이블은 동일 케이블 트레이 안에 시설하여서는 아니 된다. 다만, 견고한 불연성의 격벽을 시설하는 경우 또는 금속 외장 케이블인 경우에는 그렇지 않다.

13.4.58 / 18.1.54

54 지붕 건재형 태양전지 모듈의 설치장소를 고려한 설치 사항으로 틀린 것은?

① 태양전지 모듈의 하중에 견딜 수 있는 강도를 가질 것
② 인접 가옥의 화재에 대한 방화대책을 세워 시설할 것
③ 눈이 많은 지역에서는 적설 방지대책을 강구하여 시설할 것

④ 풍력계수는 처마 끝이나 지붕 중앙부나 똑같이 하여 시설할 것

[해설] 지붕 건재형 모듈의 설치장소를 고려한 설치사항
① 태양전지 설치시 예상되는 하중(자중, 적설, 풍압 등)에 견딜 수 있는 강도를 가질 것
② 인접 가옥의 화재에 대한 방화대책을 세워 시설할 것
③ 처마의 경우 지붕 중앙부보다 바람의 영향을 많이 받아서, 풍력계수를 높게 적용한다.
④ 설치 지역(염해, 낙뢰 지역), 장소에 맞는 재료, 부재 등을 선택하여 옥외에 장기간 사용 시 견딜 수 있는 재료를 선정할 것
⑤ 지붕 구조재와 지지철물의 접합부는 방수처리로 주택의 지붕에 필요한 방수성능을 확보할 것
⑥ 지지쇠와 고정쇠 설치시 지붕면에 대한 접촉부는 하중을 분산시켜 지붕재의 파손을 막고, 가대의 지붕재료 접촉부에는 실리콘, 고무 등 완충재를 설치할 것
⑦ 태양광설비의 눈·얼음이 보행자에게 낙하하는 것을 방지하기 위하여 모든 모듈 끝선이 건물의 외벽 마감선을 벗어나지 않도록 설치할 것
⑧ 배면환기를 위하여 모듈과 지붕면간 이격거리는 10[cm]이상이어야 하며, 배선처리는 바닥에 닿지 않도록 단단하게 고정할 것

17.4.55 / 19.4.28

55 다음 중 적설하중과 관련 있는 사항이 아닌 것은?

① 중요도계수 ② 노출계수
③ 온도계수   ④ 내압계수

[해설] 적설하중 산정시 고려되는 사항
① 적설하중계수
② 노출계수
③ 온도계수
④ 중요도계수
⑤ 기타 재하분포상태

16.4.53 / 17.4.56 / 18.1.56 / 19.2.49

56 태양전지 전지판 연결공사에 대한 설명으로 틀린 것은?

① 전선관은 전기적, 기계적으로 확실히 접속한다.
② 전선의 연결 부위는 전선관 내에서 연결하여야 한다.
③ 태양광 모듈 결선시 정크션박스 홀에 맞는 방수 커넥터를 사용한다.
④ 태양전지에서 옥내에 이르는 배선은 모듈전용선 F-CV선, TFR-CV선 등을 사용한다.

[해설] 금속관배선의 시설조건
1) 전선은 절연전선(옥외용 비닐절연전선을 제외한다)일 것
2) 전선은 연선일 것. 다만, 다음의 것은 적용하지 않는다.
① 짧고 가는 금속관에 넣은 것
② 단면적 10[mm²](알루미늄선은 단면적 16[mm²]) 이하의 것
3) 전선은 금속관 안에서 접속점이 없도록 할 것

14.4.93 / 15.2.76 / 15.4.98 / 16.4.97 / 17.1.92 / 17.2.42 / 17.4.57

57 표준 태양전지 어레이의 개방전압을 최대사용전압으로 간주할 때 절연내력 측정방법으로 옳은 것은?

① 최대사용전압의 1배의 직류전압이나 1.5배의 교류전압을 10분간 인가하여 절연파괴 등 이상이 발생하지 않을 것
② 최대사용전압의 1배의 직류전압이나 1.5배의 교류전압을 20분간 인가하여 절연파괴 등 이상이 발생하지 않을 것
③ 최대사용전압의 1.5배의 직류전압이나 1배의 교류전압을 10분간 인가하여 절연파괴 등 이상이 발생하지 않을 것
④ 최대사용전압의 1.5배의 직류전압이나 1배의 교류전압을 20분간 인가하여 절연파괴 등 이상이 발생하지 않을 것

정답 54.④ 55.④ 56.②

해설 **태양전지 모듈의 절연내력**
태양전지 모듈은 최대사용전압의 1.5배의 직류전압 또는 1배의 교류전압(500[V] 미만으로 되는 경우에는 500[V])을 충전부분과 대지사이에 연속하여 10분간 가하여 절연내력을 시험하였을 때에 이에 견디는 것이어야 한다.

58 태양광발전 및 발전용 수전설비에서 사용 전 검사 세부항목 중 차단기 검사항목으로 틀린 것은?

① 절연저항 측정
② 개폐표시 상태 확인
③ 단독운전 방지시험
④ 조작용 전원 및 회로점검

해설 **차단기 사용 전 검사 항목**
1) 외관
① 전선 굵기, 이격 거리 및 높이
② 전선 접속상태
③ 지중전선로 직선접속부 및 단말부분 처리상태
④ 아크발생기구 이격 거리
⑤ 충전부분 방호 및 이격 거리
⑥ 개폐기 및 차단기 개폐상태
⑦ 지락차단장치 또는 경보장치
⑧ 기계·기구 보호장치

2) 보호장치 시험
① 과전류차단장치
② 지락차단장치
3) 제어회로 동작 및 기기조작시험

① 개폐동작시험
② 인터록시험

16.2.48 / 17.4.59 / 19.1.46
59 전력기술관리법에 따르면 감리업자 등은 그가 시행한 공사감리 용역이 끝났을 때 공사감리 완료보고서를 며칠 이내에 시·도지사에게 제출해야 하는가?

① 7일 ② 10일 ③ 20일 ④ 30일

해설 감리업자는 감리용역이 완료된 때에는 30일 이내에 공사감리 완료보고서를 협회에 제출하여야 한다.

60 KEC 한국전기설비규정의 변경으로 삭제됨

13.4.71 / 15.4.77 / 16.4.67 / 17.1.67 / 17.4.61 / 19.2.63
61 태양광발전시스템에 계측기구 및 표시장치의 설치목적으로 틀린 것은?

① 시스템의 홍보
② 시스템의 운전 상태를 감시
③ 시스템 기기 또는 시스템 종합평가
④ 시스템에서 생산된 전력 판매량 파악

해설 **태양광발전시스템에서 계측기기, 표시장치의 설치목적**
① 시스템의 운전상태 감시를 위한 계측 및 표시
② 시스템의 발전전력량 확인을 위한 계측
③ 시스템 기기 및 시스템 종합평가를 위한 계측
④ 시스템의 운전상황을 견학자에게 보여주고, 시스템의 홍보를 위한 계측 또는 표시

22.1.2
62 사업허가 변경신청 시 처리 절차로 옳은 것은?

① 신청서 작성 및 제출 → 검토 → 접수 → 전기위원회 심의 → 변경허가증 발급
② 신청서 작성 및 제출 → 접수 → 검토 → 전기위원회 심의 → 변경허가증 발급
③ 신청서 작성 및 제출 → 접수 → 전기위원회 심의 → 검토 → 변경허가증 발급
④ 신청서 작성 및 제출 → 전기위원회 심의 → 검토 → 접수 → 변경허가증발급

해설 **전기사업허가(변경) 처리절차**

정답 57.③ 58.③ 59.④ 60. 61.④ 62.②

63 유지관리에 필요한 기술자료의 수집, 기술의 연수, 보전기술개발의 제반비용 등으로 구성되는 유지관리비의 항목은 무엇인가?

① 유지비　　② 개량비
③ 일반관리비　④ 운용지원비

[해설] 유지관리비의 항목
① 유지비 : 법령점검, 정기점검보수, 일상점검, 청소, 보안, 경상수선
② 수선비 : 임시수선
③ 개량비 : 개량, 디자인개량
④ 운용비 : 경비, 통신비, 광열, 수도, 소모품
⑤ 일반관리 : 조세공과, 보험료, 감가상각비, 운용계획, 업무 외 사무
⑥ 운영지원비 : 기술자료 수집, 기술연구, 기술연수

64 태양광발전모듈의 열점이 발생할 수 있는 원인으로 틀린 것은?

① 주위온도　　② 셀의 부정합
③ 내부접속 불량　④ 부분적인 그늘

[해설] 핫스팟(Hot Spot, 열점)

태양광발전 모듈을 구성하는 셀의 일부에 그늘이 지거나, 셀의 결선 부위에 회로 결함이 생긴 경우, 셀의 부정합 또는 전지 특성의 편차 등으로, 태양전지의 어느 한 점에서 낮은 출력으로 과도한 역전압이 인가되거나 다른 어떤 손상으로 인해 절연파괴가 발생하여 국부적으로 심하게 과열되는 현상

65 중대형 태양광 발전용 인버터의 시험 중 정상특성시험 항목이 아닌 것은?

① 효율시험　　② 내전압시험
③ 누설전류시험　④ 온도상승시험

[해설] 인버터의 정상특성시험 항목

	시험 항목	독립형	계통연계형
정상특성시험	a) 교류전압, 주파수 추종 범위 시험	×	○
	b) 교류 출력전류 변형률 시험	×	○
	c) 누설전류시험	○	○
	d) 온도상승시험	○	○
	e) 효율시험	○	○
	f) 대기손실시험	×	○
	g) 자동기동·정지 시험	×	○
	h) 최대전력 추종시험	×	○
	i) 출력전류 직류분 검출시험	×	○

66 태양광발전시스템의 계측기구 및 표시장치의 구성으로 틀린 것은?

① 검출기　　② 감시 장치
③ 연산장치　④ 신호변환기

[해설] 태양광발전시스템의 계측시스템 구성
① 검출기
　태양광발전시스템의 기상데이터와 전압, 전류 등을 측정하는 장치로 직류측의 전압은 분압기로 전류는 분류기를 이용하고, 교류측의 전압, 전류, 역률, 주파수 계측은 PT, CT를 통해서 검출, 지시계 또는 신호변환기로 전송하는 장치
② 신호변환기
　검출기로 검출된 데이터를 컴퓨터 및 먼거리에 설치한 표시장치에 전송할 때 사용하는 장치
③ 연산장치

정답 63.④ 64.① 65.② 66.②

검출기를 통해 얻어진 순시계측 데이터는 적산하고, 일정기간 동안의 데이터는 평균하는 등 필요 데이터를 가공하는 장치

④ 기억장치
컴퓨터가 필요로 하는 정보, 컴퓨터가 자료를 처리하여 얻은 결과 등을 저장하는 기능을 하는 장치

15.4.15 / 17.4.67 / 18.2.14
67 태양광발전시스템 중 계통연계형 시스템의 구성이 아닌 것은?

① 축전지 ② 인버터
③ 상용계통 ④ 태양전지판

해설 **계통연계형 시스템**

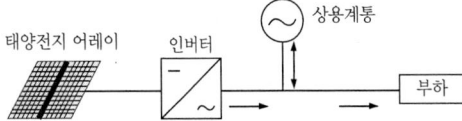

태양광발전으로 부하에 전력공급시 전기가 부족하면 전력회사의 상용전력계통에서 공급을 받고, 전기가 남을 때는 전력회사(상용계통)에 공급하는 시스템

14.4.79 / 16.4.68 / 17.2.61 / 17.4.68 / 19.2.70
68 전기사업법에서 태양광발전 시스템은 정기적으로 검사를 받아야 하는데 그 검사 시기는?

① 2년 이내 ② 3년 이내
③ 4년 이내 ④ 5년 이내

해설
정기검사대상 전기설비 및 검사 시기
① 태양광·전기설비 계통 : 4년 이내
② 구역전기사업자의 송전·변전 및 배전설비 : 2년 이내

16.4.75 / 17.4.69 / 19.1.66 / 19.4.64
69 인버터에 누전이 발생했을 경우 인버터에 표시되는 내용으로 옳은 것은?

① Inverter M/C Fault
② Inverter Ground Fault
③ Line Inverter Async Fault
④ Serial Communication Fault

해설 **인버터의 표시 내용**
① 인버터 출력전압 이상(Inverter Output Voltage Fault) : 인버터 전압 이상이 계측되는 경우
② 인버터 과전류(Inverter Over Current Fault) : 인버터 전류의 규정 값 이상
③ 인버터지락(Inverter Ground Fault) : 인버터에 누전발생
④ 인버터 과열(Inverter Over Temperature) : 인버터의 온도 이상
⑤ 인버터 MC 이상(Inverter M/C Fault) : 전자접촉기(MC) 이상
⑥ 계통-인버터 위상 이상(Line Inverter Async Fault) : 인버터와 전력계통의 위상이 비동기
⑦ 계통 과전압(Line Over Voltage Fault) : 계통 전압이 규정치 이상
⑧ 인버터 저전압(Solar Cell Under Voltage Fault) : 태양전지 전압이 규정치 이하일 때

70 인버터의 유지관리 내용으로 틀린 것은?

① 감전의 위험이 있으므로 젖은 손으로 스위치를 조작하지 않는다.
② 전원이 입력된 상태이거나 운전 중에는 커버를 열지 말아야 한다.
③ 인버터 내부에는 나사나 물, 기름 등의 이물질이 들어가지 않게 하여야 한다.
④ 전선의 피복이 손상되었을 경우에는 제조사에 연락을 취하고 운전을 계속한다.

해설 전선의 피복이 손상되었을 경우, 전기안전관리자는 손상의 정도를 파악해서 수리하거나, 인버터를 즉시 정지하고 안전조치를 한 후 제조사에 연락을 한다.

17.1.74 / 17.4.71 / 19.1.75
71 태양광발전시스템의 점검계획 시 고려해야 할 사항이 아닌 것은?

정답 67.① 68.③ 69.② 70.④

① 고장이력 　② 설비의 중요도
③ 설비의 사용기간 　④ 설비의 운영비용

해설 태양광발전시스템 점검 계획 시 고려사항
① 환경조건
② 설비의 중요도
③ 설비의 이용시간
④ 고장이력
⑤ 부하상대
⑥ 보수방법

17.4.72 / 19.1.78
72 소형 태양광 발전용 인버터의 절연성능시험 항목으로 틀린 것은?

① 내전압시험 　② 절연저항시험
③ 감전보호시험 　④ 부하불평형시험

해설 절연성능시험 항목
① 절연저항시험
② 내전압시험
③ 감전보호시험
④ 절연거리시험

15.2.63 / 17.1.65 / 17.4.73
73 개방전압 측정 시 유의사항으로 틀린 것은?

① 태양광발전모듈 표면의 이물질, 먼지 등을 청소하는 것이 필요하다.
② 각 스트링의 측정은 안정된 일사강도가 얻어질 때 하도록 한다.
③ 개방전압 측정 시 안전을 위해 우천 시 또는 흐린 날에 측정하도록 한다.
④ 측정시각은 일사강도, 온도의 변동을 극히 적게 하기 위하여, 청명할 때와 남쪽에 있을 때의 전후 1시간에 실시하는 것이 바람직하다.

해설 개방전압 측정 시 주의사항
① 각 모듈이 음영의 영향을 받지 않는 것을 확인한다. (모듈의 불량 또는 모듈간의 접속불량 등이 발생하면 각 스트링의 개방전압 측정치가 불균일하다)
② 각 모듈이 균일한 일사조건이 되기 쉬운 약간 흐린 날씨라면 평가하기 쉬우나, 아침, 저녁의 낮은 일사조건은 피한다.
③ 맑은 날, 남중고도에 있을 때 측정하면 오차가 적다.
④ 우천 시에는 감전의 위험이 있으니, 측정을 피한다.

15.4.68 / 17.2.47 / 17.4.74
74 태양광발전시스템 각 부분의 절연상태를 측정하기 위한 시험기자재가 아닌 것은?

① 온도계
② 단락용 개폐기
③ 절연저항계(메가)
④ 직류전압계(테스트)

해설 절연저항 측정시험 기자재

단락용 악어클립

① 절연저항계(Megger)
② 온도계
③ 습도계
④ 단락용 개폐기 및 단락용 악어클립

75 태양광발전시스템에 설치되는 모선 및 구조물의 볼트 조임에 대한 설명 중 틀린 것은?

① 조임은 너트를 돌려서 조여 준다.
② 볼트의 크기에 맞는 토크렌치를 사용하여 규정된 힘으로 조여 준다.
③ 토크렌치에 의하여 규정된 힘이 가해졌는지를 확인할 필요가 없다.
④ 2개 이상의 볼트를 사용하는 경우 한쪽만 심하게 조이지 않도록 주의한다.

해설 토크렌치 검사

① 태양광발전소 구조물의 볼트 조임은 설계치의 일정한 볼트 조임이 이루어져야하며, 조립상태가 정상적인가를 확인하기 위하여 볼트너트의 조임 토크를 검사해야 한다.
② 이 검사는 마찰이라는 불안전요소가 게재되어 있어 상당히 까다로워, 조임 토크를 검사하여 정확하게 측정한다는 것은 매우 어렵다.
③ 측정방법에는 풀림 토크법, 증가 토크법, 마크법 등이 있다.
※ 가장 근접한 답은 ③번이다.

76 접근 위험경고 및 감전재해를 방지하기 위하여 사용하는 활선접근경보기의 사용범위가 아닌 것은?
① 활선에 근접하여 작업하는 경우
② 정전작업 장소에서 사선구간과 활선구간이 공존되어 있는 경우
③ 작업 중 착각·오인 등에 의해 감전이 우려되는 경우
④ 보수작업 시행 시 저압 또는 고압 충전유무를 확인하는 경우

해설 활선접근경보기
활선 작업이나 활선 근접 작업 등의 전기 작업을 하는 동안 고압이나 특고압 선로나 설비에 접촉하거나 근접할 경우 작업자에게 명확히 경고하기 위하여 근로자의 안전모, 손목 등에 착용한다.

※ 검전기

정전기 유도를 이용하여 충전유무를 알아내는 데 이용하는 기구

13.4.61 / 16.2.70 / 17.4.77

77 중대형 태양광 발전용 인버터의 누설전류 시험 시 누설전류는 최대 몇 [mA] 이하여야 하는가?
① 5   ② 10
③ 15   ④ 20

해설 누설 전류 시험
① 교류전원을 정격 전압 및 정격 주파수로 운전한다. 직류 전원은 인버터 출력이 정격 출력이 되도록 설정한다.
② 인버터의 기체와 대지와의 사이에 1[KΩ] 이상의 저항을 접속해서 저항에 흐르는 누설전류를 측정하고, 누설전류가 5[mA] 이하일 것

17.1.63 / 17.4.78

78 태양광발전시스템의 운전 특성을 측정할 경우 사용되는 계측기기에 대한 설명으로 틀린 것은?
① 전력계의 정확도는 ±1[%]로 한다.
② 일사계의 정확도는 ±1[%]로 한다.
③ 온도계의 정확도는 ±1[℃]로 한다.
④ 전압계 및 전류계의 정확도는 ±0.5[%]로 한다.

해설 계측기기의 정확도
1) 계측설비별 요구사항

계측설비	요구사항	확인방법
인버터	CT 정확도 3[%] 이내	• 관련 내용이 명시된 설비 스펙 제시 • 인증 인버터는 면제
온도센서	정확도 ±0.3[℃] (-20~100[℃])미만	• 관련 내용이 명시된 설비 스펙 제시
	정확도 ±1[℃] (100~1000[℃]) 이내	
유량계, 열량계	정확도 ±1.5[%] 이내	• 관련 내용이 명시된 설비 스펙 제시
전력량계	정확도 1[%] 이내	• 관련 내용이 명시된 설비 스펙 제시

정답 75. ③ 76. ④ 77. ① 78. ②

2) 일사량계의 공차

검정유형	종류	정확도
실내검정	전천	순간전천 일사량 30회 평균값 ±5[%]
	직달	순간전천 일사량 30회 평균값 ±5[%]
현장검정	전천	순간전천 일사량 30회 평균값 ±5[%]
	직달	순간전천 일사량 30회 평균값 ±5[%]

3) 직동식 지시 전기계기(전류계 및 전압계)
   전류계 및 전압계는 다음의 계급 지수에 따라 정밀도 계급을 구분한다.
   0.05, 0.1, 0.2, 0.3, 0.5, 1, 1.6, 2, 2.5, 3, 5

13.4.65 / 17.4.79 / 18.2.77

79 태양광발전용 접속함의 시험 항목이 아닌 것은?
① 절연특성시험　② 온도상승시험
③ 내부식성시험　④ UV전처리시험

[해설] 접속함의 시험항목
① 구조시험
② 공간거리 및 연면거리 시험
③ 절연특성시험(내전압, 임펄스 내전압)
④ 내열성 시험
⑤ 내부식성 시험
⑥ 외함보호등급(IP)
⑦ 온도상승시험
⑧ 직류전원장치의 안전성 및 전자파적합성 시험(EMC 해당시)
⑨ 표시의 내구성 시험

15.2.72 / 15.4.80 / 16.2.64 / 16.4.74 / 17.1.78 / 17.2.67 / 17.4.80 / 18.2.65 / 18.2.68 / 18.4.80 / 19.2.80

80 태양광발전시스템 점검의 종류가 아닌 것은?
① 임시점검　② 수시점검
③ 일상점검　④ 정기점검

[해설] 전기설비 점검의 종류
① 일상점검
② 정기점검
③ 임시점검

13.4.97 / 15.2.88 / 16.2.82 / 16.2.94 / 17.1.90 / 17.4.81 / 19.1.90 / 19.2.89 / 19.4.93

81 기본계획에서 정한 목표를 달성하기 위하여 신·재생에너지의 종류별로 신·재생에너지의 기술개발 및 이용·보급과 신·재생에너지 발전에 의한 전기의 공급에 관한 실행계획을 매년 수립·시행하는 주체는 누구인가?
① 환경부장관
② 고용노동부장관
③ 국토교통부장관
④ 산업통상자원부장관

[해설] 기본계획의 수립(신재생에너지법 제5조)
① 산업통상자원부장관은 관계 중앙행정기관의 장과 협의를 한 후 신·재생에너지정책심의회의 심의를 거쳐 신·재생에너지의 기술개발 및 이용·보급을 촉진하기 위한 기본계획을 5년마다 수립하여야 한다.
② 기본계획의 계획기간은 10년 이상으로 한다.

13.4.93 / 17.4.82

82 저탄소 녹색성장 기본법에 의해 정부는 에너지기본계획의 수립을 몇 년마다 수립·시행하여야 하는가?
① 2년　② 3년
③ 4년　④ 5년

[해설] 에너지기본계획의 수립(녹색성장법 제41조)
① 정부는 에너지정책의 기본원칙에 따라 20년을 계획기간으로 하는 에너지기본계획을 5년마다 수립·시행하여야 한다.
② 에너지기본계획을 수립하거나 변경하는 경우에는 에너지위원회의 심의를 거친 다음 위원회와 국무회의의 심의를 거쳐야 한다. 다만, 대통령령으로 정하는 경미한 사항을 변경하는 경우에는 그렇지 않다.

83 전기공사업법을 위반하여 경력수첩을 빌려 준 사람 또는 타인의 경력수첩을 빌려서 사용한 자의 벌칙으로 옳은 것은?

① 1년 이하의 징역 또는 1천만원 이하의 벌금
② 2년 이하의 징역 또는 1천만원 이하의 벌금
③ 3년 이하의 징역 또는 2천만원 이하의 벌금
④ 3년 이하의 징역 또는 3천만원 이하의 벌금

해설 벌칙(전기공사업법 제42조, 제31조, 제28조)
다음의 어느 하나에 해당하는 자는 1년 이하의 징역 또는 1천만원 이하의 벌금에 처한다.
① 등록을 하지 아니하고 공사업을 한 자
② 거짓이나 그 밖의 부정한 방법으로 등록을 한 자
③ 공사업 등록증 등의 대여금지 등을 위반한 공사업자 및 그 상대방
④ 하도급을 주거나 다시 하도급을 준 자 및 그 상대방
⑤ 경력수첩을 빌려 준 사람 또는 타인의 경력수첩을 빌려서 사용한 자
⑥ 6개월 영업정지처분기간에 영업을 한 자
⑦ 시공능력의 평가 신고를 거짓으로 한 자

84 전기사업법에서 기금을 사용할 경우 대통령령으로 정하는 전력산업과 관련한 중요 사업으로 틀린 것은?

① 전기의 특수적 공급을 위한 사업
② 전력산업 분야 전문 인력의 양성 및 관리
③ 전력산업 분야 개발기술의 사업화 지원사업
④ 전력산업 분야의 시험·평가 및 검사시설의 구축

해설 전력산업기반기금의 사용(전기사업법 시행령 제34조)
① 안전관리를 위한 사업
② 전기의 보편적 공급을 위한 사업
③ 전력산업기반조성사업 및 전력산업기반조성사업에 대한 기획·관리 및 평가
④ 전력산업 분야 전문 인력 양성 및 관리
⑤ 전력산업 분야의 시험·평가 및 검사시설의 구축
⑥ 전력산업의 해외진출 지원사업
⑦ 전력산업 분야 개발기술의 사업화 지원사업

13.4.6 / 14.4.26 / 15.4.42 / 17.4.85 / 18.2.12 / 18.2.57

85 전기설비기술기준에서 사용하는 용어의 정의 중 전력계통의 일부가 전력계통의 전원과 전기적으로 분리된 상태에서 분산형전원에 의해서만 가압되는 상태를 무엇이라 하는가?

① 계통연계 ② 단독운전
③ 접근상태 ④ 단순 병렬운전

해설 용어의 정의
① 가공인입선 : 가공전선로의 지지물로부터 다른 지지물을 거치지 아니하고 수용장소의 붙임 점에 이르는 가공전선
② 관등회로 : 방전등용 안정기(방전등용 변압기를 포함한다)로부터 방전관까지의 전로

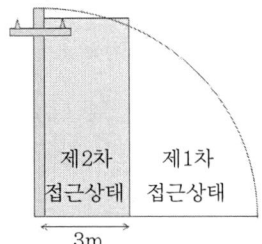

③ 제1차 접근 상태 : 가공 전선이 다른 시설물과 접근 (병행하는 경우를 포함하며 교차하는 경우 및 동일 지지물에 시설하는 경우를 제외한다)하는 경우에 가공 전선이 다른 시설물의 위쪽 또는 옆쪽에서 수평거리로 가공 전선로의 지지물의 지표상의 높이에 상당하는 거리 안에 시설(수평 거리로 3[m] 미만인 곳에 시설되는 것을 제외한다)됨으로써 가공 전선로의 전선의 절단, 지지물의 도괴 등의 경우에 그 전선이 다른 시설물에 접촉할 우려가 있는 상태
④ 제2차 접근상태 : 가공 전선이 다른 시설물과 접근하는 경우에 그 가공 전선이 다른 시설물의 위쪽 또는 옆쪽에서 수평 거리로 3[m] 미만인 곳에 시설되는 상태
⑤ 단독운전 : 전력계통의 일부가 전력계통의 전원과 전기적으로 분리된 상태에서 분산형전원에 의해서만 가압되는 상태
⑥ 리플프리직류 : 교류를 직류로 변환할 때 리플 (Ripple)성분이 10%(실효값) 이하 포함한 직류

정답 83.① 84.① 85.②

⑦ 단순 병렬운전 : 자가용 발전설비를 배전계통에 연계하여 운전하되, 생산한 전력의 전부를 자체적으로 소비하기 위한 것으로서 생산한 전력이 연계계통으로 유입되지 않는 병렬 형태

※ 리플(Ripple)성분은 교류를 정류하여 직류로 만들 때, 완벽하게 직류가 되지 않고, 일부 남아 있는 교류성분

13.4.99 / 15.2.46 / 15.4.84 / 17.2.89 / 17.4.86 / 19.4.99

86 전기설비기술기준에서 전기설비의 일반적인 사항에 대한 내용으로 틀린 것은?

① 전선의 접속부분에는 전기저항이 증가되도록 접속하고 절연성능이 저하되지 않도록 하여야한다.
② 전로에 시설하는 전기기계기구는 통상 사용 상태에서 그 전기기계기구에 발생하는 열에 견디는 것이어야 한다.
③ 뇌방전으로 인한 과전압으로부터 전기설비의 손상, 감전 또는 화재와 우려가 없도록 피뢰설비를 시설한다.
④ 고전압의 침입 등에 의한 감전, 화재 그밖에 사람에 위해를 주거나 물건에 손상을 줄 우려가 없도록 접지를 한다.

해설 **전선의 접속법**
① 전선을 접속하는 경우에는 전선의 전기저항을 증가시키지 않도록 접속하여야 한다.
② 나전선 상호 또는 나전선과 절연전선을 접속할 경우에는 전선의 세기(인장하중)를 20[%]이상 감소시키지 아니할 것

17.4.87 / 18.1.84

87 신·재생에너지 공급인증서의 발급 신청을 받은 공급인증기관은 발급 신청을 한 날부터 며칠 이내에 공급인증서를 발급하여야 하는가?

① 10일　　② 30일
③ 50일　　④ 90일

해설 **신·재생에너지 공급인증서의 발급 신청 등(신재생에너지법 시행령 제18조의8)**
① 공급인증서를 발급받으려는 자는 공급인증서 발급 및 거래시장 운영에 관한 규칙에서 정하는 바에 따라 신·재생에너지를 공급한 날부터 90일 이내에 발급 신청을 하여야 한다.
② 발급 신청을 받은 공급인증기관은 발급 신청을 한 날부터 30일 이내에 공급인증서를 발급하여야 한다.

13.4.81 / 14.4.89 / 15.2.83 / 16.2.88 / 16.4.93 / 17.4.88 / 19.4.82

88 대통령령으로 정하는 규모 이하의 발전설비를 갖추고 특정한 공급구역의 수요에 맞추어 전기를 생산하여 전력시장을 통하지 아니하고 그 공급구역의 전기사용자에게 공급하는 것을 주된 목적으로 하는 사업을 무엇이라 하는가?

① 전기사업　　② 송전사업
③ 배전사업　　④ 구역전기사업

해설 **정의(전기사업법 제2조)**
① 전기사업 : 발전사업·송전사업·배전사업·전기판매사업 및 구역전기사업
② 발전사업 : 전기를 생산하여 이를 전력시장을 통하여 전기판매사업자에게 공급하는 것을 주된 목적으로 하는 사업
③ 송전사업 : 발전소에서 생산된 전기를 배전사업자에게 송전하는 데 필요한 전기설비를 설치·관리하는 것을 주된 목적으로 하는 사업
④ 배전사업 : 발전소로부터 송전된 전기를 전기사용자에게 배전하는 데 필요한 전기설비를 설치·운용하는 것을 주된 목적으로 하는 사업
⑤ 구역전기사업 : 대통령령으로 정하는 규모 이하의 발전설비를 갖추고 특정한 공급구역의 수요에 맞추어 전기를 생산하여 전력시장을 통하지 아니하고 그 공급구역의 전기사용자에게 공급하는 것을 주된 목적으로 하는 사업

13.4.96 / 14.4.89 / 17.4.89 / 17.4.96

89 신에너지 및 재생에너지 개발·이용·보급촉진 법에서 정한 공급의무자가 아닌 것은?

① 한국가스공사
② 한국수자원공사
③ 한국지역난방공사
④ 한국중부발전주식회사

해설 신·재생에너지 공급의무자(신재생에너지법 시행령 제18조의3)

① 전기사업법에 따른 발전사업자로서 500,000[kW] 이상의 발전설비(신·재생에너지 설비는 제외한다)를 보유하는 자
② 집단에너지사업법 및 전기사업법에 따른 발전사업의 허가를 받은 것으로 보는 자로서 500,000[kW] 이상의 발전설비(신·재생에너지 설비는 제외한다)를 보유하는 자
③ 한국수자원공사
④ 한국지역난방공사

※ 공급의무자 범위(총 25개사)

구분	공급의무자
그룹1	한국수력원자력, 한국남동발전, 한국중부발전, 한국서부발전, 한국남부발전, 한국동서발전
그룹2	한국지역난방공사, 한국수자원공사, SK E&S, GS EPS, GS 파워, 포스코에너지, 엠피씨율촌전력, 평택에너지서비스, 대륜발전, 에스파워, 포천파워, 동두천드림파워, 파주에너지서비스, GS동해전력, 포천민자발전, 신평택발전, 나래에너지서비스, 고성그린파워, 강릉에코파워

15.4.87 / 17.2.98 / 17.4.90

90 녹색기술에 대한 용어의 뜻으로 틀린 것은?

① 자원개발기술
② 청정에너지 기술
③ 온실가스 감축기술
④ 에너지 이용 효율화 기술

해설 녹색기술 정의(녹색성장법 제2조)

① 온실가스 감축기술
② 에너지 이용 효율화 기술
③ 청정생산기술
④ 청정에너지 기술
⑤ 자원순환 및 친환경 기술(관련 융합기술을 포함한다) 등
⑥ 사회·경제 활동의 전 과정에 걸쳐 에너지와 자원을 절약하고 효율적으로 사용하여 온실가스 및 오염물질의 배출을 최소화하는 기술

14.4.55 /14.4.90 / 15.4.79 / 17.4.91 / 18.4.64 / 18.4.71

91 한국전기설비규정에서 저압전로의 절연성능 중 전로의 사용전압이 500[V] 초과의 경우 절연저항 값은 몇 [MΩ] 이상인가?

① 0.3   ② 0.5
③ 0.7   ④ 1.0

해설 절연저항

전로의 사용전압[V]	DC 시험전압 [V]	절연저항 [MΩ]
SELV 및 PELV	250	0.5
FELV, 500V이하	500	1.0
500V 초과	1,000	1.0

[주]특별저압(extra low voltage : 2차 전압이 AC 50V, DC120V 이하)으로 SELV(비접지회로 구성) 및 PELV(접지회로 구성)은 1차와 2차가 전기적으로 절연된 회로, FELV는 1차와 2차가 전기적으로 절연되지않은 회로

전기사용장소의 사용전압이 저압인 전로의 전선상호간 및 전로와 대지 사이의 절연저항은 개폐기 또는 과전류차단기로 구분할 수 있는 전로마다 표에서 정한 값이어야 한다.

다만, 전선 상호간의 절연저항은 기계기구를 쉽게 분리가 간단한 분기회로의 경우 기기 접속 전에 측정할 수 있다. 또한, 측정시 영향을 주거나 손상을 받을 수 있는 기기 등은 측정 전에 분리시켜야 하고, 부득이하게 분리가 어려운 경우에는 시험 전압을 250V DC로 낮추어 측정할 수 있지만, 절연저항 값은 1MΩ 이상이어야 한다.

※ 용어 설명
① SELV : Safety Extra Low Voltage
　(1차와 2차가 전기적으로 절연되어있지만, 접지가 되어있지 않음)
② PELV : Protected Extra Low Voltage
　(1차와 2차가 전기적으로 절연되어있고, 접지가 되어 있음)
③ FELV : Functional Extra Low Voltage
　(1차와 2차가 전기적으로 절연되어있지 않음)

13.4.100 / 16.2.92 / 17.4.92

92 발전사업자 및 전기판매사업자는 전력시장운영규칙에서 정하는 바에 따라 전력시장에서 전력거래를 하여야 하는데, 신·재생에너지발전사업자가 최대 몇 [kW] 이하의 발전설비용량을 이용하여 생산한 전력을 거래하는 경우는 그러지 아니한가?

① 200　　　② 500
③ 1000　　 ④ 1500

해설　전력거래(전기사업법 제31조)
① 발전사업자 및 전기판매사업자는 전력시장운영규칙으로 정하는 바에 따라 전력시장에서 전력거래를 하여야 한다. 다만, 도서지역 등 대통령령으로 정하는 경우에는 그렇지 않다.
② 자가용전기설비를 설치한 자는 그가 생산한 전력을 전력시장에서 거래할 수 없다. 다만, 대통령령으로 정하는 경우에는 그렇지 않다.
③ 구역전기사업자는 대통령령으로 정하는 바에 따라 특정한 공급구역의 수요에 부족하거나 남는 전력을 전력시장에서 거래할 수 있다.

전력거래(전기사업법 시행령 제19조)
도서지역 등 대통령령으로 전력시장에서 전력거래를 하지 않아도 되는 경우
① 한국전력거래소가 운영하는 전력계통에 연결되어 있지 아니한 도서지역에서 전력을 거래하는 경우
② 신·재생에너지발전사업자가 1000[kW] 이하의 발전설비용량을 이용하여 생산한 전력을 거래하는 경우

17.4.93 / 18.2.99 / 19.1.100

93 금속제 외함을 가지는 저압의 기계기구를 사람이 쉽게 접촉할 우려가 있는 곳에 시설하는 경우 그 기계기구의 사용전압이 몇 [V]를 초과하면 전기를 공급하는 전로에 지락이 생겼을 때에 자동적으로 전로를 차단하는 장치를 하여야 하는가?

① 30　　　② 60
③ 150　　 ④ 300

해설　지락차단장치 등의 시설
금속제 외함을 가지는 사용전압이 60[V]를 초과하는 저압의 기계기구로서 사람이 쉽게 접촉할 우려가 있는 곳에 시설하는 것에 전기를 공급하는 전로에는 전로에 지락이 생겼을 때에 자동적으로 전로를 차단하는 장치를 하여야 한다. 다만, 다음의 어느 하나에 해당하는 경우는 적용하지 않는다.
① 기계기구를 발전소·변전소·개폐소 또는 이에 준하는 곳에 시설하는 경우
② 기계기구를 건조한 곳에 시설하는 경우
③ 대지전압이 150[V] 이하인 기계기구를 물기가 있는 곳 이외의 곳에 시설하는 경우
④ 2중 절연구조의 기계기구를 시설하는 경우
⑤ 그 전로의 전원측에 절연변압기(2차 전압이 300[V] 이하인 경우에 한한다)를 시설하고 또한 그 절연변압기의 부하측의 전로에 접지하지 아니하는 경우
⑥ 기계기구가 고무·합성수지 기타 절연물로 피복된 경우
⑦ 기계기구가 유도전동기의 2차측 전로에 접속되는 것일 경우
⑧ 기계기구내에 누전차단기를 설치하고 또한 기계기구의 전원연결선이 손상을 받을 우려가 없도록 시설하는 경우

15.2.97 / 17.4.94 / 19.4.98

94 전로의 중성점의 접지 목적으로 틀린 것은?
① 대지전압의 저하
② 손실 전력의 감소
③ 이상 전압의 억제
④ 전로의 보호장치의 확실한 동작의 확보

해설 **전로의 중성점의 접지**
① 전로의 보호장치의 확실한 동작의 확보
② 이상 전압의 억제
③ 대지전압의 저하

15.2.82 / 15.4.99 / 17.4.95

95 주택의 태양전지모듈에 접속하는 부하측 옥내전로에 지락이 생겼을 때 자동적으로 전로를 차단하는 장치를 시설한 경우, 주택의 옥내전로의 대지전압은 직류 몇 [V] 이하여야 하는가?

① 150　　② 220
③ 300　　④ 600

해설 **옥내전로의 대지 전압의 제한**
주택의 태양전지모듈에 접속하는 부하측 옥내배선(복수의 태양전지모듈을 시설하는 경우에는 그 집합체에 접속하는 부하측의 배선)을 다음에 따라 시설하는 경우에 주택의 옥내전로의 대지전압은 직류 600[V] 이하일 것

① 전로에 지락이 생겼을 때 자동적으로 전로를 차단하는 장치를 시설할 것
② 사람이 접촉할 우려가 없는 은폐된 장소에 합성수지관공사, 금속관공사 및 케이블 공사에 의하여 시설하거나, 사람이 접촉할 우려가 없도록 케이블 공사에 의하여 시설하고 전선에 적당한 방호장치를 시설할 것

13.4.96 / 14.4.96 / 15.4.89 / 15.4.90 / 17.4.96 / 18.4.87 / 19.2.90

96 신·재생에너지 공급의무자는 전기사업법에 따른 발전사업자로서 최소 얼마 이상의 발전설비를 보유한 자인가? (단, 신·재생에너지 설비는 제외한다)

① 10만[kW]　　② 20만[kW]
③ 50만[kW]　　④ 100만[kW]

해설 **신·재생에너지 공급의무화 등(신재생에너지법 제12조의5)**
산업통상자원부장관은 신·재생에너지의 이용·보급을 촉진하고 신·재생에너지산업의 활성화를 위하여 필요하다고 인정하면 다음의 어느 하나에 해당하는 자 중 대통령령으로 정하는 자(공급의무자)에게 발전량의 일정량 이상을 의무적으로 신·재생에너지를 이용하여 공급하게 할 수 있다.
① 전기사업법에 따른 발전사업자
② 집단에너지사업법 및 전기사업법에 따른 발전사업의 허가를 받은 것으로 보는 자
③ 공공기관

신·재생에너지 공급의무자(신재생에너지법 시행령 제18조의3)
① 전기사업법에 따른 발전사업자로서 50만[kW] 이상의 발전설비(신·재생에너지 설비는 제외한다)를 보유하는 자
② 집단에너지사업법 및 전기사업법에 따른 발전사업의 허가를 받은 것으로 보는 자로서 50만[kW] 이상의 발전설비(신·재생에너지 설비는 제외한다)를 보유하는 자
③ 한국수자원공사
④ 한국지역난방공사

13.4.82 / 17.4.97

97 고압 가공전선 상호 간의 이격거리는 몇 [cm] 이상이어야 하는가?

① 80　　② 100
③ 120　　④ 150

해설 **고압 가공전선 상호 간의 접근 또는 교차**
① 위쪽 또는 옆쪽에 시설되는 고압 가공전선로는 고압 보안공사에 의할 것
② 고압 가공전선 상호 간의 이격거리는 80[cm](어느 한쪽의 전선이 케이블인 경우에는 40[cm]) 이상, 하나의 고압 가공전선과 다른 고압 가공전선로의 지지물 사이의 이격거리는 60[cm](전선이 케이블인 경우에는 30[cm]) 이상일 것

※ 보안공사 : 저압 또는 고압의 가공전선이 다른 시설물과 접근, 교차하는 경우의 시설방법 중 일반적으로 규정되어 있는 시설방법보다도 강화하여야 할 점(전선 굵기, 목주의 풍압하중에 대한 안전율 및 지지물의 경간 등)을 규정한 공통의 공사방법

98 ( )에 들어갈 내용으로 옳은 것은?

> 전기설비기술기준 중 특고압 가공전선로에서 발생하는 극저주파 전자계는 지표상 1[m]에서 전계가 (㉠)[kV/m] 이하, 자계가 (㉡)[μT] 이하가 되도록 시설하는 등 상시 정전유도 및 전자유도 작용에 의하여 사람에게 위험을 줄 우려가 없도록 시설하여야 한다.

① ㉠ 3.5, ㉡ 83.3
② ㉠ 3.8, ㉡ 150
③ ㉠ 83.3, ㉡ 3.5
④ ㉠ 150, ㉡ 3.8

해설 유도장해 방지(기술기준 제17조)

특고압 가공전선로에서 발생하는 극저주파 전자계는 지표상 1[m]에서 전계가 3.5[kV/m] 이하, 자계가 83.3[μT] 이하가 되도록 시설하는 등 상시 정전유도 및 전자유도작용에 의하여 사람에게 위험을 줄 우려가 없도록 시설하여야 한다. 다만, 논밭, 산림 그밖에 사람의 왕래가 적은 곳에서 사람에 위험을 줄 우려가 없도록 시설하는 경우에는 그렇지 않다.

14.4.87 / 17.4.99 / 18.1.87

99 신에너지 및 재생에너지 기술개발 및 이용·보급에 관한 계획을 협의하려는 자는 그 시행 사업연도 개시 몇 개월 전까지 산업통상자원부장관에게 계획서를 제출하여야 하는가?

① 1
② 3
③ 4
④ 6

해설 신·재생에너지 기술개발 등에 관한 계획의 사전협의 (신재생에너지법 제7조)

국가기관, 지방자치단체, 공공기관, 그밖에 대통령령으로 정하는 자가 신·재생에너지 기술개발 및 이용·보급에 관한 계획을 수립·시행하려면 대통령령으로 정하는 바에 따라 미리 산업통상자원부장관과 협의하여야 한다.

신·재생에너지 기술개발 등에 관한 계획의 사전협의 (신재생에너지법 시행령 제3조)

1) 대통령령으로 정하는 자란 다음의 어느 하나에 해당하는 자
① 정부로부터 출연금을 받은 자
② 정부출연기관 또는 정부로부터 출연금을 받은 자로부터 납입자본금의 100분의 50 이상을 출자 받은 자

2) 신에너지 및 재생에너지 기술개발 및 이용·보급에 관한 계획을 협의하려는 자는 그 시행 사업연도 개시 4개월 전까지 산업통상자원부장관에게 계획서를 제출하여야 한다.

13.4.88 / 15.2.94 / 17.4.100 / 19.2.83

100 신에너지 및 재생에너지 개발·이용·보급 촉진법의 제정 목적으로 틀린 것은?

① 에너지원의 단일화
② 온실가스 배출의 감소
③ 에너지의 안정적인 공급
④ 에너지 구조의 환경친화적 전환

해설 목적(신재생에너지법 제1조)

① 신에너지 및 재생에너지의 기술개발 및 이용·보급 촉진
② 신에너지 및 재생에너지 산업의 활성화를 통하여 에너지원을 다양화
③ 에너지의 안정적인 공급
④ 에너지 구조의 환경친화적 전환
⑤ 온실가스 배출의 감소를 추진함으로써 환경의 보전, 국가경제의 건전하고 지속적인 발전 및 국민복지의 증진에 이바지함

정답 98. ① 99. ③ 100. ①

2016년 기출문제

2016 제2회 기출문제

01 태양전지별 분광감도의 설명이다. 옳은 것은?
① 박막전지는 적외선을 더 잘 이용한다.
② CdTe와 CIS전지는 중간파장의 빛을 잘 흡수한다.
③ 비정질 실리콘 전지는 장파장 빛을 최적으로 흡수한다.
④ 결정질 태양전지는 자외선 파장 태양 복사에 민감하게 작용한다.

해설 태양광 스펙트럼

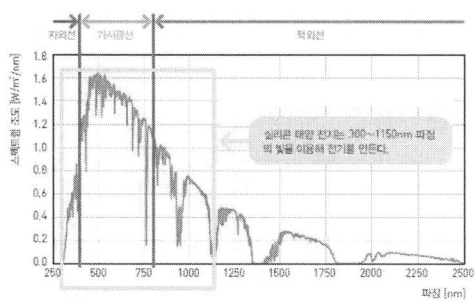

① 빛은 다양한 파장의 스펙트럼을 갖고 있으며, 자외선, 가시광선, 적외선 파장 중 태양 전지판은 주로 가시광선 영역에서 전자 이동이 일어난다.
② 태양 전지판이 검은색이나 진한 푸른색을 띠는 것은 이 상태에서 가시광선을 가장 잘 흡수하기 때문이다.

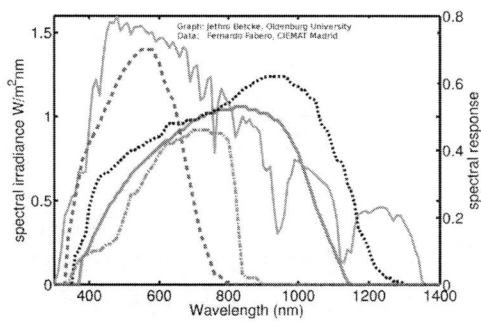

③ 아몰퍼스실리콘(a-Si), 태양전지의 평균 파장은 직사광선의 평균파장보다 짧고, CdTe 박막 태양전지는 짧은 파장에서 좁은 스펙트럼 응답의 분광감도를 나타낸다.

02 단락전류는 태양전지 양단의 전압이 0일 때 흐르는 전류를 의미한다. 다음 중 단락전류의 손실을 발생시키는 원인이 아닌 것은?
① 모듈 라미네이션 공정 불량
② 외부 수분침입에 의한 리본 전극 산화
③ 전극의 솔더링 스폿에 의한 충진재 두께 편차
④ 자외선에 의한 충진재 내부의 커플링재 분해

해설 단락전류의 손실을 발생시키는 원인으로는 ①③④번과 내부 수분결착에 의한 리본 전극 산화이다.

15.2.7 / 16.2.3 / 19.1.19 / 19.4.12

03 연료전지에 의한 발전 시스템의 특징이 아닌 것은?
① 발전효율이 낮다.
② 폐열이용이 가능하고 종합에너지 효율이 높다.
③ 환경성이 높고 저소음, 저공해 발전시스템이다.
④ 천연가스, 메탄올, LPG 가스 등 다양한 연료 사용이 가능하다.

해설 연료전지의 특징
1) 장점
① 소음이 없어 도심 한가운데에서도 발전할 수 있어, 송배전 효율이 높다.
② 부산물로 물만 얻어지므로 친환경적이며, 전기효율 40~60% 이상(가동률 95% 이상)
③ 열병합발전 또는 냉난방열원 이용 가능하다.
④ 천연가스, 수소, 바이오가스, 매립지가스, 석탄가스 등 다양한 연료 사용이 가능하다.
⑤ 휴대용 전원, 발전용 전원, 우주선 전원, 연료 전지 자동차 등에 이용 된다

2) 단점
① 수소의 대량생산, 저장, 운송 등이 원활하지 못하다.
② 연료전지의 수명과 신뢰성을 높이는 기술연구가 필요하다.
③ 가격 경쟁력이 떨어진다.

정답 1. ② 2. ② 3. ①

04 KEC 한국전기설비규정의 변경으로 삭제됨

05 연간 전압 감소율이 0.5[%]인 태양전지 모듈과 인버터의 특성이 아래와 같이 주어질 때 모듈온도 65 [℃]에서 20년 동안 Vmp를 300[V] 이상 유지하기 위해 직렬연결 모듈이 최소 몇 장이 필요한가? (단, 태양전지 모듈 Vmp = 29.5[V], Vmp 온도계수 = −0.5[%/℃], 인버터 최소전압 = 300[V]이다.)

① 8   ② 10
③ 12 ④ 14

[해설] 모듈 수량(M_a)

$$M_a = \frac{\text{인버터 최소 전압} \times \text{모듈 최대 출력 전압}}{\text{모듈의 온도} \times (\text{유지 연도} \times \text{감소율})}$$

$$= \frac{300 \times 29.5}{65 \times (20 \times 0.5)} \fallingdotseq 14$$

06 인버터의 전기적 보호 등급 Ⅲ의 안전 최저 전압은 얼마인가?

① 최대 AC : 120 [V], 최대 DC : 50 [V]
② 최대 AC : 120 [V], 최대 DC : 120 [V]
③ 최대 AC : 50 [V], 최대 DC : 50 [V]
④ 최대 AC : 50 [V], 최대 DC : 120 [V]

[해설] 저전압방식
① 스트링 전압을 DC120[V] 이하로 구성한 것
② 등급Ⅲ − 안전 초저전압 (최대 AC : 50[V], 최대 DC : 120[V])

07 수전전압이 22.9[kV]이고 3상 단락전류가 10000[A]인 수용가의 수전용 차단기의 차단용량은 몇 [MVA] 이상이면 되는가? (단, 여유율은 고려하지 않는다.)

① 433   ② 447
③ 457   ④ 467

[해설] 1) 정격차단용량[MVA]
정격차단용량 = $\sqrt{3} \times$ 정격전압[KV] $\times$ 정격차단전류[KA]
= $\sqrt{3} \times 25.8 \times 10 \fallingdotseq 446.87$ [MVA]

2) 공칭전압과 정격전압
공칭전압 : 3.3[kV], 6.6[kV], 22.9[kV], 154[kV]
정격전압 : 3.6[kV], 7.2[kV], 25.8[kV], 170[kV]

3) 전압의 개념
공칭 전압 = 선간 전압
정격 전압 = 사용 전압

16.2.8 / 17.1.1 / 19.2.18

08 일정 전압의 직류전원에 저항을 접속하고 전류를 흘릴 때 이 전류 값을 20% 증가시키기 위해서는 저항 값을 어떻게 하면 되는가?

① 저항 값을 20%로 감소시킨다.
② 저항 값을 66%로 감소시킨다.
③ 저항 값을 83%로 감소시킨다.
④ 저항 값을 120%로 감소시킨다.

[해설] 옴의 법칙
도체에 전압이 가해졌을 때 흐르는 전류의 크기는 도체의 저항에 반비례하므로 가해진 전압을 V [V], 전류 I [A], 도체의 저항을 R [Ω]이라고 하면

$$I = \frac{V}{R}, \quad R = \frac{V}{I}$$

$$\therefore R = \frac{V}{1.2I} \fallingdotseq 0.833 \; [\Omega]$$

16.2.9 / 18.2.10 / 19.1.11

09 여러 개의 태양전지 모듈의 스트링을 하나의 접속점에 모아 보수·점검 시에 회로를 분리하거나 점검 작업을 용이하게 하며, 태양전지 어레이에 고장이 발생해도 정지범위를 최대한 적게 하는 등의 목적으로 사용되는 것은?

① 인버터
② 접속함
③ 바이패스 소자
④ 계통연계 보호계전기

정답 4.   5.④ 6.④ 7.② 8.③

해설 **태양광발전용 접속함**

어레이를 구성하고 있는 모든 태양광발전 모듈의 스트링이 연결되는 단자가 들어있으며, 태양광발전 모듈 스트링의 출력을 인버터에 중계하며, 접속함의 주요자재는 다음과 같다.

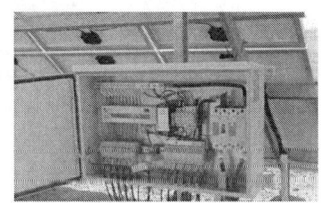

① 외함　　　　　　② DC Connector
③ Terminal Block　　④ DC 퓨즈
⑤ 퓨즈 링크(홀더)　　⑥ 다이오드
⑦ 방열판　　　　　⑧ PCB
⑨ DC 개폐기(차단기)　⑩ SPD
⑪ power supply　　　⑫ FAN
⑬ 케이블 그랜드　　⑭ 모니터링 설비
⑮ 전류센서
⑯ 기타(제조사가 주요 자재로 취급하는 것)
※ 자재 중에서 수명(shelf life) 또는 보관 시 환경관리가 필요한 자재는 반도체 부품으로 다이오드 등이다.

10 납축전지와 알칼리축전지에 대한 설명이다. 틀린 것은?

① 납축전지는 클래드식과 페이스트식으로 분류한다.
② 알칼리축전지는 소결식과 포켓식으로 분류한다.
③ 납축전지는 알칼리축전지보다 공칭용량이 작다.
④ 납축전지는 알칼리축전지에 비해 기전력이 크다.

해설 **납축전지와 알칼리축전지의 비교**

	납축전지	알칼리축전지
공칭전압	2.0[V]	1.2[V]
방전종지전압	1.6[V]	0.96[V]
기전력	2.05~2.08[V]	1.32[V]
공칭용량	10[Ah]	5[Ah]
기계적강도	약함	강함

과충방전에 의한 전기적 강도	약함	강함
충전시간	길다	짧다
종류	클래드식(CS) 페이스트식(HS형)	소결식(AH, AHH형) 포켓식(AL, AM, AMH, AH형)
수명	5~15년	15~20년

16.2.11 / 17.1.11 / 17.4.13 / 18.1.7

11 태양전지 셀의 종류에서 박막형의 특징이 아닌 것은?

① 온도 특성에 강하다.
② 결정질보다 변환 효율이 낮다
③ 결정질 전지보다 얇다.
④ 동일 용량 설치시 결정질보다 박막형이 면적을 적게 차지한다.

해설 **박막형 태양전지**

① 유리, 스테인리스 스틸, 플라스틱 등 저가의 기판에 얇은 막 형태의 박막을 형성하는 구조로, 기판위에 형성되는 막의 원료에 따라 비정질 실리콘 태양전지, CdTe, CIGS 박막, a-Si, 염료감응형 태양전지, 유기 태양전지로 구분된다.
② 실리콘 사용량이 적어 저렴하나 제조공정이 복잡하고 에너지 효율이 낮아 결정질 태양전지와 동일한 출력을 내기 위해서는 대면적의 모듈이 필요하다.
③ 결정질 실리콘 태양전지의 두께는 200~300[μm], 박막형 실리콘 태양전지의 두께는 0.3~2[μm]로서 상당히 얇게 제작할 수 있다.
④ 불순물 첨가 (도핑)에 의한 전기 전도도 제어가 쉽지 않으며, 이 경우 p-형보다는 In 등의 첨가 및 열처리에 의하여 n-형 쪽으로 제어하는 것이 보다 쉬운 것으로 알려져 있다.
⑤ 적은 온도계수로 온도에 따른 효율 감소가 적으며, 빛의 강도 변화에 대한 안정성으로 흐린 날, 겨울, 음지에서도 안정적이다.
⑥ 각국 정부의 태양광발전에 대한 관심과 지원이 폭발적으로 증대되면서 폴리실리콘의 양산규모 증대는

벌크형 실리콘 태양전지의 가격 하락을 이끌었고, 차세대 태양전지였던 박막 태양전지는 목표로 했던 가격에 도달했음에도 불구하고 가격적으로는 경쟁력이 없는 결과에 있다.

15.4.29 / 16.2.12 / 17.1.7 / 19.2.10

12 다음은 축전지 용량의 산출식이다. ( ) 안에 알맞은 내용은?

$$C = \frac{1일소비전력량 \times 불일조일수}{(\quad) \times 방전심도 \times 방전종지전압} [Ah]$$

① 셀수 ② 보수율
③ 효율 ④ 역률

해설 축전지 용량(C)과 방전종지전압(Final Discharge Voltage)

1) 축전지 용량(C)

$$C = \frac{1일 \, 적산부하 \, 전력량(L_d) \times 일조가 \, 없는 \, 날(D)}{보수율(L) \times 공칭 \, 축전지 \, 전압 \times 축전지 \, 개수 \times 방전심도(DOD)}$$

2) 방전종지전압(Final Discharge Voltage)
① 일반적으로 축전지는 어느 정도 방전하면 그 후의 전압 강하는 매우 급격하며, 축전지에 악영향을 미친다. 따라서 일정선 이상 방전하지 않기 위하여 어느 한도를 정할 필요가 있는데 이점을 방전종지전압이라 한다.
② 방전종지전압 = 공칭 축전지 전압(납축전지의 경우 2[V]) × 축전지 개수

16.2.13 / 17.1.13

13 KSC-IEC 규격에 따라 모듈의 뒷면에 표시해야 할 항목이 아닌 것은?

① 공칭 중량
② 내풍압성 등급
③ 습윤 누설전류
④ 제조년월일 및 제조번호

해설 제품인증표시의 방법

① KS마크의 크기 3mm 이상
② KS명 또는 KS번호
③ 인증번호
④ 설비명 및 모델명/모델코드
⑤ 제품의 주요 사양
  (최대출력, 출력공차, 공칭 중량, 최대전압, 최대전류, 개방전압, 단락전류, 내풍압성 등급 등등)
⑥ 제조연월일
⑦ 제조자명 및 소재지
  (해당하는 경우 수입사 포함)
⑧ 인증기관명
⑨ KS C 8561의 표시사항

14 태양전지 모듈(module)의 구성 재료의 순서가 옳게 나열된 것은?

① 강화유리-태양전지-EVA-Back Sheet EVA
② 강화유리-EVA-태양전지-EVA-Back Sheet
③ EVA-태양전지-강화유리-Back Sheet-EVA
④ EVA-강화유리-태양전지-EVA-Back Sheet

해설 모듈(module)의 구성 재료 순서

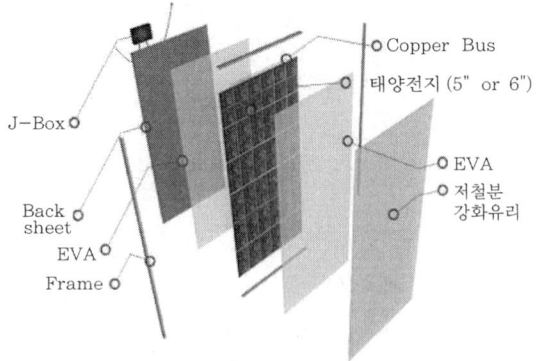

강화유리 → EVA(Ethylene Vinyl Acetate, Cell을 충격 습기에서 보호) → 태양전지 Matrix → EVA(Ethylene Vinyl Acetate) → Back sheet(Cell로의 습기 침입방지, 전극보호) → J-Box(Cable, 바이패스 다이오드)

15 인버터 직류 입력 전압이 300[V]이고 모듈 최대출력동작전압이 20[V]인 경우 태양전지 모듈 직렬 매수는?

① 14   ② 15
③ 16   ④ 17

[해설] 모듈직렬매수 = $\dfrac{\text{직류 입력 전압}}{\text{출력 동작 전압}} = \dfrac{300}{20} = 15[\text{매}]$

16.2.16 / 16.2.17 / 18.2.16

16. 자가용 발전설비 고장의 영향이 연계계통에 파급되지 않도록 발전설비를 즉시 전력계통과 분리시키는 인버터의 기능은?

① 자동전압 조정기능
② 단독운전 방지기능
③ 계통연계 보호기능
④ 자동운전 정지 기능

[해설] 계통연계 보호기능
전력계통에 연계되어 운전하고 있는 태양광발전시스템에서 계통 측이나 인버터측에서 이상이 발생했을 때 이를 검지하고 신속하게 인버터를 정지해서 계통 측에 안전을 확보하는 장치이며, 일반적으로 인버터에 내장되어 있다.

16.2.16 / 16.2.17 / 18.2.16

17 분산형 전원 배전계통 연계시 반드시 설치하지 않아도 되는 보호 장치는?

① 결상   ② 저전압
③ 저주파수   ④ 역기전력

[해설] 계통연계용 보호장치의 시설(기술기준 제283조)
(1) 계통연계하는 분산형전원을 설치하는 경우 다음의 1에 해당하는 이상 또는 고장 발생시 자동적으로 분산형전원을 전력계통으로부터 분리하기 위한 장치 시설 및 해당 계통과의 보호협조를 실시하여야 한다.
① 분산형전원의 이상 또는 고장
② 연계한 전력계통의 이상 또는 고장
③ 단독운전 상태

(2) (1)의 ②에 따라 연계한 전력계통의 이상 또는 고장 발생시 분산형전원의 분리시점은 해당 계통의 재폐로 시점 이전이어야 하며, 이상 발생 후 해당 계통의 전압 및 주파수가 정상 범위 내에 들어올 때까지 계통과의 분리상태를 유지하는 등 연계한 계통의 재폐로방식과 협조를 이루어야 한다.

(3) 단순 병렬운전 분산형전원의 경우에는 역전력 계전기를 설치한다. 단, 신·재생에너지를 이용하여 동일 전기사용장소에서 전기를 생산하는 합계 용량이 50kW 이하의 소규모 분산형 전원으로서 (1)의 ③에 의한 단독운전 방지기능을 가진 것을 단순 병렬로 연계하는 경우에는 역전력계전기 설치를 생략할 수 있다.

※ OCGR(Over Current Ground Relay : 과전류 지락계전기) : 중성점 접지방식의 전로에 CT 3개를 Y결선한 잔류회로를 이용하여 지락전류를 검출하는 방식

※ 과전압계전기(OVR), 부족전압계전기(UVR), 주파수 상승계전기(OFR), 주파수 저하계전기(UFR), 역전력계전기(RPR)

16.2.18 / 19.2.3

18 PN 접합구조의 반도체 소자에 빛을 조사할 때, 전압차를 가지는 전자와 전공의 쌍이 생성되는 현상은?

① 광기전력효과   ② 광이온화효과
③ 핀치효과   ④ 광전하효과

[해설] 광기전력효과

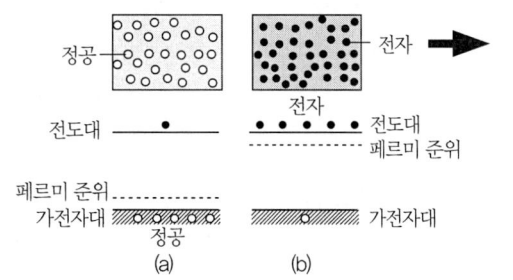

접합 전

정답 15. ② 16. ③ 17. ①

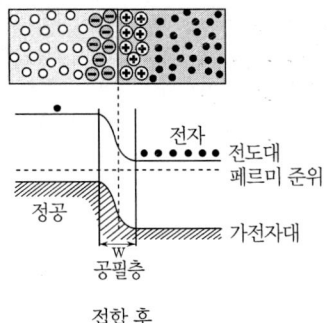

접합 후

태양전지에 빛을 비추면 내부에서 전자와 정공이 발생한다. 발생된 전하들은 P, N극으로 이동하며 이 현상에 의해 P극과 N극 사이에 전위차(광기전력)가 발생한다.

19 다음 중 발전효율이 가장 높은 태양전지는?

① HIT 태양전지
② CIGS 태양전지
③ Organic 태양전지
④ Perovskite 태양전지

[해설] HIT(Heterojunction with Intrinsic Thin-layer) 태양전지
① 단결정 실리콘 기판에 비정실 실리콘 박막을 성장시킨 이종접합구조
② 일반 태양전지에 비해 공정과정에서 높은 온도에서도 출력 감소율이 낮아 발전량이 8% 이상 높다.
③ 특히 양쪽 면에서 동시에 태양광을 흡수할 수 있어 한쪽 면에서만 태양광을 흡수하는 전지에 비해 발전량이 10% 이상 높다.

20 궤도전자가 강한 에너지를 받아서 원자내의 궤도를 이탈하여 자유전자가 되는 것을 무엇이라 하는가?

① 여기   ② 공진
③ 전리   ④ 방사

[해설] 전리(Ionization)

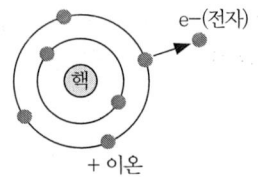

입사 방사선이 원자(전기적으로 중성)의 궤도전자에 전자의 결합에너지보다 큰 에너지를 부여함으로써 원자로부터 전자를 제거하는 현상으로, 이온화라고도 한다.

21 태양광 발전원가의 구성 항목 중 초기투자비에 해당하지 않는 것은?

① 계통연계비용
② 인허가 용역비
③ 설계 및 감리비
④ 운전유지 및 수선비

[해설] 태양광발전소 연간 유지관리비용
① 모니터링비
② 안전관리자 선임비
③ 법인세 및 제세
④ 보험료
⑤ 운전유지 및 수선비

22 태양광 발전시스템의 전기설계 계산서에 해당하지 않는 것은?

① 구조 계산서
② 전압강하 계산서
③ 보호계전기 정정치 계산서
④ 모듈 및 어레이 직병렬 계산서

[해설] 전기설계 계산서의 종류
① 변압기용량계산서
② 차단기용량계산서
③ 간선계산서
④ 모듈 및 어레이 직병렬 계산서
⑤ 전압강하계산서
⑥ 고장전류계산서
⑦ 보호계전기 정정치 계산서
⑧ 축전지용량계산서

정답 18.① 19.① 20.③ 21.④ 22.①

⑨ 접지계산서
⑩ 기타 계산서

23. 일조시간에 대한 설명으로 틀린 것은?

16.2.23 / 17.2.30 / 19.1.33 / 19.2.24 / 19.4.37

① 일조시간은 실제로 태양광선이 지면을 내리쬔 시간이다.
② 일조시간과 가조시간과의 비를 일조율[%]이라 한다.
③ 구름이 많은 날씨일 경우 가조시간과 일조시간이 일치한다.
④ 가조시간이란 한 지방의 해 돋는 시간부터 해지는 시간까지의 시간을 말한다.

[해설] 일조시간과 가조시간

1) 일조시간(Duration of Sunshine)
① 태양광선이 구름이나 안개 등에 의해서 차단되지 않고 지표면을 비춘 시간
② 일조율 = $\dfrac{일조시간}{가조시간} \times 100$ [%]

2) 가조시간(Possible Duration of Sunshine)
① 해가 뜬 다음부터 다시 질 때까지 태양에서 오는 직사광선
② 일조(日照)를 기대할 수 있는 시간을 말하며 산, 구름, 안개나 건조물에 의해 바뀔 수 있다.
③ 산, 구름, 안개 등 장애물이 없다고 가정했을 때의 일조시간은 가조시간과 동일하다

24. 태양전지 어레이 가대를 아래와 같이 설계하고자 한다. 설계 순서를 옳게 나열한 것은?

16.2.24 / 16.4.38 / 19.4.27

ⓐ 태양전지 모듈의 배열 결정
ⓑ 설치장소 결정
ⓒ 상정최대하중 산출
ⓓ 지지대 기초 설계
ⓔ 지지대의 형태, 높이, 구조 결정

① ⓐ→ⓒ→ⓔ→ⓑ→ⓓ
② ⓑ→ⓐ→ⓔ→ⓒ→ⓓ
③ ⓐ→ⓓ→ⓒ→ⓔ→ⓑ
④ ⓑ→ⓒ→ⓐ→ⓔ→ⓓ

[해설] 가대 설계의 절차

어레이 지지대는 지역에 따라 설치형태는 여러 종류가 있으며, 지지대의 설계는 설치장소 상황 및 환경을 충분히 파악할 필요가 있다.

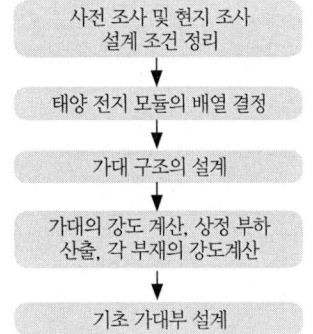

25. 태양전지 병렬 네트워크 방식으로 어레이를 구성하는 것이 가장 적합한 곳은?

① 비나 눈이 많이 내리는 지역
② 태양고도의 영향을 받는 북쪽지역
③ 눈, 낙엽 등에 의한 음영의 발생이 잦은 지역
④ 태양광 어레이와 어레이의 이격거리 미비로 음영을 피할 수 없는 지역

[해설] 병렬 네트워크 방식

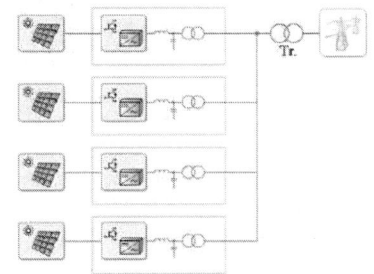

① 한 대의 인버터가 아닌 여러 대의 인버터로 구성되어 있어 멀티 MPPT로 최대의 효율을 확보할 수 있다.

정답 23. ③ 24. ② 25. ④

② 일부 인버터의 고장시에도 정상적인 인버터의 동작만으로 발전량을 확보함으로써 태양광발전 시스템에 대한 신뢰성을 향상 시킬 수 있다.
③ 병렬 네트워크는 음영을 피할 수 없는 지역을 제외한 지역의 발전을 원활히 운전할 수 있다.(손실 최소화)

26 풍하중을 산출하는 데 사용되는 지역별 설계 기본 풍속[m/s]으로 틀린 것은?

① 경기도 25~30 ② 강원도 25~40
③ 경상도 25~45 ④ 제주도 45~60

[해설] 지역별 기본 풍속

지역	기본풍속 (m/sec)	지역	기본풍속 (m/sec)
서울,인천,경기	25~30	부산,대구,울산,경북,경남	25~45
강원	25~40	광주,전북,전남	25~35
대전,충북,충남	25~40	제주도	40

27 태양전지 어레이의 출력이 10800[W], 해당지역의 1일 적산 경사면 일사량이 3.74 [kWh/m²·일] 이라고 하면 하루 동안의 발전량[kWh/일]은? (단, 종합효율은 0.82로 한다.)

① 13.33 ② 33.12 ③ 53.32 ④ 61.20

[해설] 일일 발전량 = 어레이 출력×1일 경사면(총)일사량 × 종합효율 = 10,800×3.74×0.82 ≒ 33.12 [kWh/일]

15.2.22 / 16.2.28 / 16.4.30 / 17.4.32 / 18.4.27 / 19.1.38

28 설계도서 해석 시 우선 순위를 차례대로 나열한 것은?

ⓐ 설계도면
ⓑ 공사시방서
ⓒ 전문시방서
ⓓ 산출내역서
ⓔ 감리자의 지시사항
ⓕ 표준시방서

① ⓐ→ⓑ→ⓒ→ⓓ→ⓔ→ⓕ
② ⓑ→ⓐ→ⓒ→ⓕ→ⓓ→ⓔ
③ ⓒ→ⓐ→ⓑ→ⓓ→ⓕ→ⓔ
④ ⓔ→ⓑ→ⓐ→ⓕ→ⓒ→ⓓ

[해설] 설계도서 해석의 우선순위
설계도서·법령해석·감리자의 지시 등이 서로 일치하지 아니하는 경우에 있어 계약으로 그 적용의 우선순위를 정하지 아니한 때에는 다음의 순서를 원칙으로 한다.
① 공사시방서
② 설계도면
③ 전문시방서
④ 표준시방서
⑤ 물량(산출)내역서
⑥ 승인된 상세시공도면
⑦ 관계법령의 유권해석
⑧ 감리자의 지시사항

13.4.23 / 16.2.29 / 18.4.28

29 태양전지 어레이의 세로길이(L) 0.6m, 어레이의 경사각을 a를 33°, 태양의 고도각(b)을 15°로 산정하여 북위 37°지방에서 태양광 발전소를 건설하고자 할 때, 어레이간의 최소 이격거리는 약 몇 m로 하면 되는가?

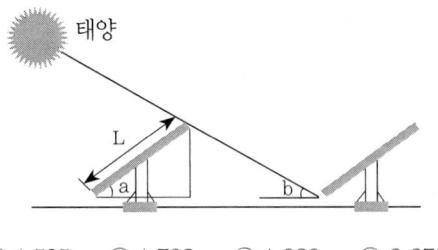

① 1.595 ② 1.723 ③ 1.889 ④ 2.273

[해설] 어레이 사이 최소 이격 거리(d)

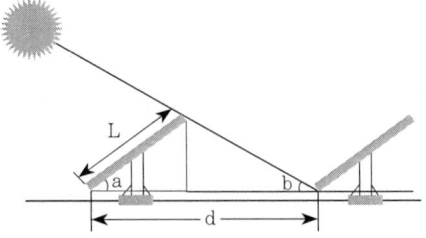

정답 26.④ 27.② 28.② 29.②

$$d = L \times \frac{\sin(180 - \alpha - \beta)}{\sin\beta}$$
$$= 0.6 \times \frac{\sin(180 - 33 - 15)}{\sin 15} ≒ 1.723 \ [\text{m}]$$

30 총원가에는 해당되지만 순공사원가의 구성항목이 아닌 것은?

① 간접재료비　② 간접노무비
③ 간접경비　　④ 일반관리비

[해설] 총공사원가계산서

비목		구분	금액	비고
순공사원가	재료비	직접재료비		
		간접재료비		
		소계		
	노무비	직접노무비		
		간접노무비		
		소계		
	경비	기계경비		
		산재보험료		
		고용보험료		
		기타 보험료		
		소계		
계				
일반관리비				
이윤				
공급가액				
V. A. T				
도급액				

31 건축자재와 태양전지를 결합시켜 지붕, 피사드, 블라인드 등과 같이 건물외피에 적용하는 건축물 일체형 태양광발전시스템의 종류로 옳은 것은?

① HIT　　② CPV
③ BIPV　　④ CIGS

[해설] BIPV(Building Integrated PV System)

태양광 에너지로 전기를 생산하여 소비자에게 공급하는 것 외에 건물 일체형 태양광 모듈을 건축물 외장재로 사용하는 태양광 발전 시스템이다. 기존에 넓은 평지나 지붕에 태양발전 시스템을 실치하는 것과 달리 건물의 외벽, 창호 등에 설치하는 것이 가장 큰 특징이다.
BIPV는 태양전지에 색깔을 입히는 염료감응태양전지나 유기태양전지를 활용해 건물외벽을 화려하게 장식할 수도 있지만 실리콘 태양전지보다는 효율이 떨어지며, 일반 태양전지 모듈보다 1.5~2배 정도 가격이 높다.

32 태양광 발전설비 어레이를 정남쪽으로 설치할 경우 북쪽에 인접한 장해물이나 태양전지 어레이 상호간의 설치간격에 따라 음영이 발생하여 발전량 감소를 초래한다. 이 음영의 영향을 받지 않는 상호간의 간격 검토기준이 되는 날은?

① 하지　② 동지　③ 춘분　④ 추분

[해설] 고도각
① 태양이 지표면과 이루는 각
② 자전축을 중심으로 매일 한 바퀴씩 자전하는 지구가 태양 주위를 일 년에 한 바퀴씩 공전하기 때문에 남중고도의 높이차이가 발생됨(지구의 자전축이 공전 궤도면에 대하여 오른쪽으로 23.5도 기울어져 있다)
③ 제주지역 동지(32°), 하지(78°)
④ 동지때 그림자의 길이가 가장 길다.
(태양광모듈 설치 열이 2열 이상일 경우 앞줄의 영향으로 뒷줄에 음영발생)

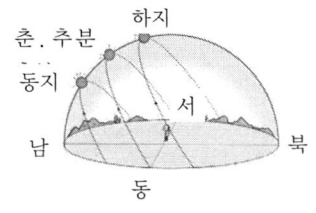

계절별 태양의 고도각

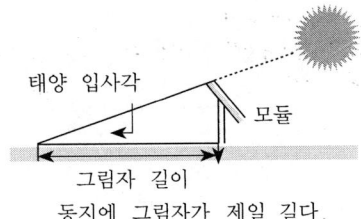

태양 입사각
모듈
그림자 길이
동지에 그림자가 제일 길다.

16.2.33 / 17.1.33

33 음영의 방지 대책이 아닌 것은?

① 추적식 태양광모듈을 이용한다.
② 음영이 생기지 않도록 어레이를 배치한다.
③ 인버터(PCS)의 MPP 추종제어 기능으로 출력손실을 최소화 한다.
④ 부분 음영이 발생될 것을 대비해 일정한 셀 수마다 바이패스 소자를 설치한다.

[해설] 음영의 대책

① 음영이 생기지 않도록 어레이를 배치한다.
② 건물, 장애물 및 태양전지 모듈 간격에 의한 음영은 쉽게 인지할 수 있는 것으로 배치를 조정하거나 간격을 조정한다.
③ 음영에 의한 출력감소를 최소화하기 위해 MPPT 제어기능과 바이패스 다이오드, 블로킹(역류방지) 다이오드를 설치한다.
④ 음영의 원인은 옮기거나 제거해서 음영에 의한 영향을 최소화한다.

16.2.34 / 18.2.28 / 18.2.51

34 계통연계형 태양광발전시스템 설계를 위한 케이블 선택과 굵기 산정에 필수적인 고려사항이 아닌 것은?

① 케이블의 제작사
② 케이블의 전압규격
③ 케이블의 허용전류
④ 케이블의 손실 및 전압강하

[해설] 전선의 굵기 선정시 고려사항

① 허용전류

② 전압강하
③ 기계적강도
④ 기타(전압, 전력손실, 경제성 등)

14.3.31 / 16.2.35 / 18.2.24

35 태양광 발전소 부지 선정 시 일반적인 고려사항으로 틀린 것은?

① 부지 가격에 대한 평가
② 주변 식생에 의한 음영여부 확인
③ 일사량 조사 및 동향배치 가능 여부 확인
④ 토사, 암반의 지내력 및 지반, 지질상태 확인

[해설] 부지선정 시 일반적인 고려사항

① 일사량 : 남향을 표준으로 한다.
② 일조시간 : 고지대가 유리함
③ 자연환경검토 : 적설 및 적운이 적은 지역, 음영발생 여부, 바람이 잘 들 수 있을 것(모듈 효율 상승), 지반지질 상태 등
④ 접근성 : 비포장도로 4[m], 포장도로 3[m]
⑤ 행정상 조건(인허가문제) : 각 지자체별로 개발행위 및 산지전용 가능여부 등에 관한 규제가 상이 함
⑥ 계통연계 : 3상 전주 인입 가능 여부 및 한전선로(분산형전원) 용량 확인
⑦ 경제성(토지비, 송전 설치비, 발전용량에 맞는 부지 선정 등)
⑧ 기타 - 민원

14.4.48 / 15.2.15 / 15.2.42 / 15.4.40 / 16.2.36 / 16.4.29 / 17.2.27 / 17.4.28 / 19.1.13

36 태양광 발전설비의 고정식 가대와 단축, 양축 추적식 가대에 대한 설명으로 틀린 것은?

① 고정식 보다 양축 추적식이 견고하다.
② 추적식은 디자인 적용시 한계가 있다.
③ 발전효율은 양축 추적식이 가장 높다.
④ 시설단가는 고정식에 비해 양축 추적식이 비싸다.

[해설] 태양광발전시스템 구조물의 종류

정답 33.① 34.① 35.③

고정식   가변식

1) 고정식
① 한번 설치하면 경사각 및 방위각 수정이 불가능하기 때문에 정남향 방향으로, 경사각을 두어 고정하는 방식
② 각도 변경이 필요 없어, 유지관리비가 저렴하다.
③ 바람이 강한 지역에 안전한 구조, 다른 구조물에 비해서는 발전량이 다소 적다.

2) 가변(반고정형)식
① 계절에 따른 태양의 고도각에 대응하기 위해 어레이의 경사각을 수동으로 조절해서 전력량이 최대가 되게 하는 방식
② 모듈의 수평면의 각도를 태양광의 고도와 직각으로 최대한 맞춰 전력량을 증대 시킨다.
③ 계절별 구조물의 각도 변경을 위한 인력이 필요하다.

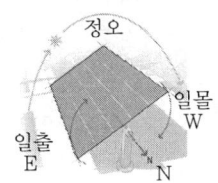

단축(1축) 추적식

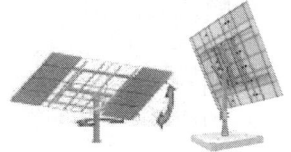

양축(2축) 추적식

3) 단축(1축) 추적식
① 어레이는 대지와 수평을 이루며, 남쪽으로의 경사각은 없다.
② 태양의 이동에 따라 해가 뜨는 동쪽에서 해가 지는 서쪽방향으로 추적하는 방식이다.
③ 고정식·가변식보다는 효율이 높고, 양축식보다는 효율이 낮다.
④ 구동장치가 필요하며, 운영 및 유지관리 비용이 소요된다.

4) 양축(2축) 추적식
① 태양의 동서방향을 추적하는 단축 추적식에 추가로 태양의 경사각(계절의 변화)까지 추적하는 방식
② 가장 효과적으로 많은 발전량을 생산할 수 있다.
③ 모듈간 음영발생을 방지하기 위해서는 이격거리가 많이 필요하다.
④ 양축(2개의 구동장치)을 구동하기 위한 전력이 필요하고, 고장 발생에 따른 유지비용이 소요된다.

※ 발전량 생산 순서
양축 추적식 〉단축 추적식 〉가변(반고정형)식 〉고정식

37 태양광 인버터의 전력변환 효율이 다음과 같을 때 유로변환 효율은 몇 [%]인가?

기계기구의 구분	접지저항 값[Ω]
5	76
10	79
20	83
30	87
50	93
100	95

① 90.10   ② 90.15
③ 90.20   ④ 90.25

해설 효율 시험

(1) 계통연계형 인버터의 효율 시험
유로(Euro) 변환 효율로 측정한다.
정격용량 10[kW] 초과 30[kW]이하 : 효율 88[%]이상
정격용량 30[kW] 초과 100[kW]이하 : 효율 90[%]이상
정격용량 100[kW] 초과 : 효율 92[%] 이상일 것

(2) $\eta_{EU} = 0.03_{\eta 5\%} + 0.06_{\eta 10\%} + 0.13_{\eta 20\%} + 0.10_{\eta 30\%} + 0.48_{\eta 50\%} + 0.20_{\eta 100\%}$

(3) 각 전력변환효율을 유로변환효율로 변경한다.
$\eta_{EU} = (0.03 \times 76) + (0.06 \times 79) + (0.13 \times 83) + (0.10 \times 87) + (0.48 \times 93) + (0.2 \times 95) = 90.15$

36. ①   37. ②

13.4.24 / 15.2.73 / 15.4.55 / 16.2.38 / 16.2.79 / 17.2.24 / 17.4.29 / 19.4.25

38 3000[kW] 이하 발전사업 허가 시 필요서류가 아닌 것은?

① 사업계획서
② 송전관계 일람도
③ 전기사업 허가신청서
④ 5년간 예상사업 손익산출서

해설 발전사업 신청에 필요한 서류(200[kW]초과 3000[kW] 이하인 경우)
① 전기사업 허가신청서
② 사업계획서
㉠ 기술능력 관련(전기설비 건설 및 운영 계획 관련 증명서류)
㉡ 계획에 따른 수행 가능 여부 관련(송전관계 일람도)
㉢ 발전원가명세서(발전사업 또는 구역전기사업의 허가를 신청하는 경우만 해당한다)
③ 정관, 대차대조표 및 손익계산서(신청자가 법인인 경우만 해당하며, 설립 중인 법인의 경우에는 정관만 제출한다)
④ 신청자(발전설비용량 3천킬로와트 이하인 신청자는 제외한다)의 주주명부. 이 경우 신청자가 재무능력을 평가할 수 없는 신설법인인 경우에는 신청자의 최대주주를 신청자로 본다.

14.4.25 / 16.2.39

39 1000[kW] 태양광발전시스템의 직·병렬 구성으로 가장 적합한 것은? (단, 인버터의 MPPT는 430~750[V]이며, 기타 조건은 표준 상태이다.)

- P_{mpp} : 250[W]
- V_{mpp} : 30.5[V]
- I_{mpp} : 8.2A
- V_{oc} : 37.5[V]
- I_{sc} : 8.4A

① 18직렬 200병렬   ② 18직렬 240병렬
③ 20직렬 200병렬   ④ 20직렬 240병렬

해설 직렬 모듈수 = $\dfrac{\text{인버터 최대입력전압}(V_i)}{\text{모듈 개방전압}(V_{oc})} = \dfrac{750}{37.5} = 20$ (장)

병렬 회로수 = $\dfrac{\text{시스템 출력전력}}{\text{모듈 최대출력} \times \text{스트링 직렬 매수}}$
= $\dfrac{1,000,000}{250 \times 20} = 200$ (회로)

13.4.40 / 16.2.40 / 19.4.21

40 일반적으로 구조물이나 시설물 등을 공사 또는 제작할 목적으로 상세하게 작성된 도면은?

① 상세도   ② 시방서
③ 간트도표   ④ 내역서

해설 상세도
① 사용하는 기기의 구조, 사용방법, 내용 등에 관한 구조 약도, 결선도 등을 작성
② 도면에서 명확하게 표시할 수 없거나 치수를 기입할 수 없는 영역을 확대하여 작성

41 사용전검사 시 태양전지 모듈 또는 패널의 점검에 관한 설명 중 틀린 것은?

① 각 모듈의 모델번호가 설계도면과 일치하는지 확인하여야 한다.
② 지붕 설치형 어레이는 수검자가 지상에서 육안으로 점검한다.
③ 검사자는 모듈의 유형과 설치개수 등을 1000[lx] 이상의 조명 아래에서 육안으로 점검한다.
④ 사용 전 검사 시 공사계획 인가(신고)서의 내용과 일치하는지 태양전지 모듈의 정격 용량을 확인하여 이를 사용 전 검사필증에 표기하여야 한다.

해설 검사 및 점검(확인사항)
① 공사계획 인가 또는 공사계획신고 내용과 일치 여부를 확인한다.
② 계통연계방식 및 발전설비 용량을 확인한다.
③ 태양전지의 각종 규격(개방전압, 단락전류, 최대출

정답 38. ④ 39. ③ 40. ① 41. ②

④ 시험성적서 확인대상 기기의 시험성적서를 확인한다.
⑤ 각 모듈의 모델번호가 설계도면과 일치하는지 확인한다.
(사용전검사 신청시 발전소 전체 모듈의 모델번호를 기록하여 제출한다.)
※ 사용전검사는 수검자가 아닌 검사자에 의해서 검사가 실시된다.

42 태양광 모듈 시공 시 감전사고 방지를 위한 대책이 아닌 것은?

15.2.45 / 16.2.42 / 17.2.55 / 18.4.50

① 면장갑을 착용한다.
② 우천 시 작업하지 않는다.
③ 절연 처리된 공구를 사용한다.
④ 태양전지 모듈 표면에 차광 시트를 부착한다.

해설 안전 대책

① 작업전 태양전지 모듈 표면에 차광막을 씌워 태양광을 차폐한다.
② 절연 장갑을 사용한다.
③ 절연 처리된 공구를 사용한다.
④ 강우 시에는 감전사고와 미끄러짐으로 인한 추락사고로 이어질 우려가 있으므로 작업을 금지한다.
⑤ 중장비가 배전선로에 근접할 때에는 보호조치를 취한다.

43 전선 재료의 구비조건으로 틀린 것은?

16.2.43 / 19.1.41

① 도전율이 클 것
② 비중이 작을 것
③ 가요성이 작을 것
④ 기계적 강도가 클 것

해설 전선의 구비조건

① 도전율이 클 것
② 기계적 강도가 클 것
③ 가요성이 클 것

④ 내구성이 클 것
⑤ 비중이 작을 것(가벼울 것)
⑥ 가격이 저렴할 것

44 태양전지모듈의 지중배선 시공에 대한 설명으로 틀린 것은?

① 지중매설관은 배선용 탄소강 강관, 내충격성 강화비닐 전선관을 사용한다.
② 지중배관 시 중량물의 압력을 받는 경우 1.0[m] 이상의 깊이로 매설한다.
③ 지중전선로의 매설개소에는 필요에 따라 매설깊이, 전선방향 등을 지상에 표기한다.
④ 지중배관이 지나는 지표면에 배관의 재질, 수량, 길이, 재원 등을 표시한 지시서를 포설한다.

해설 지중배선의 시공

케이블 표시시트 설치   지중 케이블 표주

① 지중매설관은 배선용 탄소강관, 내충격성의 경질비닐 전선관, 내충격성 경질 염화비닐관을 사용한다.
② 지중전선의 매설개소는 필요에 따라 매설깊이, 방향 등 지상에서 용이하게 확인할 수 있도록 표주 등에 의해 표시한다.
③ 지중배관과 지표면의 중간에 케이블표시시트를 포설한다.
(지중선로 포설후 지상으로부터 무단 굴착시 예상되는 케이블 손상방지)
④ 지중배관의 깊이는 1.0[m] 이상(중량물의 압력을 받을 우려가 없는 경우에는 0.6[m] 이상)

14.4.24 / 14.4.65 / 16.2.45 / 16.4.76 / 17.1.26 / 17.4.45 / 18.2.30 / 18.2.78 / 19.1.37 / 19.2.72

45 전력계통에 태양광발전시스템을 연계 시 전력품질의 고려사항이 아닌 것은?

① 역률　　② 플리커
③ 유도장해　　④ 고조파전류

해설 전기품질 항목
① 직류 유입 제한
　분산형전원 및 그 연계 시스템은 분산형전원 연결점에서 최대 정격 출력전류의 0.5[%]를 초과하는 직류전류를 계통으로 유입시켜서는 안된다.
② 역률
　분산형전원의 역률은 90[%] 이상으로 유지함을 원칙으로 한다.
③ 플리커(flicker)
④ 고조파
⑤ 전압
⑥ 주파수
⑦ 한전계통에의 재병입(Reconnection)
⑧ 단락용량
⑨ 정전시간
⑩ 접지

16.2.46 / 18.1.54 / 19.4.57

46 태양광 발전설비의 모듈, 접속함, 인버터 등에 접속하는 배선공사 방법에 대한 설명으로 틀린 것은?

① 태양전기 모듈간 배선에 사용하는 전선의 굵기는 1.0[mm²]이상이어야 한다.
② 스트링 접속도선은 단락전류보다 1.25배 이상의 전류를 수용할 수 있어야 한다.
③ 태양전지 모듈 뒷면의 접속단자 연결 시 극성에 유의해야 한다.
④ 접속함의 설치는 모듈구성에 따라 어레이 부근에 설치하는 것이 바람직하다.

해설 태양전지 모듈간의 배선
태양전지판 모듈과 모듈을 연결하는 전선은 공칭단면적 2.5[mm²] 이상의 연동선 또는 동등 이상의 세기 및 굵기의 전선으로 배선하여야 한다.

16.2.47 / 19.2.47

47 구조물 및 자재 종류별 검사에서 감리원의 검사절차로 옳은 것은?

　㉠ 시공완료
　㉡ 검사요청서 제출
　㉢ 시공관리책임자 점검
　㉣ 감리원 현장검사
　㉤ 검사결과 통보

① ㉠→㉢→㉡→㉣→㉤
② ㉠→㉢→㉣→㉡→㉤
③ ㉠→㉡→㉢→㉣→㉤
④ ㉠→㉣→㉡→㉢→㉤

해설 감리원은 다음의 검사절차에 따라 검사업무를 수행하여야 한다.

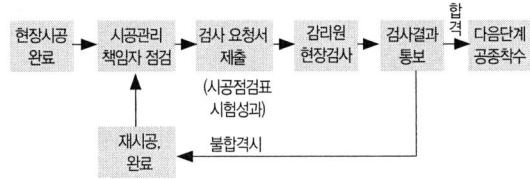

① 검사 체크리스트에 따른 검사는 1차적으로 시공관리책임자가 검사하여 합격된 것을 확인한 후 그 확인한 검사 체크리스트를 첨부하여 검사 요청서를 감리원에게 제출하면 감리원은 1차 점검내용을 검토한 후, 현장 확인 검사를 실시하고 검사결과 통보서를 시공관리책임자에게 통보한다.
② 검사결과 불합격인 경우에는 그 불합격된 내용을 공사업자가 명확히 이해할 수 있도록 상세하게 불합격 내용을 첨부하여 통보하고, 보완시공 후 재검사를 받도록 조치한 후 감리일지와 감리보고서에 반드시 기록하고 공사업자가 재검사를 요청할 때에는 잘못 시공한 시공기술자의 서명을 받아 그 명단을 첨부하도록 하여야 한다.

48 감리용역이 완료된 때에는 며칠 이내에 공사감리 완료보고서를 제출하여야 하는가?

① 7일 ② 10일
③ 15일 ④ 20일

해설 전력시설물 공사감리업무 수행지침(개정)

감리업자는 감리용역이 완료된 때에는 (개정 전 15일→개정 후 30일) 이내에 공사감리 완료보고서를 협회에 제출하여야 한다.

49 퓨즈 용량 선정 시 적용하는 단락전류는?

① 대칭 단락전류 실효값
② 최대 비대칭 단락전류 순시값
③ 최대 비대칭 단락전류 실효값
④ 3상 평균 비대칭 단락전류 실효값

해설 대칭 단락전류 실효값

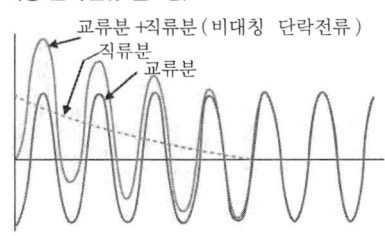

단락전류의 구성

① 단락전류는 교류분과 직류분으로 구성되며, 교류분 실효치로 표시하는 단락전류를 대칭단락전류 실효치라 한다.
② MCCB, ACB, 퓨즈 등을 선정하는 경우에 대칭 단락 전류실효값을 적용한다.

50 태양광 발전시스템의 시공절차에 포함되는 것은?

① 인버터 설치공사
② 설치장소의 조사
③ 모듈 직렬 개수 선정
④ 태양광 어레이의 발전량 산출

해설 태양광발전시스템의 시공절차

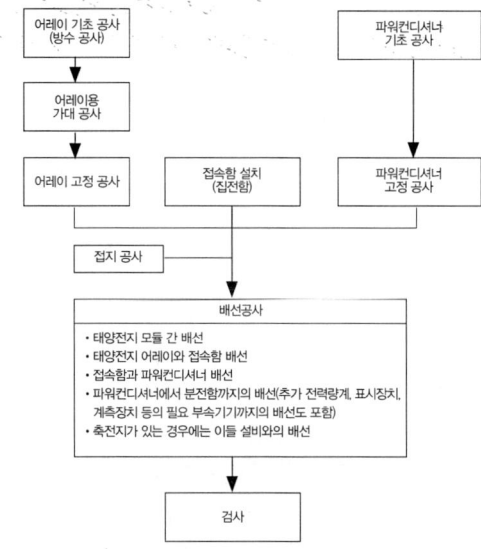

※ 파워컨디셔너(PCS)
① 전기의 성질(AC/DC, 전압, 주파수)을 바꿔주는 전력변환장치의 총칭
② 태양광인버터는 PCS의 한 종류이다.

51 다음 보기 중 접지설비 시공방법으로 옳은 것을 모두 고르면?

ⓐ 부식, 전식 등의 외적영향에 견딜 수 있도록 시설되어야 한다.
ⓑ 접지저항 값은 전기설비에 대한 보호 및 기능적 요구사항에 적합해야 한다.
ⓒ 지락전류가 열적, 기계적 및 전자력적 스트레스에 의한 위험이 없이 흘러야 한다.

① ⓐ ② ⓐ, ⓑ
③ ⓑ, ⓒ ④ ⓐ, ⓑ, ⓒ

해설 접지설비
① 전기설비의 요구사항에 따라 접지설비는 감전보호 및 기능상의 목적을 겸하거나 각각 분리해서 사용할 수 있다.

정답 48.③ 49.① 50.① 51.④

② 접지설비는 다음에 적합하도록 선정 및 시공을 한다.
㉠ 접지저항 값은 전기설비의 보호 및 기능적인 요구사항에 적합하도록 시공한다.
㉡ 지락전류 및 대지누설전류의 열적, 기계적 충격에 의한 위험이 없도록 한다.
㉢ 염해 등과 같은 외적영향에 대하여 충분한 내성을 갖도록 설치하고, 추가로 전선관 등을 설치하여 기계적인 방호를 한다.
③ 전해작용에 의해 다른 금속제 부분의 손상위험이 없도록 방식조치 등의 예방조치를 강구한다.

16.2.52 / 18.4.54

52 접속반 설치공사 중 고려사항이 아닌 것은?

① 접속함 설치위치는 어레이 근처가 적합하다.
② 외함의 재질은 가급적 SUS304재질로 제작 설치한다.
③ 접속함은 풍압 및 설계하중에 견디고 방수, 방부형으로 제작한다.
④ 역류 방지 다이오드의 용량은 모듈 단락전류의 4배 이상으로 한다.

해설 역류방지 다이오드의 시설

① 1대의 인버터에 접속되는 태양전지 직렬군(스트링)이 2병렬 이상 접속될 경우, 각 직렬군에 역전류방지 다이오드를 별도의 접속함에 설치하여야 하며, 접속함은 발생하는 열을 외부에 방출할 수 있도록 환기구 및 방열판을 갖추어야 한다.
② 역전류방지 다이오드의 정격은 모듈 단락전류의 2배 이상이며, 정격을 확인할 수 있어야 한다.

13.4.49 / 16.2.53 / 16.4.48 / 17.1.52 / 17.4.48 / 19.1.53 / 19.2.56

53 태양전지판에서 인버터 입력단간 및 인버터 출력단과 계통연계점간의 전압강하는 몇 [%]를 초과하지 않아야 하는가?

① 3[%] ② 4[%]
③ 5[%] ④ 6[%]

해설 전압강하

모듈에서 인버터 입력단간 및 인버터 출력단과 계통연계점 간의 전압강하는 각 3[%]를 초과하여서는 아니 된다. 다만, 전선길이가 60[m]을 초과할 경우에는 아래 표에 따라 시공할 수 있다.

전선길이	120[m] 이하	200[m] 이하	200[m] 초과
전압강하	5[%]	6[%]	7[%]

54 무변압기형 인버터의 설명으로 알맞은 것은?

① 변압기형 인버터보다 효율이 낮다.
② 변압기형 인버터보다 무게가 증가한다.
③ 변압기형 인버터보다 크기가 증가한다.
④ 변압기형 인버터보다 노이즈 간섭이 증가한다.

해설 트랜스리스(Transless) 방식

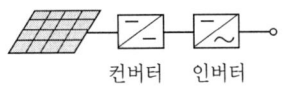
컨버터 인버터

① 태양전지의 직류출력을 DC-DC 컨버터로 승압하고 인버터에서 상용주파의 교류로 변환한다.
② 소형 경량으로 저렴하며, 효율이 우수하고 신뢰성이 높다.
③ 상용전원과의 사이에는 절연이 되지 않아 안정성이 떨어진다.

55 일반 지붕재에 태양전지 모듈을 넣은 지붕재 방식은?

① 지붕재 마감형 ② 지붕재 일체형
③ 지붕재 건재형 ④ 지붕재 설치형

해설 지붕 건재형(지붕재 일체형)

① 지붕재에 태양광모듈을 함께 부착시켜 일체화하여 설치하는 형태
② 모듈이 설치되지 않은 주변 지붕재와 비슷한 형상으로 제작, 설치되므로 외관상 건물의 디자인과 조화를 이룬다.
③ 방수성, 내구성 등 지붕에 필요한 다양한 기능을 가진다.
④ 주로 건물을 신축, 개축하는 경우 검토하여 설치한다.

정답 52. ④ 53. ① 54. ④ 55. ②

16.2.56 / 16.4.44 / 17.4.52 / 18.4.60 / 19.4.49

56 방화구획 관통부의 처리 시 배선을 옥외에서 옥내로 끌어들이는 관통부분에 충족하여야 하는 사항 2가지는?

① 내열성과 가요성   ② 난연성과 내후성
③ 난연성과 내열성   ④ 내열성과 내후성

[해설] 방화구획 관통부의 처리

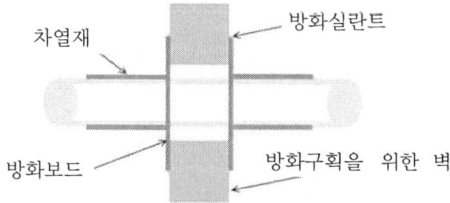

1) 방화구획 관통부의 처리를 하는 것은 화재 발생시의 방화 대책물인 벽, 바닥, 기둥 등을 통과하는 전선, 배관의 관통 부분에서 다른 설비로 불길이 번지거나 확대되는 것을 방지하기 위해서이다.

2) 배선을 옥외에서 옥내로 끌어들인 관통 부분의 처리 방법으로는 다음과 같다.
① 난연성
   관통 부분의 충전재, 케이블, 배관재의 변형, 파손, 탈락, 소실로 인해 뒷면에 화염, 연기가 나지 않을 것
② 내열성
   관통 부분의 충전재, 내열씰재의 전열에 의해 뒷면이 연소할 위험이 있는 온도가 되지 않을 것

57 다음 (   ) 안에 들어갈 용량은 몇 [kW] 이상인가?

> 태양광발전시스템의 인버터는 옥내, 옥외용으로 구분하여 설치해야 한다. 단, 옥내용을 옥외로 설치하는 경우는 (   ) [kW] 이상 용량일 경우에만 가능하며, 이 경우 빗물의 침투를 방지할 수 있도록 옥내에 준하는 수준으로 설치해야 한다.

① 3   ② 5
③ 10   ④ 20

[해설] 인버터의 설치상태

옥내·옥외용을 구분하여 설치하여야한다. 단, 옥내용을 옥외에 설치하는 경우는 5[kW]이상 용량일 경우에만 가능하며 이 경우 빗물 침투를 방지할 수 있도록 옥내에 준하는 수준으로 외함 등을 설치하여야 한다.

13.4.51 / 16.2.58 / 16.4.54 / 17.4.41 / 20.3.50

58 직류 송전방식 방식과 비교했을 때 교류 송전방식의 장점이 아닌 것은?

① 안정도가 좋다.
② 회전자계를 쉽게 얻을 수 있다.
③ 전압의 승압, 강압변경이 용이하다.
④ 교류방식으로 일관된 운용을 기할 수 있다.

[해설] 송전방식

1) 교류 방식
① 변압기를 이용하여 전압의 승압·강하가 쉽다.
② 교류기는 회전자계를 쉽게 얻을 수 있다.
③ 대부분이 교류 송전 방식이므로 운용상의 일관성을 갖는다.

2) 직류 방식
① 절연계급을 낮출 수 있다.
② 송전효율이 좋다.
③ 안정도가 좋다.
④ 유도장해가 적다.

14.4.40 / 15.4.22 / 16.2.59 / 16.4.52 / 17.1.38 / 17.2.52 / 18.4.32 / 19.2.53

59 지지층이 얕은 태양광발전소 부지에 사용되는 기초는?

① 케이슨 기초   ② 말뚝기초
③ 피어 기초   ④ 직접기초

[해설] 기초의 분류

정답 56. ③   57. ②   58. ①

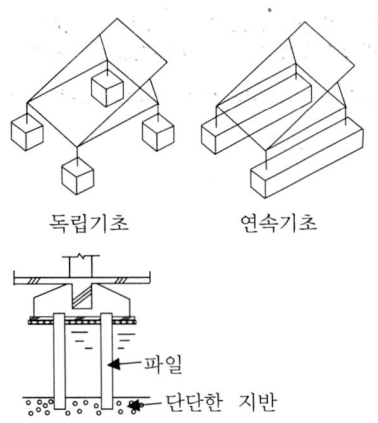

파일(말뚝)기초

(1) 얕은 기초(Shallow Foundation)
1) 독립(주춧돌)기초(Individual Footing) : 단일기둥을 지지, 기둥간격이 넓은 경우

2) 연속기초(Contentious Footing) : 다수의 연속기둥 또는 벽체를 지지

3) 전면(온통)기초(Mat 또는 Raft Foundation)
① 다수의 기둥들을 지지, 상부구조 전 단면 아래의 지지토층 위에 있는 단일 슬래브 형식의 확대기초
② 고층건물, 중량건물, 연약지반, 지하수위가 높은 지하실바닥에 유리
※ 직접기초 : 독립기초, 연속기초, 전면(온통)기초

(2) 깊은 기초(Deep Foundation)
1) 파일(말뚝)기초(Pile Foundation)
① 대표적인 깊은 기초공법으로 피어 및 케이슨기초 보다 시공이 간편하고 공사비가 저렴함
② 말뚝의 축방향 허용지지력은 지반의 허용지지력과 말뚝재료의 허용하중을 비교하여 낮은 값으로 결정함

2) 피어기초(Pier Foundation)
구조물 하중을 연약한 토층을 지나 견고한 지지층에 전달시키기 위하여 지반에 굴착한 구멍 속에 현장타설 콘크리트를 채워 설치하는 깊은 기초의 일종으로서 일반적으로 직경은 사람이 들어가서 확인할 수 있도록 최소직경 760[mm] 정도 이상인 것을 말함

3) 케이슨(우물통)기초

60 건설 생산 체계 중 건설 생산 추진 순서이다. 생산 추진에 대한 순서로 옳은 것은?

프로젝트의 착상 및 타당성 분석 → (ⓐ) → 구매, 조달 → (ⓑ) → 시운전 및 완공 → 인도

① ⓐ 설계, ⓑ 시공
② ⓐ 현장조사, ⓑ 시공
③ ⓐ 입찰, ⓑ 설계
④ ⓐ 현장조사, ⓑ 설계

해설 건설 생산 체계
프로젝트의 발굴과정부터 해체단계까지의 전과정을 지칭한다.

소프트웨어			하드웨어	소프트웨어	하드웨어
컨설팅	엔지니어링		컨스트럭션	O&M 등	컨스트럭션
프로젝트 발굴	기획	타당성 평가	기본 설계	상세 설계	자재 조달	시공	시운전	인도	유지 관리	해체

61 태양광 발전시스템의 안전관리대책으로 추락사고 예방을 위한 조치사항 아닌 것은?

① 안전모 착용
② 절연장갑 착용
③ 안전벨트 착용
④ 안전난간대 설치

해설 태양광발전시스템의 안전관리대책

공정	조치 사항	비고
모듈 설치	고소작업시 안전 난간대 설치 안전모, 안전화, 안전벨트 착용	추락사고 예방
배관배선작업	사다리 적합품 사용 안전모, 안전화, 안전벨트 착용	
구조물 설치	리프트카 사용, 안전 난간대 설치 안전모, 안전화, 안전벨트 착용	

인버터, 접속함 등 연결	태양전지 모듈 등 전원 개방 절연 장갑 착용	감전사고 예방
임시배선작업	누전위험장소 누전차단기 설치 전선 피복상태, 접지선 관리	

13.4.91 / 16.2.62 / 17.1.70 / 20.1.7 / 20.3.13 / 20.4.3

62 지방자치단체를 당사자로 하는 계약에 관한 법률 시행규칙에 의해 하자검사를 하는 자는 담보책임의 존속기간 중 연 몇 회 이상 정기적으로 하자검사를 하여야하는가?

① 1 ② 2
③ 3 ④ 4

해설 하자담보책임기간
① 발전설비공사의 철근콘크리트 · 철골 구조부 : 7년
② 담보책임의 존속기간 중 연 2회 이상 정기적으로 하자검사를 하여야 한다.

14.4.71 / 16.2.63 / 18.1.35 / 19.2.40

63 산업통상자원부의 허가가 필요한 설비용량[kW]은? (단, 제주도 제외)

① 1000 ② 2000
③ 3000 ④ 4000

해설 사업허가의 신청(전기사업법 시행규칙 제4조)
① 전기사업의 허가를 신청하려는 자는 전기사업허가신청서에 관련 서류(전자문서를 포함한다. 이하 같다)를 첨부하여 산업통상자원부장관에게 제출하여야 한다.
② 다만, 발전설비용량이 3,000[kW] 이하인 발전사업의 허가를 받으려는 자는 특별시장 · 광역시장 · 특별자치시장 · 도지사 또는 특별자치도지사에게 제출하여야 한다.

15.2.72 / 15.4.80 / 16.2.64 / 16.4.74 / 17.1.78 / 17.2.67 /
17.4.80 / 18.2.65 / 18.2.68 / 18.4.80 / 19.2.80 / 19.4.71

64 태양광 발전 송변전설비의 일상순시점검내용으로 틀린 것은?

① 접지선의 단선, 부식여부를 확인한다.
② 모선지지물의 이상소음, 이상한 냄새가 없는지 확인하다.
③ 모든 설비는 정전상태를 유지하고 주요충전부는 접지를 한다.
④ 외함을 열어 확인할 경우, 안전장구를 착용하고 충전부와 이격 거리를 유지한다.

해설 정기점검
① 태양광발전시스템의 기능을 확인하고 유지하기 위한 계획을 수립하여 점검하는 것
② 원칙적으로 시설물을 정지상태에서 운전제어장치의 기계점검, 절연저항측정, 배전반 및 인버터의 기능을 확인하고 유지하기 위한 계획을 수립하여 점검
③ 모선을 정전하지 않고 점검을 하여야 할 경우에는 안전사고가 일어나지 않도록 주의하여야 한다.

65 태양광발전 시스템의 운전 상태에 따른 발생 신호에 대한 설명으로 틀린 것은?

① 인버터에 이상이 발생하면 인버터는 자동으로 정지하고 이상신호를 나타낸다.
② 태양전지 전압이 저전압 또는 과전압이 되면 이상신호를 나타내고 인버터의 MC는 ON 상태로 정지한다.
③ 한전 전력계통에서 정전이 발생하면 0.5초 이내에 인버터는 정지하고 복전 확인 후 5분 이후에 재기동 한다.
④ 정상운전 시에는 태양전지로부터 전력을 공급받아 인버터가 계통전압과 동기로 운전을 하며 계통과 부하에 전력을 공급한다.

해설 태양전지 전압이 저전압 또는 과전압이 되면, 인버터의 MC(전자접촉기)는 OFF 상태로 되며, 인버터는 정지된다.

정답 62. ② 63. ④ 64. ③ 65. ②

15.2.77 / 15.2.79 / 16.2.66 / 16.2.78 / 16.4.80 / 18.1.65 / 19.2.76

66 사업용 태양광 발전설비의 사용전검사 중 차단기 본체 심사의 세부검사 내용이 아닌 것은?

① 절연내력
② 접지 시공 상태
③ Tap 절환장치
④ 절연유 및 내압시험(OCB)

해설 사용전검사 중 차단기 본체 세부검사 내용(사업용)
① 외관검사
② 접지 시공상태
③ 절연저항
④ 절연내력
⑤ 특성시험
⑥ 절연유 내압시험(OCB)
⑦ 상회전 및 Loop시험
⑧ 충전시험

※ 부하시 탭 절환장치(On Load Tap Changer)
부하의 변동에 불구하고 일정전압을 공급하기 위해서는 변압기에 탭을 설치하여 탭위치를 조정함에 따라 2차전압을 조정할 수 있으며, 이러한 장치에는 부하시 탭절환장치와 무부하시 탭절환장치가 있다.

15.4.71 / 16.2.67 / 18.4.62

67 인버터 절연저항 측정 시 주의사항으로 틀린 것은?

① 정격에 약한 회로들은 회로에서 분리하여 측정한다.
② 정격전압이 입출력과 다를 때는 낮은 측의 전압을 선택기준으로 한다.
③ 입출력단자에 주회로 이외 제어단자 등이 있는 경우 이것을 포함해서 측정한다.
④ 절연변압기를 장착하지 않은 인버터는 제조사가 추천하는 방법에 따라 측정한다.

해설 인버터의 절연저항 측정

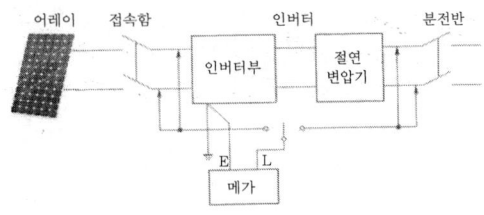

(1) 입력회로
① 태양전지회로를 접속함에서 분리한다.
② 분전반 내의 분기회로 차단기를 개방한다.
③ 인버터의 입·출력단자를 단락하고, 직류단자와 대지간을 절연저항계(Megger)로 측정한다.

(2) 출력회로
① 태양전지회로를 접속함에서 분리한다.
② 분전반 내의 분기회로 차단기를 개방한다.
③ 인버터의 교류측 회로를 분전반 차단기에서 분리하여 분전반까지의 전로를 포함하여 측정한다.
④ 인버터의 입·출력단자를 단락하고, 출력단자와 대지간을 절연저항계(Megger)로 측정한다.

(3) 기타 주의사항
① 정격전압이 입출력과 다를 때는 높은 측의 전압을 절연저항계의 선택기준으로 한다.
② 입출력 단자에 주회로 이외의 제어단자 등이 있는 경우는 이것을 포함해서 측정한다.
③ 서지업서버 등의 정격에 약한 회로들은 회로에서 분리하여 측정한다.
④ 절연변압기가 별도로 설치된 경우에는 이를 포함하여 측정한다.
⑤ 절연변압기를 장착하지 않은 인버터는 제조사 추천 방식으로 측정한다.

15.4.67 / 15.4.78 / 16.2.68 / 16.4.72 / 17.1.61 / 18.4.66 / 19.2.65 / 19.2.79 / 19.4.78

68 태양광 발전시스템 보수점검 시 점검 전의 유의사항으로 틀린 것은?

① 점검전에 접지선을 제거한다.
② 절연용 보호기구를 준비한다.
③ 응급처치 방법 및 설비, 기계의 안전을 확인한다.
④ 비상연락망을 사전 확인하여 만일의 사태에 신속히 대처한다.

해설 정전작업

1) 정전작업 전 조치사항
① 전원차단후 각 단로기 등을 개방하고 확인할 것
② 차단장치나 단로기 등에 잠금(시건)장치 및 꼬리표를 부착할 것
③ 전기기기 등에 공급되는 모든 전원을 관련 배선도, 도면 등을 통해 확인할 것
④ 검전기를 이용하여 작업 대상 기기가 충전되었는지 확인 할 것(잔류전하 방전)

잠금(시건)장치   꼬리표(사용금지)

2) 정전작업 중 조치사항
① 작업지휘자에 의한 작업지휘
② 개폐기 관리(전원 재투입 방지, 잠금장치 및 꼬리표 부착 관리)
③ 근접 활선에 대한 방호상태 관리
④ 단락접지의 상태관리

3) 정전작업 후 조치사항
① 작업기기, 단락접지기구(접지선)를 제거하고 전기기기 등이 안전하게 통전될 수 있는지 확인
② 모든 작업자가 작업이 완료된 전기기기 등에서 떨어져 있는지 확인할 것
③ 잠금장치 와 꼬리표는 설치한 근로자가 직접 철거 할 것
④ 모든 이상유무를 확인한 후 전기기기 등의 전원을 투입할 것

69 결정질 태양전지모듈 성능평가를 위한 시험장치가 아닌 것은?

① 염수분무장치
② 솔라 시뮬레이터
③ 기계적하중 시험장치
④ 테스트핑거 및 테스트 핀

해설 결정질 실리콘 모듈의 시험장치
① 솔라 시뮬레이터
② 항온항습장치
③ 염수분무장치
④ UV 시험장치
⑤ 기계적하중 시험장치
⑥ 우박시험장치
⑦ 단자강도 시험장치

13.4.61 / 16.2.70 / 17.4.77

70 중대형 태양광발전용 인버터의 누설전류시험에 대한 설명이 아닌 것은?

① 품질기준은 누설전류가 5[mA] 이하이다.
② 교류 전원을 정격 전압 및 정격 주파수로 운전한다.
③ 직류 전원은 인버터 출력이 정격 출력이 되도록 설정한다.
④ 인버터의 기체와 대지 사이에 100[Ω] 이상의 저항을 접속한다.

해설 인버터의 누설전류시험
① 교류전원을 정격 전압 및 정격 주파수로 운전한다. 직류 전원은 인버터 출력이 정격 출력이 되도록 설정한다.
② 인버터의 기체와 대지와의 사이에 1[KΩ] 이상의 저항을 접속해서 저항에 흐르는 누설전류를 측정하고, 누설전류가 5[mA] 이하일 것

71 안전보호구 관리요령으로 틀린 것은?

① 사용 후 세척하여 보관할 것
② 세척 후에는 건조시켜 보관할 것
③ 정기적으로 점검 관리하여 보관할 것
④ 청결하고 습기가 있는 곳에 보관할 것

해설 보호구의 점검과 관리
보호구는 필요할 때 언제든지 사용할 수 있는 상태로 손질하여 놓아야 하며, 정기적으로 점검 · 관리한다.
① 적어도 한 달에 한번이상 책임 있는 감독자가 점검을

정답 68. ① 69. ④ 70. ④ 71. ④

할 것
② 청결하고, 습기가 없으며, 통풍이 잘되는 장소에 보관할 것
③ 부식성 액체, 유기용제, 기름, 화장품, 산(acid) 등과 혼합하여 보관하지 말 것
④ 보호구는 항상 깨끗하게 보관하고 땀 등으로 오염된 경우에는 세척하고, 건조시킨 후 보관할 것

72 태양광 발전시스템 운영에 관한 설명으로 틀린 것은?

① 시설용량은 부하의 용도 및 적정 사용량을 합산한 연평균 사용량에 따라 결정된다.
② 발전량은 봄·가을이 많으며 여름·겨울에는 기후여건에 따라 감소한다.
③ 모듈 표면의 온도를 조절해 줄 필요가 있다.
④ 태양광 발전 설비의 고장 요인은 대부분 인버터에서 발생하므로 정기 점검이 필요하다.

해설 태양광설비 시설용량 및 발전량
① 설치된 태양광 설비의 용량은 부하의 용도 및 부하의 적정 사용량을 합산하여 월평균 용량에 따라 결정된다.
② 태양광 설비의 발전용량은 봄, 가을에 많으며 여름과 겨울에는 기후 여건에 따라 현저하게 감소한다.

73 태양광 발전설비의 일상점검 항목이 아닌 것은?

① 모듈간 배선의 손상여부
② 인버터의 이상음 발생여부
③ 접지저항의 규정 값 이하여부
④ 모듈 표면의 오염 및 파손여부

해설 태양광 발전설비의 일상점검 항목
1) 태양전지 어레이
① 모듈 표면의 파손 및 오염여부
② 가대의 부식 및 녹 발생여부

③ 외부배선 손상여부

2) 접속함
① 외함의 부식·파손, 볼트 조임 상태
② 외부 배선 및 접속단자 조임 상태 및 발열·소손 여부 (퓨즈, 역전류 방지 다이오드, SPD, 극성)
③ 접지선 손상 및 접지단자 접속 상태
④ 전선인입부의 방수처리상태

3) 인버터
① 외함의 부식 및 파손
② 배선의 손상 및 접속단자 풀림
③ 운전시 이상음, 이취, 연기발생 및 이상과열
④ 환기팬 확인(통풍구, 환기필터 등)
⑤ 발전 상태의 정상적 표시여부
※ 접지저항의 규정 값 이하여부 : 정기점검 항목

74 계통연계형 인버터의 계통 전압 불평형 시험의 품질기준으로 틀린 것은?

① 역률이 0.95 이상일 것
② 정격 출력에서 정상적으로 동작할 것
③ 절연저항은 1[MΩ] 이상이며, 상용 주파수 내전압에 1분간 견딜 것
④ 출력 전류의 총합 왜형률이 5[%] 이하, 각 차수별 왜형률 3[%] 이하일 것

해설 계통 전압 불평형 시험
① 인버터의 배전방식이 3상 4선식인 경우에 적용된다.
② 인버터를 정격 출력으로 운전한다.
③ 불평형을 발생시킨 상태에서 교류 출력 전력, 역률, 교류 출력 전류, 출력 전류 왜형률을 측정한다.
④ 정격출력에서 정상적으로 동작할 것
⑤ 역률이 95[%] 이상일 것
⑥ 출력전류의 총합 왜형률이 5[%] 이하, 각 차수별 왜형률이 3[%] 이하일 것

16.2.75 / 16.4.65 / 17.4.66 / 18.4.72

75 태양광 발전시스템의 계측 및 표시에 필요한 기기로 틀린 것은?

① 교류회로 전압 측정을 위한 분류기
② 계측 데이터를 복사, 보존하기 위한 기억장치
③ 검출된 전압, 전류, 전력 등의 데이터 전송을 위한 신호변환기
④ 일시 계측 데이터를 적산하여 평균값 및 적산 값을 얻기 위한 연산장치

해설 태양광발전시스템의 계측시스템 구성
① 검출기
  태양광발전시스템의 기상데이터와 전압, 전류 등을 측정하는 장치로 직류측의 전압은 분압기로 전류는 분류기를 이용하고, 교류측의 전압, 전류, 역률, 주파수 계측은 PT, CT를 통해서 검출, 지시계 또는 신호변환기로 전송하는 장치
② 신호변환기
  검출기로 검출된 데이터를 컴퓨터 및 먼거리에 설치한 표시장치에 전송할 때 사용하는 장치
③ 연산장치
  검출기를 통해 얻어진 순시계측 데이터는 적산하고, 일정기간 동안의 데이터는 평균하는 등 필요 데이터를 가공하는 장치
④ 기억장치
  컴퓨터가 필요로 하는 정보, 컴퓨터가 자료를 처리하여 얻은 결과 등을 저장하는 기능을 하는 장치

※ 분류기 : 어느 전로(電路)의 전류를 측정하려는 경우에 전로의 전류가 전류계의 정격보다 큰 경우에는 전류계와 병렬로 다른 전로를 만들고, 전류를 분류하여 측정하며, 이와 같이 전류를 분류하는 전로(저항기)를 분류기라 한다.

76 태양광 발전시스템용 축전지의 정기점검 항목 중 육안점검의 점검항목이 아닌 것은?
① 외관점검
② 단자전압
③ 전해액 비중
④ 전해액면 저하

해설 축전지의 정기점검(육안)
① 시설상태 확인
② 전해액 확인
③ 환기시설 상태
※ 단자전압 측정 : 정기(측정)점검

15.4.64 / 16.2.77 / 19.1.62

77. 시스템 운영 시 비치목록으로 틀린 것은?
① 발전 시스템 피난안내도
② 발전 시스템 운영 매뉴얼
③ 발전 시스템 긴급복구 안내문
④ 전기안전관리자용 정기 점검표

해설 태양광발전시스템 운영 시 비치서류
① 건설 관련 도면
② 시방서 및 계약서 사본
③ 구조물의 설계도면 및 구조 계산서
④ 시스템 운영 매뉴얼
⑤ 시설 및 장비 기기의 매뉴얼
⑥ 부품에 대한 상세 매뉴얼
⑦ 전력회사와의 관련된 서류
⑧ 산업 안전 관리 명판과 안전 경고등 위치 매뉴얼
⑨ 전기 안전 관련 정기 점검표
⑩ 시스템 일반 점검표
⑪ 예비품대장
이외에도 태양광발전시스템 운영에 필요한 긴급 복구 안내문, 산업 안전 표지판, 일별·월별·연간 계획표, 전기 생산량 작성표 등을 작성, 비치한다.

15.2.77 / 15.2.79 / 16.2.66 / 16.2.78 / 16.4.80 / 18.1.65 / 19.2.76

78 자가용전기설비의 정기검사항목 중 태양광전지의 전지 전기적 특성시험항목으로 틀린 것은?
① 최대출력　　② 개방전압
③ 단락전류　　④ 절연저항

해설 자가용 전기설비의 정기검사항목(태양광전지 전기적 특성시험항목)
① 최대출력
② 개방전압
③ 단락전류

정답　75. ①　76. ②　77. ①　78. ④

④ 최대 출력전압 및 전류
⑤ 충진율
⑥ 전력변환효율

13.4.24 / 15.2.73 / 15.4.55 / 16.2.38 / 16.2.79 / 17.2.24 /
17.4.29 / 19.4.25

79 발전설비용량 3000[kW]인 발전사업 허가 신청 시 첨부 서류가 아닌 것은?

① 사업 계획서
② 발전원가 명세서
③ 송전관계 일람도
④ 전기설비 개요서

해설 발전사업 허가 신청 시 첨부 서류(전기사업법 시행규칙 제4조)

(1) 사업계획서

구분	구비서류
1) 재무능력 관련	① 신청자에 대한 신용평가의 의견서. 다만, 신청자가 재무능력을 평가할 수 없는 신설법인인 경우에는 신청자의 최대주주를 신청자로 본다. ② 재원조달계획 관련 증명서류
2) 기술능력 관련	① 전기설비 건설 및 운영 계획 관련 증명서류
3) 계획에 따른 수행 가능 여부 관련	① 발전설비 건설 예정지역 관할 지방자치단체의 발전설비와 접속설비 건설에 대한 의견서(발전설비용량이 1만킬로와트 초과인 신청자만 해당한다. 다만, 연료전지 또는 태양에너지·풍력 발전설비의 경우에는 발전설비용량이 10만킬로와트 초과인 신청자만 해당한다) ② 발전기의 전력계통 접속에 따른 영향에 관한 한국전력공사의 의견서(발전설비용량이 1만킬로와트 초과인 신청자만 해당한다) ③ 송전관계 일람도(一覽圖) ④ 부지의 확보 및 배치 계획 관련 증명서류 ⑤ 연료 및 용수 확보 계획 관련 증명서류(발전사업 또는 구역전기사업의 허가를 신청하는 경우만 해당한다) ⑥ 신청자의 과거 발전설비 준공, 포기 또는 지연 이력 및 운영 실적 ⑦ 사업 개시 예정일부터 5년 동안의 연도별 예상사업손익산출서
4) 그 밖의 사항 관련	① 사업구역의 경계를 명시한 5만분의 1 지형도(배전사업의 허가를 신청하는 경우만 해당한다) ② 특정한 공급구역의 위치 및 경계를 명시한 5만분의 1 지형도(구역전기사업의 허가를 신청하는 경우만 해당한다) ③ 발전원가명세서(발전사업 또는 구역전기사업의 허가를 신청하는 경우만 해당한다)

※ 발전설비용량이 200킬로와트 초과 3천킬로와트 이하인 발전사업의 허가를 신청하는 경우는 제2)호 ①, 제3)호③, 제4)호③에 따른 서류만 제출한다.

※ 발전설비용량이 200킬로와트 이하인 구역전기사업의 허가를 신청하는 경우는 제4)호②에 따른 서류만 제출하며, 발전설비용량이 200킬로와트 이하인 발전사업허가를 신청하는 경우로서 구역전기사업의 허가 외의 허가를 신청하는 경우에는 위 표의 구비서류를 제출하지 아니한다.

(2) 정관, 대차대조표 및 손익계산서(신청자가 법인인 경우만 해당하며, 설립 중인 법인의 경우에는 정관만 제출한다)

(3) 신청자(발전설비용량 3천킬로와트 이하인 신청자는 제외한다)의 주주명부. 이 경우 신청자가 재무능력을 평가할 수 없는 신설법인인 경우에는 신청자의 최대주주를 신청자로 본다.

80 인버터 과온(inverter over temperature) 고장 표시가 있을 때, 가장 먼저 조치하는 방법으로 적절한 것은?

① 인버터 누설전류를 확인한다.
② 인버터의 냉각계통의 이상유무를 확인한다.
③ 송변전설비와 연결되는 배전선의 절연저항을 확인한다.
④ 고조파의 국부과열여부를 확인하기 위해 고조파 함유율을 조사한다.

해설 인버터에 과온이 발생하면 우선적으로 냉각계통(통기구, 환기팬)의 상태를 확인한다.

16.2.81 / 18.1.82 / 18.2.83

81 발전차액의 지원을 위한 기준가격의 산정기준으로 틀린 것은?

① 신·재생에너지 발전사업자의 송전·배전 선로 이용요금
② 신·재생에너지 발전기술의 상용화 수준 및 시장 보급 여건
③ 운전 중인 신·재생에너지 발전사업자의 경영 여건 및 운전 실적
④ 전력시장에서의 신·재생에너지 발전에 의하여 공급한 전력의 거래 건수

해설 발전차액의 지원을 위한 기준가격의 산정기준(신재생에너지법 시행령 제22조)
① 신·재생에너지 발전소의 표준공사비, 운전유지비, 투자보수비 및 각종 세금과 공과금
② 신·재생에너지 발전소의 설비 이용률, 수명 기간, 사고 보수율과 발전소에서의 신·재생에너지 소비율 등의 설계치 및 실적치
③ 신·재생에너지 발전사업자의 송전·배전 선로 이용요금
④ 신·재생에너지 발전기술의 상용화 수준 및 시장 보급 여건
⑤ 운전 중인 신·재생에너지 발전사업자의 경영 여건 및 운전 실적
⑥ 전기요금 및 전력시장에서의 신·재생에너지 발전에 의하여 공급한 전력의 거래가격의 수준

13.4.97 / 15.2.88 / 16.2.82 / 16.2.94 / 17.1.90 / 17.4.81 / 19.1.90 / 19.2.89 / 19.4.93

82 신·재생에너지의 기술개발 및 이용·보급을 촉진하기 위한 기본계획에 대한 설명으로 틀린 것은?

① 기본계획은 5년마다 수립하여야 한다.
② 기본계획의 계획기간은 10년 이상으로 한다.
③ 신·재생에너지 기술수준의 평가와 보급전망 및 기대효과가 포함된다.
④ 총에너지생산량 중 신·재생에너지소비량이 차지하는 비율의 목표가 포함된다.

해설 기본계획의 수립(신재생에너지법 제5조)
1) 산업통상자원부장관은 관계 중앙행정기관의 장과 협의를 한 후 신·재생에너지정책심의회의 심의를 거쳐 신·재생에너지의 기술개발 및 이용·보급을 촉진하기 위한 기본계획을 5년마다 수립하여야 한다.

2) 기본계획의 계획기간은 10년 이상으로 하며, 기본계획에는 다음의 사항이 포함되어야 한다.
① 기본계획의 목표 및 기간
② 신·재생에너지원별 기술개발 및 이용·보급의 목표
③ 총전력생산량 중 신·재생에너지 발전량이 차지하는 비율의 목표
④ 온실가스의 배출 감소 목표
⑤ 기본계획의 추진방법
⑥ 신·재생에너지 기술수준의 평가와 보급전망 및 기대효과
⑦ 신·재생에너지 기술개발 및 이용·보급에 관한 지원 방안
⑧ 신·재생에너지 분야 전문 인력 양성계획
⑨ 직전 기본계획에 대한 평가
⑩ 그밖에 기본계획의 목표달성을 위하여 산업통상자원부장관이 필요하다고 인정하는 사항

13.4.90 / 16.2.83 / 18.1.86

83. 접지극으로 사용할 수 없는 것은?

① 접지봉
② 접지판
③ 금속제 가스관
④ 금속제 수도관

해설 접지극은 다음의 방법 중 하나 또는 복합하여 시설하여야 한다.
① 콘크리트에 매입 된 기초 접지극
② 토양에 매설된 기초 접지극
③ 토양에 수직 또는 수평으로 직접 매설된 금속전극(봉, 전선, 테이프, 배관, 판 등)

정답 81. ④ 82. ④ 83. ③

④ 케이블의 금속외장 및 그 밖에 금속피복
⑤ 지중 금속구조물(배관 등)
⑥ 대지에 매설된 철근콘크리트의 용접된 금속 보강재. 다만, 강화콘크리트는 제외한다.
※ 가연성 액체나 가스를 운반하는 금속제 배관은 접지 설비의 접지극으로 사용 할 수 없다. 다만, 보호등전위본딩은 예외로 한다.

16.2.84 / 18.2.89

84 축전지실 등의 시설조건으로 틀린 것은?

① 축전지실은 발전기실과 동일한 장소에 시설하여야 한다.
② 축전지실 등은 폭발성의 가스가 축적되지 않도록 환기장치 등을 시설하여야 한다.
③ 옥내전로에 연계되는 축전지는 비접지측 도체에 과전류보호장치를 시설하여야 한다.
④ 30[V]를 초과하는 축전지는 비접지측 도체에 쉽게 차단할 수 있는 곳에 개폐기를 시설하여야한다.

해설 축전지실 등의 시설
① 30[V]를 초과하는 축전지는 비접지측 도체에 쉽게 차단할 수 있는 곳에 개폐기를 시설하여야 한다.
② 옥내전로에 연계되는 축전지는 비접지측 도체에 과전류보호장치를 시설하여야 한다.
③ 축전지실 등은 폭발성의 가스가 축적되지 않도록 환기장치 등을 시설하여야 한다.

13.4.83 / 15.2.57 / 16.2.85 / 18.1.47

85 고압 가공전선으로 내열 동합금선을 사용하는 경우 안전율이 몇 이상이 되는 이도로 시설하여야 하는가?

① 2.0
② 2.2
③ 2.5
④ 4.0

해설 저고압 가공전선의 안전율
① 고압 가공전선은 케이블인 경우 이외에는 그 안전율이 경동선 또는 내열 동합금선은 2.2 이상, 그 밖의 전선

은 2.5 이상이 되는 이도(Dip)로 시설하여야 한다.

※ 전선의 이도(Dip)
지지물 A, B사이에 전선을 가설하면 전선 자체의 무게 때문에 밑으로 처진 곡선을 이루게 되며 가장 밑으로 처진 부분의 수직 거리를 이도(Dip)라고 한다.

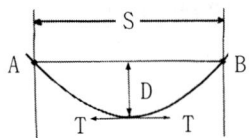

1) 이도의 중요성
① 겨울 : 이도가 적당치 않으면 전선의 수축으로 인해 전선에 무리한 장력 발생 → 단선사고
② 여름 : 온도에 의해 전선은 팽창, 진동 → 도로, 철도, 통신선 등에 위험

2) 이도의 계산
① 전선의 두 지지점이 수평인 경우
$$D \fallingdotseq \frac{WS^2}{8T} [m]$$
T : 수평 장력 [kg], W : 전선의 중량 [kg/m], S : 경간 [m]

② 전선의 실제 길이
$$L \fallingdotseq S + \frac{8D^2}{3S} [m]$$
전선의 실제 길이 L은 경간 S보다 $\frac{8D^2}{3S}$ 만큼 더 길어진다(약 경간의 0.1~1[%] 미만).

13.4.98 / 16.2.86 / 17.2.85 / 19.2.95

86 3상 4선식 22.9[kV] 중성점 다중 접지식 가공전선로의 전로와 대지 사이의 절연 내력 시험전압은 몇 [V] 인가?

① 28,625
② 22,900
③ 21,068
④ 16,488

해설 전로의 절연저항 및 절연내력
① 사용전압이 저압인 전로에서 정전이 어려운 경우 등 절연저항 측정이 곤란한 경우에는 누설전류를 1[mA] 이하로 유지하여야 한다.
② 고압 및 특고압의 전로(회전기, 정류기, 연료전지 및

태양전지 모듈의 전로, 변압기의 전로, 기구 등의 전로 및 직류식 전기철도용 전차선을 제외한다)는 표에서 정한 시험전압을 전로와 대지 사이(다심케이블은 심선 상호 간 및 심선과 대지 사이)에 연속하여 10분간 가하여 절연내력을 시험하였을 때에 이에 견디어야 한다.

전로의 종류	시험 전압
1. 최대사용전압 7[kV] 이하인 전로	최대사용전압의 1.5배의 전압
2. 최대사용전압 7[kV]초과 25[kV] 이하인 중성점 접지식 전로(중성선을 가지는 것으로서 그 중성선을 다중접지 하는 것에 한한다)	최대사용전압의 0.92배의 전압
3. 최대사용전압 7[kV]초과 60[kV] 이하인 전로련	최대사용전압의 1.25배의 전압(10,500[V] 미만으로 되는 경우는 10,500[V])
4. 최대사용전압 60[kV] 초과 중성점 비접지식 전로	최대사용전압의 1.25배의 전압
5. 최대사용전압 60[kV] 초과 중성점 접지식 전로	최대사용전압의 1.1배의 전압(75[kV] 미만으로 되는 경우에는 75[kV])
6. 최대사용전압이 60[kV] 초과 중성점 직접접지식 전로	최대사용전압의 0.72배의 전압
7. 최대사용전압이 170[kV] 초과 중성점 직접 접지식 전로로서 그 중성점이 직접 접지되어 있는 발전소 또는 변전소 혹은 이에 준하는 장소에 시설하는 것	최대사용전압의 0.64배의 전압
8. 최대사용전압이 60[kV]를 초과하는 정류기에 접속되고 있는 전로	교류측 및 직류 고전압측에 접속되고 있는 전로는 교류측의 최대사용전압의 1.1배의 직류전압 / 직류측 중성선 또는 귀선이 되는 전로는 계산식에 의하여 구한 값

③ 22.9[kV]의 절연 내력 시험전압은 최대사용전압의 0.92배의 전압
∴ V = 22,900 × 0.92 = 21,068 [V]

87 KEC 한국전기설비규정의 변경으로 삭제됨

13.4.81 / 14.4.89 / 15.2.83 / 16.2.88 / 16.4.93 / 17.4.88 / 19.4.82

88 전기를 생산하여 이를 전력시장을 통하여 전기판매업자에게 공급하는 것을 주된 목적으로 하는 사업을 무엇이라 하는가?

① 송전사업 ② 배전사업
③ 발전사업 ④ 변전사업

해설 정의(전기사업법 제2조)
① 전기사업 : 발전사업·송전사업·배전사업·전기판매사업 및 구역전기사업
② 발전사업 : 전기를 생산하여 이를 전력시장을 통하여 전기판매사업자에게 공급하는 것을 주된 목적으로 하는 사업
③ 송전사업 : 발전소에서 생산된 전기를 배전사업자에게 송전하는 데 필요한 전기설비를 설치·관리하는 것을 주된 목적으로 하는 사업
④ 배전사업 : 발전소로부터 송전된 전기를 전기사용자에게 배전하는 데 필요한 전기설비를 설치·운용하는 것을 주된 목적으로 하는 사업
⑤ 구역전기사업 : 대통령령으로 정하는 규모 이하의 발전설비를 갖추고 특정한 공급구역의 수요에 맞추어 전기를 생산하여 전력시장을 통하지 아니하고 그 공급구역의 전기사용자에게 공급하는 것을 주된 목적으로 하는 사업

16.2.89 / 19.4.88

89 저탄소 녹색성장 기본법의 목적이 아닌 것은?

① 신에너지 및 재생에너지의 기본법이다.
② 저탄소 사회구현을 통한 국민의 삶의 질을 높인다.
③ 녹색기술과 녹색산업을 새로운 성장동력으로 활용한다.
④ 경제와 환경의 조화로운 발전을 위하여 저탄소 녹색성장에 필요한 기반을 조성한다.

해설 목적(녹색성장법 제1조)
① 경제와 환경의 조화로운 발전을 위하여 저탄소 녹색성장에 필요한 기반을 조성한다.
② 녹색기술과 녹색산업을 새로운 성장동력으로 활용함으로써 국민경제의 발전을 도모한다.
③ 저탄소 사회 구현을 통하여 국민의 삶의 질을 높인다.
④ 국제사회에서 책임을 다하는 성숙한 선진 일류국가로 도약하는 데 이바지함

16.2.90 / 19.4.83

90 분산형전원을 인버터를 이용하여 전력계통에 연계하는 경우 인버터로부터 직류가 계통으로 유출되는 것을 방지하기 위하여 접속점과 인버터 사이에 설치하는 것은? (단, 단권변압기를 제외한다)

① 차단기
② 전동기
③ 보호계전기
④ 상용주파수 변압기

해설 저압 계통연계시 직류유출방지 변압기의 시설
분산형전원을 인버터를 이용하여 배전사업자의 저압 전력계통에 연계하는 경우 인버터로부터 직류가 계통으로 유출되는 것을 방지하기 위하여 접속점(접속설비와 분산형전원 설치자측 전기설비의 접속점)과 인버터 사이에 상용주파수 변압기(단권변압기를 제외한다)를 시설하여야 한다. 다만, 다음을 모두 충족하는 경우에는 예외로 한다.
① 인버터의 직류 측 회로가 비접지인 경우 또는 고주파 변압기를 사용하는 경우
② 인버터의 교류출력 측에 직류 검출기를 구비하고, 직류 검출시에 교류출력을 정지하는 기능을 갖춘 경우

91 신재생에너지의 이용·보급을 촉진하기 위한 보급 사업에 해당하지 않는 것은?

① 신기술의 적용사업 및 시범사업
② 지방자치단체와 연계한 보급사업
③ 신·재생에너지 국제표준화 적용사업
④ 환경친화적 신·재생에너지 시범단지 조성사업

해설 보급사업(신재생에너지법 제27조)
산업통상자원부장관은 신·재생에너지의 이용·보급을 촉진하기 위하여 필요하다고 인정하면 대통령령으로 정하는 바에 따라 다음의 보급사업을 할 수 있다.
① 신기술의 적용사업 및 시범사업
② 환경친화적 신·재생에너지 집적화단지 및 시범단지 조성사업
③ 지방자치단체와 연계한 보급사업
④ 실용화된 신·재생에너지 설비의 보급을 지원하는 사업
⑤ 그밖에 신·재생에너지 기술의 이용·보급을 촉진하기 위하여 필요한 사업으로서 산업통상자원부장관이 정하는 사업

13.4.100 / 16.2.92 / 17.4.92

92 신·재생에너지발전사업자가 도서지역에서 생산한 전력을 전력시장에서 거래하지 않아도 되는 발전설비용량은?

① 1000 [kW] 이하
② 2000 [kW] 이하
③ 3000 [kW] 이하
④ 4000 [kW] 이하

해설 전력거래(전기사업법 제31조)
① 발전사업자 및 전기판매사업자는 전력시장운영규칙으로 정하는 바에 따라 전력시장에서 전력거래를 하여야 한다. 다만, 도서지역 등 대통령령으로 정하는 경우에는 그렇지 않다.
② 자가용전기설비를 설치한 자는 그가 생산한 전력을 전력시장에서 거래할 수 없다. 다만, 대통령령으로 정하는 경우에는 그렇지 않다.
③ 구역전기사업자는 대통령령으로 정하는 바에 따라 특정한 공급구역의 수요에 부족하거나 남는 전력을 전력시장에서 거래할 수 있다.

전력거래(전기사업법 시행령 제19조)
도서지역 등 대통령령으로 전력시장에서 전력거래를 하

정답 89.① 90.④ 91.③ 92.①

지 않아도 되는 경우
① 한국전력거래소가 운영하는 전력계통에 연결되어 있지 아니한 도서지역에서 전력을 거래하는 경우
② 신·재생에너지발전사업자가 1000[kW] 이하의 발전설비용량을 이용하여 생산한 전력을 거래하는 경우

13.4.85 / 16.2.93 / 18.2.44 / 18.4.83
93 전기안전관리업무를 개인대행자가 대행할 수 있는 태양광발전설비의 용량은?

① 200 [kW] 미만
② 250 [kW] 미만
③ 300 [kW] 미만
④ 350 [kW] 미만

해설 전기안전관리업무의 대행규모(전기안전관리법)
(1) 안전공사 및 대행사업자: 다음의 어느 하나에 해당하는 전기설비(둘 이상의 전기설비 용량의 합계가 4,500kW 미만 경우로 한정한다)
① 용량 1,000kW천킬로와트 미만의 전기수용설비
② 용량 300kW 미만의 발전설비. 다만, 비상용 예비발전설비의 경우에는 용량 500kW 미만으로 한다.
③ 용량 1,000kW(원격감시 및 제어기능을 갖춘 경우 용량 3,000kW) 미만의 태양광발전설비

(2) 개인대행자: 다음의 어느 하나에 해당하는 전기설비(둘 이상의 용량의 합계가 1,550kW 미만인 전기설비로 한정한다)
① 용량 500kW 미만의 전기수용설비
② 용량 150kW 미만의 발전설비. 다만, 비상용 예비발전설비의 경우에는 용량 300kW 미만으로 한다.
③ 용량 250kW(원격감시 및 제어기능을 갖춘 경우 용량 750kW) 미만의 태양광발전설비

13.4.97 / 15.2.88 / 16.2.82 / 16.2.94 / 17.1.90 / 17.4.81 / 19.1.90 / 19.2.89 / 19.4.93
94 신·재생에너지정책심의회의 심의를 거쳐 신·재생에너지의 기술개발 및 이용·보급을 촉진하기 위한 기본계획을 수립하는 자는?

① 환경부장관
② 행정자치부장관
③ 고용노동부장관
④ 산업통상자원부장관

해설 기본계획의 수립(신재생에너지법 제5조)
① 산업통상자원부장관은 관계 중앙행정기관의 장과 협의를 한 후 신·재생에너지정책심의회의 심의를 거쳐 신·재생에너지의 기술개발 및 이용·보급을 촉진하기 위한 기본계획을 5년마다 수립하여야 한다.
② 기본계획의 계획기간은 10년 이상으로 한다.

95 KEC 한국전기설비규정의 변경으로 삭제됨

15.2.90 / 16.2.96 / 19.1.99
96 다음 중 신·재생에너지정책심의회 위원으로 소속공무원을 지명할 수 없는 기관은?

① 기획재정부   ② 보건복지부
③ 국토교통부   ④ 농림축산식품부

해설 신·재생에너지정책심의회의 구성(신재생에너지법 시행령 제4조)
1) 신·재생에너지정책심의회는 위원장 1명을 포함한 20명 이내의 위원으로 구성한다.

2) 심의회의 위원장은 산업통상자원부 소속 에너지 분야의 업무를 담당하는 고위공무원단에 속하는 일반직공무원 중에서 산업통상자원부장관이 지명하는 사람으로 하고, 위원은 다음의 사람으로 한다.
① 기획재정부, 과학기술정보통신부, 농림축산식품부, 산업통상자원부, 환경부, 국토교통부, 해양수산부의 3급 공무원 또는 고위공무원단에 속하는 일반직공무원 중 해당 기관의 장이 지명하는 사람 각 1명
② 신·재생에너지 분야에 관한 학식과 경험이 풍부한 사람 중 산업통상자원부장관이 위촉하는 사람

정답 93. ② 94. ④ 95. 96. ②

97 저압 가공 인입선의 시설에 대한 설명으로 틀린 것은?

① 전선은 절연전선, 다심형 전선 또는 케이블일 것
② 전선은 지름 1.6[mm]의 경동선 또는 이와 동등 이상의 세기 및 굵기일 것
③ 전선의 높이는 철도 및 궤도를 횡단하는 경우에는 레일면 상 6.5[m] 이상일 것
④ 전선의 높이는 횡단보도교의 위에 시설하는 경우에는 노면 상 3[m] 이상일 것

해설 저압 인입선의 시설

저압 가공인입선은 다음에 따라 시설하여야 한다.
1) 전선이 케이블인 경우 이외에는 인장강도 2.30[kN] 이상의 것 또는 지름 2.6[mm] 이상의 인입용 비닐절연전선일 것 다만, 경간이 15m 이하인 경우는 인장강도 1.25[kN] 이상의 것 또는 지름 2[mm] 이상의 인입용 비닐절연전선일 것

2) 전선은 절연전선, 다심형 전선 또는 케이블일 것

3) 전선이 옥외용 비닐절연전선인 경우에는 사람이 접촉할 우려가 없도록 시설하고, 옥외용 비닐절연전선 이외의 절연전선인 경우에는 사람이 쉽게 접촉할 우려가 없도록 시설할 것

4) 전선의 길이가 1[m] 이하인 케이블의 경우에는 조가하지 아니하여도 된다.

5) 전선의 높이는 다음에 의할 것
① 도로(차도와 보도의 구별이 있는 도로인 경우에는 차도)를 횡단하는 경우에는 노면상 5[m](기술상 부득이한 경우에 교통에 지장이 없을 때에는 3[m])이상
② 철도 또는 궤도를 횡단하는 경우에는 레일면상 6.5[m] 이상
③ 횡단보도교의 위에 시설하는 경우에는 노면상 3[m] 이상
④ ①, ② 및 ③이외의 경우에는 지표상 4[m](기술상 부득이한 경우에 교통에 지장이 없을 때에는 2.5[m]) 이상

13.4.95 / 16.2.98

98 저탄소 녹색성장 추진의 기본원칙에 대한 설명 중 틀린 것은?

① 정부는 시장 기능을 활성화하고 정부가 주도하여 저탄소 녹색성장을 추진한다.
② 정부는 사회·경제 활동에서 에너지와 자원이용의 효율성을 높이고 자원순환을 촉진한다.
③ 정부는 자연자원과 환경의 가치를 보존하면서 국토와 도시, 건물과 교통, 도로·항만·상하수도 등 기반시설을 저탄소 녹색성장에 적합하게 개편한다.
④ 정부는 국민 모두가 참여하고 국가기관, 지방자치단체, 기업, 경제단체 및 시민단체가 협력하여 저탄소 녹색성장을 구현하도록 노력한다.

해설 저탄소 녹색성장 추진의 기본원칙(녹색성장법 제3조)
① 정부는 기후변화·에너지·자원 문제의 해결, 성장동력 확충, 기업의 경쟁력 강화, 국토의 효율적 활용 및 쾌적한 환경 조성 등을 포함하는 종합적인 국가발전전략을 추진한다.
② 정부는 시장기능을 최대한 활성화하여 민간이 주도하는 저탄소 녹색성장을 추진한다.
③ 정부는 녹색기술과 녹색산업을 경제성장의 핵심 동력으로 삼고 새로운 일자리를 창출·확대할 수 있는 새로운 경제체제를 구축한다.
④ 정부는 국가의 자원을 효율적으로 사용하기 위하여 성장잠재력과 경쟁력이 높은 녹색기술 및 녹색산업 분야에 대한 중점 투자 및 지원을 강화한다.
⑤ 정부는 사회·경제 활동에서 에너지와 자원 이용의 효율성을 높이고 자원순환을 촉진한다.
⑥ 정부는 자연자원과 환경의 가치를 보존하면서 국토와 도시, 건물과 교통, 도로·항만·상하수도 등 기반시설을 저탄소 녹색성장에 적합하게 개편한다.
⑦ 정부는 환경오염이나 온실가스 배출로 인한 경제적 비용이 재화 또는 서비스의 시장가격에 합리적으로 반영되도록 조세체계와 금융체계를 개편하여 자원을 효율적으로 배분하고 국민의 소비 및 생활 방식이 저탄소 녹색성장에 기여하도록 적극 유도한다. 이 경우 국내산업의 국제경쟁력이 약화되지 않도록 고려하여야 한다.

정답 97. ② 98. ①

⑧ 정부는 국민 모두가 참여하고 국가기관, 지방자치단체, 기업, 경제단체 및 시민단체가 협력하여 저탄소 녹색성장을 구현하도록 노력한다.
⑨ 정부는 저탄소 녹색성장에 관한 새로운 국제적 동향을 조기에 파악·분석하여 국가 정책에 합리적으로 반영하고, 국제사회의 구성원으로서 책임과 역할을 성실히 이행하여 국가의 위상과 품격을 높인다.

① 석탄을 액화·가스화한 에너지 – 증기공급용에너지
② 중질잔사유를 가스화한 에너지 – 합성가스
③ 바이오에너지 – 동물·식물의 유지를 변환시킨 바이오디젤
④ 폐기물에너지 – 쓰레기매립장의 유기성폐기물을 변환시킨 매립지가스

99 신재생에너지 발전사업자가 관련법에 따라 산업통상자원부장관으로부터 발전차액을 반환 요구받았을 경우 그 이행을 며칠이내에 하여야 하는가?
① 100일 ② 50일
③ 30일   ④ 15일

[해설] 지원 중단 등(신재생에너지법 제18조, 제17조)
1) 산업통상자원부장관은 발전차액을 지원받은 신·재생에너지 발전사업자가 다음의 어느 하나에 해당하면 산업통상자원부령으로 정하는 바에 따라 경고를 하거나 시정을 명하고, 그 시정명령에 따르지 아니하는 경우에는 발전차액의 지원을 중단할 수 있다.
① 거짓이나 부정한 방법으로 발전차액을 지원받은 경우
② 산업통상자원부장관은 발전차액을 지원받은 신·재생에너지 발전사업자가 결산재무제표 등 기준가격 설정을 위하여 필요한 자료요구에 따르지 아니하거나 거짓으로 자료를 제출한 경우

2) 산업통상자원부장관은 발전차액을 지원받은 신·재생에너지 발전사업자가 1)항 ①호에 해당하면 산업통상자원부령으로 정하는 바에 따라 그 발전차액을 환수할 수 있다.
이 경우 산업통상자원부장관은 발전차액을 반환할 자가 30일 이내에 이를 반환하지 아니하면 국세 체납처분의 예에 따라 징수할 수 있다.

100 신에너지 및 재생에너지 개발 이용 보급촉진법에 따른 바이오에너지 등의 기준 및 범위에 관한 설명 중 에너지원의 종류와 그 범위가 잘못 연결된 것은?

[해설] 바이오에너지 등의 기준 및 범위(신재생에너지법 시행령 별표1)

에너지원의 종류		기준 및 범위
석탄을 액화·가스화한 에너지	기준	석탄을 액화 및 가스화하여 얻어지는 에너지로서 다른 화합물과 혼합되지 않은 에너지
	범위	① 증기 공급용 에너지 ② 발전용 에너지
중질잔사유을 가스화한 에너지	기준	① 중질잔사유(원유를 정제하고 남은 최종 잔재물로서 감압증류 과정에서 나오는 감압잔사유, 아스팔트와 열분해 공정에서 나오는 코크, 타르 및 피치 등)를 가스화한 공정에서 얻어지는 연료 ② ①의 연료를 연소 또는 변환하여 얻어지는 에너지
	범위	합성가스
바이오에너지	기준	① 생물유기체를 변환시켜 얻어지는 기체, 액체 또는 고체의 연료 ② ①의 연료를 연소 또는 변환시켜 얻어지는 에너지 ※ ① 또는 ②의 에너지가 신·재생에너지가 아닌 석유제품 등과 혼합된 경우에는 생물유기체로부터 생산된 부분만을 바이오에너지로 본다.
	범위	① 생물유기체를 변환시킨 바이오가스, 바이오에탄올, 바이오액화유 및 합성가스 ② 쓰레기매립장의 유기성폐기물을 변환시킨 매립지가스 ③ 동물·식물의 유지를 변환시킨 바이오디젤 ④ 생물유기체를 변환시킨 땔감, 목재칩, 펠릿 및 목탄 등의 고체연료

정답 99. ③ 100. ④

폐기물 에너지	기준	① 각종 사업장 및 생활시설의 폐기물을 변환시켜 얻어지는 기체, 액체 또는 고체의 연료 ② ①의 연료를 연소 또는 변환시켜 얻어지는 에너지 ③ 폐기물의 소각열을 변환시킨 에너지 ※ ①부터 ③까지의 에너지가 신·재생에너지가 아닌 석유제품 등과 혼합되는 경우에는 각종 사업장 및 생활시설의 폐기물로부터 생산된 부분만을 폐기물에너지로 본다.
수열에너지	기준	물의 표층의 열을 히트펌프(heat pump)를 사용하여 변환시켜 얻어지는 에너지
	범위	해수의 표층의 열을 변환시켜 얻어지는 에너지

2016 제4회 기출문제

01 일사강도 0.8[W/m²], 결정계 태양전지의 모듈면적 1.0[m²], 셀 온도 65[℃], 변환요율이 15[%]인 경우 출력은 약 몇 [kW]인가? (단, 결정계 셀 온도 보정계수(P_{max})는 −0.4[%/℃]이다.)

① 0.1 ② 0.2 ③ 0.3 ④ 0.4

해설 정격출력(P_R)

P_R = 단위 면적$[m^2]$ × 일사 강도$[KW/m^2]$ × 변환 효율[%]

$= 1 \times 0.8 \times \frac{15}{100} = 0.12$

$P_{R65℃} = 0.12 \times [1 + (-0.004 \times (65-25))] = 0.1$ [kW]

13.4.94 / 16.4.2 / 16.4.98 / 17.1.84 / 17.4.9 / 18.1.100 / 18.2.96 / 18.4.11 / 18.4.92 / 19.1.96

02 다음의 보기 중 우리나라에서 신재생에너지로 분류되는 에너지를 모두 고른 것은?

```
a. 태양광발전
b. 소수력
c. 천연가스
d. 수소에너지
```

① a, b ② a, b, d
③ a, c, d ④ a, b, c, d

해설 신·재생에너지의 정의(신재생에너지법 제2조)
1) 신에너지: 기존의 화석연료를 변환시켜 이용하거나 수소·산소 등의 화학 반응을 통하여 전기 또는 열을 이용하는 에너지
① 수소에너지
② 연료전지
③ 석탄을 액화·가스화한 에너지 및 중질잔사유을 가스화

2) 재생에너지: 햇빛·물·지열·강수·생물유기체 등을 포함하는 재생 가능한 에너지를 변환시켜 이용하는 에너지
① 태양에너지
② 풍력
③ 수력
④ 해양에너지
⑤ 지열에너지
⑥ 생물자원을 변환시켜 이용하는 바이오에너지
⑦ 폐기물에너지(비재생폐기물로부터 생산된 것은 제외한다)

03 결정질 실리콘 태양전지의 일반적인 제조공정이 아닌 것은?

① 웨이퍼 징착   ② 표면 조직화
③ 측면 접합   ④ 반사방지막 코팅

해설 결정질 실리콘 태양전지 제조공정
① 웨이퍼 증착(장착)
  웨이퍼 상에 화학적 물리적 방법으로 전도성 또는 절연성 박막을 밀착시키는 공정
② 표면조직화(Surface texturing)

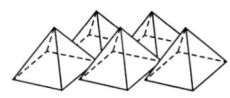

폴리싱(Polishing) 작업과 세정 작업을 마친 웨이퍼의 표면 반사도는 약 30%정도가 된다. 그러나 태양전지는 반사가 적으면 적을수록 좋으므로 빛을 많이 흡수할 수 있도록 하는 공정이다.
표면 반사 손실을 줄이고 빛을 가두어 광 흡수율을 높이기 위한 목적으로 태양전지의 표면에 피라미드 구조형상을 만들거나, 다공성 요철을 두어 입사한 빛이 반사되어 손실이 되지 않도록 하는 구조를 만드는 공정이다.
③ P-N 접합(P-N Junction)형성 공정 : p-type 웨이퍼에 불순물을 주입시켜 n층을 형성하여 p-n접합을 형성하는 과정
④ 반사 방지막 (Anti-reflective coating, ARC))

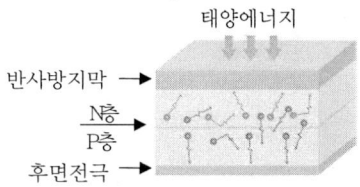

굴절률이 다른 두 매체 사이의 계면을 태양광이 통과할 때 일부는 표면으로부터 반사되어 반대 방향으로 진행되기 때문에 태양전지의 표면반사를 적게 해서 투과되

정답 1.① 2.② 3.③

는 빛의 세기를 증가시키고 반사로 인한 산란광을 제거하기 위해 사용된다.

13.4.19 / 14.4.57 / 14.4.73 / 15.2.1 / 15.2.5 / 15.2.28 / 16.4.4 / 16.4.12 / 17.2.5 / 17.4.7 / 18.1.11 / 18.4.3 / 18.4.14 / 19.2.5 / 19.2.17

04 다음은 인버터의 어떤 회로방식에 대한 설명인가?

> 태양전지의 직류출력을 DC-DC 컨버터로 승압하고 인버터로 상용주파의 교류로 변환한다.

① 트랜스리스 방식
② DC-DC 컨버터 방식
③ 고주파 변압기 절연방식
④ 상용주파 변압기 절연방식

해설 인버터의 회로방식별 분류

1) 상용주파 변압기 절연방식

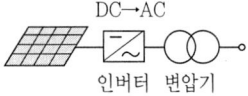
인버터 변압기

① PWM 인버터를 이용하여 상용주파수의 교류를 만들고, 상용주파수의 변압기를 이용하여 절연과 전압변환을 한다.
② 내부 신뢰성이나 노이즈 컷이 우수하지만, 상용주파수의 변압기를 별도로 이용하기 때문에 무겁고 크며, 변압기의 효율이 감소된다.

2) 고주파 변압기 절연방식

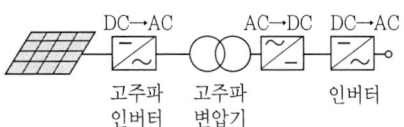
고주파 고주파   인버터
인버터 변압기

① 태양전지의 직류 출력을 고주파의 교류로 변환한 후 소형의 고주파 변압기로 절연을 한다.
② 일단 직류로 변환하고 재차 상용주파의 교류로 변환하며, 소형 경량이지만 회로가 복잡한 단점이 있다.

3) 트랜스리스(Transless) 방식

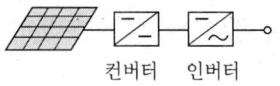
컨버터 인버터

① 태양전지의 직류출력을 DC-DC 컨버터로 승압하고 인버터에서 상용주파의 교류로 변환한다.
② 소형 경량이며, 저렴하고 효율이 우수하고 신뢰성이 높다.
③ 상용전원과의 사이에는 절연이 되지 않아 안전성이 떨어진다.

13.4.5 / 16.4.5 / 19.1.5

05 태양전지 모듈의 I-V 특성곡선에서 일사량에 따라 가장 많이 변화하는 것은?

① 전압   ② 전류
③ 온도   ④ 저항

해설 I-V 곡선(I-V Curve)

태양광 모듈의 출력은 일사량의 영향을 받는다. 일사량이 강할수록 전류의 증가로 인해 출력 전력이 증가하고 이때 전압은 일조 강도의 변화에 영향이 적다.

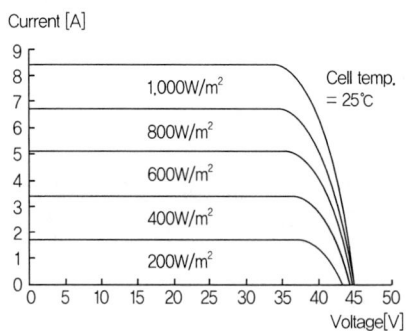

14.4.7 / 16.4.6 / 19.1.8

06 여러 태양전지에 대한 설명으로 틀린 것은?

① GIGS 태양전지는 빛의 흡수율이 높아 박막형 태양전지로 제조된다.
② 유기반도체 태양전지는 제작이 용이하고 생산비용이 낮다.

③ 비정질 실리콘 태양전지는 초기 광열화 문제로 인해 성능저하가 발생한다.
④ 염료감응형 태양전지는 효율은 낮지만 장기 신뢰성이 우수하다.

해설 **염료감응형 태양전지(Dye-sensitized solar cell; DSSC)**

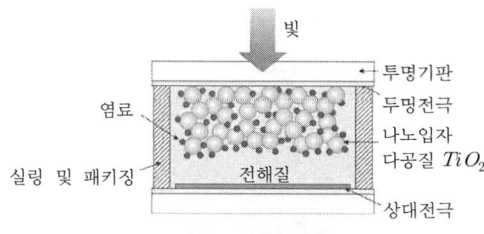

① 기존의 반도체 방식의 실리콘 태양전지나 박막 태양전지와는 달리 식물의 광합성 작용을 모사한 전기화학적 원리를 이용한다.
② 태양광 흡수용 염료고분자, n형반도체 역할을 하는 넓은 밴드 갭을 갖는 반도체 산화물, p형반도체 역할을 하는 전해질, 촉매용 상대전극, 태양광 투과용 투명전극을 기본으로 한다.
③ 태양의 흡수는 염료가 담당하고, 생성된 전자의 분리, 이동은 전자 농도 차에 의해 확산하는 방식으로 반도체 나노입자에서 이루어진다.
④ 안정성이 매우 높아 10년 이상 사용하여도 초기 효율을 거의 유지하고, 실리콘계 태양전지와 비교했을 때 일광량의 영향을 적게 받으며, 제조공정이 단순해서 전지의 가격이 실리콘 셀 가격의 20~30% 수준이다.
⑤ 기존의 태양전지에 비해 전기 변환 효율이 낮고, 전해질의 안정성이 높지 못하며, 액체 전해질의 경우 휘발하는 성질이 있다.

13.4.12 / 14.4.20 / 16.4.7 / 17.2.7 / 17.2.10 / 17.4.14 / 18.2.9

07 태양전지 모듈에 다른 태양전지 회로나 축전지의 전류가 유입되는 것을 방지하기 위하여 설치하는 것은?

① ZNR
② SPD
③ 바이패스 소자
④ 역류방지 소자

해설 **역류방지 소자**
1) 태양광모듈의 역전류 영향
① 어레이 내의 스트링과 스트링 사이에 그림자 및 전압 불균형 등의 원인으로 병렬 접속된 스트링사이에 역전류가 흘러 어레이에 영향을 준다.
② 어레이의 직류 출력회로에 축전지가 설치되어 있는 경우, 야간이나 흐린 날 등의 태양전지에서 전력이 생산되지 않을 때는 태양전지가 축전지의 부하가 된다.

2) 대책(역류방지 소자)
① 태양전지 모듈의 스트링마다 역류방지 다이오드(Blocking Diode)를 설치해서, 전류의 역방향 흐름을 방지한다.
② 1대의 인버터에 접속되는 태양전지 직렬군(스트링)이 2병렬 이상 접속될 경우, 각 직렬군에 역전류방지 다이오드가 설치되어야 한다.
③ 설치할 회로의 최대전류를 흐르게 할 수 있어야 하며, 동시에 사용회로의 최대 역전압에 견딜 수 있어야 한다.
④ 일반적으로 접속함에 설치되며, 커넥터에 사용되기도 한다.

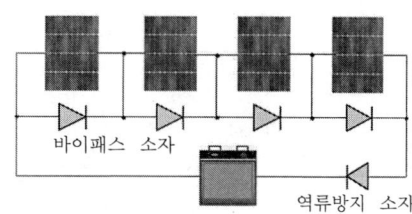

바이패스 및 역류방지 소자

역류방지 다이오드

08 태양전지 모듈검사는 출하검사와 신뢰성검사로 구분된다. 다음 중 출하검사에 들어가지 않는 것은?
① 특성검사 ② 내습성검사
③ 절연저항시험 ④ 구조 및 조립시험

해설 태양전지 모듈검사
① 출하검사 : 전기적 특성검사, 강박시험, 구조 및 조립시험, 내전압검사, 절연저항 등
② 신뢰성 검사 : 내풍압, 온도 사이클 테스트, 내습성 검사, 염수분무, 내열성, UV자외선, 피복 시험 등

13.4.18 / 14.4.23 / 16.4.9 / 18.1.4 / 18.1.12 / 18.4.15 / 19.2.19

09. 태양광발전시스템의 분류 중 전력회사 배전선에서 멀리 떨어진 산악지대 및 외딴 섬 등에서 사용하는 방식은?
① 계통연계형 시스템 ② 독립형 시스템
③ 추적형 시스템 ④ 연동형 시스템

해설 독립형 태양광발전 시스템

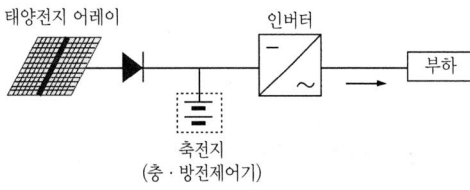

① 외딴 섬과 같이 전기가 들어오지 않는 지역에서, 상용전력계통과 직접 연결되지 않고 분리된 발전방식으로, 태양광발전시스템의 발전 전력만으로 부하에 전력을 공급한다.
② 야간 혹은 우천 시, 태양광발전시스템의 발전이 불가할 때는 발전된 전력을 저장할 수 있는 축전장치를 접속하여 태양광 전력을 저장하여 사용하는 방식

14.4.63 / 15.2.64 / 16.4.10 / 19.2.12

10 태양전지의 충진율(Fill Factor, FF)에 대한 설명으로 틀린 것은?

① 충진율이 낮을수록 태양전지의 성능품질이 좋음을 나타낸다.
② 충진율은 개방전압(V_{oc})과 단락전류(I_{sc})의 곱에 대한 최대출력의 비로 정의된다.
③ 충진율은 태양전지의 특성을 표시하는 파라메타로서 내부 직렬저항 및 병렬저항으로부터의 영향을 받는다.
④ 충진율은 최적 동작전류(I_m)와 최적 동작전압(V_m)이 단락전류(I_{sc})와 개방전압(V_{oc})에 가까운 정도를 나타낸다.

해설 충진율(Fill Factor)
① 태양전지 품질을 확인할 수 있는 가장 중요한 척도
② FF는 최대전력을 개방전압과 단락 회로 전류에서 출력되는 이론상 전력과 비교하여 계산한다. 또한 FF는 그림에 묘사된 정사각형 영역의 비로 해석할 수 있다.
③ 큰 fill factor가 바람직하고, 전형적인 fill factor 범위는 결정질 태양전지 : 0.7 ~ 0.8, 단결정 실리콘 0.75 ~ 0.85 정도이다.
④ 온도가 상승하면 에너지 갭이 작아서 충진율이 낮아진다.

$$FF = \frac{P_{MAX}}{P_T} = \frac{I_{MP} \cdot V_{MP}}{I_{SC} \cdot V_{OC}}$$

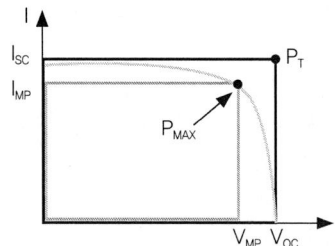

15.2.4 / 16.4.11

11 신재생에너지에 대한 설명으로 틀린 것은?
① 바이오에너지는 생물자원을 변환시켜 이용하는 것이다.
② 파력발전은 표층과 심층의 해수 온도차를 이용한 것이다.

③ 조력발전은 밀물과 썰물로 발생하는 조류를 이용한 것이다.
④ 폐기물에너지는 가연성폐기물에서 발생되는 발열량을 이용한 것이다.

해설 신·재생에너지 설비

(1) 해양에너지
해양의 조수·파도·해류·온도차 등을 변환시켜 전기 또는 열을 생산하는 기술로써 전기를 생산하는 방식은 조력·파력·조류·온도차 발전 등이 있음
① 조력발전 : 조석간만의 차를 동력원으로 해수면의 상승하강운동을 이용하여 전기를 생산

시화조력발전 원리

② 파력발전 : 연안 또는 심해의 파랑에너지를 이용하여 전기를 생산하는 기술, 제주도 파력발전소는 파도가치면 바닷물이 발전기 안의 공기를 위로 압축시키고, 위로 밀려올라간 공기는 터빈을 돌려 전기를 발생시킨다.

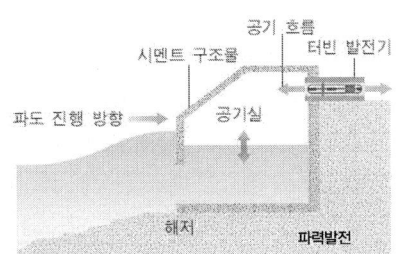

③ 조류발전 : 해수의 유동에 의한 운동에너지를 이용하여 전기를 생산
④ 온도차발전 : 해양 표면층의 온수(예 : 25~30℃)와 심해 500~1000m정도의 냉수(예 : 5~7℃)와의 온도차를 이용하여 열에너지를 기계적 에너지로 변환시켜 발전

(2) 폐기물 재생에너지란 사업장 또는 가정에서 발생되는 가연성 폐기물중 에너지 함량이 높은 폐기물을 열분해를 통한 폐열 등으로 생산하고 이를 산업 생산 활동에 필요한 에너지로 이용될 수 있도록 하는 것

(3) 바이오에너지란 바이오매스(Biomass, 유기성 생물체를 총칭)를 직접 또는 생·화학적, 물리적 변환과정을 통해 액체, 가스, 고체연료나 전기·열에너지 형태로 이용한다.

13.4.19 / 14.4.57 / 14.4.73 / 15.2.1 / 15.2.5 / 15.2.28 / 16.4.4 / 16.4.12 / 17.2.5 / 17.4.7 / 18.1.11 / 18.4.3 / 18.4.14 / 19.2.5 / 19.2.17

12 태양전지의 직류 출력을 상용주파수의 교류로 변환한 후 변압기에서 절연하는 방식은?

① PAM 방식
② 트랜스리스 방식
③ 고주파 변압기 절연방식
④ 상용주파 변압기 절연방식

해설 상용주파 변압기 절연방식

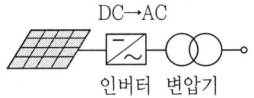

① PWM 인버터를 이용하여 상용주파수의 교류를 만들고, 상용주파수의 변압기를 이용하여 절연과 전압변환을 한다.
② 내부 신뢰성이나 노이즈 컷이 우수하지만, 상용주파수의 변압기를 별도로 이용하기 때문에 무겁고 크며, 변압기의 효율이 감소된다.

14.4.32 / 15.4.20 / 16.4.13 / 18.4.29 / 19.4.13

13 독립형 태양광발전시스템용 축전지를 설계하고자 한다. 축전지 용량 [Ah]는?

- 1일 적산부하전력량(L_d) : 2[kWh]
- 공칭축전지 전압(V_b) : 2[V]
- 축전기 개수(N) : 48개
- 방전심도(DOD) : 0.65[%]
- 보수율(L) : 0.8
- 일조가 없는 날의 일수(D) : 10일

① 300.64 ② 400.64
③ 500.64 ④ 600.64

정답 11. ② 12. ④ 13. ②

해설 축전지 용량(C)

$$C = \frac{1일\ 적산부하\ 전력량(L_d) \times 일조가\ 없는\ 날(D)}{보수율(L) \times 공칭\ 축전지\ 전압 \times 축전지\ 개수 \times 방전심도(DOD)}$$

$$= \frac{2 \times 10^3 \times 10}{0.8 \times 2 \times 48 \times 0.65} = 400.64\ [Ah]$$

14 스마트 그리드(smart grid)에 대한 설명으로 틀린 것은?

① 분산전원 전원공급방식이다.
② 네트워크 구조이다.
③ 단방향 통신방식이다.
④ 디지털 기술기반이다.

해설 스마트 그리드(smart grid)
전기의 생산, 운반, 소비 과정에 정보통신기술을 접목하여 공급자와 소비자가 서로 상호작용함으로써 효율성을 높인 지능형 전력망시스템이다.

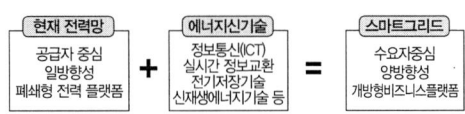

15 낙뢰에 의한 충격성 과전압에 대하여 전기설비의 단자 전압을 규정치 이내로 저감시켜 정전을 일으키지 않고 원상태로 회귀하는 장치는?

① 내뢰 트랜스   ② 어레스터
③ 서지업서버   ④ 역류방지 다이오드

해설 뇌해 대책
① 어레스터 : 낙뢰에 의한 충격성 과전압에 대하여 전기설비의 단자 전압을 규정치 이내로 저감시켜 정전을 일으키지 않고 원상태로 회귀하는 장치
② 서지업서버 : 전선로에 침입하는 이상전압의 높이를 완화하고 파고치를 저하시키는 장치
③ 내뢰트랜스 : 실드부착 절연트랜스와 어레스터, 콘덴서가 결합되어, 뇌서지를 완전히 차단한다.

14.4.9 / 15.2.8 / 15.2.27 / 16.4.16 / 17.1.73 / 17.1.79 / 18.1.14 / 18.2.26 / 19.2.1 / 19.2.9 / 19.2.69

16 태양전지의 변환효율에 대한 설명으로 틀린 것은?

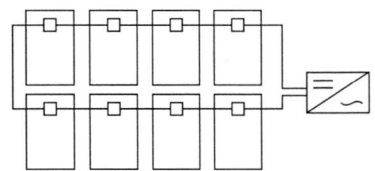

① 태양전지의 성능을 나타내는 파라미터이다.
② 태양광 스펙트럼이나 세기, 전지의 온도에 영향을 받는다.
③ 태양으로부터 입사된 에너지에 대한 출력 전기 에너지의 비로 정의된다.
④ 지상에서 사용되는 태양전지의 효율은 모듈 온도 25[℃], AM 1.0조건에서 측정된다.

해설 표준 시험조건(Standard Test Conditions)
태양광발전 소자를 시험할 때의 기준이 되는 시험조건 즉, 태양광발전 소자가 빛을 받는 면의 조사강도 1000[W/m²], 태양전지 온도 25[℃], 스펙트럼 조성은 대기질량지수(AM : Air Mass) 1.5인 조건

14.4.11 / 16.4.17 / 17.1.2 / 18.2.5 / 18.2.6 / 19.2.15

17 10[A]의 전류를 흘렸을 때의 전력이 50[W]인 저항에 20[A]의 전류를 흘렸다면 소비전력은 몇 [W]인가?

① 50   ② 100
③ 150   ④ 200

해설 전력(P)

① $P = V \times I = \dfrac{V^2}{R} = I^2 \times R$

∴ $V = \dfrac{P}{I} = \dfrac{50}{10} = 5\ [V]$

$R = \dfrac{V^2}{P} = \dfrac{5^2}{50} = 0.5\ [\Omega]$

② 20[A]에 흐르는 소비전력 P
$P = I^2 \times R = 20^2 \times 0.5 = 200\ [W]$

정답 14. ③ 15. ② 16. ④ 17. ④

18 밴드 갭 에너지는 반도체의 특성을 구분하는 매우 중요한 요소이다. Si, GaAs, Ge를 밴드 갭 에너지의 크기순으로 바르게 나열한 것은?

① Si > GaAs > Ge
② GaAs > Ge > Si
③ GaAs > Si > Ge
④ Ge > GaAs > Si

해설 에너지 밴드 갭, 금지대 (Energy Band Gap, Forbidden Band)
① 에너지 밴드를 분리시키는 에너지대역 (전도대 및 가전자대를 분리시킴)
② 전자가 존재할 수 없는 에너지 금지대

(1) 밴드갭에 따른 에너지 밴드 구조
$E_g = E_c - E_v$
E_g : 밴드갭 에너지
E_c : 전도대 최하위 에너지준위
E_v : 가전대 최상위 에너지준위

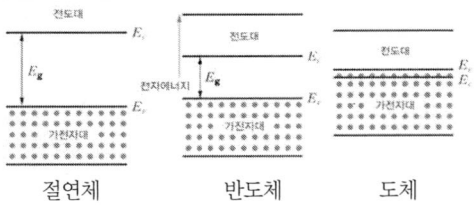

(2) 밴드갭 에너지(E_g)
1) 도체(금속) : 거의 제로(≒ 0 [eV])
2) 원소 반도체
① si : 1.12 [eV]
② Ge : 0.6 [eV]
3) 화합물 반도체
① GaAs : 1.43 [eV]
② GaP : 2.25 [eV]
③ GaN : 3.4 [eV]
④ InGaAs : 0.77 [eV]
⑤ InP : 1.35 [eV]

19 BIPV(Building Integrated Photovoltaic) 투명 창으로 적용 가능한 비정질 실리콘 기반 투명 태양전지의 특징이 아닌 것은?

① 투명기판, 투명 전면전극, 비정질 실리콘 흡수층, 후면 전극으로 구성된다.
② 개방형 태양전지는 투명전극 재료로 ITO, ZnO, SnO_2 등이 사용된다.
③ 투과형 태양전지는 후면에 투명유리를 적용하여 빛을 투과 시킨다.
④ a-Si:H 흡수층은 1.7~1.8[eV]의 높은 밴드 갭을 가지므로 얇은 두께에서도 빛 흡수가 가능하다.

해설 비정질 실리콘 기반 투명 태양전지
1) 개방형 태양전지
① 투명기판, 투명 전면전극, 비정질 실리콘 흡수층, 후면전극으로 구성
② 투명 기판으로는 유리가 널리 사용되며, 투명 전면 전극 재료는 인듐 주석 산화물(Indium Tin Oxide, ITO), Zno, SnO_2등이 사용된다.
③ 실리콘 흡수층은 p형 반도체층, 진성 반도체층, n형 반도체층으로 구성되는 p-i-n구조
④ 결정실 실리콘에 비하여 두께가 매우 얇다.

2) 투과형 태양전지

① 투명기판, 투명 전면전극, 비정질 실리콘 흡수층, 투명 후면전극으로 구성
② 후면전극으로 ITO, ZnO와 같은 투명전극물질을 사용하며, 빛이 태양전지를 투과한다.
③ 실리콘은 반도체 재료로서 부도체에 비해서 밴드 갭이 상대적으로 작기 때문에 일정 두께 이상이 되면 가시광선이 대부분을 흡수하여 광학적으로 불투명해진다.
④ 비정질 실리콘의 에너지 밴드 갭 1.7~1.8[eV]로 결정질의 1.1[eV]보다 높다.

정답 18. ③ 19. ③

20 태양전지의 출력은 일사강도와 표면온도에 따라 변동한다. 이런 변동에 대하여 태양전지의 동작점이 항상 최대출력점을 추종하도록 변화시켜 태양전지에서 최대출력을 얻을 수 있는 제어를 무엇이라 하는가?

① 단독운전제어
② 자동전압제어
③ 자동운전정지제어
④ 최대전력추종제어

해설 **최대전력 추종(MPPT ; Maximum Power Point Tracking)제어 기능**
태양전지의 출력은 일사강도나 태양전지의 표면온도에 따라 변화하며, 이들 변동에서 태양전지의 동작점이 항상 최대출력점을 추종하도록 변화시켜, 태양전지에서 최대 출력을 유도하는 제어

21 태양전지 어레이의 설치각도와 전후면 이격거리를 결정하는 요소가 아닌 것은?

① 장애물의 높이
② 어레이의 크기
③ 설치지역의 위도
④ 인버터의 효율

해설 **구조물 이격거리 산정 시 고려사항**

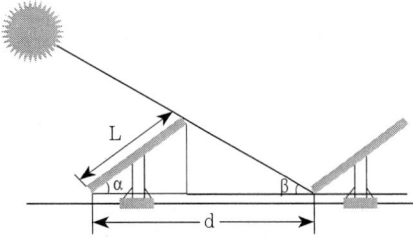

① 태양광 모듈 길이(L)
② 모듈 설치각도(α)
③ 위도(동지시 발전 가능 한계 시간에서 태양의 고도각 β)
④ 구조물 형상, 장애물의 높이, 남북향간 거리, 부지현황, 부지의 경사도

22 태양광발전시스템의 설계절차에 포함되지 않는 것은?

① 기획
② 기본설계
③ 실시설계
④ 운전요령

해설 **태양광발전시스템의 설계절차**

1) 기획업무
발전소의 규모검토, 현장조사, 설계지침 등 발주에 필요하여 발주자(발전사업자)가 사전에 요구하는 설계업무

2) 계획(기초)설계
발주자로부터 제공된 자료와 기획업무 내용을 참작하여 발전소의 규모, 예산 등의 측면에서 설계목표를 정하고 그에 대한 가능한 계획을 제시하며, 발전소(전기, 구조물, 토목 등)의 기본시스템이 검토된 계획안을 발주자에게 제안 승인 받는 단계

3) 기본설계
계획설계 내용을 구체화하여 발전된 안을 정하고, 실시설계단계에서의 변경 가능성을 최소화하기 위해 다각적인 검토가 이루어지는 단계로서, 시스템 확정에 따른 각종 자재, 장비의 규모, 용량이 구체화된 설계도서를 작성하여 발주자로부터 승인을 받는 단계이다.

4) 실시설계
기본설계를 바탕으로 하여 입찰, 계약 및 공사에 필요한 설계도서를 작성하는 단계로서, 시공중 조정에 대해서는 사후설계관리업무 단계에서 수행방법 등을 명시한다.

5) 사후설계관리업무
설계가 완료된 후 공사시공 과정에서 설계자의 설계의도가 충분히 반영되도록 설계도서의 해석, 자문, 현장여건 변화 및 업체선정에 따른 자재와 장비 등의 선정 및 변경에 대한 검토·보완 등을 위하여 수행하는 설계업무를 말한다.

23 태양전지 어레이의 방위각과 경사각에 대한 설명으로 틀린 것은?

① 태양복사의 최대 획득 량은 방위각과 경사각에 의해 결정된다.
② 수평면으로부터의 경사각은 그 지역의 위도

에 의한 결정된다.
③ 태양복사의 최대 획득 량을 위한 가장 바람직한 방위는 정남향이다.
④ 여름철의 경우 수평면보다 수직 파사드에 설치된 시스템에서 더 많은 획득 량을 기대할 수 있다.

해설 최적 설치 각도(위도 36.5°지점)

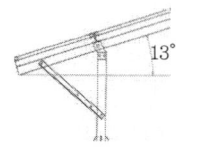
하지(여름) 경사각

춘. 추분(봄, 가을)

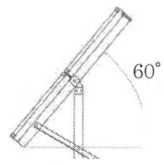
동지(겨울) 경사각

① 태양복사량은 위도에 따라 변화하며 최대 획득 량은 시스템의 설치위치, 즉 경사각 및 방위각에 의해 결정
② 일반적으로 가장 바람직한 방위는 정남향이며 수평면으로부터 경사각은 그 지역의 위도에 의해 결정
③ 태양고도가 낮은 동절기의 경우 수평면보다는 수직 파사드에 설치된 시스템이 보다 많은 획득 량 기대

24 태양광발전시스템 설계수준에 있어서 기본설계 검토 영역에 포함되지 않는 것은?

① 태양광발전시스템 제어방식의 선정
② 태양전지 모듈의 제작 및 인버터 제작 주문
③ 현지 측량 지질조사 및 설치지점의 위치 음영
④ 태양광발전용 인버터의 사양 및 전기설비의 설치용량 선정

해설 태양광발전시스템 기본설계순서

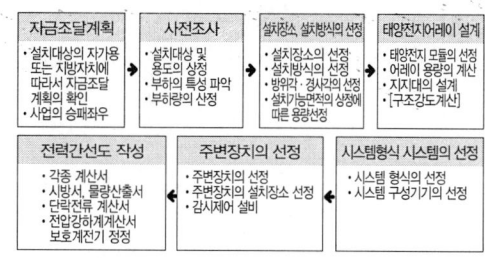

25 전기실(변전실) 설치장소 선정을 위한 고려사항으로 틀린 것은?

① 기기의 반출이 편리할 것
② 고온이나 다습한 곳은 피할 것
③ 어레이 구성의 중심에 가깝고 배전에 편리한 장소일 것
④ 전력회사의 전원인출 장소에서 가급적 멀리 떨어져 있을 것

해설 수 · 변전실 선정을 위한 고려사항

1) 건축적 고려사항
① 장비 반입 및 반출 통로가 확보되어야 한다.
② 장비의 배치에 충분하고 유지보수가 용이한 넓이를 갖고 장비에 대해 충분한 유효높이를 확보한다.
③ 수변전관련 설비실(발전기실, 축전지실, 무정전 전원장치실)이 있는 경우 이와 가까워야 한다.
④ 수변전실은 불연재료의 구조로 구획하고, 출입구는 방화문으로 한다.

2) 환경적 고려사항
① 환기가 잘되어야 하고 고온 다습한 장소는 피해야 하며, 부득이한 경우는 환기설비, 냉방 또는 제습장치를 설치하여야 한다.
② 화재, 폭발의 우려가 있는 위험물 제조소나 저장소 부근을 피한다.
③ 염해의 우려가 있거나 부식성 가스 또는 유독성 가스가 체류할 가능성이 있는 장소는 피한다.
④ 홍수 또는 물배관 사고시 침수나 물방울이 떨어질 우려가 없는 위치에 설치하고, 특히 변전실 상부층의 누수로 인한 사고의 우려가 없도록 해야 한다.

⑤ 수변전실에는 가연성가스, 물, 연료 등의 배관이 시설되지 않아야 한다.
⑥ 수변전실은 내부소음이 외부로 전달되지 않도록 하여야 한다.

3) 전기적 고려사항
① 수전 전원의 인입이 편리한 위치이어야 한다.
② 어레이 중심에 가깝고, 배선이 용이한 곳이어야 한다.
③ 용량의 증설에 대비한 면적을 확보할 수 있는 장소로 한다.
④ 배선 및 송전을 경제적으로 할 수 있는 곳이어야 한다.

26 강우 시 태양전지 모듈 표면에 흙탕물이 튀는 것을 방지하기 위해 지면으로부터 몇 [m]이상 높이에 설치할 수 있도록 설계하여야 하는가?

① 0.3 ② 0.4
③ 0.6 ④ 0.8

해설 **모듈의 설치 높이**
① 강우시 모듈표면으로 흙탕물이 튀는 것을 방지하기 위해서는 지면에서 0.6[m]이상으로 설치한다.
② 눈이 많이 오는 산간지역은 그 지역의 적설 자료를 참고하여 모듈의 높이를 설정한다.

16.2.32 / 16.4.27
27 태양광 어레이 설계 시 태양 고도각을 결정하는 기준이 되는 때는?

① 하지 ② 입춘
③ 동지 ④ 춘추분

해설 **고도각**
① 태양이 지표면과 이루는 각
② 자전축을 중심으로 매일 한 바퀴씩 자전하는 지구가 태양 주위를 일 년에 한 바퀴씩 공전하기 때문에 남중고도의 높이차이가 발생됨(지구의 자전축이 공전 궤도면에 대하여 오른쪽으로 23.5도 기울어져 있다)
③ 제주지역 동지(32°), 하지(78°)
④ 동지때 그림자의 길이가 가장 길다.
(태양광모듈 설치 열이 2열 이상일 경우 앞열의 영향으로 뒷열에 음영발생)

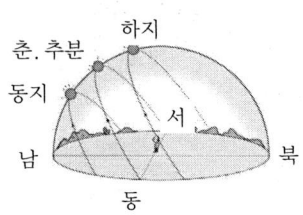
계절별 태양의 고도각

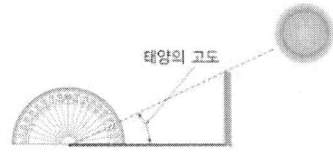
태양의 고도각

13.4.36 / 16.4.28 / 18.1.26
28 태양광발전 경제성 분석방법이 아닌 것은?

① 순현가 분석
② 원가 분석
③ 내부수익률 분석
④ 비용편익비 분석

해설 **경제성 평가 방법(정태적 ; Static Analysis)**
1) 비교 우위적 경제성 평가
   비교 가능한 대체기기를 상정, 에너지공급과 원가면에서 기존 에너지 공급과의 비교에서 상대적 우위를 판단

2) 경제성 편익분석기법
   ① 편익/비용 비율(Benefit/Cost ratio)
   ② 순현재가치 분석(Net Present Value : NPV)
   ③ 내부수익률 분석(internal Rate of Return : IRR)
   ④ 투자회수기간 분석(Pay-Back Period : PBP)
   ⑤ 투자수익률 분석(Return on Investment : ROI)

14.4.48 / 15.2.15 / 15.2.42 / 15.4.40 / 16.2.36 / 16.4.29 / 17.2.27 / 17.4.28 / 19.1.13
29 태양광발전 방식 중 동일 태양전지 모듈 설치용량기준으로 가장 많은 발전량을 생산하는 순서대로 나타낸 것은?

정답 26. ③ 27. ③ 28. ②

⊙ 양방향 추적식
ⓒ 단방향 추적식
ⓒ 경사가변식
ⓔ 고정식

① ⊙ → ⓒ → ⓒ → ⓔ
② ⊙ → ⓒ → ⓒ → ⓔ
③ ⓔ → ⓒ → ⓒ → ⊙
④ ⓔ → ⓒ → ⓒ → ⊙

해설 태양광발전시스템 구조물의 종류

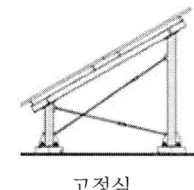

고정식   가변식

1) 고정식
① 한번 설치하면 경사각 및 방위각 수정이 불가능하기 때문에 정남향 방향으로, 경사각을 두어 고정하는 방식
② 각도 변경이 필요 없어, 유지관리비가 저렴하다.
③ 바람이 강한 지역에 안전한 구조이나, 다른 구조물에 비해서는 발전량이 다소 적다.

2) 경사가변식
① 계절에 따른 태양의 고도각에 대응하기 위해 어레이의 경사각을 수동으로 조절해서 전력량이 최대가 되게 하는 방식
② 모듈의 수평면의 각도를 태양광의 고도와 직각으로 최대한 맞춰 전력량을 증대 시킨다.
③ 계절별 구조물의 각도 변경을 위한 인력이 필요하다.

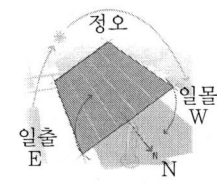

단축(1축) 추적식

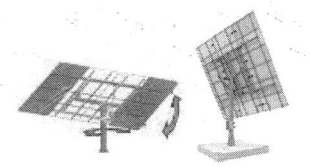

양축(2축) 추적식

3) 단축(1축) 추적식
① 어레이는 대지와 수평을 이루며, 남쪽으로의 경사각은 없다.
② 태양의 이동에 따라 해가 뜨는 동쪽에서 해가 지는 서쪽방향으로 추적하는 방식이다.
③ 고정식·가변식보다는 효율이 높고, 양축식보다는 효율이 낮다.
④ 구동장치가 필요하며, 운영 및 유지관리 비용이 소요된다.

4) 양축(2축) 추적식
① 태양의 동서방향을 추적하는 단축 추적식에 추가로 태양의 경사각(계절의 변화)까지 추적하는 방식
② 가장 효과적으로 많은 발전량을 생산할 수 있다.
③ 모듈간 음영발생을 방지하기 위해서는 이격 거리가 많이 필요하다.
④ 양축(2개의 구동장치)을 구동하기 위한 전력이 필요하고, 고장 발생에 따른 유지비용이 소요된다.

※ 발전량 생산 순서
양축 추적식 > 단축 추적식 > 경사 가변(반고정형)식 > 고정식

15.2.22 / 16.2.28 / 16.4.30 / 17.4.32 / 18.4.27 / 19.1.38

30 태양광발전설비 시공 시 설계도서, 법령해석, 감리자의 지시 등이 서로 일치하지 않는 경우에 있어 계약으로 그 순위를 정하지 아니한 때 가장 우선시하는 것은?

① 표준시방서
② 공사시방서
③ 감리자의 지시사항
④ 관계법령의 유권해석

해설 설계도서 해석의 우선순위
설계도서·법령해석·감리자의 지시 등이 서로 일치하지 아니하는 경우에 있어 계약으로 그 적용의 우선순위를 정하지 아니한 때에는 다음의 순서를 원칙으로 한다.

29. ① 30. ②

① 공사시방서
② 설계도면
③ 전문시방서
④ 표준시방서
⑤ 물량(산출)내역서
⑥ 승인된 상세시공도면
⑦ 관계법령의 유권해석
⑧ 감리자의 지시사항

13.4.14 / 15.2.10 / 16.4.31 / 17.2.17 / 18.1.64 / 18.2.8 / 19.1.7

31. 모듈에 음영이 발생할 경우 출력저하 및 발열을 억제하기 위해 설치하는 것은?

① 저항
② 노이즈 필터
③ 서지 보호장치
④ 바이패스 소자

해설 바이패스(Bypass) 소자

1) 태양광 모듈의 그림자 영향
① 태양광 모듈은 아주 적은 일부가 그림자에 가려지더라도 모듈 전체의 출력이 크게 저하된다.
② 모듈은 각각의 태양전지를 직렬로 연결하기 때문에 수십 개의 태양전지로 구성된 모듈에서 단 한 개의 셀이 나뭇잎 등에 의해 완전히 가려졌다면 출력 값은 거의 제로(Zero)에 가깝게 떨어진다.
③ 전체 개방전압에서 그림자가 발생한 모듈의 개방전압을 뺀 값 이하에서 전압 동작점이 존재할 때에 그림자가 발생한 모듈의 전류가 역방향이 된다. 따라서 역 전압이 인가되고 부하처럼 동작되어 열이 발생되고 모듈이 파손되는 원인이 된다.

2) 대책(바이패스 다이오드)

바이패스다이오드(Junction Box에 설치)   회로 표기방법(기호)
N, P 구분

① 바이패스다이오드(Bypass Diode)는 전류를 한쪽방향으로만 흐르게 만들어 주는 부품으로 P에서 N방향으로 전류가 흐르고 반대 방향으로는 전류를 거의 통과시키지 않는다.

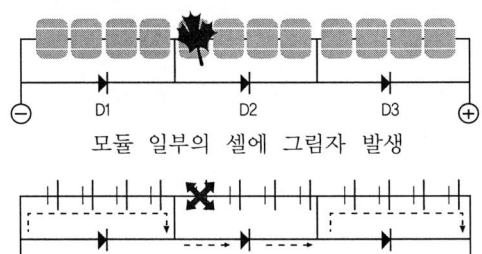

모듈 일부의 셀에 그림자 발생

그림자 발생된 모듈의 전류흐름

② 그림자로 인해 출력이 저하된 셀 또는 셀 그룹을 우회해 전류가 흐르도록 하고, 이를 통한 출력감소는 오직 그림자에 의해 가려진 셀 또는 셀 그룹에 해당하는 부분으로 제한해 출력을 유지한다.

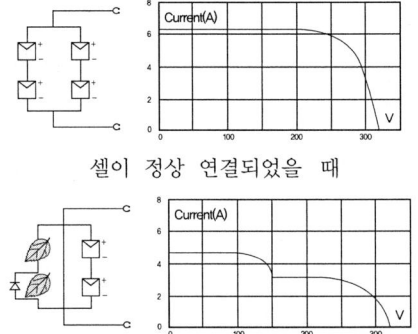

셀이 정상 연결되었을 때

셀 일부가 정상동작하지 않을 시

③ 일반적으로 모듈 한 장(태양전지 6×9)에 셀 54개 배열의 경우에는 다이오드 3개(1개당 18개의 셀)를 설치한다.

32. 현장에 설치된 태양광발전설비에서 외기온도 37[℃]일 때 다음 모듈의 셀 표면 온도는? (단, 패널 표면의 일사량은 1000[W/m²]이다.)

정상작동 셀 온도	45[℃]
전력 온도계수	−0.43[%/℃]
전압 온도계수	−0.31[%/℃]
전류 온도계수	+0.05[%/℃]

정답 31. ④

① 66.25[℃]   ② 67.25[℃]
③ 68.25[℃]   ④ 69.25[℃]

해설 모듈 표면온도(T_C)

$$T_C = 주변온도[℃] + \frac{NOCT-20[℃]}{800[W/m^2]} \times 일사량[W/m^2]$$

$$= 37 + \left(\frac{45-20}{800}\right) \times 1,000 = 68.25 \ [℃]$$

33 그림과 같이 태양광 어레이의 배선연결을 설계하였다면 문제점으로 가장 옳은 것은?

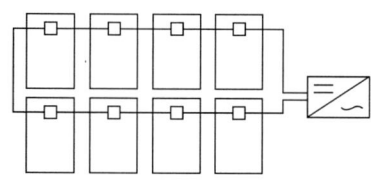

① 낙뢰에 취약하다.
② 누설전류가 커진다.
③ 고조파가 발생한다.
④ 전선의 길이가 길어져 전압강하가 커진다.

해설 String 인버터 방식
① 스트링 별로 인버터를 설치하는 방식으로 원하는 용량이 될 때까지 병렬로 추가해 나가는 방식
② 동일한 규격의 스트링과 인버터를 사용하기 때문에 발전시스템을 쉽게 증설할 수 있고, 각각의 스트링마다 독립적으로 동작하기 때문에 각각의 스트링에서 최적의 운전을 할 수 있다.
③ 낙뢰 피해시 인버터에 연결된 스트링 전체에 피해를 입을 수 있다.

13.4.28 / 16.4.34 / 17.1.35 / 19.1.12
34 태양전지의 변환효율로 옳은 것은?
① 출력 전기에너지/입사 태양광에너지×100
② 인버터 출력 전기에너지/인버터 입력전기에너지×100
③ 출력 전기에너지/출력 태양광에너지×100
④ 입사 태양광에너지/태양발생에너지×100

해설 변환효율(Conversion Efficiency)
표준 시험조건(Standard Test Conditions, STC)에서 측정한 태양전지 출력전력을 입사된 빛 에너지(소자 넓이 × 경사면 조사 강도)로 나누어 백분율로 나타낸 것

15.4.16 / 16.4.35 / 19.1.22 / 19.2.21 / 19.4.29
35 태양광발전시스템 출력 18750[W], 태양전지 모듈 최대출력 250[W], 모듈의 직렬연결 개수가 5개일 때 최대 병렬연결 개수는?
① 10   ② 15
③ 20   ④ 25

해설 병렬 회로수(N_P)

$$N_P = \frac{시스템\ 출력}{모듈\ 최대출력 \times 스트링\ 직렬\ 매수}$$

$$= \frac{18,750}{250 \times 5} = 15 \ [회로]$$

15.2.30 / 15.2.39 / 16.4.36 / 17.4.36 / 18.4.22
36 태양광발전소의 경우 발전시설용량이 몇 [kW] 이상일 때 환경영향 평가 대상인가?
① 5,000   ② 10,000
③ 50,000   ④ 100,000

해설 환경영향평가 대상사업의 종류 및 범위(에너지 개발사업)
① 발전시설용량이 10,000[kW] 이상인 발전소 (다만, 태양력·풍력 또는 연료전지 발전소의 경우에는 발전시설용량이 100,000[kW] 이상인 것)
② 345[kV] 이상의 지상송전선로로서 선로길이(공사계획에 지중화구간이 포함된 경우 그 길이를 포함한다)가 10[km] 이상인 것
③ 765[kV] 이상의 옥외변전소

18.2.38
37 태양광발전설비 중 접속함에 사용되는 장치로 다음 그림은 무엇을 나타낸 것인가?

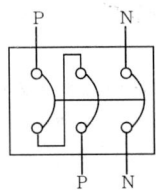

① MCCB ② GIS ③ ACB ④ VCB

해설 전기심벌(단선도용, 복선도용)
① 배선용차단기(MCCB ; Molded-Case Circuit Breaker), 기중차단기(ACB ; Air Circuit Breaker)로 사용되나, 그림에는 저압 상표시(P, N)가 있으므로 배선용차단기

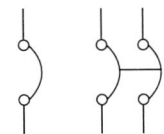

② 교류 차단기
유입차단기(OCB ; Oil Circuit Breaker)
진공차단기(VCB ; Vacuum Circuit Breaker)
가스차단기(GCB ; Gas Circuit Breaker)

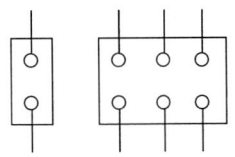

16.2.24 / 16.4.38 / 19.4.27

38 태양광 발전소에 설치되는 가대 설계의 절차 과정이다. ( ) 안에 알맞은 내용으로 옳은 것은?

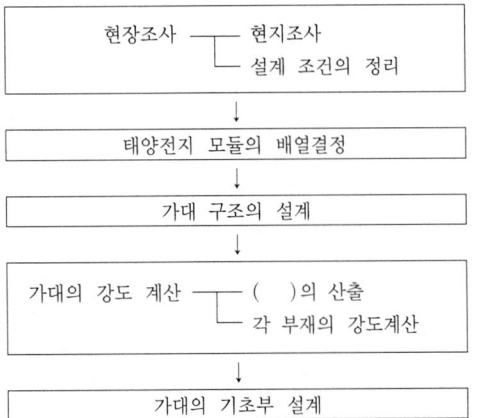

① 경사각도 ② 상정하중
③ 모듈의 수량 ④ 앵커볼트 수량

해설 가대 설계의 절차
가대의 재질은 건물의 옥상이나 주택 평지붕위 그리고 지상에 태양전지 어레이를 설치할 때 주변 환경조건과 내구 연수 설정 연한, 유지보수 실시 정도에 따라 결정한다.

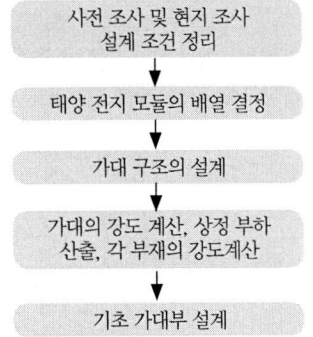

39 태양광 모듈을 설치하는 데 면적을 가장 적게 차지하는 전지의 재료는?
① 다결정 전지 ② 고효율 전지
③ 단결정 전지 ④ 비정질 실리콘 전지

해설 고효율 태양전지
① 표준 시험조건(Standard Test Conditions, STC)에서 전기에너지로 변환되는 전력량이 많다.
② 일반 태양전지에 비해, 모듈과 발전소의 면적이 작아지는 효과가 있다.

16.4.40 / 19.2.34

40 태양광발전시스템에 그림자가 발생하게 되면 일사량이 감소하기 때문에 발전량이 감소한다. 일사량의 2가지 성분으로 옳은 것은?
① 직달광 성분과 산란광 성분
② 경사면 일사성분과 산란광 성분
③ 직달광 성분과 수평면 일사성분
④ 수평면 일사성분과 경사면 일사성분

[해설] **일사량(Solar Radiation Quantity)**
① 수평면에 받는 에너지로 태양으로부터 받는 직달광과 천공으로부터 오는 산란광의 합
② 하루 중의 일사량은 태양고도가 가장 높을 때인 남중시에 최대가 되고, 일 년 중에는 하지 경에 최대가 된다.
③ 산란광의 크기는 직달광에 비해 매우 작다.

16.4.41 / 19.1.45 / 19.2.45

41 설계감리원의 기본 임무가 아닌 것은?

① 설계변경 및 계약금 조정의 심사
② 과업 지시서에 따라 업무를 성실히 수행
③ 설계용역 및 설계감리용역 계약 내용을 충실히 이행
④ 해당 설계용역이 관련 법령 및 전기설비기술 기준 등에 적합성 여부 확인

[해설] **설계감리원의 기본임무**
① 설계용역 계약 및 설계감리용역 계약내용이 충실히 이행될 수 있도록 하여야 한다.
② 해당 설계용역이 관련 법령 및 전기설비기술기준 등에 적합한 내용대로 설계되는지의 여부를 확인 및 설계의 경제성 검토를 실시하고, 기술지도 등을 하여야 한다.
③ 설계공정의 진척에 따라 설계자로부터 필요한 자료 등을 제출받아 설계용역이 원활히 추진될 수 있도록 설계감리 업무를 수행하여야 한다.
④ 과업지시서에 따라 업무를 성실히 수행하고 설계의 품질향상에 따라 노력하여야 한다.

16.4.42 / 19.2.41

42 저압 뱅킹(Banking) 방식에 대한 설명으로 옳은 것은?

① 부하 증가에 대한 융통성이 없다.
② 캐스케이딩(Cascading) 현상의 염려가 있다.
③ 깜박임(Light Flicker) 현상이 심하게 나타난다.
④ 저압 간선의 전압강하는 줄어지나 전력손실을 줄일 수 없다.

[해설] **저압 뱅킹 방식(Secondary Banking System)**
동일한 고압 배전선에 접속되어있는 2대 이상의 배전용 변압기의 2차측 저압 간선을 접속하여 융통성을 도모하는 방식이다.

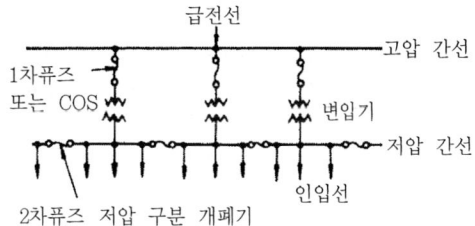

1) 장점
① 전압강하와 전력손실을 줄일 수 있다.
② 설비용량의 경감
③ 부하의 증가에 대한 융통성 증대

2) 단점
① 캐스케이딩(Cascading) 현상 : 변압기 또는 저압 간선에 고장이 발생했을 때 이것을 제거하지 않으면 계속해서 그 뱅크 내의 변압기의 1차측 퓨즈가 차례로 끊어지거나 변압기를 소손시켜 정전 구간을 확대시킨다.
② 캐스케이딩 현상 방지법 : 변압기의 1차측에 퓨즈를 설치하고 인접 변압기를 연락하는 저압선의 중간에 퓨즈 또는 구분 개폐기를 설치한다.

16.4.43 / 17.1.47 / 19.4.60

43 설계감리원의 수행 업무범위에 포함되지 않는 것은?

① 설계감리용역을 발주
② 시공성 및 유지관리의 용이성 검토
③ 주요 설계용역 업무에 대한 기술자문
④ 설계업무의 공정 및 기성관리의 검토 확인

[해설] **설계감리원의 업무**
① 주요 설계용역 업무에 대한 기술자문
② 사업기획 및 타당성조사 등 전 단계 용역 수행 내용의 검토
③ 시공성 및 유지관리의 용이성 검토

④ 설계도서의 누락, 오류, 불명확한 부분에 대한 추가 및 정정 지시 및 확인
⑤ 설계업무의 공정 및 기성관리의 검토·확인
⑥ 설계감리 결과보고서의 작성
⑦ 그밖에 계약문서에 명시된 사항

16.2.56 / 16.4.44 / 17.4.52 / 18.4.60 / 19.4.49

44 테이블 등이 방화구획을 관통할 경우 관통부분에 되메우기 충전재 등을 사용하여 관통부 처리를 하여야 한다. 방화구획 관통부 처리 목적이 아닌 것은?

① 화열의 제한
② 연기 확산 방지
③ 인명 안전대피
④ 전선의 절연강도 향상

해설 방화구획 관통부 처리 목적
건물을 구획하여 비상시 각각의 구획이 폐쇄되도록 함으로써 최초 화재발생구역 이상으로 화재가 확산되는 것을 차단시키고 연소확대를 방지하여 안전하게 대피할 수 있는 시간을 확보한다.

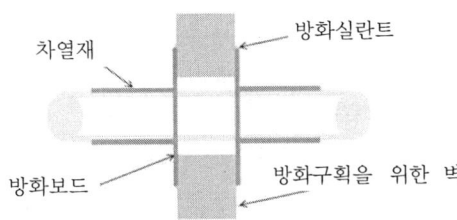

45 전력계통에 사용되는 차단기의 차단용량을 결정할 때 이용 되는 것으로 가장 옳은 것은?

① 계통의 최고전압
② 예상 최대 단락 전류
③ 회로에 접속되는 전부하 전류
④ 회로를 구성하는 전선의 최대 허용전류

해설 단락전류
전력계통에서의 다양한 고장 중에서 단락고장의 경우 단락지점으로 일시에 대전류가 흐르기 때문에 전력계통에 가장 심각한 영향을 미치며, 신속히 고장구간을 선택하여 차단하지 않으면 전력계통으로 파급되어 정전사고를 발생하게 된다.

46 감리원은 착공신고서의 적정여부를 검토하여야 한다. 검토 항목 및 확인 내용으로 틀린 것은?

① 안전관리계획 : 전기공사업법에 따른 해당 규정 반영 여부 확인
② 공사 시작 전 사진 : 전경이 잘 나타나도록 촬영 되었는지 확인
③ 작업인원 및 장비투입 계획 : 공사의 규모 및 성격, 특성에 맞는 장비형식이나 수량의 적정여부 확인
④ 품질관리 계획 : 공사 예정공정표에 따라 공사용 자재의 투입시기와 시험방법, 빈도 등이 적정하게 반영되었는지 확인

해설 안전관리계획
산업안전보건법에 따른 해당 규정 반영 여부 확인

47 감리원이 공사감리 중 부분공사 중지를 지시할 수 있는 사유가 아닌 것은?

① 동일 공정에 있어 2회 이상 경고가 있었음에도 이행되지 않을 때
② 동일 공정에 있어 2회 이상 시정지시가 있음에도 이행되지 않을 때
③ 안전시공상 중대한 위험이 예상되어 중대한 물적, 인적 피해가 예견될 때
④ 재시공 지시가 이행되지 않는 상태에서 다음 단계의 공정이 진행됨으로써 하자발생이 될 수 있다고 판단 될 때

해설 부분중지의 적용한계
① 재시공 지시가 이행되지 않는 상태에서는 다음 단계의 공정이 진행됨으로써 하자발생이 될 수 있다고 판단될 때
② 안전시공상 중대한 위험이 예상되어 물적, 인적 중

정답 44. ④ 45. ② 46. ① 47. ②

대한 피해가 예견될 때
③ 동일 공정에 있어 3회 이상 시정지시가 이행되지 않을 때
④ 동일 공정에 있어 2회 이상 경고가 있었음에도 이행되지 않을 때

13.4.49 / 16.2.53 / 16.4.48 / 17.1.52 / 17.4.48 / 19.1.53 / 19.2.56

48 태양전지 어레이에서 인버터 입력단간 및 인버터 출력단간과 계통연계점간의 전압강하는 몇 [%]를 초과하지 않아야 하는가? (단, 전선의 길이는 100[m]이다)

① 3[%] ② 5[%]
③ 6[%] ④ 7[%]

해설 **전압강하**

모듈에서 인버터 입력단 간 및 인버터 출력단과 계통연계점 간의 전압강하는 각 3[%]을 초과하여서는 아니 된다. 다만, 전선길이가 60[m]을 초과할 경우에는 아래 표에 따라 시공할 수 있다.

전선길이	120[m] 이하	200[m] 이하	200[m] 초과
전압강하	5[%]	6[%]	7[%]

13.4.46 / 16.4.49 / 17.1.21 / 19.2.59

49 KS C IEC 60364에 의한 전원의 한 점을 직접 접지하고 설비의 노출 도전성부분을 전원 계통의 접지극과는 전기적으로 독립한 접지극에 접지하는 접지계통은?

① IT 계통(IT System)
② TT 계통(TT System)
③ TN-S 계통(TN-S System)
④ TN-C 계통(TN-C System)

해설 **보호접지 설비**

계통접지와 기기접지의 조합에 따라 다음방식으로 구분하여 설계한다.
(1) TN계통방식은 전력공급측을 계통접지하고, 기기의 노출 도전성 부분을 보호도체를 통해 전원의 접지점으로 연결시킨 것이며, 과전류 차단기로 지락을 보호해야 한다.

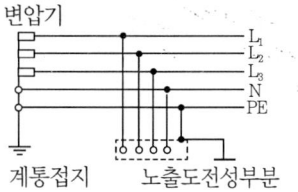

① TN-S 방식

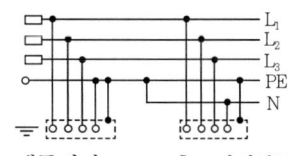

② TN-C-S 방식

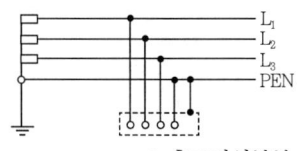

③ TN-C 방식

(2) TT계통방식은 전력공급측은 계통접지하고, 기기의 노출, 도전성 부분은 독립된 기기접지로 하는 방법이며, 과전류차단기 또는 누전차단기로 지락을 보호해야 한다.

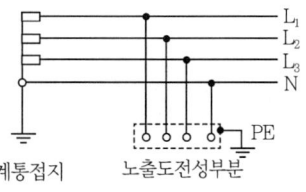

④ TT 방식

(3) IT계통방식은 전력공급측은 임피던스를 고려한 접지로 하고, 기기의 노출, 도전성부분은 독립된 기기접지로하며, 1점지락 사고시 기기프레임의 접지저항을 낮게 하여 보호해야 한다.

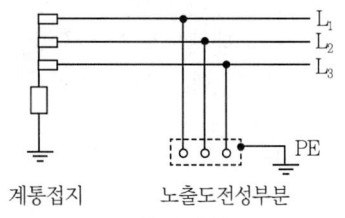

⑤ IT 방식

정답 48. ② 49. ②

15.4.59 / 16.4.50 / 18.4.24 / 19.2.57

50 태양전지 모듈간 직·병렬 배선에 대한 설명으로 틀린 것은?

① 태양전지 셀의 각 직렬군은 동일한 단락전류를 가진 모듈로 구성해야 한다.
② 태양전지 모듈간의 배선은 단락전류에 충분히 견딜 수 있도록 2.5[mm²] 이상의 전선을 사용하여야 한다.
③ 케이블이나 전선은 모듈 이면에 설치된 전선관에 설치되어야 하며, 이들의 최소 굴곡반경은 각 지름의 4배 이상이 되도록 하여야 한다.
④ 1대의 인버터에 연결된 태양전지 셀 직렬군이 2병렬 이상인 경우에는 각 직렬군의 출력전압이 동일하게 형성 되도록 배열해야 한다.

해설 곡률반경(r)

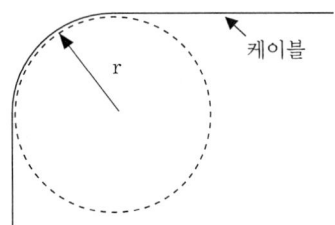

케이블 반지름의 6배 이상으로 곡률반경을 유지해야 한다

16.4.51 / 19.1.54

51 태양광발전설비의 시공기준 중 인버터에 관한 내용으로 옳은 것은?

① 인버터 입력단(모듈 출력)의 표시사항은 전압, 전류, 주파수가 표시되어야 한다.
② 각 직렬군의 태양전지 개방전압은 인버터 입력전압의 105[%] 범위 안에 있어야 한다.
③ 인버터에 연결된 태양전지 모듈의 설치용량은 인버터 설치용량의 110[%] 이내이어야 한다.
④ 실내용을 실외에 설치하는 경우는 5[kW] 이상일 경우에만 가능하며, 빗물침투를 방지할 수 있도록 외함 등을 설치하여야 한다.

해설 인버터 설치용량과 표시사항
① 입력단(모듈출력)의 전압, 전류, 전력과 출력단(인버터출력)의 전압, 전류, 전력, 주파수, 누적발전량, 최대출력량(peak)이 표시되어야 한다.
② 인버터의 설치용량은 사업계획서 상의 인버터 설계용량 이상이어야 하고, 인버터에 연결된 모듈의 설치용량은 인버터 설치용량의 105[%] 이내이어야 한다. 다만, 각 직렬군의 태양전지 개방전압은 인버터 입력전압 범위 안에 있어야 한다.
③ 인버터는 옥내·옥외용을 구분하여 설치하여야한다. 단, 옥내용을 옥외에 설치하는 경우는 5[kW]이상 용량일 경우에만 가능하며 이 경우 빗물 침투를 방지할 수 있도록 옥내에 준하는 수준으로 외함 등을 설치하여야 한다.

14.4.40 / 15.4.22 / 16.2.59 / 16.4.52 / 17.1.38 / 17.2.52 / 18.4.32 / 19.2.53

52 개개의 기둥을 독립적으로 지지하는 형식으로 기초판과 기둥으로 형성되어 있으며, 기둥과 보로 구성되어 잇는 건축물에 적용되는 태양광 발전 기초 공법은?

① 파일기초
② 연속기초(줄기초)
③ 독립기초
④ 온통기초(매트기초)

해설 독립(주춧돌)기초(Individual Footing)
단일기둥을 지지, 기둥간격이 넓은 경우

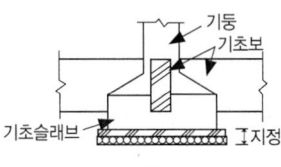

독립기초

정답 50. ③ 51. ④ 52. ③

16.4.53 / 17.4.56 / 18.1.56 / 19.2.49

53 태양전지 모듈 배선을 금속관공사로 시공할 경우의 설명으로 틀린 것은?

① 옥외용 비닐전연전선을 사용하여야 한다.
② 짧고 가는 금속관에 넣는 전선인 경우 단선을 사용할 수 있다.
③ 금속관 내에서 전선은 접속점을 만들어서는 안된다.
④ 전선은 단면적 10[mm^2]을 초과하는 경우 연선을 사용 하여야 한다.

해설 금속관배선의 시설조건

1) 전선은 절연전선(옥외용 비닐절연전선을 제외한다)일 것
2) 전선은 연선일 것. 다만, 다음의 것은 적용하지 않는다.
   ① 짧고 가는 금속관에 넣은 것
   ② 단면적 10[mm^2](알루미늄선은 단면적 16[mm^2]) 이하의 것
3) 전선은 금속관 안에서 접속점이 없도록 할 것

13.4.51 / 16.2.58 / 16.4.54 / 17.4.41 / 20.3.50

54 송전선로에 대한 설명으로 틀린 것은?

① 송전 방식은 교류 송전방식만이 사용된다.
② 송전 계통의 개요는 송전선로, 급전설비, 운영설비이다.
③ 송전선로는 발전소, 1차변전소, 배전용 변전소로 구성 된다.
④ 송전설비는 발전소 상호간, 변전소 상호간, 발전소와 변전소간을 연결하는 전선로와 전기 설비를 말한다.

해설 송전방식

1) 교류 방식
① 변압기를 이용하여 전압의 승압·강하가 쉽다.
② 교류기는 회전자계를 쉽게 얻을 수 있다.
③ 대부분이 교류 송전 방식이므로 운용상의 일관성을 갖는다.

2) 직류 방식
① 절연계급을 낮출 수 있다.
② 송전효율이 좋다.
③ 안정도가 좋다.
④ 유도장해가 적다.

16.4.55 / 19.1.44

55 태양광발전시스템의 사용 전 검사 시 태양전지의 전기적 특성 확인에 대한 설명으로 틀린 것은?

① 태양광발전시스템에 설치된 태양전지 셀의 셀당 최소 출력을 기록한다.
② 검사자는 모듈 간 배선 접속이 잘 되었는지 확인하기 위하여 개방전압 및 단락전류 등을 확인한다.
③ 검사자는 운전개시 전에 태양전지 회로의 절연상태를 확인하고 통전여부를 판단하기 위하여 절연저항을 측정한다.
④ 개방전압과 단락전류와의 곱에 대한 최대 출력의 비(충진율)를 태양전지 규격서로부터 확인하여 기록한다.

해설 태양광 전지의 사용전검사의 세부내용

1) 규격확인
2) 외관검사
3) 전지 전기적 특성시험
   ① 최대출력
   ② 개방전압
   ③ 단락전류
   ④ 최대 출력전압 및 전류
   ⑤ 충진율
   ⑥ 전력변환효율
4) Array
   ① 절연저항
   ② 접지저항
※ 고온에서 진공압착 경화시켜, 모듈의 사각 프레임(Frame) 안에 있는 셀의 출력을 검사할 수는 없다.

정답 53.① 54.① 55.①

56 전력선에 의한 통신선의 정전유도장해 경감대책이 아닌 것은?

① 전력선측 및 통신선측에 적절한 차폐선을 가설
② 통신선을 케이블화하여 시스를 접지
③ 전력선 계통을 완전 연가
④ 고저항 접지방식 적용

해설 유도장해

전력선이 통신선과 인접하여 가설되면 유도장해에 의해서 전력선이 통신선에 장해를 준다.

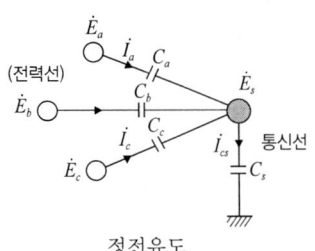

정전유도

① 전선로를 충분히 연가 한다.
② 송전선과 통신선과의 거리를 멀게 한다.
③ 지락 고장 전류를 작게 하기 위하여 중성점의 접지 저항을 크게 한다.
④ 중성점을 접지시키는 장소를 적절하게 선택한다.
⑤ 고장이 났을 때에 고장 구간을 빨리 차단한다.
⑥ 전력선이나 통신선에 케이블을 사용한다.
⑦ 통신선에 피뢰기나 차폐선을 설치한다.
⑧ 소호 리액터 접지방식은 통신선의 유도장해가 가장 적다.

※ 연가

3상 송전선로에서 각 상 선간거리 및 전선로 높이가 달라지면 각 상의 정전용량 및 인덕턴스도 달라지기 때문에 선로의 전압강하 역시 달라져 수전단의 전압이 불평형 상태가 되는데 이러한 현상을 방지하기 위하여 전선로의 전구간을 3등분하여 전선의 배치를 변경함으로써 각 상의 선로정수가 평형이 되도록 재배치하는 것

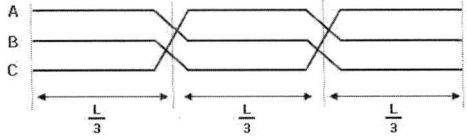

57 감리원은 공사업자가 작성·제출한 시공계획서를 제출받아 이를 검토·확인하여 승인하고 시공하도록 하며, 시공계획서의 보완이 필요한 경우에는 그 내용과 사유를 문서로써 공사업자에게 통보하여야 한다. 시공계획서에 포함되어야 하는 내용이 아닌 것은?

① 시공일정
② 현장조직표
③ 감리원 배치
④ 주요 장비 동원계획

해설 시공계획서의 검토·확인

감리원은 공사업자가 작성·제출한 시공계획서를 공사 시작일부터 30일 이내에 제출받아 이를 검토·확인하여 7일 이내에 승인하여 시공하도록 하여야 하고, 시공계획서의 작성기준과 함께 다음의 내용이 포함되어야 한다.

① 현장조직표
② 공사 세부공정표
③ 주요 공정의 시공 절차 및 방법
④ 시공일정
⑤ 주요 장비 동원계획
⑥ 주요 기자재 및 인력투입 계획
⑦ 주요 설비
⑧ 품질·안전·환경관리 대책 등

58 케이블 트레이 시공방식의 장점이 아닌 것은?

① 방열특성이 좋다.
② 허용전류가 크다.
③ 재해를 거의 받지 않는다.
④ 장래부하 증설 시 대응력이 크다.

해설 케이블 트레이 시공방식의 장점

정답 56. ④ 57. ③ 58. ③

① 방열특성이 좋다
② 허용전류가 크다
③ 장래 부하 증설 시 대응력이 좋다.

13.4.55 / 14.4.22 / 15.2.41 / 16.4.59 / 17.1.57 / 17.2.56 / 18.2.58 / 18.4.53

59 태양전지 모듈의 배선이 모두 끝난 후 실시하는 어레이 검사항목이 아닌 것은?

① 전압극성 확인 ② 단락전류 측정
③ 비접지의 확인 ④ 개방전류 확인

[해설] 모듈의 배선 연결 후 점검 사항
① 전압 및 극성 확인
② 단락전류 측정
③ 접지확인(일반적으로 직류측 회로는 비접지한다)

16.4.60 / 18.4.42 / 19.1.50

60 지붕에 설치하는 태양광발전시스템 중 톱 라이트형의 특징이 아닌 것은?

① 고층 건물의 벽면을 유효하게 이용한다.
② 셀의 배치에 따라서 개구율을 바꿀 수 있다.
③ 톱 라이트의 채광 및 셀의 의한 차폐효과도 있다.
④ 톱 라이트의 유리부분에 맞게 태양전지 유리를 설치한 타입이다.

[해설] 톱라이트(Top Light)형

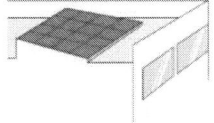

① 지붕에 설치한다.
② 셀(모듈)의 배치에 따라서 개구율을 바꿀 수 있다.
③ 톱라이트의 기능으로 실내 채광 및 설치된 셀에 의한 차폐효과도 있다.
④ 톱 라이트의 유리부분에 맞게 태양전지를 설치하는 형태

61 일상 정기점검에 의한 처리 중 절연물의 보수에 대한 내용으로 틀린 것은?

① 절연물에 균열, 파손, 변형이 있는 경우에는 부품을 교체한다.
② 합성수지 적층판이 오래되어 허거움이 발생되는 경우에는 부품을 교체한다.
③ 절연물의 절연저항이 떨어진 경우에는 종래의 데이터를 기초로 하여 계열적으로 비교 검토한다.
④ 절연저항 값은 온도, 습도 및 표면의 오손상태에 따라서 크게 영향을 받지 않으므로 양부의 판정이 쉽다.

[해설] 절연물의 보수
① 자기성 절연물이 오손 및 이물이 부착된 경우에는 청소한다.
② 합성수지 적층판, 목재 등이 오래되어 헐거움이 발생되는 경우에는 부품을 교환한다.
③ 절연물에 균열, 파손, 변형이 있는 경우에도 부품을 교환한다.
④ 절연물의 절연저항이 떨어진 경우에는 종래의 데이터를 기초로하여 개별적으로 비교 검토하고 동시에 접속되어 있는 각 기기 등을 체크하여 원인을 규명하고 처리한다.
⑤ 절연저항치는 온도, 습도 및 표면의 오손상태에 따라서 크게 영향을 받기 때문에 양부의 판정은 어렵지만 기준 값을 참고한다.

16.4.62 / 17.2.65 / 18.2.42 / 18.4.37

62 전기사업용전기설비 검사를 받고자 하는 자는 검사희망일 7일 전에 어디에 정기검사를 신청하여야 하는가?

① 한국전력공사
② 한국전력거래소
③ 한국전기안전공사
④ 한국전기기술인협회

[해설] 사용전검사
① 각종 발전설비, 송·변전·배전설비 및 가로등, 신

정답 59. ④ 60. ① 61. ④ 62. ③

호등, 보안등, 공장, 상가 등 대형건물의 설치공사 또는 변경공사를 완료하고, 그 전기설비가 공사계획의 인가 또는 신고를 한 내용 및 전기설비기술기준에 적합한 지의 여부에 대한 검사를 산업통상자원부장관 또는 시·도지사로부터 위탁받아 한국전기안전공사에서 수행한다.
② 태양광 발전소에 관한 공사의 경우에는 전체의 공사가 완료된 때 검사를 실시한다.
③ 사용전검사를 받으려는 자는, 검사를 받으려는 날의 7일전까지 한국전기안전공사에 사용전검사 신청서를 제출하여야 한다.

63 태양광발전시스템 유지보수용 안정장비가 아닌 것은?

① 안전모 ② 절연장갑
③ 절연장화 ④ 방진마스크

해설 태양광발전시스템의 안전관리대책

공정	조치 사항	비고
모듈 설치	고소작업시 안전 난간대 설치 안전모, 안전화, 안전밸트 착용	추락사고 예방
배관배선 작업	사다리 적합품 사용 안전모, 안전화, 안전밸트 착용	
구조물 설치	리프트카 사용, 안전 난간대 설치 안전모, 안전화, 안전밸트 착용	
인버터, 접속함 등 연결	태양전지 모듈 등 전원개방 절연 장갑 착용	감전사고 예방
임시배선 작업	누전위험장소 누전차단기 설치 전선 피복상태, 접지선 관리	

※ 방진 마스크는 공사 또는 청소 활동 중에 마주치는 먼지로부터 보호하기 위한 안전장구

16.4.64 / 17.1.68

64 태양광발전시스템의 인버터 정기점검 중 육안점검 사항이 아닌 것은?

① 투입저지 시한 타이머 동작시험

② 접지선의 손상 및 접속단자 이완
③ 외부배선의 손상 및 접속단자 이완
④ 운전 시 이상음, 이취 및 진동 유무

해설 인버터의 정기점검 항목(육안검사)
① 외함의 부식 및 파손
② 배선의 손상 및 접속단자 풀림
③ 운전시 이상음, 이취, 연기발생 및 이상과열
④ 환기팬 확인(통풍구, 환기필터 등)
⑤ 발전 상태의 정상적 표시여부
※ 투입저지 시한 타이머 동작시험 : 정기(측정)점검 사항

16.2.75 / 16.4.65 / 17.4.66 / 18.4.72

65 태양광발전시스템의 계측에 사용되는 기기 중 검출된 데이터를 컴퓨터 및 먼거리에 설치된 표시장치에 전송하는 경우에 사용되는 장치는?

① 검출기 ② 연산장치
③ 기억장치 ④ 신호변환기

해설 태양광발전시스템의 계측시스템 구성
① 검출기
태양광발전시스템의 기상데이터와 전압, 전류 등을 측정하는 장치로 직류측의 전압은 분압기로 전류는 분류기를 이용하고, 교류측의 전압, 전류, 역률, 주파수 계측은 PT, CT를 통해서 검출, 지시계 또는 신호변환기로 전송하는 장치
② 신호변환기
검출기로 검출된 데이터를 컴퓨터 및 먼거리에 설치한 표시장치에 전송할 때 사용하는 장치
③ 연산장치
검출기를 통해 얻어진 순시계측 데이터는 적산하고, 일정기간 동안의 데이터는 평균하는 등 필요 데이터를 가공하는 장치
④ 기억장치
컴퓨터가 필요로하는 정보, 컴퓨터가 자료를 처리하여 얻은 결과 등을 저장하는 기능을 하는 장치

66 결정계 실리콘 지상용 태양전지 모듈 설계인증 및 형식승인 규격은?

① KS C 8540
② KS C IEC 61215
③ KS C IEC 61646
④ KS C IEC 61730

해설 태양전지발전 설계인증 및 형식승인 규격
① KS C 8540 : 소출력 태양광 발전용 파워 조절기의 시험방법
② KS C IEC 61215 : 지상 설치용 결정계 실리콘 태양전지(PV) 모듈-설계 적격성 확인 및 형식승인 요구 사항
③ KS C IEC 61646 : 지상용 박막 태양광 모듈의 설계 조건과 형식 인증
④ KS C IEC 61730 : 태양광 발전(PV) 모듈 안전조건

13.4.71 / 15.4.77 / 16.4.67 / 17.1.67 / 17.4.61 / 19.2.63
67 태양광발전시스템의 계측·표시에 관한 설명으로 틀린 것은?

① 계측기의 소비전력을 최대한 높여야 한다.
② 홍보용으로 표시장치를 설치하기도 한다.
③ 시스템의 운전상태 감시를 위한 계측 또는 표시이다.
④ 시스템 기기 및 시스템 종합평가를 위한 계측이다.

해설 계측기기, 표시장치의 설치목적
① 운전상태 감시
② 발전전력량 확인
③ 기기 및 시스템 종합평가
④ 운전상황을 견학자에게 보여주고, 시스템 홍보

14.4.79 / 16.4.68 / 17.2.61 / 17.4.68 / 19.2.70
68 전기사업용 태양광 발전소에 태양전지 전기설비 계통의 정기검사 시기는?

① 1년 이내   ② 2년 이내
③ 3년 이내   ④ 4년 이내

해설 자가용/전기사업용전기설비의 정기검사
① 태양광·전기설비 계통 : 4년 이내
② 구역전기사업자의 송전·변전 : 2년 이내

69 배전반 제어회로의 배선에 대한 일상점검 항목이 아닌 것은?

① 전선 지지물의 탈락여부 확인
② 과열에 의한 이상한 냄새여부 확인
③ 볼트류 등의 조임 이완에 따른 진동음 유무 확인
④ 가동부 등의 연결전선의 절연피복 손상여부 확인

해설 배전반 제어회로 배선의 일상점검 항목
1) 손상
① 가동부 등에 연결되는 전선의 절연피복 손상 여부
② 전선 지지물의 탈락 여부

2) 냄새 : 과열에 의한 냄새 여부

70 태양광 모듈 정비요령으로 가장 거리가 먼 것은?

① 모듈이 지저분할 시에는 부드러운 천을 이용해 닦아준다.
② 모듈의 후면은 물이나 중성세제를 이용해 깨끗이 청소한다.
③ 모듈은 외부충격에 의한 파손될 수 있으니, 주변에 공구 등을 방치해서는 안된다.
④ 프레임은 다른 구조물과 마찰 시 추후 프레임에 녹이 발생 할 수 있으므로 관리에 주의해야 한다.

해설 모듈의 후면을 물로 세척시 정크션박스에 물이 들어갈 수 있으므로, 물은 사용하지 않고, 부드러운 천을 이용해 닦아준다.

정답 66. ② 67. ① 68. ④ 69. ③ 70. ②

71 발전설비용량이 200[kW] 이하인 구역전기사업의 허가를 신청하는 경우에 제출하는 서류는?

① 신용평가 의견서 및 재원 조달계획서
② 부지의 확보 및 배치 계획 관현 증명서류
③ 전기설비 건설 및 운영 계획 관련 증명서류
④ 특정한 공급구역의 위치 및 경계를 명시한 5만분의 1 지형도

해설 허가서류
1) 발전설비용량 200[kW] 초과 3천[kW] 이하인 발전사업의 허가 신청서류
  ① 송전관계 일람도
  ② 발전원가명세서(발전사업 및 구역전기사업의 허가 신청시)

2) 발전설비용량 200[kW] 이하인 구역전기사업의 허가를 신청하는 경우
  특정한 공급구역의 위치 및 경계를 표시한 5만분의 1 지형도

15.4.67 / 15.4.78 / 16.2.68 / 16.4.72 / 17.1.61 /
18.4.66 / 19.2.65 / 19.2.79 / 19.4.78

72 정전작업 시 작업 전 조치사항이 아닌 것은?

① 단락접지의 수시 확인
② 전로의 개로개폐기에 시건장치 설치
③ 검전기로 개로된 전로의 충전여부 확인
④ 전력 케이블 및 전력 콘덴서 등의 잔류전하 방전

해설 정전작업
1) 정전작업 전 조치사항
  ① 전원차단후 각 단로기 등을 개방하고 확인할 것
  ② 차단장치나 단로기 등에 잠금(시건)장치 및 꼬리표를 부착할 것
  ③ 전기기기 등에 공급되는 모든 전원을 관련 배선도, 도면 등을 통해 확인할 것
  ④ 검전기를 이용하여 작업 대상 기기가 충전되었는지 확인 할 것(잔류전하 방전)

2) 정전작업 중 조치사항
  ① 작업지휘자에 의한 작업지휘
  ② 개폐기 관리(전원 재투입 방지, 잠금장치 및 꼬리표 부착 관리)
  ③ 근접 활선에 대한 방호상태 관리
  ④ 단락접지의 상태관리

3) 정전작업 후 조치사항
  ① 작업기기, 단락접지기구(접지선)를 제거하고 전기기기 등이 안전하게 통전될 수 있는지 확인
  ② 모든 작업자가 작업이 완료된 전기기기 등에서 떨어져 있는지 확인할 것
  ③ 잠금장치 와 꼬리표는 설치한 근로자가 직접 철거할 것
  ④ 모든 이상유무를 확인한 후 전기기기 등의 전원을 투입할 것

16.4.73 / 18.1.79 / 18.4.69 / 19.1.64

73 태양광발전시스템의 신뢰성 평가 및 분석 항목에 대한 설명 중 틀린 것은?

① 운전 데이터의 결측 상황
② 계측 트러블 - 컴퓨터 전원의 차단 및 조작 오류
③ 정기점검, 개수정전, 계통정전 등의 수시정지 상황
④ 시스템 트러블 - 인버터의 정지, 직류지락, 계통지락 등에 의한 시스템의 운전정지

해설 태양광발전소 신뢰성 평가분석의 주요내용
① 시스템 트러블
② 계측 관련 트러블
③ 운전 데이터의 결측
④ 계획정지 등

15.2.72 / 15.4.80 / 16.2.64 / 16.4.74 / 17.1.78 / 17.2.67 /
17.4.80 / 18.2.65 / 18.2.68 / 18.4.80 / 19.2.80

74 태양광발전시스템의 점검 중 일상점검에 관한 내용으로 틀린 것은?

① 이상 상태를 발견한 경우에는 배전반 등의 문을 열고 이상 정도를 확인한다.

② 원칙적으로 정전을 시켜놓고 무전압 상태에서 기기의 이상 상태를 점검하고 필요에 따라서는 기기를 분리하여 점검한다.
③ 주로 점검자의 감각(오감)을 통해서 실시하는 것으로 이상한 소리, 냄새, 손상 등을 점검 항목에 따라서 행하여야 한다.
④ 이상 상태가 직접 운전을 하지 못할 정도로 전개된 경우를 제외하고는 이상 상태의 내용을 정기점검시에 참고자료로 활용한다.

[해설] 전기설비 점검의 종류

1) 일상(순시)점검
① 태양광발전시스템의 기능을 유지하기 위한 점검
② 매일의 일상(순시)점검은 문을 열어 점검한다던가, 커버를 해체한 후 점검한다던가 하는 것이 아니고 이상한 소리, 냄새, 손상 등을 배전반, 인버터 등의 외부에서 점검항목의 대상항목에 따라 점검하는 것
③ 이상상태를 발견한 경우에는 배전반, 인버터의 문을 열고 이상의 정도를 확인한다.
④ 이상의 상태가 직접 운전을 하지 못할 정도로 전개되는 경우를 제외하고는 이상상태의 내용을 기록하여 정기점검 시에 점검한다.

2) 정기점검
① 태양광발전시스템의 기능을 확인하고 유지하기 위한 계획을 수립하여 점검하는 것
② 원칙적으로 시설물을 정지상태에서 운전제어장치의 기계점검, 절연저항측정, 배전반 및 인버터의 기능을 확인하고 유지하기 위한 계획을 수립하여 점검
③ 모선을 정전하지 않고 점검을 하여야 할 경우에는 안전사고가 일어나지 않도록 주의하여야 한다.

3) 임시점검
① 일상순시점검 및 정기점검에 의하여 상세하게 점검할 필요가 있을 때 실시한다.
② 1개월 이상 사용하지 않았던 설비를 사용할 때는 사용을 개시하기 전에 점검을 실시할 필요가 있으며 또 일정 규모 이상의 폭풍이나 지진이 있은 뒤 등에는 임시점검을 실시하여야 한다.

16.4.75 / 17.4.69 / 19.1.66 / 19.4.64

75 인버터에 'Solar Cell UV Fault'로 표시되었을 경우의 현상 설명으로 옳은 것은?

① 태양전지 전압이 규정치 이상일 때
② 태양전지 전압이 규정치 이하일 때
③ 태양전지 전류가 규정치 이상일 때
④ 태양전지 전류가 규정치 이하일 때

[해설] 인버터의 표시 내용

① 인버터 출력전압 이상(Inverter Output Voltage Fault) : 인버터 전압 이상이 계측되는 경우
② 인버터 과전류(Inverter Over Current Fault) : 인버터 전류의 규정 값 이상
③ 인버터지락(Inverter Ground Fault) : 인버터에 누전발생
④ 인버터 과열(Inverter Over Temperature) : 인버터의 온도 이상
⑤ 인버터 MC 이상(Inverter M/C Fault) : 전자접촉기(MC) 이상
⑥ 계통-인버터 위상 이상(Line Inverter Async Fault) : 인버터와 전력계통의 위상이 비동기
⑦ 계통 과전압(Line Over Voltage Fault) : 계통 전압이 규정치 이상
⑧ 인버터 저전압(Solar Cell Under Voltage Fault) : 태양전지 전압이 규정치 이하일 때

14.4.24 / 14.4.65 / 16.2.45 / 16.4.76 / 17.1.26 / 17.4.45 / 18.2.30 / 18.2.78 / 19.1.37 / 19.2.72

76 분산형전원 발전설비의 역률은 계통연계지점에서 원칙적으로 얼마 이상을 유지하여야 하는가?

① 0.8　　② 0.9
③ 0.85　　④ 1

[해설] 전기품질 항목

① 직류 유입 제한
분산형전원 및 그 연계 시스템은 분산형전원 연결점에서 최대 정격 출력전류의 0.5[%]를 초과하는 직류 전류를 계통으로 유입시켜서는 안된다.
② 역률

분산형전원의 역률은 90[%] 이상으로 유지함을 원칙으로 한다.
③ 플리커(flicker)
④ 고조파

77 태양광발전시스템의 고장원인 중 모듈의 고장원인으로 틀린 것은?

① 제조 결함 및 시공 불량
② 모듈 내부의 환기불량으로 인한 열화
③ 전기적, 기계적 스트레스에 의한 셀의 파손
④ 주위 환경(염해, 부식성 가스 등)에 의한 부식

해설 Lamination 공정
Class, EVA Film, Back sheet로 Cell을 감싸 열과 진공을 이용하여 외부 환경으로부터 밀폐시키는 공정
※ 모듈 내부의 환기는 불필요하다.

14.4.66 / 16.4.78 / 19.2.64

78 태양전지 어레이의 일상점검 항목 중 육안점검 사항이 아닌 것은?

① 표시부의 이상표시
② 표면의 오염 및 파손
③ 지지대의 부식 및 녹
④ 외부배선(접속케이블)의 손상

해설 태양전지(어레이)의 육안점검
① 모듈의 오염 및 파손
② 프레임 파손 및 변형유무
③ 접속케이블의 손상 및 접속단자 풀림
④ 가대의 고정(볼트 및 너트의 풀림) 및 접지
⑤ 가대의 부식 및 녹 발생
⑥ 지붕재의 파손 및 지지기구와의 고정상태
※ 표시부의 이상표시는 인버터의 점검사항

16.4.79 / 17.1.76

79 중대형 태양광 발전용 독립형 인버터의 경우 정격 효율로 측정하여 정격 용량이 100[kW] 초과에서는 몇 [%] 이상이어야 하는가? (단, 교류 전원을 정격 전압 및 정격 주파수로 운전한다.)

① 90　② 92　③ 94　④ 96

해설 중대형 태양광발전용 인버터 효율시험
교류전원을 정격전압 및 정격 주파수로 운전한다. 운전 시작 후 최소한 2시간 이후에 측정한다.
① 출력전력이 정격출력의 5[%], 10[%], 20[%], 30[%], 50[%], 그리고 100[%]일 때의 각각의 전력변환효율을 측정한다.
② 직류입력을 정격전압으로 두고 측정한다.
③ 독립형 인버터의 경우 정격효율로 측정한다.
④ 판정기준
　㉠ 계통연계형 인버터의 경우 Euro 변환효율로 측정한다.
　㉡ 정격용량이 10[kW] 초과 30[kW] 이하에서는 90[%], 30[kW] 초과 100[kW] 이하에서는 92[%], 100[kW] 초과에서는 94[%] 이상일 것
　㉢ 독립형 인버터의 경우 정격효율로 측정하여 정격용량이 10[kW] 초과 30[kW] 이하에서는 88[%], 30[kW] 초과 100[kW] 이하에서는 90[%], 100[kW] 초과에서는 92[%] 이상일 것

15.2.77 / 15.2.79 / 16.2.66 / 16.2.78 / 16.4.80 / 18.1.65 / 19.2.76

80 자가용전기설비 중 태양광발전시스템 정기검사 시 태양광전지의 검사세부 종목이 아닌 것은?

① 어레이　　　② 외관검사
③ 규격확인　　④ 절연내력

해설 태양광발전설비(정기검사) 태양전지의 검사세부 종목
1) 규격확인
2) 외관검사
3) 전지 전기적 특성시험
　① 최대출력　　　② 개방전압
　③ 단락전류　　　④ 최대 출력전압 및 전류
　⑤ 충진율　　　　⑥ 전력변환효율
4) Array
　① 절연저항　　　② 접지저항

정답　77. ②　78. ①　79. ②　80. ④

81 특고압 가공전선로를 가공케이블로 시설하는 방법으로 틀린 것은?

① 조가용선에 행거의 간격은 1[m]로 시설하였다.
② 조가용선 및 케이블의 피복에 사용하는 금속체에는 접지공사를 하였다.
③ 조가용선은 단면적 22[mm²]의 아연도강연선을 사용하였다.
④ 조가용선에 금속테이프를 간격 20[cm] 이상의 간격을 유지시켜 나선형으로 감아 붙였다.

해설 **특고압 가공케이블의 시설**
1) 케이블은 다음의 어느 하나에 의하여 시설할 것

조가용선 행거

① 조가용선의 행거에 의하여 시설할 것. 이 경우에 행거의 간격은 50[cm] 이하로 하여 시설하여야 한다.
② 조가용선에 접촉시키고 그 위에 쉽게 부식되지 아니하는 금속 테이프 등을 20[cm] 이하의 간격을 유지시켜 나선형으로 감아 붙일 것

2) 조가용선은 인장강도 13.93[kN] 이상의 연선 또는 단면적 22[mm²] 이상의 아연도강연선일 것

3) 조가용선의 중량 및 조가용선에 대한 수평풍압에는 각각 케이블의 중량(빙설이 부착한 경우에는 그 피빙전선의 중량) 및 케이블에 대한 수평풍압(빙설이 부착한 경우에는 그 피빙전선에 대한 수평풍압)을 가산한 것으로 한다.

4) 조가용선 및 케이블의 피복에 사용하는 금속체에는 접지공사를 할 것

※ 케이블을 가공으로 설치할 경우 케이블 무게로 인한 처짐 현상을 방지하기 위해 조가용선을 설치한다.

82 저탄소 녹색성장을 위한 기후변화대응 및 에너지의 목표관리에 해당되지 않는 것은?

① 에너지 절약 목표
② 온실가스 배출 목표
③ 에너지 이용효율 목표
④ 신·재생에너지 보급 목표

해설 **기후변화대응 및 에너지의 목표관리(녹색성장법 제42조)**
정부는 범지구적인 온실가스 감축에 적극 대응하고 저탄소 녹색성장을 효율적·체계적으로 추진하기 위하여 다음의 사항에 대한 중장기 및 단계별 목표를 설정하고 그 달성을 위하여 필요한 조치를 강구하여야 한다.
① 온실가스 감축 목표
② 에너지 절약 목표 및 에너지 이용효율 목표
③ 에너지 자립 목표
④ 신·재생에너지 보급 목표

83 전기공사업법 시행령에서 경미한 전기공사가 아닌 것은?

① 전력량계 또는 퓨즈를 부착하거나 떼어내는 공사
② 꽂음접속기, 소켓, 로제트, 실링블록, 접속기, 전구류, 나이프스위치, 그밖에 개폐기의 보수 및 교환에 관한 공사
③ 벨, 인터폰, 장식전구, 그밖에 이와 비슷한 시설에 사용되는 소형변압기(2차측 전압 36[V] 이하의 것으로 한정한다)의 설치 및 그 2차측 공사
④ 전압이 220[V] 이하이고, 전기시설 용량이 5[kW] 이하인 단독주택 전기시설의 개선 및 보수공사

해설 **경미한 전기공사 등(전기공사업법 시행령 제5조)**
대통령령으로 정하는 경미한 전기공사란 다음의 공사를 말한다.
① 꽂음접속기, 소켓, 로제트, 실링블록, 접속기, 전구류, 나이프스위치, 그밖에 개폐기의 보수 및 교환에 관한 공사

정답 81. ① 82. ② 83. ④

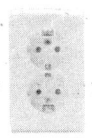  

꽂음접속기   키 소켓   로제트

② 벨, 인터폰, 장식전구, 그밖에 이와 비슷한 시설에 사용되는 소형변압기(2차측 전압 36[V] 이하의 것으로 한정한다)의 설치 및 그 2차측 공사
③ 전력량계 또는 퓨즈를 부착하거나 떼어내는 공사
④ 전기용품 중 꽂음접속기를 이용하여 사용하거나 전기기계·기구(배선기구는 제외한다) 단자에 전선(코드, 캡타이어케이블 및 케이블을 포함한다)을 부착하는 공사
⑤ 전압이 600[V] 이하이고, 전기시설 용량이 5[kW] 이하인 단독주택 전기시설의 개선 및 보수 공사. 다만, 전기공사기술자가 하는 경우로 한정한다.

14.4.82 / 16.4.84

84 저압용 기계기구의 철대 및 외함 접지에서 전기를 공급하는 전로에 누전차단기를 시설하면 외함의 접지를 생략할 수 있다. 이 경우의 누전차단기의 정격이 기술 기준에 적합한 것은?

① 정격 감도 전류 15[mA] 이하, 동작시간 0.1초 이하의 전류 동작형
② 정격 감도 전류 15[mA] 이하, 동작시간 0.03초 이하의 전압 동작형
③ 정격 감도 전류 30[mA] 이하, 동작시간 0.1초 이하의 전류 동작형
④ 정격 감도 전류 30[mA] 이하, 동작시간 0.03초 이하의 전류 동작형

해설 기계기구의 철대 및 외함의 접지

외함의 접지

다음의 어느 하나에 해당하는 경우에는 전로에 시설하는 기계기구의 철대 및 금속제 외함의 접지를 생략할 수 있다.

① 사용전압이 직류 300[V] 또는 교류 대지전압이 150[V] 이하인 기계기구를 건조한 곳에 시설하는 경우
② 저압용의 기계기구를 건조한 목재의 마루 기타 이와 유사한 절연성 물건 위에서 취급하도록 시설하는 경우
③ 저압용이나 고압용의 기계기구, 특고압 전선로에 접속하는 배전용 변압기나 이에 접속하는 전선에 시설하는 기계기구 또는 특고압 가공전선로의 전로에 시설하는 기계기구를 사람이 쉽게 접촉할 우려가 없도록 목주 기타 이와 유사한 것의 위에 시설하는 경우
④ 철대 또는 외함의 주위에 적당한 절연대를 설치하는 경우
⑤ 외함이 없는 계기용변성기가 고무·합성수지 기타의 절연물로 피복한 것일 경우
⑥ 전기용품안전관리법의 적용을 받는 2중 절연구조로 되어 있는 기계기구를 시설하는 경우
⑦ 저압용 기계기구에 전기를 공급하는 전로의 전원측에 절연변압기(2차 전압이 300[V] 이하이며, 정격용량이 3[kVA] 이하인 것에 한한다)를 시설하고 또한 그 절연변압기의 부하측 전로를 접지하지 않은 경우
⑧ 물기 있는 장소 이외의 장소에 시설하는 저압용의 개별 기계기구에 전기를 공급하는 전로에 인체감전보호용 누전차단기(정격감도전류가 30[mA] 이하, 동작시간이 0.03초 이하의 전류동작형에 한한다)를 시설하는 경우
⑨ 외함을 충전하여 사용하는 기계기구에 사람이 접촉할 우려가 없도록 시설하거나 절연대를 시설하는 경우

85 정부는 실행계획을 시행하는 데에 필요한 사업비를 몇 년마다 세출예산에 계상하여야 하는가?

① 2년 ② 3년
③ 5년 ④ 회계연도

해설 신·재생에너지 기술개발 및 이용·보급 사업비의 조성 (신재생에너지법 제9조)

정부는 실행계획을 시행하는 데에 필요한 사업비를 회계연도마다 세출예산에 계상하여야 한다.

86 전기사업법에서 시간대별로 전력거래량을 측정할 수 있는 전력량계를 설치·관리하여야 하는 대상이 아닌 사람은?

① 송전사업자
② 배전사업자
③ 전력을 직접 구매하는 전기사용자
④ 발전사업자(대통령령으로 정하는 발전사업자는 제외한다)

해설 전력량계의 설치·관리(전기사업법 제19조)
다음의 자는 시간대별로 전력거래량을 측정할 수 있는 전력량계를 설치·관리하여야 한다.
① 발전사업자(대통령령으로 정하는 발전사업자는 제외한다)
② 자가용전기설비를 설치한 자(전력을 거래하는 경우만 해당한다)
③ 구역전기사업자(전력을 거래하는 경우만 해당한다)
④ 배전사업자
⑤ 전력을 직접 구매하는 전기사용자

16.4.87 / 19.2.97

87 전기사업법 시행령에서 동일인이 2종류 이상의 전기사업을 할 수 있는 경우가 아닌 것은?

① 도서지역에서 전기사업을 하는 경우
② 변전사업과 전기판매사업을 겸업하는 경우
③ 배전 사업과 전기판매사업을 겸업하는 경우
④ 발전사업의 허가를 받은 것으로 보는 집단에너지 사업자가 전기판매사업을 겸업하는 경우

해설 두 종류 이상의 전기사업의 허가(전기사업법 시행령 제3조)
동일인이 두 종류 이상의 전기사업을 할 수 있는 경우는 다음과 같다.
① 배전사업과 전기판매사업을 겸업하는 경우
② 도서지역에서 전기사업을 하는 경우

③ 발전사업의 허가를 받은 것으로 보는 집단에너지사업자가 전기판매사업을 겸업하는 경우. 다만, 허가받은 공급구역에 전기를 공급하려는 경우로 한정한다.

88 KEC 한국전기설비규정의 변경으로 삭제됨

89 "배선선로"란 다음 각 목의 곳을 연결하는 전선로와 이에 속하는 전기설비를 말한다. 그 연결이 틀린 것은?

① 발전소 상호간
② 전기수용설비 상호간
③ 발전소와 전기수용설비
④ 변전소와 전기수용설비

해설 정의(전기사업법 시행규칙 제2조)
1) 변전소 : 변전소의 밖으로부터 전압 50,000[V] 이상의 전기를 전송받아 이를 변성(전압을 올리거나 내리는 것 또는 전기의 성질을 변경시키는 것)하여 변전소 밖의 장소로 전송할 목적으로 설치하는 변압기와 그 밖의 전기설비 전체

2) 개폐소 : 다음의 곳의 전압 50,000[V] 이상의 송전선로를 연결하거나 차단하기 위한 전기설비
① 발전소 상호간
② 변전소 상호간
③ 발전소와 변전소 간

3) 송전선로 : 다음의 곳을 연결하는 전선로(통신용으로 전용하는 것은 제외한다)와 이에 속하는 전기설비
① 발전소 상호간
② 변전소 상호간
③ 발전소와 변전소 간

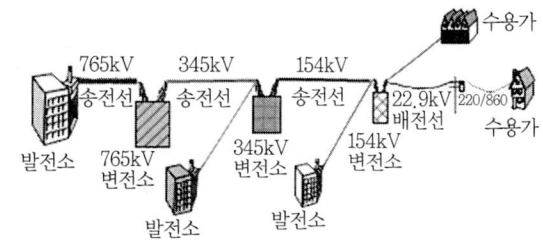

4) 배전선로 : 다음의 곳을 연결하는 전선로와 이에 속하는 전기설비
① 발전소와 전기수용설비
② 변전소와 전기수용설비
③ 송전선로와 전기수용설비
④ 전기수용설비 상호간

5) 전기수용설비 : 수전설비와 구내배전설비

6) 수전설비 : 타인의 전기설비 또는 구내발전설비로부터 전기를 공급받아 구내배전설비로 전기를 공급하기 위한 전기설비로서 수전지점으로부터 배전반(구내배전설비로 전기를 배전하는 전기설비)까지의 설비

7) 구내배전설비 : 수전설비의 배전반에서부터 전기사용기기에 이르는 전선로・개폐기・차단기・분전함・콘센트・제어반・스위치 및 그 밖의 부속설비

14.4.99 / 16.4.90 / 18.2.100

90 전기설비기술기준상의 전압 부분과 기준 전압의 관계가 옳은 것은?

① 저압 - 교류 750[V] 이하
② 저압 - 직류 1500[V] 이하
③ 고압 - 교류 7500[V] 이하
④ 특고압 - 22.9[kV] 초과

해설 전압의 종별(전기사업법 시행규칙 제2조)

구분	KEC(개정)
저압	AC 1000[V] 이하
	DC 1500[V] 이하
고압	AC 1000[V] 초과 7000[V] 이하
	DC 1500[V] 초과 7000[V] 이하
특고압	7000[V] 초과

91 KEC 한국전기설비규정의 변경으로 삭제됨

92 가공전선로에 지선을 설치하는 설명 중 틀린 것은?

① 보도를 횡단할 경우 지표상 2.5[m] 이상으로 할 수 있다.
② 도로를 횡단하여 시설하는 지선의 높이는 지표상 5[m] 이상으로 하여야 한다.
③ 가공전선로의 지지물로 사용하는 철탑은 지선을 사용하여 그 강도를 분담한다.
④ 지선에 연선을 사용할 경우 소선 3가닥 이상, 지름이 2.6[mm] 이상의 금속선으로 사용하여야 한다.

해설 지선의 시설(판단기준 제67조)

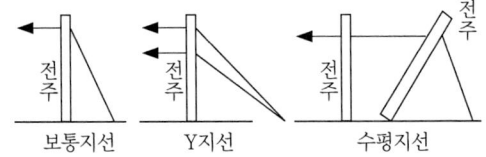

보통지선   Y지선   수평지선

1) 가공전선로의 지지물로 사용하는 철탑은 지선을 사용하여 그 강도를 분담시켜서는 아니 된다.

2) 가공전선로의 지지물로 사용하는 철주 또는 철근 콘크리트주는 지선을 사용하지 아니하는 상태에서 2분의 1이상의 풍압하중에 견디는 강도를 가지는 경우 이외에는 지선을 사용하여 그 강도를 분담시켜서는 아니 된다.

3) 가공전선로의 지지물에 시설하는 지선은 다음에 따라야 한다.
① 지선의 안전율은 2.5 이상일 것. 이 경우에 허용 인장하중의 최저는 4.31[kN]으로 한다.
② 지선에 연선을 사용할 경우에는 다음에 의할 것
㉠ 소선 3가닥 이상의 연선일 것
㉡ 소선의 지름이 2.6[mm] 이상의 금속선을 사용한 것일 것
③ 지중부분 및 지표상 30[cm]까지의 부분에는 내식성이 있는 것 또는 아연도금을 한 철봉을 사용하고 쉽게 부식되지 아니하는 근가에 견고하게 붙일 것
④ 지선근가는 지선의 인장하중에 충분히 견디도록 시설할 것
※ 철탑에는 지선을 사용하지 않는다.

13.4.81 / 14.4.89 / 15.2.83 / 16.2.88 / 16.4.93 / 17.4.88 / 19.4.82

93 전기사업법에서 사용하는 정의 중 발전소로부터 송전된 전기를 전기 사용자에게 배전하는 데 필요한 전기설비를 설치·운용하는 것을 주된 목적으로 하는 사업은?

① 발전사업　　② 송전사업
③ 배전사업　　④ 전기판매사업

해설 정의(전기사업법 제2조)
① 전기사업 : 발전사업·송전사업·배전사업·전기판매사업 및 구역전기사업
② 발전사업 : 전기를 생산하여 이를 전력시장을 통하여 전기판매사업자에게 공급하는 것을 주된 목적으로 하는 사업
③ 송전사업 : 발전소에서 생산된 전기를 배전사업자에게 송전하는 데 필요한 전기설비를 설치·관리하는 것을 주된 목적으로 하는 사업
④ 배전사업 : 발전소로부터 송전된 전기를 전기사용자에게 배전하는 데 필요한 전기설비를 설치·운용하는 것을 주된 목적으로 하는 사업
⑤ 구역전기사업 : 대통령령으로 정하는 규모 이하의 발전설비를 갖추고 특정한 공급구역의 수요에 맞추어 전기를 생산하여 전력시장을 통하지 아니하고 그 공급구역의 전기사용자에게 공급하는 것을 주된 목적으로 하는 사업

94 중앙행정기관의 장은 중앙추진계획을 수립하거나 변경하였을 때에는 몇 개월 이내에 위원회에 보고하여야 하는가?

① 1개월　　② 2개월
③ 3개월　　④ 4개월

해설 저탄소 녹색성장 국가전략 중앙추진계획의 보고 등(녹색성장법 시행령 제6조)
중앙행정기관의 장은 중앙추진계획을 수립하거나 변경하였을 때에는 2개월 이내에 위원회에 보고하여야 한다.

16.4.95 / 19.1.98

95 국내 총소비에너지량에 대하여 신·재생에너지 등 국내 생산에너지량 및 우리나라가 국외에서 개발(지분 취득을 포함한다)한 에너지양을 합한 양이 차지하는 비율을 무엇이라 하는가?

① 자원순환
② 에너지 의존도
③ 에너지 자립도
④ 신·재생에너지 비율

해설 녹색성장법의 정의(녹색성장법 제2조)
① 자원순환 : 환경정책상의 목적을 달성하기 위하여 필요한 범위 안에서 폐기물의 발생을 억제하고 발생된 폐기물을 적정하게 재활용 또는 처리하는 등 자원의 순환과정을 환경친화적으로 이용·관리하는 것
② 녹색기술: 온실가스 감축기술, 에너지 이용 효율화 기술, 청정생산기술, 청정에너지 기술, 자원순환 및 친환경 기술(관련 융합기술을 포함한다) 등 사회·경제 활동의 전 과정에 걸쳐 에너지와 자원을 절약하고 효율적으로 사용하여 온실가스 및 오염물질의 배출을 최소화하는 기술
③ 녹색생활: 기후변화의 심각성을 인식하고 일상생활에서 에너지를 절약하여 온실가스와 오염물질의 발생을 최소화하는 생활
④ 온실가스: 이산화탄소(CO_2), 메탄(CH_4), 아산화질소(N_2O), 수소불화탄소(HFCs), 과불화탄소(PFCs), 육불화황(SF_6) 및 그밖에 대통령령으로 정하는 것으로 적외선 복사열을 흡수하거나 재방출하여 온실효과를 유발하는 대기 중의 가스 상태의 물질
⑤ 에너지 자립도: 국내 총소비에너지량에 대하여 신·재생에너지 등 국내 생산에너지량 및 우리나라가 국외에서 개발(지분 취득을 포함한다)한 에너지양을 합한 양이 차지하는 비율

96 2030년까지 우리나라의 온실가스 감축 목표는 2030년의 온실가스 배출 전망치 대비 얼마까지 줄이는 것인가?

① 100분의 37　　② 100분의 40
③ 100분의 50　　④ 100분의 60

정답 93.③ 94.② 95.③ 96.①

해설 온실가스 감축 국가목표 설정·관리(녹색성장법 시행령 제25조)

온실가스 감축 목표는 2030년의 국가 온실가스 총배출량을 2030년의 온실가스 배출 전망치 대비 100분의 37까지 감축하는 것으로 한다.

14.4.93 / 15.2.76 / 15.4.98 / 16.4.97 / 17.1.92 / 17.2.42 / 17.4.57

97 ( ) 안에 들어갈 내용으로 옳은 것은?

> 연료전지 및 태양전지 모듈은 최대사용전압의 (ⓐ)배의 직류전압 또는 (ⓑ)배의 교류전압을 충전부분과 대지 사이에 연속하여 10분간 가하여 절연내력을 시험하였을 때에 견디는 것이어야 한다.

① ⓐ 1.5, ⓑ 1.25 ② ⓐ 1.5, ⓑ 1
③ ⓐ 1.25, ⓑ 1.1 ④ ⓐ 1.25, ⓑ 1

해설 연료전지 및 태양전지 모듈의 절연내력

연료전지 및 태양전지 모듈은 최대사용전압의 1.5배의 직류전압 또는 1배의 교류전압(500[V] 미만으로 되는 경우에는 500[V])을 충전부분과 대지사이에 연속하여 10분간 가하여 절연내력을 시험하였을 때에 이에 견디는 것이어야 한다.

13.4.94 / 16.4.2 / 16.4.98 / 17.1.84 / 17.4.9 / 18.1.100 / 18.2.96 / 18.4.11 / 18.4.92 / 19.1.96

98 신에너지의 종류가 아닌 것은?

① 연료전지
② 수소에너지
③ 바이오 에너지
④ 석탄을 액화·가스화한 에너지

해설 신·재생에너지의 정의(신재생에너지법 제2조)

1) 신에너지: 기존의 화석연료를 변환시켜 이용하거나 수소·산소 등의 화학 반응을 통하여 전기 또는 열을 이용하는 에너지
① 수소에너지

② 연료전지
③ 석탄을 액화·가스화한 에너지 및 중질잔사유을 가스화

2) 재생에너지: 햇빛·물·지열·강수·생물유기체 등을 포함하는 재생 가능한 에너지를 변환시켜 이용하는 에너지
① 태양에너지
② 풍력
③ 수력
④ 해양에너지
⑤ 지열에너지
⑥ 생물자원을 변환시켜 이용하는 바이오에너지
⑦ 폐기물에너지(비재생폐기물로부터 생산된 것은 제외한다)

13.4.86 / 15.2.93 / 15.4.51 / 15.4.100 / 16.4.99 / 17.2.96 / 18.1.48

99 태양전지 발전소에 시설하는 태양전지 모듈, 전선 및 개폐기, 기타 기계기구의 시설에 대한 설명으로 틀린 것은?

① 태양전지 모듈에 접속하는 부하측의 전로에는 그 접속점에 근접하여 개폐기를 시설한다.
② 태양전지 모듈에 병렬로 접속하는 전로에는 전로를 보호하는 과전류차단기를 시설한다.
③ 태양전지 모듈의 지지물은 적재하중이나 진동과 충격에 대하여 안전한 구조이어야 한다.
④ 태양전지 모듈 및 개폐기를 전선에 접속하는 경우에는 접속점에 장력이 가해져서 견고하여야 한다.

해설 태양전지 모듈 등의 시설

1) 충전부분은 노출되지 않도록 시설할 것

2) 태양전지 모듈에 접속하는 부하측의 전로(복수의 태양전지 모듈을 시설한 경우에는 그 집합체에 접속하는 부하측의 전로)에는 그 접속점에 근접하여 개폐기 기타 이와 유사한 기구(부하전류를 개폐할 수 있는 것에 한한다)를 시설할 것

정답 97.② 98.③ 99.④

3) 태양전지 모듈을 병렬로 접속하는 전로에는 그 전로에 단락이 생긴 경우에 전로를 보호하는 과전류차단기 기타의 기구를 시설할 것. 다만, 그 전로가 단락전류에 견딜 수 있는 경우에는 그렇지 않다.

4) 전선은 다음에 의하여 시설할 것. 다만, 기계기구의 구조상 그 내부에 안전하게 시설할 수 있을 경우에는 그렇지 않다.
① 전선은 공칭단면적 2.5[mm^2] 이상의 연동선 또는 이와 동등 이상의 세기 및 굵기의 것일 것
② 옥내에 시설할 경우에는 합성수지관공사, 금속관공사, 가요전선관공사 또는 케이블공사로 시설할 것
③ 옥측 또는 옥외에 시설할 경우에는 합성수지관공사, 금속관공사, 가요전선관공사 또는 케이블공사로 시설할 것

16.4.100 / 18.2.98

100 전기사업자가 사업에 필요한 전기설비를 설치하고 사업을 시작하기 위하여 산업통상자원부장관이 지정한 준비기간은 몇 년을 넘을 수 없는가?

① 3년   ② 5년
③ 7년   ④ 10년

해설 전기설비의 설치 및 사업의 개시 의무(전기사업법 제9조)
① 전기사업자는 산업통상자원부장관이 지정한 준비기간에 사업에 필요한 전기설비를 설치하고 사업을 시작하여야 한다.
② 준비기간은 10년을 넘을 수 없다. 다만, 산업통상자원부장관이 정당한 사유가 있다고 인정하는 경우에는 준비기간을 연장할 수 있다.
③ 산업통상자원부장관은 전기사업을 허가할 때 필요하다고 인정하면 전기사업별 또는 전기설비별로 구분하여 준비기간을 지정할 수 있다.
④ 전기사업자는 사업을 시작한 경우에는 지체 없이 그 사실을 산업통상자원부장관에게 신고하여야 한다.

정답 100. ④

2015년 기출문제

2015 제2회 기출문제

14.4.1 / 15.2.95 / 17.1.50 / 18.1.9 / 18.2.86

01 인버터는 태양전지에서 출력되는 직류전력을 교류전력으로 변환하고 교류계통으로 접속된 부하설비에 전력을 공급하는 기능을 한다. 그림과 같은 인버터 회로방식의 명칭으로 옳은 것은?

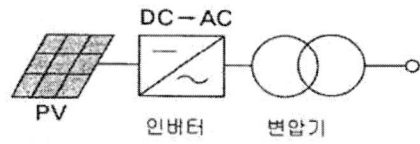

① 상용주파 변압기 절연방식
② 고주파 변압기 절연방식
③ 트랜스리스 방식
④ 트랜스 방식

해설 상용주파 변압기 절연방식

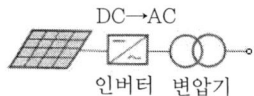

① PWM 인버터를 이용하여 상용주파수의 교류를 만들고, 상용주파수의 변압기를 이용하여 절연과 전압변환을 한다.
② 내부 신뢰성이나 노이즈 컷이 우수하지만, 상용주파수의 변압기를 별도로 이용하기 때문에 무겁고 크며, 변압기의 효율이 감소된다

13.4.80 / 15.2.2 / 17.1.9 / 17.2.33 / 17.4.24 / 18.1.74 / 19.2.6 / 19.4.1

02 인버터 각 시스템 방식 중 PV 분전함이 없어도 되고, PV어레이 근처에 설치되는 인버터 연결방식은?

① 병렬 운전 방식
② 모듈 인버터 방식
③ 스트링 인버터 방식
④ 중앙 집중형 인버터 방식

해설 태양광발전시스템의 인버터 운영방식

1) 중앙 집중형 인버터방식

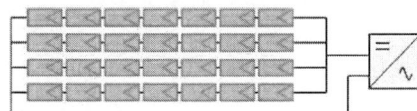

① 발전소 현장에 1대의 인버터만 설치함
② 모든 전선이 한 곳으로 오기 때문에 작업공정이 간단, 설치비가 적게 소요되며, 발전량 확인이 용이하다.
③ 단일형 인버터는 제품 이상발생 시 전체 발전소가 가동을 멈추기 때문에 발전 손실이 크다.

2) 분산형(스트링 포함) 인버터 방식

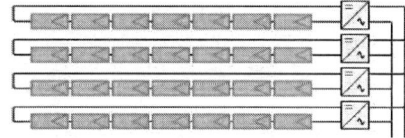

① 발전소 현장에 소형 인버터 여러 대를 설치함
② 특정 인버터가 고장이 나더라도 해당 인버터 부분에서만 발전 손실이 일어나고 나머지 인버터는 정상적으로 발전이 되기 때문에 발전 손실을 최소화할 수 있다.
③ 방향과 경사가 서로 다른 하부 어레이들로 구성된 시스템, 부분적으로 음영이 지는 시스템의 경우 분산형 인버터 방식을 고려할 필요가 있다.

3) 주/종속시스템(Master-Slave System)

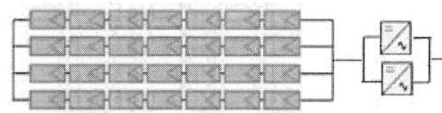

① 인버터 2~3대를 결합하여 회로를 구성한다.
② 발전을 시작하면 마스터 인버터만 구동되고, 마스터 인버터의 전력한계에 도달하면, 다음 슬래브 인버터가 자동 연결되어 생산된 발전량에 대응한다.
③ 낮은 발전량에서도 대용량 인버터 한 대가 운영되는 방식보다는 효율이 높아진다.
④ Master와 Slave의 기능은 정기적(1~3개월)으로 교대를 해주어, 균등운전이 되게 한다.

4) 모듈인버터(마이크로 인버터: MIC, Module Integrated Central) 방식

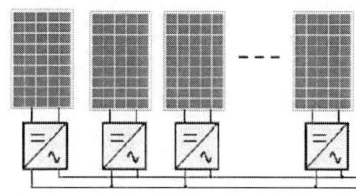

① 태양전지 모듈 1개에 인버터 1개를 부착하는 방식으로 스트링 인버터의 작은 형태이다.

정답 1.① 2.③

② 태양전지 1장에 대한 모니터링이 가능하여 유지보수가 쉽다
③ 각 마이크로인버터(MIC; Module Integrated Converter)의 최대 효율은 낮지만, 태양전지 모듈에 대해 개별로 MPPT를 하므로, 전체 발전량에 있어서는 스트링 인버터 이상의 발전효율을 가지고 있다.
④ 대용량 발전소보다는 소용량 발전소에서 효율이 높고, 태양전지 모듈 1장으로도 태양광발전을 할 수 있다.
⑤ 고장 난 인버터는 쉽게 교체 가능하며, 시스템 확장이 쉽다.

13.4.80 / 15.2.2 / 17.1.9 / 17.2.33 / 17.4.24 / 18.1.74 / 19.2.6 / 19.4.1

03 태양전지에서 직렬저항이 발생하는 원인이 아닌 것은?

① 태양전지 내의 누설전류
② 전면 및 후면 금속전극의 저항
③ 금속전극과 에미터, 베이스 사이의 접촉저항
④ 태양전지의 에미터와 베이스를 통한 전류 흐름

해설 직렬저항과 병렬저항
① 직렬저항은 벌크 반도체, 전극 그리고 상호 연결에 의한 저항 등을 뜻하고, 태양전지의 에미터와 베이스의 수직저항 성분과 금속전극과 에미터, 베이스 사이의 접촉저항, 전면 및 후면의 금속전극의 저항과 같은 세가지 원인에 의해 발생된다. 큰 직렬저항에 의해 태양전지의 단락전류가 감소하기도 한다.
② 병렬저항은 태양전지의 가장자리를 통해 흐르는 누설 전류와 격자 결함에 의한 저항이다.

15.2.4 / 16.4.11

04 신·재생에너지에 관한 설명으로 틀린 것은?

① 조력발전은 밀물과 썰물로 발생하는 조류를 이용한 것이다.
② 폐기물에너지는 가연성폐기물에서 발생되는 발열량을 이용한 것이다.
③ 파력발전은 표층과 심층의 해수온도차를 이용한 것이다.
④ 바이오에너지는 생물자원을 변환시켜 이용하는 것이 있다.

해설 신·재생에너지 설비
1) 해양에너지
해양의 조수·파도·해류·온도차 등을 변환시켜 전기 또는 열을 생산하는 기술로써 전기를 생산하는 방식은 조력·파력·조류·온도차 발전 등이 있음
① 조력발전 : 조석간만의 차를 동력원으로 해수면의 상승하강운동을 이용하여 전기를 생산

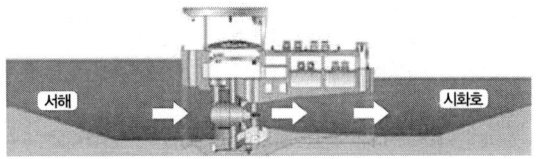

시화조력발전 원리

② 파력발전 : 연안 또는 심해의 파랑에너지를 이용하여 전기를 생산하는 기술, 제주도 파력발전소는 파도가치면 바닷물이 발전기 안의 공기를 위로 압축시키고, 위로 밀려올라간 공기는 터빈을 돌려 전기를 발생시킨다.

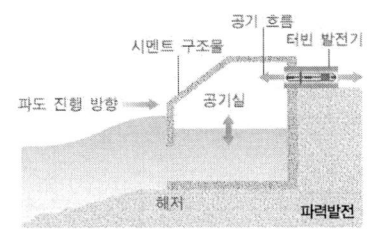

③ 조류발전 : 해수의 유동에 의한 운동에너지를 이용하여 전기를 생산
④ 온도차발전 : 해양 표면층의 온수(예 : 25~30℃)와 심해 500~1000m정도의 냉수(예 : 5~7℃)와의 온도차를 이용하여 열에너지를 기계적 에너지로 변환시켜 발전

2) 폐기물 재생에너지란 사업장 또는 가정에서 발생되는 가연성 폐기물중 에너지 함량이 높은 폐기물을 열분해를 통한 폐열 등으로 생산하고 이를 산업 생산 활동에 필요한 에너지로 이용될 수 있도록 하는 것

3) 바이오에너지란 바이오매스(Biomass, 유기성 생물체를 총칭)를 직접 또는 생·화학적, 물리적 변환과정을 통해 액체, 가스, 고체연료나 전기·열에너지 형태로 이용한다.

13.4.19 / 14.4.57 / 14.4.73 / 15.2.1 / 15.2.5 / 15.2.28 / 16.4.4 / 16.4.12 / 17.2.5 / 17.4.7 / 18.1.11 / 18.4.3 / 18.4.14 / 19.2.5 / 19.2.17

05 인버터의 설명으로 틀린 것은?

① PWM 원리로 정현파를 재생한다.
② 무변압기 인버터는 효율이 나쁘다.
③ MPPT를 이용한 최대전력을 생산한다.
④ 추적효율은 최적 동작 점을 조정하는 것이다.

해설 트랜스리스(Transless) 방식

컨버터 인버터

① 태양전지의 직류출력을 DC-DC 컨버터로 승압하고 인버터에서 상용주파의 교류로 변환한다.
② 소형 경량이며, 저렴하고 효율이 우수하고 신뢰성이 높다.
③ 상용전원과의 사이에는 절연이 되지 않아 안전성이 떨어진다.

06 출력전압의 파형을 기준으로 할 때 독립형 인버터에 해당되지 않는 것은?

① 구형파 인버터   ② 유사 사인파 인버터
③ 사인파 인버터   ④ 여현파 인버터

해설 독립형 인버터의 종류

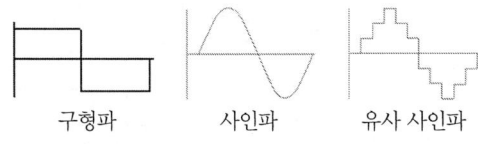
구형파   사인파   유사 사인파

① 구형파 인버터
② 사인파 인버터
③ 유사 사인파 인버터

15.2.7 / 16.2.3 / 19.1.19 / 19.4.12

07 연료전지의 특징에 대한 설명으로 적합하지 않은 것은?

① 간헐성의 특징에 따른 축전지설비가 필요하다.
② 등유, LNG, 메탄올 등 연료의 다양화가 가능하다.
③ 발전소의 건설비용이 크며 수명과 신뢰성향상을 위한 기술연구가 필요하다.
④ 다양한 발전 용량의 제작이 가능하다.

해설 연료전지의 특징

1) 장점
① 소음이 없어 도심 한가운데에서도 발전할 수 있어, 송배전 효율이 높다.
② 부산물로 물만 얻어지므로 친환경적이며, 전기효율 40~60[%] 이상(가동률 95[%] 이상)
③ 열병합발전 또는 냉난방열원 이용 가능하다.
④ 천연가스, 수소, 바이오가스, 매립지가스, 석탄가스 등 다양한 연료 사용이 가능하다.
⑤ 휴대용 전원, 발전용 전원, 우주선 전원, 연료 전지 자동차 등에 이용된다.

2) 단점
① 수소의 대량생산, 저장, 운송 등이 원활하지 못하다.
② 연료전지의 수명과 신뢰성을 높이는 기술연구가 필요하다.
③ 가격 경쟁력이 떨어진다.

※ 연료전지에는 축전지설비가 필요 없다.

14.4.9 / 15.2.8 / 15.2.27 / 16.4.16 / 17.1.73 / 17.1.79 / 18.1.14 / 18.2.26 / 19.2.1 / 19.2.9 / 19.2.69

08 태양전지 측정 STC 조건에 따른 최적의 일사량과 표면온도는?

① 1000[W/m^2], 25[℃]
② 1800[W/m^2], 35[℃]
③ 1500[W/m^2], 45[℃]
④ 2500[W/m^2], 55[℃]

해설 표준 시험조건(Standard Test Conditions)
태양광발전 소자를 시험할 때의 기준이 되는 시험조건 즉, 태양광발전 소자가 빛을 받는 면의 조사강도 1000[W/m^2], 태양전지 온도 25[℃], 스펙트럼 조성은 대기질량지수(AM : Air Mass) 1.5인 조건

09 연(납)축전지의 정격용량 100[Ah], 상시부하 8[kW], 표준전압 100[V]인 부동충전 방식 충전기의 2차 전류(충전전류)값은 몇 [A]인가? (단, 상시부하의 역률은 1로 한다.)

① 50　　② 60
③ 80　　④ 90

해설 2차(충전)전류 = $\dfrac{축전지\ 정격용량[Ah]}{10}$ + $\dfrac{상시\ 부하\ 용량[VA]}{표준전압[V]}$

= $\dfrac{100}{10} + \dfrac{8 \times 10^3}{100}$ = 90 [Ah]

13.4.14 / 15.2.10 / 16.4.31 / 17.2.17 / 18.1.64 / 18.2.8 / 19.1.7

10 태양전지 모듈을 구성하는 직렬 셀에 음영이 생길 경우 발생하는 출력 저하 및 발열을 억제하기 위해 설치하는 소자는?

① 바이패스 다이오드
② 역전류 방지 다이오드
③ 역전류 방지 퓨즈
④ 정류 다이오드

해설 바이패스(Bypass) 소자

1) 태양광 모듈의 그림자 영향
① 태양광 모듈은 아주 적은 일부가 그림자에 가려지더라도 모듈 전체의 출력이 크게 저하된다.
② 모듈은 각각의 태양전지를 직렬로 연결하기 때문에 수십 개의 태양전지로 구성된 모듈에서 단 한 개의 셀이 나뭇잎 등에 의해 완전히 가려졌다면 출력 값은 거의 제로(Zero)에 가깝게 떨어진다.
③ 전체 개방전압에서 그림자가 발생한 모듈의 개방전압을 뺀 값 이하에서 전압 동작점이 존재할 때에 그림자가 발생한 모듈의 전류가 역방향이 된다. 따라서 역 전압이 인가되고 부하처럼 동작되어 열이 발생되고 모듈이 파손되는 원인이 된다.

2) 대책(바이패스 다이오드)

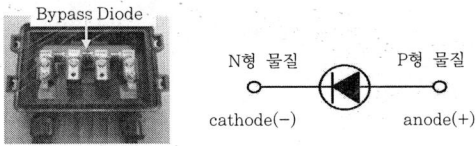

바이패스다이오드(Junction Box에 설치)　회로 표기방법(기호)

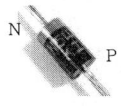

N, P 구분

① 바이패스다이오드(Bypass Diode)는 전류를 한쪽방향으로만 흐르게 만들어 주는 부품으로 P에서 N방향으로 전류가 흐르고 반대 방향으로는 전류를 거의 통과시키지 않는다.

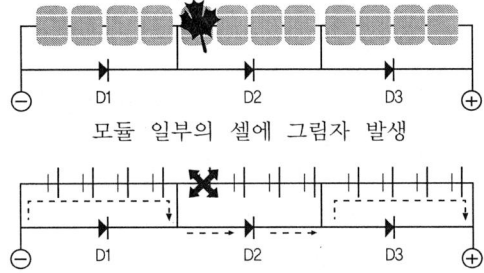

모듈 일부의 셀에 그림자 발생

그림자 발생된 모듈의 전류흐름

② 그림자로 인해 출력이 저하된 셀 또는 셀 그룹을 우회해 전류가 흐르도록 하고, 이를 통한 출력감소는 오직 그림자에 의해 가려진 셀 또는 셀 그룹에 해당하는 부분으로 제한해 출력을 유지한다.

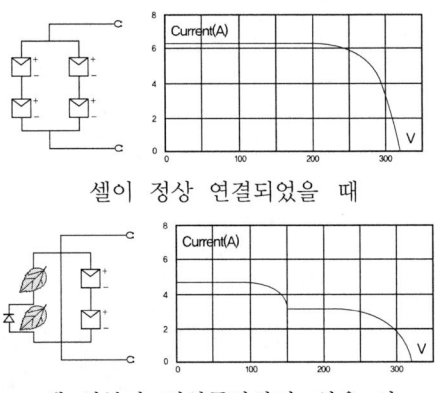

셀이 정상 연결되었을 때

셀 일부가 정상동작하지 않을 시

③ 일반적으로 모듈 한 장(태양전지 6×9)에 셀 54개

배열의 경우에는 다이오드 3개(1개당 18개의 셀)를 설치한다.

14.4.14 / 15.2.11 / 15.2.34 / 17.1.39 / 17.4.4 / 18.2.11 / 19.4.16

11 태양광 발전용 축전지의 방전심도에 대한 설명으로 틀린 것은?

① 방전심도를 낮게 설정하면, 전지수명이 증가한다.
② 방전심도를 낮게 설정하면, 잔존용량이 감소한다.
③ 방전심도를 깊게 설정하면, 전지 이용률이 증가한다.
④ 방전심도를 깊게 설정하면, 전지 수명이 단축된다.

해설 방전심도(DOD)와 수명관계

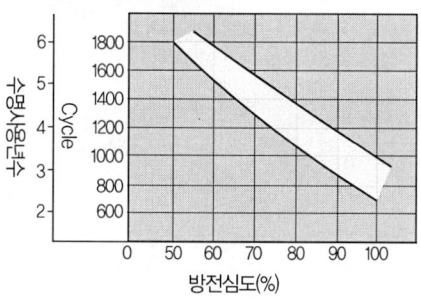

① 방전심도(DOD)는 축전지 잔존용량의 표시
② 방전 심도 = $\dfrac{\text{실제 방전량}}{\text{축전지의 정격용량}} \times 100\,(\%)$
③ 방전심도가 50[%]인 경우 만나는 곡선에서 1800사이클, 100[%]의 경우 700사이클 이며, 연간 250사이클을 기준해 보면 1800사이클(7년 1개월), 700사이클(2년 9개월)의 수명임을 알 수 있다.
④ 방전심도를 낮게 설정하면 축전지 수명은 길어지고, 잔존 용량은 증가한다.

12 태양광발전시설의 발전량을 예측하기 위해 경사면에서 복사량을 계산할 때 지표에 반사성분인 알베도가 포함된다. 일반적인 알베도 값은?

① 0.15   ② 0.20
③ 0.25   ④ 0.30

해설 반사율(Albedo)
① 물체가 빛을 받았을 때 반사하는 정도를 나타내는 단위
② 지면 반사율 : 0.2

15.2.13 / 17.2.8 / 19.1.9

13 PN접합 다이오드에 역방향 바이어스 전압을 인가할 때의 설명으로 틀린 것은?

① 전위장벽이 높아진다.
② 전계가 강해진다.
③ P형에 (+)전압, N형에 (−)전압을 연결한다.
④ 공간전하 영역의 폭이 넓어진다.

해설 역방향 바이어스(Reverse Bias)
P영역에 (−)의 전압을 N영역에 (+)의 전압이 인가된 상태를 역방향(reverse) 바이어스가 인가되었다고 함

순방향 바이어스 V_R 인가

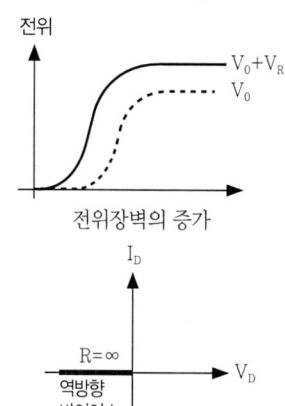
역방향 바이어스 상태

① p형과 n형 반도체에 각각 존재하는 양공과 전자가 모두 p-n 접합 다이오드 양쪽 극단으로 이동한다.
② 접합부에 형성된 결핍층(depletion layer)의 너비가 늘어나고 접합부에 형성된 포텐셜 장벽도 높아진다.

정답 11. ②   12. ②   13. ③

③ p형 반도체의 양공은 p형 반도체의 끝쪽으로, n형 반도체의 전자는 n형 반도체의 끝쪽으로 옮겨 가게 되어 p-n접합부에는 전류가 흐르지 않는다.
④ 다이오드는 부도체와 같은 특성으로 저항은 무한대이고, 전류는 0이다.

14 축전지 설비의 설치기준에서 큐비클식과 이외의 변전설비, 발전설비 및 축전지 설비와의 거리는 몇 m 이상으로 하여야 하는가?

① 0.5　　② 1.0
③ 1.5　　④ 2.0

해설 큐비클식 축전지 설비의 이격 거리

이격거리를 확보해야 할 부분	이격 거리(m)
큐비클 이외의 발전설비와의 거리	1.0
큐비클 이외의 변전설비와의 거리	1.0
실외에 설치할 경우 건물과의 거리	2.0
전면 또는 조작면	1.0
점검면	0.6
환기면	0.2

14.4.48 / 15.2.15 / 15.2.42 / 15.4.40 / 16.2.36 / 16.4.29 / 17.2.27 / 17.4.28 / 19.1.13

15 다음 태양광발전시스템의 종류 중 에너지 효율이 가장 좋은 방식은?

① 고정형 시스템　　② 반고정형 시스템
③ 추적형 시스템　　④ 건물 일체형 시스템

해설 태양광발전시스템 구조물의 종류

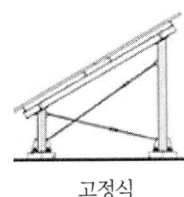
고정식

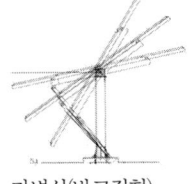
가변식(반고정형)

1) 고정식
① 한번 설치하면 경사각 및 방위각 수정이 불가능하기 때문에 정남향 방향으로, 경사각을 두어 고정하는 방식
② 각도 변경이 필요 없어, 유지관리비가 저렴하다.
③ 바람이 강한 지역에 안전한 구조이나, 다른 구조물에 비해서는 발전량이 다소 적다.

2) 가변(반고정형)식
① 계절에 따른 태양의 고도각에 대응하기 위해 어레이의 경사각을 수동으로 조절해서 전력량이 최대가 되게 하는 방식
② 모듈의 수평면의 각도를 태양광의 고도와 직각으로 최대한 맞춰 전력량을 증대 시킨다.
③ 계절별 구조물의 각도 변경을 위한 인력이 필요하다.

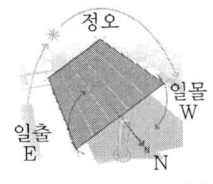

단축(1축) 추적식

양축(2축) 추적식

3) 단축(1축) 추적식
① 어레이는 대지와 수평을 이루며, 남쪽으로의 경사각은 없다.
② 태양의 이동에 따라 해가 뜨는 동쪽에서 해가 지는 서쪽방향으로 추적하는 방식이다.
③ 고정식·가변식보다는 효율이 높고, 양축식보다는 효율이 낮다.
④ 구동장치가 필요하며, 운영 및 유지관리 비용이 소요된다.

4) 양축(2축) 추적식
① 태양의 동서방향을 추적하는 단축 추적식에 추가로 태양의 경사각(계절의 변화)까지 추적하는 방식
② 가장 효과적으로 많은 발전량을 생산할 수 있다.
③ 모듈간 음영발생을 방지하기 위해서는 이격 거리가 많이 필요하다.
④ 양축(2개의 구동장치)을 구동하기 위한 전력이 필요하고, 고장 발생에 따른 유지비용이 소요된다.

※ 발전량 생산 순서
양축 추적식 > 단축 추적식 > 가변(반고정형)식 > 고정식

15.2.16 / 18.1.75

16 태양광발전시스템의 손실 인자가 아닌 것은?
① 모듈의 오염 ② 모듈의 온도
③ 음영   ④ 효율

해설 모듈의 손실 인자
① 음영
② 모듈의 오염
③ 높은 주변온도
④ 모듈의 온도 상승
⑤ 모듈의 반사손실
⑥ 모듈간의 부조화와 배선에서의 손실

15.2.17 / 19.2.7

17 태양광발전시스템에 풍력발전, 열병합발전 등 타 에너지원의 발전시스템과 결합하여 축전지·부하 및 상용계통에 전력을 공급하는 시스템은?
① 독립형 시스템
② 하이브리드 시스템
③ 계통연계형 시스템
④ 집광형 시스템

해설 태양광 발전시스템의 분류
① 독립형 시스템 : 등대, 중계소, 인공위성, 도서, 산간, 벽지 등에 사용
② 계통연계형 : 한전계통선이 들어오는 지역의 주택, 빌딩, 대규모 발전시스템에 사용
③ 하이브리드(Hybrid)형 : 풍력발전, 디젤발전 등 타 에너지원에 의한 발전방식과 결합된 방식

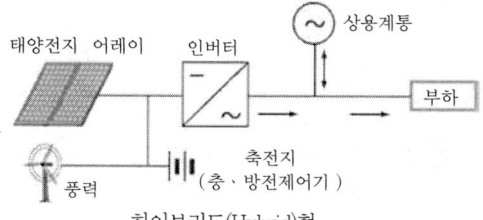
하이브리드(Hybrid)형

15.2.18 / 19.1.16

18 과부하 또는 단락이 발생하면 계통으로부터 PV 시스템을 자동으로 차단시키는 과전류보호 장치는?
① 스트링 퓨즈   ② 배선용 차단기
③ 누전 차단기   ④ 바이패스 다이오드

해설 배선용차단기(Molded Case Circuit Breaker, No Fuse Breaker)

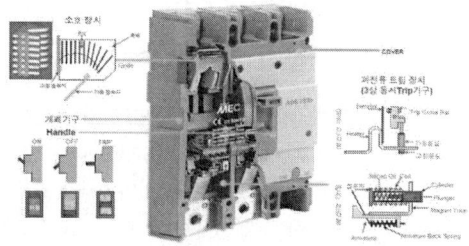

교류 600(V), 직류 250(V) 이하의 저압 옥내전로의 보호를 위하여 사용하며 개폐기구, 트립장치 등을 절연물의 용기 내에 조립한 것으로 통전상태의 전로를 수동 또는 전기 조작에 의하여 개폐가 가능하고 과부하, 단락사고 시 자동으로 전로를 차단하는 기구이다.

15.2.19 / 17.1.15 / 19.2.14

19 STC조건에서 최대 전압이 45[V], 전압온도계수가 −0.2인 결정질 태양전지 모듈 10장이 직렬로 연결되어 있다. 외기 온도가 −25[℃]일 때 최대전압은 몇[V]인가?
① 350 ② 450
③ 550 ④ 650

해설 직렬모듈 합성 최대전압
① STC 조건 25[℃], 외기온도 −25[℃]의 온도차
 온도차 = 25[℃] − (−25[℃]) = 50[℃]
② 전압온도계수 적용 = 50 × 0.2 = 10
③ STC조건에서 최대 전압(V_{ST})
 V_{ST} = 45 + 10 = 55[V]
④ 직렬모듈 합성 최대전압(V_{MT})
 V_{MT} = 모듈 전압 × 직렬 모듈 수량 = 55 × 10
 = 550 [V]

15.2.20 / 15.4.10 / 18.1.6 / 19.1.2 / 19.4.20

20 변압기에서 1차 전압이 120V, 2차 전압이 12V일 때 1차 권선수가 400회라며 2차권선 수는?

① 10
② 40
③ 400
④ 4000

해설 변압기의 원리

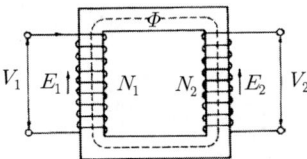

① 1개의 철심에 2개의 권선(코일)을 감고 한쪽의 권선에 전압 $V_1[V]$의 사인파 전압을 가하면, 철심 중에 자속 $\Phi[Wb]$이 발생하며, 이 자속과 쇄교하는 다른 쪽 권선에는 권선 횟수에 비례하는 V_2의 전압을 공급받게 된다.

② 1차, 2차 권선에 유도되는 기전력의 비는 변압기의 권수비에 비례하며 권수비를 a 라 하면

$$a = \frac{N_1}{N_2} = \frac{V_1}{V_2} = \frac{I_2}{I_1}$$

③ $a = \frac{400}{N_2} = \frac{120}{12}$

$$\therefore N_2 = \frac{N_1 \times V_2}{V_1} = \frac{400 \times 12}{120} = 40 \,[\text{회}]$$

21 다음 중 평균 일조시간이 가장 긴 지역은?

① 대전
② 인천
③ 서울
④ 목포

해설 일조시간

태양광선이 구름이나 안개 등에 의해서 차단되지 않고 지표면을 비춘 시간을 말하며, 동일한 지역이라도 일조시간은 매년변화가 있다.
아래의 일평균 값은 기상청자료 10년간의 평균값, 문제의 답과는 차이가 있으나, 차후 다시 출제될 수 있는 문제는 아니다.

구분	일 평균값
서울	5.66
인천	6.34
대전	5.86
목포	5.85
부산	6.38

15.2.22 / 16.2.28 / 16.4.30 / 17.4.32 / 18.4.27 / 19.1.38

22 설계도서의 해석의 우선순위로 옳은 것은?

① 공사시방서→설계도면→전문시방서→표준시방서→산출내역서→승인된 상세시공도면→관계법령의 유권해석→감리자의 지시사항
② 공사시방서→설계도면→표준시방서→전문시방서→산출내역서→승인된 상세시공도면→관계법령의 유권해석→감리자의 지시사항
③ 공사시방서→설계도면→전문시방서→산출내역서→표준시방서→승인된 상세시공도면→관계법령의 유권해석→감리자의 지시사항
④ 공사시방서→설계도면→표준시방서→산출내역서→전문시방서→승인된 상세시공도면→관계법령의 유권해석→감리자의 지시사항

해설 설계도서 해석의 우선순위

설계도서·법령해석·감리자의 지시 등이 서로 일치하지 아니하는 경우에 있어 계약으로 그 적용의 우선순위를 정하지 아니한 때에는 다음의 순서를 원칙으로 한다.
① 공사시방서
② 설계도면
③ 전문시방서
④ 표준시방서
⑤ 물량(산출)내역서
⑥ 승인된 상세시공도면
⑦ 관계법령의 유권해석
⑧ 감리자의 지시사항

15.2.23 / 17.4.26

23 다음과 같은 태양광발전시스템의 어레이 설계 시 직병렬 수량은?

정답 20. ② 21. ② 22. ①

- 모듈 최대 출력 : 250[W_p]
- 1스트링 직렬매수 : 10직렬
- 시스템 출력 전력 : 50000[W]

① 10직렬 - 10병렬　　② 10직렬 - 15병렬
③ 10직렬 - 20병렬　　④ 10직렬 - 25병렬

해설 병렬 회로수 = $\dfrac{\text{시스템 출력전력}}{\text{모듈 최대출력} \times \text{스트링 직렬 매수}}$

= $\dfrac{50,000}{250 \times 10}$ = 20 [회로]

24 KEC 한국전기설비규정의 변경으로 삭제됨

14.4.78 / 15.2.25 / 15.4.50 / 18.2.59 / 19.1.14

25 축전지가 갖추어야 할 요구조건이 아닌 것은?

① 과충전, 과방전에 강할 것
② 중량 대비 효율이 높을 것
③ 환경변화에 안정적일 것
④ 에너지 저장 밀도가 낮을 것

해설 축전지가 갖추어야할 조건
① 자기방전율이 낮고 에너지 저장 밀도가 높을 것
② 과충전, 과방전에 강하고, 방전 전압, 전류가 안정적일 것
③ 환경변화에 안정적이며, 효율이 높을 것
④ 유지보수가 용이하고 경제적일 것

14.4.41 / 15.2.26 / 18.2.23

26 태양광발전소의 부지 타당성 조사 시 고려하여야 할 부지 내 경미한 음영의 종류가 아닌 것은?

① 송전철탑　　② TV 안테나
③ 전깃줄　　　④ 피뢰침

해설 음영발생 원인
① 주변에 높은 산, 나무, 수목, 전주, 건물 등의 음영 (주변 지형지물은 최대 높이의 약 세 배 길이만큼 음영에 영향을 준다)
② 태양광모듈 설치 열이 2열 이상일 경우 앞열의 영향으로 뒷열에 음영
③ 구름, 눈, 새의 분비물, 꽃가루, 먼지 등으로 인한 음영
④ 다만, 전기선, 피뢰침, 안테나 등 경미한 음영은 장애물로 보지 아니한다.

14.4.9 / 15.2.8 / 15.2.27 / 16.4.16 / 17.1.73 / 17.1.79 / 18.1.14 / 18.2.26 / 19.2.1 / 19.2.9 / 19.2.69

27 표준 시험조건(STC) 기준으로 틀린 것은?

① 수광조건은 대기 질량정수(AM : Air Mass) 1.5의 지역을 기준으로 한다.
② 빛의 일조 강도는 1000을 기준으로 한다.
③ 모든 시험의 풍속조건은 10[m/s]로 한다.
④ 모든 시험의 기준온도는 25[℃]로 한다.

해설 표준 시험조건(Standard Test Conditions)
태양광발전 소자를 시험할 때의 기준이 되는 시험조건 즉, 태양광발전 소자가 빛을 받는 면의 조사강도 1000[W/m^2], 태양전지 온도 25[℃], 스펙트럼 조성은 대기질량지수(AM : Air Mass) 1.5인 조건

13.4.19 / 14.4.57 / 14.4.73 / 15.2.1 / 15.2.5 / 15.2.28 / 16.4.4 / 16.4.12 / 17.2.5 / 17.4.7 / 18.1.11 / 18.4.3 / 18.4.14 / 19.2.5 / 19.2.17

28 태양광발전시스템의 인버터회로 방식이 아닌 것은?

① 저주파수 변압기형
② 부하시 탭 절환형
③ 고주파 변압기 절연형
④ 무변압기형

해설 인버터의 회로방식별 분류

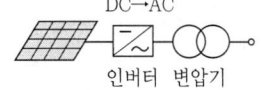

상용주파 변압기 절연방식

정답 23. ③　24.　25. ④　26. ①　27. ③　28. ②

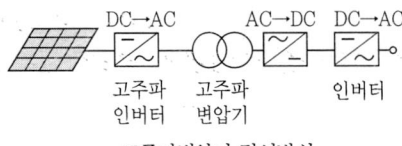

고주파변압기 절연방식

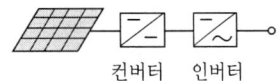

트랜스리스(Transless) 방식

① 상용주파 변압기 절연방식 : 태양전지의 직류 출력을 상용주파의 교류로 변환한 후 변압기로 절환한다.
② 고주파 변압기 절연방식 : 태양전지의 직류 출력을 고주파의 교류로 변환한 후 소형의 고주파 변압기로 절연을 한다. 그 후 일단 직류로 변환하고 재차 상용주파의 교류로 변환한다.
③ 트랜스리스(Transless) 방식 : 태양전지의 직류출력을 DC-DC 컨버터로 승압하고 인버터에서 상용주파의 교류로 변환한다.

29 전압 48[V]로 120000[Wh]의 전력을 공급하는 부하의 경우 축전지용량은 몇 [Ah]로 하면 되는가?

① 1000　　② 2500
③ 5000　　④ 120000

해설 축전지 용량(C)

$$C = \frac{전력량}{전압} = \frac{120,000}{48} = 2,500 \;[Ah]$$

15.2.30 / 15.2.39 / 16.4.36 / 17.4.36 / 18.4.22

30 22.9[kV] 연계형 태양광 발전사업자를 위한 인허가 및 신고사항에 대한 설명으로 틀린 것은?

① 송·배전전선로 이용 신청은 한국전력공사
② 발전용량이 50000[kW] 이상인 경우 환경영향평가의 대상으로 지자체 허가 신청
③ 공사계획 인가 및 신고는 10000[kW] 이상 산업통상자원부인가, 10000[kW] 미만은 각 지자체에 신고
④ 발전사업 허가신청은 3000[kW] 초과설비는 산업통상자원부 및 제주도청, 3000[kW] 이하는 각 지자체

해설 환경영향평가 대상사업의 종류 및 범위(에너지 개발사업)
① 발전시설용량이 10,000[kW] 이상인 발전소
(다만, 태양력·풍력 또는 연료전지 발전소의 경우에는 발전시설용량이 100,000[kW] 이상인 것)
② 345[kV] 이상의 지상송전선로로서 선로길이(공사계획에 지중화구간이 포함된 경우 그 길이를 포함한다)가 10[km] 이상인 것
③ 765[kV] 이상의 옥외변전소

31 태양전지 어레이 직병렬 설계 시 인버터의 사양 중 고려되지 않는 것은?

① MPPT 전압 범위　　② 최대 입력전압
③ 전압 온도계수　　　④ 전류 온도계수

해설 인버터의 고려사항
① MPPT 범위　　② 최대입력전압[V]
③ 전압온도계수　④ 정격 출력전력[kW]
⑤ 최대입력전류[A]

32 22.9[kV], 3상 선로의 차단기 설치점에서 전원측으로 바라본 합성 %Z가 100[MVA]기준으로 22[%] 일 때 단락전류 [kA]는? (단, 기기의 정격전압은 24[kV]로 한다.)

① 7.5　② 10.9　③ 11.5　④ 12.6

해설 단락전류(Short-circuit Current), I_{SC}
① 특정온도와 조사강도에서 태양광발전소 소자의 두 단자를 단락시켜 전위차가 없는 상태에서 소자에 흐르는 전류
② 3상전력$(P) = \sqrt{3}\,VI$ [W]
　정격전류$(I_R) = \dfrac{P}{\sqrt{3}\,V} = \dfrac{100 \times 10^6}{\sqrt{3} \times 22.9 \times 10^3} ≒ 2,521[A]$
③ $I_{SC} = \dfrac{100}{\%Z} \times I_R = \dfrac{100}{22} \times 2,512 = 11,459 ≒ 11.5\,[kA]$

33 계통연계형 태양광 인버터의 시험항목이 아닌 것은?

① 효율시험 ② 온도상승시험
③ 단독운전방지시험 ④ 부하불평형시험

[해설] 태양광 발전용 독립형/계통 연계형 중대형 인버터의 시험항목

시험항목		독립형	계통연계형
1. 구조 시험		○	○
2. 절연 성능 시험	a) 절연 저항 시험	○	○
	b) 내전압 시험	○	○
	c) 감전 보호 시험	○	○
	d) 절연 거리 시험	○	○
3. 보호 성능 시험	a) 출력 과전압 및 부족 전압 보호 기능 시험	×	○
	b) 주파수 상승 및 저하 보호 기능 시험	×	○
	c) 단독 운전 방지 기능 시험	×	○
	d) 복전 후 일정 시간 투입 방지 기능 시험	×	○
4. 정상 특성 시험	a) 교류 전압, 주파수 추종 범위 시험	○	○
	b) 교류 출력 전류 변형률 시험	×	○
	c) 누설 전류 시험	○	○
	d) 온도 상승 시험	○	○
	e) 효율 시험	○	○
	f) 대기 손실 시험	×	○
	g) 자동 기동 · 정지 시험	×	○
	h) 최대 전력 추종 시험	×	○
	i) 출력 전류 직류분 검출 시험	×	○
5. 과도 응답 특성 시험	a) 입력 전력 급변 시험	○	○
	b) 계통 전압 급변 시험	×	○
	c) 계통 전압 위상 급변 시험	×	○
6. 외부 사고 시험	a) 출력측 단락 시험	○	○
	b) 계통 전압 순간 정전 · 강하 시험	×	○
	c) 부하 차단 시험	○	○
7. 내전기 환경 시험	a) 계통 전압 왜형률 내량 시험	×	○
	b) 계통 전압 불평형 시험	×	○
	c) 부하 불평형 시험	○	×
8. 내주위 환경 시험	a) 습도 시험	○	○
	b) 온도 사이클 시험	○	○
9. 전기자기 적합성 (EMC)	a) 전자파 내성(EMI)	○	○
	b) 전자파 내성(EMS)	○	○

34 축전지의 방전심도에 관한 설명으로 틀린 것은?

① 축전의 잔존용량으로도 표현한다.
② 방전심도는 실제 방전 량과 축전지의 정격용량의 비로 나타낸다.
③ 방전심도를 낮게 설정하면 전지수명이 짧아진다.
④ 방전심도를 높게 설정하면 전지 이용률은 높아진다.

[해설] 방전심도(DOD)와 수명관계

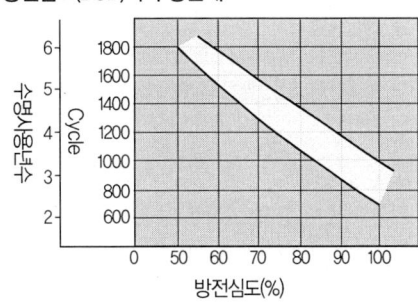

① 방전심도(DOD)는 축전지 잔존용량의 표시
② 방전 심도 = $\dfrac{\text{실제 방전량}}{\text{축전지의 정격용량}} \times 100 \,[\%]$
③ 방전심도가 50[%]인 경우 만나는 곡선에서 1800사이클, 100[%]의 경우 700사이클 이며, 연간 250사이클을 기준해 보면 1800사이클(7년 1개월), 700사이클(2년 9개월)의 수명임을 알 수 있다.
④ 방전심도를 낮게 설정하면 축전지 수명은 길어지고, 잔존 용량은 증가한다.

35 태양광발전시스템과 전력계통선과의 연계를 위한 송수전설비에서 중요한 송전용 변압기의 용량산정에 고려사항이 아닌 것은?

① 변압기 효율과 부하율의 관계
② 변압기 뱅크방식에 따른 송전방식
③ DC 케이블선의 굵기
④ 인버터 종류에 따른 변압기의 결선방식

[해설] 변압기 용량 선정 시 고려사항
① 인버터 종류에 따른 변압기의 결선방식
② 변압기 효율과 부하율의 관계
③ 변압기 뱅크방식에 따른 송전방식

정답 33. ④ 34. ③ 35. ③

④ 주위온도와 발열량파악
⑤ 단락전류 계산 및 차단기선정
⑥ 단락 보호방식
⑦ 기타(접지보호, 써지보호, 전기기술기준 등)
※ 송전용 변압기에는 AC케이블을 사용한다.

14.4.33 / 15.2.36 / 18.1.34 / 18.4.25 / 19.2.25 / 19.4.23

36 설계도서에 해당되지 않는 것은?

① 시방서   ② 시공 상세도
③ 설계도면   ④ 내역서

해설 설계도서
1) 설계 설명서
설계의 목적, 공사종목 및 그 개요, 각 설계에 대한 분석자료(인입지점, 발전소의 특성 등), 관계 관공서 등과의 협의 사항, 설계시 적용한 특별한 사항

2) 설계도면
배치도, 단선접속도, 계통도, 배선도(평면도, 결선도, 기기상세도), 기기시방 및 배치도

3) 기술계산서
부하계산서, 전압강하계산서, 변압기용량계산서, 차단기용량계산서, 축전지용량계산서, 접지계산서

4) 설계시방서
① 기본설계 및 실시설계도면에 구체적으로 표시할 수 없는 내용과 공사수행을 위한 시공 방법, 자재의 성능·규격 및 공법, 품질시험 및 검사 등 품질관리, 안전관리, 환경관리 등에 관한 사항을 기술한다.
② 표준시방서 및 전문시방서를 기본으로 하여 작성하되, 공사의 특수성·지역여건·공사방법 등을 고려하여 작성한다.
③ 공사시방서, 전문시방서, 표준시방서, 특기시방서 등

5) 예산내역서
자재 산출근거서, 공량산출서, 일위대가표, 내역서, 공사원가산출서, 단가대비표, 견적서 등

14.4.33 / 15.2.36 / 18.1.34 / 18.4.25 / 19.2.25 / 19.4.23

37 모니터링시스템 주요 구성 요소가 아닌 것은?

① 발전소 내 감시용 CCTV
② LOCAL 및 Web Monitoring
③ 기상관측 장치
④ LBS

해설 태양광발전 모니터링 시스템(solar power monitoring system)
태양광발전시스템이 설치된 지역의 현 상태를 모니터링(발전현황, 감시, 진단, 분석 등)하여 유지 관리를 위해 모니터링 시스템을 설치한다.
① 태양광발전 모듈 계측 메인장치(SCS)
② 전력변환장치 감시제어 장치(AIS)
③ 자동 기상관측 장치(AWS)
④ 발전소 내 감시용 CCTV
⑤ LOCAL 및 Web Monitoring

※ 부하개폐기(Load Break Switch)
수변전설비의 인입구개폐기로 많이 사용되는 것으로, 정상상태의 부하전류를 개폐하며 이상 시(과부하, 단락 등)의 보호기능은 없다.

15.2.38 / 19.1.31

38 셀의 직렬연결 시 음영에 의한 출력은 몇 [W]인가? (단, 셀은 모두 5[W]×10개이고, 음영에 의해 출력이 저하한 셀은 3.5[W]×4개이다.)

① 50   ② 44   ③ 35   ④ 28

해설 부정합 출력(W)
① 출력 = 모든 셀×음영 출력 = (10×3.5) = 35[W]
② 모듈의 특성이 서로 다른 경우 시스템 전체의 출력이 모듈 각각의 최대전력의 합보다 작아지는 부정합 손실(Mismatch Loss)이 발생된다.
③ 부정합 발생원인으로는 태양전지와 모듈의 제조공정에서 발생하는 오차, 장기간 사용에 따른 특성 열화의 불균일, 오염 등에 의해 발생하는 전기적 특성의 분산과 구름, 나무 등에 의한 부분적 그림자, 모듈 설치 고도각의 차이, 온도의 차이 등에 의하여 발생하는 환경의 불균일이 있다.

15.2.30 / 15.2.39 / 16.4.36 / 17.4.36 / 18.4.22

39 태양광 발전사업 허가기준에 대한 설명이다. 다음 중 허가기준에 맞지 않는 것은?

① 전기사업 수행에 필요한 재무능력 및 기술능력이 있을 것
② 전기사업이 계획대로 수행될 수 있을 것
③ 일정지역에 편중되어 전력계통의 운영에 지장을 초래해서는 아니 될 것

정답 36.② 37.④ 38.③

④ 태양광 발전사업 허가신청 시 환경영향평가를 반드시 받아야 될 것

해설 환경영향평가 대상사업의 종류 및 범위(에너지 개발사업)
① 발전시설용량이 10,000[kW] 이상인 발전소
(다만, 태양력·풍력 또는 연료전지 발전소의 경우에는 발전시설용량이 100,000[kW] 이상인 것)
② 345[kV] 이상의 지상송전선로로서 선로길이(공사계획에 지중화구간이 포함된 경우 그 길이를 포함한다)가 10[km] 이상인 것
③ 765[kV] 이상의 옥외변전소

21.4.40

40 변환효율 13[%]의 100[W]급의 태양전지 모듈을 이용하여 10[kW]급 태양전지 어레이를 구성하는데 필요한 설치면적[m²]으로 적당한 것은? (단, STC 조건이다.)
① 50 ② 80 ③ 100 ④ 150

해설 설치면적(A)
① 표준 시험조건(Standard Test Conditions) : 조사강도 1000[W/m²]
② 비례식으로 $\frac{1[m^2]}{1,000[W]} = \frac{S[m^2]}{10,000[W]}$ ∴ $S = 10$
③ $S = A \times \eta$, $10 = A \times 0.13$
④ $A = \frac{10}{0.13} ≒ 76.9 \ [m^2]$

13.4.55 / 14.4.22 / 15.2.41 / 16.4.59 / 17.1.57 / 17.2.56 / 18.2.58 / 18.4.53

41 태양전지 모듈의 배선 후 확인할 사항 중 태양전지 어레이 검사항목이 아닌 것은?
① 사양서에 기초한 전압 확인
② 고조파전류 측정
③ 단락전류 측정
④ 비접지 확인

해설 모듈의 배선 연결 후 점검사항
① 전압 및 극성 확인
② 단락전류 측정
③ 접지확인(일반적으로 직류측 회로는 비접지한다.)

13.4.55 / 14.4.22 / 15.2.41 / 16.4.59 / 17.1.57 / 17.2.56 / 18.2.58 / 18.4.53

42 태양광발전시스템 구조물의 종류가 아닌 것은?
① 고정식 ② 단축식
③ 양축식 ④ 일자식

해설 태양광발전시스템 구조물의 종류
1) 고정식
① 한번 설치하면 경사각 및 방위각 수정이 불가능하기 때문에 정남향 방향으로, 경사각을 두어 고정하는 방식
② 각도 변경이 필요 없어, 유지관리비가 저렴하다.
③ 바람이 강한 지역에 안전한 구조이나, 다른 구조물에 비해서는 발전량이 다소 적다.

고정식

가변식

2) 가변식
① 계절에 따른 태양의 고도각에 대응하기 위해 어레이의 경사각을 수동으로 조절해서 전력량이 최대가 되게 하는 방식
② 모듈의 수평면 각도를 태양광의 고도와 직각으로 최대한 맞춰 전력량을 증대 시킨다.
③ 계절별 구조물의 각도 변경을 위한 인력이 필요하다.

3) 단축(1축) 추적식
① 어레이는 대지와 수평을 이루며, 남쪽으로의 경사각은 없다.
② 태양의 이동에 따라 해가 뜨는 동쪽에서 해가 지는 서쪽방향으로 추적하는 방식이다.
③ 고정식·가변식보다는 효율이 높고, 양축식보다는 효율이 낮다.
④ 구동장치가 필요하며, 운영 및 유지관리 비용이 소요된다.

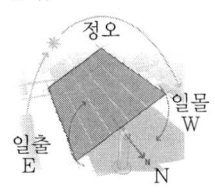

단축(1축) 추적식

양축(2축) 추적식

4) 양축(2축) 추적식
① 태양의 동서방향을 추적하는 단축 추적식에 추가로 태양의 경사각(계절의 변화)까지 추적하는 방식
② 가장 효과적으로 많은 발전량을 생산할 수 있다.
③ 모듈간 음영발생을 방지하기 위해서는 이격 거리가 많이 필요하다.
④ 양축(2개의 구동장치)을 구동하기 위한 전력이 필요하고, 고장 발생에 따른 유지비용이 소요된다.

※ 발전량 생산 순서
양축 추적식 〉단축 추적식 〉가변(반고정형)식 〉고정식

43 태양광발전시스템의 접속단자함에 설치되는 퓨즈용량은 스트링 정격전류의 몇 배 이상을 설치하여야 하는가?

① 1.25배 ② 1.5배 ③ 2.0배 ④ 2.5배

[해설] 직류측 과부하 방지
① 임의의 장소에서 케이블의 연속전류 용량이 단락전류의 1.25배 이상일 경우, PV 스트링과 PV 어레이 케이블의 과부하 보호장치는 생략할 수 있다.
② 케이블의 연속 전류 용량이 PV 발전기 단락전류의 1.25배 이상이이라면, PV 주케이블의 과부하 보호장치는 생략할 수 있다.

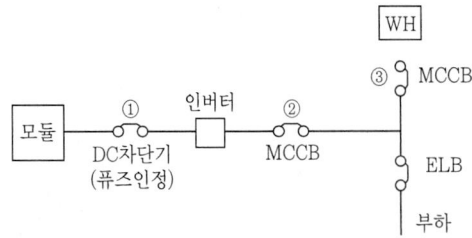

차단기(퓨즈 인정) 설치위치

44 태양광발전 인허가 절차 중 사전환경성 검토, 협의 내용으로 옳은 것은?

① 50 000[kW] 미만 : 환경 영향 평가, 50 000[kW] 이상 : 사전 환경성 검토
② 50 000[kW] 미만 : 사전 환경성 검토, 50 000[kW] 이상 : 환경 영향 평가
③ 100 000[kW] 미만 : 환경 영향 평가, 100 000[kW] 이상 : 사전 환경성 검토
④ 100 000[kW] 미만 : 사전 환경성 검토, 100 000[kW] 이상 : 환경 영향 평가

[해설] 환경성 평가제도
환경적으로 건전하며 지속 가능한 발전을 구현하는 핵심적인 환경정책 수단
1) 사전환경성 검토 ① 행정계획 보전용 토지내 개발사업
② 개발계획 입안단계에서 계획의 적정성 및 입지의 타당성 위주로 평가

2) 환경영향평가
① 대규모 개발사업
② 개발계획이 확정된 이후 개발사업의 시행으로 인한 해로운 환경 영향을 최소화
③ 대상사업의 종류 및 범위(에너지 개발사업)
㉠ 발전시설용량이 10,000[kW] 이상인 발전소.
(다만, 태양력 · 풍력 또는 연료전지 발전소의 경우에는 발전시설용량이 100,000[kW] 이상인 것)
㉡ 345[kV] 이상의 지상송전선로로서 선로길이(공사계획에 지중화구간이 포함된 경우 그 길이를 포함한다)가 10[km] 이상인 것
㉢ 765[kV] 이상의 옥외변전소

15.2.45 / 16.2.42 / 17.2.55 / 18.4.50 / 19.4.63

45 태양광발전시스템의 시공 시 감전방지 대책으로 틀린 것은?

① 안전띠를 착용하여 작업한다.
② 절연처리가 된 공구를 사용한다.
③ 강우시에는 작업을 하지 않는다.
④ 작업전에 태양전지 모듈의 표면에 차광시트를 붙여 태양광을 차단한다.

해설 **안전 대책**
① 작업전 태양전지 모듈 표면에 차광막을 씌워 태양광을 차폐한다.
② 절연 장갑을 사용한다.
③ 절연 처리된 공구를 사용한다.
④ 강우 시에는 감전사고와 미끄러짐으로 인한 추락사고로 이어질 우려가 있으므로 작업을 금지한다.
⑤ 중장비가 배전선로에 근접할 때에는 보호조치를 취한다.
※ 안전띠 착용은 추락방지대책

13.4.99 / 15.2.46 / 15.4.84 / 17.2.89 / 17.4.86 / 19.4.99

46 태양전지 전지판 연결공사에 대한 설명으로 틀린 것은?

① 전선의 연결부위는 전선관 내에서 연결하여야 한다.
② 전선관은 전기적, 기계적으로 확실히 접속한다.
③ 태양광 모듈 결선 시 Junction Box Hole에 맞는 방수 콘넥터를 사용한다.
④ 태양전지에서 옥내에 이르는 배선은 모듈전용선, F-CV선, TFR-CV선 등을 사용한다.

해설 **전선의 접속법**
① 전선을 접속하는 경우에는 전선의 전기저항을 증가시키지 않도록 접속하여야 한다.
② 나전선 상호 또는 나전선과 절연전선을 접속할 경우에는 전선의 세기(인장하중)를 20[%]이상 감소시키지 아니할 것
③ 접속부분은 접속관 기타의 기구를 사용 할 것.
※ 전선관 안에는 접속점이 없도록 할 것
15.2.47 / 18.2.41

47 송전선로의 안정도 증진방법으로 틀린 것은?

① 계통을 연계한다.
② 전압변동을 적게 한다.
③ 직렬 리액턴스를 크게 한다.
④ 중간 조상방식을 채택한다.

해설 **송전선로의 안정도 증진방법**

① 직렬 리액턴스를 작게 한다.
(복도체, 직렬콘덴서 채용)
② 전압변동률을 작게 한다.
(중간 조상방식, 제동저항기 채용, 계통 연계)
③ 고장구간을 고속도 차단한다.
④ 고장시 발전기 입출력의 불평형을 작게 한다.

48 구조물 시공의 주요 적용기준에 해당하지 않는 것은?

① 토목구조 설계기준
② 콘크리트구조 설계기준
③ 강구조 설계기준, 하중저항계수 설계법
④ 건축법 및 동 시행령, 건축물의 구조기준 등에 관한 규칙

해설 **태양광발전 구조물**
(1) 태양광발전 구조물 설계
① 태양광발전 구조물이 설치될 위치의 자연조건을 구조물 설계에 반영한다.
② 구조물 형태에 따른 특성을 반영하여 기본적인 구조설계를 한다.
③ 태양고도 조사를 통하여 구조물 이격거리를 산정한다.
④ 구조물 설계도면에 기초하여 태양광 구조 설계 도서를 작성한다.
⑤ 고정식, 경사가변식, 추적식 태양광 구조물을 설계한다.

(2) 태양광발전 구조물 설계 검토
① 구조계산 결과를 기초로 구조설계의 안전성, 경제성, 시공성, 사용성 및 내구성을 판단한다.
② 건축법 및 동 시행령, 건축물의 구조기준 등에 관한 규칙을 적용한 구조계산 결과를 판단한다.
③ 건축구조 설계기준, 강구조 설계기준, 콘크리트구조 설계기준을 적용한 구조계산 결과를 판단한다.
④ 설계의 적정성 검토 후 수정보완 사항을 파악하여 재설계를 한다.
⑤ 구조물 설계도면에 기초하여 태양광 구조 설계 도서를 검토한다.

15.2.49 / 17.4.42

49 태양광발전시스템의 배선공사에 사용되는 케이블 중 내연성이 가장 좋은 케이블은?

① ACSR강심 알루미늄 연선)
② VV비닐절연 비닐시스 케이블)
③ CV가교 폴리에틸렌 절연비닐 시스케이블)
④ PNCT(에틸렌 프로필렌 고무절연 클로로플렌시스 캡타이어 케이블)

해설 PNCT

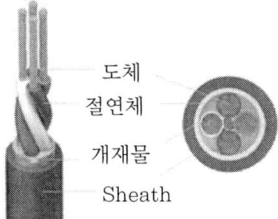

① 캡타이어 케이블은 강한 시스를 가진 케이블의 총칭이다.
② 광산, 농장, 건설공장 현장 등에서 저압 이동용 전기기기의 배선에 사용되는 전선으로서, 탄력성이 양호한 클로로프렌 고무로 피복되어 충격, 마찰, 굴곡 등의 기계적 내성이 높고 내수, 내열, 내산 및 내알칼리성 등의 화학적 내성이 강하다.

13.4.57 / 15.2.50 / 18.2.45 / 18.4.48 / 19.2.42 / 19.4.42

50 다음 ( ) 안에 알맞은 내용으로 옳은 것은?

> 전선관의 굵기는 동일 전선의 경우에는 피복을 포함하여 총합계의 관의 내단면적의 (㉠)[%] 이하로 할 수 있으며, 서로 다른 굵기의 전선을 동일 관의 내단면적의 (㉡)[%] 이하가 되도록 선정하는게 일반적인 원칙이다.

① ㉠ 24, ㉡ 48
② ㉠ 32, ㉡ 24
③ ㉠ 32, ㉡ 48
④ ㉠ 48, ㉡ 32

해설 금속전선관의 굵기는 굵기가 다른 절연전선을 동일관내에 넣어 시설하는 경우 절연 피복물을 포함한 관내 단면적의 32[%]이하가 되도록 선정한다. 단, 동일 굵기의 경우는 48[%]까지 채울 수 있다.

15.2.51 / 18.1.53 / 18.2.48

51 책임 설계감리원이 발주자에게 설계감리의 기성 및 준공을 처리할 때 제출하는 서류 중 감리기록서류에 해당하지 않는 것은?

① 설계감리일지
② 설계감리지시부
③ 설계감리 결과보고서
④ 설계자와 협의사항 기록부

해설 설계감리의 기성 및 준공

책임 설계감리원이 설계감리의 기성 및 준공을 처리한 때에는 다음의 준공서류를 구비하여 발주자에게 제출한다.
1) 설계용역 기성부분 검사원 또는 설계용역 준공검사원
2) 설계용역 기성부분 내역서
3) 설계감리 결과보고서
4) 감리기록서류
  ① 설계감리일지
  ② 설계감리지시부
  ③ 설계감리기록부
  ④ 설계감리요청서
  ⑤ 설계자와 협의사항 기록부
5) 그밖에 발주자가 과업지시서상에서 요구한 사항

52 발주자에게 책임감리원이 제출하는 분기보고서에 포함되지 않는 사항은?

① 작업 변경 현황
② 공사추진 현황
③ 감리원 업무일지
④ 주요기자재 검사 및 수불내용

해설 책임감리원은 다음의 내용이 포함된 분기보고서를 작성

정답 49.④ 50.④ 51.③ 52.①

하여 발주자에게 제출하여야 한다. 보고서는 매 분기말 다음 달 7일 이내로 제출한다.
① 공사추진 현황(공사계획의 개요와 공사추진계획 및 실적, 공정현황, 감리용역현황, 감리조직, 감리원 조치내역 등)
② 감리원 업무일지
③ 품질검사 및 관리현황
④ 검사요청 및 결과통보내용
⑤ 주요기자재 검사 및 수불내용(주요기자재 검사 및 입·출고가 명시된 수불현황)
⑥ 설계변경 현황
⑦ 그밖에 책임감리원이 감리에 관하여 중요하다고 인정하는 사항

15.2.53 / 19.2.52

53 사용전검사 및 법정검사에 대한 설명으로 틀린 것은?

① 법정검사의 목적은 전기설비가 공사계획대로 설계 시공되었는가를 확인하는 것이다.
② 사용전검사는 전기설비의 설치공사 또는 변경공사를 한 자는 산업통상자원부령이 정하는 바에 따라 산업통상자원부장관 또는 시·도지사가 실시하는 검사에 합격한 후에 이를 사용하여야 한다.
③ 법정검사 수행절차 시 불합격 시정기한은 사용 전 검사는 15일, 정기검사는 3개월이다.
④ 전기안전에 지장이 없는 경우에 발전기 인가 출력보다 낮고 저출력 운전 시에는 임시 사용이 불가능하다.

해설 사용전검사와 임시사용을 허용할 경우의 그 사용기간과 기준

(1) 사용전검사
① 각종 발전설비, 송·변전·배전설비 및 가로등, 신호등, 보안등, 공장, 상가 등 대형건물의 설치공사 또는 변경공사를 완료하고, 그 전기설비가 공사계획의 인가 또는 신고를 한 내용 및 전기설비기술기준에 적합한 지의 여부에 대한 검사를 산업통상자원부장관 또는 시·도지사로부터 위탁받아 한국전기안

전공사에서 수행한다.
② 태양광 발전소에 관한 공사의 경우에는 전체의 공사가 완료된 때 검사를 실시한다.
③ 사용전검사를 받으려는 자는, 검사를 받으려는 날의 7일전까지 한국전기안전공사에 사용전검사 신청서를 제출하여야 한다.

(2) 임시사용을 허용할 경우의 그 사용기간과 기준
1) 임시사용기간은 임시사용 사유의 해소기간, 위험도 등을 고려하여 3개월 이내로 한다.
2) 3개월 이내에 임시사용 사유가 해소될 수 없는 특별한 사유가 있다고 인정되는 경우에는 전체 임시사용 기간이 1년을 초과하지 아니하는 범위 내에서 재연장 할 수 있다.

3) 임시사용의 허용기준
① 발전기의 출력이 인가를 받거나 신고한 출력보다 낮으나 사용상 안전에 지장이 없다고 인정되는 경우
② 송·수전과 직접적인 관련이 없는 보호울타리 등이 시공되지 아니한 상태나 사람이 접근할 수 없도록 안전조치를 취한 경우
③ 공사계획을 인가받거나 신고한 전기설비중 교대성·예비성설비 또는 비상용예비발전기가 완공되지 아니한 상태나 주된 설비가 전기의 사용상이나 안전에 지장이 없다고 인정되는 경우

54 KEC 한국전기설비규정의 변경으로 삭제됨

55 KEC 한국전기설비규정의 변경으로 삭제됨

56 총 설비용량 80[kW], 수용률 75[%], 부하율 80[%]인 수용가의 평균전력은 몇 [kW]인가?

① 30　　② 36
③ 42　　④ 48

해설 부하율(Load Factor)

① 수용률 = $\dfrac{\text{최대 수용 전력}[kW]}{\text{수용 설비 용량}[kW]} \times 100 \,[\%]$

∴ 최대 수용 전력$[kW]$ = 수용률 × 수용 설비 용량$[kW]$

$= \dfrac{75}{100} \times 80 = 60 \,[kW]$

② 부하율 = $\dfrac{\text{평균 수용 전력}[kW]}{\text{합성 최대 수용 전력}[kW]} \times 100 \,[\%]$

∴ 평균 수용 전력$[kW]$ = 부하율 × 합성 최대 수용 전력$[kW]$

$= \dfrac{80}{100} \times 60 = 48 \,[kW]$

13.4.83 / 15.2.57 / 16.2.85 / 18.1.47

57 다음 중 이도를 크게 할 경우의 단점이 아닌 것은?

① 지지물이 높아진다.
② 전선접촉사고가 많아진다.
③ 진동을 방지한다.
④ 단선의 우려가 있다.

해설 전선의 이도(Dip)

지지물 A, B사이에 전선을 가설하면 전선 자체의 무게 때문에 밑으로 처진 곡선을 이루게 되며 가장 밑으로 처진 부분의 수직 거리를 이도(Dip)라고 한다.

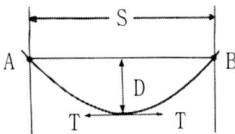

1) 이도의 중요성
 ① 겨울 : 이도가 적당치 않으면 전선의 수축으로 인해 전선에 무리한 장력 발생 → 단선사고
 ② 여름 : 온도에 의해 전선은 팽창, 진동 → 도로, 철도, 통신선 등에 위험

2) 이도의 계산
 ① 전선의 두 지지점이 수평인 경우

 $D \fallingdotseq \dfrac{W S^2}{8 T} \,[m]$

 T : 수평 장력 [kg], W : 전선의 중량 [kg/m], S : 경간 [m]
 ② 전선의 실제 길이

 $L \fallingdotseq S + \dfrac{8D^2}{3S} \,[m]$

전선의 실제 길이 L은 경간 S보다 $\dfrac{8D^2}{3S}$ 만큼 더 길어진다(약 경간의 0.1~1[%] 미만)

15.2.58 / 19.1.52

58 케이블 단말 처리 중 시공 시 테이프 폭이 3/4로부터 2/3 정도로 중첩해 감아 놓으면 시간이 지남에 따라 융착하여 일체화하는 절연테이프 종류는?

① 자기융착 절연테이프
② 비닐 절연테이프
③ 보호 테이프
④ 노튼 테이프

해설 자기융착 절연테이프

① 시공 시 테이프 폭이 3/4에서 2/3정도로 중첩해 감아놓으면 시간이 지남에 따라 융착하여 일체화된다.
② 부틸고무제와 폴리에틸렌 부틸고무가 합성된 제품이 있지만 저압의 경우 부틸고무 제는 일반적으로 사용하지 않는다.

15.2.59 / 18.1.51

59 감리원은 공사업자로부터 물가변동에 따른 계약금액 조정요청을 받은 경우에 작성, 제출하도록 되어 있는 서류가 아닌 것은?

① 물가변동조정 요청서
② 계약금액 조정 요청서
③ 품목조정율 또는 지수조정율에 대한 산출근거
④ 안전관리비 집행근거 서류

해설 물가변동으로 인한 계약금액의 조정요청시 공사업자 제출서류

감리원은 제출된 서류를 검토·확인하여 조정요청을 받은 날부터 14일 이내에 검토의견을 발주자에게 보고
① 물가변동조정 요청서

② 계약금액조정 요청서
③ 품목조정율 또는 지수조정율의 산출근거
④ 계약금액 조정 산출근거
⑤ 그밖에 설계변경에 필요한 서류

13.4.48 / 15.2.60 / 15.4.48 / 17.4.51 / 18.1.44 / 18.2.49 / 19.4.48

60 태양광발전시스템 구조물의 설치공사 순서를 보기에서 찾아 옳게 나열한 것은?

> ㉠ 어레이 가대공사
> ㉡ 어레이 기초공사
> ㉢ 어레이 설치공사
> ㉣ 배선공사
> ㉤ 점검 및 검사

① ㉡ → ㉠ → ㉢ → ㉣ → ㉤
② ㉠ → ㉡ → ㉢ → ㉣ → ㉤
③ ㉣ → ㉡ → ㉠ → ㉢ → ㉤
④ ㉣ → ㉠ → ㉡ → ㉢ → ㉤

[해설] 설치 시공 순서

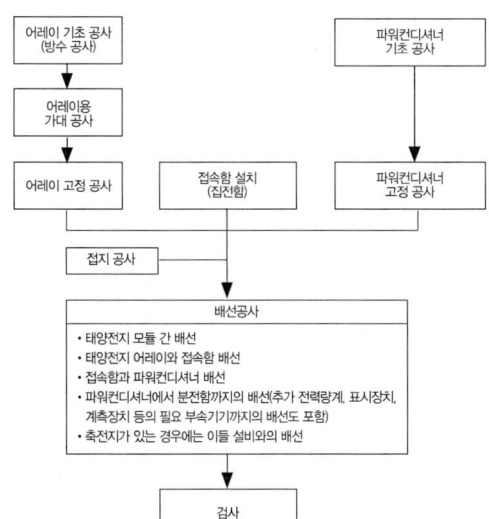

61 인버터의 제어특성을 점검하기 위한 측정 및 시험방법으로 적당하지 않은 것은?

① 입출력 측정 ② 과/저전압 측정
③ AC 회로시험 ④ 육안검사

[해설] 인버터의 점검 종류
1) 육안검사
① 외함의 부식 및 파손
② 외부 배선 및 접속단자
③ 접지선 손상 및 접속단자
④ 환기
⑤ 표시부 동작상태 등

2) 측정
① 절연저항 측정
② 입출력 측정
③ 과/저전압 측정
④ AC 회로시험

15.2.62 / 18.2.62

62 태양광 발전설비 점검 시 비치해야 하는 전기안전관리 장비가 아닌 것은?

① 온도계 ② 클램프 미터
③ 적외선 온도측정기 ④ 습도계

[해설] 전기안전관리업무를 대행하는 자가 갖추어야 할 장비
① 절연저항 측정기(500[V], 100[MΩ])
② 절연저항 측정기(1,000[V], 2,000[MΩ])
③ 접지저항 측정기
④ 클램프미터
⑤ 저압검전기
⑥ 고압 및 특고압기
⑦ 계전기 시험기
⑧ 적외선 열화상 카메라(적외선 실화상 기능을 갖추고 측정온도 250[℃] 이상, 해상도 1만 픽셀 이상일 것)

※ 두 가지 이상의 기능을 함께 가지고 있는 장비를 갖춘 경우에는 각각의 장비를 갖춘 것으로 본다.

정답 60. ① 61. ④ 62. ④

15.2.63 / 17.1.65 / 17.4.73

63 태양전지 어레이 개방전압 측정 시 주의사항으로 틀린 것은?

① 각 스트링의 측정은 안정된 일사강도가 얻어질 때 실시한다.
② 측정시각은 맑은날, 해가 남쪽에 있을 때 1시간 동안 실시한다.
③ 셀은 비오는 날에도 미소한 전압을 발생하고 있으니 주의한다.
④ 측정은 직류전류계로 측정한다.

해설 개방전압 측정 시 주의사항
① 각 모듈이 음영의 영향을 받지 않는 것을 확인한다. (모듈의 불량 또는 모듈간의 접속불량 등이 발생하면 각 스트링의 개방전압 측정치가 불균일하다)
② 각 모듈이 균일한 일사조건이 되기 쉬운 약간 흐린 날씨라면 평가하기 쉬우나, 아침, 저녁의 낮은 일사 조건은 피한다.
③ 맑은 날, 남중고도에 있을 때 측정하면 오차가 적다.
④ 우천 시에는 감전의 위험이 있으니, 측정을 피한다.
⑤ 개방전압 측정은 직류 전압계로 측정한다.

14.4.63 / 15.2.64 / 16.4.10 / 19.2.12

64 다결정실리콘 태양광모듈을 이용하여 사막과 같은 고온 환경에서 작동시킬 때, 단결정실리콘 대비 차이점에 대한 설명으로 가장 옳지 않은 것은?

① 상대적으로 온도계수가 작아 출력이 크다.
② 기판의 이동도가 떨어져 동일용량 설계시보다 큰 면적을 필요로 한다.
③ 기판의 결정 구조에 따라 디자인 측면에서 건축물에 적용이 우수하다.
④ 물질의 고유특성인 에너지 갭이 작아 온도에 대한 특성은 우수하다.

해설 단결정, 다결정실리콘 태양광모듈 특성
1) 모듈의 열적 특성(온도계수)
   모듈 온도의 상승은 발전량 저하에 직접적인 영향을 미치는데, 태양전지의 온도계수가 높을 경우 온도상승에 의한 발전량 감소가 크게 나타난다.

① 단결정 실리콘 태양전지

Rating	단위	값
단락전류	%/℃	+0.04
개방전압	%/℃	-0.32
최대출력	%/℃	-0.43

② 다결정 실리콘 태양전지

Rating	단위	값
단락전류	%/℃	+0.05
개방전압	%/℃	-0.44
최대출력	%/℃	-0.31

2) 단결정 실리콘의 에너지 갭은 1.1[eV], 다결정의 에너지 갭이 크다.
※ 다결정실리콘 태양광모듈은 물질의 고유특성인 에너지 갭이 크고 온도에 대한 특성이 우수하다.

65 독립형 태양광 발전설비 유지보수 중 일상점검 항목이 아닌 것은?

① 접속함의 개방전압
② 인버터의 이상 과열
③ 축전기의 액면 저하
④ 지지대의 부식

해설 개방전압 측정은 정기검사에 실시한다.

13.4.70 / 15.2.66 / 17.2.39 / 18.1.70 / 18.2.73

66 태양광발전 시스템 정기점검 사항 중 인버터의 투입저지 시한 타이머(동작시험)관련 인버터가 정지하여 자동 기동할 때는 몇 분 정도 시간이 소요되는가?

① 1분 ② 3분 ③ 5분 ④ 10분

해설 한전계통에의 재병입(Reconnection)
① 한전계통에서 이상 발생 후 해당 한전계통의 전압 및 주파수가 정상 범위 내에 들어올 때까지 분산형전원의 재병입이 발생해서는 안된다.

② 분산형전원 연계 시스템은 안정상태의 한전계통 전압 및 주파수가 정상 범위로 복원된 후 그 범위 내에서 5분간 유지되지 않는 한 분산형전원의 재병입이 발생하지 않도록 하는 지연기능을 갖추어야 한다.

① 외딴 섬과 같이 전기가 들어오지 않는 지역에서, 상용전력계통과 직접 연결되지 않고 분리된 발전방식으로, 태양광발전시스템의 발전 전력만으로 부하에 전력을 공급한다.
② 야간 혹은 우천 시, 태양광발전시스템의 발전이 불가할 때는 발전된 전력을 저장할 수 있는 축전장치를 접속하여 태양광 전력을 저장하여 사용하는 방식

※ 단독운전방지시스템은 계통연계형 태양광발전시스템에 필요하다.

13.4.73 / 15.2.67

67 태양광전원의 용량이 50[MVA]에 대하여, 15[%]의 임피던스를 가지는 경우, 100[MVA]를 기준으로 한 %임피던스는?

① 30   ② 40   ③ 50   ④ 60

해설 %임피던스

변압기에 정격전류가 흘렀을 때 변압기 자체 임피던스에 의한 전압강하의 2차 정격전압에 대한 퍼센트 변압기의 정격 2차 전압 V_n [kV], 정격 2차 전류 I_n [A], 자체 임피던스 Z [Ω], 용량 P[kVA]

$$\%Z = \frac{Z \times I_n}{V_n} \times 100 \ [\%] = \frac{Z \times I_n \times V_n}{V_n \times V_n} \times 100 [\%]$$

$$= \frac{Z \times P}{V_n^{\ 2}} \times 100 \ [\%]$$

∴ $\%Z \propto P$

$50[MVA] : 15[\%] = 100[MVA] : \%Z_2$

$\%Z_2 = 30$

69 태양전지의 결정질 실리콘 전지는 단결정 전지와 다결정 전지로 구분되는데, 다결정 전지에 속하지 않는 것은?

① 다결정 파워 전지   ② 다결정 밴드 전지
③ 다결정 박막 전지   ④ 다결정 염료 전지

해설 태양전지의 분류

재료에 따라 결정질 실리콘, 비정질실리콘, 화합물반도체 등으로 분류

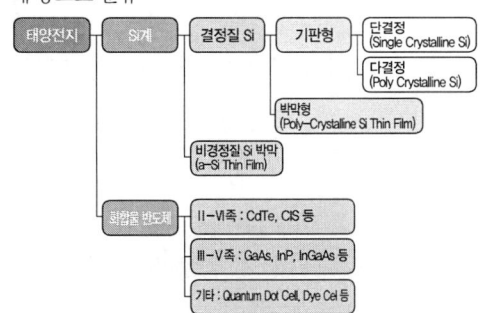

※ 염료감응 태양전지(DSSC)

① 기존의 반도체 방식의 실리콘 태양전지나 박막 태양전지와는 달리 식물의 광합성 작용을 모사한 전기화학적 원리를 이용한다.
② 태양광 흡수용 염료고분자, n형 반도체 역할을 하는 넓은 밴드갭을 갖는 반도체 산화물, p형 반도체 역할을 하는 전해질, 촉매용 상대전극, 태양광 투과용 투명전극을 기본으로 한다.
③ 태양의 흡수는 염료가 담당하고, 생성된 전자의 분리, 이동은 전자 농도 차에 의해 확산하는 방식으로 반도체 나노입자에서 이루어진다.

13.4.69 / 15.2.68

68 독립형 태양광발전 시스템의 구성장치가 아닌 것은?

① 충 · 방전제어기
② 단독운전방지시스템
③ 축전지 또는 축전지뱅크
④ 인버터

해설 독립형 태양광발전시스템

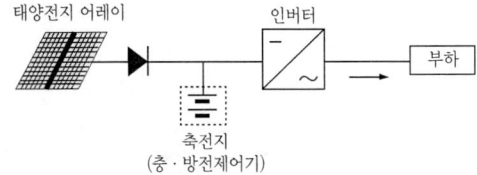

정답 67. ① 68. ② 69. ④

70 태양광전원이 배전선로에 연계되어 운용되는 경우, 수용가의 전압을 일정하게 유지시키는데 가장 중요한 역할을 하는 것은?

① 변전소계전기 ② 리클로저
③ 주상변압기 ④ 선로전압조정기

해설 선로전압 조정장치(SVR, Step Voltage Regulator)
① 태양광전원이 배전계통에 도입되어 운용되는 경우, 급격한 출력변동에 의하여 수용가전압은 규정치를 벗어날 염려가 있다.
② 우리나라에서는 일반으로 전압강하가 10% 이상인 장거리 고압 배선로의 전압제어는 SVR을 설치하여 배선로의 규정 전압을 유지하도록 하고 있다.

13.4.77 / 15.2.71

71 실리콘 태양전지는 200에서 100마이크로 단위의 얇은 형태로 지속적인 연구개발이 진행되고 있다. 향후 실제 모듈화 및 발전소 운영 시에 대한 설명으로 틀린 것은?

① 소재의 감소는 있으나 발전소 운영 시 외부 충격에 의해 쉽게 물리적인 미소결함의 가능성이 높다.
② 모듈화 진행 시 낮은 압력으로 공정이 진행되면 파손에 의한 생산성의 감소는 줄일 수 있으나 기포나 수분 제거 시 어려움이 있다.
③ 모듈화 진행 시 얇아질수록 쉽게 금속배선 작업 등에 의하여 휨현상은 줄일 수 있으나 셀과 셀 연결시 파손의 위험이 증가한다.
④ 확산 공정 시 접합형성을 위한 동일 깊이 및 동일 불순물농도의 주입시간은 두께와 관계가 없다.

해설 Tabbing & String

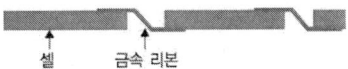
셀   금속 리본

일반적인 태양광 모듈은 태양전지의 전면에 있는 Ag 버스바(Busbar)를 인접한 다른 태양전지 후면에 금속리본을 납땜하여 연결한다. 이 방법은 공정상 설비가 단순하여 신뢰성이 높지만 출력저하를 일으키는 몇 가지 문제점이 있다. 태양전지 전면 리본의 영향으로 전류 수집에 손실이 생기며, 납땜(Soldering)과정에서 태양전지에 국부적인 열전달과 압력으로 인한 휨현상(Bowing)과 미세 균열을 일으키며, 전지가 얇을수록 휨현상은 더욱 발생한다.

15.2.72 / 15.4.80 / 16.2.64 / 16.4.74 / 17.1.78 / 17.2.67 / 17.4.80 / 18.2.65 / 18.2.68 / 18.4.80 / 19.2.80

72 태양광발전시스템 유지보수 시 일반적인 점검 종류가 아닌 것은?

① 일상점검 ② 정기점검
③ 임시점검 ④ 특수점검

해설 전기설비 점검의 종류
1) 일상(순시)점검
① 태양광발전시스템의 기능을 유지하기 위한 점검
② 매일의 일상(순시)점검은 문을 열어 점검한다던가. 커버를 해체한 후 점검한다던가 하는 것이 아니고 이상한 소리, 냄새, 손상 등을 배전반, 인버터 등의 외부에서 점검항목의 대상항목에 따라 점검하는 것
③ 이상상태를 발견한 경우에는 배전반, 인버터의 문을 열고 이상의 정도를 확인한다.
④ 이상의 상태가 직접 운전을 하지 못할 정도로 전개되는 경우를 제외하고는 이상상태의 내용을 기록하여 정기점검 시에 점검한다.

2) 정기점검
① 태양광발전시스템의 기능을 확인하고 유지하기 위한 계획을 수립하여 점검하는 것
② 원칙적으로 시설물을 정지상태에서 운전제어장치의 기계점검, 절연저항측정, 배전반 및 인버터의 기능을 확인하고 유지하기 위한 계획을 수립하여 점검
③ 모선을 정전하지 않고 점검을 하여야 할 경우에는 안전사고가 일어나지 않도록 주의하여야 한다.

3) 임시점검
① 일상순시점검 및 정기점검에 의하여 상세하게 점검할 필요가 있을 때 실시한다.
② 1개월 이상 사용하지 않았던 설비를 사용할 때는 사

용을 개시하기 전에 점검을 실시할 필요가 있으며 또 일정 규모 이상의 폭풍이나 지진이 있은 뒤 등에는 임시점검을 실시하여야 한다.

13.4.24 / 15.2.73 / 15.4.55 / 16.2.38 / 16.2.79 / 17.2.24 / 17.4.29 / 19.4.25

73 발전사업 허가 제출서류 중 발전용량 3000[kW] 이하 시 제출하지 않아도 되는 서류는?

① 전기사업 허가신청서
② 발전원가 명세서
③ 신용평가 의견서
④ 송전관계 일람도

해설 발전사업 신청에 필요한 서류(3000[kW] 이하인 경우)

(1) 전기사업 허가신청서
(2) 사업계획서
 ① 기술능력 관련(전기설비 건설 및 운영 계획 관련 증명서류)
 ② 계획에 따른 수행 가능 여부 관련(송전관계 일람도)
 ③ 발전원가명세서(발전사업 또는 구역전기사업의 허가를 신청하는 경우만 해당한다)
(3) 정관, 대차대조표 및 손익계산서(신청자가 법인인 경우만 해당하며, 설립 중인 법인의 경우에는 정관만 제출한다)
(4) 신청자(발전설비용량 3천킬로와트 이하인 신청자는 제외한다)의 주주명부. 이 경우 신청자가 재무능력을 평가할 수 없는 신설법인인 경우에는 신청자의 최대주주를 신청자로 본다.

13.4.64 / 15.2.74 / 18.2.74

74 태양광(PV) 모듈의 적층판 파괴를 발견하기 위한 방법으로 적당한 것은?

① 다기능 측정   ② 입출력 측정
③ 절연저항 측정   ④ 과/저전압 측정

해설 모듈의 적층판(laminate, 테두리가 없는 모듈) 점검
다기능측정은 전력의 측정, 분석, 파형측정 및 케이블 테스터 기능을 일체화한 정확한 측정

75 1200W 태양광전원이 부하 400W, 역률 1인 선로말단 부하측에 연계된 경우 부하측 수용가의 전압[V]는? (단, 전원측에서 말단까지 선로임피던스를 5[Ω], 전원측 전원은 227.8[V]이다.)

① 240.5   ② 227.8
③ 245.4   ④ 210.0

해설 송전단 전압 E_s

① 단상2선식 전압강하 $e_2 = 2IR$
② $E_s = $ 수전단전압$(E_r) + e_2$
③ $E_s = E_r + e_2 = E_r + \left(2 \times \dfrac{P}{V} \times R\right)$

$= 227.8 + \left(2 \times \dfrac{400}{227.8} \times 5\right) \fallingdotseq 245.36 \ [V]$

14.4.93 / 15.2.76 / 15.4.98 / 16.4.97 / 17.1.92 / 17.2.42 / 17.4.57

76 태양전지 어레이의 절연내압시험 조건 중 옳은 측정법은?

① 최대사용전압의 1.5배의 직류전압 혹은 1배의 교류전압을 10분간 인가
② 최대사용전압의 1.5배의 직류전압 혹은 2배의 교류전압을 10분간 인가
③ 최대사용전압의 2배의 직류전압 혹은 1배의 교류전압을 10분간 인가
④ 최대사용전압의 2배의 직류전압 혹은 2배의 교류전압을 10분간 인가

해설 태양전지 모듈의 절연내력
태양전지 모듈은 최대사용전압의 1.5배의 직류전압 또는 1배의 교류전압(500[V] 미만으로 되는 경우에는 500[V])을 충전부분과 대지사이에 연속하여 10분간 가하여 절연내력을 시험하였을 때에 이에 견디는 것이어야 한다.

정답 73. ③ 74. ① 75. ③ 76. ①

15.2.77 / 15.2.79 / 16.2.66 / 16.2.78 / 16.4.80 /
18.1.65 / 19.2.76

77 사업용 태양광 발전설비 정기검사 항목 중 필수 항목이 아닌 것은?

① 태양전지 ② 전력변환장치
③ 차단기   ④ 접속함

해설 전기사업용 태양광 발전설비 정기검사 항목
1) 태양광발전설비계통
  ① 태양광 전지
  ② 전력변환장치
  ③ 변압기
  ④ 차단기(발전기용)

2) 종합검사
  ① 종합연동시험
  ② 부하운전시험

78 한전계통에 순간정전이 발생하여 태양광발전시스템 인버터가 정지할 때 동작되는 계전기는?

① 주파수계전기
② 과전압계전기
③ 저전압계전기
④ 역상계전기

해설 저전압계전기(Under Voltage Relay)
① 전압의 크기가 일정 값 이하일 때 동작하는 계전기
② 전압이 일정 크기 이하로 저하되었을 때 전동기 등의 전력설비를 보호하거나, 단독운전방지를 위해 저전압(정전)을 검출하여 분전반 차단기를 OFF 시킨다.

15.2.77 / 15.2.79 / 16.2.66 / 16.2.78 / 16.4.80 /
18.1.65 / 19.2.76

79 사업용 태양광 발전설비 정기검사 항목 중 전력변환장치 검사내용이 아닌 것은?

① 외관검사
② 접지저항 측정
③ 단독운전 방지 시험
④ 제어회로 및 경보장치 시험

해설 사업용 태양광 발전설비 전력변환장치의 정기검사 항목
1) 일반규격
  ① 규격확인
  ② 외관검사
  ③ 절연저항
  ④ 제어회로 및 경보장치
  ⑤ 단독운전 방지시험
  ⑥ 인버터 운전시험

2) 보호장치 : 보호장치시험

3) 축전지
  ① 시설상태 확인
  ② 전해액 확인
  ③ 환기시설 상태

80 태양광발전시스템 사용전검사와 관련된 법은?

① 전기사업법   ② 전기공사업법
③ 전력기술관리법 ④ 한국전력공사규정

해설 전기사업법 제63조(사용전검사)

81 KEC 한국전기설비규정의 변경으로 삭제됨

15.2.82 / 15.4.99 / 17.4.95

82 주택의 태양전지모듈에 접속하는 부하측 옥내배선을 시설하는 경우에 주택의 옥내전로의 대지전압은 직류 몇 [V] 이하인가?

① 200   ② 300
③ 500   ④ 600

해설 옥내전로의 대지 전압의 제한
주택의 태양전지모듈에 접속하는 부하측 옥내배선(복수의 태양전지모듈을 시설하는 경우에는 그 집합체에 접속하는 부하측의 배선)을 다음에 따라 시설하는 경우에 주택의 옥내전로의 대지전압은 직류 600[V] 이하일 것

정답 77. ④ 78. ③ 79. ② 80. ① 81. 82. ④

① 전로에 지락이 생겼을 때 차동적으로 전로를 차단하는 장치를 시설할 것
② 사람이 접촉할 우려가 없는 은폐된 장소에 합성수지관공사, 금속관공사 및 케이블 공사에 의하여 시설하거나, 사람이 접촉할 우려가 없도록 케이블 공사에 의하여 시설하고 전선에 적당한 방호장치를 시설할 것

13.4.81 / 14.4.89 / 15.2.83 / 16.2.88 / 16.4.93 / 17.4.88 / 19.4.82

83 발전사업의 정의로 옳은 것은?

① 전기를 생산하여 전기수용가에 공급하는 사업
② 생산된 전기를 배전사업자에게 송전하는데 필요한 전기설비를 설치·관리하는 사업
③ 송전된 전기를 전기사용자에게 배전하는데 필요한 전기설비를 설치·운용하는 사업
④ 전기를 생산하여 전력시장을 통하여 전기판매사업자에게 공급하는 사업

해설 정의(전기사업법 제2조)
① 전기사업 : 발전사업·송전사업·배전사업·전기판매사업 및 구역전기사업
② 발전사업 : 전기를 생산하여 이를 전력시장을 통하여 전기판매사업자에게 공급하는 것을 주된 목적으로 하는 사업
③ 송전사업 : 발전소에서 생산된 전기를 배전사업자에게 송전하는 데 필요한 전기설비를 설치·관리하는 것을 주된 목적으로 하는 사업
④ 배전사업 : 발전소로부터 송전된 전기를 전기사용자에게 배전하는 데 필요한 전기설비를 설치·운용하는 것을 주된 목적으로 하는 사업
⑤ 구역전기사업 : 대통령령으로 정하는 규모 이하의 발전설비를 갖추고 특정한 공급구역의 수요에 맞추어 전기를 생산하여 전력시장을 통하지 아니하고 그 공급구역의 전기사용자에게 공급하는 것을 주된 목적으로 하는 사업

84 다음 중 신·재생에너지설비 인증을 함에 있어 설비심사기준으로 적합하지 않은 것은?

① 설비의 생산성
② 설비의 효율성
③ 설비의 내구성
④ 국제 또는 국내의 성능 및 규격에의 적합성

해설 ※ 삭제되어 시행되지 않는 법령
신재생에너지설비인증제도는 신재생에너지의 보급 확대와 산업육성 지원을 위해 2003년에 도입, 시행되었으며, 다수의 인증 획득을 위한 기업의 부담과 소비자의 혼란을 해소하기 위한 정부의 인증통합 정책 방침에 따라 2015.7.29일부터 KS인증제도로 전환하여 시행됨

15.2.85 / 19.2.99

85 지방자치단체의 저탄소 녹색성장 시책을 장려하고 지원하며, 녹색성장의 정착·확산을 위하여 사업자와 국민, 민간단체에 정보의 제공 및 재정 지원 등 필요한 조치를 할 수 있는 기관은?

① 대기업 ② 국민
③ 민간단체 ④ 국가

해설 국가의 책무(녹색성장법 제4조)
① 국가는 정치·경제·사회·교육·문화 등 국정의 모든 부문에서 저탄소 녹색성장의 기본원칙이 반영될 수 있도록 노력하여야 한다.
② 국가는 각종 정책을 수립할 때 경제와 환경의 조화로운 발전 및 기후변화에 미치는 영향 등을 종합적으로 고려하여야 한다.
③ 국가는 지방자치단체의 저탄소 녹색성장 시책을 장려하고 지원하며, 녹색성장의 정착·확산을 위하여 사업자와 국민, 민간단체에 정보의 제공 및 재정 지원 등 필요한 조치를 할 수 있다.
④ 국가는 에너지와 자원의 위기 및 기후변화 문제에 대한 대응책을 정기적으로 점검하여 성과를 평가하고 국제협상의 동향 및 주요 국가의 정책을 분석하여 적절한 대책을 마련하여야 한다.
⑤ 국가는 국제적인 기후변화대응 및 에너지·자원 개발협력에 능동적으로 참여하고, 개발도상국가에 대한 기술적·재정적 지원을 할 수 있다.

정답 83.④ 84.① 85.④

86 전기공사의 종류가 아닌 것은?

① 저수지, 수로 및 이에 수반되는 구조물 공사
② 발전 송전 변전 및 배전 설비공사
③ 산업시설물, 건축물, 및 구조물의 전기설비 공사
④ 전기철도 및 철도신호의 전기설비공사

해설 전기공사(전기공사업법 시행령 제2조)
전기공사는 다음의 공사(저수지, 수로 및 이에 수반되는 구조물의 공사는 제외한다)로 한다.
① 발전·송전·변전 및 배전 설비공사
② 산업시설물, 건축물 및 구조물의 전기설비공사
③ 도로, 공항 및 항만 전기설비공사
④ 전기철도 및 철도신호 전기설비공사
⑤ ①~④호까지의 규정에 따른 전기설비공사 외의 전기설비공사
⑥ ①~⑤호까지의 규정에 따른 전기설비 등을 유지·보수하는 공사 및 그 부대공사

15.2.87 / 19.2.84

87 발전소 등의 부지 시설조건에서 틀린 것은?

① 산지전용 후 발생하는 절·성토면의 수직높이는 15[m] 이하로 한다.
② 부지조성을 위해 산지를 전용할 경우에는 산지의 평균 경사도가 25도 이하여야 한다.
③ 산지전용면적 중 산지전용으로 발생되는 절·성토 경사면의 면적이 100분의 50을 초과해서는 안 된다.
④ 산지전용 후 발생되는 절토면 최하단부에서 발전 및 변전실까지의 최소이격거리는 보안울타리, 외각도로, 수림대 등을 포함하여 5[m] 이상이어야 한다.

해설 발전소 등의 부지 시설조건(기술기준 제21조의2)
전기설비의 부지(敷地)의 안정성 확보 및 설비 보호를 위하여 발전소·변전소·개폐소를 산지에 시설할 경우에는 풍수해, 산사태, 낙석 등으로부터 안전을 확보할 수 있도록 다음에 따라 시설하여야 한다.
① 부지조성을 위해 산지를 전용할 경우에는 전용하고자 하는 산지의 평균 경사도가 25도 이하여야 하며, 산지전용면적중 산지전용으로 발생되는 절·성토 경사면의 면적이 100분의 50을 초과해서는 아니 된다.
② 산지전용 후 발생하는 절·성토면의 수직높이는 15[m] 이하로 한다. 다만, 345[kV]급 이상 변전소 또는 전기사업용전기설비인 발전소로서 불가피하게 절·성토면 수직높이가 15[m] 초과되는 장대비탈면이 발생할 경우에는 절·성토면의 안정성에 대한 전문용역기관(토질 및 기초와 구조분야 전문기술사를 보유한 엔지니어링 활동주체로 등록된 업체)의 검토 결과에 따라 용수, 배수, 법면보호 및 낙석방지 등 안전대책을 수립한 후 시행하여야 한다.
③ 산지전용 후 발생하는 절토면 최하단부에서 발전 및 변전설비까지의 최소이격거리는 보안울타리, 외곽도로, 수림대 등을 포함하여 6[m] 이상이 되어야 한다. 다만, 옥내변전소와 옹벽, 낙석방지망 등 안전대책을 수립한 시설의 경우에는 예외로 한다.

13.4.97 / 15.2.88 / 16.2.82 / 16.2.94 / 17.1.90 / 17.4.81 / 19.1.90 / 19.2.89 / 19.4.93

88 산업통상자원부장관은 관계 중앙행정기관의 장과 협의를 한 후 신·재생에너지정책심의회의 심의를 거쳐 신·재생에너지의 기술개발 및 이용·보급을 촉진하기 위한 기본계획을 몇 년마다 수립하여야 되는가?

① 1년　　② 3년
③ 5년　　④ 10년

해설 기본계획의 수립(신재생에너지법 제5조)
① 산업통상자원부장관은 관계 중앙행정기관의 장과 협의를 한 후 신·재생에너지정책심의회의 심의를 거쳐 신·재생에너지의 기술개발 및 이용·보급을 촉진하기 위한 기본계획을 5년마다 수립하여야 한다.
② 기본계획의 계획기간은 10년 이상으로 한다.

89 KEC 한국전기설비규정의 변경으로 삭제됨

정답 86.① 87.④ 88.③ 89.

90 심의회의 원활한 심의를 위하여 필요한 경우에는 심의회에 신·재생에너지전문위원회를 둘 수 있다. 전문위원회의 위원은 신·재생에너지 분야에 관한 전문지식을 가진 사람으로서 누가 위촉하는 사람인가?

① 산업통상자원부장관
② 국무총리
③ 미래창조과학부장관
④ 행정안전부장관

해설 신·재생에너지정책심의회의 구성(신재생에너지법 시행령 제4조)

1) 신·재생에너지정책심의회는 위원장 1명을 포함한 20명 이내의 위원으로 구성한다.

2) 심의회의 위원장은 산업통상자원부 소속 에너지 분야의 업무를 담당하는 고위공무원단에 속하는 일반직공무원 중에서 산업통상자원부장관이 지명하는 사람으로 하고, 위원은 다음의 사람으로 한다.
① 기획재정부, 과학기술정보통신부, 농림축산식품부, 산업통상자원부, 환경부, 국토교통부, 해양수산부의 3급 공무원 또는 고위공무원단에 속하는 일반직공무원 중 해당 기관의 장이 지명하는 사람 각 1명
② 신·재생에너지 분야에 관한 학식과 경험이 풍부한 사람 중 산업통상자원부장관이 위촉하는 사람

91 태양광발전설비에서 용량에 관계없이 전기안전관리자를 선임할 수 있는 기준으로 맞는 것은?

① 전기기사 또는 전기기능장 자격 소지자로 실무경력 2년 이상인자
② 전기기사 또는 전기기능장 자격 소지자로 실무경력 3년 이상인자
③ 전기기사 또는 전기기능장 자격 소지자로 실무경력 4년 이상인자
④ 전기기사 또는 전기기능장 자격 소지자로 실무경력 5년 이상인자

해설 전기안전관리자의 선임 등(전기사업법 시행규칙 제40조, 제44조 별표12)

전기안전관리자의 선임기준 및 세부기술자격

구분	안전관리 대상	안전관리자 자격기준	안전관리 보조원인력
발전설비가, 전기설비(수력, 기력, 가스터빈, 복합화력, 원자력 및 그 밖의 발전소 공통)	모든 전기설비의 공사·유지 및 운용	전기 분야 기술사 자격소지자, 전기기사 또는 전기기능장 자격소지자로서 실무경력 2년 이상인 사람	용량 500,000[kW] 이상은 전기 및 기계분야 각 2명
	전압100,000[V] 미만 전기설비의 공사·유지 및 운용	전기산업기사 자격소지자로서 실무경력 4년 이상인 사람	용량 100,000[kW] 이상 500,000[kW] 미만은 전기 분야 2명, 기계 분야 1명
발전설비가, 전기설비(수력, 기력, 가스터빈, 복합화력, 원자력 및 그 밖의 발전소 공통)	전압100,000[V] 미만으로서 전기설비용량 2,000[kW] 미만 전기설비의 공사·유지 및 운용	전기기사 또는 전기기능장 자격소지자로서 실무경력 1년 이상인 사람 또는 전기산업기사 자격소지자로서 실무경력 2년 이상인 사람	용량 10,000[kW] 이상 100,000[kW] 미만은 전기 및 기계분야 각 1명
	전압100,000[V] 미만으로서 전기설비용량 1,500[kW] 미만 전기설비의 공사·유지 및 운용	전기산업기사 이상 자격소지자	

92 과전류 차단기로서 저압 전로에 사용하는 100[A] 퓨즈는 수평으로 붙여서 시험할 때 1.6배의 전류를 통하는 경우는 몇 분 안에 용단되어야 하며 또는 2배의 전류를 통하는 경우는 몇 분 안에 용단되어야 하는가?

① 30분, 2분
② 60분, 4분
③ 120분, 6분
④ 120분, 8분

정답 90. ① 91. ① 92. ③

[해설] 저압전로 중의 과전류차단기의 시설

과전류차단기로 저압전로에 사용하는 퓨즈는 수평으로 붙인 경우에 다음에 적합한 것이어야 한다.
① 정격전류의 1.1배의 전류에 견딜 것
② 정격전류의 1.6배 및 2배의 전류를 통한 경우에 표에서 정한 시간 내에 용단될 것

정격전류의 구분	시간	
	정격전류의 1.6배의 전류를 통한 경우	정격전류의 2배의 전류를 통한 경우
30[A] 이하	60분	2분
30[A] 초과 60[A] 이하	60분	4분
60[A] 초과 100[A] 이하	120분	6분
100[A] 초과 200[A] 이하	120분	8분
200[A] 초과 400[A] 이하	180분	10분
400[A] 초과 600[A] 이하	240분	12분
600[A] 초과	240분	20분

13.4.86 / 15.2.93 / 15.4.51 / 15.4.100 / 16.4.99 / 17.2.96 / 18.1.48

93 태양전지 모듈에 시설하는 전선은 공칭단면적 얼마 이상의 연동선 또는 이와 동등 이상의 세기 및 굵기[mm²]의 전선을 사용해야 하는가?

① 2.5 ② 4 ③ 6 ④ 8

[해설] 태양전지 모듈 등의 시설

1) 충전부분은 노출되지 않도록 시설할 것

2) 태양전지 모듈에 접속하는 부하측의 전로(복수의 태양전지 모듈을 시설한 경우에는 그 집합체에 접속하는 부하측의 전로)에는 그 접속점에 근접하여 개폐기 기타 이와 유사한 기구(부하전류를 개폐할 수 있는 것에 한한다)를 시설할 것

3) 태양전지 모듈을 병렬로 접속하는 전로에는 그 전로에 단락이 생긴 경우에 전로를 보호하는 과전류차단기 기타의 기구를 시설할 것. 다만, 그 전로가 단락전류에 견딜 수 있는 경우에는 그렇지 않다.

4) 전선은 다음에 의하여 시설할 것. 다만, 기계기구의 구조상 그 내부에 안전하게 시설할 수 있을 경우에는 그렇지 않다.
① 전선은 공칭단면적 2.5[mm²] 이상의 연동선 또는 이와 동등 이상의 세기 및 굵기의 것일 것

② 옥내에 시설할 경우에는 합성수지관공사, 금속관공사, 가요전선관공사 또는 케이블공사로 시설할 것
③ 옥측 또는 옥외에 시설할 경우에는 합성수지관공사, 금속관공사, 가요전선관공사 또는 케이블공사로 시설할 것

13.4.88 / 15.2.94 / 17.4.100 / 19.2.83

94 에너지원을 다양화 하고, 에너지의 안정적인 공급, 에너지 구조의 환경친화적 전환 및 온실가스 배출의 감소를 추진함으로써 환경의 보전, 국가경제의 건전하고 지속적인 발전 및 국민복지의 증진에 이바지함을 목적으로 하는 법은?

① 전기공사업법
② 에너지이용효율화법
③ 신에너지 및 재생에너지 개발 이용 보급 촉진법
④ 저탄소 녹색성장 기본법

[해설] 목적(신재생에너지법 제1조)

① 신에너지 및 재생에너지의 기술개발 및 이용·보급 촉진
② 신에너지 및 재생에너지 산업의 활성화를 통하여 에너지원을 다양화
③ 에너지의 안정적인 공급
④ 에너지 구조의 환경친화적 전환
⑤ 온실가스 배출의 감소를 추진함으로써 환경의 보전, 국가경제의 건전하고 지속적인 발전 및 국민복지의 증진에 이바지함

14.4.1 / 15.2.95 / 17.1.50 / 18.1.9 / 18.2.86 / 18.4.82 / 19.4.17

95 고압 및 특별고압의 전로에 피뢰기를 설치하지 않아도 되는 것은?

① 변전소 또는 이에 준하는 장소의 가공전선 인입구 및 인출구
② 고압 및 특고압 가공전선로부터 공급을 받는 수용장소의 인입구
③ 지중전선로에 연결된 구내 수전설비 2차측 선로
④ 가공전선로와 지중전선로가 접속되는 곳

해설 피뢰기의 시설

고압 및 특고압의 전로 중 다음에 열거하는 곳 또는 이에 근접한 곳에는 피뢰기를 시설하여야 한다.
① 발전소·변전소 또는 이에 준하는 장소의 가공전선 인입구 및 인출구
② 가공전선로에 접속하는 배전용 변압기의 고압측 및 특고압측
③ 고압 및 특고압 가공전선로로부터 공급을 받는 수용장소의 인입구
④ 가공전선로와 지중전선로가 접속되는 곳

96 전기사업법 제2조 제4호에 따른 발전사업자 또는 같은 조 제19호에 따른 자가용전기설비를 설치한 자로서 신·재생에너지 발전을 하는 사업자는 어떤 사업자인가?

① 에너지발전 사업자
② 에너지송전 사업자
③ 에너지배전 사업자
④ 신·재생에너지 발전사업자

해설 신·재생에너지 발전사업자
① 발전사업의 허가를 받은 자
② 자가용전기설비(전기사업용 전기설비 및 일반용 전기설비 외의 전기설비를 말함)를 설치한 자

15.2.97 / 17.4.94 / 19.4.98

97 전로의 중성점을 접지하는 목적에 해당되지 않는 것은?

① 보호장치의 확실한 동작의 확보
② 부하 전류의 일부를 대지로 흐르게 함으로써 전선을 절약
③ 이상 전압의 억제
④ 대지 전압의 저하

해설 전로의 중성점의 접지
① 전로의 보호장치의 확실한 동작의 확보
② 이상 전압의 억제
③ 대지전압의 저하

98 정부가 수립·시행하여야 하는 에너지정책 및 에너지와 관련된 계획의 기본원칙으로 가장 적절하지 못한 것은?

① 석유·석탄 등 화석연료의 사용을 단계적으로 축소하고 에너지 자립도를 획기적으로 향상시킨다.
② 에너지 수요관리를 강화하여 지구온난화를 예방하고 환경을 보전한다.
③ 신·재생에너지의 개발·생산·이용 및 보급을 확대하고 에너지 공급원을 다변화한다.
④ 에너지가격 및 에너지산업에 대한 규제를 강화하고 거래 제도를 도입하여 새로운 시장을 창출한다.

해설 에너지정책 등의 기본원칙(녹색성장법 제39조)

정부는 저탄소 녹색성장을 추진하기 위하여 에너지정책 및 에너지와 관련된 계획을 다음의 원칙에 따라 수립·시행하여야 한다.
① 석유·석탄 등 화석연료의 사용을 단계적으로 축소하고 에너지 자립도를 획기적으로 향상시킨다.
② 에너지 가격의 합리화, 에너지의 절약, 에너지 이용 효율 제고 등 에너지 수요관리를 강화하여 지구온난화를 예방하고 환경을 보전하며, 에너지 저소비·자원순환형 경제·사회구조로 전환한다.
③ 태양에너지, 폐기물·바이오에너지, 풍력, 지열, 조력, 연료전지, 수소에너지 등 신·재생에너지의 개발·생산·이용 및 보급을 확대하고 에너지 공급원을 다변화한다.
④ 에너지가격 및 에너지산업에 대한 시장경쟁 요소의 도입을 확대하고 공정거래 질서를 확립하며, 국제 규범 및 외국의 법제도 등을 고려하여 에너지산업에 대한 규제를 합리적으로 도입·개선하여 새로운 시장을 창출한다.
⑤ 국민이 저탄소 녹색성장의 혜택을 고루 누릴 수 있도록 저소득층에 대한 에너지 이용 혜택을 확대하고 형평성을 제고하는 등 에너지와 관련한 복지를 확대한다.
⑥ 국외 에너지자원 확보, 에너지의 수입 다변화, 에너지 비축 등을 통하여 에너지를 안정적으로 공급함으로써 에너지에 관한 국가안보를 강화한다.

정답 96. ④ 97. ② 98. ④

99 신재생에너지 우수 전문기업의 선정을 위한 평가기준에 해당하지 않는 것은?

① 기술인력
② 시공 능력
③ 기업의 신용 상태
④ 품질 및 사후관리 실적

해설 ※ 삭제되어 시행되지 않는 법령
(신재생에너지법 시행령 제25조의2)
신·재생에너지 우수 전문기업의 선정을 위한 평가기준은 다음과 같다.
① 기술인력
② 시공 실적
③ 기업의 신용 상태
④ 품질 및 사후관리 실적
⑤ 그밖에 산업통상자원부장관이 필요하다고 인정하는 기준

100 저압 가공 전선을 가공 전화선에 접근하여 시설하는 경우 수평 이격거리의 최솟값[m]은?

① 0.3 ② 0.6
③ 1   ④ 1.5

해설 **가공전선과 첨가 통신선과의 이격거리**
가공전선로의 지지물에 시설하는 통신선은 다음에 따른다.
① 통신선은 가공전선의 아래에 시설할 것
② 통신선과 저압 가공전선 또는 특고압 가공전선로의 다중 접지를 한 중성선 사이의 이격거리는 60[cm] 이상일 것. 다만, 저압 가공전선이 절연전선 또는 케이블인 경우에 통신선이 절연전선과 동등 이상의 절연효력이 있는 것인 경우에는 30[cm](저압 가공전선이 인입선이고 또한 통신선이 첨가 통신용 제2종 케이블 또는 광섬유 케이블일 경우에는 15[cm]) 이상으로 할 수 있다.
③ 통신선과 고압 가공전선 사이의 이격거리는 60[cm] 이상일 것. 다만, 고압 가공 전선이 케이블인 경우에 통신선이 절연전선과 동등 이상의 절연효력이 있는 것인 경우에는 30[cm] 이상으로 할 수 있다.

정답 99. ② 100. ②

2015 제4회 기출문제

15.2.97 / 17.4.94 / 19.4.98

01 태양광발전용 인버터의 회로방식으로 적당하지 않은 것은?

① 트랜스리스 방식
② 상용주파 변압기 절연방식
③ 고주파 변압기 절연방식
④ 단권변압기 절연방식

해설 인버터의 회로방식별 분류

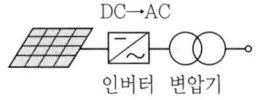

상용주파 변압기 절연방식

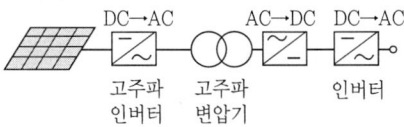

고주파변압기 절연방식

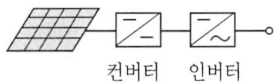

트랜스리스(Transless) 방식

① 상용주파 변압기 절연방식 : 태양전지의 직류 출력을 상용주파의 교류로 변환한 후 변압기로 절환하다.
② 고주파 변압기 절연방식 : 태양전지의 직류 출력을 고주파의 교류로 변환한 후 소형의 고주파 변압기로 절연을 한다. 그 후 일단 직류로 변환하고 재차 상용주파의 교류로 변환한다.
③ 트랜스리스(Transless) 방식 : 태양전지의 직류출력을 DC-DC 컨버터로 승압하고 인버터에서 상용주파의 교류로 변환한다.

02 태양전지 모듈의 공칭 태양전지 동작온도(NOCT : Nominal Operating Cell Temperature)에서의 측정 조건이 아닌 것은?

① 습도 35%
② 풍속 1m/s
③ 외기온도 20℃
④ 총 방사조도 800W/m²

해설 공칭 태양광발전 전지 동작 온도 측정시험(Measurement of Nominal Operating Cell Temperature)
태양광발전 모듈의 공칭 전지 동작 온도(Nominal Operating Cell Temperature, NOCT)는 다음의 표준 기준 환경(Standard Reference Environment, SRE)에서 개방형 선반식 가대(open rack)에 설치한 모듈을 구성하는 태양광발전 전지의 평균 접합 온도로 정의된다.
① 경사각 : 수평면을 기준으로 45도
② 경사면 일조강도 : 800 W · m²
③ 주위기온 : 20℃
④ 풍속 : 1m/s
⑤ 전기적 부하 : 없음(회로 개방 상태)

03 실리콘형 태양전지의 재료 중 P형 반도체의 특성이 맞는 것은?

① 정공이 다수 캐리어이다.
② 전자가 다수 캐리어이다.
③ 전자 · 정공 모두 다수 캐리어이다.
④ 전자 · 정공 모두 소수 캐리어이다.

해설 불순물 반도체의 특성
p형반도체 : 정공이 다수캐리어
n형반도체 : 전자가 다수캐리어

14.4.10 / 15.4.4 / 17.2.2 / 17.2.12 / 18.4.20

04 일반적인 전지와 비교해서 태양전지의 특징을 설명한 내용 중 옳은 것은?

> (ㄱ) 태양전지가 전달하는 전력은 입사하는 빛의 세기에 따라 달라짐
> (ㄴ) 태양전지로부터의 전류 값은 부하저항에 따라 변하지 않음
> (ㄷ) 태양전지로부터 얻을 수 있는 전력은 부하저항에 따라 변하지 않음
> (ㄹ) 빛에 의한 전기화학적인 전위의 일시적인 변화로부터 emf(기전력)을 유도함

정답 1.④ 2.① 3.①

① ㄱ, ㄴ ② ㄱ, ㄴ, ㄷ
③ ㄱ, ㄹ ④ ㄴ, ㄷ, ㄹ

해설 태양전지의 특징
① 태양광 모듈의 전압·전류 특성

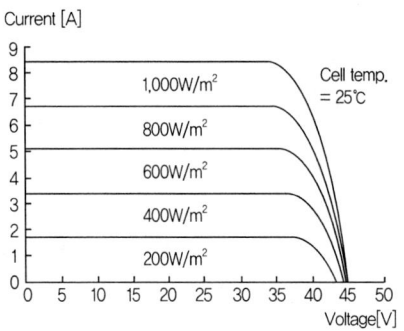

태양광 모듈의 일사량에 따른 출력 전압과 전류 값

태양광 모듈의 출력은 일사량과 온도에 의해 영향을 받는다. 일사량이 강할수록 전류의 증가로 인해 출력 전력이 증가하고 이때 전압은 일조 강도의 변화에 영향이 적다.

② 태양전지에 의한 발전원리
태양에너지를 전기에너지로 변환할 목적으로 제작된 광전지로서 금속과 반도체의 접촉면 또는 반도체의 PN접합에 빛을 조사(照射)하면 광전효과에 의해 광기전력이 일어나는 것을 이용한 것

※ 광전 효과(Photovoltaic Effect)

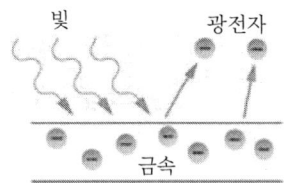

금속 등의 물질이 고유의 특정 파장보다 짧은 파장(높은 에너지)을 가진 전자기파를 흡수했을 때 전자를 내보내는 현상

14.4.4 / 15.4.5 / 18.4.1
05 태양광발전시스템의 어레이 추적방식이 아닌 것은?
① 감지식 추적방식 ② 혼합식 추적방식
③ 집광식 추적방식 ④ 프로그램 추적방식

해설 추적제어방식에 따른 분류
1) 감지식 추적법(Sensor Tracking)

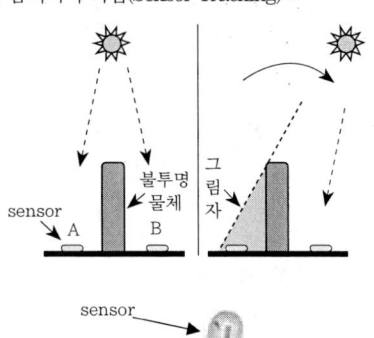

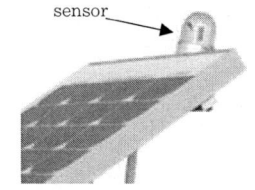

① 감지기(sensor)기구는 모듈의 상부 혹은 측면에 부착되며, 일정시간 간격으로 불투명물체에 가려진 두 개의 일사량감지 센서에 비추는 일사량이 평형이 되도록 모듈고정 구조물은 구동되며, 발전량을 최대로 한다.
② 감지기를 이용하여 최대 입사량을 추적해 가는 방식으로 감지기의 종류와 형태에 따라 오차가 발생하기도 한다.
③ 특히 태양이 구름에 가리거나 부분 음영이 발생하는 경우 감지부의 정확한 태양궤도 추적이 곤란하다.

2) 프로그램 추적법(Program Tracking)
태양의 연중 이동 궤도를 추적하는 프로그램을 내장한 컴퓨터 또는 마이크로프로세서를 이용하여 프로그램에 위도, 경도, 년, 월, 일에 따라 최적의 태양 위치를 저장해 놓고 추적한다.

3) 혼합추적식(Mixed Tracking)
프로그램 추적법을 중심으로 운영하면서 설치위치에 따른 미세한 부분은 주기적으로 수정해주는 방법으로 가장 이상적인 방법

06 집광형 태양광발전시스템에 관한 설명으로 틀린 것은?
① 주로 확산광(diffused light)을 집광한다.

② 렌즈 혹은 거울(mirror)을 사용하여 집광한다.
③ 높은 전류 값으로 인해 전극에서의 손실을 줄이는 것이 중요하다.
④ 집광된 빛이 입사될 경우 셀의 온도가 일정하면 변환효율은 낮아지지 않고 유지가 된다.

해설 집광형 태양광발전시스템
① 집광시스템에서 가장 중요한 것은 집광률(Concentration ratio)이며, 집광률에 따라 ×10배 이하의 저집광, ×10 ~ ×100 배율의 중집광, ×100 ~ ×1000 배율의 고집광으로 나눌 수 있고, 집광하는 광학시스템에 따라서 반사형(Reflective)과 굴절형(Refractive)으로 나눈다.
② 집광형 시스템의 다른 특징은 트래킹 시스템(Tracking system)이 반드시 필요하며, 집광을 위한 광학계는 기본적으로 망원경과 같은 원리로 먼 물체의 아주 작은 부분만을 보게 되어 있다.
③ 따라서 태양을 정확하게 향하지 않고 그 각도가 약간만 틀어지면 태양전지 셀에 집광할 수 없으므로 항상 태양을 향하도록 양방향 추적식(Double Axis Tracking / 양축) 구조물이 필요하다.
④ 고집광의 경우에는 직사광만을 사용하고, 산란광(구름이나 먼지 등으로 굴절된 광)은 사용하지 않기 때문에 직사광이 강한 지역에 사용하는 것이 유리하다.

07 모듈의 +COMMON은 접지와 연결되어 있고, 지락 발생 시 직렬모듈 전체 전압 변화로 모듈의 지락상태 및 위치를 파악할 수 있는 그림이다. 접속반 채널이 정상상태인 경우 단자 A와 B 사이의 전압은 몇 V인가?

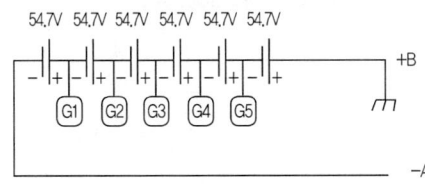

① DC 54.7 V
② DC 164.1 V
③ DC 273.5 V
④ DC 328.2 V

해설 직렬모듈 합성 전압(V_{MT})
V_{MT} = 모듈 전압×직렬 모듈 수량 = 54.7×6 = 328.2 [V]

08 태양광발전의 장점으로 가장 옳은 것은?
① 전력생산량이 지역별 일사량에 의존한다.
② 에너지밀도가 낮아 큰 설치면적이 필요하다.
③ 설치장소가 한정적이며, 시스템 비용이 고가이다.
④ 에너지의 원료인 태양의 빛은 무료이며, 무한이다.

해설 태양광발전의 특징
1) 장점
① 에너지의 원료인 태양의 빛은 무료이며, 무한이다.
② 환경오염이 없는 청정에너지원이다.
③ 발전과정에서 환경오염이 없다.
④ 유지관리 비용이 적다.

2) 단점
① 에너지밀도가 낮아 큰 설치면적이 필요하다.
② 설치장소가 한정적이며, 시스템 비용이 고가이다.
③ 발전량은 계절과 일조량의 영향을 많이 받는다.

15.4.9 / 18.2.17

09 다음 중 연료전지의 종류가 아닌 것은?
① 인산형(PAFC)
② 용융탄산염형(MCFC)
③ 분산전해질형(PEFC)
④ 고체산화물형(SOFC)

해설 연료전지의 종류(전해질 종류에 따라 연료전지를 구분)

구분	알카리 (AFC)	인산형 (PAFC)	용융탄산염형 (MCFC)	고체산화물형 (SOFC)	고분자전해질형 (PEMFC)	직접매탄올 (DMFC)
전해질	알카리	인산형	탄산염	세라믹	이온교환막	이온교환막
동작온도(℃)	120이하	250이하	700이하	1,200이하	100이하	100이하
효율(%)	85	70	80	85	75	40
용도	우수발사체 전원	중형건물 (200kW)	중·대형건물 (100kW~MW)	소·중·대용량 발전(1kw~MW)	가정·상업용 (1~10kW이하)	소형이동 (1kW이하)
특징	-	CO 내구성 큼, 열병합 대응가능	발전효율 높음, 내부개질 가능, 열병합대응 가능	발전효율 높음, 내부개질 가능, 복합발전 가능	저온작동 고출력밀도	저온작동 고출력밀도

* AFC(Alkaline Fuel Cell), PAFC(Phosphoric Acid FC), MCFC(Molten Carbonate), SOFC(Solid Oxide), PEMFC(Polymer Electrolyte Membrane), DMFC(Direct Methanol) → 순서대로 기술발전 단계임

10 이상적인 변압기에 대한 설명 중 옳은 것은?

① 단자전류의 비 I_2/I_1는 권수비와 같다.
② 단자전압의 비 V_2/V_1는 코일의 권수비와 같다.
③ 1차측 복소전력은 2차측 부하의 복소전력과 같다.
④ 1차 단자에서 본 전체 임피던스는 부하 임피던스에 권수비의 자승의 역수를 곱한 것과 같다.

해설 변압기의 원리

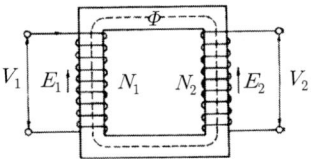

① 1개의 철심에 2개의 권선(코일)을 감고 한쪽의 권선에 전압 $V_1[V]$의 사인파 전압을 가하면, 철심 중에 자속 $\Phi[Wb]$가 발생하며, 이 자속과 쇄교하는 다른 쪽 권선에는 권선 횟수에 비례하는 V_2의 전압을 공급받게 된다.
② 1차, 2차 권선에 유도되는 기전력의 비는 변압기의 권수비에 비례하며, 권수비를 a라 하면

$$a = \frac{N_1}{N_2} = \frac{V_1}{V_2} = \frac{I_2}{I_1}$$

11 태양전지에 입사되는 광에너지에 의하여 출력되는 전기에너지의 비율을 무슨 효율이라 하는가?

① 결합효율   ② 규약효율
③ 평균동작효율 ④ 광전변환효율

해설 광전 변환효율(양자 효율)

단위 시간에 파장 구간별로 태양광발전 전지에 입사되는 광자의 수 에 대한 태양광발전 전지로부터 외부 회로로 흘러나오는 전자 수의 비율

$$\text{광전 변환효율} = \frac{\text{전자의 수(단락 전류/전자의 전하)}}{\text{단위 시간당 입사되는 광자의 수}}$$

12 결정계 실리콘 태양전지 모듈에서 표면온도와 출력과의 관계를 옳게 나타낸 것은?

① 표면온도가 높아지면 출력이 증가한다.
② 표면온도가 높아지면 출력이 감소한다.
③ 표면온도가 낮아지면 출력이 감소한다.
④ 표면온도가 높든지 낮든지 출력에는 영향이 없다.

해설 태양광 모듈의 온도에 따른 출력 전압과 전류 값

① 태양광 모듈의 온도특성을 살펴보면 전류는 양(+)의 온도계수를 가지고 전압과 전력은 음(-)의 온도계수를 가진다. 음의 온도계수의 의미는 온도가 높을수록 태양광 모듈의 전압과 전력은 감소하고, 온도가 낮을수록 태양광 모듈의 전압과 전력이 증가한다는 것을 의미한다.
② 태양전지가 보다 높은 온도에 노출되면 단락전류(I_{SC})는 조금(+0.05[%/℃]) 증가하며, 개방전압(V_{OC})은 (-0.5[%/℃]) 감소한다.
③ 폴리 실리콘 계열의 태양전지는 표면온도가 1[℃] 상승할 때, 대략 0.3~0.5[%]의 출력이 감소한다.

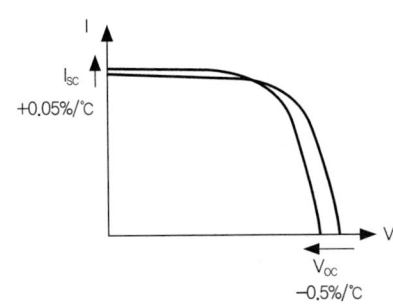

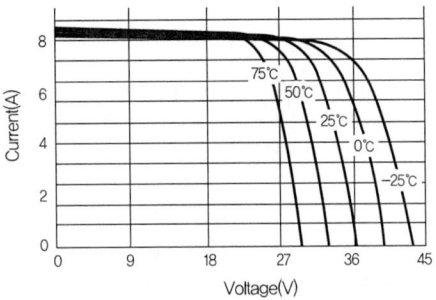

15.4.12 / 15.4.13 / 18.1.63 / 18.2.2 / 18.4.8 / 18.4.73 / 21.2.3

13 태양전지의 변환효율을 상승시키기 위한 방법이 아닌 것은?

① 반도체 내부에서 빛이 흡수되도록 한다.
② 빛에 의해 생성된 전자와 정공쌍이 소멸되지 않고 외부회로까지 전달되도록 한다.
③ PN 접합부에 전기장이 발생하도록 소재 및 공정을 설계한다.
④ 태양전지를 설치할 때 가능한 온도가 상승되도록 한다.

해설 태양광 모듈의 온도에 따른 출력 전압과 전류 값

① 태양광 모듈의 온도특성을 살펴보면 전류는 양(+)의 온도계수를 가지고 전압과 전력은 음(−)의 온도계수를 가진다. 음의 온도계수의 의미는 온도가 높을수록 태양광 모듈의 전압과 전력은 감소하고, 온도가 낮을수록 태양광 모듈의 전압과 전력이 증가한다는 것을 의미한다.
② 태양전지가 보다 높은 온도에 노출되면 단락전류(I_{SC})는 조금 증가하며 개방전압(V_{OC})은 크게 감소한다.
③ 폴리 실리콘 계열의 태양전지는 표면온도가 1[℃] 상승할 때, 대략 0.3~0.5[%]의 출력이 감소한다.

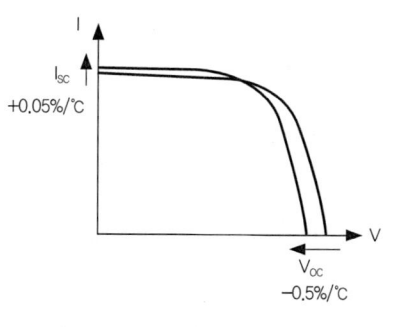

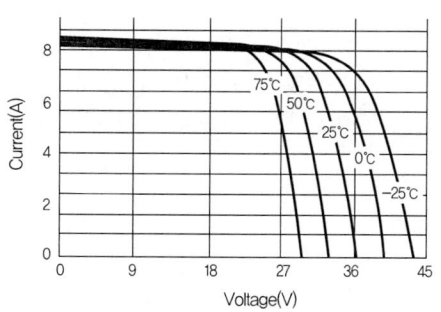

14 태양광발전시스템의 인버터 기능으로 틀린 것은?

① 계통보호를 위한 단독운전 방지기능이 있다.
② 태양전지에 온도가 높이 올라가면 자동적으로 온도를 조정하는 기능이 있다.
③ 태양전지의 출력을 가능한 범위 내에서 유효하게 끌어내기 위한 자동운전 정지기능이 있다.
④ 계통과 인버터에 이상이 있을 때 안전하게 분리하거나 인버터를 정지시키는 기능이 있다.

해설 태양광발전소의 발전효율이 급격히 떨어지는 하절기, 태양전지에 온도가 올라간다고 자동으로 태양전지의 온도를 조절하는 기능은 없다.
일부 태양광 발전소에서 태양전지에 물을 분사해 태양전지의 온도를 낮추려는 냉각 시스템을 발전소에 설치하였지만, 전기, 수도요금 등 비용적인 문제가 발생된 발전소를 확인하였다.

15.4.15 / 17.4.67 / 18.2.14

15 독립형 태양광발전설비의 종류가 아닌 것은?

① 복합형 ② 계통연계형
③ 축전지가 없는 형 ④ 축전지가 있는 형

해설 독립형 태양광발전 시스템

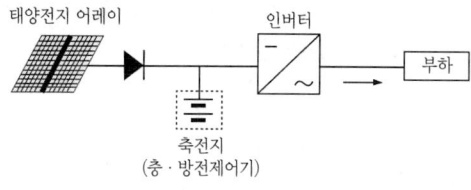

① 외딴 섬과 같이 전기가 들어오지 않는 지역에서, 상용 전력계통과 직접 연결되지 않고 분리된 발전방식으로, 태양광발전시스템의 발전 전력만으로 부하에 전력을 공급한다.
② 야간 혹은 우천 시, 태양광발전시스템의 발전이 불가할 때는 발전된 전력을 저장할 수 있는 축전장치를 접속하여 태양광 전력을 저장하여 사용하는 방식

정답 13. ④ 14. ② 15. ②

계통연계형 시스템

태양광발전으로 부하에 전력공급시 전기가 부족하면 전력회사의 상용전력계통에서 공급을 받고, 전기가 남을 때는 전력회사(상용계통)에 공급하는 시스템

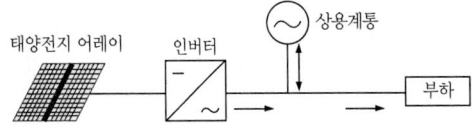

15.4.16 / 16.4.35 / 19.1.22 / 19.2.21 / 19.4.29

16 태양광발전시스템 출력전력이 30000W 이고, 모듈 최대 출력이 140W 이며, 1스트링 직렬매수가 15개인 경우 태양전지 모듈의 병렬회로수는?

① 12 ② 15
③ 17 ④ 19

해설 병렬 회로수(N_P)

$$N_P = \frac{출력\ 전력}{모듈\ 최대\ 전력 \times 1스트링\ 직렬\ 매수}$$

$$= \frac{30,000}{140 \times 15} \fallingdotseq 15$$

15.4.16 / 16.4.35 / 19.1.22 / 19.2.21 / 19.4.29

17 회로에서 입력전압 24[V], 스위칭 주기 50[μs], 듀티비 0.6, 부하저항이 10[Ω]일 때, 출력전압 V_0는 몇 [V]인가? (단, 인덕터의 전류는 일정하고, 커패시터의 C는 출력전압의 리플 성분을 무시할 수 있을 정도로 매우 크다.)

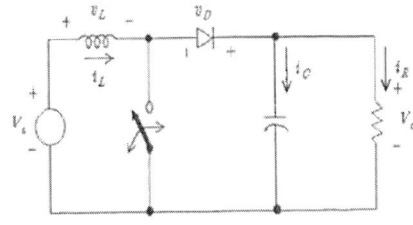

① 20 ② 40
③ 60 ④ 80

해설 출력전압 V

- V = 입력전압 + (듀티비 × 저항)^2
- = 24 + (0.6 × 10)^2 = 60 [V]

※ 듀티비 : 신호가 개폐되면서 한 주기를 이룰 때, 한 주기(전류가 흐른 시간 + 전류가 흐르지 않은 시간)에 대한 전류가 흐른 시간의 비

※ 리플(Ripple)성분 : 교류를 정류하여 직류로 만들 때, 완벽하게 직류가 되지 않고, 일부 남아 있는 교류성분

Ripple 전압

18 태양전지 모듈의 일부에 그늘이 발생함으로써 나타나는 현상이 아닌 것은?

① 그늘진 곳에 위치한 태양전지의 단락전류가 작아진다.
② 그늘진 곳에 위치한 태양전지는 역방향 바이어스 상태가 된다.
③ 그늘진 곳에 위치한 태양전지의 개방전압이 높아진다.
④ 그늘진 곳에 위치한 태양전지는 전기를 소비한다.

해설 바이패스(Bypass) 소자

1) 태양광 모듈의 그림자 영향
① 태양광 모듈은 아주 적은 일부가 그림자에 가려지더라도 모듈 전체의 출력이 크게 저하된다.
② 모듈은 각각의 태양전지를 직렬로 연결하기 때문에 수십 개의 태양전지로 구성된 모듈에서 단 한 개의 셀이 나뭇잎 등에 의해 완전히 가려졌다면 출력 값은 거의 제로(Zero)에 가깝게 떨어진다.
③ 전체 개방전압에서 그림자가 발생한 모듈의 개방전압을 뺀 값 이하에서 전압 동작점이 존재할 때에 그림자가 발생한 모듈의 전류가 역방향이 된다. 따라서 역 전압이 인가되고 부하처럼 동작되어 열이 발생되고 모듈이 파손되는 원인이 된다.

2) 대책(바이패스 다이오드)

바이패스다이오드(Junction Box에 설치)

① 바이패스다이오드(Bypass Diode)는 전류를 한쪽방향으로만 흐르게 만들어 주는 부품으로 P에서 N방향으로 전류가 흐르고 반대 방향으로는 전류를 거의 통과시키지 않는다.

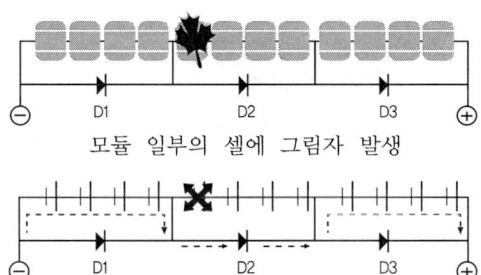

모듈 일부의 셀에 그림자 발생

그림자 발생된 모듈의 전류흐름

② 그림자로 인해 출력이 저하된 셀 또는 셀 그룹을 우회해 전류가 흐르도록 하고, 이를 통한 출력감소는 오직 그림자에 의해 가려진 셀 또는 셀 그룹에 해당하는 부분으로 제한해 출력을 유지한다.

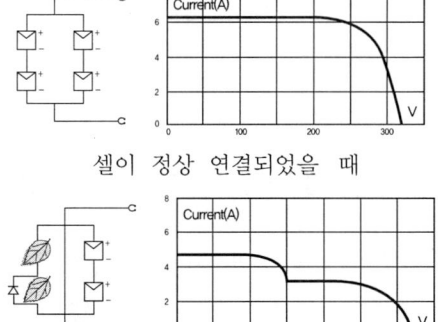

셀이 정상 연결되었을 때

셀 일부가 정상동작하지 않을 시

③ 일반적으로 모듈 한 장(태양전지 6×9)에 셀 54개 배열의 경우에는 다이오드 3개(1개당 18개의 셀)를 설치한다.

19
면적이 200cm²이고 변환효율이 20%인 태양전지에 AM 1.5의 빛을 입사시킬 경우에 생산되는 전력(W)은? (단, 수직복사 E는 1000W/m²이다.)

① 3 ② 4 ③ 5 ④ 6

해설 W = 면적 × 복사량 × 효율 = $200 \times 10^{-4} \times 1,000 \times 0.2 = 4$ [W]

14.4.32 / 15.4.20 / 16.4.13 / 18.4.29 / 19.4.13

20
다음 조건과 같은 태양광발전 독립형 전원시스템의 축전지 용량(Ah)은?

- 1일 정격소비량 : 2.4[kWh]
- 보수율 : 0.8
- 일조가 없는 날 : 10일
- 방전심도 : 65%
- 공칭축전지 전압 : 2[V]
- 축전지 개수 : 48개

① 560 ② 481
③ 440 ④ 390

해설 축전지 용량(C)

$$C = \frac{1일 \ 적산부하 \ 전력량(L_d) \times 일조가 \ 없는 \ 날(D)}{보수율(L) \times 공칭 \ 축전지 \ 전압 \times 축전지 \ 개수 \times 방전심도(DOD)}$$

$$= \frac{2.4 \times 10^3 \times 10}{0.8 \times 2 \times 48 \times 0.65} ≒ 481 \ [Ah]$$

13.4.8 / 14.4.16 / 15.4.21 / 18.2.29 / 18.4.34 / 19.1.20

21
대기질량(Air Mass, AM)에 대한 설명이 아닌 것은?

① AM 0은 대기권 밖일 때
② AM 2.0은 태양빛이 30°로 비추는 상태일 때
③ AM 1.0은 바다표면에 태양빛이 90°로 비추는 상태일 때
④ AM 1.5는 태양빛이 180°로 비추는 스펙트럼일 때

해설 대기 질량 지수(Air Mass index)

빛이 지표면에 이르는 가장 짧은 거리를 통해 공기나 먼지 등에 흡수되어 감소된 태양광에너지의 크기를 나타내는 것

정답 19. ② 20. ② 21. ④

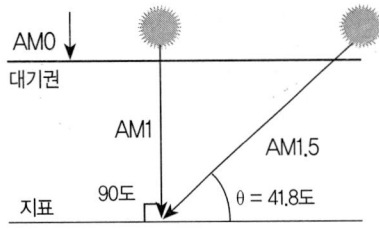

AM 0 : 대기권 밖에서 측정하는 스펙트럼
AM 1 : 태양의 직사광이 지표면에 수직으로 입사한 경우
AM 1.5 : 태양의 직사광이 지표면에 경사각 41.8°(천정각 48.2°)
AM 2 : 태양의 직사광이 지표면에 경사각 30°(천정각 60°)

14.4.40 / 15.4.22 / 16.2.59 / 16.4.52 / 17.1.38 / 17.2.52 / 18.4.32 / 19.2.53

22 태양전지의 기초종류와 적용 목적이 올바르게 설명된 것은?

① 직접 기초 : 지지층이 얕을 경우 사용
② 말뚝 기초 : 하중이 많은 경우 사용
③ 연속 기초 : 하천 내의 교량 등에 사용
④ 주춧돌 기초 : 지지층이 깊을 경우 사용

해설 기초의 분류

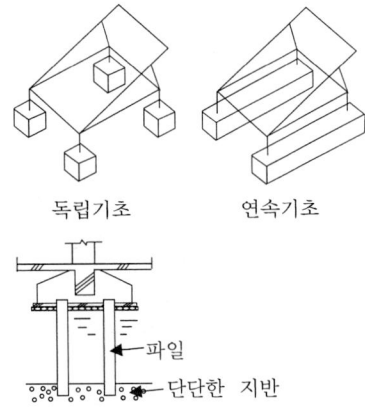

(1) 얕은 기초(Shallow Foundation)
1) 독립(주춧돌)기초(Individual Footing) : 단일기둥을 지지, 기둥간격이 넓은 경우

2) 연속기초(Contentious Footing) : 다수의 연속기둥 또는 벽체를 지지

3) 전면(온통)기초(Mat 또는 Raft Foundation)
① 다수의 기둥들을 지지, 상부구조 전 단면 아래의 지지 토층 위에 있는 단일 슬래브 형식의 확대기초
② 고층건물, 중량건물, 연약지반, 지하수위가 높은 지하실바닥에 유리
※ 직접기초 : 독립기초, 연속기초, 전면(온통)기초

(2) 깊은 기초(Deep Foundation)
1) 파일(말뚝)기초(Pile Foundation)
① 대표적인 깊은 기초공법으로 피어 및 케이슨기초 보다 시공이 간편하고 공사비가 저렴함
② 말뚝의 축방향 허용지지력은 지반의 허용지지력과 말뚝재료의 허용하중을 비교하여 낮은 값으로 결정함

2) 피어기초(Pier Foundation)
구조물 하중을 연약한 토층을 지나 견고한 지지층에 전달시키기 위하여 지반에 굴착한 구멍 속에 현장타설 콘크리트를 채워 설치하는 깊은 기초의 일종으로서 일반적으로 직경은 사람이 들어가서 확인할 수 있도록 최소직경 760[mm] 정도 이상인 것을 말함

3) 케이슨(우물통)기초

15.4.23 / 18.4.23 / 19.1.26

23 태양광발전설비를 이상전압으로부터 보호하기 위한 과전압 보호장치(SPD) 선정으로 틀린 것은? (단, LPZ는 Lighting Protection Zine 이다.)

① 접속함에서 인버터까지의 전선로에는 LPZ Ⅱ(8/20[μs], I_{max}<10[kA])로 교류용을 선정한다.
② 유도뢰만 있는 어레이에서는 LPZ Ⅲ(전압 1.2/50[μs]를 조합)을 사용 가능하다.
③ 한전 계통인입부에는 외부의 직격뢰 침입을 고려하여 LPZ Ⅰ(3/350[μs], I_{imp}<15[kA]) 이상을 선정한다.
④ 피뢰설비로부터 직격뢰 전류가 침입 가능한 위치에 설치된 어레이에는 LPZ Ⅰ(3/350[μs], I_{imp}< 15[kA])을 선정한다.

해설 SPD를 이용한 대책
SPD는 일반적인 전원전압이나 신호전압에 대해서는 절

정답 22. ① 23. ①

연체이지만, 뇌서지와 같은 이상 과전압에 대해서만 동작해서 뇌서지를 접지선으로 빠르게 흘려 뇌서지 처리후 원래의 정상적인 계통 상태로 스스로 되돌아가는 기능을 갖는다.

(1) SPD의 시험규격과 적용

사용 용도	시험 명칭	시험 파형	방전 내량 성능	설치 장소 및 역할
전원용	클래스 I 시험	전류 파형 10/350μs	임펄스 전류 Imp	전력인입구 등에 설치, 건물외로 유출하는 직격뇌전류에 대응
	클래스 II 시험	전류 파형 8/20μs	최대 방전류 Imax	건물 내부의 분전반 등에 설치, 건물 내부에 발생하는 유도뢰 전류에 대응
신호용	카테고리 D1시험	전류 파형 10/350μs	임펄스 내구성	신호선의 인입구 등에 설치, 건물 외로 유출하는 직격 뇌전류에 대응
	카테고리 C2시험	전압 파형 1.2/50μs 전류 파형 8/20μs	임펄스 내구성	건물내부의 기기 근방에 설치, 건물 내부에 발생하는 유도뢰 전류에 대응

(2) 태양광발전시스템의 뇌해대책

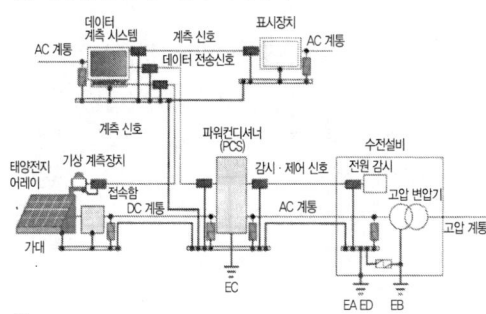

※ 접속함에서 인버터까지의 전선로에는 LPZ Ⅱ (8/20[μs]) 태양광 DC용을 선정한다.

13.4.27 / 15.4.24 / 16.4.21 / 17.2.23 / 17.4.33 / 19.2.28 / 19.2.33 / 19.4.24

24 구조물 이격거리 산정 시 고려사항이 아닌 것은?

① 상부구조물의 하중
② 가대의 경사도와 높이
③ 설치될 장소의 경사도
④ 동지시 발전 가능 한계 시간에서 태양의 고도

해설 구조물 이격거리 산정 시 고려사항

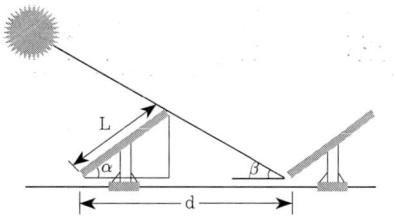

① 태양광 모듈 길이(L)
② 모듈 설치각도(α)
③ 위도(동지시 발전 가능 한계 시간에서 태양의 고도각 β)
④ 구조물 형상, 장애물의 높이, 남북향간 거리, 부지현황, 부지의 경사도

25 태양광어레이 전선 굵기를 산정하기 위한 기준이 아닌 것은?

① 전압
② 역률
③ 전류
④ 전력손실

해설 전선의 굵기 선정시 고려사항

① 허용전류
② 전압강하
③ 기계적강도
④ 기타(전압, 전력손실, 경제성 등)
※ 역률(Power-Factor)
① 교류출력의 유효전력과 무효전력의 비율
② 전류가 단위 시간에 하는 일의 비율

15.4.26 / 17.2.31 / 18.4.38

26 어레이 설계 시 어레이 구조 결정의 기술적 측면에서의 고려 사항으로 맞지 않는 것은?

① 구조 안정성
② 조화로움 및 경제성
③ 풍속, 풍압, 지진 고려
④ 건축물과의 결합(기초)방법 결정

해설 기술적 측면에서의 고려 사항

① 경사각, 방위각의 결정
② 풍속, 풍압, 지진 고려
③ 건축물과의 결합(기초)방법 결정

정답 24. ① 25. ② 26. ②

④ 구조 안정성
⑤ 시공방법
⑥ 유지관리

27 태양광발전시스템 어레이 지지대 구조물에 미치는 영향인자 내용으로 틀린 것은?

① 모듈자중 (15~20[kg/m²])
② 지역별 기본풍속(0.5~1.5[m/sec])
③ 지내력(보통토사 10~15[ton/m²])
④ 설하중(지역별 50[cm] : 1.0[kg/cm])

해설 풍하중
① 기본풍속(V_0) : 30[m/s]
② 노풍도 : B
③ 중요도 계수(IW) : 1.1(중요도 특)
④ 가스트 영향계수(G_f) : 2.2

15.4.28 / 19.1.30

28 태양광발전시스템 설계 시 갖추어야 할 기초자료가 아닌 것은?

① 청명일수
② 최대 폭설량
③ 지질조사 기록
④ 순간풍속 및 최대풍속

해설 태양광발전시스템 설계 시 갖추어야 할 기초자료
① 연간 일조량 자료
② 순간풍속 및 최대 풍속, 최저 온도 및 최고 온도
③ 설치 예정 장소의 오염발생원 유무
④ 최대 폭설시의 폭설량
⑤ 지질조사자료

15.4.29 / 16.2.12 / 17.1.7 / 19.2.10

29 독립형 전원시스템의 축전지 선정 시 고려사항이 아닌 것은?

① 보수율
② 방전심도
③ 방전단위밀도
④ 방전종지전압

해설 축전지 용량(C)
$$C = \frac{\text{하루 소비전력량} \times \text{일조없는 날 수}}{\text{보수율} \times \text{방전심도} \times \text{방전 종지전압}} [A.h]$$

15.4.30 / 19.2.23

30 태양광발전시스템 전기 설계를 위한 기본계획 설계 흐름 도를 올바르게 나타낸 것은?

① 설치년석 결성 → 인버터 선정 → 모듈 선정 → 직렬 결선수 선정 → 병렬수와 어레이 용량 선정
② 설치면적 결정 → 모듈 선정 → 인버터 선정 → 병렬수와 어레이 용량 선정 → 직렬 결선수 선정
③ 설치면적 결정 → 직렬 결선수 선정 → 병렬수와 어레이 용량 선정 → 인버터 선정 → 모듈 선정
④ 설치면적 결정 → 인버터 선정 → 모듈 선정 → 병렬수와 어레이 용량 선정 → 직렬 결선수 선정

해설 전기설계 절차

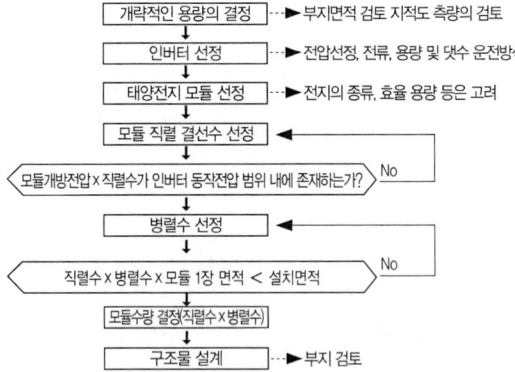

14.4.5 / 14.4.53 / 15.4.31 / 17.1.40 / 17.2.6 / 17.2.51 / 17.4.27 / 18.1.1 / 18.4.26

31 피뢰시스템의 보호각법에서 II레벨의 회전구체 반경 [m]의 최대값은?

① 10   ② 20   ③ 30   ④ 45

정답 27.② 28.① 29.③ 30.① 31.③

해설 외부 피뢰시스템

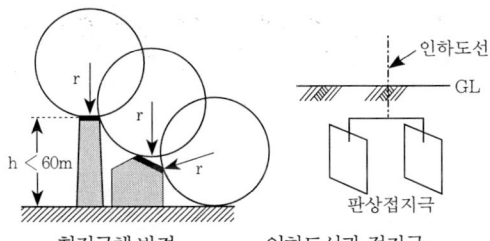

회전구체 반경   인하도선과 접지극

(1) 수뢰부 시스템
① 뇌격이 피 보호범위내로 침입할 확률을 감소시키는 것
② 돌침(피뢰침), 수평도체, 메시 도체(케이지)방식의 개별 또는 이들의 조합으로 한다.
③ PV설비 전체를 보호할 수 있는 범위내로 해야 한다.

1) 수뢰부 시스템의 배치
   구조물의 모퉁이, 뾰족한 점, 모서리에 설치한다.
   ① 보호각법
   ② 회전구체법(Rolling Sphere)
   ③ 메쉬(Mesh)법
2) 피뢰시스템의 레벨별 회전구체 반경과 메쉬 치수

피뢰시스템 레벨	회전구체 반경 r[m]	메쉬 치수 W[m]
I	20	5×5
II	30	10×10
III	45	15×15
IV	60	20×20

(2) 인하도선 시스템
① 위험한 불꽃방전의 발생확률을 감소시키기 위하여 뇌격점과 대지사이를 연결하는 도선
② 다수의 병렬 전류통로를 형성해야 한다.
③ 전류통로의 배선 길이는 최소로 유지해야 한다.
④ 인하도선은 가능한한 수뢰부도체에서 직접 연결되도록 배치하여야 한다.
⑤ 인하도선은 지표면과 가까운 부분에 접지시험단자를 시설한다. 다만, 자연적 구성부재를 이용하는 경우는 생략한다.

(3) 접지 시스템
① 위험한 과전압을 발생시키지 않고 뇌전류를 대지로 방류하기 위해서는 접지의 형상, 크기 및 접지저항 값이 중요하다. 다만, 일반적으로는 낮은 접지저항을 권장한다.
② 피뢰설비의 관점에서는 구조체를 사용한 통합단일의 접지가 바람직하며, 모든 접지목적(즉, 피뢰설비, 저압전력시스템, 통신시스템 등)에도 적합하다.

32 태양광발전시스템의 연간 예상발전량의 산출식으로 적합한 것은?

① 설치장소의 연간강우량×시스템 성능계수×표준상태의 태양전지설치용량[kWh/년]
② 설치장소의 연간일사량×일사계수×표준상태의 태양전지설치용량[kWh/년]
③ 설치장소의 연간일사량×시스템 성능계수×표준상태의 인버터설치용량[kWh/년]
④ 설치장소의 연간일사량×시스템 성능계수×표준상태의 태양전지설치용량[kWh/년]

해설 성능계수(Performance Ratio, PR)
① 태양광 발전 시스템의 성능을 평가하기 위한 중요한 지표, 태양광 발전 시스템이 적절하게 운영되고 있는지를 판단할 수 있으며, 이론적으로 계산된 출력과 실제 에너지 출력간의 비율이다.
② 시스템 운영상 및 전기적 인자 등으로 인한 에너지 손실을 고려한 실제 이용 가능한 에너지 출력율을 의미한다고 할 수 있어 Quality factor라고도 불린다.
③ 독일에서는 250개의 계통연계형 태양광 발전 시스템의 1년간 성능계수가 0.5~0.81까지의 값을 가졌고, 평균 0.67이었다.
④ 일본에서는 32개 발전 시스템의 성능계수가 0.7~0.8이었고, 북아일랜드에 설치된 태양광 시스템은 0.6~0.8 사이의 값을 가졌다.

정답 32. ④

14.4.8 / 15.4.33 / 16.4.20 / 17.4.15 / 19.1.6

33 태양광발전시스템에서 인버터가 가져야 할 중요한 기능과 특성으로서 가장 적합한 것은?

① 모니터링 및 전압상승 억제기능을 가져야 한다.
② 인버터는 전력변환 효율보다는 외관이 수려하여야 한다.
③ 경제성을 고려하여 기능을 간소화하고 고가화의 차별화기술이 필요하다.
④ 최대출력 제어 및 단독운전방지 기능을 가지고 전력품질과 공급안정성을 확보하여야 한다.

해설 태양광발전시스템 인버터의 중요한 기능
① 단독운전 방지(Non-islanding) 기능
단독운전(한전 정전시 분리된 계통에 전력을 계속 공급하게 되는 운전상태)시의 문제점을 해결하기 위한 기능으로, 단독운전 발생 후 최대 0.5초 이내에 한전 계통에 대한 가압을 중지해야 한다.
② 최대전력 추종(MPPT ; Maximum Power Point Tracking)제어 기능
태양전지의 출력은 일사강도나 태양전지의 표면온도에 따라 변화하며, 이들 변동에서 태양전지의 동작점이 항상 최대출력점을 추종하도록 변화시켜, 태양전지에서 최대 출력을 유도하는 제어

34 그림 (A), (B)에서 각 모듈별 음영 발생 시 발전량을 바르게 나타낸 것은? (단, 음영 부분의 발전량은 80[Wp]이다.)

(A)
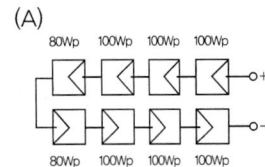

(B)
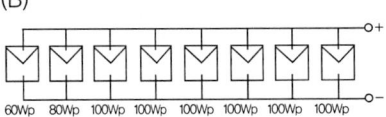

① (A) 640 [Wp], (B) 760 [Wp]
② (A) 660 [Wp], (B) 740 [Wp]
③ (A) 640 [Wp], (B) 740 [Wp]
④ (A) 660 [Wp], (B) 760 [Wp]

해설 발전량(A) = 80 × 8 = 640 [Wp]
발전량(B) = (80 × 2) + (100 × 6) = 700 [Wp]

15.4.35 / 18.2.35

35 태양광발전시스템의 22.9[kV] 특별고압 가공선로 1회선에 연계 가능한 용량으로 옳은 것은?

① 30 [kW] 이하
② 100 [kW] 이하
③ 10000 [kW] 이하
④ 30000 [kW] 이하

해설 발전소 계통연계기준

구 분	발전용량
154[kV]변전소 배전용변압기 1Bank에 접속 가능한 발전기 용량	10,000[kW]

36 250[W] 태양전지(8A, 40[V])가 14직렬, 10병렬로 설치된 PV 어레이 단자함에서 인버터까지 거리가 100[m], 전선의 단면적이 16[mm²]일 때 전압강하율[%]은? (단, 어레이에서 어레이 단자함까지의 모듈 한 장당 전압강하는 0.5[V]이다.)

① 2.1   ② 2.8
③ 3.3   ④ 3.9

해설 전압강하율[%]
① 어레이전압 = 40 × 14 = 560 [V]
② 모듈 전압강하 = 0.5 × 14 = 7 [V]
③ 전압강하 $e = \dfrac{35.6 \times L(\text{전선의 길이}) \times I(\text{전류})}{1000 \times A(\text{전선의 단면적})}$
  $= \dfrac{35.6 \times 100 \times (8 \times 10)}{1000 \times 16} = 17.8 \,[V]$
④ 전압강하율 $= \dfrac{17.8}{560 - 7 - 17.8} \times 100 ≒ 3.32 \,[\%]$

정답 33.④ 34.① 35.③ 36.③

14.4.35 / 15.4.37 / 17.1.27 / 18.2.37

37 시방서의 목적으로 틀린 것은?

① 시공자가 하여야 할 사항을 규정
② 시공에 대한 모든 지시사항의 규정
③ 주요 기자재에 대한 특정규격, 수량 및 납기일을 규정
④ 설계와 공사에 대하여 도면에 표현하기 어려운 사항을 규정

해설 시방서(Specifications)
① 기본설계 및 실시설계도면에 구체적으로 표시할 수 없는 내용과 공사수행을 위한 시공 방법, 자재의 성능·규격 및 공법, 품질시험 및 검사 등 품질관리, 안전관리, 환경관리 등에 관한 사항을 기술한다.
② 표준시방서 및 전문시방서를 기본으로 하여 작성하되, 공사의 특수성·지역여건·공사방법 등을 고려하여 작성한다.

38 태양광발전시스템의 인버터와 저압 계통연계방법으로 옳은 것은?

① 인버터의 직류측 회로에 접지를 견고히 시설하여 연계한다.
② 인버터와 접속점 사이에 상용주파수 변압기를 시설하여 연계한다.
③ 인버터와 접속점 사이에 단권변압기를 시설하여 연계한다.
④ 인버터의 직류입력 측에 직류 검출기를 직접 시설하고 교류출력을 정지하는 기능을 갖추어 연계한다.

해설 변압기
직류발전원을 이용한 분산형전원 설치자는 인버터로부터 직류가 계통으로 유입되는 것을 방지하기 위하여 연계 시스템에 상용주파 변압기를 설치하여야 한다. 단, 다음 조건을 모두 만족시키는 경우에는 상용주파 변압기의 설치를 생략할 수 있다.
① 직류회로가 비접지인 경우 또는 고주파 변압기를 사용하는 경우

② 교류출력 측에 직류 검출기를 구비하고 직류 검출 시에 교류출력을 정지하는 기능을 갖춘 경우

15.4.39 / 19.2.30

39 다음 조건에서 태양전지 모듈의 직렬연결 개수는?

- 인버터 최대 입력전압(T_{imax}) : 500[V]
- 개방전압(Voc) : 42.5[V]
- 전압온도계수(Kt) : −0.35[%/℃]
- 최저온도(T_{min}) : −25[℃]
- 최고온도(T_{max}) : 60[℃]

① 8개   ② 9개
③ 10개 ④ 11개

해설 직렬 모듈수(S_n)

$$S_n = \frac{\text{인버터 최대입력전압}(V_i) \times \text{전압온도계수}(K_t) \times \text{최고온도}(T_{max})}{\text{모듈 개방전압}(V_{oc}) \times \text{최저온도}(T_{min})}$$

$$= \frac{500 \times 0.35 \times 60}{42.5 \times 25} ≒ 10 \ [장]$$

14.4.48 / 15.2.15 / 15.2.42 / 15.4.40 / 16.2.36 / 16.4.29 / 17.2.27 / 17.4.28 / 19.1.13

40 태양광발전시스템의 분류 방법에는 발전량의 향상을 위하여 다양한 추적방식이 있는데 발전효율이 가장 높은 방법은?

① 단축 추적식   ② 양축 추적식
③ 고정 경사가변식   ④ 고정 경사고정형

해설 발전효율
양축 추적식 〉 단축 추적식 〉 가변(반고정형)식 〉 고정식

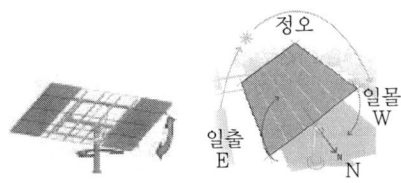

양축 추적식   단축 추적식

정답 37. ③ 38. ② 39. ③ 40. ②

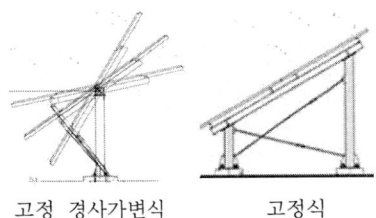

고정 경사가변식   고정식

41 역률 0.8, 소비전력 480[kW]의 부하에 전원을 공급하는 변전소에 전력용 콘덴서 220[kVA]를 설치하면 역률은 몇 [%]로 개선할 수 있는가?

① 94[%]   ② 96[%]
③ 98[%]   ④ 99[%]

해설 역률개선

역률개선용 콘덴서를 병렬로 접속하고 역률 θ_0에서 θ로 개선하는데 필요한 콘덴서 용량 Q

① $Q = W_0(\tan\theta_0 - \tan\theta) = W_0\left(\dfrac{\sin\theta_0}{\cos\theta_0} - \dfrac{\sin\theta}{\cos\theta}\right)$

② $\cos\theta_0 = 0.8$일 때, $\tan\theta_0 = \dfrac{\sin\theta_0}{\cos\theta_0} = \dfrac{\sqrt{1-0.8^2}}{0.8} = 0.75$

③ 콘덴서 용량 $Q = W_0(\tan\theta_0 - \tan\theta)$ 이므로,
$220 = 480(0.75 - \tan\theta)$

④ $\tan\theta = \dfrac{(480 \times 0.75 - 220)}{480} \fallingdotseq 0.29$

⑤ $\theta = \tan^{-1}0.29 = 16.17°$
∴ $\cos 16.17 \fallingdotseq 96[\%]$

13.4.6 / 14.4.26 / 15.4.42 / 17.4.85 / 18.2.12 / 18.2.57

42 계통연계 운전중인 태양광발전시스템이 단독운전 하는 경우 전력계통으로부터 최대 몇 초 이내에 분리시켜야 하는가?

① 0.2초   ② 0.3초
③ 0.4초   ④ 0.5초

해설 단독운전(Islanding)

연계된 계통의 고장이나 작업 등으로 인해 분산형전원이 공통 연결점을 통해 한전계통의 일부를 가압하는 단독운전 상태가 발생할 경우 해당 분산형전원 연계 시스템은 이를 감지하여 단독운전 발생 후 최대 0.5초 이내에 한전계통에 대한 가압을 중지해야 한다.

13.4.47 / 15.4.43 / 17.4.22 / 19.2.32 / 19.4.38

43 태양전지 모듈에서 접속함까지 직류배선이 100[m]이며, 모듈 어레이 전압이 610[V], 전류가 9[A]일 때, 전압강하는 몇 [V]인가? (단, 전선의 단면적은 4.0[mm²]이다.)

① 8.01   ② 9.01
③ 10.01   ④ 11.01

해설 전압강하(e)

$e = \dfrac{35.6 \times L(\text{전선의 길이}) \times I(\text{전류})}{1000 \times A(\text{전선의 단면적})}$

$= \dfrac{35.6 \times 100 \times 9}{1000 \times 4} = 8.01 \; [V]$

15.4.44 / 18.1.50

44 태양전지 모듈의 취부방향에서 모듈의 긴 방향을 종으로 설치하는 이유가 아닌 것은?

① 발전부지가 적게 되므로
② 세정효과가 좋아지므로
③ 적설지대에 적합하므로
④ 먼지, 꽃가루 등이 많은 지역에 적합하므로

해설 모듈의 종방향 설치

① 모듈의 긴 쪽이 상하가 되도록 설치하는 것
② 자연강우에 의한 세정효과가 좋고, 적설 시 눈의 추락 위험이 적다.
③ 전선의 고정 및 정리가 쉽다.

※ 종방향과 횡방향의 설치 방법에 따른 필요 발전부지의 면적에는 차이가 없다.

15.4.44 / 18.1.50

45 전등 설비 250[W], 전열 설비 800[W], 전동기 설비 200[W], 기타 150[W]인 수용가가 있다. 이 수용가의 최대수용전력이 910[W]이면 수용률은?

① 65[%]   ② 70[%]
③ 75[%]   ④ 80[%]

해설 **수용률(Demand Factor)**

$$수용률 = \frac{최대\ 수용\ 전력\,[kW]}{수용\ 설비\ 용량\,[kW]} \times 100\,[\%]$$

$$= \frac{910}{(250+800+200+150)} \times 100 = 65\,[\%]$$

46 KEC 한국전기설비규정의 변경으로 삭제됨

47 태양광발전시스템의 준공 시 점검요령이 아닌 것은?

① 인버터 취부상태를 확인할 것
② 송전 시 전력량계(거래용 계량기)의 회전을 확인할 것
③ 발전사업자의 경우 전력회사에 지급한 전력량계 사용여부를 확인할 것
④ 전문가에게 시설물에서 소리, 냄새 등이 나는 지 확인을 의뢰할 것

해설 **태양광발전시스템의 점검사항**
1) 인버터
① 사양(인증제품, 설계용량 이상)
② 설치상태
③ 설치용량 및 입력전압(모듈 설치용량이 인버터설치용량의 105[%]이내)
④ 표시사항(모듈 및 인버터의 출력 전압, 전류, 전력, 주파수, Peak, 누적발전량)

2) 전력량계
① 전자식 계량기를 사용하고 있으며, 인버터 표시창의 발전량과 전력량계의 발전량을 비교하여 정상 계량 여부를 확인한다.(손실이 발생하여, 인버터의 출력보다 전력량계의 적산 수치가 다소 낮음)

② 전력회사에서 지급된 전력량계를 사용해야 하며, 전력거래소와 거래 시는 발전사업자가 원격 계량기를 설치하고, 시험성적서를 제출해서 사용한다.

※ 시설물의 발열 등의 이유로 냄새가 발생할 수 있으나, 전문가가 확인할 사항은 아니다.

13.4.48 / 15.2.60 / 15.4.48 / 17.4.51 / 18.1.44 / 18.2.49 / 19.4.48

48 그림은 태양광발전시스템의 일반적인 시공절차이다. A, B, C에 알맞은 내용을 순서대로 올바르게 나타낸 것은?

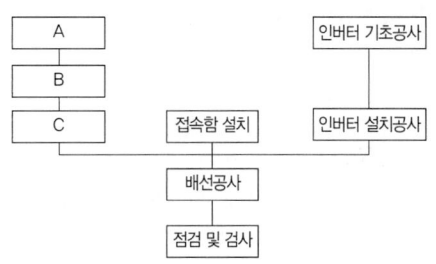

① A : 어레이 가대공사, B : 어레이 설치공사, C : 어레이 기초공사
② A : 어레이 기초공사, B : 어레이 가대공사, C : 어레이 설치공사
③ A : 어레이 기초공사, B : 어레이 배선공사, C : 어레이 가대공사
④ A : 어레이 배선공사, B : 어레이 가대공사, C : 어레이 설치공사

해설 **설치 시공 순서**

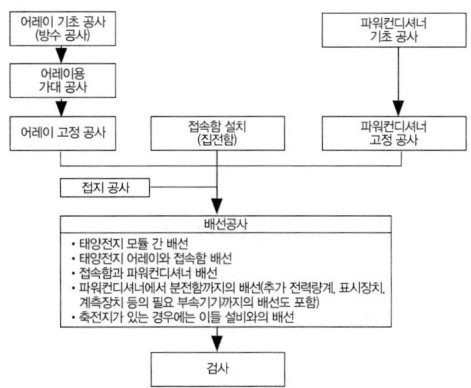

정답 45.① 46. 47.④ 48.②

49 태양전지 모듈의 설치방법 검토 항목으로 적당하지 않은 것은?

① 시공·유지보수 등을 고려하여 작업하기 쉽게 한다.
② 모듈 고정용 볼트, 너트는 등은 상부에서 조일 수 있어야 한다.
③ 미관 및 안전상 가대와 지지기구 등의 노출부를 가능한 크게 한다.
④ 태양전지 모듈 온도상승 억제를 위해 지붕과 태양전지 사이에 간격을 둔다.

해설 옥상 설치형 태양광모듈의 설치방법 검토
① 시공, 유지보수 등의 작업은 단순할 것
 (모듈 한 장 씩을 손쉽게 교체할 수 있어야 한다.)
② 모듈을 지붕에 직접 설치하는 경우 배면환기와 모듈의 온도상승을 제한하기 위하여 모듈과 지붕면간 이격거리는 10[cm]이상이어야 하며, 배선처리는 바닥에 닿지 않도록 단단하게 고정해야 한다.
③ 가대와 지지기구 등의 노출부는 미관과 안정성에 문제가 될 수 있으므로 최대한 적게 한다.
④ 모듈 고정용 볼트, 너트 등은 상부에서 조일 수 있어야 한다.
⑤ 적설량이 많은 지역에서는 어레이와 건물의 적설하중을 고려하여 적정한 설치 높이와 방법을 선택함과 동시에 유효한 대책을 강구한다.

14.4.78 / 15.2.25 / 15.4.50 / 18.2.59 / 19.1.14

50 독립형 전원시스템용 축전지 선정 시 고려사항으로 옳은 것은?

① 자기방전이 클 것
② 과충전이 우수한 것
③ 충방전 사이클 특성이 우수한 것
④ 온도 저하 시 입력특성이 우수한 것

해설 축전지가 갖추어야할 조건
① 자기방전율이 낮고 에너지 저장 밀도가 높을 것
② 과충전, 과방전에 강하고, 방전 전압, 전류가 안정적일 것
③ 환경변화에 안정적이며, 효율이 높을 것
④ 유지보수가 용이하고 경제적일 것

13.4.86 / 15.2.93 / 15.4.51 / 15.4.100 / 16.4.99 / 17.2.96 / 18.1.48

51 태양전지 어레이 출력을 접속함 내부의 1개소에서 통합한 후 인버터로 가는 회로 중간에 설치하는 것은?

① 인덕터   ② 증폭기
③ 변압기   ④ 주개폐기

해설 개폐기(과전류차단기)

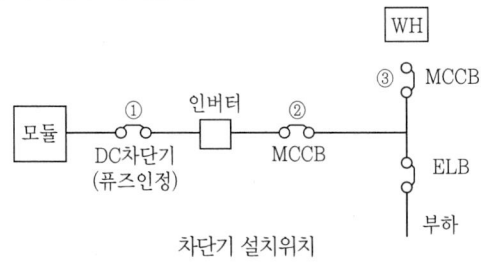

차단기 설치위치

① 태양전지 모듈 직렬군(스트링)에 접속한 태양전지 DC 주케이블의 가까운 곳(접속단자함)에 부하전류를 개폐할 수 있는 개폐기(차단기)를 시설하여야 한다.
② 태양전지 모듈 직렬군(스트링)을 병렬 접속한 접속점 이후의 간선에 단락이 생긴 경우에 전로를 보호하는 과전류차단기를 시설하여야 한다. 다만, 해당 전로의 전선이 단락전류에 충분한 경우에는 생략 가능하다.
③ 과전류차단기는 이를 시설하는 곳을 통과하는 단락전류를 차단하는 능력을 가지는 것을 시설하여야 한다.

15.4.52 / 18.1.42

52 감리원은 공사가 시작된 경우에 공사업자로부터 착공신고서를 제출받아 적정성 여부를 검토 후 며칠 이내에 발주자에게 보고하여야 하는가?

① 5일   ② 7일   ③ 10일   ④ 14일

해설 착공신고서 검토 및 보고
감리원은 공사가 시작된 경우에는 공사업자로부터 다음의 서류가 포함된 착공신고서를 제출받아 적정성 여부를 검토하여 7일 이내에 발주자에게 보고하여야 한다.

① 시공관리책임자 지정통지서(현장관리조직, 안전관리자)
② 공사 예정공정표
③ 품질관리계획서
④ 공사도급 계약서 사본 및 산출내역서
⑤ 공사 시작 전 사진
⑥ 현장기술자 경력사항 확인서 및 자격증 사본
⑦ 안전관리계획서
⑧ 작업인원 및 장비투입 계획서
⑨ 그밖에 발주자가 지정한 사항

13.4.56 / 14.4.49 / 15.4.53 / 17.1.58 / 17.2.45 / 19.4.43

53 전력계통에서 3권선 변압기(Y-Y-△)를 사용하는 주된 원인은?

① 승압용
② 노이즈 제거
③ 제3고조파 제거
④ 2가지 용량 사용

해설 분산형전원

배전계통연계시 승압용변압기의 1차 결선방식은 Y결선 방식이며, 주로 Y-△-Y, Y-Y-△ 방식 등, △권선을 통해 인버터에서 발생하는 제3고조파를 제거 한다.

15.4.54 / 18.4.45

54 서지 보호를 위해 SPD 설치 시 접속 도체의 길이는 몇 [m] 이하가 되도록 하여야 하는가?

① 0.3
② 0.5
③ 0.8
④ 1.0

해설 서지보호장치(SPD, Surge Protective Device)

내부계통에 서지 전류가 들어올 때, 그 전류가 부하를 통해 흐르지 않고 우회하도록 하여 부하에서 발생하는 과전압이 과다하게 상승하는 것을 막아서 부하를 보호한다.

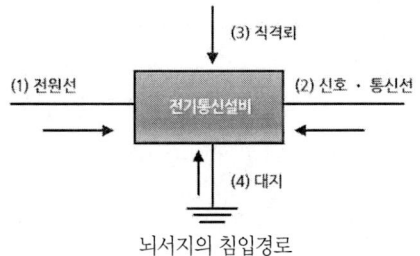

뇌서지의 침입경로

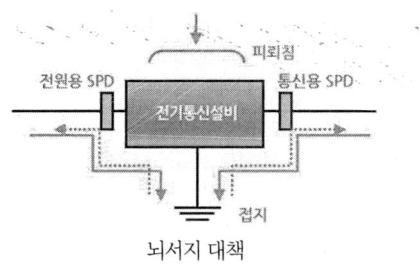

뇌서지 대책

① SPD는 크게 반도체형과 갭형이 있고, 기능면으로 구별하면 억제형과 차단형으로 구분할 수 있다.
② 종래의 SPD 소자에 탄화규소(SiC)가 사용되어 왔으나 산화아연(ZnO)이 개발된 이후, 반도체형의 SPD 소자에 산화아연이 많이 사용된다.
③ 산화아연은 큰 서지 내량과 우수한 제한 전압 특성 등의 특징을 갖고 있어 직렬 갭을 필요로 하지 않는 이상적인 SPD로서 옥내·외 및 기기의 입·출력부에 설치된다.
④ SPD의 구비 조건으로서는 동작전압이 낮고 응답시간이 빠르고 정전 용량이 작아야 된다.
⑤ 탄소 피뢰기, 가스 주입 차단관 등은 차단형 소자로서 응답속도가 느리고 정전용량이 커서, 뇌 서지 보호에는 적당하지 않기 때문에 최근에는 반도체형 SPD가 많이 사용되고 있다.
⑥ SPD 설치시 접속도체 길이가 길어지는 것은 뇌서지 회로의 임피던스를 증가시켜 과전압 보호 효과를 감소시키기 때문에 전체 길이는 0.5[m] 이하가 되도록 규정하고 있다.

※ 서지란 전기회로나 전기기기 내에 운전중에 고장의 제거나 제어 등을 위한 개폐조작 혹은 뇌방전에 의해서 과도적으로 발생하여 진행하는 과전압 또는 과전류를 말한다.

13.4.24 / 15.2.73 / 15.4.55 / 16.2.38 / 16.2.79 / 17.2.24 / 17.4.29 / 19.4.25

55 설비용량 2[MW]인 태양광발전소의 발전사업허가를 위해 필요한 서류가 아닌 것은?

① 송전관계 일람도
② 전기사업허가 신청서
③ 전기사업법에 의한 사업계획서
④ 신용평가 의견서 및 소요재원 조달계획서

정답 53.③ 54.② 55.④

[해설] 발전사업 허가 신청 시 첨부 서류(전기사업법 시행규칙 제4조)

(1) 사업계획서

구분	구비서류
1) 재무능력 관련	① 신청자에 대한 신용평가의 의견서. 다만, 신청자가 재무능력을 평가할 수 없는 신설법인인 경우에는 신청자의 최대주주를 신청자로 본다. ② 재원조달계획 관련 증명서류
2) 기술능력 관련	① 전기설비 건설 및 운영 계획 관련 증명서류
3) 계획에 따른 수행 가능 여부 관련	① 발전설비 건설 예정지역 관할 지방자치단체의 발전설비와 접속설비 건설에 대한 의견서(발전설비용량이 1만킬로와트 초과인 신청자만 해당한다. 다만, 연료전지 또는 태양에너지·풍력 발전설비의 경우에는 발전설비용량이 10만킬로와트 초과인 신청자만 해당한다) ② 발전기의 전력계통 접속에 따른 영향에 관한 한국전력공사의 의견서(발전설비용량이 1만킬로와트 초과인 신청자만 해당한다) ③ 송전관계 일람도(一覽圖) ④ 부지의 확보 및 배치 계획 관련 증명서류 ⑤ 연료 및 용수 확보 계획 관련 증명서류(발전사업 또는 구역전기사업의 허가를 신청하는 경우만 해당한다) ⑥ 신청자의 과거 발전설비 준공, 포기 또는 지연 이력 및 운영 실적 ⑦ 사업 개시 예정일부터 5년 동안의 연도별 예상사업손익산출서
4) 그 밖의 사항 관련	① 사업구역의 경계를 명시한 5만분의 1 지형도(배전사업의 허가를 신청하는 경우만 해당한다) ② 특정한 공급구역의 위치 및 경계를 명시한 5만분의 1 지형도(구역전기사업의 허가를 신청하는 경우만 해당한다) ③ 발전원가명세서(발전사업 또는 구역전기사업의 허가를 신청하는 경우만 해당한다

15.4.56 / 18.2.43

56 태양광 발전시스템에 일반적으로 적용되는 CV 케이블의 장점으로 틀린 것은?

① 내열성이 우수하다.
② 내수성이 우수하다.
③ 내후성이 우수하다.
④ 도체의 최고허용온도는 연속 사용의 경우 90[℃] 단락 시에는 230[℃]이다.

[해설] CV케이블의 장점

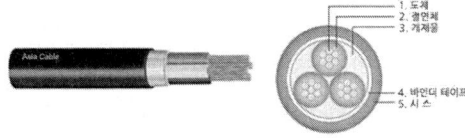

① PE와 같이 우수한 전기적 특성을 가지고 있다.
② PE와 비교하여 내열성, 기계적 성능을 향상시켜 열변형특성, 열노화 특성이 우수하기 때문에 연속 최고허용온도를 90[℃]로 향상시킨 것으로 대용량의 초고압 송전용 케이블의 절연재료로 사용되고 있다.
③ 내약품성 및 내수성이 우수하다.
④ 화학적 물리적 특성이 우수하다.
※ 내후성 : 각종 기후에 견디는 성질

15.4.57 / 18.4.47 / 19.2.50

57 매설 혹은 심타 접지극의 종류로 동판을 사용하는 경우 알맞은 치수는?

① 두께 0.6[mm] 이상, 면적 800[cm²] 이상
② 두께 0.6[mm] 이상, 면적 900[cm²] 이상
③ 두께 0.7[mm] 이상, 면적 900[cm²] 이상
④ 두께 0.8[mm] 이상, 면적 800[cm²] 이상

[해설] 접지극의 종류
① 동판(두께 0.7[mm] 이상, 면적 900 [cm²] 이상)
② 동봉, 동피복강봉 (지름 8[mm] 이상, 길이 0.9[m] 이상)
③ 철봉(지름 12[mm] 이상, 길이 0.9[m] 이상의 아연도금 철봉)
④ 동피복강판(두께 1.6[mm] 이상, 길이 0.9[m] 이상, 연적 250[cm²] 이상)
⑤ 탄소피복강봉(지름 8[mm] 이상의 강심, 길이

정답 56. ③ 57. ③

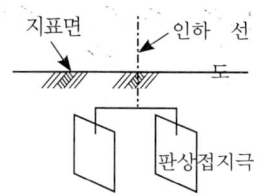

13.4.31 / 14.4.60 / 15.4.58 / 18.1.59

58 특고압 배전선로에 태양광발전시스템 연계 시 설비보호를 위해 설치하는 보호계전기가 아닌 것은?

① 과전압계전기
② 비율차동계전기
③ 부족전압계전기
④ 부족주파수계전기

해설 보호장치 설치

(1) 분산형전원 설치자는 고장 발생시 자동적으로 계통과의 연계를 분리할 수 있도록 다음의 보호계전기 또는 동등 이상의 기능 및 성능을 가진 보호장치를 설치하여야 한다.

① 계통 또는 분산형전원 측의 단락·지락고장시 보호를 위한 보호장치를 설치한다.
② 인버터에는 적정한 전압과 주파수를 벗어난 운전을 방지하기 위하여 과·저(부족)전압 계전기, 과·저(부족)주파수 계전기가 설치된다.
③ 단순병렬 분산형전원의 경우에는 역전력 계전기를 설치한다. 단, 신·재생에너지를 이용하여 전기를 생산하는 용량 50[kW] 이하의 소규모 분산형전원(단, 해당 구내계통 내의 전기사용 부하의 수전 계약전력이 분산형전원 용량을 초과하는 경우에 한한다)으로서 단독운전 방지기능을 가진 것을 단순병렬로 연계하는 경우에는 역전력계전기 설치를 생략할 수 있다.

※ 과전압계전기(OVR), 부족전압계전기(UVR), 주파수 상승계전기(OFR), 주파수 저하계전기(UFR)

※ 비율차동계전기(percentage differential relay)
보호구간에 유입하는 전류와 유출하는 전류의 벡터차와 출입하는 전류의 관계비로 동작하는 것으로 변압기 내부고장보호에 주로 사용한다.

15.4.59 / 16.4.50 / 18.4.24 / 19.2.57

59 옥상 또는 지붕위에 설치한 태양전지 어레이로부터 접속함으로 배선할 경우 그림과 같이 케이블의 곡률반경은 케이블 외경의 몇 배 이상의 반경으로 배선해야 하는가?

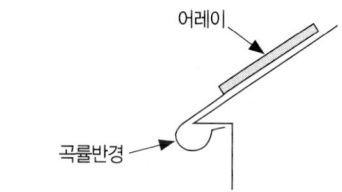

① 2배 이상
② 4배 이상
③ 6배 이상
④ 8배 이상

해설 곡률반경(r)

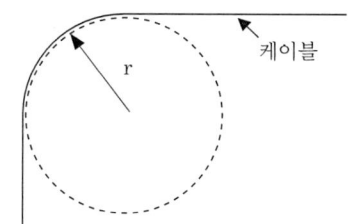

케이블 반지름의 6배 이상으로 곡률반경을 유지해야한다

15.4.60 / 18.2.53

60 태양광 모듈 2차측 회로를 비접지 방식으로 할 경우 비접지 확인 방법이 아닌 것은?

① 검전기로 확인
② 전류계로 확인
③ 회로시험기로 확인
④ 간이측정기로 확인

해설 안전대책(비접지 확인)

회로시험기(Circuit Tester), 검전기(Electroscope), 간이측정기로 측정한다.

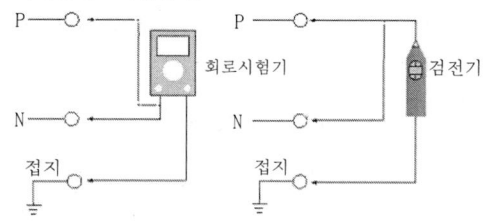

정답 58. ② 59. ③ 60. ②

61 태양전지 모듈의 핫 스팟(Hot Spot)현상에 대한 유해한 결과를 제한하기 위한 시험은?

① 고온고습 시험
② UV 전처리 시험
③ 온도 사이클 시험
④ 바이패스 다이오드 열시험

해설 바이패스 다이오드 열시험(Bypass Diode Thermal test)
모듈의 열점(Hot Spot) 현상에 대해 유해한 결과를 제한하기 위해 바이패스 다이오드의 열에 대한 내성설계가 얼마나 잘 반영 되어 있는지 그리고 유사한 환경에서 장시간 사용할 경우 신뢰성이 확보되었는지를 평가하는 것을 목적으로 하며, STC 조건에서 단락전류의 1.25배와 같은 전류를 적용한다.

15.4.62 / 19.2.74

62 태양광발전시스템의 안전관리 예방업무가 아닌 것은?

① 시설물 및 작업장 위험 방지
② 안전작업 관련 훈련 및 교육
③ 안전관리비 실행 집행 및 관리
④ 안전장구, 보호구, 소화설비의 설치, 점검

해설 안전관리 예방업무
① 시설물 및 작업장 위험 방지
② 안전작업 관련 훈련 및 교육
③ 안전장구, 보호구, 소화설비의 설치, 점검
④ 위험예지 활동 이행
⑤ 안전점검 이행
⑥ 현장 안전관리계획 수립

63 전기재해를 예방하는 전기안전 규칙에 관한 설명 중 틀린 것은?

① 통전표시기를 전선에 설치하여 전원의 투입 상태를 감시할 것
② 전기 작업을 할 때에는 되도록 두 손으로 안전하게 작업할 것
③ 전원을 차단했더라도 전기설비 및 전기 선로에는 전기가 흐른다는 생각으로 작업에 임할 것
④ 배선용 차단기, 누전차단기 등이 작업자의 안전을 보호하지 못하므로 정상 동작 상태를 확인할 것

해설 충전부 양단 간 접촉

① 두 손으로 작업시 전선이나 전기기기의 전위차가 있는 2부분의 노출된 충전부의 양단간에 인체가 접촉되어 인체가 단락회로 일부를 구성
② 통전경로는 충전부(A점)→왼손→심장→오른손→충전부(B점), 심장을 통해서 회로가 구성되면 매우 위험한 상황이 된다.

15.4.64 / 16.2.77 / 19.1.62

64 태양광발전시스템 운영 시 비치서류가 아닌 것은?

① 건설 관련 도면
② 구조물의 구조계산서
③ 송전 관계 일람도
④ 시방서 및 계약서 사본

해설 태양광발전시스템 운영 시 비치서류
① 건설 관련 도면
② 시방서 및 계약서 사본
③ 구조물의 설계도면 및 구조 계산서
④ 시스템 운영 매뉴얼
⑤ 시설 및 장비 기기의 매뉴얼
⑥ 부품에 대한 상세 매뉴얼
⑦ 전력회사와의 관련된 서류
⑧ 산업 안전 관리 명판과 안전 경고등 위치 매뉴얼
⑨ 전기 안전 관련 정기 점검표
⑩ 시스템 일반 점검표

정답 61. ④ 62. ③ 63. ② 64. ③

⑪ 예비품대장
이외에도 태양광발전시스템 운영에 필요한 긴급 복구 안내문, 산업 안전 표지판, 일별·월별·연간 계획표, 전기 생산량 작성표 등을 작성, 비치한다.

65 최대출력 결정시험에 대한 설명 중 틀린 것은?

① 해당 대상모듈의 최대출력을 측정할 것
② 시험시료의 최대출력은 정격출력 이상이어야 할 것
③ 시험시료의 출력균일도는 평균출력의 ±3[%]이내일 것
④ 시험시료의 최종 환경시험 후 최대출력의 열화는 최초 최대출력을 -8[%] 초과하지 않을 것

해설 최대출력 결정시험
① 해당 태양광 모듈의 최대출력을 측정하되, 시험시료의 평균출력은 정격출력 이상일 것
① 시험시료의 출력균일도는 평균출력의 ±3[%] 이내일 것

66 태양광발전시스템의 계측기기나 표시장치가 아닌 것은?

① 전력량계   ② LED
③ 인버터   ④ 일사계

해설 인버터(Inverter)

태양 전지의 모듈로부터 직류 전원을 공급받아 정전압, 정주파수의 안정된 교류전원을 공급하는 장치로서 전력계통선과 병렬로 운전하며, 기동정지, 최대출력점 추적제어(MPPT), 각종 보호회로, 단독운전방지 등의 기능이 있어야 한다.

15.4.67 / 15.4.78 / 16.2.68 / 16.4.72 / 17.1.61 / 18.4.66 / 19.2.65 / 19.2.79 / 19.4.78

67 송변전설비의 유지관리 시 점검 후의 유의사항으로 옳은 것은?

① 준비철저 및 연락
② 회로도에 의한 검토
③ 무전압 상태확인 및 안전조치
④ 접지선 제거 및 최종확인

해설 정전작업

1) 정전작업 전 조치사항
① 전원차단후 각 단로기 등을 개방하고 확인할 것
② 차단장치나 단로기 등에 잠금(시건)장치 및 꼬리표를 부착할 것
③ 전기기기 등에 공급되는 모든 전원을 관련 배선도, 도면 등을 통해 확인할 것
④ 검전기를 이용하여 작업 대상 기기가 충전되었는지 확인 할 것(잔류전하 방전)

잠금(시건)장치   꼬리표(사용금지)

2) 정전작업 중 조치사항
① 작업지휘자에 의한 작업지휘
② 개폐기 관리(전원 재투입 방지, 잠금장치 및 꼬리표 부착 관리)
③ 근접 활선에 대한 방호상태 관리
④ 단락접지의 상태관리

3) 정전작업 후 조치사항
① 작업기기, 단락접지기구(접지선)를 제거하고 전기기기 등이 안전하게 통전될 수 있는지 확인
② 모든 작업자가 작업이 완료된 전기기기 등에서 떨어져 있는지 확인할 것
③ 잠금장치 와 꼬리표는 설치한 근로자가 직접 철거할 것
④ 모든 이상유무를 확인한 후 전기기기 등의 전원을 투입할 것

68 태양광발전시스템 절연저항 측정 시 필요한 시험 기자재가 아닌 것은?

① 온도계 ② 습도계
③ 접지저항계 ④ 절연저항계

해설 절연저항 측정시험 기자재

단락용 악어클립

① 절연저항계(Megger)
② 온도계
③ 습도계
④ 단락용 개폐기 및 단락용 악어클립

69 태양전지 모듈의 출력이 부하보다 많아서 역조류가 발생하고, 용량성 부하로 구성되면 어떤 현상이 발생하는가?

① 전압에 무관함
② 전압강하만 발생함
③ 전압상승만 발생함
④ 전압강하와 전압상승이 발생함

해설 태양광 발전설비에서 태양전지 모듈의 출력이 부하(주택부하)보다 많아서 역조류(전류 방향이 주택→전력계통)가 발생하는 경우, 용량성 부하로 작용하면 인버터의 출력전압이 전력계통의 전압보다 높아지기 때문에 전압을 적정하게 유지하기 위해서는 자동전압 조정장치(AVR)를 설치해야 한다.

70 태양광발전시스템용 독립형 인버터의 시험항목으로 옳은 것은?

① 출력측 단락시험
② 자동기동, 정지시험
③ 단독운전 방지기능시험
④ 교류출력전류 변형률 시험

해설 태양광 발전용 독립형/계통 연계형 인버터의 시험 항목

시험항목		독립형	계통 연계형
1. 구조 시험		○	○
2. 절연 성능 시험	a) 절연 저항 시험	○	○
	b) 내전압 시험	○	○
	c) 감전 보호 시험	○	○
	d) 절연 거리 시험	○	○
3. 보호 성능 시험	a) 출력 과전압 및 부족 전압 보호 기능 시험	×	○
	b) 주파수 상승 및 저하 보호 기능 시험	×	○
	c) 단독 운전 방지 기능 시험	×	○
	d) 복전 후 일정 시간 투입 방지 기능 시험	×	○
4. 정상 특성 시험	a) 교류 전압, 주파수 추종 범위 시험	×	○
	b) 교류 출력 전류 변형률 시험	×	○
	c) 누설 전류 시험	○	○
	d) 온도 상승 시험	○	○
	e) 효율 시험	○	○
	f) 대기 손실 시험	×	○
	g) 자동 기동·정지 시험	×	○
	h) 최대 전력 추종 시험	×	○
	i) 출력 전류 직류분 검출 시험	×	○
5. 과도 응답 특성 시험	a) 입력 전력 급변 시험	○	○
	b) 계통 전압 급변 시험	×	○
	c) 계통 전압 위상 급변 시험	×	○
6. 외부 사고 시험	a) 출력측 단락 시험	○	○
	b) 계통 전압 순간 정전·강하 시험	×	○
	c) 부하 차단 시험	○	○
7. 내전기 환경 시험	a) 계통 전압 왜형률 내량 시험	×	○
	b) 계통 전압 불평형 시험	×	○
	c) 부하 불평형 시험	○	×
8. 내주위 환경 시험	a) 습도 시험	○	○
	b) 온도 사이클 시험	○	○
9. 전기자기 적합성 (EMC)	a) 전자파 내성(EMI)	○	○
	b) 전자파 내성(EMS)	○	○

71 태양광 인버터의 회로에 대한 절연저항의 측정 방법으로 틀린 것은?

① 정격전압이 입출력에서 다를 경우에는 높은 측의 전압을 절연저항계의 선택기준으로 한다.

② 입출력 단자에 주회로 이외의 제어단자 등이 있는 경우에는 분리시키고 측정한다.
③ 서지 업서버 등의 정격에 약한 회로에 관해서는 회로에서 분리시킨다.
④ 무변압기형 인버터의 경우에는 제조업자가 추천하는 방법에 따라 측정한다.

해설 인버터의 절연저항 측정

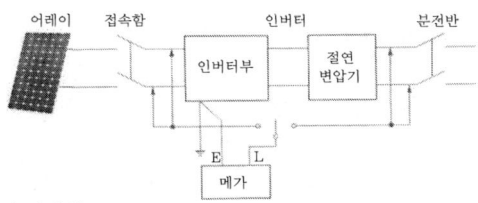

1) 입력회로
① 태양전지회로를 접속함에서 분리한다.
② 분전반 내의 분기회로 차단기를 개방한다.
③ 인버터의 입·출력단자를 단락하고, 직류단자와 대지간을 절연저항계(Megger)로 측정한다.

2) 출력회로
① 태양전지회로를 접속함에서 분리한다.
② 분전반 내의 분기회로 차단기를 개방한다.
③ 인버터의 교류측 회로를 분전반 차단기에서 분리하여 분전반까지의 전로를 포함하여 측정한다.
④ 인버터의 입·출력단자를 단락하고, 출력단자와 대지간을 절연저항계(Megger)로 측정한다.

3) 기타 주의사항
① 정격전압이 입출력과 다를 때는 높은 측의 전압을 절연저항계의 선택기준으로 한다.
② 입출력 단자에 주회로 이외의 제어단자 등이 있는 경우는 이것을 포함해서 측정한다.
③ 서지업서버 등의 정격에 약한 회로들은 회로에서 분리하여 측정한다.
④ 절연변압기가 별도로 설치된 경우에는 이를 포함하여 측정한다.
⑤ 절연변압기를 장착하지 않은 인버터는 제조사 추천 방식으로 측정한다.

72 태양광발전소 일상점검요령으로 틀린 것은?
① 인버터 통풍구가 막혀 있을 것
② 접속함 외함에 파손이 없을 것
③ 태양전지 어레이에 오염이 없을 것
④ 인버터 운전 시 이상 냄새가 없을 것

해설 인버터의 일상점검
① 외함의 부식 및 파손
② 배선의 손상 및 접속단자 풀림
③ 운전시 이상음, 이취, 연기발생 및 이상과열
④ 환기팬 확인(통풍구, 환기필터 등)
⑤ 발전 상태의 정상적 표시여부

73 태양광발전시스템 중 설비 종류에 따른 육안 점검 항목이 아닌 것은?
① 유리 등 표면의 오염 및 파손 확인
② 가대의 부식 및 녹 확인
③ 프레임 파손 및 변형 확인
④ 볼트가 규정된 토크 수치로 조여져 있는지 확인

해설 토크렌치 검사

① 태양광발전소 구조물의 볼트 조임은 설계치의 일정한 볼트 조임이 이루어져야하며, 조립상태가 정상적인가를 확인하기 위하여 볼트너트의 조임 토크를 검사해야 한다.
② 이 검사는 마찰이라는 불안전요소가 게재되어 있어 상당히 까다로워, 조임 토크를 검사하여 정확하게 측정한다는 것은 매우 어렵다.
③ 측정방법에는 풀림 토크법, 증가 토크법, 마크법 등이 있다.

74 송변전설비 유지관리 시 배전반의 일상순시 점검 대상이 아닌 것은?
① 외함   ② 접지
③ 주회로 단자부   ④ 모선 및 지지물

해설 배전반의 일상순시점검 대상

정답 72.① 73.④ 74.③

① 외함
② 모선 및 지지물
③ 주회로 인입 및 인출부
④ 제어회로 배선
⑤ 단자대
⑥ 접지
※ 주회로 단자부는 정기점검 대상

75 설비용량 20[kW] 이하의 태양광발전시스템 전기설비를 운영하기 위한 법정 필수요원은?

① 모니터링 요원
② 전기안전관리자
③ 유지보수 요원
④ REC 관리자

해설 전기안전관리자 선임의무의 예외
① 전압이 600[V] 이하인 전기수용설비(일반용 전기설비)로서 제조업 및 제조업 관련 서비스업에 설치하는 전기 수용설비
② 설비용량 20[kW] 이하의 발전설비

15.4.76 / 17.1.75 / 19.4.75

76 태양전지 모듈 어레이의 개방전압 측정의 목적이 아닌 것은?

① 인버터의 오동작 여부 검출
② 동작 불량의 태양전지모듈 검출
③ 직렬 접속선의 결선 누락 사고 검출
④ 태양전지모듈의 잘못 연결된 검출

해설 개방전압(Open Circuit Voltage)
태양전지 셀 모듈의 출력단자를 개방한 때의 양 단자간의 전압(Voc), 단위 [V], 특정한 온도와 일조 강도에서 부하를 연결하지 않은 개방 상태의 태양광발전설비 양단에 걸리는 전압을 말하며, 태양전지 스트링과 모듈의 동작불량, 직렬 접속선의 결선 누락 등, 각 스트링의 연결 상태확인이 가능하여 우선적으로 실시한다.

13.4.71 / 15.4.77 / 16.4.67 / 17.1.67 / 17.4.61 / 19.2.63

77 태양광발전시스템의 운영에 있어 계측기기나 표시장치의 사용목적이 아닌 것은?

① 시스템의 성능 예측
② 시스템의 운전상태 감시
③ 시스템의 발전전력량 파악
④ 시스템의 성능을 평가하기 위한 데이터 수집

해설 계측기기, 표시장치의 설치목적
① 운전상태 감시
② 발전전력량 확인
③ 기기 및 시스템 종합평가
④ 운전상황을 견학자에게 보여주고, 시스템 홍보

15.4.67 / 15.4.78 / 16.2.68 / 16.4.72 / 17.1.61 / 18.4.66 / 19.2.65 / 19.2.79 / 19.4.78

78 유지보수 전 취하는 안전조치로 틀린 것은?

① 해당 단로기를 닫고 주회로에 무전압이 되게 한다.
② 차단기 앞에 "점검중" 표지판을 설치한다.
③ 잔류전압을 방전시키기 위해 접지를 시킨다.
④ 검전기로 무전압 상태를 확인한다.

해설 정전작업 전 조치사항
① 전원차단 후 각 단로기 등을 개방(열고)하고 확인할 것
② 차단장치나 단로기 등에 잠금(시건)장치 및 꼬리표를 부착할 것
③ 전기기기 등에 공급되는 모든 전원을 관련 배선도, 도면 등을 통해 확인할 것
④ 검전기를 이용하여 작업 대상 기기가 충전되었는지 확인 할 것(잔류전하 방전)

79 배전전압의 저압회로에서 대지전압이 200[V]인 경우 절연저항 값[MΩ]은?

① 0.2
② 0.5
③ 0.7
④ 1.0

75. 전항정답 76. ① 77. ① 78. ① 79. ②

해설 절연저항

전로의 사용전압[V]	DC 시험전압 [V]	절연저항 [MΩ]
SELV 및 PELV	250	0.5
FELV, 500V이하	500	1.0
500V 초과	1,000	1.0

[주]특별저압(extra low voltage : 2차 전압이 AC 50V, DC120V 이하)으로 SELV(비접지회로 구성) 및 PELV(접지회로 구성)은 1차와 2차가 전기적으로 절연된 회로, FELV는 1차와 2차가 전기적으로 절연되지않은 회로

전기사용장소의 사용전압이 저압인 전로의 전선상호간 및 전로와 대지 사이의 절연저항은 개폐기 또는 과전류차단기로 구분할 수 있는 전로마다 표에서 정한 값이어야 한다.

다만, 전선 상호간의 절연저항은 기계기구를 쉽게 분리가 간단한 분기회로의 경우 기기 접속 전에 측정할 수 있다. 또한, 측정시 영향을 주거나 손상을 받을 수 있는 기기 등은 측정 전에 분리시켜야 하고, 부득이하게 분리가 어려운 경우에는 시험 전압을 250V DC로 낮추어 측정할 수 있지만, 절연저항 값은 1MΩ 이상이어야 한다.

15.2.72 / 15.4.80 / 16.2.64 / 16.4.74 / 17.1.78 / 17.2.67 / 17.4.80 / 18.2.65 / 18.2.68 / 18.4.80 / 19.2.80 / 19.4.71

80 배전반 외부에서 이상한 소리, 냄새, 손상 등을 점검항목에 따라 점검하며, 이상상태 발견 시 배전반 문을 열고 이상 정도를 확인하는 점검은?

① 일시점검 ② 정기점검
③ 임시점검 ④ 일상순시점검

해설 일상순시점검
① 태양광발전시스템의 기능을 유지하기 위한 점검으로 아래의 서술된 요령으로 실시한다.

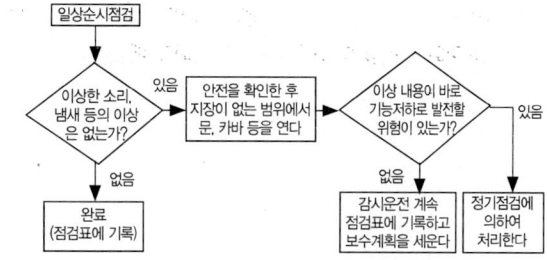

② 매일의 일상(순시)점검은 문을 열어 점검한다던가. 커버를 해체한 후 점검한다던가 하는 것이 아니고 이상한 소리, 냄새, 손상 등을 배전반, 인버터 등의 외부에서 점검항목의 대상항목에 따라 점검하는 것
③ 이상상태를 발견한 경우에는 배전반, 인버터의 문을 열고 이상의 정도를 확인한다.
④ 이상의 상태가 직접 운전을 하지 못할 정도로 전개되는 경우를 제외하고는 이상상태의 내용을 기록하여 정기점검 시에 점검한다.

81 KEC 한국전기설비규정의 변경으로 삭제됨

82 ( ) 안에 가장 적합한 내용은?

> 전기설비기술기준에서 "발전소"란 발전기 · 원동기 · 연료전지 · ( ) · 해양에너지 그 밖의 기계기구를 시설하여 전기를 발생시키는 곳을 말한다.

① 태양광 ② 태양전지
③ 태양열 ④ 집광판

해설 정의(기술기준 제3조)
발전소: 발전기 · 원동기 · 연료전지 · 태양전지 · 해양에너지발전설비 · 전기저장장치 그 밖의 기계기구[비상용 예비전원을 얻을 목적으로 시설하는 것 및 휴대용 발전기를 제외한다]를 시설하여 전기를 생산(원자력, 화력, 신재생에너지 등을 이용하여 전기를 발생시키는 것과 양수발전, 전기저장장치와 같이 전기를 다른 에너지로 변환하여 저장 후 전기를 공급하는 것)하는 곳

정답 80.④ 81. 82.②

15.4.83 / 18.2.92 / 19.2.86

83 전기공사업자의 등록을 반드시 취소해야 하는 사항으로 틀린 것은?

① 공사업의 등록을 한 후 1년 이내에 영업을 시작하지 아니하거나 계속하여 1년 이상 공사업을 휴업한 경우
② 영업정지처분기간에 영업을 하거나 최근 5년간 3회 이상 영업정지처분을 받은 경우
③ 거짓이나 그 밖의 부정한 방법으로 공사업을 등록 신고한 경우
④ 하도급 관계법령을 위반하여 하도급을 주거나 다시 하도급을 준 경우

해설 등록취소 등(전기공사업법 제28조)

시·도지사는 공사업자가 다음의 어느 하나에 해당하면 등록을 취소하거나 6개월 이내의 기간을 정하여 영업의 정지를 명할 수 있다. 다만, ①, ③, ④, ⑦, ⑧에 해당하는 경우에는 등록을 취소하여야 한다.
① 거짓이나 그 밖의 부정한 방법으로 공사업의 등록, 공사업의 등록기준에 관한 신고 행위를 한 경우
② 대통령령으로 정하는 기술능력 및 자본금 등에 미달하게 된 경우
③ 공사업의 등록을 할 수 없는 결격사유 중 어느 하나에 해당하게 된 경우
④ 타인에게 성명·상호를 사용하게 하거나 등록증 또는 등록수첩을 빌려 준 경우
⑤ 시정명령 또는 지시를 이행하지 아니한 경우
⑥ ①~⑤규정 중 어느 하나에 해당하는 경우로서 해당 전기공사가 완료되어 시정명령 또는 지시를 명할 수 없게 된 경우
⑦ 공사업의 등록을 한 후 1년 이내에 영업을 시작하지 아니하거나 계속하여 1년 이상 공사업을 휴업한 경우
⑧ 영업정지처분기간에 영업을 하거나 최근 5년간 3회 이상 영업정지처분을 받은 경우

13.4.99 / 15.2.46 / 15.4.84 / 17.2.89 / 17.4.86 / 19.4.99

84 전선을 접속하는 경우 전선의 세기를 몇 [%] 이상 감소시키지 않아야 하는가?

① 10　　② 20
③ 30　　④ 40

해설 전선의 접속법
① 전선을 접속하는 경우에는 전선의 전기저항을 증가시키지 않도록 접속하여야 한다.
② 나전선 상호 또는 나전선과 절연전선을 접속할 경우에는 전선의 세기(인장하중)를 20[%]이상 감소시키지 아니할 것
③ 접속부분은 접속관 기타의 기구를 사용 할 것.
※ 전선관 안에는 접속점이 없도록 할 것

15.4.85 / 18.2.88 / 19.4.94

85 신·재생에너지정책심의회의 심의사항이 아닌 것은?

① 신·재생에너지 기본계획의 수립 및 변경에 관한 사항
② 신·재생에너지의 기술개발 및 이용·보급에 관한 사항
③ 송배전 등 전기의 기준가격 및 변경에 관한 사항
④ 산업통상자원부장관이 필요하다고 인정하는 사항

해설 신·재생에너지정책심의회(신재생에너지법 제8조)
1) 신·재생에너지의 기술개발 및 이용·보급에 관한 중요 사항을 심의하기 위하여 산업통상자원부에 신·재생에너지정책심의회를 두며, 심의회는 다음의 사항을 심의한다.
① 기본계획의 수립 및 변경에 관한 사항. 다만, 기본계획의 내용 중 대통령령으로 정하는 경미한 사항을 변경하는 경우는 제외한다.
② 신·재생에너지의 기술개발 및 이용·보급에 관한 중요 사항
③ 신·재생에너지 발전에 의하여 공급되는 전기의 기준가격 및 그 변경에 관한 사항
④ 그밖에 산업통상자원부장관이 필요하다고 인정하는 사항

2) 심의회의 구성·운영과 그밖에 필요한 사항은 대통령령으로 정한다.

정답 83. ④　84. ②　85. ③

86 KEC 한국전기설비규정의 변경으로 삭제됨

15.4.87 / 17.2.98 / 17.4.90

87 다음 중 녹색기술에 해당되지 않는 것은?
① 온실가스 감출기술
② 에너지 이용 효율화 기술
③ 청정소비기술
④ 청정에너지 기술

해설 녹색기술 정의(녹색성장법 제2조)
① 온실가스 감축기술
② 에너지 이용 효율화 기술
③ 청정생산기술
④ 청정에너지 기술
⑤ 자원순환 및 친환경 기술(관련 융합기술을 포함한다) 등
⑥ 사회·경제 활동의 전 과정에 걸쳐 에너지와 자원을 절약하고 효율적으로 사용하여 온실가스 및 오염물질의 배출을 최소화하는 기술

15.4.88 / 18.1.91

88 신·재생에너지 연료의 기준 및 범위에 해당되지 않는 것은?
① 중질잔사유를 가스화한 공정에서 얻어지는 합성가스
② 생물유기체를 변환시킨 바이오가스, 바이오에탄올, 바이오액화유 및 합성가스
③ 동물·식물의 유지(油脂)를 변화시킨 바이오디젤
④ 생물유기체를 변환시킨 펠릿 및 목탄 등의 기체연료

해설 신·재생에너지 연료의 기준 및 범위(신재생에너지법 시행령 제18조의 12)
① 수소
② 중질잔사유를 가스화한 공정에서 얻어지는 합성가스
③ 생물유기체를 변환시킨 바이오가스, 바이오에탄올, 바이오액화유 및 합성가스
④ 동물·식물의 유지(油脂)를 변환시킨 바이오디젤
⑤ 생물유기체를 변환시킨 목재칩, 펠릿 및 목탄 등의 고체연료
※ 중질잔사유 : 원유를 정제하고 남은 최종 잔재물로서 감압증류 과정에서 나오는 감압잔사유, 아스팔트와 열분해 공정에서 나오는 코크, 타르 및 피치 등
※ 감압증류 : 끓는점이 비교적 높은 액체 혼합물을 분리하기 위하여 액체에 작용하는 압력을 감소시켜 증류 속도를 빠르게 하는 방법

13.4.96 / 14.4.96 / 15.4.89 / 15.4.90 / 17.4.96 / 18.4.87 / 19.2.90

89 연면적 1500[m²]의 공공도서관을 신축하기 위해 2014년 7월에 건축허가를 신청하였다. 이 건물의 예상 에너지 사용량에 대한 신·재생에너지의 공급 의무 비율은 몇 [%] 이상이어야 하는가?
① 10
② 11
③ 12
④ 13

해설 신·재생에너지 공급의무 비율 등
건축법 시행령에서 정한 용도의 건축물로서 신축·증축 또는 개축하는 부분의 연면적이 1,000[m²] 이상인 건축물에 따른 비율 이상

연도	2011~2012	2013	2014	2015
공급의무 비율[%]	10	11	12	15

연도	2016	2017	2018	2019	2020 이후
공급의무 비율[%]	18	21	24	27	30

신·재생에너지 공급의무 비율 등(개정 2020. 9. 23)

해당 연도	2020~2021	2022~2023	2024~2025	2026~2027	2028~2029	2030 이후
공급의무 비율[%]	30	32	34	36	38	40

13.4.96 / 14.4.96 / 15.4.89 / 15.4.90 / 17.4.96 / 18.4.87 / 19.2.90

90 신·재생에너지 공급 의무화에서 공급의무자가 의무적으로 신·재생에너지를 이용하여야 하는 발전량의 합계는 총전력생산량의 몇 [%] 범위 이내에서 대통령령으로 정하는가?

① 10   ② 15
③ 25   ④ 35

해설 신·재생에너지 공급의무화 등(신재생에너지법 제12조의5)

공급의무자가 의무적으로 신·재생에너지를 이용하여 공급하여야 하는 발전량의 합계는 총전력생산량의 25% 이내의 범위에서 연도별로 대통령령으로 정한다. 이 경우 균형 있는 이용·보급이 필요한 신·재생에너지에 대하여는 대통령령으로 정하는 바에 따라 총의무공급량 중 일부를 해당 신·재생에너지를 이용하여 공급하게 할 수 있다.

15.4.91 / 18.1.88

91 아크가 발생하는 고압용 차단기를 시설하는 경우 가연성 물질로부터의 이격거리는 몇 [m] 이상인가?

① 0.5   ② 1.0
③ 1.5   ④ 2.0

해설 아크를 발생하는 기구의 시설

고압용 또는 특고압용의 개폐기·차단기·피뢰기 기타 이와 유사한 기구(이하 이 조에서 "기구 등"이라 한다)로서 동작시에 아크가 생기는 것은 목재의 벽 또는 천장 기타의 가연성 물체로부터 표에서 정한 값 이상 이격하여 시설하여야 한다.

기구 등의 구분	이격거리
고압용의 것	1[m] 이상
특고압용의 것	2[m] 이상(사용전압이 35[kV] 이하의 특고압용의 기구 등으로서 동작할 때에 생기는 아크의 방향과 길이를 화재가 발생할 우려가 없도록 제한하는 경우에는 1[m] 이상)

92 신·재생에너지의 기술개발 및 이용·보급과 신·재생에너지 발전에 의한 전기의 공급에 관한 실행계획은 몇 년 마다 수립·시행하여야 하는가?

① 1년   ② 3년   ③ 5년   ④ 7년

해설 연차별 실행계획(신재생에너지법 제6조)

① 산업통상자원부장관은 기본계획에서 정한 목표를 달성하기 위하여 신·재생에너지의 종류별로 신·재생에너지의 기술개발 및 이용·보급과 신·재생에너지 발전에 의한 전기의 공급에 관한 실행계획을 매년 수립·시행하여야 한다.
② 산업통상자원부장관은 실행계획을 수립·시행하려면 미리 관계 중앙행정기관의 장과 협의하여야 한다.
③ 산업통상자원부장관은 실행계획을 수립하였을 때에는 이를 공고하여야 한다.

15.4.93 / 19.2.92

93 신·재생에너지 기술개발과 이용·보급에 관한 계획을 협의하려는 자가 제출한 계획서를 산업통상자원부장관이 검토하여 통보하여야 할 사항이 아닌 것은?

① 신·재생에너지의 기술개발 기본계획과의 조화성
② 시의성(時宜性)
③ 다른 계획과의 중복성
④ 단독연구의 가능성

해설 신·재생에너지 기술개발 등에 관한 계획의 사전협의 (신재생에너지법 시행령 제3조)

산업통상자원부장관은 신에너지 및 재생에너지 기술개발 및 이용·보급에 관한 계획을 협의하려는 자에게 계획서를 받았을 때에는 다음의 사항을 검토하여 협의를 요청한 자에게 그 의견을 통보하여야 한다.
① 신·재생에너지의 기술개발 및 이용·보급을 촉진하기 위한 기본계획과의 조화성
② 시의성
③ 다른 계획과의 중복성
④ 공동연구의 가능성

정답 90. ③ 91. ② 92. ① 93. ④

15.4.94 / 19.4.82

94 전기사업자가 전기품질을 유지하기 위하여 지켜야 하는 표준전압, 표준주파수와 허용오차에 관한 설명으로 틀린 것은?

① 표준전압 110[V]의 상하로 6[V] 이내
② 표준전압 220[V]의 상하로 13[V] 이내
③ 표준전압 380[V]의 상하로 20[V] 이내
④ 표준주파수 60[Hz]의 상하로 0.2[Hz] 이내

해설 전기의 품질기준(전기사업법 시행규칙 제18조 별표3)
전기사업자와 전기신사업자는 그가 공급하는 전기가 표에 따른 표준전압·표준주파수 및 허용오차의 범위에서 유지되도록 하여야 한다.
① 표준전압 및 허용오차

표준전압	허용오차
110[V]	110[V]의 상하로 6[V] 이내
220[V]	220[V]의 상하로 13[V] 이내
380[V]	380[V]의 상하로 38[V] 이내

② 표준주파수 및 허용오차

표준주파수	허용오차
60[Hz]	60[Hz] 상하로 0.2[Hz] 이내

95 발전기의 용량에 관계없이 자동적으로 이를 전로로부터 차단하는 장치를 시설하여야 하는 경우는?

① 베어링 과열
② 유압의 과팽창
③ 발전기 내부고장
④ 과전류 또는 과전압 발생

해설 발전기 등의 보호장치
발전기에는 다음의 경우에 자동적으로 이를 전로로부터 차단하는 장치를 시설하여야 한다.
① 발전기에 과전류나 과전압이 생긴 경우
② 용량이 500[kVA] 이상의 발전기를 구동하는 수차의 압유 장치의 유압 또는 전동식 가이드밴 제어장치, 전동식 니이들(Needle) 제어장치 또는 전동식 디플렉터 제어장치의 전원전압이 현저히 저하한 경우
③ 용량 100[kVA] 이상의 발전기를 구동하는 풍차(風車)의 압유장치의 유압, 압축 공기장치의 공기압 또는 전동식 브레이드 제어장치의 전원전압이 현저히 저하한 경우
④ 용량이 2,000[kVA] 이상인 수차 발전기의 스러스트 베어링의 온도가 현저히 상승한 경우
⑤ 용량이 10,000[kVA] 이상인 발전기의 내부에 고장이 생긴 경우
⑥ 정격출력이 10,000[kW]를 초과하는 증기터빈은 그 스러스트 베어링이 현저하게 마모되거나 그의 온도가 현저히 상승한 경우

96 전압에 관계없이 모든 전기공사를 시공관리 할 수 있는 전기공사기술자는?

① 저압전기공사기술자 또는 중급전기공사기술자
② 중급전기공사기술자 또는 고급전기공사기술자
③ 중급전기공사기술자 또는 특급전기공사기술자
④ 고급전기공사기술자 또는 특급전기공사기술자

해설 전기공사기술자의 시공관리 구분(전기공사업법 시행령 제12조 별표4)
전기공사의 규모별 전기공사기술자의 시공관리 구분

전기공사기술자의 구분	전기공사의 규모별 시공관리 구분
특급 전기공사기술자 또는 고급 전기공사기술자	모든 전기공사
중급 전기공사기술자	전기공사 중 사용전압이 100,000[V] 이하인 전기공사
초급 전기공사기술자	전기공사 중 사용전압이 1,000[V] 이하인 전기공사

정답 94.③ 95.④ 96.④

97 저압전로 중의 과전류차단기의 시설과 관련하여 저압전로에 사용하는 퓨즈는 수평으로 붙인 경우에 정격전류의 몇 배의 전류에 견디어야 하는가?

① 1.1　　② 1.25
③ 1.5　　④ 1.9

해설 저압전로 중의 과전류차단기의 시설
과전류차단기로 저압전로에 사용하는 퓨즈는 수평으로 붙인 경우에 정격전류의 1.1배의 전류에 견딜 것

98 연료전지 및 태양전지 모듈의 절연내력 시험 시 최대사용전압의 1.5배의 직류전압을 몇 분간 인가하는가?

① 5분　　② 10분
③ 15분　　④ 20분

해설 연료전지 및 태양전지 모듈의 절연내력
연료전지 및 태양전지 모듈은 최대사용전압의 1.5배의 직류전압 또는 1배의 교류전압(500[V] 미만으로 되는 경우에는 500[V])을 충전부분과 대지사이에 연속하여 10분간 가하여 절연내력을 시험하였을 때에 이에 견디는 것이어야 한다.

99 옥내전로의 대지전압에서 주택의 태양전지모듈에 접속하는 부하측 옥내배선을 시설하는 경우 주택의 옥내전로의 대지전압으로 맞는 것은?

① 직류 450 [V] 이하
② 직류 500 [V] 이하
③ 직류 600 [V] 이하
④ 직류 750 [V] 이하

해설 옥내전로의 대지 전압의 제한
주택의 태양전지모듈에 접속하는 부하측 옥내배선(복수의 태양전지모듈을 시설하는 경우에는 그 집합체에 접속하는 부하측의 배선)을 다음에 따라 시설하는 경우에 주택의 옥내전로의 대지전압은 직류 600[V] 이하일 것
① 전로에 지락이 생겼을 때 자동적으로 전로를 차단하는 장치를 시설할 것
② 사람이 접촉할 우려가 없는 은폐된 장소에 합성수지관공사, 금속관공사 및 케이블 공사에 의하여 시설하거나, 사람이 접촉할 우려가 없도록 케이블 공사에 의하여 시설하고 전선에 적당한 방호장치를 시설할 것

100 태양전지 모듈을 병렬로 접속하는 전로에 단락이 생긴 경우 전로를 보호하기 위하여 설치하는 것은?

① 개폐기　　② 과전류차단기
③ 누전차단기　　④ 전류검출기

해설 태양전지 모듈 등의 시설
1) 충전부분은 노출되지 않도록 시설할 것

2) 태양전지 모듈에 접속하는 부하측의 전로(복수의 태양전지 모듈을 시설한 경우에는 그 집합체에 접속하는 부하측의 전로)에는 그 접속점에 근접하여 개폐기 기타 이와 유사한 기구(부하전류를 개폐할 수 있는 것에 한한다)를 시설할 것

3) 태양전지 모듈을 병렬로 접속하는 전로에는 그 전로에 단락이 생긴 경우에 전로를 보호하는 과전류차단기 기타의 기구를 시설할 것. 다만, 그 전로가 단락전류에 견딜 수 있는 경우에는 그렇지 않다.

4) 전선은 다음에 의하여 시설할 것. 다만, 기계기구의 구조상 그 내부에 안전하게 시설할 수 있을 경우에는 그렇지 않다.
① 전선은 공칭단면적 2.5[mm²] 이상의 연동선 또는 이와 동등 이상의 세기 및 굵기의 것일 것
② 옥내에 시설할 경우에는 합성수지관공사, 금속관공사, 가요전선관공사 또는 케이블공사로 시설할 것
③ 옥측 또는 옥외에 시설할 경우에는 합성수지관공사, 금속관공사, 가요전선관공사 또는 케이블공사로 시설할 것

2014년 기출문제

2014 제4회 기출문제

14.4.1 / 15.2.95 / 17.1.50 / 18.1.9 / 18.2.86 / 18.4.82 / 19.4.17

01 피뢰기가 구비해야 할 조건 중 틀린 것은?

① 속류의 차단능력이 충분할 것
② 충격 방전 개시 전압이 낮을 것
③ 상용주파 방전 개시 전압이 높을 것
④ 방전내량이 작으면서 제한전압이 높을 것

[해설] 피뢰기(Lightning Arrester)

전선로에 규정 전압보다 몇 배 높은 이상 전압으로 인해 피뢰기의 단자 전압이 어느 일정 값 이상이 되면 방전되어, 전압 상승을 억제하고 기기를 보호하며, 이상 전압이 없어지면 방전이 정지되어 정상 송전 상태가 된다.

1) 피뢰기 구비 조건
① 상용 주파 방전 개시전압은 높을 것
② 충격 방전 개시 전압이 낮을 것
③ 속류 차단능력이 클 것
④ 제한 전압(절연 협조의 기본이 되는 전압)이 낮을 것
⑤ 반복동작이 가능하고, 구조가 견고하며 특성이 변화하지 않을 것

2) 피뢰기 설치 장소
① 발전소·변전소 또는 이에 준하는 장소의 가공전선 인입구 및 인출구
② 가공전선로에 접속하는 배전용 변압기의 고압측 및 특고압측
③ 고압 및 특고압 가공전선로로부터 공급을 받는 수용 장소의 인입구
④ 가공전선로와 지중전선로가 접속되는 곳

14.4.2 / 19.1.10

02 태양광발전시스템에서 지락 발생 시 누전 차단기로 보호할 수 없는 경우가 발생하는 이유는?

① 지락전류에 직류성분이 포함되어 있기 때문에
② 태양전지에서 발생하는 지락전류의 크기가 매우 크기 때문에
③ 인버터의 출력이 직접계통에 접속되기 때문에
④ 태양전지와 계통측이 절연되어 있지 않기 때문에

[해설] 누전차단기(Earth Leakage Breaker)

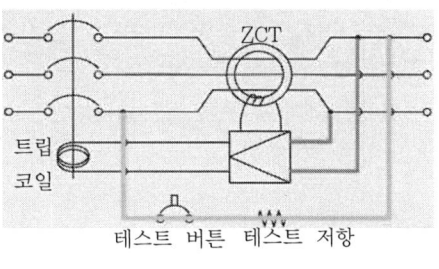

누전차단기구조

ZCT

① 핵심부품인 ZCT(Zero Current Transformer)는 일종의 CT로서 전류를 전압 값으로 변환시킨다.
② 일반 CT는 한 상의 전선만 통과하여 전류 값 측정에 사용되나, ZCT는 한 구멍에 전류의 방향이 다른 극의 전선이 동시에 통과하므로 서로 상쇄되어 정상 상태에서는 전압이 발생되지 않으나, 누전이 발생하면 한 극에서 출발한 전류가 다른 극으로 100[%] 돌아오지 않게 되고 그 값의 차이가 설정 값 이상이면 제어회로의 판단에 따라 TC(Trip Coil)이 여자되어 TM(Trip Mechanism)을 동작시켜 접점이 개방된다.
③ 태양광발전시스템에서 지락 발생 시 누전차단기로 보호할 수 없는 경우가 발생되므로, 누전차단기에는 직류성분을 갖는 누설전류 발생 시의 동작특성이 표시되어야 한다.

정답 1. ④ 2. ①

03 태양전지 제조 과정 중 표면 조직화에 대한 설명으로 틀린 것은?

① 표면 조직화는 표면 반사손실을 줄이거나 입사경로를 증가 시킬 목적이다.
② 표면 조직화는 광 흡수율을 높여 단락전류를 높이기 위함이다.
③ 태양전지의 표면을 피라미드 또는 요철구조로 형성화하는 방법이다.
④ 표면 조직화는 태양전지의 곡선인자 값을 향상시키게 된다.

해설 표면조직화 (Surface texturing)

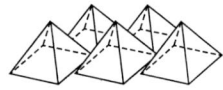

표면 조직화된 결정 실리콘 태양전지의 표면을 형성하는 사각면 피라미드

① 표면 반사 손실을 줄이고 빛을 가두어 광 흡수율을 높여 단락전류를 높이기 위한 목적으로 표면에 피라미드 구조형상을 만들거나, 다공성 또는 요철구조 형성(표면적을 넓힘)을 두어 입사한 빛이 반사로 소실되지 않도록 하는 구조를 만드는 공정
② 단결정 실리콘 표면 조직화는 웨이퍼 세정후 웨이퍼 절단시 손상된 표면 제거(SDR etching), 2[%] NaOH이상의 용액을 80[℃] 부근에서 25분 처리
③ 다결정 실리콘 표면 조직화는 질산과 불산 혼합 용액에서 온도를 상온 이하로 냉각하여 다공성 표면을 만들어 표면조직화

14.4.4 / 15.4.5 / 18.4.1

04 태양광발전시스템에서 추적제어방식에 따른 분류가 아닌 것은?

① 프로그램 추적법(program tracking)
② 감지식 추적법(sensor tracking)
③ 양방향 추적법(double axis tracking)
④ 혼합식 추적법(mixed tracking)

해설 추적제어방식에 따른 분류

1) 감지식 추적법(Sensor Tracking)

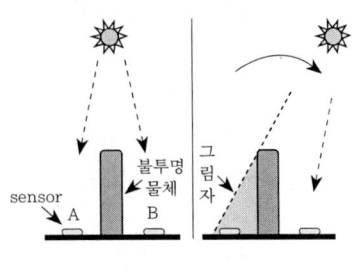

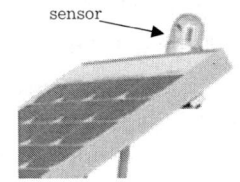

① 감지기(sensor)기구는 모듈의 상부 혹은 측면에 부착되며, 일정시간 간격으로 불투명물체에 가려진 두 개의 일사량감지 센서에 비추는 일사량이 평형이 되도록 모듈고정 구조물은 구동되며, 발전량을 최대로 한다.
② 감지기를 이용하여 최대 입사량을 추적해 가는 방식으로 감지기의 종류와 형태에 따라 오차가 발생하기도 한다.
③ 특히 태양이 구름에 가리거나 부분 음영이 발생하는 경우 감지부의 정확한 태양궤도 추적이 곤란하다.

2) 프로그램 추적법(Program Tracking)
태양의 연중 이동 궤도를 추적하는 프로그램을 내장한 컴퓨터 또는 마이크로프로세서를 이용하여 프로그램에 위도, 경도, 년, 월, 일에 따라 최적의 태양 위치를 저장해 놓고 추적한다.

3) 혼합추적법(Mixed Tracking)
프로그램 추적법을 중심으로 운영하면서 설치위치에 따른 미세한 부분은 주기적으로 수정해주는 방법으로 가장 이상적인 방법

14.4.5 / 14.4.53 / 15.4.31 / 17.1.40 / 17.2.6 / 17.2.51 / 17.4.27 / 18.1.1 / 18.4.26

05 태양광발전시스템이 개방된 곳에 설치되어 있다면 낙뢰로부터 보호하기 위해 설치하는 것은?

① 피뢰침　　　② 역류방지장치
③ 바이패스장치　④ 발광다이오드

해설 외부 피뢰시스템

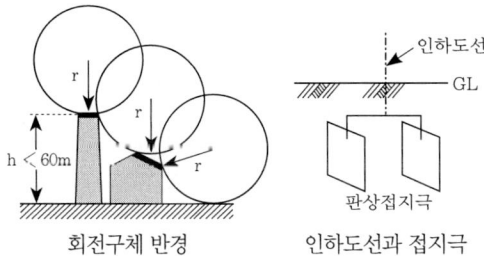

회전구체 반경　　인하도선과 접지극

(1) 수뢰부 시스템
① 뇌격이 피 보호범위내로 침입할 확률을 감소시키는 것
② 돌침(피뢰침), 수평도체, 메시 도체(케이지)방식의 개별 또는 이들의 조합으로 한다.
③ PV설비 전체를 보호할 수 있는 범위내로 해야 한다.

피뢰침(Lightning Rod)

1) 수뢰부 시스템의 배치
구조물의 모퉁이, 뾰족한 점, 모서리에 설치한다.
① 보호각법
② 회전구체법(Rolling Sphere)
③ 메쉬(Mesh)법
2) 피뢰시스템의 레벨별 회전구체 반경과 메쉬 치수

피뢰시스템 레벨	회전구체 반경 r[m]	메쉬 치수 W[m]
I	20	5×5
II	30	10×10
III	45	15×15
IV	60	20×20

(2) 인하도선 시스템
① 위험한 불꽃방전의 발생확률을 감소시키기 위하여 뇌격점과 대지사이를 연결하는 도선
② 다수의 병렬 전류통로를 형성해야 한다.
③ 전류통로의 배선 길이는 최소로 유지해야 한다.
④ 인하도선은 가능한 수뢰부도체에서 직접 연결되도록 배치하여야 한다.
⑤ 인하도선은 지표면과 가까운 부분에 접지시험단자를 시설한다. 다만, 자연적 구성부재를 이용하는 경우는 생략한다.

(3) 접지 시스템
① 위험한 과전압을 발생시키지 않고 뇌전류를 대지로 방류하기 위해서는 접지의 형상, 크기 및 접지저항 값이 중요하다. 다만, 일반적으로는 낮은 접지저항을 권장한다.
② 피뢰설비의 관점에서는 구조체를 사용한 통합단일의 접지가 바람직하며, 모든 접지목적(즉, 피뢰설비, 저압전력시스템, 통신시스템 등)에도 적합하다.

14.4.6 / 18.2.7

06 태양열 발전시스템에 대한 설명으로 잘못된 것은?

① 홈통형은 공정열이나 화학반응을 위해 열을 제공한다.
② 파라볼라 접시형은 집열기에서 태양열에너지를 직접 열로 변환시켜 열로 이용한다.
③ 진공관형은 집열관 내의 가열된 열매체는 파이프를 통해 열교환기로 수송되어 증기를 생산한다.
④ 파워 타워형의 집광비는 300~1500[sun] 정도이며, 1500[℃]이상에서도 동작이 가능하다.

해설 진공관형 집열기

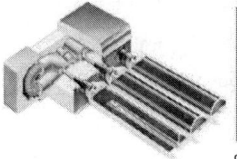  

이중 진공관　단일 진공관

① 흡수판이 내부를 진공으로 한 유리관 내에 설치된 형태의 집열기
② 진공기술을 사용함으로 인해 대류열손실을 획기적으로 줄임
③ 고효율 전열소자인 히트파이프를 사용

정답 5. ① 6. ③

14.4.7 / 16.4.6 / 19.1.8

07 투명유리 위에 코팅된 투명전극과 그 위에 접착되어 있는 나노입자로 구성된 태양전지는?

① 단결정 실리콘 태양전지
② 박막 태양전지
③ 염료감응형 태양전지
④ CIGS계 태양전지

해설 염료감응형 태양전지(Dye-sensitized solar cell; DSSC)

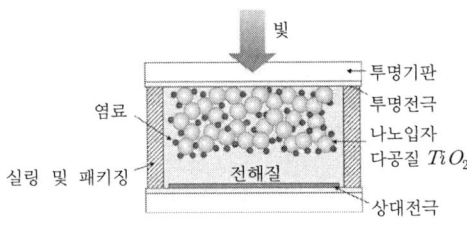

① 기존의 반도체 방식의 실리콘 태양전지나 박막 태양전지와는 달리 식물의 광합성 작용을 모사한 전기화학적 원리를 이용한다.
② 태양광 흡수용 염료고분자, n형반도체 역할을 하는 넓은 밴드 갭을 갖는 반도체 산화물, p형반도체 역할을 하는 전해질, 촉매용 상대전극, 태양광 투과용 투명전극을 기본으로 한다.
③ 태양의 흡수는 염료가 담당하고, 생성된 전자의 분리, 이동은 전자 농도 차에 의해 확산하는 방식으로 반도체 나노입자에서 이루어진다.
④ 안정성이 매우 높아 10년 이상 사용하여도 초기 효율을 거의 유지하고, 실리콘계 태양전지와 비교했을 때 일광량의 영향을 적게 받으며, 제조공정이 단순해서 전지의 가격이 실리콘 셀 가격의 20~30% 수준이다.
⑤ 기존의 태양전지에 비해 전기 변환 효율이 낮고, 전해질의 안정성이 높지 못하며, 액체 전해질의 경우 휘발하는 성질이 있다.

14.4.8 / 15.4.33 / 16.4.20 / 17.4.15 / 19.1.6

08 인버터의 직류동작전압을 일정시간 간격으로 약간 변동시켜 그 때의 태양전지 출력전력을 계측하여 사전에 발생한 부분과 비교를 하게 되고 항상 전력이 크게 되는 방향으로 인버터의 직류전압을 변화시키는 기능은?

① 자동운전 정지제어 기능
② 직류 검출제어 기능
③ 최대전력 추종제어 기능
④ 자동전압 조정 기능

해설 최대전력 추종(MPPT ; Maximum Power Point Tracking)제어 기능

태양전지의 출력은 일사강도나 태양전지의 표면온도에 따라 변화하며, 이들 변동에서 태양전지의 동작점이 항상 최대출력점을 추종하도록 변화시켜, 태양전지에서 최대 출력을 유도하는 제어

14.4.9 / 15.2.8 / 15.2.27 / 16.4.16 / 17.1.73 / 17.1.79 / 18.1.14 / 18.2.26 / 19.2.1 / 19.2.9 / 19.2.69

09 태양광전지 모듈의 출력 특성을 평가할 경우, 표준시험 기준에 해당되지 않는 것은?

① 모듈표면온도 : 25[℃]
② 모듈표면압력 : 1기압
③ 분광분포 : AM 1.5
④ 방사조도 : $1000[W/m^2]$

해설 표준 시험조건(Standard Test Conditions)

태양광발전 소자를 시험할 때의 기준이 되는 시험조건 즉, 태양광발전 소자가 빛을 받는 면의 조사강도 $1000[W/m^2]$, 태양전지 온도 25[℃], 스펙트럼 조성은 대기질량지수(AM : Air Mass) 1.5인 조건

14.4.10 / 15.4.4 / 17.2.2 / 17.2.12 / 18.4.20

10 태양전지의 전기적 특성에 대한 설명이 아닌 것은?

① 출력전압은 절대적으로 입사광 세기에 비례한다.

② 태양전지의 출력전압은 온도에 따라 영향을 받는다.
③ 최대 밝기의 1/5정도 되는 흐린 날에도 전압이 나온다.
④ 태양전지의 출력전류는 입사되는 빛의 세기에 비례한다.

해설 태양광 모듈의 출력은 일사량과 온도에 의해 영향을 받는다. 일사량이 강할수록 전류의 증가로 인해 출력 전력이 증가하고 이때 전압은 일조 강도의 변화에 영향이 적다.

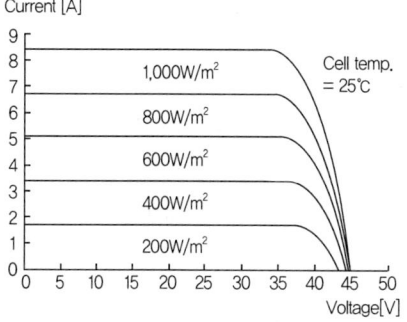

태양광 모듈의 일사량에 따른 출력 전압과 전류 값(온도 25℃ 기준)

14.4.11 / 16.4.17 / 17.1.2 / 18.2.5 / 18.2.6 / 19.2.15

11. 2500[W] 인버터의 입력전압 범위가 22[V] ~ 32[V]이고, 최대 출력에서 효율은 88[%]이다. 최대 정격에서 인버터의 최대 입력 전류는?

① 129[A]   ② 100[A]
③ 89[A]   ④ 69[A]

해설 전류(I)

$$I = \frac{P}{V \cdot \eta} = \frac{2,500}{22 \times 0.88} \approx 129 \ [A]$$

12. 태양전지 제조 가격을 줄이기 위해 실리콘 웨이퍼의 두께를 줄이게 되면 개방전압(Voc)이 감소하여 효율저하가 발생한다. 이를 방지하기 위한 대책으로 옳은 것은?

① 선택적 도핑
② 표면 패시베이션(Passivation)
③ 표면 고 반사막
④ 저 저항 메탈전극

해설 표면 패시베이션(passivation, 표면에 보호막을 씌움)
① 태양전지의 전압을 높이기 위해서 기판의 불순물을 제거하는 게터링(Gettering) 공정과 표면의 결함을 제거하는 패시베이션 공정을 통해 캐리어의 수명을 최대한 높여주어야 한다.
② 캐리어의 재결합은 기판 결함이 가장 많은 표면에서 주로 발생되기 때문에 결함을 제거하는 박막 코팅 공정인 패시베이션 공정은 전압 및 전류 증대에 매우 중요한 역할을 하게 된다.
③ 표면을 패시베이션하기 위해 열 성장한 실리콘 이산화물 층을 사용하며, 태양전지의 경우, 질화규소와 같은 유전체 층이 일반적으로 사용된다.

13. 계통연계용 태양전지 시스템의 방재 대응형 축전지를 다음 조건에 의해 설치하려 한다. 설치 용량으로 가장 적합한 것은?

- 평균부하 용량 : 5[kWh]
- PCS 직류입력전압 : 200[V]
- PCS 축전지 간 전압강하 : 2[V]
- PCS 효율 : 95[%]
- 보수율 : 0.8
- 용량환산시간 : 24.5

① 600[Ah]   ② 700[Ah]
③ 800[Ah]   ④ 900[Ah]

해설 축전지 용량 계산식
① 직류입력전류(I_d)

$$I_d = \frac{부하용량[wh]}{인버터 효율(E_f) \times (직류 입력전압(V_i) + 축전지간 전압강하(V_d))}$$

$$= \frac{5 \times 10^3}{0.95 \times (200 + 2)} \approx 26.1 \ [A]$$

② 축전지 용량(C)

정답 10. ① 11. ① 12. ② 13. ③

$$C = \text{용량 환산시간}(K) \times \frac{\text{입력전류}(I_d)}{\text{보수율}(L)}$$
$$= 24.5 \times \frac{26.1}{0.8} \fallingdotseq 800 \text{ [Ah]}$$

14.4.14 / 15.2.11 / 15.2.34 / 17.1.39 / 17.4.4 / 18.2.11 / 19.4.16

14 독립형 태양광발전시스템은 매일 충·방전을 반복해야 한다. 이 경우 축전지의 수명(충·방전 cycle)에 직접적으로 영향을 미치는 것은?

① 용량환산계수 ② 보수율
③ 평균 방전전류 ④ 방전심도

해설 방전심도(DOD)와 수명관계

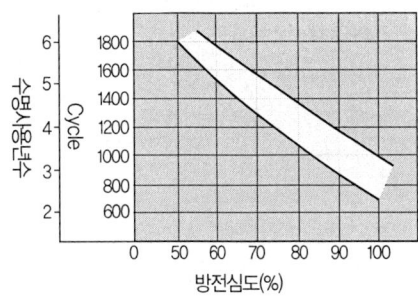

① 방전심도(DOD)는 축전지 잔존용량의 표시
② 방전 심도 = $\frac{\text{실제 방전량}}{\text{축전지의 정격용량}} \times 100\%$
③ 방전심도(%)가 50%인 경우 만나는 곡선에서 1800 사이클, 100%의 경우 700사이클 이며, 연간 250사이클을 기준해 보면 1800사이클(7년 1개월), 700사이클(2년 9개월)의 수명임을 알 수 있다.
④ 방전심도를 낮게 설정하면 축전지 수명은 길어지고, 잔존 용량은 증가한다.

15 어떤 모듈의 특성치가 다음의 표와 같다. 이 모듈의 광변환 효율은 약 몇 %인가?

V_{oc} : 45.10V
I_{sc} : 8.57A
V_{mpp} : 35.70V
I_{mpp} : 8.27A
Dimensions : 1956×992×40mm

① 15.2 ② 14.9
③ 14.6 ④ 14.3

해설 ① 최대출력 P_{max}
P_{max} = 최대전압 × 최대전류 = 35.70 × 8.27 ≒ 295
② STC 조건에서 단위면적(1m²)당 입사되는 에너지양(W/m²)
에너지량 = 면적×1000 = 1.956×0.992×1000 = 1,940 (W/m²)
③ 변환효율 η
$\eta = \frac{295}{1,940} \times 100 = 15.2 \text{ [\%]}$

13.4.8 / 14.4.16 / 15.4.21 / 18.2.29 / 18.4.34 / 19.1.20

16 태양광 발전 설계에 AM=1.5가 적용되는 경우 태양광 지표와의 각도는 약 몇 도(°)인가?

① 90° ② 60°
③ 42° ④ 30°

해설 대기 질량 지수(Air Mass index)
빛이 지표면에 이르는 가장 짧은 거리를 통해 공기나 먼지 등에 흡수되어 감소된 태양광에너지의 크기를 나타내는 것

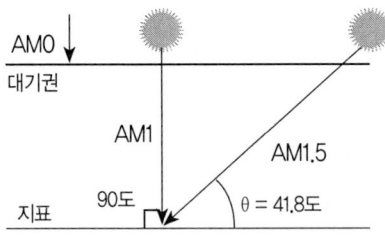

AM 0 : 대기권 밖에서 측정하는 스펙트럼
AM 1 : 태양의 직사광이 지표면에 수직으로 입사한 경우
AM 1.5 : 태양의 직사광이 지표면에 경사각 41.8°
(천정각 48.2°)
AM 2 : 태양의 직사광이 지표면에 경사각 30°(천정각 60°)

14.4.17 / 18.1.10

17. 교류의 파형률이란?

① 실효값 / 평균값 ② 평균값 / 실효값
③ 실효값 / 최대값 ④ 최대값 / 실효값

정답 14.④ 15.① 16.③ 17.①

해설 파형률, 파고율

① 교류 파형이 어떤 형태를 이루고 있는지를 알기 위하여 사용된다.

② 파형률 = $\frac{실효값}{평균값}$, 파고율 = $\frac{최대값}{실효값}$

18 전압계가 일반적으로 가지고 있어야 하는 특성은?

① 높은 내부저항
② 낮은 외부저항
③ 높은 강도
④ 큰 전류를 잘 견딜 능력

해설 전압계(Voltmeter)

① 전류계와 반대로 저항이 매우 크다.
② 전압계의 내부 저항이 크기 때문에 전압계에 흐르는 전류를 최소화할 수 있습니다.
③ 만약 전압계의 내부 저항이 작아지면 전류가 많이 흘러 들어가므로 정확한 값을 측정하기 어려워지는 단점이 있습니다.

14.4.19 / 17.2.20

19 BIPV(Building Integrated PV System)에 대한 설명으로 틀린 것은?

① 건축 재료와 발전기능을 동시에 발휘하는 방식이다.
② 경제적이며 에너지 효율성이 우수하다.
③ 태양광발전시스템 설계 시 건축가와 사전협의가 필요하다.
④ 태양광모듈은 지붕·파사드·블라인드 등 건물외피에 적용하는 방식이다.

해설 BIPV(Building Integrated PV System)

① 태양광 에너지로 전기를 생산하여 소비자에게 공급하는 것 외에 건물 일체형 태양광 모듈을 건축물 외장재로 사용하는 태양광 발전시스템이다. 기존에 넓은 평지나 지붕에 태양발전시스템을 설치하는 것과 달리 건물의 외벽, 창호 등에 설치하는 것이 가장 큰 특징이다.

② BIPV는 태양전지에 색깔을 입히는 염료감응태양전지나 유기태양전지를 활용해 건물외벽을 화려하게 장식할 수도 있지만 실리콘 태양전지보다는 효율이 떨어지며, 일반 태양전지 모듈보다 1.5~2배 정도 가격이 높다.

13.4.12 / 14.4.20 / 16.4.7 / 17.2.7 / 17.2.10 / 17.4.14 / 18.2.9

20 태양전지 모듈은 나뭇잎 등의 부착이나 앞면의 어레이 등으로 인해 그늘이 지면 거의 대부분 발전되지 않는다. 이때 태양전지 어레이나 스트링이 병렬회로로 구성되어 있다고 하면, 태양전지 어레이의 스트링 사이에 출력전압의 불균형이 발생할 때 부하가 되는 것을 방지하기 위한 목적으로 사용되는 소자는?

① 피뢰소자
② 바이패스 소자
③ 역류방지 소자
④ 정류 다이오드

해설 역류방지 소자

1) 태양광모듈의 역전류 영향
① 어레이 내의 스트링과 스트링 사이에 그림자 및 전압 불균형 등의 원인으로 병렬 접속된 스트링사이에 역전류가 흘러 어레이에 영향을 준다.
② 어레이의 직류 출력회로에 축전지가 설치되어 있는 경우, 야간이나 흐린 날 등의 태양전지에서 전력이 생산되지 않을 때는 태양전지가 축전지의 부하가 된다.

2) 대책(역류방지 소자)
① 태양전지 모듈의 스트링마다 역류방지 다이오드(Blocking Diode)를 설치해서, 전류의 역방향 흐름을 방지한다.
② 1대의 인버터에 접속되는 태양전지 직렬군(스트링)이 2병렬 이상 접속될 경우, 각 직렬군에 역전류방지 다이오드가 설치되어야 한다.

정답 18. ① 19. ② 20. ③

③ 설치할 회로의 최대전류를 흐르게 할 수 있어야하며, 동시에 사용회로의 최대 역전압에 견딜 수 있어야 한다.
④ 일반적으로 접속함에 설치되며, 커넥터에 사용되기도 한다.

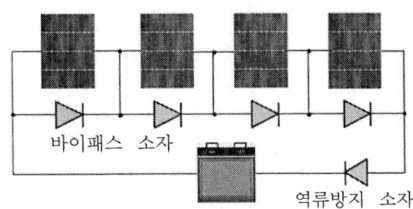
바이패스 및 역류방지 소자

역류방지다이오드 커넥터

14.4.21 / 16.4.22 / 17.2.21 / 19.2.22

21 태양광발전시스템의 기초설계단계에서 설계자의 업무가 아닌 것은?

① 토목설계 ② 구조물 설계
③ 전기설계 ④ 자금조달

해설 태양광발전시스템의 설계절차

1) 기획업무
발전소의 규모검토, 현장조사, 설계지침 등 발주에 필요하여 발주자(발전사업자)가 사전에 요구하는 설계업무

2) 계획(기초)설계
발주자로부터 제공된 자료와 기획업무 내용을 참작하여 발전소의 규모, 예산 등의 측면에서 설계목표를 정하고 그에 대한 가능한 계획을 제시하며, 발전소(전기, 구조물, 토목 등)의 기본시스템이 검토된 계획안을 발주자에게 제안 승인 받는 단계

3) 기본설계
계획설계 내용을 구체화하여 발전된 안을 정하고, 실시설계단계에서의 변경 가능성을 최소화하기 위해 다각적인 검토가 이루어지는 단계로서, 시스템 확정에 따른 각종 자재, 장비의 규모, 용량이 구체화된 설계도서를 작성하여 발주자로부터 승인을 받는 단계이다.

4) 실시설계
기본설계를 바탕으로 하여 입찰, 계약 및 공사에 필요한 설계도서를 작성하는 단계로서, 시공중 조정에 대해서는 사후설계관리업무 단계에서 수행방법 등을 명시한다.

5) 사후설계관리업무
설계가 완료된 후 공사시공 과정에서 설계자의 설계의도가 충분히 반영되도록 설계도서의 해석, 자문, 현장여건 변화 및 업체선정에 따른 자재와 장비 등의 선정 및 변경에 대한 검토 · 보완 등을 위하여 수행하는 설계업무를 말한다.
※ 자금조달은 발주자의 업무

13.4.55 / 14.4.22 / 15.2.41 / 16.4.59 / 17.1.57 / 17.2.56 / 18.2.58 / 18.4.53

22 태양전지 모듈의 배선 설계 시 확인해야 하는 사항으로 틀린 것은?

① 주파수 확인 ② 비접지 확인
③ 전압극성 확인 ④ 단락전류 확인

해설 모듈의 배선 설계시 확인 사항
① 전압 및 극성 확인
② 단락전류 측정
③ 접지확인(일반적으로 직류측 회로는 비접지한다)

13.4.18 / 14.4.23 / 16.4.9 / 18.1.4 / 18.1.12 / 18.4.15 / 19.2.19

23 전력 계통이 없는 섬, 기타 도서지역에 많이 사용하는 태양광 발전소 종류의 형식은?

① 계통연계형 ② 연산형
③ 독립형 ④ 추적형

해설 독립형 태양광발전 시스템

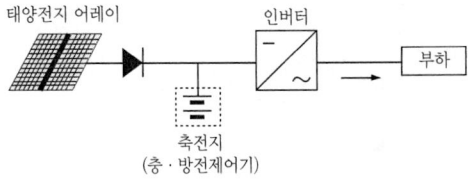

① 외딴 섬과 같이 전기가 들어오지 않는 지역에서, 상

용전력계통과 직접 연결되지 않고 분리된 발전방식으로, 태양광발전시스템의 발전 전력만으로 부하에 전력을 공급한다.
② 야간 혹은 우천 시, 태양광발전시스템의 발전이 불가할 때는 발전된 전력을 저장할 수 있는 축전장치를 접속하여 태양광 전력을 저장하여 사용하는 방식

14.4.24 / 14.4.65 / 16.2.45 / 16.4.76 / 17.1.26 / 17.4.45 / 18.2.30 / 18.2.78 / 19.1.37 / 19.2.72

24 분산형전원 계통연계기술기준에서 전력품질에 들어가지 않는 항목은?

① 전압관리　　② 주파수관리
③ 역률관리　　④ 발전량관리

해설 전기품질 항목
① 직류 유입 제한
　분산형전원 및 그 연계 시스템은 분산형전원 연결점에서 최대 정격 출력전류의 0.5[%]를 초과하는 직류 전류를 계통으로 유입시켜서는 안된다.
② 역률
　분산형전원의 역률은 90[%] 이상으로 유지함을 원칙으로 한다.
③ 플리커(flicker)
④ 고조파
⑤ 전압
⑥ 주파수
⑦ 한전계통에의 재병입(Reconnection)
⑧ 단락용량
⑨ 정전시간
⑩ 접지

14.4.25 / 16.2.39

25 1000[kW] 태양광발전시스템의 직·병렬 구성으로 가장 적합한 것은? (단, 인버터의 MPPT는 450~820[V])이며, 기타 조건은 표준 상태이다.)

- P_{mpp} : 250[W]
- V_{mpp} : 30.8[V]
- I_{mpp} I : 8.13A
- V_{oc} : 38.3[V]
- I_{sc} : 8.62A

① 18직렬 200병렬　② 20직렬 211병렬
③ 20직렬 200병렬　④ 18직렬 240병렬

해설 직렬 모듈수$(S_n) = \dfrac{\text{인버터 최대입력전압}(V_i)}{\text{모듈 개방전압}(V_{oc})}$

$= \dfrac{820}{38.3} = 21.4$ (장)

병렬 회로수 $= \dfrac{\text{시스템 출력전력}}{\text{모듈 최대출력} \times \text{스트링 직렬 매수}}$

$= \dfrac{1,000,000}{250 \times 20} = 200$ (회로)

13.4.6 / 14.4.26 / 15.4.42 / 17.4.85 / 18.2.12 / 18.2.57

26 단독운전 방지기능에 대한 설명으로 틀린 것은?

① 비동기에 의한 고장이 발생하지 않도록 한다.
② 일부 구간의 부하에만 전력을 공급하는 단독운전 상태검출 기능이다.
③ 계통의 정상운전, 설비운전, 공공 인축 안정 등에 영향을 미치지 않도록 한다.
④ 최대 0.5초 이내의 순간에 태양광발전설비를 분리시킨다.

해설 단독운전 방지(Non-islanding) 기능
연계된 계통의 고장이나 작업 등으로 인해 분산형전원이 공통 연결점을 통해 한전계통의 일부를 가압하는 단독운전 상태가 발생할 경우 해당 분산형전원 연계 시스템은 이를 감지하여 단독운전 발생 후 최대 0.5초 이내에 한전계통에 대한 가압을 중지해야 한다.

14.4.27 / 17.2.28

27 태양전지 셀과 태양광 모듈에 관한 변환효율의 관계를 옳게 나타낸 것은?

> η_c : 태양전지 셀의 효율
> η_m : 태양광 모듈의 효율
> η_a : 태양광 어레이의 효율

① $\eta_a > \eta_m > \eta_c$
② $\eta_m > \eta_c > \eta_a$
③ $\eta_c > \eta_a > \eta_m$
④ $\eta_c > \eta_m > \eta_a$

해설 효율(Array Efficiency)의 변화
① 셀(Cell)의 효율과 모듈(Module)의 효율이 조금 다르다
② 17[%]의 효율을 가진 셀을 사용하여 모듈을 만들었다면 그 모듈의 효율은 전력 손실로 인하여 셀 효율보다 1~2[%]떨어져 최종적으로 약15[%]정도의 효율을 가지는 태양전지 모듈이 된다.

28 태양광발전시스템의 DC케이블의 굵기 선정을 위한 DC전원 케이블에 흐르는 허용전류는 태양전지 어레이 단락전류의 몇 배를 곱하여 산출하는가?

① 1.15 배
② 1.25 배
③ 1.35 배
④ 1.50 배

해설 태양광발전시스템의 DC케이블
① 케이블은 가능한 음영지역에 설치하고, 빗물이 고이지 않도록 설치한다.
② 케이블은 가능한 피뢰 도체와 떨어진 상태로 포설하며 피뢰 도체와 교차시공하지 않도록 한다.
③ 모듈 전선은 공칭단면적 2.5[mm^2] 이상의 연동선 또는 이와 동등 이상의 세기 및 굵기의 것일 것.
④ 케이블에 흐르는 허용전류는 태양전지 어레이 단락전류의 1.25배로 산출한다.

29 태양광발전시스템 구조물의 지진하중 산출식 $K = C_L \times G$에서 G는 무엇을 의미하는가? (단, C_L은 지진층 전단력계수이다.)

① 풍압하중
② 고정하중
③ 유동하중
④ 적설하중

해설 지진하중(K)
$K = C_L \times G$
C_L : 응답계수, 지진층 전단력계수(0.1~0.4의 값)
G : 고정하중(구조물과 모듈 하중)

14.4.30 / 18.1.31

30. 신재생에너지 계통연계 요건으로 저압 배선전로 연계 시 전압변동률 유지기준으로 옳은 것은?

① 상시 2[%], 순시 2[%] 이하
② 상시 2[%], 순시 3[%] 이하
③ 상시 3[%], 순시 4[%] 이하
④ 상시 3[%], 순시 5[%] 이하

해설 신재생에너지 저압 배선전로 계통연계 시 전압변동률
① 저압 일반선로에서 분산형전원의 상시 전압변동률은 3[%]를 초과하지 않아야 한다.
② 저압계통의 경우, 계통 병입시 돌입전류를 필요로 하는 발전원에 대해서 계통 병입에 의한 순시전압변동률이 6[%]를 초과하지 않아야 한다.(기존 4[%] → 변경 6[%], 개정)

14.3.31 / 16.2.35 / 18.2.24

31 태양광발전시스템 부지선정 시 일반적 고려사항으로 틀린 것은?

① 일사량이 좋은 지역이고 동향인지 확인
② 부지의 가격은 저렴한 곳인지 확인
③ 바람이 잘 들 수 있는 부지인지 확인
④ 토사, 암반의 지내력 등 지반지질 상태 확인

해설 부지선정 시 일반적인 고려사항
① 일사량 : 남향을 표준으로 한다.
② 일조시간 : 고지대가 유리함
③ 자연환경검토 : 적설 및 적운이 적은 지역, 음영발

정답 27. ④ 28. ② 29. ② 30. ③ 31. ①

생 여부, 바람이 잘 들 수 있을 것(모듈 효율 상승), 지반지질 상태 등
④ 접근성 : 비포장도로 4[m], 포장도로 3[m]
⑤ 행정상 조건(인허가문제) : 각 지자체별로 개발행위 및 산지전용 가능여부 등에 관한 규제가 상이 함
⑥ 계통연계 : 3상 전주 인입 가능 여부 및 한전선로(분산형전원) 용량 확인
⑦ 경제성(토지비, 송전 설치비, 발전용량에 맞는 부지 선정 등)
⑧ 기타 – 민원

14.3.31 / 16.2.35 / 18.2.24

32 독립형 ESS용 축전지의 설계 시 1일 적산부하 전력량 2.4[kWh], 부조일수 10일, 보수율 0.8, 방전심도 65[%], 축전지 개수가 48개일 때, 축전지 용량[Ah]은? (단, 축전지 전압은 2 [V] 이다.)

① 281[Ah] ② 381[Ah]
③ 481[Ah] ④ 581[Ah]

해설 축전지 용량(C)

$$C = \frac{1일\ 적산부하\ 전력량(L_d) \times 일조가\ 없는\ 날(D)}{보수율(L) \times 공칭\ 축전지\ 전압 \times 축전지\ 개수 \times 방전심도(DOD)}$$

$$= \frac{2.4 \times 10^3 \times 10}{0.8 \times 2 \times 48 \times 0.65} \approx 481\ [Ah]$$

14.4.33 / 15.2.36 / 18.1.34 / 18.4.25 / 19.2.25 / 19.4.23

33 설계도서의 종류에 포함되지 않는 것은?

① 설계도면 ② 표준 및 특기시방서
③ 내역서   ④ 제품 소개서

해설 설계도서
1) 설계 설명서
   설계의 목적, 공사종목 및 그 개요, 각 설계에 대한 분석자료(인입지점, 발전소의 특성 등), 관계 관공서 등과의 협의 사항, 설계시 적용한 특별한 사항

2) 설계도면
   배치도, 단선접속도, 계통도, 배선도(평면도, 결선도, 기기상세도), 피뢰 설계도, 어레이 배치도, 접속반 내부 결선도

3) 기술계산서
   부하계산서, 전압강하계산서, 변압기용량계산서, 차단기용량계산서, 축전지용량계산서, 접지계산서

4) 설계시방서
① 기본설계 및 실시설계도면에 구체적으로 표시할 수 없는 내용과 공사수행을 위한 시공 방법, 자재의 성능 · 규격 및 공법, 품질시험 및 검사 등 품질관리, 안전관리, 환경관리 등에 관한 사항을 기술한다.
② 표준시방서 및 전문시방서를 기본으로 하여 작성하되, 공사의 특수성 · 지역여건 · 공사방법 등을 고려하여 작성한다.
③ 공사시방서, 전문시방서, 표준시방서, 특기시방서 등

5) 예산내역서
자재 산출근거서, 공량산출서, 일위대가표, 내역서, 공사원가산출서, 단가대비표, 견적서 등

34 태양광발전 모니터링 시스템의 주요 기능이 아닌 것은?

① 무인으로 태양광 발전소 운전 현황을 실시간으로 확인할 수 있다.
② 실시간 발전 현황을 모니터링 화면이나 모바일 기기에서도 실시간 확인할 수 있다.
③ 기상관측 장치의 데이터를 수집하여 발전소의 기상현황을 확인할 수 있다.
④ 모듈 직렬회로에서 음영에 의한 손실량 기록을 확인할 수 있다.

해설 모니터링 시스템
태양광발전의 효율적인 관리를 위하여 발전설비 전반에 대하여 원격 감시 및 측정 시스템을 도입, 시스템의 운영과 관리를 할 수 있도록 한다.
① 적극적인 감시 통제 : 즉각 지원 조치 시스템
② 실시간 감시 통제 : 발전 효율 극대화
③ 기상상태에 따른 분석 : 발전량 및 발전 시스템 효율
④ 발전시스템 이력관리 : 유지보수 및 운영관리

정답 32. ③ 33. ④ 34. ④

14.4.35 / 15.4.37 / 17.1.27 / 18.2.37

35 시방서의 역할 및 명기사항이 아닌 것은?

① 주요 기자재에 대한 규격, 수량 및 납기일을 게재한다.
② 시공 상에 필요한 품질 및 안전관리 계획, 시공 상에서 특별히 주의해야 할 특기 사항들을 포함시킨다.
③ 시공 상에 필요한 기술기준을 규정하는 것으로 계약서류에 포함되는 설계도서의 일부로 법적인 구속력을 갖는다.
④ 설계도면에 표기하지 못한 상세 내용 즉 공정별 적용되는 국내외 표준기준, 시공방법, 허용오차 등의 기술적 내용을 기재 한다.

해설 시방서(Specifications)
① 기본설계 및 실시설계도면에 구체적으로 표시할 수 없는 내용과 공사수행을 위한 시공 방법, 자재의 성능·규격 및 공법, 품질시험 및 검사 등 품질관리, 안전관리, 환경관리 등에 관한 사항을 기술한다.
② 표준시방서 및 전문시방서를 기본으로 하여 작성하되, 공사의 특수성·지역여건·공사방법 등을 고려하여 작성한다.

36 3000[kW]를 초과하는 태양광발전사업 허가절차를 올바르게 나타낸 것은?

㉠ 발전사업 신청서 접수
㉡ 전기사업 허가증 발급
㉢ 발전사업 신청서 작성
㉣ 신청인에 통지
㉤ 전기위원회 심의
㉥ 전기안전공사 심의
㉦ 태양광발전산업협회 심의

① ㉢ → ㉠ → ㉤ → ㉡ → ㉣
② ㉠ → ㉢ → ㉥ → ㉡ → ㉣
③ ㉢ → ㉠ → ㉡ → ㉦ → ㉣
④ ㉢ → ㉠ → ㉦ → ㉡ → ㉣

해설 태양광발전사업 허가절차
① 발전사업 신청서 작성(신청인)
② 발전사업 신청서 접수(산업통상자원부/시·도)
③ 검토(산업통상자원부/시·도)
④ 전기위원회 심의(3,000[kW]초과 → 산업통상자원부 전기위원회)
⑤ 허가증 발급(산업통상자원부/시·도)
⑥ 신청인에 통지(허가증 수령)

37 태양전지 어레이 설계시의 고려사항 중 발전설비용량 결정의 기술적 측면으로 옳지 않은 것은?

① 사업부지의 면적
② 어레이의 직렬 모듈 수 및 구성방식
③ 어레이별 이격거리
④ 전기안전관리자 상주여부

해설 발전설비용량 설계시 고려사항
① 사업부지의 면적(태양 고도별 비음영 지역선정)
② 어레이별 모듈 수 및 구성방식
③ 계절별 일조시간 및 경사각(모듈간 이격거리)

38 태양광발전 설비용량과 부하에서 소비하는 전력량의 관계를 올바르게 나타낸 것은?

P_{AS} : 표준상태에서의 태양광 어레이의 출력[kW]
H_A : 태양광 어레이면 일사량 [kW/m² · 기간]
G_S : 표준상태에서의 일사강도[kW/m²]
E_L : 부하소비전력량[kWh/기간]
D : 부하의 태양광발전시스템에 대한 의존율
R : 설계여유계수
K : 종합설계지수

① $P_{AS} = \dfrac{E_L \times G_S \times R}{(H_A/D) \times K}$

② $P_{AS} = \dfrac{E_L \times D \times R}{(H_A/G_S) \times K}$

③ $P_{AS} = \dfrac{E_L \times G_S \times R \times K}{(H_A/D)}$

④ $P_{AS} = \dfrac{D \times R \times K}{(H_A/E_L) \times G_S}$

14.4.39 / 17.2.34

39 단독운전 방지기능이 없는 10[kW] 태양광발전시스템에 380[V], 60[Hz]의 계통전원에 연결되어 운전될 경우, 태양광발전시스템의 출력이 10[kW], 부하가 유효전력 10[kW], 지상무효전력이 +9.5[kVar], 진상무효전력이 -10[kVar] 일 때 단독운전이 일어날 경우 예상되는 주파수는 약 얼마인가?

① 60.0[Hz] ② 61.38[Hz]
③ 58.48[Hz] ④ 59.32[Hz]

해설 예상되는 주파수(f_0)

① $P_s = \dfrac{\sqrt{\text{지상무효전력}(P_{rl}) \times \text{진상무효전력}(P_{rc})}}{\text{유효전력}(P)}$

$= \dfrac{\sqrt{9.5 \times 10}}{10} \fallingdotseq 0.975$

② $k = \tan\theta = \dfrac{P_{rl} - P_{rc}}{P} = \dfrac{9.5 - 10}{10} = -0.05$

③ $f_0 = f\left(1 + \dfrac{k}{P_s}\right) = 60\left(1 + \dfrac{-0.05}{2 \times 0.975}\right) \fallingdotseq 58.48 \text{[Hz]}$

14.4.40 / 15.4.22 / 16.2.59 / 16.4.52 / 17.1.38 / 17.2.52 / 18.4.32 / 19.2.53

40 태양광발전시스템 어레이 기초시설 중 내력벽 또는 조적 벽을 지지하는 기초로 벽체 양옆에 캔틸레버 작용으로 하중을 분산시키는 기초는 무엇인가?

① 독립기초 ② 연속기초
③ 온통기초 ④ 파일기초

해설 기초의 분류

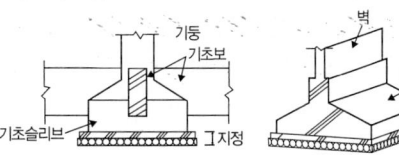
독립기초   연속기초

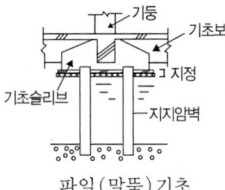
파일(말뚝)기초

(1) 얕은 기초(Shallow Foundation)
1) 독립(주춧돌)기초(Individual Footing) : 단일기둥을 지지, 기둥간격이 넓은 경우
2) 연속기초(Contentious Footing) : 다수의 연속기둥 또는 벽체를 지지
3) 전면(온통)기초(Mat 또는 Raft Foundation)
① 다수의 기둥들을 지지, 상부구조 전 단면 아래의 지지토층 위에 있는 단일 슬래브 형식의 확대기초
② 고층건물, 중량건물, 연약지반, 지하수위가 높은 지하실바닥에 유리
※ 직접기초 : 독립기초, 연속기초, 전면(온통)기초

(2) 깊은 기초(Deep Foundation)
1) 파일(말뚝)기초(Pile Foundation)
① 대표적인 깊은 기초공법으로 피어 및 케이슨기초 보다 시공이 간편하고 공사비가 저렴함
② 말뚝의 축방향 허용지지력은 지반의 허용지지력과 말뚝재료의 허용하중을 비교하여 낮은 값으로 결정함
2) 피어기초(Pier Foundation)
구조물 하중을 연약한 토층을 지나 견고한 지지층에 전달시키기 위하여 지반에 굴착한 구멍 속에 현장타설 콘크리트를 채워 설치하는 깊은 기초의 일종으로서 일반적으로 직경은 사람이 들어가서 확인할 수 있도록 최소 직경 760[mm] 정도 이상인 것을 말함
3) 케이슨(우물통)기초

정답 38.② 39.③ 40.②

14.4.41 / 15.2.26 / 18.2.23

41 태양광설비 시공기준 중 태양전지판에 관한 설명으로 틀린 것은?

① 태양광 모듈 설치열이 2열 이상일 경우 앞쪽 열의 음영이 뒤쪽 열에 미치지 않도록 설치하여야 한다.
② 설치용량은 사업계획서 상의 설계용량 이상이어야 하며, 설계용량의 103[%]을 초과하지 않아야 한다.
③ 장애물로 인한 음영에도 불구하고 일사시간은 1일 5시간(춘분 3~5월 · 추분 9~10월) 기준 이상이어야 한다.
④ 전기선, 피뢰침, 안테나 등의 경미한 음영도 장애물로 취급한다.

[해설] 음영발생 원인
① 주변에 높은 산, 나무, 수목, 전주, 건물 등의 음영 (주변 지형지물은 최대 높이의 약 세 배 길이만큼 음영에 영향을 준다)
② 태양광모듈 설치열이 2열 이상일 경우 앞열의 영향으로 뒷열에 음영
③ 구름, 눈, 새의 분비물, 꽃가루, 먼지 등으로 인한 음영
④ 다만, 전기선, 피뢰침, 안테나 등 경미한 음영은 장애물로 보지 아니한다.

14.4.42 / 18.2.54

42 가공 송전선에 댐퍼를 설치하는 이유는?

① 코로나 방지   ② 현수애자 경사방지
③ 전자유도 감소 ④ 전선 진동방지

[해설] 전선의 진동방지

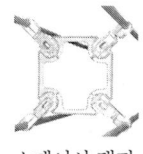
스페이서 댐퍼

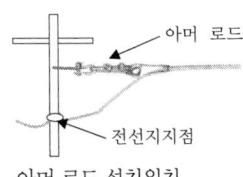
아머 로드 설치위치

① 아머 로드(Armor Rod) : 전선과 같은 재질의 선으로 감아서 고정하여, 전선의 진동방지 및 전선지지점에서의 단선을 방지한다.
② 스페이서 댐퍼(Spacer Damper) : 다도체 방식 가공송전선로에 설치되는 방진장치로, 각 소도체간의 간격을 유지시키고 진동발생을 저감시키는 역할을 한다.

14.4.43 / 18.4.51

43 설계감리원의 설계도면 적정성 검토 사항이 틀린 것은?

① 설계 결과물(도면)이 입력 자료와 비교해서 합리적으로 표시되었는지 여부
② 도면상에 작업장 방위각이 표시되었는지 여부
③ 설계 입력 자료가 도면에 맞게 표시되었는지 여부
④ 도면에 적정하게, 해석 가능하게, 실시 가능하며 지속성 있게 표현되었는지 여부

[해설] 설계감리원의 설계도면 적정성 검토사항
① 도면작성이 의도하는 대로 경제성, 정확성 및 적정성 등을 가졌는지 여부
② 설계 입력 자료가 도면에 맞게 표시되었는지 여부
③ 설계결과물(도면)이 입력 자료와 비교해서 합리적으로 되었는지 여부
④ 관련 도면들과 다른 관련 문서들의 관계가 명확하게 표시되었는지 여부
⑤ 도면이 적정하게, 해석 가능하게, 실시 가능하며 지속성 있게 표현되었는지 여부
⑥ 도면상에 사업명을 부여 했는지 여부

14.4.44 / 18.1.57

44 자가용 전기설비 사용전검사 전 · 후 신청인 및 전기안전관리자 등 검사 입회자에게 회의를 통해 설명하고 확인 시켜야 할 사항이 아닌 것은?

① 검사의 목적과 내용
② 검사의 절차 및 방법
③ 준공표지판 설치
④ 검사에 필요한 안전자료 검토 및 확인

정답 41. ④ 42. ④ 43. ②

해설 검사전·후 회의실시
검사자는 검사를 실시하기 전이나 검사를 실시한 후에 신청인 및 전기안전관리자 등 검사입회자에게 아래의 내용을 설명하고 확인하기 위해서 회의를 실시할 수 있다.
① 검사의 목적 과 내용
② 안전작업 수칙
③ 검사의 절차 및 방법
④ 검사에 필요한 기술자료 검토 및 확인
⑤ 검사결과 부적합 사항의 조치내용 및 개수방법·기술적인 조언 및 권고
⑥ 준공표지판 설치

14.4.45 / 19.1.57

45 다음 ( ) 안의 내용으로 알맞은 것은?

> "태양광 모듈의 배열 및 결선방법은 출력전압과 설치장소 등이 다르기 때문에 ( )를 이용하여 시공 전과 시공완료 후에 확인하는 것이 좋다."

① 체크리스트 ② 부품 사양서
③ 단선 결선도 ④ 고정식계통도

해설 점검표(Checklist)
① 어떠한 대상의 점검한 내용을 표 형식으로 나타내 기재한 문서
② 인간의 기억력과 주의력의 한계를 넘어서는 복잡성이 있는 업무에 적용할 때, 특히 효과적이다.

14.4.46 / 15.4.45

46 최대수용전력 1000[kVA] 이고 설비용량은 전등부하 500[kW], 동력부하 700[kVA]이다. 이때 수용률은?

① 83.3[%] ② 86.6[%]
③ 88.3[%] ④ 90.6[%]

해설 수용률(Demand Factor)
① 수용 설비가 이용되고 있는 비율
② 수용 설비 용량 : 수용 장소에 설비된 전기 기기류의 정격용량 합계

③ 변압기의 설비 용량 = $\dfrac{최대 수용 전력}{부하 역률}$

$수용률 = \dfrac{최대 수용 전력 [kW]}{수용 설비 용량 [kW]} \times 100 [\%]$

$= \dfrac{1,000}{(500+700)} \times 100 \fallingdotseq 83.3 \ [\%]$

13.4.50 / 14.4.47 / 17.1.55 / 17.2.41 / 19.4.59

47 태양광발전설비의 준공검사 후 현장문서 인수인계 사항이 아닌 것은?

① 준공 사진첩
② 품질시험 및 검사성과 총괄표
③ 시설물 인수인계서
④ 공사계획서

해설 발주자에게 인계할 문서 목록
① 준공사진첩
② 준공도면
③ 품질시험 및 검사성과 총괄표
④ 기자재 구매서류
⑤ 시설물 인수·인계서
⑥ 그밖에 발주자가 필요하다고 인정하는 서류

14.4.48 / 15.2.15 / 15.2.42 / 15.4.40 / 16.2.36 / 16.4.29 / 17.2.27 / 17.4.28 / 19.1.13

48 어레이 용량은 3~5[kW]이며, 경사각은 0°로 고정되어 태양이 움직이는 시간에 따라 동서로 추적하는 모듈 설비 방식은?

① 고정형 ② 경사가변형
③ 단축 추적형 ④ 양축 추적형

해설 단축(1축) 추적식

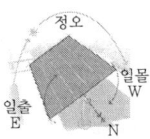  

단축 추적식   구동장치

① 어레이는 대지와 수평을 이루며, 남쪽으로의 경사각은 없다.

② 태양의 이동에 따라 해가 뜨는 동쪽에서 해가 지는 서쪽방향으로 추적하는 방식이다.
③ 고정식·가변식보다는 효율이 높고, 양축식보다는 효율이 낮다.
④ 구동장치가 필요하며, 운영 및 유지관리 비용이 소요된다.

13.4.56 / 14.4.49 / 15.4.53 / 17.1.58 / 17.2.45 / 19.4.43

49 분산형전원을 배전계통 연계시 승압용 변압기의 1차 결선방식으로 옳은 것은? (단, 인버터는 3상이며, 절연변압기를 사용하는 조건임)

① Y 결선 ② △ 결선
③ V 결선 ④ 스코트(SCOT) 결선

해설 **분산형전원**
배전계통연계시 승압용변압기의 1차 결선방식은 Y결선방식이며, 주로 Y-△-Y, Y-Y-△ 방식 등, △권선을 통해 인버터에서 발생하는 제3고조파를 제거 한다

14.4.50 / 17.1.41

50 태양광발전시스템 시공절차에 대한 순서로 올바른 것은?

① 현장여건분석 → 시스템설계 → 구성요소제작 → 기초공사 → 구조물설치 → 간선공사 → 모듈설치 → 인버터설치 → 시운전 → 운전개시
② 현장여건분석 → 시스템설계 → 기초공사 → 구성요소제작 → 구조물설치 → 간선공사 → 모듈설치 → 인버터설치 → 시운전 → 운전개시
③ 현장여건분석 → 시스템설계 → 구성요소제작 → 기초공사 → 구조물설치 → 모듈설치 → 간선공사 → 인버터설치 → 시운전 → 운전개시
④ 현장여건분석 → 시스템설계 → 구성요소제작 → 기초공사 → 구조물설치 → 모듈설치 → 인버터설치 → 간선공사 → 시운전 → 운전개시

해설 태양광발전시스템 건설을 위한 기본 계획 흐름도

① 현장여건분석 ② 시스템 설계 ③ 구성요소제작
④ 기초공사 ⑤ 구조물 설치 ⑥ 모듈 설치
⑦ 간선공사 ⑧ 인버터 설치 ⑨ 시운전

51 접지계통의 특징이 아닌 것은?
① 지락전류가 크다. ② 과도안정도가 좋다.
③ 이상전압 억제한다. ④ 유도장해가 크다.

해설 **직접 접지방식**
Y결선의 중성점을 금속선으로 직접 접지하는 방식

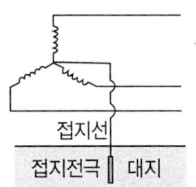

① 지락 사고가 발생하여도 건전상의 전압은 상전압 이상으로 되지 않는다.
② 전선로나 변압기의 절연을 낮게 할 수 있다.
③ 지락전류가 커서 계전기의 동작이 정확하나, 과도안정도가 나쁘다.
④ 통신선의 유도장해가 가장 크다.

14.4.52 / 18.2.47

52 접지저항을 감소시키는 접지저항 저감제가 갖추어야 할 조건이 아닌 것은?
① 사람과 가축에 안전할 것
② 전기적으로 양호한 부도체일 것
③ 접지전극을 부식시키지 않을 것
④ 경제적일 것

해설 **접지저항 저감제의 구비조건**

① 저감효과가 클 것
② 저감효과의 연속성이 있을 것(경년변화가 적을 것)
③ 내식성이 클 것(접지전극을 부식시키지 않을 것)
④ 친환경 적일 것(공해가 없을 것)
⑤ 사람과 가축에 안전할 것
⑥ 경제적이고 공법이 용이할 것

14.4.5 / 14.4.53 / 15.4.31 / 17.1.40 / 17.2.6 / 17.2.51 /
17.4.27 / 18.1.1 / 18.4.26

53 피뢰시스템 중 뇌격전류를 안전하게 대지로 전송하는 시스템은?

① 수뢰 시스템   ② 인하도선 시스템
③ 접지 시스템   ④ 감시 시스템

해설 **외부 피뢰시스템**

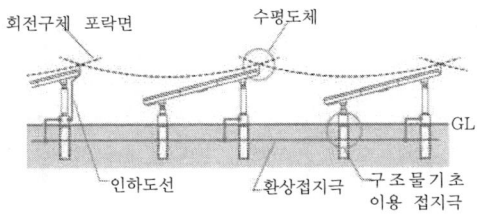

1) 수뢰부 시스템
① 뇌격이 피 보호범위내로 침입할 확률을 감소시키는 것
② 돌침(피뢰침), 수평도체, 메시 도체(케이지)방식의 개별 또는 이들의 조합으로 한다.
③ PV설비 전체를 보호할 수 있는 범위내로 해야 한다.

2) 인하도선 시스템
① 위험한 불꽃방전의 발생확률을 감소시키기 위하여 뇌격점과 대지사이를 연결하는 도선
② 다수의 병렬 전류통로를 형성해야 한다.
③ 전류통로의 배선 길이는 최소로 유지해야 한다.

④ 인하도선은 가능한한 수뢰부도체에서 직접 연결되도록 배치하여야 한다.
⑤ 인하도선은 지표면과 가까운 부분에 접지시험단자를 시설한다. 다만, 자연적 구성부재를 이용하는 경우는 생략한다.

3) 접지 시스템
① 위험한 과전압을 발생시키지 않고 뇌전류를 대지로 방류하기 위해서는 접지의 형상, 크기 및 접지저항 값이 중요하다. 다만, 일반적으로는 낮은 접지저항을 권장한다.
② 피뢰설비의 관점에서는 구조체를 사용한 통합단일의 접지가 바람직하며, 모든 접지목적(즉, 피뢰설비, 저압전력시스템, 통신시스템 등)에도 적합하다.

54 태양광발전시스템을 계통에 연계할 때 동기화를 고려하지 않아도 되는 것은?

① 주파수차   ② 전압차
③ 위상차   ④ 전류차

해설 분산형전원이 계통과 병렬연결 시 전압, 위상, 파형, 주파수가 계통측과 동기화가 되어야 한다.

14.4.55 / 14.4.90 / 15.4.79 / 17.4.91 / 18.4.64 / 18.4.71

55 절연저항의 측정 시 전로전압에 대한 절연저항 값이다. ( )의 알맞은 내용으로 옳은 것은?

전로의 사용전압[V]	DC 시험전압[V]	절연저항[MΩ]
SELV 및 PELV	250	0.5
FELV, 500V이하	( )	1.0
500V 초과	1,000	1.0

① 350   ② 500
③ 760   ④ 1000

해설 절연저항

전로의 사용전압[V]	DC 시험전압 [V]	절연저항 [MΩ]
SELV 및 PELV	250	0.5
FELV, 500V이하	500	1.0
500V 초과	1,000	1.0

[주]특별저압(extra low voltage : 2차 전압이 AC 50V, DC120V 이하)으로 SELV(비접지회로 구성) 및 PELV(접지회로 구성)은 1차와 2차가 전기적으로 절연된 회로, FELV는 1차와 2차가 전기적으로 절연되지않은 회로

전기사용장소의 사용전압이 저압인 전로의 전선상호간 및 전로와 대지 사이의 절연저항은 개폐기 또는 과전류 차단기로 구분할 수 있는 전로마다 표에서 정한 값이어야 한다.
다만, 전선 상호간의 절연저항은 기계기구를 쉽게 분리가 간단한 분기회로의 경우 기기 접속 전에 측정할 수 있다. 또한, 측정시 영향을 주거나 손상을 받을 수 있는 기기 등은 측정 전에 분리시켜야 하고, 부득이하게 분리가 어려운 경우에는 시험 전압을 250V DC로 낮추어 측정할 수 있지만, 절연저항 값은 1MΩ 이상이어야 한다.

※ 용어 설명
① SELV : Safety Extra Low Voltage
 (1차와 2차가 전기적으로 절연되어있지만, 접지가 되어있지 않음)
② PELV : Protected Extra Low Voltage
 (1차와 2차가 전기적으로 절연되어있고, 접지가 되어 있음)
③ FELV : Functional Extra Low Voltage
 (1차와 2차가 전기적으로 절연되어있지 않음)

56 KEC 한국전기설비규정의 변경으로 삭제됨

13.4.19 / 14.4.57 / 14.4.73 / 15.2.1 / 15.2.5 / 15.2.28 / 16.4.4 / 16.4.12 / 17.2.5 / 17.4.7 / 18.1.11 / 18.4.3 / 18.4.14 / 19.2.5 / 19.2.17

57 직류전원을 이용한 분산형전원의 인버터로부터 직류가 교류계통으로 유입되는 것을 방지하기 위하여 설치하는 것은?

① 직류 차단장치 ② 리액터
③ 상용주파 변압기 ④ 고조파 필터

해설 상용주파 변압기 절연방식

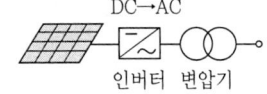

① PWM 인버터를 이용하여 상용주파수의 교류를 만들고, 상용주파수의 변압기를 이용하여 절연과 전압변환을 한다.
② 내부 신뢰성이나 노이즈 컷이 우수하지만, 상용주파수의 변압기를 별도로 이용하기 때문에 무겁고 크며, 변압기의 효율이 감소된다.

58 태양전지 모듈 공사 시 금속부재 절단 작업에 필요한 장비가 아닌 것은?

① 보호안경 ② 방진마스크
③ 헬멧 ④ 절연장갑

해설 절연장갑 : 감전방지용

59 수용설비와 부하와의 관계를 나타내는 수용률, 부등률, 부하율 및 전일효율에 대한 설명이다. 틀린 것은?

① 수용률은 수용가의 최대수요전력과 그 수용가가 설치하고 있는 설비 용량의 합계와의 비를 말한다.
② 부등률은 최대 전력의 발생 시각 또는 발생 시기의 분산을 나타내는 지표를 말한다.
③ 부하율은 어느 일정기간 중 평균 수용전력과 최대수용전력과의 비를 나타낸 것으로 부하율이 낮을수록 설비가 효율적으로 사용

정답 56. 57. ③ 58. ④

된다고 할 수 있다.
④ 전일효율은 하루 동안의 에너지 효율로서 24시간 중의 출력에 상당한 전력량을 그 전력량과 그 날의 손실 전력량의 합으로 나누는 것을 말한다.

해설 **수용 설비와 공급 설비**

수용가의 수용설비는 전등(야간), 전동기(주간), 에어컨(여름), 온풍기(겨울), 이렇게 수용설비의 사용 시간대가 서로 다르기 때문에 공급 설비를 수용설비만큼 설치할 필요가 없다. 이와 같이 수용 설비와 공급 설비의 관계를 나타내는 것이 수용률, 부하율, 부등률 등이다.

1) 수용률(Demand Factor)
① 수용 설비가 이용되고 있는 비율
② 수용 설비 용량 : 수용 장소에 설비된 전기 기기류의 정격용량의 합계
③ 변압기의 설비 용량 = $\dfrac{\text{최대 수용 전력}}{\text{부하 역률}}$

수용률 = $\dfrac{\text{최대 수용 전력}[kW]}{\text{수용 설비 용량}[kW]} \times 100 [\%]$

2) 부등률(Diversity Factor)
① 몇 개의 수용가가 동일 배전 변압기로부터 전력을 공급받고 있을 때, 합성 최대 수용 전력은 각각 수용가의 최대 수용 전력의 합보다 적게 된다.
② 부등률은 1보다 크다.

부등률 = $\dfrac{\text{수용 설비 각각의 최대 수용 전력의 합}[kW]}{\text{합성 최대 수용 전력}[kW]}$

3) 부하율(Load Factor)
① 공급 설비가 어느 정도 유효하게 사용되는가를 나타낸다.
② 부하율이 클수록 공급 설비가 유효하게 사용되는 것이다.
③ 일, 월, 연부하율 등이 있다.

부하율 = $\dfrac{\text{평균 수용 전력}[kW]}{\text{합성 최대 수용 전력}[kW]} \times 100 [\%]$

13.4.31 / 14.4.60 / 15.4.58 / 18.1.59

60 저압배선 선로의 역조류로 계통이 개방되어 단독운전 상태가 된 경우 검출방식이 아닌 것은?

① 과전압 계전기　② 과전류 계전기
③ 부족전압 계전기　④ 주파수 저하 계전기

해설 **보호장치 설치**

(1) 분산형전원 설치자는 고장 발생시 자동적으로 계통과의 연계를 분리할 수 있도록 다음의 보호계전기 또는 동등 이상의 기능 및 성능을 가진 보호장치를 설치하여야 한다.
① 계통 또는 분산형전원 측의 단락·지락고장시 보호를 위한 보호장치를 설치한다.
② 인버터에는 적정한 전압과 주파수를 벗어난 운전을 방지하기 위하여 과·저(부족)전압 계전기, 과·저(부족)주파수 계전기가 설치된다.
③ 단순병렬 분산형전원의 경우에는 역전력 계전기를 설치한다. 단, 신·재생에너지를 이용하여 전기를 생산하는 용량 50[kW] 이하의 소규모 분산형전원(단, 해당 구내계통 내의 전기사용 부하의 수전 계약전력이 분산형전원 용량을 초과하는 경우에 한한다)으로서 단독운전 방지기능을 가진 것을 단순병렬로 연계하는 경우에는 역전력계전기 설치를 생략할 수 있다.

※ 과전압계전기(OVR), 부족전압계전기(UVR), 주파수 상승계전기(OFR), 주파수 저하계전기(UFR)

61 태양광전원이 연계된 배전계통에서 사고가 발생하는 경우, 배전계통을 보호하는 보호협조 기기에 해당하는 것이 아닌 것은?

① 배전용변전소 차단기
② 리클로저(Recloser)
③ 인터럽터스위치
④ 고조파계전기

해설 **인터럽터스위치(Interrupter Switches)**

① 과부하시 자동으로 개폐할 수 없다.
② 돌입전류 억제 기능이 없다.
③ 수동 조작만 가능하다.

62 태양전지 모듈인증 시험 절차가 아닌 것은?

① 육안검사
② 온도 계수 측정
③ 습도-결빙 시험
④ I-V 특성 시험

해설 결정질 실리콘 태양광발전 모듈인증 시험 항목
① 외관검사
② 최대출력결정
③ 절연시험
④ 온도계수의 측정
⑤ 공칭 태양전지 동작온도(NOCT)에서의 측정
⑥ STC 및 NOTC에서의 성능
⑦ 낮은 조사강도에서의 특성
⑧ 옥외노출 시험
⑨ 열점 내구성 시험
⑩ UV 전처리 시험
⑪ 온도 사이클 시험
⑫ 습도-동결 시험
⑬ 고온고습 시험
⑭ 단자강도 시험
⑮ 습윤 누설전류 시험
⑯ 기계적하중 시험
⑰ 우박 시험
⑱ 바이패스 다이오드 열시험
⑲ 염수분무 시험

14.4.63 / 15.2.64 / 16.4.10 / 19.2.12

63 태양전지에서 사막과 같이 주위 온도가 매우 높은 지역에서 나타나는 현상으로 옳은 것은?

① Voc(Open Circuit Voltage)가 증가한다.
② Isc(Short Circuit Current)는 불변한다.
③ 전기적 출력(Pmax)은 거의 불변한다.
④ FF(Fill Factor)는 감소한다.

해설 충진율(Fill Factor)
① 태양전지 품질을 확인할 수 있는 가장 중요한 척도
② FF는 최대전력을 개방전압과 단락전류에서 출력되는 이론상 전력과 비교하여 계산한다. 또한 FF는 그림에 묘사된 정사각형 영역의 비로 해석할 수 있다.
③ 큰 fill factor가 바람직하고, 전형적인 fill factor 범위는 결정질 태양전지 : 0.7 ~ 0.8, 단결정 실리콘 0.75 ~ 0.85 정도이다.
④ 온도가 상승하면 에너지 갭이 작아서 충진율이 낮아진다.

$$FF = \frac{P_{MAX}}{P_T} = \frac{I_{MP} \cdot V_{MP}}{I_{SC} \cdot V_{OC}}$$

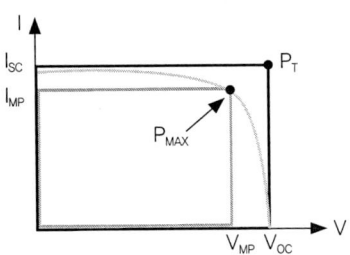

14.4.64 / 17.2.80

64 태양광 발전설비에 설치된 퓨즈의 고장을 점검하기 위한 방법으로 적당하지 않은 것은?

① 육안검사
② 다기능 측정
③ 전력망 분석
④ 입출력 측정

해설 퓨즈의 고장 점검방법
① 육안검사
② 다기능 측정
③ 입출력 측정
※ 전력망

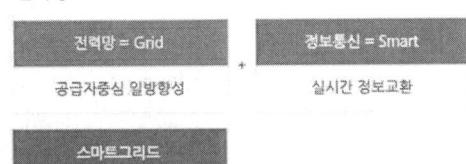

① 전기를 생산하여 전기사용자에게 공급하는 데에 필요한 전기설비와 이를 통제·관리하는 체계
② 전력망에 정보통신기술을 적용하여 전기의 공급자와 사용자가 실시간으로 정보를 교환하는 등의 방법을 통하여 전기를 공급함으로써 에너지 이용효율을 극대화하는 전력망을 지능형전력망(smart grid)이라 한다.

14.4.24 / 14.4.65 / 16.2.45 / 16.4.76 / 17.1.26 / 17.4.45 / 18.2.30 / 18.2.78 / 19.1.37 / 19.2.72

65 한전에서 사용하고 있는 분산전원 계통연계 가이드라인에서 태양광전원의 연계지점에서 역률 유지기준은 몇 [%]인가?

① 지상 80[%]   ② 지상 90[%]
③ 진상 80[%]   ④ 진상 90[%]

해설 역률
① 분산형전원의 역률은 90% 이상으로 유지함을 원칙으로 한다. 다만, 역송병렬로 연계하는 경우로서 연계계통의 전압상승 및 강하를 방지하기 위하여 기술적으로 필요하다고 평가되는 경우에는 연계계통의 전압을 적절하게 유지할 수 있도록 분산형전원 역률의 하한값과 상한값을 발전사업자와 전력회사가 협의하여야 정할 수 있다.
② 분산형전원의 역률은 계통 측에서 볼 때 진상역률(분산형전원 측에서 볼 때 지상역률)이 되지 않도록 함을 원칙으로 한다.

14.4.66 / 16.4.78 / 19.2.64

66 태양전지 어레이의 점검항목 중 육안점검사항이 아닌 것은?

① 단자대의 나사풀림
② 지붕재의 파손
③ 가대의 접지
④ 표면의 오염 및 파손

해설 태양전지(어레이)의 육안점검
① 모듈의 오염 및 파손
② 프레임 파손 및 변형유무
③ 접속케이블의 손상 및 접속단자 풀림
④ 가대의 고정(볼트 및 너트의 풀림) 및 접지
⑤ 가대의 부식 및 녹 발생
⑥ 지붕재의 파손 및 지지기구와의 고정상태
※ 접속함내 단자대에는 전기가 흐르는 부분이며, 육안으로 점검은 곤란하다.

접속함내 단자대

14.4.67 / 18.4.75 / 19.4.66

67 태양광발전설비시스템 정기점검에 대한 설명으로 틀린 것은?

① 점검·시험은 원칙적으로 지상에서 실시한다.
② 100[kW] 미만의 경우 매년 2회 이상 점검하여야 한다.
③ 100[kW] 이상의 경우에는 매월 1회 이상 점검하여야 한다.
④ 3[kW] 미만의 태양광발전시스템은 법적으로는 정기점검을 하지 않아도 된다.

해설 정기점검
① 100[kW] 미만의 경우 매년 2회 이상 점검
② 100[kW] 이상의 경우 매년 6회 이상 점검
③ 3[kW] 미만의 소출력 태양광발전시스템은 일반용 전기설비로 분류되어 정기점검을 하지 않아도 된다.

68 BIPV용의 See through 구조나 Glass to Glass 구조에 대한 설명으로 가장 적절한 것은?

① 모듈의 단위면적당 출력은 기존 발전소 대비 일정하다.
② EVA를 사용하지 않은 저 진공형태 Glass to Glass의 경우 모듈의 출력은 온도대비 매우 우수하다.
③ See through형태의 경우 Laser 가공비에 의한 비용증가는 있으나 투시도가 좋아진다.
④ BIPV용으로 북반구에서 정남향으로 90도 각도로 설치한 경우에 출력은 거의 0이다.

해설 See-through 타입 태양전지

① 반투명한 속이 비치는 시스루(see-through) 타입으로 태양광 발전과 채광을 동시에 할 수 있다
② 태양 전지 셀을 탑재한 얇은 판 모양의 유리로 발전을 하면서 빛을 통과시킬 수 있고 내부 열 손실을

정답 65. ② 66. ① 67. ③ 68. ③

차단하는 기능도 갖췄다.
③ 태양광 효율은 8~10[%], 최근 상용 태양광 패널 제품들이 20[%]이상의 효율을 보이는 것에 비해서는 다소 떨어지는 수치다.
④ 창호용 See-through의 투과율 10~15[%] 정도임.

69 인버터의 효율을 측정하기 위한 방법으로 적합하지 않은 것은?

① 입출력 측정 ② AC 회로시험
③ 전력망 분석 ④ 절연저항 측정

해설 전기설비의 절연
① 전기가 흐르는 부분과 다른 부분에 전류가 흐르지 않는 상태
② 절연 전선의 경우 내부 심선에 흐르는 전류는 절연물을 사이에 두고 통해 있기 때문에 저항이 있고, 이 절연체에 인체가 닿아도 전류가 유출 될 수는 없으며, 이것은 절연물이 매우 높은 절연 저항을 가지고 있어, 전류가 흐르지 못하기 때문이다.
③ 만약, 절연 상태를 유지하지 못하고 전기 장비 및 전선류에 접촉, 인체 등을 통하여 대지에 전류가 흐르면, 감전이 되기 때문에, 이러한 사고를 방지하기 위해서는 전기 기기 및 전선류의 절연 저항이 일정한 값을 유지 하도록 관리해야한다.

70 KEC 한국전기설비규정의 변경으로 삭제됨

14.4.71 / 16.2.63 / 18.1.35 / 19.2.40

71 발전용량 3MW를 초과하는 전기사업허가를 신청하는 곳은?

① 산업통상자원부
② 미래창조과학부
③ 고용노동부
④ 특별시장 등 지방자치단체장

해설 사업허가의 신청(전기사업법 시행규칙 제4조)
① 전기사업의 허가를 신청하려는 자는 전기사업허가 신청서에 관련 서류(전자문서를 포함한다. 이하 같다)를 첨부하여 산업통상자원부장관에게 제출하여야 한다.
② 다만, 발전설비용량이 3,000[kW] 이하인 발전사업의 허가를 받으려는 자는 특별시장·광역시장·특별자치시장·도지사 또는 특별자치도지사에게 제출하여야 한다.

72 최근 태양전지는 효율이 20[%] 이상의 고효율 태양전지 및 모듈이 연구되고 있고 생산중이다. P-type형 및 n-type의 전지의 설명으로 가장 부적절한 것은?

① 전자의 이동도가 홀 대비 수배 빠르다.
② 동일한 불순물 농도에서는 p-type이 n-type대비 비저항이 작다.
③ n-type 기판에는 고 농도의 p-type 불순물(B)을 주입하여 셀의 접합을 형성하고 있다.
④ 최근 국내외 각 회사들이 n-type기반의 양면수광형 태양저지 모듈이 생산 및 고효율화 연구가 진행 중이다.

해설 p-type과 n-type 태양전지
(1) p-type형 태양전지
① 현재 상용화된 일반적인 결정질 실리콘 태양전지
② P-type의 실리콘 기판에 전극이 Screen print된 형태
③ 3가 원소 붕소(B), 알루미늄(Al), 인듐(In), 갈륨(Ga)로 도핑 한다.
④ 광열화현상(LID)에 의한 태양전지 및 모듈의 생산 전력 감소는 3족 원소로 도핑된 p-type 기판을 사용하는 태양전지에서 문제가 된다.
⑤ 작은 전자밀도와 큰 정공밀도를 가지며 비저항이 크다.(n-type과 반대)

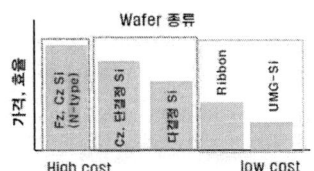

(2) n-type형 태양전지

① 5가 원소 인(P), 비소(As), 안티몬(Sb), 비스무트(Bi)로 도핑 한다.
② 광열화현상을 피할 수 있고, 고온공정에 유리하다.
③ 일반적인 불순물에 대한 내성이 우수하고, 고효율로 원가절감 가능성이 높다.
④ 큰 전자밀도와 작은 정공밀도를 가지며 비저항이 작다.
⑤ p-type을 위주로 형성된 결정질 실리콘 태양전지시장은 n-type을 기반으로 재편될 예정

※ 광열화현상 : 태양빛에 의해 특정 물질의 특성이 변질되거나, 특정기기의 성능이 저하되는 현상

13.4.19 / 14.4.57 / 14.4.73 / 15.2.1 / 15.2.5 / 15.2.28 / 16.4.4 / 16.4.12 / 17.2.5 / 17.4.7 / 18.1.11 / 18.4.3 / 18.4.14 / 19.2.5 / 19.2.17

73 인버터의 회로방식에 따른 종류가 아닌 것은?

① 고주파 변압기 절연방식
② 트랜스리스 방식
③ 상용주파 변압기 절연방식
④ 무전류 절연방식

해설 인버터의 회로방식별 분류

1) 상용주파 변압기 절연방식

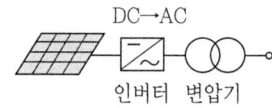

① PWM 인버터를 이용하여 상용주파수의 교류를 만들고, 상용주파수의 변압기를 이용하여 절연과 전압변환을 한다.
② 내부 신뢰성이나 노이즈 컷이 우수하지만, 상용주파수의 변압기를 별도로 이용하기 때문에 무겁고 크며, 변압기의 효율이 감소된다.

2) 고주파 변압기 절연방식

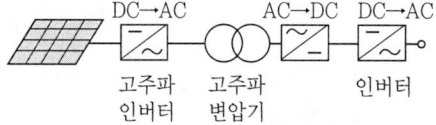

① 태양전지의 직류 출력을 고주파의 교류로 변환한 후 소형의 고주파 변압기로 절연을 한다.
② 일단 직류로 변환하고 재차 상용주파의 교류로 변환하며, 소형 경량이지만 회로가 복잡한 단점이 있다.

3) 트랜스리스(Transless) 방식

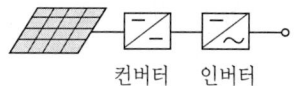

① 태양전지의 직류출력을 DC-DC 컨버터로 승압하고 인버터에서 상용주파의 교류로 변환한다.
② 소형 경량이며, 저렴하고 효율이 우수하고 신뢰성이 높다.
③ 상용전원과의 사이에는 절연이 되지 않아 안전성이 떨어진다.

14.4.74 / 17.2.75

74 태양전지 어레이 점검 시 가장 먼저 점검해야 하는 것은?

① 단락전류
② 정격전류
③ 개방전압
④ 단락전압

해설 개방전압(Voc) 측정

① 접속함에서 태양전지 어레이 각 스트링의 개방전압을 측정하여 개방전압의 불균일 발생여부를 확인한다.
② 측정은 기준 일사량 및 온도 조건하에서 회로를 개방하고 두 단자(P, N)간 측정한다.
③ 태양전지 모듈의 불량 또는 모듈간의 접속불량 등이 발생하면 개방전압 측정치가 불균일할 수 있다.

14.4.75 / 17.2.74 / 18.1.77 / 19.2.75

75 태양광발전시스템의 성능평가를 위한 측정요소가 아닌 것은?

① 경제성
② 정확성
③ 신뢰성
④ 발전성능

해설 태양광발전시스템 성능평가의 대분류

① 태양광 발전 시스템 구성 요인의 성능 및 신뢰성
② 태양광 발전 시스템의 사이트

정답 73. ④ 74. ③ 75. ②

③ 태양광 발전 시스템의 신뢰성
④ 태양광 발전 시스템의 설비 설치비용(경제성)
⑤ 태양광 발전 시스템의 발전 전력 생산 능력(발전성능)

76 개인의 주택용 등에 사용되는 소용량의 인버터 용량은 보통 몇 [kW]인가?

① 3 ② 10
③ 50 ④ 100

해설 소용량의 인버터용량(KS C 8564)
기존 : 3[kW] → 변경 : 10[kW](2016년 개정)

14.4.77 / 17.4.64 / 18.1.67

77 태양광발전의 스트링 및 모듈에서 태양전지의 출력이 서로 달라 출력의 회로 내부에 전기적 출력의 부조화 등이 발생한다. 다음의 핫스팟(Hot spot)현상에 관한 일반적인 설명으로 가장 적절한 것은?

① 모듈내의 태양전지의 Voc는 같으나 Isc가 달라 전기적 출력차로 핫스팟(Hot spot)이 발생한다.
② 직렬연결의 경우 낮은 출력이 발생하는 태양전지에 핫스팟(Hot spot)이 발생한다.
③ 병렬연결의 경우 높은 출력의 태양전지에 핫스팟(Hot spot)이 발생한다.
④ 핫스팟(Hot spot)이 모듈내의 전 태양전지에 동일한 크기로 발생한다.

해설 핫스팟(Hot Spot, 열점)

태양광발전 모듈을 구성하는 셀의 일부에 그늘이 지거나, 셀의 결선 부위에 회로 결함이 생긴 경우, 셀의 부정합 또는 전지 특성의 편차 등으로, 태양전지의 어느 한 점에서 낮은 출력으로 과도한 역전압이 인가되거나 다른 어떤 손상으로 인해 절연파괴가 발생하여 국부적으로 심하게 과열되는 현상

14.4.78 / 15.2.25 / 15.4.50 / 18.2.59 / 19.1.14

78 독립형 태양광 발전시스템에서 사용되는 축전지가 갖추어야 할 특징으로 적당하지 않은 것은?

① 충분히 긴 사용 수명
② 높은 자기 방전과 높은 에너지 효율
③ 높은 에너지와 전력밀도
④ 낮은 유지보수 요건

해설 축전지가 갖추어야할 조건
① 자기방전율이 낮고 에너지 저장 밀도가 높을 것
② 과충전, 과방전에 강하고, 방전 전압, 전류가 안정적일 것
③ 환경변화에 안정적이며, 효율이 높을 것
④ 유지보수가 용이하고 경제적일 것

14.4.79 / 16.4.68 / 17.2.61 / 17.4.68 / 19.2.70

79 자가용 태양광 발전설비의 정기적인 검사주기는?

① 1년 ② 2년
③ 3년 ④ 4년

해설 자가용/전기사업용전기설비의 정기검사
① 태양광・전기설비 계통 : 4년 이내
② 구역전기사업자의 송전・변전 : 2년 이내

80 태양광발전설비 중 주로 발청 현상으로 인한 페인트나 은분의 도포가 필요한 곳은?

① 배전반 ② 인버터
③ 모듈 ④ 구조물

해설 구조물의 보수

구조물의 부식

방청 도료후 은분도포

81 신재생에너지 공급인증서에 관한 내용 중 옳은 것을 모두 선택한 것은?

ㄱ. 공급인증서는 산업통상자원부장관이 지정하는 공급 인증기관에서만 발급할 수 있다.
ㄴ. 공급인증서를 발급받으려는 자는 대통령령이 정하는 바에 따라 신청할 수 있다.
ㄷ. 공급인증서의 유효기간은 발급받은 날로부터 5년이다.
ㄹ. 공급인증서는 공급인증기관이 개설한 거래시장에서 거래할 수 있다.

① ㄱ, ㄴ, ㄷ
② ㄱ, ㄴ, ㄹ
③ ㄱ, ㄷ, ㄹ
④ ㄴ, ㄷ, ㄹ

해설 신·재생에너지 공급인증서 등(신재생에너지법 제12조의7)

① 신·재생에너지를 이용하여 에너지를 공급한 자는 산업통상자원부장관이 신·재생에너지를 이용한 에너지 공급의 증명 등을 위하여 지정하는 기관으로부터 그 공급 사실을 증명하는 인증서를 발급받을 수 있다. 다만, 발전차액을 지원받은 신·재생에너지 공급자에 대한 공급인증서는 국가에 대하여 발급한다.
② 공급인증서를 발급받으려는 자는 공급인증기관에 대통령령으로 정하는 바에 따라 공급인증서의 발급을 신청하여야 한다.
③ 공급인증기관은 신청을 받은 경우에는 신·재생에너지의 종류별 공급량 및 공급기간 등을 확인한 후 다음의 기재사항을 포함한 공급인증서를 발급하여야 한다. 이 경우 균형 있는 이용·보급과 기술개발 촉진 등이 필요한 신·재생에너지에 대하여는 대통령령으로 정하는 바에 따라 실제 공급량에 가중치를 곱한 양을 공급량으로 하는 공급인증서를 발급할 수 있다.
㉠ 신·재생에너지 공급자
㉡ 신·재생에너지의 종류별 공급량 및 공급기간
㉢ 유효기간
④ 공급인증서의 유효기간은 발급받은 날부터 3년으로 하되, 공급의무자가 구매하여 의무공급량에 충당하거나 발급받아 산업통상자원부장관에게 제출한 공급인증서는 그 효력을 상실한다. 이 경우 유효기간이 지나거나 효력을 상실한 해당 공급인증서는 폐기하여야 한다.
⑤ 공급인증서를 발급받은 자는 그 공급인증서를 거래하려면 공급인증서 발급 및 거래시장 운영에 관한 규칙으로 정하는 바에 따라 공급인증기관이 개설한 거래시장에서 거래하여야 한다.
⑥ 산업통상자원부장관은 다른 신·재생에너지와의 형평을 고려하여 공급인증서가 일정 규모 이상의 수력을 이용하여 에너지를 공급하고 발급된 경우 등 산업통상자원부령으로 정하는 사유에 해당할 때에는 거래시장에서 해당 공급인증서가 거래될 수 없도록 할 수 있다.
⑦ 산업통상자원부장관은 거래시장의 수급조절과 가격안정화를 위하여 대통령령으로 정하는 바에 따라 국가에 대하여 발급된 공급인증서를 거래할 수 있다. 이 경우 산업통상자원부장관은 공급의무자의 의무공급량, 의무이행실적 및 거래시장 가격 등을 고려하여야 한다.
⑧ 신·재생에너지 공급자가 신·재생에너지 설비에 대한 지원 등 대통령령으로 정하는 정부의 지원을 받은 경우에는 대통령령으로 정하는 바에 따라 공급인증서의 발급을 제한할 수 있다.

82 저압용 기계기구의 철대 및 외함 접지에서 전기를 공급하는 전로에 누전차단기를 시설하면 외함의 접지를 생략할 수 있다. 이 경우의 누전차단기의 정격이 기술기준에 적합한 것은?

① 정격 감도 전류 15 [mA] 이하, 동작시간 0.1초 이하의 전류 동작형
② 정격 감도 전류 15 [mA] 이하, 동작시간 0.03초 이하의 전압 동작형
③ 정격 감도 전류 30 [mA] 이하, 동작시간 0.1초 이하의 전류 동작형
④ 정격 감도 전류 30 [mA] 이하, 동작시간 0.03초 이하의 전류 동작형

정답 81. ② 82. ④

[해설] 기계기구의 철대 및 외함의 접지

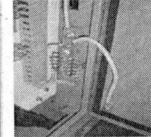

외함의 접지

다음의 어느 하나에 해당하는 경우에는 전로에 시설하는 기계기구의 철대 및 금속제 외함의 접지를 생략할 수 있다.
① 사용전압이 직류 300[V] 또는 교류 대지전압이 150[V] 이하인 기계기구를 건조한 곳에 시설하는 경우
② 저압용의 기계기구를 건조한 목재의 마루 기타 이와 유사한 절연성 물건 위에서 취급하도록 시설하는 경우
③ 저압용이나 고압용의 기계기구, 특고압 전선로에 접속하는 배전용 변압기나 이에 접속하는 전선에 시설하는 기계기구 또는 특고압 가공전선로의 전로에 시설하는 기계기구를 사람이 쉽게 접촉할 우려가 없도록 목주 기타 이와 유사한 것의 위에 시설하는 경우
④ 철대 또는 외함의 주위에 적당한 절연대를 설치하는 경우
⑤ 외함이 없는 계기용변성기가 고무·합성수지 기타의 절연물로 피복한 것일 경우
⑥ 전기용품안전관리법의 적용을 받는 2중 절연구조로 되어 있는 기계기구를 시설하는 경우
⑦ 저압용 기계기구에 전기를 공급하는 전로의 전원측에 절연변압기(2차 전압이 300[V] 이하이며, 정격용량이 3[kVA] 이하인 것에 한한다)를 시설하고 또한 그 절연변압기의 부하측 전로를 접지하지 않은 경우
⑧ 물기 있는 장소 이외의 장소에 시설하는 저압용의 개별 기계기구에 전기를 공급하는 전로에 인체감전보호용 누전차단기(정격감도전류가 30[mA] 이하, 동작시간이 0.03초 이하의 전류동작형에 한한다)를 시설하는 경우
⑨ 외함을 충전하여 사용하는 기계기구에 사람이 접촉할 우려가 없도록 시설하거나 절연대를 시설하는 경우

83 산업통상자원부장관은 신·재생에너지 사업을 효율적으로 추진하기 위하여 필요하다고 인정하면 해당하는 자와 협약을 맺어 그 사업을 하게 할 수 있다. 협약을 맺어 그 사업을 할 수 있는 자가 아닌 것은?
① 특정연구기관 육성법에 따른 특정연구기관
② 산업기술연구조합 육성법에 따른 산업기술연구조합
③ 고등교육법에 따른 대학 또는 전문대학
④ 전기공사업에 따른 전기사업자

[해설] 사업의 실시(신재생에너지법 제11조)
산업통상자원부장관은 사업을 효율적으로 추진하기 위하여 필요하다고 인정하면 다음의 어느 하나에 해당하는 자와 협약을 맺어 그 사업을 하게 할 수 있다.
① 특정연구기관 육성법에 따른 특정연구기관
② 기초연구진흥 및 기술개발지원에 관한 법에 따라 인정받은 기업부설연구소
③ 산업기술연구조합 육성법에 따른 산업기술연구조합
④ 고등교육법에 따른 대학 또는 전문대학
⑤ 국공립연구기관
⑥ 국가기관, 지방자치단체 및 공공기관
⑦ 그밖에 산업통상자원부장관이 기술개발능력이 있다고 인정하는 자

14.4.84 / 17.1.95

84 수상전선로의 전선을 가공전선로의 전선과 육상에서 접속하는 경우 접속점의 높이는?
① 지표상 4[m] 이상
② 지표상 5[m] 이상
③ 지표상 6[m] 이상
④ 지표상 7[m] 이상

[해설] 수상전선로의 시설
수상전선로를 시설하는 경우에는 그 사용전압은 저압 또는 고압인 것에 한하며 다음에 따르고 또한 위험의 우려가 없도록 시설하여야 한다.
1) 전선은 전선로의 사용전압이 저압인 경우에는 클로로프렌 캡타이어 케이블이어야 하며, 고압인 경우에는 캡타이어 케이블일 것

정답 83.④ 84.②

2) 수상전선로의 전선을 가공전선로의 전선과 접속하는 경우에는 그 부분의 전선은 접속점으로부터 전선의 절연 피복 안에 물이 스며들지 않도록 시설하고 또한 전선의 접속점은 다음의 높이로 지지물에 견고하게 붙일 것
① 접속점이 육상에 있는 경우에는 지표상 5[m] 이상. 다만, 수상전선로의 사용전압이 저압인 경우에 도로상 이외의 곳에 있을 때에는 지표상 4[m]까지로 감할 수 있다.
② 접속점이 수면상에 있는 경우에는 수상전선로의 사용전압이 저압인 경우에는 수면상 4[m] 이상, 고압인 경우에는 수면상 5[m] 이상

3) 수상전선로에 사용하는 부대는 쇠사슬 등으로 견고하게 연결한 것일 것

4) 수상전선로의 전선은 부대의 위에 지지하여 시설하고 또한 그 절연피복을 손상하지 않도록 시설할 것

※ 캡타이어 케이블(cabtyre cable)

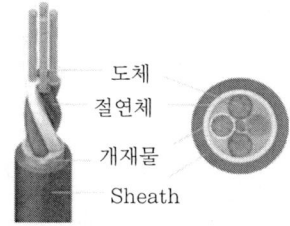

강인한 차폐외장을 가진 케이블의 총칭이며, 절연체, 캡타이어 피복에 사용하는 재료에 따라서, 고무 캡타이어 케이블, 크롤로프렌 캡타이어 케이블, 부틸고무 절연 캡타이어 케이블 및 비닐 캡타이어 케이블의 4종류가 있다.

85 ( ) 속에 들어갈 내용은?

전기설비기술기준은 발전·송전·변전·배전 또는 전기 사용을 위하여 시설하는 기계·기구·( )·( ) 및 기타 시설물의 안전에 필요한 기술기준을 규정한 것이다.

① 급전소, 개폐소
② 전선로, 보안통신선로
③ 궤전선로, 약전류 전선로
④ 옥내배선, 옥외배선

[해설] 전기설비기술기준의 목적 등(기술기준 제1조)
발전·송전·변전·배전 또는 전기사용을 위하여 시설하는 기계·기구·댐·수로·저수지·전선로·보안통신선로 그 밖의 시설물의 안전에 필요한 성능과 기술적 요건을 규정함을 목적으로 한다.

86 발·변전소 또는 이에 준하는 곳에 시설하는 배전반에 고압용 기구 또는 전선을 시설하는 경우 적당하지 않은 것은?

① 취급에 위험을 주지 않도록 방호장치를 할 것
② 점검이 용이하게 통로를 시설할 것
③ 회로 설비는 반드시 관에 넣어 시설할 것
④ 기기조작에 필요한 공간을 확보할 것

[해설] 배전반의 시설
① 발전소·변전소·개폐소 또는 이에 준하는 곳에 시설하는 배전반에 붙이는 기구 및 전선(관에 넣은 전선 및 개장한 케이블을 제외한다)은 점검할 수 있도록 시설하여야 한다.
② 배전반에 고압용 또는 특고압의 기구 또는 전선을 시설하는 경우에는 취급자에게 위험이 미치지 않도록 적당한 방호장치 또는 통로를 시설하여야 하며, 기기조작에 필요한 공간을 확보하여야 한다.

87 신·재생에너지 기술개발 및 이용보급에 관한 계획을 수립·시행하려는 자는 대통령령으로 정하는 바에 따라 미리 산업통상자원부장관과 협의하여야 한다. 다음 중 해당되지 않는 것은?

① 국가기관
② 지방자치단체
③ 민간기관
④ 정부로부터 출연금을 받은 자

해설 신·재생에너지 기술개발 등에 관한 계획의 사전협의
(신재생에너지법 제7조, 시행령 제3조)
① 국가기관
② 지방자치단체
③ 공공기관
④ 정부로부터 출연금을 받은 자
⑤ 정부출연기관
⑥ 정부로부터 출연금을 받은 자로부터 납입자본금의 100분의 50 이상을 출자 받은 자

88 태양에너지 전문기업으로 신고할 경우 자본금 및 국가기술자격법에 따른 기술 인력으로 바르게 제시된 것은?

① 자본금 1억원 이상, 기계·화공·전기 분야의 기사 2명 이상
② 자본금 2억원 이상, 기계·전기·건축 분야의 기사 2명 이상
③ 자본금 1억원 이상, 기계·전기·건축 분야의 기사 2명 이상
④ 자본금 2억원 이상, 기계·전기·토목 분야의 기사 2명 이상

해설 ※ 삭제되어 시행되지 않는 법령
(신재생에너지법 제22조)

에너지원	자본금 및 기술 인력(동일분야 중복가능, 가, 나 모두 충족해야 됨)		
	구분	자본금	기술인력
태양에너지	법인기업	2억원 이상	① 기계·전기·건축분야의 기사 2인 이상 ② 기계·전기·토목·건축분야의 기능사 1인 이상
	개인기업	3억원 이상	① 기계·전기·건축분야의 기사 2인 이상 ② 기계·전기·토목·건축분야의 기능사 1인 이상

13.4.81 / 14.4.89 / 15.2.83 / 16.2.88 / 16.4.93 / 17.4.88 / 19.4.82

89 신·재생에너지 공급의무자에 해당하는 전기사업자가 아닌 것은?

① 배전사업자　　② 송전사업자
③ 구역전기사업자　④ 자가용발전사업자

해설 신·재생에너지 공급의무자(신재생에너지법 시행령 제18조의3)
전기사업법에 따른 발전사업자로서 50만[kW] 이상의 발전설비(신·재생에너지 설비는 제외한다)를 보유하는 자

정의(전기사업법 제2조)
① 전기사업 : 발전사업·송전사업·배전사업·전기판매사업 및 구역전기사업
② 발전사업 : 전기를 생산하여 이를 전력시장을 통하여 전기판매사업자에게 공급하는 것을 주된 목적으로 하는 사업
③ 송전사업 : 발전소에서 생산된 전기를 배전사업자에게 송전하는 데 필요한 전기설비를 설치·관리하는 것을 주된 목적으로 하는 사업
④ 배전사업 : 발전소로부터 송전된 전기를 전기사용자에게 배전하는 데 필요한 전기설비를 설치·운용하는 것을 주된 목적으로 하는 사업
⑤ 구역전기사업 : 대통령령으로 정하는 규모 이하의 발전설비를 갖추고 특정한 공급구역의 수요에 맞추어 전기를 생산하여 전력시장을 통하지 아니하고 그 공급구역의 전기사용자에게 공급하는 것을 주된 목적으로 하는 사업

14.4.55 / 14.4.90 / 15.4.79 / 17.4.91 / 18.4.64 / 18.4.71

90 전기사용장소의 사용전압이 500[V]인 전로의 전선 상호간 및 전로와 대지 사이의 절연저항은 개폐기 또는 과전류차단기로 구분할 수 있는 전로마다 몇 [MΩ] 이상이어야 하는가?

① 0.1　　② 0.2
③ 0.5　　④ 1.0

정답 88. ③　89. ④　90. ③

해설 절연저항

전로의 사용전압[V]	DC 시험전압 [V]	절연저항 [MΩ]
SELV 및 PELV	250	0.5
FELV, 500V이하	500	1.0
500V 초과	1,000	1.0

[주]특별저압(extra low voltage : 2차 전압이 AC 50V, DC120V 이하)으로 SELV(비접지회로 구성) 및 PELV(접지회로 구성)은 1차와 2차가 전기적으로 절연된 회로, FELV는 1차와 2차가 전기적으로 절연되지않은 회로

전기사용장소의 사용전압이 저압인 전로의 전선상호간 및 전로와 대지 사이의 절연저항은 개폐기 또는 과전류차단기로 구분할 수 있는 전로마다 표에서 정한 값이어야 한다.

다만, 전선 상호간의 절연저항은 기계기구를 쉽게 분리가 간단한 분기회로의 경우 기기 접속 전에 측정할 수 있다. 또한, 측정시 영향을 주거나 손상을 받을 수 있는 기기 등은 측정 전에 분리시켜야 하고, 부득이하게 분리가 어려운 경우에는 시험 전압을 250V DC로 낮추어 측정할 수 있지만, 절연저항 값은 1MΩ 이상이어야 한다.

14.4.91 / 17.1.89 / 19.4.89

91 사용전압 35[kV] 이하의 특고압 가공전선이 도로를 횡단하는 경우 지표상 높이는 몇 [m] 이상이어야 하는가?

① 5 ② 5.5
③ 6 ④ 6.5

해설 특고압 가공전선의 높이

특고압 가공전선(특고압 가공전선로의 중성선으로서 다중 접지를 한 것을 제외한다)의 지표상(철도 또는 궤도를 횡단하는 경우에는 레일면상, 횡단보도교를 횡단하는 경우에는 그 노면상)의 높이는 표에서 정한 값 이상이어야 한다.

사용전압의 구분	지표상의 높이
35[kV] 이하	5[m] (철도 또는 궤도를 횡단하는 경우에는 6.5[m], 도로를 횡단하는 경우에는 6[m], 횡단보도교의 위에 시설하는 경우로서 전선이 특고압절연전선 또는 케이블인 경우에는 4[m])
35[kV] 초과 160[kV] 이하	6[m] (철도 또는 궤도를 횡단하는 경우에는 6.5[m], 산지 등에서 사람이 쉽게 들어갈 수 없는 장소에 시설하는 경우에는 5[m], 횡단보도교의 위에 시설하는 경우 전선이 케이블인 때는 5[m])
160[kV] 초과	6[m] (철도 또는 궤도를 횡단하는 경우에는 6.5[m], 산지 등에서 사람이 쉽게 들어갈 수 없는 장소를 시설하는 경우에는 5[m])에 160[kV]를 초과하는 10[kV] 또는 그 단수마다 12[cm]를 더한 값

14.4.92 / 18.4.88

92 분산형전원을 계통에 연계하는 경우 전력계통의 단락용량이 전선의 순시허용전류를 상회할 경우 시설해야 하는 장치로 가장 알맞은 것은?

① 과전류 차단기 ② 지락차단기
③ 영상변류기   ④ 한류리액터

해설 단락전류 제한장치의 시설

분산형전원을 계통연계하는 경우 전력계통의 단락용량이 다른 자의 차단기의 차단용량 또는 전선의 순시허용전류 등을 상회할 우려가 있을 때에는 그 분산형전원 설치자가 한류리액터 등 단락전류를 제한하는 장치를 시설하여야 하며, 이러한 장치로도 대응할 수 없는 경우에는 그밖에 단락전류를 제한하는 대책을 강구하여야 한다.

14.4.93 / 15.2.76 / 15.4.98 / 16.4.97 / 17.1.92 / 17.2.42 / 17.4.57

93 태양전지 모듈의 절연내력 시험 시 10분간 연속적으로 인가하는 직류전압 또는 교류전압(500[V] 미만으로 되는 경우에는 500 [V])은 최대사용전압의 몇 배 인가?

① 직류 1.5배, 교류 1.5배
② 직류 1.5배, 교류 1배
③ 직류 1배, 교류 1.5배
④ 직류 1배, 교류 1배

해설 연료전지 및 태양전지 모듈의 절연내력

연료전지 및 태양전지 모듈은 최대사용전압의 1.5배의 직류전압 또는 1배의 교류전압(500[V] 미만으로 되는 경우에는 500[V])을 충전부분과 대지사이에 연속하여 10분간 가하여 절연내력을 시험하였을 때에 이에 견디는 것이어야 한다.

14.4.94 / 17.1.80 / 18.2.67 / 19.2.62

94 전기사업의 허가를 신청하려는 자가 사업계획서를 작성할 때, 태양광 설비의 개요에 포함되어야 할 내용으로 적합하지 않은 것은?

① 태양전지의 종류, 정격용량, 정격전압 및 정격출력
② 태양전지 및 인버터의 효율, 변환특성, 교류주파수
③ 인버터의 종류, 입력전압, 출력전압 및 정격출력
④ 집광판의 면적

해설 사업허가의 신청(전기사업법 시행규칙 제4조)
사업계획의 전기설비(태양광) 개요에 포함되어야 할 사항
① 태양전지의 종류, 정격용량, 정격전압 및 정격출력
② 인버터(Inverter)의 종류, 입력전압, 출력전압 및 정격출력
③ 집광판의 면적

14.4.95 / 17.1.98 / 19.1.88

95 전기사업법에서 "구역전기사업자"는 몇 [kW]까지 전기를 생산하여 전력시장을 통하지 않고 그 공급구역의 전기사용자에게 전기를 공급할 수 있는가?

① 20,000
② 25,000
③ 30,000
④ 35,000

해설 구역전기사업자의 발전설비용량(전기사업법 시행령 제1조의2)

구역전기사업이란 35,000[kW] 이하의 발전설비를 갖추고 특정한 공급구역의 수요에 맞추어 전기를 생산하여 전력시장을 통하지 아니하고 그 공급구역의 전기사용자에게 공급하는 것을 주된 목적으로 하는 사업

13.4.96 / 14.4.96 / 15.4.89 / 15.4.90 / 17.4.96 / 18.4.87 / 19.2.90

96 신·재생에너지 보급의 촉진을 위하여 공공기관이 신축, 증축, 개축하는 건물에 대하여 총 에너지 사용량의 일정부분을 신·재생에너지로 설치하도록 규정하고 있다. 이에 적용을 받는 설치 연면적은 몇 [m²]이상인가?

① 5,000
② 3,000
③ 2,000
④ 1,000

해설 신·재생에너지 공급의무 비율 등

건축법 시행령에서 정한 용도의 건축물로서 신축·증축 또는 개축하는 부분의 연면적이 1,000[m²] 이상인 건축물에 따른 비율 이상

연도	2011~2012	2013	2014	2015
공급의무 비율[%]	10	11	12	15

2016	2017	2018	2019	2020 이후
18	21	24	27	30

신·재생에너지 공급의무 비율 등(개정 2020. 9. 23)

해당 연도	2020~2021	2022~2023	2024~2025	2026~2027	2028~2029	2030 이후
공급의무 비율[%]	30	32	34	36	38	40

정답 93.② 94.② 95.④ 96.④

97 KEC 한국전기설비규정의 변경으로 삭제됨

14.4.98 / 17.1.100 / 17.2.91

98 신·재생에너지 기술개발 및 이용·보급 목적의 사업비 용도에 맞지 않은 것은?

① 신·재생에너지 연구개발 및 기술평가
② 신·재생에너지 설비의 성능평가·인증
③ 신·재생에너지 기술의 국내 표준화 지원
④ 신·재생에너지 시범사업 및 보급사업

해설 신·재생에너지 기술개발 및 이용·보급 사업비의 조성 (신재생에너지법 제9조)
정부는 실행계획을 시행하는 데에 필요한 사업비를 회계연도마다 세출예산에 계상하여야 한다.

조성된 사업비의 사용
① 신·재생에너지의 자원조사, 기술수요조사 및 통계작성
② 신·재생에너지의 연구·개발 및 기술평가
③ 신·재생에너지 공급의무화 지원
④ 신·재생에너지 설비의 성능평가·인증 및 사후관리
⑤ 신·재생에너지 기술정보의 수집·분석 및 제공
⑥ 신·재생에너지 분야 기술지도 및 교육·홍보
⑦ 신·재생에너지 분야 특성화대학 및 핵심기술연구센터 육성
⑧ 신·재생에너지 분야 전문인력 양성
⑨ 신·재생에너지 설비 설치기업의 지원
⑩ 신·재생에너지 시범사업 및 보급사업
⑪ 신·재생에너지 이용의무화 지원
⑫ 신·재생에너지 관련 국제협력
⑬ 신·재생에너지 기술의 국제표준화 지원
⑭ 신·재생에너지 설비 및 그 부품의 공용화 지원
⑮ 그밖에 신·재생에너지의 기술개발 및 이용·보급을 위하여 필요한 사업으로서 대통령령으로 정하는 사업

14.4.99 / 16.4.90 / 18.2.100

99 전압의 종별을 구분할 때 직류는 몇 [V] 이하의 전압을 저압으로 구분하는가?

① 500 ② 600
③ 750 ④ 1500

해설 전압의 종별(전기사업법 시행규칙 제2조)

구분	KEC(개정)
저압	AC 1000[V] 이하
	DC 1500[V] 이하
고압	AC 1000[V] 초과 7000[V] 이하
	DC 1500[V] 초과 7000[V] 이하
특고압	7000[V] 초과

14.4.99 / 16.4.90 / 18.2.100

100 신·재생에너지 공급인증서에 표기되는 공급량 계산시 적용되는 신·재생에너지 가중치 결정의 고려사항이 아닌 것은?

① 발전원가
② 부존 잠재량
③ 손질대체 효과
④ 온실가스 배출 저감에 미치는 효과

해설 신·재생에너지의 가중치(신재생에너지법 시행령 제18조의9)
신·재생에너지의 가중치는 다음의 사항을 고려하여 산업통상자원부장관이 정하여 고시하는 바에 따른다.
① 환경, 기술개발 및 산업 활성화에 미치는 영향
② 발전 원가
③ 부존 잠재량
④ 온실가스 배출 저감에 미치는 효과
⑤ 전력 수급의 안정에 미치는 영향
⑥ 지역주민의 수용 정도

정답 97. 98. ③ 99. ④ 100. ③

2013년 기출문제

2013 제4회 기출문제

01 저항 50[Ω], 인덕턴스 200[mL]의 직렬회로에 주파수 50[Hz]의 교류를 접속하였다면, 이 회로의 역률은 약 몇 [%]인가?

① 82.3 ② 72.3 ③ 62.3 ④ 52.3

해설 ① 유도 리액턴스(inductive reactance) X_L
$$X_L = \omega L = 2\pi f L \ [\Omega]$$
② 임피던스(impedance) Z
합성 임피던스
$$Z = \sqrt{(저항\ 성분)^2 + (유도\ 리액턴스\ 성분)^2}$$
$$= \sqrt{R^2 + (\omega L)^2} = \sqrt{R^2 + (2\pi f L)^2} \ [\Omega]$$
③ 역률($\cos\theta$)
$$\cos\theta = \frac{R}{Z} = \frac{R}{\sqrt{R^2 + (X_L)^2}} = \frac{R}{\sqrt{R^2 + (\omega L)^2}}$$
$$= \frac{50}{\sqrt{50^2 + (2\pi \times 50 \times 200 \times 10^{-3})^2}}$$
$$\fallingdotseq 62.27[\%]$$

02 태양광 전지에서 생산된 전력 125W가 인버터에 입력되어 인버터 출력이 100W가 되면 인버터의 변환 효율은 몇 %인가?

① 45 % ② 64 % ③ 80 % ④ 92 %

해설 변환효율 (η)
$$\eta = \frac{출력}{입력} \times 100 = \frac{100}{125} \times 100 = 80 \ [\%]$$

03 실리콘 태양전지와 비교해서 화합물 반도체 GaAs(갈륨비소)태양전지의 특징은?

① 모든 파장 영역에서 빛의 흡수율이 떨어진다.
② 접합 영역에서 전자와 정공의 재결합이 낮다.
③ 빛의 흡수가 뛰어나 후면에서 재결합이 거의 발생하지 않는다.
④ 접합 영역이나 표면에서의 재결합보다 내부에서의 재결합이 많이 발생한다.

해설 화합물반도체 GaAs 태양전지

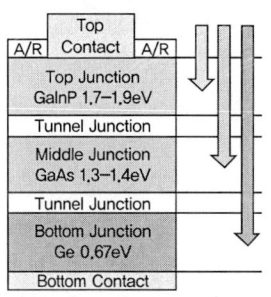

① GaInP, GaInAs, Ge의 화합물 반도체로 구성된 태양전지는 공유결합을 하고 있기 때문에 재료자체의 물성이 우수하고, 태양광을 보다 효율적으로 활용할 수 있는 다중접합 구조 구현이 가능하다.
② 삼중접합 태양전지의 구조는 밴드 갭이 다른 세 종류의 태양전지가 연결된 적층구조로 되어있다.
③ 밴드 갭 크기순으로 적층된 각각의 태양전지 셀이 서로 다른 파장영역의 빛을 순차적으로 흡수하여 전기를 생산한다.
④ 전기적으로 직렬연결 구조이기 때문에 총 전류는 제한되지만, 총 전압은 각 태양전지 전압의 합만큼 증가하여 단일접합 태양전지보다 높은 효율 달성이 가능하다.

04 트랜스리스 방식의 인버터를 선정할 경우 특히 주의해야 할 점은?

① 계통의 전압, 주파수, 상수특성 분석
② 태양광 모듈의 출력특성 분석
③ 계통연계 보호장치
④ 출력 측의 전압과 결선방식

해설 트랜스리스(무변압기) 방식
① 태양전지의 직류출력을 DC-DC 컨버터로 승압하고 인버터에서 상용주파의 교류로 변환한다.
② 태양전지의 직류전압을 트랜스리스 인버터가 필요로 하는 전압까지 승압하는 컨버터와 직류전력을 교류전력으로 변환하는 인버터 및 계통연계 보호릴레이의 기능을 가진 제어회로로 구성되며 계통과 연계하기 위한 기계적 개폐기를 설치하여 비상시 인버터를 전기적으로 분리할 수 있는 방식으로 되어 있다.

정답 1. ③ 2. ③ 3. ③ 4. ④

③ 소형이며, 가볍고 효율도 높지만 전력계통과는 절연이 되어있지 않아 안정성의 문제가 있어, 출력측의 전압과 결선방식에 주의해야 하며, 직류지락 검출 기능 등의 보안장치가 필요하다.

13.4.5 / 16.4.5 / 19.1.5

05 태양전지 모듈에 입사된 빛 에너지가 변환되어 발생하는 전기적 출력을 특성곡선으로 나타낸 것은?
① 전압 - 전류 특성
② 전압 저항 특성
③ 전류 - 온도 특성
④ 전압 - 온도 특성

해설 I-V 곡선(I-V Curve)
태양광 모듈의 출력은 일사량의 영향을 받는다. 일사량이 강할수록 전류의 증가로 인해 출력 전력이 증가하고 이때 전압은 일조 강도의 변화에 영향이 적다.

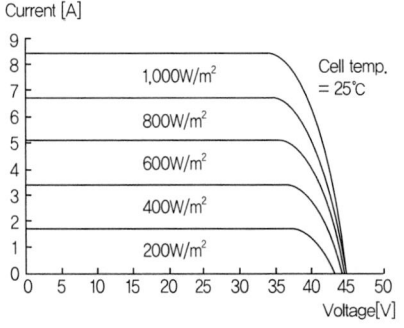

13.4.6 / 14.4.26 / 15.4.42 / 17.4.85 / 18.2.12 / 18.2.57

06 태양광발전시스템이 계통과 연계시 계통 측에 정전이 발생한 경우 계통 측으로 전력이 공급되는 것을 방지하는 인버터의 기능은?
① 자동운전 정지 기능
② 최대전력 추종제어기능
③ 단독운전 방지기능
④ 자동전류 조정기능

해설 단독운전방지(Non-islanding)기능
1) 단독 운전
분산형전원을 연계한 계통에서 전력 계통 사고 등으로 전력회사 변전소의 송출 차단기가 개방되면, 분리된 계통은 분산형전원만으로 수용가에 전력을 공급하게 되는 상태

2) 감전사고 발생
배전선에 사고가 발생하면, 통상 사고가 발생한 배전선의 변전소 측 전원이 차단된다. 이때 분산형전원이 단독운전으로 사고가 발생한 배전선에 전기를 공급하면 배전선에 접촉한 작업자나 일반사람이 감전 피해를 입을 수 있다.

3) 사고 점의 전력 기기 손상
감전사고와 마찬가지로, 사고 점에 있는 전력 기기에도 전력이 공급되기에 전력기기가 손상될 우려가 있다.

4) 단독운전 발생 후 최대 0.5초 이내에 한전계통에 대한 가압을 중지하는 단독운전방지기능은 인버터의 중요한 기능중의 하나이다.

5) 단독운전 검출장치의 방식
단독운전 검출장치는 크게 두 가지 방식이 있다. 분산형전원의 연계점에서 전압파형 등의 계통정보를 상시 감시하다가 급격한 변화를 검출하는 수동방식과 계통에 아주 작은 변동을 주는 신호(능동 신호)를 주입해 단독운전 시 그 변동이 드러나는 것을 검출하는 능동방식이다.

※ 분산형전원(DR, Distributed Resources)
대규모 집중형 전원과는 달리 소규모로 전력소비지역 부근에 분산하여 배치가 가능한 전원

13.4.7 / 17.4.3

07 뇌서지 등의 피해로부터 PV시스템을 보호하기 위한 대책으로 적합하지 않는 것은?
① 피뢰소자를 어레이 주회로 내에 분산시켜 설치함과 동시에 접속함에도 설치한다.
② 뇌우의 발생지역에서는 직류전원 측에 내뢰 트

랜스를 설치하며 보다 완전한 대책을 취한다.
③ 뇌우의 발생지역에서는 교류전원 측에 내뢰 트랜스를 설치하며 보다 완전한 대책을 취한다.
④ 저압 배전선으로부터 침입하는 뇌서지에 대해서는 분전반에 피뢰소자를 설치한다.

[해설] PV 시스템을 보호하기 위한 대책

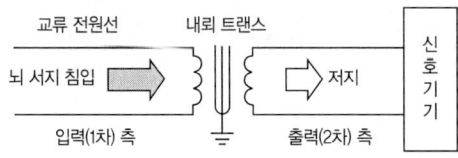

내뢰트랜스 설치위치

① 피뢰소자를 어레이 주회로 내에 분산시켜 설치함과 동시에 접속함에도 설치한다.
② 뇌 서지가 내부로 침입하지 못하도록 피뢰소자를 설비인입구에서 가까운 장소에 설치한다.
③ 뇌우의 발생지역에서는 교류전원 측에 내뢰 트랜스를 설치한다.
④ 저압 배전선으로부터 침입하는 뇌서지에 대해서는 분전반에 피뢰소자를 설치한다.
⑤ 접속함 및 분전반 안에 설치하는 피뢰소자는 방전내량이 큰 것을 선정한다.
⑥ 피뢰소자의 접지측 배선은 되도록 짧게 설치한다.

13.4.8 / 14.4.16 / 15.4.21 / 18.2.29 / 18.4.34 / 19.1.20

08 지표면에서 태양을 올려 보는 각(angle of elevation)이 30°인 경우에 AM(air mass)값은?

① 0 ② 1
③ 1.5 ④ 2

[해설] 대기 질량 지수(Air Mass index)

빛이 지표면에 이르는 가장 짧은 거리를 통해 공기나 먼지 등에 흡수되어 감소된 태양광에너지의 크기를 나타내는 것

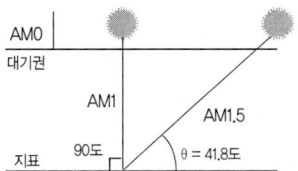

AM 0 : 대기권 밖에서 측정하는 스펙트럼
AM 1 : 태양의 직사광이 지표면에 수직으로 입사한 경우
AM 1.5 : 태양의 직사광이 지표면에 경사각 41.8°
(천정각 48.2°)
AM 2 : 태양의 직사광이 지표면에 경사각 30°
(천정각 60°)

09 태양전지 모듈(슈퍼 스트레이트 형)의 구조 등에 관한 설명으로 옳지 않은 것은?

① 충진재로 봉한 태양전지 셀을 수광면의 프론트 커버와 뒷면 백커버 사이에 끼운 구조이다.
② 프론트 커버는 90%이상의 투과율과 높은 내충격력을 보유한 약 3mm정도의 백판 열처리 유리를 사용한다.
③ 태양전지 셀 사이의 내부연결을 위하여 절연전선을 사용하여 접속한다.
④ 프레임은 알루마이트 내식처리를 한 알루미늄 표면에 아크릴 도장을 한 프레임 재를 사용한다.

[해설] Tabbing & String

일반적인 태양광 모듈은 태양전지의 전면에 있는 Ag 버스바(Busbar)를 인접한 다른 태양전지 후면에 금속 리본을 납땜하여 연결한다. 이 방법은 공정상 설비가 단순하여 신뢰성이 높지만 출력저하를 일으키는 몇 가지 문제점이 있다. 태양전지 전면 리본의 영향으로 전류 수집에 손실이 생기며, 납땜(Soldering)과정에서 태양전지에 국부적인 열전달과 압력으로 인한 휨현상(Bowing)과 미세 균열을 일으키며, 전지가 얇을수록 휨현상은 더욱 발생한다.

13.4.10 / 13.4.62 / 17.1.17 / 18.1.13 / 18.1.32 / 19.4.2

10 태양광 인버터의 단독운전 방지 기능에서 능동적인 검출 방식이 아닌 것은?

① 전압위상 도약 검출 방식
② 주파수 시프트 방식
③ 부하 변동 방식
④ 무효 전력 변동 방식

[해설] 단독운전 검출방식
(1) 수동적 방식
　단독운전에 의한 계통상태의 변화만을 검출
① 주파수 변화율 검출방식
② 전압위상도약 검출방식
③ 3차 고조파전압 왜곡검출방식

(2) 능동적 방식
　각 분산형전원이 동기(同期)한 전기적 신호(능동신호)를 계통측에 주입함으로서 단독운전이 발생했을 때 능동신호에 기인하는 계통상태의 변화를 검출
1) 종래형 능동적 방식
① 주파수 시프트 방식
② 슬립 모드 주파수 시프트 방식
③ 유효·무효 전력변동방식
④ 차수간 고조파 주입방식
⑤ 부하변동방식

2) 시형 능동적 방식(스텝 주입부 주파수 피드백 방식)

13.4.11 / 17.4.6

11 다음 그림과 같이 축전지회로가 구성되어 있다. 단자 A, B 사이에 나타나는 출력전압과 축전지 용량은?

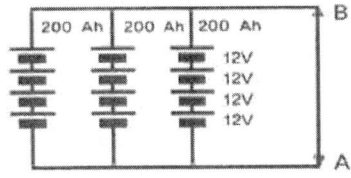

① DC 48 V, 200 Ah
② DC 48 V, 600 Ah
③ DC 12 V, 200 Ah
④ DC 12 V, 600 Ah

[해설] 축전지 출력전압과 축전지 용량
① 축전지 출력 전압(V_{AB})
　V_{AB} = 단위 축전지 전압×직렬 수량 = 12×4 = 48 [V]
② 축전지 용량(C)
　C = 직렬 용량×병렬 개수 = 200 × 3 = 600 [Ah]

13.4.12 / 14.4.20 / 16.4.7 / 17.2.7 / 17.2.10 / 17.4.14 / 18.2.9

12 태양전지 모듈에 다른 태양전지회로나 축전지에서 전류가 돌아 들어가는 것을 방지하기 위하여 설치하는 것은?

① 바이패스 다이오드
② ZNR
③ SPD
④ 역류 방지 다이오드

[해설] 역류방지 다이오드(Blocking Diode)
1) 태양광모듈의 역전류 영향
① 어레이 내의 스트링과 스트링 사이에 그림자 및 전압 불균형 등의 원인으로 병렬 접속된 스트링사이에 역전류가 흘러 어레이에 영향을 준다.
② 어레이의 직류 출력회로에 축전지가 설치되어 있는 경우, 야간이나 흐린 날 등의 태양전지에서 전력이 생산되지 않을 때는 태양전지가 축전지의 부하가 된다.

2) 대책(역류방지 소자)
① 태양전지 모듈의 스트링마다 역류방지 다이오드(Blocking Diode)를 설치해서, 전류의 역방향 흐름을 방지한다.
② 1대의 인버터에 접속되는 태양전지 직렬군(스트링)이 2병렬 이상 접속될 경우, 각 직렬군에 역전류방지 다이오드가 설치되어야 한다.
③ 설치할 회로의 최대전류를 흐르게 할 수 있어야하며, 동시에 사용회로의 최대 역전압에 견딜 수 있어야 한다.
④ 일반적으로 접속함에 설치되며, 커넥터에 사용되기도 한다.

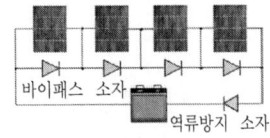

바이패스 및 역류방지 소자

13 태양광발전시스템의 전체성능에 영향을 미치는 인버터 효율에 관한 설명으로 가장 옳은 것은?

① 태양광 인버터의 효율은 중요하지 않다.
② 변환효율만이 시스템 성능에 영향을 미친다.
③ 추적효율만이 시스템 성능에 영향을 미친다.
④ 변환효율과 추적효율을 같이 고려해야 한다.

해설 인버터의 효율은 태양광발전소의 성능에 매우 중요한 요소이므로, 인버터의 변환효율과 추적효율을 같이 고려한다.

14 태양전지 모듈에 그림자가 생겼을 때 출력 감소를 최소화 하는 대비책으로 설치하는 것은?

① 바이패스 다이오드
② 역류 다이오드
③ 제너 다이오드
④ 발광 다이오드

해설 바이패스 다이오드

1) 태양광 모듈의 그림자 영향
① 태양광 모듈은 아주 적은 일부가 그림자에 가려지더라도 모듈 전체의 출력이 크게 저하된다.
② 모듈은 각각의 태양전지를 직렬로 연결하기 때문에 수십 개의 태양전지로 구성된 모듈에서 단 한 개의 셀이 나뭇잎 등에 의해 완전히 가려졌다면 출력 값은 거의 제로(Zero)에 가깝게 떨어진다.
③ 전체 개방전압에서 그림자가 발생한 모듈의 개방전압을 뺀 값 이하에서 전압 동작점이 존재할 때에 그림자가 발생한 모듈의 전류가 역방향이 된다. 따라서 역 전압이 인가되고 부하처럼 동작되어 열이 발생되고 모듈이 파손되는 원인이 된다.

2) 대책(바이패스 다이오드)

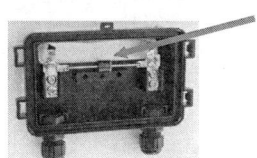  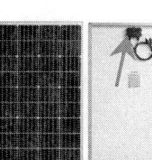

바이패스다이오드 (Junction Box에 설치)

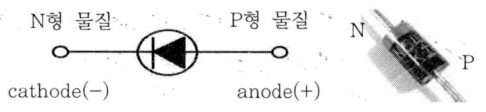

회로 표기방법 (기호)   N, P 구분

① 바이패스다이오드(Bypass Diode)는 전류를 한쪽 방향으로만 흐르게 만들어 주는 부품으로 P에서 N방향으로 전류가 흐르고 반대 방향으로는 전류를 거의 통과시키지 않는다.

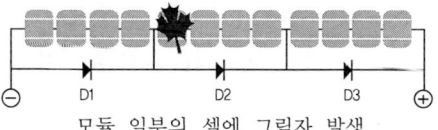

모듈 일부의 셀에 그림자 발생

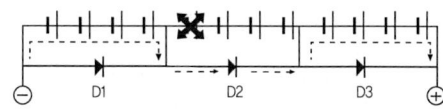

그림자 발생된 모듈의 전류흐름

② 그림자로 인해 출력이 저하된 셀 또는 셀 그룹을 우회해 전류가 흐르도록 하고, 이를 통한 출력감소는 오직 그림자에 의해 가려진 셀 또는 셀 그룹에 해당하는 부분으로 제한해 출력을 유지한다.

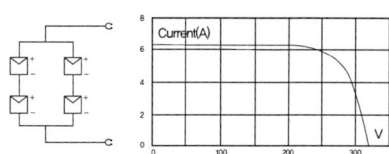

셀이 정상 연결되었을 때

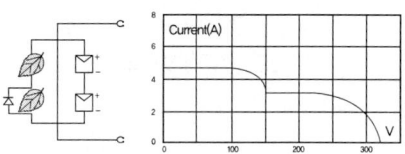

셀 일부가 정상동작하지 않을 시

③ 일반적으로 모듈 한 장(태양전지 6×9)에 셀 54개 배열의 경우에는 다이오드 3개(1개당 18개의 셀)를 설치한다.

15 어떤 전지의 외부회로 저항은 5[Ω]이고 전류는 8[A]가 흐른다. 외부회로에 5[Ω] 대신에 15[Ω]의 저항을 접속하면 4[A]로 떨어진다. 이 전지의 기전력은?

① 100V ② 80V ③ 60V ④ 40V

해설 전지의 기전력 E
① E = (외부저항 + 내부저항) × 전류
② E = (5 + r) × 8 = 40 + 8r
③ E = (15 + r) × 4 = 60 + 4r
② = ③이며, 40 + 8r = 60 + 4r
따라서 내부저항 r = 5 [Ω]
∴ E = 80 [V]

13.4.15 / 17.4.1

16 다음 설명은 인버터의 효율 중 어떤 효율에 관한 것인가?

> 태양광 모듈의 출력이 최대가 되는 최대 전력점(MPP : Maximum Power Point)을 찾는 기술에 대한 성능 지표이다.

① 정격 효율   ② 추적 효율
③ 유로 효율   ④ 변환 효율

해설 추적효율 = $\dfrac{\text{순간 입력 전력}}{\text{최대 } PV \text{어레이 전력}}$

17 어떤 태양전지 모듈의 특성 값이 다음 표와 같다. 일사강도 1000W/m², 분광분포가 AM 1.5, 모듈 표면온도가 50℃일 때, 이 모듈의 출력은 약 얼마인가?

> V_{oc} : 44.90V
> I_{sc} : 8.55A
> V_{mpp} : 36.40V
> I_{mpp} : 8.11A
> V_{oc} 온도계수 : −0.4%/℃

① 266W   ② 280W
③ 295W   ④ 345W

해설 모듈 출력
① STC 조건 25℃, 표면온도 50℃의 온도차

온도차 = 50℃ − 25℃ = 25℃
② 전압 온도계수 적용 = 25 × −0.4 = −10(%) 효율 저하됨
③ 최대출력 P_{max}

P_{max} = 최대 전압 × 최대 전류 × 효율저하율
= $36.4 \times 8.11 \times \dfrac{(100-10)}{100} ≒ 266$ [w]

13.4.18 / 14.4.23 / 16.4.9 / 18.1.4 / 18.1.12 / 18.4.15 / 19.2.19

18 태양광발전시스템의 분류 중 섬, 낙도 등에 사용하는 방식은?

① 계통연계형   ② 독립형
③ 추적식   ④ 고정식

해설 독립형 태양광발전 시스템
① 외딴 섬과 같이 전기가 들어오지 않는 지역에서, 상용전력계통과 직접 연결되지 않고 분리된 발전방식으로, 태양광발전시스템의 발전 전력만으로 부하에 전력을 공급한다.
② 야간 혹은 우천 시, 태양광발전시스템의 발전이 불가할 때는 발전된 전력을 저장할 수 있는 축전장치를 접속하여 태양광 전력을 저장하여 사용하는 방식

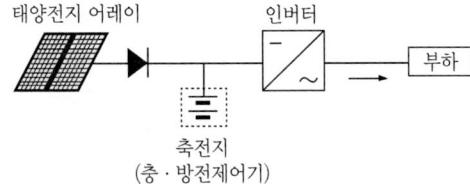

13.4.19 / 14.4.57 / 14.4.73 / 15.2.1 / 15.2.5 / 15.2.28 / 16.4.4 / 16.4.12 / 17.2.5 / 17.4.7 / 18.1.11 / 18.4.3 / 18.4.14 / 19.2.5 / 19.2.17

19 태양전지의 직류 출력을 상용주파수의 교류로 변환한 후 변압기에서 절연하는 방식은?

① 트랜스리스 방식
② 고주파 변압기 절연방식
③ PAM 방식
④ 상용주파 변압기 절연방식

정답 16. ② 17. ① 18. ② 19. ④

해설 인버터의 회로방식별 분류

1) 상용주파 변압기 절연방식

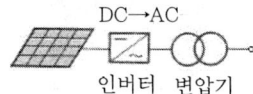

① PWM 인버터를 이용하여 상용주파수의 교류를 만들고, 상용주파수의 변압기를 이용하여 절연과 전압변환을 한다.
② 내부 신뢰성이나 노이즈 컷이 우수하지만, 상용주파수의 변압기를 별도로 이용하기 때문에 무겁고 크며, 변압기의 효율이 감소된다.

2) 고주파 변압기 절연방식

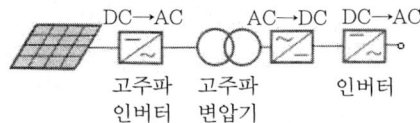

① 태양전지의 직류 출력을 고주파의 교류로 변환한 후 소형의 고주파 변압기로 절연을 한다.
② 일단 직류로 변환하고 재차 상용주파의 교류로 변환하며, 소형 경량이지만 회로가 복잡한 단점이 있다.

3) 트랜스리스(Transless) 방식

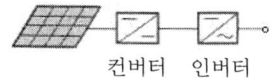

① 태양전지의 직류출력을 DC-DC 컨버터로 승압하고 인버터에서 상용주파의 교류로 변환한다.
② 소형 경량이며, 저렴하고 효율이 우수하고 신뢰성이 높다.
③ 상용전원과의 사이에는 절연이 되지 않아 안전성이 떨어진다.

20 태양광발전시스템의 특징이 아닌 것은?

① 구름이 낀 날이나 비오는 날에는 발전이 불가능하다.
② 발전량은 기상 조건의 영향을 받는다.
③ 빛을 전기로 직접 변환한다.
④ 분산형 시스템이다.

해설 비가 오는 날이라고 하더라도 밤처럼 깜깜하지는 않아서, 태양의 빛 에너지는 모듈에 전해질수 있으며, 맑은 날에 비해 발전량은 매우 적지만 태양광 발전소는 전기를 생산한다.

※ 분산형전원(DR, Distributed Resources)
대규모 집중형 전원과는 달리 소규모로 전력소비지역 부근에 분산하여 배치가 가능한 전원

21 태양광발전시스템은 전력계통 유무 및 타 에너지원에 의한 발전시스템으로 구분하고 있다. 태양광발전시스템의 종류가 아닌 것은?

① 독립형　　② 하이브리드형
③ 열병합　　④ 계통연계형

해설 태양광발전시스템의 종류

1) 독립형 태양광발전 시스템

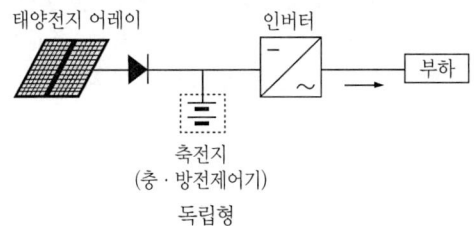

① 외딴 섬과 같이 전기가 들어오지 않는 지역에서, 상용전력계통과 직접 연결되지 않고 분리된 발전방식으로, 태양광발전시스템의 발전 전력만으로 부하에 전력을 공급한다.
② 야간 혹은 우천 시, 태양광발전시스템의 발전이 불가할 때는 발전된 전력을 저장할 수 있는 축전장치를 접속하여 태양광 전력을 저장하여 사용하는 방식

2) 계통연계형 : 태양광발전으로 부하에 전력공급시 전기가 부족하면 전력회사의 상용전력계통에서 공급을 받고, 전기가 남을 때는 전력회사(상용계통)에 공급하는 시스템

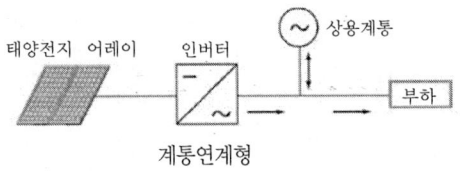

계통연계형

3) 하이브리드(Hybrid)형 : 풍력발전, 디젤발전 등 타 에너지원에 의한 발전방식과 결합된 방식

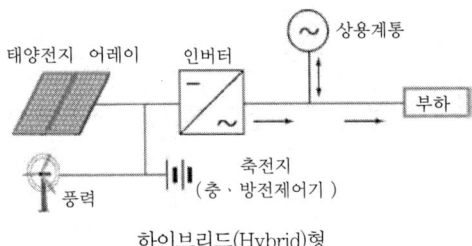

하이브리드(Hybrid)형

13.4.22 / 18.2.39

22 태양전지 어레이(길이 2.58[m], 경사각 30°)가 남북방향으로 설치되어 있으며, 앞면 어레이의 높이는 약 1.5[m] 뒷면 어레이에 태양입사각이 45°일 때, 앞면 어레이의 그림자 길이[m]은?

① 1.5[m] ② 2.5[m]
③ 3.5[m] ④ 4.5[m]

해설 어레이 그림자 길이(d)

그림자의 길이는 모듈의 높이에 비례한다.

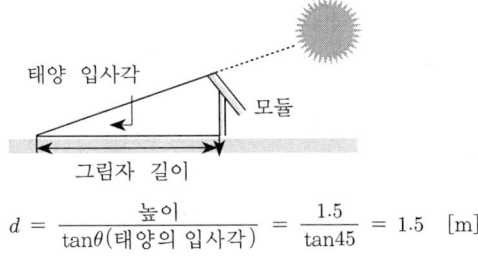

$$d = \frac{높이}{\tan\theta(태양의\ 입사각)} = \frac{1.5}{\tan 45} = 1.5\ [m]$$

13.4.23 / 16.2.29 / 18.4.28

23 다음과 같은 조건일 때 어레이와 어레이 간의 최소 이격거리 [m]는 얼마인가?
(단, 경사고정식으로 정남향임)

- L : 모듈 어레이 길이 3[m]
- θ : 모듈 어레이 경사각 30°
- lat : 설치지역의 위도 35.5°

① 6m ② 5m ③ 4m ④ 3m

해설 어레이 간 최소 이격 거리(D)

$$D = L[\cos\theta + \sin\theta \times \tan(\phi + 23.5°)]$$
$$= 3[\cos 30° + \sin 30° \times \tan(35.5 + 23.5°)]$$
$$≒ 5\ [m]$$

13.4.24 / 15.2.73 / 15.4.55 / 16.2.38 / 16.2.79 / 17.2.24 / 17.4.29 / 19.4.25

24 태양광발전 사업허가 신청서에 포함되는 필요 서류 목록이 아닌 것은?
(단, 3000[kW] 미만인 경우이다.)

① 전기사업법 시행규칙에 따른 사업계획서
② 송전관계 일람도 및 발전원가 명세서
③ 전력계통의 조류 계산서
④ 발전설비 운영을 위한 기술인력 확보계획을 기재한 서류

해설 발전사업 신청에 필요한 서류(200[kW]초과 3000[kW] 이하인 경우)

① 전기사업 허가신청서
② 사업계획서
㉠ 기술능력 관련(전기설비 건설 및 운영 계획 관련 증명서류)
㉡ 계획에 따른 수행 가능 여부 관련(송전관계 일람도)
㉢ 발전원가명세서(발전사업 또는 구역전기사업의 허가를 신청하는 경우만 해당한다)
③ 정관, 대차대조표 및 손익계산서(신청자가 법인인 경우만 해당하며, 설립 중인 법인의 경우에는 정관만 제출한다)
④ 신청자(발전설비용량 3천킬로와트 이하인 신청자는 제외한다)의 주주명부. 이 경우 신청자가 재무능력을 평가할 수 없는 신설법인인 경우에는 신청자의 최대주주를 신청자로 본다.

정답 22.① 23.② 24.③

13.4.24 / 15.2.73 / 15.4.55 / 16.2.38 / 16.2.79 / 17.2.24 / 17.4.29 / 19.4.25

25 태양광 어레이 구조물 중 일반 철골구조에 비교할 때 파워볼트 시스템(Power Bolt System)의 장점이 아닌 것은?

① 필요한 응력에 의한 자재사용으로 경제적인 설계를 할 수 있다.
② 제품의 규격이 정교하여 구조물의 마감처리를 정밀하게 할 수 있다.
③ 조립 및 해체가 간단하여 타 장소에 이설 설치가 가능하다.
④ 모듈이 적고 짧은 스팬(span) 구조물에 유리하다.

해설 파워볼트 시스템(Power Bolt System)의 장점

① 조립해체가 간단하여 이동이 유리하다.
② 경제적인 설계가 가능하다.
③ 모듈이 많은 장스팬(Span)에 유리하다.
④ 마감을 정밀 처리할 수 있다.
⑤ 구조물의 미적 감각을 표현할 수 있다.
⑥ 돔, 정방향 구조에 유리하다.
⑦ 용접이 필요 없어, 공기가 단축된다.

26 태양광발전시스템에서 계통으로 유입되는 고조파전류는 종합 몇 [%]를 초과하면 안 되는가?

① 2[%]   ② 3[%]
③ 4[%]   ④ 5[%]

해설 고조파(Harmonics)

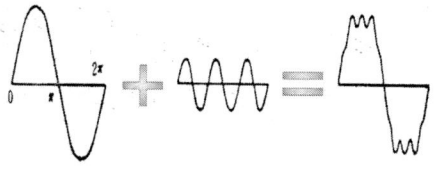

발전소 (기본파) + 반도체기기 (고조파) = 계통 (왜형파)

① 전력변환기, 인버터 등 전력전자 반도체 응용기기와 같이 비선형 부하에 전압을 인가하면 부하에 흐르는 전류는 파형이 찌그러지게 되는데, 찌그러진 파형(왜형파)중 기본파를 제외한 부분을 고조파라 한다.
② TV, 인버터 등 기기에서 발생하는 고조파는 변압기, 중성선을 통하여 배전선로로 유입되며, 전류증가에 따른 전력설비의 열화, 선로정전, M.tr 중성선의 과열고장을 유발한다.
③ 고조파의 측정치가 5[%] 이내이어야 한다.

13.4.27 / 15.4.24 / 16.4.21 / 17.2.23 / 17.4.33 / 19.2.28 / 19.2.33 / 19.4.24

27 태양전지 어레이의 이격거리 산출시 적용하는 설계요소가 아닌 것은?

① 구조물 형상
② 남북향간 길이
③ 강재의 강도 및 판 두께
④ 태양광발전 위치에 대한 위도

해설 구조물 이격거리 산정 시 고려사항

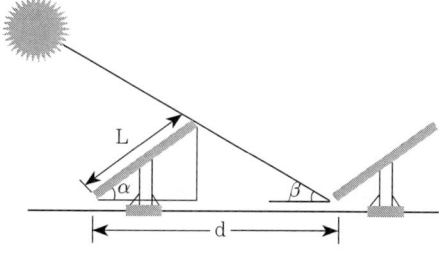

① 태양광 모듈 길이(L)
② 모듈 설치각도(α)
③ 위도(동지시 발전 가능 한계 시간에서 태양의 고도각 β)
④ 구조물 형상, 장애물의 높이, 남북향간 거리, 부지현황, 부지의 경사도

정답 25. ④ 26. ④ 27. ③

13.4.28 / 16.4.34 / 17.1.35 / 19.1.12

28 표준 상태에서 태양전지 어레이의 변환효율을 산출하는 계산식으로 옳은 것은?

P_{AS} : 태양전지 어레이 출력전력[kW]
G_S : 경사면 일사량[kW/m²]
G_H : 수평면 일사량[kW/m²]
A : 태양전지 어레이 면적[m²]

① $\eta = \dfrac{P_{AS}}{G_S \times A} \times 100[\%]$

② $\eta = \dfrac{G_S}{P_{AS} \times A} \times 100[\%]$

③ $\eta = \dfrac{P_{AS} \times A}{G_H} \times 100[\%]$

④ $\eta = \dfrac{G_S \times A}{P_{AS}} \times 100[\%]$

해설 변환효율(Conversion Efficiency)
표준 시험조건(Standard Test Conditions, STC)에서 측정한 태양전지 출력전력을 입사된 빛 에너지(소자 넓이×경사면 조사 강도)로 나누어 백분율로 나타낸 것

13.4.29 / 15.2.37 / 18.4.21 / 19.2.26

29 태양광발전 통합 모니터링 시스템의 구성요소가 아닌 것은?
① 전력변환장치 감시제어 장치(AIS)
② 태양광모듈 계측 메인장치(SCS)
③ 자동기상 관측 장치(AWS)
④ 자동고장전류 계산 장치(ACS)

해설 태양광발전 모니터링 시스템(solar power monitoring system)
태양광발전시스템이 설치된 지역의 현 상태를 모니터링(발전현황, 감시, 진단, 분석 등)하여 유지 관리를 위해 모니터링 시스템을 설치한다.
① 태양광발전 모듈 계측 메인장치(SCS)
② 전력변환장치 감시제어 장치(AIS)
③ 자동 기상관측 장치(AWS)
④ 발전소 내 감시용 CCTV
⑤ LOCAL 및 Web Monitoring

13.4.30 / 15.2.33 / 15.4.71 / 19.2.67 / 21.1.69

30 독립형 태양광 인버터의 시험항목이 아닌 것은?
① 효율시험
② 출력측 단락시험
③ 절연저항 시험
④ 교류출력전류 변형률 시험

해설 태양광 발전용 독립형/계통연계형 중대형 인버터의 시험항목

시험항목		독립형	계통 연계형
1. 구조 시험		O	O
2. 절연 성능 시험	a) 절연 저항 시험	O	O
	b) 내전압 시험	O	O
	c) 감전 보호 시험	O	O
	d) 절연 거리 시험	O	O
3. 보호 성능 시험	a) 출력 과전압 및 부족 전압 보호 기능 시험	×	O
	b) 주파수 상승 및 저하 보호 기능 시험	×	O
	c) 단독 운전 방지 기능 시험	×	O
	d) 복전 후 일정 시간 투입 방지 기능 시험	×	O
4. 정상 특성 시험	a) 교류 전압, 주파수 추종 범위 시험	×	O
	b) 교류 출력 전류 변형률 시험	×	O
	c) 누설 전류 시험	O	O
	d) 온도 상승 시험	O	O
	e) 효율 시험	O	O
	f) 대기 손실 시험	×	O
	g) 자동기동·정지 시험	×	O
	h) 최대 전력 추종 시험	×	O
	i) 출력 전류 직류분 검출 시험	×	O
5. 과도 응답 특성 시험	a) 입력 전력 급변 시험	O	O
	b) 계통 전압 급변 시험	×	O
	c) 계통 전압 위상 급변 시험	×	O
6. 외부 사고 시험	a) 출력측 단락 시험	O	O
	b) 계통 전압 순간 정전·강하 시험	×	O
	c) 부하 차단 시험	O	O
7. 내전기 환경 시험	a) 계통 전압 왜형률 내량 시험	×	O
	b) 계통 전압 불평형 시험	×	O
	c) 부하 불평형 시험	O	×
8. 내주위 환경 시험	a) 습도 시험	O	O
	b) 온도 사이클 시험	O	O
9. 전기자기 적합성 (EMC)	a) 전자파 내성(EMI)	O	O
	b) 전자파 내성(EMS)	O	O

정답 28. ① 29. ④ 30. ④

13.4.31 / 14.4.60 / 15.4.58 / 18.1.59

31 계통연계 운전 중 송전이나 수전 시 시스템 보호를 위한 보호계전기의 종류가 아닌 것은?

① 부족전압 계전기(UVR)
② 부족주파수 계전기(UFR)
③ 역전력 계전기(RPR)
④ 과전압 계전기(OVR)

해설 보호장치 설치

(1) 분산형전원 설치자는 고장 발생시 자동적으로 계통과의 연계를 분리할 수 있도록 다음의 보호계전기 또는 동등 이상의 기능 및 성능을 가진 보호장치를 설치하여야 한다.
① 계통 또는 분산형전원 측의 단락·지락고장시 보호를 위한 보호장치를 설치한다.
② 인버터에는 적정한 전압과 주파수를 벗어난 운전을 방지하기 위하여 과·저(부족)전압 계전기, 과·저(부족)주파수 계전기가 설치된다.
③ 단순병렬 분산형전원의 경우에는 역전력 계전기를 설치한다. 단, 신·재생에너지를 이용하여 전기를 생산하는 용량 50[kW] 이하의 소규모 분산형전원(단, 해당 구내계통 내의 전기사용 부하의 수전 계약전력이 분산형전원 용량을 초과하는 경우에 한한다)으로서 단독운전 방지기능을 가진 것을 단순병렬로 연계하는 경우에는 역전력계전기 설치를 생략할 수 있다.

※ 과전압계전기(OVR), 부족전압계전기(UVR), 주파수 상승계전기(OFR), 주파수 저하계전기(UFR)

32 태양광발전시스템의 설계에 있어서 태양전지 어레이의 레이아웃 배치검토에 필요한 자료가 아닌 것은?

① 설치예정지의 면적, 토지의 굴곡상태의 데이터
② 설치예정지의 위도경도에 따른 동지 날의 해 그림자 거리
③ 사용 예정인 태양전지 모듈 및 인버터의 카탈로그
④ 태양전지의 어레이의 가대의 대한 구조계산서

해설 태양전지 어레이의 레이아웃 배치검토에 필요한 자료
① 발전소 예정지의 면적, 토지의 굴곡상태의 데이터
② 발전소 예정지의 위도경도에 따른 동지 날의 해 그림자 거리
③ 사용 예정인 태양전지 모듈 및 인버터의 카탈로그

33 태양광발전 시스템의 어레이 설계 시 고려사항으로 적당하지 않은 것은?

① 방위각   ② 부하의 종류
③ 음영   ④ 경사각

해설 어레이 설계시 고려 사항

1) 방위각
① 남향
② 옥상 및 토지의 방위각
③ 건물 및 산의 그림자를 피할 수 있는 각도
④ 낮 최대 부하시의 각도

2) 경사각
① 연간 최적 경사각
② 옥상의 경사각
③ 눈(雪)을 고려한 경사각
④ 부하전력과 발전전력에 따른 태양광 어레이의 용량을 최소로 하는 경사각

3) 음영
주변에 일사량을 저해하는 장애물이 없어야 하며, 오전 9시에서 오후 3시 정도까지는 모듈전면에 음영이 없어야 한다.

13.4.31 / 14.4.60 / 15.4.58 / 18.1.59

34 설계도서의 의미를 가장 적합하게 설명한 것은?

① 구조물 등을 그린 도면으로 건축물, 시설물, 기타 각종 사물의 예정된 계획을 공학적으로 나타낸 도면이다.
② 설계, 공사에 대한 시공중의 지시 등, 도면으로 표현될 수 없는 문장이나 수치 등을 표현한 것으로 공사수행에 관련된 제반 규정 및 요구사항을 표시 한 것이다.
③ 공사계약에 있어 발주자로부터 제시된 도면 및 그 시공기준을 정한 시방서류로서 설계도면, 표준시방서, 특기시방서, 현장설명서

정답 31. ③ 32. ④ 33. ② 34. ③

및 현장 설명에 대한 질문 회답서 등을 총칭하는 것이다.
④ 각종 기계·장치 등의 요구조건을 만족시키고, 또한 합리적, 경제적인 제품을 만들기 위해 그 계획을 종합하여 설계하고 구체적인 내용을 명시하는 일을 일컫는다.

해설 **설계도서**
건축물의 건축 등에 관한 공사용의 도면과 구조계산서 및 시방서, 건축설비계산 관계서류, 토질 및 지질 관계 서류, 기타 공사에 필요한 서류 등 설계도에 표시할 수 없는 것을 기술한 문서이다.
1) 설계 설명서
   설계의 목적, 공사종목 및 그 개요, 각 설계에 대한 분석자료(인입지점, 발전소의 특성 등), 관계 관공서 등과의 협의 사항, 설계시 적용한 특별한 사항
2) 설계도면
   배치도, 단선접속도, 계통도, 배선도(평면도, 결선도, 기기상세도), 피뢰 설계도, 어레이 배치도, 접속반 내부 결선도
3) 기술계산서
   부하계산서, 전압강하계산서, 변압기용량계산서, 차단기용량계산서, 축전지용량계산서, 접지계산서
4) 설계시방서
   ① 기본설계 및 실시설계도면에 구체적으로 표시할 수 없는 내용과 공사수행을 위한 시공 방법, 자재의 성능·규격 및 공법, 품질시험 및 검사 등 품질관리, 안전관리, 환경관리 등에 관한 사항을 기술한다.
   ② 표준시방서 및 전문시방서를 기본으로 하여 작성하되, 공사의 특수성·지역여건·공사방법 등을 고려하여 작성한다.
   ③ 공사시방서, 전문시방서, 표준시방서, 특기시방서 등
5) 예산내역서
   자재 산출근거서, 공량산출서, 일위대가표, 내역서, 공사원가산출서, 단가대비표, 견적서 등

35 주택용 태양광발전시스템의 설계 표준절차의 순서가 옳은 것은?
① 어레이의 설치·설계 → 태양전지의 모듈선정 → 태양전지 어레이 발전량 산출 → 기기선정
② 태양전지의 모듈선정 → 어레이의 설치·설계 → 태양전지 어레이 발전량 산출 → 기기선정
③ 태양전지 어레이 발전량 산출 → 어레이의 설치·설계 → 태양전지의 모듈선정 → 기기선정
④ 어레이의 설치·설계 → 태양전지의 모듈선정 → 기기선정 → 태양전지 어레이 발전량 산출

해설 **태양광발전시스템 기본설계순서**

▼ 내역서 작성
• 전기분야, 건축분야, 토목 및 구조물 분야

13.4.36 / 16.4.28 / 18.1.26

36 태양광발전사업을 하고자 하는 경우 일반적으로 경제성 분석평가를 실시하는데 경제성 분석 기준으로 옳지 않은 것은?
① 순현가   ② 할인율
③ 비용편익비 ④ 내부 수익률

해설 **경제성 평가 방법(정태적 ; Static Analysis)**
1) 비교 우위적 경제성 평가
   비교 가능한 대체기기를 상정, 에너지공급과 원가면에서 기존 에너지 공급과의 비교에서 상대적 우위를 판단
2) 경제성 편익분석기법
   ① 편익/비용 비율(Benefit/Cost ratio)
   ② 순현재가치 분석(Net Present Value : NPV)
   ③ 내부수익률 분석(internal Rate of Return : IRR)
   ④ 투자회수기간 분석(Pay-Back Period : PBP)
   ⑤ 투자수익률 분석(Return on Investment : ROI)

37 그림은 태양광발전설비와 태양전지판의 크기를 나타낸 것이다. 햇빛이 지표면에 수직으로 입사할 때 1[m²]의 지표면에서 단위 시간당 받는 빛에너지가 1000[W]이고 태양전지의 변환효율이 15[%]일 때, 이 태양광발전 시설이 2시간동

안 생산하는 전력량은 몇 [Wh]인가? (단, 햇빛은 2시간 내내 동일하게 지면에 수직으로 입사하며, 태양전지 표면에서 빛의 반사는 일어나지 않는다.)

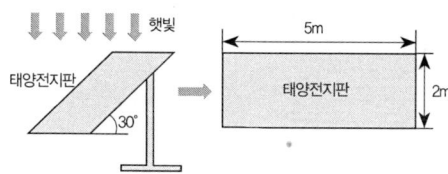

① 3000　　　　② $1500\sqrt{3}$
③ $1000\sqrt{3}$　　④ 1500

해설 전력량(P)
P = 면적 × 일사량 × 경사각 × 발전시간 × 변환효율
= $(5 \times 2) \times 1,000 \times \cos 30 \times 2 \times 0.15$
= $1,500\sqrt{3}$ [wh]

38 태양광발전시스템을 1,000[m²]부지에 하나의 어레이로 설치 할 때, 모듈 효율 15[%], 일사량 500[W/m²]이면 생산되는 전력은? (단, 기타조건은 무시한다.)
① 75 [kW]　　② 750 [kW]
③ 7500 [kW]　　④ 75000 [kW]

해설 전력(P)
P = 일사량 × 모듈효율 = $500 \times \dfrac{15}{100}$ = 75 [kW]

39 지상에서의 길이 5[m]를 축적 1/200로 도면에 나타낼 때 그 길이는?
① 2.5[mm]　　② 10[mm]
③ 20[mm]　　④ 25[mm]

해설 도면 적용 길이 = 축적 × 실측 길이(mm)
= $\dfrac{1}{200} \times 5 \times 10^3$ = 25 [mm]

40 일반적으로 구조물이나 시설물 등을 공사 또는 제작할 목적으로 상세하게 작성된 도면은?
① 상세도　　② 시방서
③ 간트도표　　④ 내역서

해설 상세도
① 사용하는 기기의 구조, 사용방법, 내용 등에 관한 구조 약도, 결선도 등을 작성
② 도면에서 명확하게 표시할 수 없거나 치수를 기입할 수 없는 영역을 확대하여 작성

41 변전소의 설치 목적이 아닌 것은?
① 전력의 발생과 계통의 주파수를 변환시킨다.
② 발전 전력을 집중 연계한다.
③ 수용가에 배분하고 정전을 최소화 한다.
④ 경제적인 이유에서 전압을 승압 또는 강압한다.

해설 변전소의 설치 목적
① 전압의 변성(승압, 강압)
② 전력의 집중과 배분
③ 전압 조정
④ 전력 제어(유효전력, 무효전력)
⑤ 전력 계통 보호

42 케이블 트레이 시공방식의 장점이 아닌 것은?
① 방열특성이 좋다.
② 허용전류가 크다.
③ 장래부하 증설시 대응력이 크다.
④ 재해를 거의 받지 않는다.

해설 케이블 트레이 시공방식의 장점

정답 37. ② 38. ① 39. ④ 40. ① 41. ① 42. ④

① 방열특성이 좋다
② 허용전류가 크다
③ 장래 부하 증설 시 대응력이 좋다.

43 (KEC 한국전기설비규정의 변경으로 삭제됨)

13.4.44 / 19.4.47

44 감리용역 계약문서가 아닌 것은?
① 기술용역입찰유의서
② 과업지시서
③ 감리비 산출내역서
④ 설계도서

[해설] 설계감리용역 계약문서
① 계약서
② 설계감리용역 입찰유의서
③ 설계감리용역계약 일반조건
④ 설계감리용역계약 특수조건
⑤ 과업지시서
⑥ 설계감리비 산출내역서

45 (KEC 한국전기설비규정의 변경으로 삭제됨)

13.4.46 / 16.4.49 / 17.1.21 / 19.2.59

46 KS C IEC 60364의 저압계통의 접지방식이 아닌 것은?
① TT방식　② TN-C방식
③ TT-C방식　④ IT 방식

[해설] 보호접지 설비
계통접지와 기기접지의 조합에 따라 다음방식으로 구분하여 설계한다.
1) TN계통방식은 전력공급측을 계통접지하고, 기기의 노출 도전성 부분을 보호도체를 통해 전원의 접지점으로 연결시킨 것이며, 과전류 차단기로 지락을 보호해야 한다.

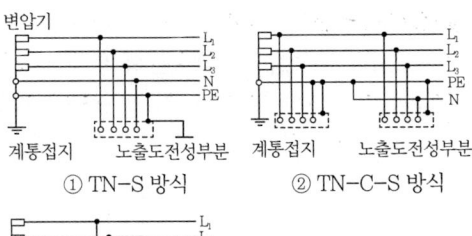

① TN-S 방식　② TN-C-S 방식

③ TN-C 방식

2) TT계통방식은 전력공급측은 계통접지하고, 기기의 노출, 도전성 부분은 독립된 기기접지로 하는 방법이며, 과전류차단기 또는 누전차단기로 지락을 보호해야 한다.

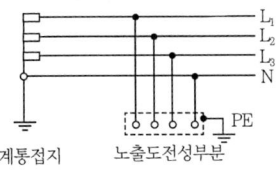

④ TT 방식

3) IT계통방식은 전력공급측은 임피던스를 고려한 접지로 하고, 기기의 노출, 도전성부분은 독립된 기기접지로하며, 1점지락 사고시 기기프레임의 접지저항을 낮게 하여 보호해야 한다.

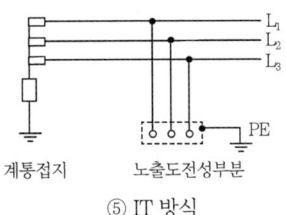

⑤ IT 방식

13.4.47 / 15.4.43 / 17.4.22 / 19.2.32 / 19.4.38

47 태양광 모듈에서 인버터까지 전압강하 계산식은? (단, A : 전선의 단면적 [mm²], I : 전류[A], L : 전선 1가닥의 길이[m] 이다.)

① $\dfrac{17.8 \times L \times I}{1000 \times A}$　② $\dfrac{30.8 \times L \times I}{1000 \times A}$

③ $\dfrac{35.6 \times L \times I}{1000 \times A}$　④ $\dfrac{38.8 \times L \times I}{1000 \times A}$

정답 43.　44.④　45.　46.③　47.③

해설 전압강하 및 전선 굵기 계산식

전기공급방식	전압강하(e)	전선의 단면적(A)
단상 2선식 직류 2선식	$e = \dfrac{35.6 \times L \times I}{1,000 \times A}$	$A = \dfrac{35.6 \times L \times I}{1,000 \times e}$
3상 3선식	$e = \dfrac{30.8 \times L \times I}{1,000 \times A}$	$A = \dfrac{30.8 \times L \times I}{1,000 \times e}$
단상 3선식 3상 4선식 직류 3선식	$e = \dfrac{17.8 \times L \times I}{1,000 \times A}$	$A = \dfrac{17.8 \times L \times I}{1,000 \times e}$

13.4.48 / 15.2.60 / 15.4.48 / 17.4.51 / 18.1.44 /
18.2.49 / 19.4.48

48 태양광발전시스템 구조물의 설치공사 순서를 올바르게 나타낸 것은?

① 어레이 기초공사 → 어레이 가대공사 → 어레이 설치공사 → 배선공사 → 검사
② 어레이 가대공사 → 어레이 기초공사 → 어레이 설치공사 → 배선공사 → 검사
③ 배선공사 → 어레이 기초공사 → 어레이 가대공사 → 어레이 설치공사 → 검사
④ 배선공사 → 어레이 가대공사 → 어레이 기초공사 → 어레이 설치공사 → 검사

해설 태양광발전시스템의 시공절차

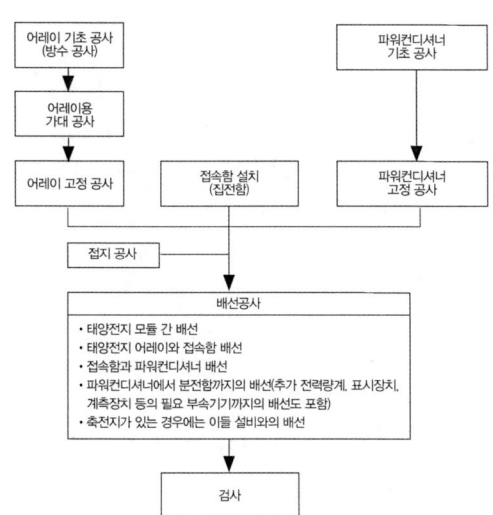

13.4.49 / 16.2.53 / 16.4.48 / 17.1.52 / 17.4.48 /
19.1.53 / 19.2.56

49 태양광발전시스템의 전기배선에 관한 설명으로 옳지 않은 것은?

① 태양전지에서 옥내에 이르는 배선에 쓰이는 전선은 모듈 전용선을 사용하여야 한다.
② 전선이 지면을 통과하는 경우에는 피복에 손상이 발생되지 않도록 조치를 취하여야 한다.
③ 인버터출력단과 계통연계점간의 전압강하는 5[%] 이하로 하여야 한다.
④ 태양전지판의 출력배선을 군별, 극성별로 확인할 수 있도록 표시하여야 한다.

해설 전압강하

모듈에서 인버터 입력단 간 및 인버터 출력단과 계통연계점 간의 전압강하는 각 3[%]을 초과하여서는 아니 된다. 다만, 전선길이가 60[m]을 초과할 경우에는 아래 표에 따라 시공할 수 있다.

전선길이	120[m] 이하	200[m] 이하	200[m] 초과
전압강하	5[%]	6[%]	7[%]

13.4.49 / 16.2.53 / 16.4.48 / 17.1.52 / 17.4.48 /
19.1.53 / 19.2.56

50 태양광발전설비의 준공 후 감리원이 발주자에게 인수·인계할 목록에 반드시 포함되어야 하는 서류로서 옳지 않은 것은?

① 기자재 구매서류
② 시설물 인수·인계서
③ 안전교육 실적표
④ 품질시험 및 검사성과 총괄표

해설 발주자에게 인계할 문서 목록

① 준공사진첩
② 준공도면
③ 품질시험 및 검사성과 총괄표
④ 기자재 구매서류
⑤ 시설물 인수·인계서
⑥ 그밖에 발주자가 필요하다고 인정하는 서류

13.4.51 / 16.2.58 / 16.4.54 / 17.4.41 / 20.3.50

51 다음 중 송전선로에 대한 설명으로 옳지 않는 것은?

① 송전설비는 발전소 상호간, 변전소 상호간, 발전소와 변전소 간을 연결하는 전선로와 전기설비를 말한다.
② 송전선로는 발전소, 1차 변전소, 배전용 변전소로 구성된다.
③ 송전 방식은 교류 송전방식만이 사용된다.
④ 송전 계통의 개요는 송전선로, 급전설비, 운영설비이다.

해설 송전방식
1) 교류 방식
① 변압기를 이용하여 전압의 승압·강하가 쉽다.
② 교류기는 회전자계를 쉽게 얻을 수 있다.
③ 대부분이 교류 송전 방식이므로 운용상의 일관성을 갖는다.

2) 직류 방식
① 절연계급을 낮출 수 있다.
② 송전효율이 좋다.
③ 안정도가 좋다.
④ 유도장해가 적다.

13.4.56 / 17.1.46

52 감리원은 설계도서 등에 대하여 현장 시공을 주안으로 하여 해당공사 시작 전에 검토하여야 할 사항으로 옳지 않은 것은?

① 시공의 실제 가능 여부
② 현장조건에 부합 여부
③ 설계도서의 누락, 오류 등 불명확 부분의 존재 여부
④ 착공부터 완공까지의 공사기간 여부

해설 설계도서 등의 검토
감리원은 설계도서 등에 대하여 공사계약문서 상호 간의 모순되는 사항, 현장 실정과의 부합여부 등 현장 시공을 주안으로 하여 해당 공사 시작 전에 검토하여야

하며 검토내용에는 다음의 사항 등이 포함되어야 한다.
① 현장조건에 부합 여부
② 시공의 실제가능 여부
③ 다른 사업 또는 다른 공정과의 상호부합 여부
④ 설계도면, 설계 설명서, 기술계산서, 산출내역서 등의 내용에 대한 상호일치 여부
⑤ 설계도서의 누락, 오류 등 불명확한 부분의 존재여부
⑥ 발주자가 제공한 물량 내역서와 공사업자가 제출한 산출내역서의 수량일치 여부
⑦ 시공상의 예상 문제점 및 대책 등

13.4.53 / 18.1.46 / 18.4.56

53 감리원은 공사업자 등이 제출한 시설물의 유지관리지침 자료를 검토하여 공사 준공 후 며칠 이내에 발주자에게 제출하여야 하는가?

① 7일　　② 14일
③ 20일　　④ 30일

해설 유지관리지침서
유지관리지침서를 작성, 공사 준공 후 14일 이내에 발주자에게 제출
① 시설물의 규격 및 기능설명서
② 시설물 유지관리기구에 대한 의견서
③ 시설물 유지관리방법
④ 특기사항

13.4.54 / 19.4.52

54 감리원은 시공된 공사가 품질확보 미흡 또는 중대한 위해를 발생시킬 수 있다고 판단되거나, 안전상 중대한 위험이 발생된 경우 공사 중지를 지시할 수 있는데, 다음 중 전면중지에 해당하는 것은?

① 공사업자가 공사의 부실발생 우려가 짙은 상황에서 적절한 조치를 취하지 않은 채 공사를 계속 진행할 때
② 동일 공정에 있어 3회 이상 시정지시가 이행되지 않을 때
③ 안전시공상 중대한 위험이 예상되어 물적,

정답 51.③ 52.④ 53.②

인적 중대한 피해가 예견될 때
④ 재시공 지시가 이행되지 않는 상태에서는 다음 단계의 공정이 진행됨으로써 하자 발생이 될 수 있다고 판단될 때

해설 전면중지의 적용한계
① 공사업자가 고의로 공사의 추진을 지연시키거나, 공사의 부실 발생우려가 짙은 상황에서 적절한 조치를 취하지 않은 채 공사를 계속 진행하는 경우
② 부분중지가 이행되지 않음으로써 전체공정에 영향을 끼칠 것으로 판단될 때
③ 지진·해일·폭풍 등 불가항력적인 사태가 발생하여 시공을 계속할 수 없다고 판단될 때
④ 천재지변 등으로 발주자의 지시가 있을 때

13.4.55 / 14.4.22 / 15.2.41 / 16.4.59 / 17.1.57 / 17.2.56 / 18.2.58 / 18.4.53

55 태양전지 모듈의 배선공사가 끝나고 확인할 사항이 아닌 것은?
① 극성 확인
② 전압 확인
③ 단락전류 확인
④ 양극접지 확인

해설 모듈의 배선 연결 후 점검 사항
① 전압 및 극성 확인
② 단락전류 측정
③ 접지확인(일반적으로 직류측 회로는 비접지한다)

13.4.56 / 14.4.49 / 15.4.53 / 17.1.58 / 17.2.45 / 19.4.43

56. 분산형전원을 배전계통에 연계시 승압용 변압기의 1차 결선방식을 어떻게 하면 되는가? (단, 인버터는 3상이며, 절연변압기를 사용하는 경우임)
① Y결선
② △결선
③ V결선
④ 스코트

해설 분산형전원
배전계통연계시 승압용변압기의 1차 결선방식은 Y결선방식이며, 주로 Y-△-Y, Y-Y-△ 방식 등, △권선을 통해 인버터에서 발생하는 제3고조파를 제거한다

13.4.57 / 15.2.50 / 18.2.45 / 18.4.48 / 19.2.42 / 19.4.42

57 굵기가 다른 케이블을 배선할 경우 전선관의 두께는 전선의 피복 절연물을 포함한 단면적이 전선관의 몇 [%] 이하가 되어야 하는가?
① 20[%]
② 32[%]
③ 48[%]
④ 52[%]

해설 금속전선관의 굵기는 굵기가 다른 절연전선을 동일관내에 넣어 시설하는 경우 절연 피복물을 포함한 관내 단면적의 32[%]이하가 되도록 선정한다. 단, 동일 굵기의 경우는 48[%]까지 채울 수 있다.

13.4.58 / 18.1.54

58 지붕 건재형 태양전지 모듈의 설치장소를 고려한 설치사항으로 옳지 않은 것은?
① 태양전지 모듈의 하중에 견딜 수 있는 강도를 가질 것
② 풍력계수는 처마 끝이나 지붕 중앙부나 똑같이 하여 시설할 것
③ 인접 가옥의 화재의 대한 방화대책을 세워 시설할 것
④ 눈이 많은 지역에서는 적설 방지대책을 강구하여 시설 할 것

해설 지붕 건재형 모듈의 설치장소를 고려한 설치사항
① 태양전지 설치시 예상되는 하중(자중, 적설, 풍압 등)에 견딜 수 있는 강도를 가질 것
② 인접 가옥의 화재에 대한 방화대책을 세워 시설할 것
③ 처마의 경우 지붕 중앙부보다 바람의 영향을 많이 받아서, 풍력계수를 높게 적용한다.
④ 설치 지역(염해, 낙뢰 지역), 장소에 맞는 재료, 부재 등을 선택하여 옥외에 장기간 사용 시 견딜 수 있는 재료를 선정할 것
⑤ 지붕 구조재와 지지철물의 접합부는 방수처리로 주택의 지붕에 필요한 방수성능을 확보할 것
⑥ 지지쇠와 고정쇠 설치시 지붕면에 대한 접촉부는 하중을 분산시켜 지붕재의 파손을 막고, 가대의 지붕재료 접촉부에는 실리콘, 고무 등 완충재를 설치할 것
⑦ 태양광설비의 눈·얼음이 보행자에게 낙하하는 것

정답 54.① 55.④ 56.① 57.② 58.②

을 방지하기 위하여 모든 모듈 끝선이 건물의 외벽 마감선을 벗어나지 않도록 설치할 것
⑧ 배면환기를 위하여 모듈과 지붕면간 이격거리는 10[cm]이상이어야 하며, 배선처리는 바닥에 닿지 않도록 단단하게 고정할 것

59 태양광발전시스템의 구조물설치 계획 단계에서 고려해야 할 사항으로 틀린 것은?

① 지지대의 재질   ② 지지대의 모양
③ 지지대의 강도   ④ 지지대의 내용연수

해설 어레이용 지지대 설계시 고려사항
① 지지대의 재질
환경 조건과 설계 내용연수에 따라 선택, 결정한다.
② 지지대의 강도
자중(自重)에 풍압력을 가미한 하중을 견뎌야 한다. 상정하중은 고정하중, 풍압하중, 적설하중, 지진하중이 있다.
③ 지지대의 내용연수
내용연수를 몇 년으로 설정할지, 유지보수는 어느 정도 실시할지 등에 따라 재질을 선택한다.

13.4.60 / 17.2.60

60 설계 감리원이 설계업자로부터 착수신고서를 제출받아 적정성 여부를 검토하여 보고하여야 하는 것은?

① 근무상황부   ② 설계감리기록부
③ 설계감리일지 ④ 예정공정표

해설 설계용역의 관리
설계감리원은 설계업자로부터 착수신고서를 제출받아 다음의 사항에 대한 적정성 여부를 검토하여 보고하여야 한다.
① 예정공정표
② 과업수행계획 등 그밖에 필요한 사항

13.4.61 / 16.2.70 / 17.4.77

61 중·대형 태양광발전용 인버터의 누설전류 시험에 대한 설명이 아닌 것은?

① 정격 주파수로 운전한다.
② 인버터를 정격 출력에서 운전한다.
③ 판정기준은 누설전류가 5[mA] 이하이다.
④ 인버터의 기체와 대지 사이에 100[Ω] 이상의 저항을 접속한다.

해설 인버터의 누설전류 시험
① 교류전원을 정격 전압 및 정격 주파수로 운전한다. 직류 전원은 인버터 출력이 정격 출력이 되도록 설정한다.
② 인버터의 기체와 대지와의 사이에 1[KΩ] 이상의 저항을 접속해서 저항에 흐르는 누설전류를 측정하고, 누설전류가 5[mA] 이하일 것

13.4.10 / 13.4.62 / 17.1.17 / 18.1.13 / 18.1.32 / 19.4.2

62 파워컨디셔너의 단독운전방지기능에서 능동적 방식에 속하지 않는 것은?

① 유효전력 변동방식
② 무효전력 변동방식
③ 주파수 시프트방식
④ 주파수 변화율 검출방식

해설 단독운전 검출방식
(1) 수동적 방식
단독운전에 의한 계통상태의 변화만을 검출
① 주파수 변화율 검출방식
② 전압위상도약 검출방식
③ 3차 고조파전압 왜곡검출방식

(2) 능동적 방식
각 분산형전원이 동기(同期)한 전기적 신호(능동신호)를 계통측에 주입함으로서 단독운전이 발생했을 때 능동신호에 기인하는 계통상태의 변화를 검출
1) 종래형 능동적 방식
① 주파수 시프트 방식
② 슬립 모드 주파수 시프트 방식
③ 유효·무효 전력변동방식

정답 59. ② 60. ④ 61. ④ 62. ④

④ 차수간 고조파 주입방식
⑤ 부하변동방식
2) 시형 능동적 방식(스텝 주입부 주파수 피드백 방식)

※ 파워컨디셔너(PCS)
① 전기의 성질(AC/DC, 전압, 주파수)을 바꿔주는 전력변환장치의 총칭
② 태양광인버터는 PCS의 한 종류이다.

63 신재생에너지 설치의무화 제도 및 대상기관이 아닌 곳은?

① 국가 및 지방자치단체
② 특별법에 따라 설립된 법인
③ 납입자본금으로 연간 50억원 이상을 출자한 법인
④ 대통령령으로 정하는 10억원 이상을 출연한 정부출연기관

해설 설치의무화 대상기관
① 국가기관 및 지방자치단체
② 공공기관
③ 정부가 연간 50억 이상 출연한 정부출연기관
④ 정부출자기업체
⑤ 지방자치단체 및 공공기관, 정부출연기관 또는 정부출자기업체가 대통령령으로 정하는 비율 또는 금액 이상을 출자한 법인
㉠ 납입자본금의 100분의 50 이상을 출자한 법인
㉡ 납입자본금으로 50억원 이상을 출자한 법인
⑥ 특별법에 따라 설립된 법인

13.4.64 / 15.2.74 / 18.2.74

64 태양광(PV) 모듈의 접촉점의 장애를 발견하기 위한 점검 및 측정 방법은?

① 다기능 측정
② 접지저항 측정
③ 절연저항 측정
④ 과/저전압 측정

해설 다기능 측정
전력의 측정, 분석, 파형측정 및 케이블 테스터 기능을 일체한 정확한 측정

13.4.65 / 17.4.79 / 18.2.77

65 태양광발전용 접속함의 성능시험방법이 아닌 것은?

① 내전압
② 절연저항
③ 자동 차단성능시험
④ 수동조작 차단성능시험

해설 접속함의 시험항목(한국산업표준(KS) 인증심사기준)
① 구조시험
② 공간거리 및 연면거리 시험
③ 절연특성시험(내전압, 임펄스 내전압)
④ 내열성 시험
⑤ 내부식성 시험
⑥ 외함보호등급(IP)
⑦ 온도상승시험
⑧ 직류전원장치의 안전성 및 전자파적합성 시험(EMC 해당시)
⑨ 표시의 내구성 시험

66 30°의 고정식 태양광발전소 운전시 우리나라의 남해안에서 연중대비 5~6월에 발생하는 현상으로 가장 옳은 설명은?

① 태양의 고도가 연중 제일 높아 출력이 가장 높다
② 온도 상승에 의한 출력 감소가 연중 제일 높다.
③ 일사량(시간)에 의한 발전은 7,8월 대비 두 번째로 높다.
④ 양축식 대미 단축식의 출력이 연중 가장 높다.

해설 남해지역 고정식 태양광발전소 발전량(2021년)

	1월	2월	3월	4월	5월	6월
[kWh]	3,057	3,295	4,348	3,997	4,157	3,831
[%]	7.39	7.96	10.51	9.66	10.05	9.26

	7월	8월	9월	10월	11월	12월	합계
	2,766	3,398	3,603	3,217	2,937	2,776	41,382
	6.68	8.21	8.71	7.77	7.10	6.71	100[%]

정답 63. ④ 64. ① 65. ③ 66. ①

① 6월 하지(夏至)에 태양의 고도가 제일 높고, 출력은 3월~6월 가장 높게 발생된다.
② 온도상승에 의한 출력감소는 7, 8월이 가장 크다.
③ 일사량(시간)에 의한 발전은 3월~6월이 가장 높다.
④ 양축식 대비 단축식의 출력이 높은 시기는 없다.

※ 단축식과 양축식
① 단축식 : 한 개의 축으로 동쪽에서 서쪽방향으로 태양을 추적하는 방식이다.
② 양축식 : 두 개의 축으로 동에서 서쪽(일출, 일몰), 하지와 동지(남쪽의 태양 높이)의 태양위치를 추적한다.

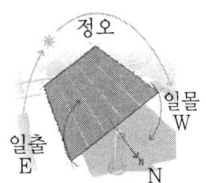
단축(1축) 추적식

양축(2축) 추적식

67 인버터의 전압 왜란(distortion)을 측정하기 위한 방법이 아닌 것은?

① 인버터 수치 읽기
② AC 회로시험
③ 전력망 분석
④ I-V 곡선

해설 전압 왜란
① 전원의 정상상태에서 벗어나는 현상
② 낙뢰, 급격한 부하 증가 또는 감소, 전력선에서의 사고, 인버터의 운전 등으로 인해, 전력계통에 순간 정전, 순시전압강하 또는 상승, 서지 등이 발생하는 것을 총칭한다.(직류 오프셋, 고조파, 상호고조파, 노칭, 노이즈 등)

※ I-V 곡선

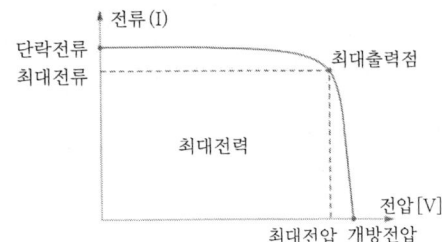

① 태양전지의 전기적 특성을 나타내는 척도
② 태양전지 셀의 성능을 특성화하기 위하여 전류와 전압 등을 측정한 I-V 곡선
③ 셀의 온도를 유지하고 부하 저항을 변화하여 생산된 전류를 측정하는데 수직축은 전류, 수평축은 전압을 나타낸다.

13.4.68 / 17.2.66 / 18.4.70

68 태양전지 어레이 출력확인을 위해 개방전압을 측정할 때의 순서를 올바르게 나열한 것은?

> ㄱ. 각 모듈이 그늘로 되어있지 않는 것을 확인한다.
> ㄴ. 접속함의 각 스트링 MCCB 또는 퓨즈를 OFF한다.
> ㄷ. 접속함의 주개폐기를 OFF한다.
> ㄹ. 측정하려는 스트링의 MCCB 또는 퓨즈를 OFF하여 측정한다.

① ㄱ>ㄴ>ㄷ>ㄹ
② ㄱ>ㄷ>ㄴ>ㄹ
③ ㄴ>ㄷ>ㄱ>ㄹ
④ ㄷ>ㄴ>ㄱ>ㄹ

해설 개방 전압 측정

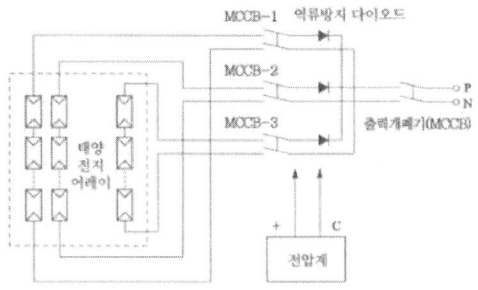

① 접속함 출력개폐기를 OFF 한다.
② 접속함 각 스트링의 단로스위치(MCCB)를 모두 OFF 한다.
③ 각 모듈이 음영의 영향을 받지 않는 것을 확인한다. (모듈의 불량 또는 모듈간의 접속 불량 등이 발생하면 각 스트링의 개방전압 측정치가 불균일하다)
④ 측정하는 스트링의 단로스위치(MCCB)를 OFF하여 측정한다.

정답 67. ④ 68. ④

(직류전압계로 각 스트링의 P-N 단자간 전압을 측정한다)

69 독립형 태양광 발전 시스템의 주요 구성장치로 볼 수 없는 것은?

① 태양광(PV) 모듈
② 충방전 제어기
③ 축전지 또는 축전지 뱅크
④ 송전설비

해설 독립형 태양광발전 시스템

① 외딴 섬과 같이 전기가 들어오지 않는 지역에서, 상용전력계통과 직접 연결되지 않고 분리된 발전방식으로, 태양광발전시스템의 발전 전력만으로 부하에 전력을 공급한다.
② 야간 혹은 우천 시, 태양광발전시스템의 발전이 불가할 때는 발전된 전력을 저장할 수 있는 축전장치를 접속하여 태양광 전력을 저장하여 사용하는 방식

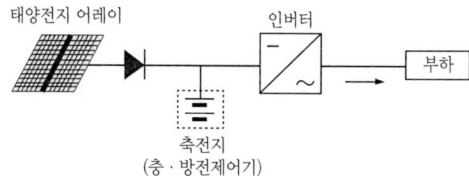

70 인버터 고장시 고장 부분 점검 후 정상동작시 5분 후에 재기동하지 않아도 되는 경우는?

① 과전압   ② 저전압
③ 저주파수   ④ 전자접촉기

해설 한전계통에의 재병입(Reconnection)

① 한전계통에서 이상 발생 후 해당 한전계통의 전압 및 주파수가 정상 범위 내에 들어올 때까지 분산형전원의 재병입이 발생해서는 안된다.
② 분산형전원 연계 시스템은 안정상태의 한전계통 전압 및 주파수가 정상 범위로 복원된 후 그 범위 내에서 5분간 유지되지 않는 한 분산형전원의 재병입이 발생하지 않도록 하는 지연기능을 갖추어야 한다.

※ 전자접촉기 : 전자접촉기의 ON/OFF에 의해 모터 등의 부하를 운전/정지시킴으로써 부하를 보호, 제어하는 목적으로 사용된다.

71 태양광 발전시스템의 계측·표시에 관한 설명으로 틀린 것은?

① 계측기의 소비전력을 최대한 높여야한다.
② 시스템의 운전상태 감시를 위한 계측 또는 표시이다.
③ 시스템 기기 및 시스템 종합평가를 위한 계측이다.
④ 홍보용으로 표시장치를 설치하기도 한다.

해설 계측기기, 표시장치의 설치목적

① 운전상태 감시
② 발전전력량 확인
③ 기기 및 시스템 종합평가
④ 운전상황을 견학자에게 보여주고, 시스템 홍보

72. 화합물반도체를 이용한 태양전지의 대표에는 CIGS, CgTe, GaAs 등의 태양전지가 있다. 결정질실리콘 대비 이들 태양전지의 특징으로 가장 옳지 않은 것은?

① 온도계수가 작아 고온에서 출력감소가 작다
② 에너지 갭은 크나 직접 천이 에너지 갭으로 광 특성이 우수하다.
③ CdTe는 에너지 갭이 실리콘보다 커 고온 환경의 박막 태양전지로 많이 응용되고 있다.
④ 큰 에너지 갭으로 인해 보다 짧은 파장대역보

다는 파장이 긴 대역의 빛을 흡수할 수 있다.

해설 화합물반도체 태양전지

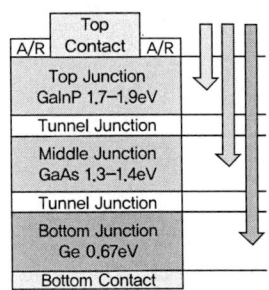

① GaInP, GaInAs, Ge의 화합물 반도체로 구성된 태양전지는 공유결합을 하고 있기 때문에 재료자체의 물성이 우수하고, 태양광을 보다 효율적으로 활용할 수 있는 다중접합 구조 구현이 가능하다.
② 삼중접합 태양전지의 구조는 밴드 갭이 다른 세 종류의 태양전지가 연결된 적층구조로 되어있다.
③ 밴드 갭 크기순으로 적층된 각각의 태양전지 셀이 서로 다른 파장영역의 빛을 순차적으로 흡수하여 전기를 생산한다.
④ 전기적으로, 직렬연결 구조이기 때문에 총 전류는 제한되지만, 총 전압은 각 태양전지 전압의 합만큼 증가하여 단일접합 태양전지보다 높은 효율 달성이 가능하다.

13.4.73 / 15.2.67

73. 태양광전원의 연계용 변압기의 용량이 1[MVA]인 경우, 5[%]의 임피던스를 가지고 있다면 100[MVA] 기중으로 한 %임피던스는?

① 300[%] ② 400[%]
③ 500[%] ④ 60[%]

해설 %임피던스

변압기에 정격전류가 흘렀을 때 변압기 자체 임피던스에 의한 전압강하의 2차 정격전압에 대한 퍼센트 변압기의 정격 2차 전압 V_n[kV], 정격 2차 전류 I_n[A], 자체 임피던스 Z[Ω], 용량 P[kVA]

$$\%Z = \frac{Z \times I_n}{V_n} \times 100 \, [\%] = \frac{Z \times I_n \times V_n}{V_n \times V_n} \times 100 \, [\%]$$
$$= \frac{Z \times P}{V_n^2} \times 100 \, [\%]$$

$\therefore \%Z \propto P$
$1[MVA] : 5[\%] = 100[MVA] : \%Z_2$
$\%Z_2 = 500$

74 태양광발전시스템 유지보수점검 시 보통 유지해야 할 절연저항은 몇 [MΩ] 이상인가?

① 1.0 ② 2.0
③ 3.0 ④ 4.0

해설 절연저항시험(KS C 8565)

① 입력단자 및 출력단자를 각각 단락하고, 그 단자와 대지간의 절연저항을 측정한다. 시험품의 정격 측정전압이 500[V]미만에서는 유효전력 최대 눈금값 1000[MΩ], 500[V] 이상 1000[V] 이하에서는 유효 최대 눈금값이 2000[MΩ]의 절연저항계를 사용한다. 다만, 해당시험에는 바리스터, Y-CAP, 서지보호부품은 제거한다.
② 절연저항은 1[MΩ] 이상일 것

75 태양광발전 어레이가 받는 일조량과 같은 크기의 일조량을 받는데 필요한 일조시간은?

① 등가 1일 일조시간
② 어레이 가동시간
③ 적산 일조시간
④ 최적 일조시간

해설 기준등가 가동시간(Reference Yield, 등가 1일 일조시간)

일조 강도가 기준 일조 강도라고 할 경우, 실제로 태양광발전 어레이가 받은 일조량과 같은 크기의 일조량을 받는데 필요한 일조 시간이며, 기준 등가 가동시간은 기준 일조강도(Reference Irradiance)에 전체 일조량(Total Irradiation)의 비율로부터 계산된다.

76 태양광발전 시스템 출력 에너지를 태양광발전 어레이의 정격출력과 가동시간의 곱으로 나눈 값은?

① 주변기기 효율　② 종합시스템 효율
③ 시스템 이용률　④ 어레이 기여율

해설 시스템 이용률(Capacity Factor) L_{SP}
태양광발전 어레이의 정격 출력(P_O)과 가동시간을 곱한 것에 대한 태양광발전 시스템 출력에너지(W_{SP})의 비율

$$L_{SP} = \frac{W_{SP}}{P_O \times Y}$$

13.4.77 / 15.2.71

77. Ribbon 재료로 사용되고 있는 부품은 대부분 주석-납-은 계열을 사용하나 현재 Pb-Free (납제거)의 물질들이 개발중이다. 리본재료의 설명으로 가장 부적절한 것은?

① 수분침투에 의해 노출되면 쉽게 산화하여 Rs(직렬등가저항)의 증가 및 Rsh(병렬등가저항)을 감소시켜 출력감소의 원인이 된다.
② 리본 연결공정에서 진공에 의해 압착은 하나 계면부위에서 기포가 완전히 제거되지 않으면 시간에 따라 산화에 의해 셀의 Rsh(병렬등가저항)이 감소하여 출력이 감소한다.
③ 리본 연결공정의 조건 및 물질과 공정 온도에 따라 셀의 휨현상(Bowing)은 없으나 직렬저항에 직접적인 영향을 미친다.
④ 납 성분의 리본은 유해하나 접촉저항 감소 및 유연성 측면에서 사용하며 순간적인 고온에서 공정이 진행되어 셀에 열적 스트레스를 적게 준다.

해설 Tabbing & String

일반적인 태양광 모듈은 태양전지의 전면에 있는 Ag 버스바(Busbar)를 인접한 다른 태양전지 후면에 금속 리본을 납땜하여 연결한다. 이 방법은 공정상 설비가 단순하여 신뢰성이 높지만 출력저하를 일으키는 몇 가지 문제점이 있다. 태양전지 전면 리본의 영향으로 전류 수집에 손실이 생기며, 납땜(Soldering)과정에서 태양전지에 국부적인 열전달과 압력으로 인한 휨현상(Bowing)과 미세 균열을 일으키며, 전지가 얇을수록 휨현상은 더욱 발생한다.

78. 태양광발전용 인버터의 정격 입력전압이 제조사로부터 규정되지 않은 경우 정격 입력전압 기준은? (단, 허용되는 최대 입력전압을 V_L, 발전을 시작하기 위한 최소 입력전압은 V_s이다)

① $\dfrac{V_L \cdot V_S}{2}$　② $\dfrac{V_L^2 + V_S^2}{2}$
③ $\dfrac{V_L - V_S}{2}$　④ $\dfrac{V_L + V_S}{2}$

해설 정격입력전압(V_r)
인버터의 정격출력이 가능한 제조사에 의해 규정(데이터 시트에 명시)된 최적 입력전압, 만일 제조사로부터 규정되지 않은 경우, 다음의 수식으로부터 도출한다.

$$V_r = \frac{V_L + V_S}{2}$$

13.4.79 / 17.4.19

79. 태양전지 어레이의 전기적 회로 구성요소가 아닌 것은?

① 스트링　② 바이패스다이오드
③ 환류 다이오드　④ 접속함

해설 어레이(Array)

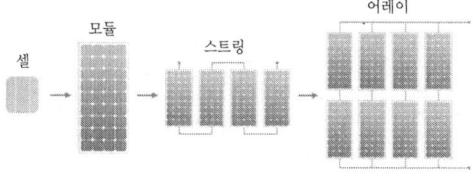

① 다수의 스트링을 병렬로 접속한 모듈의 집합체
② 스트링회로를 전기적으로 보호하기 위한 퓨즈, 차단기, 역류 방지소자, 서지 보호장치 등으로 구성되어 있으며 접속함에 수납되어 있다.

※ 환류다이오드(Free Wheeling Diode)

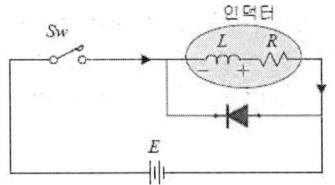

① 스위치가 ON되어 일정시간동안 도통되면 부하를 통해 흐르는 전류는 유도성부하(인덕터)에 저장되게 된다.
② 스위치를 개방하게 되면 인덕터에 저장된 전류가 방출되어야 하는데 회로 개방시 스위치 부분에 스파크가 나타나게 된다.
③ 환류다이오드가 부하와 병렬로 존재하고 있으면 축적된 전류를 방출해 주는 통로 역할을 하게 된다.
④ 인덕터의 충전전류로 인한 기기의 손상을 방지하기 위해 부하와 병렬로 연결된 다이오드

13.4.80 / 15.2.2 / 17.1.9 / 17.2.33 / 17.4.24 / 18.1.74 / 19.2.6 / 19.4.1

80 방향과 경사가 서로 다른 하부 어레이들로 구성된 태양광발전시스템의 인버터 운영방식으로 적합한 것은?

① 중앙집중형　　② 분산형
③ 모듈형　　　　④ 마스터-슬레이브형

해설 태양광발전시스템의 인버터 운영방식

1) 중앙집중형 인버터방식

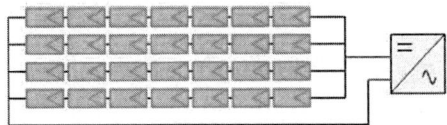

① 발전소 현장에 1대의 인버터만 설치함
② 모든 전선이 한 곳으로 오기 때문에 작업공정이 간단, 설치비가 적게 소요되며, 발전량 확인이 용이하다.
③ 단일형 인버터는 제품 이상발생 시 전체 발전소가 가동을 멈추기 때문에 발전 손실이 크다.

2) 분산형(스트링 포함) 인버터 방식

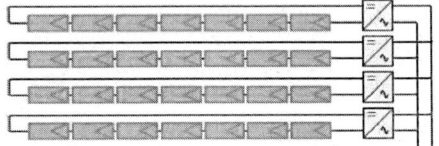

① 발전소 현장에 소형 인버터 여러 대를 설치함
② 특정 인버터가 고장이 나더라도 해당 인버터 부분에서만 발전 손실이 일어나고 나머지 인버터는 정상적으로 발전이 되기 때문에 발전 손실을 최소화할 수 있다.
③ 방향과 경사가 서로 다른 하부 어레이들로 구성된 시스템, 부분적으로 음영이 지는 시스템의 경우 분산형 인버터 방식을 고려할 필요가 있다.

3) 주/종속시스템(Master-Slave System)

① 인버터 2~3대를 결합하여 회로를 구성한다.
② 발전을 시작하면 마스터 인버터만 구동되고, 마스터 인버터의 전력한계에 도달하면, 다음 슬래브 인버터가 자동 연결되어 생산된 발전량에 대응한다.
③ 낮은 발전량에서도 대용량 인버터 한 대가 운영되는 방식보다는 효율이 높아진다.
④ Master와 Slave의 기능은 정기적(1~3개월)으로 교대를 해주어, 균등운전이 되게 한다.

4) 모듈인버터(마이크로 인버터: MIC, Module Integrated Central) 방식

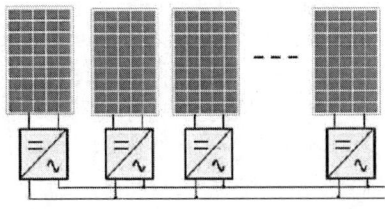

① 태양전지 모듈 1개에 인버터 1개를 부착하는 방식으로 스트링 인버터의 작은 형태이다.
② 태양전지 1장에 대한 모니터링이 가능하여 유지보수가 쉽다
③ 각 마이크로인버터(MIC; Module Integrated Converter)의 최대 효율은 낮지만, 태양전지 모듈에 대해 개별로 MPPT를 하므로, 전체 발전량에 있어서는 스트링 인버터 이상의 발전효율을 가지고 있다.
④ 대용량 발전소보다는 소용량 발전소에서 효율이 높고, 태양전지 모듈 1장으로도 태양광발전을 할 수 있다.

정답 80. ②

⑤ 고장 난 인버터는 쉽게 교체 가능하며, 시스템 확장이 쉽다.

13.4.81 / 14.4.89 / 15.2.83 / 16.2.88 / 16.4.93 / 17.4.88 / 19.4.82

81 전기를 생산하여 이를 전력시장을 통하여 전기판매업자에게 공급하는 것을 주된 목적으로 하는 사업을 무엇이라 하는가?

① 송전사업 ② 배전사업
③ 발전사업 ④ 변전사업

해설 정의(전기사업법 제2조)
① 전기사업 : 발전사업·송전사업·배전사업·전기판매사업 및 구역전기사업
② 발전사업 : 전기를 생산하여 이를 전력시장을 통하여 전기판매사업자에게 공급하는 것을 주된 목적으로 하는 사업
③ 송전사업 : 발전소에서 생산된 전기를 배전사업자에게 송전하는 데 필요한 전기설비를 설치·관리하는 것을 주된 목적으로 하는 사업
④ 배전사업 : 발전소로부터 송전된 전기를 전기사용자에게 배전하는 데 필요한 전기설비를 설치·운용하는 것을 주된 목적으로 하는 사업
⑤ 구역전기사업 : 대통령령으로 정하는 규모 이하의 발전설비를 갖추고 특정한 공급구역의 수요에 맞추어 전기를 생산하여 전력시장을 통하지 아니하고 그 공급구역의 전기사용자에게 공급하는 것을 주된 목적으로 하는 사업

13.4.82 / 17.4.97

82 고압 가공전선 상호간의 이격거리는 몇 [cm] 이상이어야 하는가?

① 150 ② 120
③ 100 ④ 80

해설 고압 가공전선 상호 간의 접근 또는 교차
① 위쪽 또는 옆쪽에 시설되는 고압 가공전선로는 고압 보안공사에 의할 것
② 고압 가공전선 상호 간의 이격거리는 80[cm](어느 한쪽의 전선이 케이블인 경우에는 40[cm]) 이상, 하나의 고압 가공전선과 다른 고압 가공전선로의 지지물 사이의 이격거리는 60[cm](전선이 케이블인 경우에는 30[cm]) 이상일 것

※ 보안공사 : 저압 또는 고압의 가공전선이 다른 시설물과 접근, 교차하는 경우의 시설방법 중 일반적으로 규정되어 있는 시설방법보다도 강화하여야 할 점(전선 굵기, 목주의 풍압하중에 대한 안전율 및 지지물의 경간 등)을 규정한 공통의 공사방법

13.4.83 / 15.2.57 / 16.2.85 / 18.1.47

83 고압 가공전선으로 내열 동합금선을 사용하는 경우 안전율이 몇 이상이 되는 이도를 시설하여야 하는가?

① 2.0 ② 2.2
③ 2.5 ④ 4.0

해설 저고압 가공전선의 안전율
고압 가공전선은 케이블인 경우 이외에는 그 안전율이 경동선 또는 내열 동합금선은 2.2 이상, 그 밖의 전선은 2.5 이상이 되는 이도(Dip)로 시설하여야 한다.

※ 전선의 이도(Dip)
지지물 A, B사이에 전선을 가설하면 전선 자체의 무게 때문에 밑으로 처진 곡선을 이루게 되며 가장 밑으로 처진 부분의 수직 거리를 이도(Dip)라고 한다.

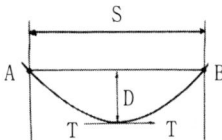

1) 이도의 중요성
① 겨울 : 이도가 적당치 않으면 전선의 수축으로 인해 전선에 무리한 장력 발생 → 단선사고
② 여름 : 온도에 의해 전선은 팽창, 진동 → 도로, 철도, 통신선 등에 위험

2) 이도의 계산
① 전선의 두 지지점이 수평인 경우

$$D \fallingdotseq \frac{W S^2}{8 T} [m]$$

T : 수평 장력 [kg], W : 전선의 중량 [kg/m], S : 경간 [m]

② 전선의 실제 길이

$$L \fallingdotseq S + \frac{8D^2}{3S} [m]$$

전선의 실제 길이 L은 경간 S보다 $\frac{8D^2}{3S}$ 만큼 더 길어진다(약 경간의 0.1~1[%] 미만).

13.4.83 / 15.2.57 / 16.2.85 / 18.1.47

84 물밑전선로의 시설에 대한 설명으로 틀린 것은?

① 전선에 케이블을 사용하고 이를 견고한 관에 넣어 시설하였다
② 전선에 지름 3.5[mm] 아연도철선 이상의 기계적 강도가 있는 금속선으로 개장한 케이블을 사용하였다.
③ 특고압인 경우 전선으로 케이블을 사용하였다.
④ 폴리에틸렌 혼합물·부틸고무 혼합물의 절연재료로 구성된 케이블을 사용하였다.

해설 물밑전선로의 시설

1) 물밑전선로는 손상을 받을 우려가 없는 곳에 위험의 우려가 없도록 시설하여야 한다.

2) 저압 또는 고압의 물밑전선로의 전선은 물밑케이블의 표준에 적합한 물밑케이블 또는 지중전선로 규정에서 정하는 구조로 개장한 케이블이어야 한다. 다만, 다음의 어느 하나에 의하여 시설하는 경우에는 그렇지 않다.
① 전선에 케이블을 사용하고 또한 이를 견고한 관에 넣어서 시설하는 경우
② 전선에 지름 4.5[mm] 아연도철선이상의 기계적 강도가 있는 금속선으로 개장한 케이블을 사용하고 또한 이를 물밑에 매설하는 경우
③ 전선에 지름 4.5[mm] 아연도철선 이상의 기계적 강도가 있는 금속선으로 개장하고 또한 개장 부위에 방식피복을 한 케이블을 사용하는 경우

3) 특고압 물밑전선로는 다음에 따라 시설하여야 한다.
① 전선은 케이블일 것

② 케이블은 견고한 관에 넣어 시설할 것. 다만, 전선에 지름 6[mm]의 아연도철선 이상의 기계적강도가 있는 금속선으로 개장한 케이블을 사용하는 경우에는 그렇지 않다.

4) 물밑 케이블 절연체의 재료는 폴리에틸렌혼합물·부틸고무 혼합물 또는 에틸렌 프로필렌 고무혼합물로서 규정하는 시험을 한 때에 적합한 것

13.4.83 / 15.2.57 / 16.2.85 / 18.1.47

85 전기안전관리업무를 개인대행자가 대행할 수 있는 태양광발전설비의 용량은?

① 200[kW] 미만　② 250[kW] 미만
③ 300[kW] 미만　④ 350[kW] 미만

해설 전기안전관리업무의 대행규모(전기안전관리법)

1) 안전공사 및 대행사업자: 다음의 어느 하나에 해당하는 전기설비(둘 이상의 전기설비 용량의 합계가 4,500kW 미만 경우로 한정한다)
① 용량 1,000kW천킬로와트 미만의 전기수용설비
② 용량 300kW 미만의 발전설비. 다만, 비상용 예비발전설비의 경우에는 용량 500kW 미만으로 한다.
③ 용량 1,000kW(원격감시 및 제어기능을 갖춘 경우 용량 3,000kW) 미만의 태양광발전설비

2) 개인대행자: 다음의 어느 하나에 해당하는 전기설비(둘 이상의 용량의 합계가 1,550kW 미만인 전기설비로 한정한다)
① 용량 500kW 미만의 전기수용설비
② 용량 150kW 미만의 발전설비. 다만, 비상용 예비발전설비의 경우에는 용량 300kW 미만으로 한다.
③ 용량 250kW(원격감시 및 제어기능을 갖춘 경우 용량 750kW) 미만의 태양광발전설비

13.4.86 / 15.2.93 / 15.4.51 / 15.4.100 / 16.4.99 / 17.2.96 / 18.1.48 /

86 태양광발전소의 태양전지 모듈, 전선 및 개폐기 등의 기구를 시설할 때 고려해야 할 사항이 아닌 것은?

정답　84. ②　85. ②

① 충전부분이 노출되지 않도록 시설할 것
② 태양전지 모듈에 접속하는 부하측의 전로에는 그 접속점과 떨어진 부분에 개폐기를 시설할 것
③ 태양전지 모듈을 병렬로 접속하는 전로에 단락이 생긴 경우에 전로를 보호하는 과전류차단기 등의 기구를 시설할 것
④ 태영전지 모듈 및 개폐기 등에 전선을 접속하는 경우 접속점에 장력이 가해지지 않도록 할 것

해설 태양전지 모듈 등의 시설
① 충전부분은 노출되지 않도록 시설할 것
② 태양전지 모듈에 접속하는 부하측의 전로(복수의 태양전지 모듈을 시설한 경우에는 그 집합체에 접속하는 부하측의 전로)에는 그 접속점에 근접하여 개폐기 기타 이와 유사한 기구(부하전류를 개폐할 수 있는 것에 한한다)를 시설할 것
③ 태양전지 모듈을 병렬로 접속하는 전로에는 그 전로에 단락이 생긴 경우에 전로를 보호하는 과전류차단기 기타의 기구를 시설할 것. 다만, 그 전로가 단락전류에 견딜 수 있는 경우에는 그렇지 않다.
④ 전선은 다음에 의하여 시설할 것. 다만, 기계기구의 구조상 그 내부에 안전하게 시설할 수 있을 경우에는 그렇지 않다.
  ㉠ 전선은 공칭단면적 2.5[mm²] 이상의 연동선 또는 이와 동등 이상의 세기 및 굵기의 것일 것
  ㉡ 옥내에 시설할 경우에는 합성수지관공사, 금속관공사, 가요전선관공사 또는 케이블공사로 시설할 것
  ㉢ 옥측 또는 옥외에 시설할 경우에는 합성수지관공사, 금속관공사, 가요전선관공사 또는 케이블공사로 시설할 것

13.4.87 / 19.1.94
87 다음 중 온실가스가 아닌 것은?
① 메탄 ② 이산화탄소
③ 아산화질소 ④ 과산화질소

해설 정의(녹색성장법 제2조)

온실가스 : 이산화탄소(CO_2), 메탄(CH_4), 아산화질소(N_2O), 수소불화탄소(HFCs), 과불화탄소(PFCs), 육불화황(SF_6) 및 그밖에 대통령령으로 정하는 것으로 적외선 복사열을 흡수하거나 재방출하여 온실효과를 유발하는 대기 중의 가스 상태의 물질

13.4.88 / 15.2.94 / 17.4.100 / 19.2.83
88 신에너지 및 재생에너지의 활성화 방안과 맞지 않는 것은?
① 에너지의 환경친화적 전환
② 에너지의 안정적 공급
③ 온실가스 배출의 감소
④ 에너지원의 단일화

해설 목적(신재생에너지법 제1조)
① 신에너지 및 재생에너지의 기술개발 및 이용·보급 촉진
② 신에너지 및 재생에너지 산업의 활성화를 통하여 에너지원을 다양화
③ 에너지의 안정적인 공급
④ 에너지 구조의 환경친화적 전환
⑤ 온실가스 배출의 감소를 추진함으로써 환경의 보전, 국가경제의 건전하고 지속적인 발전 및 국민복지의 증진에 이바지함

13.4.89 / 17.2.87 / 19.1.93
89 신에너지 및 재생에너지 개발·이용·보급촉진법에서 정한 공급의무자는 지난 연도 총전력생산량의 합계에 일정비율을 곱한 의무공급량 이상을 신·재생에너지로 공급하여야한다. 다음 중 2013년도 의무공급량의 비율은?
① 2.0[%] ② 2.5[%]
③ 3.0[%] ④ 3.5[%]

해설 연도별 의무공급량의 합계 등(신재생에너지법 시행령 제18조의4)
① 의무공급량의 연도별 합계는 공급의무자의 다음 계산식에 따른 총전력생산량에 연도별 의무공급량의

비율을 곱한 발전량 이상으로 한다. 이 경우 의무공급량은 공급인증서를 기준으로 산정한다.

> 총전력생산량 = 지난 연도 총전력생산량 − (신·재생에너지 발전량 + 일반용전기설비 중 산업통상자원부장관이 정하여 고시하는 설비에서 생산된 발전량)

② 산업통상자원부장관은 3년마다 신·재생에너지 관련 기술 개발의 수준 등을 고려하여 연도별 의무공급량의 비율을 재검토하여야 한다.

※ 연도별 의무공급량의 비율

해당 연도	비율[%]
2012년	2.0
2013년	2.5
2014년	3.0
2015년	3.0
2016년	3.5
2017년	4.0
2018년	5.0
2019년	6.0
2020년	7.0
2021년	9.0
2022년	12.5
2023년	13.0
2024년	13.5
2025년	14.0
2026년	15.0
2027년	17.0
2028년	19.0
2029년	22.5
2030년 이후	25.0

13.4.90 / 16.2.83 / 18.1.86

90 지중에 매설되어 있고 대지와의 전기저항 값이 몇 [Ω]이하의 값을 유지하고 있는 금속제 수도관을 접지전극으로 사용할 수 있는가?

① 2   ② 3
③ 4   ④ 5

[해설] **수도관 등의 접지극**
지중에 매설되어 있고 대지와의 전기저항 값이 3[Ω] 이하의 값을 유지하고 있는 금속제 수도관로는 이를 접지공사의 접지극으로 사용할 수 있다.

13.4.91 / 16.2.62 / 17.1.70 / 20.1.7 / 20.3.13 / 20.4.3

91 태양광발전설비공사의 철근콘크리트 또는 철골구조부를 제외한 시설공사의 하자담보책임기간은?

① 1년   ② 3년
③ 5년   ④ 7년

[해설] **전기공사의 종류별 하자담보책임기간(전기공사업법 시행령 제11조의2)**

전기공사의 종류	하자담보 책임기간
1) 발전설비공사	
① 철근콘크리트 또는 철골구조부	7년
② ①외 시설공사 3년	3년
2) 터널식 및 개착식 전력구 송전·배전설비공사	
① 철근콘크리트 또는 철골구조부	10년
② ①외 송전설비공사	5년
③ ①외 배전설비공사	2년
3) 지중 송전·배전설비공사	
① 송전설비공사	5년
② 배전설비공사	3년
4) 송전설비공사	3년
5) 변전설비공사(전기설비 및 기기설치 공사를 포함한다)	3년
6) 배전설비공사	
① 배전설비 철탑공사	3년
② 가목 외 배전설비공사	2년
7) 산업시설물, 건축물 및 구조물의 전기설비공사	1년
8) 그 밖의 전기설비공사	1년

92 KEC 한국전기설비규정의 변경으로 삭제됨

13.4.93 / 17.4.82

93 저탄소 녹색성장기본법에 의해 정부는 에너지 기본계획의 수립을 몇 년마다 수립·시행하여야 하는가?

① 2년　　② 3년
③ 4년　　④ 5년

해설 에너지기본계획의 수립(녹색성장법 제41조)
① 정부는 에너지정책의 기본원칙에 따라 20년을 계획 기간으로 하는 에너지기본계획을 5년마다 수립·시행하여야 한다.
② 에너지기본계획을 수립하거나 변경하는 경우에는 에너지위원회의 심의를 거친 다음 위원회와 국무회의의 심의를 거쳐야 한다. 다만, 대통령령으로 정하는 경미한 사항을 변경하는 경우에는 그렇지 않다.

13.4.94 / 16.4.2 / 16.4.98 / 17.1.84 / 17.4.9 / 18.1.100 / 18.2.96 / 18.4.11 / 18.4.92 / 19.1.96

94 다음 중 신·재생에너지에 해당되는 않는 것은?

① 풍력　　② 원자력
③ 연료전지　　④ 태양에너지

해설 신·재생에너지의 정의(신재생에너지법 제2조)
1) 신에너지: 기존의 화석연료를 변환시켜 이용하거나 수소·산소 등의 화학 반응을 통하여 전기 또는 열을 이용하는 에너지
① 수소에너지
② 연료전지
③ 석탄을 액화·가스화한 에너지 및 중질잔사유을 가스화

2) 재생에너지: 햇빛·물·지열·강수·생물유기체 등을 포함하는 재생 가능한 에너지를 변환시켜 이용하는 에너지
① 태양에너지
② 풍력
③ 수력
④ 해양에너지
⑤ 지열에너지
⑥ 생물자원을 변환시켜 이용하는 바이오에너지
⑦ 폐기물에너지(비재생폐기물로부터 생산된 것은 제외한다)

13.4.95 / 16.2.98

95 저탄소 녹색성장기본법에 규정된 저탄소 녹색성장 추진의 기본원칙이 아닌 것은?

① 정부는 저탄소 녹색성장의 시급성과 긴박성을 인식하고 정부주도하에 저탄소 녹색성장 정책을 최우선적으로 추진한다.
② 정부는 녹색기술과 녹색산업을 경제성장의 핵심동력으로 삼고 새로운 일자리를 창출·확대할 수 있는 새로운 경제체제를 구축한다.
③ 정부는 사회·경제 활동에서 에너지와 자원이용의 효율성을 높이고 자원순환을 촉진한다.
④ 정부는 국가의 자원 효율적으로 사용하기 위하여 성장잠재력과 경쟁력이 높은 녹색기술 및 녹색산업 분야에 대한 중점 투자 및 지원을 강화한다.

해설 저탄소 녹색성장 추진의 기본원칙(녹색성장법 제3조)
① 정부는 기후변화·에너지·자원 문제의 해결, 성장 동력 확충, 기업의 경쟁력 강화, 국토의 효율적 활용 및 쾌적한 환경 조성 등을 포함하는 종합적인 국가 발전전략을 추진한다.
② 정부는 시장기능을 최대한 활성화하여 민간이 주도하는 저탄소 녹색성장을 추진한다.
③ 정부는 녹색기술과 녹색산업을 경제성장의 핵심 동력으로 삼고 새로운 일자리를 창출·확대할 수 있는 새로운 경제체제를 구축한다.
④ 정부는 국가의 자원을 효율적으로 사용하기 위하여 성장잠재력과 경쟁력이 높은 녹색기술 및 녹색산업 분야에 대한 중점 투자 및 지원을 강화한다.
⑤ 정부는 사회·경제 활동에서 에너지와 자원 이용의 효율성을 높이고 자원순환을 촉진한다.
⑥ 정부는 자연자원과 환경의 가치를 보존하면서 국토와 도시, 건물과 교통, 도로·항만·상하수도 등 기

정답 92.　93. ④　94. ②　95. ①

반시설을 저탄소 녹색성장에 적합하게 개편한다.
⑦ 정부는 환경오염이나 온실가스 배출로 인한 경제적 비용이 재화 또는 서비스의 시장가격에 합리적으로 반영되도록 조세체계와 금융체계를 개편하여 자원을 효율적으로 배분하고 국민의 소비 및 생활 방식이 저탄소 녹색성장에 기여하도록 적극 유도한다. 이 경우 국내산업의 국제경쟁력이 약화되지 않도록 고려하여야 한다.
⑧ 정부는 국민 모두가 참여하고 국가기관, 지방자치단체, 기업, 경제단체 및 시민단체가 협력하여 저탄소 녹색성장을 구현하도록 노력한다.
⑨ 정부는 저탄소 녹색성장에 관한 새로운 국제적 동향을 조기에 파악·분석하여 국가 정책에 합리적으로 반영하고, 국제사회의 구성원으로서 책임과 역할을 성실히 이행하여 국가의 위상과 품격을 높인다.

13.4.96 / 14.4.96 / 15.4.89 / 15.4.90 / 17.4.96 / 18.4.87 / 19.2.90

96 신에너지 및 재생에너지 개발·이용·보급촉진법에서 정한 공급의무자가 아닌 것은?

① 한국중부발전주식회사
② 한국수자원공사
③ 한국가스공사
④ 한국지역난방공사

해설 신·재생에너지 공급의무자(신재생에너지법 시행령 제18조의3)
① 전기사업법에 따른 발전사업자로서 500,000[kW] 이상의 발전설비(신·재생에너지 설비는 제외한다)를 보유하는 자
② 집단에너지사업법 및 전기사업법에 따른 발전사업의 허가를 받은 것으로 보는 자로서 500,000[kW] 이상의 발전설비(신·재생에너지 설비는 제외한다)를 보유하는 자
③ 한국수자원공사
④ 한국지역난방공사

※ 공급의무자 범위(총 25개사)

구분	공급의무자
그룹1	한국수력원자력, 한국남동발전, 한국중부발전, 한국서부발전, 한국남부발전, 한국동서발전
그룹2	한국지역난방공사, 한국수자원공사, SK E&S, GS EPS, GS 파워, 포스코에너지, 엠피씨율촌전력, 평택에너지서비스, 대륜발전, 에스파워, 포천파워, 동두천드림파워, 파주에너지서비스, GS동해전력, 포천민자발전, 신평택발전, 나래에너지서비스, 고성그린파워, 강릉에코파워

13.4.97 / 15.2.88 / 16.2.82 / 16.2.94 / 17.1.90 / 17.4.81 / 19.1.90 / 19.2.89 / 19.4.93

97 신·재생에너지정책심의회의 심의를 거쳐 신·재생에너지의 기술개발 및 이용·보급을 촉진하기 위한 기본계획을 수립하는 자는?

① 안전행정부 장관
② 산업통상자원부 장관
③ 고용노동부 장관
④ 환경부 장관

해설 기본계획의 수립(신재생에너지법 제5조)
① 산업통상자원부장관은 관계 중앙행정기관의 장과 협의를 한 후 신·재생에너지정책심의회의 심의를 거쳐 신·재생에너지의 기술개발 및 이용·보급을 촉진하기 위한 기본계획을 5년마다 수립하여야 한다.
② 기본계획의 계획기간은 10년 이상으로 한다.

13.4.98 / 16.2.86 / 17.2.85 / 19.2.95

98 3상 4선식 22.9[kW] 중성점 다중 접지식 가공전선로의 전로와 대지사이의 절연 내력 시험전압[V]은?

① 28,625 ② 22,900
③ 21,068 ④ 16,488

해설 전로의 절연저항 및 절연내력
① 사용전압이 저압인 전로에서 정전이 어려운 경우 등 절연저항 측정이 곤란한 경우에는 누설전류를 1[mA] 이하로 유지하여야 한다.

정답 96. ③ 97. ② 98. ③

② 고압 및 특고압의 전로(회전기, 정류기, 연료전지 및 태양전지 모듈의 전로, 변압기의 전로, 기구 등의 전로 및 직류식 전기철도용 전차선을 제외한다)는 표에서 정한 시험전압을 전로와 대지 사이(다심 케이블은 심선 상호 간 및 심선과 대지 사이)에 연속하여 10분간 가하여 절연내력을 시험하였을 때에 이에 견디어야 한다.

전로의 종류	시험 전압
1. 최대사용전압 7[kV] 이하인 전로	최대사용전압의 1.5배의 전압
2. 최대사용전압 7[kV] 초과 25[kV] 이하인 중성점 접지식 전로(중성선을 가지는 것으로서 그 중성선을 다중접지 하는 것에 한한다)	최대사용전압의 0.92배의 전압
3. 최대사용전압 7[kV] 초과 60[kV] 이하인 전로	최대사용전압의 1.25배의 전압(10,500[V] 미만으로 되는 경우는 10,500[V])
4. 최대사용전압60[kV] 초과 중성점 비접지식전로	최대사용전압의 1.25배의 전압
5. 최대사용전압60[kV] 초과 중성점 접지식 전로	최대사용전압의 1.1배의 전압(75[kV] 미만으로 되는 경우는 75[kV])
6. 최대사용전압이 60[kV]초과 중성점 직접접지식 전로	최대사용전압의 0.72배의 전압
7. 최대사용전압이 170[kV]초과 중성점 직접 접지식 전로로서 그 중성점이 직접 접지되어 있는 발전소 또는 변전소 혹은 이에 준하는 장소에 시설하는 것	최대사용전압의 0.64배의 전압
8. 최대사용전압이 60[kV]를 초과하는 정류기에 접속되고 있는 전로	교류측 및 직류 고압측에 접속되고 있는 전로는 교류측의 최대사용전압의 1.1배의 직류전압
	직류측 중성선 또는 귀선이 되는 전로는 계산식에 의하여 구한 값

③ 22.9[kV]의 절연 내력 시험전압은 최대사용전압의 0.92배의 전압

∴ V = 22,900 × 0.92 = 21,068[V]

13.4.99 / 15.2.46 / 15.4.84 / 17.2.89 / 17.4.86 / 19.4.99

99 전기설비의 일반사항에 대한 내용으로 잘못된 것은?

① 고전압의 침입 등에 의한 감전 화재 등으로 사람에게 손상을 줄 우려가 없도록 접지를 실시한다.
② 뇌방전으로 인한 과전압으로부터 전기설비의 손상, 감전 등의 우려가 없도록 피뢰설비를 시설한다.
③ 전로에 시설하는 전기기계기구는 통상 사용 상태에서 발생하는 열에 견디는 것이어야 한다.
④ 전선의 접속부분에는 전기저항이 증가되도록 접속하고 절연성능이 저하되지 않도록 하여야한다.

해설 전선의 접속법
① 전선을 접속하는 경우에는 전선의 전기저항을 증가시키지 않도록 접속하여야 한다.
② 나전선 상호 또는 나전선과 절연전선을 접속할 경우에는 전선의 세기(인장하중)를 20[%]이상 감소시키지 아니할 것
③ 접속부분은 접속관 기타의 기구를 사용 할 것.
※ 전선관 안에는 접속점이 없도록 할 것

13.4.100 / 16.2.92 / 17.4.92

100 신·재생에너지발전사업자가 도서지역에서 생산한 전력을 전력시장에서 거래하지 않아도 되는 발전설비용량은?

① 1,000[kW] 이하
② 2,000[kW] 이하
③ 3,000[kW] 이하
④ 4,000[kW] 이하

정답 99. ④

해설 **전력거래(전기사업법 제31조)**
① 발전사업자 및 전기판매사업자는 전력시장운영규칙으로 정하는 바에 따라 전력시장에서 전력거래를 하여야 한다. 다만, 도서지역 등 대통령령으로 정하는 경우에는 그렇지 않다.
② 자가용전기설비를 설치한 자는 그가 생산한 전력을 전력시장에서 거래할 수 없다. 다만, 대통령령으로 정하는 경우에는 그렇지 않다.
③ 구역전기사업자는 대통령령으로 정하는 바에 따라 특정한 공급구역의 수요에 부족하거나 남는 전력을 전력시장에서 거래할 수 있다.

전력거래(전기사업법 시행령 제19조)
도서지역 등 대통령령으로 전력시장에서 전력거래를 하지 않아도 되는 경우
① 한국전력거래소가 운영하는 전력계통에 연결되어 있지 아니한 도서지역에서 전력을 거래하는 경우
② 신·재생에너지발전사업자가 1,000[kW] 이하의 발전설비용량을 이용하여 생산한 전력을 거래하는 경우

신재생에너지발전설비기사(태양광)필기
13개년 과년도(2026)

초판 1쇄 발행 2022년 01월 20일
초판 2쇄 발행 2023년 02월 20일
초판 3쇄 발행 2024년 01월 20일
초판 4쇄 발행 2025년 01월 20일
초판 5쇄 발행 2026년 01월 20일

지은이 | 이후곤
펴낸이 | 이주연
펴낸곳 | **명인북스**
등 록 | 제 409-2021-000031호

주 소 | 인천시 서구 완정로 65번안길 10, 114동 605호
전 화 | 032-565-7338
팩 스 | 032-565-7348
E-mail | phy4029@naver.com
정 가 | 43,000원

ISBN 979-11-94269-33-5 (13560)

이 책에서 내용의 일부 또는 도해를 다음과 같은 행위자들이 사전 승인없이 인용할 경우에는
저작권법 제93조 「손해배상청구권」에 적용 받습니다.
  ① 단순히 공부할 목적으로 부분 또는 전체를 복제하여 사용하는 학생 또는 복사업자
  ② 공공기관 및 사설교육기관(학원, 인정직업학교), 단체 등에서 영리를 목적으로 복제·배포하는 대표, 또는 당해 교육자
  ③ 디스크 복사 및 기타 정보 재생 시스템을 이용하여 사용하는 자

※ 파본은 구입하신 서점에서 교환해 드립니다.